石油石化职业技能培训教程

天然气净化操作工

（下册）

中国石油天然气集团有限公司人事部 编

石油工业出版社

内 容 提 要

本书是由中国石油天然气集团有限公司人事部统一组织编写的《石油石化职业技能培训教程》中的一本。本书包括天然气净化操作工高级工操作技能及相关知识、技师和高级技师操作技能及相关知识,并配套了相应等级的理论知识练习题,以便于员工对知识点的理解和掌握。

本书既可用于职业技能鉴定前培训,也可用于员工岗位技术培训和自学提高。

图书在版编目(CIP)数据

天然气净化操作工. 下册 / 中国石油天然气集团有限公司人事部编. —北京:石油工业出版社,2019.9

石油石化职业技能培训教程

ISBN 978-7-5183-3436-0

Ⅰ. ①天… Ⅱ. ①中… Ⅲ. ①天然气净化-技术培训-教材 Ⅳ. ①TE665.3

中国版本图书馆 CIP 数据核字(2019)第 101701 号

出版发行:石油工业出版社

(北京市朝阳区安华里 2 区 1 号楼 100011)

网　址:www. petropub. com

编辑部:(010)64251319

图书营销中心:(010)64523633

经　销:全国新华书店

印　刷:北京中石油彩色印刷有限责任公司

2019 年 9 月第 1 版　2019 年 9 月第 1 次印刷

787 毫米×1092 毫米　开本:1/16　印张:39

字数:920 千字

定价:98.00 元

(如发现印装质量问题,我社图书营销中心负责调换)

《石油石化职业技能培训教程》

编　委　会

《天然气净化操作工》编审组

主　　编：傅敬强

副 主 编：喻泽汉　岑　嶺　王　军

编写人员（按姓氏笔画排列）：

万义秀　王韵虞　阮玉娇　朱庆龙　杨　波

何培东　张云光　陈世剑　罗　强　岳云喆

徐　飞　徐少堃　程晓明　曾　强　曾云东

参审人员（按姓氏笔画排列）：

万义秀　王军妮　龙　杰　叶　波　田仁杰

米新利　向凤武　李春亮　杨　刚　杨　艳

肖涵予　张小兵　张丽凤　范　锐　胡　超

倪　伟　唐　浠　涂婷娟　喻友均

PREFACE 前言

随着企业产业升级、装备技术更新改造步伐不断加快,对从业人员的素质和技能提出了新的更高要求。为适应经济发展方式转变和“四新”技术变化要求,提高石油石化企业员工队伍素质,满足职工鉴定、培训、学习需要,中国石油天然气集团有限公司人事部根据《中华人民共和国职业分类大典(2015年版)》对工种目录的调整情况,修订了石油石化职业技能等级标准。在新标准的指导下,组织对“十五”“十一五”“十二五”期间编写的职业技能鉴定试题库和职业技能培训教程进行了全面修订,并新开发了炼油、化工专业部分工种的试题库和教程。

教程的开发修订坚持以职业活动为导向,以职业技能提升为核心,以统一规范、充实完善为原则,注重内容的先进性与通用性。教程编写紧扣职业技能等级标准和鉴定要素细目表,采取理实一体化编写模式,基础知识统一编写,操作技能及相关知识按等级编写,内容范围与鉴定试题库基本保持一致。特别需要说明的是,本套教程在相应内容处标注了理论知识鉴定点的代码和名称,同时配套了相应等级的理论知识练习题,以便于员工对知识点的理解和掌握,加强了学习的针对性。此外,为了提高学习效率,检验学习成果,本套教程为员工免费提供了学习增值服务,员工通过手机登录注册后即可进行移动练习。本套教程既可用于职业技能鉴定前培训,也可用于员工岗位技术培训和自学提高。

天然气净化操作工教程分上、下两册,上册为基础知识、初级工操作技能及相关知识、中级工操作技能及相关知识,下册为高级工操作技能与相关知识、技师及高级技师操作技能与相关知识。

本工种教程由中国石油西南油气田分公司任主编单位,参与审核的单位有长庆油田分公司、塔里木油田分公司、西南油气田分公司和吉林油田分公司,在此表示衷心感谢。

由于编者水平有限,书中错误、疏漏之处请广大读者提出宝贵意见。

编者

2019年9月

CONTENTS 目录

第一部分　高级工操作技能及相关知识

第二部分　技师、高级技师操作技能及相关知识

理论知识练习题

附　录

第一部分

高级工操作技能及相关知识

模块一　操作天然气脱硫脱碳单元

项目一　相关知识

一、脱硫脱碳工艺特点

20世纪50年代至60年代以来，天然气脱硫脱碳工艺的广泛开发，逐步形成了化学类、物理类、化学物理类及生化类四大类工艺。其中，化学类及物理类又可根据其脱除机制的不同而分为若干小类。由此形成的脱硫脱碳工艺则有数十种之多，它们对不同的气质条件及工况有不同的适应性。在四大类工艺中，化学类工艺居于主导地位，尤其是胺法；以砜胺法为代表的化学物理类工艺也有很好应用；物理类的几种工艺各有其适用的范围；生化类工艺尚处于发展阶段，应用还不多。天然气脱硫脱碳工艺特点见表1-1-1。

表1-1-1　天然气脱硫脱碳工艺特点

类别		脱硫脱碳物料	工艺名称	工作原理	主要特点	适应性
化学类	胺法	各种醇胺溶液	MEA法、DEA法、DIPA法、MDEA法、DGA法、SNPA-DEA、Flexsorb SE等	胺液有碱性，可在常温下与 H_2S 及 CO_2 反应，然后升温降压再生，释放出所吸收的酸气，溶液循环使用	净化度高，既可完全脱除 CO_2 和 H_2S，也可选择脱除 H_2S，烃吸收少，脱有机硫效率不高，工业经验十分丰富	对不同天然气组成有广泛的适应性
	热钾碱法	加活化剂的 K_2CO_3 溶液	Benfield法、Gatacarb、G-V、Flexsorb HP、南化双活化剂法等	以热钾碱液在较高的温度下吸收酸气，然后降压再生释放出酸气，碱液循环使用	在较高温度下吸收酸气，净化度不如胺法，能耗较胺法低	宜用于合成气脱除 CO_2
	直接转化法	含有氧载体的溶液	Stretford、Lo-Cat、PDS、SulFerox、Sul-fint、栲胶、FD等	以中性或微碱性溶液吸收 H_2S，其中的氧载体可将其转化为单质硫，以空气再生溶液后循环使用	H_2S 净化度高，将脱硫和硫回收合为一体，一般不脱除 CO_2，溶液循环量大，再生能耗低，有废液处理问题	适于低 H_2S 含量的天然气脱硫，也可用于处理贫 H_2S 酸气
	非再生性方法	可与 H_2S 发生反应的固体或液体物料	海绵铁、CT8-4B、氧化铁浆液、Chem-sweet、SulfaTreat、Sulfa-Scrub等	使用氧化铁、锌盐、三嗪等液体、固体或浆液与 H_2S 反应而将其脱除，反应产物废弃	脱除 H_2S 但不脱 CO_2，投资费用低，有废料处理问题	适于天然气潜硫量很低的工况

续表

类别		脱硫脱碳物料	工艺名称	工作原理	主要特点	适应性
物理类	物理溶剂法	H_2S、CO_2 等高溶解度而烃低溶解度的有机溶剂	Selexol、FlourSolvent、Rectisol、IF-Pexol、Purisol、MorPHysorb 等	利用 H_2S 及 CO_2 在溶剂中的高溶解度和烃的低溶解度而脱除酸气，通过降压闪蒸等措施析出酸气而再生，溶液循环使用	达到 H_2S 高净化度较困难，溶液负荷与酸气分压成正比，能耗低，有烃损失问题，溶剂价格较高	适于天然气中酸气分压高且重烃含量低的工况
物理类	分子筛法	13X、5A 等类分子筛	—	利用分子筛吸附 H_2S 及有机硫，然后升温使之解吸，分子筛床层切换使用	有很高的净化度，对有机硫特别是硫醇的脱除能力好，可同时脱水，再生气硫含量不均匀，较难处理	适于已脱除 H_2S 的天然气进一步脱硫脱碳
物理类	膜分离法	具有可将 H_2S、CO_2 与 CH_4 等烃分离的薄膜	Prism、Gasep、Delsep、Separex 等	利用酸气和烃类渗透通过薄膜性能的差异而脱除酸气，特别是 CO_2	难于达到高的净化程度，流程简单，能耗低但有烃损失问题	适于高酸气浓度的天然气处理，可作为第一步脱硫脱碳措施
物理类	低温分离法	—	Ryan/Holmes	通过天然气的低温分馏而除去 CO_2 及 H_2S 等，C_4^+ 添加剂用于防止固体 CO_2 生成并解决 C_2—CO_2 共沸问题	能耗高，但可将 NGL 回收和酸气分离融为一体，出多种产品	系为 CO_2 驱油后的伴生气处理而开发的工艺
化学物理类	化学物理溶剂法	醇胺与物理溶剂组合的溶液	Sulfinol-D、Sulfinol-M、Amisol 等	在较高酸气分压下，溶液除化学性吸收酸气外，还有较高的酸气溶解度，降压升温使酸气解吸，溶液循环使用	净化度高，具有高的脱有机硫效率，在高 H_2S 分压下能耗显著低于胺法，酸气中烃含量高于胺法，溶液价格较贵	适于天然气中有机硫需要脱除的工况，高酸气分压更有利，但重烃含量高时不宜使用
生化类	生化法	含有可促进溶液脱硫或溶液再生的细菌的溶液	Bio-SR、Shell-Paquas 等	溶液吸收 H_2S 后，其中的细菌或将 H_2S 转化为单质硫或促进溶液的再生，溶液循环使用	与直接转化法相比没有有机物的化学降解问题，不脱除 CO_2，需供营养料给细菌	尚待进一步发展，适于低 H_2S 含量的天然气脱硫

GBA008 脱硫脱碳单元日常操作要点

二、醇胺法脱硫脱碳单元日常操作要点

醇胺法脱硫脱碳单元在生产运行中要求安全平稳，但在实际生产操作过程中，众多因素将会对脱硫脱碳效果产生影响，现将主要影响因素介绍如下。

（一）系统压力操作控制

醇胺吸收 H_2S 和 CO_2 的主要反应是体积缩小的反应，高压对吸收过程有利，低压对再生过程有利。在酸气吸收过程中，操作压力是由原料气条件、管输要求、用户要求等多因素

决定的，同时也受系统设计限制，一般不允许随意增减。从选择性角度来讲，降低吸收压力有助于改善选择性，但随着系统压力下降，H_2S、CO_2 分压也相应下降，对酸性组分的传质产生不利影响。溶液的酸气负荷下降，还将影响装置的处理能力。所以在操作吸收时一般按设计的压力来进行操作。压力对选择性的影响见表 1-1-2。

表 1-1-2　压力对选择性的影响

吸收压力，MPa	选择性因子 S	富液 H_2S 负荷，mol/mol
4.0	3.92	0.18
1.0	4.61	0.08

对于溶液再生而言，压力并不是越低越好，在实际的操作中应考虑硫黄回收和溶液循环的要求，再生的压力一般控制在几十千帕。

(二)溶液温度

对吸收塔的温度来讲，由于醇胺水溶液与 CO_2 的反应受温度的影响较大，而对 H_2S 的吸收反应则是受制于 H_2S 的溶解速度，提高贫液温度将加快溶液吸收 CO_2 的速率，但对 H_2S 吸收速率影响不明显，从选择性而言宜选用较低的吸收温度。在实际操作中并不是温度越低越好，还要考虑到溶液黏度以及重烃的冷凝等，一般贫液入塔温度控制在 40℃以下，且略高于原料气温度。

对于再生而言，由于醇胺溶液与 H_2S、CO_2 的反应热低，再生比较容易，一般塔顶的温度与再生压力联系在一起，控制在 100℃左右。

(三)贫液入吸收塔层数

由于醇胺与 H_2S 是瞬间反应，而与 CO_2 是中速反应。因此，在达到所需的 H_2S 净化度后增加塔板数实际上几乎成正比地多吸收 CO_2，其结果是无论在何种气液比条件下运行，选择性总是随塔板数增加而变差，同时增加吸收塔板数不仅对选择性不利，而且在高气液比条件下还因多吸收 CO_2 造成对 H_2S 的不利影响从而导致 H_2S 的净化度变差。气液比、吸收塔板数对脱硫脱碳效果的影响如图 1-1-1 所示。

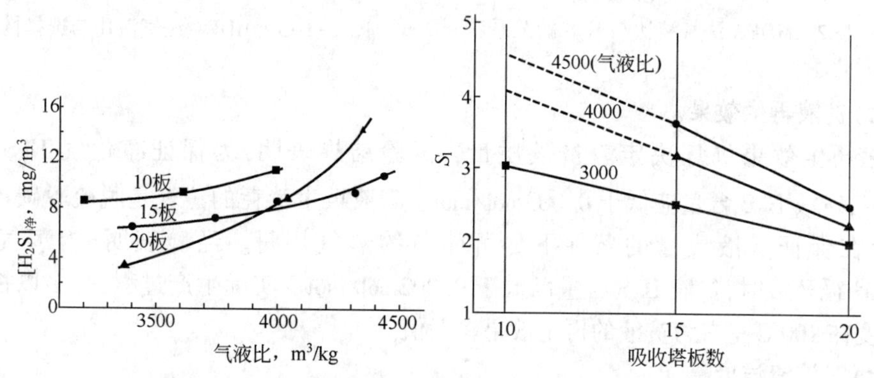

图 1-1-1　气液比、吸收塔板数对脱硫脱碳效果的影响

由此可知，在选择性胺法中，即使从净化度的角度而言，吸收塔板数也绝非越多越好，这是选择性胺法有别于常规胺法的一个重要工艺特点，所以吸收塔一般有多个贫液进口，可以根据不同气质的要求来调整贫液入塔层数。

（四）溶液组成

从化学反应平衡角度来看，增加反应物浓度有利于反应向生成物方向进行。对于脱硫脱碳过程，原料气中酸性组分的浓度是给定的，适当提高溶液浓度有利于酸性组分的脱除。在实际生产中，限制溶液浓度提高的因素有腐蚀性、机械损失等。溶液浓度高将影响富液中 H_2S 负荷，在实际生产中要根据不同的气质和环境状况调整好溶液浓度。

溶剂类型不同，脱硫脱碳溶液水含量要求不同。水含量过少，则溶液黏度大，换热效果差，再生困难，被吸收的烃类含量也随溶液水含量的减少而增加；水含量过多容易引起发泡和影响脱硫脱碳吸收效果。由于湿净化气夹带水分及系统蒸发损失等原因，会导致溶液水含量逐渐下降，需要向溶液系统定期补充水，以维持正常的水含量。

（五）溶液循环量

溶液循环量与天然气处理量、酸性组分含量以及脱硫脱碳溶液本身有很大关系，这四个量可以用溶液酸气负荷联系在一起（酸气负荷是指一定量的溶液所吸收酸气的量），也可以用气液比将它们联系在一起（气液比是指单位体积溶液处理气体体积的量）。随着循环量减少，湿净化气 H_2S 含量上升，但选择性则相应提高，循环量的选择性如图 1-1-2、图 1-1-3 所示。因此在操作时，在保证湿净化气质量的前提下，应选择合适的循环量，以达到节能降耗的目的。

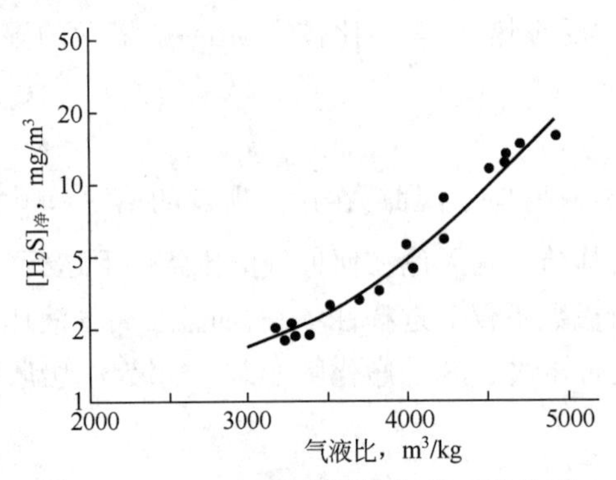

图 1-1-2 MDEA 法气液比与 H_2S 的关系

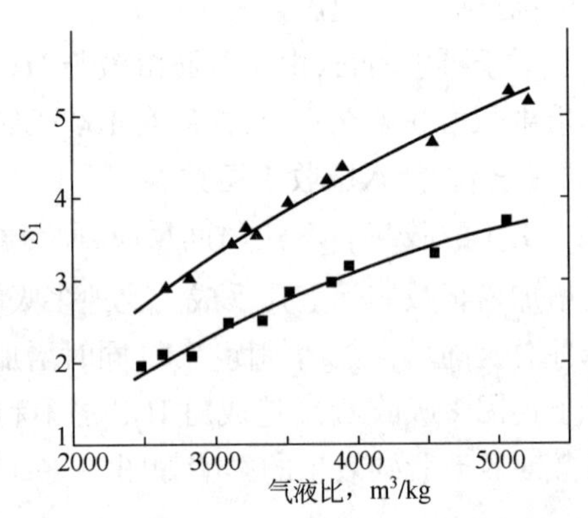

图 1-1-3 MDEA 法气液比与选择性的关系

（六）贫液再生效果

贫液再生效果好坏决定着贫液质量。试验结果表明，为保证净化气 H_2S 不高于 $20mg/m^3$，贫液 H_2S 含量应低于 0.003mol/mol。溶液再生消耗的蒸气是脱硫脱碳单元主要能耗，应在保证贫液质量的条件下尽可能节约蒸气用量。经验表明，当蒸气用量为 $120kg/m^3$ 循环液时，贫液 H_2S 含量已低于 0.002mol/mol。实际生产过程中，多以控制再生塔顶温度在 100℃左右为贫液的再生效果参考值。

（七）溶液清洁度

为防止各种杂质进入溶液系统，造成溶液发泡，对于溶液系统中存在的杂质要尽可能地除去，常用的技术措施如下：

（1）根据原料气特点，选用有效的分离器除去原料气中夹带的微粒、液滴等。

（2）加强溶液过滤，除去溶液中固体悬浮物、烃类和降解产物等。常用的有机械过滤器和活性炭过滤器。

(3)如果溶液系统发泡严重,必要时注入阻泡剂加以控制。但是,阻泡剂只能作为一种应急措施,弄清发泡原因后采取根除措施加以消除。

三、溶液补充方式及复活方法

GBA007 脱硫脱碳溶液补充方式

(一)脱硫脱碳溶液补充方式

脱硫脱碳单元系统处于低液位,准备补充溶液时,若将溶液补充至高压或中压段,对动设备的功率和管线压力等级要求较高,且潜在风险较大。因此溶液补充方式主要是利用溶液补充泵,将溶液配制罐中的溶液补充至溶液循环系统的低压段。溶液配制罐中的溶液可能来自系统溶液回收管线、溶液储罐或现场配制的溶液。补充方式的区别在于补充溶液被注入系统的位置不同。图1-1-4分别列举几种溶液补充注入位置。

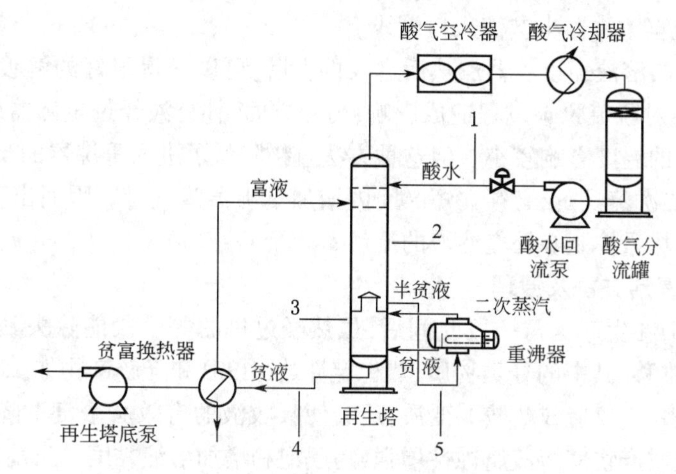

图1-1-4　脱硫脱碳系统溶液补充注入位置

1—酸水回流管线(流量调节阀后);2—塔中部某层塔盘上;3—再生塔底;4—贫液出塔管线;5—半贫液进重沸器管线

(1)溶液补充至酸水回流管线。

溶液补充注入酸水回流管线后,在酸水回流泵的作用下,由塔顶进入再生塔,和闪蒸罐来的富液一并汽提解吸,可除去补充溶液中夹带的H_2S,有效保证贫液再生质量。但这种方法将改变再生塔的汽液比,为维持合适的塔顶温度和贫液再生质量,需增加重沸器蒸汽量,因此塔底重沸器换热能力限制了溶液补充的速度。此外,补充溶液管线接入点一般是在酸水分液罐液位调节阀后,存在一定安全隐患,若补充泵抽空或停运可能引起酸水和酸气反窜回溶液配制罐,造成安全事故。

(2)溶液补充至再生塔中部。

溶液补入再生塔中部可以获得较大的补充速度,通过二次蒸汽可对补充液加热升温解析,但大量冷溶液在二次蒸汽入塔口上方进入再生塔,会造成再生塔中下部温度下降较快,影响贫液出塔温度,因而要适当加大重沸器蒸汽量,二者直接影响进入塔上方的二次蒸汽量,从而对酸气量造成影响,可能导致下游硫黄回收单元波动。此外,溶液由塔的中上部加入再生塔,可能使溶液配制罐中的杂质沉积在各层塔盘上,降低塔盘的通过能力。

(3)溶液补充至再生塔底或贫液出塔管线。

溶液补入再生塔底或贫液出塔管线,同样可以在短时间内对系统补充大量溶液。这两种方法在装置开产进溶液过程中或装置运行期间再生塔液位偏低时防止溶液循环泵抽空作用尤其明显。但存在补充溶液质量影响产品气质量的风险。在相同情况下,补充至再生塔底的办法更加合理。其原因有:

①少量溶液进入再生塔底与大量热贫液混合,可以解吸出溶液中所含 H_2S,而溶液加入贫液出塔管线则无法进行解吸,影响进入吸收塔的贫液质量。

②当补充溶液进入再生塔底时,溶液中的杂质可以缓慢沉积在塔底;而补充至贫液出塔管线,可能造成溶液循环泵进口粗滤器快速堵塞,严重时造成抽空,损坏设备。

③冷溶液加入再生塔底,对出塔贫液温度影响较小,而直接加入出塔贫液管线,会降低与富液换热的温度,导致入再生塔富液温度下降,造成再生塔温度、蒸汽量等工艺参数波动。

(4)溶液补充至重沸器半贫液入口管线。

通过这种方式,溶液经重沸器加热后进入再生塔,可以获得很好的解吸效果,降低溶液中 H_2S 含量,避免对脱硫脱碳过程造成影响;另一方面,补充液经过重沸器后进入再生塔为热介质,对再生塔的温度影响较小。但这种方法直接降低了进入重沸器的半贫液温度,为维持所需要的连续二次蒸汽量,必须在短时间内增加重沸器蒸汽量。因而出于对系统平稳操作的角度考虑,要尽量控制好补充溶液的流量。

GBA005 胺液减压蒸馏复活方法及原理

(二)醇胺液复活方法及原理

脱硫脱碳胺液在生产运行一段时间后,虽然经过过滤等手段能除去其中一部分杂质,但随着时间推移,其中的烃类物质、热稳定性盐(HSS)和降解产物如二甘氨酸、甲酸盐、乙酸盐等逐渐增多,不仅造成醇胺的变质,还会使吸收液的有效胺浓度下降,影响溶液酸气负荷,而且不少变质产物使溶液腐蚀性增强,易起泡和增加溶液黏度。目前国内外对热稳态盐的处理技术除传统加碱减压蒸馏外,还有离子交换及电渗析技术。

1. 减压蒸馏溶液复活方法及原理

减压蒸馏溶液复活技术是指含噁唑烷酮和其他固体杂质的醇胺溶液在绝对压力为100mmHg以下的复活釜装置中蒸馏分离再生成复活溶液。减压蒸馏复活工艺流程如图1-1-5所示。

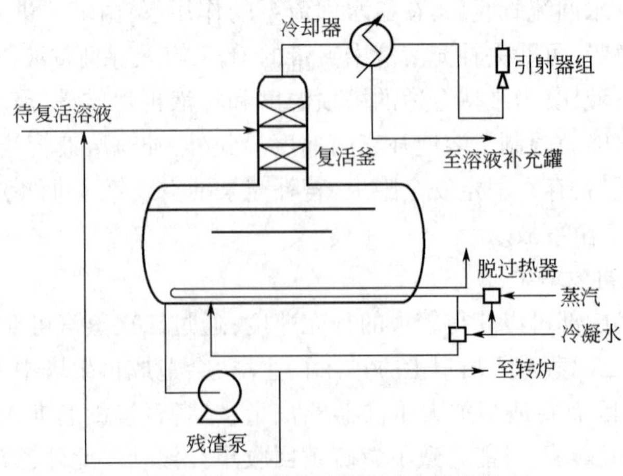

图1-1-5 减压蒸馏复活工艺流程

待复活的醇胺溶液排至复活釜中，当复活釜中溶液在80%左右时，开启复活釜引射器组，将压力降到100mmHg(绝对压力)以下。引入中压蒸汽，开启脱过热器，调节中压蒸汽温度至190~200℃，进入复活釜重沸器。当复活釜底温度上升至150℃时，引入蒸汽汽提。复活馏出物从复活釜顶蒸馏出后冷却备用。当复活釜中的噁唑烷酮和残渣积累到高液位时，停止复活，通入氮气将系统由负压升为常压，清除残渣液至转炉灼烧处理。

GBA006 胺液离子交换复活方法及原理

2. 离子交换复活方法及原理

离子交换技术脱除热稳定盐工艺由除盐、清洗、再生、清洗四个步骤组成一个周期。第一步利用离子交换树脂脱除胺液中的热稳定盐。当离子交换树脂达饱和后，进行第二步，用软水冲洗树脂内残留的胺液回到系统中，如果污染程度较严重时，可以采用加入表面活性剂和分散剂的方法。然后，用5%的碱液对树脂进行再生。再生完毕后，树脂中存在大量碱液，这部分碱液不能带入系统中，需要用软水进行冲洗，污水排放，然后开始第二个周期。其中表面活性剂可以增加树脂表面的亲水性，而分散剂则可以保证从树脂上脱离下来的颗粒可以被分散到水溶液中去。

原理：离子交换树脂的单元结构主要由两部分组成：不溶性的三维空间网状骨架、连接在骨架上的功能基和功能基团所带的相反电荷的交换离子。离子交换工艺具有可深度净化、效率高及可综合回收等优点。在水溶液中，连接在离子交换树脂固定不变的骨架上的功能基能离解出可交换离子，这些离子在较大范围内可以自由移动并能扩散到溶液中，同时，溶液中的同类型离子也能扩散到整个树脂多孔结构内部。这两种离子之间的浓度差推动它们互相交换，其浓度差越大，交换速度就越快；同时由于离子交换树脂上所带的一定的功能基对于各种离子的亲和力大小各不相同，所以在人为控制的条件下，功能基离解出来的可交换离子就可与溶液里的同类型离子发生交换。

离子交换复活应用较多的主要是AmiPur工艺、HSSX工艺，下面对这两种工艺进行简要介绍。

1) AmiPur工艺

由加拿大Eco-Tec公司基于往复式离子交换技术(Recoflo工艺)开发出的AmiPur工艺用于脱除胺液中阴离子类杂质，其工艺流程如图1-1-6所示。工艺关键操作分为胺液净化和树脂加碱再生两个步骤，由自动控制系统进行切换，循环周期为20min左右。贫胺溶液经过换热、冷却和过滤后，抽取部分进入离子交换树脂柱以除去HSS，净化后的胺液直接进入贮槽或回到胺液循环中。

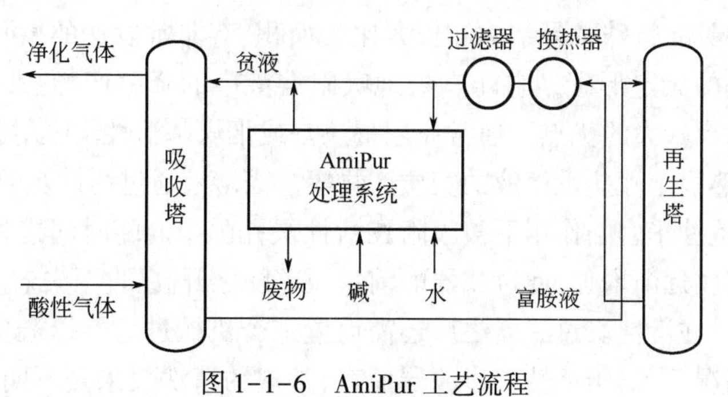

图1-1-6　AmiPur工艺流程

2) HSSX 工艺

由美国 MPR Service 公司开发的 HSSX 工艺，采用特殊的离子交换树脂技术脱除胺液中降解产物和热稳定盐。该工艺主要利用离子交换树脂在不同浓度的溶液中，其吸附离子可以交换的特性去除热稳定性盐和氨基酸胺。该工艺采用的树脂为Ⅱ型树脂，对离子的选择性为：$OH^- > HCOO_3^- > I^- > NO_3^- > B_r^- > Cl^- > CH_3COO^- > F^-$。Ⅱ型树脂在再生时与 OH^- 的亲和力较大，再生效率高。

HSSX 工艺常与用于脱除固体颗粒及悬浮物的过滤技术 SSX 组合使用，胺液净化工艺流程如图 1-1-7 所示。

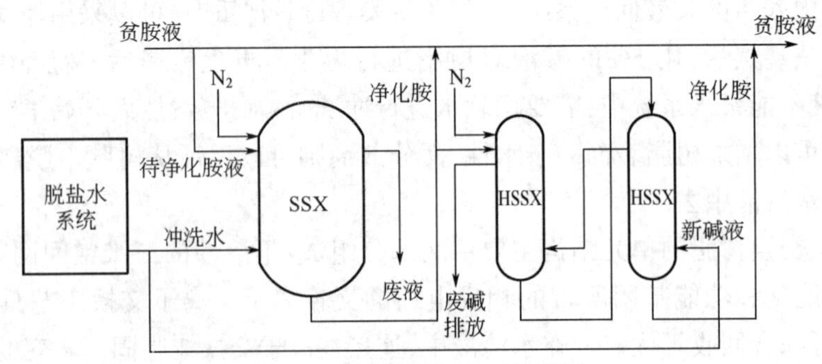

图 1-1-7　离子交换工艺流程

自贫液管线来的部分胺液进入固体悬浮物去除单元（SSX），从固体悬浮物去除单元（SSX）出来的胺液部分返回贫液管线，另一部分胺液进入热稳定盐去除单元（HSSX）后返回贫液管线。根据固体悬浮物去除单元（SSX）的压差情况和设计给出的再生时间，分别用除盐水和碱液进行自动再生。来自公用系统的除盐水进入固体悬浮物去除单元（SSX）；来自碱液配制罐的碱水由泵送至热稳定盐去除单元（HSSX）。再生过程的废水，进入污水处理装置。

GBA001 活性炭过滤器结构及工作原理

四、醇胺法脱硫脱碳工艺相关设备及工作原理

（一）活性炭过滤器结构及工作原理

活性炭过滤器进液口设有布料器，内部活性炭和瓷球上下交叉分层装填。成套设备的本体外部装置有各种控制阀门、流量计和压力表，采用颗粒状活性炭的床层作滤料。原则上活性炭过滤器过滤量不得低于循环量的10%。

活性炭是一种具有特殊微晶结构和较大比表面积、有非常发达的微孔结构且有极强吸附能力的类似石墨的无定形碳。它能有效地吸附溶液中的降解产物，具有比重轻、孔隙率大、耐磨性强、吸附容量大的优点。通常使用褐煤基或烟煤基活性炭吸附胺液中的表面活性剂、有机酸、烃类、热稳定性盐及溶液的变质产物等。当溶液通过活性炭的孔隙时，各种悬浮颗粒、有机物等在范德华力的作用下被吸附在活性炭孔隙中。随时间推移活性炭的孔隙内和颗粒之间的截留物逐渐增加，使过滤器的前后压差随之升高，直至失效。

在实际生产中，在活性炭过滤器之后还需设置一个机械过滤器以避免活性炭粉尘进入溶液系统。一般情况下，对于活性炭过滤器而言，常规的清洗效果是不明显的，可以采用蒸

气加热方式再生,也可采用专门的再生装置,有利于排除滤层中的沉渣、悬浮物等,并防止滤料板结,使其充分恢复过滤能力,从而达到清洗的目的。当活性炭吸收达到饱和后而再生效果不明显时,通常进行更换,一般活性炭更换期为半年至一年。活性炭过滤器结构如图1-1-8所示。

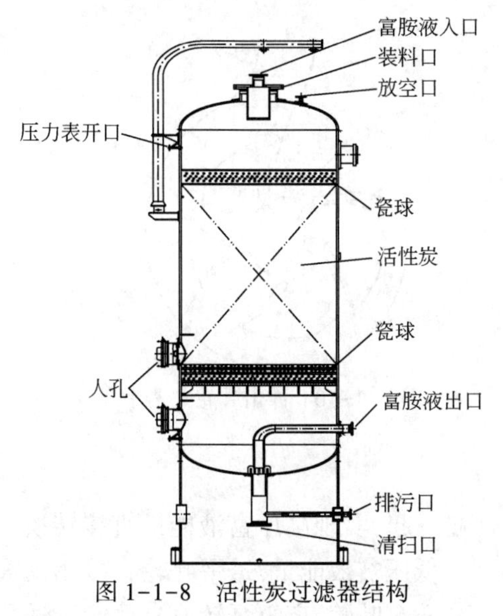

图1-1-8　活性炭过滤器结构

GBA002　活性炭过滤器填料装填要求

活性炭过滤器填料装填方式如下:

(1)关闭活性炭过滤器进口阀,启动贫液置换泵将过滤器富液置换至再生塔,直至过滤器出口溶液 H_2S 含量满足要求(一般要求小于0.3g/L),停运贫液置换泵,并关闭活性炭过滤器出口阀。

(2)打开活性炭过滤器顶部放空阀泄压;打开底部溶液回收阀将溶液回收至溶液配制罐。

(3)溶液回收完成后,打开氮气入口阀,对活性炭过滤器进行置换,氮气置换合格后,关闭氮气入口阀;打开空气进口阀,进行空气置换,空气置换合格后,关闭空气进口阀。

(4)打开活性炭过滤器人孔,清除旧活性炭,作业人员在佩戴必要安全防护设备后进入活性炭过滤器,对底部残余旧活性炭进行清理。

(5)用新鲜水清洗活性炭过滤器,清洗干净瓷球,用除盐水洗净活性炭。

(6)完成清洗后,封底部人孔,填装瓷球和活性炭。

(7)氮气置换活性炭过滤器,待置换合格后,关闭底部排气阀,并用氮气升压至0.6MPa进行检漏。

GBA003　能量回收透平结构及工作原理

(二)能量回收透平结构及工作原理

透平是将流体介质中蕴有的能量转换成机械能的机器,又称涡轮、涡轮机。透平的工作条件和所用介质不同,因而其结构多种多样,但基本工作原理相似。透平最主要的部件是旋转元件(称转子或叶轮),被安装在透平轴上,具有沿圆周均匀排列的叶片。流体所具有的能量在流动中经过喷管时转换成动能,流过转子时流体冲击叶片,推动转子转动,从而驱动透平轴旋转。透平轴直接或经传动机构带动其他机械输出机械功。能量回收透平按所用的流体介质不同可分为液力透平、蒸气透平、燃气透平和空气透平等。

根据液力透平结构不同,常用于脱硫脱碳高压富液能量回收的液力透平有以下三种。

1. 反转泵式透平(RRPT)

该设备是根据流体力学相似理论把离心泵的叶轮进行可逆式设计,其他部件与离心泵完全相同,如图1-1-9所示。按照RRPT扬程不同,又可分为单级和多级反转泵式透平,其效率一般不超过71%。

2. 冲击叶轮式透平(PIT)

该设备与大型蒸汽轮机的结构相似,设有多个高压喷嘴,高压液体直接冲击叶轮旋转,将液体的高压能量转化成透平轴的旋转机械能输出,适合于高扬程和中小流量的工况使用,能量回收效率在80%以上，如图1-1-10所示。

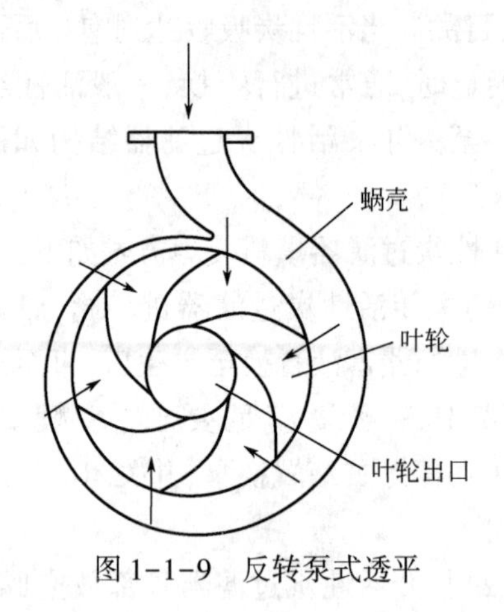

图1-1-9　反转泵式透平

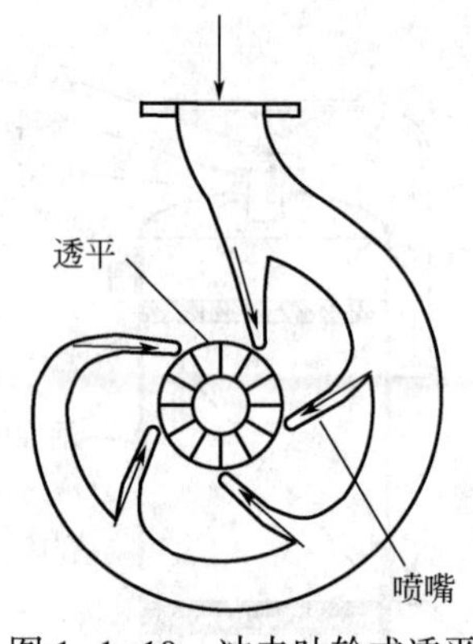

图1-1-10　冲击叶轮式透平

3. 透平增压泵

该设备把冲击叶轮式透平与离心泵完美地结合在一起，实现高压富液能量直接转换为低压贫液能量，透平叶轮直接驱动离心泵叶轮，离心泵转速自适应于透平转速，高速旋转，运行可靠，透平和泵的综合能量转化效率最高达81%。由于透平增压泵叶轮能自动适应透平叶轮的转速，受富液流量和压力的变化影响较小，使透平增压泵始终保持高效率。此外，由于透平增压泵结构简单，转动部件少，没有机械密封、滚动轴承、超越离合器和润滑系统，因而运行安全、可靠，故障率极低、噪声低、无泄露、绿色环保。

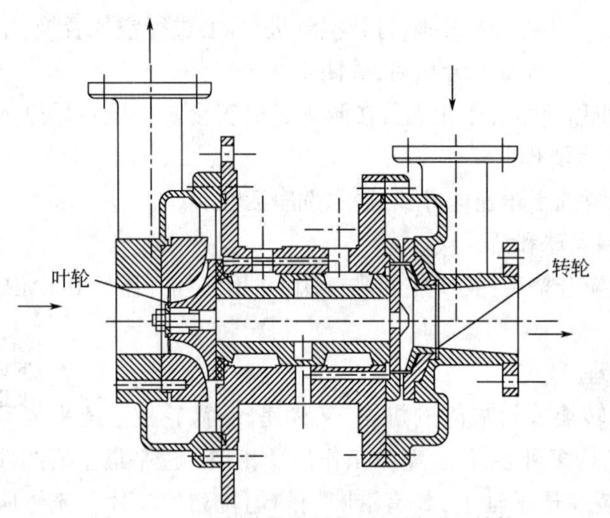

图1-1-11　液力能量回收透平增压泵结构

能量回收透平增压泵结构如图1-1-11所示。

项目二　启、停脱硫脱碳溶液循环泵

一、准备工作

(1)设备：溶液循环泵。

(2)材料、工具：笔1支、记录本1个、活动扳手1把、F扳手300~800mm、测温仪1个、振动仪1个、听针1个、对讲机1部、工具包1个、润滑油1盒、垫片1件等。

(3)人员:净化操作工2人。

二、操作规程

说明:本操作规定脱硫脱碳溶液循环泵备用台进口阀全开,其他阀门处于全关带压备用状态。

(1)检查备用台工艺流程,确认阀门处于正确开关状态。

(2)备用台启运前的检查。

① 确认电源、接地线正常。

② 确认现场仪表投运正常。

③ 确认泵及电动机完好,各连接螺栓紧固。

④ 确认润滑油油位及油品质量正常。

⑤ 确认吸入端液位正常。

⑥ 打开备用台循环冷却水进、出口阀,并调整至合适开度。

⑦ 对备用台进行罐泵排气,确认各密封正常。

⑧ 盘车正常。

(3)启运备用台溶液循环泵。

① 首先启运备用台润滑油油泵。

② 检查油泵运行正常。

③ 若有回流,先微开回流阀,按下启动按钮。

④ 待启运台溶液循环泵出口压力达到额定压力后,缓慢打开出口阀,同时关闭回流阀,直至出口阀全开,回流阀关闭。

⑤ 联系中控室监控贫液循环量、吸收塔、再生塔液位等运行参数。

(4)检查启运台运行参数。

① 检查泵及电动机运转声音、温度、振动情况。

② 检查泵进、出口压力。

③ 检查润滑油油位、油压、油温。

④ 检查各密封点有无泄漏,电流值是否正常。

(5)停运运行台。

① 两台溶液循环泵并列运行稳定后,联系中控室调整贫液流量,准备停运运行台溶液循环泵。

② 缓慢关闭运行台溶液循环泵出口阀,同时打开运行台回流阀,监控启运台溶液循环泵出口压力。

③ 启运台溶液循环泵出口压力无明显波动,继续关闭运行台出口阀,直至出口阀全关,用回流阀控制其出口压力。

④ 运行台出口阀全关后,按下运行台溶液循环泵停运按钮。

⑤ 电动机停止转动后,关闭回流阀。

⑥ 运行台停运后,再次检查启运台的运行情况。

⑦ 停运台轴承温度冷却后,停运油泵。

⑧ 停运台润滑油温度冷却后,关闭循环冷却水阀门,并排尽冷却水。

(6)回收停运台溶液,清洗滤网并复位,试压备用。

① 关闭停运台溶液循环泵进口阀,打开溶液回收阀和排气阀回收溶液。

② 溶液回收干净后关闭溶液回收阀和排气阀。

③ 拆卸泵进口粗滤器盲板,清洗粗滤器并复位。

④ 微开停运台溶液循环泵进口阀和排气阀,灌泵、排气。

⑤ 灌泵、排气结束后,关闭排气阀进行升压检漏。

⑥ 检漏合格后,全开停运台溶液循环泵进口阀,带压备用。

(7)按要求填写作业过程记录。

(8)打扫场地卫生,整理工具器具。

(9)汇报作业完成情况。

三、技术要求

(1)脱硫脱碳溶液循环泵一般为高压多级离心泵,启、停操作时,防止出现长时间憋泵或大流量过载。

(2)脱硫脱碳溶液循环泵一般设有润滑油及冷却系统,启运前,首先启运润滑油系统,确保润滑油及冷却系统运行正常。

四、注意事项

(1)工艺流程检查时,要确保阀门开关状态正确。

(2)启运前检查时,要仔细,确保具备启运条件。

(3)盘车时,要拆护罩,装护罩时,要紧固;盘车方向与泵转动方向一致,连续盘车三圈以上,确认轴承动作灵活、无卡塞。

(4)按启停按钮、盘车、使用听针、测温仪、记录等不得佩戴手套,检查泵的声音、振动时,时间不能过短。

(5)启、停溶液循环泵时,要控制泵出口压力在正常范围。

(6)循环泵排气和启运时,存在溶液泄漏腐蚀皮肤和眼睛等风险,应佩戴护目镜。

(7)正常生产切换时,现场与中控室要随时保持联系,要求无扰动切换。

(8)作业过程中存在机械伤害、触电等风险,应正确穿戴劳保用品,一人操作一人监护。

项目三 启、停能量回收透平

一、准备工作

(1)设备:能量回收透平、溶液循环泵。

(2)材料、工具:笔1支、记录本1个、活动扳手1把、F扳手300~800mm、测温仪1个、振动仪1个、听针1个、对讲机1部、工具包1个等。

(3)人员:净化操作工2人以上。

二、操作规程

(1)检查确认。

① 确认溶液循环泵运行正常。

② 检查能量回收透平各紧固件、连接件正常。

③ 检查能量回收透平润滑油油位及油品质量正常。

④ 确认能量回收透平循环冷却水供给正常。

⑤ 确认能量回收透平联轴器完好,转速器正常,PLC 显示屏正常。

⑥ 确认能量回收透平各联锁油压、润滑油油温等联锁无报警现象。

(2)启运能量回收透平。

① 打开能量回收透平循环冷却水进、出口阀,并调整至合适开度。

② 打开能量回收透平贫液置换阀,进行灌液、排气、盘车。

③ 灌液、排气完成后,关闭贫液置换阀。

④ 确认吸收塔、闪蒸罐液位正常,打开能量回收透平流量控制调节阀前后截止阀。

⑤ 缓慢打开能量回收透平进口阀,缓慢打开流量控制调节阀,通过流量调节阀调整透平进液量。

⑥ 打开能量回收透平进口阀和流量调节阀的同时,缓慢关闭富液至闪蒸罐液位调节阀,直至全关,保持进入闪蒸罐富液流量稳定。

⑦ 逐步开大能量回收透平流量调节阀,稳步提高透平转速,当透平转速达到与溶液循环泵啮合的转速后,将其与溶液循环泵啮合。

⑧ 啮合成功后,观察电动机电流变化情况,检查能量回收透平及溶液循环泵运转声音、温度、振动情况,检查密封点有无泄漏。

⑨ 能量回收透平运行平稳后,投运相关联锁。

⑩ 监控吸收塔、闪蒸罐及再生塔液位。

(3)停运能量回收透平。

① 确认能量回收透平具备停运条件。

② 缓慢打开富液至闪蒸罐液位调节阀,同时缓慢关闭能量回收透平流量调节阀。

③ 当电动机电流接近离合器啮合电流值时,将离合器脱离溶液循环泵,监控吸收塔及闪蒸罐液位、电动机电流、离合器脱离情况。

④ 全关能量回收透平富液进口流量调节阀,并关闭其前后截止阀。

⑤ 调整吸收塔至闪蒸罐液位调节阀开度,保持吸收塔、闪蒸罐液位稳定。

⑥ 打开能量回收透平贫液置换阀,置换透平内富液。

⑦ 透平置换合格后,关闭能量回收透平贫液置换阀及进出口阀,回收能量回收透平内溶液。

⑧ 检查溶液循环泵运转声音、温度、振动情况,检查密封点有无泄漏。

⑨ 确认吸收塔、闪蒸罐液位正常后,投入相关联锁。

⑩ 待能量回收透平冷却后,关闭循环冷却水。

(4)按要求填写作业过程记录。

(5)打扫场地卫生,整理工具器具。

(6)汇报作业完成情况。

三、技术要求

(1)能量回收透平与溶液循环泵啮合、脱离时,一定要仔细确认转速是否达到条件,不能随意或强行进行啮合、脱离,避免对联轴器、传动轴等部件造成损坏。

(2)能量回收透平运行正常后,应保持转速稳定,避免富液流量大幅度波动造成设备损坏;需要调整吸收塔、闪蒸罐液位时,一般情况下通过透平机旁通管线流量调节阀进行微调。

四、注意事项

(1)能量回收透平灌泵、排气时及与溶液循环泵啮合、脱离过程,要密切监视吸收塔、闪蒸罐液位变化,出现波动,应及时进行调整。

(2)能量回收透平及溶液循环泵启、停过程中,存在机械伤害等风险,作业人员要严格按照操作规程要求逐步确认操作程序,正确穿戴劳保用品。

(3)能量回收透平投运后发生泄漏,泄漏介质为醇胺富液,易溢出 H_2S 造成人员中毒,操作人员应佩戴便携式 H_2S 气体检测仪,1 人监护 1 人操作。

项目四　切换脱硫脱碳单元贫富液换热器

一、准备工作

(1)设备:脱硫脱碳单元贫富液换热器。

(2)材料、工具:笔 1 支、记录本 1 个、活动扳手 1 把、F 扳手 300~800mm、对讲机 1 部、工具包 1 个、锁具 1 套等。

(3)人员:净化操作工 2 人、维修人员 2 人。

二、操作规程

说明:本操作规定脱硫脱碳单元贫富液换热器备用台贫、富液端进出口阀处于关闭状态。

(1)确认备用贫富液换热器工艺流程。

① 确认备用贫富液换热器贫富液进出口阀、排污阀、排气阀均处于正常开关状态。

② 确认备用贫富液换热器压力表、温度计、差压计工作正常。

③ 确认备用贫富液换热器连接紧固,无泄漏,处于完好备用状态。

(2)投用备用贫富液换热器。

① 打开贫富液换热器贫、富液端排气阀,排尽气体后关闭。

② 联系中控室。

③ 微开备用贫富液换热器贫、富液出口阀,贫富液换热器缓慢预热。

④ 当贫富液换热器贫富液出口温度开始至正常温度时,缓慢增加贫富液进口阀开度,

控制温度稳定，直至全开。

⑤ 两台贫富液换热器并列运行，观察投用贫富液换热器运行情况。

(3) 停运贫富液换热器。

① 当投运贫富液换热器运行正常后，缓慢关闭待停运贫富液换热器贫富液进口阀。

② 当停运过滤器贫富液进口阀关闭完成后，关闭贫富液换热器贫液出口阀。

(4) 停运贫富液换热器富液段贫液置换，回收溶液。

① 检查并打通贫液置换流程。

② 启运贫液置换泵，置换停运富液管路。

③ 置换合格后，停止贫液置换，关闭停运富液出口阀，锁定进出口阀。

④ 打开溶液回收阀，回收停运贫富液换热器溶液。

⑤ 回收干净后，关闭停运台溶液回收阀和排气阀。

(5) 拆卸、清洗、复位、试压备用。

① 联系维修人员拆卸、清洗。

② 清洗干净后，复位。

③ 复位后，确认停运台工艺流程。

④ 对停运贫富液换热器进行灌液、排气，试压。

⑤ 试压合格后，解除贫富液进出口阀门锁具。

(6) 按要求填写作业过程记录。

(7) 打扫场地卫生，整理工具器具。

(8) 汇报作业完成情况。

三、技术要求

(1) 贫富液换热器投运前应预热，温度达到要求后才能投用。

(2) 贫富液换热器切换时应保证贫富液流量平稳，防止断流或流量大幅度波动。

(3) 贫富液换热器停运后，富液端应先采用贫液置换，再回收溶液，防止富液中 H_2S 释放。

(4) 贫富液换热器停运后应清洗入口过滤网。

(5) 贫富液换热器备用时应灌注满贫液，排气彻底后备用。

四、注意事项

(1) 贫富液换热器切换过程中存在高温烫伤风险，应穿戴好劳动保护用品。

(2) 作业区域存在 H_2S 泄漏风险，作业前观察风向，留人监护。

(3) 切换操作时，现场应与中控室保持联系，监控贫富液温度及流量变化，保持运行平稳。

(4) 备用换热器投运前应确认贫富液端充满溶液，防止换热器内残留气体，影响换热效果。

(5) 贫富液换热器富液端排气时，应做好安全措施，防止 H_2S 溢出导致中毒。

(6) 贫富液换热器预热时应缓慢进行，防止温度受热不均损坏设备。

(7)停运时必须确认投用换热器运行正常,进出口阀全开。

(8)停运换热器关闭时应密切注意运行换热器运行参数,当温度或流量出现异常时,应及时停止操作,检查原因并处理。

(9)停运贫富液换热器富液端贫液置换时,应控制好置换流量,监控富液温度和流量变化,缓慢操作,保持系统运行平稳。

(10)停运贫富液换热器清洗复位后,灌液、排气时应采用低温贫液,试压合格后备用。

项目五　清洗脱硫脱碳富液活性炭过滤器

一、准备工作

(1)设备:活性炭过滤器。

(2)材料、工具:笔1支、记录表1个、F扳手300~800mm、对讲机1部、工具包1个、锁具1套等。

(3)人员:净化操作工2人。

二、操作规程

(1)停运富液活性炭过滤器。

① 先缓慢开大活性炭过滤器旁通阀。

② 关闭活性炭过滤器进口阀。

③ 停运过程中,操作要缓慢,防止系统出现波动。

(2)贫液置换,回收溶液,氮气置换,空气吹扫。

① 检查并导通贫液置换流程。

② 按程序启运贫液置换泵,对活性炭过滤器进行置换。

③ 置换合格后,停运贫液置换泵,关闭活性炭过滤器出口阀。

④ 回收活性炭过滤器溶液。

⑤ 回收干净后,关闭溶液回收阀。

⑥ 氮气置换活性炭过滤器。

⑦ 氮气置换合格后,关闭氮气阀。

⑧ 氮气置换合格后,对活性炭过滤器进出口阀、氮气阀进行锁定并盲断。

⑨ 空气吹扫活性炭过滤器。

⑩ 空气吹扫合格后,关闭空气阀。

(3)拆卸、更换活性炭并复位。

① 联系拆卸活性炭过滤器,清掏过滤器内活性炭和瓷球,清洗过滤器内壁,检查活性炭过滤器内部腐蚀情况。

② 装填时,检查过滤器筛网安装质量,监督瓷球和活性炭装填质量。

③ 装填完毕后,联系复位。

(4)凝结水清洗、浸泡。

① 确认工艺流程,加入凝结水进行清洗。

② 清洗干净后,进行凝结水浸泡。

③ 浸泡时间足够后,停止浸泡,排尽浸泡水,关闭排污阀。

(5)灌注贫液、排气、试压检漏。

① 解除锁定和盲板,并检查工艺流程。

② 用贫液或凝结水,进行灌液排气。

③ 排气完毕进行试压检漏直至合格。

(6)投运富液活性炭过滤器。

① 先按程序投运富液活性炭过滤器后过滤器。

② 缓慢打开活性炭过滤器进口阀,再打开活性炭过滤器出口阀。

③ 关小活性炭过滤器旁通阀,调整至规定流量。

④ 投运后,及时检查活性炭过滤器和后过滤器压差及各点参数。

⑤ 后过滤器压差达到规定值后,需及时清洗。

(7)按要求填写作业过程记录。

(8)打扫场地卫生,整理工具器具。

(9)汇报作业完成情况。

三、技术要求

(1)活性炭过滤器容积较大,存液量较多,投运时,要求操作缓慢,采取多次灌装,需关注系统液位,及时补充溶液。

(2)装填活性炭和瓷球时,严格按设计要求装填,保证装填质量。

(3)投运活性炭过滤器前,必须将活性炭清洗干净,浸泡彻底,防止活性炭对溶液系统造成二次污染。

(4)活性炭过滤器一般采用部分过滤,投运时,必须调整过滤量至设计要求,满足过滤效果。

四、注意事项

(1)停运或投运活性炭过滤器过程中,现场与中控室要保持联系,操作要缓慢,防止系统出现大幅波动,要求随时监控各点参数,并及时处理。

(2)贫液置换后,要及时关闭活性炭过滤器出口阀,防止富液倒流。

(3)停产回收溶液时,必须回收干净,防止溶液损失。

(4)氮气置换合格后,要及时对活性炭过滤器进行盲断,防止有毒有害介质进入设备。

(5)更换的活性炭及瓷球必须放到指定地点。

(6)凝结水清洗浸泡时,必须清洗干净,浸泡时间要充足,清洗浸泡水必须排放到污水处理装置。

(7)灌液排气时,要防止溶液损失,同时密切监控各点液位。

(8)试压检漏时,压力要达到规定值,防止超压和压力不足。

(9)投运活性炭过滤器要缓慢进行,投运后应加强后过滤器检查频率,压差达到规定值后,要及时停运清洗。

(10)活性炭过滤器泄漏,会引起富液溢出,操作时应佩戴便携式 H_2S 报警仪,一人操作一人监护,注意观察风向。

项目六　分析及处理脱硫脱碳单元异常

GBA009 胺法脱硫脱碳溶液损失原因分析及处理措施

一、分析及处理醇胺法脱硫脱碳溶剂损失

醇胺消耗量是衡量胺法脱硫脱碳单元的重要经济指标之一,溶液损失主要是由气流夹带、溶液蒸发和醇胺降解以及机械损失引起的。通过采取平稳操作、溶液氮气保护、严格控制再生温度、设备维护保养以及杜绝跑、冒、滴、漏等措施,可以有效降低溶液损失。当溶液系统存液量减少,溶液中醇胺浓度下降,应及时向系统补充溶液。

(一)准备工作

(1)设备:脱硫脱碳单元。

(2)材料、工具:笔1支、记录表1个、F扳手300~800mm、对讲机1部、工具包1个等。

(3)人员:净化操作工2人以上。

(二)操作规程

(1)检查脱硫脱碳单元各点参数,查明溶液损失点位置,分析造成溶液损失的原因。

(2)根据溶液损失程度,确定最迅速、有效的补救方案和措施。

(3)调整脱硫脱碳吸收塔、闪蒸罐及再生塔液位,避免窜气事故发生。

(4)适当手动提高重沸器蒸气量,补充溶液至再生塔。

(5)密切监控再生塔、溶液配置罐液位。

(6)硫黄回收单元调整配风操作,控制主燃烧炉温度。

(7)因气液夹带损失,应回收湿净化气分离器、燃料气罐内溶液,并及时补充至溶液系统。

(8)因系统溶液污染、变质造成溶液损失,要及时对溶液进行过滤和氮气保护,回收部分溶液进行复活,更换部分新溶液。

(9)因清洗、切换溶液机械过滤器或投运活性炭过滤器造成溶液损失的,回收溶液时应尽量干净,同时及时补充溶液维持各塔罐正常液位。

(10)因设备、管线出现跑、冒、滴、漏,造成溶液大面积泄漏,应立即联系检维修人员抢修设备,维持装置生产;无法进行检修时,立即汇报,按上级指令操作。

(11)按要求逐项填写作业记录。

(12)打扫场地卫生,整理工具器具。

(13)汇报作业完成情况。

(三)注意事项

(1)补充溶液质量不高或补充速度过快都有可能造成贫液质量下降,导致湿净化气净化度下降,甚至出现湿净化气不合格。在实际操作中,要严格按照溶液补充操作规程进行。

(2)富液大面积泄漏会造成高浓度 H_2S 解析、聚集,易造成人员中毒,作业人员需佩戴空气呼吸器和便携式 H_2S 气体报警仪,加强现场监护,作业时注意观察风向。

(3)回收湿净化气分离器溶液时要控制好阀门开度,加强液位、压力监控,防止出现窜压。

GBA010 吸收塔窜气至再生塔原因分析及处理措施

二、分析及处理吸收塔窜气至再生塔

吸收塔窜气至再生塔的概率很低,主要原因是贫液循环泵意外停运后,贫液管道阀门失效,未及时关闭截断阀造成的。如果发生高压气体直接窜入低压再生塔,将会造成极大危害。可能造成的危害包括:低压设备超压爆炸、有毒气体大量泄漏以及火灾事故。当发生吸收塔窜压至再生塔时,再生塔压力瞬间超高、安全阀起跳、酸气放空;酸气压力调节阀开度增大,硫黄回收单元主燃烧炉温度升高、回压迅速上升。

(一)准备工作

(1)设备:脱硫脱碳单元。

(2)材料、工具:笔 1 支、记录表 1 个、F 扳手 300~800mm、对讲机 1 部、工具包 1 个等。

(3)人员:净化操作工 2 人以上。

(二)操作规程

(1)吸收塔窜气至再生塔时,贫液低流量联锁阀故障未关闭,中控室应手动关闭贫液流量调节阀。

(2)现场手动关闭贫液低流量联锁阀,关闭贫液流量调节阀前后截断阀,联系仪表检维修人员检修、调节贫液低流量联锁阀。

(3)关闭溶液循环泵出口阀,停运溶液循环泵。

(4)打开再生塔酸气放空压力调节阀,关小酸气流量调节阀,控制进入硫黄回收单元的酸气量。

(5)酸气低流量时,主燃烧炉启动混合燃烧,同时在回收程控中关闭酸气入炉,避免硫黄回收单元停车。

(6)关闭净化气压力调节阀,停止向下游输送净化气。

(7)手动打开原料气放空联锁阀和调节阀,原料气手动放空。

(8)高压段保压,进一步检查吸收塔窜气至再生塔的原因。

(9)查明原因,待设备、仪表检修完成,吸收塔、再生塔液位及压力恢复正常后,关闭酸气放空阀,操作人员佩戴安全防护器材对设备、管线及附件进行检查。

(10)检查正常后,对贫液管路系统进行排气。

(11)排气完毕后,启运溶液循环泵进行溶液循环。

(12)逐步向系统进原料气,调整溶液循环量,当净化气合格后外输。

(13)酸气流量正常后,硫黄回收单元进酸气恢复生产。

(14)按要求逐项填写作业记录。

(15)打扫场地卫生,整理工具器具。

(16)汇报作业完成情况。

（三）注意事项

（1）原料气放空时应观察火炬燃烧情况，同时根据高压段压力调节原料气放空阀开度，防止带液。

（2）出现吸收塔窜压至再生塔事故后，需按窜压应急预案处理，尽量降低危害程度。

GBA011 吸收塔冲塔原因分析及处理措施

三、分析及处理吸收塔冲塔

当发生吸收塔冲塔时，吸收塔液位迅速下降，吸收塔差压先上升然后迅速下降，湿净化气分离器液位迅速上升，湿净化气 H_2S 含量迅猛上升。

（一）准备工作

（1）设备：脱硫脱碳吸收塔。

（2）材料、工具：笔 1 支、记录表 1 个、F 扳手 300~800mm、对讲机 1 部、工具包 1 个等。

（3）人员：净化操作工 2 人以上。

（二）操作规程

（1）关闭脱硫脱碳吸收塔液位调节阀，维持吸收塔液位，防止窜气。

（2）适当降低溶液循环量，调整系统液位。

（3）微关净化气压力调节阀，提升吸收塔操作压力，适当降低原料气处理量，关注净化气质量变化。

（4）在以上操作无明显改善的情况下，立即向溶液系统适当加入阻泡剂，减小溶液发泡程度，并及时对溶液过滤滤芯进行更换和原料气过滤分离设备进行排污操作。

（5）回收湿净化气分离器溶液，并补充回溶液系统，溶液仍然还不够，及时补充溶液。

（6）经调整操作后，吸收塔冲塔现象得到有效的控制和消除，适量开大净化气压力调节阀和贫液流量调节阀，逐步恢复至正常生产；装置恢复平稳后，将各调节阀置于自动运行状态。

（7）短时间内吸收塔冲塔现象得不到有效的控制和消除时，立即进行紧急停产操作，彻底查明原因并消除；清洗脱硫脱碳吸收塔，对设备进行检查、检修。

（8）按要求逐项填写作业记录。

（9）打扫场地卫生，整理工具器具。

（10）汇报作业完成情况。

（三）技术要求

吸收塔冲塔时带液现象比较明显，在保证湿净化气质量的前提下，可以采取适量降低溶液循环量和调整吸收塔贫液入塔层数的方式，控制系统带液量。

（四）注意事项

（1）吸收塔冲塔时，吸收塔液位波动较大，应及时对液位进行操作调整，避免窜气事故发生。

（2）处理吸收塔冲塔是比较缓慢的过程，操作调整时一定要监控好各塔罐液位、压力及湿净化气质量变化，某项操作完成之后，要关注各参数变化，操作幅度不宜过大，以免造成系统波动。

（3）分析处理吸收塔冲塔过程中，要密切监控各点参数，防止出现窜气、超压、带液及净化气超标等事故。

四、分析及处理湿净化气质量超标

GBA012 湿净化气质量超标原因分析及处理措施

(一)准备工作

(1)设备:脱硫脱碳单元。

(2)材料、工具:笔1支、记录表1个、F扳手300~800mm、对讲机1部、工具包1个等。

(3)人员:净化操作工2人。

(二)操作规程

(1)初期处理。

① 首先根据在线分析仪和系统相关参数变化趋势判断湿净化气质量是否超标。

② 确认湿净化气质量超标后,应立即关闭净化气出口阀,将不合格湿净化气进行放空。

③ 联系上游,要求调整原料气气量。

④ 适当提高溶液循环量。

⑤ 适当提高再生温度,调整贫液入塔层数。

⑥ 适当降低贫液入塔温度。

⑦ 通过以上初期处理,湿净化气质量合格后,应尽快恢复外输。

⑧ 通过上述操作湿净化气质量仍然不合格,则需进行全面分析原因并进行处理。

(2)进一步分析原因并处理。

① 查看原料气在线分析仪数据及原料气处理量变化趋势,联系化验取样分析原料气组分并与在线分析仪数据对比。如果因气质气量变化引起,则联系上游调整原料气气质气量。

② 联系化验取样分析溶液浓度,如果溶液浓度偏高,则增加补充水量;如果溶液浓度偏低,则补充溶液或进行甩水操作来调整溶液浓度至正常。

③ 联系化验取样分析贫液组分及H_2S含量,如果贫液再生质量较差,应适当提高再生塔顶温度,提高贫液质量。

④ 查看吸收塔液位及液位调节阀开度、闪蒸气流量及闪蒸气压力调节阀开度、吸收塔压差等变化趋势,判断吸收塔是否发泡、拦液,如果吸收塔发泡、拦液,则采取适当加入阻泡剂、提高吸收塔塔压、提高原料气预处理单元过滤效果、增加溶液过滤器清洗频率、加强溶液系统氮气保护等措施,减缓或消除吸收塔发泡、拦液。

⑤ 查看各塔罐液位及液位调节阀开度、再生塔压差、再生塔塔顶温度、酸气压力及流量、酸气压力调节阀开度等变化趋势,判断再生塔是否发泡、拦液,如果再生塔发泡、拦液,则采取适当加入阻泡剂、提高再生塔塔压、降低重沸器蒸气流量、增加溶液过滤器清洗频率、加强溶液系统氮气保护等措施,减缓或消除再生塔发泡、拦液,保证溶液再生质量。

⑥ 因系统操作不平稳引起,则应平稳操作。

⑦ 吸收塔、再生塔性能下降以及贫富液换热器、重沸器窜漏等设备故障,则采取以下措施:轻微故障时,降低负荷维持生产;严重故障时,停产检修。

⑧ 设备故障停产检修完毕后,应尽快按程序逐步进气恢复生产。

(3)按要求逐项填写作业记录。

(4)打扫场地卫生,整理工具器具。

(5)汇报作业完成情况。

（三）技术要求

湿净化气质量超标时，应首先对湿净化气进行放空，严禁输出不合格净化气，及时进行初期处理，尽快调整操作，恢复生产，输出合格净化气，采用初期处理后，湿净化气仍不合格，则需进一步全面分析原因，逐一排除，并进行相应的处理。

（四）注意事项

（1）确认湿净化气超标后，严禁输出不合格净化气。

（2）放空时，首先观察火炬燃烧情况，操作要缓慢，控制好系统压力，防止带液。

（3）脱硫脱碳单元正常生产时，上游气质气量稳定的情况下，湿净化气质量一般不会出现大幅度波动。日常生产过程中要关注原料气和湿净化气在线分析仪数据变化趋势，及时与化验分析数据对比，出现持续上涨趋势要尽快查明原因并及时处理。

（4）分析处理湿净化气质量超标过程中，要密切监控系统各点参数，防止出现窜气、超压、带液等事故。

GBA013 闪蒸罐压力异常原因分析及处理措施

五、分析及处理闪蒸罐压力异常

闪蒸罐压力异常分为压力升高和降低。造成闪蒸罐压力升高或降低的因素有进入闪蒸罐富液流量变化、闪蒸罐到再生塔富液流量变化、系统溶液发泡、精馏柱内填料堵塞及闪蒸气压力调节阀故障或操作失误等。

（一）准备工作

（1）设备：脱硫脱碳闪蒸罐。

（2）材料、工具：笔 1 支、记录表 1 个、F 扳手 300~800mm、对讲机 1 部、工具包 1 个等。

（3）人员：净化操作工 2 人。

（二）操作规程

（1）首先检查确认闪蒸罐压力控制回路是否正常，出现异常时联系检修。

（2）闪蒸罐压力控制回路正常，则需采取如下措施进行处理：

① 调整吸收塔液位调节阀开度，控制进入闪蒸罐富液量，控制闪蒸罐液位在正常范围。

② 调整闪蒸罐液位调节阀开度，控制进入再生塔富液量，控制闪蒸罐液位在正常范围。

（3）在保证闪蒸气质量正常的情况下，可先适当提高闪蒸罐压力，再迅速打开闪蒸气出口阀，如此反复多次，可暂时缓解精馏柱堵塞情况，操作完成后恢复小股贫液及闪蒸气调节阀开度为正常值。如果依然不能解决精馏柱堵塞，则申请停产检修。

（4）闪蒸罐压力超高时，关小吸收塔富液进入闪蒸罐液位调节阀，开大闪蒸罐至再生塔液位调节阀；打开闪蒸气旁通阀，将闪蒸罐压力降至正常压力范围，维持生产。如果不能维持生产，则申请停产检修。

（5）因系统发泡引起，则按系统发泡拦液处理。

（6）如果闪蒸罐压力、液位变化造成酸气量波动，则及时联系硫黄回收单元调整操作。

（7）因吸收塔窜压造成，则按窜压异常情况处理。

（8）按要求填写作业过程记录。

（9）打扫场地卫生，整理工具器具。

（10）汇报作业完成情况。

（三）注意事项

（1）防止精馏柱堵塞，主要是在装置停产检修时，要清洗和更换精馏柱填料，防止填料内积渣；装置正常生产过程中，加强溶液系统过滤，保持溶液系统清洁。

（2）关注闪蒸罐液位调节阀和闪蒸气压力调节阀运行情况，确保阀门动作灵活、调节到位，如果阀门出现卡涩、调节滞后等现象，要及时进行调节阀检修或 PID 参数整定，确保阀门自动调节时线性平稳。

（3）闪蒸罐压力超高处置结束后，操作人员需佩戴空气呼吸器对设备、工艺管线及仪表附件等设施进行全面检查，防止设备超压后造成连接点泄漏，H_2S 等有毒气体溢出伤人。

（4）处置过程中要防止上游设备窜气造成下游设备超压、爆炸。

（5）处理过程中，防止闪蒸气带液至燃料气系统。

GBA014　再生塔发泡、拦液原因分析及处理措施

六、分析及处理再生塔发泡、拦液

再生塔发泡、拦液对溶液再生质量影响较大，出现发泡拦液时，再生塔温度波动较大，造成贫液再生质量差，影响湿净化气质量。日常生产中，引起再生塔发泡、拦液的主要原因是：溶液污染严重，夹带的固体杂质较多，引起浮阀卡塞，降液管堵塞；重沸器蒸气流量突然增大；进入再生塔的富液流量突然增大；酸水回流量突然增大等。

（一）准备工作

（1）设备：脱硫脱碳单元。

（2）材料、工具：笔 1 支、记录表 1 个、F 扳手 300~800mm、对讲机 1 部、工具包 1 个等。

（3）人员：净化操作工 2 人。

（二）操作规程

（1）适当降低溶液循环量，避免溶液循环泵抽空。

（2）关小酸气压力调节阀，适当提高再生塔压力。

（3）关小闪蒸罐液位调节阀，降低进再生塔富液量。

（4）关小蒸气流量调节阀，适当减少重沸器蒸气量。

（5）如果以上措施不能消除再生塔发泡、拦液时，加入适量阻泡剂。

（6）监控湿净化气在线分析仪数据变化，杜绝不合格净化气外输。

（7）酸气分离器液位过高，增加酸水回流量，及时回收溶液。

（8）联系化验分析人员对溶液进行取样分析，检查溶液质量及组分。

（9）分析溶液浓度，因溶液水含量过高或过低导致溶液发泡，则对溶液组分进行调整。

（10）及时排原料气预处理单元重力分离器、过滤分离器等设备污液。

（11）增加溶液机械过滤器的清洗频率。

（12）调整富液活性炭过滤器过滤量，增大活性炭过滤效果。

（13）溶液较脏，回收部分系统溶液进行复活，补充、更换部分新溶液。

（14）活性炭过滤器压差较大，则更换活性炭过滤器填料。

（15）装置处理恢复正常后，逐步恢复原料气处理量，重沸器蒸气流量、酸气压力调节阀开度恢复至正常值。

（16）短时间内发泡、拦液现象得不到有效控制和消除时，立即进行紧急停产操作，弄清

原因,并及时处理。

(17)按要求逐项填写作业记录。

(18)打扫场地卫生,整理工具器具。

(19)汇报作业完成情况。

(三)技术要求

(1)再生塔发泡、拦液时中控室要加强与现场人员联系,相互确认和对比相关参数,避免因数据错误导致误操作。

(2)再生塔发泡、拦液时,有多项操作同时进行,中控室和现场操作人员要加强沟通、为应急处置争取更多时间。

(四)注意事项

(1)再生塔发泡、拦液时酸气量波动较大,联系硫黄回收单元及时调整操作。

(2)活性炭过滤器内活性炭粉化带入系统,也可能造成再生塔发泡、拦液。日常生产中,要关注活性炭过滤器及后过滤器运行情况。

(3)应定期对溶液铁离子含量进行化验分析检测,发现铁离子含量呈上升趋势时,应及时分析原因,同时对溶液进行离子过滤操作。

GBA015 再生塔液位异常原因分析及处理措施

七、分析及处理再生塔液位异常

脱硫脱碳单元溶液系统吸收塔、再生塔发泡拦液、设备故障或误操作等原因可能引起再生塔液位异常。再生塔液位升高的原因主要有原料气污液进入系统、溶液发泡拦液、系统补充溶液过多、系统补充水量过多及冷换设备窜漏等。再生塔液位降低的原因主要有系统发泡拦液、湿净化气带液、酸气带水、清洗过滤器回收溶液量过大及系统跑、冒、滴、漏等。当再生塔液位出现异常时,需尽快处置,防止溶液循环泵抽空或酸气带液严重时对硫黄回收单元运行造成影响。

(一)准备工作

(1)设备:脱硫脱碳单元。

(2)材料、工具:笔1支、记录表1个、F扳手300~800mm、对讲机1部、工具包1个等。

(3)人员:净化操作工2人。

(二)操作规程

(1)对原料气过滤单元进行排油水操作,防止污水、污油进入溶液系统。

(2)及时更换溶液过滤元件,降低溶液中杂质,降低溶液发泡概率。

(3)补充溶液时,对吸收塔、闪蒸罐、再生塔液位进行全面监控,控制溶液补充量。

(4)对溶液组分进行分析,控制补充水量。溶液水含量低时,及时进行补水操作;溶液水含量高时,及时进行甩水操作。

(5)控制好吸收塔贫液和进料气温度,防止湿净化气带水,增加脱水单元处理负荷。

(6)湿净化气带液时,需及时回收湿净化气分离器或脱水塔分离段内溶液。

(7)控制好再生塔顶酸气温度,避免温度过高或大幅度波动造成酸气带液。

(8)再生塔顶酸气带液时,及时回收酸水分离罐内溶液。

(9)溶液系统设备发生窜漏时,及时切换并检修窜漏设备。

(10)与系统相连的阀门出现窜漏,及时联系检修。

(11)提高巡检质量,杜绝设备和管线跑、冒、滴、漏现象。

(12)保持系统平稳操作。

(13)按要求逐项填写作业记录。

(14)打扫场地卫生,整理工具器具。

(15)汇报作业完成情况。

(三)注意事项

(1)要防止再生塔极低液位抽空,造成溶液循环泵损坏。

(2)关注硫黄回收单元运行情况,及时调整主燃烧炉操作。

(3)关注贫液再生质量,湿净化气质量,严禁不合格净化气外输。

GBA016 再生塔再生效果差原因分析及处理措施

八、分析及处理脱硫脱碳溶液再生效果差

脱硫脱碳溶液再生效果差时,贫液中 H_2S 含量较高,吸收原料气中 H_2S 能力下降,造成湿净化气 H_2S 含量上升,严重时可能造成湿净化气质量不合格。影响脱硫脱碳再生质量的主要因素有:再生温度、再生压力、溶液质量、再生塔发泡拦液及设备故障等。

(一)准备工作

(1)设备:脱硫脱碳单元。

(2)材料、工具:笔1支、记录表1个、F扳手300~800mm、对讲机1部、工具包1个等。

(3)人员:净化操作工2人。

(二)操作规程

(1)初期处理。

① 首先查看贫液残余 H_2S、CO_2 含量分析数据,查看贫液色泽变化,查看湿净化气质量分析数据或在线分析仪数据趋势记录,判断出贫液再生质量好坏。

② 判断出贫液再生质量差,则适当提高再生温度,降低再生压力,提高贫液再生质量。

③ 适当提高溶液循环量,调整贫液入塔温度和贫液入塔层数,平稳操作,控制湿净化气质量。

④ 通过以上处理后,湿净化气质量分析数据仍然偏高,则申请降低原料气处理量,维持生产;湿净化气质量超标,则立即停止净化气外输,再进一步全面分析溶液再生质量差的原因并作对应处理。

(2)进一步分析并处理。

① 查看原料气在线分析仪数据及原料气处理量变化趋势,联系相关人员化验分析原料气、贫液组分,因溶液酸气负荷高,则联系上游适当降低原料气气质气量,降低溶液酸气负荷。

② 富液入塔流量、温度异常,则调整富液入塔流量、温度至正常。

③ 贫富液换热器、重沸器等设备换热效果差,则停产检修。

④ 酸水回流量异常,则调整酸水回流量至正常。

⑤ 重沸器蒸气流量、压力异常,则调整重沸器蒸气流量、压力至正常。

⑥ 因再生塔发泡、拦液,则采取适当加入阻泡剂、提高再生塔塔压、提高原料气预处理单元过滤效果、增加溶液过滤器清洗频率、加强溶液系统氮气保护、适当降低重沸器蒸气流

量等措施,减缓或消除再生塔发泡、拦液。

⑦ 因系统操作不平稳引起,则应平稳操作。

⑧ 因溶液浓度异常,则开大或关小系统补充水阀,调整溶液组分,改善换热和再生效果。

⑨ 再生塔、贫富液换热器、重沸器等设备故障,则采取以下措施:轻微故障时,降低负荷维持生产;严重故障时,停产检修。

⑩ 设备故障停产检修完毕后,应尽快按程序逐步恢复生产。

(3)按要求逐项填写作业记录。

(4)打扫场地卫生,整理工具器具。

(5)汇报作业完成情况。

(三)技术要求

当判断出脱硫脱碳溶液再生效果差时,应首先关注湿净化气质量变化,湿净化气 H_2S 含量有上升趋势,则需及时调整操作,采取相应的初期处理措施,保证净化气质量合格。采用初期处理后,湿净化气 H_2S 含量仍在上升,当湿净化气质量超标时,则立即进行放空处理,严禁输出不合格净化气,再进一步全面分析原因,逐一排除,并进行相应的处理。

(四)注意事项

(1)再生塔再生效果差,直接影响湿净化气质量,在操作调整过程中,要关注湿净化气在线分析仪数据变化,严禁不合格净化气外输。

(2)再生塔再生效果差,直接影响酸气质量,要及时调整硫黄回收单元操作。

(3)调节重沸器蒸气流量时,应及时与锅炉岗联系,避免蒸气总管压力波动。

(4)设备故障,有备用台时,切换备用台,操作要缓慢,避免系统出现大的波动。

(5)分析处理再生质量差的过程中,要密切监控各点参数,防止出现窜气、超压、带液等事故。

GBA017 溶液循环泵流量异常原因分析及处理措施

九、分析及处理溶液循环泵流量异常

溶液循环泵作为脱硫脱碳单元的重要设备,出现流量异常,将会影响脱硫脱碳单元的正常生产。造成溶液循环泵流量异常的因素可能有:流量调节阀故障,泵或吸入管内有空气,泵入口粗滤器堵塞,再生压力或液位过低,管路不畅通,泵本身故障等。

(一)准备工作

(1)设备:溶液循环泵、闪蒸罐、再生塔。

(2)材料、工具:笔 1 支、记录表 1 个、F 扳手 300~800mm、对讲机 1 部、工具包 1 个等。

(3)人员:净化操作工 2 人。

(二)操作规程

(1)中控室检查再生塔和溶液循环泵运行参数,现场检查溶液循环泵运行情况是否正常及进出口管路是否存在堵塞。

(2)中控室检查贫液流量调节阀开度,避免溶液循环泵出现抽空或憋泵。

(3)适当提高再生塔操作压力。

(4)对溶液循环泵进口管路和设备进行排气。

(5)溶液循环泵进口粗滤器堵塞,则切换设备,清洗进口粗滤器。

(6)增加溶液机械过滤器清洗频率,保持溶液系统清洁。

(7)贫富液换热器堵塞,切换、清洗贫富液换热器。

(8)循环泵本身故障,则切换设备,对泵进行检修。

(9)单元首次开产,电动机转向错误造成流量异常,则停运设备,联系检维修人员重新接线调整电动机转向。

(10)按要求逐项填写作业记录。

(11)打扫场地卫生,整理工具器具。

(12)汇报作业完成情况。

(三)注意事项

(1)开大贫液流量调节阀时,要注意循环泵出口压力。

(2)关小贫液流量调节阀时,要关注湿净化气在线分析仪数据变化。

(3)关小贫液流量调节阀时,防止低流量联锁。

GBA018 换热器换热效果差原因分析及处理措施

十、分析及处理换热器换热效果差

脱硫脱碳溶液系统换热器主要有贫富液换热器、贫液空冷器、酸气空冷器、贫液后冷器及酸气后冷器。换热器换热效果差会对溶液再生造成影响,也会降低贫液吸收效率,影响湿净化气质量,还有可能引起吸收塔、再生塔带液,造成系统溶液损耗等。换热器换热效果差的主要原因是溶液中杂质过多,杂质滞留在换热片上或管束内,降低了换热器传热效率。另外,溶液系统流速和冷却水流速低、空冷器翅片积灰厚都会造成换热效果变差。

(一)准备工作

(1)设备:贫富液换热器、贫液空冷器、酸气空冷器、贫液后冷器、酸气后冷器。

(2)材料、工具:笔 1 支、记录表 1 个、F 扳手 300~800mm、对讲机 1 部、工具包 1 个等。

(3)人员:净化操作工 2 人。

(二)操作规程

(1)检查溶液系统流量是否正常,是否达到设计运行参数。溶液流量过低,则适当提升流量以满足换热器运行需要。

(2)检查贫富液换热器进出口温度、压力。因贫、富液进口粗滤器堵塞造成换热效果差,则切换设备,对粗滤器进行清洗。

(3)检查确认贫富液换热器顶部是否夹气。

(4)因系统溶液脏造成换热器内部结垢,则切换、清洗换热器,同时加强溶液系统过滤,保持溶液清洁。

(5)合理控制再生塔操作温度,以免再生塔出口贫液温度过高,造成换热温差大,加速换热器结垢。

(6)调整贫液空冷器及酸气空冷器变频器频率,调整空冷器百叶窗开度,提高换热效果,必要时清除灰尘。

(7)控制合理的贫液空冷器及酸气空冷器出口温度,防止出口温度过高引起贫液和酸气后冷器结垢。

(8)调整贫液后冷器及酸气后冷器循环水量。

(9)因设备窜漏造成换热效果差,则切换设备进行检修。

(10)按要求逐项填写作业记录。

(11)打扫场地卫生,整理工具器具。

(12)汇报作业完成情况。

(三)注意事项

(1)加强换热器日常巡检,发现温度、压力异常时及时汇报和处理。

(2)装置停产检修时,对换热器进行仔细检查和清洗,以保证装置开产后换热器运行效果。

(3)换热效果差时,要关注净化气质量变化,调整操作,杜绝不合格净化气外输。

GBA019 换热器窜漏原因分析及处理措施

十一、分析及处理换热器窜漏

贫富液换热器窜漏,会造成贫液中 H_2S 含量上升,影响脱硫脱碳吸收效率,表现为湿净化气在线仪数据上升。贫液后冷器及酸气后冷器窜漏,将会造成循环水进入溶液系统。溶液系统水含量升高,溶液浓度降低,影响脱硫脱碳吸收效率,同时循环水污染溶液,造成系统发泡、拦液,并对设备造成腐蚀。重沸器窜漏,将会造成蒸气进入溶液系统,溶液系统水含量升高,溶液浓度降低,影响脱硫脱碳吸收效率,在蒸气凝结水系统停运后,溶液进入蒸气凝结水管网,造成水质污染。

(一)准备工作

(1)设备:贫富液换热器、贫液后冷器、酸气后冷器、重沸器。

(2)材料、工具:笔 1 支、记录表 1 个、F 扳手 300~800mm、对讲机 1 部、工具包 1 个等。

(3)人员:净化操作工 2 人。

(二)操作规程

(1)检查贫富液换热器进出口温度、压力变化,对比设备正常运行时参数,分析是否存在窜漏现象。

(2)关闭系统补充水,关注溶液系统液位变化,判断贫液后冷器、酸气后冷器及重沸器是否存在窜漏。

(3)取样分析贫富液换热器贫液端进出口 H_2S 含量,判断贫富液换热器是否存在窜漏。

(4)取样分析贫液后冷器贫液端溶液浓度,判断贫液后冷器是否存在窜漏。

(5)查看再生塔塔顶温度、酸水回流量及酸水分离器液位等变化趋势,判断酸气后冷器是否存在窜漏。

(6)查看再生塔塔顶温度、重沸器蒸气流量及重沸器蒸气流量调节阀开度等变化趋势,判断重沸器是否存在窜漏。

(7)判断出换热器窜漏,有备用台,则切换备用台;无备用台切换,则降低生产负荷维持生产,不能维持生产的,则停产检修。

(8)按要求逐项填写作业记录。

(9)打扫场地卫生,整理工具器具。

(10)汇报作业完成情况。

（三）注意事项

（1）切换贫富液换热器、重沸器时应缓慢进行，避免温差过大造成投运台换热器窜漏，同时关注净化气质量变化。

（2）分析处理换热器窜漏过程中，严禁输出不合格净化气。

GBA020 脱硫脱碳单元投运

项目七　投运脱硫脱碳单元

一、准备工作

（1）设备：脱硫脱碳单元。

（2）材料及工具：笔1支、记录表1个、F扳手300~800mm、活动扳手1把、听针1个、测温仪1个、对讲机1部、工具包1个、脱硫脱碳溶液等。

（3）人员：净化操作工2人以上。

二、操作规程

（1）投产条件确认。

① 确认检修项目完成、质量验收合格。

② 确认水（工业水系统、凝结水系统、循环水系统、污水处理系统）、电（照明电、动力电）、气（工厂风系统、仪表风系统、氮气系统）蒸气系统、火炬及放空系统、燃料气系统等公用系统已投运，供给正常。

③ 确认所有现场仪表具备使用条件。

④ 确认所有自控仪表和自控系统具备使用条件（调节回路、DCS、ESD、F&GS）。

⑤ 确认所有现场阀门开关灵活，可靠。

⑥ 确认所有检修或更换后的转动设备单机试车完成，具备使用条件。

⑦ 确认投产所需脱硫脱碳溶剂、润滑油脂、工具及材料准备齐全，数量充足。

⑧ 确认所有安全阀校验、安装完毕，具备使用条件。

⑨ 确认所有投产人员到位，培训合格。

⑩ 确认所有安全防护设施及通信设施投用正常，安全通道畅通。

（2）工艺流程确认。

① 确认原料气界区到湿净化气出口流程，确保沿途所有设备正常备用，阀门关闭，原料气入口和湿净化气出口用盲板隔离。

② 确认脱硫塔富液出口至再生塔流程，确保沿途所有设备正常备用，阀门关闭。

③ 确认再生塔贫液出口至吸收塔流程，确保沿途所有设备正常备用，阀门关闭。

④ 确认闪蒸罐闪蒸气流程，确保所有阀门关闭。

⑤ 确认重沸器蒸气及凝结水管线所有阀门处于关闭。

⑥ 确认再生塔至酸气分离器的酸水、酸气流程，确保所有阀门关闭。

⑦ 确认所有设备及管线放空流程阀门处于关闭。

⑧ 确认所有设备及管线溶液回收和排污阀门关闭，溶液储罐及配制罐正常。

⑨ 确认所有安全阀前后截止阀处于开启状态，旁通阀及排放阀处于关闭状态。

⑩ 确认所有公用介质供给总阀（工业水、凝结水、循环水、工厂风、仪表风、氮气、蒸气等）关闭，阀前压力正常。

⑪ 对各个联锁阀、调节阀进行开关测试和阀位调校，完成后恢复到关闭状态。

⑫ 检查并投用现场仪表。

（3）空气吹扫。

① 联系空气系统。

② 打开原料气界区吹扫空气阀（或临时管线空气阀）。

③ 打开重力分离器底部现场排污阀，吹扫重力分离器及管线内杂质，吹扫干净后关闭。

④ 倒通重力分离器后各级过滤分离器至吸收塔流程，打开各级分离器底部排污阀，吹扫设备及管线内杂质，吹扫干净后关闭。

⑤ 打开吸收塔底部现场排污阀，吹扫吸收塔及管线内杂质，吹扫干净后关闭。

⑥ 倒通吸收塔至富液闪蒸罐富液流程，将管线内杂质吹扫至富液闪蒸罐。

⑦ 打开闪蒸罐底部现场排污阀，吹扫出底部及管线内杂质，吹扫干净后关闭。

⑧ 按照类似方法逐级吹扫溶液流程和酸气、酸水流程上所有的设备和管线，直到全部吹扫合格。

⑨ 吹扫完成后，打开各点排污阀，将系统内空气全部泄尽。

（4）氮气置换。

① 氮气置换前联系氮气系统，确认氮气系统氮气压力正常。

② 高压系统氮气置换可与甘醇法脱水单元高压系统同时进行，也可单独进行，首先置换高压系统，置换流程如下：

A. 氮气→原料气界区→原料气预处理单元高压系统→脱硫脱碳单元高压系统→脱水单元高压系统→净化气界区排气阀。

B. 氮气→原料气界区→原料气预处理单元过滤设备→凝析油闪蒸罐→油水储罐→底部排气阀。

C. 氮气→原料气界区→原料气预处理单元高压系统→脱硫脱碳吸收塔→溶液循环泵出口排气阀。

D. 氮气→原料气界区→原料气预处理单元高压系统→脱硫脱碳吸收塔→闪蒸罐。

③ 以上高压系统取样合格后，系统保压，分别置换高压放空系统，置换流程如下：

A. 氮气→原料气界区→原料气预处理单元高压系统→原料气放空联锁阀、调节阀→高压火炬放空系统。

B. 氮气→原料气界区→原料气预处理单元高压系统→脱硫脱碳单元高压系统→湿净化气放空联锁阀、调节阀→高压火炬放空系统。

C. 氮气→原料气界区→原料气预处理单元高压系统→脱硫脱碳单元高压系统→脱水单元高压系统→净化气放空阀→高压火炬放空系统。

D. 氮气→原料气界区→原料气预处理单元过滤设备→凝析油闪蒸罐→油水储罐→油水储罐顶部放空管线→高压火炬放空系统。

④ 脱硫脱碳中、低压系统置换流程如下：

A. 氮气→闪蒸罐→闪蒸罐放空阀→火炬放空系统。

B. 氮气→闪蒸罐→闪蒸气至燃料气系统→火炬放空系统。

C. 氮气→闪蒸罐→机械过滤器、活性炭过滤器、后过滤器→贫富液换热器富液侧→再生塔→酸气空冷器→酸气后冷器→酸水分离罐→酸气放空调节阀→低压火炬放空系统。

D. 氮气→再生塔→酸气空冷器→酸气后冷器→酸水分离罐→酸气压力调节阀→硫黄回收单元。

E. 氮气→再生塔→酸气空冷器→酸气后冷器→酸水分离罐→酸水回流泵入口排气阀。

F. 氮气→再生塔→贫富液换热器贫液侧→贫液空冷器→贫液后冷器→溶液循环泵入口排气阀。

G. 氮气→再生塔→酸水回流管线→酸水回流泵出口排气阀。

⑤ 氮气置换合格后,脱硫脱碳单元高、中、低压系统应维持适当的压力。

⑥ 氮气置换合格后,倒开系统设置的原料气、湿净化气、净化气、闪蒸气等的盲板。

(5)气密性试压检漏。

① 确认高、中、低压系统和相连的公用介质管线已全部切断。

② 确认所有安全阀及放空系统正常投运。

③ 高、中、低压系统分别用氮气升压进行气密性试压检漏。

④ 低压系统氮气升压至0.1MPa,然后进行气密性试压,合格后泄尽压力。

⑤ 中压系统用氮气升压至闪蒸罐最高工作压力,然后进行气密性试压,合格后泄压至正常工作压力。

⑥ 高压系统首次升压采用氮气,升压至0.5~1.0MPa,进行首次气密性试压,首次试压合格后倒闭氮气及其他与高压相连的公用介质管线盲板,防止试压时发生窜气。然后根据实际情况,选用合适的试压介质进行后续几个等级的气密性试压。

⑦ 高压系统试压结束后,应部分泄压,降低系统压力,便于水洗操作顺利。

(6)工业水水洗。

① 确认高、中、低压系统压力,尽量选择低压部分注水(建议选择再生塔注水),也可将工业水先加注到备用的溶液储罐,然后再通过循环泵或溶液补充泵打入系统。

② 当再生塔液位符合循环泵启运条件时,再生塔至循环泵贫液管路排气,按程序启运循环泵,吸收塔液位升高。

③ 吸收塔液位达到条件后,投运吸收塔液位控制回路,闪蒸罐注水。

④ 当吸收塔、闪蒸罐、再生塔等主要设备液位符合条件后停止注水,系统大循环量水洗2~4h。

⑤ 水洗结束后,停运循环泵,系统各点排水至污水处理装置。

(7)凝结水水洗,仪表联校。

① 工业水洗结束后,系统注入事先准备好的凝结水。也可采用除氧水进行水洗,注水前应与锅炉及蒸气系统联系,保证凝结水充足。

② 凝结水水洗步骤与工业水洗步骤一致,只是采用介质不同。

③ 建立凝结水循环后,对所有仪表进行联校,对照中控室、现场参数进行检查,尤其是各塔罐液位、压力、流量调节阀,同时还应进行装置联锁系统测试。

④ 凝结水水洗结束后，应彻底排尽系统残余水。

(8)系统进溶液。

① 倒闭系统所有溶液排污阀盲板，倒闭系统工业水、凝结水（除氧水）盲板。

② 投用溶液配制罐和溶液补充泵，倒开溶液储罐溶液出口盲板，检查溶液储罐水封情况。

③ 倒通溶液储罐至循环泵管路并排气，按程序启运循环泵，吸收塔进溶液。

④ 按程序启运溶液配制罐补充泵，再生塔进溶液。

⑤ 吸收塔液位达到正常值时，通过吸收塔液位调节阀对闪蒸罐进溶液。

⑥ 当吸收塔、闪蒸罐、再生塔液位达到正常液位后，按程序停运循环泵和溶液补充泵，停止系统进溶液。

⑦ 高压系统升压至正常工作压力。

(9)系统冷、热循环。

① 倒换溶液循环泵入口流程，切断溶液储罐至循环泵流程。

② 再生塔至循环泵入口管路排气，按程序启运循环泵。

③ 系统冷循环，控制好贫液流量和各点工艺参数。

④ 冷循环正常后，对重沸器进行暖管疏水。

⑤ 缓慢打开重沸器蒸气阀，对再生塔进行缓慢升温，并投用重沸器蒸气凝结水调节回路。

⑥ 投用溶液机械过滤器。

⑦ 再生塔塔顶温度升至50℃以上后，投运贫液、酸气空冷器和后冷器，酸气分离器液位达到条件后，按程序启运酸水回流泵，并投运酸水分离器液位调节回路、酸气放空压力调节回路。

⑧ 调整单元各点参数。

⑨ 热循环正常后，取样分析溶液浓度，并调整溶液浓度至规定值。

⑩ 热循环期间监控单元各点参数，直到达到进气条件。

(10)进气生产。

① 确认各点参数正常，溶液浓度正常。

② 联系上下游装置，确定可以进气生产。

③ 系统部分进气生产，湿净化气放空，关注湿净化气在线分析仪数据变化。

④ 湿净化气合格后，输出湿净化气，停止放空。

⑤ 调整进料气处理量和各点工艺参数。

⑥ 单元运行稳定后，设定联锁值，投用联锁系统。

(11)其他操作。

① 按要求逐项填写作业过程记录。

② 打扫场地卫生，整理材料、工具。

③ 汇报作业完成情况。

三、技术要求

(1)脱硫脱碳单元投产步骤应严格按工艺要求进行,不能颠倒顺序,否则容易发生安全事故。

(2)工艺流程确认时,应检查所有阀门开关状态,并确定阀门状态是否正确。

(3)空气吹扫应先选择容积大的设备开始(建议采用吸收塔),升压到0.4~0.6MPa后,采用爆破方式,将设备底部和管线内的杂质吹出,然后再依次逐级吹扫至全部完成。

(4)氮气置换线路选择应条理清晰,不能交错混乱,不留死角,置换气就地排放。氮气置换后,应多点取样分析,系统置换合格,再吹扫高低压放空系统,直至全部合格后方可停止氮气置换。氮气置换合格标准:O_2 含量(体积分数)$\leqslant 2\%$。

(5)气密性试压检漏尽量采用惰性气体进行。试验压力必须达到设备的最高工作压力;每个等级试压后应稳压30min。

(6)高压系统试压检漏应分等级进行,升压时应控制好升压速率,一般要求升压速率≤0.3MPa/min。

(7)系统进行气密性试压检漏前,应确认放空系统已正常投运,否则试压介质不能采用开工燃料气、净化气、原料气等可燃性气体。

(8)工业水洗和凝结水洗时,应保持系统低液位、大流量进行,以保证水洗效果并缩短水洗时间,同时减少污水产生量。

(9)系统进水前,应检查所有溶液回收阀,防止清洗水进入溶液储罐或配制罐。

(10)水洗时间应保证系统液体至少循环一个周期,具体时间应根据系统设备容积来确定。

(11)凝结水应事先准备好,无凝结水时,可用除氧水替代。

(12)凝结水水洗后,必须彻底排尽系统残余水,防止残余水进入溶液系统。

(13)水洗时,将活性炭过滤器旁路运行,防止杂质带入过滤器。

(14)系统进溶液前应确认溶液储罐和配制罐氮气保护正常,氮气水封工作正常,防止抽取溶液时形成负压,损坏溶液储罐,并检查溶液系统所有排污阀处于关闭状态。

(15)进溶液期间应持续关注溶液储罐、溶液配制罐和系统各设备内液位,防止泵抽空或溶液加注过多。

(16)系统水洗和进溶液、冷热循环期间均应对系统仪表进行联校,确保其工作正常。

(17)热循环前,要缓慢对重沸器进行暖管疏水,防止出现水击,严格按照升温曲线进行升温,升温速率控制在35℃/h。

(18)热循环后应及时投用溶液机械过滤器,活性炭过滤器应根据实际情况选择性投运。

(19)进气前应全面确认各点参数全部达到工艺要求。

(20)装置进气初期应缓慢进行,不合格湿净化气通过湿净化气放空阀排至火炬系统。

(21)湿净化气合格后应及时外输,减少放空量。

(22)装置调整平稳后应及时投运联锁系统。

四、注意事项

(1)空气吹扫前,应确认放空系统状态,防止空气进入吹扫置换合格或投运的放空系统。

(2)空气吹扫建立压力时应注意防止中、低压系统超压。

(3)氮气置换前应确认系统空气已经全部泄完,否则将增加氮气消耗量和置换时间;置换期间应注意防止中压、低压系统超压。

(4)氮气置换后取样点必须具有代表性,氮气置换合格后,中低压系统必须隔断,防止试压时窜气。

(5)氮气置换期间氮气排放口应设置警示标志,防止氮气窒息。

(6)中、低压系统试压检漏时应防止超压,试压合格后应泄压至正常工作压力。

(7)高压系统试压应尽可能采用氮气进行,氮气压力不足,采用可燃气体时,升压前必须确认放空系统已经投用。

(8)高压系统每个试压等级必须明确,最后试压等级必须达到最高工作压力;试压过程中出现泄漏时,必须泄压整改,严禁带压整改。

(9)试压合格后,为保证水洗安全,高压系统应适当降低压力,减小操作风险。

(10)系统注水和水洗期间,应控制好中低压系统压力,防止注水或水洗时超压。

(11)水洗期间各点液位控制较低,应注意防止窜气。

(12)系统采用除氧水洗时,应与锅炉及蒸气系统取得联系,防止影响锅炉供水。

(13)水洗前应逐个确认溶液回收阀,防止水洗水带入溶液配制罐,排水时严禁使用溶液回收阀进行排水操作。

(14)进水期间使用过的溶液配制罐,在进溶液前应再次清洗配制罐,并排尽内部余水,然后再投入使用。

(15)进溶液前必须先倒闭所有溶液设备排污管线和公用介质管线盲板,防止泄漏,并对溶液循环泵粗滤器进行清洗。

(16)抽取溶液储罐或配制罐溶液时,必须保证其氮气水封工作正常,防止储罐形成负压损坏。

(17)热循环期间,要联系分析溶液浓度,并调整溶液浓度至规定值。

(18)湿净化气合格外输后,应尽快调整各点参数至正常操作范围,并投用所有自控仪表和联锁控制回路。

GBA021 脱硫脱碳单元停运

项目八　停运脱硫脱碳单元

一、准备工作

(1)设备:脱硫脱碳单元。

(2)材料及工具:笔 1 支、记录表 1 个、F 扳手 300~800mm、活动扳手 1 把、听针 1 个、测温仪 1 个、对讲机 1 部、工具包 1 个等。

(3)人员:净化操作工2人以上。

二、操作规程

(1)停产准备。

① 清洗溶液配制罐、溶液储罐。

② 提前联系倒开回收溶液盲板。

③ 高低压放空系统排液。

④ 提前排尽重力分离器、过滤分离器油水。

⑤ 提前回收湿净化气分离器、脱水塔分离段内溶液。

⑥ 确认停产人员准备到位,培训合格。

⑦ 确认安全防护器材数量充足,符合停产要求。

(2)停气。

① 联系上、下游单位,做好停气准备。

② 缓慢关闭原料气进气阀,原料气进口阀关闭后,缓慢降低系统压力至外输管网压力,继续输出净化气,直到净化气外输流量计显示为0,关闭净化气外输调节阀、联锁阀和界区阀。

③ 锁定原料气和净化气界区阀。

(3)热、冷循环。

① 适当提高循环量,同时提高重沸器蒸气流量,溶液系统热循环。

② 取样分析贫、富液中H_2S浓度,当其H_2S浓度≤0.1g/L时,关闭重沸器蒸气及凝结水阀,停止溶液热循环。

③ 冷循环期间,控制酸水分离器压力,当酸气流量降为零时,关闭至硫黄回收酸气阀,压力不够时,及时补充氮气。

④ 冷循环时利用系统压力疏通各低位回收点。

⑤ 冷循环期间,控制酸水分离器液位,冷循环快结束时,将酸水打入再生塔,按程序停运酸水回流泵。

⑥ 冷循环期间,停运溶液过滤器,当再生塔底部贫液温度降至60℃时,关闭贫液后冷器、酸气后冷器循环冷却水,停运贫液空冷器、酸气空冷器风机。

⑦ 解除脱硫脱碳单元各联锁信号,按程序停运溶液循环泵,通过吸收塔、闪蒸罐液位调节阀将溶液压送至再生塔,保持吸收塔、闪蒸罐较低液位。

⑧ 中控室关闭贫液流量、小股贫液流量、吸收塔液位、闪蒸罐液位、酸水分离罐液位、闪蒸气压力等调节阀,现场关闭相应截断阀。

(4)回收系统溶液。

① 确认溶液储罐、配制罐液位及其氮气水封工作正常。

② 确认溶液回收流程畅通。

③ 利用系统压力向溶液储罐回收溶液,余下的溶液通过溶液回收管线回收至溶液配制罐。

④ 打开原料气放空联锁阀和调节阀,将高压系统泄压至1.0MPa,闪蒸罐压力保持在

0.6MPa，再生塔压力保持在0.08MPa，分别对高、中、低系统继续回收各低点溶液，直至溶液完全回收。

⑤ 溶液回收干净后，将溶液配置罐所有溶液全部打入溶液储罐，锁定溶液储罐底部排液阀，加装盲板隔离。

⑥ 调整溶液储罐氮气水封气，防止氧气进入。

（5）工业水水洗。

① 从再生塔进工业水，当再生塔液位符合溶液循环泵启运条件时，对再生塔至循环泵贫液管线排气，按程序启运溶液循环泵，吸收塔注水。

② 吸收塔液位达到条件后，投运吸收塔液位控制回路，闪蒸罐注水。

③ 当吸收塔、闪蒸罐、再生塔等液位符合条件后停止注水，大循环量水洗2~4h。

④ 水洗结束后，停运循环泵，各点排水至污水处理装置。

（6）系统泄压。

① 确认火炬系统工作正常。

② 关闭系统供气至燃料气阀门，打开湿净化气或净化气放空阀，将高压系统泄压至零。

③ 关闭闪蒸气出口阀，打开闪蒸气放空阀泄压至零。

④ 打开酸气放空调节阀，对再生系统泄压至零。

（7）氮气置换。

① 氮气置换前联系氮气供给单元，确认氮气系统氮气压力正常。

② 高压系统氮气置换可与脱水单元高压系统同时进行，也可单独进行，置换流程如下：

A. 氮气→原料气界区→原料气预处理单元过滤设备→凝析油闪蒸罐→油水储罐→油水储罐顶部放空管线→高压火炬放空系统。

B. 氮气→原料气界区→原料气预处理单元高压系统→原料气放空联锁阀、调节阀→高压火炬放空系统。

C. 氮气→原料气界区→原料气预处理单元高压系统→脱硫脱碳单元高压系统→湿净化气放空联锁阀、调节阀→高压火炬放空系统。

D. 氮气→原料气界区→原料气预处理单元高压系统→脱硫脱碳单元高压系统→脱水单元高压系统→净化气放空阀→高压火炬放空系统。

E. 氮气→原料气界区→原料气预处理单元高压系统→脱硫脱碳吸收塔→闪蒸罐→闪蒸罐放空阀→火炬放空系统。

③ 脱硫脱碳中、低压系统置换流程如下：

A. 氮气→闪蒸罐→闪蒸罐放空阀→火炬放空系统。

B. 氮气→闪蒸罐→闪蒸气至燃料气系统界区排气阀。

C. 氮气→闪蒸罐→机械过滤器、活性炭过滤器、后过滤器→贫富液换热器富液侧→再生塔→酸气空冷器→酸气后冷器→酸水分离罐→酸气放空调节阀→低压火炬放空系统。

D. 氮气→再生塔→酸气空冷器→酸气后冷器→酸水分离罐→酸气压力调节阀→硫黄回收单元。

E. 氮气→再生塔→酸气空冷器→酸气后冷器→酸水分离罐→酸水回流泵入口排气阀。

F. 氮气→再生塔→贫富液换热器贫液侧→贫液空冷器→贫液后冷器→溶液循环泵入

口排气阀。

G. 氮气→再生塔→酸水回流管线→酸水回流泵出口排气阀。

④ 氮气置换合格后,脱硫脱碳单元高、中、低压系统应与火炬放空系统彻底切断,高、中、低压系统均应泄压为零。

⑤ 倒闭原料气、湿净化气、净化气、闪蒸气等盲板。

(8)空气吹扫。

① 联系空气系统。

② 停产空气置换可与脱水单元同时进行,也可单独进行。

③ 空气置换线路与氮气置换线路基本一致,也可分设备进行,吹扫气严禁进入放空系统。

④ 空气置换后逐个设备取样分析,合格后切断置换流程,泄尽压力。

(9)界面确认。

① 切断装置高、中、低压系统阀门。

② 关闭安全阀前后截止阀和进入放空系统的阀门。

③ 关闭循环冷却水阀门,排尽冷换设备内积水。

④ 锁定相关阀门,做好盲板加注统计和标示。

⑤ 停运转动设备电源,上锁挂牌。

(10)其他操作。

① 按要求逐项填写作业记录。

② 打扫场地卫生,整理材料、工具。

③ 汇报作业完成情况。

三、技术要求

(1)脱硫脱碳单元停产步骤应严格按工艺要求进行,不能颠倒顺序,否则容易发生安全事故。其停产步骤为:

① 停产前确认。

② 停气。

③ 热、冷循环。

④ 回收溶液。

⑤ 工业水水洗。

⑥ 系统泄压。

⑦ 氮气置换。

⑧ 空气吹扫。

⑨ 界面确认。

(2)停气操作时,应平稳控制系统压力,防止系统压力下降过快。

(3)进料气阀完全关闭后,应继续降低系统压力,当系统压力与外输管网压力持平,流量为零后关闭净化气外输阀。

(4)热循环结束指标要求贫富液中 H_2S 浓度相同,H_2S 含量≤0.1g/L。

(5)冷循环时应保持最大循环量,同时旁路溶液过滤器,系统溶液温度均降至60℃以下时,才能停止冷循环。

(6)系统冷循环期间,应逐一疏通各溶液回收点,检查确认溶液回收流程。

(7)冷循环结束后,高、中、低压系统必须隔断,防止窜压。

(8)溶液回收应分段进行,严禁多点同时回收,防止窜压窜气。

(9)溶液回收必须彻底,防止大量溶液残存在设备底部或管线内。

(10)停产水洗不需要回收稀溶液,直接采用工业水洗;需要回收稀溶液可以先采用凝结水洗,再采用工业水洗,水洗时应采用大流量、低液位进行,减少污水量。

(11)水洗污水全部排入污水处理系统,严禁任何污水外排。

(12)水洗期间应投用溶液过滤器;条件允许,可以多次更换过滤元件,以保证清洗效果。

(13)氮气置换前,高、中压系统必须泄压彻底。

(14)氮气置换线路选择时应条理清晰,不能交错混乱,不留死角,置换气排入放空火炬。氮气置换过程中,应多处、远点取样分析,全部合格后方可停止氮气置换。氮气置换合格标准:CH_4 含量≤2.0%、H_2S 含量≤15mg/m^3。

(15)氮气置换合格后应对进料气、净化气、闪蒸气、燃料气等加装盲板隔离,并做好盲板加装相关记录。

(16)空气置换的主要目的是置换出设备内的氮气,防止检修时氧气不足,置换气就地排放,严禁进入放空系统。空气置换合格指标:O_2 含量为19.5%~23.5%。

(17)关闭所有阀门,确认各点符合停产要求,进行检修界面交接。

四、注意事项

(1)停气操作时,应缓慢降低系统压力,防止压力下降过快造成净化气带液。

(2)热循环期间维持高循环量运行,注意平稳控制再生塔温度和各点液位,防止中、低压系统超压。

(3)冷循环期间,再生塔压力可用氮气补充。

(4)冷循环期间要疏通溶液低点回收管线,酸气分离器中的酸水要尽量回收至再生塔,结束后,高、中、低压系统必须按正常停产要求关闭所有阀门。

(5)溶液回收前应仔细检查溶液回收系统,确定溶液回收流程,防止溶液损失或窜气。

(6)溶液回收前应确认溶液储罐和溶液配置罐液位,并确认储罐、配制罐氮气水封工作情况。

(7)回收溶液时应注意管线内溶液的回收,采取各种措施反复回收,确保干净彻底。

(8)溶液回收过程中应持续监控储罐和配置罐液位,防止溶液溢出或泵抽空。

(9)对溶液管线进行气体赶液时应注意中、低压系统压力,防止超压。

(10)溶液回收完毕后,必须对溶液储罐进行盲断和锁定,防止溶液外泄。

(11)水洗污水是高浓度污水,应排放至检修污水池,排水时注意与污水处理装置的联系。

(12)泄压和氮气置换时应注意观察火炬燃烧情况,防止火炬熄灭。

(13)氮气置换前应确认系统压力全部泄尽,置换气不能就地排放,置换期间应注意防止中压、低压系统超压。

(14)氮气置换后取样点必须具有代表性,防止有毒有害及可燃气体残留。

(15)空气吹扫期间应注意观察各设备的温度变化,特别是设有捕雾网的位置,防止 FeS 自燃。

(16)界面交接前,应对锁定的阀门、加装的盲板进行再次确认和核实,做好记录备查。同时做好动力电源的切断工作,防止造成人员伤害。

模块二　操作甘醇法脱水单元

项目一　相关知识

GBB001 甘醇法脱水单元日常操作要点

一、甘醇法脱水单元日常操作要点

甘醇法脱水单元在日常生产过程中,主要是关注脱水塔、循环泵及再生釜等重要设备的运行及操作情况。同时,溶液再生质量的高低直接影响净化气水含量。

(一)脱水塔操作

湿净化气在脱水塔中的脱水效果(即露点降)随贫甘醇浓度、循环比和脱水塔塔板数(或填料高度)的增加而增加。三甘醇循环比一般为12.5~33.3L/kg。

脱水塔脱水深度受到水在天然气—贫甘醇体系中气液平衡的限制。不论吸收塔塔板数(或填料高度)和贫甘醇循环比如何,低于一定浓度时出塔干气就不能达到露点要求。在甘醇循环比和贫液浓度恒定的情况下,塔板数越多,露点降越大。

脱水塔日常操作中应注意:

(1)控制适宜的循环比。

(2)控制脱水塔温度、压力、液位。

(3)控制贫液浓度和贫液入塔温度。

(4)控制净化气水含量。

(5)调整压力时应缓慢进行,防止净化气夹带大量甘醇溶液。

(6)定期检查和回收脱水塔底部分离段的脱硫脱碳溶液。

(7)关注湿净化气温度。

(二)闪蒸罐操作

平稳控制闪蒸罐压力和液位,提高闪蒸效果。

(三)再生釜操作

1. 精馏柱

精馏柱日常操作中应严格控制精馏柱顶温度,较高的精馏柱顶温度会增加三甘醇的损失,较低的精馏柱顶温度导致更多的水冷凝,将增加再生釜的热负荷。通过控制进入冷却盘管的富液量来实现精确控制。当温度低于设定值时,应及时减小进入冷却盘管的富液量,开大旁通量;当温度高于设定值时,应及时增加进入冷却盘管的富液量,减小旁通量。

2. 重沸器

重沸器操作要点:三甘醇温度不能超过204℃;管壁温度低于221℃;汽提气量控制合理,不能太大;定期检查废气分离情况,防止废液将三甘醇带出;重沸器液位不能低于50%,否则应进行检查;监控重沸器压力,防止重沸器超压;经常检查加热炉火焰燃烧状况,调整配风比；清扫加热炉进风滤网，防止滤网堵塞。重沸器温度对贫甘醇浓度的影响如图 1-2-1 所示。

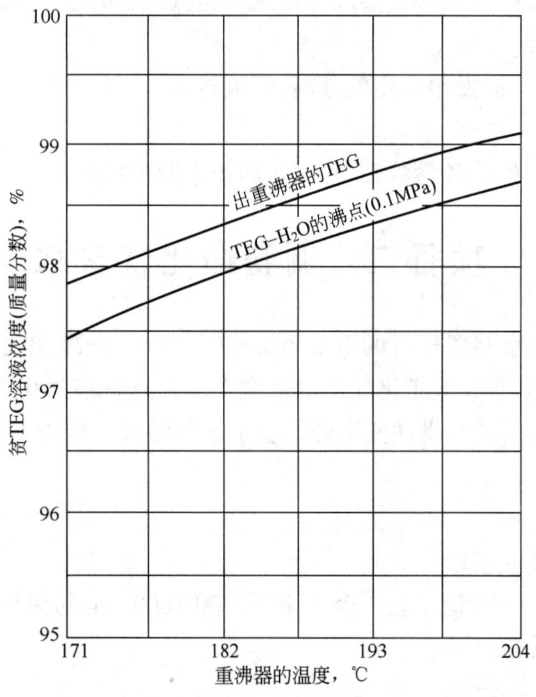

图 1-2-1　重沸器温度对贫甘醇浓度的影响

3. 缓冲罐与汽提柱

密切监测缓冲罐液位，当液位异常时应及时查找原因，并调整操作，保证脱水装置各点液位不出现较大波动。

汽提气量应控制合理。汽提气量过大对贫液浓度的提高无明显效果，同时还会增加天然气消耗和三甘醇损耗；过小则可能导致贫液再生质量下降，造成净化气水含量超标。

（四）往复泵操作

往复泵的出口压力随出口管路压力变化而变化，因此启动往复泵时，应先全开回流阀，然后启泵，通过缓慢关小回流阀将出口压力调节至系统压力时，再全开出口阀，最后全关回流阀。

（五）补充溶液

甘醇溶液损失主要由热降解、氧化降解、净化气夹带、再生废气夹带、蒸发损失，及跑、冒、滴、漏等原因造成。正常运行的装置，每处理 $100\times10^4m^3$ 天然气的甘醇损失通常在 8~16kg，超过范围应检查原因。通过采取平稳操作、溶液氮气保护、合理的汽提气量、再生温度控制、设备维护保养，杜绝跑、冒、滴、漏等措施，可以降低溶液损失。当甘醇溶液总量减少时，应及时补充。常见的溶液补充方式有：补充至重沸器、补充至缓冲罐。

补充溶液存在的主要风险有：

（1）补充的溶液含水较高、温度较低时，溶液受热急剧汽化形成炸沸现象，甘醇溶液随水汽带出系统，造成损失量增大。

(2)重沸器补充溶液时,若补充速度过快、补充量过大时,会造成再生温度降低,影响再生效果。

(3)当补充至缓冲罐时,若补充溶液含水量较高,影响净化气质量。

(六)其他操作要点

(1)保持溶液清洁。加强湿净化气分离、溶液过滤、溶液保护的操作,确保溶液清洁,避免出现发泡拦液。

(2)加强操作控制,保持各参数平稳运行,防止大幅度波动。

GBB002 净化气含水量调整

项目二 调整净化气含水量

净化气水含量是脱水装置运行的重要质量控制指标。湿净化气流量增大、湿净化气温度上升、湿净化气带液会造成湿净化气含水量增大。甘醇贫液再生质量差、入塔温度高、溶液循环量偏低、溶液发泡、脱水塔性能下降等会引起甘醇脱水能力下降,净化气含水量上升。

一、准备工作

(1)设备:甘醇脱水装置。

(2)材料、工具:笔1支、记录表1个、F扳手300~800mm、对讲机1部、工具包1个等。

(3)人员:净化操作工2人。

二、操作规程

(1)净化气含水量偏高处理。

① 联系上游,确保湿净化气流量稳定。

② 取样分析甘醇贫液浓度,判断是否贫液再生质量下降。

③ 适当提高甘醇贫液循环量。

④ 适当降低甘醇贫液入塔温度。

⑤ 适当提高甘醇再生釜温度。

⑥ 适当提高再生釜汽提气流量。

⑦ 调整废气蒸气引射器流量,适当降低再生釜压力。

⑧ 投加适量消泡剂,提高甘醇溶液过滤效果。

⑨ 采取以上措施无效时,适当降低湿净化气流量。

⑩ 无法维持生产时,申请停产检修。

(2)净化气含水量超标处理。

① 关闭净化气外输调节阀和联锁阀,防止不合格净化气外输。

② 打开净化气和湿净化气放空调节阀,对净化气和湿净化气部分放空。

③ 联系上游降低原料气流量,平稳供气。

④ 按净化气含水量偏高处理措施进一步处理。

⑤ 净化气含水量合格后,打开净化气外输联锁阀和调节阀,恢复净化气外输,停止净化气和湿净化气放空。

⑥ 投运净化气不合格外输联锁系统。

(3)填写操作记录。

(4)打扫场地卫生,整理工具、用具。

(5)汇报作业情况。

三、注意事项

(1)净化气含水量升高时,应首先提高溶液循环量,然后按提高贫液再生质量方式进行调整,同时取样分析甘醇贫液质量。

(2)甘醇贫液含水量升高原因有再生废气流动不畅、汽提柱堵塞、精馏柱温度过低、缓冲罐窜漏等。

(3)净化气含水量超标时,不得盲目靠增大甘醇循环量的方式处理,循环量过大会导致甘醇贫液再生效果下降,使得情况恶化。

(4)提高汽提气量时,应注意防止汽提气带液损失,关注再生釜压力。

(5)提高再生釜温度时注意不要超过甘醇的分解温度(204℃),防止甘醇变质。

(6)不合格净化气放空时,应注意控制放空速率,防止带液。

GBB003 甘醇溶液pH值调整

项目三 调整溶液 pH 值

脱水 TEG 溶液 pH 值通常在 7.3~8.5,维持弱碱性,且保持稳定。

脱硫脱碳醇胺溶液的 pH 值通常在 10~11,当脱硫脱碳醇胺溶液进入 TEG 脱水装置时,会造成 TEG 溶液 pH 值升高,向 TEG 溶液加入碱性中和剂过多也会引起 pH 值升高。

TEG 溶液 pH 值下降表示 TEG 溶液中酸性物质增多。正常生产中 TEG 的 pH 值下降十分缓慢,主要原因是三甘醇的热降解、氧化降解产物(有机酸)在系统中不断积累所致。此外,进料气中的酸性介质溶解到 TEG 溶液中,也会造成 pH 值下降。

一、准备工作

(1)设备:湿净化器分离器、脱水塔。

(2)材料、工具:笔 1 支、记录表 1 个、F 扳手 300~800mm、对讲机 1 部、工具包 1 个等。

(3)人员:净化操作工 2 人。

二、操作规程

(1)pH 值升高处理措施。

① 日常生产中,少量的醇胺溶液带入 TEG 脱水溶液无须特别处理,它会随着 TEG 溶液的再生缓慢蒸发、分解,然后从废气排出。在这个过程中只要控制好再生釜温度即可,但要注意 pH 值升高后容易引起甘醇溶液发泡。

② 关注脱水塔分液段液位,定期排液。

③ 加入碱性中和剂时应控制好注入量和速率,防止注入量过多。

④ 增加湿净化气分离器的排液操作,降低脱水进料气的醇胺溶液。

⑤ 调整脱水系统压力时应缓慢进行,防止醇胺溶液大量带入。

⑥ 平稳操作脱硫脱碳单元,降低脱硫塔发泡、拦液频率。

(2)pH 值下降处理措施。

① 当甘醇溶液 pH 值低于 7 时,应加入适量碱性中和剂。

② 控制再生釜温度不超过 204℃,减少高温热降解产物。

③ 投用溶液储罐和配制罐的氮气保护,防止游离氧与溶液接触导致氧化变质。

④ 提高溶液过滤效果,定期更换活性炭过滤器,去除溶液变质产物。

⑤ 在保证净化气含水量合格的情况下,控制较高的贫液入塔温度有利于降低甘醇溶液吸收酸性组分的能力。

(3)填写操作记录。

(4)打扫场地卫生,整理工具、用具。

(5)汇报作业情况。

三、注意事项

(1)加注碱性中和剂的过程中,应穿戴整齐安全防护用品,防止碱灼烧。

(2)脱水塔分液段和湿净化气分离器排液时,应严格执行排液操作程序,防止窜气窜压。

(3)甘醇溶液储罐和配制罐的防氧化保护措施是长期持续的,不要随意停用。

(4)甘醇溶液活性炭过滤器应定期投用,定期更换活性炭,防止活性炭失去效果。

项目四 分析及处理甘醇法脱水单元异常

GBB004 再生釜压力异常原因分析及处理措施

一、分析及处理再生釜压力异常

三甘醇再生釜压力通常为常压,再生釜压力异常时会出现再生废气压力上升或下降(负压)。

再生釜压力上升的原因:进入再生釜精馏柱富液量过大或精馏柱填料堵塞;溶液发泡严重,富液夹带大量的烃类气体;再生废气管线堵塞;汽提气流量过大;汽提柱填料堵塞;闪蒸罐窜气至再生釜等。

再生釜压力下降的原因:再生废气蒸气引射器蒸气流量过大。

(一)准备工作

(1)设备:三甘醇脱水装置。

(2)材料、工具:笔 1 支、记录表 1 个、F 扳手 300~800mm、对讲机 1 部、工具包 1 个等。

(3)人员:净化操作工 2 人。

(二)操作规程

(1)平稳控制闪蒸罐液位调节阀开度,调节闪蒸压力,防止窜气。

(2)打开再生废气现场排放阀,恢复再生釜压力至常压。

(3)检查再生废气分离器液位,并进行排液。

(4)降低或关闭汽提气流量。

(5)检查再生废气流程是否畅通。

(6)调整再生废气引射器蒸气流量,检查再生废气管路是否存在蒸气窜漏。

(7)检查再生废气管路保温情况,是否积液堵塞。

(8)检查汽提柱或精馏柱压差,判断是否堵塞,堵塞时应停产检修。

(9)填写操作记录。

(10)打扫场地卫生,整理工具、用具。

(11)汇报作业情况。

(三)注意事项

(1)再生釜压力上升对甘醇溶液再生质量影响较大,出现异常时应及时处理。

(2)再生釜压力下降时,对再生有利,但易引起甘醇贫液流动不畅,影响循环泵流量。

(3)再生釜汽提气量应控制平稳,流量合适为宜,并非越大越好,避免溶液损失。

(4)生产中应定期检查废气排放管路,确保流动畅通。

(5)再生废气分离器压力异常时,应先投用再生废气现场排放阀,待故障排除后再恢复废气至灼烧炉的输送。

GBB005 溶液缓冲罐温度异常原因分析及处理措施

二、分析及处理溶液缓冲罐温度异常

缓冲罐内部通常设有换热盘管,当缓冲罐温度异常时,将影响甘醇溶液再生质量。

引起溶液缓冲罐温度升高的原因:再生釜温度控制过高;缓冲罐液位过低;贫富液换热器窜漏;富液流量突然减小等。

引起溶液缓冲罐温度降低的原因:再生釜温度控制偏低或熄火;富液换热盘管窜漏;溶液补充流量过大等。

(一)准备工作

(1)设备:三甘醇脱水装置。

(2)材料、工具:笔 1 支、记录表 1 个、F 扳手 300~800mm、对讲机 1 部、工具包 1 个等。

(3)人员:净化操作工 2 人。

(二)操作规程

(1)温度升高的处理。

① 控制合理的再生釜温度。

② 控制平稳闪蒸罐富液流量。

③ 提高缓冲罐液位,保证换热盘管换热效果。

④ 切换贫富液换热器,检修窜漏的贫富液换热器。

⑤ 无法维持正常生产时,停产检修。

(2)温度降低的处理。

① 控制合理的再生釜温度。

② 控制合适的三甘醇溶液补充量。

③ 取样分析缓冲罐出口贫液浓度,确认换热盘管是否窜漏。

(3)按填写操作记录。

(4)打扫场地卫生，整理工具、用具。

(5)汇报作业情况。

(三)注意事项

(1)正常生产中缓冲罐贫液温度变化不明显，当缓冲罐换热效果变差或换热盘管窜漏时才会有明显的变化。

(2)再生釜温度控制异常，富液流量突变时，缓冲罐贫液温度也会发生变化。

GBB006 再生釜精馏柱顶温度异常原因分析及处理措施

三、分析及处理再生釜精馏柱顶温度异常

再生釜精馏柱顶部设有富液冷却盘管，可通过控制富液盘管的富液流量调整柱顶温度，其顶部温度通常控制在98~100℃。精馏柱顶温度升高会增加三甘醇的损失；精馏柱顶温度降低会降低三甘醇再生质量。

精馏柱温度偏高的原因：预热盘管富液流量偏小；再生釜温度控制偏高等。

精馏柱温度偏低的原因：预热盘管富液流量偏大；预热盘管穿孔；再生釜温度控制偏低等。

(一)准备工作

(1)设备：三甘醇脱水装置。

(2)材料、工具：笔1支、记录表1个、F扳手300~800mm、对讲机1部、工具包1个等。

(3)人员：净化操作工2人。

(二)操作规程

(1)精馏柱顶温度偏高的处理。

① 适当降低再生釜温度。

② 适当增大并平稳控制进入预热盘管富液流量。

(2)精馏柱顶温度偏低的处理。

① 适当提高再生釜温度。

② 适当减小并平稳控制进入预热盘管富液流量。

③ 当预热盘管出现严重穿孔时，应申请停产检修。

(3)填写操作记录。

(4)打扫场地卫生，整理工具、用具。

(5)汇报作业情况。

(三)注意事项

(1)提高再生釜温度时，不能超过三甘醇的分解温度，避免溶液热降解变质。

(2)精馏柱顶部温度控制不好会影响甘醇的正常损失量，当甘醇损失量明显增大时，应及时检查精馏柱顶部温度是否控制过高。

(3)调整精馏柱顶部温度时，应及时分析贫甘醇浓度，防止贫液质量下降引起净化气含水量超标。

GBB007 甘醇溶液损失原因分析及处理措施

四、分析及处理甘醇溶液损失异常

甘醇溶液损失量异常的原因是：溶液发泡或拦液，净化气或闪蒸气带走损失；汽提气量

过大,再生釜精馏柱顶温度控制过高,废气带走损失;再生温度过高,溶液降解损失;贫液后冷器窜漏,溶液泄漏损失;溶液泡、冒、滴、漏损失。

(一)准备工作

(1)设备:三甘醇脱水装置。

(2)材料、工具:笔1支、记录表1个、F扳手300~800mm、对讲机1部、工具包1个等。

(3)人员:净化操作工2人。

(二)操作规程

(1)检查净化气分离器液位和液位上升趋势,及时回收净化气分离器内溶液。

(2)检查甘醇溶液补充罐液位变化趋势,确认溶液回收阀有无泄漏。

(3)检查再生釜温度,若温度控制过高应调整再生釜温度,减少废气带液损失。

(4)检查再生釜精馏柱顶温度,若温度控制过高应及时调整,减少废气带液损失。

(5)检查再生釜汽提气流量,适当降低汽提气流量,减少汽提气带液损失。

(6)检查闪蒸罐液位、闪蒸气压力和流量,防止闪蒸气带液损失。

(7)检查脱水塔差压变化,判断溶液是否发泡拦液,降低净化气夹带损失。

(8)检查装置各设备,减少溶液跑、冒、滴、漏损失。

(9)检查贫液后冷器,分析循环冷却水甘醇含量,确认贫液后冷器是否窜漏。

(10)填写操作记录。

(11)打扫场地卫生,整理工具、用具。

(12)汇报作业情况。

(三)注意事项

(1)正常生产中的甘醇溶液的损失是很低的,当甘醇溶液损失超过正常值时,应检查装置,找到异常损失的原因并排除。

(2)日常操作中应平稳控制再生釜和汽提柱温度,防止甘醇蒸发损失加大。

(3)合理控制汽提气量,防止汽提气带液损失。

GBB008　甘醇溶液往复泵流量异常原因分析及处理措施

五、分析及处理甘醇溶液往复泵流量异常

脱水装置甘醇循环泵普遍采用往复泵,并采用变频调速的方法调节三甘醇流量,达到节能的目的。引起甘醇溶液往复泵流量异常的主要因素:回流阀内漏;安全阀工作异常;吸入管路堵塞,旁路阀未关严或过滤器堵塞;吸入管路或柱塞填料处漏气;活塞与泵缸间隙过大;单向阀内弹簧疲劳或损坏;泵速降低等。

(一)准备工作

(1)设备:往复泵。

(2)材料、工具:笔1支、记录本1个、活动扳手1把、F扳手300~800mm、听针1个、测温仪1个、润滑油1盒、对讲机1部、工具包1个等。

(3)人员:净化操作工2人、维修工2人。

(二)操作规程

(1)联系中控室。

(2)按程序启运备用甘醇泵。

(3)按程序停运流量异常的甘醇泵。

(4)回收停运甘醇泵内溶液。

(5)联系维修人员清洗停运甘醇泵入口粗滤网。

(6)检查停运甘醇泵回流阀、安全阀、密封填料函等是否泄漏。

(7)检查停运甘醇泵气缸(活塞),确认电动机转速、变频是否正常。

(8)检查流量计是否异常,若有则修复。

(9)打开泵入口管线排气阀进行排气。

(10)当启运的甘醇泵流量同样出现异常时,应检查泵入口管路流程是否畅通,再生釜液位、压力是否过低,贫富液换热器是否堵塞等。

(11)填写操作记录。

(12)打扫场地卫生,整理工具、用具。

(13)汇报作业情况。

(三)技术要求

(1)甘醇循环泵是往复式泵,启、停运操作应严格按往复泵操作程序操作。

(2)甘醇循环泵出现异常时,应立即启运备用泵,停运故障泵。

(3)查找甘醇泵流量异常原因时,不能影响装置正常生产。

(四)注意事项

(1)查找甘醇泵不上量原因时,应首先考虑工艺原因,然后再考虑设备原因。

(2)清洗泵入口过滤网时,应确认泵进、出口阀已关闭,泵内液体回收干净。

(3)启运备用泵后,甘醇泵出口流量仍然异常,应查找工艺原因。

(4)处理往复泵流量异常时,应注意净化气质量变化,防止净化气超标。

GBB009 脱水塔分液段液位异常原因分析及处理措施

六、分析及处理脱水塔分液段液位异常

正常情况下,脱水塔分液段液位比较稳定,不会突然上涨。造成分液段液位异常升高的原因:上游单元发生拦液、冲塔,大量溶液带入脱水塔分液段;脱水系统压力调整过猛,气速突然增大,气体夹带大量溶液进入脱水塔分液段;脱水塔液位控制过高,甘醇溶液从升气帽溢流进入分液段;脱水塔升气帽受液盘破裂,甘醇溶液泄漏至分液段。

(一)准备工作

(1)设备:脱水塔、湿净化器分离器。

(2)材料、工具:笔1支、记录表1个、F扳手300~800mm、对讲机1部、工具包1个等。

(3)人员:净化操作工2人。

(二)操作规程

(1)适当提高脱水系统压力。

(2)判断脱水塔分液段溶液组分,确认回收地点。

(3)回收脱水塔分液段内溶液。

(4)将回收的溶液及时补充至系统。

(5)查找分液段液位上升原因并处理。

① 检查湿净化气分离器液位,回收湿净化气分离器内溶液。

② 联系上游装置,降低湿净化气液体夹带量。

③ 适当降低脱水塔液位,防止甘醇溢流至分液段。

④ 检查脱水塔压差,及时排除脱水塔发泡、拦液。

⑤ 当判断脱水塔升气帽受液盘破裂时,申请停产检修。

(6)填写操作记录。

(7)打扫场地卫生,整理工具、用具。

(8)汇报作业情况。

(三)技术要求

(1)当脱水塔分液段液位异常时,应首先判断并回收分液段溶液,防止其继续上升带入脱水系统。

(2)回收溶液前应初步判断溶液组分,避免溶液回收地点错误。

(3)回收溶液期间应进行相应的调整操作,防止溶液继续带入。

(4)当判断分液段液位上升非上游因素影响时,应及时调整本单元参数,防止再生釜缓冲罐液位过低,产品气质量下降等。

(四)注意事项

(1)回收溶液时防止窜压或窜气。

(2)调整系统压力时要缓慢进行。

(3)处理期间应注意再生釜温度、液位,防止出现循环泵抽空、产品气质量异常等。

GBB010　再生废气带液原因分析及处理措施

七、分析及处理再生废气带液

再生废气带液的原因:再生釜温度过高,废气量过大;再生釜精馏柱顶温度过高,三甘醇蒸发损失增大;精馏柱填料堵塞;进入精馏柱的富三甘醇流量过大;汽提气流量过大;三甘醇溶液补充量过大等。

(一)准备工作

(1)设备:再生釜。

(2)材料、工具:笔 1 支、记录表 1 个、F 扳手 300~800mm、对讲机 1 部、工具包 1 个等。

(3)人员:净化操作工 2 人。

(二)操作规程

(1)适当降低再生釜温度,减少甘醇的蒸发损失。

(2)适当降低精馏柱顶部温度,减少甘醇的蒸发损失。

(3)适当降低汽提气流量或停用汽提气。

(4)检查精馏柱、汽提柱压差变化,确认精馏柱或汽提柱是否堵塞,若堵塞造成的废气带液量可接受,则监控运行,否则停产检修。

(5)检查再生釜压力,确认再生釜负压是否过大,甘醇损失加剧,及时调整压力至正常值。

(6)定期分析再生废气组分含量。

(7)填写操作记录。

(8)打扫场地卫生,整理工具、用具。

(9)汇报作业情况。

(三)注意事项

(1)当再生釜精馏柱顶温度超过 104℃时,TEG 损失显著增加。

(2)降低再生釜温度和精馏柱顶部温度时,应注意贫液再生质量,防止产品气超标。

(3)废气大量带液时,及时回收废液,防止废液带入废气灼烧装置。

模块三　操作分子筛脱水单元

项目一　相关知识

GBC001　再生气压缩机结构及工作原理

一、再生气压缩机结构及工作原理

再生气压缩机一般采用往复式压缩机，其结构如图1-3-1所示。当压缩机的曲轴旋转时，通过连杆的传动，活塞便做往复运动，气缸内壁、气缸内的工作容积发生周期性变化。压缩机的活塞从气缸盖处开始运动时，气缸内的工作容积逐渐增大，这时气体沿着进气管，推开进气阀而进入气缸，直到工作容积变到最大时，进气阀关闭；当活塞反向运动时，气缸内工作容积缩小，气体压力升高，气缸内压力略高于排气压力时，排气阀打开，气体排出气缸，直到活塞运动到极限位置，排气阀关闭。当活塞再次反向运动时，重复上述过程。总之，压缩机的曲轴旋转一周，活塞往复一次，气缸内相继实现进气、压缩、排气的过程，即完成一个工作循环。

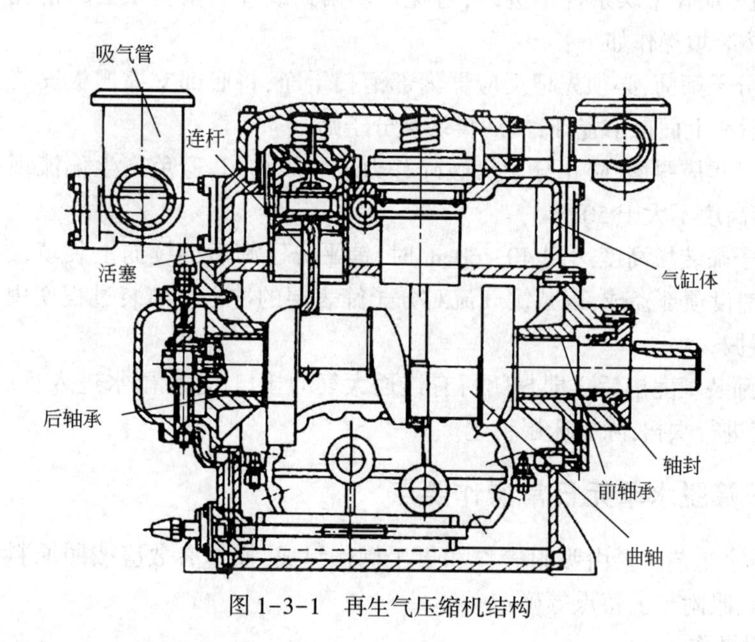

图1-3-1　再生气压缩机结构

GBC002　再生气压缩机操作要点

二、再生气压缩机操作要点

再生气压缩机操作过程中要注意以下几点：

(1)启运前对机组进行 N_2 置换合格。

(2)启运前先运转润滑油系统，使油温达到规定值，在压缩机运转正常后，需定期检查润滑系统油位、油压和油温。

(3)定期检查压缩机密封情况。

(4)定期检查压缩机的压力、温度等运行参数。

(5)首次或长时间停运后启动,必须手动泵油检查润滑系统。

GBC003 脱水分子筛选用要求

三、脱水分子筛选用要求

天然气中的水、含硫化合物、二氧化碳属于极性分子类,因此,分子筛对它们具有较强的吸附力。对含硫天然气脱水而言,只要选用晶穴孔径大于水分子且临界直径小于 H_2S 分子临界直径的分子筛,就能达到脱水的目的。另外,分子筛对含极性基团的分子(极性分子)有很强的亲合力。H_2O 和 H_2S 都是极性分子,但 H_2O 比 H_2S 的极性强得多,从而使天然气中的 H_2O 在分子筛上优先被吸附,只有当 H_2O 被吸附饱和后才会吸附 H_2S。根据分子筛对 H_2O 和 H_2S 吸附顺序方面的这一差异,只要正确设计分子筛吸附床层,就可选用孔径小于 H_2S 分子临界直径的分子筛进行脱水,如选用4A的分子筛。目前,天然气脱水多采用4A或5A分子筛。A型分子筛用于含硫天然气脱水时,在酸性条件下不仅吸附能力下降,而且其晶体结构也会损失,故A型分子筛通常在pH高于5的条件下使用。

GBC004 分子筛补充更换要求及装填方式

四、分子筛补充更换要求及装填方式

分子筛装填应在干燥条件下进行,避免在阴雨天或环境湿度很大的情况下装填,以免影响强度,具体装填操作如下：

(1)装填分子筛前,必须先把反应器内部清扫干净,将底部支撑栅板安装就位,铺上不锈钢丝网,然后在上面摊平瓷球,然后再装填分子筛。

(2)装填过程应缓慢,防止分子筛破碎并力求装填均匀,避免产生偏流现象,装填过程中分子筛坠落高度不大于50cm。

(3)当分子筛装填高度达到40~60cm时,铺平分子筛后继续向上装填,当分子筛达到要求高度后,铺设顶部瓷球,以减缓气流对分子筛表层的冲击。填装过程使用木质器具,严禁使用金属器械。

(4)分子筛装填完毕后立即封闭所有连通大气的接口,避免雨水进入反应器。开工前应用干燥空气进行吹扫,除去床层粉尘。

GBC005 分子筛脱水单元日常操作要点

五、分子筛脱水单元日常操作要点

分子筛脱水工艺主要由吸附操作和再生操作组成,操作参数应按照原料气组成、净化气水露点要求、吸附工艺特点等确定。

(一)吸附操作

(1)温度操作。为了使吸附剂能保持高湿容量,尽量降低吸附温度,一般控制在50℃左右为宜。

(2)压力操作。压力对于干燥剂湿容量影响甚微,因此,吸附操作压力可由工艺系统压力决定。

(3)吸附剂使用寿命。吸附剂使用寿命决定于湿净化气气质和操作情况,一般为

1~3年。

(4)吸附时间。应根据湿净化气气质气量和分子筛再生程度决定。

(二)再生操作

(1)根据湿净化气流量、水含量和干气露点,对再生气量和再生时间进行调整。

(2)根据分子筛使用情况,及时调整再生温度。

项目二　启、停分子筛脱水再生气压缩机

一、准备工作

(1)设备:再生气压缩机。

(2)材料、工具:笔1支、记录本1个、活动扳手1把、F扳手300~800mm、听针1个、测温仪1个、润滑油1盒、对讲机1部、工具包1个等。

(3)人员:净化操作工2人。

二、操作规程

(1)检查再生气压缩机工艺流程,确认阀门处于正确开关状态。

① 检查再生气进出流程。

② 检查再生气回流流程。

③ 检查再生气放空流程。

④ 检查再生气压缩机安全阀流程。

⑤ 检查再生气凝液排污流程。

⑥ 检查循环冷却水流程。

(2)做好再生气压缩机各项准备,确认符合启运条件。

① 确认电源、接地线正常。

② 确认循环冷却水供给压力正常。

③ 确认润滑油油位、质量正常。

④ 确认仪表投运正常。

⑤ 确认盘车正常。

⑥ 确认PLC控制面板参数正常,PLC控制程序已复位。

(3)启运再生气压缩机。

① 现场进行手动泵油检查并确认油路正常。

② 首先启运润滑油油泵,并确认油泵运行参数正常。

③ 启运前将再生气进口分离器排放至低液位。

④ 启运前将压力调节阀投入自动,并将控制面板上的运行方式切换成“自动运行”。

⑤ 按下启动按钮,系统开始自动启动,及时提高转速至规定值。

⑥ 压缩机机组油温达到规定值,机组其他运行参数运行正常后,现场按压缩机加载按钮,压缩机内旁通阀自动关闭,进行加载。

⑦ 加载后，再生气流量、压力等参数应控制在规定范围。

(4)启运后的检查确认。

① 检查确认再生气压缩机排气压力，排气温度，润滑油油位、油压，循环冷却水温度、电流等正常。

② 检查确认机组声音、振动、轴承温度正常。

③ 检查确认再生气分离器液位正常。

④ 检查确认机组有无泄漏等。

(5)停运再生气压缩机。

① 现场按压缩机卸载按钮，对压缩机进行卸载。

② 卸载后及时降低转速至规定值。

③ 当压缩机内旁通全开后，按下压缩机停止按钮，系统将按程序自动停车。

④ 压缩机完全停止后，将控制面板切换至“手动运行”。

⑤ 停运后，对再生气压缩机泄压为零，并排尽再生气压缩机机组凝液。

⑥ 机组温度冷却后，停运机组润滑油油泵。

⑦ 润滑油油温冷却后，关闭循环冷却水，并排尽循环冷却水。

(6)按要求填写作业过程记录。

(7)打扫场地卫生，整理工具用具。

(8)汇报作业完成情况。

三、注意事项

(1)工艺流程检查时，要确保阀门开关状态正确。

(2)启运前检查时，要仔细，确保具备启运条件。

(3)盘车时，要拆护罩，装护罩时，要紧固；盘车方向与泵转动方向一致，连续盘车三圈以上，轴承动作灵活、无卡塞。

(4)按启停按钮、盘车、使用听针、测温仪、记录等不得佩戴手套；检查再生气压缩机的声音、振动时，时间不能过短。

(5)启运再生气压缩机前，必须先启运润滑油油泵，并确保润滑油油泵运行正常。

(6)启停再生气压缩机对压缩机加载或卸载时，操作要缓慢，确保机组运行正常。

(7)冬季气温较低时，加强对润滑油的检查，确保设备润滑正常。

(8)启停切换时，现场与中控室要随时保持联系，严密监控各参数在正常范围内。

(9)作业过程中存在机械伤害、触电等风险，应正确穿戴劳保用品，一人操作一人监护。

GBC006 分子筛再生效果差原因分析及处理措施

项目三　分析及处理分子筛再生效果差

分子筛再生效果直接影响分子筛的吸附能力，从而影响净化气质量。分子筛再生效果差的原因包括：分子筛再生温度不够；再生气流量低；分子筛再生时间不足；程序阀故障，出现介质窜漏等。

一、准备工作

(1)设备:分子筛吸附塔。
(2)材料、工具:笔1支、记录表1个、F扳手300~800mm、对讲机1部、工具包1个等。
(3)人员:净化操作工2人。

二、操作规程

(1)适当提高分子筛再生温度。
(2)适当提高分子筛再生气流量。
(3)调整分子筛各吸附塔切换程序,适当延长再生时间。
(4)分子筛粉化、板结、污染,造成再生不彻底,需定期检查,必要时更换分子筛。
(5)程序阀故障,出现介质窜漏,严重时申请停产检修。
(6)按要求做好处置记录。
(7)打扫场地卫生,整理材料、工具。
(8)汇报作业完成情况。

三、注意事项

在处理过程中,注意净化气质量,严禁不合格净化气外输。

模块四　操作天然气脱烃单元

项目一　相关知识

GBD001 丙烷压缩机结构及工作原理

一、丙烷压缩机结构及工作原理

丙烷压缩机工作包括吸气、封闭及输送、压缩及喷油、排气四个过程。丙烷压缩机结构图如图 1-4-1 所示。

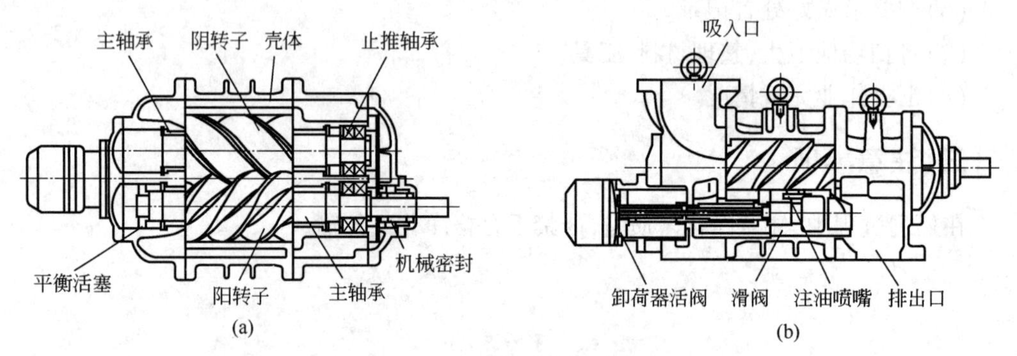

图 1-4-1　丙烷压缩机结构

（一）吸气过程

螺杆式的进气侧吸气口，必须设计得使压缩室可以充分吸气，而螺杆式压缩机并无进气与排气阀组，进气只靠调节阀的开启、关闭调节。当转子转动时，主副转子的齿沟空间在转至进气端壁开口时，其空间最大，此时转子的齿沟空间与进气口的自由丙烷相通，因在排气时齿沟的丙烷被全数排出，排气结束时，齿沟处于真空状态，当转到进气口时，外界丙烷即被吸入，沿轴向流入主副转子的齿沟内。当丙烷充满整个齿沟时，转子进气侧端面转离了机壳进气口，在齿沟间的丙烷即被封闭。

（二）封闭及输送过程

主副两转子在吸气结束时，其主副转子齿峰会与机壳封闭，此时丙烷在齿沟内闭封不再外流，即封闭过程。两转子继续转动，其齿峰与齿沟在吸气端吻合，吻合面逐渐向排气端移动。

（三）压缩及喷油过程

在输送过程中，啮合面逐渐向排气端移动，亦即啮合面与排气口间的齿沟间渐渐减小，齿沟内的气体逐渐被压缩，压力提高，即压缩过程。而压缩同时润滑油亦因压力差的作用而喷入压缩室内与室内气体混合。

（四）排气过程

当转子的啮合端面转到与机壳排气相通时(此时压缩气体的压力最高)，被压缩气体开始排出，直至齿峰与齿沟的啮合面移至排气端面，此时两转子啮合面与机壳排气口间齿沟空间为零，即完成排气过程，与此同时转子啮合面与机壳进气口之间的齿沟长度又达到最长，其吸气过程又在进行。

GBD002 丙烷制冷系统工作原理

二、丙烷制冷系统工作原理

丙烷制冷是利用液体丙烷在绝热条件下膨胀汽化，内能降低，自身温度随之下降而达到对工艺介质降温的目的。丙烷制冷属蒸汽压缩制冷法，它包括四个过程：压缩、冷凝、膨胀蒸发、制冷。

压缩是利用丙烷压缩机对丙烷蒸汽进行压缩，提高丙烷蒸汽的压力和温度。冷凝是将压缩后的高温气态丙烷通过水冷式冷凝器变成液态丙烷。高压液态丙烷在调节阀中通过节流膨胀降压至蒸发压力，由于压力降低，相应的沸点就降低，当液体丙烷沸点低于当时温度时，一部分液态丙烷就要蒸发，从而吸收热量，但由于膨胀过程发生很快，同时又在绝热条件下，因此，丙烷无法与周围环境进行换热，这部分热量只好通过本身降低内能来供给，所以丙烷在节流膨胀后温度就会下降。制冷是随着蒸发器壳层丙烷温度的下降，管层中的天然气介质也得到冷却，从而实现了对天然气制冷的目的。丙烷制冷工艺流程如图 1-4-2 所示。

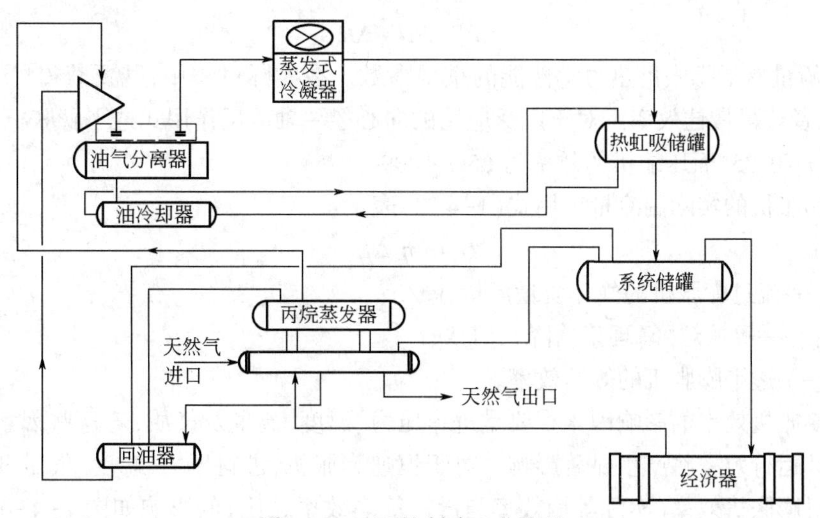

图 1-4-2　丙烷制冷工艺流程

GBD003 膨胀制冷系统工作原理

三、膨胀制冷系统工艺原理

气流膨胀可以在等焓或等熵的条件下进行，图 1-4-3 为等焓膨胀与等熵膨胀条件下的温降与制冷量示意图。膨胀机制冷是非常接近等熵膨胀的过程，而节流阀制冷则是典型的等焓膨胀过程。

如图 1-4-3 所示，当气流从压力 p_1 膨胀降至 p_2 时，在等熵条件下，其温度从 T_1 降至

T_3,所获得的制冷量可用 0、3、a 及 c 四点所包容的面积表示。而等焓膨胀时,温度仅降至 T_2,制冷量则为 02bc 的面积。由此可见等熵膨胀的制冷效果大大优于等焓膨胀。

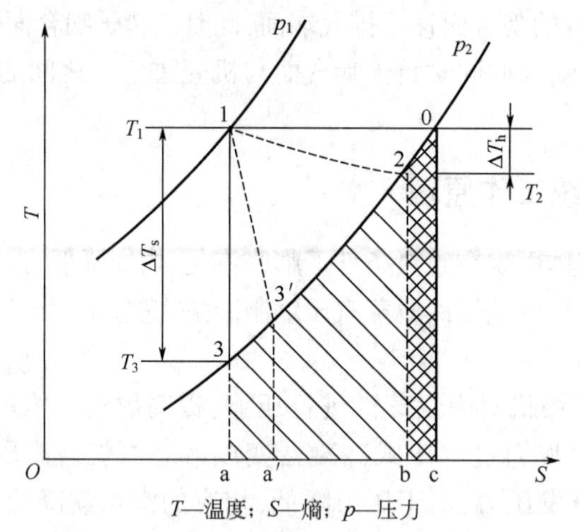

图 1-4-3　等焓及等熵膨胀的温降和制冷量

T—温度;S—熵;p—压力

实际上,膨胀机的效率不可能达到 100%。在图 1-4-3 中所能获得的制冷量仅为 03′a′c 的面积。03′a′c 与 03ac 面积之比,即它们的焓降之比,即为膨胀机的等熵效率 η_s,其计算方法如下:

$$\eta_s = \Delta H' / \Delta H \tag{1-4-1}$$

η_s 是衡量透平膨胀机热力学性能的重要参数。在实际过程中,既要获得冷量,又要回收功,使二者获得最佳效率。对于广泛应用的向心径—轴流反作用式透平膨胀机而言,通常 η_s 值在 0.7~0.85,而压缩机的效率为 65%~80%。

透平膨胀机的实际制冷量可用式(1-4-2)表示:

$$Q = m\eta_s \Delta H_s \tag{1-4-2}$$

式中　m——流过膨胀机的气体质量流量,kg/h;

ΔH_s——等熵焓降(理论焓降),kJ/kg;

η_s——透平膨胀机的等熵效率。

透平膨胀机效率的影响因素主要是进料压力、温度、流量及气质,若这些因素偏离设计条件将对其运行效率将产生显著影响。对于恒速膨胀机,进料压力、温度、气量和气体相对分子质量对膨胀机效率(实际等熵效率与设计等熵效率之比)的影响如图 1-4-4 所示。从图中曲线可看出,进料的压力降低对膨胀机效率的影响十分显著,升高则无影响;温度与气量的降低或升高对效率均有显著影响;气体相对分子质量的变化对效率的影响则很有限,相对分子质量降低的影响稍大一些。

对于可变速率的膨胀机,压力降低对膨胀机效率的影响更为严重,如图 1-4-5 所示。温度和气量的变化对效率仍有显著影响,但较恒速膨胀机轻一些,相对分子质量的影响则与之类似。

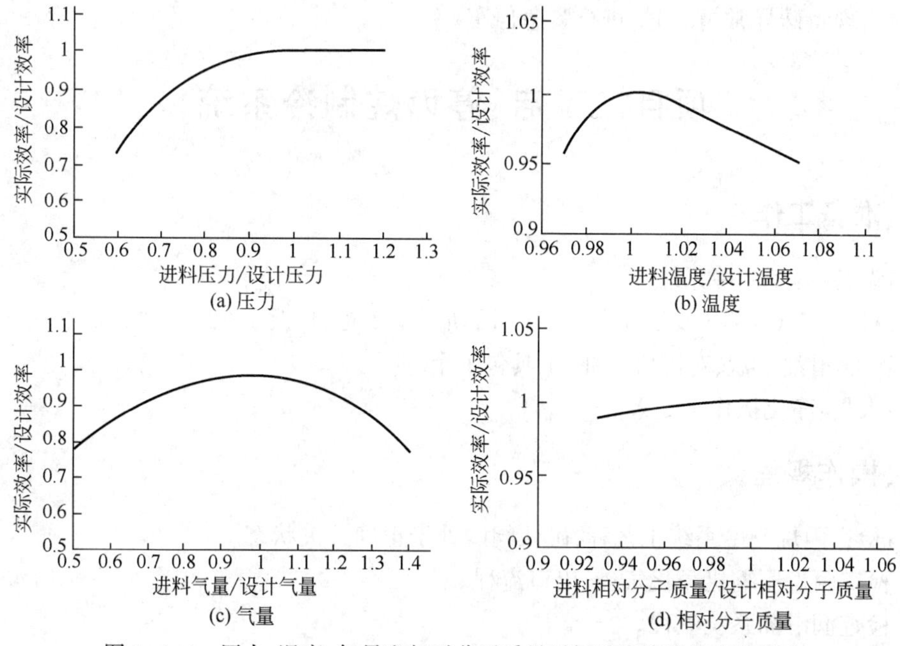

图 1-4-4　压力、温度、气量和相对分子质量对恒速膨胀机效率的影响

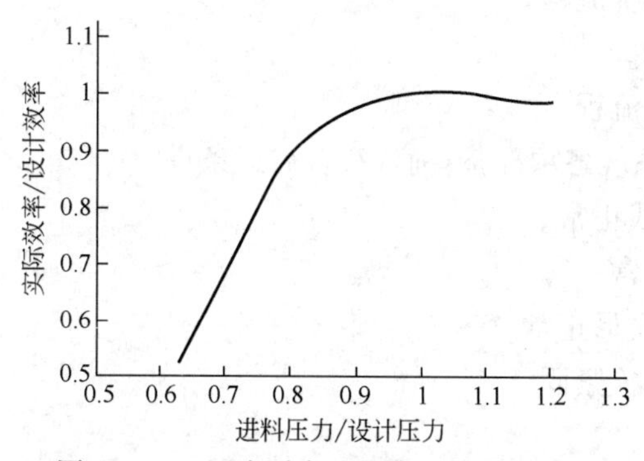

图 1-4-5　压力对变速膨胀机效率的影响

四、天然气脱烃操作要点

GBD004 天然气脱烃单元操作要点

(一) 预冷换热器操作

(1) 在正常生产过程中，应密切关注预冷换热器的压差。

(2) 当预冷器压差过大时，应采取解冻措施，并加大注醇量，消除管线内水合物。

(二) 丙烷制冷系统操作

(1) 调整好系统储罐及丙烷蒸发器的液位，控制出口温度。

(2) 确保压缩机润滑油油位正常。

(3) 控制冷凝器液位和冷却水量，确保冷凝器温度达到要求。

(4) 检查丙烷压缩机机油温度，吸气与排气压力，滑阀位置是否正常。

(5) 检查丙烷蒸发器有无泄漏。

(6) 检查过滤器差压，及时清洗。

(7)出现特殊异常情况时,进行紧急停车。

项目二　启、停丙烷制冷系统

一、准备工作

(1)设备:丙烷制冷系统。

(2)材料、工具:笔1支、记录本1个、活动扳手1把、F扳手300~800mm、听针1个、测温仪1个、润滑油1盒、对讲机1部、工具包1个等。

(3)人员:净化操作工2人。

二、操作规程

(1)检查丙烷制冷系统工艺程,确认阀门处于正确开关状态。

① 检查丙烷压缩机净化气进、出口流程。

② 检查润滑油系统流程。

③ 检查丙烷蒸发系统流程。

④ 检查丙烷冷凝系统流程。

⑤ 检查机组安全阀。

⑥ 检查循环冷却水流程。

(2)做好丙烷制冷系统各项准备,确认符合启运条件。

① 确认电源、接地线正常。

② 确认仪表投用正常。

③ 确认润滑油位、质量正常。

④ 检查确认连接螺栓紧固。

⑤ 确认盘车正常。

⑥ 确认丙烷储液器、丙烷蒸发器液位正常。

⑦ 确认压缩机入口气液分离器处于低液位。

⑧ 确认PLC控制面板参数正常,并复位紧急停车按钮。

(3)启运丙烷压缩机。

① 首先启运润滑油系统,调整循环冷却水流量,并确认润滑油系统正常。

② 将控制面板上的运行方式切换成“自动运行”,打开丙烷压缩机天然气出口阀进行均压。

③ 均压正常后,关闭丙烷压缩机天然气出口阀。

④ 润滑油温达到规定值时,按启运按钮,启运丙烷压缩机。

⑤ 启运压缩机后,缓慢打开丙烷压缩机天然气进口阀,同时打开放空压力调节阀,控制系统压力。

⑥ 调整蒸发器丙烷蒸发量,控制机组负载,将蒸发器温降控制在工艺范围内。

⑦ 天然气烃露点正常后,将天然气转入系统,并停止放空。

(4)检查丙烷制冷系统运行参数。

① 检查机组净化气进、出口压力及压差，制冷系统各点液位，丙烷压缩机电流，机组润滑油位、油压等参数运行正常。

② 检查机组各点温度、声音、振动正常。

③ 检查机组有无泄漏。

(5)停运丙烷压缩机。

① 先打开放空调节阀，同时关闭出口压力调节阀，并控制系统压力。

② 停运时缓慢降低丙烷蒸发量，将丙烷制冷系统温度恢复至正常温度。

③ 按停运按钮，停运丙烷压缩机，打开丙烷蒸发器旁通阀。

④ 停运后，关闭丙烷压缩机进出口阀。

⑤ 进出口关闭后，对丙烷压缩机泄压为零，并排尽丙烷制冷系统凝液。

⑥ 机组温度冷却后，停运润滑油系统。

⑦ 润滑油温冷却后，关闭循环冷却水，并排尽循环冷却水。

(6)按要求填写作业过程记录。

(7)打扫场地卫生，整理工具用具。

(8)汇报作业完成情况。

三、注意事项

(1)盘车时，要拆护罩，装护罩时，要紧固；盘车方向与泵转动方向一致，连续盘车 3 圈以上，轴承动作灵活、无卡塞。

(2)启运丙烷制冷系统前，必须先启运润滑油油泵，并确保润滑油泵运行正常。

(3)启运丙烷制冷系统前，必须对净化气管路进行均压。

(4)启运正常后，输出净化气时，必须控制系统压力。

(5)启运正常后，控制各点参数，防止丙烷系统出现冰堵。

(6)停运切换至放空系统时，必须控制好系统压力，控制好丙烷蒸发量。

项目三　启、停膨胀制冷系统

一、准备工作

(1)设备：膨胀制冷系统。

(2)材料、工具：笔 1 支、记录本 1 个、活动扳手 1 把、F 扳手 300～800mm、听针 1 个、测温仪 1 个、润滑油 1 盒、对讲机 1 部、工具包 1 个等。

(3)人员：净化操作工 2 人以上。

二、操作规程

(一)膨胀机启动

(1)确认流程畅通。

(2)确认密封气压力正常，根据情况投用密封气加热器。

(3)确认油箱压力、进轴承油压、油过滤器压差在规定范围之内，根据情况投用加热器。

(4)慢慢打开膨胀机进出口手动阀。

(5)手动开启膨胀机入口调节阀，每次操作增加1%开度。

(6)监控增压端出口压力调节阀压力正常，并能自动跟踪控制，否则转手动调节。

(7)根据膨胀机转速调整防喘振调节阀开度，防止膨胀机超速(常称为飞车)。

(8)接中控室指令，缓慢关闭外旁通阀。

(9)继续缓慢开启膨胀机入口调节阀直至开度达100%，监控膨胀机转速。

(10)缓慢关闭防喘振调节阀直至全关，监控膨胀机转速。

(11)检查膨胀机运行的各参数是否正常，必要时作细微调整，使膨胀机在正常状态。

(12)调节轴承油压。

(13)确认现场各点压力、温度正常，膨胀机无异常声音，各容器、管线无泄漏，油泵运行正常。

(二)膨胀机停运

(1)将外输气旁通阀投入自动，设定压力。

(2)缓慢开启膨胀机防喘振调节阀至40%。

(3)缓慢关闭膨胀机入口调节阀，每次关闭幅度<10%。

(4)根据膨胀机转速调整防喘振调节阀开度。

(5)膨胀机入口调节阀完全关闭后，关闭膨胀端及增压端进出口手动阀。

(6)保持膨胀机油泵正常运行，保持密封气正常供气。

(7)膨胀机停机30min后，油温降低到40℃以下，停运油泵。

(8)关闭密封气进口阀门。

(9)拔出“紧急停车”按钮。

(三)压缩机启运

(1)确认联轴器、地脚螺栓无松动。

(2)确认低压气截止阀及手阀开启。

(3)确认冷却器出口紧急截止阀及手阀开启，冷却器进口放空阀关闭。

(4)启动润滑油预供油泵。

(5)确认冷却器循环冷却水进出口阀开启。

(6)确认低压气流程正确，低压气分离器前管线上压力正常。

(7)确认低压气分离器液位控制正常。

(8)确认仪表系统：仪控柜已供电，仪表显示正常；仪表风压力正常。

(9)确认润滑油系统：高位油箱油位在1/3~2/3，曲轴箱油位处于1/2与3/4之间，现场油管线无泄漏。

(10)确认压缩机组进气阀、排气阀、放空阀关闭，红色、绿色加卸载阀(也叫内旁通阀)全开，排污总阀全开，高位油箱下供油阀全开。

(11)确认压缩机联轴器防护罩正常。

(12)各分离器打开排污阀，无液体排出后关闭。

(13)压缩机检修后初次启动,进行置换操作,置换操作重复3次。

(14)按压机油注塞泵注油20次。

(15)对压缩机主轴盘车3圈,无卡涩、无异响现象。

(16)缓慢开启压缩机进气总阀及建压阀建立压力,压力达到后,关闭进气总阀及建压阀。

(17)停运预供油泵。

(18)点击“复位”按钮。

(19)点击“运行”按钮,启动空冷器。

(20)点击“启动主电机”按钮,空载运行,调节一级进口压力。

(21)确认压缩机空载运转无异常。

(22)联系供低压气,确认低压气压力。

(23)缓慢开启压缩机出气闸阀。

(24)点击“加载”按钮,确认进出口截断阀开启,加载截断阀关闭。

(25)缓慢开启压缩机进气总阀,保持压缩机进气压力。

(26)缓慢关闭压缩机绿色加卸载阀。

(27)检查确认机组运转声音正常,无泄漏,润滑油液位正常,润滑油温度在30~80℃。

(28)检查低压气进厂压力正常。

(四)压缩机组停运

(1)停供低压气,确认低压气压力。

(2)缓慢关闭压缩机进气总阀,保持进气压力。

(3)缓慢开启压缩机内旁通阀,压缩机卸载。

(4)确认压缩机已空载运行。

(5)点击“卸载”按钮。

(6)点击“停运主电机”按钮,停运电动机。

(7)点击“停止”按钮,停运空冷器。

(8)关闭压缩机出口总阀。

(9)确认压缩机进出口管线阀关闭。

(10)一级、二级分离器手动排污,排净后关闭排污总阀。

(11)拉动手摇泵,按压机油注塞泵20次。

(12)确认机组内压力为零,进出口截断阀、放空阀关闭,电动加载阀开启。

(13)确认进气阀、排气阀、放空阀、各排污阀关闭,内旁通阀开启。

(14)确认低压气进厂压力。

(15)如果低压气进厂压力超高,则开启低压气进厂放空阀放空。

(16)确认低压气截止阀开启。

(五)其他操作

(1)按要求做好记录。

(2)打扫场地卫生,整理材料、工具。

(3)汇报作业完成情况。

三、注意事项

(1)膨胀机高位油箱油位应控制在1/3~2/3。

(2)在启动膨胀机油泵前,应先供密封气。

(3)在停车时,需在油泵停止运转后才能停止供密封气。

模块五　操作硫黄回收单元

项目一　相关知识

GBE001 Clinsulf-SDP硫黄回收工艺特点

一、Clinsulf-SDP 硫黄回收工艺特点

(一)工艺原理

Clinsulf-SDP 是由德国 Linde A. G 公司开发的一种使用内冷式转化器的硫黄回收工艺,其热转化段的工艺原理与常规克劳斯热反应段原理相同。Clinsulf-SDP 反应器通过特定的内部构造,可将内部温度优化分布和控制,使之既满足动力学快速反应必需的高温条件,又满足化学反应平衡朝着生成硫的方向进行所需要的低温条件。该反应器将冷却盘管置于催化剂床层下部,通过用冷水注入管程产生蒸汽,达到床层恒温的目的。床层顶部不预冷,能够保证反应热达到 COS 和 CS_2 有机硫化物进行水解反应所需的 300~320℃温度。这样,当物料由催化剂上部高温区进入下部低温区时,盘管式热交换器的效率越高,则温差越大。因此,冷却盘管在一定的温度范围内,可以通过自动调节控制反应器出口温度来降低进料组成和流动波动对硫回收率的影响。

(二)工艺流程

当空气累积量达到定值时,"热态"反应器进行预冷,"冷态"反应器进行预热,当"热态"反应器出口温度预冷并达到设定温度时,反应器进行"冷、热"态切换。空气累积量作为反应器"预冷、预热"的标准,可有效避免处理负荷变化造成催化剂吸附超饱和,从而影响硫黄回收率。Clinsulf-SDP 硫黄回收工艺流程如图 1-5-1 所示。

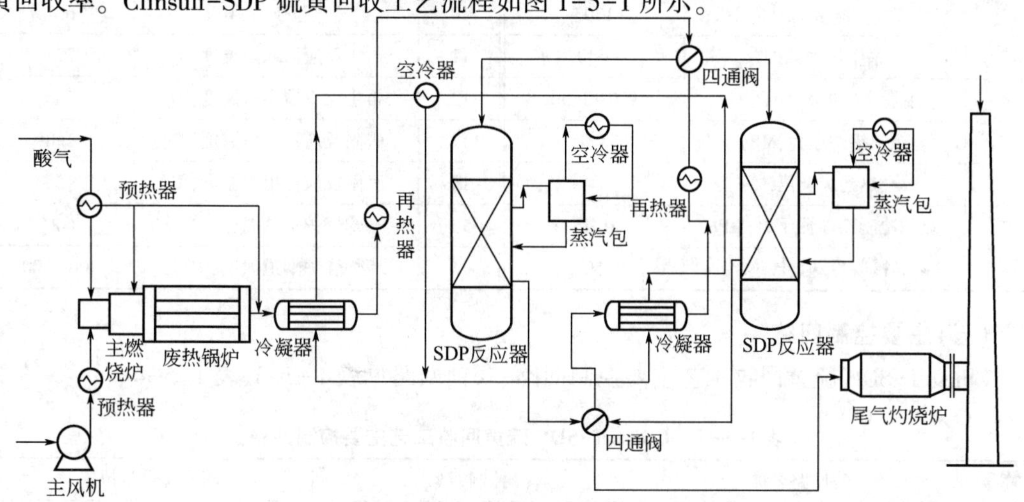

图 1-5-1　Clinsulf-SDP 硫黄回收工艺流程

(三)主要设备

Clinsulf-SDP 硫黄回收工艺主要设备见表 1-5-1。

表 1-5-1 Clinsulf-SDP 硫黄回收工艺主要设备

序号	设备名称	设备用途
1	主风机	为主燃烧炉提供燃烧用空气
2	酸气/空气预热器	对酸气/空气进行预热,使酸气燃烧更稳定
3	主燃烧炉	将 1/3 的 H_2S 氧化成 SO_2、完全燃烧进料中全部烃类等
4	余热锅炉	通过产生蒸汽的方式冷却燃烧段的过程气
5	硫黄冷凝冷却器	冷却过程气,将过程气中的硫蒸气冷凝冷却分离
6	再热器	对过程气加热
7	空冷器	冷却蒸汽
8	H_2S 和 SO_2 在线分析仪	分析过程气中 H_2S 和 SO_2,对主燃烧炉进行精确配风
9	四通阀	调节过程气流向,使反应器进行冷、热态切换
10	反应器	过程气在催化剂床层上进行克劳斯反应而生成单质硫
11	蒸汽包	收集反应器内冷却盘管产生的蒸汽和提供冷却盘管用水
12	液硫封	将液体硫黄和过程气分离,防止液硫外排时过程气外泄
13	尾气捕集器	捕集尾气中液硫
14	尾气灼烧炉	灼烧尾气中 H_2S 和含硫物质,降低对环境污染
15	尾气烟囱	排放尾气

(四)主要监控参数

以某厂 Clinsulf-SDP 硫黄回收工艺装置为例,主要监控参数见表 1-5-2。

表 1-5-2 某厂 Clinsulf-SDP 硫黄回收工艺主要监控参数

序号	主要参数	控制范围	序号	主要参数	控制范围
1	酸气流量,m^3/h	1240	9	再热器出口温度,℃	255
2	空气流量,m^3/h	1203	10	蒸汽包压力,MPa	6.7
3	系统压力,kPa	<40	11	再生反应器入口温度,℃	255
4	主燃烧炉炉膛温度,℃	927~1050	12	再生反应器出口温度,℃	286
5	余热锅炉压力,MPa	4.7	13	吸附反应器入口温度,℃	198
6	余热锅炉液位,%	70	14	吸附反应器出口温度,℃	125
7	硫黄冷凝冷却器压力,MPa	0.45	15	灼烧炉炉膛温度,℃	600
8	硫黄冷凝冷却器液位,%	50	16	灼烧炉烟道温度,℃	400~500

(五)主要控制回路

Clinsulf-SDP 硫黄回收工艺主要控制回路、联锁回路见表 1-5-3、表 1-5-4。

表 1-5-3 Clinsulf-SDP 硫黄回收工艺主要控制回路

序号	回路名称	控制对象	调节阀安装位置
1	酸气流量控制	酸气入主燃烧炉流量	入主燃烧炉酸气管线

续表

序号	回路名称	控制对象	调节阀安装位置
2	空气流量控制	系统配风	主风机至主燃烧炉空气管线
3	余热锅炉液位控制	余热锅炉液位	余热锅炉给水管线
4	余热锅炉压力控制	蒸汽压力	余热锅炉蒸汽出口管线
5	硫黄冷凝冷却器液位控制	硫黄冷凝冷却器液位	硫黄冷凝冷却器给水管线
6	硫黄冷凝冷却器压力控制	硫黄冷凝冷却器压力	硫黄冷凝冷却器蒸汽出口管线
7	蒸汽包压力控制	蒸汽包压力	蒸汽包至空冷器蒸汽管线
8	再热器蒸汽入口蒸汽流量	反应器入口温度	再热器蒸汽入口管线
9	四通阀程序切换控制	反应器再生和吸附的切换	反应器进口和出口
10	灼烧炉燃料气流量控制	灼烧炉的炉膛温度	灼烧炉燃料气管线
11	烟道温度控制	烟道内烟气温度	烟道掺合空气入口

表 1-5-4　Clinsulf-SDP 硫黄回收工艺主要联锁回路

序号	回路名称	联锁目的	安装位置
1	酸气低流量联锁	装置联锁停工	入主燃烧炉酸气管线
2	空气低流量联锁	装置联锁停工	主风机至主燃烧炉空气管线
3	点火燃料气联锁	点火完成或不成功时，切断燃料气	点火燃料气和点火空气管线
4	主燃料气联锁	主火嘴引燃不成功或酸气引燃正常后，切断进主燃烧炉燃料气	主燃料气管线
5	主燃烧炉熄火联锁	装置联锁停工	入主燃烧炉酸气和空气管线
6	余热锅炉低液位联锁	装置联锁停工	—
7	尾气灼烧炉熄火联锁	切断入灼烧炉燃料气	尾气灼烧炉的燃料气管线

（六）装置主要操作

（1）再热器出口温度调整。

本装置的一、二级过程气再热器和酸气、空气预热器均采用余热锅炉来的中压蒸汽预热的方式，预热效果直接受到余热锅炉蒸汽压力的影响，同时还受到酸气和空气预热器，以及另一级再热器的蒸汽流量变化的影响。实际操作中若“冷态”反应器达到切换时间进入预热阶段时，要提高预热蒸汽流量来提高“冷态”反应器入口温度，蒸汽耗量增大，可能造成“热态”反应器入口温度、酸气、空气预热器温度下降，操作中应注意相互之间的平衡调整。

（2）“冷态”反应器和“热态”反应器切换。

“冷态”反应器和“热态”反应器切换操作前，两个反应器将分别进行一段时间的预冷和预热，而预冷、预热是以空气累积量作为判定标准的，当空气累积量达到一定值时，“热态”转化器进行预冷，“冷态”转化器进行预热，当“热态”转化器出口温度预冷达到预定温度时，转化器进行“冷、热”态切换。日常操作中应根据反应器的负荷变化和催化剂活性，调整空气累积量给定值和预冷、预热时间来实现转化器预冷、预热的切换操作，避免影响硫收率。

（3）反应器循环冷却水系统排污和补充液位。

操作中应定期对反应器恒温段循环冷却水系统进行排污，以保证循环冷却水水质稳定，减少冷却盘管结垢和腐蚀。“热态”反应器循环冷却水系统压力、温度高，不适合排污操作，因此只对“冷态”反应器循环冷却水系统进行排污操作。在补充反应器液位时,为保证补充水质量,通常不采取补充锅炉水,而采取补充低压蒸汽的方式进行。补充的蒸汽经过循环冷却水系统空冷器冷却,变成凝结水维持系统液位正常。

二、硫黄回收工艺比较

富氧 Claus 是传统 Claus 技术最为简单和有效的改进方法,通过富氧空气有效地扩大常规 Claus 装置对酸气变化的适应能力,较传统克劳斯反应降低了过程气中的有机硫的含量,能提高酸气中 NH_3 的分解。

低温 Claus 工艺是目前比较推崇的一种硫黄回收工艺,其较高的硫黄回收率和合理的内部能量利用使其成为新建硫黄回收单元的主导工艺。该装置要得到期望的硫黄回收率必须精确控制好过程气 H_2S 和 SO_2 的比值,需要设置在线分析仪进行控制;而据天然气净化厂运行经验,在线分析仪容易堵塞,维护要求较高。为避免 H_2S 和 SO_2 比值不易控制,SuperClaus 是不错的选择,通过控制进入 SuperClaus 末级反应器过程气中的 H_2S 浓度,与进入 SuperClaus 末级反应器的氧化空气混合,在催化剂作用下选择氧化 H_2S,提高硫回收率。

催化氧化类工艺能够解决低浓度酸气的处理问题,但是由于其催化剂以及液相催化法使用的螯合剂价格很高,产品硫黄质量一般,因而限制了其发展。

此外,生物脱硫工艺近年来得到了快速发展,具有不需要催化剂和氧化剂(空气除外)、不需要处理化学污泥、生物污染少、能耗低、硫回收率高等优点。目前获得工业化的工艺有 Bio-SR 和 Shell-Paques 工艺,但是由于其较高的操作维护费用,生物催化剂性能等问题一直未被广泛应用。典型的硫黄回收工艺比较见表 1-5-5。

表 1-5-5　典型硫黄回收工艺比较

序号	工艺类型	装置硫黄回收率,%	相对投资,%	操作费用
1	Claus(二级)	96	80	低
2	Claus(三级)	98	100	低
3	Cope	96.5~98.5	扩能费用增加 10~15	增加 5%~10%
4	MCRC	99	110~125	较低
5	SuperClaus-99 或 99.5	99~99.5	105~120	最低
6	Claus(二级)+SCOT	99.9	170~200	较高
7	Shell-Paques	99.9	130	较高
8	Sulfreen	99.5	125	较低

注:投资费用以 Claus(三级)为基准。

三、影响催化剂活性的因素

铝基硫黄回收催化剂在使用过程中受多种因素影响。使反应物通向活性中心的孔隙被堵塞,或者活性中心损失而导致转化效率下降的过程称为失活。失活的主要原因有微孔结构变化及外部影响等。由内部微孔结构变化导致的失活无法恢复其活性,而由外部因素影响产生的失活,一般可通过再生使其部分或全部恢复活性。影响铝基催化剂失活的主要原因如图 1-5-2 所示。

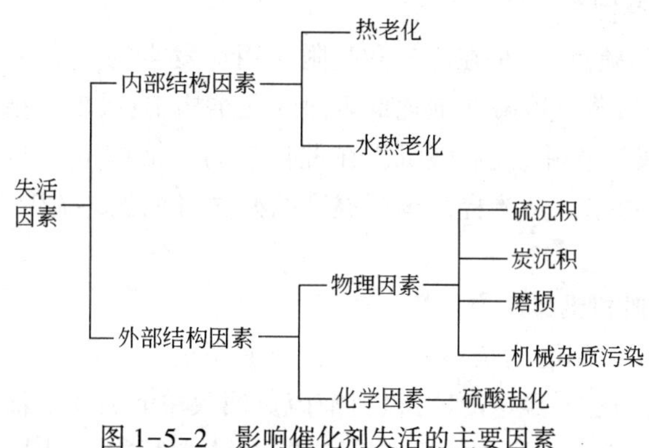

图 1-5-2　影响催化剂失活的主要因素

(一)热老化和水热老化

热老化是指催化剂在使用过程中因受热而使其内部结构发生变化,引起比表面积逐渐减小的过程。活性氧化铝也会与过程气中存在的大量水蒸气发生水化反应,水化反应与热老化相结合会进一步加快催化剂的老化,此过程称为水热老化。催化剂的热老化和水热老化是不可避免的,但在反应器温度不超过 500℃时,两种老化过程均相当缓慢,因而只要操作合理,铝基催化剂的使用寿命通常都在 3 年以上。因此,在操作过程中必须避免反应器超温,否则活性氧化铝会发生相变,并逐渐转化为高温氧化铝而使比表面积急剧下降,导致催化剂永久失活。

GBE003 催化剂积炭原因

(二)催化剂积炭原因

催化剂积炭也称炭沉积,是指酸气中的烃类因不能在燃烧炉内完全燃烧而生成粉状炭或焦油状物质,沉积在催化剂表面。上游脱硫脱碳单元操作异常时,醇胺溶剂也会随酸气带入硫黄回收单元,经高温灼烧后发生炭化而沉积在催化剂上。对分流法克劳斯装置而言,由于酸气总量的 2/3 未进入燃烧炉,则更容易发生炭沉积。

工业装置上催化剂的炭沉积一般是由重烃和轻烃两类物质引起的。进入反应器的重烃会在催化剂外表面上形成一层黑色、光亮的焦油状沉积物,导致反应物进入催化剂活性部位的通道被堵塞。重烃在催化剂表面沉积达到 1%~2%(质量分数)时,可能导致催化剂完全失活。如果过程气中含有芳香烃,它们还会在催化剂表面发生聚合反应,生成的聚合物积聚在孔结构中而导致催化剂严重失活。目前在工业上还没有有效的再生措施解决由重烃引起的炭沉积。以往曾采用提高床层温度至约 500℃,并适当加大进燃烧炉的空气量的办法进行烧炭,但此过程中温度和空气量都极难控制,一旦超温会造成催化剂永久失活,故未推广使用。因此,解决重烃炭沉积的关键是判明并消除其起因,如适当调整燃烧炉的操作,尽量脱出过程中的重烃等。

轻烃不完全燃烧而生成的粉末状炭(烟炱)同样会在催化剂床层中形成炭沉积。对高比表面积的铝基催化剂而言,少量的粉末状炭沉积对其活性影响不大,但有可能引起过高的压力降,从而影响装置的处理能力,有时也会生成不合格的黑色硫黄。解决由轻烃引起的炭沉积常规措施是停工后以机械手段处理。近年来,国外提出了一种“在线硫洗”除去炭沉积的新技术,在硫洗期间,发生炭沉积的催化剂床层暂时在低于硫露点的温度下操作,使沉积于催化剂表面的粉末状炭被液硫浸泡后带出床层。

GBE004 催化剂积硫原因

（三）催化剂积硫原因

催化剂积硫也称为硫沉积，是在冷凝和吸附作用下发生的。冷凝是指反应器温度低于硫露点时，过程气中的硫蒸气冷凝在催化剂表面的孔结构中；吸附是指硫蒸气由于吸附作用和随之发生的毛细管冷凝作用，硫蒸气沉积在催化剂的孔结构中。由硫沉积而导致的催化剂失活一般是可逆的，可采取适当提高床层温度的办法将沉积的硫带出，或者在停工阶段以惰性气体汽提除去。

（四）催化剂的磨损和机械杂质污染

催化剂在操作过程中的磨损是不可避免的，磨损率过高会影响其使用寿命及床层的压力降，这是应该注意的问题。经不断改进，目前硫黄回收单元所用的活性氧化铝催化剂的磨损率大多在1%（质量分数）以下，故已不是影响催化剂活性的主要因素。

机械杂质包括过程气中夹带的铁锈、耐火材料碎粒、催化剂粉尘等，若大量存在会堵塞催化剂孔结构，增大反应器压差，降低硫回收率。随着硫黄回收单元设计和操作方法逐步完善，以及催化剂强度的改良，目前机械杂质对催化剂的污染已不是影响其寿命和活性的主要因素。

（五）硫酸盐化

活性氧化铝催化剂的硫酸盐化是影响其活性的最重要因素，对硫酸盐化的认识归纳如下：

（1）硫酸盐化程度与装置操作条件密切相关，其影响因素中以 $Al_2O_3+3SO_2+3/2O_2=Al_2(SO_4)_3$ 为代表的反应对工业装置上催化剂的硫酸盐化起主要作用。

（2）反应器温度越低，过程气中 H_2S 含量越低，越容易发生硫酸盐化反应；过程气中氧含量对硫酸盐化也有重要影响，氧含量越高也越容易发生硫酸盐化反应，故目前漏氧保护催化剂的应用已受到普遍重视。

（3）过程气中 H_2S/SO_2 的比例对活性氧化铝的硫酸盐化也有直接影响。适当提高 H_2S/SO_2 的比例不仅可以降低催化剂的硫酸盐化，同时可以得到较高的 CS_2 转化率。因此，目前采用直接氧化工艺处理尾气的装置，一般均在较高的 H_2S/SO_2 比例下运行。

（4）过程气中 H_2S 可以还原生成硫酸盐，当其还原速度与生成速度相当时，催化剂上的硫酸盐生成量不再增加。

（5）硫黄回收单元停工时，催化剂床层温度较高，且催化剂孔隙中的硫尚未完全清除时即通入空气，往往会生成相当数量的硫酸盐。但在此情况下生成的硫酸盐在开工过程中是可以被还原的。

因此，判断催化剂是否失活应根据比表面积、孔体积、碳含量等多项指标进行综合评定。

GBE005 CBA硫黄回收工艺切换控制程序

四、CBA硫黄回收工艺反应器切换控制程序

低温克劳斯硫黄回收反应有CBA、MCRC、Clinsulf-SDP以及中国石油CPS等工艺。本节以美国BV公司的CBA工艺为例介绍其低温反应器切换控制程序，该工艺硫黄收率可达99.2%。常见CBA硫黄回收装置工艺流程如图1-5-3所示。

CBA循环对硫黄回收装置的正常运行起着至关重要的作用，循环步骤如下所述。

初始状态（图1-5-4）。

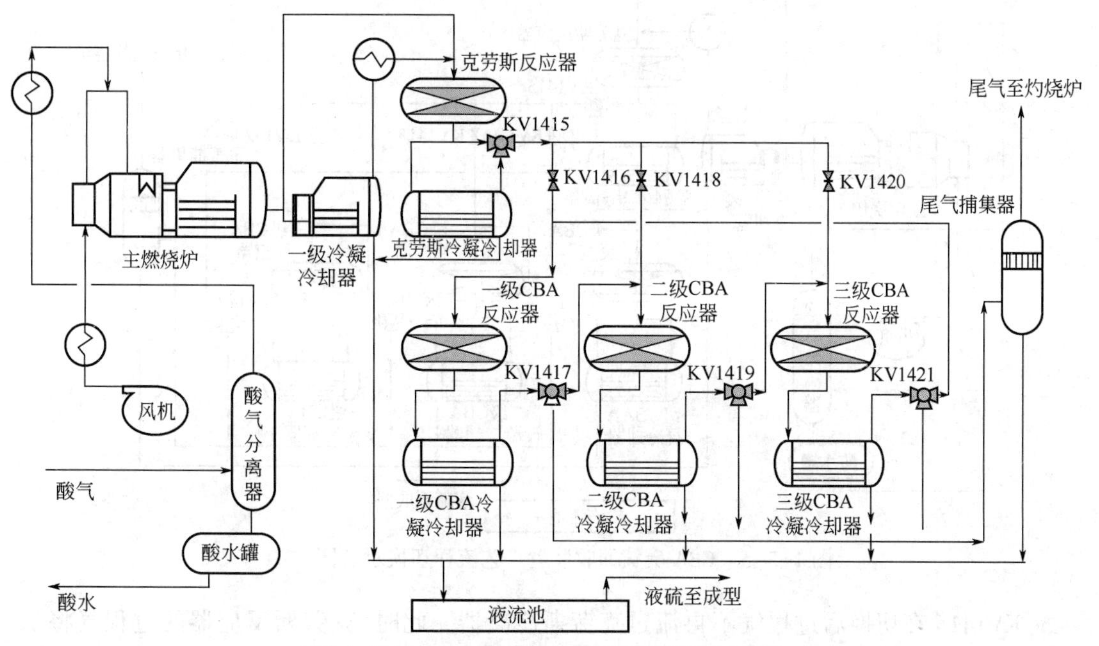

图 1-5-3　CBA 硫黄回收装置工艺流程示意图

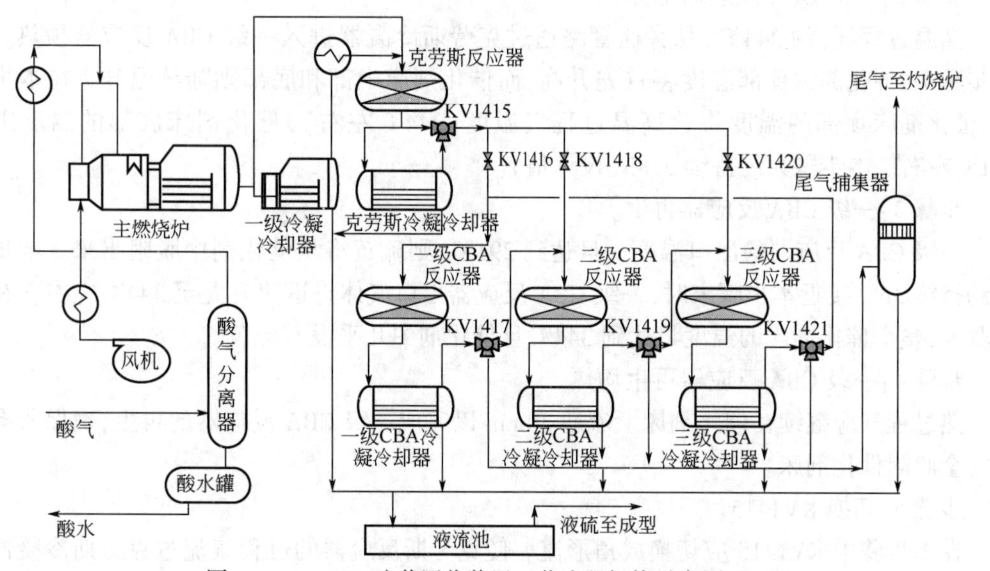

图 1-5-4　CBA 硫黄回收装置工艺流程切换示意图(一)

上图是初始化切换顺序时通过装置的流径。流体将通过克劳斯反应器、克劳斯冷凝器、一级 CBA 反应炉、一级 CBA 冷凝器、二级 CBA 反应炉、二级 CBA 冷凝器、三级 CBA 反应炉和三级 CBA 冷凝器,然后进入尾气灼烧炉。该步骤 3 个 CBA 反应器位于吸附模式且硫黄回收处于循环中的最高值。该模式将一直持续到一级 CBA 反应器中的硫黄进料接近每千克催化剂有 0.75kg 硫黄(设计值)。

步骤 1:切换 KV1415(图 1-5-5)。

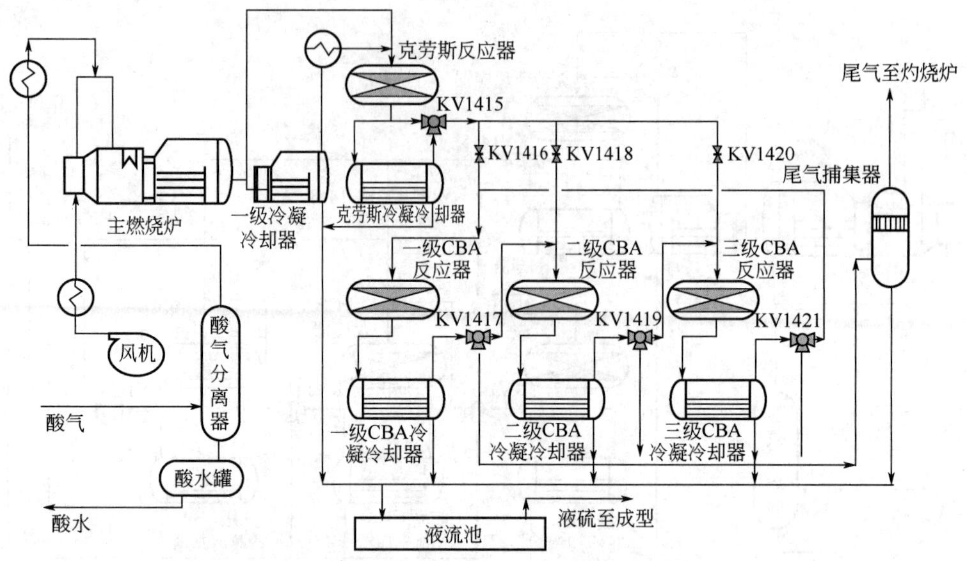

图 1-5-5 CBA 硫黄回收装置工艺流程切换示意图(二)

KV1415 在切换后过程气不再流过克劳斯冷凝器。此时，克劳斯反应器的过程气将从旁通管路通过克劳斯冷凝器。本步骤大约持续 1min。

步骤 2：一级 CBA 反应器加热。

高温过程气(约 344℃)从旁通管路通过克劳斯冷凝器进入一级 CBA 反应器预热。在本步骤中，催化剂床顶部温度将首先升高，而催化剂床中部和底部则陆续温升。在本步骤末，催化剂床顶部的温度将达高温过程气温度(344℃左右)，催化剂床底部的温度则在 291℃左右。本步骤大约持续 3.8h(设计值)。

步骤 3：一级 CBA 反应器再生。

一级 CBA 反应器的出口温度一旦达到 291℃，则硫黄将从催化剂中脱附出来。本步骤大约持续 3h。接近本步骤末时，一级 CBA 反应器出口气体将迅速升温至 344℃左右。在本步骤末，整个催化剂床的温度将达到 344℃且催化剂中几乎没有硫黄。

步骤 4：一级 CBA 反应器再生均热。

热过程气应继续在催化剂床上流通 30min 以完成一级 CBA 反应器的再生，确保所有硫黄完全脱附催化剂床。

步骤 5：切换 KV1415。

在本步骤中 KV1415 应切换成角形流。使克劳斯反应器的过程气流过克劳斯冷凝器从而将过程气冷却至 127℃左右。

步骤 6：一级 CBA 反应器预冷却。

当克劳斯冷凝器的冷却过程气流过一级 CBA 反应器时，催化剂床层顶部将由 344℃冷却至 127℃左右，底部被冷却至 244℃左右。本步骤在一级 CBA 反应器出口气的温度达到 244℃时终止，大约持续 3h。

步骤 7：切换 KV1417，打开 KV1418(图 1-5-6)。

在该步骤中应打开 KV1418。KV1417 应同时转至角位。经短时后流体将进入一级 CBA 反应器和二级 CBA 反应器。一级 CBA 冷凝器的尾气将转入灼烧炉。

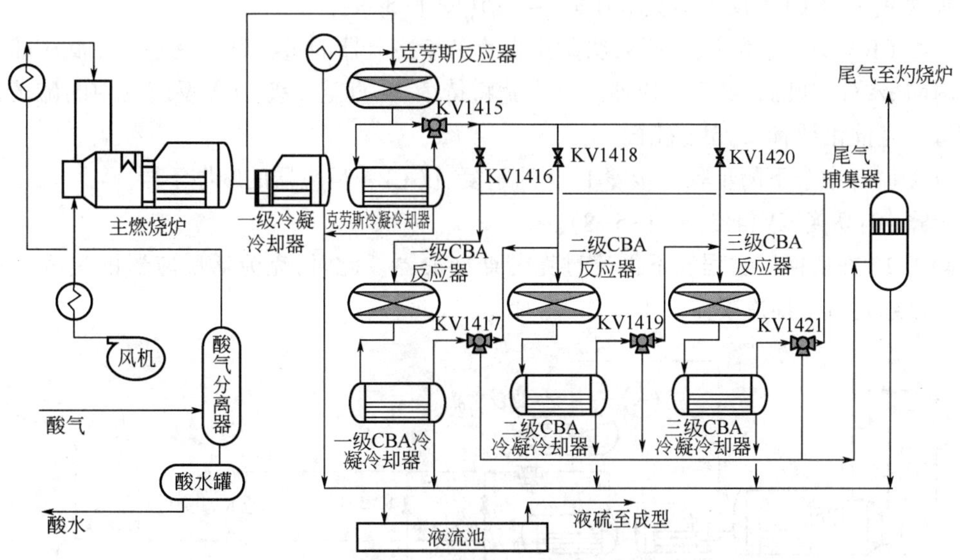

图 1-5-6　CBA 硫黄回收装置工艺流程切换示意图(三)

此步骤由于一级 CBA 冷凝器过程气直接留到灼烧炉,在 KV1416 未关闭之前,会有短暂的时间造成尾气灼烧炉尾气超标。

步骤 8:切换 KV1421,关闭 KV1416(图 1-5-7)。

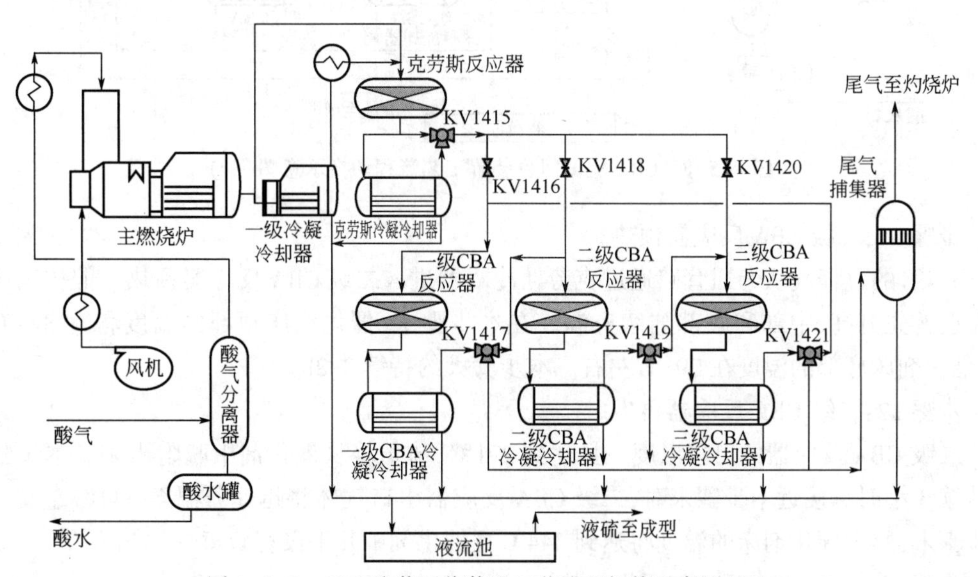

图 1-5-7　CBA 硫黄回收装置工艺流程切换示意图(四)

KV1418 一旦经中间位置开关确认处于半开,那么 KV1416 将开始关闭。三通阀 KV1417 一旦经中间位置开关确认达到它的中间位置,KV1421 将开始切换至直通流。此时流体将流经克劳斯冷凝器、二级 CBA 反应器、二级 CBA 冷凝器、三级 CBA 反应器、三级 CBA 冷凝器、一级 CBA 反应器和一级 CBA 冷凝器,然后进入尾气灼烧炉。

注:必须严格遵循步骤 7、8 的顺序以确保始终有一条通路连接尾气灼烧炉。

步骤 9:一级 CBA 反应器吸附和最终冷却(图 1-5-8)。

二级 CBA 反应器为主反应器,吸附来自克劳斯冷凝器的过程气,一级 CBA 反应器为进行吸附前最终冷却的二级后反应器。该步骤将持续 3h 直至二级 CBA 反应器中的硫黄进料接近每千克催化剂有 0.75kg 硫黄。

CBA 循环中余下的步骤为步骤 1~9 的重复,仅 CBA 反应器的顺序不同。

步骤 10:切换 KV1415(图 1-5-8)。

KV1415 在切换后过程气不再流过克劳斯冷凝器。此时,克劳斯反应器的过程气将从旁通管路通过克劳斯冷凝器。本步骤大约持续 1min。

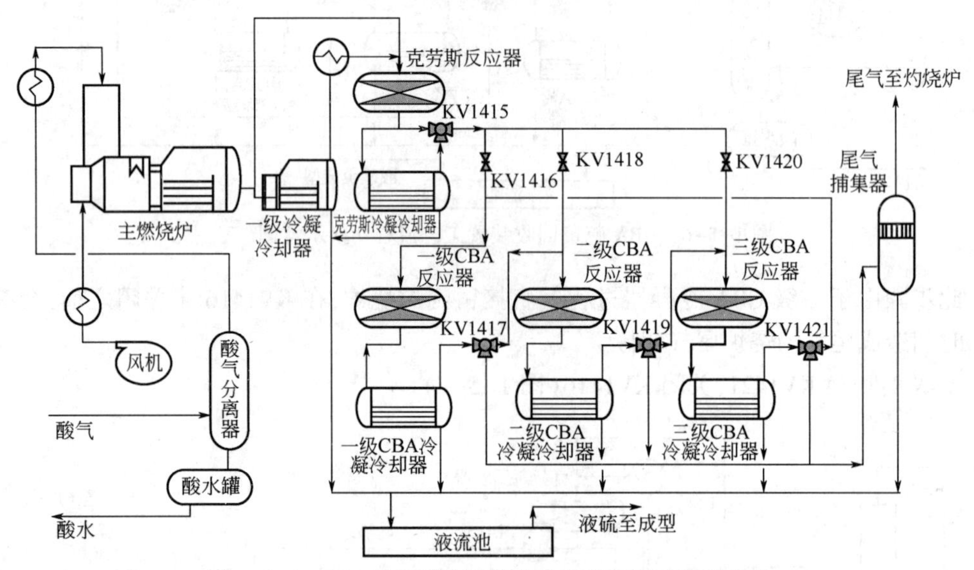

图 1-5-8　CBA 硫黄回收装置工艺流程切换示意图(五)

步骤 11:二级 CBA 反应器预热。

344℃的过程气从旁通管路通过克劳斯冷凝器进入二级 CBA 反应器预热。催化剂床顶部温度首先升高,中部和底部陆续升温。在本步骤末,催化剂床顶部的温度将达 344℃左右,催化剂床底部的温度在 291℃左右。本步骤大约持续 3.8h。

步骤 12:二级 CBA 反应器再生。

二级 CBA 反应器的出口温度一旦达到 291℃,硫黄将从催化剂中脱附出来。本步骤大约持续 3 小时。接近本步骤末时,二级 CBA 反应器出口气体将迅速升温至 344℃左右。在本步骤末,整个催化剂床的温度将达到 344℃且催化剂中几乎没有硫黄。

步骤 13:二级 CBA 反应炉再生均热。

热过程气应继续在催化剂床上流通 30min 完成二级 CBA 反应器的再生。确保所有硫黄完全脱附催化剂床。

步骤 14:切换 KV1415(图 1-5-9)。

在本步骤中 KV1415 应切换成角形流。这就迫使克劳斯反应器的过程气流过克劳斯冷凝器从而将过程气冷却至 127℃左右。

步骤 15:二级 CBA 反应器预冷却。

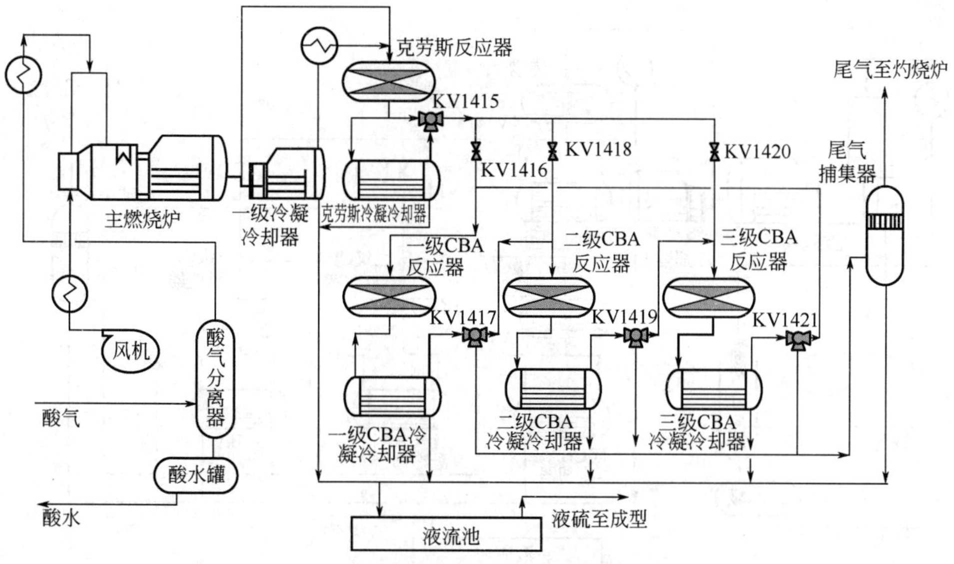

图 1-5-9　CBA 硫黄回收装置工艺流程切换示意图(六)

当克劳斯冷凝器的冷却过程气流经二级 CBA 反应器时,催化剂床的顶部将由 344℃冷却至 127℃左右,底部被冷却至 244℃左右。本步骤在二级 CBA 反应器出口气的温度达到 244℃时终止,大约持续 3h。

步骤 16:切换 KV1419,打开 KV1420(图 1-5-10)。

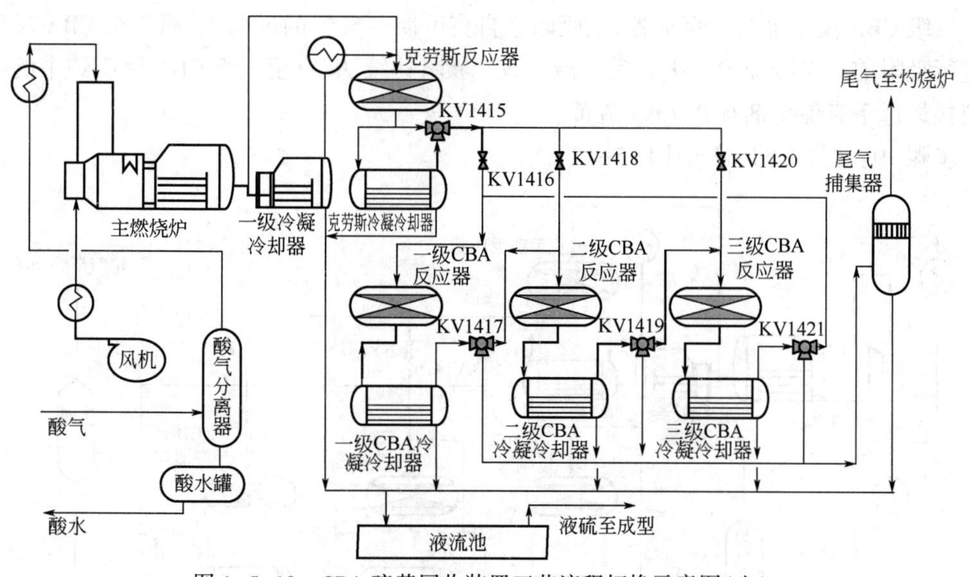

图 1-5-10　CBA 硫黄回收装置工艺流程切换示意图(七)

在该步骤中应打开 KV1420。KV1419 应同时转至角位。经短时后流体将进入二级 CBA 反应器和三级 CBA 反应器。二级 CBA 冷凝器的尾气开始转入尾气灼烧炉。

步骤 17:切换 KV1417,关闭 KV1418(图 1-5-11)。

KV1420 一旦经中间位置开关确认处于半开,那么 KV1418 将开始关闭。三通阀 KV1419 一旦经中间位置开关确认达到它的中间位置,KV1417 将开始切换至直通流。此时

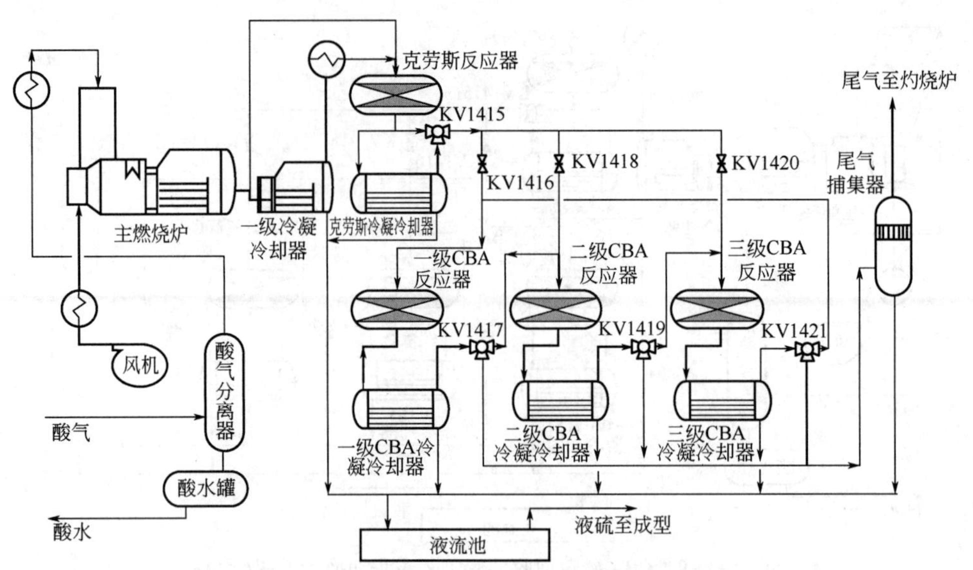

图 1-5-11　CBA 硫黄回收装置工艺流程切换示意图(八)

流体将流经克劳斯冷凝器、三级 CBA 反应器、三级 CBA 冷凝器、一级 CBA 反应器、一级 CBA 冷凝器、二级 CBA 反应器和二级 CBA 冷凝器,然后进入尾气灼烧炉。

注:必须严格遵循步骤 16、17 的顺序以确保始终有一条通路连接灼烧炉。

步骤 18:二级 CBA 反应器吸附和最终冷却。

三级 CBA 反应器为主反应器,它吸附来自克劳斯冷凝器的过程气,而二级 CBA 反应器为进行吸附前最终冷却的二级后反应器。该步骤将持续 3h 直至三级 CBA 反应炉中的硫黄进料接近每千克催化剂有 0.75kg 硫黄。

步骤 19:切换 KV1415(图 1-5-12)。

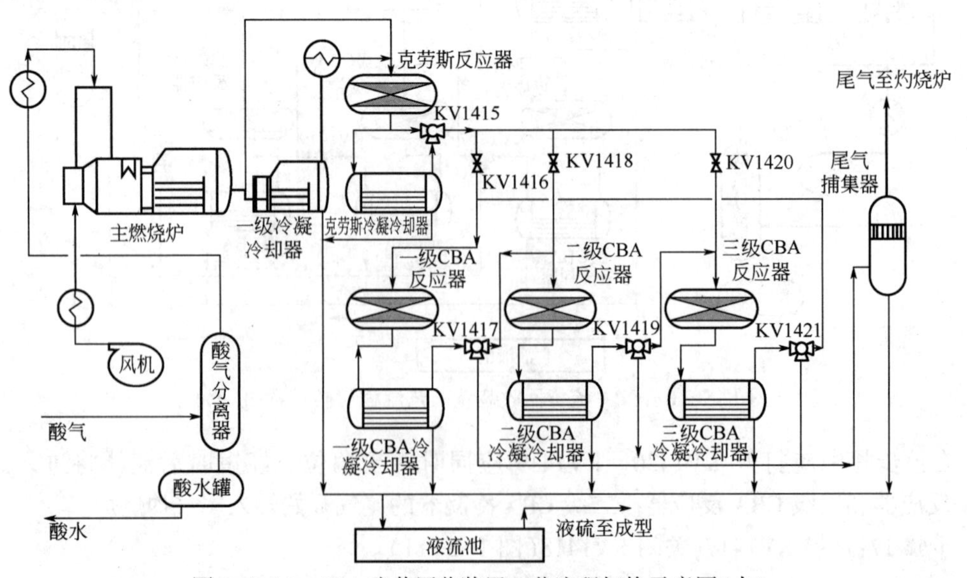

图 1-5-12　CBA 硫黄回收装置工艺流程切换示意图(九)

KV1415 在切换后过程气不再流过克劳斯冷凝器。此时，克劳斯反应器的过程气将从旁通管路通过克劳斯冷凝器。本步骤大约持续一分钟。

步骤 20：三级 CBA 反应器预热。

344℃的过程气从旁通管路通过克劳斯冷凝器进入三级 CBA 反应器预热。催化剂床顶部温度首先升高，催化剂床中部和底部陆续升温。在本步骤末，催化剂床顶部的温度将达 344℃左右，催化剂床底部的温度则在 291℃左右。本步骤大约持续 3. 8h。

步骤 21：三级 CBA 反应器再生。

三级 CBA 反应器的出口温度一旦达到 291℃，则硫黄将从催化剂中脱附出来。本步骤大约持续 3h。接近本步骤末时，三级 CBA 反应器出口气体将迅速升温至 344℃C 左右。整个催化剂床的温度在本步骤末将达到 344℃且催化剂中几乎没有硫黄。

步骤 22：三级 CBA 反应器再生均热。

热过程气应继续在催化剂床上流通 30min 以完成三级 CBA 反应器炉的再生。确保所有硫黄完全脱附催化剂床。

步骤 23：切换 KV1415。

在本步骤中 KV1415 应切换成角形流。使克劳斯反应器的过程气流过克劳斯冷凝器从而将过程气冷却至 127℃左右。

步骤 24：三级 CBA 反应器预冷却。

当克劳斯冷凝器的冷却过程气流过三级 CBA 反应器时，催化剂床的顶部将由 344℃冷却至 127℃左右，底部被冷却至 244℃左右。本步骤在三级 CBA 反应器出口气的温度达到 244℃时终止，大约持续 3h。

步骤 25：切换 KV1421，打开 KV1416（图 1-5-13）。

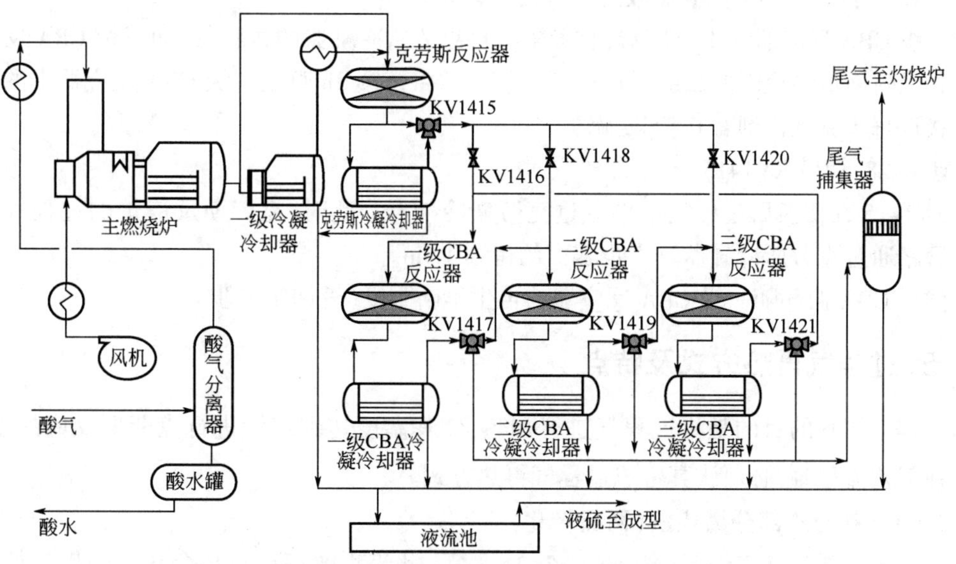

图 1-5-13 CBA 硫黄回收装置工艺流程切换示意图（十）

在该步骤中应打开 KV1416。KV1421 应同时转至角位。经短时后流体将进入三级 CBA 反应器和一级 CBA 反应器。三级 CBA 冷凝器的尾气开始转入灼烧炉。

步骤 26:切换 KV1419,关闭 KV1420(图 1-5-14)。

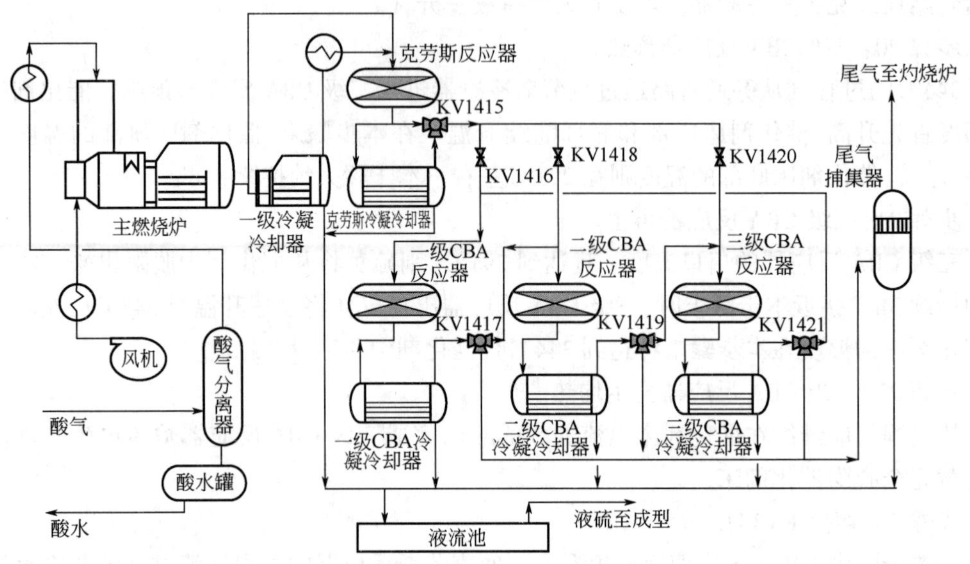

图 1-5-14　CBA 硫黄回收装置工艺流程切换示意图(十一)

KV1416 一旦经中间位置开关确认处于半开,那么 KV1420 将开始关闭。三通阀 KV1421 一旦经中间位置开关确认达到它的中间位置,KV1419 将开始切换至直通流。此时流体将流经克劳斯冷凝器、一级 CBA 反应器、一级 CBA 冷凝器、二级 CBA 反应器、二级 CBA 冷凝器、三级 CBA 反应器和三级 CBA 冷凝器,然后进入尾气灼烧炉。

注:必须严格遵循步骤 25、26 的顺序以确保始终有一条通路连接尾气灼烧炉。

步骤 27:三级 CBA 反应器吸附和最终冷却。

一级 CBA 反应器为主反应器,它吸附来自克劳斯冷凝器的过程气,而三级 CBA 反应器为进行吸附前最终冷却的二级后反应器。该步骤将持续 3h 直至一级 CBA 反应器中的硫黄进料接近每千克催化剂有 0.75kg 硫黄。

步骤 28:切换 KV1415。

KV1415 在切换后过程气不再流过克劳斯冷凝器。此时,克劳斯反应炉的过程气将从旁通管路通过克劳斯冷凝器。本步骤大约持续 1min。

然后 CBA 循环随一级 CBA 反应器的再生不断重复(返回第二步)。

GBE006 过程气再热方式及特点

五、过程气再热方式及特点

过程气再热的目的是将过程气进行加热,使其温度达到继续进行克劳斯反应的温度。在选择工艺流程时,必须认真考虑过程气再热方式。

(一)外掺合式部分燃烧法(两级转化)

外掺合式部分燃烧法流程如图 1-5-15 所示,此流程的特点是从余热锅炉出口处引出一股高温过程气直接掺合到一级和二级反应器的入口气流中,达到使过程气再热的目的。此流程的优点是设备简单,平面布置紧凑,温度调节灵活;缺点是掺合气流中含有大量未经冷凝分离的硫蒸气,因此对高温掺合管制作要求高,掺合阀腐蚀严重,对总转化率有所影响。

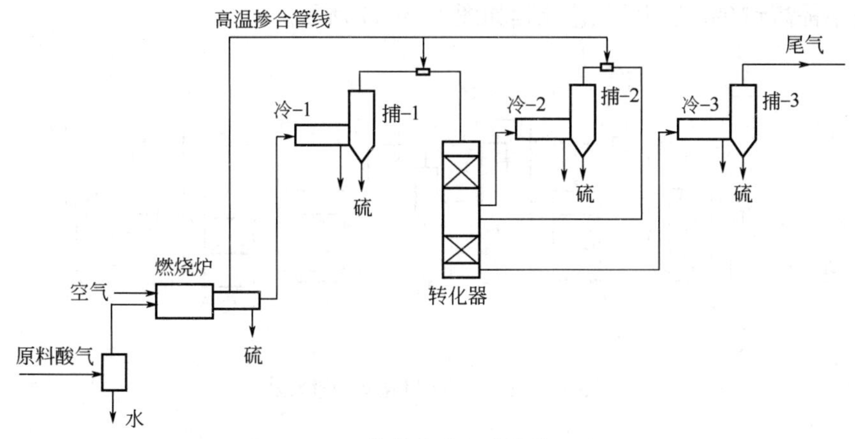

图 1-5-15　外掺合式部分燃烧法流程

(二)内掺合—换热式部分燃烧法(两级转化)

内掺合—换热式部分燃烧法工艺的特点是把掺合管和余热锅炉的炉管组合在一起,掺合过程在余热锅炉的尾部进行,利用掺合管出口阀的开度来调节一级反应器的过程气温度,而二级反应器入口温度用换热器来调节。内掺合的原理与外掺合相同,优、缺点类似,只是内掺合的形式更节省占地面积。但是,由于掺合管设置在余热锅炉内部,发生故障时检修比较困难。同时,由于设备结构复杂,制作较困难,此种流程很少使用。

(三)酸气再热炉式部分燃烧法(三级转化)

酸气再热炉式部分燃烧法工艺如图 1-5-16 所示,此流程的特点是设置一系列再热炉作为过程气的调温手段。再热炉以酸气为燃料,所需空气以进炉酸气中 1/3 体积的 H_2S 转化为 SO_2 的计算用量为准,再热炉的温度则以反应器入口温度串级酸气流量来控制。

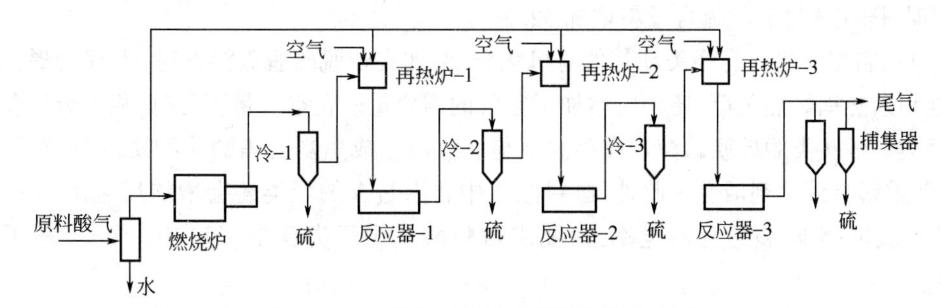

图 1-5-16　酸气再热炉式部分燃烧法流程

再热炉有多种形式,除酸气再热炉外,还有燃料气再热炉和管式再热炉。燃料气再热炉是以天然气或燃料气为燃料,把燃烧后的高温烟气直接掺入过程气中以调节温度;管式再热炉是以管式炉间接加热的方式调节过程气的温度。

(四)掺合—换热式分流法(两级转化)

此工艺流程实际上是把掺合与换热两种再热手段分别用于分流法,即第一级用高温掺合,第二级用换热器。

(五)直接氧化法

直接氧化法适用于规模较小的回收装置,可与尾气装置结合,将处理贫酸气的回收装置的总硫收率提高到99%以上，工艺流程如图1-5-17所示。

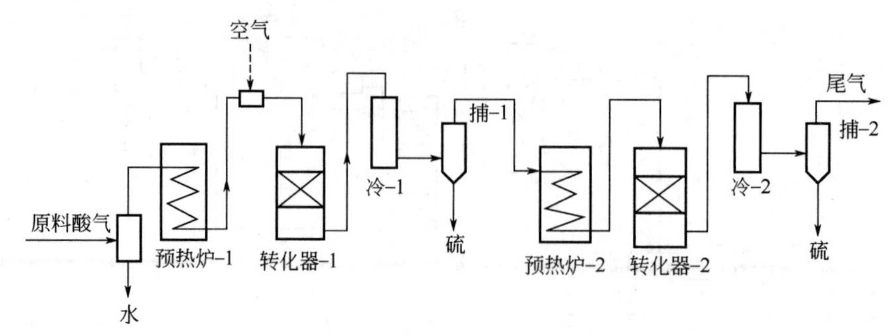

图1-5-17　直接氧化法原理流程

GBE007 硫黄回收单元日常操作要点

六、硫黄回收单元日常操作要点

影响硫黄回收单元操作的因素很多，其中以进料酸气质量、风气比和催化剂活性等因素影响尤为重要，现分别介绍如下。

（一）进料酸气 H_2S 浓度

脱硫脱碳单元采用选择性脱硫脱碳溶剂和有利于提高选择性的操作，可以有效降低酸性气体中 CO_2 的浓度，这对增大硫黄回收单元进料酸气 H_2S 浓度、提高装置硫收率以及减少装置投资都十分有利。

（二）进料酸气杂质

（1）进料酸气中一般都含有 CO_2，它不仅会降低进料酸气 H_2S 浓度，也会与 H_2S 在反应炉内反应生成COS和 CS_2，这两者都会降低硫收率。当进料酸气中 CO_2 浓度从3.6%升至43.5%时，随尾气排放的硫含量将增加52.2%。

（2）进料酸气中含有烃类和其他有机化合物，如夹带脱硫脱碳溶剂时，不仅会提高反应炉温度和余热锅炉热负荷，还相应增加了空气的需要量。在空气量不足时，相对分子质量较大的烃类和醇胺类脱硫脱碳溶剂在高温下与氧反应生成焦炭或焦油状物质，覆盖在催化剂表面，严重影响催化剂活性。此外，进料酸气中含有过多的烃类还会增加反应炉内COS和 CS_2 的生成量，影响装置总转化率，故要求进料酸气中烃类含量（以 CH_4 计）一般不得超过2%。

（3）水蒸气既是进料酸气中的惰性组分，又是克劳斯反应的产物。大量水蒸气存在会抑制克劳斯反应，降低反应物的分压，从而降低总转化率。

降低进料酸气中的烃含量以及 CO_2 浓度对降低有机硫生成率是有益的。虽然进料酸气杂质对硫黄回收单元的设计和操作有很大影响，但现行工艺中在进装置前一般不进行预脱除，而是通过改进装置设备或操作条件等办法来解决。

（三）风气比

当酸气中 H_2S、烃类及其他可燃组分含量已知时，可按化学反应的理论需氧量计算出风气比。对酸气中除 H_2S 以外的 CH_4 及其他可燃组分，通常均假定完全燃烧。除在主燃烧炉内因裂解等副反应而使反应物的计量关系产生一点偏移之外，总的来说是按照化学计量反应的。为了尽可能趋近于100%的总转化率，应保证进入各级反应器的过程气中H_2S/SO_2的摩尔比为2。风气比的微小偏差都会导致H_2S/SO_2比值不当，使硫平衡转化率损失增加，从而降低转化率与硫回收率，尤其是空气不足时对硫平衡转化率损失的影响更大，如图1-5-18所示。

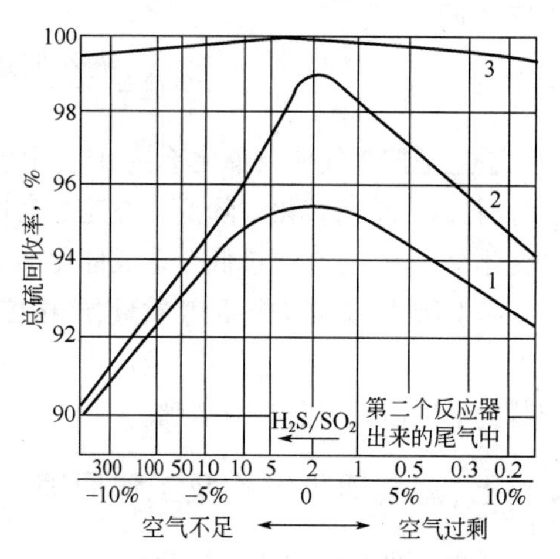

图1-5-18　风气比变化对过程气H_2S/SO_2比值和硫回收的影响

1—两级转化克劳斯法；2—两级转化克劳斯法+低温克劳斯法；3—两级克劳斯法+SCOT法

在实际运行中，为了严格控制风气比，需要设置一套比较复杂的配风控制系统。此外，如果不考虑有机硫水解反应，反应前过程气中H_2S与SO_2摩尔比为2时，在任何转化率下反应后过程气中H_2S与SO_2之比也为2；如反应前过程气中H_2S与SO_2之比与2有微小偏差，都会使反应后的过程气中H_2S与SO_2之比与2相比偏差更大。因此，目前多数克劳斯硫黄回收单元都采用连续监测尾气中H_2S与SO_2的比值在线分析仪，并参与配风的反馈控制调节。

（四）催化剂活性

虽然克劳斯反应对催化剂的要求并不苛刻，但为了保证实现克劳斯反应过程的最佳效果，仍然需要催化剂有良好的活性和稳定性。此外，由于反应炉常常会产生远高于平衡值的COS及CS_2，故需要一级反应器的催化剂具有促使COS、CS_2水解的良好活性。

H_2S和SO_2在反应器内的转化过程中，硫酸盐生成是一种自然现象。在停工过程中，若在催化剂床层尚热时允许空气进入，以及未将硫黄从催化剂孔隙内完全清除时，将产生额外的硫酸盐，导致催化剂硫酸盐含量升高。在装置停工后，由于SO_2被催化剂强烈吸附，也形成硫酸盐，因而再次增加催化剂硫酸盐的含量。

对装置停工过程的研究表明，如果将同一催化剂在标准Claus条件下返回开工，则在装置停工期间生成的额外硫酸盐将被H_2S快速还原，并为催化剂中的硫酸盐含量重新建立一个平衡值。当然，停工过程中催化剂床层超温引起的催化剂失活是不可逆转的，必须严防反应器床层超温。

（五）操作温度

克劳斯法自工业化以来，虽然在工艺上不断改进，硫回收率有了很大提高，但因H_2S与SO_2反应生成元素硫的过程是可逆反应，受到化学平衡的限制，H_2S与SO_2不可能完全转化，故尾气中不可避免的含有一定量的H_2S和SO_2，影响了硫回收率。一级反应器过程气出口温度可控制较高，以后各级反应器由于大量元素硫已从过程气中分出，不存在COS、CS_2水解的问题，故可在较低温度下操作，从而获得较高的转化率，末级反应器出口过程气温度是影响硫损失的关键因素。此外，最后一级硫黄冷凝冷却器通常采用低温冷凝器以回收更多的硫。

（六）空速

空速是指每小时进入反应器的过程气体流量与反应器内催化剂的装填量之比。空速的

单位是 h^{-1}。

$$空速=\frac{每小时进入反应器的气体流量}{催化剂装填量} \tag{1-5-1}$$

空速是控制气体与催化剂接触时间的重要参数。空速过高，过程气在催化剂床层上停留时间过短，平衡转化率降低。空速过高也会使床层温升增加，反应温度升高，不利于提高总转化率。反之，空速过低会造成催化剂床层体积设计过大，导致投资增加。

综上所述，提高进料酸气质量、严格控制风气比、采用性能良好的催化剂和合适的操作温度，是实现克劳斯反应过程最佳化的必要条件，同时也是克劳斯装置下游如 SCOT 尾气处理装置平稳运行的前提与基础。

GBE008 蒸汽透平结构及工作原理

七、蒸汽透平结构及工作原理

蒸气透平结构主要由转动部分、静止部分、控制部分组成。转动部分主要有主轴、叶轮（或转鼓）、动叶片、止推盘、危急保安器、联轴节等；静止部分有汽缸、隔板、喷嘴、静叶片、汽封轴承等；控制部分有调节装置、保护装置。蒸气透平结构如图 1-5-19 所示。

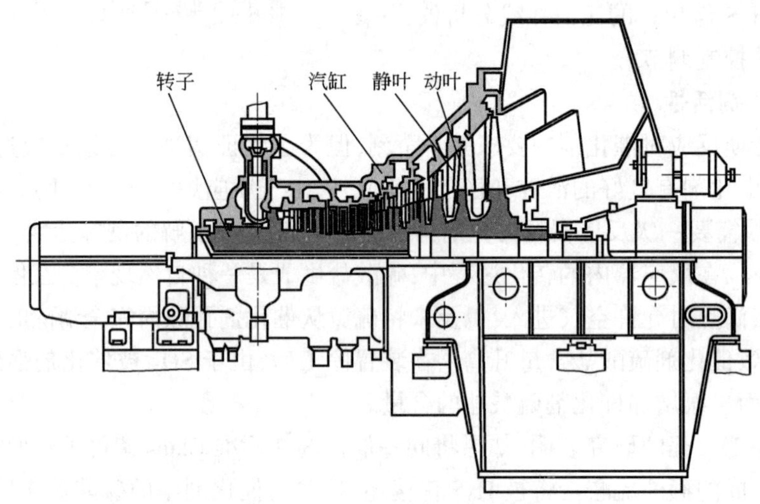

图 1-5-19　多级蒸气透平结构

蒸汽透平是用蒸汽做功的旋转式原动机，将蒸汽的热能转变成透平转子旋转的机械能。这一转变过程需要经过两次能量转换，即蒸汽通过透平喷嘴（静叶片）时，将蒸汽的热能转换成蒸汽高速流动的动能，然后高速气流通过工作叶片时，将蒸汽的动能转换成透平转子旋转的机械能。蒸汽透平按工作原理分为冲动式透平、反动式透平两类；按热力过程可分为背压式透平、凝汽式透平、抽汽凝汽式透平。

只有一个叶轮的蒸汽透平称为单级透平，这种透平功率小、转速高、效率低，一般用于驱动小型油泵或水泵。为了提高能量转换的效率，透平往往不是仅有一只叶轮，而是让蒸汽依次通过几个叶轮（一个叶轮为一级），逐级降低其压力、温度。蒸汽每经过一次热能—动能—机械能的转换，称为工作的一个级，级与级之间用隔板隔开。第一级出来的蒸汽进入第二级，第一级的喷嘴装在汽缸的隔板上，蒸汽经过第二级喷嘴，再次降压、降温、升速，然后去推动第二个叶轮，依次类推，这种透平称为多级透平。多级透平的喷嘴和动叶片是相间排列的，大功率透平将几级叶轮装在一个汽缸内，根据蒸汽工作压力分为高、中、低压缸，有时一个缸还可分成几段，每段都有几个叶轮。

八、硫黄回收率计算方法

GBE017 回收率计算方法

单位时间内实际生产得到的硫黄（$G_{实}$）与理论上进料量硫黄（$G_{理}$）之比，称为硫黄回收率。受工艺和设备等条件限制，硫黄回收单元生产转化为目的产物的硫并不能完全回收。因此，硫转化率通常大于硫回收率。

$$硫黄回收率=\frac{G_{实}}{G_{理}}\times100\% \tag{1-5-2}$$

例：某天然气净化厂硫黄回收单元，每小时进含50%H_2S的酸气4428Nm^3，每小时出硫黄2560kg，试计算硫黄回收率？

解：

$$G_{理}=4428\times50\%\times\frac{32}{22.4}=3163(kg/h)$$

$$硫黄回收率=\frac{G_{实}}{G_{理}}\times100\%=\frac{2560}{3163}\times100\%=81\%$$

九、反应器总硫转化率计算方法

GBE018 反应器总硫转化率计算方法

反应器总硫转化率包括无机硫转化率和有机硫转化率。

（1）反应器无机硫转化率。

计算公式为

$$\eta_{n\cdot s}=1-\frac{B_n(1-A_n)}{A_n(1-B_n)} \tag{1-5-3}$$

式中　$\eta_{n\cdot s}$——H_2S及SO_2的转化率，%；

A_n——进料H_2S及SO_2的浓度；

B_n——出料H_2S及SO_2的浓度。

（2）反应器有机硫转化率。

计算公式为

$$\eta_{ors}=1-\frac{B_{or}}{A_{or}} \tag{1-5-4}$$

式中　η_{ors}——有机硫的转化率，%；

A_{or}——进料COS及CS_2的浓度；

B_{or}——出料COS及CS_2的浓度。

（3）反应器总硫转化率。

计算公式为

$$\eta_v=\frac{\left(\frac{A_n+A_{or}}{1-A_n}\right)-\left(\frac{B_n+B_{or}}{1-B_n}\right)}{\left(\frac{A_n+A_{or}}{1-A_n}\right)} \tag{1-5-5}$$

式中：η_v 为 H_2S 及 SO_2 的转化率，%；其余符号含义同上。

例：某天然气净化厂硫黄回收单元，一级常规克劳斯反应器进口 H_2S 体积分数为 8.553%，SO_2 体积分数为 4.234%，COS 体积分数为 0.352%，CS_2 体积分数为 0.127%；出口 H_2S 体积分数为 1.942%，SO_2 体积分数为 0.627%，COS 体积分数为 0.009%，CS_2 体积分数为 0.005%，试计算反应器无机硫转化率，有机硫转化率和总硫转化率？

解：（1）反应器无机硫转化率：

$$\eta_{n \cdot s} = 1-\frac{(0.01942+0.00627)[1-(0.08553+0.04234)]}{(0.08553+0.04234)[1-(0.01942+0.00627)]}$$
$$=82\%$$

（2）反应器有机硫转化率：

$$\eta_{ors} = 1-\frac{0.009+0.005}{0.352+0.127}$$
$$=97\%$$

（3）反应器总硫转化率：

$$\eta_v = \frac{\left(\dfrac{0.08553+0.04234+0.00352+0.00127}{1-(0.08553+0.04234)}\right)-\left(\dfrac{0.01942+0.00627+0.00009+0.00005}{1-(0.01942+0.00627)}\right)}{\left(\dfrac{0.08553+0.04234+0.00352+0.00127}{1-(0.08553+0.04234)}\right)}$$
$$=82.56\%$$

项目二　启、停硫黄回收单元蒸汽透平主风机

一、准备工作

（1）设备：硫黄回收单元蒸汽透平主风机。

（2）材料、工具：笔 1 支、记录本 1 个、活动扳手 1 把、F 扳手 300～800mm、听针 1 个、测温仪 1 个、润滑油 1 盒、对讲机 1 部、工具包 1 个等。

（3）人员：净化操作工 2 人。

二、操作规程

（1）检查工艺流程，确认阀门处于正确开关状态。

① 检查主风机进、出口及放空流程。

② 检查透平蒸汽进、出口流程。

③ 检查蒸汽安全阀流程。

④ 检查凝结水流程。

⑤ 检查蒸汽减温减压器给水流程。

⑥ 检查循环冷却水流程。

（2）确认启运条件，并对蒸汽透平暖机。

① 确认电源、接地线正常。

② 确认仪表投用正常。

③ 确认润滑油油位、质量正常。

④ 检查确认连接螺栓紧固。

⑤ 盘车正常。

⑥ 确认循环冷却水供给压力,并调整循环冷却水流量。

⑦ 检查现场紧急停工阀正常。

⑧ 启运润滑油油泵,并确认润滑油油泵运行正常。

⑨ 确认高、低蒸汽压力,并排尽蒸汽管线及透平机体内积水,缓慢打开暖机蒸汽阀,同时打开透平蒸汽出口阀,进行暖机。

(3)启运蒸汽透平主风机。

① 当暖机温度达到200℃以上时,联系中控室准备启运,现场对PLC程序进行复位。

② 缓慢打开透平蒸汽进口阀,启运蒸汽透平主风机,并控制蒸汽透平主风机出口空气放空压力,防止风机出现过载或喘振。

③ 打开透平蒸汽进口阀时,同时投运透平出口蒸汽管线上减温减压器,控制好透平出口低压蒸汽温度。

④ 启运后,关闭暖机蒸汽阀。

(4)检查蒸汽透平、风机运行参数。

① 检查透平进、出口蒸汽压力,蒸汽温度。

② 检查风机出口压力、进口压差。

③ 检查润滑油位、油压、油温及润滑油流动情况。

④ 检查透平及风机振动、声音及轴承温度。

⑤ 检查循环冷却水温度及疏水器运行情况。

⑥ 启运正常后将空气转入系统,并控制风机压力,防止风机出现过载或喘振。

(5)停运蒸汽透平主风机。

① 控制风机出口压力,将空气转出系统。

② 空气转出系统后,关闭透平蒸汽进出口阀,停运透平出口减温减压器,排尽透平和蒸汽管线内蒸汽及冷凝。

③ 风机停止转动后,关闭风机出口放空阀。

④ 透平及风机轴承温度冷却后,停运润滑油油泵。

⑤ 润滑油冷却后,关闭循环水冷却水,并排尽循环冷却水。

(6)按要求填写作业记录。

(7)打扫场地卫生,整理工具用具。

(8)汇报作业完成情况。

三、注意事项

(1)盘车时,要拆护罩,装护罩时,要紧固;盘车方向与泵转动方向一致,连续盘车三圈以上,轴承动作灵活、无卡塞。

(2)透平暖机时,要排尽积水,防止水击,暖机过程中要进行间断盘车,保证透平均匀受热。

(3)启运透平时,打开透平进口蒸汽阀要缓慢,防止透平转速上升过快。

(4)启停蒸汽透平主风机过程中,必须控制好风机出口压力,防止风机出现过载或喘振。

项目三　调整负压式灼烧炉压力

GBE009 负压式灼烧炉压力调整

天然气净化厂硫黄回收单元尾气灼烧炉大多采用负压式灼烧炉。液硫捕集器出来的尾气进入负压式灼烧炉燃烧后,通过尾气烟囱排放至大气。造成灼烧炉内压力变化的原因:负压式灼烧炉到烟道挡板开度大小;负压式灼烧炉一次风、二次风挡板开度大小;硫黄回收单元负荷的变化;烟道降温空气流量;废气引射器蒸汽流量等。出现以上情况时,需要及时进行调整,以免造成燃烧不充分、灼烧炉回火等异常事件。

一、准备工作

(1)设备:负压式灼烧炉。

(2)材料、工具:笔1支、记录本1个、F扳手300~800mm、对讲机1部等。

(3)人员:净化操作工2人。

二、操作规程

(1)根据进入硫黄回收单元酸气组分、流量变化,调整主燃烧炉配风操作,提高主燃烧炉 H_2S 转化率,降低尾气 H_2S 含量。

(2)根据尾气流量变化,及时调整负压式灼烧炉到烟道挡板开度大小。

(3)根据尾气流量变化,及时调整负压式灼烧炉一次风、二次风挡板开度大小。

(4)控制废气引射器蒸汽流量,避免大量蒸汽进入尾气负压式灼烧炉,造成灼烧炉压力波动。

(5)装置检修期间,对烟囱烟道进行疏通。

(6)按要求逐项填写作业记录。

(7)打扫场地卫生,整理工具用具。

(8)汇报作业完成情况。

三、注意事项

(1)调整负压式灼烧炉时,防止灼烧炉回火造成人员受伤;操作人员要穿戴好劳保,佩戴护目镜,一人监护一人操作。

(2)调整灼烧炉负压时,操作人员需佩戴便携式 H_2S 气体检测仪,站在上风口作业。

(3)调整操作时,注意观察 H_2S 比 SO_2 在线分析仪和尾气在线分析仪数据变化,避免尾气排放超标。

项目四　分析及处理硫黄回收单元异常

GBE010 硫黄回收单元系统回压超高原因分析及处理措施

一、分析及处理硫黄回收单元系统回压超高

硫黄回收单元系统回压超高会造成处理能力下降、主风机空气无法进入系统、设备管线超压泄漏、冲液硫封等异常事件,需要按照工艺流程逐级排查故障原因,并采取针对性措施尽快解决,避免造成装置停工。影响系统回压超高的因素主要有酸气负荷过大、设备或管线堵塞、设备衬里垮塌或穿孔、程序阀(低温克劳斯工艺)故障、负压灼烧炉挡板开度过小等。本节“硫黄回收单元系统回压超高”是指系统回压超出正常工作压力,但未引起装置联锁。

(一)准备工作

(1)设备:硫黄回收装置。

(2)材料、工具:笔1支、记录表1个、F扳手300~800mm、对讲机1部、工具包1个等。

(3)人员:净化操作工2人。

(二)操作规程

(1)查看参数变化趋势,确认回压是否超高。

① 查看主燃烧炉炉头回压上升趋势。

② 查看进炉空气、酸气流量及压力变化趋势。

③ 查看进炉空气、酸气流量调节阀开度变化趋势。

④ 查看液硫封运行情况。

⑤ 回压偏高未引起装置联锁,则采取针对性措施尽快解决,避免造成装置停工。回压超高引起装置联锁,则需查明原因并相应处理后,再按程序恢复生产。

(2)分析硫黄回收单元回压超高原因,并提出处理措施。

① 酸气流量和酸气中H_2S含量突然增大,则联系上游降低酸气负荷。

② 反应器床层温度、硫黄冷凝冷却器出口温度过低,则采取提高反应器床层温度、提高硫黄冷凝冷却器出口温度。

③ 检查液硫捕集器、液硫管线、尾气管线、液硫封等保温效果。

④ 检查确认炉类设备及反应器耐火衬里是否垮塌引起堵塞,堵塞严重时申请停工检修。

⑤ 检查确认余热锅炉、硫黄冷凝冷却器炉管、过程气管线及液硫封是否堵塞。

⑥ 检查余热锅炉、硫黄冷凝冷却器、液硫夹套管线是否窜漏或穿孔,严重时申请停工检修。

⑦ 检查确认反应器催化剂是否积炭、粉化,严重积炭、粉化时申请停工筛选或更换。

⑧ 检查确认程序阀(低温克劳斯工艺)是否故障,不能及时恢复时,申请停工检修或更换。

⑨ 检查负压灼烧炉挡板开度是否过小,适当开大负压灼烧炉挡板开度。

(3)按要求逐项填写作业记录。

(4)打扫场地卫生,整理工具用具。

(5)汇报作业完成情况。

(三)注意事项

(1)硫黄回收单元系统回压是判断系统设备是否堵塞的重要依据,通过观察系统压力和处理量的变化,可以分析装置运行是否正常。

(2)发现硫黄回收单元回压升高时,应及时处理,防止液硫封被冲,影响装置安全。

(3)硫黄回收单元回压升高是一个缓慢的过程,影响因素众多,主要由系统设备和管线堵塞引起,分析时应按照工艺流程逐级排查故障原因。

(4)若硫黄回收单元系统回压升高,可通过各过程气取样阀对压力进行检测,判断堵塞设备。

(5)冬季低温天气,环境温度对硫黄回收单元过程气、液硫管道影响较大,要加强保温效果检查,必要时增设临时措施以达到保温效果。

(6)处理过程中要严密监控装置工艺参数,现场与中控室要随时保持联系。

(7)硫黄回收单元处于高温环境,在处理过程中应注意防止烫伤,操作人员必须正确穿戴劳保,佩戴防烫伤手套。

(8)硫黄回收单元处于易燃易爆、有毒有害环境,在处理过程中必须佩戴 H_2S、CH_4 气体检测仪,站在上风口作业,必须进行监护。

GBE011 主燃烧炉温度异常原因分析及处理措施

二、分析及处理主燃烧炉温度异常

主燃烧炉温度异常分为温度偏高和偏低。主燃烧炉温度异常可以从热电偶温度计、炉膛颜色、余热锅炉蒸汽流量及上水量等方面体现出来。影响主燃烧炉温度的因素有酸气流量及 H_2S 浓度超范围、酸气中夹带杂质、酸气分流比值不合理、主燃烧炉配风不当及燃料气阀内漏等。

(一)准备工作

(1)设备:主燃烧炉。

(2)材料、工具:笔 1 支、记录表 1 个、F 扳手 300~800mm、对讲机 1 部、工具包 1 个等。

(3)人员:净化操作工 2 人。

(二)操作规程

(1)控制酸气流量及浓度在设计范围内,超出设计范围时,及时联系上游调整酸气气质气量。

(2)联系取样分析酸气中 CH_4 组分,若酸气中 CH_4 含量过高,联系脱硫脱碳单元及时调整。

(3)提高或降低空气、酸气预热器温度,调整酸气进入主燃烧炉前的温度。

(4)调整酸气分流比值或分流支路酸气流量,控制主燃烧炉温度。

(5)检查燃料气流程,确认阀门是否存在内漏现象,及时联系检修。

(6)联系检维修人员检修热电偶,确保显示准确,现场操作人员观察炉膛燃烧情况是否正常,并通知中控室调整相应操作。

(7)按要求逐项填写作业记录。

(8)打扫场地卫生,整理工具用具。

(9)汇报作业完成情况。

(三)注意事项

(1)因主燃烧炉温度变化会造成余热锅炉上水及蒸汽流量变化,应时刻关注余热锅炉液位变化情况,防止余热锅炉满水及余热锅炉严重缺水现象发生。

(2)主燃烧炉温度异常时,需及时调整操作,确保较高的硫黄回收率。

GBE012 反应器床层温度异常原因分析及处理措施

三、分析及处理反应器床层温度异常

造成反应器床层温度异常的因素有装置运行负荷、反应器入口过程气温度、反应器入口过程气中 H_2S 和 SO_2 浓度、游离氧及反应器催化剂活性等。反应器温度异常可能造成内部衬里损坏、催化剂活性下降,影响硫黄回收率。

(一)准备工作

(1)设备:反应器。

(2)材料、工具:笔 1 支、记录表 1 个、F 扳手 300~800mm、对讲机 1 部、工具包 1 个等。

(3)人员:净化操作工 2 人。

(二)操作规程

(1)反应器温度过高的处理措施。

① 降低装置运行负荷。

② 降低反应器入口过程气温度。

③ 控制主燃烧炉温度,提高热转化率,降低反应器入口过程气 H_2S 和 SO_2 的浓度。

④ 确保酸气气质气量稳定,严格配风,防止游离氧进入反应器。

⑤ 必要时加入氮气或蒸气降温。

(2)反应器温度过低的处理措施。

① 提高装置运行负荷。

② 提高反应器入口过程气温度。

③ 若催化剂失活,需再生催化剂,必要时更换失活催化剂。

④ 检查确认反应器降温蒸汽或氮气阀是否存在内漏,若内漏,需及时检修。

(3)按要求逐项填写作业记录。

(4)打扫场地卫生,整理工具用具。

(5)汇报作业完成情况。

(三)注意事项

(1)利用装置停工检修,打开反应器对催化剂取样分析,确认催化剂活性。筛选积炭、粉化的催化剂,并重新补充新催化剂。

(2)反应器超温时用氮气或低压蒸汽进行降温,要控制好降温气流量,以免影响反应器催化转化效果。

GBE013 冲液硫封原因分析及处理措施

四、分析及处理冲液硫封

硫黄回收单元酸气负荷突然增加、设备管线堵塞、夹套管线穿孔及系统回压升高时,易发生冲液硫封现象。冲液硫封时液硫大量溢出,过程气从液硫采样包逸出,系统回压会出现先升高后急剧下降的现象。

(一)准备工作

(1)设备:液硫封。

(2)材料、工具:笔1支、记录表1个、F扳手300~800mm、对讲机1部、工具包1个等。

(3)人员:净化操作工2人。

(二)操作规程

(1)在正常生产中,若硫黄回收单元ESD投入运行,系统回压超高会引起装置联锁,则按紧急停工进行处理。

(2)若装置ESD未投入运行,回压升高到一定程度,造成液硫封被冲,也应按紧急停工进行处理,再进一步分析回压升高的原因并进行相应的处理。

(3)具体参见前面“硫黄回收单元回压超高的分析及处理”。

(三)注意事项

(1)发生冲液硫封时,液硫从采样包和观察口喷出易烫伤人员,巡检人员须正确穿戴劳保,必要时需佩戴空气呼吸器进行操作。

(2)现场处置时,由于部分蒸汽、夹套管线未停运,易烫伤人员,作业人员须正确穿戴劳保,并佩戴防烫伤手套。

(3)处理完毕后,需重新灌装液硫封,再按程序恢复生产。

GBE014 液硫夹套管线窜漏处理措施

五、分析及处理液硫夹套管线窜漏

蒸汽进入液硫夹套管线后,液硫采样包或液硫池内会出现蒸汽逸出现象,影响液硫质量。当液流泵出口夹套管线窜漏时,液硫窜入蒸汽凝结水系统,凝结水中夹带硫黄,对凝结水系统造成污染。

(一)准备工作

(1)设备:液硫采样包、液硫封、液硫池。

(2)材料、工具:笔1支、记录本1个、F扳手300~800mm、对讲机1部等。

(3)人员:净化操作工2人。

(二)操作规程

(1)蒸汽进入液硫夹套管线。

① 逐一开关各级液硫采样包、液硫封、液硫夹套管线保温蒸汽进出口阀,判断蒸汽泄漏点位置。

② 确认泄漏点后,根据该段蒸汽管线提供夹套管线的位置,初步判断夹套管线泄漏范围及可能泄漏点。

③ 若蒸汽窜漏量较大,进入反应器等设备,则申请停运装置,检查整改穿孔泄漏的液硫夹套管线。

④ 停工处理完毕后,再按程序恢复生产。

⑤ 按要求逐项填写作业记录。

⑥ 打扫场地卫生,整理工具用具。

⑦ 汇报作业完成情况。

(2)液硫进入蒸汽凝结水系统。

① 立即停运液硫泵。

② 关闭液硫泵及液硫泵出口管线夹套蒸汽控制阀。

③ 通过低点甩头对凝结水回水罐及凝结水回水管线进行排液。

④ 必要时进行停工处理,对凝结水系统进行检修。

⑤ 停工处理完毕后,再按程序恢复生产。

⑥ 按要求逐项填写作业记录。

⑦ 打扫场地卫生,整理工具用具。

⑧ 汇报作业完成情况。

(三)注意事项

(1)处理液硫夹套管线蒸汽窜漏时,高温蒸汽及液硫管道易烫伤人员,操作人员须正确穿戴劳保,并佩戴防烫伤手套。

(2)及时检查蒸汽凝结水系统,避免硫黄进入蒸汽凝结水系统,造成动静设备损坏,管道堵塞。

GBE015 负压式灼烧炉点火异常原因分析及处理措施

六、分析及处理负压式灼烧炉点火异常

点火系统故障、燃料气内有氮气、点火枪风气比不合理、挡板开度过大等原因可能会造成负压式灼烧炉点火异常。

(一)准备工作

(1)设备:负压式灼烧炉。

(2)材料、工具:笔1支、记录表1个、F扳手300~800mm、对讲机1部、工具包1个等。

(3)人员:净化操作工2人。

(二)操作规程

(1)联系检维修人员检查点火系统电路、仪表信号,确保运行正常。

(2)检查确认点火嘴电火花能正常打火。

(3)排尽燃料气管线残余氮气。

(4)调节点火枪的燃料气和仪表风压力,合理控制风气比。

(5)调整负压式灼烧炉挡板的开度,确保负压在设计要求范围内。

(6)对点火系统进行复位,复位完成后按下点火按钮。

(7)确认点火嘴点燃后,及时点主火,调整燃料气流量和一次配风、二次配风风门开度,确保负压式灼烧炉燃烧正常。

(8)点火未点燃,重新点火时,要确保吹扫彻底。

(9)按要求逐项填写作业记录。

(10)打扫场地卫生,整理工具用具。

(11)汇报作业完成情况。

(三)注意事项

(1)燃料气配风不合理无法正常点火,可能造成可燃气体泄漏,作业人员需佩带便携式

CH_4 气体检测仪，一人操作一人监护，作业时注意观察风向。

（2）灼烧炉点火时吹扫不到位可能造成炉膛闪爆，吹扫时尽量延长吹扫时间，确保吹扫合格。

GBE016 尾气灼烧炉烟道温度异常原因分析及处理措施

七、分析及处理尾气灼烧炉烟道温度异常

尾气灼烧炉烟道温度异常会造成废气组分灼烧不完全，对大气造成污染，也可能造成设备超温损坏，故需要及时进行处理，并尽量避免。尾气灼烧炉烟道温度偏低的原因有尾气灼烧炉燃料气流量偏低、灼烧炉一次配风过低或过高、灼烧炉二次配风过多、烟道冷却空气流量过多、灼烧炉负压过大等。尾气灼烧炉烟道温度偏高的原因有尾气灼烧炉燃料气流量偏高、烟道冷却空气流量过低、灼烧炉负压过小、主燃烧炉配风不当。此外，反应器转化率低，尾气中 H_2S 含量过高，在灼烧炉内未完全转化为 SO_2，硫黄冷凝冷却器、液硫捕集器捕集效果差，大量硫蒸气进入灼烧炉等也会造成尾气灼烧炉烟道温度偏高。

（一）准备工作

（1）设备：尾气灼烧炉。

（2）材料、工具：笔 1 支、记录表 1 个、F 扳手 300～800mm、对讲机 1 部、工具包 1 个等。

（3）人员：净化操作工 2 人。

（二）操作规程

（1）尾气灼烧炉烟道温度偏低的处理。

① 适当提高尾气灼烧炉燃料气流量。

② 调整灼烧炉一次和二次配风在正常范围。

③ 适当降低烟道冷却空气流量。

④ 适当关小灼烧炉烟道挡板开度，控制合适的灼烧炉负压范围。

⑤ 联系人员对尾气灼烧炉热电偶温度计进行检查并调校仪表调节回路至正常。

（2）尾气灼烧炉烟道温度偏高的处理。

① 适当降低尾气灼烧炉燃料气流量。

② 调整灼烧炉一次和二次配风在正常范围。

③ 适当提高烟道冷却空气流量。

④ 适当开大灼烧炉烟道挡板开度，控制合适的灼烧炉负压范围。

⑤ 加强主燃烧炉配风控制，调整反应器操作温度，提高转化率，减少尾气中 H_2S 含量。

⑥ 控制末级硫黄冷凝冷却器温度，提高液硫捕集效果，减少气态硫进入灼烧炉。

⑦ 若硫黄冷凝冷却器、液硫捕集器捕集效果差，严重时，申请停工检修。

⑧ 联系人员对尾气灼烧炉热电偶温度计进行检查并调校仪表调节回路至正常。

（3）按要求逐项填写作业记录。

（4）打扫场地卫生，整理工具用具。

（5）汇报作业完成情况。

（三）注意事项

（1）尾气灼烧炉运行过程中，注意观察尾气组分、燃料气流量、灼烧温度等参数的变化，做好参数对比，若出现参数异常变化要查找原因并及时调整，避免尾气超标排放。

（2）尾气灼烧炉在运行过程中出现超温现象后，要利用装置停工机会对炉膛内部衬里和尾气管道进行检查，防止出现垮塌。

项目五　投运 SuperClaus 硫黄回收单元

GBE019 SuperClaus硫黄回收单元开工

一、准备工作

（1）设备：SuperClaus 硫黄回收装置。

（2）材料、工具：笔 1 支、记录表 1 个、F 扳手 300～800mm、活动扳手 1 把、听针 1 个、测温仪 1 个、对讲机 1 部、工具包 1 个等。

（3）人员：净化操作工 2 人以上。

二、操作规程

（1）开工条件确认。

① 确认硫黄回收单元所有检修项目已完成，炉类设备点火孔、观察孔畅通，看窗清晰。

② 确认装置现场除开工检漏需要的脚手架外，其余施工使用的脚手架已拆除。

③ 确认有条件的动设备单机试运已完成。

④ 确认安全阀校验、安装合格，所有阀门开关灵活。

⑤ 确认各炉类设备点火系统正常。

⑥ 辅助装置及公用工程单元正常投运，公用介质已送至硫黄回收单元。

⑦ 确认现场仪表、DCS、ESD、F&GS 等自控系统具备使用条件。

⑧ 确认投产配合人员、润滑油、投产工具、材料等准备到位。

⑨ 确认工艺变更操作规程编制完成、操作人员培训合格。

（2）工艺流程确认。

① 确认酸气分离器至尾气捕集器酸气、酸水、过程气、尾气流程，确保沿途所有设备正常备用，阀门关闭。

② 确认空气流程阀门关闭。

③ 确认余热锅炉及硫黄冷凝冷却器给水、蒸汽、排污流程阀门关闭。

④ 确认所有保温蒸汽及凝结水管线所有阀门处于关闭。

⑤ 确认燃料气系统、降温蒸汽及各级反应器灭火氮气流程，确认流程上各阀门处于正确开关状态。

⑥ 确认所有设备及管线放空流程阀门处于关闭。

⑦ 确认安全阀前后截断阀处于开启状态，旁通阀及排放阀处于关闭状态。

⑧ 确认所有公用介质供给总阀关闭（工业水、凝结水、循环冷却水、工厂风、仪表风、氮气、蒸汽等），阀前压力正常。

⑨ 对各个联锁阀、调节阀进行开关测试和阀位调校，完成后恢复到关闭状态。

⑩ 检查并投用现场仪表。

（3）气相系统空气吹扫、试压检漏。

① 按程序启运主风机，将空气引入主燃烧炉，按工艺流程分段对各设备、管线进行吹扫

直至吹扫气无固体杂物为止。

② 吹扫合格后，确认流程对硫黄回收所有气相管线和设备进行试压检漏，发现漏点及时联系整改。

③ 检漏结束后，按程序停运主风机。

(4)余热锅炉、硫黄冷凝冷却器试水压。

① 联系锅炉给水单元。

② 打开余热锅炉顶部排放阀，确认安全阀前截断阀、蒸汽出口大阀及与外界相连的各阀处于关闭状态。

③ 打开锅炉上水阀，将锅炉水引入余热锅炉，直至排出口溢出水为止。

④ 关闭顶部排放阀，通过中控室调节阀或现场手动阀控制上水量，当压力升至工作压力的 1.25 倍时，关闭上水阀，检查设备是否存在泄漏，确认压力保持稳定。

⑤ 用相同方法对各级硫黄冷凝冷却器试水压，压力等级根据冷凝器设计压力确定。

⑥ 试压时，发现漏点及时整改。

⑦ 试压合格后，进行排水。

(5)保温、暖锅。

① 投用蒸汽夹套、伴热管线，排尽所有管线内积水，确认所有疏水器工作良好，保温正常。

② 余热锅炉重新加锅炉水至 40%液位，打开顶部排气阀和安全阀截断阀，从底部引入暖锅蒸汽进行暖锅，逐渐升温至 100℃以上。

(6)点火、升温。

① 点火前再次确认燃料气、空气、氮气、过程气、蒸汽、锅炉给水等流程正常。

② 检查主燃烧炉、再热炉和尾气灼烧炉点火孔、观察孔正常，并进行点火枪试验，确保点火系统正常。

③ 装填液硫封，打开液硫封直排阀无过程气排出，确认硫封装填完成。

④ 排尽主燃烧炉降温蒸汽凝结水和各级反应器灭火蒸汽/氮气管线内积水以备用。

⑤ 按照点火程序对尾气灼烧炉进行点火。

⑥ 尾气灼烧炉点燃后，按照点火程序对主燃烧炉和再热炉点火，严格按升温曲线进行升温。

⑦ 升温达到 250℃后，对过程气、尾气及高压蒸汽等高温设备和管线进行热紧固。

⑧ 逐步提升各级反应器温度至进气要求。

(7)进气生产及参数调整。

① 进气前，确认酸气具备条件、在线分析仪已投用。

② 当装置各点达到进气条件后，引入酸气，同时慢慢关闭燃料气和降温蒸汽阀，及时调整配风量和各控制参数，直至达到正常生产要求范围。

③ 进气后及时观察液硫封液硫流动情况。

④ 常规克劳斯进气正常后，尽快调整操作达到超级克劳斯进气条件。

⑤ 达到超级克劳斯进气条件后，调整超级克劳斯过氧空气量，设定超级克劳斯比值，投运超级克劳斯反应器。

⑥ 投运液硫脱气系统，检查液硫输送管线，若液硫管线有局部堵塞现象，应及时采取措施进行疏通。

⑦ 检查酸气分液罐液位，酸水应及时排放，严防酸水带入主燃烧炉。

⑧ 进气后，及时调整各点工艺参数。

⑨ 系统稳定后，设定联锁值，投用联锁系统。

(8)按要求逐项填写作业记录。

(9)打扫场地卫生，整理工具用具。

(10)汇报作业完成情况。

三、技术要求

(1)空气吹扫时，为了保证吹扫质量，采取逐级吹扫的方式。如：先拆除一级硫黄冷凝冷却器沉渣包底部盲板，用压力为0.1MPa的空气进行吹扫，完成后，此盲板复位。然后拆除二级硫黄冷凝冷却器的沉渣包盲板进行空气吹扫，直至超级克劳斯工艺尾气流程上的最后一台静设备(一般是硫捕集器)吹扫完成。

(2)气密性试压，一般为工作压力的1.05倍，稳压20min。余热锅炉、硫黄冷凝冷却器水压试验压力为工作压力的1.25倍，稳压30min。

(3)点火、升温后检查液硫管道保温是否良好，可用固体硫黄在液硫管线上接触，观察是否熔化来判断保温蒸汽是否正常。

(4)点火、升温过程中，严格按升温曲线升温，应避免升温过快，导致设备衬里损坏。

(5)各炉类设备点火顺序：尾气灼烧炉→主燃烧炉→再热炉。

四、注意事项

(1)系统试压检漏时，不留死角，必须达到试验压力，严禁超压。

(2)在暖锅过程中，余热锅炉液位会不断上升，必要时可打开锅炉排污阀调节锅炉液位，防止锅炉满水。

(3)主燃烧炉点火成功后，逐渐提高炉类设备的空气配入量进行升温，待炉膛烧红后，按比例加入降温蒸汽。

(4)各炉类设备点火成功后，要及时打开炉头保护气。

(5)点火升温和进气过程中，严格控制各炉类设备和反应器的温度，严禁出现超温。

(6)装置进酸气时，操作人员现场要佩戴好便携式H_2S气体检测仪，必要时配备部分空气呼吸器，加强现场监护，防止人员中毒。

(7)常规克劳斯进气后，及时调整操作，尽快投运超级克劳斯反应器至正常。

项目六　停运 SuperClaus 硫黄回收单元

GBE020 SuperClaus硫黄回收单元停工

一、准备工作

(1)设备：SuperClaus 硫黄回收装置。

(2)材料、工具:笔1支、记录表1个、F扳手300~800mm、活动扳手1把、听针1个、测温仪1个、对讲机1部、工具包1个等。

(3)人员:净化操作工2人以上。

二、操作规程

(一)酸气除硫

硫黄回收单元停止进酸气48h前,根据工艺流程将各级反应器入口温度提高30~50℃,维持至酸气进料阀切断为止。

(二)惰性气体置换除硫

此处的惰性气体指主燃烧器停止酸气供给时,改烧燃料气,并按化学当量配比燃烧后产生的气体。

(1)停酸气前,将超级克劳斯反应器旁路运行,并解除酸气、空气低流量联锁。

(2)停酸气前,排尽主燃烧炉降温蒸汽和各反应器灭火蒸汽管线积水备用。

(3)停酸气前,确认燃料气配风比值,启动混合燃烧,当主燃烧器酸气供给降低时,改烧燃料气,并按化学当量配比燃烧。在惰性气体置换操作中,为避免流量计误差造成空气配入过剩引燃反应器内残余可燃物,可根据实际情况调整空气和燃料气比值,根据工艺要求按比例供给降温蒸汽调整炉内温度。

(4)提高反应器入口温度至250℃继续除硫。

(5)惰性气体置换至各级液硫封无液硫流出为止。

(三)过剩氧除硫

(1)当惰性气体置换完毕后,将常规克劳斯再热炉熄火停炉。

(2)维持主燃烧炉的燃料气燃烧,当各级反应器床层各点温度均降到200℃时,缓慢增加主燃烧炉空气量,使系统内过剩O_2含量控制在0.5%~1%内。此时应严密注视反应器床层各点温度不得超过230℃,若超过230℃时,应减少主燃烧炉过剩空气供给量,以稳定或降低反应床层温度,若超过350℃时,需加入灭火蒸汽(或氮气)降温。

(3)反应器床层温度稳定,并呈下降趋势时,可逐步增加主燃烧炉的空气量,使烟气中过剩O_2含量逐渐增加。

(4)当反应器床层各点温度降至150℃左右时,主燃烧炉熄火停炉,并关闭主火嘴降温蒸汽和燃料气。

(四)装置冷却

(1)装置冷却前,将超级克劳斯再热炉熄火停炉,关闭燃料气调节阀前后截断阀及旁通阀。

(2)用空气继续冷吹系统,直至反应器床层各点温度降至100℃以下,并取样分析吹扫气中H_2S和SO_2含量≤10ppm、O_2含量为19.5%~23.5%。

(3)取样分析合格后按程序停运主风机。

(4)停尾气灼烧炉,关闭燃料气、空气调节阀前后截断阀及旁通阀。

(5)在装置冷却过程中,根据需要关闭余热锅炉和硫黄冷凝冷却器蒸汽出口阀,打开各设备现场手动放空阀,并进行锅炉给水置换,温度冷却后,将余热锅炉和硫黄冷凝冷却器上满水，并关闭上水阀。

（五）液硫输送

（1）将液硫泵投入手动运行，直至泵出口无液硫流出为止。

（2）液硫输送结束后，停运液硫脱气系统蒸汽引射器，停止系统保温蒸汽，并排尽凝结水。

（六）停工界面确认

（1）关闭安全阀前后截断阀。

（2）确认余热锅炉、硫黄冷凝冷却器温度下降到规定值后，排尽炉水。

（3）切断转动设备电源，上锁挂牌。

（七）其他操作

（1）按要求逐项填写作业记录。

（2）打扫场地卫生，整理材料、工具。

（3）汇报作业完成情况。

三、技术要求

（1）惰性气体除硫过程中，要根据实际情况，控制好燃料气比值，防止反应器超温和积炭，增加过程气化验分析频次，根据化验分析数据实时调整配风。

（2）惰性气体除硫结束的标准为各级液硫封采样包基本无液硫，各级反应器床层温度呈下降趋势。

四、注意事项

（1）酸气除硫时，应注意各级反应器床层温度上升趋势，发现温度上升过快时应立即调整配风，避免超温损坏催化剂；除硫过程中，装置硫收率有一定程度下降，若后续采用SCOT尾气处理，在除硫过程中SCOT工艺可适当提高制 H_2 量，并注意调整急冷塔酸水pH值。

（2）惰性气体除硫、过剩氧除硫、装置冷却时，严格控制反应器温度，反应器床层温度超过350℃并仍有上升趋势时，应使用灭火蒸汽或氮气，床层各点温度不允许大于400℃（最大允许温度可根据催化剂设计要求适当更改）。

（3）惰性气体除硫时，开启炉头降温蒸汽时，应严格控制蒸汽与燃料气配比，避免水蒸气积存，损坏衬里。

（4）过剩氧除硫时，需注意调整主燃烧炉降温蒸汽流量，加强对主燃烧炉燃烧情况的巡检，防止主火嘴熄火。

（5）装置冷却时，要注意主风机运行情况，防止风量过大，引起主风机联锁。

（6）在主燃烧炉熄火前，必须对酸气分离器和管线进行氮气置换，直至合格。

（7）在装置冷却取样分析前，必须关闭各炉类设备氮气保护气。

模块六　操作 SCOT 尾气处理单元

项目一　相关知识

GBF001 钴钼催化剂预硫化操作要点

一、钴钼催化剂预硫化操作要点

SCOT 尾气处理单元加氢还原反应催化剂的活性成分是钴钼的硫化态，而制造商提供的催化剂为钴钼氧化态，氧化态钴钼催化剂在高于 200℃时与 H_2S 直接接触会发生反应（$9CoO+8H_2S+H_2 \longrightarrow Co_9S_8+9H_2O$），降低催化剂活性，因此，新购买的或再生停车后的催化剂均应进行预硫化。要求完全被硫化的催化剂含硫量约为 6%，但预硫化期间只能达到 3%左右。催化剂预硫化是用含 H_2S 的酸性气体，在还原性气体存在并且在一定温度下进行。

在预硫化期间发生以下反应：

$$CoO+H_2S \longrightarrow CoS+H_2O$$

$$MoO_3+xH_2S+[3-x]H_2 \longrightarrow MoS_x+3H_2O$$

以法国 Axens 公司生产的钴钼催化剂为例介绍钴钼催化剂预硫化操作要点：

（1）预硫化前，使用氮气建立开工气循环，严格按升温曲线对反应器进行升温，干燥在线燃烧炉的耐火材料。

（2）当反应器升温至 200℃时，开始进行预硫化。

（3）开始预硫化时，进行取样分析，确保循环气中 O_2 含量小于 0.3%（体积分数）。

（4）为了保证预硫化彻底并且防止超温，预硫化一般分为 200℃、240℃、280℃三个阶段，在整个预硫化过程中始终保持 H_2 与 H_2S 的比率为 1.8~2。

（5）在没有 H_2S 的情况下，温度大于 200℃时，仅通入 H_2 会导致氧化钴和钼生成金属单质，造成催化剂不可逆的损坏，因此在开始通入 H_2 时，必须同时注入酸性气体 H_2S。

（6）由于预硫化是放热反应，在升温和提高循环气体中 H_2S、H_2 浓度时，应严格控制增加浓度的速度，防止反应器床层超温，严禁超过 340℃，否则将影响催化剂的活性。因此，在整个操作过程中，应严密监视反应器床层温度变化，一旦温度上升速度过快，应暂时停止升温和提升浓度操作，待床层温度稳定或呈下降趋势时，再继续升温或提升浓度操作。

（7）在每个温度阶段，当反应器进出口气流中 H_2S 含量相等，且进出口温差下降时，说明该阶段预硫化结束，此后才能进行下一阶段的预硫化。

（8）开始预硫化时，需定时取样分析反应器进、出口过程气中 H_2S 浓度变化情况，及时调整循环气体中的 H_2S 含量，把握预硫化进程。

（9）预硫化开始时，反应器出口气流中可能会出现一些硫黄，造成急冷塔循环水浑浊，应加强急冷塔酸水循环泵粗滤器清洗频率。

（10）预硫化开始时，急冷塔循环酸水 pH 可能下降，需及时加入氢氧化钠调整循环酸水

pH,在整个预硫化过程中,控制酸水 pH 在 7 左右。

二、钴钼催化剂钝化操作要点

GBF002 钴钼催化剂钝化操作要点

硫黄回收装置尾气加氢催化剂钝化操作主要是在装置停工时进行的,其目的是将有活性的硫化态转化为无活性的氧化态。同时,经过一段时间运行后,由于加氢还原反应器催化剂会积累 FeS,而 FeS 在较低温度下会与空气燃烧生成 Fe_2O_3 和 SO_2,因此,在 SCOT 装置停产检修时必须进行钝化处理。钝化是指催化剂中 FeS 在低温(≤70℃)下开始进行受控氧化反应,逐渐向循环气体中通入空气来实现。钝化过程应确保反应器床层温度≤150℃。钝化的操作要点如下:

(1)钝化开始时,向循环气中通入少量空气,并保持循环气中 O_2 含量约为 0.1%(体积分数),密切注意 O_2 耗量及加氢还原反应器床层温度变化,及时调整急冷塔酸水 pH。

(2)当 SCOT 反应器床层温度有所上升时,加入的空气应稳定流量,如果上升并超过 100℃时,就停止引入空气,待温度降至 100℃以下时再次引入空气,重复上述操作过程。

(3)当引入空气后,加氢还原反应器床层各点温度≤100℃且呈稳定下降趋势时,可逐渐增加空气量。

(4)当循环气中 O_2 含量逐渐增加至 20%(体积分数)以上时,如果反应器进出口 O_2 含量基本相等,SO_2、H_2S 含量均低于 0.01%(体积分数),急冷塔酸水 pH 稳定且反应器温度不再上升时,稳定操作 8h 以上,钝化结束。一般钝化总时间需达到 48h 以上。

(5)在整个钝化过程中,SCOT 反应器床层各点温度不得超过 150℃,急冷塔循环酸水 pH 值必须控制在 6.5~7.5。

三、在线燃烧炉操作要点

GBF003 在线燃烧炉操作要点

(一)在线燃烧炉风气比控制

从理论上讲,空气与燃料气不完全燃烧,生成 CO 和 H_2,称为次化学当量燃烧。空气量下降,产生的 CO 和 H_2 就会增加,若空气量减少到一定程度,将生成黑色炭粉末吸附在反应器内的钴钼催化剂上,对催化剂性能产生不利影响并堵塞床层,影响装置的正常运行。从操作经验看,以天然气为燃料时,在配入空气的化学当量低至 73%时仍能稳定运转,基本不存在生成烟炱的问题。在线燃烧炉燃料气和空气配比的设计范围是 7.0~9.8,为了防止炭析出,通常设计比值为 7.8。

(二)在线燃烧炉燃料气和降温蒸汽配比控制

由于在线燃烧炉是次化学当量燃烧燃料气,将会产生 1500℃以上的高温烟气,因此设计了炉头降温蒸汽。加入降温蒸汽具有保护燃烧器烧嘴、控制在线燃烧炉温度、减少炭黑烟炱的生成等作用。

控制在线燃烧炉的燃料气和降温蒸汽配比,也是操作该设备的要点,一般情况下,燃烧 1kg 燃料气需 3~5kg 降温蒸汽。

(三)在线燃烧炉制氢量优化操作

1. SCOT 尾气处理装置所需氢气的主要来源

(1)硫黄回收单元尾气中的氢气,主要来自主燃烧炉副反应生成的氢气。

$$CH_4 \longrightarrow C+2H_2$$

$$CH_4+O_2 \longrightarrow CO+H_2O+H_2$$

$$CH_4+2H_2O \longrightarrow CO_2+4H_2$$

$$2CO_2+H_2S \longrightarrow 2CO+H_2+SO_2$$

$$H_2S \longrightarrow 1/2S_2+H_2$$

(2)硫黄回收单元过程气再热方式采用燃料气再热,次化学当量燃烧产生的氢气。

$$CH_4+O_2 \longrightarrow 2CO+2H_2$$

(3)加氢在线燃烧炉次化学当量燃烧制取的氢气。

$$CH_4+O_2 \longrightarrow 2CO+2H_2$$

2. 制氢量优化操作

从国内外的操作经验看,在以天然气为燃料时,配入空气的化学当量在70%~100%时仍能稳定运转,基本不存在生成烟炱的问题。以重庆天然气净化总厂引进分厂原SCOT装置为例,克劳斯尾气中,设计H_2是1.19%,CO为0.72%,二者共为1.91%。长期操作经验表明,克劳斯尾气中还原性气体远高于该设计值,当H_2大于4%时,焚烧炉会有超温的危险,应适当调节使H_2含量保持正常值。当H_2在3%左右,CO含量在2%左右,总量在5%左右,此值是尾气内的硫化物和单质硫蒸气发生还原反应所须还原气的2~4倍,这样多的还原气体存在,不仅对还原反应十分有利,而且可以使在线燃烧炉少产生或不产生还原性气体,只作再热炉使用,即可以将比值设在95%~100%的情况下运转,这样运转有以下的优缺点。

(1)优点:节约燃料气量;充分利用回收单元尾气内的还原气体。

(2)缺点:造成在线燃烧炉炉温太高,容易缩短其寿命。

过程气中剩余H_2含量过高或过低的影响:

(1)H_2含量过高,造成燃料气耗量增加,过多的H_2会带入尾气灼烧炉与氧气发生反应,放出大量的热,造成尾气灼烧炉超温。

(2)H_2含量过低,会增大SO_2穿透和单质硫堵塞的风险。

因此,在线燃烧炉过程气中H_2含量应控制在0.5%~3%。当氢含量过高,可适当增大回收单元主燃烧炉的风气比,使回收单元尾气内H_2S含量减少,SO_2含量相对增加;适当提高在线燃烧炉的风气比,减少制氢量,这样可以很快降低氢含量至正常范围内。相反,当氢含量过低,可适当降低主燃烧炉的风气比,使回收单元尾气内H_2S含量增加,SO_2含量相对降低;适当降低在线燃烧炉的风气比,增大制氢量;提高硫回收单元的硫回收率,保证尾气中H_2S与SO_2的绝对含量和单质硫蒸气含量较低,这样可以很快提高氢含量至正常范围内。

GBF004 SCOT尾气处理单元日常操作要点

四、SCOT尾气处理单元日常操作要点

(1)在线燃烧炉风气比一般控制在7.0~9.8,防止过程气中有过剩氧,防止反应器积炭,保证有足够的制氢量。

(2)控制好在线燃烧炉燃料气和降温蒸汽的配比,一般情况下,燃烧1kg燃料气需3~5kg降温蒸汽。降温蒸汽加入过多,引起炉子的震动,缩短炉子的使用寿命;降温蒸汽加入过少,炉膛将会超温,影响耐火村里,并且火嘴易烧坏。

(3)控制反应器温度,一般反应器入口温度控制在200~280℃,在开停产和日常生产中,严禁反应器床层温度超过340℃。

(4)控制好反应器出口SO_2的含量,一般反应器出口SO_2含量要低于10mg/L。SO_2的含量过高,将引起急冷塔酸水pH下降,严重时,引起SO_2穿透。

(5)控制好急冷塔出口过程气中的氢含量,一般控制氢含量范围为0.5%~3%,氢含量过低,增加酸水pH下降的风险;氢含量过高,则会造成能耗增大。

(6)控制好急冷塔循环酸水的pH,一般控制在6.5~7.5。pH过低,将会腐蚀设备和管线,严重时,造成下游溶液系统的溶液降解变质;pH过高,将浪费加碱量,增大生产成本。

(7)吸收塔进料气温度比贫液入塔温度高约1~2℃,若进入吸收塔的过程气温度高于进入吸收塔的贫液温度过多,则过程气中饱和水汽会冷凝进入溶液系统,造成溶液系统液位上升,从而造成溶液系统水含量较高,引起系统溶液浓度较低,严重时,引起净化废气不合格。若进入吸收塔的过程气温度低于进入吸收塔的贫液温度过多,则溶液中的水分会进入净化废气,造成净化废气的饱和水汽含量升高,使溶液中的水分随净化废气带出,引起溶液系统液位下降,从而造成溶液系统水含量较低,引起系统溶液浓度较高,严重时,也会引起净化废气不合格。

(8)根据气质气量变化,及时调整贫液循环量及入塔层数。

(9)控制合理的再生温度和回流比,在保证贫液质量的前提下再生塔顶温度控制在设计值,塔顶回流比控制在1.1~1.5。

(10)根据环境温度及进料介质温度,适时调节贫液和酸气温度,可以采用调整空冷器变频器频率或停运空冷器或减小后冷器循环冷却水用量等方法实现节能。

(11)通过溶液过滤操作,减小系统发泡拦液概率。

(12)对溶液进行充氮保护,防止溶液变质。

(13)平稳操作,杜绝装置跑、冒、滴、漏,减少溶液损失。

五、氧化吸收尾气处理工艺

目前典型的氧化吸收尾气处理工艺是壳牌康索夫公司开发的CANSOLV尾气SO_2脱除工艺。该工艺采用水溶性有机胺溶液,脱除工业尾气中的SO_2,实现尾气SO_2超低排放。被脱除的SO_2经胺液解吸,得到高纯度SO_2,使尾气中SO_2含量小于50mg/Nm^3。该工艺流程简单,处理含SO_2尾气适应性广泛,并为未来应对更加严格的SO_2排放预留改造空间,在确保尾气排放环保达标的同时,实现循环经济。

(一)工艺原理

有机胺对于SO_2具有极高的选择性,在脱硫过程中起到弱碱性基团的功能,并有效平衡吸收和解吸过程,最大限度降低能耗。在与尾气接触时起到弱碱性基团的功能,与尾气中的SO_2发生放热反应,尾气进气温度低,有利于吸收反应的进行。对SO_2的高选择性决定了CANSOLV尾气SO_2脱除工艺的胺液循环量低,这降低了原胺液填充量和系统运行能耗。同时,胺液在装置中不挥发、降解率低,减少了胺液的消耗和损失。

有机胺液完成对SO_2吸收后,经加热进行SO_2的解吸和胺液的再生,胺液再生的能量来源于低压饱和蒸汽，通过换热器间接加热解吸塔底部胺液，产生水蒸气来汽提富胺液，高纯度的 SO_2 被解吸出来，胺液得到再生。

（二）工艺流程

CANSOLV 尾气 SO_2 脱除工艺流程，主要包括了吸收、解吸和胺液净化部分，基础工艺路线如图 1-6-1 所示。

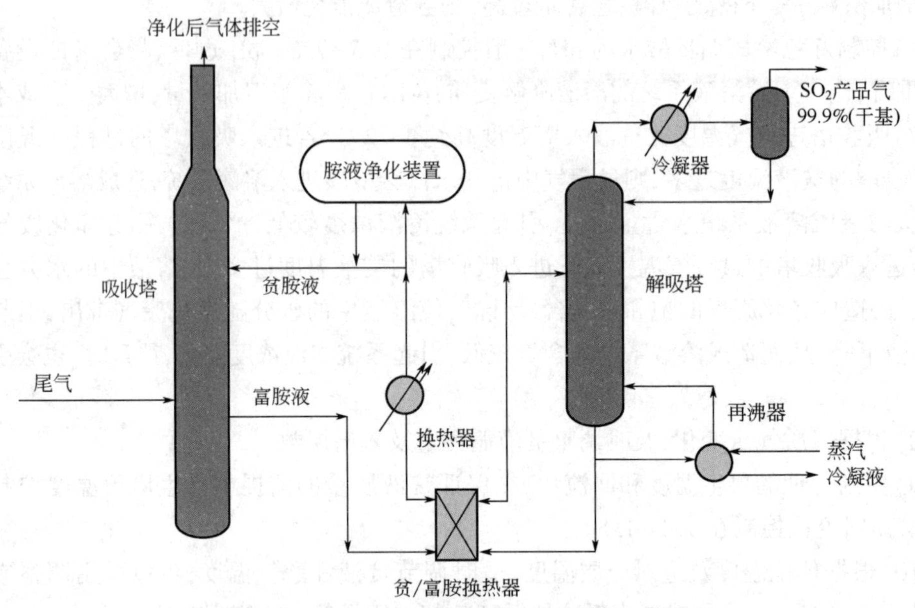

图 1-6-1　典型 CANSOLV 尾气 SO_2 脱除工艺流程

待处理的含 SO_2 尾气在进入系统前需首先经过预洗涤，去除粉尘和 SO_3 等杂质，并对高温尾气降温以利于 SO_2 脱除。经过预洗涤的尾气随后进入系统，在吸收段，烟气中的 SO_2 与胺液经多级逆流接触并被吸收，达标尾气从烟囱排到大气。吸收 SO_2 后的胺液用泵输送到解吸部分进行再生。在解吸段，富含 SO_2 的胺液被再沸器产生的逆流上升蒸汽所汽提。解吸的高纯度 SO_2 随上升蒸气从解吸塔顶部离开，经冷凝器冷凝后离开 CANSOLV 装置，送至下游用来生产硫酸、硫黄或液态 SO_2 产品。再生后的胺液循环使用，系统在运行中积累的不可再生盐类和被捕获的尾气中残存的粉尘，可以通过胺液净化装置处理，以保证胺液的清洁。

（三）设计特点

CANSOLV 尾气 SO_2 脱除工艺的吸收塔设计简单，塔内选择规整填料，以满足高传质效率和低压降的要求。吸收塔顶部叶片除雾器和槽式液体分布器的设计使胺液因夹带原因造成的损失降到最小。解吸部分利用再沸器间接加热胺液实现解吸和再生，塔内采用规整填料。胺液净化部分采用离子交换形式的设计。

CANSOLV 尾气 SO_2 脱除工艺流程简单可靠，易于与上游硫黄回收工艺整合，将尾气中脱除的 SO_2 用于增产硫黄产品。

针对不同应用在工艺和公用工程消耗上的需求，壳牌康索夫还开发出了多种工艺路线，如以节能为目的热回收工艺设计，包括双效解吸和机械增压工艺路线，及为适应原料气大幅波动的调峰工艺设计。这些工艺能更好地与上下游工序相整合，帮助企业更好的实现尾气脱硫达标排放、节能增效和稳定生产。

项目二　分析及处理SCOT尾气处理单元异常

GBF005 加氢还原反应器压差增大原因分析及处理措施

一、分析及处理加氢反应器压差增大

加氢反应器压差增大，将会导致硫黄回收单元回压升高，尾气处理单元处理量下降，反应器温升下降，尾气中SO_2、单质硫及有机硫转化率下降，严重时，引起急冷塔酸水pH下降，净化废气总硫排放超标。

加氢反应器压差增大的主要原因：处理量突然增大；反应器温度过低，尾气中SO_2和H_2S在反应器中发生低温克劳斯反应生成液态硫；在线燃烧炉风气比过低，配风严重不足，生成炭黑积累在催化剂床层；催化剂粉化严重、设备和管线腐蚀；产物、衬里脱落物累积等。

（一）准备工作

（1）设备：在线燃烧炉、加氢反应器等。

（2）材料、工具：笔1支、记录本1个、F扳手300～800mm、活动扳手1把、对讲机1部、工具包1个等。

（3）人员：天然气净化操作工2人。

（二）操作规程

（1）发现反应器压差增大，首先检查处理量是否突然增大，若处理量突然增大，立即联系上游降低处理量。

（2）若处理量正常，则检查反应器入口及床层温度。若反应器入口及床层温度过低，则立即提高反应器入口及床层温度，同时提高过程气中氢含量，保证反应器出口有较高的氢含量，持续观察反应器压差，若压差有所缓解，则得以解决。

（3）若反应器入口及床层温度正常，则应分析是否由于催化剂积炭、粉化、腐蚀产物、衬里脱落物累积造成。

（4）检查在线燃烧炉配风情况，是否经常出现异常，造成催化剂积炭；确认开产过程中吹扫是否彻底，是否有大量杂质进入反应器；确认正常生产中产生的腐蚀产物是否积累在反应器而造成反应器压差增大。

（5）若判断出反应器压差增大是由于催化剂积炭、粉化、腐蚀产物累积造成（此原因是在开停产和日常生产中出现误操作和管理上的问题，长时间形成的，需立即彻底解决此原因是很困难的），在允许的情况下，只能采取如下措施减缓或防止继续恶化而维持生产。

① 联系上游，降低尾气处理单元处理量，维持生产。

② 严格在线燃烧炉的配风操作，防止配风过少，造成反应器积炭。

③ 加强管理，防止大量气态或液态水进入反应器，造成催化剂粉化。

④ 加强操作，控制加氢反应器入口及床层温度，防止加氢反应器内积硫。

(6)采取以上措施后，加氢反应器压差增大没有得到缓解，无法维持正常生产，则采取停产处理。

① 联系硫黄回收单元，将尾气倒入灼烧炉，停止尾气进入，在线燃烧炉熄火停炉。

② 中控室联系现场对加氢还原段和吸收再生段进行隔断。

③ 加氢还原段建立气循环，对加氢反应器进行钝化、置换达到检修条件。

④ 对吸收再生段进行热循环、冷循环、保压等。

⑤ 具备检修条件后，对还原段停产检修，筛选补充或更换催化剂等。

⑥ 检修结束后，按开产程序逐渐恢复生产。

(7)按要求填写操作记录。

(8)打扫场地卫生，整理材料、工具。

(9)汇报操作完成。

(三)注意事项

(1)发现压差增大时，要及时联系硫黄回收单元，防止回压升高，液硫封被冲。

(2)压差增大时，要及时调整操作，防止急冷塔酸水 pH 下降，吸收塔出口废气总硫超标。

(3)在开产过程中，保证管线和设备的彻底吹扫，防止腐蚀产物、衬里脱落累积在反应器催化剂床层。

(4)操作时，现场与中控室、各单元之间要保持联系，密切配合。

(5)停产时，严格按停产程序进行，防止反应器超温。

(6)检修时，严格按作业许可程序进行作业。

GBF006 加氢反应器温度异常原因分析及处理措施

二、分析及处理加氢反应器温度异常

加氢反应器温度异常，将直接影响到尾气中 SO_2、单质硫的加氢还原反应和有机硫的水解反应，造成排放废气总硫超标。温度过低，将造成尾气中有机硫水解效果差，在氢含量不足的情况下，有可能引起过程气中 SO_2 和 H_2S 在加氢反应器中生成单质硫，造成催化加床层压降增大。温度过高，将影响过程气中 SO_2、单质硫的加氢还原反应，引起酸水 pH 降低，酸水变浑浊，堵塞酸水循环泵粗滤器，还将引起催化剂粉化，耐火村里垮塌等。

(一)加氢反应器温度偏低的原因

(1)反应器入口温度过低。

(2)硫回收单元配风过少，尾气中 SO_2 含量较低。

(3)过程气中氢含量过低。

(4)加氢反应器催化剂失活。

(二)加氢反应器温度偏高的原因

(1)反应器入口温度过高。

(2)硫回收单元配风过多，尾气中 SO_2 含量较高。

(3)硫回收单元尾气捕集效果差，尾气中单质硫较多。

(4)硫回收单元转化率较低，H_2S 和 SO_2 含量绝对值较高。

(5)在线燃烧炉配风过多，有过剩氧存在。

（三）准备工作

（1）设备：在线燃烧炉、加氢反应器等。

（2）材料、笔1支、记录本1个、F扳手300~800mm、活动扳手1把、对讲机1部、工具包1个等。

（3）人员：天然气净化操作工2人。

（四）操作规程

（1）加氢反应器温度偏低的处理。

① 检查入口温度，若温度偏低，适当提高在线燃烧炉的燃料气和空气流量，提高加氢反应器入口温度。

② 检查尾气中H_2S和SO_2含量，若SO_2含量过低，联系硫黄回收单元调整配风，控制尾气中H_2S和SO_2的比值为2~3。

③ 检查过程气中氢含量，若制氢量不够，调整制氢量，控制反应器出口过程气氢含量为0.5%~3%。

④ 检查尾气处理量，若尾气处理量过低，联系上游提高处理量。

⑤ 采取以上措施后，反应器温度仍偏低，需检查催化剂活性。

⑥ 若催化剂活性降低，则加强操作，防止催化剂超温、粉化、积炭等，减缓催化剂进一步恶化。

⑦ 若催化剂活性降低严重，则停产补充或更换催化剂。

（2）加氢反应器温度偏高的处理。

① 检查入口温度，若温度偏高，适当降低在线燃烧炉的燃料气和空气流量，适当提高在线燃烧炉的降温蒸汽流量，降低加氢反应器入口温度。

② 检查尾气中H_2S和SO_2含量，若SO_2含量过高，联系硫黄回收单元降低配风，控制尾气中H_2S和SO_2的比值为2~3。

③ 联系硫黄回收单元检查回收单元末级冷凝器温度，若末级冷凝器温度过高，降低末级冷凝器温度。

④ 检查尾气中组分，若尾气中SO_2含量过高，则联系硫黄回收单元，提高硫回收率，降低尾气处理负荷。

⑤ 检查在线燃烧炉配风比，若风气比过高，则降低风气比，防止过程气中有过剩氧含量。

（3）按要求填写操作记录。

（4）打扫场地卫生，整理材料、工具。

（5）汇报操作完成。

（五）注意事项

（1）改变在线燃烧炉空气和燃料气时，应防止配风过多或过少，造成反应器超温或积炭。

（2）调整过程中，应防止急冷塔酸水pH下降。

（3）调整过程中，应防止急冷塔出口过程气氢含量降为零。

（4）操作时，中控室和现场要密切联系和相互配合。

三、分析及处理 SO_2 穿透

GBF007 SO_2 穿透原因分析及处理措施

SO_2 穿透后将会出现酸水 pH 急速下降、急冷塔出口过程气氢含量降为零、酸水变浑浊等现象。SO_2 穿透会造成设备管线腐蚀及溶液污染，造成系统溶液发泡，装置波动，溶液 pH 降低。此外，SO_2 穿透还会发生低温克劳斯反应，引起酸水系统积硫堵塞、塔盘积硫、浮阀卡死，酸水泵粗滤器堵塞。酸水 pH 降至 6.5 以下时，腐蚀速率增加，酸水 pH 降至 4.0 以下，腐蚀极强，酸水系统设备和管道会在短短数小时内受到严重腐蚀。因此，在生产中严禁 SO_2 穿透。造成 SO_2 穿透的主要原因：制氢量不足；硫黄回收单元配风过多造成尾气中 SO_2 过高；硫黄回收单元硫黄回收率低引起尾气中 SO_2 绝对值过高；加氢反应器催化剂活性降低等。

（一）准备工作

（1）设备：硫黄回收单元、SCOT 尾气处理单元所有动静设备。

（2）材料、工具：笔 1 支、记录本 1 个、F 扳手 300～800mm、活动扳手 1 把、对讲机 1 部、工具包 1 个、毛巾 1 张等。

（3）人员：天然气净化操作工 2 人。

（二）操作规程

（1）判断 SO_2 是否出现穿透。

① 检查确认急冷塔出口酸水 pH 是否急剧下降。

② 检查确认急冷塔出口过程气氢含量是否下降为零。

③ 检查确认加氢反应器床层温度是否上升。

④ 检查确认急冷塔酸水是否浑浊或出现硫黄粉尘。

⑤ 确认急冷塔是否拦液或酸水泵堵塞。

⑥ 根据以上数据及现象及时判断出 SO_2 穿透后，做出相应的应急处理。

（2）应急处理。

① 降低硫黄回收单元配风，减小尾气中 SO_2 含量。

② 降低在线燃烧炉风气比，提高过程气中氢含量。

③ 及时对现场急冷塔酸水进行加碱操作，提高酸水 pH，必要时进行酸水置换。

④ 通过以上应急处理后，持续监视 pH、H_2 在线分析仪数据变化趋势，若酸水 pH 没有继续下降，并且稳定在 6.0 以上，过程气 H_2 含量有上升趋势，则维持生产；若酸水 pH 仍在大幅下降，并且低于 6.0，过程气 H_2 含量仍然为零，则将尾气切换出系统，同时对加氢还原段建立气循环，控制在线燃烧炉和反应器温度在正常范围，吸收再生段保持热循环，维持热备状态。

⑤ 加氢还原段建立气循环时，现场将急冷塔酸水排往化学废水池，直至急冷塔低液位，同时加大现场加碱量。

⑥ 当急冷塔低液位时，向酸水系统补充凝结水。

⑦ 如此反复，对酸水系统进行凝结水置换，直到酸水 pH 正常，酸水系统液位正常，停止凝结水置换和现场加碱操作。

⑧ 凝结水置换的同时，现场增加酸水过滤器和酸水泵粗滤器的清洗频率。

⑨ 凝结水置换的同时，观察急冷塔压差及酸水循环量是否正常。

⑩ 若酸水系统循环正常，酸水 pH 调整至正常，加氢还原段和吸收再身段达到进气条件后，及时按程序对尾气处理进气恢复生产。

⑪ 若 SO_2 穿透严重，而应急处理不及时，将造成急冷塔堵塞、溶液污染等，则需按正常停产程序停产检修。

⑫ 待检修完毕后，按检修后正常投产程序对尾气处理单元投产。

(3) SO_2 穿透的进一步原因分析及处理。

① 若进料尾气量突然增大，则及时联系上游调整操作，降低进料尾气流量至正常。

② 若硫黄回收单元硫黄回收率低，造成尾气中 SO_2 绝对值过高，则查找硫黄回收单元硫黄回收率低的原因并进行相应处置，提高硫黄回收单元硫黄回收率，降低尾气中 SO_2 含量。

③ 若硫黄回收尾气中 H_2 含量低，则及时调整硫黄回收单元操作，提高尾气中 H_2 含量。

④ 若加氢反应器催化剂活性降低，则加强反应器操作，提高加氢催化剂活性。

⑤ 若加氢催化剂严重失活时，则停产补充或更换催化剂。

⑥ 若加氢反应器入口温度异常，则及时调整加氢反应器入口温度至正常。

(4) 做好调整操作记录。

(5) 操作完成后，收拾整理工具和材料。

(6) 汇报操作完成。

(三) 注意事项

(1) 当酸水 pH 降到 6.0，过程气氢含量降为零时，应及时将硫黄回收尾气切换出系统，防止 SO_2 穿透至吸收再生段，污染溶液和腐蚀下游设备。

(2) 尾气切换时，注意系统压力，应避免系统压力升高。

(3) 加氢还原段建立气循环时，应避免在线燃烧炉和反应器超温。

(4) 加氢还原段建立气循环过程中，应注意在线燃烧炉的配风。防止配风过多，造成反应器超温；防止配风过少，造成催化剂积炭。

(5) 现场对急冷塔加注碱液时，穿戴好防护用品，防止碱液灼烧。

(6) 急冷塔排水和清洗泵粗滤器时，应站在上风口，防止 H_2S 中毒。

(7) 急冷塔凝结水置换时，应监控急冷塔液位，防止酸水泵抽空，置换水必须排到指定地点。

(8) 酸水 pH 调整正常后，要及时恢复生产。

(9) 进气恢复生产前，要联系硫黄回收单元尽快调整尾气达到进气条件，加氢还原段和吸收再生段也应达到进气条件。

(10) 进气前，适当提高酸水 pH 和过程气氢含量，防止进气时造成酸水 pH 和过程气氢含量急剧下降。

(11) 进气时，严格控制在线燃烧炉和反应器温度在正常范围。

GBF008 SCOT尾气总硫超标原因分析及处理措施

四、分析及处理 SCOT 净化废气超标

SCOT 净化废气超标，将直接影响到净化厂废气达标排放。造成 SCOT 净化废气超标的

原因：硫黄回收单元配风过少，造成尾气中 H_2S 含量过高；硫黄回收单元回收率下降，H_2S 和 SO_2 含量绝对值较高；溶液吸收再生段的循环量过小，吸收能力下降；溶液再生质量不好，贫液中残余的酸气负荷过大，吸收能力下降；溶液浓度过低，吸收能力下降；吸收塔的贫液入塔层数偏低，气液接触时间降低，吸收能力下降；吸收塔的贫液温度和进料气的入塔温度过高，吸收效果不好；系统溶液发泡严重；吸收塔塔盘垮塌或堵塞，导致塔的性能下降；溶液被污染，活性变差等。

（一）准备工作

（1）设备：尾气处理单元所有动静设备。

（2）材料、工具：笔 1 支、记录本 1 个、F 扳手 300~800mm、活动扳手 1 把、对讲机 1 部、工具包 1 个等。

（3）人员：天然气净化操作工 2 人。

（二）操作规程

（1）联系硫黄回收单元，调整配风，降低尾气中 H_2S 含量。

（2）若回收配风正常，则联系硫黄回收单元，调整反应器温度或更换催化剂，降低尾气中 H_2S 和 SO_2 含量。

（3）适当提高溶液循环量。

（4）适当提高再生塔塔顶温度。

（5）适当提高溶液浓度。

（6）提高贫液入塔层数。

（7）适当降低贫液入塔温度和进料气入塔温度。

（8）若系统溶液发泡严重，则增加溶液系统过滤器清洗频率，适当加入阻泡剂，平稳操作。

（9）采取以上措施后，净化废气仍然超指标，则分析判断贫富液换热器是否窜漏，再生塔半贫液受液盘是否窜漏。轻微窜漏，则降低循环量，降低处理量，维持生产。无法维持生产时，则停产检修。

（10）采取以上措施后，净化废气仍然超指标，则进一步分析溶液活性，若溶液活性下降，则补充或更换新溶液。

（11）做好调整操作记录。

（12）操作完成后，收拾整理材料、工具。

（13）汇报操作完成。

（三）注意事项

（1）降低吸收塔贫液和进料气温度时，要注意两者温差不要过大。

（2）操作时，现场与中控室、各单元之间要保持联系，密切配合。

GBF009 SCOT尾气处理单元开工

项目三 投运 SCOT 尾气处理单元

以某净化厂 SCOT 尾气处理装置为例，工艺流程如图 1-6-1 所示。

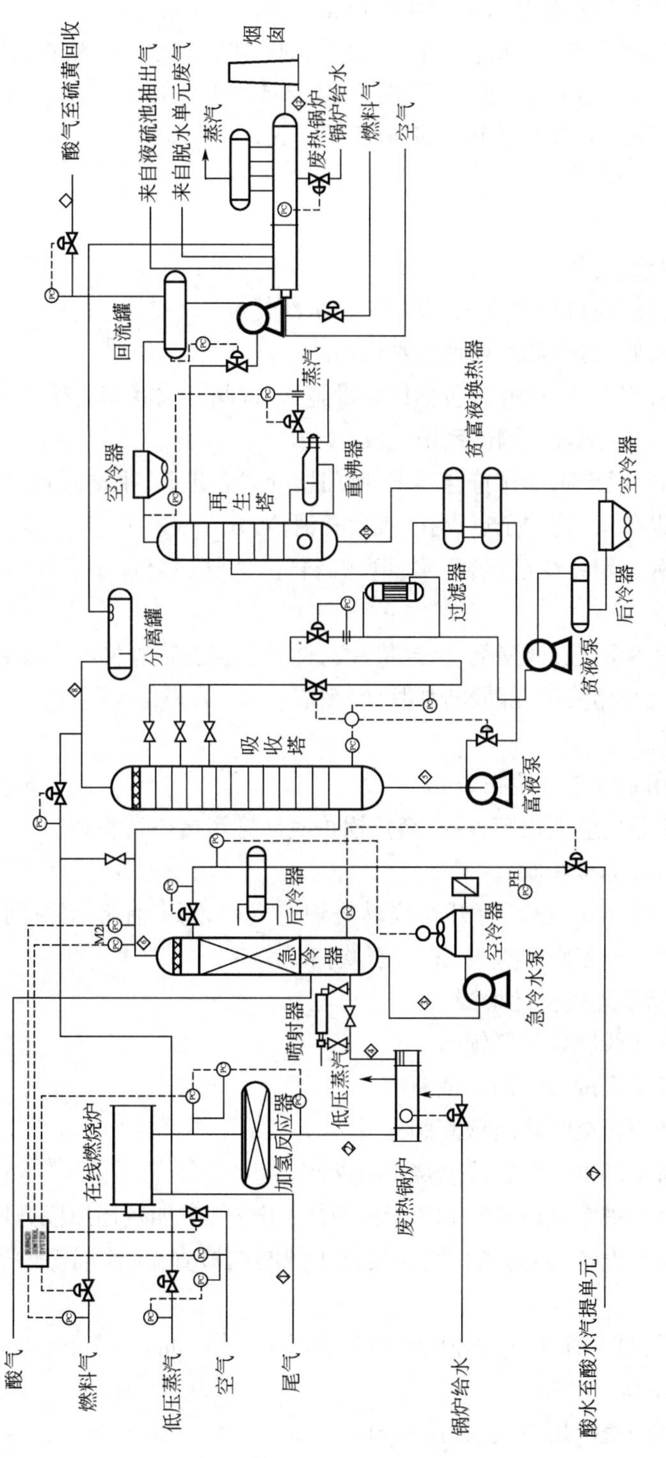

图1-6-2　某SCOT尾气处理装置工艺流程简图

一、准备工作

（1）设备：SCOT 尾气处理单元所有动静设备。

（2）材料、工具：笔 1 支、记录本 1 个、F 扳手 300～800mm、听针 1 个、活动扳手 1 把、测温仪 1 个、检漏瓶 1 个、润滑油 1 盒、对讲机 1 部、工具包 1 个等。

（3）人员：净化操作工 2 人以上，化验分析工 2 人。

二、操作规程

（一）投运前检查、确认

（1）检查各项检修项目是否完工，设备是否全部复位。

（2）确认现场检修设施拆除，场地杂物已清除。

（3）确认工艺流程上所有阀门，包括仪表设施、一次阀开关状态正确。

（4）确认 DCS、ESD、F&GS 调试系统完成。

（5）检查调节阀、联锁阀动作符合要求，阀门所处状态正确，手动阀开关灵活。

（6）确认动静设备正常，炉子点火孔、观察孔清洁。

（7）确认辅助和公用系统已运行，水、电、燃料气、氮气、蒸汽、工厂风、仪表风等介质输送至界区。

（8）开工需用的检漏瓶、检漏剂、密封垫片、石棉板、胶皮管等材料准备到位。

（9）检查本单元与相关单元隔断封闭已经完成。

（二）投运还原段

（1）还原段气相系统空气吹扫。

① 拆除加氢还原反应器底部人孔、余热锅炉底部排污接口盲板。

② 打开急冷塔底部排污阀。

③ 启运硫黄回收单元风机，打开在线燃烧炉空气联锁阀、流量调节阀，吹扫在线燃烧炉、加氢还原反应器、余热锅炉、急冷塔，直至吹扫干净。

（2）还原段气相系统气密性检漏。

① 关闭尾气至在线燃烧炉联锁阀。

② 关闭气循环压力调节阀前后截断阀。

③ 关闭急冷塔顶部至吸收塔截断阀。

④ 打开急冷塔顶部出口至在线燃烧炉截断阀。

⑤ 打开在线燃烧炉空气联锁阀和流量调节阀，用空气对加氢还原段升压至规定压力。

⑥ 对流程中所有设备、阀门、法兰、连接口用试漏剂检查，对泄漏部位进行整改直至合格为止。

⑦ 检漏合格后，打开开工气循环压力调节阀再次吹扫 10min，停止空气吹扫。

（3）余热锅炉试压。

① 关闭余热锅炉蒸汽出口阀、各排污阀。

② 打开顶部排气阀、关闭安全阀截断阀。

③ 启运余热锅炉给水泵，打开余热锅炉上水调节阀旁通阀，直到其顶部排气口出水，关

小上水阀。

④ 关闭余热锅炉顶部排空阀，缓慢给余热锅炉升压至规定值，关闭上水阀。

⑤ 稳压30min，整改漏点，直到试压合格为止。

⑥ 利用锅炉内余压，冲洗排污管线及液位计。

（4）余热锅炉保温、暖锅。

① 对本装置所有蒸汽及凝结水管线疏水。

② 排尽余热锅炉余水，打开液调阀旁通阀，对余热锅炉上水至40%。

③ 确认余热锅炉出口蒸汽阀关闭，打开顶部排气阀。

④ 缓慢打开暖锅蒸汽阀。

⑤ 余热锅炉排气阀连续喷出蒸汽，温度达到100℃以上时，关小或关闭暖锅蒸汽，等待在线燃烧炉点火升温。

（5）急冷塔新鲜水、凝结水清洗。

① 打开气循环压力调节阀前后截断阀。

② 向还原段引入空气或氮气，将气循环调节回路设定至规定值投入自动运行。

③ 向急冷塔引入新鲜水。

④ 液位达30%时，按程序启动酸水泵，建立循环。

⑤ 系统液位达到后，关闭新鲜水阀门。

⑥ 循环2h后，按程序停运酸水泵，停止循环。

⑦ 排尽系统清洗水，根据系统清洁情况，确定是否进行第二次新鲜水水洗。

⑧ 新鲜水清洗完成后，向急冷塔引入凝结水，液位达30%以上时，启运酸水泵，建立循环。

⑨ 系统液位达到后，关闭凝结水阀门，循环水洗2h，排尽清洗水，重新向系统引入凝结水建立正常循环，启运酸水空冷器、后冷器、过滤器，等待在线燃烧炉点火烘炉。

（6）还原段点火升温及催化剂预硫化。

① 点火升温。

A. 确认余热锅炉暖锅达到点火条件、急冷塔系统酸水循环正常。

B. 建立气循环流程：在线燃烧炉→反应器→余热锅炉→蒸汽引射器→急冷塔→气循环阀→在线燃烧炉→气循环压力调节阀→尾气灼烧炉。

C. 打开在线燃烧炉氮气阀门，进行氮气置换，取样分析，循环气体中O_2含量小于2%（体积分数）为合格。

D. 对在线燃烧炉点火枪进行点火实验。

E. 打开气循环管线上的氮气阀门，系统升压至规定值。

F. 打开蒸汽引射器蒸汽进口阀，预热和启动蒸汽喷射器。

G. 打开蒸汽引射器进、出口阀，关闭蒸汽引射器正线阀。

H. 逐渐打开蒸汽引射器蒸汽进口阀，控制气循环流量，并将气循环压力调节回路投入自动，并设定给定值。

I. 按点火程序点燃在线燃烧炉，严格按升温曲线进行升温，炉子点燃后，打开吹扫保护气。

J. 在线燃烧炉在最低稳定燃料气流量下，使用适度的过当量配风，并通过调整蒸汽喷射器的蒸汽流量，控制气循环量。

K. 开始升温时，采用逐渐增大燃烧器燃料气流量或逐渐减小主火嘴过剩空气流量来满足升温要求。当过剩空气流量减小等当量燃烧，炉膛变红后，应加入降温蒸汽以保护主火嘴。

L. 当反应器入口温度升至200℃时，保持恒温操作，直到床层各点温度均达到200℃，且在余热锅炉出口取样分析循环气 O_2 含量小于0.3%（体积分数）。

M. 对高温设备和管线进行热紧。

N. 当循环气中 H_2 含量在0.5%~3%（体积分数）左右时，进行预硫化操作。

② 催化剂预硫化。

A. 进行预硫化前：确认硫黄回收单元来的预硫化酸性气体供应正常；确认酸水汽提单元已建立热循环，具备酸水进料条件。

B. 打开预硫化酸气阀门，逐渐将空气化学当量值降至75%~95%，进行次化学当量燃烧，制造还原气，同时调整酸气流量，连续对还原段反应器进出口管线循环气体取样分析，控制反应器进口循环气体中 H_2S 浓度在1%~3%，H_2 与 H_2S 的比率始终控制在1.8~2，控制反应器温升在50℃以内，超过240℃时，同时降低 H_2S 和 H_2 浓度。

C. 当反应器进出口气流中 H_2S 含量相等，且进出口温升下降时，200℃预硫化阶段结束。

D. 按15~20℃/h速度对反应器入口升温，升温到240℃时，控制循环气中 H_2 含量在3%~5%，反应器进口循环气体中 H_2S 浓度为1.5%~2.5%，在维持240℃的预硫化操作时，温度不能超过280℃，否则同时降低 H_2S 和 H_2 浓度。

E. 当反应器进出口气流中 H_2S 含量相等，且进出口温升下降时，240℃预硫化阶段结束。

F. 按15~20℃/h速度对反应器入口温度升温到280℃，控制循环气中 H_2 含量在4%~5%，反应器进口循环气体中 H_2S 浓度为2%~3%，在维持床层280℃预硫化操作时，温度不能超过340℃，否则同时降低 H_2S 和 H_2 浓度。

G. 当反应器进出口气流中 H_2S 含量相等，且进出口温升下降时，继续维持4~6h，预硫化结束。

H. 打开氮气阀，置换预硫化酸气管线至在线燃烧炉。

I. 将反应器入口温度降至200~280℃，调整循环气中 H_2 的含量在1%~3%，此时还原段具备进气条件。

（三）投运吸收再生段

（1）空气吹扫。

① 从吸收塔引入工厂风，分别打开吸收塔和废气分液罐底部排污阀，吹扫干净后，关闭吹扫阀和排污阀。

② 从再生塔引入工厂风，分别打开再生塔和酸气分液罐底部排污阀，吹扫干净后，关闭吹扫阀和排污阀。

（2）气密性检漏。

① 关闭吸收塔顶废气分液罐出口手操阀。

② 打开吸收塔进料管线上的氮气阀或用工厂风对吸收塔升压。

③ 当吸收塔达到检漏压力时,关闭压力调节阀。对吸收部分所有设备、管线、仪表、阀门及其他管件进行检漏。

④ 关闭酸气分液罐酸气出口管线上压力调节阀前后截止阀,打开再生塔氮气阀门对再生塔升压,当再生塔到达检漏压力时,关闭压力调节阀。对再生部分所有设备、管线、仪表、阀门及其他管件进行检漏。

(3)工业水洗。

① 打开吸收塔进料管线上的氮气阀对吸收塔升压。

② 打开再生塔氮气阀对再生塔升压。

③ 分别从吸收塔和再生塔加入工业水,当吸收塔和再生塔有液位时,分别按程序启运富液泵和贫液泵,建立循环。

④ 当系统液位正常时,关闭吸收塔和再生塔工业水阀门,循环水洗 2h,排尽系统工业水。

⑤ 第一次工业水循环清洗完成后,视系统清洁程度,确定是否进行第二次工业水洗。

(4)除盐水洗。

① 对吸收塔、再生塔升压。

② 向低位罐加入除盐水,高液位后,启运溶液补充泵,向吸收塔、再生塔进除盐水。

③ 当再生塔有液位时,启运贫液泵,打开贫液循环量调节阀,建立除盐水循环。

④ 当吸收塔、再生塔液位达到 50%左右时,关闭除盐水阀。

⑤ 水洗 2h,排尽凝结水,并关闭所有排污阀。

⑥ 除盐水洗时,对系统仪表进行联校。

⑦ 清洗贫液泵和富液泵入口粗滤器后复位。

(5)氮气置换。

① 从吸收塔引入氮气,吹扫路线如下:吸收塔→废气分液罐→分液罐甩头排放;吸收塔→贫液流量调节阀→贫液后过滤器→贫液活性炭过滤器→贫液前过滤器→贫液泵出口排大气;吸收塔→富液泵入口排大气。

② 从再生塔引入氮气,吹扫路线如下:再生塔→酸气空冷器→酸气分液罐→酸气压力调节阀→回收单元酸气分液罐→酸水压送罐底部排大气;再生塔→贫富液换热器(壳程)→贫液空冷器→贫液后冷器→贫液泵入口排大气;再生塔→贫富液换热器(管程)→富液泵出口排大气;再生塔→酸气空冷器→酸气分液罐→酸气放空调节阀→酸气放空调节阀甩头排放。沿以上路线进行置换,直到远端取样分析 O_2 含量≤2%(体积分数)为止。

③ 置换完毕后,关闭氮气阀。

(6)进溶液、冷循环。

① 打开吸收塔进料管线上氮气阀,吸收塔建压。打开再生塔氮气阀,再生塔升压。

② 投运压力放空调节回路,将压力放空调节器投自动,并将设定值设定为规定值。

③ 关闭贫液后冷器至贫液泵大阀,打开储罐至贫液泵大阀,打开储罐顶部呼吸阀。

④ 启运贫液泵,打开溶液循环量调节阀,将溶液转入吸收塔。吸收塔液位大于 30%时,

打开富液液位调节阀，将溶液转入再生塔。

⑤ 当吸收塔、再生塔液位达到50%左右时，停运贫液泵，关闭储罐至贫液泵大阀，打开贫液后冷器至贫液泵大阀。

⑥ 重新启运贫液泵建立溶液冷循环，确认各控制点液位正常，并将各调节回路投入自动运行，再次确认所有仪表运行正常。

⑦ 系统溶液冷循环时，投运溶液过滤器。溶液循环 2h 后，对系统溶液连续取样分析，调整浓度至正常范围内。

(7)溶液热循环。

① 对重沸器蒸汽管线进行疏水、暖管。

② 暖管正常后，向再生塔重沸器缓慢引入蒸汽，进行热循环。

③ 热循环开始后，启运贫液空冷器、水冷器、酸气空冷器，并控制参数在正常范围。

④ 当再生塔顶回流罐有液位时，启运酸水回流泵，并控制好回流罐的液位和回流量。

⑤ 逐渐增加重沸器蒸气流量，将再生塔顶温度提升至正常操作范围恒温运行。

(四)进气生产，参数调整

(1)确认 DCS、ESD、F&G 系统及现场仪表运行控制正常。

(2)根据上游装置进气生产负荷，做好溶液循环量、溶液浓度调整。

(3)调整加氢还原反应器床层温度达到工艺要求。

(4)确认急冷塔酸水 pH 在 7.0 左右，并准备好足够的碱量，确保随时可以投加。

(5)确认急冷塔顶部过程气氢分析仪在 1.5%～3.0%，调整硫黄回收单元配风，将尾气中 H_2S/SO_2 的值控制在≥3：1，使尾气中 SO_2 总浓度小于 0.25%。

(6)确认吸收再生段热循环正常。

(7)中控室缓慢打开进入在线燃烧炉的尾气手操阀，缓慢关闭尾气至灼烧炉旁通手操阀和气循环压力放空调节阀，同时根据吸收塔压力显示缓慢打开废气出塔手操阀。

(8)现场同步打开蒸汽引射器正线阀和吸收塔进气阀。

(9)直至进入在线燃烧炉的尾气手操阀、蒸汽引射器正线阀和吸收塔进气阀全开，尾气至灼烧炉旁通手操阀和气循环压力放空调节阀全关。现场关闭蒸汽引射器蒸汽进口阀，停运蒸汽引射器。

(10)切换过程中，及时调整在线燃烧炉的燃料气和空气流量，控制反应器入口温度。

(11)进气后，酸气分液罐出口酸气达到一定含量时，缓慢打开至硫黄回收装置的酸气压力调节阀，关闭酸气放空压力调节阀，停止酸气放空，并将酸气压力调节器和放空调节器投自动。

(12)打开蒸汽引射器进口端氮气阀，吹扫引射器，连续吹扫 10min 后，关闭引射器进口端阀门，再吹扫 10min 后，关闭引射器出口端阀门。

(13)关闭吹扫氮气阀，保持微正压。

(14)进气后，观察和调整各项参数，及时取样分析废气总硫，若废气总硫超标，及时查找原因进行处理。

(15)检查设备的运行状况，及时调整操作，保证装置平稳运行。

（五）其他操作

（1）按要求填写操作记录。

（2）打扫场地卫生，整理材料、工具。

（3）汇报操作完成。

三、技术要求

（1）吹扫时，吹扫气应高进低出，避免杂质带入设备或管线死角。

（2）在线燃烧炉点火升温时，有如下要求：

① 严格按升温曲线进行。

② 炉子点燃后，余热锅炉蒸汽出口阀应及时打开，防止压力超高，损坏设备。

③ 炉子点燃后，防止余热锅炉液位过高或过低，造成满水或干锅。

④ 升温过程中，严格在线燃烧炉配风，防止配风过小，造成催化剂床层积碳。

⑤ 升温至200℃时进行热紧固，防止造成泄漏。

（3）催化剂预硫化时，有如下要求：

① 由于预硫化是放热反应，在升温和提高循环气体中H_2S、H_2的浓度时，应严格控制增加浓度和速度，防止反应器床层超温。

② 在没有H_2S的情况下，温度大于200℃时，催化剂不得与H_2接触，防止催化剂永久性失活。

③ 预硫化分阶段进行，并且始终保持循环气中H_2与H_2S的比率为1.8~2。

④ 定时取样分析反应器进、出口过程气中H_2S浓度，及时调整循环气体中H_2S含量，并密切关注反应器床层温度变化。

⑤ 在预硫化开始2h，反应器出口气流中可能会出现硫黄，造成急冷塔循环水变浑浊，应及时清洗酸水泵粗滤器。

⑥ 在预硫化开始时，急冷塔循环酸水pH值有可能下降，需及时加碱调整pH，在整个预硫化过程中，控制酸水pH在7.0左右。

（4）进气时，有如下要求：

① 进气前，硫黄回收单元已平稳运行，尾气H_2S/SO_2为2~4，硫黄回收单元严格配风或及时调整在线燃烧炉的风气比，控制急冷塔出口气流中H_2含量在0.5%~3%。

② 严格控制酸水pH值在6.5~7.5。

③ 进气过程需缓慢进行，现场和中控室密切配合，防止系统压力过高，引起硫黄回收单元回压过高。

④ 调整在线燃烧炉配风，防止在线燃烧炉和加氢还原反应器温度过低或过高。

⑤ 及时调整参数，尽快达到正常生产控制范围，防止净化废气总硫超标。

四、注意事项

（1）开产前的检查确认，必须严格按投产前的开工条件确认表执行，不得漏项。

（2）检漏时，严格按试压等级执行。

（3）循环水洗时，注意塔、罐液位压力，防止超压和泵抽空。

(4)系统进溶液时,及时打开储罐顶部呼吸阀,防止罐体损坏。

(5)重沸器进蒸汽前,彻底疏水,防止水击;进蒸汽后,严格控制升温速度。

GBF010 SCOT尾气处理单元停运

项目四 停运SCOT尾气处理单元

一、准备工作

(1)设备:SCOT尾气处理单元所有动静设备。

(2)材料、工具:笔1支、记录本1个、F扳手300~800mm、听针1个、活动扳手1把、测温仪1个、检漏瓶1个、润滑油1盒、对讲机1部、工具包1个等。

(3)人员:净化操作工2人以上,化验分析工2人。

二、操作规程

(一)准备工作

(1)提前对溶液储罐和胺液排放罐进行清洗。

(2)检查气循环流程,打开气循环放空管线上压力调节阀前后截断阀,打开急冷塔出口管线至气循环管线的总阀。

(3)检查开工蒸汽引射器蒸汽管线的疏水器,保证蒸汽管线无凝结水,并对蒸汽管线进行暖管处于备用。

(二)停运还原段

(1)停气,建立气循环。

① 保持在线燃烧炉风气比不变,适当降低燃料气和空气流量,降低在线燃烧炉温度。

② 将气循环放空管线上压力调节器投入自动,并将设定值设定为规定值。打开蒸汽喷射器入口和出口阀,打开急冷塔顶气循环阀,打开开工蒸汽引射器蒸汽阀门,控制气循环量在给定值。

③ 缓慢打开至尾气灼烧炉的尾气旁通阀,逐渐关闭进入在线燃烧炉的尾气手操阀。现场同时关闭蒸汽引射器正线阀和过程气进入吸收塔的阀门,直到全开至尾气灼烧炉的旁通阀、全关进入在线燃烧炉的尾气手操阀、全关蒸汽引射器正线阀和过程气进入吸收塔的阀门,还原段建立气循环。

④ 停尾气并建立气循环,将在线燃烧炉风气比提高至9.0~9.5,继续保持在线燃烧炉燃烧。当急冷塔顶部过程气管线上氢分析仪显示低于1%时,在线燃烧炉熄火停炉。

⑤ 熄火停炉时,关闭在线燃烧炉降温蒸汽、燃料气和空气的联锁阀、调节阀及前后截断阀。继续保持气循环,将氮气补充入循环系统,尽可能使用最大氮气量在系统中循环,过量气体通过气循环放空管线上压力调节阀放空至尾气灼烧炉。

⑥ 当气循环至加氢还原反应器床层温度为70℃时,进行钝化操作,在钝化前取样分析反应器进、出口气流中O_2、SO_2、CO_2含量。

(2)钝化操作。

① 通过在线燃烧炉点火枪向炉内引入部分仪表风或用软皮管向系统注入空气,并保持

循环气 O_2 含量为 0.1%~0.5%。

② 反应器床层温度有所上升，稳定仪表风或压缩空气流量；温度超过 150℃ 时，立即减小或停止引入仪表风或压缩空气，待温度降至 150℃ 以下时再引入，重复上述操作过程。

③ 引入仪表风或压缩空气后，钝化正常进行，反应器床层各点温度呈稳定下降趋势时，可逐渐增加仪表风或空气量。

④ 当循环气中 O_2 含量增加到 20%以上，SO_2 含量低于 0.01%，并且反应器床层温度不再上升、急冷塔酸水 pH 不变时，再稳定操作 8h 以上，停止空气引入，钝化结束。

⑤ 钝化结束后，关闭蒸汽引射器的蒸汽，停止气循环。

(3) 急冷塔工业水洗。

① 钝化结束后，停酸水空冷器和酸水泵，将急冷塔循环酸水排至酸水汽提单元。

② 向系统加入工业水，启运酸水循环泵，建立循环。

③ 循环水洗 2h，排尽系统清洗水，完成第一次工业水洗。

④ 根据系统清洁状况，确定是否进行第二次工业水洗。

(三) 停运吸收再生段

(1) 热、冷循环，回收溶液。

① 加氢还原段停止进气后，酸气量不足时，关闭酸气分液罐至硫黄回收单元的酸气压力调节阀及前后截断阀，压力由放空调节阀控制。

② 关闭废气分液罐出口至尾气灼烧炉手动阀。

③ 热循环 2h，取样分析富液 H_2S 含量，含量小于 0.1g/L 时，停止热循环。

④ 系统冷循环，当再生塔压力不够时，用氮气升压。

⑤ 贫液温度降至 55℃ 时，停止冷循环，回收系统溶液。

⑥ 打开设备、管线低点溶液回收阀门，或利用软皮管将系统低点溶液回收至低位罐，用溶液补充泵将溶液转入胺液储罐。反复多次回收，直至溶液回收干净。

(2) 除盐水洗，回收稀溶液。

① 系统注入氮气进行升压。

② 低位罐加入除盐水，高液位后，启运低位罐溶液补充泵，向系统补充除盐水。

③ 各塔、罐高液位时，启运溶液循环泵，建立除盐水循环，系统进行除盐水洗。

④ 除盐水循环 2h 后，停止水洗。

⑤ 按照溶液回收的方法，将系统稀溶液回收至稀溶液储罐。

(3) 工业水洗。

① 系统注入氮气进行升压。

② 分别向吸收塔和再生塔加入工业水。

③ 当吸收塔和再生塔高液位时，启运溶液循环泵建立循环。

④ 循环水洗 2h，将系统工业水排至污水处理单元。

⑤ 第一次工业水洗完成后，视系统清洗程度，确定是否进行第二次工业水洗。

(4) N_2 吹扫。

① 从吸收塔引入氮气，吹扫路线如下：吸收塔→废气分液罐→尾气灼烧炉→烟囱→排放大气；吸收塔→贫液流量调节阀→贫液泵出口排大气；吸收塔→富液泵入口排大气。

② 从再生塔引入氮气，吹扫路线如下：再生塔→酸气空冷器→酸气分液罐→酸气放空调节阀→低压放空火炬；再生塔→贫富液换热器（壳程）→贫液空冷器→贫液后冷器→贫液泵入口排大气；再生塔→贫富液换热器（管程）→富液泵出口排大气；再生塔→酸气空冷器→酸气分液罐→酸气压力调节阀→回收单元酸气分液罐→酸水压送罐安全阀旁通→低压放空火炬。远端取样分析 $H_2S \leqslant 15mg/m^3$ 为合格。

③ 氮气置换合格后，关闭氮气阀。

(5) 工厂风吹扫。

① 从吸收塔引入工厂风，吹扫路线如下：吸收塔→废气分液罐→排放大气；吸收塔→贫液流量调节阀→贫液泵出口排大气；吸收塔→富液泵入口排大气。

② 从再生塔引入工厂风，吹扫路线如下：再生塔→酸气空冷器→酸气分液罐→酸气压力调节阀→回收单元酸气分液罐→酸水压送罐底部排大气；再生塔→贫富液换热器（壳程）→贫液空冷器→贫液后冷器→贫液泵入口排大气；再生塔→贫富液换热器（管程）→富液泵出口排大气。远端取样 O_2 含量为 19%～23.5%为合格。

③ 吹扫完毕后，关闭工厂风阀。

（四）其他操作

(1) 停运所有转动设备电源。

(2) 对相关阀门进行上锁挂牌。

(3) 按要求填写操作记录。

(4) 打扫场地卫生，整理材料、工具。

(5) 汇报操作完成。

三、技术要求

(1) 停产还原段建立气循环时，有如下要求：

① 在线燃烧炉可能熄火，熄火过早，过程气中 SO_2 不能被还原，造成酸水 pH 下降，引起设备腐蚀，中控室要关注配风操作，现场加大巡检频率。

② 系统压力可能超高，硫黄回收单元可能冲液硫封，造成人员烫伤、中毒，中控和现场要密切配合，操作要缓慢，随时监控系统压力。

③ 反应器床层可能超温，建立气循环时，注意控制气循环量，调整在线燃烧炉燃料气和空气流量，防止在线燃烧炉超温。

(2) 钝化时，有如下要求：

① 反应器超温可能损坏设备和降低催化剂活性，需控制好空气流量，超温时，及时降低进炉空气流量。

② 关注酸水 pH 变化，及时加碱调整 pH。

四、注意事项

(1) 钝化结束，急冷塔排水时应排至酸水汽提单元，不能就地排放。

(2) 水洗时，注意各塔、罐液位及压力变化，防止泵抽空和超压。

(3) 氮气置换时，不留死角；放空火炬装置未熄火时，空气吹扫气严禁进入放空系统。

模块七　操作凝析油稳定单元

项目一　相关知识

GBG001 凝析油稳定单元操作要点

一、凝析油稳定单元操作要点

(1)进入凝析油稳定单元的未稳定凝析油组分复杂,其中含有大量的气田水和少量的泥沙、岩屑、固体腐蚀产物及井场添加的缓蚀剂、泡排剂等,容易引起未稳定油乳化堵塞设备及管线,加重腐蚀,因此从设计上必须考虑在进入凝析油稳定装置前设置过滤器,在操作中必须加强过滤操作。

(2)三相分离器是凝析油稳定单元重要设备,因此对三相分离器结构及材质和选型相当重要,必须保证分离介质的分离效果。

① 典型的三相分离器结构:包含三个段,即入口段、沉降段和分离段。

② 三相分离器的分离要求:在正常工作温度和工作压力下,通过三相分离器分离后,水相中的油含量应小于500mg/L,油相中的水含量应小于500mg/L。

③ 三相分离器的操作压力:应在满足后续压力要求的情况下尽可能低。气相中含有H_2S、CO_2,一般情况下输往脱硫脱碳单元,压力大概在1.0MPa以内,分离效果才能达到要求。

④ 三相分离器是分离未稳定凝析油,由于未稳定凝析油含有多种腐蚀介质,如H_2S、CO_2、有机硫、盐类、固体杂质等,要求内部构件必须防腐蚀。

⑤ 三相分离器操作要点:控制压力确保闪蒸的效果,压力过高或过低都会影响闪蒸效果,也影响油品收率;进三相分离器的温度也是该设备控制的关键,温度过高蒸发量增加,影响油品收率,温度过低不利于闪蒸。此外该设备还应控制好油相水相的液位,严禁窜相,如果窜相将会影响稳定塔的操作,增加稳定塔的能耗,影响产品质量。

(3)从地下开采出来的凝析油气田含有NaCl、$MgCl_2$、$CaCl_2$等各种盐类物质,这些盐类绝大部分溶解在凝析油所含的水中,一小部分悬浮在凝析油中,若不进行脱除,将会造成设备腐蚀,增加能耗,影响操作平稳。含水凝析油会携带一些固井泥浆及压井修井液,运行时油水形成乳状物,导致油水无法分离,在脱盐时会注入破乳剂,使大部分泥沙从水中分离下来,随水排出,起到净化凝析油的效果,有利于稳定操作。因此,有必要在三相分离器后设置电脱盐罐。

(4)凝析油稳定塔的操作。

① 操作压力对产量和热负荷的影响:某凝析油装置在其他参数不变(塔顶和塔中进料比为0.57:0.43)的情况下,稳定凝析油符合相应标准要求,见表1-7-1。

从表 1-7-1 可以看出，降低操作压力可大大降低塔底热负荷，目的产品稳定凝析油的量损失也较少。因此在保证稳定凝析油质量和塔顶闪蒸气外输压力足够的情况下，尽可能降低操作压力，减少能耗。

表 1-7-1　不同操作压力对比表

稳定塔操作压力，kPa(a)	塔顶和塔中进料比	塔底稳定凝析油量，t/h	塔顶闪蒸气量，t/h	塔底重沸器负荷，kW
900	0.57：0.43	150	15	9.223
500	0.57：0.43	149	16	6.265

② 进料分配对产量和热负荷的影响。某凝析油装置在压力不变的情况下，塔中和塔顶不同进料分配对凝析油的产量和塔底热负荷有一定影响，见表 1-7-2 所示。

表 1-7-2　不同进料分配对比表

稳定塔操作压力，kPa(a)	塔顶和塔中进料比	塔底稳定凝析油量，t/h	塔顶闪蒸气量，t/h	塔底重沸器负荷，kW
900	0.57：0.43	150	15	9.223
900	0.25：0.75	147	18	6.344

从表 1-7-2 可以看出，减少塔顶进料，增加需要换热的塔中进料虽然能起到降低塔底热负荷的作用，但产品稳定凝析油的损失较大，因此选择合适的未稳定凝析油/稳定凝析油换热器提高换热效率，加大塔中进料口进料量，达到节能降耗的目的。

③ 凝析油稳定塔操作要点。

A. 控制好塔顶压力：压力高，稳定效果差，且能耗增加；压力低，稳定效果好，但压力过低，会造成稳定凝析油收率降低，虽然塔顶压力低对降低装置能耗有利，但不利于稳定凝析油的饱和蒸气压。因此，塔顶压力的设定不能随便改动，应该保持一定压力。压力越低，塔底油蒸汽压越低，虽然凝析油稳定性越好，但塔顶气相所带走的重组分也就越多，收率下降，还会影响稳压机的运行；压力越高，塔底凝析油蒸汽压越高，塔顶气相中所带走的重组分也会越少，收率高，但凝析油稳定性降低。

B. 塔底和塔顶温度要严格按照操作参数运行。全塔热量平衡对该塔的操作影响是：塔底温度高，凝析油稳定效果好，但会造成塔底重沸器热负荷增大、成油品收率降低和设备腐蚀加剧；塔底温度低，闪蒸分馏效果降低，凝析油稳定效果差，油品饱和蒸汽压变大，使稳定凝析油储存运输安全风险增加，而且塔压力不便于控制。塔顶温度高，收率低，带液严重，增加闪蒸气压缩机停机，引起凝析油稳定塔超压风险；塔顶温度低，回流量大，可能会造成塔底温度低，稳定油质量变差。

C. 稳定塔的液位要保持稳定，一般控制在 50%左右，防止出现淹塔和泵抽空。

(5)本单元还应设置未稳定凝析油缓冲罐(也称闪蒸罐)。

未稳定凝析油缓冲罐操作要点：控制压力确保降压闪蒸效果，将未稳定凝析油中溶解的轻烃闪蒸脱除，因此压力控制高低是该设备的关键。压力高，不利于闪蒸；压力低利于闪蒸，但压降过大不利于未稳定凝析油流动，也影响后续生产的压力。有的装置未稳定凝析油压力较高，需设置一级、二级闪蒸罐，主要目的是尽可能闪蒸出轻组分。

GBG002 凝析油稳定设备腐蚀控制措施

二、凝析油稳定设备腐蚀控制措施

由于未稳定凝析油含有多种腐蚀介质，如 H_2S、CO_2、有机硫、盐类、固体杂质等，有的凝析油中气田水含有大量的 Cl^-，加剧了该单元设备的腐蚀。在凝析油稳定单元设计时，对重要设备（如：三相分离器、凝析油稳定塔、塔底重沸器）的内外部构件材质要求高，应选择具有较强的耐腐蚀材质。另外，加强工艺指标的控制，选择合适的温度、压力、流量参数控制，降低介质的冲刷腐蚀、高温腐蚀。在设备及管线设计、安装过程中应尽量消除应力腐蚀，在操作中要加强过滤，减轻磨损腐蚀。

具体腐蚀控制措施：

（1）设计上，设备及管线材质选型的合理性，能降低腐蚀；合理的设计参数也能降低腐蚀。

（2）在设备和管线的设计、安装上，要尽量消除应力，减小应力腐蚀。

（3）检查酸气管线、放空管线及高温设备保温情况。

（4）增加未稳定凝析油机械过滤器的清洗频率，减少磨损腐蚀。

（5）控制合适的凝析油流量，防止流量过大，流速过快，冲刷加剧。

（6）控制合适的凝析油稳定塔和重沸器温度。

（7）控制合适的凝析油稳定塔压力。

（8）控制合适的重沸器蒸汽压力和温度。

（9）使用有效的腐蚀抑制剂。

（10）定期对凝析油储罐和低位罐进行充氮保护，防止氧气进入系统。

（11）定期对闪蒸气压缩机及管线排污。

（12）装置停工检修时，清除干净设备及管线的沉淀物，特别是凝析油稳定单元在正常生产中含有大量的气田水，凝析油稳定塔和重沸器容易结垢，必须清除。对设备内部构件腐蚀情况进行仔细检查，发现腐蚀、变薄、穿孔的情况要及时进行检修。

（13）定期监测设备及管线外部腐蚀，及时了解腐蚀信息，定期更换腐蚀严重的设备及管线。

（14）定期检查设备及管线的防蚀涂层并整改，若防腐涂层损坏，将加重其腐蚀。

项目二　处理凝析油稳定单元异常

GBG003 凝析油乳化原因分析及处理措施

一、分析及处理凝析油乳化

未稳定凝析油乳化将堵塞设备及管线，降低处理能力，严重时，影响产品质量，危急装置的正常生产。造成未稳定凝析油乳化的主要原因：未稳定油中含有大量的气田水和少量的泥沙、岩屑、固体腐蚀产物及井场添加的固井液、缓蚀剂、泡排剂等乳化诱发物质；环境温度低，设备及管线保温效果差；凝析油浓度高，油水混合强度大等。

（一）准备工作

（1）设备：凝析油稳定装置。

(2)材料及工具:笔1支、记录表1个、F扳手300~800mm、对讲机1部、工具包1个等。

(3)人员:净化操作工2人。

(二)操作规程

(1)检查确认。

① 检查未稳定凝析油过滤器压差。

② 现场检查三相分离器压力、液位,并与中控室核对。

③ 检查凝析油稳定塔液位、压力、温度、压差等参数并与现场核对。

(2)处理措施。

① 若发现装置某部压差增大,处理量下降,立即通知现场,将进入凝析油稳定装置的未稳定凝析油切换至未稳定凝析油储罐,降低处理量。

② 处理量下降时,中控室及时调整参数。

③ 检查现场保温情况,及时疏水,恢复保温。

④ 现场加入适量破乳剂。

⑤ 现场向未稳定凝析油闪蒸罐加入适当的除盐水,降低凝析油浓度,减小油水混合强度。

⑥ 加大未稳定凝析油过滤器的切换清洗频率。

⑦ 通过以上处理后,未稳定凝析油乳化减缓,继续维持生产,逐渐增大处理量。

⑧ 通过以上处理后,没有得到缓解而继续恶化,则联系上下游,申请停产检修。

⑨ 按要求填写作业记录。

⑩ 打扫场地卫生,整理材料、工具。

⑪ 汇报作业完成情况。

(三)注意事项

(1)处理未稳定凝析油乳化时,始终要保证凝析油质量合格。

(2)处理过程中,由于未稳定凝析油含有大量的 H_2S 和易挥发的轻烃组分,要防止人员中毒和易燃易爆事故发生等。

GBG004 稳定凝析油质量不合格原因分析及处理措施

二、分析及处理稳定凝析油质量不合格

稳定凝析油产品不合格,将影响稳定凝析油的运输和储存安全,严重时不仅会造成人员中毒和火灾爆炸及环境污染事故,还将影响下游产品的深加工。

造成稳定凝析油质量不合格的主要原因:凝析油稳定塔塔底温度低;凝析油稳定塔塔顶压力高;三相分离器窜相、未稳定凝析油/稳定凝析油换热器窜漏、稳定凝析油后冷器窜漏、重沸器窜漏、凝析油稳定塔故障、未稳定凝析油乳化及系统脏引起系统波动等。

(一)准备工作

(1)设备:凝析油稳定装置。

(2)材料及工具:笔1支、记录表1个、F扳手300~800mm、对讲机1部、工具包1个等。

(3)人员:净化操作工2人。

(二)操作规程

(1)检查确认。

① 检查未稳定凝析油过滤器压差。

② 现场检查三相分离器压力、液位，并与中控室核对。

③ 检查三相分离器出口未稳定凝析油至凝析油稳定塔的两股物料流量。

④ 检查凝析油稳定塔液位、压力、温度、压差等参数并与现场核对。

(2)处理措施。

① 凝析油稳定塔塔底温度低，适当提高凝析油稳定塔塔底温度。

A. 检查进入凝析油稳定塔中部的流量是否过大，该流量过大，适当关小塔中部进口流量。

B. 重沸器蒸汽流量过低，适当开大重沸器蒸汽流量。

C. 蒸汽压力低，联系提高蒸汽压力。

D. 由于进塔换热器换热效果差，造成凝析油稳定塔中部进料温度过低时，只有降低处理量维持生产，严重时停产检修。

② 凝析油稳定塔操作压力偏高，则适当降低降操作压力。

A. 首先判断处理压力调节阀故障，倒旁通检修；是否气相管线带液，引起压缩机故障，如是带液，及时对管线排液，启运备用台压缩机。

B. 在保证塔底温度正常的情况下，适当降低重沸器蒸汽流量。

③ 三相分离器窜相。

A. 首先检查是否是进入三相分离器的油水混合物量过大，而油相管线阀门开度过大，水相阀门开度过小，水相窜入油相，则将未稳定凝析油倒入未稳定凝析油储罐，适当关小油相阀门，适当开大水相阀门，待液位降低后，将未稳定凝析油储罐的油倒入三相分离器。

B. 三相分离器挡油板或挡水板穿孔，则只能停产检修。

④ 未稳定凝析油/稳定凝析油换热器窜漏、稳定凝析油后冷器窜漏、重沸器窜漏、凝析油稳定塔故障，则停产检修。

⑤ 未稳定凝析油乳化及系统脏引起系统波动，则适当加入破乳剂，同时加大未稳定凝析油过滤器清洗频率，经此项处理后，装置仍不平稳，则停产清洗凝析油稳定塔。

⑥ 联系化验分析员取样分析稳定凝析油，若轻烃组分过高，则将稳定油凝析油罐的不合格产品倒入未稳定凝析油罐重新处理。

⑦ 若稳定凝析油只是含水量高，则需静置几天后，按凝析油稳定罐排污操作规程，排净污液。

⑧ 按要求填写作业记录。

⑨ 打扫场地卫生，整理材料、工具。

⑩ 汇报作业完成情况。

(三)注意事项

(1)现场与中控室要相互联系，密切配合。

(2)处理过程中，由于未稳定凝析油含有大量的 H_2S 和易挥发的轻烃组分，要防止人员中毒和易燃易爆事故发生等。

GBG005 凝析油稳定塔突沸原因分析及处理措施

三、分析及处理凝析油稳定塔突沸

凝析油稳定塔突沸,将造成闪蒸气带液严重,严重时引起闪蒸气压缩机联锁;凝析油稳定塔液位下降;影响稳定凝析油质量和回收率。

造成凝析油稳定塔突沸的主要原因:塔内气相量过大,气速过高;三相分离器出口凝析油至凝析油稳定塔的两股物料流量过小;三相分离器水相窜油相,造成进料含水量过高;重沸器内漏等。

(一)准备工作

(1)设备:凝析油稳定装置。

(2)材料及工具:笔1支、记录表1个、F扳手300~800mm、对讲机1部、工具包1个等。

(3)人员:净化操作工2人。

(二)操作规程

(1)检查确认。

① 现场检查三相分离器压力、液位,并与中控室核对。

② 检查三相分离器出口未稳定凝析油至凝析油稳定塔的两股物料流量。

③ 检查凝析油稳定塔液位、压力、温度、压差等参数并与现场核对。

(2)处理措施。

① 塔内气相量过大,气速过高,适当降低重沸器蒸汽流量。

② 三相分离器出口未稳定凝析油至凝析油稳定塔的两股物料流量过小,则增大进入三相分离器的油水混合物流量,从而适当增加进入凝析油稳定塔的两股物料流量。

③ 三相分离器水相窜油相。

A. 首先检查是否是进入三相分离器的油水混合物量过大,而油相管线阀门开度过大,水相阀门开度过小。如果是此因,则将未稳定凝析油倒入未稳定凝析油储罐,适当关小油相阀门,适当开大水相阀门,待液位降低后,将未稳定凝析油储罐的油倒入三相分离器。

B. 若因三相分离器挡油板穿孔,则只能停产检修。

④ 若重沸器窜漏则停产检修。

⑤ 联系化验分析员取样分析稳定凝析油,若轻烃组分过高,则将稳定凝析油罐的不合格产品倒入未稳定凝析油罐重新处理。

⑥ 若稳定凝析油只是含水量高,则需静置几天后,按凝析油稳定罐排污操作规程,排净污液。

⑦ 按要求填写作业记录。

⑧ 打扫场地卫生,整理材料、工具。

⑨ 汇报作业完成情况。

(三)注意事项

(1)处理凝析油稳定塔突沸时,始终要保证凝析油质量合格。

(2)现场与中控室要相互联系,密切配合。

(3)处理过程中,由于未稳定油含有大量的H_2S和易挥发的轻烃组分,要防止人员中毒和易燃易爆事故发生等。

GBG006 凝析油收率下降原因分析及处理措施

四、分析及处理凝析油收率下降

凝析油收率下降,将导致装置能耗增加,产品率下降。

造成凝析油收率下降的主要原因:凝析油稳定塔塔底和塔顶温度过高;凝析油稳定塔塔顶压力过低;三相分离器压力过低;三相分离器油相窜水相;凝析油塔塔顶和塔中进料分配不当;凝析油乳化变质等。

(一)准备工作

(1)设备:凝析油稳定装置。

(2)材料及工具:笔1支、记录本1个、F扳手300~800mm、对讲机1部、工具包1个等。

(3)人员:净化操作工2人。

(二)操作规程

(1)检查确认。

① 检查未稳定凝析油过滤器压差。

② 现场检查三相分离器压力、液位、温度,并与中控室核对。

③ 检查三相分离器出口凝析油至凝析油稳定塔的两股物料流量。

④ 检查凝析油稳定塔液位、压力、温度、压差等参数并与现场核对。

(2)处理措施。

① 凝析油稳定塔塔底温度高时,适当加大塔中进料物料,适当降低重沸器蒸汽流量。

② 凝析油稳定塔塔顶温度高时,适当加大塔顶进料物料,适当降低重沸器蒸汽流量。

③ 凝析油稳定塔操作压力偏低,则适当提高操作压力。

A. 压力调节阀发生故障时,及时进行维修。

B. 在保证塔底温度正常的情况下,适当升高重沸器蒸汽流量。

④ 三相分离器压力过低,手动关小压力调节阀,调整压力至正常范围。

⑤ 三相分离器油相窜入水相。

A. 首先检查是否是进入三相分离器的油水混合物量过大,而油相管线阀门开度过小,水相阀门开度过大,则将未稳定凝析油倒入未稳定凝析油储罐,适当开大油相阀门,适当关小水相阀门,待液位降低后,将未稳定凝析油储罐的油倒入三相分离器。

B. 三相分离器挡水板穿孔,油相窜入水相时,则只能停产检修。

⑥ 调整凝析油塔中和塔顶进料分配比,适当开大塔顶进料,减小塔中进料。

⑦ 加入适量破乳剂,同时加大未稳定凝析油过滤器清洗频率。

⑧ 按要求填写作业记录。

⑨ 打扫场地卫生,整理材料、工具。

⑩ 汇报作业完成情况。

(三)注意事项

(1)处理凝析油收率下降时,始终要保证凝析油质量合格。

(2)处理过程中,由于未稳定凝析油含有大量的H_2S和易挥发的轻烃组分,要防止人员中毒和易燃易爆事故发生等。

模块八　操作污水处理装置

项目一　相关知识

GBH001 气浮装置结构及工作原理

一、气浮装置结构及工作原理

（一）气浮装置工作原理

气浮处理是在水中形成高度分散的微小气泡，黏附废水中疏水基的固体或液体颗粒，形成水-气-颗粒三相混合体系，颗粒黏附气泡后，形成表观密度小于水的絮体而上浮到水面，形成的浮渣层被刮除，从而实现固液或者液液分离的过程。

溶解在水中的气体，在水面气压降低时就可以从水中逸出。有两种方法：一是真空溶气法，使气浮池上的空间呈为真空状态，处在常压下的水流进池后即释出微气泡；二是加压溶气法，空气加压溶入水中达到饱和，溶气水流减压进入气浮池时即释出微气泡。通常使用加压溶气法。加压溶气水可以是所处理水的全部或一部分，也可以是气浮池出水的回流水。回流水量占所处理水量的百分比称回流比，是影响气浮效率的重要因素，须由实验确定。加压溶气法的设备有加压泵、溶气罐和空气压缩机等。溶气罐为承压钢筒，内部常设置导流板或放置填料。溶气罐出水通过减压阀或释放器进入气浮池。

（二）气浮装置结构

1. 压力溶气气浮

压力溶气气浮（DAF）是国内气浮技术中应用比较早的一种技术，主要由接触室、反应室、刮渣装置、压力溶气罐、空压机、回流加压水泵和释放头等组成，如图1-8-1所示。经过絮凝的污水自气浮池的底部进入气浮池的接触室，与溶气释放器释放的气泡相遇，絮粒与气泡黏附，并在接触室缓慢上升，然后随水流进入分离室进行渣水分离，浮渣漂在水面上由刮渣装置去除。溶气水的产生是由气浮池的出水端取部分清水，经回流水泵加压，进入压力溶气罐，同时空压机也向压力溶气罐中鼓入高压空气，使水中充满了饱和的空气，形成了高压溶气水，并从溶气罐的底部流到释放头释放出来，由于溶气水经过释放头释放后，压力骤然由0.4MPa降到常压，水中溶解的饱和空气就会释放出来，形成微细气泡供气浮使用。溶气效果的好坏与压力溶气罐有直

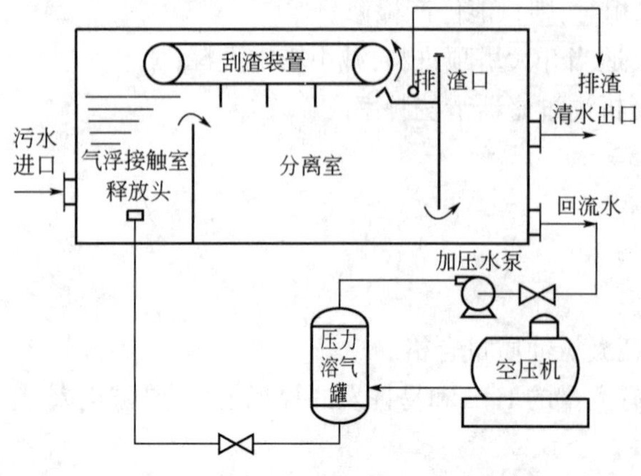

图1-8-1　压力溶气气浮设备结构

接关系。为了提高溶气效果，国内大多采用喷淋填料压力溶气罐，该工艺设备复杂，能耗高。

2. 涡凹气浮

涡凹气浮（CAF）又被称为旋切气浮，溶气设备是一种被称为“涡凹头”的装置。该装置由电动机带动，旋转速度一般控制在1000～3000r/min，利用底部扩散叶轮（叶片为空心状）的高速转动在水中形成一个负压区，使液面上的空气沿着“涡凹头”的中空管进入扩散叶轮释放到水中，并经过叶片的高速剪切而变成小气泡，小气泡在上浮的过程中黏附在絮凝体上，而形成新的低密度絮凝体，靠水的浮力将水中的悬浮物带到水面，然后靠刮渣装置除去浮渣，其结构如图1-8-2所示。该方法设备简单，但产生的气泡较大，且水中易产生大气泡。大气泡在水中具有较快的上升速度，巨大的惯性力不仅不能使气泡很好地黏附于絮凝体上，相反会造成水体的严重紊流而撞碎絮凝体，所以涡凹气浮要严格控制进气量。CAF的气泡产生依赖于叶轮的高速切割，以及在无压体系中的自然释放，气泡直径大、动力消耗高，尤其对于高水温污水的气浮处理，CAF处理效果差强人意。

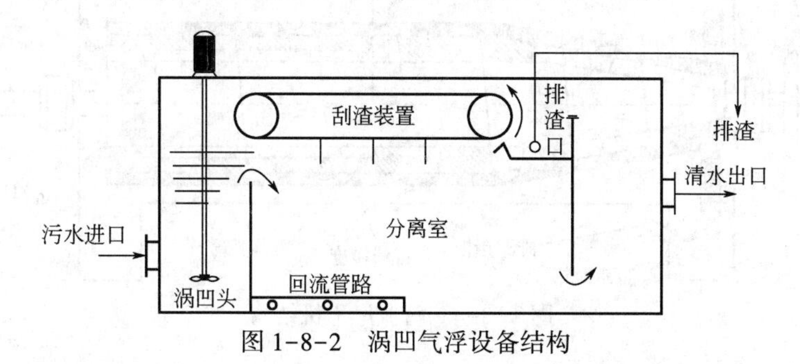

图1-8-2　涡凹气浮设备结构

3. 溶气气浮

溶气泵气浮技术克服了DAF技术附属设备多、能耗大和CAF气浮技术产生的气泡大的缺点，又具有能耗低的特点。溶气泵采用涡流泵或气液多相泵，其原理是在泵的入口处空气与水一起进入泵壳内，高速转动的叶轮将吸入的空气多次切割成小气泡，小气泡在泵内的高压环境下迅速溶解于水中，形成溶气水然后进入气浮池完成气浮过程，其结构如图1-8-3所示。溶气泵产生的气泡直径一般在20～40μm，吸入空气最大溶解度达到100%，溶气水中

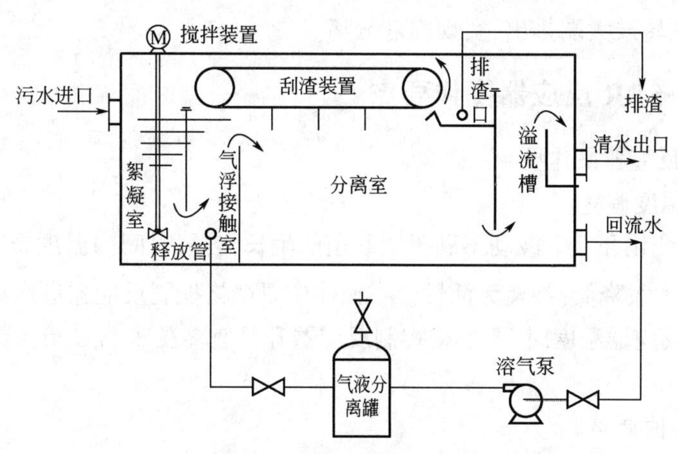

图1-8-3　溶气泵气浮结构图

最大含气量达到30%，泵的性能在流量变化和气量波动时十分稳定，为泵的调节和气浮工艺的控制提供了极好的操作条件。

GBH002 污泥甩干机结构及工作原理

二、污泥甩干机结构及工作原理

污泥脱水是将流态的原生、浓缩或消化污泥脱除水分，转化为半固态或固态泥块的一种污泥处理方法。污泥脱水的方法主要有自然干化法、机械脱水法和造粒法。自然干化法和机械脱水法适用于污水污泥，造粒法适用于混凝沉淀的污泥。

（一）污泥甩干机结构

污泥甩干机采用的是机械脱水法，通过调理搅拌槽、浓缩系统、污泥警钟分配、污泥脱水、滤布清洗、污泥饼卸除等完成污泥脱水过程，其结构如图1-8-4所示。

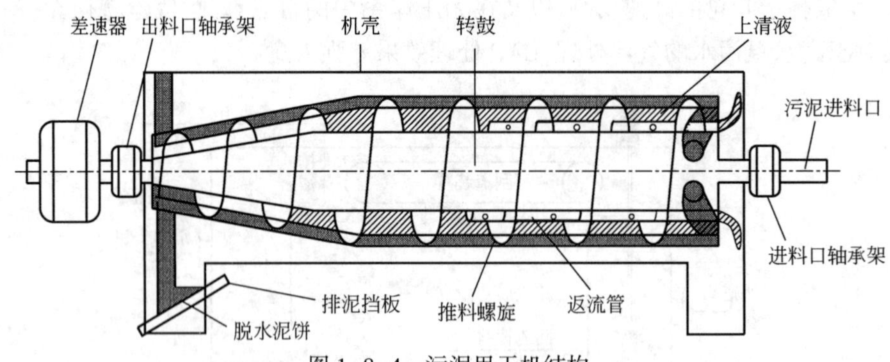

图1-8-4　污泥甩干机结构

（二）污泥甩干机工作原理

污泥甩干机是利用固液两相的密度差，在离心力的作用下，加快固相颗粒的沉降速度来实现固液分离的。具体分离过程：污泥和絮凝剂药液经入口管道被送入转鼓内混合腔，在此进行混合絮凝（若为污泥泵前加药或泵后管道加药，则已提前絮凝反应），由于转子的高速旋转和摩擦阻力，污泥在转子内部被加速并形成一个圆柱液环层（液环区），在离心力的作用下，比重较大固体颗粒沉降到转鼓内壁形成泥层（固环层），再利用螺旋和转鼓的相对速度差把固相推向转鼓锥端，推出液面之后（岸区或称干燥区）泥渣得以脱水干燥，并从排渣口排出，上清液从转鼓大端排出，实现固液分离。

三、UASB+SBR反应器操作要点

GBH003 UASB+SBR反应池操作要点

（一）UASB反应器操作要点

（1）反应器温度调整。

温度的急剧变化和上下波动不利于厌氧菌的生长，若短时间内温度升降超过5℃，厌氧微生物的活性将大大降低，甚至无活性。在操作中要严格控制反应器进水温度，最好控制在35~38℃。调整反应器温度时，要严格控制反应器升温速率在2~3℃/d，给微生物充分的适应时间。

（2）进水pH值调整。

产甲烷阶段对进水pH较为敏感，适应范围较窄。最适宜的进水pH值为6.5~7.5，pH

偏离这个范围,应采取中和后再进水,同时还应注意维持反应器内合适的碱度,提高厌氧池的缓冲能力。当 pH 值下降较多时,应采用应急措施减少或停止进液,在 pH 值恢复正常后,再投入低负荷运行,同时应查明 pH 值下降原因并采取措施。

(3)进水方式。

在反应器运行初期,由于反应器所承受的有机物负荷较低,因此初期进水采用污水回流与原水混合,间歇脉冲的进水方式,运行正常后再采用连续进水方式。

(4)适宜的营养。

根据天然气净化厂污水特性,推荐污水营养比为 COD：N：P=200：5：1 为宜,一般不补充 NH_3-N,但需补充磷肥。

(5)有毒物质。

天然气净化厂的有毒物质是硫化物(S^{2-}),但含量较低,一般不会超过进水(S^{2-})指标,操作中应时常关注。

(6)出水挥发性脂肪酸(VFA)的浓度。

出水 VFA 的去除程度可以直接反映出反应器运行状况,过高的出水 VFA 浓度表明反应器内有大量的 VFA 积累,是反应器 pH 下降或导致酸化的预兆。

(7)产气量及组成。

产气量能迅速反映出反应器的运行状态,当运行正常时,实际产气量应与估算值(去除1kg COD 产气量为 0.3~0.5m^3)接近并维持稳定,另外产气的组成也能反映出反应器的运行状态。厌氧池产生的气体是易燃易爆物质,操作中要特别注意的气体收集和处理。

(8)污泥的排出。

正常生产排出的污泥量不应大于同期产生的污泥量,否则反应器内污泥大量流失,反应器将不能维持较高负荷。

(二)SBR 反应池操作要点

(1)水温:最适宜温度为 25~35℃,高于 40℃和低于 10℃时应采取相应措施控制其在适宜温度范围内。

(2)溶解氧:根据溶解氧及时调整曝气量,且应注意曝气要均匀,一般控制 SBR 反应池出口处溶解氧在 2~4mg/L。

(3)污泥沉降比:废水浓度较高时,控制在 25%~30%,废水浓度较低时可控制在 10%~20%。根据污泥沉降比的多少排放污泥,超过规定值较多时排泥时间应增加。

(4)营养盐投加:根据需要及时投加氮肥或磷肥,一般反应池营养比例按 BOD_5：N：P=100：5：1 运行。

(5)有机物负荷:尽量保持进水有机物含量平稳,避免过大的冲击负荷。

(6)生物相镜检:当 SBR 反应池运行正常时,活性污泥中含有大量菌胶团和纤毛类原生动物,如钟虫、草履虫等。应经常观察原生动物的种数及数量,判断出废水净化的程度和活性污泥的状态,以便及时调整操作。

四、微生物培养和驯化知识

GBH004 微生物培养和驯化知识

生化池在投产前,必须预先在池内培养和驯化出一定量的具有专性的微生物,以满足污水净化的需要，培养和驯化的微生物除部分悬浮于水中外，大量的将附着在池内的填料表面，此阶段称为“挂膜”阶段，时间为1~2周。

（一）预期效果

对生化池微生物培养和驯化的预期效果有以下几点：

（1）填料表面形成良好的生物膜。

（2）具有较好的分解氧化有机物能力，BOD_5、COD去除率达70%~80%以上。

（3）30min沉降率维持在10%~30%以上。

（二）投产前的微生物培养和驯化

（1）投料。

将运来的活性污泥，每间生化池约投入4~5t，再同时向池内投入经过滤的生活污水（或新鲜水）和生产污水COD含量<300mg/L约$5m^3$，最后用生活污水（或新鲜水）充满池子。另称重尿素2kg，磷酸盐1kg，配成水溶液投入池内，使生化池具有总BOD_5含量为200~300mg/L的有机物负荷。

（2）闷曝。

“闷曝”就是生化池不进污水的条件下，启动萝茨鼓风机向池内连续曝气。

① 认真控制微生物生长繁殖的条件、负荷、养料、pH及溶解氧。

② 开始控制BOD_5含量<88mg/L、COD含量<150mg/L，随着生物的生长繁殖，逐步提高，通过控制生产污水量调节。

③ 维持池中一定的氮、磷等微生物养料，通过尿素、磷酸盐的多少来调节。

④ 池水中的pH控制在6~9。

⑤ 溶解氧（DO），开始微生物量少，又处于新环境的适应阶段，需氧量较少，控制低溶解量（DO含量=0.5~1.0mg/L），以后随着微生物的逐渐生长繁殖，含氧量也逐步增加。当微生物进入对数生长繁殖阶段，需氧量最大，加大气量，此时，水中溶解氧提高，并维持在3~5mg/L。

⑥ 调节水中溶解氧量，采用鼓风机配气，风量由水中溶解氧量来控制，一天后出现高溶解氧时，闷曝结束。

⑦ “培养”期间，必须定期换水，以维持微生物的良好生长繁殖条件。

换水目的：排出多余的微生物代谢产物，以防池水中的微生物代谢产物积累，抑制微生物的生长繁殖，还要尽量使池中水温高于20℃。

换水方法：开始用间断运转法，后为连续运行法，静沉1~1.5h后，更换2/3的上层清液，再补充生产污水约5~$8m^3$和生活污水（或新鲜水），直到充满池子，并补充所需营养盐，恢复曝气。周而复始，直到填料挂膜镜检时，生物象显示良好为止。每次换水时间不超过2h（从停曝至恢复曝气），每天换水1~2次，约6~8d。

（3）边进污水边曝气。

在生化池连续曝气的条件下，由间断进水改为连续向生化池进生产污水，污水量由最初的$1m^3/h$，视生物生长繁殖情况，逐步增加至$8m^3/h$，并认真维护微生物的生长繁殖条件，即有机物负荷、pH、养料、溶解氧。经3~7d后，填料上便长出棕黄色的生物膜，手摸有光滑感，镜检有多种微生物群，挂膜成功。挂膜后，逐步增加原水中含油含胺污水的比例，减少生活污水量直到不加，约需 10d 左右完成驯化，即可正式试运。

（4）投加养料。

正常运行期间按 BOD_5 含量：N 含量：P 含量为 100：5：1 的比例计算尿素、磷酸盐投加量。

（5）转入试运阶段。

当生化池连续曝气条件下，连续进污水量达设计水量的 80%时，并获得良好的出水水质，即可由培驯阶段转入试生产阶段。

GBH005　SBR 反应池进水水质调整

项目二　调整 SBR 反应池进水水质

一、准备工作

（1）设备：污水处理装置各动静设备。

（2）材料、工具：笔 1 支、记录本 1 个、橡胶手套 1 双、F 扳手 300～800mm、对讲机 1 部、工具包 1 个、药品适量等。

（3）人员：净化操作工 2 人。

二、操作规程

（1）首先必须清楚 SBR 进出水水质指标，再根据 SBR 反应池进水色泽、气味等现象和水质分析数据判断水质情况。

（2）调整进水水质。

① 联系净化分析工对 SBR 反应池进出水水样进行分析。

② 根据 SBR 反应池进水水质，调整进水流量。

③ 根据 SBR 反应池进水水质，调整进水 pH。

④ 根据 SBR 反应池进水水质，调整进水 COD 浓度。

⑤ 根据 SBR 反应池进水水质，调整 SBR 反应池营养比。

⑥ 根据 SBR 反应池进水水质，调整 SBR 反应池溶解氧浓度。

⑦ 通过以上调整后，再次联系取样，若仍不合格，必须进行持续调整，直至外排水合格。

⑧ 待 SBR 进水水质调整至正常后，恢复正常运行。

（3）按要求逐项填写作业过程记录。

（4）打扫场地卫生，整理材料、工具。

（5）汇报作业完成情况。

三、技术要求

（1）进水 pH 异常，应根据 pH 和原水体积，计算药剂投加量，由于 pH 调整是个较长的过程，在加入药剂时，应进行回流操作，让药剂充分搅拌，混合均匀。

（2）进水 COD 浓度异常，应按照 SBR 反应池进水 COD 控制指标计算出合理的配水比例；配水时，必须保证混合均匀。

四、注意事项

(1)在整个调整过程中,严禁不合格水外排。

(2)在整个调整过程中,应注意各水池液位变化,避免泵抽空或污水溢出,启停泵时,必须严格按程序操作。

(3)调整前后必须认真监控各工艺参数在正常范围内。

(4)投加药品时,可能造成药品灼伤皮肤,操作人员应佩戴橡胶手套,操作时一人操作一人监护。

项目三　启运污泥甩干机

一、准备工作

(1)设备:污泥甩干机。

(2)材料、工具:笔 1 支、记录表 1 个、F 扳手 300~800mm、活动扳手 1 把、听针 1 个、测温仪 1 个、对讲机 1 部、工具包 1 个等。

(3)人员:净化操作工 2 人。

二、操作规程

(一)检查、确认

(1)确认絮凝剂调节设备已注满。

(2)确认自吸泵出口阀、排气阀关闭。

(5)确认电源正常,仪表完好、投运正常。

(6)确认泵、电动机完好,各连接件紧固。

(7)确认润滑油液位及质量正常。

(9)确认灌泵水流程正常。

(二)启运

(1)打开“抽污泥”侧入口阀。

(2)关闭“抽污水”侧入口阀。

(3)启运含泥污水泵,将含泥污水泵入脱水机房。

(4)打开甩干机污泥进料泵入口阀,在 PLC 面板上将离心机投入“自动运行”。

(5)手动启运絮凝剂加药泵,并根据絮凝筒内的污泥絮凝情况调整加药速度、污泥处理量。

(6)注意监控药箱液位,根据药箱液位及时补充药剂、新鲜水,保证絮凝药剂浓度。

(7)检查确认各转动设备电动机运行声音正常。

(8)按要求逐项填写作业记录。

(9)打扫场地卫生,整理材料、工具。

(10)汇报作业完成情况。

三、注意事项

(1)加料应均匀分布,以免偏重过大造成机器振动过大。

(2)在正常情况下,不可使用制动装置停运高速旋转设备,以免损坏设备。

(3)投运初期,空车运转时间不应超过5min。

项目四 分析及处理污水处理装置异常

GBH006 电渗析器常见故障原因分析及处理措施

一、分析及处理电渗析器常见故障

电渗析器出现故障,可能造成设备电流、进水压力、出水流量和水质异常。导致电渗析器正常运行的常见故障:渗透膜破裂或结垢;隔板流水道堵塞;浓、淡水隔板破裂等。

(一)准备工作

(1)设备:电渗析装置。

(2)材料、工具:笔1支、记录表1个、F扳手300~800mm、对讲机1部、工具包1个等。

(3)人员:净化操作工2人。

(二)操作规程

(1)联系中控室,停运电渗析器并切断电源。

(2)供电系统故障,检修电路系统,更换腐蚀、接触不良的端子或配件。

(3)若渗透膜选择通过性下降,应使用化学试剂清洗。

(4)若发现渗透膜破裂,应更换渗透膜,调整浓水、淡水和极水的压力。

(5)进水压力升高,流量降低,说明隔板流水道堵塞,应严格控制原水预处理的水质,定期酸洗,或拆开清除污垢。

(6)若浓、淡水隔板破裂,应及时更换。

(7)检查确认电渗析器故障已修复后,投入正常运行。

(8)按要求逐项填写作业记录。

(9)打扫场地卫生,整理材料、工具。

(10)汇报作业完成情况。

(三)注意事项

(1)检查电渗析器故障前,必须确认电源已切断。

(2)调整浓水、淡水和极水的压力,应缓慢进行,避免损坏渗透膜。

(3)电渗析器酸洗时,宜采用2%~3%盐酸溶液通入本体循环。

GBH007 UASB反应器出水COD、VFA偏高原因分析及处理措施

二、分析及处理UASB反应器出水COD、VFA偏高

UASB出水COD、VFA含量偏高将造成UASB反应器产气量下降或为零。导致UASB反应器出水COD、VFA含量偏高的主要因数有UASB反应器进水COD、VFA浓度、pH和有毒有害物质含量;UASB反应器微生物活性及数量;反应温度和时间等。

(一)准备工作

(1)设备:UASB 反应池。

(2)材料、工具:笔 1 支、记录表 1 个、F 扳手 300~800mm、对讲机 1 部、工具包 1 个、营养液、药品(如 H_2SO_4、NaOH)等。

(3)人员:净化操作工 2 人。

(二)操作规程

(1)减少或停止 UASB 反应器进水。

(2)联系净化分析工对原水取样分析。

(3)根据化验分析数据对原水池进行配水,调整原水 COD、VFA 浓度、pH 至 UASB 反应器进水要求指标范围内。

(4)有毒有害物质含量过大,应采取必要的措施去除。

(5)控制 UASB 反应器温度在要求指标范围内。

(6)调整 UASB 反应器营养物比例,必要时投加营养液。

(7)调整污水在 UASB 反应器的停留时间。

(8)调整污泥排出量,避免污泥排除过多,造成微生物数量减少。

(9)UASB 反应器运行平稳后,恢复正常生产。

(10)按要求逐项填写作业记录。

(11)打扫场地卫生,整理材料、工具。

(12)汇报作业完成情况。

(三)注意事项

(1)高浓度污水可能解析出有毒有害气体,取样时应佩戴空气呼吸器。

(2)调整 pH 是个较长的过程,在加入药剂时,应进行回流操作,让药剂充分搅拌,混合均匀。

(3)UASB 进水营养物比例一般控制为 COD : N : P = 200 : 5 : 1。

(4)投加营养液时,应注意站位,防止跌落。

(5)配水时,应注意各水池液位变化,避免泵抽空或污水溢出。

(6)配水后,应注意混合均匀。

GBH008 SBR 反应池活性污泥膨胀原因分析及处理措施

三、分析及处理 SBR 反应池活性污泥膨胀

SBR 反应池活性污泥膨胀将造成活性污泥密度减小、上浮,SBR 反应池水体沉降效果变差,污泥进入保险池内。导致 SBR 活性污泥膨胀的主要因素:水质(如水中硫化物、溶解性碳水化合物等)、进水负荷、溶解氧含量、pH、水温和营养物质等。

(一)准备工作

(1)设备:SBR 反应池。

(2)材料、工具:笔 1 支、记录表 1 个、F 扳手 300~800mm、对讲机 1 部、工具包 1 个、营养液、药品(如 H_2SO_4、NaOH)等。

(3)人员:净化操作工 2 人。

(二)操作规程

(1)停止 SBR 反应池滗水操作。

(2)减少或停止对 SBR 反应池进水。

(3)清除漂浮于 SBR 水池水体表面的膨胀污泥。

(4)对 SBR 进水池进行配水,调整 SBR 反应池进水水质。

(5)调整曝气量,保持适量的溶解氧。

(6)调节 pH 至正常范围。

(7)调整水温至正常范围。

(8)投加营养液,控制适当的营养物质组成。

(9)待 SBR 反应池活性污泥恢复正常后,逐渐恢复正常生产。

(10)按要求逐项填写作业记录。

(11)打扫场地卫生,整理材料、工具。

(12)汇报作业完成情况。

(三)注意事项

(1)停止 SBR 反应池滗水是避免漂浮的变质污泥进入保险池。

(2)曝气时,应同时控制好曝气气量和曝气时间。

(3)配水时,应注意各水池液位变化,避免泵抽空或污水溢出,并注意混合均匀。

GBH009 UASB 反应器产气量下降原因及处理措施

四、分析及处理 UASB 反应器产气量下降

UASB 反应器产气量下降说明厌氧生化反应效果变差,污水中的化学物质降解效率下降,UASB 反应器出水 COD 升高。造成 UASB 反应器产气量下降的主要因素有 UASB 反应器污泥活性及数量下降、UASB 反应器内污水 pH 及温度异常、UASB 反应器进水中的有毒有害物质含量增加等。

(一)准备工作

(1)设备:UASB 反应器。

(2)材料、工具:笔 1 支、记录表 1 个、F 扳手 300~800mm、对讲机 1 部、工具包 1 个、营养液、药品(如 H_2SO_4、NaOH)等。

(3)人员:净化操作工 2 人。

(二)操作规程

(1)减少或停止 UASB 反应器进水。

(2)联系净化分析工对 UASB 反应器污泥和进水进行取样分析。

(3)调整 UASB 反应器排污频率和时间。

(4)进水 pH 超出控制范围,应及时中和调整。

(5)进水有毒有害物质含量较高,调整原水池配水,降低有毒有害物质含量。

(6)调整 UASB 反应器温度至要求指标范围内。

(7)调整 UASB 反应器营养物组成,提高厌氧微生物活性。

(8)UASB 反应器各项参数恢复正常后,逐渐恢复正常生产。

(9)按要求逐项填写作业记录。

（10）打扫场地卫生，整理材料、工具。

（11）汇报作业完成情况。

（三）注意事项

（1）配水时，应注意各水池液位变化，避免泵抽空或污水溢出，并注意混合均匀。

（2）调整温度时，应缓慢进行，严禁温度出现较大波动。

（3）投加营养液和药品时，应注意站立位置，防止跌落。

GBH010 SBR反应池污泥沉降比偏低原因分析及处理措施

五、分析及处理 SBR 反应池污泥沉降比偏低

SBR 反应池污泥沉降比偏低会导致 SBR 反应池泥、水界面不明显，上层清液中存在大量悬浮状微小絮体，造成保险池内水体浊度升高或超标。影响 SBR 反应池污泥沉降比的主要因数：曝气量、进水水质和污泥量等。

（一）准备工作

（1）设备：SBR 反应池。

（2）材料、工具：笔 1 支、记录表 1 个、F 扳手 300～800mm、对讲机 1 部、工具包 1 个等。

（3）人员：净化操作工 2 人。

（二）操作规程

（1）减少或停止 SBR 反应池进水。

（2）联系净化分析工对 SBR 反应池进水取样分析。

（3）调整曝气频率和时间，避免过度曝气。

（4）SBR 反应池污泥积累过多，则应加强排污泥操作。

（5）调整配水，保证 SBR 反应池进水水质在要求指标范围内。

（6）SBR 反应池各项控制参数恢复正常值后，逐渐恢复正常生产。

（7）按要求逐项填写作业记录。

（8）打扫场地卫生，整理材料、工具。

（9）汇报作业完成情况。

（三）注意事项

（1）曝气时，要同时控制好曝气量和曝气时间。

（2）配水时，应注意各水池液位变化，避免泵抽空或污水溢出，并注意混合均匀。

（3）正常运行期间，一定要避免高浓度污水直接进入 SBR 反应池。

GBH011 污水处理装置开工

项目五　投运污水处理装置

以 UASB+SBR 工艺为例（图 1-8-5），介绍污水处理装置的投运操作。

一、准备工作

（1）设备：污水处理装置所有动、静设备。

（2）材料、工具：笔 1 支、记录表 1 个、F 扳手 300～800mm、活动扳手 1 把、听针 1 个、测温仪 1 个、对讲机 1 部、工具包 1 个、营养液、药品（如 H_2SO_4、NaOH）等。

(3)人员:净化操作工2人以上、净化分析工2人。

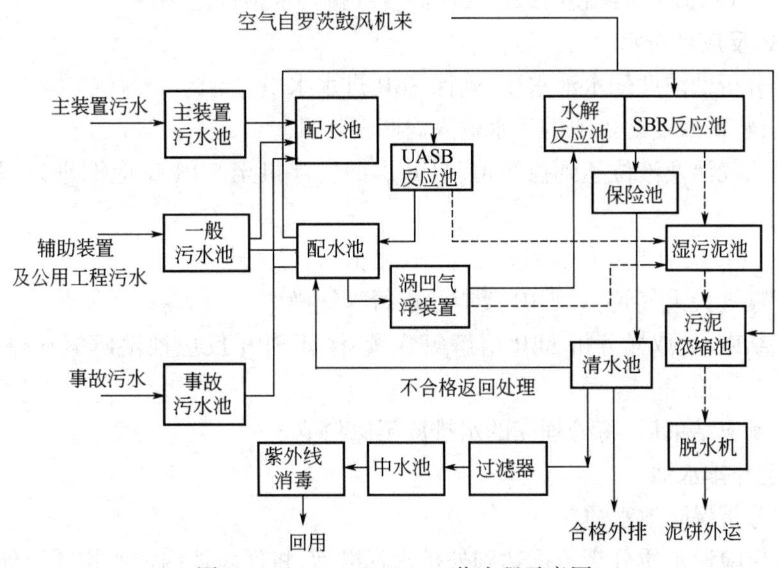

图1-8-5　UASB+SBR工艺流程示意图

二、操作规程

(一)投运前检查

(1)确认本单元撇油设备、曝气池、外排水池已清洗干净。

(2)镜检UASB、SBR反应池生物活性。

(3)确认所需营养液及化学药剂配备齐全且数量充足,药剂质量合格。

(4)确认本装置各电器设备完好,并已送电。

(5)确认本装置仪表已完成校验,且投运正常。

(6)确认蒸气及凝结水系统已投运,且供给正常。

(7)确认曝气设备供气管线通畅。

(8)确认本装置检修项目已完成。

(9)确认所有动设备单机试运行完成。

(10)确认该区域消防设置齐全,安全通道畅通,场地清洁。

(二)UASB反应器配水

(1)取样分析检修污水池及低浓度污水池水质。

(2)根据化验分析数据,计算高浓度污水配水比例。

(3)按照配水比例,对高浓度配水池进行配水。

(4)联系净化分析工对高浓度配水池污水进行取样分析,根据分析数据调配UASB反应器进水,保证UASB反应器进水满足水质指标要求。

(三)UASB反应器进水

(1)启泵,将高浓度配水池的污水输入UASB反应器。

(2)进水量合适后,停止UASB反应器进水。

(3)启运 UASB 反应器污水泵进行回流操作,保证混合均匀。

(4)调整 UASB 反应器温度,保证反应温度维持要求指标范围内。

(四)SBR 反应池进水

(1)取样分析低浓度配水池水质,确保 SBR 进水水质。

(2)启泵,将低浓度配水池的污水输入涡凹气浮机。

(3)待涡凹气浮及液位达到控制值,打开涡凹气浮机至 SBR 反应池进口阀,向 SBR 反应池进水。

(4)监控 SBR 反应池液位,待液位达到控制值后,停止进水。

(5)打开曝气头进气阀,对 SBR 反应池进行曝气操作。

(6)曝气结束后,取样分析 SBR 溶解氧含量,保证 SBR 反应池溶解氧在控制要求指标范围内。

(7)SBR 反应结束后,将处理完的水排放至保险池。

(五)投运外排水池

(1)取样分析保险池水质。

(2)确认保险池水质分析数据达到外排水标准后,将保险池内清水排放至外排水池。

(3)将外排水池内清水进行外排或中水回用。

(六)其他操作

(1)操作完成后,做好投运操作记录。

(2)打扫场地卫生,整理材料、工具。

(3)汇报作业完成情况。

三、注意事项

(1)原水配水完成后,pH 超出控制范围,应加入 pH 中和剂调整。

(2)UASB 反应器打回流时,注意调整回流量。

(3)曝气时,应控制曝气量及曝气时间,溶解氧含量可由“闷曝”期的 0.5~1.0mg/L,提至 2~3mg/L,视生物生长繁殖情况,逐步加大至 3~5mg/L。

(4)在投运过程中,严禁不合格水外排。

GBH012 污水处理装置停工

项目六　停运污水处理装置

一、准备工作

(1)设备:污水处理装置所有动、静设备。

(2)材料、工具:笔 1 支、记录表 1 个、F 扳手 300~800mm、对讲机 1 部、工具包 1 个等。

(3)人员:净化操作工 2 人以上。

二、操作规程

(1)停运前检查确认。

① 确认应急污水池无液位,检修污水池处于低液位或无液位。

② 确认生产装置区没有大量污水产生。

(2)停运 UASB 反应器。

① 查看高浓度配水池液位,保证其处于低液位或无液位。

② 关闭 UASB 反应器进水阀,停运原水泵。

③ 停止高浓度配水池配水。

(3)停运 SBR 反应池。

① 关闭低浓度配水池至 SBR 反应池所有阀门。

② 停止 SBR 反应池配水。

③ 停运气浮除油设备。

④ 停止 SBR 反应池曝气。

⑤ 关闭 SBR 至保险池排放阀,停止排水。

(4)停运所有仪表及在线监控设施。

(5)所有设备停运后,办理停电申请,停止本装置供电。

(6)操作完成后,做好停运操作记录。

(7)打扫场地卫生,整理材料、工具。

(8)汇报作业完成情况。

三、注意事项

(1)根据情况,确认是否排出高、低浓度配水池、UASB 反应器、气浮除油装置、SBR 反应池、保险池等池中的余水。

(2)反应池无须进行排水操作时,应继续取样分析,根据分析数据向反应池投加营养液,维持微生物活性。

模块九　操作循环冷却水处理系统

项目一　相关知识

循环冷却水系统日常操作要点如下。

一、浓缩倍数的控制

GBI002　循环冷却水处理系统日常操作要点

浓缩倍数 N 是循环冷却水指标控制的一个重要参数，是指循环冷却水中总溶解盐的含量 CR 与补充新鲜水总溶解盐 CM 的含量的比值，即 N＝CR/CM。控制循环冷却水运行的浓缩倍数就控制了系统的补充水量、排污水量，天然气净化厂循环冷却水浓缩倍数一般控制在 3～5。而浊度代表了水中悬浮物颗粒和某些胶体的含量，一般控制在 10NTU 以内。降低浊度的方法是排污和过滤。加大排污的结果是降低了运行的浓缩倍数，增加了水和水处理剂的消耗。对全部循环冷却水进行过滤是不现实的，通常是对循环冷却水进行部分过滤，过滤后的水返回循环冷却水池，截留的悬浮物颗粒和部分胶体等通过旁滤技术排出循环冷却水系统。

当循环冷却水中浓缩倍数、浊度、总磷等超过控制指标时，进行排污，排污量的大小及排污时间应根据实际情况确定，保持循环冷却水池正常液位及分析数据合格。在操作时特别要注意循环冷却水池的液位，不能低于循环泵吸入管的高度。同时由于蒸发、排污等损失的部分循环冷却水，应及时用新鲜水补充。

二、凉水塔的操作

（1）调整进塔回水阀门开度，保持塔内喷头水量分布均匀。

（2）若循环冷却水池出水温度超过设计要求时，应启运冷却塔风机。

（3）定期检查风机运行情况，包括运转声音、振动、电流等。

（4）定期清理塔壁及积水盘内藻类微生物，确保正常运行。

三、旁滤器强制反洗操作

（1）强制反洗前，通知污水处理装置。

（2）打开新鲜水进旁滤器管线阀门，打开系统补充水大阀。

（3）关闭进旁滤器进水阀。

（4）打开新鲜水阀约 3～5min，当虹吸辅助管排出大量空气形成反洗后，大量反洗水由虹吸管排入污水池。

（5）当旁滤器的液位降到虹吸破坏斗时，空气进入形成正压，破坏虹吸现象，旁滤池反洗结束。

（6）打开旁滤器进水阀，使循环冷却水由水箱自流入旁滤池进行过滤。

(7)反洗要保证冲洗干净,且不带走滤料为准,否则应适当调节冲洗强度和冲洗时间。

(8)控制好循环冷却水进旁滤池流量,并根据浊度情况对旁滤池进行强制反洗。

四、循环冷却水中的沉积物控制

(一)沉积物的分类

循环冷却水系统在运行过程中会有各种物质沉积在换热器的传热管表面,这些物质统称为沉积物,其主要为水垢、淤泥、腐蚀产物和生物沉积物。

(二)循环冷却水系统中沉积物及其控制

(1)从冷却水中除去钙离子,可用以下方法:

① 离子交换树脂法。

② 石灰软化法。

(2)稳定重碳酸盐的方法:

① 加酸。

② 通 CO_2 气体。

③ 加阻垢剂。

(3)沉积物控制的其他措施。

① 降低补充水的浊度。

② 控制浓缩倍数、连续投加缓蚀缓垢剂、定期投加杀菌灭藻剂。

③ 投加分散剂。

④ 增设旁滤设备。

五、检测与分析

(1)平时定期检查挂片的腐蚀和结垢情况,检修时检查和收集换热设备的运行情况,收集相应的数据和图片,必要时对挂片和垢块样品定量定性分析。

(2)分析按照化验操作的相关规定执行,对 ClO_2 余量的分析建议采用五步碘量法滴定,分析出混合液的有效组分。

项目二　清洗、预膜循环冷却水系统

循环冷却水系统内,设备和管线经化学清洗后,金属的本体裸露出来,很容易在水中溶解氧等的作用下发生腐蚀。为了保证正常运行时缓蚀缓垢的补膜、修膜作用,应在循环冷却水系统启运时进行预膜处理。通过预膜剂的作用,在金属表面形成一层致密均匀的保护膜,从而避免金属腐蚀过快。

一、准备工作

GBI001 循环冷却水系统预膜作用及操作要点

(1)设备:循环冷却水系统管线及设备。

(2)工具、材料:笔 1 支、记录本 1 个、活动扳手 1 把、F 扳手 300~800mm、对讲机 1 部、工具包 1 个、听针、测温仪、润滑油、药品(如清洗剂、预膜剂、缓蚀剂、分散阻垢剂、硫酸等）等。

（3）人员：净化操作工2人，净化分析工。

二、操作规程

（一）清洗预膜条件确认

（1）确认检修项目、质量验收、动设备单机试车完成。

（2）确认新鲜水、电、气（仪表风）等介质供给正常。

（3）确认现场仪表及DCS自控系统具备使用条件。

（4）确认所有阀门开关灵活。

（5）确认工具、润滑油、化学药品等材料准备到位。

（6）确认配合人员已到位。

（7）确认工艺变更操作规程编制完成、操作人员培训合格。

（8）确认污水收集正常。

（二）检查循环冷却水系统工艺流程

检查新鲜水进口、循环冷却水出水、回水、排污等流程，确认其阀门处于正确开关状态。

（三）清洗操作

（1）打开循环冷却水池补水阀，向循环冷却水池进水，保持水池较低液位。

（2）启运循环冷却水泵，采用大流量对循环冷却水管网及冷换设备进行冲洗，冲洗水直接外排，冲洗干净后打开循环冷却水回水阀，继续进行大循环量循环清洗并联系分析循环冷却水的pH、浊度、Fe^{3+}和Ca^{2+}浓度等指标。

（3）保持循环冷却水池安全低液位，向循环冷却水池中加入清洗药剂，继续进行大循环量循环，严格按规定取样分析，在清洗过程中，应根据分析结果不断调整加药量和置换水量，以达到循环冷却水工艺指标为止。

（四）预膜操作

（1）清洗达标后，同样保持循环冷却水池安全低液位，向循环冷却水池中分别加入预膜剂、缓蚀剂、分散阻垢剂、pH调配剂等，继续进行大循环量循环。

（2）同样严格按规定时间进行取样分析，并根据化验数据调整加药量，保证各参数指标在控制范围内。

（3）挂片监测预膜效果，达到预膜要求后，停止预膜。

（4）通过循环冷却水池排污和循环冷却水池补水操作，对循环冷却水进行置换，联系化验分析取样，待各参数达到要求后加入水质稳定药剂转入正常运行。

（五）其他操作

（1）按要求逐项填写记录。

（2）打扫场地卫生，整理材料、工具。

（3）汇报作业完成情况。

三、技术要求

（1）清楚循环冷却水清洗预膜的目的和各项技术指标。

(2)清洗、预膜完成标准:试片表面无锈迹,在阳光下有明显的色晕,预膜后的试片的腐蚀速度达到要求。

(3)清洗、预膜工艺控制条件:控制适宜的 pH、Fe^{3+}浓度、浊度、Ca^{2+}浓度、酸度、碱度、总磷等。

(4)控制适宜的预膜时间及循环冷却水温度、流速。

(5)预膜时应按规定时间分析循环冷却水中的 pH、Fe^{3+}浓度、浊度、Ca^{2+}浓度、总磷等指标。

四、注意事项

(1)循环冷却水清洗预膜条件确认要到位,工艺流程检查要确保流程畅通。

(2)清洗前,应采用大流量冲洗循环冷却水管网和冷换设备,直至冲洗干净。

(3)循环冷却水系统加药清洗预膜前,必须保证循环冷却水池低液位,在保证循环泵正常的情况下需采用大循环量循环,尽量减少清洗预膜的用水量和加药量,向循环冷却水池投加药品时,应采取少量多次的投加方式,防止药剂浓度超出指标控制范围。

(4)清洗预膜过程中应严密监控系统各点参数,严禁出现循环冷却水泵抽空或循环冷却水池满液位。

(5)清洗预膜过程中应严格按程序启停循环冷却水泵。

(6)清洗预膜过程中必须严格按规定时间联系取样分析,并根据化验数据调整加药量,保证清洗预膜数据合格。

(7)清洗预膜指标不合格时,严禁转入正常生产。

(8)清洗预膜结束后,置换水应排到指定地点。

(9)加药时必须穿戴防护用品,避免药剂灼伤人体,必须有人监护。

GBI003 循环冷却水水质异常原因分析及处理措施

项目三　分析及处理循环冷却水水质异常

循环冷却水水质异常主要是指循环冷却水中电导率、总硬度、总磷、浊度、余氯和浓缩倍数等指标超出控制范围,主要表现为循环冷却水变浑浊,循环冷却水池内藻类生长茂盛或出现大量泡沫等。影响循环冷却水水质的主要因素:补充水水质、排污量及频率、药剂投加量及浓度、旁滤流量及过滤效果、换热器窜漏等。

一、准备工作

(1)设备:循环冷却水系统所有动、静设备及管线。

(2)材料、工具:笔 1 支、记录表 1 个、F 扳手 300~800mm、对讲机 1 部、工具包 1 个、药品(如预膜剂、缓蚀剂、分散阻垢剂、硫酸)等。

(3)人员:净化操作工 2 人、净化分析工。

二、操作规程

(1)对循环冷却水进行取样分析。

(2)联系上游调整补充水水质。

(3)适当提高循环冷却水池排污量及排污频率。

(4)根据排污操作的调整方式,适当增加循环冷却水池补水操作,保证循环冷却水池液位正常。

(5)适当提高旁滤流量,加强循环冷却水过滤,必要时投加絮凝剂。

(6)根据化验分析数据,调整药剂投加量,并检查药剂质量,保证药剂投加量和浓度。

(7)旁滤器运行出现异常,及时查找原因并进行相应处理。

(8)若主装置区水冷换热设备工艺介质窜漏至循环冷却水系统,立即联系相关单元查找原因并及时处理,同时对循环冷却水系统进行置换。

(9)按要求做好异常处理记录。

(10)打扫场地卫生,整理材料、工具。

(11)汇报作业完成情况。

三、注意事项

(1)排污过程中,应控制好排污流量,保证循环冷却水池液位。

(2)投运旁滤器时,应控制旁滤流量在循环冷却水总量的5%左右。

(3)投加药剂时,应检查药剂质量。

(4)在处理过程中,要定期取样分析,持续进行调整,尽快保证循环冷却水恢复正常。

模块十　蒸汽及凝结水系统

项目一　相关知识

一、锅炉日常操作要点

(一)烘炉与煮炉

GBJ001 锅炉日常操作要点

新装、大修、改造和长期停炉后再使用的锅炉,一定要进行烘炉、煮炉和水压试验。

烘炉:锅炉投运之前用温火把潮湿的炉墙和炉拱烘干,严禁未经烘炉就点火操作。未经烘炉就点火容易造成锅炉衬里开裂、变形和严重损坏。

煮炉:煮炉的目的是除去锅炉受压元件及其水循环系统内所积存的污物、铁锈、铁渣及安装过程中残留地油脂,以确保锅炉内部清洁,防止蒸汽品质恶化,避免受热面过热、烧坏。煮炉应在烘炉后进行,也可与烘炉后期同时进行,以缩短时间和节约能源。

(二)锅炉的点火与并汽操作

锅炉启动包括启动前的检查、点火、升压、暖管、并汽等。

启动前的检查:包括炉内检查、炉外检查、水汽系统检查、转动设备检查与试运、燃料的准备、锅炉进水等。

锅炉点火:锅炉点火首先要通风吹扫 10~15min,排除炉膛及烟道中的可燃气体、积灰,防止点火时炉膛发生爆炸。

锅炉升压:从常压升到工作压力这一过程叫升压过程。为避免因升温过快引起锅筒或其他部件变形、损伤,升压速度不能太快。在升压过程中,要经常检查锅炉压力,随时调整燃烧强度以控制升压速度,应冲洗液位计,检查安全阀,并对锅炉进行排污。

暖管:用蒸汽将原来冷的蒸汽管道、阀门、法兰等均匀加热,同时把冷凝成的水排掉。暖管是在压力升至工作压力的 2/3 时进行。

并汽:几台锅炉并列运行,向同一蒸汽母管送汽叫作并汽(并炉)。并汽是锅炉启动后的一项重要操作,并汽时,要注意汽压波动,并汽时锅炉压力应比蒸汽母管内压力略低。

(三)锅炉正常运行的调整

锅炉在正常运行时,锅炉运行参数(汽压、汽温、水位)的稳定,对锅炉运行的安全性、经济性影响很大。在运行中要想保持汽压、汽温和水位的稳定,须进行必要的调整操作。在运行中对锅炉进行监视、调整的主要内容:

(1)使锅炉的蒸发量适应外界负荷的需要。

(2)做到均衡进水并保持正常水位。

(3)保持正常汽压和汽温。

(4)保证炉水和蒸汽品质合格。

(5)维持合理燃烧,以求提高锅炉热效率。

此外,还需对炉水碱度和 pH 加以调整和控制,使炉水中保持一定的碱度和 pH,既可以达到防垢的目的,又可以满足防止腐蚀的要求。

(四)锅炉排污操作

锅炉排污是指连续或定期从炉内排出一部分含高浓度盐分的炉水和沉积的水渣,以保持炉水质量和排除锅炉底部的水渣等杂质,保证锅炉安全运行。锅炉排污分为连续排污和定期排污。

连续排污:连续排污又叫表面排污,是连续不断地从循环回路中含盐浓度最大和危害最大的近水位炉水放出,以求降低炉水表面的碱度、氯离子、泡沫和悬浮物,来维持额定的炉水含盐量,防止汽水共沸的发生和减少炉水对锅筒壁面的腐蚀。排污量应根据对炉水的化验结果确定,并通过调节排污管线上的阀门的开度来实现。

定期排污:定期排污又叫间断排污或底部排污。定期排污是弥补连续排污的不足,从锅筒的最低点间断进行的,是排除炉内形成的泥垢及其他沉淀物的有效方式。小型锅炉只有定期排污装置,定期排污量一般不超过给水量的 5%。

(五)锅炉除垢

锅炉运行中,无论采用锅外水处理还是炉内加药处理,都只能起到减缓结垢和延长锅炉安全运行时间的作用,并不能绝对防止锅炉结垢。因此,锅炉运行一段时间后就要对锅炉进行化学清洗除垢。

锅炉酸洗除垢:工业锅炉酸洗一般都采用盐酸作为酸洗除垢剂,盐酸不仅有较好的除垢效果,而且货源充足,价格便宜,操作过程简便安全。酸洗除垢主要通过溶解作用、剥离作用、气掀作用和疏松作用四个方面,从而达到良好的除垢效果。在酸洗过程中,盐酸不仅对碳酸盐水垢有溶解作用,同时对钢铁也发生溶解作用,因此在酸性时,通常加入少量的缓蚀剂或腐蚀抑制剂,以阻止或减缓金属腐蚀的速度。

影响酸洗效果的因素有盐酸浓度和酸洗温度。酸洗时,应根据不同的水垢厚度选择适当的盐酸浓度。在酸洗过程中,应控制盐酸浓度在 10%(质量分数)内,结束时在 5%左右为宜。酸洗温度一般控制在 40~60℃。

锅炉碱洗除垢:碱洗除垢也称碱煮除垢。它是将某些碱性药剂加入炉水中,在一定温度和压力下进行煮炉。这种方法对水垢的溶解是次要的,而对水垢的疏松作用是主要的,因此,碱洗除垢后,必须进行机械除垢。碱洗除垢适用于结有较多的硫酸盐水垢和硅酸盐水垢,用盐酸清洗效果不理想的锅炉的清洗,除垢率较高。

碱洗除垢所用的药剂有氢氧化钠和磷酸钠,锅炉碱洗对不同厚度水垢的用药量见表 1-10-1。

表 1-10-1　锅炉碱洗时不同厚度度垢的用药量

药品名称	加药量,kg/t(水)		
	垢厚 1~2mm	垢厚 3~4mm	垢厚 5mm 以上
磷酸三钠(含结晶水)	2~3	3~4	4~5
氢氧化钠	1~2	2~3	3~4

(六)锅炉正常停车后的保养

锅炉在停炉期间,如不采取保护措施,锅炉汽水系统的金属表面就会遭到溶解氧的腐蚀。锅炉停用后,外界空气会进入锅炉汽水系统,此时锅炉虽已排水,但锅炉的金属表面上仍附着一层水膜,这样空气中氧就溶解在水膜中,一直达到饱和状态,很容易引起氧腐蚀。如果锅炉金属表面有能溶于水膜的盐垢时,则腐蚀就会剧烈。防止锅炉腐蚀的方法很多,但基本原则是:不让外界空气进入停用锅炉的汽水系统,使停用锅炉汽水系统金属内表面浸泡在含有除氧剂或其他保护性的水溶液中,在金属表面涂防腐层。常用保养方法有以下几种。

(1)干法:适用于停炉时间较长的锅炉。将干燥剂放入停用锅炉内,常用干燥剂有无水氯化钙、生石灰和硅胶。

(2)湿法:一般适用于停炉期限不超过一个月的锅炉。用具有保护性的水溶液充满锅炉,防止空气进入炉内。

(3)压力保养:一般适用于停炉期限不超过一周的锅炉。利用锅炉余压保持0.05~0.1MPa,锅炉水温度在100℃以上,即使炉水不含氧气,又可阻止空气进入锅筒。为了保持炉水温度,可以定期在炉膛内生微火,也可以定期利用相邻锅炉的蒸汽加热炉水。

(4)充气保养:适用于长期停运的锅炉,指在锅炉汽水系统中充入氮气或氨气以对锅炉进行防护的方式。

二、蒸汽及凝结水系统日常操作要点

(一)锅炉给水调节

锅炉的水位是锅炉正常运行的一个非常重要的控制参数,是锅炉能否安全平稳运行的必要条件。给水调节回路的作用是使锅炉的给水流量适应锅炉的蒸发量,维持锅炉的水位在规定的范围内,防止锅炉发生缺水和满水故障。水位过低会导致锅炉水循环系统产生故障,严重时发生缺水事故,造成锅炉损坏或爆炸;水位过高又会使蒸汽品质恶化、蒸汽带水、过热器结垢或损坏、蒸汽系统水击等危害。当锅炉的操作压力、蒸汽负荷、炉膛热负荷、给水压力等发生变化时,锅炉的水位都会发生变化,必须及时通过水位调节回路来进行调整。

天然气净化厂锅炉的水位调节回路一般采用单回路调节方式。为防止异常状态下锅炉发生缺水事故,该调节阀采用气关式,调节器采用PI调节规律。

(二)蒸汽出口压力(温度)控制

天然气净化厂采用的蒸汽一般为低压饱和蒸汽,本调节回路的主要目的是控制蒸汽系统压力。当外界负荷改变时,调节阀发生改变,维持锅炉汽包压力的恒定,从而保证蒸汽的品质。该调节回路为简单调节回路,调节阀采用气开式,调节器采用PI调节规律。

(三)锅炉燃料气流量控制

锅炉燃料气流量控制回路的作用是使进入炉膛的燃料气燃烧所产生热量与锅炉的蒸汽负荷所需要的热量相适应,保证燃烧过程稳定。天然气净化厂锅炉的燃料气控制回路为简单调节回路,调节阀采用气开式,调节器采用PI调节规律。

(四)除氧器压力控制

天然气净化厂除氧器一般采用混合式除氧方式,除氧器的温度直接影响除氧器的效果,而除氧器的温度是靠除氧器的压力来保证,因此控制好除氧器的压力是除氧器操作的关键。

除氧器的调节回路是单回路调节，调节阀采用气开式，调节器采用 PI 调节规律。

（五）锅炉低水位（高水位）联锁

锅炉在任何时候都不允许水位过低或过高，水位过低将造成锅炉爆炸或损坏，水位过高将造成蒸汽带水或蒸汽系统水击。因此天然气净化厂的蒸汽锅炉都设有超低水位或超高水位联锁保护系统。当锅炉因给水调节器失灵或其他操作原因，使汽包水位上升或下降到危险值时，水位自动联锁装置启动，自动熄火停炉，保证锅炉的安全。

（六）炉膛熄火保护联锁

锅炉火焰检测设备故障、负荷过低或燃料气供给系统异常时，有可能引起炉膛熄火。若此时燃料气继续进入炉膛，达到可燃气体的爆炸浓度范围，将可能造成锅炉炉膛发生爆炸事故，因此，锅炉设置有熄火联锁保护系统。

（七）主要监控参数

由于各装置设计标准不同，参数控制值有所区别，应根据实际要求，掌握参数控制范围、报警值。蒸汽及凝结水系统主要控制参数见表 1-10-2。

表 1-10-2 蒸汽及凝结水系统主要控制参数

序号	主要参数	控制范围	序号	主要参数	控制范围
1	锅炉蒸汽压力	—	5	凝结水回水器压力	≤0.12MPa
2	锅炉液位	50%～70%	6	凝结水回水器液位	65%～80%
3	蒸汽流量	—	7	锅炉燃料气压力	—
4	除氧器液位	30%～80%	8	锅炉燃料气流量	—

GBJ003 锅炉给水水质调整

项目二 调整锅炉给水水质

一、准备工作

（1）设备：锅炉给水系统。

（2）材料及工具：笔 1 支、记录本 1 个、活动扳手 1 把、F 扳手 300～800mm、对讲机 1 部、工具包 1 个等。

（3）人员：净化操作工 2 人。

二、操作规程

（1）首先根据锅炉给水分析数据判断出锅炉给水水质情况，再根据给水水质情况对锅炉给水和炉水水质进行调整。若给水水质差，在调整锅炉给水水质的同时也应调整锅炉炉水水质，保证锅炉系统运行正常。

（2）调整原水水质温度。

① 查看原水分析数据，若原水水质差，则联系上游调整原水水质，加强原水过滤操作，提高原水水质。

② 查看原水温度，若原水温度异常，则调整原水温度在正常范围。

（3）调整除盐水水质。

① 阴阳离子树脂交换工艺调整。

A. 原水进水量过大，则调小原水进水量。

B. 凝结水制备流程程序阀故障，引起窜水，则维修程序阀。

C. 阴阳离子交换树脂再生质量差，则调整树脂再生操作，控制好再生注药时间、注药量、注药浓度等。

D. 阴阳离子交换树脂失效或流失过多，则查找原因，及时补充。

E. 若阴阳离子交换树脂失效，则更换树脂。

② RO 反渗透装置工艺调整。

A. 原水进水量过大，则调小原水进水量。

B. 调整渗透压力。

C. 调整排污量。

D. 调整渗透膜再生操作。

E. 渗透膜失活或破损，及时更换渗透膜。

③ 阳离子树脂交换工艺调整。

A. 原水进水量过大，则调小原水进水量。

B. 凝结水制备流程程序阀故障，引起窜水，则检查维修程序阀。

C. 阳离子交换树脂再生质量差，则调整树脂再生操作。

D. 阳离子交换树脂流失过多，则查找流失原因，及时补充。

E. 阳离子交换树脂失效，则更换树脂。

（4）调整除氧水水质。

① 若锅炉给水溶解氧含量异常，应及时调整除氧器进水流量、液位、温度及压力，保证除氧效果。

② 若化学除氧还应调整药品质量、浓度及加药量。

（5）调整炉水水质。

锅炉炉水水质差，应根据锅炉炉水分析数据，及时调整锅炉加药量、调整连续排污量、增加定期排污频率等。

（6）检查确认凝结水回水，防止其他介质窜入凝结水系统，造成水质污染。

（7）通过以上调整后，需再次联系取样，若仍不合格，必须进行持续调整，直至锅炉给水水质正常。

（8）按要求逐项填写作业记录。

（9）打扫场地卫生，整理材料、工具。

（10）汇报作业完成情况。

三、注意事项

（1）锅炉给水水质调整前后，必须监控锅炉给水处理系统各点参数正常。

（2）调整锅炉给水之前，必须对其取样分析，了解给水控制参数实际情况，并且要求持续调整，持续取样，直至调整合格。

（3）锅炉给水水质出现异常后，及时调整锅炉上水及排污量，尽量降低锅炉给水对炉水指标的影响。

（4）锅炉给水水质的调整是个缓慢的过程，不能一蹴而就，需细心观察，仔细分析，循序渐进的调整。

（5）投加药品时，可能造成药品灼伤皮肤，操作人员应穿戴防化服或佩戴橡胶手套，操作时一人操作一人监护。

项目三　分析及处理蒸汽及凝结水系统异常

GBJ004 锅炉缺水原因分析及处理措施

一、分析及处理锅炉缺水

锅炉缺水是指锅炉在运行时，锅筒水位低于最低安全水位而发生危及锅炉安全运行的事故。导致锅炉缺水的主要原因：操作不当；水位报警器、低水位联锁系统、自动上水装置失灵；排污阀关不严或排污后阀门未关，造成锅炉大量失水；锅炉发生汽水共沸，大量炉水带入蒸汽系统，造成锅炉缺水。

（一）准备工作

（1）设备：蒸汽锅炉。

（2）材料及工具：笔 1 支、记录表 1 个、F 扳手 300~800mm、对讲机 1 部、工具包 1 个等。

（3）人员：净化操作工 2 人。

（二）操作规程

（1）锅炉缺水出现时，应立即降低锅炉负荷，降低炉膛温度，采用"叫水"法判断缺水程度

（2）联系仪表人员，检查联锁控制系统，校验锅炉各仪表设备。

（3）锅炉轻微缺水。

① 加大锅炉给水量，降低锅炉负荷，减弱燃烧强度。

② 待锅炉液位、压力、蒸发量等控制参数正常后，恢复生产。

（4）锅炉严重缺水。

① 紧急停炉，并关闭主汽阀和给水阀。

② 监控锅炉温度变化，待温度降至规定值后，缓慢向炉内加水，重新点火升温，逐渐恢复生产。

（5）检查排污阀开关状态，确认关闭到位。

（6）排污阀内漏，进行维修或更换。

（7）严重缺水造成炉管变形时，申请停运检修。

（8）做好锅炉汽水共沸处理操作记录。

（9）收拾工具用具，清理场地卫生。

（10）汇报处理情况。

（三）注意事项

（1）锅炉轻微缺水，加大锅炉给水量时，注意监控锅炉液位，防止液位过高。

(2)锅炉严重缺水时,严禁盲目向锅内给水,否则容易造成锅炉爆裂事故。

(3)锅炉重新启运后,负荷调整应缓慢进行,不宜过快过猛。

GBJ005 锅炉汽水共沸原因分析及处理措施

二、分析及处理锅炉汽水共沸

锅筒内蒸汽和炉水共同升腾,产生泡沫,汽水界限模糊不清,使蒸汽大量带水,称为“汽水共沸”。发生汽水共沸时,蒸汽所含水分可达30%~60%以上。由于饱和蒸汽大量带水,蒸汽品质急剧下降,过热器易积垢,严重时会发生爆管事故。

造成汽水共沸的主要原因:炉水含盐过高、悬浮杂质太多;并炉时,锅炉水位过高,锅炉压力高于蒸汽母管内汽压,开启主汽阀过猛;负荷增加过快;用量突然增大或蒸汽放空速率过快,造成蒸汽系统压力急剧下降;锅炉给水被污染等。

(一)准备工作

(1)设备:蒸汽锅炉。

(2)材料及工具:笔1支、记录表1个、F扳手300~800mm、对讲机1部、工具包1个等。

(3)人员:净化操作工2人。

(二)操作规程

(1)判断锅炉是否出现汽水共沸。

① 确认蒸汽管网压力大幅波动。

② 确认锅炉蒸汽流量大幅波动。

③ 确认锅炉液位明显下降。

④ 确认锅炉上水量大幅上升。

⑤ 检查蒸汽带水是否严重。

⑥ 检查锅炉玻板液位计汽水界面是否模糊。

⑦ 根据以上数据及现象判断出锅炉汽水共沸后,应作相应的应急处理,消除汽水共沸。

(2)应急处理。

① 立即降低锅炉负荷,减少锅炉蒸发量。

② 适当关小主蒸汽阀,提高锅炉压力。

③ 适当降低锅炉液位。

④ 立即对蒸汽管网进行疏水。

⑤ 经上述应急处理,仍未恢复正常,应切换备用锅炉,停炉检查。

(3)锅炉汽水共沸的处理。

① 炉水含盐过高、悬浮杂质太多引起,则开大锅筒的连续排污阀,降低炉水含盐量,增加锅炉定期排污频率,减少锅炉底部疏松杂质。

② 并炉操作不当引起,则在并炉时,控制锅炉正常液位和压力,打开主蒸汽阀时,操作要缓慢。

③ 锅炉负荷增加过快引起,则在对锅炉提负荷时,操作要缓慢。

④ 蒸汽用量突然增大,则联系用户减小蒸汽用量,控制蒸汽管网压力。

⑤ 蒸汽放空速率过快,则必须在保证蒸汽管网压力的情况下,平稳控制蒸汽放空速率。

⑥ 给水水质差,则增加锅炉给水取样频率,及时调整给水水质至正常。

⑦ 炉水水质差，则增加锅炉炉水取样频率，及时调整炉水水质至正常。

⑧ 若锅炉汽水分离器等故障，严重时申请停产检修。

(4) 做好锅炉汽水共沸处理操作记录。

(5) 收拾工具用具，清理场地卫生。

(6) 汇报锅炉汽水共沸处理情况。

(三) 注意事项

(1) 降低锅炉负荷时，应平稳逐步降低，不能降得过快。

(2) 在锅炉水置换过程中，应安排人员严密监控锅炉液位变化，根据液位的变化情况，调整排污与上水流量达到平稳，维持锅炉水位稳定。

(3) 在对蒸汽系统进行疏水时，防止出现水击。

(4) 切换备用锅炉时，要严格按程序启停。

(5) 处理过程中，要严密监控系统各点参数，发现异常应及时汇报处理。

(6) 处理过程中，必须穿戴劳保用品，避免烫伤、滑倒、机械伤害等，并且必须进行监护。

GBJ006 锅炉熄火原因分析及处理措施

三、分析及处理锅炉熄火

锅炉熄火是指燃气锅炉燃烧火焰熄灭，热源中断，会造成蒸汽系统压力波动，如果处理不及时，还会引起全装置停产。造成锅炉熄火的主要原因：燃料气供给系统故障；燃料气调压阀故障；燃烧机故障；引风机或送风机故障；控制系统故障；供电系统故障；误操作，导致锅炉联锁熄火等。

(一) 准备工作

(1) 设备：蒸汽锅炉。

(2) 材料及工具：笔 1 支、记录表 1 个、F 扳手 300～800mm、对讲机 1 部、工具包 1 个等。

(3) 人员：净化操作工 2 人。

(二) 操作规程

(1) 燃料气系统或供电系统故障，则按紧急停产处理，待燃料气系统或供电系统恢复后，按程序重新点火，恢复生产。

(2) 若因其他原因造成锅炉熄火，则采取以下措施：

① 立即按程序启运备用锅炉，停运故障锅炉。

② 及时调整备用锅炉运行参数，保证蒸汽系统压力及流量稳定。

③ 检查锅炉供气系统，若出现故障，及时作相应处理。

④ 检查锅炉燃料气压力调节阀，若出现故障，及时联系维修。

⑤ 检查锅炉燃烧机相关设备，若出现故障，及时检修。

⑥ 检查锅炉引风机或送风机，若出现故障，及时检修。

⑦ 检查控制系统，若出现故障，及时调校。

⑧ 由于误操作，导致联锁熄火，应及时纠正，并加强员工培训，避免同类错误再次出现。

(3) 做好锅炉熄火处理操作记录。

(4) 收拾工具用具，清理场地卫生。

(5)汇报锅炉熄火处理情况。

(三)注意事项

(1)故障锅炉停运后,一般情况下保持锅炉水位,如需排水,则根据生产通知进行操作。

(2)待备用锅炉启运后,负荷调整应缓慢进行,不宜过快过猛。

(3)查找故障锅炉熄火原因前,应确认其燃料气供给阀已关闭,燃烧机已停止工作。

GBJ007 锅炉满水原因分析及处理措施

四、分析及处理锅炉满水

锅炉满水是锅炉常见的操作事故之一。若水位表中的水位超过最高安全水位,但尚能看见水位时,称为轻微满水。如果水位已超过操作规程规定的水位上极限或已看不见水位时,称为严重满水。

锅炉满水会造成蒸汽含盐量或湿度增加,严重时蒸汽管道还会发生水击。导致锅炉满水的主要原因:操作人员疏忽大意,对水位监视不严,调整不及时或误操作;锅炉给水调节阀失灵;锅炉给水压力突然升高;锅炉负荷增加太快;水位表汽水连接管堵塞,造成假水位等。

(一)准备工作

(1)设备:蒸汽锅炉。

(2)材料及工具:笔 1 支、记录本 1 个、F 扳手 300~800mm、对讲机 1 部、工具包 1 个等。

(3)人员:净化操作工 2 人。

(二)操作规程

(1)首先进行满水“叫水”,判断满水程度。

(2)若为轻微满水,处理措施如下:

① 降低锅炉负荷,减弱燃烧。

② 将锅炉上水调节阀转为手动控制,将其开度适当减小或关闭。

③ 打开排污阀排水,并派人现场监视液位,防止缺水事故的发生。

④ 加强蒸汽管道和供热系统的疏水。

⑤ 查找满水原因,故障排除后,恢复正常生产。

(3)若为严重满水,处理措施如下:

① 立即停炉,关闭燃料气主气阀。

② 手动关闭上水调节阀。

③ 打开蒸汽管道甩头,加强疏水。

④ 密切监控锅炉液位。

⑤ 查找满水原因,故障排除后,按程序恢复正常生产。

(4)做好锅炉满水处理操作记录。

(5)收拾工具用具,清理场地卫生。

(6)汇报锅炉满水处理情况。

(三)注意事项

(1)锅炉满水处理的过程中,应时刻关注水位的变化情况,水位下降过快应及时调整操作,避免处理过程中又发生缺水事件。

(2)打开蒸汽管道的排水甩头时,人员不能正对甩头,避免烫伤。

(3)锅炉满水后,严禁关闭锅炉蒸汽出口总阀,避免设备憋压。

GBJ008 除盐水水质异常原因分析及处理措施

五、分析及处理除盐水水质异常

除盐水水质异常主要表现在除盐水电导率偏高、pH 异常,将影响锅炉给水水质,造成设备结垢、腐蚀加剧等危害。以离子交换树脂除盐水装置为例,导致除盐水水质异常的主要原因:除盐水装置进水水质恶化;离子交换树脂再生不好;离子交换树树脂中毒失效;离子交换树树脂流失过多;发生窜水等。

(一)准备工作

(1)设备:离子交换树脂除盐水装置。

(2)材料及工具:笔 1 支、记录表 1 个、F 扳手 300~800mm、对讲机 1 部、工具包 1 个、药品(HCl、NaOH 溶液)等。

(3)人员:净化操作工 2 人。

(二)操作规程

(1)严禁将不合格除盐水输送至除盐水罐或除盐水管网,并返回重新处理。

(2)对除盐水装置进水取样分析,若进水水质出现异常,及时处理,保证进水水质。

(3)取样分析离子交换树脂再生用酸碱溶液,保证溶液质量。

(4)检查除盐水装置运用流程,避免窜水。

(5)检查再生程序,保证再生流程及控制参数设置正确。

(6)加强离子交换树脂再生操作,保证再生彻底。

(7)若彻底再生后,树脂交换效果仍然较差,可取样分析树脂活性,若树脂严重失效,应及时更换树脂。

(8)离子交换树脂流失过多时,及时补充树脂。

(9)做好除盐水水质异常处理操作记录。

(10)收拾工具用具,清理场地卫生。

(11)汇报除盐水水质异常处理情况。

(三)注意事项

(1)不同季节,上游水质有所区别,除盐水装置在日常运行中,应根据上游水质情况,及时调整除盐水装置运行操作,保证除盐水水质合格。

(2)除盐水装置在再生时,要控制好酸碱药剂的加注量,过多会造成浪费,过少会导致再生质量差。

(3)在更换或补充树脂前,应输出除盐水装置中所有介质,且做好能量隔离,保证检修过程安全。

GBJ009 凝结水回水不畅原因分析及处理措施

六、分析及处理凝结水回水不畅

凝结水回水不畅会出现凝结水回水箱液位不断下降、凝结水管网出现轻微水击、脱硫脱碳单元凝结水罐液位上涨以及蒸汽保温系统保温效果下降等。导致凝结水回水不畅的主要原因:凝结水回水箱压力偏高;疏水阀失效,凝结水中夹带大量蒸汽;凝结水管线堵塞等。

(一)准备工作

(1)设备:凝结水箱及管网。

(2)材料及工具:笔1支、记录表1个、F扳手300~800mm、对讲机1部、工具包1个等。

(3)人员:净化操作工2人。

(二)操作规程

(1)调整凝结水回水箱压力,保持其压力正常,必要时可打开凝结水箱现场排气阀进行泄压。

(2)控制凝结水回水箱液位,避免窜汽。

(3)调整脱硫脱碳单元凝结水罐液位。

(4)若短时间内无法解决,为保证蒸汽保温效果,可通过蒸汽管网甩头进行现场排水,以保证蒸汽温度。

(5)检查疏水阀疏水效果,对损坏的疏水阀及时更换。

(6)若以上措施均为有效解决凝结水回水不畅,应考虑凝结水网管存在堵塞,申请停产检修。

(7)做好凝结水回水不畅处理操作记录。

(8)收拾工具用具,清理场地卫生。

(9)汇报凝结水回水不畅处理情况。

(三)注意事项

(1)打开凝结水罐现场排气阀只是应急措施,在正常生产期间应保持该阀处于关闭状态,减少凝结水损耗。

(2)在处理凝结水回水不畅的过程中,应密切监控凝结水箱的液位,将液位调节阀置于手动状态,并及时进行调整。

(3)通过蒸汽管网排放甩头进行排水时,应控制好排放阀开度,尽量减少蒸汽损失。

(4)在检查疏水阀疏水效果时,注意人员不能正对排放口站立,避免蒸汽烫伤。

GBJ010 蒸汽及凝结水系统开工

项目四　投运蒸汽及凝结水系统

一、准备工作

(1)设备:蒸汽及凝结水系统。

(2)材料及工具:笔1支、记录表1个、F扳手300~800mm、活动扳手1把、听针1

个、测温仪1个、对讲机1部、工具包1个、润滑油1盒、磷酸三钠适量、化学药品适量等。

(3)人员:净化操作工2人以上。

二、操作规程

(一)开产条件确认

(1)确认蒸汽及凝结水系统所有检修项目、质量验收已完成。

(2)确认装置现场除开产检漏需要的脚手架外,其余施工使用的脚手架已拆除。

(3)确认有条件的动设备单机试运已完成。

(4)确认安全阀校验合格,所有阀门开关灵活。

(5)确认锅炉点火系统正常。

(6)确认循环水、工厂风、仪表风、氮气、燃料气、除氧水等辅助装置及公用工程单元正常投运,公用介质已送至。

(7)确认现场仪表、DCS、F&GS、PLC等自控系统具备使用条件。

(8)确认投产配合人员、投产工具、润滑油、磷酸三钠、丙酮肟等准备到位。

(二)工艺流程确认

(1)确认燃料气、给水、蒸汽、凝结水、加药、定期排污、连续排污、炉水取样流程阀门处于正确开关状态。

(2)确认锅炉本体各阀门开关正确。

(3)检查燃烧机进风口滤网、燃料气进口滤网。

(4)确认所有设备上设置的安全阀前后截止阀处于开启状态。

(5)对各个调节阀进行开关测试和阀位调校,完成后恢复到关闭状态。

(6)检查并投用现场仪表。

(三)炉膛吹扫除湿

(1)手动启运燃烧风机,检查燃烧机运行情况。

(2)采取大风量对锅炉炉膛进行吹扫、除湿,并达到除湿效果。

(四)锅炉试压联锁测试

(1)启运锅炉给水泵,打开上水阀和锅炉排气阀,关闭锅炉安全阀截止阀,对锅炉缓慢上水,当锅炉的放空阀有水溢出时,关闭放空阀并继续对锅炉缓慢上水,此时应注意观察锅炉本体压力表的读数,压力升至工作压力的1.25倍时稳压30min,同时对锅炉进行全面的检查,若发现渗漏,则应立即停止水压试验,锅炉泄压后对泄漏部位进行及时检修后再进行水压试验,直到试压合格为止。

(2)对玻板液位计进行冲洗,并确认玻板与变送器液位指示一致。

(3)对锅炉高、低液位联锁测试。

(4)对锅炉蒸汽超压、锅炉火检信号联锁测试。

(5)对安全阀进行手动测试。

(6)锅炉试压联锁测试完毕后,进行排水。

(五)锅炉点火　烘炉　升温

(1)打开锅炉安全阀、顶部排气阀,重新给锅炉上水至40%,锅炉准备点火。

(2)点火前,对PLC电控柜送电,各指示灯应正常,若有故障指示,应先检查报警原因,排出故障后,按下PLC的"复位"按钮对控制程序进行复位。

(3)启动点火程序点火,接下来燃烧机的程控器将自动完成燃料气管线检漏、风压测试、自动吹扫、点火,直至燃烧机正常燃烧,并观察火焰燃烧情况。

(4)锅炉点火后,保持低负荷燃烧,进行烘炉,确保锅炉受热缓慢、均匀。

(5)烘炉时,将燃烧控制方式置于"手动"位置,根据排烟温度调整燃料气流量。

(六)升压　暖管　供汽

(1)缓慢增加锅炉负荷,排出锅炉内的空气,待放空阀出口完全是蒸汽时关小放空阀开始缓慢升压。

(2)当压力升至0.05~0.1MPa时,冲洗液位计和压力表存水弯管。

(3)当汽压升至0.2MPa时,检查各连接处有无渗漏。

(4)当压力升至0.29~0.39MPa时,应试用排污装置,确认排污阀是否操作灵活,可靠,确认正常后投用连续排污。

(5)联系取样分析锅炉给水和炉水,根据数据进行加药调整至正常。

(6)当压力升至工作压力的2/3时,应对蒸汽及凝结水系统进行暖管。

(7)缓慢开启蒸汽出口总阀,从前到后分批次打开蒸汽系统所有疏水阀前排放阀进行暖管,待主蒸汽送出后,投运疏水阀。

(8)如果管道发生振动或"水击"现象,应加强疏水,待振动和"水击"全部消失后继续向后暖管、供气。

(9)当系统有凝结水后,取样分析凝结水各项指标,当其指标达到正常值后,投运凝结水回收系统。

(10)当蒸汽及凝结水系统投运正常后,启运凝结水泵,投运除氧器,并取样分析除氧水指标,当除氧水指标达到正常值后,投入正常生产,保证锅炉给水供给正常。

(七)其他操作

(1)做好蒸汽及凝结水系统投运操作记录。

(2)收拾工具用具,清理场地卫生。

(3)汇报蒸汽及凝结水系统启运情况。

三、技术要求

(1)锅炉是特种压力容器,点火前,必须进行安全阀测试和联锁测试。

(2)锅炉要严格进行水压试验。

(3)根据锅炉不同的压力等级,必须明确锅炉给水、炉水指标。

四、注意事项

(1)锅炉进行水压试验时,升压或降压速度一定要缓慢,必须达到试压压力,不能超压。

(2)锅炉点火初期应采取低负荷状态运行,控制升温速度。

(3)烘炉期间锅炉不得升压,锅炉液位控制在50%。

(4)锅炉点火正常后,进行升压操作时,必须按压力等级进行逐级升压,严禁锅炉升压过猛过快。

(5)投用蒸汽及凝结水系统和除氧器时,暖管要缓慢,防止出现水击。

GBJ011 蒸汽及凝结水系统停工

项目五 停运蒸汽及凝结水系统

一、准备工作

(1)设备:蒸汽及凝结水系统。

(2)材料及工具:笔1支、记录表1个、F扳手300~800mm、活动扳手1把、听针1个、测温仪1个、对讲机1部、工具包1个等。

(3)人员:净化操作工2人以上。

二、操作规程

(1)停工前确认。

① 确认生产装置无蒸汽用户。

② 空氮系统供给正常。

③ 污水处理装置运行正常。

(2)停运蒸汽锅炉。

① 缓慢降低锅炉负荷。

② 当负荷降到规定熄火值后,停止锅炉供气,锅炉熄火。

③ 关闭所有燃料气阀门、停止送风、随后关闭烟道、风道挡板,防止冷空气大量进入炉膛。

④ 打开锅炉放空阀、泄压降温,密切监视锅炉汽压和水位的变化,当锅炉泄压降温完成后,关闭锅炉蒸汽出口阀。

(3)停止供水。

① 停运锅炉给水泵及加药泵。

② 停运凝结水及除氧水泵。

③ 停运除盐水泵及除盐水装置。

(4)系统排水。

① 待炉水温度降到70℃以下时,对锅炉进行排水。

② 打开蒸汽凝结水管网所有甩头,对管网进行彻底排水。

③ 打开除盐水罐、除氧器、凝结水罐底部排污阀及顶部呼吸阀,进行排水。

(5)停运动设备电源,并进行上锁挂牌。

(6)做好蒸汽及凝结水系统停运操作记录。

(7)收拾工具用具,清理场地卫生。

(8)汇报蒸汽及凝结水系统停运情况。

三、注意事项

(1)停运锅炉前,先缓慢降低负荷后,再进行停炉操作。
(2)停炉过程中,避免锅炉炉膛急剧降温。
(3)停运过程中,密切监控各点参数,出现异常及时进行调整。
(4)停运结束后,必须排尽设备及管线内介质,必须对燃料气管线进行氮气置换。

模块十一　空气及氮气系统

项目一　相关知识

空气及氮气系统日常操作要点如下。

GBK001 空气及氮气系统日常操作要点

一、仪表风系统操作要点

（一）进气温度

空气中的水含量随压力升高而降低，随温度升高而增大。空气压缩后压力升高，温度升高，其水含量仍然为该状态下的饱和状态，因此，降低进入无热再生式干燥器的压缩空气温度，有利于降低吸附塔净化空气的露点。

（二）工作压力

工作压力降低，压缩空气饱和含湿量升高，吸附塔负荷增加。当吸附塔工作压力降低时，再生气量减小，吸附塔再生时会出现再生不彻底现象，影响吸附效果。因此，无热再生式干燥器的工作压力一般不低于0.5MPa。

（三）压缩空气含油量

压缩机工作时，空气与压缩机润滑油混合增压，然后进行油气分离，因此，通过压缩机后的压缩空气始终会夹带微量润滑油。压缩空气夹带的润滑油带入吸附塔中，被干燥剂吸附并逐渐积累，造成吸附剂“中毒”。因此，在吸附式干燥器前，必须安装高效除油过滤器，一般要求进入吸附塔的压缩空气含油量$<0.5\text{mg/m}^3$，以延长吸附剂的使用寿命。

（四）吸附塔床层高度

吸附塔床层增高，接触时间延长，吸附量增大，有利于降低压缩空气露点。吸附层高度与净化空气露点关系（工作压力0.7MPa，进气温度35℃）见表1-11-1。

表1-11-1　吸附层高度与成品气露点关系

层高，mm	出气露点，℃	
	氧化铝	分子筛
650	-22	-23
850	-29	-37
1200	-31	-46
1550	-44	-58

（五）空塔气速

提高空塔气速，成品气露点上升，但变化幅度因吸附剂而异，分子筛对空塔气速的变化比较敏感。空塔气速与净化空气露点关系的实验数据见表1-11-2。

表 1-11-2　空塔气速对成品气露点的影响

空塔气速,m/s	出气露点,℃		
	氧化铝	分子筛	细孔硅胶
0.05	-42	-58	-42
0.10	-38	-49	-37
0.15	-34	-42	-33
0.20	-33	-34	-32
0.25	-32	-26	-30

(六)再生气量

再生气量对吸附干燥器的干燥效果影响非常显著。再生气量大,干燥效果好,但消耗再生气量大,能耗高,净化空气产气量降低。再生气量一般为产气量的5%~20%。

二、制氮系统操作要点

此处主要介绍变压吸附PSA制氮工艺的操作要点。

(一)进气温度

变压吸附PSA制氮装置进气温度直接影响氮气的露点,因此必须严格控制进料空气温度以保证氮气露点。同时,较低的吸附温度有利于制氮性能充分发挥,但温度过低容易导致水分结露或结冰,堵塞过滤器滤芯等。变压吸附制氮装置进料空气温度控制一般采用冷干机冷冻分离,既可降低进料气温度,又可进一步降低压缩空气的露点。

(二)含油量

变压吸附PSA制氮装置对进料空气中的微量油分非常敏感,因为空气中的油分会在碳分子筛上积累,导致碳分子筛表面油黏附,严重影响碳分子筛的吸附能力,而且这些油分在碳分子筛再生时无法去除。虽然进料空气在脱水干燥时经过高效油气分离处理,但还不能满足碳分子筛要求,通常是在制氮装置前再设置一个活性炭过滤器,以进一步除去空气中的微量油分,保护碳分子筛不受污染。工艺要求进入PSA变压吸附塔的压缩空气含油量<0.003mg/m^3。

(三)粉尘

由于压缩空气在干燥、活性炭过滤和碳分子筛吸附过程中,都会夹带或产生少量粉尘,为保证PSA变压吸附塔的压降和氮气质量,进料空气通常会设置精密过滤器,并且定期对过滤元件进行更换。工艺要求进入PSA变压吸附塔的压缩空气残余粉尘≤0.01μm。

(四)工作压力

变压吸附PSA制氮装置工作压力偏低,碳分子筛吸附氧分子的能力成倍减弱,严重影响产品氮气质量;工作压力过高,除增加空压机能耗外,过高的压力会加速碳分子筛的粉化。因此,变压吸附装置的压力控制非常重要,一般要求控制在0.65~0.7MPa。为保证变压吸附制氮装置在吸附切换初期的压力能迅速达到工作压力,常用氮气缓冲罐的氮气来提高吸附塔工作压力,因此氮气缓冲罐的压力控制也同等重要。

(五)吸附床层高度

吸附床层增高,压缩空气与吸附剂的接触时间延长,碳分子筛的吸附能力增大,有利于提高氮气的纯度。但过高的吸附床层会造成吸附塔压降增加,流速减缓,氮气产量下降等。

(六)再生气量

再生气耗量对碳分子筛再生影响较大,碳分子筛再生时释放的氧气需要介质将其带出,以保证再生质量。再生气量大,再生效果好,但消耗的再生气量大,氮气产气量降低,因此,再生气耗量一般为产气量的15%左右。变压吸附制氮装置再生气流量一般由厂家进行设置,无须操作人员调整,再生气管线上设有限流孔板,防止再生气流量过大导致氮气产量降低,操作中只要控制好吸附塔操作压力,即可保证再生气流量。

(七)氮气中氧含量控制

影响氮气中氧含量的因素较多,调整时需根据具体原因,有针对性的进行调整。

项目二 分析及处理空气及氮气系统异常

GBK002 仪表风含水量偏高原因分析及处理措施

一、分析及处理仪表风含水量偏高

仪表风含水量偏高是空气系统最易发生的异常情况,水含量过高可能造成装置自动仪表误动作或失灵,仪表风管线结冰或堵塞等现象,影响装置的正常生产。导致仪表风含水量偏高的主要因素有压缩机油气分离器分离效果差、油水过滤分离器过滤分离效果差、无热再生式干燥器吸附效果差、吸附塔再生效果差以及干燥剂吸附性能下降等。

(一)准备工作

(1)设备:仪表风系统所有动静设备。

(2)材料、工具:笔1支、记录表1个、F扳手300~800mm、活动扳手1把、听针1个、测温仪1个、对讲机1部、工具包1个等。

(3)人员:净化操作工2人。

(二)操作规程

(1)检查压缩机自动排水阀工作状态,同时打开手动排水阀进行排液。

(2)打开空气缓冲罐底部手动排水阀排液。

(3)检查油水分离器自动排水阀工作状态,同时打开底部手动排水阀排液。

(4)检查无热再生式干燥器工作压力和露点温度,适当提高吸附压力。

(5)检查无热再生式干燥器再生气流量,确认再生废气排放正常。

(6)确认无热再生式干燥器吸附时间和再生时间设置是否合理。

(7)检查压缩机工作状态,确认润滑油是否消耗过快,出口温度是否偏高,并适当增大压缩机换热器循环冷却水流量。

(8)检查循环冷却水流量,确认是否正常。

(9)必要时切换压缩机,更换入口空气滤清器、润滑油过滤器滤芯及油水分离器滤芯。

(10)打开仪表风储罐底部排液阀进行排液。

(11)打开各用气末端检查阀,确认仪表风系统是否含液态水,排尽残余水。

(12)监控无热再生式干燥器露点变化,直至合格为止。

(13)调整完成后,做好调整操作记录。

(14)打扫场地卫生,收拾整理工具、材料。

(15)汇报处理完成情况。

(三)技术要求

无热再生式吸附塔的脱水效果与吸附压力、进料空气温度密切相关,调整时应首先考虑调整吸附压力和气体温度,然后再考虑再生气流量和切换时间。

(四)注意事项

(1)干燥剂受污染时,应及时切换并更换干燥剂,同时对压缩机进行检查,确认其油气分离效果是否变差。

(2)仪表风系统含水量升高时,应及时提醒相关用气单元,监控各自动仪表工作状况,并及时对各低点进行排液检查。

GBK003 仪表风系统压力低原因分析及处理措施

二、分析及处理仪表风系统压力低

正常生产过程中,空气压缩机处于自动控制,压力下降时压缩机会自动加载,压力高于设定值时会自动卸载,故仪表风系统压力保持相对稳定,不会出现突然过低或过高的现象。当仪表风系统压力突然下降时,应立即采取措施,防止仪表风压力持续下降造成全装置自动控制仪表失灵。导致仪表风系统压力低的主要原因:空气压缩机故障,空气供给不足;管路发生泄漏;系统用风量突然增大;制氮系统用风量突然增加等。

(一)准备工作

(1)设备:仪表风系统所有动静设备。

(2)材料、工具:笔1支、记录表1个、F扳手300~800mm、对讲机1部、工具包1个等。

(3)人员:净化操作工2人。

(二)操作规程

(1)联系相关用气单元,防止仪表风压力过低引起自动控制系统失灵或误动作。

(2)启运备用台压缩机,增加系统供风量。

(3)必要时关闭工厂风储罐出口阀或压缩机至工厂风储罐阀门,暂停工厂风供给。

(4)调整制氮装置进料空气流量或适当降低氮气产量。

(5)检查压缩机运行参数,确认设备是否运行异常。

(6)检查工厂风、仪表风、氮气系统,查找仪表风压力下降原因,立即采取相应措施处理。

(7)用户用量突然增大导致系统压力偏低,应与用气单元协商,合理控制用气量。

(8)若采取以上措施后,仪表风系统压力仍然下降,应立即通知相关单元,做好停产准备。

(9)仪表风系统压力恢复正常后,应尽快恢复工厂风和氮气系统供给量。

(10)根据压缩机运行参数,确认是否切换设备运行,并对停运压缩机进行检修。

(11)操作完成后,做好操作记录。

(12)打扫场地卫生,收拾整理工具、材料。

(13)汇报操作完成情况。

(三)注意事项

(1)停运工厂风系统前,应告知相关用气单元,防止因工厂风停运造成其他安全事故。

(2)调整过程中要时刻关注仪表风露点变化,防止不合格净化空气外输。

GBK004 仪表风含油量偏高原因分析及处理措施

三、分析及处理仪表风含油量偏高

仪表风含油量偏高将造成空气压缩机润滑油损耗升高或仪表设施故障,影响装置正常运行。导致仪表风含油量偏高的主要原因:回油管堵塞,油料无法正常回流,随空气排出;油气分离器负荷过大;油气分离器破裂;排气压力过低;机头温度过高,油挥发性增大;储油罐液位过高;油气过滤器分离效率差等。

(一)准备工作

(1)设备:仪表风系统所有动静设备。

(2)材料、工具:笔1支、记录本1个、F扳手300~800mm、活动扳手1把、对讲机1部、测温仪1个、工具包1个等。

(3)人员:净化操作工2人。

(二)操作规程

(1)调整空气压缩机运行负荷,避免单台运行造成油气分离器负荷过大。

(2)回油管堵塞时,立即切换压缩机,疏通或更换故障空气压缩机的回油管。

(3)控制压缩机排气压力在正常范围。

(4)压缩机入口滤网及通风口滤网积渣过多时,应及时清洗,保证压缩机吸入口通畅,且风冷却效果。

(5)检查压缩机油位,及时调整。

(6)切换油气分离器进行检查,及时更换滤芯,保证油气过滤器分离效果。

(7)操作完成后,做好操作记录。

(8)打扫场地卫生,收拾整理工具、材料。

(9)汇报操作完成情况。

(三)注意事项

(1)检修压缩机前,确认设备已停止供电。

(2)巡检时,仔细检查油气分离器分离效果,发现分离效果不佳时,及时汇报处理。

(3)定期清洗压缩机通风过滤网,保证通风效果。

GBK005 PSA制氮装置氮气浓度偏低原因分析及处理措施

四、分析及处理PSA制氮装置氮气浓度偏低

装置正常生产中,制氮系统氮气缓冲罐内氮气氧含量应<0.5%,氮气中氧含量超高未及时调整,可能造成氮气缓冲罐氮气放空,无氮气输送至储罐。

导致制氮系统氮气浓度偏低的主要原因:氮气产量增大;空气缓冲罐、吸附塔、氮气缓冲罐压力明显下降;吸附塔进料空气温度偏高或气质变差;再生气流量控制过低或管线堵塞;碳分子筛吸附能力下降或粉化严重;PSA程控阀内漏或关闭不严,吸附塔内气体窜漏至再生塔,影响再生质量等。

(一)准备工作

(1)设备:氮气系统所有动静设备。

(2)材料、工具:笔1支、记录表1个、F扳手300~800mm、活动扳手1把、对讲机1部、工具包1个等。

(3)人员:净化操作工2人、化验分析工1人。

(二)操作规程

(1)根据在线分析仪数据和化验分析数据对比进行判断、分析。

(2)氮气产量突然增大时,应适当降低氮气产量。

(3)系统压力偏低时,启运备用压缩机,增加空气供给系统压力。

(4)适当关小氮气缓冲罐至氮气储罐阀门,提高氮气缓冲罐压力。

(5)吸附塔进料温度偏高时,注意调整进料空气温度。

(6)进料气气质变差时,关注变压吸附装置进料空气的预处理,防止污水污油进入吸附塔污染分子筛。

(7)检查再生气管路,排除再生气流量故障。

(8)采取上述措施后氮气浓度无明显变化,应考虑碳分子筛活性是否下降,必要时切换或停运PSA制氮装置,更换分子筛。

(9)吸附塔压力不能恢复正常压力时,应考虑程控阀是否泄漏,必要时切换或停运PSA制氮装置,检修程控阀。

(10)氮气浓度恢复正常后,应尽快调整氮气供给量。

(11)操作完成后,做好操作记录。

(12)打扫场地卫生,收拾整理工具、材料。

(13)汇报操作完成情况。

(三)注意事项

(1)降低制氮系统产量时,应提前告知用气单元,暂停或间歇性使用氮气。

(2)调整过程中,严密监控PSA制氮装置各点工艺参数,持续进行调整,直至PSA制氮装置氮气浓度恢复正常。

第二部分

技师、高级技师操作技能及相关知识

模块一　操作天然气脱硫脱碳单元

项目一　相关知识

一、其他天然气脱硫脱碳方法

天然气脱硫脱碳工艺除主流醇胺法外,还有许多其他方法,如直接转化法、固体氧化剂吸附法、膜分离法等。

JBA001 直接转化法脱硫脱碳工艺原理及特点

(一)直接转化法脱硫工艺原理及特点

直接转化法是指使用含有氧载体的溶液将天然气中的 H_2S 氧化为单质硫,被还原的氧化剂经空气再生又恢复氧化能力的气体脱除方法。由于其主反应是液相中的氧化还原反应,通常被称为氧化还原法或液相氧化法。在直接转化法脱硫溶液中,H_2S 进入溶液后离解为 HS^- 与 S^{2-},其比例与溶液 pH 值密切相关,不同 pH 值下 H_2S 在溶液中的形态比例见表 2-1-1。

表 2-1-1　不同 pH 值下 H_2S 在溶液中的形态比例

pH 值	2	3	4	5	6	8	9	10	11	12	13	14
H_2S 含量,%	100	99.9	99.9	90.01	99.91	9.09	0.99	0.10	0.01	0	0	0
HS^- 含量,%	0	0.01	0.1	0.99	9.09	90.91	99.00	99.89	99.87	98.75	88.81	44.25
S^{2-} 含量,%	0	0	0	0	0	0	0.01	0.01	0.12	1.25	11.19	55.75

直接转化法要求 H_2S 在溶液中主要以 HS^- 形式存在,溶液中氧载体才能将 H_2S 氧化为单质硫,从表 2-1-1 中可以看出,当溶液 pH 值为 9~12 时 HS^- 浓度最高,有利于 H_2S 的脱除。其反应式为:

$$2HS^- \xrightarrow{[O]} S + H_2O + 2e$$

直接氧化法脱硫催化剂作用于液相,是催化氧化、析硫再生的载氧体,提供活性氧,提高化学反应速度,降低活化能,并能改善硫容,提高脱硫溶液质量。直接氧化法脱硫工艺对催化剂要求较高,通常采用变价金属类化合物。直接氧化法脱硫催化剂应具备活性强、功能全,水溶性、耐热性、抗毒性、化学稳定性好的特点。在实际运行中由于催化剂损失或变质,其活性逐渐下降,需按时定量补充,保持其在溶液中的浓度指标。

直接转化法最初是从煤气脱硫领域发展起来的,后来逐步应用到天然气净化领域,通常用来处理含硫天然气、醇胺法产生的酸气以及克劳斯法尾气。目前,在用的直接转化法主要有铁法、钒法工艺。

直接转化法与醇胺法脱硫—克劳斯法硫黄回收—尾气处理路线相比有以下特点:

(1)直接转化法可在脱硫的同时将 H_2S 转化为元素硫,装置设备较简单,且脱硫及再生均在常温下进行,投资费用较低。

（2）直接转化法基本不吸收或仅少量吸收 CO_2（受溶液 pH 值影响），当进料天然气 CO_2 浓度高于管输质量指标时，需增加脱碳装置。

（3）醇胺法脱硫需用大量蒸汽来再生富液，而直接转化法不需蒸汽，但其硫容量低，溶液循环量大，电耗高。

（4）醇胺法脱硫基本无废液产生，但需解决硫回收尾气 SO_2 浓度达标问题；直接转化法基本无气相污染问题，但运行中存在 $Na_2S_2O_3$ 等生成及络合剂降解问题，有大量废液排出需要处理。

（5）当进料气 H_2S 上升时，直接转化法的溶液循环量需成正比的增加，在处理高碳硫比天然气时，其适应性远不及醇胺法；另一方面，在 H_2S 含量不变而碳硫比升高时，它的适应性又优于醇胺法。

（6）醇胺法脱硫脱碳装置中遇到的操作问题主要是溶液发泡及腐蚀等问题，通过相应措施可解决或抑制；而直接转化法装置的操作问题主要是溶液中含有固相硫黄导致硫黄堵塞、腐蚀、磨蚀等问题，不易解决。此外，直接氧化法的硫黄品质远不如克劳斯法。

J(GJ)BA002 铁法脱硫脱碳工艺原理及特点

（二）铁法脱硫工艺原理及特点

铁法的氧载体大多使用 Fe^{3+}，它将 H_2S 氧化为单质硫的同时自身转变为 Fe^{2+}，空气再生时又将 Fe^{2+} 氧化为 Fe^{3+}。

Fe^{3+} 发生的反应：

$$2Fe^{3+}+2HS^{-}=2Fe^{2+}+S+H^{+}$$

Fe^{2+} 再生反应：

$$2Fe^{2+}+\frac{1}{2}O_2+2H^{+}=2Fe^{3+}+H_2O$$

最早工业化的铁法是铁碱悬浮液法及酸性硫酸铁法，为了减轻溶液均相化问题加入络合剂，成为络合铁法。本节将介绍铁碱法、Lo-Cat 方法等。

1. 铁碱法

使用氧化铁的碱液脱除 H_2S 是一个传统方法，国外工艺有 Ferrox 以及 Glund、Manchster 等法，国内曾于 20 世纪 70 年代进行过工艺试验。其反应原理：在铁碱法中，H_2S 净化度是主要依靠纯碱的吸收反应保证；在溶液中，悬浮的氧化铁与 HS^{-} 反应生成硫化铁，此反应速率较慢；HS^{-} 离子进入氧化槽将有大量 $S_2O_3{}^{2-}$ 生成；此外，如果 Fe^{3+} 转变为 Fe^{2+}，生成 FeS 是很难再生的。

所涉及的反应有：

$$H_2S+Na_2CO_3=NaHS+NaHCO_3$$

$$Fe_2O_3+3NaHS+3NaHCO_3=Fe_2S_3+3Na_2CO_3+3H_2O$$

$$Fe_2S_3+\frac{3}{2}O_2=Fe_2O_3+3S$$

$$2NaHS+2O_2=Na_2S_2O_3+H_2O$$

铁碱法工艺在实际运用上是成功的，脱硫效率可达到 97%，净化气 H_2S 含量符合外输标准，而且溶液硫容量高，从投资和操作上都比较经济。但同时存在以下问题：

（1）铁碱法使用氧化铁悬浮液，腐蚀的同时会产生磨蚀，使其腐蚀在某些敏感区大大加剧。

（2）吸收 H_2S 后的期望产物是硫黄，但实际上有相当量的 $Na_2S_2O_3$ 生成，其生成率为潜硫量的 20%～30%。

（3）由硫泡沫过滤而得的硫泥含液 50%，此中不仅有碱液及 $Na_2S_2O_3$，而且还有悬浮的氧化铁，因此难于利用。

（4）$Na_2S_2O_3$ 生成率高，故系统需连续或定期排放一定量的废液，难以处理。

2. Lo-Cat 法

（1）Lo-Cat 双塔流程。

吸收和氧化（再生）分别在两个容器内完成。在吸收塔中，酸气中的 H_2S 被氧化为单质硫，氧化剂 Fe^{3+} 被还原为 Fe^{2+}；在氧化塔中，空气与溶液接触再生，Fe^{2+} 被氧化为 Fe^{3+}。氧化再生后的溶液经过缓冲罐后由循环泵输送到吸收塔完成溶液循环。含硫浆液经过滤后输出。由于化学药剂被硫浆液不断带走和自身降解，需不断补充药液。用于天然气脱硫的双塔流程如图 2-1-1 所示。

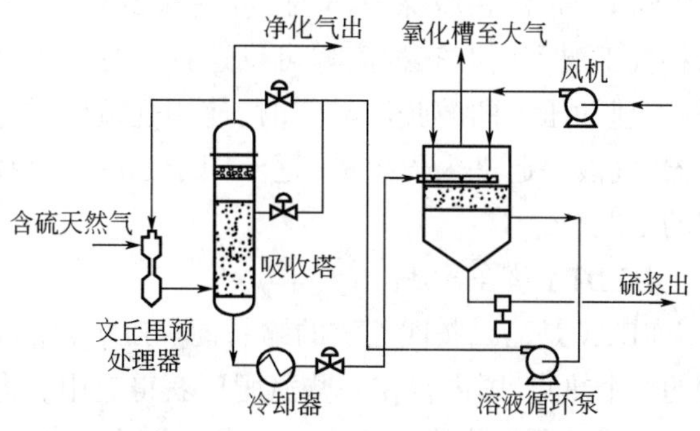

图 2-1-1　Lo-Cat 双塔流程

Lo-Cat 法的吸收、再生系统与醇胺法的区别在于：

① 吸收部分安装了一个文丘里吸收器，继以一个鼓泡塔保证净化度。直接转化法由于其吸收反应的非平衡性质，不必像醇胺法一样采用逆流吸收，而采用并流吸收以降低设备尺寸，减少投资。在处理量小且 H_2S 分压低的情况下，可使用鼓泡塔；高 H_2S 分压则采用文丘里管与其他塔型组合；处理量大时宜用填料塔。Lo-Cat 法还具有脱除部分硫醇的能力。

② 再生槽以空气氧化溶液，生成的硫黄沉降为硫浆液从下部去硫回收工序，而醇胺法无硫液生成，输出介质为酸性气体。

（2）Lo-Cat 单塔流程。

处理醇胺法酸气可使用溶液自动循环，集脱硫与再生于一塔的单塔流程，如图 2-1-2 所示。

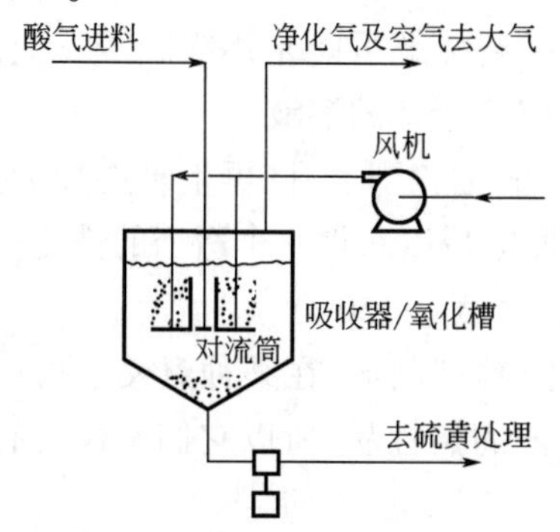

图 2-1-2　Lo-Cat 单塔流程

与常规 Lo-Cat 工艺相比，吸收和氧化（再生）在一个容器内完成，反应器分内区和外环区，酸气和空气不相混溶，分别进入反应器。在吸收区（内区）酸气中的 H_2S 被氧化为单质硫，氧化剂 Fe^{3+} 被还原为 Fe^{2+}，同时在这个吸收/氧化器内，来自鼓风机的空气与溶液接触，Fe^{2+} 被氧化为 Fe^{3+}。

由于吸收区域与氧化区域溶解气体量的不同造成了不同的溶液密度，溶液的密度差形成了溶液的自循环，因此，该系统称为自循环 Lo-Cat。

3. SulFerox 法

SulFerox 法是美国 Shell 石油公司和 Dow 化学公司联合开发的一种络合铁法脱硫工艺，用于原料天然气、CO_2 强化采油伴生气、炼厂气及醇胺法酸气的处理。

SulFerox 法工艺与 Lo-Cat 法相比，SulFerox 法的溶液铁含量高达 4%，为 Lo-Cat 的 80 倍，理论硫容达 11.5g/L。高硫容使得装置循环量降低和设备尺寸缩小，投资降低，对处理高压天然气是有利的，然而高硫容也给设备带来易堵塞及溶液机械损失高等问题。

实际上 SulFerox 法中试处理 CO_2 强化采油伴生气时，初期产生的主要困难就是硫黄堵塞；后采用上流的并流管式吸收器，内装专利填料，气液接触时间缩短至 1s，有效地解决了堵塞问题。

SulFerox 法在脱除 H_2S 时，可脱除 50%～90%的甲硫醇及 30%～60%的羰基硫。根据原料气工况不同有三种流程可供选择。处理低压力下的天然气时则类似 Lo-Cat 双塔流程；处理常压下的醇胺法酸气时，使用逆流的鼓泡吸收塔；处理克劳斯尾气时使用并流吸收器，气液一起进入再生槽，这不同于 Lo-Cat 单塔流程；SulFerox 单塔流程系用于间歇操作的工况。

4. EDTA 络合铁法

EDTA 是乙二胺四乙酸的缩写词。EDTA 络合铁法是 20 世纪六七十年代国内外研究开发的一个热点，国内曾在一些氮肥厂获得应用。为用于天然气脱硫，中国石油西南油气田分公司天然气研究院曾在实验室工作的基础上建设了 $2\times10^4 m^3/d$ 的中试装置，进行了广泛的试验。无论在实验室、中试或工业应用中，EDTA 络合铁法均显示了它的许多优点：脱硫效率高（净化气 H_2S 达到 $1mg/m^3$），析硫速度快，副反应少（S_2O_3 生成率为 0.5%），硫黄粒度大且质量好，溶液易再生，还可以获得相当高的溶液硫容。

在中试中采用 1.0g/L 的溶液硫容运行时，发生了喷射吸收器的严重堵塞问题，其后降至 0.5g/L 硫容运行，虽未完全解决硫堵问题，但基本上可顺利运行。

较硫堵更为严重的问题是 EDTA 的化学降解，中试按补充量计算的 EDTA 消耗量为 200g/kg 硫，其中化学损失约为 80%。

无论哪种络合铁法，除存在硫黄堵塞和腐蚀外，还存在络合剂降解严重的问题。影响络合剂降解的因素有溶液温度、铁比及 pH 等。根据络合物降解机理的研究，它是再生过程中过氧化物或氧离子的攻击造成的。较高的再生温度将增强它们进攻络合物的能力，因此不宜选用高的再生温度，同时还要兼顾 Fe^{2+} 的氧化速度。

在络合铁体系中，高的 pH 对 Fe^{2+} 的再生是不利的，考虑到降解可能是逐级脱羧反应，高碱度是有利于脱羧反应的，所以络合铁法均选择使用 pH 略高于 7 的溶液。

关于溶液的铁比，再生过程中随 Fe^{2+} 的氧化趋于完全，电位急剧上升，再生难度加大，导致络合剂降解的可能性也增加，因此，选择适宜的氧化还原电位以获得一个适当的铁比是必要的。前面介绍的 Lo-Cat 单塔装置就将溶液电位控制在-250～-150mV。

无论是 SulFerox 或 Lo-Cat 法，均在溶液中加入了适当降解抑制剂，在某种意义上可以认为降解抑制剂是代替络合剂接受过氧化物或氧离子等攻击的牺牲品，所以它们不仅要有效，而且还应价廉且对溶液无有害影响。

J(GJ)BA003
钒法脱硫脱碳工艺原理及特点

(三)钒法脱硫工艺原理及特点

钒法的氧载体是5价V,它在氧化H_2S的同时自身还原为4价V,同样可用空气使之再生。然而,由于4价V的再生相当困难,常加入另一种氧化剂,它既可以较好地氧化4价V,自身又易为空气氧化,因此,钒法通常用其二元氧化还原体系。获得工业应用于天然气脱硫的钒法有ADA-$NaVO_3$法及PDS法等。由于钒是一种重金属,故当前国内外更重视铁法的开发和应用。

AV法脱硫及再生的反应式:

$$H_2S+Na_2CO_3 = NaHS+NaHCO_3$$

$$4NaVO_3+2NaHS+H_2O = Na_2V_4O_9+2S+4NaOH$$

$$Na_2V_4O_9+2NaOH+H_2O+2ADA = 4NaVO_3+2ADA(还原态)$$

$$2ADA(还原态)+O_2 = 2ADA+H_2O$$

此法系统内会有副反应发生生成$Na_2S_2O_3$等,当溶液吸收超负荷时,有可能产生V-O-S黑色沉淀。操作中常在溶液中加入酒石酸钾钠的螯合剂,并及时调整负荷,以减少或避免黑色沉淀的产生。

(1)吸收阶段工艺条件的影响。

吸收阶段的工艺条件有溶液中的钒含量、溶液pH、反应时间和反应温度等。

① 钒含量。

5价V氧化HS^-的速度显著低于Fe^{3+},钒含量对HS^-的氧化速率有显著影响,如图2-1-3所示。

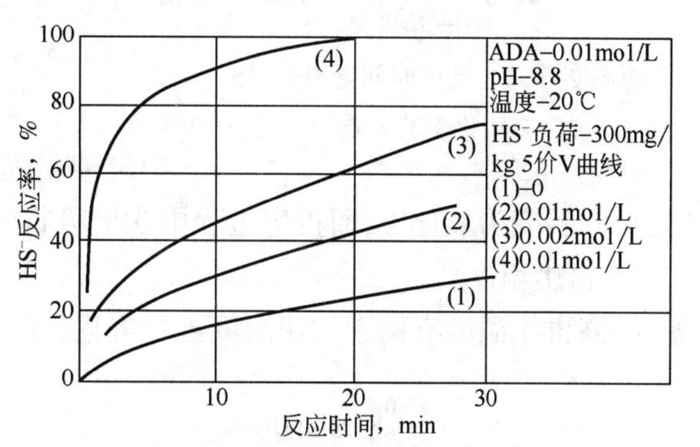

图2-1-3　钒浓度对反应速率的影响

② 溶液pH。

HS^-氧化为单质硫的反应速率常数与pH的关系,如图2-1-4所示;pH与副反应$S_2O_3^{2-}$的生成关系,如图2-1-5所示。

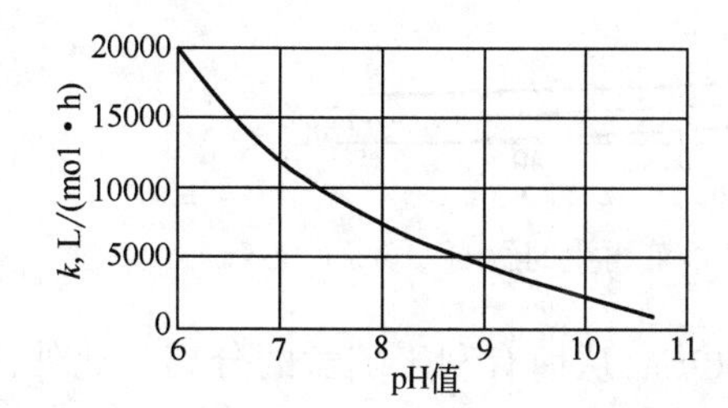

图2-1-4　不同pH下HS^-→S反应速率常数

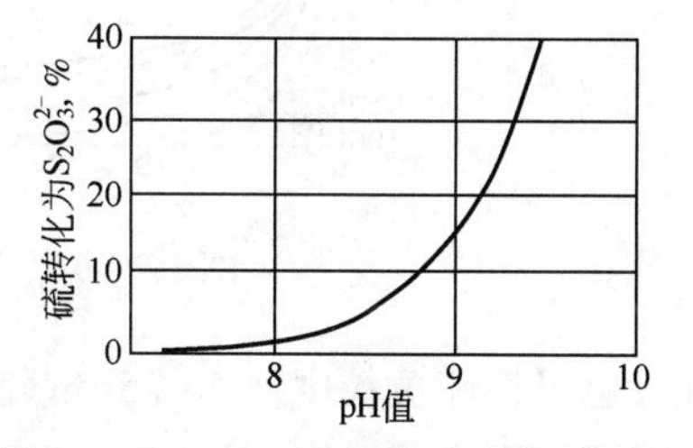

图2-1-5　pH对$S_2O_3^{2-}$生成率的影响

③ 反应温度。

温度上升有助于加快析硫反应,如图2-1-6所示,在一定范围内升高温度有利于改善H_2S净化度,这与醇胺法吸收截然不同;但较高的温度会使$S_2O_3^{2-}$的生成率增加,如图2-1-7所示。

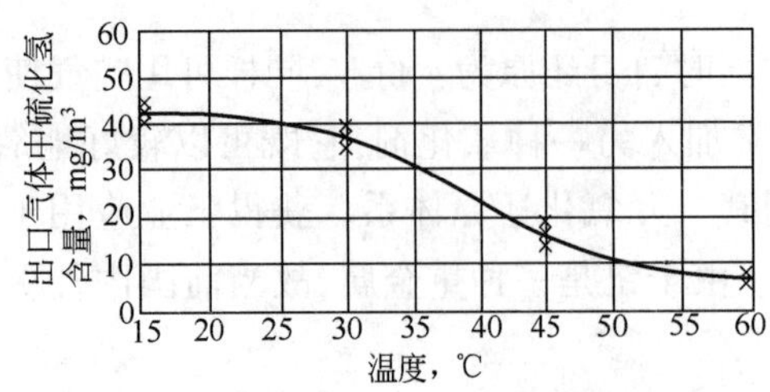

图 2-1-6　温度对 AV 法 H_2S 脱除效果的影响

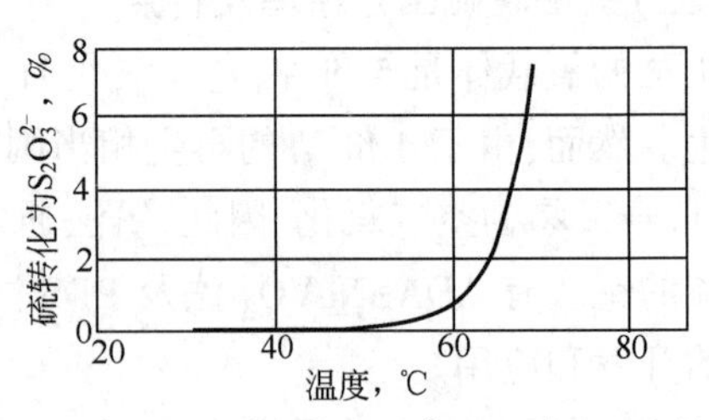

图 2-1-7　温度对 $S_2O_3^{2-}$ 生成率的影响

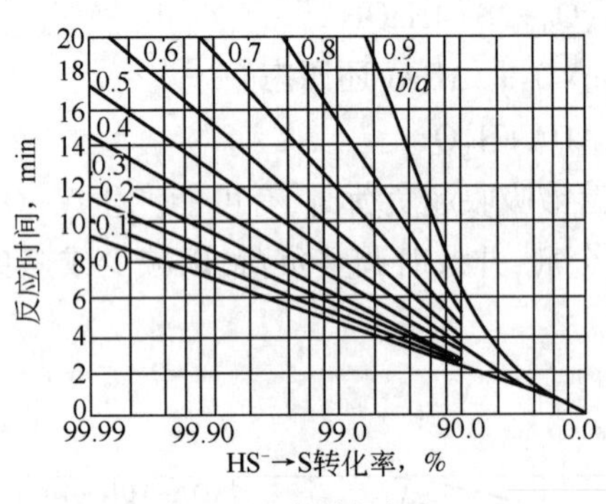

图 2-1-8　反应时间与 HS^-→S 转化率的关系

④ 反应时间。

AV 法中 HS^-→S 的氧化反应是二级反应，其转化率与所需时间关系如图 2-1-8 所示。

(2)再生阶段工艺条件的影响。

AV 法析硫反应在溶液进入再生槽前完成，否则 HS^-将在再生槽内更多地转化为 $S_2O_3^{2-}$。再生阶段的工艺条件主要有溶液 pH、温度、吹风强度及再生时间等。

① 溶液 pH。

在 AV 法中，以空气直接氧化 4 价 V 是困难的，需要借助于氧化态的 ADA，较高的 pH 有助于 ADA 从还原态转变为氧化态，而再生过程中吹出吸收的 CO_2 将恢复和提高溶液的 pH。

② 再生温度。

提高再生温度有助于加快溶液再生进程，如图 2-1-9 所示。

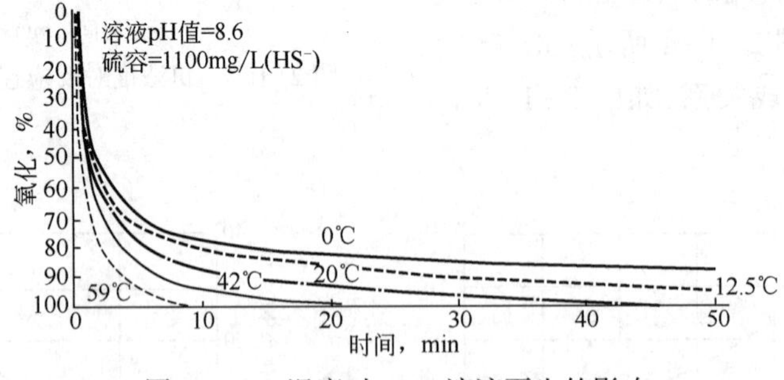

图 2-1-9　温度对 ADA 溶液再生的影响

升温也可使硫黄粒度从 5~25μm 增至 25~50μm，从而有利于硫黄的分离。此外，较高的温度将驱出更多的 CO_2，但 $S_2O_3^{2-}$ 生成率也将增加。

③ 吹风强度。

再生时的鼓风量实际上不仅提供溶液再生所需要的氧，而且要使溶液中的硫形成硫泡沫浮于氧化槽表面而溢流出来。通常选用的吹风强度为 30~80m^3/(m^2·h)。

④ 再生时间。

钒法溶液的再生速度逊于铁法，通常安排较长的再生时间，例如 10~30min。

J(GJ)BA004
氧化铁固体吸附工艺原理及特点

（四）氧化铁固体吸附工艺原理及特点

氧化铁固体脱硫剂是一类将 H_2S 反应脱除而并不再生的方法，用于处理粗天然气使之达到外输要求的固体脱硫剂，其主要成分是活性氧化铁。最初使用的氧化铁脱硫剂是天然物料，如黄土，后来为了提高活性及硫容，逐步采用人工合成的方法，如海绵铁等。

固体氧化铁与 H_2S 发生如下反应：

$$3H_2S+Fe_2O_3 \longrightarrow Fe_2S_3+3H_2O$$
$$4H_2S+Fe_3O_4 \longrightarrow 3FeS+4H_2O+S$$
$$Fe_2S_3 \longrightarrow 2FeS+S$$
$$FeS+S \longrightarrow FeS_2$$

1. 黄土脱硫

使用黄土脱除 H_2S 是一种古老的脱硫方法。氧化铁有多种形态，但仅 $\alpha-Fe_2O_3 \cdot H_2O$ 及 $\gamma-Fe_2O_3 \cdot H_2O$ 两者有良好的脱硫活性。黄土主要含 $\alpha-Fe_2O_3 \cdot H_2O$；赤泥即铝土泥，是生产氧化铝的下脚料，主要含 $\gamma-Fe_2O_3 \cdot H_2O$。它们仅在含有化合水时方有脱硫活性。

脱硫剂含黄土 95.5%，木屑 4.0%，石灰 0.5%。木屑使之疏松，碱性条件有助于完成以上反应。在装入设备前需均匀喷水，使脱硫剂中的水分含量达到 30%～40%。氧化铁脱硫塔如图 2-1-10 所示。

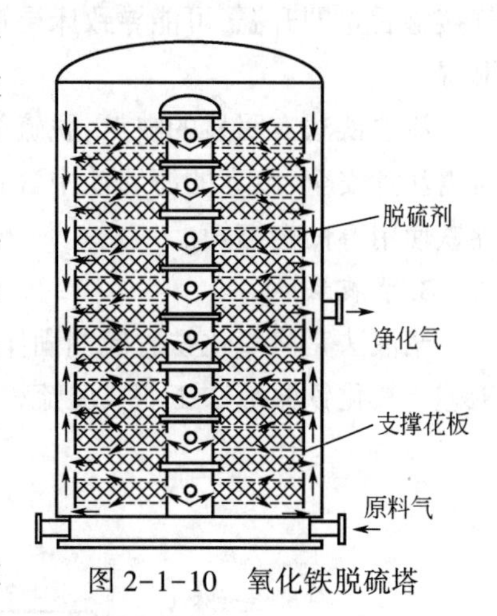

图 2-1-10　氧化铁脱硫塔

脱除 H_2S 的适宜条件为 28～30℃，脱硫剂湿度不少于 30%，即使在常压下气体中的 H_2S 也可降至 $20mg/m^3$ 以下。脱硫剂吸收 H_2S 饱和后，可在水蒸气存在下以空气使之再生，其反应为：

$$2Fe_2S_3+3O_2+6H_2O \longrightarrow 4Fe(OH)_3+6S$$

此反应为放热反应[303kJ/mol(Fe_2S_3)]。

再生析出的硫存在于脱硫剂床层中，它会包围活性氧化铁而使 H_2S 无法继续与之反应，当脱硫剂硫含量达到 50%时，就需更换脱硫剂。

2. 海绵铁法

海绵铁法也是一种古老的气体脱硫方法，其性能与黄土类似，但它是人工制备的。海绵铁主要为 Fe_2O_3，也含有一定量 Fe_3O_4。海绵铁也需混入木屑及纯碱使用，其产品按氧化铁含量分为多个等级；在天然气净化中使用氧化铁含量最高的一种，每立方米含氧化铁 194kg，纯碱 13kg，余为木屑，堆密度 $432kg/m^3$。

海绵铁中 Fe_2O_3 与 H_2S 反应生成 Fe_2S_3，Fe_2S_3 再与空气中的氧反应析出硫黄。海绵铁在与 H_2S 反应的同时，会与气流中硫醇发生反应，脱除其中一部分硫醇，其反应为：

$$Fe_2O_3+6RSH \longrightarrow 2Fe(SR)_3+3H_2O$$

海绵铁脱硫活性高，设备投资低，脱硫剂较廉价，在处理潜硫量较少的天然气方面应用较多，常用于天然气液化装置。海绵铁法典型工艺流程如图 2-1-11 所示。在反应塔内填充有一定高度的海绵铁，气体由上至下通过反应塔。此时，Fe_2O_3 与 H_2S 反应生成 Fe_2S_3，气体得到净化。在再生过程中，反应塔即成再生塔，不断向塔内通入空气，Fe_2S_3 与空气中的氧气反应再生转化为 Fe_2O_3 并释放出硫。当出口气体中氧气浓度达到 4%~6%，出海绵铁层的气体温度开始下降时，即认为再生结束。也可在原料气中注入少量空气，在气体净化同时，使海绵铁再生并释放出硫，达到连续再生目的。

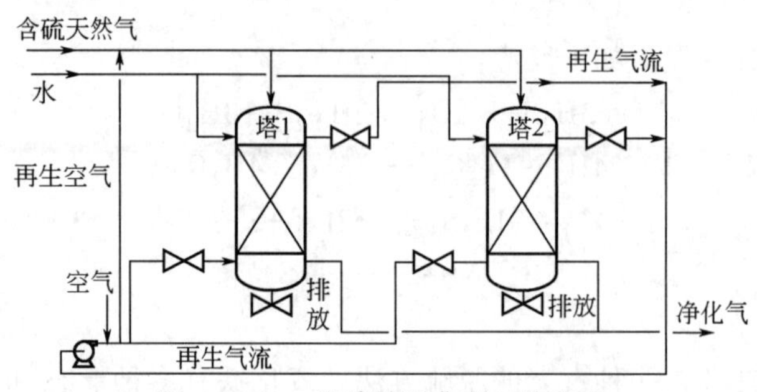

图 2-1-11　海绵铁法典型工艺流程

虽然海绵铁法的脱硫剂可以再生，但必须定期更换。在打开反应塔床层时，海绵铁与空气接触后立即升温，可能导致床层自燃，因此更换海绵铁时必须小心，卸料前应将整个床层淋湿。

海绵铁法有明显的缺点：脱硫剂的装卸麻烦，费时、费力；废弃的海绵铁有自燃性，处理时需注意安全；废弃的海绵铁中含有大量的木屑，易污染环境；天然气中有油或缓蚀剂时，海绵铁使用寿命会缩短。

3. 浆液法

浆液法是将氧化铁脱硫剂固体加工成粉末，悬浮于水中形成浆液，进行脱硫吸附的一种工艺。氧化铁浆液法工业实验流程如图 2-1-12 所示。

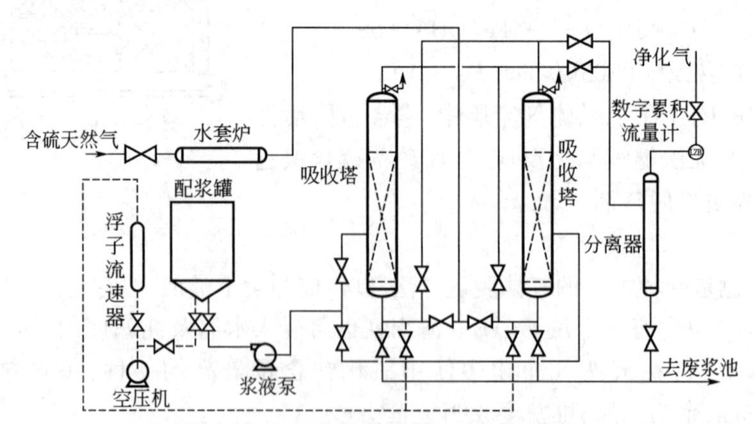

图 2-1-12　氧化铁浆液工业实验流程

氧化铁浆液法可用于处理低 H_2S 含量的天然气，当原料气 H_2S 含量为 1~2g/m^3 时，采用双塔串联可获得≤20mg/m^3 的净化气。氧化铁浆液溶解 H_2S 和 CO_2 后处于酸性条件（pH=4~5），腐蚀比较严重；废浆液为硫化铁和氧化铁的混合物，与空气接触后，硫化铁逐步转变为氧化铁和单质硫，无毒，符合排放标准。

J(GJ)BA005 分子筛法脱硫工艺原理及特点

(五)分子筛法脱硫工艺原理及特点

使用固体吸附剂脱除气体中的硫化物是一类传统方法,早期常用活性炭。自20世纪60年代开始,分子筛脱除天然气中的H_2S及硫醇等有机硫化物工艺在国外实现广泛工业应用。

1. 分子筛脱硫的基本原理

分子筛因其具有孔径均匀的微孔孔道且仅允许直径较其孔径小的分子进入孔内而得名。具有强极性的吸附剂,对极性、不饱和化合物以及易极化分子有很高的亲和力。所以,分子筛可按分子尺寸,极性及不饱和度将复杂混合气体中的某些组分脱除或分离出来。分子筛对天然气中的硫化物及其他组分的吸附强度次序如下:

$$H_2O>CH_3SCH_3>CH_3SH>H_2S>COS>CS_2>CO_2>N_2>CH_4$$

与其他吸附剂相比,分子筛不仅具有择形选择性,而且在低组分分压下仍有相当高的吸附容量。分子筛的硫容量相当于活性炭或硅胶硫容量的10倍左右。在几种分子筛中5A及13X具有较高的硫容量,是分子筛脱硫的常用类型。需要指出的是,当气体中含有较重的有机硫化合物时,由于择形效应,5A分子筛可能无法达到净化度要求,而13X则可达到小于1.4 mg(硫)/m^3的指标。25℃下几种分子筛的吸附容量与H_2S分压的关系,如图2-1-13所示;5A分子筛在不同温度及不同H_2S分压下的吸附容量如图2-1-14所示。

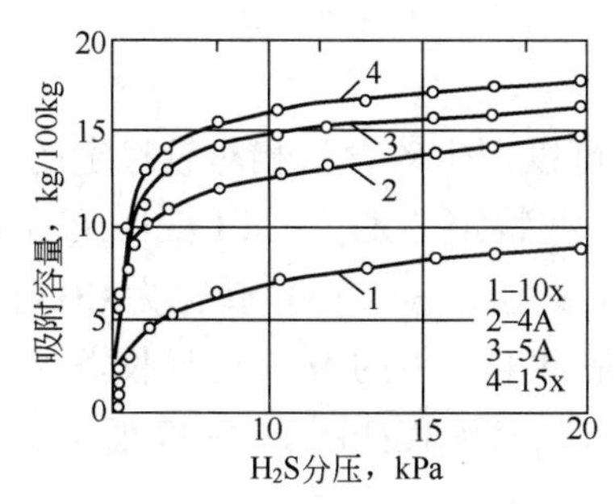

图2-1-13　25℃分子筛的H_2S吸附容量

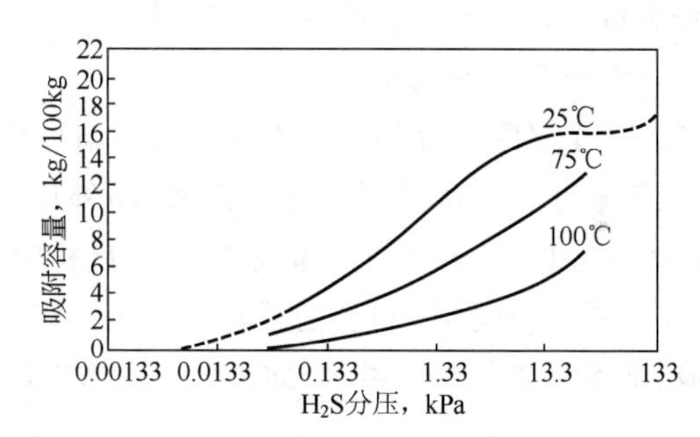

图2-1-14　不同温度下5A分子筛的H_2S吸附容量

从图2-1-13、图2-1-14中可以看出,5A和13X分子筛硫容量较高,较低的吸附温度和较高的组分分压可获得较高的硫容量。由于13X分子筛孔径较大(1.0nm),在吸附H_2S时容易吸附烃分子(特别是芳烃),再生时易生成焦而使其性能下降。

在实际吸附过程中,分子筛的工作硫容与平衡硫容量有一定的距离,同时还受其他组分的影响。当天然气中含有水汽时,由于分子筛对水的亲和力优于各种硫化物,因此分子筛床层在实际运行中将会形成几个不断推进的区域,如图2-1-15所示,包括水平衡段、水-硫交换段、硫平衡段和硫传质吸附段四个区域,事实上通常还有第五个区域——分子筛尚未发生吸附的清净区。在实际运行过程中,随吸附时间增加,清净区逐渐缩小,在清净区消失前即应停止吸附转为再生。

图2-1-15既表明使用分子筛可实现同时脱硫脱水,也表明当分子筛用于脱硫时,气流中的水分将降低其工作硫容。

在分子筛脱硫过程中,由于硫化物的吸附显示出较强的化学吸附性质,必须采用升温再生,再生可使用净化气将析出的硫化物携出。然而,再生过程中硫化物的解吸并非是均匀的,图 2-1-16 给出了分子筛上存留的硫容量(以平衡负荷的百分数计)随热吹扫时间的变化情况。

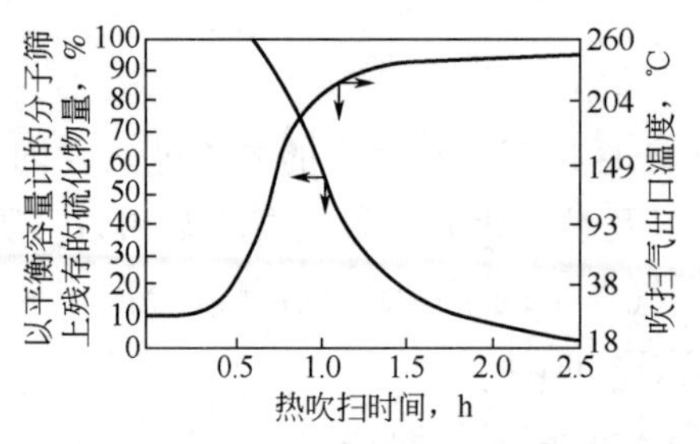

图 2-1-15　分子筛脱硫床层的不同区域

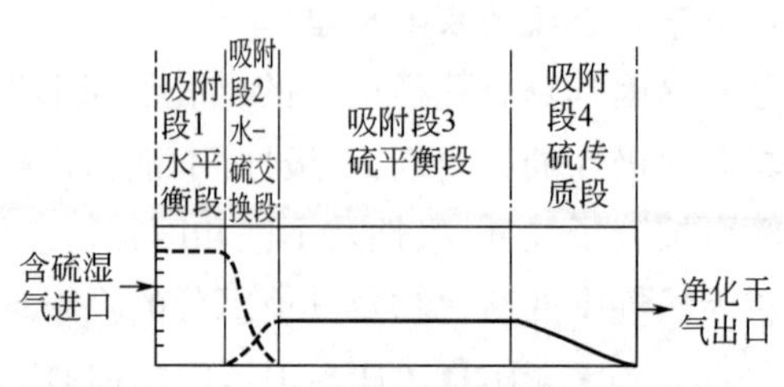

图 2-1-16　分子筛上硫化物的解析特性

当分子筛用于脱水时,再生气携出的水汽可借冷凝而分离,因此再生气可重复使用或返回进料气中。然而分子筛脱硫时,含硫化物的再生气不可能借冷凝而分离,因此再生所得含硫气的处理是整个分子筛脱硫工艺上的难点,再生气中硫化物浓度的不均匀性加重了这一难点。

分子筛脱硫时再生气处理方式:返回进料气;进入燃料气系统;进入灼烧炉燃烧;进入火炬燃烧和进入尾气处理装置等。

2. 典型分子筛法脱硫工艺

有若干个吸附器分别处于不同的吸附与再生阶段,可以产生硫含量相对较稳定的汇合再生气,有利于再脱硫过程。除此之外,国外还开发了一些特定的工艺,如 EFCO 及 Halnes 等。值得注意的是,分子筛在脱除 H_2S 的过程中,有可能发生 H_2S 与 CO_2 转化为 COS 的反应,应予以重视。美国 EF 公司开发的 EFCO 工艺特点是再生气中的 H_2S 在吸收塔内以溶剂吸收,溶剂可借闪蒸而再生,此工艺可实现同时脱硫脱水,其流程如图 2-1-17 所示。

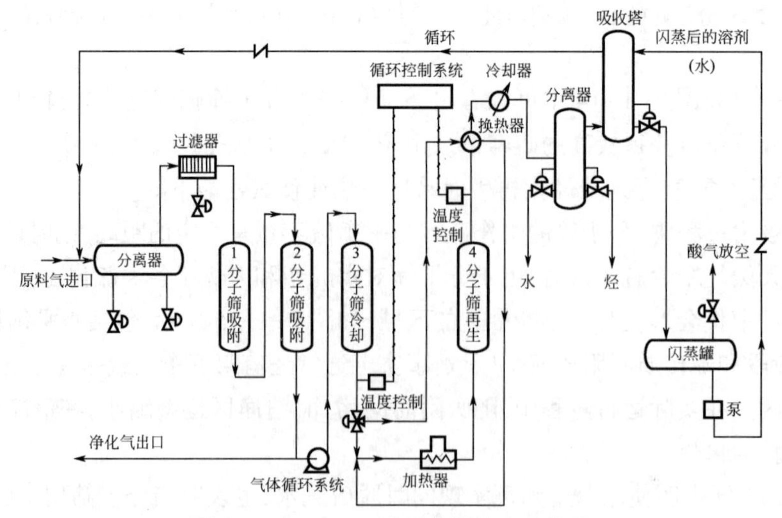

图 2-1-17　EFCO 分子筛脱硫工艺流程

事实上，对于大型联合装置，分子筛再生气脱硫塔的富液可以与其他脱硫塔的富液合并再生（脱硫脱碳溶液相同），如图 2-1-18 所示。

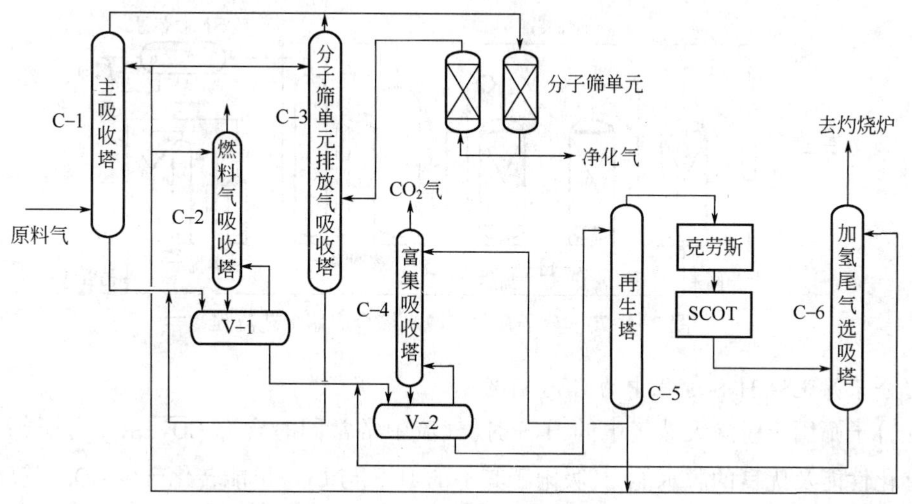

图 2-1-18　荷兰某工厂分子筛脱硫工艺流程

采用分子筛作吸附剂的过程中，H_2S 被分子筛层吸附，直到饱和为止。分子筛层随后用由部分硫燃烧生成的热 SO_2 气体再生。再生过程中，进行克劳斯反应，H_2S 和 SO_2 反应生成元素 S，分子筛又起催化剂作用。冷却再生气体，硫即冷凝分离出来，此过程需要使吸附塔保持中压或高压，天然气中重烃含量应尽可能低。

美国 KA 等开发的 Haines 工艺的主要特点是将吸附的 H_2S 和 SO_2 转化为硫黄回收，SO_2 是燃烧一部分硫黄产生的，将燃烧生成的 SO_2 通入需再生的吸附剂，H_2S 与 SO_2 在分子筛上催化转化为硫黄，硫黄经冷凝而回收，未反应的 H_2S 及 SO_2 进入灼烧炉后排放，其工艺流程如图 2-1-19 所示。此工艺将天然气脱硫与硫黄回收融为一体，采用 A 型分子筛，可将含 H_2S 含量为 10%的原料气净化至 H_2S 小于 5.7mg/m^3，分子筛在 288℃条件下再生，硫收率达 90%。

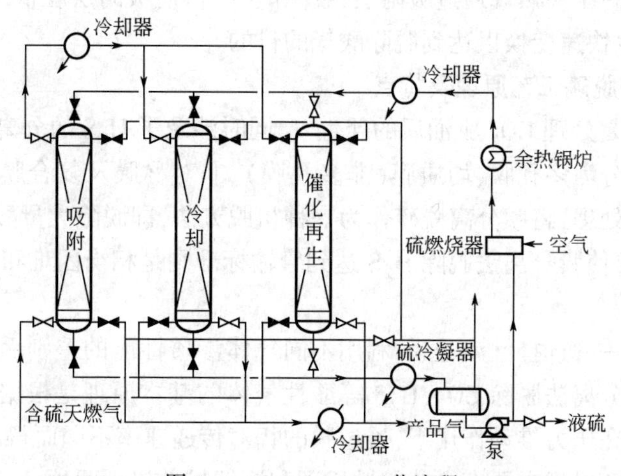

图 2-1-19　Haines 工艺流程

国内分子筛脱硫工艺近几年发展迅猛，主要应用在天然气井口以及 CNG、LNG、LPG 等装置的脱硫脱水，如图 2-1-20 所示。

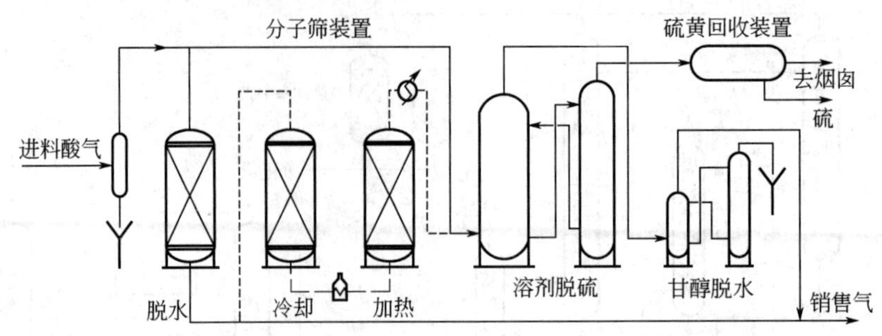

图 2-1-20 分子筛脱硫脱水综合应用工艺流程

3. 分子筛脱除 H_2S 过程中的 COS 问题

在分子筛用于脱除天然气中的 H_2S 时，气流中常常同时含有 CO_2，由于分子筛具有良好的催化性能及优良的脱水能力，吸附于其上的 H_2S 与 CO_2 可能转化产生 COS，其反应为：

$$H_2S+CO_2 \xlongequal{} COS+H_2O$$

较高的温度在热力学上有利于 COS 生成。就动力学的角度而言，较高的温度也有较快的反应速率。

4. 分子筛脱除硫醇等有机硫

当以分子筛法脱除天然气或其他物料中的硫醇等有机硫化合物，尤其是存在含硫大分子化合物时，需要选用 13X 分子筛。分子筛脱除天然气中的硫醇有很高的净化度，净化气总硫含量可降至小于 $1.4mg/m^3$。但含硫醇的再生气更难处理，进入燃料气系统是一个相对适宜的方法。

固体吸附法还有一种新工艺，那就是变压吸附。由于处于固体表面的质点，受到相内质点的引力，所处力场是不平衡的，固体表面可以自动地吸附那些能降低其表面自由焓的物质。当温度和表面积不变时，平衡吸附量随吸附压力增加而增加。采用适当的吸附剂，如活性炭、分子筛等，让高压天然气通过吸附层，脱除酸气，再使吸附层在低压下解吸，通过不断切换，使吸附和再生快速变换以达到脱除酸气的目的。

J(GJ)BA006 膜分离法脱硫工艺原理及特点

（六）膜分离法脱硫工艺原理及特点

膜分离法主要是处理 CO_2 驱油后的伴生气，同时涉及了 H_2S 的分离净化。用于气体分离的膜材料按材质分为多孔膜、均质膜（非多孔膜）、非对称膜及复合膜。膜分离法主要适用于高酸性气体的处理，将膜分离脱硫作为一种粗脱方法，即脱除大量酸气的方法在技术经济上较为有利，但要使膜分离法脱除 H_2S 达到管输标准则是相当困难和不经济的。

1. 膜分离原理

膜分离是使用一种选择性渗透膜，利用不同气体渗透性能的差别而实现气体组分分离的方法。天然气膜分离法脱除 CO_2、H_2S 等酸性气体的基本原理是根据原料天然气中的酸性组分与烃类组分在压力推动作用下，透过膜的相对传递速率不同而得以分离。

常见气体膜分离机理主要有微孔扩散机理和溶解扩散机理两种。

微孔扩散机理：由于酸性分子与多孔介质之间的相互作用程度不同，其分子运动的平均速率不同,而当膜的微孔孔径远小于气体运动的平均自由程时,通过微孔的分子数与分子运动的平均速率成正比,从而实现气体分离。

溶解扩散机理:对于非多孔膜来说,酸性气体是通过分子间隙渗透,分离效果基本上和气体流动状态无关,可用溶解扩散机理来解释。气体渗透过程分为三个阶段:气体分子溶解于膜表面;溶解的气体分子在膜内扩散、移动;气体分子在膜的另一侧表面低压解吸。

2. 气体膜分离工艺流程

气体膜分离系统大体上由三部分组成,如图 2-1-21 所示。

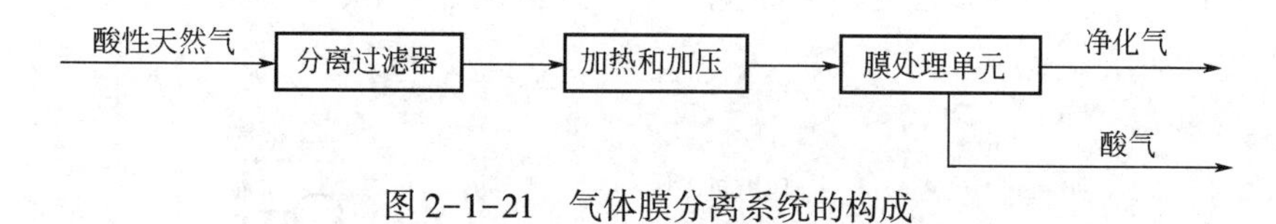

图 2-1-21　气体膜分离系统的构成

分离过滤系统通常设有三个分离器。第一分离器为立式重力式分离器,分上下两段,上段有过滤网,其主要目的是彻底分离游离水、液态烃和固体杂质,以免损坏膜处理单元。第二分离器主要过滤井下带来的化学药剂(如缓蚀剂、甘醇类)的气相部分,可采用活性炭吸附,用后更换不进行再生。第三分离器与第一分离器功效相同,也可作为第一分离器的备用设备。当然,分离过滤系统也可根据气质,自行设计安装。加热的主要目的是防止液态水的形成,这是因为液态水会破坏膜的渗透能力。一般的加热方式有两种,当膜分离系统为单级时采用水套炉加热,当膜分离系统为两级时利用压缩机的出口高温气体进行换热。如果气井来气经过分离过滤后的干净气体压力过低则需要加压。

(1)一级膜分离流程。

各种膜工艺的设计中最常用的是单级膜分离系统,其流程如图 2-1-22 所示。单级膜系统具有结构简单、投资少的优点。虽然单级膜分离系统的净化气回收率比多级系统低,但经济效益极为可观。

含 CO_2、H_2S 等酸性气体的天然气通过聚结过滤器,除去游离水、液烃以及固体杂质后,经过活性炭过滤器吸附,过滤掉井下带来的化学药剂的气相部分,再经固体过滤器除去细小的固体微粒,然后经过预热器升温,以防止天然气中出现液态水或液态烃而破坏膜结构,预热后的天然气进入膜分离器,酸性气体优先透过膜从而与天然气中的烃类分离。

(2)两级膜分离流程。

两级膜分离流程如图 2-1-23 所示,它另外增加了一套膜分离系统来对第一级系统排出的酸气进行再分离,大幅度地提高酸气质量和烃类产品回收率。

来自第一级膜分离系统的透过气(酸气)经压缩和预处理后,进入第二级膜分离系统再次进行处理,其残余气返回预热器前与新鲜原料气混合,而第二级膜分离的透过气则直接进入下游处理装置。

(3)膜法-醇胺法集成工艺流程。

为了保证净化气质量,也可以把膜分离技术和醇胺法脱硫结合使用,即串级脱硫流程,利用各自技术特有的优势,在满足应用要求的前提下降低装置的投资和运行费用,简化操作工艺。图 2-1-24 为典型膜法-醇胺法集成脱除酸性组分的工艺流程。

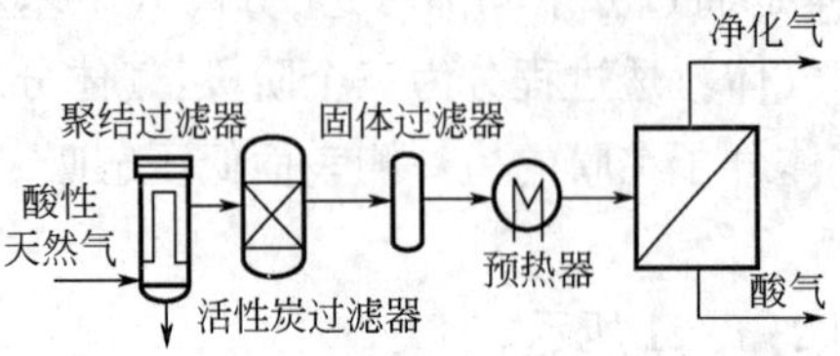

图 2-1-22 单级膜分离法脱除酸气流程

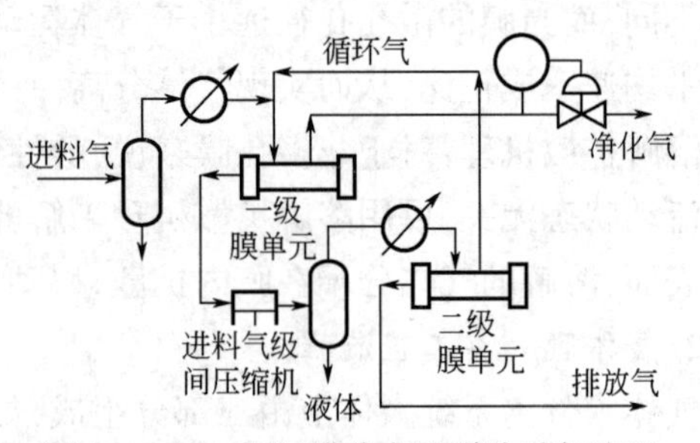

图 2-1-23 两级膜分离法脱除酸气流程

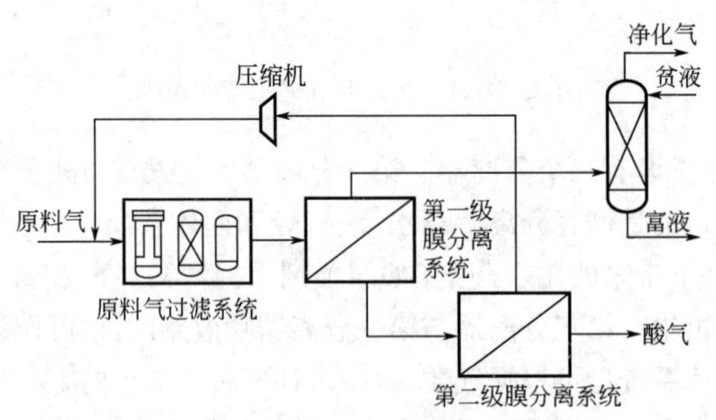

图 2-1-24 膜法-醇胺法集成脱除酸性组分工艺

3. 气体膜分离特点

气体膜分离有如下特点：

(1)选择性好、适应性强。

(2)在膜分离过程中不发生相变化，因而能耗低。

(3)分离过程不涉及化学药剂，副反应少，腐蚀小。

(4)设备简单，过程易操作。

J(GJ)BA007 脱硫脱碳工艺方法选择

二、脱硫脱碳工艺方法选择

(一)脱硫脱碳方法选择的制约因素

在众多的脱硫脱碳方法中没有绝对优越的方法，而各有其特点和适用范围，在应用时需根据实际情况进行选择，选择脱硫脱碳方法的重要标准主要是动力和投资费用，但在许多情况下这种选择是困难的，主要受到以下几方面因素的制约：

(1)方法的外部参数：原料气的组成、压力、温度、要求的净化度、动力资源参数（蒸汽压力、现有余热）、利用二次动力的可能性等，即不影响净化方法的设备工艺配置因素的参数。

(2)方法的内部参数：热量消耗、电力、溶剂、废渣、设备的重量和型式，以及它们与原料气和净化度各参数的关系，即对净化方法的设备工艺配置有影响的参数。

(3)经济因素：动力资源、原料、废渣、设备的价格，以及某种形式的原料（溶剂等）和动力的稀缺程度。

此外还有方法的技术成熟度与专利等。

(二)脱硫脱碳工艺选择要求

脱硫脱碳方法的选择要在工艺方面、热力学方面以及总的技术经济方面进行详细的分析、多种方案的比较,要选择一种处理过程,首先就要确定入口气体的流量、温度、压力、酸气浓度,以及出口气流中允许的酸气浓度。要选择一种合适的天然气脱硫脱碳处理工艺,应该考虑以下问题:

(1)关于脱硫脱碳后续尾气处理装置中尾气排放时对空气污染的控制。

(2)酸性气体中杂质的种类和浓度。

(3)净化气的技术规格。

(4)酸气的技术规格。

(5)可利用的酸气的温度和压力以及要输送的低硫气体的温度与压力。

(6)拟处理的气体量。

(7)气体中的烃组分。

(8)脱酸性气体要求的选择性。

(9)投资与操作费用。

(10)工艺专利权使用费。

(三)影响脱硫脱碳方法选择的其他因素

1. 节能

(1)采用选择性脱硫脱碳工艺(如 MDEA 法)。这类方法虽然开发初期的原动力是提高酸气中 H_2S 浓度以满足克劳斯装置的要求,但在使用中却获得了异常显著的节能降耗收益,因此推广 MDEA 法的主要意图已从提高酸气质量转向了取得经济效益。

(2)提高醇胺溶液浓度。MEA 法采用抗硫型醇胺保护剂,溶液浓度由 15%升至 25%,SNPA-DEA 法由 25%~30%升至 40%,MDEA 法初期常使用 20%浓度的溶液,近期已升至 40%~50%,溶液浓度的提高导致循环量大幅度下降。

(3)巧妙安排工艺流程。根据具体条件采用富液分流,贫液与半贫液分流及吸收塔内增加内冷器等措施,可以取得一定的节能效果。

2. 溶液体系系列化

为了扩大其适应各种条件的能力,脱硫脱碳方法逐步系列化,从而可针对不同的气质、净化要求及其他条件选用不同的溶剂。

3. 空间位阻胺法

空间位阻胺是从希望它具有的性能出发来设计合成的,从而加强了理论指导,广泛应用于天然气脱硫脱碳与 SCOT 法尾气处理。

4. 新型脱硫脱碳过程的开发

(1)膜分离技术。

低能耗、操作简单、易于模块化设计的膜分离技术已成功地应用于 CO_2 驱油伴生气的分离。对于高含 H_2S 天然气的处理,采用膜分离作为第一级分离,继之醇胺法,可以提高过程的经济性。

(2)微生物脱硫技术。

微生物脱硫最初用于煤炭脱硫,随着该技术的深入,近几年已逐步扩展到用于脱除天然气中的硫化物。由于微生物脱硫条件温和、能耗低、投资少、废物排放少，特别适于处理中低含硫天然气，正逐渐成为脱硫领域研究的新热点。

（3）PDS 脱硫技术。

PDS 脱硫技术与同类的技术相比，具有工艺简单、成本低、脱硫效率较高的特点，而且既能脱无机硫又能脱有机硫，总脱硫效率高。另外，PDS 脱硫还有催化活性高，用量少，脱硫适用范围宽，产生硫泡沫多，易分离，不堵塞设备，适用于各种气体和低黏度液体的脱硫。

（4）脱硫溶剂复合化。

脱硫溶剂复合化表现在混合醇胺法的开发及直接转化法等方面。不同醇胺混合使用的目标是得到高净化度与低能耗的统一，为此选用高浓度的叔胺与低浓度的伯、仲胺组合，如各类 MDEA 配方溶液。在直接转化法方面，将 H_2S 氧化为单质硫的氧化剂或配位剂由一元向二元变化的趋势也十分显著。

（5）电子束照射法及微波法脱硫。

电子束照射法是针对工业废气处理而开发的，将 H_2S 通过电子加速器产生的电子束使之分解转化为 SO_2、SO_3、CO_2 等毒性较小、较易处理的物质；微波法是利用微波能量激发等离子化学反应将 H_2S 分解为 H_2 和 S，目前均处于实验研究阶段。

5. 天然气酸性气体脱除工艺选择原则

（1）处理量比较大的脱硫脱碳装置应首先考虑醇胺法和砜胺法。

（2）除 H_2S 和 CO_2 外，天然气含有相当量有机硫需要脱除时宜选用砜胺法。

（3）天然气 CO_2/H_2S 比较高（大于 6）以及需要选择性脱除 H_2S 时，应使用 MDEA 溶液或 MDEA 配方溶液。

（4）在脱除 H_2S 的同时需要脱除相当量的 CO_2 时，可采用 MDEA 与适当醇胺组合的混合醇胺法。

（5）天然气压力较低、H_2S 指标要求严格并需要同时脱除 CO_2 时，可选用 MEA、DEA 或混合醇胺法。

（6）主要脱除天然气中大量的 CO_2 时，可选用活化 MDEA 法、物理溶剂法或膜分离法等。

（7）处理 H_2S 含量低的小股天然气时（潜硫在 0.1～0.5t/d），可选用固体氧化铁脱硫剂或氧化铁浆液法。

（8）处理 H_2S 含量不高，潜硫在 0.5～5t/d 的天然气时，可采用直接转化法的铁法、钒法或 PDS 法。

（9）高寒地区及沙漠缺水区域，可选择二甘醇胺法（DGA）或分子筛法。

J(GJ)BA012 胺液发泡机理及应对措施

三、醇胺溶液发泡机理及应对措施

醇胺溶液发泡时表面活性物质吸附在气液表面，形成稳定的液膜。发泡通常是由溶液中的杂质引起的，例如，凝结的轻烃、细小的悬浮固体（如硫化铁）、醇胺降解产物或进口气体中带入的表面活性剂等。

当不溶性气体存在于液体或固体中时，单个气泡被其薄膜独立包围，许多气泡聚集在一起彼此以薄膜隔开的积聚状态形成泡沫。气泡是一种具有气/液、气/固、气/液/固界面的分散体系。发泡分为化学发泡和物理发泡，化学发泡是在高温下分解形成气态分解物（N_2、

CO_2、NH_3 等）、热稳定性盐、有机酸等，这个分解过程通常是放热和不可逆的。物理发泡可以是液体，也可以是气体或已汽化的物质。

一般而言，纯水（溶液）和纯表面活性剂不会起泡，因为它们的表面和内部都是均匀的，很难形成弹性薄膜，即使形成亦不稳定，会瞬间消失。但在溶液中有表面活性剂的存在，气泡形成后，由于分子间力的作用，其分子中的亲水基和疏水基被气泡壁吸附，形成规则排列，其亲水基朝向水相，疏水基朝向气泡内，从而在气泡界面上形成弹性膜，其稳定性很强，常态下不易破裂。泡沫的稳定性与表面黏性、弹性、电斥性、表面膜的移动、温度和蒸发等因素有关。再者，气泡的形成与液体的表面张力有关，其张力越小，则越易起泡。

溶液泡沫的形成过程如图 2-1-25 所示，当向被污染的溶液中通入气体时，在溶液内部产生气液界面，表面活性剂分子被吸附至气液界面处，降低了此处溶液的表面张力，使形成的气泡趋于稳定。由于气液两相的密度相差较大，在浮力的作用下气泡上升至溶液表面。气泡与溶液表面之间形成的双分子层液膜内的液体在重力作用下排出，液膜逐渐变薄，以重力为动力的排液趋势也逐渐减弱，而球形弯曲液面产生的附加压力成为排液的主要动力。当液膜薄至一定程度时，弯曲的球形气泡变为多面体气泡，附加压力逐渐减弱，两个双分子层之间的距离接近，可以产生新的相互排斥作用。此时，气泡处于平衡状态，形成稳定气泡。溶液表现为发泡现象，如图 2-1-26 所示。

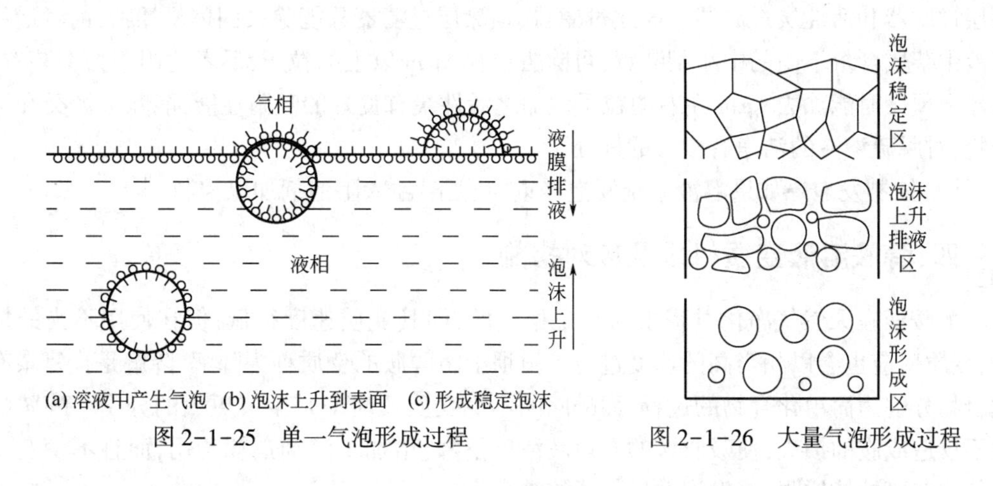

图 2-1-25　单一气泡形成过程　　图 2-1-26　大量气泡形成过程

影响 MDEA 溶液发泡性能的因素很多，主要有 Mg^{2+}、气井缓蚀剂、MDEA、DEA、液烃、Fe^{2+}、$Fe(OH)_3$、FeS 等物质。

（1）Mg^{2+}随天然气进入 MDEA 脱硫脱碳溶液后，迅速生成 $Mg(OH)_2$ 絮状或胶体状沉淀，这种絮状或胶体状物质能够吸附、夹带气井缓蚀剂、液烃和 $Fe(OH)_3$、FeS 等进入泡沫表面，增加泡沫的表面黏度和液膜强度，阻碍液膜排液，从而使泡沫的稳定性显著提高，使 MDEA 溶液的发泡高度和消泡时间急剧增大，发泡能力增强。

（2）气井缓蚀剂随天然气进入脱硫脱碳溶液中，不仅对气泡有极强的黏附能力，而且能增大脱硫脱碳溶液的表面黏度，增强气泡液膜的强度，从而大大提高泡沫的稳定性。

（3）脱硫溶液中的液烃来自天然气。当这些液烃组分以微小液滴的形式分散悬浮在脱硫脱碳溶液中时，与 MDEA 分子形成了胶状层，增大了溶液的表面黏度，使溶液的泡沫稳定性增大，导致溶液发泡。

(4) MDEA 是脱硫脱碳溶液的主要组分。溶液中的 DEA 主要是为了深度脱除 CO_2 而特意添加的，只有极少量是来自 MDEA 的降解，从单因素来讲，当 MDEA、DEA 浓度增大，溶液发泡性能是降低的。但是在多因素的协同影响下，MDEA、DEA 对溶液发泡性能的增大有较大的贡献作用，这主要是由于 MDEA 溶液浓度增大，溶液黏度随之增大，使更多的液烃与固体粉末能分散悬浮在 MDEA 溶液和泡沫中，导致泡沫的稳定性大大增加。从现场使用情况来看，尽管 MDEA、DEA 的浓度可能会由于泡沫夹带或自身降解而导致浓度降低，但不会在某一段时间内发生突然变化，因此它们浓度的微小变化对溶液发泡性能的影响可以不予考虑。

(5) Fe^{2+}、$Fe(OH)_3$、FeS 主要来自系统的腐蚀产物。这些细小的固体颗粒和胶状物质是较好的发泡剂和稳泡剂，它们能吸附溶液中的液烃并吸附在气液界面，增加表面黏度和液膜强度，阻碍液膜排液而使泡沫的稳定性显著提高，从而使溶液的起泡性能增加。

为防止各种杂质进入溶液系统引起发泡，对于在溶液系统中存在的杂质要设法尽可能地除去，常用的技术措施如下：

(1) 原料气分离。根据原料气的特点，选用有效的分离器除去原料气中夹带的微粒、液滴等。

(2) 溶液过滤。除去溶液中固体悬浮物、烃类和降解产物等。常用的有筒式过滤器、预涂层过滤器和活性炭过滤器。筒式过滤器、预涂层过滤器只能除去固体悬浮物，前者适用于溶液中杂质含量不高的中小型装置，可除去粒径 5μm 以上的粒子，后者适用于大型装置，用硅藻土预涂时能除去 1μm 左右的粒子。加之活性炭有良好的吸附性能，能除去烃类和降解产物，对脱硫溶液的洁净有极大的好处。

(3) 控制发泡。如果溶液系统发泡严重，必要时注入阻泡剂加以控制。

J(GJ)BA013 胺液变质机理及应对措施

四、醇胺溶液变质机理及应对措施

醇胺液在天然气净化过程中通常是稳定的，即其变质速度很低，但在使用不当的情况下，变质反应也会以相当高的速度进行。习惯上将醇胺的变质称为降解，降解是指复杂有机化合物分解为简单化合物的过程，而醇胺的不少变质反应却是生成更大的分子。醇胺的变质不仅造成胺的损失，使吸收液的有效胺浓度下降，增加了溶剂消耗费用，而且不少变质产物使溶液腐蚀性增强、易发泡并增加了溶液黏度。

醇胺的变质是一个相当复杂的问题，主要有热降解、化学降解和氧化降解三种类型。

(一) 热降解

醇胺受热而发生的降解称为热降解。醇胺水溶液加热到 150℃ 以上时产生一些分解或缩聚，并使其腐蚀性变强。醇胺中 DEA 的热稳定性较差，MEA 和 MDEA 的热稳定性良好，只要重沸器温度控制适当，一般不会发生严重的热降解。实验数据表明，在 190℃ 时，DEA 溶液温度每升高 10℃，热变质速率增加 1 倍。目前，天然气净化装置大量使用 MDEA，它们与 H_2S、CO_2 的反应热低，再生比较容易，再生塔底温度一般在 120℃ 左右，有效缓解了 MDEA 的热降解。

(二) 化学降解

在脱除 H_2S 的天然气中，一般均含有 CO_2，导致醇胺变质的主要因素就是 CO_2。

化学降解是指醇胺与天然气中的 CO_2、有机硫化物（CS_2、COS）等反应而生成难以再生的热稳定性盐。在可能影响 MDEA 降解速率的因素中，温度是主要因素，在低于 120℃ 的条件下，MDEA 浓度及 CO_2 分压的影响均有限，CO_2 对降解速率的影响实际上可以忽略。

砜胺体系包括砜胺Ⅰ型、Ⅱ型及Ⅲ型，其中所使用的化学溶剂分别是 MEA、DIPA 及 MDEA。由于砜胺溶液的再生温度较醇胺液要高 6~10℃，因此砜胺液中醇胺变质速率也将显著高于醇胺液，而所生成的变质产物对体系的不利影响也更为严重。至于溶液中的环丁砜，它是一个十分稳定的化合物，一般不产生变质反应。

（三）氧化降解

胺液储罐或配制罐未做好氮气保护措施，空气中的氧或其他杂质进入胺液系统，与醇胺发生氧化变质生成一系列热稳定性盐（HSS），它们一旦生成很难再生。有些热稳定性盐是碱性的，它们虽不能再生但还具有一定与 H_2S 反应的能力；另一些热稳定性盐是酸性的，不仅不能与 H_2S 反应，而且因其强烈的腐蚀性而导致装置产生严重的操作问题。例如 MEA 氧化降解会生成草酸盐、乙酸盐等；氧能使 MDEA 降解而生成 DEA，将影响脱硫溶液的选择性能。

各种醇胺抗氧化降解的能力以 DEA 最弱，依次为 MEA 和 MDEA。MDEA 的氧化降解仅为 MEA 的 5%，DEA 的 2.6%，详见表 2-1-2。

表 2-1-2　50%MDEA 溶液 82℃下的氧化降解结果

时间，d	0	7	14	21	28
甲酸盐，μg/g	<10	93	155	215	236
乙酸盐，μg/g	<10	21	54	83	111
甘醇酸盐，μg/g	<10	224	338	431	521

另外，50%MDEA 溶液在 82℃下氧化 28 天产生的 DEA 达 1605μg/g。

天然气净化过程中氧可能将 H_2S 氧化为单质硫，硫可与醇胺反应，此外还可能生成硫代硫酸盐而降低有效浓度，产生一系列问题。因此，防止氧进入系统可显著改善溶液的氧化降解，即使用氧化抑制剂也是有益的。

醇胺的复活是指将其变质产物再转化为其母体醇胺，并将醇胺与各种杂质分开的过程。目前解决溶液降解变质的主要方法：一是溶液复活；二是在日常操作中采用措施，避免氧进入装置；三是控制合理的酸气负荷和在溶液中加入微量缓蚀剂；四是配置溶液和补充水采用凝结水。

J(GJ)BA014
胺法脱硫脱碳装置预防腐蚀措施

五、醇胺法脱硫脱碳装置预防腐蚀措施

胺法脱硫脱碳装置的腐蚀可能导致装置非计划性停产、设备寿命缩短、环境污染、设备损坏及人员伤亡事故。胺液腐蚀影响因素较多且涉及多门学科，在此简要介绍胺法装置的腐蚀类型及敏感区域、不同醇胺及工艺条件的影响和材质选用及预防措施。

（一）腐蚀类型及敏感区域

胺法装置中发现的腐蚀类型有均匀腐蚀、电化学腐蚀、缝隙腐蚀、坑点腐蚀、晶间腐蚀、

选择性腐蚀、磨损腐蚀、应力腐蚀开裂及氢型腐蚀、氢脆致开裂腐蚀等。局部腐蚀、应力腐蚀开裂、氢型腐蚀、磨损腐蚀及坑蚀甚至会导致恶性事故发生。

胺法装置容易发生腐蚀的敏感区域主要有再生塔及其内部构件、贫富液换热器的富液侧、换热器后的富液管线以及有游离酸气和较高温度的重沸器、酸气冷却器及附属管线等处。

（二）不同醇胺溶液的腐蚀性

醇胺溶液本身对碳钢并无腐蚀性，腐蚀是在酸性气体进入胺液后才产生的。图 2-1-27 中给出了在 CO_2 环境中，99℃及 168h 的条件下，MEA、DEA 及 MDEA 溶液的腐蚀率。此图可以看出胺液的腐蚀性与其反应性能有关，反应性越强，腐蚀也越严重；对于每种醇胺，其浓度越高，腐蚀率也越高。

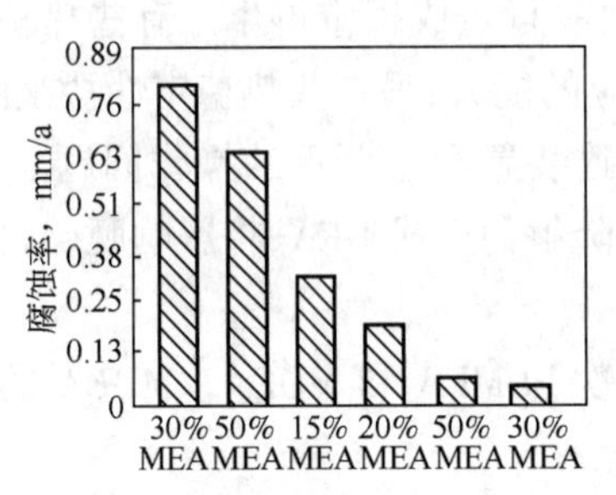

图 2-1-27　胺液在 CO_2 环境下的腐蚀率

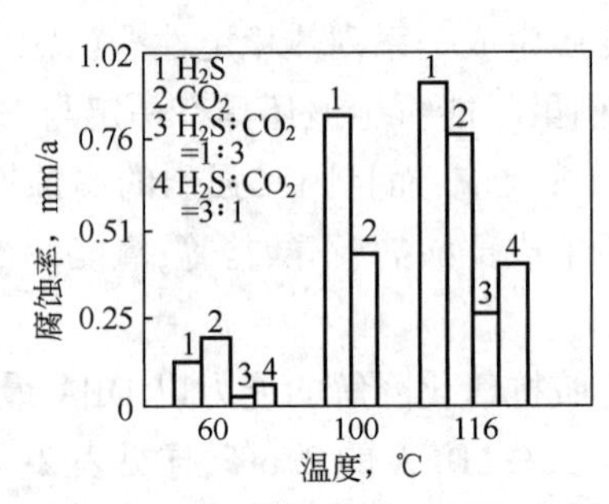

图 2-1-28　不同气相组成及温度下 MEA 溶液腐蚀率

（三）工艺条件的影响

图 2-1-28 及图 2-1-29 分别为 15%MEA 溶液和 20%DEA 溶液在不同气相组成条件下的腐蚀率。从图中可见，在仅有 H_2S 或仅有 CO_2 时腐蚀率最高。现场数据表明，对以脱除 CO_2 为主的装置，气体中如含少量 H_2S 可对金属起强烈的钝化作用，高 H_2S/CO_2 比的腐蚀低于低 H_2S/CO_2 比。还可以看到，随温度上升，腐蚀率升高。此外，液流速度对腐蚀也有显著影响。

图 2-1-30 给出了 MEA 溶液在不同 CO_2 负荷下的腐蚀率，可见 CO_2 负荷 0.45mol/mol 的腐蚀率与 0.3mol/mol 相近，但 0.6mol/mol（CO_2）则达 0.45mol/mol（CO_2）的一倍以上。

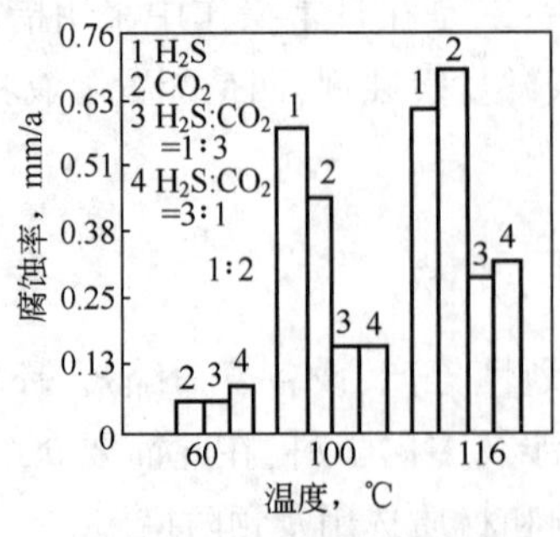

图 2-1-29　不同气相组成及温度下 DEA 腐蚀率

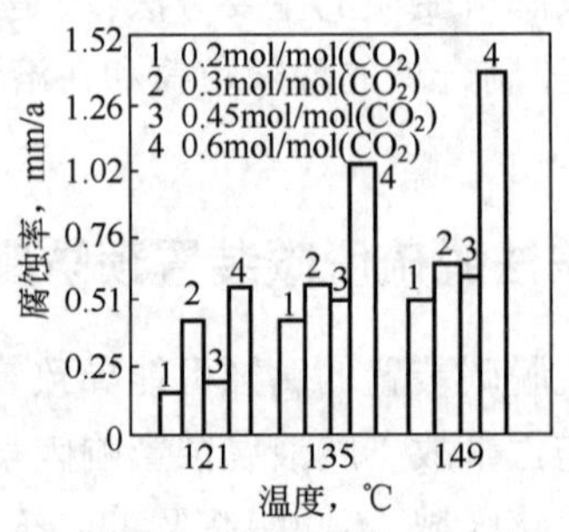

图 2-1-30　不同 CO_2 负荷及温度下 MEA 溶液腐蚀性

(四)胺法装置的材质选择

关于胺法装置中的各个设备中的构件,推荐使用的材料见表2-1-3。

表2-1-3　DuPart推荐的胺法装置材料

项目	材料	项目	材料
吸收塔壳体	碳钢	酸气冷凝器壳体	碳钢
吸收塔内部构件	碳钢或不锈钢	酸气冷凝器管束	碳钢或不锈钢
再生塔壳体	碳钢	贫液冷却器壳体	碳钢
再生塔内部构件	不锈钢	贫液冷却器管束	碳钢或不锈钢
重沸器壳体	碳钢	回流罐	碳钢
重沸器管束	不锈钢	活性炭罐壳体	碳钢
重沸器管板	碳钢	活性炭罐内部构件	不锈钢
重沸器蒸汽室隔板	碳钢	溶液循环泵壳体	碳钢
		溶液循环泵叶轮	不锈钢
贫富液换热器壳体	碳钢	富液管线	不锈钢
贫富液换热器管束(富液)	不锈钢	贫液管线	碳钢或不锈钢

此外,建议吸收塔底部5层塔板、再生塔顶部5层塔板及酸气冷凝器也使用不锈钢。

(五)胺法装置预防腐蚀的措施

为了预防胺法装置的腐蚀,在装置设计及运行中需要考虑许多因素,概括如下:

(1)设计方面。

① 使用材料表中推荐的适当材料。

② 设备制成后应消除应力。

③ 设计应选用合理的工艺参数,如胺液浓度和酸气负荷。控制合适的管线流速,碳钢管道不超过1m/s,吸收塔至换热器的富液流速在0.6~0.81m/s,贫富液换热器至再生塔富液流速还应更低。还要注意减少涡流和局部降压,如重沸器蒸汽流量调节阀设在重沸器入口,闪蒸罐富液液位调节阀设在再生塔富液管线入口处等。

④ 为防止磨损腐蚀,必须设置溶液过滤器,机械过滤器可及时除去导致磨损腐蚀和破坏保护膜的固体粒子,活性炭过滤器可除去溶液中的降解产物。此外,加强溶液的保护措施也有助于减轻腐蚀。

⑤ 缓蚀剂仅能解决均匀腐蚀问题,而不能解决局部腐蚀。

⑥ 定期采用无损探伤技术检查装置,并做好记录分析。

⑦ 采用保护涂层。在易发生应力腐蚀开裂部位使用高效的聚合物涂层,将诱发应力腐蚀开裂的操作条件与金属材料隔开,减轻应力腐蚀开裂。

(2)操作方面。

① 在满足溶液再生质量的前提下,尽可能控制较低重沸器运行温度。

② 避免用高温载热体,维持较低的金属壁面温度。

③ 再生塔与重沸器的压力控制应尽可能低。

④ 防止氧气进入系统,维持泵入口正压。

⑤ 使用有效的腐蚀抑制剂,禁止随意选用腐蚀抑制剂。

⑥ 定期清除设备内部沉积物,尽量采用机械清除,尽可能地减少酸洗。

J(GJ)BA015 胺液吸收过程热力学与动力学

六、胺液吸收过程热力学与动力学

醇胺溶液吸收酸气是气相中的 H_2S 与 CO_2 传质进入液相并与醇胺液发生反应的过程。醇胺溶液吸收酸气的热力学实质上就是酸气在气相与液相中的相平衡问题,即在一定的条件下 H_2S 与 CO_2 在胺液中的平衡溶解度,或者反过来是它们在胺液中的平衡分压。

H_2S 与 CO_2 在醇胺液中依靠与醇胺的反应而从天然气中脱除。从天然气净化来讲,主要考虑胺液的酸气负荷或 H_2S 负荷,就是在 H_2S 与 CO_2 分压、温度、贫液浓度一定的情况下找出 H_2S 与 CO_2 在胺液中的平衡溶解度数据;然后根据平衡溶解度考虑达到净化指标所需的贫液循环量,或者说溶液循环量受限于胺液中的酸气平衡溶解度。

实际运行中酸气的吸收需要一定的传质推动力,这个传质推动力就来源于富液负荷与平衡溶解度之间的差距,因而富液中的 H_2S 与 CO_2 负荷不可能达到与进料气相对应的平衡溶解度。

化学反应气液传质过程的快慢决定了胺液吸收酸气的速度。在整个酸气吸收过程中包含了物理性的传质和化学反应两个步骤,传质为化学反应的发生提供了条件,而化学反应又反过来大大加速了传质过程。醇胺与 H_2S 的反应是瞬间质子反应,其动力学研究也很少,通常视为传质及气液平衡构成对 H_2S 吸收的限制;而醇胺与 CO_2 的反应则是中速反应或慢反应,同时会受到热力学和动力学的影响,国内外在这方面研究比较多。

(一)酸气在胺液中吸收热效应

H_2S 与 CO_2 在胺液中的吸收热是基本的热力学数据,实验测定的 H_2S 与 CO_2 在 MEA、DEA、TEA、DIPA、MDEA 溶液中的吸收热,以及在砜胺Ⅱ型、砜胺Ⅲ型溶液中的吸收热,与文献数据颇为吻合,见表 2-1-4 和表 2-1-5。

表 2-1-4 H_2S 在各种醇胺液中的吸收热

醇胺	MEA	DEA	TEA	DIPA	MDEA
ΔH, kJ/mol	50.61	42.12	34.80	42.70	36.81

注:溶液浓度 2.5mol/L,吸收温度 25℃,a_s=0.004mol/mol(a_s 表示 H_2S 在胺液中平衡溶解度)。

表 2-1-5 CO_2 在各种醇胺液中的吸收热

醇胺	MEA	DEA	TEA	DIPA	MDEA
ΔH, kJ/mol	91.52	78.58	54.52	79.64	56.94

注:溶液浓度 2.5mol/L,吸收温度 25℃,a_c=0.01mol/mol(a_c 表示 CO_2 在胺液中平衡溶解度)。

从表 2-1-6 和表 2-1-7 中可见,H_2S 与 CO_2 在砜胺液中的吸收热高于相应的醇胺液,而且随溶液中环丁砜的浓度上升而升高。同时酸气在胺液中吸收热与酸气负荷密切相关,随负荷的增加而大幅下降,见表 2-1-8。

表 2-1-6　H_2S 在砜胺液中的吸收热

醇胺	DIPA：环丁砜：水=33：52：15	MDEA：环丁砜：水=29：56：15
ΔH,kJ/mol	61.75	51.53

注：吸收温度 25℃，a_s=0.004mol/mol。

表 2-1-7　CO_2 在砜胺液中的吸收热

溶液	DIPA：环丁砜：水			MDEA：环丁砜：水		
比例	33：52：15	33：37：30	33：22：45	29：56：15	29：41：30	29：26：45
ΔH,kJ/mol	85.76	81.66	80.65	69.65	62.35	61.03

注：吸收温度 25℃，a_c=0.01mol/mol。

表 2-1-8　不同负荷下酸气在 MEA 溶液中的吸收热

a,mol/mol	0.2	0.4	0.6	0.8	1.0	1.2	1.4	1.6
$\Delta H(H_2S)$,kJ/mol	48.5	47.5	46.3	42.5	24.6	16.8	12.6	11.0
$\Delta H(CO_2)$,kJ/mol	85.4	66.0	50.7	38.6	29.5	23.1	—	—

以上数据表明，无论是 H_2S 或 CO_2，各种醇胺吸收热数值的顺序为：

$$\text{MEA}>\text{DIPA}>\text{DEA}>\text{MDEA}>\text{TEA}$$

即伯胺最高，仲胺次之，叔胺最低，这显然是由其结合键能决定的。所以胺法的能耗也是伯胺最高，仲胺次之，叔胺最低。

（二）醇胺-CO_2 反应的动力学

各种醇胺与 H_2S 的反应是质子反应，瞬间完成，通常按其工况下达到平衡考虑。但醇胺与 CO_2 反应动力学比较复杂。MEA 与 CO_2 反应机理如下：

$$CO_2+RNH_2 \xrightarrow{k_a,k_b} RNH_2^+COO^- \text{（慢反应）}$$

$$RNH_2^+COO^-+RNH_2 \xrightarrow{k_c} RNHCOO^-+RNH_3^+ \text{（快反应）}$$

七、脱硫脱碳单元动态分析

J(GJ)BA010 脱硫脱碳单元动态分析

天然气净化装置生产数据随时都在发生变化，作为岗位操作人员，除清楚装置设计工艺参数外，还要能够根据实际生产数据进行分析，调整参数，优化操作，在保证产品合格的情况下做好装置节能降耗。同时还应从实时生产数据发现问题，及时处理或汇报，确保装置安全、平稳、高效运行。脱硫脱碳单元动态数据分析步骤举例如下：

（1）编制装置关键参数运行记录表。

（2）收集、统计装置实时生产数据。

（3）绘制实时数据生产数据图表。

（4）找出图表中变化明显或与日常生产偏差较大的相关参数。

（5）对变化较大的参数进行详细分析，找出引起参数变化的所有原因。

（6）根据可能原因，逐一排除，最后确定这些参数变化的主要原因。

（7）提出调整或处理措施并具体实施。

（8）观察调整后装置的运行情况，做好总结和记录。

例：某脱硫脱碳装置吸收闪蒸段工艺流程如图 2-1-31 所示，实时运行参数见表 2-1-9。

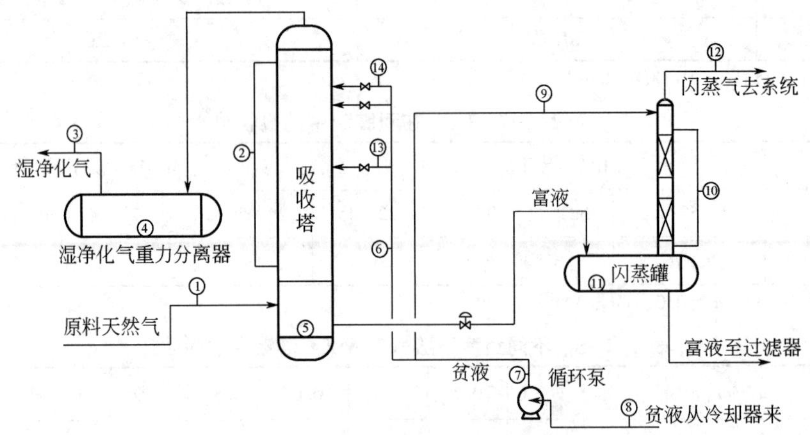

图 2-1-31　某脱硫脱碳装置吸收闪蒸段工艺流程

表 2-1-9　某脱硫脱碳装置实时运行参数表

<table>
<tr><th>编号
时间</th><th>1</th><th>2</th><th>3</th><th>4</th><th>6</th><th>10</th><th>12</th><th>14</th></tr>
<tr><td>9:00</td><td rowspan="2">P:7.20MPa
T:30.5℃
F:402×$10^4m^3/d$
H_2S:15g/m^3
CO_2:4%(体积分数)</td><td>11kPa</td><td rowspan="2">P:7.01MPa
T:33.5℃
F:395×$10^4m^3/d$
H_2S:5mg/m^3
CO_2:1.5%(体积分数)</td><td>5.1%</td><td>60.2m^3/h</td><td>3kPa</td><td>71m^3/h</td><td>30m^3/h</td></tr>
<tr><td>9:30</td><td>12kPa</td><td>5.1%</td><td>59.6m^3/h</td><td>3kPa</td><td>71.5m^3/h</td><td>30m^3/h</td></tr>
<tr><td>10:00</td><td rowspan="2">P:7.22MPa
T:31.0℃
F:399×$10^4m^3/d$
H_2S:15g/m^3
CO_2:4%(体积分数)</td><td>11kPa</td><td rowspan="2">P:7.02MPa
T:34.5℃
F:395×$10^4m^3/d$
H_2S:7mg/m^3
CO_2:1.2%(体积分数)</td><td>5.1%</td><td>60.0m^3/h</td><td>4kPa</td><td>75m^3/h</td><td>30m^3/h</td></tr>
<tr><td>10:30</td><td>10kPa</td><td>5.2%</td><td>60.2m^3/h</td><td>4kPa</td><td>78m^3/h</td><td>30m^3/h</td></tr>
<tr><td>11:00</td><td rowspan="3">P:7.21MPa
T:31.5℃
F:401×$10^4m^3/d$
H_2S:15g/m^3
CO_2:4%(体积分数)</td><td>11kPa</td><td rowspan="3">P:7.04MPa
T:35.0℃
F:395×$10^4m^3/d$
H_2S:15mg/m^3
CO_2:1.0%(体积分数)</td><td>5.2%</td><td>59.8m^3/h</td><td>5kPa</td><td>89m^3/h</td><td>30m^3/h</td></tr>
<tr><td>11:30</td><td>12kPa</td><td>5.3%</td><td>60.2m^3/h</td><td>6kPa</td><td>101m^3/h</td><td>30m^3/h</td></tr>
<tr><td>12:00</td><td>12kPa</td><td>5.3%</td><td>60.5m^3/h</td><td>7kPa</td><td>115m^3/h</td><td>30m^3/h</td></tr>
</table>

注：其中 5、7、8、9、11 无明显变化，13 流量为 0，其他未说明的地方均处于正常情况。

动态分析：

(1)绘制参数变化趋势图。

① 原料气气质变化趋势如图 2-1-32 所示。

② 产品气质变化趋势如图 2-1-33 所示。

③ 吸收塔参数变化趋势如图 2-1-34 所示。

④ 闪蒸气量、精馏柱差压变化趋势如图 2-1-35 所示。

⑤ 湿净化气分离器液位变化趋势如图 2-1-36 所示。

(2)从趋势曲线中可以看出：

① 原料气气质无变化。

② 净化气 H_2S 含量明显上升，CO_2 含量有下降趋势，CO_2 共吸率上升。

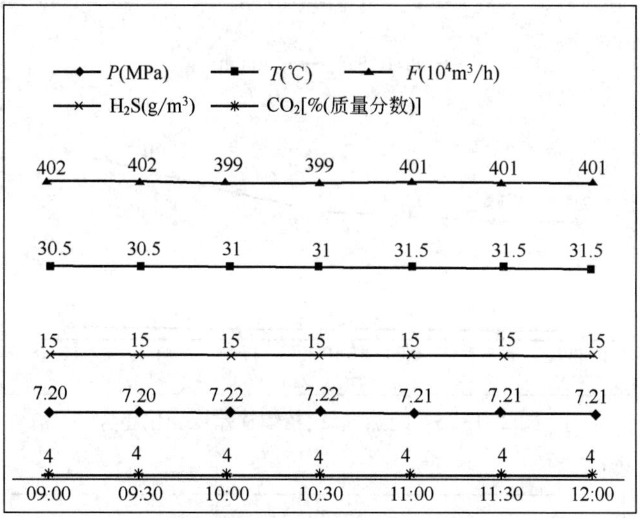

图 2-1-32 原料气气质变化趋势

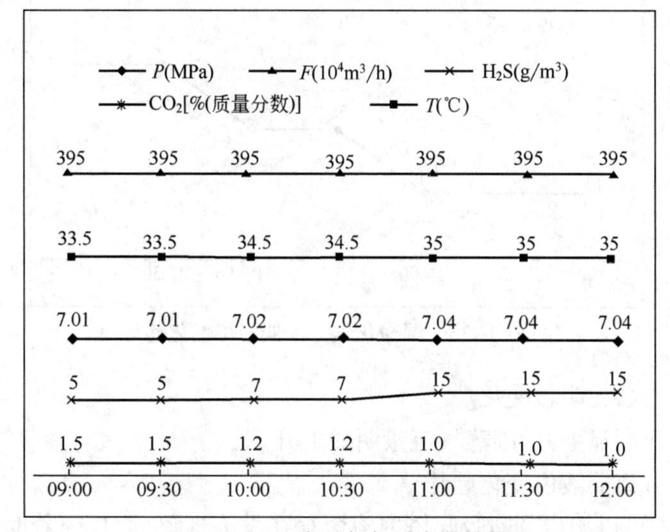

图 2-1-33 产品气气质变化趋势

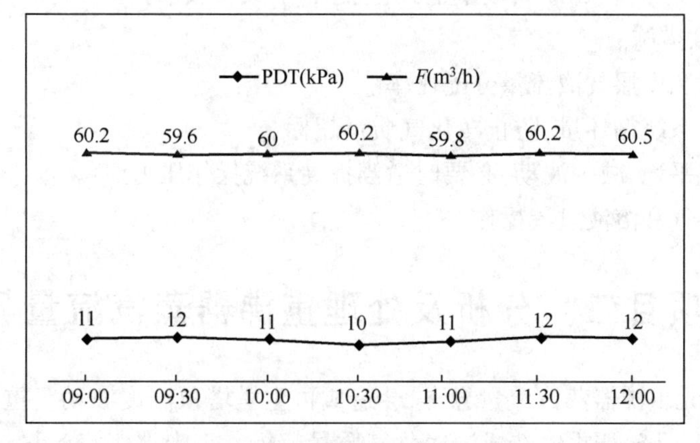

图 2-1-34 吸收塔参数变化趋势

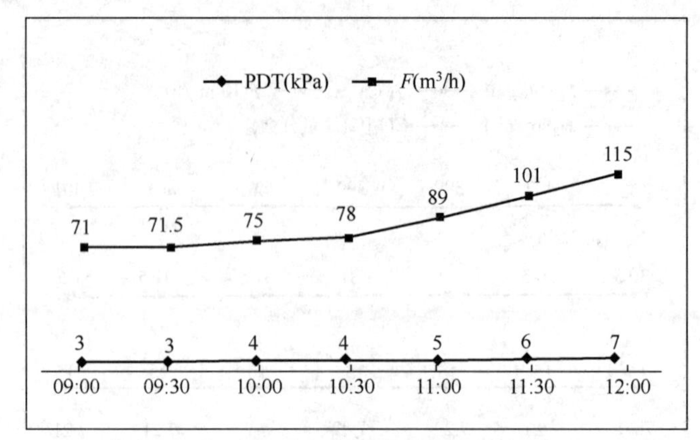

图 2-1-35 闪蒸气量、精馏柱差压变化趋势

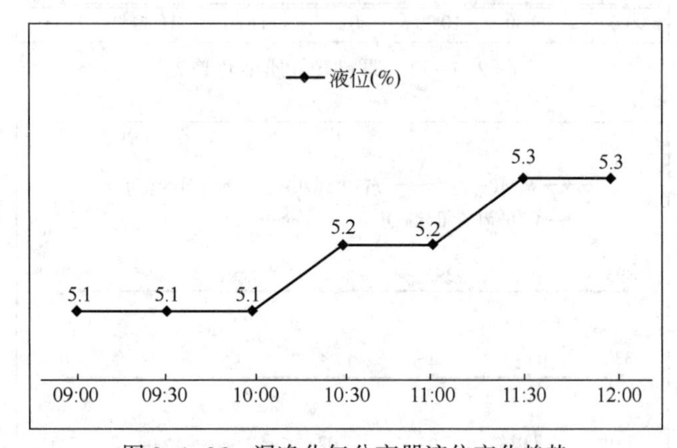

图 2-1-36 湿净化气分离器液位变化趋势

③ 吸收塔各参数无明显变化。

④ 闪蒸罐差压明显上升,闪蒸气流量明显上升。

⑤ 湿净化气分离器液位变化趋势。

从这些信息中可以初步判断吸收塔内溶液存在发泡现象,而且随着时间推移越来越明显,净化气质量开始下降,CO_2 共吸率上升,但还未形成吸收塔拦液。

(3)建议采取措施。

① 调整顶层和中层贫液流量分配比率。

② 适当提高系统循环量,防止净化气质量超标。

③ 维持系统平稳,减少波动,必要时适当提高系统操作压力。

④ 加强原料气和溶液过滤操作。

J(GJ)BA008 重沸器蒸汽流量异常原因分析及处理措施

项目二 分析及处理重沸器蒸汽流量异常

脱硫脱碳单元重沸器蒸汽流量异常,会造成再生塔塔顶温度波动。重沸器蒸汽流量过低,溶液再生质量下降,严重时造成湿净化气质量超标。重沸器蒸汽流量过高,再生塔顶温度上升,酸气水含量增加,严重时造成再生塔拦液、冲塔。

重沸器蒸汽流量的影响因素:溶液水含量、蒸汽及凝结水系统管路、重沸器换热效果、再生塔升气帽、半贫液集液槽或重沸器窜漏等。

(1)醇胺的比热容低于水,醇胺溶液中水含量偏高时,醇胺的酸气负荷较低,溶液循环量偏高,再生时要维持再生塔顶温度,需要的二次蒸汽量就大,消耗的蒸汽量就更多,导致再生塔差压升高,严重时拦液、冲塔;反之,醇胺溶液中水含量偏低时,再生塔底产生二次蒸汽量偏小,重沸器温度波动大,塔底溶液温度升高,导致醇胺溶液热降解、变质,腐蚀加剧。醇胺溶液中水组分异常时,无论高低都应及时进行调整,控制在最佳范围内,醇胺溶液浓度控制应根据醇胺种类确定,MDEA 溶液一般控制 45%左右。当溶液浓度偏高时,应增大系统凝结水补充量;当溶液浓度偏低时,应进行甩水操作,适当提高溶液浓度。

(2)蒸汽及凝结水系统管路故障都会造成重沸器蒸汽流量异常,应逐项排除。蒸汽压力变化、蒸汽品质下降,蒸汽流量调节阀故障时,都会影响蒸汽流量异常;当凝结水调节阀或疏水阀故障、凝结水系统压力上升也会导致蒸汽流量异常。

(3)重沸器结垢严重时,导致其换热效率下降,为维持再生塔温度,重沸器蒸汽流量增加,贫液再生质量下降。

(4)再生塔半贫液集液槽窜漏时,进入重沸器的半贫液减少,产生的二次蒸汽量下降,再生塔顶温度下降,导致重沸器蒸汽流量调节阀增大,但蒸汽流量减少。

(5)重沸器管壳程轻微窜漏时,溶液浓度缓慢下降或无明显变化,重沸器蒸汽流量减小,塔顶温度维持稳定;重沸器管壳程严重窜漏时,溶液浓度明显下降,再生塔液位上升,塔顶温度呈上升趋势,严重时再生塔拦液、冲塔。

(6)釜式重沸器挡板泄漏时,重沸器液位下降,蒸汽管束未全部浸没在半贫液中,传热效率下降,再生塔温度下降,贫液质量下降,而重沸器蒸汽流量减少。

当重沸器蒸汽流量异常时,操作人员应首先确认再生塔温度和贫液质量,防止贫液质量下降造成湿净化气不合格,同时查找原因,逐项排除和处理。操作程序如下。

一、准备工作

(1)设备:脱硫脱碳单元。

(2)材料及工具:装置操作记录 1 个、工艺参数记录 1 个、笔 1 支、记录本 1 本、电脑 1 台、打印机 1 台、对讲机 1 部、工具包 1 个等。

(3)人员:净化操作工 2 人、化验分析工 1 人。

二、操作规程

(一)初期处置

(1)将重沸器蒸汽调节阀切换至手动操作,控制流量调节阀阀位略高于正常阀位,蒸汽流量略高于正常流量。

(2)平稳控制再生塔入塔富液流量和酸水回流量,控制平稳再生压力。

(3)确认蒸汽系统和凝结水系统是否正常。

(4)分析贫液质量,确认贫液质量是否合格。贫液质量下降,应适当提高溶液循环量或降低处理量。

（二）数据收集

(1)编制重沸器蒸汽流量异常相关数据统计表，选择合理的统计项目和时间节点。

(2)按统计表设置项目和时间，收集并填写数据。

(3)统计表项目设置应包含以下内容：

① 重沸器蒸汽流量、压力、调节阀开度统计。

② 重沸器凝结水罐压力、液位统计。

③ 重沸器半贫液进、出口温度统计。

④ 再生塔差压、再生系统压力、塔顶、塔底温度统计。

⑤ 溶液循环量、酸水回流量统计。

⑥ 贫液质量分析数据统计。

⑦ 系统各点液位数据统计。

⑧ 原料气气质、气量数据统计。

⑨ 装置重要操作或调整记录。

（三）数据分析

(1)根据蒸汽流量、蒸汽压力、蒸汽流量调节阀开度分析判断是否存在蒸汽供给系统故障。

(2)根据凝结水罐压力、液位变化分析判断是否存在凝结水系统堵塞故障。

(3)根据装置操作记录或调整记录判断装置是否进行工艺参数调整、补充水(溶液)，投用或停运溶液过滤系统等操作。

(4)根据原料气气质、气量和循环量变化分析是否装置负荷增加引起蒸汽变化。

(5)根据贫液质量分析和再生塔温度、差压、再生压力等分析再生系统是否出现发泡、拦液现象造成蒸汽用量变化。

(6)根据系统各点液位变化和贫液浓度分析设备是否出现窜漏引起蒸汽流量变化。

(7)对半贫液和塔底贫液取样分析，观察其质量变化后确定，再生塔蒸汽帽或再生塔半贫液集液槽泄漏。

(8)对重沸器进、出口溶液取样分析，从贫液浓度和再生质量来确定重沸器是否窜漏。

(9)确认酸水回流量比正常时持续上升明显，判定酸气后冷器窜漏。

对以上数据进行分析时，应分别阐述现象和原因，然后再判定。

（四）原因判断及后续处理

(1)综合上述分析，判断重沸器蒸汽流量异常的最终原因。

(2)针对判定的原因，提出相应的具体处理措施。

(3)具体措施中应指出处理后的变化趋势及注意事项。

（五）其他操作

(1)按要求填写作业过程记录。

(2)打扫场地卫生，整理工具器具。

(3)汇报作业完成情况。

三、技术要求

(1)重沸器蒸汽流量异常时应首先检查再生塔顶温度变化,然后再检查其他参数。

(2)影响再生塔顶温度变化的原因很多,应先从系统波动、操作调整方面入手,然后再确认蒸汽及凝结水系统方面检查。

(3)排除装置操作原因后,应考虑设备是否窜漏,在确认设备窜漏时应多点取样分析。

(4)无论什么原因,分析和处理过程中应随时关注贫液质量,防止湿净化气不合格。

(5)处理措施中,应明确处理过程中各参数的变化情况及注意事项。

四、注意事项

(1)现场处理时应注意防烫伤的风险,作业人员要正确穿戴劳保服装,佩戴防烫伤手套。

(2)溶液系统水含量调整时,应注意控制好补充水或甩水速率,防止系统大幅度波动。

(3)调整过程中应注意再生塔差压的变化,防止因操作原因造成再生塔拦液。

(4)判断重沸器或再生塔集液槽窜漏时,应分别进行进出口取样分析,比对后再确认。

J(GJ)BA009
重沸器窜漏原因
分析及处理措施

项目三 分析及处理重沸器窜漏

脱硫脱碳装置贫液再生重沸器通常采用列管式换热器,主要有釜式重沸器和热虹吸式重沸器两种。而重沸器的加热介质又包括低压饱和蒸汽或导热油炉加热,绝大多数净化厂采用低压饱和蒸汽加热,在水资源匮乏地区,则常采用导热油炉加热,本节只介绍蒸汽加热系统。

由于重沸器内被加热的介质含有酸性气体且温度高,是腐蚀重点区域。操作中温度控制过高或升、降温度过快,以及设备材质原因,通常会引起重沸器窜漏的情况。大多数天然气净化厂曾发生过重沸器窜漏故障。

重沸器壳程(溶液部分)维持再生系统压力,通常在0.1~0.15MPa左右;而重沸器管程(蒸汽部分)压力维持低压蒸汽压力,通常在0.2~0.3MPa左右,运行过程中发生窜漏时,将有大量蒸汽或凝结水窜入溶液系统中,导致溶液浓度下降和系统液位增加。

重沸器轻微窜漏时,再生塔温度、重沸器蒸汽流量无明显变化,但再生塔液位可能会缓慢上升或系统补充水量明显减少,蒸汽流量呈下降趋势,胺液浓度呈缓慢下降趋势;重沸器严重窜漏时,重沸器蒸汽流量波动大,蒸汽流量调节阀开度明显减小。再生塔液位明显上升,再生塔顶温度明显上升或波动大,再生塔差压上升,严重时出现拦液、冲塔现象;贫液浓度明显下降,湿净化气质量下降;凝结水罐液位调节阀开度明显减小。

一、准备工作

(1)设备:脱硫脱碳单元。

(2)材料及工具:装置操作记录1个、工艺参数记录1个、笔1支、记录本1本、电脑1台、打印机1台、对讲机1部、工具包1个等。

(3)人员:净化操作工2人、化验分析工1人。

二、操作规程

(一)初期处置

(1)将重沸器蒸汽调节阀切换至手动操作,控制蒸汽流量略低于正常流量。

(2)适当降低凝结水系统压力,降低蒸汽泄漏量。

(3)停止溶液系统补水操作,监控系统各点液位变化。

(4)分析贫液浓度,确认贫液浓度是否明显下降,必要时进行甩水操作。

(二)数据收集

(1)编制重沸器窜漏相关数据统计表,选择合理的统计项目和时间节点。

(2)按统计表设置项目和时间,收集并填写数据。

(3)统计表项目设置应包含以下内容:

① 重沸器蒸汽流量、压力、调节阀开度统计。

② 重沸器凝结水罐压力、液位统计。

③ 重沸器半贫液进、出口温度统计。

④ 再生塔差压、再生系统压力、塔顶温度、塔底温度统计。

⑤ 溶液循环量、酸水回流量统计。

⑥ 贫液质量及浓度分析数据统计。

⑦ 系统各点液位数据统计。

⑧ 装置重要操作或调整记录。

(三)数据分析

(1)根据蒸汽流量、蒸汽压力、蒸汽流量调节阀开度组合分析判断是否存在蒸汽供给系统故障。

(2)根据凝结水罐压力、液位变化组合分析判断是否存在凝结水系统堵塞故障。

(3)根据装置操作记录或调整记录判断装置是否进行工艺参数调整、补充水(溶液)、投用或停运溶液过滤系统等操作,并判定系统液位增加或减少。

(4)根据再生塔温度、差压、压力等分析再生系统是否出现因发泡、拦液引起系统液位变化。

(5)根据贫液质量及浓度、釜式重沸器液位分析判定设备是否出现窜漏。

(6)对半贫液和塔底贫液取样分析,观察其质量变化后确定再生塔升气帽或再生塔半贫液集液槽是否泄漏。

(7)对重沸器进、出口溶液取样分析,从贫液浓度和再生质量变化来确定重沸器是否窜漏。

对以上数据进行分析时,应分别阐述现象和原因,然后再判定。

(四)原因判断及后续处理

(1)综合上述分析,判断重沸器是否窜漏。

(2)针对判定的原因,提出相应的具体处理措施。

① 重沸器轻微窜漏。

(a)重沸器监护运行,加大贫液浓度分析频率和补充水控制,保持溶液组分稳定。

(b)严密监视湿净化气质量,及时调整溶液循环量及贫液入塔温度。

(c)在保证溶液再生温度和质量的前提下,适当降低进重沸器蒸汽压力。

(d)根据溶液组分中水含量高低,确定是否进行甩水操作。

(e)联系上下游,适当降低装置处理量,降低原料气中 H_2S、CO_2 含量。

(f)设备窜漏明显增大,应申请停产检修,对窜漏管束进行堵管。

② 重沸器严重窜漏。

(a)关小重沸器蒸汽流量调节阀,同时注意监控湿净化气质量和系统液位变化。

(b)申请停产检修,检查窜漏点,检修设备。

(3)具体措施中应指出处理后的变化趋势及注意事项。

(五)其他操作

(1)按要求填写作业过程记录。

(2)打扫场地卫生,整理工具器具。

(3)汇报作业完成情况。

三、技术要求

(1)重沸器窜漏时应先检查再生塔顶温度和液位变化,然后关小重沸器蒸汽流量调节阀。

(2)重沸器出现窜漏时,凝结水窜入溶液系统,造成溶液浓度下降,可能造成湿净化气不合格,但不会造成贫液变质,此时应适当降低凝结水系统压力,减小窜漏。

(3)重沸器轻微窜漏,系统液位无明显上升时,应对重沸器进出口溶液浓度进行取样分析,判断其泄漏量大小,确定是否可以继续维持生产。

(4)重沸器严重窜漏,系统液位迅速上升时,应立即停止重沸器蒸汽,关闭凝结水阀门,防止大量凝结水继续进入系统,同时申请停产。

(5)无论什么原因,分析和处理过程中应随时关注贫液质量,防止湿净化气不合格。

四、注意事项

(1)现场处理时应注意防烫伤的风险,作业人员要正确穿戴劳保服装,佩戴防烫伤手套。

(2)停运系统补充水时,应注意溶液系统浓度变化。

(3)调整过程中应注意再生塔差压的变化,防止因操作原因造成再生塔拦液。

(4)判断重沸器或再生塔集液槽窜漏时,应分别进行进出口取样分析,比对后再确认。

(5)重沸器停运蒸汽时,应及时停运凝结水系统,防止溶液窜入凝结水系统。

(6)申请停产后,应按正常停产程序进行冷循环和溶液回收操作,热循环步骤不用进行。

项目四　分析脱硫脱碳单元节能降耗措施

J(GJ)BA011
脱硫脱碳单元节能降耗措施

胺法脱硫脱碳单元节能降耗措施应从水、电、气、汽、胺液、原材料消耗等方面考虑。

(1)水:胺法脱硫脱碳单元用水主要有贫液、酸气的循环冷却水和溶液循环泵等机泵冷却用水;胺液系统内包括除氧水或凝结水,以及清洗过滤器用水、场地冲洗水等的消耗。

(2)电:溶液循环泵、酸水回流泵、空冷器风机是本单元主要耗电设备,寒冷地区还有电加热保温用电等。

(3)气:主要有闪蒸气、酸气。

(4)胺液:湿净化气、闪蒸气、酸气夹带损失,机泵泄漏及其他跑、冒、滴、漏损失、冲塔损失等。

(5)蒸汽:本单元主要蒸汽消耗是再生塔重沸器加热升温和用于管线保温。

(6)其他:脱硫脱碳单元还要考虑过滤元件、活性炭用量消耗,低位池吹扫空气用量以及仪表风管线泄漏等消耗。尽量减少胺液、天然气、水、汽等介质的跑、冒、滴、漏。

一、准备工作

(1)设备:脱硫脱碳单元动、静设备。

(2)材料、工具:笔1支、记录表1个、F扳手300~800mm、对讲机1部、工具包1个。

(3)人员:净化操作工2人以上。

二、操作规程

(1)装置正常生产调整操作。

① 降低循环水冷却水用量,提高贫富液换热器、贫液后冷器、酸气后冷器换热效率。

② 调整机泵冷却水量,控制冷却水出水温度在40~50℃之间;关闭备用机泵和其他停运机泵冷却水,以减少冷却水损失。

③ 蒸汽引射器抽溶液配制罐低位池积水后,及时关闭蒸汽阀。

④ 控制再生塔顶温度,节约后冷器水耗和空冷器电耗。

⑤ 参数发生重大改变时,及时调整溶液循环量,减少蒸汽和电能消耗。

⑥ 根据季节和环境温度变化及时调整空冷器顶部百叶窗开度,必要时才启用风机;调整风机变频值,控制合理的介质出口温度。

⑦ 控制闪蒸罐液位和压力,确保闪蒸效果,降低酸气中烃含量,提高闪蒸气回收率。

⑧ 选择性脱硫脱碳操作时,调整好脱硫脱碳吸收塔贫液入塔层数,降低CO_2共吸率。

⑨ 控制吸收塔压力、液位及贫液入塔温度,防止天然气中轻烃冷凝,减少溶液发泡、拦液现象,加强湿净化气分离器溶液回收操作,减少醇胺溶液夹带损失。

⑩ 平稳操作脱硫脱碳装置,减少不必要的放空和泄压操作。

⑪ 控制重沸器蒸汽量,保持再生温度稳定,降低胺液热降解和塔顶带液损失。

⑫ 溶液机械过滤器和活性炭过滤器清洗前,彻底回收溶液。

⑬ 做好溶液储罐和溶液配制罐氮气保护,降低胺液氧化变质概率。

(2)装置及单体设备检修时操作。

① 清洗换热器结垢物,除去空冷器杂物等,保证换热效率。

② 过滤器清洗或场地清扫时,应先进行固体除渣,必要时再用水冲洗,严格控制冲洗水量。

③ 装置停产检修新鲜水洗和除氧水洗时,应控制各塔、罐在较低液位循环水洗。

④ 装置检修停产时,尽量回收或利用系统内的余气,减少放空量。

⑤ 仔细检查、维护溶液循环泵,减少循环泵胺液泄漏损失。

⑥ 检修时回收溶液必须彻底,减少溶液损失,回收的稀溶液在日常生产中补入系统。

(3)按要求填写作业过程记录。

(4)打扫场地卫生,整理工具器具。

(5)汇报作业完成情况。

三、注意事项

装置节能优化操作是在保证生产装置安全平稳运行的基础上进行的,节能优化操作对装置安全平稳运行造成影响,则不能进行。操作过程中,可能涉及水、电、气、汽等能源流量变化,要提前联系其他辅助装置及公用工程系统操作人员,进行联动调整,避免对其他单元运行造成影响。

项目五　降低脱硫脱碳单元腐蚀的措施

脱硫脱碳单元进料原料天然气含高浓度 H_2S、CO_2、有机硫及高分子烃类物质,对系统腐蚀影响较大,醇胺溶液也有轻度腐蚀性,故本单元对设备、管线材质有所要求。脱硫脱碳吸收段、富液段、溶液再生段的设备、管线、阀门及相关附件一般为抗硫材质。在操作及维护保养脱硫脱碳单元时,由于误操作、参数偏离设计范围、材质使用错误或维护保养不到位,会加速装置的腐蚀速率,对装置长期安全平稳运行造成影响。

装置设计及材料选购时,应当使用设计材料表中推荐的适当材料;设备制成后应消除应力;选用合理的工艺参数,如胺液浓度、酸气负荷、管线流速、操作压力、操作温度及设备安装位置等;为防止磨损腐蚀,设置溶液过滤器及时除去溶液中的固体粒子,设置活性炭过滤器除去溶液中的降解产物;在易发生应力腐蚀开裂的部位使用高效聚合物涂层,将诱发应力腐蚀开裂的操作条件与金属材料隔开,减轻应力腐蚀开裂;定期采用无损探伤技术检查装置,并做好记录分析等。

一、准备工作

(1)设备:脱硫脱碳单元动、静设备。

(2)材料、工具:笔 1 支、记录表 1 个、F 扳手 300~800mm、对讲机 1 部、工具包 1 个等。

(3)人员:净化操作工 2 人以上。

二、操作规程

(1)根据气质气量情况及时调整装置运行参数,确保产品气质量达标。

(2)排原料气预处理单元重力分离器、过滤分离器油水,避免油水及其他化学药剂进入脱硫脱碳溶液系统,造成溶液系统设备腐蚀加剧。

(3)清洗溶液机械过滤器,除去溶液系统固体杂质,减少系统磨损腐蚀。

(4)投用活性炭过滤器,调整活性炭过滤器过滤量,除去溶液系统油水、化学药剂及降解产物;定期更换活性炭,保持活性炭过滤器良好吸附性能。

(5)定期对溶液储罐和溶液配制罐进行充氮保护,防止氧气进入系统,造成溶液氧化变质,对设备、管道造成腐蚀。

(6)控制重沸器蒸汽流量,避免再生塔超温造成塔内构件腐蚀、结垢以及溶液降解。

(7)控制吸收塔压力、液位及贫液入塔温度,贫液温度应比进料天然气高5~10℃,防止进料气中烃类冷凝进入溶液系统,引起溶液发泡。

(8)控制贫液空冷器出口温度在55℃以下,减少后冷器结垢,提高换热效率。

(9)加强巡检,发现跑、冒、滴、漏及时进行检修,防止溶液和酸性气体泄漏腐蚀设备、管线本体。

(10)定期清除设备内部沉积物,避免沉积物堆积在设备内部造成腐蚀。

(11)按要求填写作业过程记录。

(12)打扫场地卫生,整理工具器具。

(13)汇报作业完成情况。

三、注意事项

(1)装置停产检修时,对脱硫脱碳单元所有设备进行彻底清洗,对设备内部腐蚀情况进行检测并做好记录,发现腐蚀、变薄、穿孔的情况要及时进行检修,或制定设备更换计划,确保装置开产后长周期安全平稳运行。

(2)脱硫脱碳装置正常运行时,操作人员要严格按照操作规程和工艺卡片要求控制好运行参数。

模块二　操作甘醇法脱水单元

项目一　相关知识

一、甘醇法脱水单元预防腐蚀措施

J(GJ)BB001
甘醇法脱水单元
预防腐蚀措施

甘醇脱水装置的腐蚀主要有:溶液酸腐蚀、再生高温腐蚀和氧化腐蚀等。

甘醇溶液本身不具有腐蚀性,但甘醇溶液与天然气接触后,天然气中的 H_2O 与 H_2S 或 CO_2 一起溶解于甘醇溶液中形成弱酸,会对设备造成一定的酸腐蚀。由于甘醇溶液中水分有限(富液中的水组分低于5%),溶解的 H_2S 或 CO_2 较少,经过闪蒸和再生后,溶液中 H_2S 或 CO_2 含量非常少且相对稳定,故腐蚀较轻。

甘醇溶液变质的产物多为有机酸,有机酸是甘醇氧化降解的产物。当溶液中有机酸增多,腐蚀明显加剧。生产中甘醇溶液的pH值应控制在7.3~8.5,并定期取样分析检测。若甘醇溶液的pH值明显降低,则可能是溶液中溶解的 H_2S、CO_2 或有机酸增多,应及时加入碱性中和剂调节pH值,并查找引起pH值降低原因,逐一排除。若溶液中的pH值明显升高,则极可能是脱硫脱碳单元的碱性溶液大量夹带进入甘醇溶液中,应当调整脱硫脱碳装置操作。甘醇pH值不应高于9.0,过高的pH值容易使溶液中溶解的烃类物质皂化而导致发泡。DEG溶液的pH值与其腐蚀速率的关系如图2-2-1所示,TEG溶液与其类似。

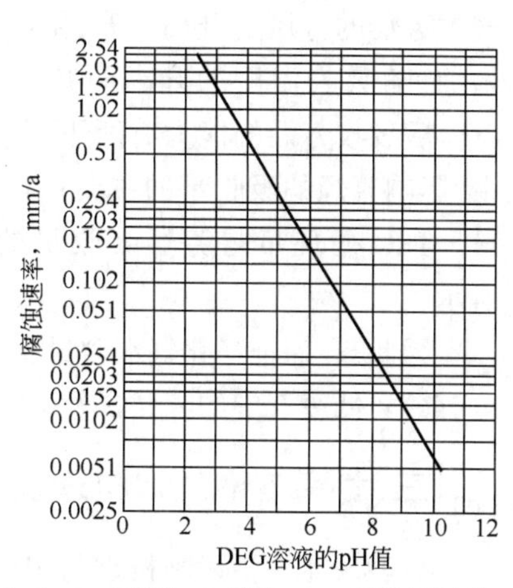

图2-2-1　不同pH值的DEG溶液腐蚀性

高温腐蚀是甘醇脱水装置不可避免的。富液再生是通过加热升温蒸发溶液中的水组分完成的,再生温度控制过低,水组分蒸发不完全,贫液浓度达不到要求(大于99%);再生温度控制过高,溶液分解变质速率增大,溶液损失加快,因此通常将再生釜温度控制在202℃左右。再生釜加热装置大多数采用明火加热方式,炉膛燃烧温度1000℃以上,通过炉壁和甘醇换热后,溶液侧的金属表面温度也远远大于206.6℃,不可避免地造成局部高温腐蚀和高温热降解。在再生釜及精馏柱内,溶液中的酸性介质在高温下不断解析,形成酸性环境,造成腐蚀。操作中应尽量控制好温度,防止再生温度大幅度波动,在净化气合格的情况下,应尽量控制较低的再生温度为宜。若条件允许,可采用负压再生,以降低水分的蒸发温度。再生时可适当使用再生汽提气,以及时带走再生釜中蒸发的水组分和酸性物质,同时加强废液分离,减轻废气排放管路的腐蚀。

氧化腐蚀主要来源于空气中的游离氧,游离氧进入溶液系统后,会造成金属氧腐蚀和溶液氧化变质腐蚀。脱水装置应尽量避免游离氧进入系统或溶液中，主要途径有以下几方面：

(1)装置检修或大修后，应严格控制设备及管线内部氧含量，氮气置换后 $O_2 \leqslant 2\%$，防止大量游离氧残留在设备及管线内。

(2)溶液配制罐和储罐必须采用惰性气体保护，最好采用氮气。使用保护气时必须彻底置换溶液配制罐和储罐中的游离氧，然后持续维持 2~5kPa 的正压，防止氧气进入。

(3)汽提气应尽量采用惰性气体或干净化气，防止游离氧由汽提气带入。

(4)溶液过滤清洗后应置换彻底，防止游离氧进入。

(5)循环泵切换或清洗粗滤器后，应排尽空气，防止游离氧进入系统。

J(GJ)BB002 甘醇法脱水废气组分分析

二、甘醇法脱水废气组分分析

溶液在进行天然气脱水时，由于甘醇对天然气中的芳烃（苯、甲苯、乙苯、二甲苯等）也有很强的吸收能力，因此甘醇在吸收水分的同时也会吸收进料气中的芳烃，这些芳烃在再生釜加热时解析并随废气排除。

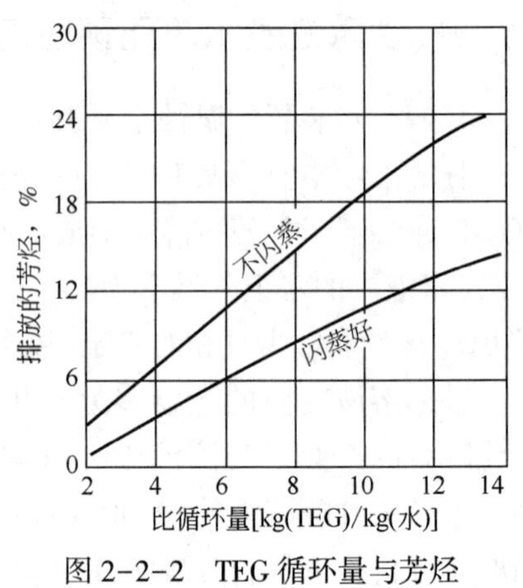

图 2-2-2　TEG 循环量与芳烃排放量的关系

甘醇吸收芳烃的影响因素很多，其吸收量随进料气中芳烃的分压上升而上升；随吸收塔板层数增加而增加；随吸收温度的升高而减小；甘醇吸收 H_2O 与 CO_2 后吸收芳烃的能力有所下降。此外，在日常运行中，影响芳烃的吸收量的主要可调因素就是溶液循环量。TEG 循环量与芳烃吸收量的关系如图 2-2-2 所示。

因此，在保证净化气水含量合格的情况下，尽量降低溶液循环量，或提高富液闪蒸效果可有效降低废气中的芳烃含量。

J(GJ)BB009 甘醇溶液发泡机理及应对措施

三、甘醇溶液发泡机理及应对措施

甘醇脱水溶液发泡机理与 MDEA 溶液发泡机理类似，但也存在不同之处。

甘醇溶液在温度较低的情况下黏度非常大，但随着温度的升高显著下降。在脱水吸收塔内，当贫液温度控制较低时，黏度增大，溶液吸收重烃能力逐步增强，发泡概率也随之增大；特别是当吸收塔气速上升或气速波动较大时，更易发泡。在溶液中重烃（油类）含量较高、降解变质产物增加和气速波动较大的情况下，溶液发泡概率升高。

当富液中水含量偏高，超出 5%时，富液到再生釜时容易出现发泡现象。这是因为富液中水分含量较多，再生釜加热升温时，溶液中的水分大量蒸发，水蒸气从溶液的各个部位同时汽化，造成溶液和水分共沸及水蒸气鼓泡现象，形成溶液发泡。特别是在装置开车过程中，进行水洗后，大量的残余水存留在设备及管线中，进溶液后容易出现此类现象。当脱硫脱碳吸收塔出现拦液冲塔时，大量的 MDEA 水溶液进入甘醇溶液中或原料气中大量的污水污油带入脱水装置时（无脱硫脱碳装置），均会出现这种现象。

避免甘醇溶液发泡的措施有：

(1)控制合适的贫液入塔温度。温度过高，溶液吸收水分能力减弱，易造成溶液循环量和净化气水含量上升。温度过低,溶液黏度增大、吸收重烃能力增强,溶液易发泡。

(2)控制合适的气流速度。调整高压段运行压力时要缓慢平稳,避免大幅度波动,防止进料气带液。

(3)注意溶液过滤设备压差,及时对其进行清洗或更换过滤元件,除去溶液中的固体杂质和降解产物。

(4)控制合适的再生温度,防止热降解。

(5)保证溶液储罐和溶液配制罐的氮气保护,防止游离氧进入溶液发生氧化变质。

(6)设备及管线水洗后,要尽量排尽残余水。水洗排水后可用仪表风或氮气吹扫溶液设备和管线,降低设备和管线内壁的水分。

(7)再生釜升温时,除严格控制升温速率外,还应分阶段进行恒温,逐步去除溶液中的水分,防止发生共沸现象;同时严密监控再生釜废气分离器液位,防止废气大量带液。

(8)当大量液态水带入脱水单元时,要立即对脱水塔分离段进行排液操作,并适当提高再生釜温度,加大汽提气用量,逐步蒸发带入脱水单元的水分。

四、甘醇溶液变质机理及应对措施

J(GJ)BB010 甘醇溶液变质机理及应对措施

甘醇溶液变质的原因主要有以下几个方面:

(1)进入脱水单元的天然气预处理深度不够,天然气携带液体(水、凝析油、原料气夹带化学助剂)、机械杂质(天然气的腐蚀产物,砂子)混入甘醇。

(2)含硫天然气中 H_2S、CO_2 酸性气体,会使脱水后的溶液 pH 降低。

(3)天然气携带的高矿化度水在甘醇溶液再生过程中浓缩,生成 $CaCl_2$、NaCl 等盐类物质,这些物质在一定的温度下与甘醇形成水合物结晶体,致使甘醇变质。

(4)重沸器温度控制不当,甘醇发生分解反应,生成乙二醇等,或发生脱水缩合反应,生成高聚物等。

(5)新鲜甘醇保管不善,使其意外混入其他杂质或者暴氧储存,导致甘醇氧化而产生有机酸等。

鉴于上述污染原因,日常生产中要对溶液进行活性炭过滤和机械过滤;对降解变质严重的甘醇溶液进行再生回收。降解变质严重的甘醇溶液净化处理工艺流程如图 2-2-3 所示。

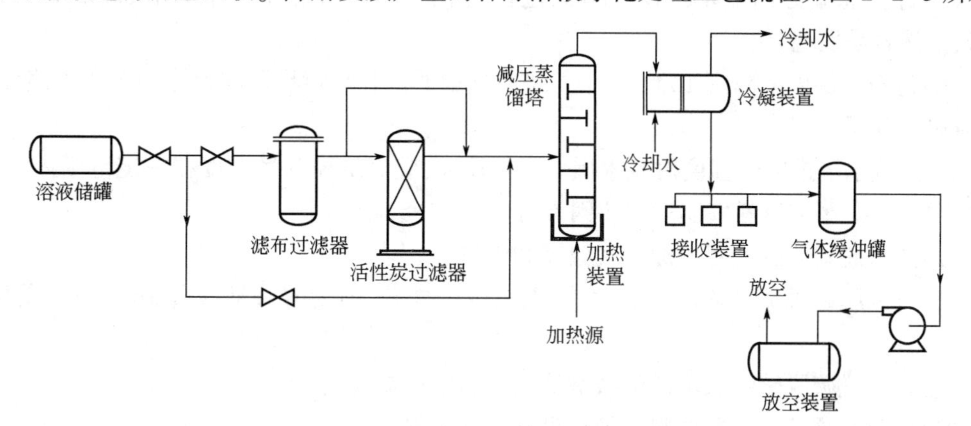

图 2-2-3　污染 TEG 溶液净化处理工艺流程

被污染的甘醇液首先在真空(-0.08MPa)常温状况下进行除渣、脱色,预处理后的溶液进入真空加热设备减压蒸馏塔中,在真空状况下启动加热设备与冷凝设备,同时打开第一馏分接收设备,至第一馏分(主要是低沸点的凝析油、水等组分)全部析出后,打开第二馏分接收设备,至第二馏分总体积达到处理样品总体积的70%左右时,停止加热,系统放空,加热设备中余下物质倒回溶液储罐中进行再次混合回收。以TEG净化处理为例,净化处理后TEG溶液的各项物化指标见表2-2-1。

表2-2-1　净化处理后TEG溶液的物化指标

分析项目	外观	密度(20℃),g/cm^3	水分,%	折光率	pH值	总甘醇量,%
原TEG溶液	无色透明	1.1243	0.53	1.4567	5.92	99.5
净化后的TEG溶液	无色透明	1.1248	0.51	1.4572	6.01	99.5

由表2-2-1可以看出经过净化处理后的TEG溶液的各项物化技术指标与原TEG溶液的物化指标完全相近。因此,通过该处理方法完全能够将废TEG溶液净化处理至重新使用的标准。

J(GJ)BB003 湿净化气温度对脱水效果的影响

五、湿净化气温度对脱水效果的影响

脱水塔进料气(湿净化气)流量大,流速非常快;贫液流量小,流速非常慢;而甘醇法脱水属于物理吸收,无反应热产生;因此,主导脱水塔温度的介质是进料气温度和流量。

在压力一定的情况下,进入脱水塔的湿净化气流量越大、温度越高,需要脱除的水含量就越多。在甘醇脱水工艺中,脱水塔温度通常比进料气温度低1~2℃左右,原料气温度高时脱水塔温度也就高。脱水塔进料气温度对脱水效果影响明显,主要体现在以下几方面:

(1)进料气温度升高,进料气中饱和含水量增加。要达到净化气水露点合格指标,甘醇溶液就得脱除更多的水。

(2)进料气温度升高,进料气饱和水含量升高,体积也增大,需要脱除的水量相应增加。

(3)进料气温度高于48℃时,甘醇贫液进塔温度未变,从而导致甘醇的夹带损失增大。

(4)进料气温度降低时,进料气中饱和水含量下降,体积也减小,需要脱除的水含量也减小。

(5)进料气温度下降到15℃左右时,进料气中的轻烃液化,甘醇溶液与液烃形成稳定乳化液,溶液容易发泡。

(6)进料气温度下降到10℃以下时,进料气中的饱和水容易形成天然气水合物,堵塞管道,难以处理。

总之,脱水塔进料气温度对脱水操作影响较大,应尽量控制其温度在一定范围内(通常为26~43℃)。影响进料气温度主要因素有:

(1)进入脱硫脱碳装置的原料气温度和流量。

(2)进入脱硫脱碳装置的原料气中H_2S、CO_2含量,因为醇胺液吸收H_2S、CO_2属放热反应。

(3)进入脱硫脱碳吸收塔的醇胺贫液入塔温度和贫液流量。

(4)原料气预处理装置原料气换热设备温度控制。

J(GJ)BB011
甘醇法脱水工艺
设计考虑因素

六、甘醇法脱水工艺设计考虑因素

甘醇脱水是基于物理吸收而实现的,影响脱水效果的因素包括贫液浓度、循环量、湿净化气处理量、吸收压力、吸收和再生温度以及影响平衡的其他因素。工艺设计时主要考虑因素如下。

(一)进料气温度

进料气温度关系到气体中的饱和水含量。入口气体温度高,气体中饱和水含量大,需要脱除的水量多,溶液循环量大,设计时选择泵的负荷和功率就大,溶液管线和再生设备的尺寸及负荷就会增加;反之,进料气温度低,气体中饱和水含量少,需要脱除的水量少,需要的溶液循环量就小,设计时相应的泵及设备管线尺寸都会变小。由于进料气温度受季节、昼夜或环境温度的影响,在设计时,要充分考虑到各个阶段、各个时期的温度变化,以及温度变化时对其他设计参数的影响;同时还要考虑温度对溶液黏度的影响、天然气水合物形成、轻烃液化等因素,综合考虑给出一个相对有利的设计温度范围。

(二)吸收塔压力

脱水吸收塔在低于20.68MPa下,吸收压力不会对甘醇吸收过程有较大影响。在吸收温度恒定时,进料气的饱和含水量随压力的增加而减少,也就是说进料气压力越高,需要脱除的水量就越少。因此,在进料气压力比较高时,选用的脱水塔的尺寸就可以减小。

在入塔压力较低时,脱水塔的壁厚可以减薄,投资也就减少。在脱水塔选型时,工作压力和吸收塔之间的价格存在一个权衡,设计时需要考虑。实践证明,脱水塔设计压力控制在3.45~8.27MPa之间最为经济。

(三)脱水塔的塔板数

在脱水塔的塔板上,甘醇吸收水分不可能达到平衡状态,即使停留时间足够长,气流速度足够慢,也不可能每层塔板平衡状态都一样。因此,在设计中通常采用25%的塔板效率,即设计计算时需要1块理论塔板,实际上就选用4块塔板。在循环量和浓度恒定的情况下,塔板数越多,吸收水分的量就越多,露点降也就越大。由于再生釜的热负荷与循环量有直接关系,故所用塔板数越多,在吸收相同水量的情况下,循环量就越少,再生燃料气消耗也就越少。通常脱水塔的实际塔板数采用6~8块。

甘醇溶液容易发泡,设计时板式塔的板间距应不小于450mm,最好在600~750mm。由于甘醇脱水循环量较小,考虑到漏液的情况,脱水塔常选用泡罩塔,相邻塔板的间隔一般为600mm。板间距过大会增加塔的高度,不经济;板间距过小在发泡时易发生液泛。也不便也检修和清洗。为减少甘醇夹带损失,脱水塔塔顶设置捕雾器以除去干净化气夹带的甘醇液滴。为提高捕雾效果,脱水塔顶层塔板到捕雾器的间距不应小于板间距的1.5倍,捕雾器到干气出口的间距不小于吸收塔直径的0.35倍。

(四)甘醇温度

进入吸收塔塔顶的甘醇温度对气体的露点降有很大的影响。温度低能使循环量减至最小,温度太高会造成较多的甘醇夹带损失。同时,应保持甘醇温度略高于脱水塔的温度,否则烃类会在塔中冷凝而引起发泡,常要求贫液温度高于脱水塔气体入口温度5~10℃。

（五）甘醇浓度（质量分数）

影响脱水塔出口干净化气的露点降因素很多，设计时都应考虑。但当脱水塔选型和尺寸确定后，相当于给定了塔板数和循环量，若不考虑气体温度，溶液浓度就对露点降起决定作用，溶液浓度越高，露点降就越大。

以 TEG 为例，图 2-2-4 表示 TEG 贫液浓度与天然气温度对平衡时水露点温度的影响，而离开吸收塔的干净化气的实际露点一般比平衡露点高 5~8℃。从图中可以看出，对于露点降而言，增加 TEG 的浓度比增加 TEG 循环量更加有效。根据气体的汽提率、再生釜压力和温度，可以确定 TEG 的浓度。对于多数脱水装置，TEG 的浓度控制在 98%~99%。

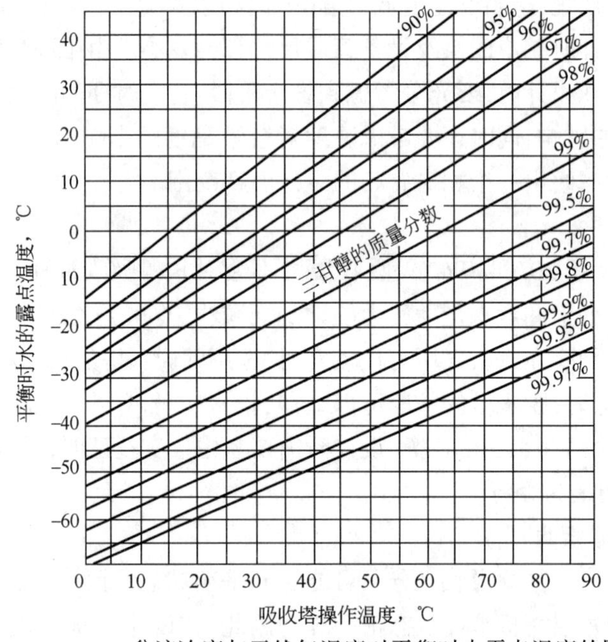

图 2-2-4　TEG 贫液浓度与天然气温度对平衡时水露点温度的影响

（六）再生釜温度

再生釜的温度对 TEG 浓度的影响如图 2-2-5 所示，再生釜再生温度越高，TEG 溶液浓度也就越高。

设计时通常把再生釜的温度限制在 204℃以下，在无汽提气时，这个温度可将 TEG 浓度最高提高到 98.7%。一般是将再生釜的温度控制在 198~202℃，将 TEG 的降解减至最小，从而有效地将 TEG 浓度控制在 98%~98.5%。

若需要较高的 TEG 浓度，可将汽提气加入再生釜汽提柱或让再生釜处于负压再生状态。

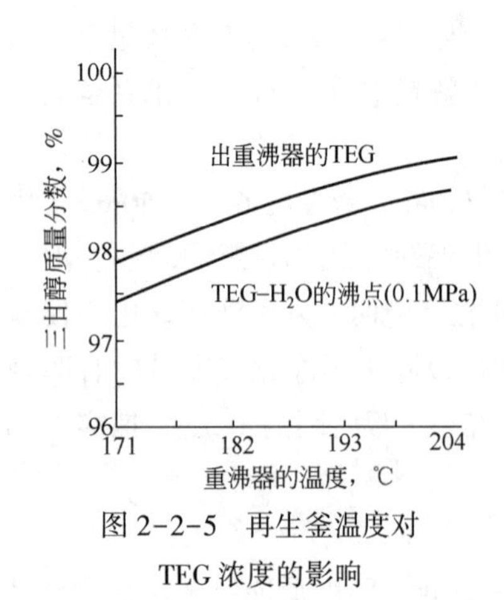

图 2-2-5　再生釜温度对 TEG 浓度的影响

（七）再生釜压力

再生釜的压力高于大气压时，可明显降低脱水效率。再生釜的压力低于大气压时，富液的沸腾温度会降低，在同样的温度下，可获得较高的甘醇浓度,且再生釜压力越低,要获得相同的甘醇浓度时,再生釜需要的温度就越低。因此,在条件允许时,尽量采用较低的再生釜压力。要让再生釜长期处于负压状态工作,设计和工艺上复杂,操作困难,不允许存在丝毫泄漏,因此,设计上通常还是考虑常压再生。

(八)汽提气

使用汽提气与甘醇接触能有效提高再生后的甘醇浓度。

(九)甘醇循环量

确定循环量时要同时考虑 TEG 浓度和脱水塔实际塔板数,三者之间的关系如图 2-2-6、图 2-2-7 所示。根据图示数据,在操作压力和温度不变时这三者之间的关系可归纳如下:

(1)循环量和塔板数固定时,甘醇浓度愈高则露点降愈大,这是提高露点降最有效的途径。

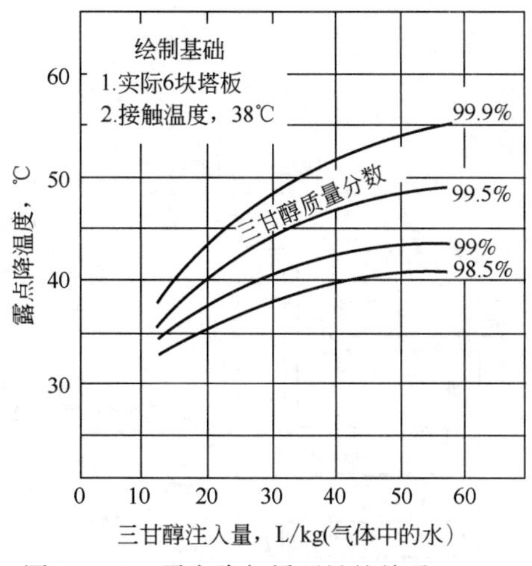

图 2-2-6　露点降与循环量的关系(n=4)

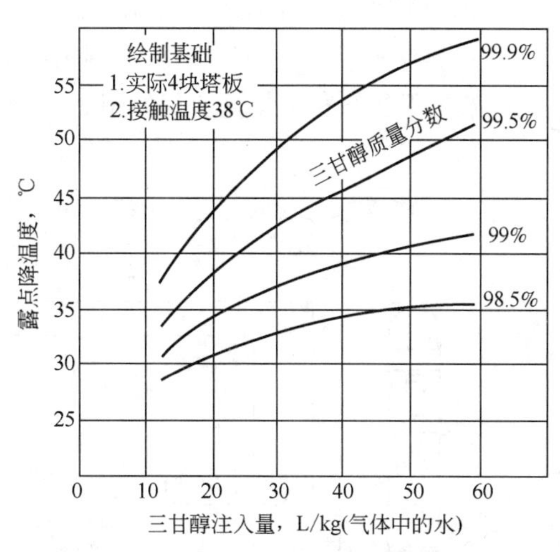

图 2-2-7　露点降与循环量的关系(n=6)

(2)循环量和甘醇浓度固定时,塔板数愈多则露点降愈大,一般情况下实际塔板数不超过 10 块。塔板效率大致在 25%~40%。

(3)塔板数和甘醇浓度固定时,循环量愈大则露点降愈大,但循环量升高至一定值后,露点降的增加值明显减少;且循环量过大会导致重沸器超负荷,动力消耗过大,故通常最高不超过 33 L/kg(水)。

(十)精馏柱温度

较高的精馏柱顶温度会增加溶液损失,这主要是因为过度蒸发所致。精馏柱顶温度建议控制在 99℃。当温度超过 104℃时,溶液损失显著增加。若温度低于 93℃时,再生釜蒸发的水蒸气大量冷凝,明显增加再生釜热负荷。精馏柱顶温度控制一般借助于脱水塔富液经精馏柱盘管换热实现,同时设置手动和自动控制阀,以实现精馏柱顶温度的精准控制。

J(GJ)BB004
甘醇法脱水单元动态分析

七、甘醇法脱水单元动态分析

天然气脱水装置生产数据根据原料气变化情况实时都在发生变化,作为脱水单元岗位操作人员，不仅要熟悉脱水装置的设计参数，还要能够根据实际生产数据进行分析，调整操作，优化运行参数，在保证净化气合格的情况下实现节能降耗的目的，同时还应从实时生产数据发现问题，及时汇报和处理问题，确保装置安全、平稳、高效运行。所以要对装置的运行进行动态分析。

动态数据分析步骤如下：

(1)编制装置关键参数运行记录表。

(2)收集、统计装置实时生产数据。

(3)绘制实时数据生产数据图表。

(4)找出图表中变化明显或与日常生产偏差较大的相关参数。

(5)对变化较大的参数进行详细分析，找出引起参数变化的所有原因。

(6)根据可能原因，逐一排除，最后确定这些参数变化的主要原因。

(7)提出调整或处理措施并具体实施。

(8)观察调整后装置的运行情况，做好总结和记录。

例：某厂天然气脱水装置流程如图 2-2-8 所示。

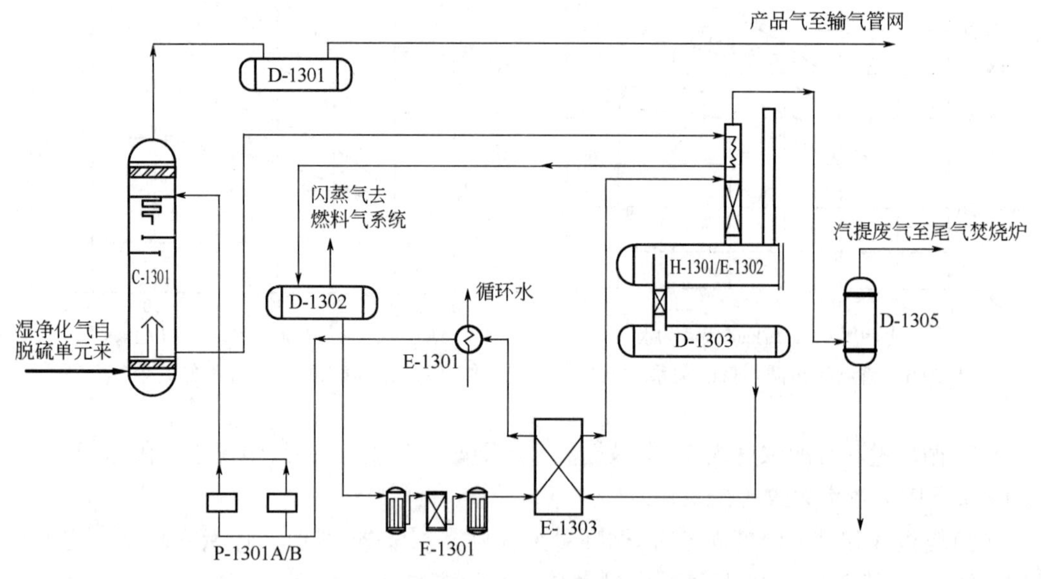

图 2-2-8 某厂天然气脱水装置流程

给定时间点脱水装置部分操作参数，见表 2-2-2、表 2-2-3。

表 2-2-2 某 $400\times10^4m^3/d$ 净化装置生产参数

时间	脱水塔参数					闪蒸罐参数			缓冲罐参数		燃料气参数	
	净化气流量 $10^4m^3/d$	湿净化气温度 ℃	液位 %	压差 kPa	压力 MPa	液位 %	闪蒸气量 m^3/h	压力 MPa	温度 ℃	液位 %	压力 MPa	流量 m^3/h
13:00	385	40	50	8.1	3.92	45	5.6	0.45	188	50	0.15	50
14:00	386	40	50	8.2	3.91	45	5.5	0.46	188	50	0.15	51
15:00	385	39	50	8.1	3.92	46	5.6	0.45	188	50	0.15	50

续表

时间	脱水塔参数					闪蒸罐参数			缓冲罐参数		燃料气参数	
	净化气流量 $10^4m^3/d$	湿净化气温度 ℃	液位 %	压差 kPa	压力 MPa	液位 %	闪蒸气量 m^3/h	压力 MPa	温度 ℃	液位 %	压力 MPa	流量 m^3/h
16:00	384	39	51	8.3	3.91	45	5.5	0.45	187	51	0.14	50
17:00	385	40	48	8.2	3.92	46	7.8	0.46	187	50	0.14	50
18:00	385	39	49	8.1	3.92	45	7.3	0.45	188	49	0.15	50

表 2-2-3 某 $400\times10^4m^3/d$ 净化装置生产参数

时间	汽提气	再生釜参数		贫液水冷器参数			溶液及水含量参数			
	流量 m^3/h	再生温度 ℃	富液出口温度 ℃	循环水进口温度 ℃	循环水进口压力 MPa	贫液出口温度 ℃	贫液循环量 m^3/h	进塔贫液温度 ℃	出塔富液温度 ℃	净化气含水 mg/L
13:00	8	200	65	28	0.41	40	4.2	40	39	65
14:00	8	200	65	29	0.42	41	4.1	40	39	65
15:00	8	200	65	29	0.41	41	4.0	41	39	65
16:00	7	199	64	28	0.41	40	3.9	39	38	65
17:00	8	200	64	27	0.41	39	3.8	39	38	75
18:00	8	199	65	26	0.42	38	3.7	38	37	78

(1)建立各参数曲线变化趋势图。

(2)对该天然气脱水装置运行进行分析:

① 综合各参数变化情况,判断装置异常情况。

② 对装置出现的异常情况进行原因分析(除了通过综合已给各参数变化分析的原因外,还包括其他可能存在的隐性原因)。

③ 提出解决措施及建议。

答:

参数变化趋势见图 2-2-9 至图 2-2-13。

(1)异常情况判断。

16:00~18:00 装置各参数呈现以下变化:

① 净化气水含量超标。

② 净化气量未发生明显变化。

③ 脱水塔压力无明显变化,贫液入塔温度、富液出塔温度、溶液循环量均下降。

④ 脱水塔差压轻微波动。

⑤ 闪蒸罐压力、液位略有波动,闪蒸气流量明显增大。

⑥ 缓冲罐各参数无明显变化。

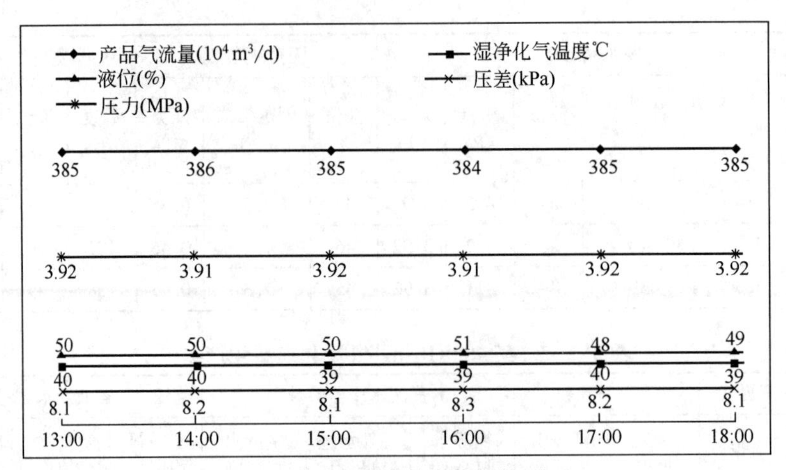

图 2-2-9 脱水塔参数变化趋势图（一）

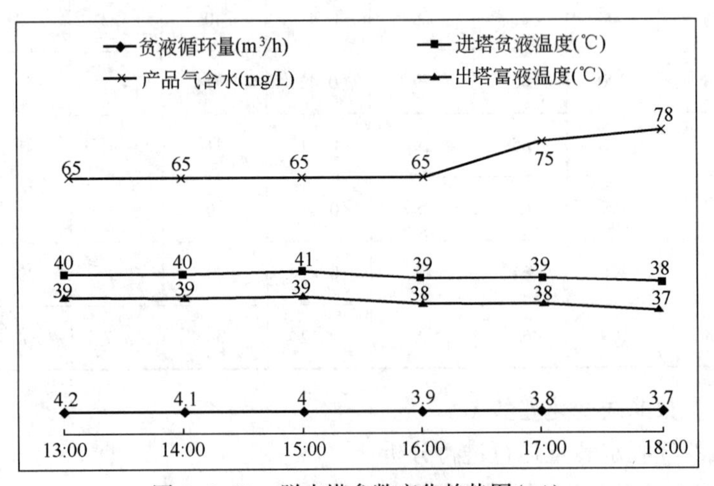

图 2-2-10 脱水塔参数变化趋势图（二）

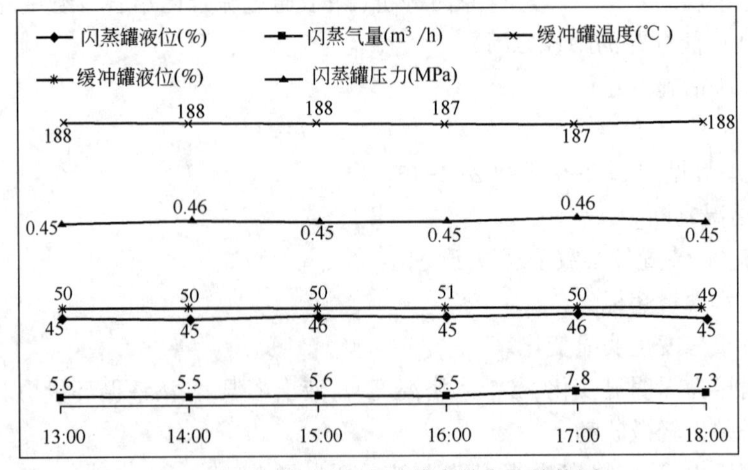

图 2-2-11 闪蒸罐、缓冲罐参数变化趋势图

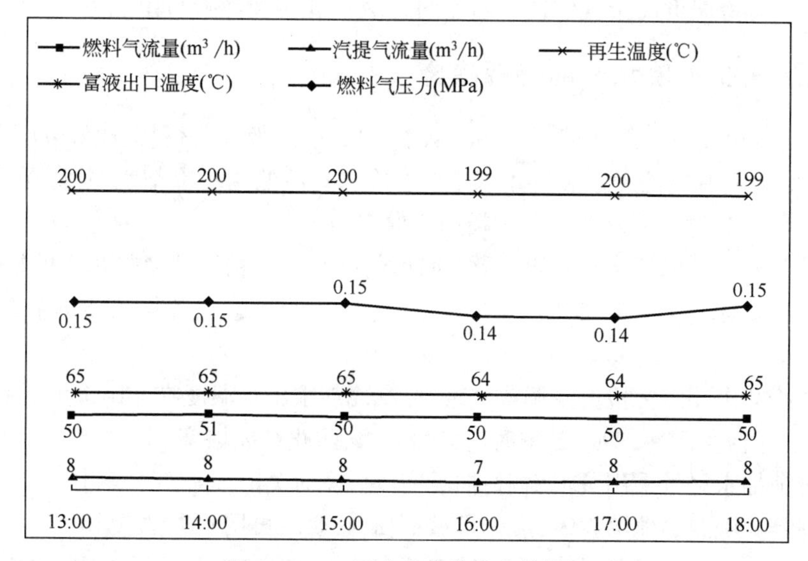

图 2-2-12　再生釜参数变化趋势图

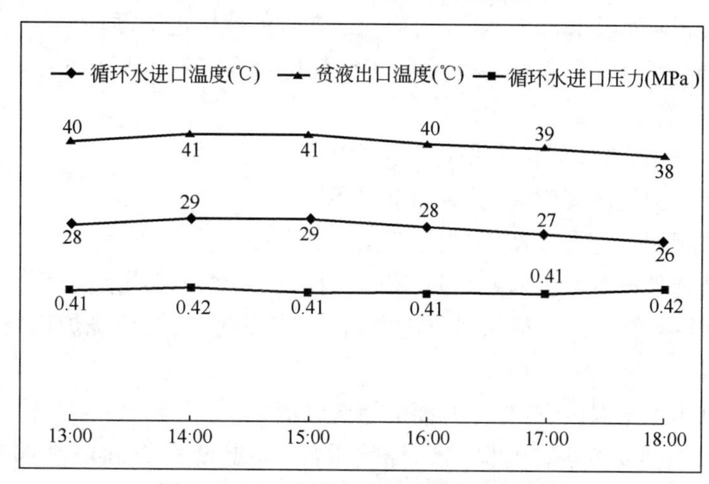

图 2-2-13　贫液水冷器参数变化趋势图

⑦ 再生釜各参数无明显变化。

⑧ 贫液水冷器循环水温度、贫液出口温度均有下降。

综合以上参数变化趋势可判断为入塔贫液温度低,脱水塔内溶液存在发泡现象,且溶液循环量下降,湿净化气脱水效果下降。

(2)原因分析。

由参数变化情况,分析原因:

① 溶液循环量过低。

② 贫液入塔温度低,脱水塔溶液发泡。

(3)解决措施及建议:

① 调整溶液循环量,保证净化气水含量合格。

② 加入阻泡剂。

③ 保证贫甘醇温度高于气体进口温度约5℃，防止烃类冷凝析出。

J(GJ)BB005 甘醇法脱水单元节能降耗措施

八、甘醇法脱水单元节能降耗措施

甘醇法脱水单元节能降耗措施主要应从水、电、气、溶液、原材料消耗等方面考虑。

（1）用水方面：甘醇法脱水装置用水主要有冷却贫液的循环冷却水、甘醇循环泵等的机泵冷却用水、清洗过滤器用水等。节约措施主要有：

① 设计时充分考虑到贫富液换热器、缓冲罐换热盘管、精馏柱换热盘管的换热效率，尽量回收富液热源，降低循环冷却水用量。检修时，要定期清洗，去除换热器结垢物质，保证换热效率。

② 机泵冷却水要经常检查并调整水量，控制冷却水出水温度在40～50℃。备用的循环泵和溶液补充泵应关闭冷却水，冬季时应排尽余水，防止结冰堵塞。

③ 低位池抽水尽量采用蒸汽引射，抽吸完成后及时关闭。

④ 过滤器清洗或场地清扫时，应先机械清扫，必要时再用水冲洗。

⑤ 大修清洗塔罐等设备时，应先机械清除或清扫大部分沉积物后再用水冲洗。

⑥ 大修装置新鲜水洗和除氧水洗时，应控制在较低液位进行循环。

（2）用电方面：溶液循环泵是本单元的主要耗电设备，寒冷地区还有电加热保温用电等。节约措施主要有：

① 循环泵应采用变频控制，尽量少采用回流控制。

② 当装置参数发生改变时，要及时调整循环量。

③ 电伴热要定期检查温控器，防止伴热温控器失灵。

④ 根据季节合理设置装置照明时间，降低电耗，装置尽量采用节能灯等。

（3）用气方面：主要是再生釜加热所需燃料气、汽提气，废气灼烧炉用气。节约措施主要有：

① 合理控制再生釜温度，避免不必要的燃料气消耗。

② 调整明火加热炉配风，确保其燃烧效果好，并定期检查和清洗明火加热炉配风滤网。

③ 观察明火加热炉烟气温度，若烟气温度过高则说明加热炉热效率下降，应及时查找原因并排除。

④ 调整好汽提气流量，在确保贫液质量情况下，尽量采用较低的汽提气量。

⑤ 加强废气灼烧炉燃料气及配风调整，确保其燃烧效果好，并定期检查配风滤网。

⑥ 有条件的装置，尽可能地回收再生废气。

⑦ 平稳操作脱水装置，尽量减少装置不必要的放空和泄压操作。

⑧ 控制好闪蒸液位和压力，确保闪蒸效果，尽量回收和利用好闪蒸气。

⑨ 平稳控制脱水塔操作，减少溶液发泡和轻烃冷凝造成脱水塔富液大量夹带烃类气体。

⑩ 检修期间尽量回收或利用好系统内的余气，减少放空量。

⑪ 定期检查维修至放空系统的阀门，防止内漏。

（4）溶液消耗：干净化气夹带损失，闪蒸气夹带损失，机泵泄漏损失，再生釜蒸发损失，其他跑、冒、滴、漏损失等。节约措施主要有：

① 平稳控制脱水塔操作压力，加强干净化气分离器操作，减少净化气夹带损失。

② 控制好贫液温度，防止天然气中轻烃冷凝；加强溶液过滤，防止溶液发泡造成夹带损失增大。

③ 控制好闪蒸液位和压力，定期检查闪蒸罐捕雾网，减少闪蒸气带液。

④ 控制好再生釜和精馏柱顶温度，减少甘醇的热降解和蒸发损失。

⑤ 控制好汽提气流量，防止汽提气流量过大造成溶液损失。

⑥ 维护好循环泵，减少循环泵溶液泄漏损失。

⑦ 过滤器清洗前，应彻底回收溶液。

⑧ 做好溶液储罐和溶液配制罐防氧化保护，减少溶液氧化变质。

⑨ 检修时回收溶液要彻底，减少溶液损失。

⑩ 定期检查维修贫液水冷器，避免发生溶液窜漏。

(5)其他消耗：除减少以上消耗外，还要考虑过滤元件、活性炭用量消耗，以及低位池吹扫空气用量，仪表风管线泄漏等不必要的消耗等。减少甘醇、天然气、水、蒸汽的跑、冒、滴、漏。

J(GJ)BB006 甘醇脱水溶液损失异常原因分析及处理措施

项目二　分析及处理甘醇脱水单元溶液损失异常

根据装置操作可知，正常运行的三甘醇法脱水装置，每处理 $100\times10^4m^3$ 天然气时，其三甘醇损失量通常在 8~16kg 内，且随着装置处理负荷增大(设计参数内)，损失率呈下降趋势。若某装置甘醇损失超过通常损失范围，说明甘醇损失过大，应立即检查原因并逐一排除。

甘醇脱水装置溶液损失主要因素包括：系统溶液发泡或拦液，进料气气速过大，净化气带液，再生温度过高溶液降解变质，汽提气量过大溶液被废气带走，冷换设备窜漏溶液泄漏至循环冷却水系统，溶液跑、冒、滴、漏严重等。

一、准备工作

(1)设备：甘醇法脱水装置。

(2)材料及工具：笔 1 支、记录表 1 个、F 扳手 300~800mm、活动扳手 1 把、对讲机 1 部、工具包 1 个等。

(3)人员：净化操作工 2 人、化验分析工 1 人。

二、操作规程

(一)初期处置

(1)适当补充溶液。

(2)及时回收净化气分离器内溶液，并进行补充。

(3)适当调整贫甘醇入塔温度，控制贫液和进料气温差，必要时加入阻泡剂。

(4)净化气带液严重时应适当降低进料气流量。

(5)调整再生釜温度，减少再生釜降解变质损失。

(6)适当降低精馏柱顶部温度，降低再生釜汽提气流量，减少废气夹带损失。

(7)查看甘醇循环泵出口端冷换设备是否出现窜漏。

(8)若系统液位过低，可适当降低吸收塔和闪蒸罐液位，防止再生釜及缓冲罐液位过低导致循环泵抽空。

(二)数据收集

(1)编制甘醇脱水单元溶液偏低的相关数据统计表，选择合理的统计项目和时间节点。

(2)按统计表设置项目和时间，收集并填写数据。

(3)统计表项目设置应包含以下内容：

① 脱水塔、闪蒸罐、再生釜、缓冲罐等液位统计。

② 净化气分离器液位统计。

③ 溶液储罐、溶液配制罐液位统计。

④ 脱水塔、精馏柱压差统计。

⑤ 再生釜、精馏柱顶部温度统计。

⑥ 闪蒸气、汽提气流量统计。

⑦ 进料气及入塔贫液温度统计。

⑧ 本单元重要操作或调整记录。

⑨ 废气组分分析数据统计。

(三)数据分析

(1)根据溶液储罐、溶液配制罐液位变化及装置操作记录分析判断溶液回收系统是否泄漏。

(2)根据吸收塔差压、闪蒸气量、各塔罐液位及净化气分离器液位变化分析判断脱水塔甘醇溶液是否发泡、拦液。

(3)根据废气罐或废气分离器组分、汽提气流量、精馏柱差压及顶部温度变化分析判断废气是否严重带液。

(4)根据脱水塔进料气及贫甘醇温度、湿净化气液位变化分析是否出现净化气带液严重。

(5)根据精馏柱差压、再生釜液位变化分析判断是否存在再生釜隔板破裂、精馏柱或汽提柱堵塞。

(6)判定再生釜精馏柱、汽提柱堵塞，应采取措施再观察系统液位变化。

(7)判定贫液循环泵出口冷换设备窜漏，应查看循环冷却水水质分析数据，并要求在循环冷却水冷却器进出口取样分析后再进一步确定。

对以上数据进行分析时，应分别阐述现象和原因，然后再判定。

(四)原因判断及后续处理

(1)综合上述分析，判断甘醇脱水系统溶液异常偏低的原因。

(2)提出相应的处理措施和具体步骤。

① 溶液回收系统窜漏，应全面检查溶液回收系统，必要时更换溶液回收阀或加装盲板，

并将溶液配制罐内溶液补充回设备。

② 脱水塔发泡、拦液，应适当注入阻泡剂，提高脱水塔压力，调整湿净化气进料气和贫甘醇溶液温度，并及时将净化气分离器内溶液回收补充回设备。

③ 再生废气带液严重，应适当降低再生釜精馏柱顶部温度，减小汽提气流量，同时注意再生釜温度控制。

④ 净化气带液明显，应提高脱水塔压力，控制好入塔贫液温度，适当降低处理量，确认是否为脱水塔顶部捕雾网脱落所致。

⑤ 精馏柱或汽提柱堵塞，应观察再生釜缓冲罐、废气分离器压力是否变化，适当降低甘醇循环量和汽提气流量，必要时申请停产检修。

⑥ 再生釜隔板破裂，再生釜液位明显下降，应立即停产检修。

⑦ 循环泵出口冷换设备窜漏，应立即停产检修。

(3)具体措施中应指出处理后的变化趋势及注意事项。

(五)其他操作

(1)按要求填写作业过程记录。

(2)打扫场地卫生，整理工具用具。

(3)汇报作业完成情况。

三、技术要求

(1)甘醇法脱水单元液位下降在日常生产中是正常现象，但应注意其下降速率必须在一定范围内。

(2)甘醇脱水单元液位偏低时，首先体现在再生釜缓冲罐液位下降，但还是应综合系统各点液位变化后再确定。

(3)再生釜液位明显下降(低于正常控制液位)，则无须其他检查，可直接判定再生釜隔板窜漏。

(4)脱水塔拦液时会直接表现为液位下降，精馏柱堵塞表现为精馏柱差压上升和废气带液增加，而汽提柱堵塞直接体现为再生釜液位上升。

(5)甘醇法脱水单元液位下降不会影响净化气质量，但会影响本单元的液位控制，严重时造成甘醇循环泵抽空、设备窜压等。

(6)无论是汽提气流量过大、精馏柱堵塞，或是精馏柱顶部温度过高都会造成再生废气带液严重，判定时应逐项排除。

(7)冷换设备窜漏主要体现在循环泵出口高压部分，若是循环泵进口端冷换设备，则整体液位上升。判断冷换设备窜漏最直接的方法是进出口取样分析对比。

四、注意事项

(1)甘醇脱水单元液位偏低时，可适当降低吸收塔和闪蒸罐液位，但应注意控制好液位，防止出现窜压。

(2)降低再生釜精馏柱顶部温度时应注意温度控制，最好在(100±2)℃，过低会造成贫液质量下降，净化气质量不合格等。

(3)调整汽提气流量时应注意关注贫甘醇溶液质量变化。

(4)调整脱水塔进料气和贫甘醇温度时注意两者之间的温差应控制在规定范围内。

(5)冷换设备取样时应注意样品的采样真实性和代表性,避免人为误差引起错误判断。

(6)系统补充溶液时,应控制好补充量和补充速率,防止补充过快影响贫液质量。

J(GJ)BB007 湿净化气温度异常原因分析及处理措施

项目三　分析及处理湿净化气温度异常

甘醇脱水塔天然气流速快,流量大;贫液流量小,流速非常慢。甘醇脱水属于物理吸收,无反应热,主导脱水塔温度的是入塔湿净化气温度和流量。在湿净化气流量和脱水塔压力恒定的情况下,脱水塔温度由湿净化气温度决定。

脱水塔入口湿净化气温度对脱水操作影响较大,必须控制在规定范围内。实际操作中通常将其温度控制在 26~43℃。

一、准备工作

(1)设备:甘醇法脱水装置。

(2)材料及工具:笔 1 支、记录表 1 个、F 扳手 300~800mm、活动扳手 1 把、对讲机 1 部、工具包 1 个等。

(3)人员:净化操作工 2 人、化验分析工 1 人。

二、操作规程

(1)初期处置。

① 适当提高甘醇贫液循环量,维持再生釜温度。

② 适当提高脱水塔进料气压力,减少进料气含水量。

③ 预处理装置原料气设置有换热设备时,则应提高其换热效率,降低原料气温度。

④ 进料气(湿净化气)设有预冷器时,应调整其换热温度,降低脱水塔进料气温度。

⑤ 适当降低进料气流量,加大湿净化器分离器排液操作,防止液态水进入脱水塔。

⑥ 监控净化气水露点变化趋势,出现水露点超标,应停止净化气外输。

(2)数据收集。

① 编制脱水塔进料气相关数据统计表,选择合理的统计项目和时间节点。

② 按统计表设置项目和时间,收集并填写数据。

③ 统计表项目设置应包含以下内容:

A. 进料气流量、压力、温度统计。

B. 净化气压力、温度、水露点统计。

C. 贫甘醇循环量、入塔温度、贫液浓度统计。

D. 预处理单元原料气温度、压力统计。

E. 原料气预冷器出口温度统计。

F. 湿净化气分离器(含脱烃湿净化气分离器)温度、压力、液位统计。

(3)数据分析。

① 根据原料气、湿净化气、净化气压力、温度分析判断原料气或湿净化气温度是否异常。

② 根据净化气水露点,贫甘醇浓度、入塔温度及循环量分析判断甘醇溶液是否异常。

③ 根据湿净化气分离器(含脱烃湿净化气分离器)温度、压力、液位分析判断湿净化气是否带液。

④ 根据脱水塔差压、各塔罐液位变化,进料气及贫甘醇温度分析脱水塔是否出现发泡、拦液引起净化气水露点异常。

对以上数据进行分析时,应分别阐述现象和原因,然后再判定。

(4)原因分析及后续处理。

① 综合上述分析,判断脱水塔进料气温度是否异常。

② 提出相应的处理措施和具体步骤。

③ 具体措施中应指出处理后的变化趋势及注意事项。

(5)按要求填写作业过程记录。

(6)打扫场地卫生,整理工具用具。

(7)汇报作业完成情况。

三、技术要求

(1)脱水塔进料气温度异常时,净化气水露点波动,应关注变化趋势,防止不合格净化气外输。

(2)脱水塔进料气温度异常时,无论净化气水露点是否上升,都应先适当提高贫甘醇循环量。

(3)原料气或湿净化气温度可调时,应先采取措施调整温度。

(4)原料气或湿净化气温度不能控制时,应适当降低原料气处理量,提高贫甘醇质量和流量,防止净化气水露点超标。

(5)原料气或湿净化气压力可以提高时,应尽量采用较高的压力操作,降低需要脱出的水含量。

四、注意事项

(1)在提高贫甘醇循环量时,应注意提高再生釜燃料气流量,保持再生釜温度稳定。

(2)降低湿净化气中水含量最有效的措施是降低原料气或湿净化气的温度,提高压力。

(3)调整过程中应注意净化气水露点变化,防止不合格净化气外输。

(4)天然气净化装置设有脱烃装置时,湿净化气温度一般可调,应保证其换热效果。

项目四 分析及处理缓冲罐液位异常

J(GJ)BB008 缓冲罐液位异常原因分析及处理措施

脱水缓冲罐液位一般控制在50%~80%,液位过低时缓冲罐内换热盘管不能完全浸泡,造成换热效果差,溶液循环泵抽空;液位过高时缓冲罐气相空间过小,不利于甘醇贫液中的水分蒸发，影响贫液质量。正常生产中，缓冲罐液位比较稳定，由于溶液的缓慢损失，液位呈缓慢微降趋势。当缓冲罐液位发生明显变化时，说明本单元操作调整或出现异常情况，应及时查找原因并处理。

引起缓冲罐液位上涨的因素有：进料气中含有大量的溶液或污水污油，且脱水塔分液段分离效果不好；脱水塔、闪蒸罐液位控制发生改变或调整；溶液发泡；补充溶液过多；溶液过滤器清洗后，阀门关闭不严或内漏导致其他液体介质窜入；循环泵入口端贫液冷却或换热器窜漏，循环冷却水窜入甘醇溶液；贫液入塔温度过低，大量重烃冷凝进入甘醇溶液；脱水塔进料气（湿净化气）温度显著升高，气相含水量增大；再生釜（明火加热炉）溶液隔板破裂，再生釜溶液流入缓冲罐；再生釜精馏柱顶部富液换热盘管或缓冲罐换热盘管穿孔泄漏；使用的汽提气带液。

引起缓冲罐液位下降的因素有：脱水塔、闪蒸罐液位控制发生改变或调整；脱水塔拦液；脱水塔压力控制调整过快；脱水塔塔顶捕雾网损坏，净化气带液；闪蒸罐液位控制过高、闪蒸气捕雾网脱落，闪蒸气带液；再生釜或精馏柱顶部温度控制过高，甘醇溶液蒸发损失增大，废气带液；精馏柱填料堵塞，废气带溶液；再生釜汽提柱堵塞或汽提气流量过大，缓冲罐气相压力升高，再生釜溶液不能顺利流入缓冲罐；循环泵机封泄漏严重；本单元其他地方跑、冒、滴、漏严重；溶液过滤器清洗时回收的溶液未及时补充；循环泵出口端冷却器窜漏，溶液窜入循环冷却水系统。

一、准备工作

（1）设备：甘醇法脱水装置。

（2）材料及工具：笔 1 支、记录表 1 个、F 扳手 300~800mm、活动扳手 1 把、对讲机 1 部、工具包 1 个等。

（3）人员：净化操作工 2 人、化验分析工 1 人。

二、操作规程

（一）初期处置

（1）缓冲罐液位上升处理。

① 监控本单元各点液位变化情况，防止液位过高造成净化气、闪蒸气、废气大量带液。

② 检查溶液补充管线、溶液过滤器（特别是现场进行操作过的阀门），防止液体窜入。

③ 检查湿净化气分离器液位，回收湿净化气分离器内液体。

④ 检查净化气分离器液位，回收净化气分离器内液体。

⑤ 从低温低压设备回收部分溶液。

⑥ 检查闪蒸气管线，防止闪蒸气带液进入燃料气管网。

⑦ 监控净化气水含量变化趋势，防止不合格净化气外输。

⑧ 查找液位上涨原因，并根据原因及时处理。

（2）缓冲罐液位下降处理。

① 适当补充溶液。

② 适当增加再生釜燃料气流量，防止补充溶液时贫液质量下降。

③ 适当降低脱水塔、闪蒸罐液位,防止缓冲罐液位过低,甘醇循环泵抽空。

④ 查找系统液位下降原因,并根据原因及时处理。

(二)数据收集

(1)编制甘醇脱水单元缓冲罐液位异常的相关数据统计表,选择合理的统计项目和时间节点。

(2)按统计表设置项目和时间,收集并填写数据。

(3)统计表项目设置应包含以下内容:

① 脱水塔、闪蒸罐、再生釜、缓冲罐等液位统计。

② 湿净化气分离器、净化气分离器液位统计。

③ 溶液储罐、溶液配制罐液位统计。

④ 脱水塔、精馏柱压差统计。

⑤ 再生釜、精馏柱顶部温度统计。

⑥ 闪蒸气、汽提气流量统计。

⑦ 贫液质量分析数据统计。

⑧ 本单元重要操作或调整记录统计。

⑨ 废气组分分析数据统计。

对以上数据进行分析时,应分别阐述现象和原因,然后再判定。

(三)原因判断及后续处理

(1)综合上述分析,判断甘醇脱水系统溶液缓冲罐液位异常原因。

(2)提出相应的处理措施和具体步骤。

(3)缓冲罐液位上涨后续处理如下:

① 分别对系统贫、富液溶液进行取样分析,确认溶液浓度变化。

② 进料气带液,应加大湿净化气分离器排液频率,要求上游采取有效措施降低湿净化气带液,并适当提高压力。

③ 甘醇溶液发泡,应适当注入阻泡剂,调整湿净化气进料气和贫甘醇溶液温度。

④ 补充溶液过多,应停止补充溶液,并回收部分溶液。

⑤ 其他工艺介质窜入,应及时切断,防止其继续窜入,并加装盲板。

⑥ 适当提高甘醇循环量,提高再生釜燃料气流量,尽快恢复溶液浓度。

⑦ 净化气质量下降,应适当降低进料气处理量,防止净化气不合格。

⑧ 再生釜隔板破裂,再生釜液位明显下降,应立即停产检修。

⑨ 循环泵入口冷换设备窜漏,应立即停产检修。

(4)缓冲罐液位下降后续处理如下:

① 溶液回收管路窜漏,应全面检查溶液回收管路,必要时更换溶液回收阀或加装盲板,并进行溶液补充。

② 脱水塔发泡、拦液,应适当注入阻泡剂,提高脱水塔压力,调整湿净化气进料气和贫甘醇溶液温度,并及时将净化气分离器内溶液回收。

③ 再生废气带液严重,应适当降低再生釜精馏柱顶部温度,减小汽提气流量,同时注意再生釜温度控制。

④ 净化气带液明显，应提高脱水塔压力，控制好入塔贫液温度，适当降低处理量，确认是否由脱水塔顶部捕雾网脱落所致。

⑤ 精馏柱或汽提柱堵塞，应观察再生釜缓冲罐、废气分离器压力是否变化，适当降低甘醇循环量和汽提气流量，必要时申请停产检修。

⑥ 循环泵出口冷换设备窜漏，应立即停产检修。

（四）其他操作

（1）按要求填好作业过程记录。

（2）打扫场地卫生，整理工具、用具。

（3）汇报作业完成情况。

三、技术要求

（1）甘醇法脱水工艺液位明显上升或下降在日常生产中均是不正常现象。

（2）甘醇法脱水工艺液位上升或下降均首先体现在再生釜缓冲罐液位变化。

（3）再生釜液位明显下降，缓冲罐液位上升可判定再生釜隔板窜漏。

（4）甘醇溶液发泡会表现出各点液位上升，而拦液会表现出各点液位下降。

（5）甘醇法脱水工艺液位上升时会造成溶液浓度下降，影响净化气质量，而液位下降一般不会影响净化气质量。

（6）无论是汽提气流量过大、精馏柱堵塞，或是精馏柱顶部温度过高都会造成再生废气带液严重，判定时应逐项排除。

（7）甘醇循环泵入口冷换系统窜漏时各点液位会上升，而出口冷换设备窜漏时各点液位会降低。

四、注意事项

（1）湿净化气带液严重时，一般是上游装置出现故障或拦液冲塔，因此应严密注意湿净化气分离器液位，可适当提高脱水塔操作压力，降低进料气流速来减缓进料气带液量。回收湿净化气分离器溶液时注意防止窜压。

（2）液位过高时，回收溶液应注意回收点的选择，不要从高压或高温处回收。从贫液管路回收溶液时应防止回收速率过快影响甘醇循环泵流量。

（3）液位过高时，一般是由其他液体工艺介质窜入，应注意贫液浓度的变化和净化气质量的变化，必要时可适当提高循环量，防止净化气不合格。

（4）甘醇脱水系统液位偏低时，可适当降低吸收塔和闪蒸罐液位，但应注意控制好液位，防止出现窜气。

（5）降低再生釜精馏柱顶部温度时应注意温度控制，最好在（100±2）℃，过低会造成贫液质量下降，净化气质量不合格等。

（6）调整汽提气流量时应注意关注贫甘醇溶液质量变化。

（7）冷换设备取样时应注意样品的采样真实性和代表性，避免人为误差引起错误判断。

（8）补充溶液时，应控制好补充量和补充速率，防止补充过快影响贫液质量。

模块三　操作分子筛脱水单元

项目一　相关知识

一、膜分离法脱水工艺原理及特点

J(GJ)BC001
膜分离法脱水工艺原理及特点

(一)膜分离的原理

膜分离的基本原理就是利用各气体组分在高分子聚合物中的溶解扩散速率不同,因而在膜两侧分压差的作用下导致其渗透通过纤维膜壁的速率不同而分离。推动力、膜面积及膜的分离选择性,构成膜分离的三要素。

利用对水具有选择分离性质的复合膜,根据不同气体分子在膜中的溶解扩散性能的差异,在一定的压差推动下,水分子优先通过膜,分离出来在膜的低压侧富集;而烃类、氮气、氧气等气体不易通过膜,就富集在高压侧作为净化气体,其压力损失很小。

用于气体分离的膜可分为多孔膜、均质膜、非对称膜及复合膜四类。

多孔膜利用不同组分分子的平均速度不同,而当膜的微孔孔径远低于气体运动平均自由程时,通过微孔的分子数与分子的平均速度成正比,从而实现气体的分离,其特点是渗透能力高但选择性差。多孔膜可用氧化铝、氧化硅系的陶瓷材料,聚乙烯、聚砜、聚四氟乙烯等高分子材料以及镍、铝等金属多孔体制作。

均质膜即非多孔膜,使用高分子材料或有机物制成,大多具有抗热、抗压及抗化学侵蚀的能力,其分离原理是利用不同气体在膜表面溶解及扩散性能的差别而实现气体的分离,特点是选择性高而渗透性能力差。

非对称膜是制膜工艺上的重大突破,其目的是在不损害膜的选择性前提下通过降低膜的厚度以增加渗透量。最早制得的非对称性醋酸纤维膜,是将极薄(0.1~1mm)的致密皮层支撑在一张高密多孔的基材上。进一步开发的复合膜,既可在选择性层上涂覆渗透性强的薄层,也可在渗透性层上涂覆选择性强的薄层。

由于非对称膜及复合膜在解决渗透性与选择性二者的矛盾方面具有优势,它们已成为当前应用较广的气体分离膜。

(二)膜分离工艺特点

膜分离技术与深冷、变压吸附(PSA)等技术相比,具有投资省、占地少、启动快、维修量小、稳定可靠等特点,其产品质量和技术含量位于世界领先水平。膜分离所用膜具有的特点:化学稳定性好、使用寿命长;撬装式结构,体积小、重量轻,适用于偏远地区使用;便于维护、节约维修费用;工艺简单、易操作、无污染。

(1)虽然膜的制造和膜分离单元的组装相当复杂而精细,但由此组成的装置却是非常简单的,它不需要机动设备,相应的膜单元日常的运行及维护也很简单。

(2)膜分离工艺本身来说是不耗能的(如果进料气温度合适),但随水蒸气一起渗出的烃量占有相当的比例,达到进料中烃量的百分之几或百分之几十。为了降低烃损失,常采用两级或多级的分离流程,这使膜分离流程变得复杂,投资和压缩的能耗增加。因此,只有在处理量相当大时才能考虑两级及多级分离流程。

(3)对于高 CO_2 含量的原料气而言,采用一级或多级膜分离可获得合乎管输标准的净化气;而对于高含 H_2S 原料气,单独使用膜分离要获得符合管输标准的净化气,无论是一级或多级,都是不可能实现的。

(4)水蒸气的渗透速率为 CH_4 的 100 倍,H_2S 的 10 倍,CO_2 的 16.7 倍,因此,使用膜分离法对于天然气脱水来说是值得重视的。

20 世纪 80 年代初,膜分离法用于天然气净化已在国外实现了工业化,主要是处理 CO_2 驱油后伴生气,也涉及了 H_2S、H_2O 的净化分离,但已经实现的应用还相当有限。膜分离作为一种脱水方法,大量运用于工业将天然气中水进行分离而达到管输标准还是相当困难且不经济的。

(三)膜分离工艺在国内外的运用情况

据悉,美国空气产品 PERMEA 目前已实现天然气膜分离法脱水的商品化,有 6 套装置建成投产,最大规模为 $600\times10^4m^3/d$。采用的膜为新型 Prims 膜,分离系统在 4~8MPa 下,以原料气量的 2%~5%干气为返吹气,可以脱除天然气中 95%的水分。

在国内,为了探索天然气膜分离法脱水在技术上的可行性,自 1994 年以来中国科学院大连化学物理研究所在长庆石油勘探局的协助下,在长庆油田进行了长期工业试验。从试验来看,长庆油田天然气膜分离法脱水后净化气在对应压力的露点下已经达到管输要求(-13~-10℃),但因 H_2S 含量仍高于 $20mg/m^3$,CO_2 含量高于 3%,故必须在脱水前先选择合适的方法脱硫、脱碳,才能使净化气全面符合商品气气质要求。此外,废气中的烃类损失及废气处理等问题也还需要进一步妥善解决。因此对膜分离法脱水还需要进一步进行全面技术经济论证,以确保能够在工业上得到全面推广运用。

J(GJ)BC002 冷却法脱水工艺原理及特点

二、冷却法脱水工艺原理及特点

天然气中的含水量与温度、压力的关系如图 2-3-1 所示。由图可知,在温度一定情况下,天然气中饱和水含量随压力上升而成比例下降;在压力一定的情况下,天然气中饱和水含量随气体温度下降而下降。因此升高天然气压力和降低天然气温度的方法均可以降低天然气中水含量。冷却法脱水就是利用天然气的这一特性而进行的。

由于冷却法脱水深度不能满足工艺上的露点要求,此法一般适用于粗脱水,即除去天然气中的大部分水后再进入下游脱水装置,减轻后续脱水装置的负荷。此法在脱水的同时,可将天然气中重烃冷凝下来,达到脱烃的目的。

冷却法脱水根据冷却方式可分为直接冷却、加压冷却、膨胀制冷冷却和机械制冷冷却四种方法。

(一)直接冷却法

当压力不变化时天然气的水含量随温度降低而减少。如果气体温度高,压力又足够高

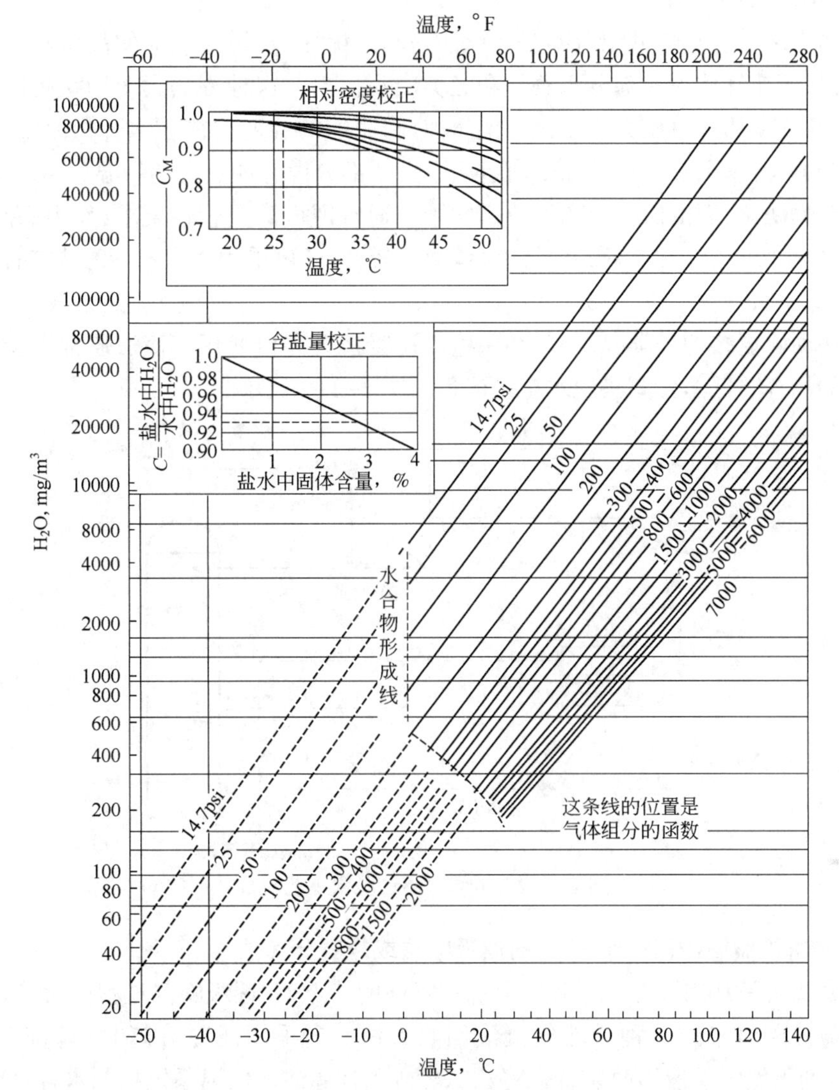

图 2-3-1　天然气中的含水量与温度、压力关系

1psi = 6. 895kPa，图中虚线是亚稳平衡，实际平衡状态的水含量较低

的情况下，采用直接冷却法脱水是非常经济的。但是，由于冷却法脱水往往不能达到气体露点要求，故常与其他脱水方法结合使用。冷却法脱水后的气体温度与此时的露点相同，因此，只有使气体温度上升或压力下降，才能使气体的温度高于露点，所以此法的使用受到很大限制。当气体压力较低，使用直接冷却法脱水的气体露点达不到要求，而采用加压冷却或机械制冷冷却又不经济时，则需采用其他脱水方法。

（二）加压冷却法

此法是根据在较高压力下天然气水含量减少的原理，将气体加压冷却使部分水蒸气冷凝，并由压缩机出口冷却器冷却后在气液分离器中分离。但是，这种方法通常也难以达到气体露点要求，故也多与其他方法结合使用。

（三）膨胀制冷冷却法

膨胀制冷冷却法也称低温分离法。此法是利用焦耳-汤姆逊效应使高压气体膨胀制冷获得低温，从而使气体中一部分水蒸气和烃类冷凝析出。这种方法大多用在高压凝析气井口，将高压井气流从井口压力膨胀至一定压力，膨胀后的温度往往在水合物形成温度以下，产生的水合物、液态水及凝析油随气流进入下一个部分设有加热管的低温分离器中，利用加热管使水合物融化，而由低温分离器分出的干气通常即可满足管输要求，作为商品气外输。如果气体露点要求较低，或者膨胀后的气体温度较低，还可采用注入乙二醇或二甘醇抑制剂的方法，以抑制水合物形成。膨胀制冷冷却法既可从井口高压气流中脱除较多的水，又能比常温分离法回收更多的烃类，故经常在一些高压凝析气井口使用。该法通常用于原料气压力非常高的场合。低温分离法脱水工艺流程如图 2-3-2 所示。

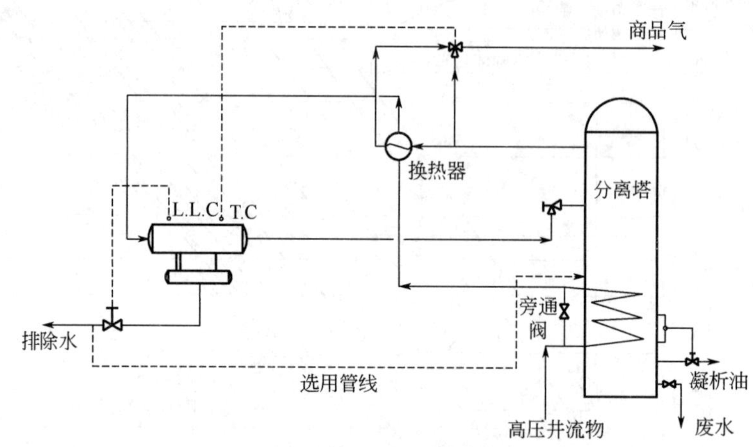

图 2-3-2　低温分离法脱水工艺流程

（四）采用机械制冷（冷剂制冷）的油吸收法或冷凝分离法

冷凝分离法是利用天然气中各组分沸点不同的特点，在逐级降温过程中，将沸点较高的烃类冷凝与分离出来的一种天然气凝液回收方法。当采用浅冷分离时（冷冻温度-30～-20℃），有的天然气凝液回收装置也将乙二醇或二甘醇注入低温系统抑制水合物形成。

目前，油吸收法天然气凝液回收装置均采用机械制冷，即所谓的冷冻分离法或低温油吸收法。通常在此法中还将乙二醇或二甘醇注入该装置低温系统的天然气中，以抑制水合物的形成，并在进行天然气脱水的同时也回收了部分液烃。此法与膨胀制冷冷却法相似。

在一些低压伴生气为原料气的露点控制装置中一般采用机械制冷的方法获得低温，使天然气中更多的 C_5^+ 轻油、水蒸气冷凝析出，从而达到露点控制或回收液烃又同时脱水的目的。

由此可见，冷却脱水法大多和天然气凝液回收装置中的其他方法结合使用。

J(GJ)BC003 活性氧化铝脱水工艺原理及特点

三、吸附法脱水工艺原理及特点

（一）活性氧化铝脱水工艺原理及特点

较早用于天然气脱水的固体吸附剂有活性氧化铝和硅胶，目前在国内外仍有一定应用，它们所用的工艺流程与分子筛是基本相同的。某活性氧化铝干燥空气流程，如图 2-3-3 所示。活性氧化铝($Al_2O_3 \cdot nH_2O$)在600℃以下脱水制成过渡态Al_2O_3,颗粒度为3~7mm,白色,比表面积为$300m^2/g$,有很高的吸附能力。活性氧化铝是一种极性吸附剂,由于活性氧化铝有较高的湿容量,故可用于含水量高的气流脱水;用于压缩空气干燥时,空气露点可达到-60℃左右,进塔再生温度为230~280℃。当入口温度为-20℃时,其吸附效果最佳,是压缩空气吸附干燥器常用的吸附剂。

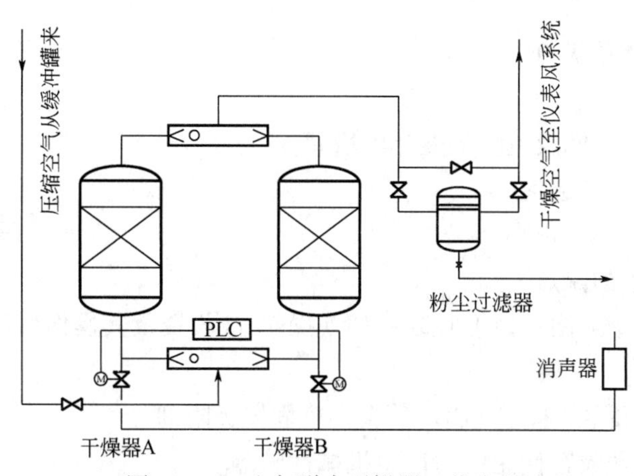

图 2-3-3 空气脱水干燥器工艺流程

由于活性氧化铝呈碱性,故不适用于含硫天然气脱水。此外,因其孔分布宽而分子尺寸无选择性,故可吸附重烃但在再生时难以去除。活性氧化铝脱水大多应用于空气连续干燥系统,净化厂仪表风干燥器就是其中代表。由于空气中的油和液态水带入活性氧化铝后,污染活性氧化铝,导致活性氧化铝吸附性能下降,所以进入干燥器前必须进行油水分离。

通常,活性氧化铝吸附法脱水工艺干气露点可达-60℃,近年来国内外的高效氧化铝可使干气露点低至-100℃。

分子筛除了吸水还能吸附部分的杂质,而活性氧化铝大部分的作用都是吸水。活性氧化铝的成本远低于分子筛,所以一般用来做吸附前的预处理,这是两者最大的区别。

J(GJ)BC004 硅胶脱水工艺原理及特点

(二)硅胶脱水工艺原理及特点

硅胶是一种高活性、可再生的固体吸附剂,具有很高的热稳定性和化学惰性,对液相和气相介质都有很强的吸附性能。硅胶为含水的晶粒状无定形二氧化硅,硅胶在相对湿度较高时其平衡湿容量也较高,适用于水含量高的气流。硅胶脱水的干气露点最高可达-60℃。硅胶有天然的也有人工合成的,用于天然气吸附干燥的硅胶为人工合成的。

粗孔硅胶粒子尺寸大,排列疏松,外观为硬玻璃状,半透明无光泽的不规则颗粒,孔径为$(80 \sim 100) \times 10^{-10}m$,比表面积为$500m^2/g$,对高湿度的气体吸附率较大。细孔硅胶粒子尺寸小,排列紧密,外观为硬玻璃状,半透明无光泽的不规则颗粒,孔径为$20 \times 10^{-10}m$,比表面积可达$700m^2/g$,对低湿度气体的吸附率较大。当硅胶吸附气体中的水分时,可达自重的50%;在湿度为60%的空气流中细孔硅胶的吸湿量也可达硅胶自重的24%。

硅胶吸水后放热温升可达100℃,在实际应用中,硅胶吸附的水分不应超过自重的6%~8%。

细孔硅胶的再生温度为180~200℃,最低不低于150℃,最高不超过250℃。超过260℃将使硅胶降低干燥能力。粗孔硅胶再生温度最高不超过400℃。硅胶再生时,应逐渐提高温度，控制在每分钟升温不超过10℃。

硅胶的缺点为吸附的水气在凝成水滴或遇到液态水时，颗粒易破碎，特别是有压力时更明显，因此在天然气吸附中，较少使用硅胶。此外，在吸附过程中放出的吸附热有时也会导致硅胶粉碎；由于孔分布宽，其吸附能力也无分子的选择性。

J(GJ)BC005 吸附法脱水的优缺点

四、吸附法脱水的优缺点

（一）吸附法脱水的优点

（1）脱水后干气露点可低于-100℃。

（2）对进气压力、温度及流量的变化不敏感。

（3）无严重的腐蚀和起泡。

（4）操作简单，占地面积小。

（二）吸附法脱水的缺点

（1）由于需要两个或两个以上吸附塔切换操作，故投资及其操作费用较高。

（2）压降较大。

（3）天然气中的重烃、H_2S 和 CO_2 等会污染固体吸附剂。

（4）固体吸附剂颗粒在使用中易产生机械性破碎。

（5）能耗高，再生时消耗的热量较多，在小流量操作时更为显著。

（6）吸附剂使用寿命短，一般使用三年就要更换。

J(GJ)BC006 分子筛脱水单元节能降耗措施

五、分子筛脱水单元节能降耗措施

分子筛脱水单元节能降耗措施主要应从水、电、气、分子筛、原材料消耗等方面考虑。

（1）用水方面：主要是再生气压缩机冷却用水。节能措施主要有：

① 再生气压缩机冷却水要经常检查并调整水量，控制冷却水出水温度在规定范围内。备用的再生气压缩机应关闭冷却水，冬季时应排尽余水，防止结冰堵塞。

② 场地清扫时，应先机械清扫，必要时再用水冲洗。

（2）用电方面：主要是再生气压缩机和空气冷却器耗电，寒冷地区还有电加热保温用电等。节能措施主要有：

① 再生气压缩机和空冷器选用变频电动机，降低电耗。

② 电伴热要定期检查温控器，防止伴热温控器失灵。

③ 根据季节合理设置装置照明时间，降低电耗，装置尽量采用节能灯等。

（3）用气方面：主要是再生气加热用气。节能措施主要有：

① 合理控制再生气加热炉温度，避免不必要的燃料气消耗。

② 调整再生气加热炉配风，确保其燃烧效果，并定期检查和清洗再生气加热炉配风滤网。

③ 观察再生气加热炉烟气温度，若烟气温度过高，说明加热炉热效率下降，应及时查找原因并排除。

④ 定期检修再生气和冷吹气换热器，保证换热效果，降低燃气消耗。

⑤ 平稳操作脱水装置，尽量减少装置不必要的放空和泄压操作。

⑥ 检修期间尽量回收或利用好系统内的余气,减少放空量。

⑦ 定期检查维修至放空系统的阀门,防止内漏。

(4)分子筛消耗:主要是指分子筛的粉化和污染等。节能措施主要有:

① 在保证分子筛再生效果及净化气水含量合格的前提下,合理控制再生温度。

② 加强聚结器排油水操作,防止分子筛被污染。

③ 平稳控制运行压力,防止气流冲击造成分子筛粉化,减少分子筛及粉尘过滤器过滤元件的消耗。

(5)其他消耗:除减小以上消耗外,还要考虑过滤元件、仪表风管线泄漏等不必要的消耗等。减少天然气、水、蒸汽的跑、冒、滴、漏。

J(GJ)BC007 分子筛脱水单元水含量超标原因分析及处理措施

项目二　分析及处理分子筛脱水净化气含水量超标

分子筛脱水深度较甘醇法脱水深度显著提高,净化气水含量也较甘醇法脱水低很多。当分子筛脱水效果下降时,会造成净化气水露点上升,严重时造成净化气质量不达标。

影响分子筛脱水深度的因素有:进料气水含量上升(流量增大、温度升高、带液);分子筛再生效果差(再生气温度、流量及再生气和冷吹气质量);分子筛吸附塔床层温度偏高;分子筛吸附塔操作压力下降;分子筛活性下降引起的吸附能力下降(分子筛粉化、污染严重);程序控制阀内漏或动作不到位;吸附塔吸附时间设置不合理等。

一、准备工作

(1)设备:分子筛吸附塔、湿净化气分离器。

(2)材料及工具:笔 1 支、记录表 1 个、F 扳手 300~800mm、对讲机 1 部、工具包 1 个等。

(3)人员:净化操作工 2 人、净化分析工 1 人。

二、操作规程

(一)初期处置

(1)停止净化气外输,净化气放空,适当提高运行压力。

(2)原料气部分放空,减小分子筛吸附塔进料气量。

(3)适当提高分子筛再生塔再生气流量、温度。

(4)适当提高分子筛冷却塔冷吹气流量及冷吹气质量。

(5)调整分子筛吸附及再生时间或手动切换分子筛吸附塔。

(6)检查湿净化气分离器液位并进行排液操作,适当降低进料气温度。

(7)净化气水含量合格后,恢复净化气外输。

(二)数据收集

(1)编制分子筛脱水净化气水含量超标的相关数据统计表,选择合理的统计项目和时间节点。

(2)按统计表设置项目和时间,收集并填写数据。

(3)统计表项目设置应包含以下内容:

① 分子筛吸附塔进料气流量、压力、温度统计。

② 湿净化气分离器液位统计。

③ 净化气压力、温度及水露点统计。

④ 分子筛吸附塔差压，再生废气处理方式统计。

⑤ 分子筛再生塔再生气流量、温度及再生气质量统计。

⑥ 分子筛冷却塔冷吹气流量及冷吹气质量统计。

⑦ 分子筛吸附时间、再生时间及再生终点温度、冷吹终点温度统计。

⑧ 装置重要操作或调整记录，程序切换控制阀工作情况统计。

（三）数据分析

（1）根据进料气流量和净化气水露点变化分析判断是否吸附塔处理量增大。

（2）根据进料气流量、压力、温度及湿净化气分离器液位和净化气水露点变化分析判断进料气水含量是否增加。

（3）根据吸附塔吸附时间、差压和净化气水露点变化分析判断分子筛吸附能力是否下降。

（4）根据分子筛再生时间、再生气流量及温度、再生床层温度判断分子筛是否再生效果差。

（5）根据分子筛冷吹气流量及质量、冷吹终点分子筛床层温度判断冷吹效果是否变差。

（6）根据再生废气处理方式判断再生废气返回进料气后是否影响进料气质量。

（7）根据操作调整、操作记录和分子筛切换程序控制阀工作情况判断分子筛程控阀是否故障。

（8）判定分子筛程序控制阀故障，应逐个检查是否窜漏或关闭不严。

（四）原因判断及后续处理

（1）综合上述分析，判断分子筛脱水净化气水含量超标原因。

（2）提出相应的处理措施和具体步骤。

① 进料气流量增大，应适当降低进料气处理量，调整分子筛吸附塔吸附时间。

② 进料气水含量增加，应适当提高吸附塔操作压力、降低进料气温度，加强湿净化气分离器排液操作，防止液态水带入分子筛吸附塔；同时调整分子筛吸附塔吸附时间。

③ 分子筛吸附能力下降，应先提高分子筛再生效果，并降低分子筛冷吹终点温度；然后根据分子筛吸附塔差压判断分子筛是否污染或粉化，若污染或粉化严重应申请停产更换或筛选。

④ 分子筛再生效果差，应提高再生气流量和温度，并适当降低再生压力或适当延长再生时间。

⑤ 分子筛冷吹效果差，应提高冷吹气质量，并增大冷吹气流量，降低冷吹结束时床层终点温度。

⑥ 再生废气不返回进料气管线，切换至其他处理方式。

⑦ 调整操作不当或程序控制阀故障，则应加强装置管理，及时检修程控阀。

（3）具体措施中应指出处理后的变化趋势及注意事项。

(五)其他操作

(1)按要求填写作业过程记录。

(2)打扫场地卫生,整理工具用具。

(3)汇报作业完成情况。

三、技术要求

(1)分子筛脱水深度非常高,正常情况下一般不会出现净化气水露点超标现象。

(2)分子筛脱水出现净化气水含量超标时,应首先检查进料气流量和进料气水含量是否变化,然后再检查分子筛再生效果。

(3)分子筛再生效果与再生气流量和温度有关外,还与再生气本身质量关系很大,特别是再生气采用冷吹气时尤其重要。

(4)分子筛吸附时间调整一般不轻易更改,更改时应综合考虑,吸附时间缩短意味着再生和冷吹时间也相应缩短。

(5)再生废气返回分子筛进料气时对进料气质量影响较大。

(6)分子筛程序控制阀关闭不严或内漏对再生效果影响较大,应注意程控阀的维护与保养。

四、注意事项

(1)调整分子筛吸附、再生时间应慎重考虑,权衡利弊后再进行。

(2)再生废气返回进料气时应注意再生废气的温度和分离效果。

(3)程序控制阀故障容易判断,但窜漏或内漏不易判断,应反复持续观察各吸附塔的吸附效果后再确定。

(4)为维持分子筛脱水的效果,应注意一定要平稳控制进料气质量和流量,减少波动。

(5)上游溶剂带入分子筛,会明显降低分子筛的吸附能力,应加强湿净化气分离器排液操作。

(6)分子筛再生塔和吸附塔的操作压力不应频繁大幅度波动,防止分子筛粉化加剧,并应根据分子筛差压变化情况定期筛选或更换分子筛。

模块四　操作天然气脱烃单元

项目一　相关知识

一、透平膨胀制冷改进脱烃工艺

（一）干气循环工艺

干气循环工艺（RR）是将脱烃后的干气重复压缩，部分气体再循环回到脱甲烷塔顶部进行回流的气体循环处理工艺。该工艺可使乙烷的回收率达到80%以上。干气循环工艺流程与传统工艺流程相似，不同的是部分干气从入口换热器再循环返回脱甲烷塔塔顶，其基本流程如图2-4-1。在该工艺中气体被完全冷凝并处于干气管道压力之下，部分气体被闪蒸后回到脱甲烷塔顶部以提供回流。膨胀机出口气流则不从脱甲烷顶部进入，而从顶部往下几层塔盘进入。干气回流能给系统提供更多的冷量，可大大提高乙烷的回收率，而回收率的高低与干气的回流循环量直接相关。干气循环工艺已在多套装置中成功应用，它的耐受 CO_2 程度和回收率可用循环量来调节。

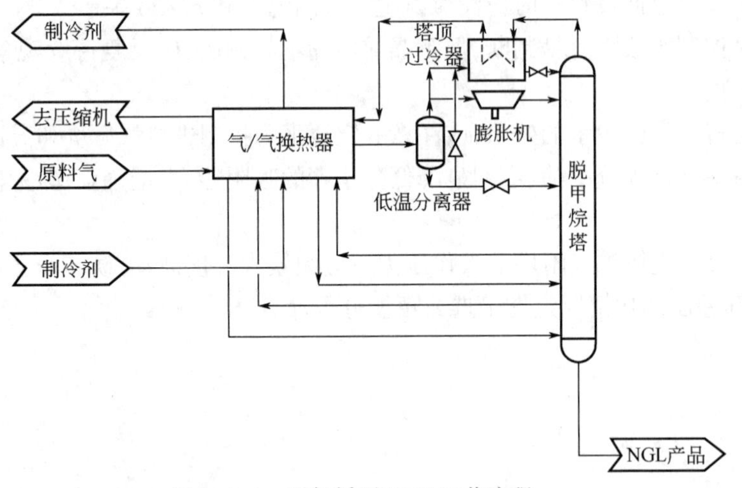

图2-4-1　干气循环（RR）工艺流程

（二）气体过冷工艺

气体过冷工艺（GSP）是针对较贫气体（C_{2+}<400mL/m^3）提出的，从图2-4-2所示的工艺流程示意图可以看出，该工艺与常规透平膨胀制冷的主要区别是部分气流（约20%~40%）不进入膨胀机，而是通过塔顶过冷降温后作为回流直接进入脱甲烷塔，且脱甲烷塔的顶部增加了分馏段。与干气循环工艺类似，该工艺也采取将透平膨胀机出口物流加到塔顶以下几层塔盘的位置，从而可使低温分离器在较温和的操作条件下运行。此外，干气的再压缩比传统的透平

膨胀机工艺设备少。在低于92%的回收率时，耗能一般比干气循环工艺低。

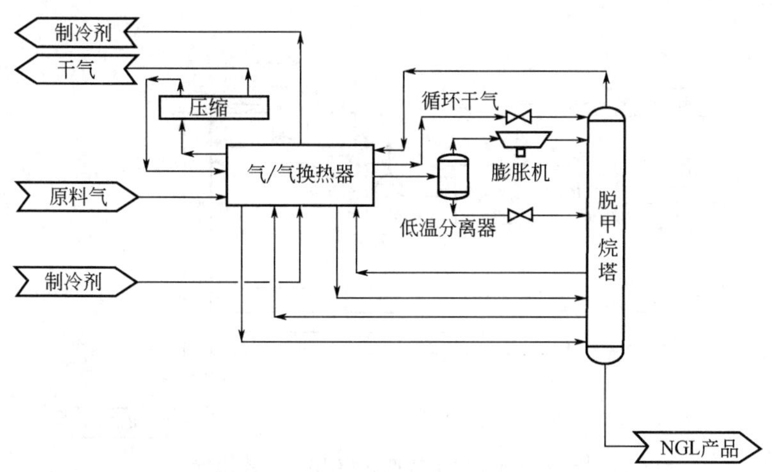

图 2-4-2　气体过冷(GSP)工艺流程

由于采取了以上措施，在脱甲烷塔顶部可回收更多的 C_2^+，从而提高收率；透平膨胀机进料量减少，所需总压缩功率也降低；因脱甲烷塔导入了较重组分及较高的温度，对 CO_2 也更为容忍，部分设计中不要求前端脱除 CO_2 仍可达到高的回收率(CO_2 的容忍程度取决于原料气组成和操作压力，但含量不超出2%)。

GSP 工艺的另一个改进是把低温分离器中的一部分液体和气体一起送到塔顶过冷器，这有助于进一步降低再压缩的能耗。同样，该工艺也可只用一部分低温分离器的液体作回流，这种改进通常用于烃含量高于 $0.4m^3/1000m^3$ 的富天然气，这种改进也被称为液体过冷工艺(LSP)，工艺流程如图 2-4-3 所示。

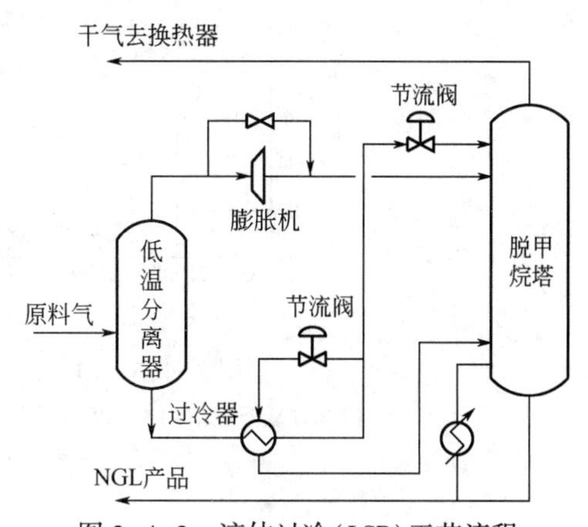

图 2-4-3　液体过冷(LSP)工艺流程

GSP 工艺还有一种改进是在 GSP 基础上，将已过冷的气流再度节流降温经回流冷凝器后才进入脱甲烷塔，称为分流回流工艺(SFR)，这种改进主要用于丙烷的深度回收，效率高达99%以上。

(三)冷干气回流工艺

冷干气回流(CRR)工艺是为了得到高乙烷回收率而对 GSP 工艺的改进，图 2-4-4 给出了该工艺的基本流程。从图中可看出，除在塔顶系统加一个压缩机和冷凝器，将一部分干气用作脱甲烷塔的补充回流外，其流程与 GSP 工艺相似。该工艺乙烷回收率可高达 98%以上，而且丙烷回收率也很高，适用于全部回收 C_{3+}的场合。

图 2-4-5 给出了 RR、GSP 和 CRR 三种工艺的对比(针对乙烷回收)。回收率在 91%以下时，RR 的效率最低；回收率超过 91%，RR 比 GSP 的乙烷回收率要高。RR 对功耗的变化更敏感。GSP 回收曲线很平缓，对于要求回收率约为 90%的场合是一个好的选择。如果干

气再压缩机功率足够，CRR 工艺可获得最高的回收率，但必须考虑到附加塔顶系统设备和再循环的成本。

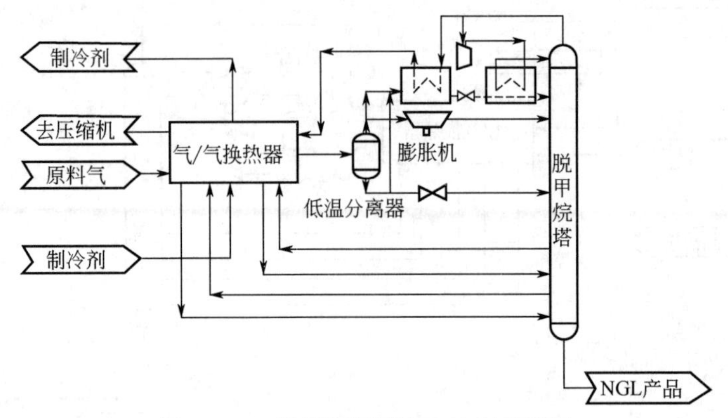

图 2-4-4　冷干气回流（CRR）工艺流程

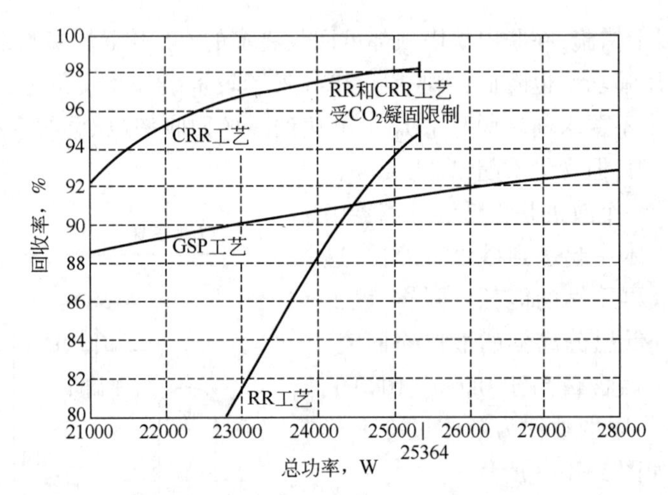

图 2-4-5　RR、GSP 和 CRR 三种工艺的对比

CRR 曲线不包括约 750kW 循环压缩功；除 RR 工艺，操作温度为-31.5℃；

最大压力小于或等于 2.9kPa(a)

（四）侧线回流工艺

侧线回流（SDR）工艺是对 GSP 工艺的又一项改进，如图 2-4-6 所示。在该工艺中，由脱甲烷塔抽出一股气流，经增压和冷凝后作为脱甲烷塔的回流。这种设计，适用于干气含 H_2 等惰性气体的情况，从脱甲烷塔侧线抽取的气流不含惰性组分，很容易冷凝。

（五）IPSI 高 NGL 回收率工艺

透平膨胀 NGL 回收的另一项改进是 IPSI 高 NGL 回收率工艺，如图 2-4-7 所示。该工艺从脱甲烷塔底或塔底附近抽取一股物流作混合制冷剂。与通常使用外部制冷剂系统不同，该工艺中混合制冷剂全部或部分呈气态，提供进口原料气冷却需要的冷量。制冷气流由“自制冷剂系统”产生，换热后被重复压缩，循环回脱甲烷塔塔底作汽提气，可大大提高分离的效率。

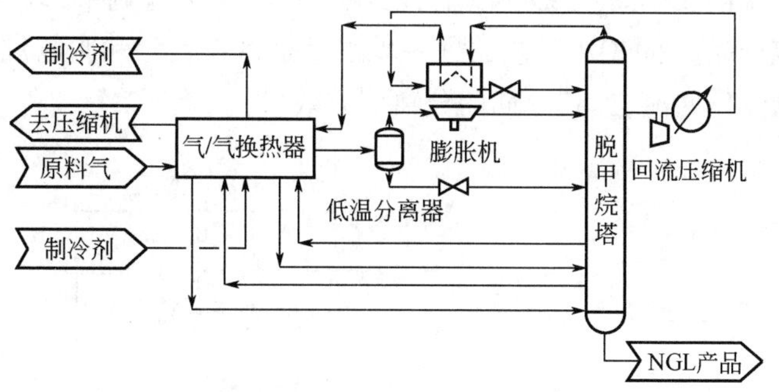

图 2-4-6　侧线回流工艺流程

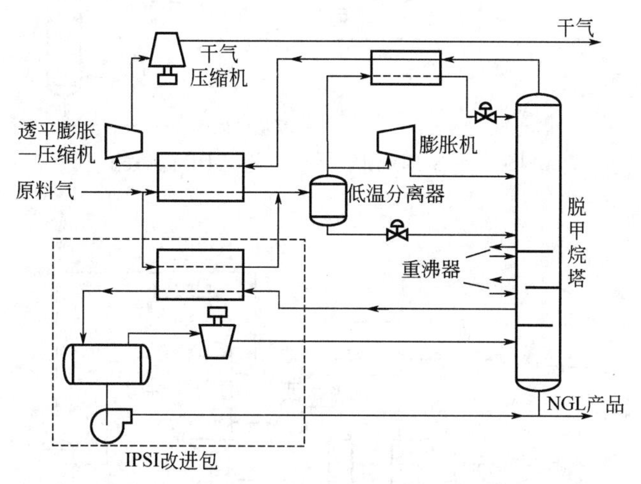

图 2-4-7　IPSI 高 NGL 回收率工艺流程

该工艺的创新点不仅是减少或消除了进口原料气外部制冷的需要,而且还改善了脱甲烷塔的操作。一是降低了脱甲烷塔塔内的温度,降低了加热和制冷需要。二是减少甚至取消了外部重沸器加热需要,因而节省燃料或制冷剂成本。三是在代表性的脱甲烷塔压力下操作时提高了主要成分的相对挥发性,因而改善了分离效率和 NGL 回收率;或者是在通常的回收率下操作时允许增加脱甲烷塔的压力,因而降低干气再压缩的能耗。

(六)丙烷回收工艺

RR、GSP 和 CRR 三种工艺主要用于在 CO_2 的存在下回收乙烷,也可用于主要回收丙烷(乙烷不作为目的产物),但要达到高的丙烷回收率均受到塔顶回流平衡的限制。开发的专用于丙烷回收的工艺主要有塔顶气循环工艺(OHR)、塔顶回流改进工艺(IOR)和气体过冷-塔顶气循环工艺(GSP-OHR)。

塔顶气循环工艺(OHR)如图 2-4-8 所示,采用一个吸收塔和一个脱乙烷塔达到预期的分离效果。出脱乙烷塔的塔顶物流冷凝后进入吸收塔,从膨胀机出口物流中吸收丙烷。该工艺适用于高效回收丙烷,而不适用于乙烷的回收。

塔顶回流改进工艺(IOR)如图 2-4-9 所示,它是 OHR 工艺的改进流程。该工艺对 OHR 做了一些调整,与 OHR 工艺不同,IOR 工艺脱乙烷塔的回流来自吸收塔的顶部,而 OHR 工艺则来自吸收塔的底部。IOR 工艺吸收塔塔底物流经与原料气换热加热后进入脱乙烷塔。该工艺丙烷回收率高达99%以上，乙烷的回收可进行调节，以在脱乙烷塔塔底得到需要纯度的丙烷产品。对IOR工艺的进一步改进是将吸收塔和脱乙烷塔组合成一个塔，从侧线引出一股物流作回流，达到预期的分离回收效果。

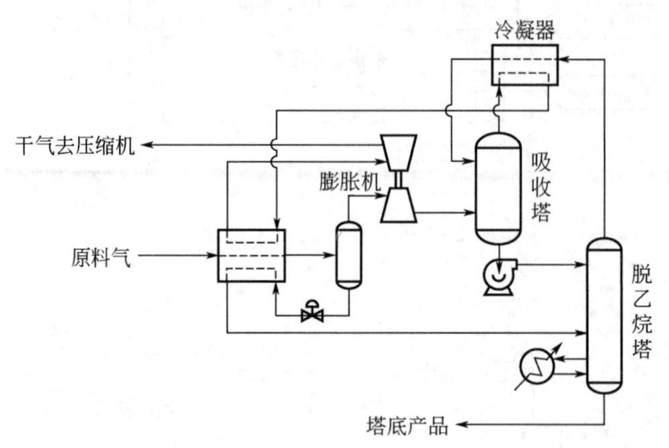

图2-4-8 塔顶气循环工艺（OHR）流程

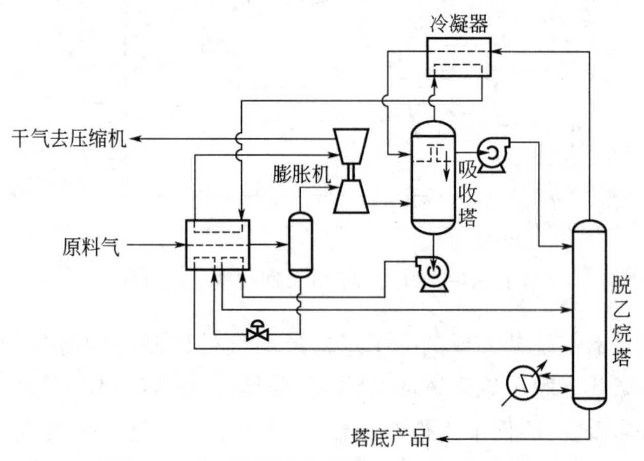

图2-4-9 塔顶回流改进工艺（IOR）流程

气体过冷—塔顶气循环工艺（GSP-OHR）如图2-4-10所示，它是对OHR工艺的又一个改进。该工艺将GSP和OHR结合在一起，可根据进料情况加以调节以满足乙烷产量要求而同时获得最大的丙烷收率。

（七）直接换热工艺（DHX）

直接换热工艺（DHX）如图2-4-11所示，它是加拿大埃索资源公司于1984年首先提出的，特点是增加了直接换热（DHX）塔，出低温分离器的气流（-45℃）进入DHX塔，用脱乙烷塔回流罐的NGL在DHX塔内吸收此气流中的C_3^+组分以提高收率，丙烷回收率可达95%以上，当进料稳定时回收率甚至接近100%。

（八）高压吸收工艺（HPA）

高压吸收工艺（HPA）采用双塔双压力操作，吸收塔可在高达4.83MPa的压力下运转，仅受临界条件的限制。用一台新增的压缩机压缩脱乙烷塔塔顶气流，然后气流返回高压吸

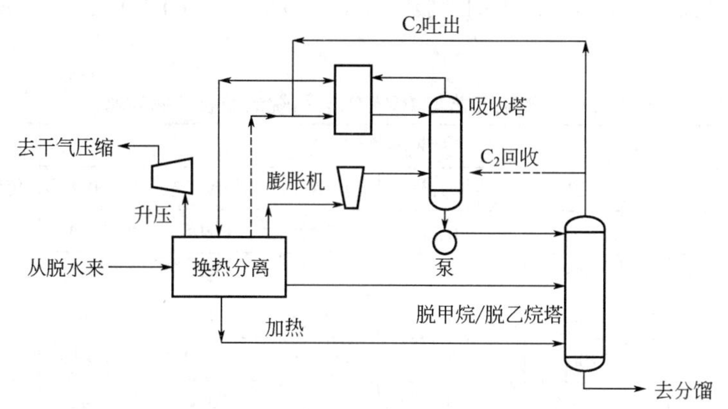

图 2-4-10 气体过冷-塔顶气循环工艺流程

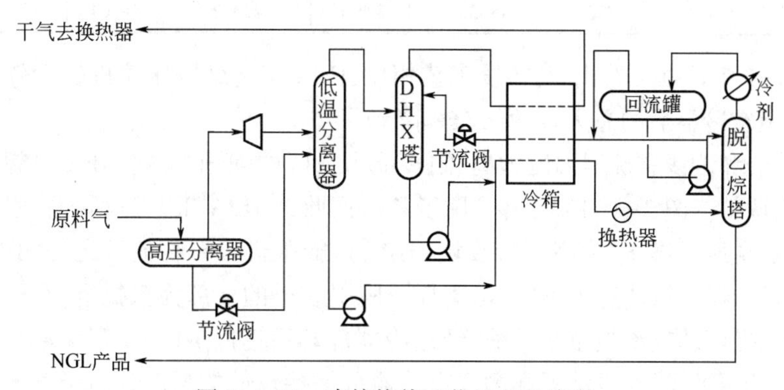

图 2-4-11 直接换热工艺(DHX)流程

收塔。膨胀机出口物流作为高压吸收塔的进料,膨胀需求降低,从而可降低再压缩的负荷。在高压吸收工艺中可取消吸收塔塔底的泵。

在相同条件下,与传统工艺相比,该工艺因再压缩功的降低而减少做功损失。图 2-4-12

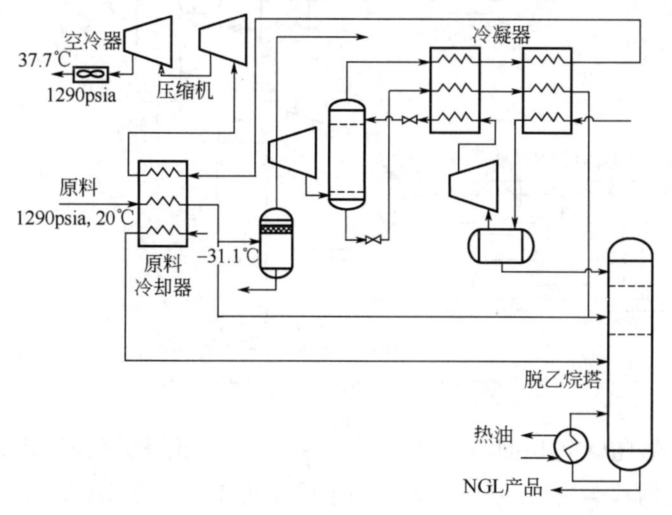

图 2-4-12 用于丙烷回收的高压吸收工艺流程

给出了 HPA 工艺的流程，表 2-4-1 则给出了传统工艺与 HPA 工艺丙烷的回收效率对比。

表 2-4-1 传统工艺与 HPA 工艺丙烷的回收效率对比表

项目	$W_{理想}$		$W_{有效}$		$W_{无效}$		占无效功的比例，%	
	传统工艺	HPA	传统工艺	HPA	传统工艺	HPA	传统工艺	HPA
换热器	11805	7634	0	0	11805	7634	27.9	27.0
塔	6842	6051	0	0	6842	6051	16.2	21.4
阀门	43	1097	0	0	43	1097	0.1	3.9
膨胀压缩机	25652	20071	44299	30914	18647	10843	44.0	38.4
空冷器	5014	2636	0	0	5014	2636	11.8	10.5
重沸器	4034	3226	4034	3226	0	0	0	9.3
合计	5981	5876	48333	34140	42352	28264	100.00	100.00

从表 2-4-1 中数据可看出，与传统工艺相比，HPA 工艺膨胀压缩机的无效功从 44%下降到 38%，加上空冷器后的总无效功从 56%降到了 49%。

针对重沸器和侧线重沸器温度太高、制冷能力下降的问题，又将 HPA 思想引入乙烷回收时做了相应调整。图 2-4-13 给出了用于乙烷回收的 HPA 工艺流程。脱甲烷塔被分为两部分，上部在高压下操作，称高压吸收塔（HPA），膨胀机出口物流被送往 HPA 塔底作进料，来自气体过冷器的液体进入 HPA 塔塔顶。脱甲烷塔的下部为汽提塔，在较低压力下操作，来自低压汽提塔的气流被重复压缩，经过冷器冷却后返回 HPA 作回流液。由于脱甲烷塔塔底部分在低压下操作，重沸器和侧线重沸器可保持较低的温度。由于气流经膨胀进入 HPA，再压缩需要降低了。表 2-4-2 给出了 GSP 工艺与 HPA 工艺乙烷回收的对比情况。在相同条件下，由于再压缩功耗降低了，因而该工艺的无效功也下降了。

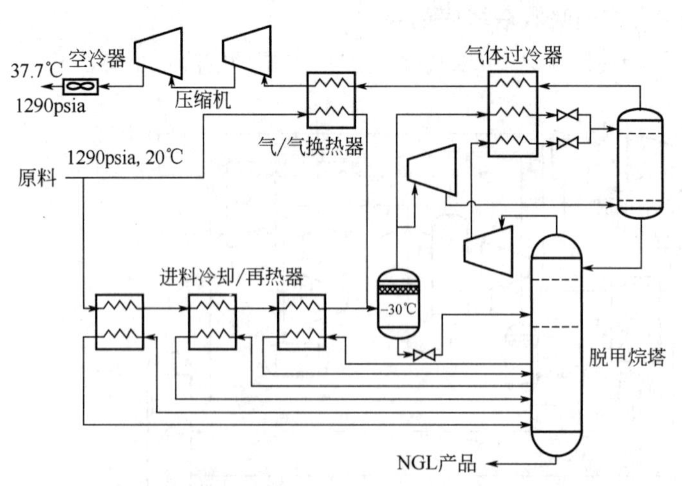

图 2-4-13 用于乙烷回收的高压吸收工艺流程

从表 2-4-2 中可看出，在 HPA 乙烷回收工艺中，与 GSP 工艺相比，膨胀压缩机和空冷器的无效功占总无效功的比例基本相当，但总的无效功下降了近 15%。在 HPA 工艺中，由于压缩比降低，膨胀压缩机的无效功也降低了。空冷器、阀门、换热器、无效功也降低了。塔的无效功预期会降低，但由于较大量的 CO_2 冷凝，其结果反而上升了。

表 2-4-2　GSP 工艺与 HPA 工艺乙烷回收的效率对比

项目	$W_{理想}$		$W_{有效}$		$W_{无效}$		占无效功的比例，%	
	GSP	HPA	GSP	HPA	GSP	HPA	GSP	HPA
换热器	5773	3847	0	0	5773	3847	15.2	11.8
塔	6539	7398	0	0	6540	7398	17.2	22.7
阀门	4184	3508	0	0	4184	3508	11.0	10.8
膨胀压缩机	30383	28707	47348	42498	16965	13791	44.6	42.3
空冷器	45.73	4058	0	0	4573	4058	12.0	12.4
合计	9313	9896	47348	42498	38035	32602	100.00	100.00

二、油吸收法脱烃工艺

J(GJ)BD002 油吸收法脱烃工艺

油吸收脱烃工艺是选用一定相对分子质量的烃类（即吸收油）选择性吸收天然气中乙烷以上的组分，从而使这些组分与甲烷分离的一种气体处理工艺。它是根据天然气中各组分在吸收油中溶解度不同而使不同烃类得以分离的。油吸收法一般选用相对分子质量大的烃类来选择性地吸收天然气中乙烷以上的组分，尤其以回收丙丁烷为主。

吸收油一般采用石脑油、煤油或柴油，其相对分子质量，随吸收温度而定，一般为 100~200。常温油吸收工艺中吸收油相对分子质量可达 180~200，在低温吸收条件下（≤-18℃）则大都为 100~130，都是 C_{5+} 组分的烷烃。

按操作温度可分为常温油吸收法和低温油吸收法。常温油吸收法收率低、消耗指标高、投资高、操作费用高；低温油吸收法具有系统压降小、允许使用碳钢材料、对原料气预处理没有严格要求，单套处理能力大等优点。故低温油吸收法一直占主导地位，此法的温度在 -40℃左右。

（一）低温油吸收法

1. 工艺原理

油吸收法是基于天然气中各组分在吸收油中溶解度差异而实现的。该方法是在较低的温度下，采用相对分子质量较小的吸收油进行脱烃。

2. 工艺流程

低温油吸收工艺流程如图 2-4-14 所示。低温油吸收工艺是复合轻烃回收工艺装置，主要回收干气中的 C_2^+ 以上组分。该工艺操作中主要关注系统压力、制冷温度、吸收剂质量和流量等参数。在运行操作和管理中应准确控制影响收率的每一个参数，确保吸油装置正常运行。

（二）马拉法

马拉（Mehra）法是一种油吸收法的改进工艺，是 20 世纪 80 年代开发的。它不仅可提高吸收装置的效率，而且可根据市场需求，借助溶剂和操作条件的调整而确定其产品结构，乙烷产率可在 2%~90%间调节，丙烷也可在 2%~100%间调节。马拉法工艺有两种流程，吸收-闪蒸流程（类似常温油吸收法），吸收-汽提流程（类似低温油吸收法）。

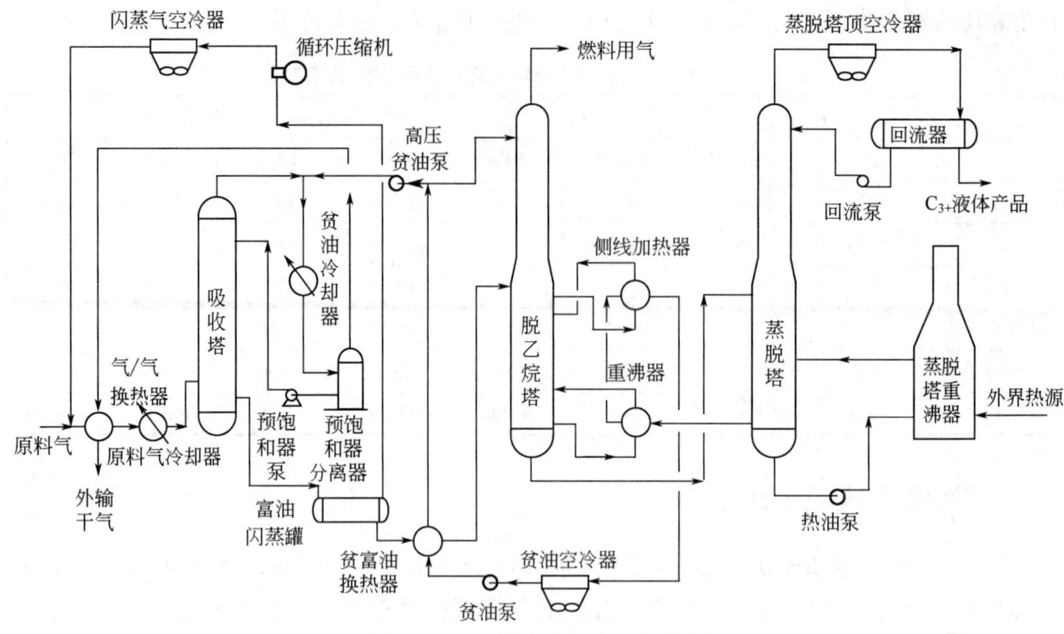

图 2-4-14　低温油吸收工艺流程

1. 吸收—闪蒸工艺

图 2-4-15 给出了吸收—闪蒸工艺的流程，此流程中设计多级闪蒸，回收闪蒸气返回吸收塔内，或直接排入外输干气。

2. 吸收—汽提工艺

图 2-4-16 则给出了吸收—汽提工艺的流程，此流程是多级闪蒸工艺的简化和改进，在吸收汽提塔内既确保干气合格也保证吸收下来的 NGL 中不含干气组分，产品汽提塔既得到 NGL 产品也使溶剂得到再生。

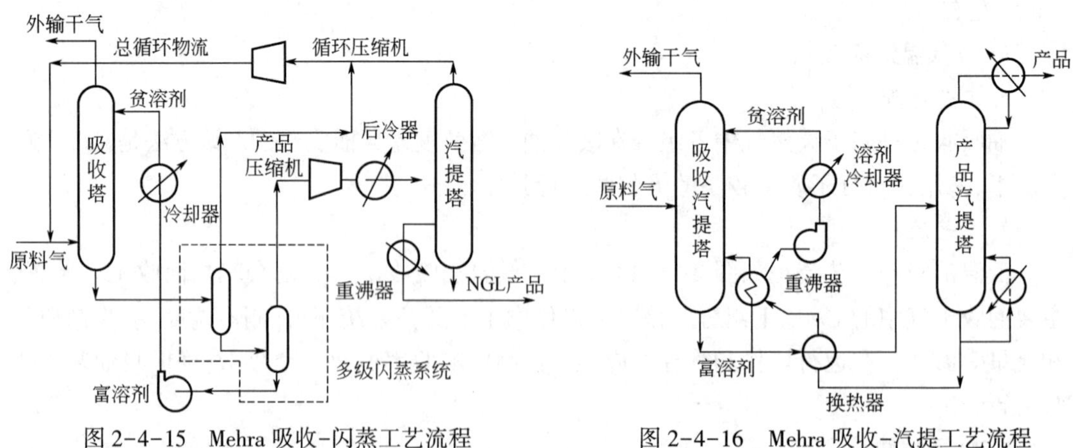

图 2-4-15　Mehra 吸收-闪蒸工艺流程

图 2-4-16　Mehra 吸收-汽提工艺流程

三、天然气脱烃工艺比较

J(GJ)BD003 天然气脱烃工艺比较

根据油田气中 C_2^+ 含量及自身可利用的压力降大小等多方面因素来选择合适的制冷脱

烃工艺。当有压差可以利用时，首先应当考虑透平膨胀机法；如果外输干气接近原料气压力，丙烷收率要求达到90%且回收乙烷，可根据原料气压力和分子量按图2-4-17选择工艺方法。

选择合适的天然气凝液回收工艺方法，应根据装置的处理量、天然气中轻烃的含量、所需脱除液烃组分、压力情况等进行认真细致的技术经济评价才能选出最佳的工艺方案。此外，如果仅考虑进出口气体的压力变化，其工艺选择如图2-4-18所示。

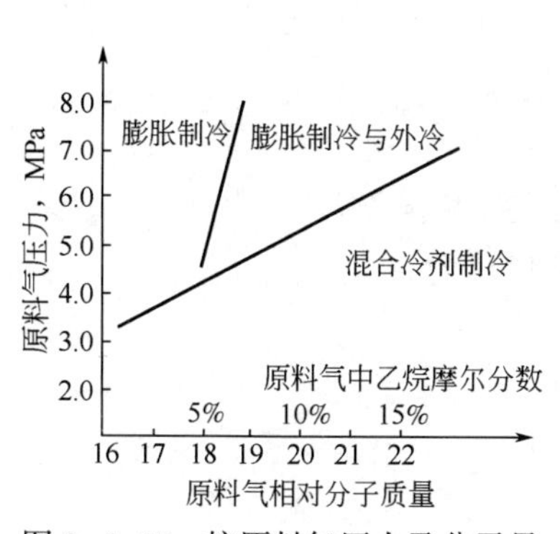

图2-4-17　按原料气压力及分子量选择工艺方法

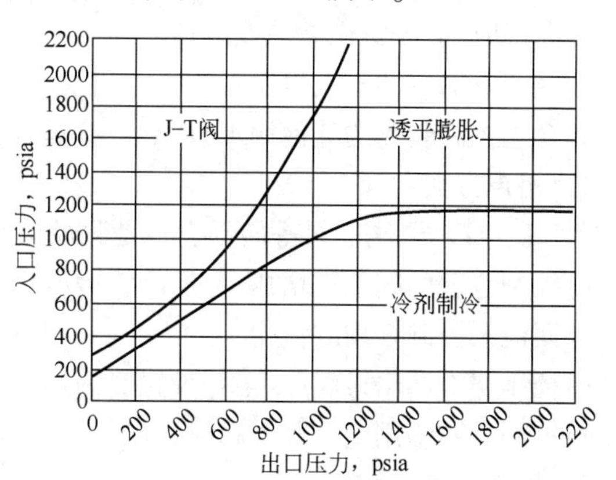

图2-4-18　按原料气进出口压力选择工艺方法

1psia=6.895kPa

（1）冷剂制冷工艺适用于原料气较富，气源和外输气之间没有足够的压差可供利用。单一冷剂制冷无法达到深冷所要求的制冷温度。

（2）膨胀机制冷工艺适用于原料气压力及气量比较稳定的工况，原料气压力高于外输压力，有足够的压差可供利用，气体较贫及收率的要求较高，膨胀后的气体不需要增压或仅部分气体需要增压。

（3）节流阀制冷适用于压力很高的气源（一般为10MPa或更高），分离压力高于外输压力，节流后的压力应能满足外输压力的要求。

（4）热分离机制冷适用于规模不大且有压差可供利用，但靠节流达不到需要的温度时，可用热分离机代替节流阀制冷。热分离机的出口压力应能满足外输要求，不应再进行增压。但是效率低，适应性能较差。

（5）冷剂制冷工艺流程比较复杂，投资较高，但稳定性最好；膨胀机制冷工艺流程比较简单，投资较少，但稳定性较差，对原料气组分波动适应能力差；膨胀机制冷和冷剂制冷相结合的联合制冷工艺，不但冷源稳定可靠，而且对原料气组分波动适应性较强，因此膨胀（单级）加辅助冷剂的联合制冷工艺成为目前较为常用的制冷工艺。

四、脱烃单元节能降耗措施

J(GJ)BD004
脱烃单元节能降耗措施

天然气脱烃节能降耗应从透平膨胀机、产品气增压机、丙烷制冷设备等转动设备操作和维护，产品气质量控制，液化气、轻油产量控制，以及蒸汽、燃料气、循环冷却水、电耗等几方面着手。另外，由于脱烃单元长期处于较低温度下进行，本单元保温非常重要，否则能量损失也非常严重，也将增加本单元能耗。

（一）用水方面

脱烃装置用水主要有循环冷却水，机泵冷却水等。

（1）控制好各个循环冷却器温度。

（2）机泵冷却水要经常检查并调整水量，控制冷却水出水温度在40~50℃之间为宜。备用机泵应关闭冷却水，冬季时还要排尽余水，防止冰堵。

（3）清洗场地时，应先机械清扫，必要时再用少量水冲洗。

（4）大修时，应先机械清除或清扫。

（5）蒸汽重沸器和蒸汽保温管线投用初期应排尽水，正常后及时投用凝结水系统。

（6）合理控制装置的其他用水，特别是检修试压用水。

（二）用电方面

压缩机、空冷器、离心泵等转动设备是脱烃单元的主要耗电设备。

（1）控制合理的闪蒸气增压机、产品气增压机进出口压力。

（2）回流泵控制合理的流量。

（3）控制空冷器出口温度，最好设置变频调节。

（4）控制好照明用电和其他临时用电。

（三）用气方面

（1）合理控制产品气增压机燃烧用气。

（2）控制好脱乙烷塔温度和压力，尽量减少脱乙烷油中轻烃类含量。

（3）含脱水装置的轻烃装置还应注意分子筛再生气回收和再生气加热用气。

（4）平稳操作装置，减少装置放空。

（四）用汽方面

（1）控制合理的脱乙烷塔温度，减少蒸汽或导热油消耗。

（2）控制合理的脱丁烷塔温度，减少蒸汽或导热油消耗。

（3）控制好脱乙烷油预热器换热温度，减少脱丁烷塔蒸汽或导热油消耗。

（4）控制合理的脱乙烷塔塔顶回流量，减少脱乙烷塔蒸汽或导热油消耗。

（五）其他消耗

（1）做好增压机、膨胀机、离心泵等转动设备的润滑和保养工作，降低基本维修成本费用和润滑油消耗。

（2）做好装置设备、阀门和管线的保护工作，防止跑、冒、滴、漏的发生。

J(GJ)BD005 丙烷制冷系统异常原因分析及处理措施

项目二　分析及处理丙烷制冷系统异常

丙烷制冷系统发生异常时，将无法为天然气提供足够的冷量，无法达到天然气露点降。丙烷制冷系统发生异常的原因有：丙烷泄漏，造成制冷剂量减少，制冷量不足；丙烷压缩机故障；润滑油系统故障；液压系统故障；滑阀工作异常等。

一、准备工作

（1）设备：丙烷制冷装置。

(2)材料、工具:笔1支、记录表1个、F扳手300~800mm、活动扳手1把、对讲机1部、工具包1个等。

(3)人员:净化操作工2人。

二、操作规程

(1)查找泄漏点并进行处理,补充丙烷。

(2)查找丙烷压缩机故障点并修复。

(3)控制好润滑油温度、压力,检查油分离器,避免润滑油损失过大。

(4)检查液压系统,及时检修。

(5)清洗过滤器,检查滑阀工作情况,及时检修。

(6)在交接班记录本上做好记录。

(7)打扫场地卫生,整理材料、工具。

(8)汇报作业完成情况。

三、注意事项

补充丙烷前,必须停运丙烷制冷系统。

项目三　分析及处理膨胀制冷系统异常

J(GJ)BD006 膨胀制冷系统异常原因分析及处理措施

膨胀制冷是利用膨胀机绝热膨胀对外做功,消耗气体本身的内能,使气体自身冷却达到制冷的目的;同时产生的机械功被增压机吸收,提高增压端气体的压力。透平膨胀机在天然气处理厂通常用于天然气脱烃或轻烃回收装置。高压天然气通过喷嘴后膨胀,推动透平机高速旋转,输出的气体压力和焓值降低,天然气本身得到冷却降温;产生的机械功通过轴承带动压缩端的离心压缩机运转,对脱烃或轻烃回收后的天然气进行增压。透平膨胀机的运行状况直接关系到制冷效果,使用过程中若出现异常时会造成膨胀机自动联锁停机或手动停机。

膨胀机自动停机的原因有:装置突然停电;膨胀机组转速超过最高转速;膨胀机组供油压力超低;膨胀机组轴承温度超高;润滑油泵突然停止运转;仪表检测到错误信号使联锁保护动作等。

膨胀机手动停机的原因有:循环冷却水突然停止;膨胀机组突然产生异常声音;仪表联锁系统失灵;安全运行参数超过设定值;装置发生爆炸和着火;出现危及机组和人身安全的情况等。

一、准备工作

(1)设备:透平膨胀机。

(2)材料及工具:笔1支、记录表1个、F扳手300~800mm、活动扳手1把、对讲机1部、工具包1个等。

(3)人员:净化操作工2人。

二、操作规程

(一)自动停机初期处置

(1)开启膨胀机工艺气旁通阀,工艺气通过旁通阀直接进入压缩机入口。

(2)关闭膨胀机膨胀端进口阀。

(3)根据压力确定是否对进料气进行放空。

(4)关闭膨胀机膨胀端出口阀。

(5)关闭膨胀机增压端进、出口阀。

(6)关闭密封气的所有阀门。

(7)关闭膨胀机油冷却器循环冷却水进、出口阀。

(二)手动停机初期处置

(1)开启膨胀机工艺气旁通阀,工艺气通过旁通阀直接进入压缩机入口。

(2)关闭膨胀机膨胀端进口阀。

(3)关闭膨胀机膨胀端出口阀。

(4)关闭膨胀机增压端进出、口阀。

(5)待膨胀机膨胀端、增压端所有进、出口阀关闭后,运行油泵5min。

(6)打开油泵旁通阀,调节油压,使油泵供油压力降到规定值后停油泵。

(7)关闭密封气的所有阀门。

(8)关闭膨胀机油冷却容器循环冷却水进、出口阀门。

(三)数据收集

(1)编制膨胀机停机的相关数据统计表,选择合理的统计项目和时间节点。

(2)按统计表设置项目和时间,收集并填写数据。

(3)统计表项目设置应包含以下内容:

① 膨胀端进、出口气体压力及温度统计。

② 压缩端进、出口气体压力及温度统计。

③ 膨胀机进料气流量、压力、温度及水露点统计。

④ 膨胀机转速、轴承温度、油压、振动统计。

⑤ 低温分离器液位,低温分离器后端聚结器及换冷器液位、压差统计。

⑥ 膨胀机密封气压力、温度统计。

⑦ 膨胀机转速调整、J-T阀操作统计。

(四)数据分析

(1)根据膨胀机转速判断是否膨胀机转速超高联锁停机。

(2)根据膨胀机振动、轴承温度、油压分析判断是否膨胀机故障停机。

(3)根据膨胀机膨胀端和压缩端进、出口压力、流量及温度判断是否进料气发生变化引起膨胀机停机。

(4)根据膨胀机进料气流量及水露点含量分析判断是否进料气质量差造成冰堵故障停机。

(5)根据低温分离器液位,低温分离器后端聚结器及换冷器液位、压差判断是否堵塞引起膨胀机停机。

(五)原因判断及后续处理

(1)综合上述分析,判断膨胀机制冷系统异常的原因。

(2)提出相应的处理措施和具体步骤。

(六)其他操作

(1)在交接班记录本上做好记录。

(2)打扫场地卫生,整理材料、工具。

(3)汇报作业完成情况。

三、技术要求

(1)膨胀机启动时应严格按照厂家要求技术规范和程序操作。

(2)膨胀机运行中应定期检查膨胀机进出口温度、轴承温度、轴承油压及油温、密封气压力。

(3)定期检查膨胀机润滑油性能、润滑油过滤器洁净度、压力油相油位。

(4)持续关注膨胀机的间隙压力,间隙压力与出口压力之间的压差不得超过规定的最大值。

四、注意事项

(1)紧急情况下的停车,禁止首先开大高压空气放空阀。

(2)在操作和检修的整个过程中,应将预防膨胀机卡机和工作轮、风机轮摩擦的机械事故作为设备管理的主要目标。

(3)膨胀机故障停产后未彻底查明原因并排除,严禁再次启运。

(4)膨胀机停机后进出口阀必须关闭严实,防止冷气窜入使轴承温度过低损坏轴承。

(5)膨胀机停车后保持一段时间的密封气和润滑油供应,待膨胀机完全符合停运要求后关闭。

模块五　操作硫黄回收单元

项目一　相关知识

J(GJ)BE012 克劳斯反应平衡的影响因素

一、克劳斯反应平衡的影响因素

克劳斯反应属可逆反应。反应式为 $H_2S+1/2O_2 \rightleftharpoons 1/xS_x+H_2O$，其正向反应速率与 H_2S 和 O_2 的分压成正比，可表示为 $k_1(p_{H_2S})\cdot(p_{O_2})^{1/2}$，而逆向反应速率则可表示为 $k_2(p_{S_x})^{1/x}\cdot(p_{H_2O})$，$k_1$ 和 k_2 分别表示某一给定温度下反应的速率常数。当正向反应与逆向反应达到平衡时，即可得到：

$$k_1(p_{H_2S})\cdot(p_{O_2})^{1/2}=k_2(p_{S_x})^{1/x}\cdot(p_{H_2O}) \quad (2-5-1)$$

$$K=k_1/k_2=k_1(p_{H_2S})\cdot(p_{O_2})^{1/2}/k_2(p_{S_x})^{1/x}\cdot(p_{H_2O}) \quad (2-5-2)$$

式中的 K 就是克劳斯反应在某一给定温度下的平衡常数，其值主要取决于反应温度及达到反应平衡时各组分的分压。表 2-5-1 中列出了克劳斯工艺中主要化学反应平衡常数与温度的关联式，以及在相应温度范围内有关系数的值。

表 2-5-1　克劳斯法工艺中主要化学反应的平衡常数(K_p)

序号	化学反应式	$\ln K_p=A/T+B\ln T+CT+DT^2+I$					温度区间 T K
		A	B	$C,\times10^3$	$D,\times10^6$	I	
1	$H_2S+1/2SO_2\rightleftharpoons H_2O+3/4S_2$	-4438	1.3260	-1.58	0.2611	-2.1235	≥900
2	$COS+H_2S\rightleftharpoons CS_2+H_2O$	-3122	3.8559	-3.2763	0.51	-27.2885	718~1500
3	$H_2S+CO_2\rightleftharpoons COS+H_2O$	-4818.6	0.0319	-0.7166	-0.02416	2.8177	718~1500
4	$H_2+CO_2\rightleftharpoons CO+H_2O$	-5030	0.1115	-1.4317	0.2441	5.1289	298~2000
5	$COS+H_2O\rightleftharpoons H_2S+CO_2$	4077	-0.031	0.72	0.024	-1.5299	298~700
6	$CS_2+2H_2O\rightleftharpoons 2H_2S+CO_2$	7258	-3.88	3.99	-0.48	24.67	298~700
7	$2H_2O+SO_2\rightleftharpoons 2H_2O+1/2S_6$	12954	5.6699	-5.1394	0.8390	-50.3414	298~700
8	$2H_2O+SO_2\rightleftharpoons 2H_2O+3/8S_8$	14596.4	5.9181	-5.1329	0.7829	-54.7634	298~700

美国天然气生产及供应者协会（GPSA）推荐的基本克劳斯反应平衡常数与温度的对应关系如图 2-5-1 所示。

图中 K_p 的计算公式为

$$K_p=\frac{[H_2O]^2}{[H_2S]^2}\cdot\frac{[S_n]^{3/n}}{[SO_2]}\cdot\left(\frac{p}{\sum m}\right)^{\Delta n} \quad (2-5-3)$$

式中 p 以 atm 计，K_p 分压以 kPa 计。

J(GJ)BE013 硫蒸气对反应平衡的影响

二、硫蒸气对反应平衡的影响

硫蒸气种类的组成取决于系统的热力学状态，不同温度条件下，气相中平衡的硫组分构成不同。从图 2-5-2 中可以看出，在高温热反应段生成的硫主要以 S_2 形态存在，在低温催化反应段主要以 S_8 形态存在。低温下相对分子质量较大的种类占多数，相应的硫蒸气分压较低，有利于平衡向右边移动。

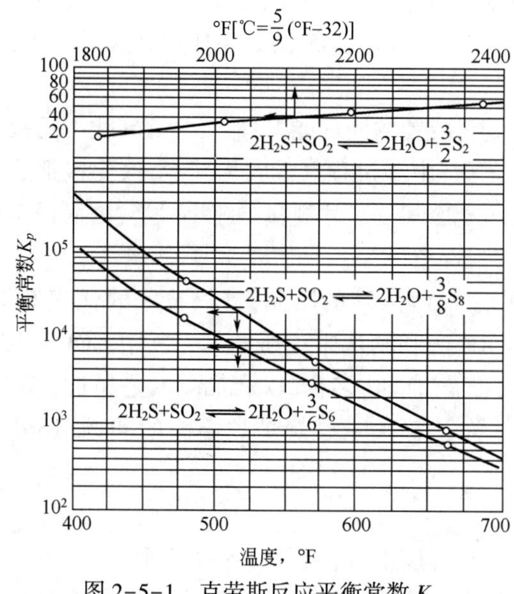

图 2-5-1　克劳斯反应平衡常数 K_p

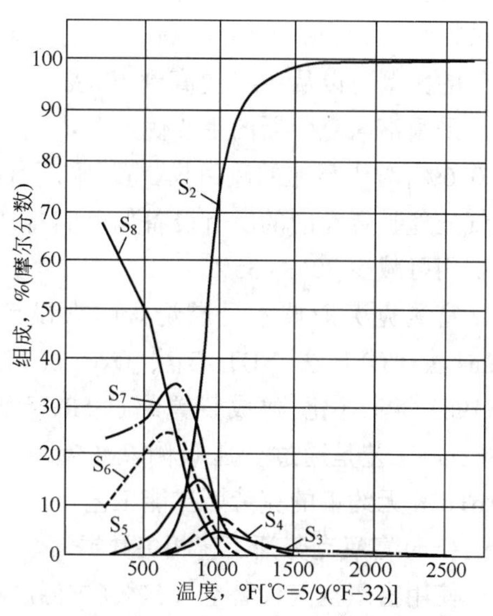

图 2-5-2　平衡时气相中各硫组分间的比例

由图 2-5-2 趋势可以得出如下认识：

(1) 硫蒸气的组成影响克劳斯反应的平衡转化率，因而在计算中需要人为的规定硫蒸气的种类。在两种极端情况下，反应式 $H_2S+\frac{1}{2}O_2 = \frac{1}{x}S_x+H_2O$ 可以改写为如下形式：

$$2H_2S+2O_2 = SO_2+2H_2O \tag{2-5-4}$$

$$2H_2S+SO_2 = 3/2S_2+2H_2O \tag{2-5-5}$$

$$2H_2S+SO_2 = 3/8S_8+2H_2O \tag{2-5-6}$$

(2) 温度低于 510℃时反应不生成 S_2，温度高于 677℃时反应不生成 S_8。据实验研究和工业实践表明，H_2S 转化为元素硫的反应大致是在 218～1400℃ 的范围内进行，故计算时理论上应该考虑从 S_2 至 S_8 的所有种类。在工业生产中，一般只考虑 S_2、S_6 和 S_8。

(3) 当温度约高于 927℃时，硫蒸气几乎均以 S_2 的形式存在，故即使不考虑其他种类的存在也不会产生太大误差。同样，当温度低于约 205℃时，只考虑 S_8 也是较合理的。

(4) 为了得到代表整个温度范围的连续模型较精确的计算，必须至少假定硫蒸气中有 2 个或 2 个以上种类共存，使其分别代表高温区（如 S_2）和低温区（如 S_8）组分。如此，在共存的种类之间应存在如下平衡关系式：$4S_2 \rightarrow S_8$。

三、富氧克劳斯工艺

J(GJ)BE001 富氧克劳斯工艺

传统的克劳斯装置均以空气作为 H_2S 氧化为硫的氧化剂，但它带入了大量惰性的 N_2 稀释了过程气，降低了装置的效率。采用富氧空气作为克劳斯过程的氧化剂可以提高装置的效率，扩大装置的处理能力以及延伸直流工艺对酸气 H_2S 浓度的适应范围，降低相同处理能力克劳斯装置的建设费用，从 20 世纪 80 年代以来其开发与应用颇受重视。如果直接向燃烧空气中加入氧气，提高氧气的比例可以从 21%提高到 28%；如果将氧气直接加入到克劳斯装置燃烧炉火焰区，则氧气的比例可以从 28%提高到 45%；如果使用特殊的技术，则氧气的比例可以从 45%提高到 100%。

采用富氧克劳斯的主要优点有：可以大幅提高装置的处理能力；酸气总硫转化率可提高约 0.6%；对于新建的硫回收装置，采用富氧工艺后，由于过程气量大为减少，致使包括后续尾气处理装置在内的所有设备如反应器、硫黄冷凝冷却器尺寸规模可缩小一半，因而设备投资费用可减少 30%~35%。

富氧克劳斯技术受燃烧炉耐火设计和酸性气体浓度的限制，富氧技术的代表有 PS Claus 法、COPE 法、NOTOG 法、OxyClaus 法、SURE 法和其他未注册技术。其中 COPE 工艺于 1985 年工业化，建成装置超过 50 套；SURE 工艺有 40 多套；OxyClaus 工艺超过 35 套；PSClaus 工艺是通过变压吸附获得富氧空气。为了解决主燃烧炉炉温高的问题，还开发 TNoTICE 无约束的克劳斯扩能工艺。

（一）富氧克劳斯工艺相关数据

使用富氧空气代替空气，燃烧炉温度将随富氧程度上升，如图 2-5-3 所示。

随着炉温上升，H_2S 裂解等反应将显著增加，导致氧的用量减少而显著低于化学计量系数，如图 2-5-4 所示，给出了不同的酸气 H_2S 浓度下氧气利用系数与富氧程度的关系。从图 2-5-3、图 2-5-4 中可知，在较低的富氧程度下其对炉温和氧气利用系数的影响较为显著。

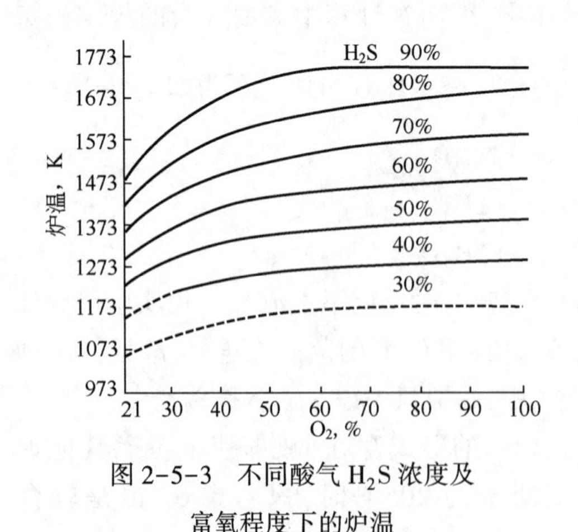

图 2-5-3　不同酸气 H_2S 浓度及富氧程度下的炉温

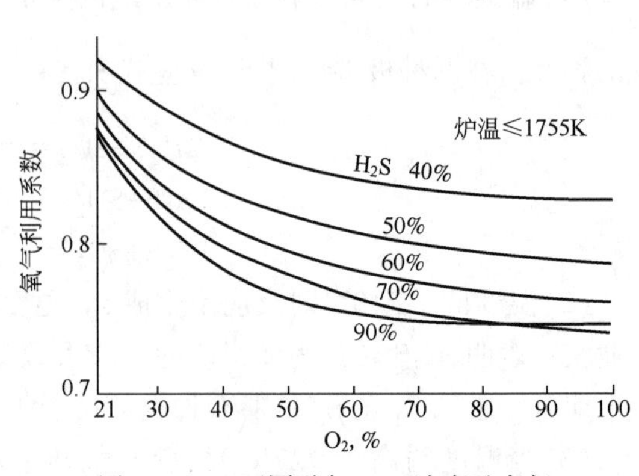

图 2-5-4　不同酸气 H_2S 浓度及富氧程度下的氧气利用系数

随着富氧程度的上升，H_2S 转化为硫的转化率也有所上升，如图 2-5-5 所示。事实上，受炉壁材料耐温程度的限制，在富氧程度及酸气 H_2S 浓度均较高的条件下，可能需要循环一级硫黄冷凝冷却器出口过程气以控制炉温，如图 2-5-6 所示的阴影区即分别为控制炉温不超过

1755K 和 1555K 需要将过程气循环的区域。不同条件下所需要的循环比如图 2-5-7 所示。不论过程气是否循环，进入一级反应器的过程气量总是随富氧程度升高而下降，在低富氧区尤为显著，如图 2-5-8 所示。

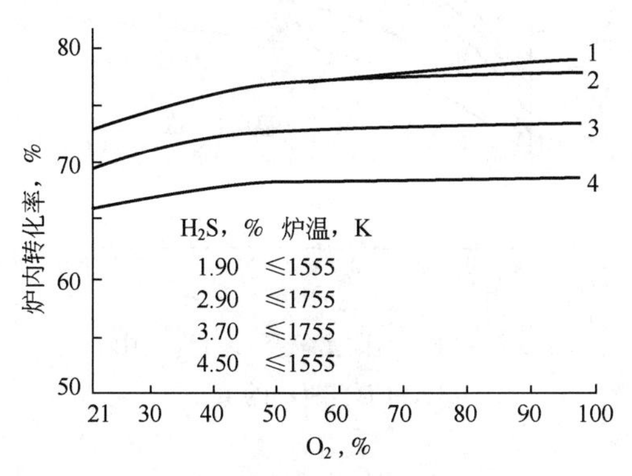

图 2-5-5　富氧程度对转化率的影响

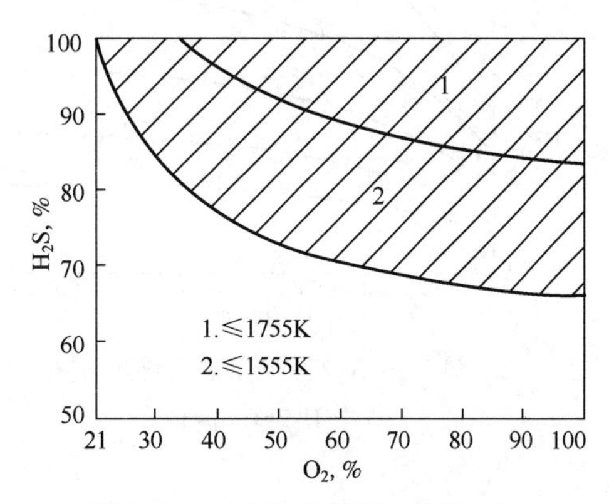

图 2-5-6　富氧克劳斯工艺循环区

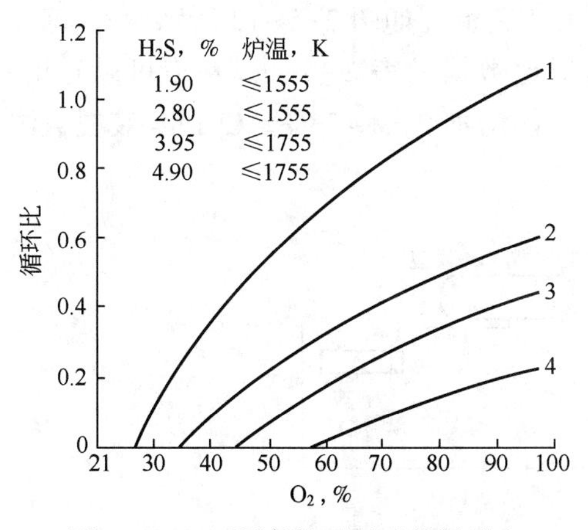

图 2-5-7　不同条件下所需的循环比

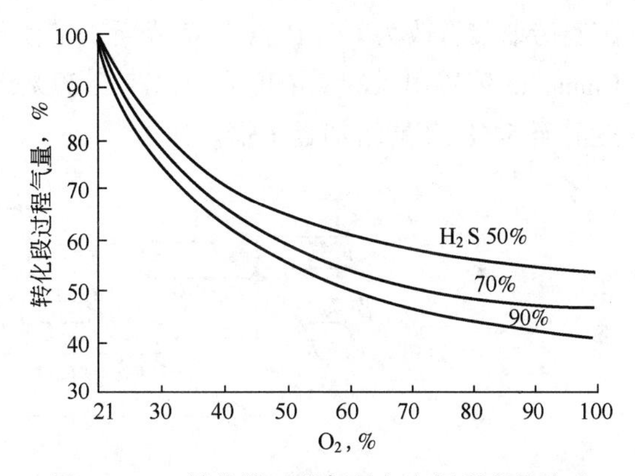

图 2-5-8　转化段过程气量与富氧程度的关系

解决炉温过高问题，除过程气循环外，也可采用其他措施，如使用双燃烧炉（每级均配有余热锅炉），NoTICE 工艺则以纯氧在液硫中浸没燃烧生成 SO_2 送入燃烧炉使之降温。由于使用富氧空气升高了炉温，使直流克劳斯工艺可接受的进料酸气 H_2S 浓度的下限相应下移，如图 2-5-9 所示。

此外，因燃烧炉内 H_2S 裂解等反应增加，在富氧条件下炉内产生的还原气 H_2 及 CO 量也有所增加，这对于尾气处理中具有加氢还原段的工艺是有益的。图 2-5-10 及图 2-5-11 分别为在不同富氧程度下过程气中 H_2/SO_2 和 $(H_2+CO)/SO_2$ 的值。

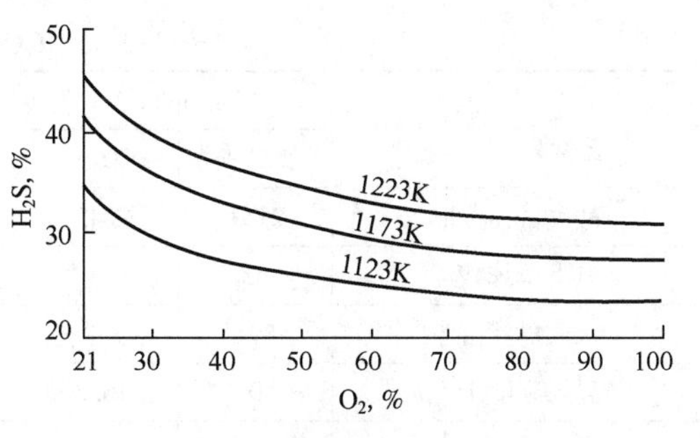

图 2-5-9　富氧条件下直流工艺的 H_2S 浓度下限

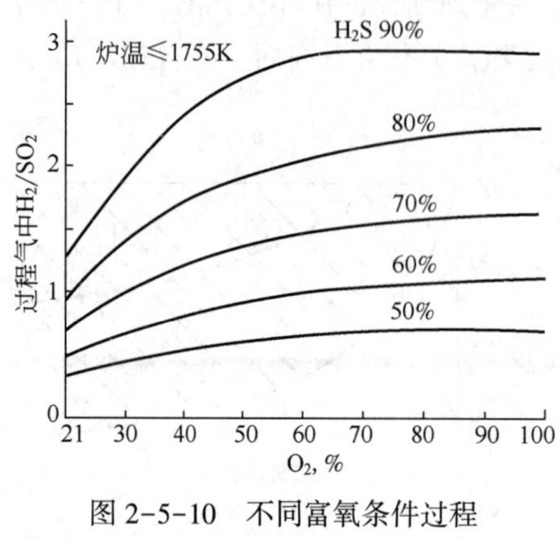

图 2-5-10 不同富氧条件过程气中 H_2/SO_2 的值

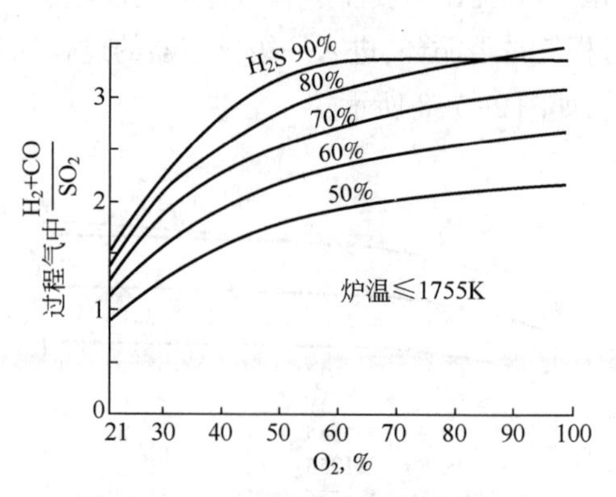

图 2-5-11 不同富氧条件过程气中 $(H_2+CO)/SO_2$ 的值

（二）富氧克劳斯工艺装置

富氧克劳斯装置，尤其是低富氧装置，在其工艺流程上除空气供给控制系统需要改造外，其余与常规克劳斯装置并无区别。典型的 COPE 工艺流程如图 2-5-12 所示，一些炼厂将克劳斯装置改为 COEP 富氧克劳斯工艺后运行对比数据见表 2-5-2。从表可以看出，Champlin 装置用风的氧浓度升至 27%～29%，硫黄产能增加 21%～23%。Charles 装置氧浓度升至 54%，产能增加近 1 倍。

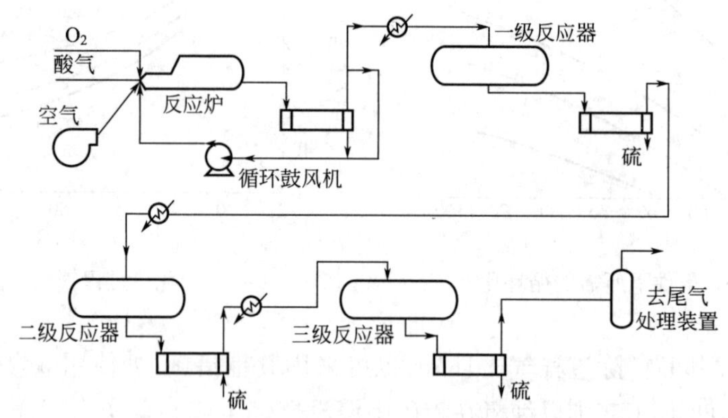

图 2-5-12 COPE 富氧克劳斯工艺流程

表 2-5-2 COPE 装置运行数据

工艺参数＼装置	Champlin A		Champlin B		Charles		
	克劳斯	COPE	克劳斯	COPE	克劳斯	COPE(1)	COPE(2)
酸气量，m^3/h	2151	2643	2391	2966	—	—	—
H_2S 浓度，%	68	73	68	73	89	89	89
酸水汽提气，m^3/h	891	877	736	736	—	—	—
氧气流量，t/d	0	16.2	0	15.9	—	—	—
氧气浓度，%	20.3	28.8	20.3	27.2	21	54	65

续表

工艺参数＼装置	Champlin A		Champlin B		Charles		
	克劳斯	COPE	克劳斯	COPE	克劳斯	COPE(1)	COPE(2)
燃烧炉温度,℃	1243	1399	1149	1324	1301	1379	1410
硫黄产量,t/d	67.1	82.3	72.6	87.9	108	196	199

由于装置处理酸水汽提气,故混合进料中 NH_3 浓度达 6.3%~8.7%;采用富氧工艺后炉温升高,NH_3 也更为彻底地分解为 N_2、H_2 及 H_2O,出炉过程气 NH_3 含量小于 $20mL/m^3$。由于较低的富氧程度可在较少的投入下收到较多的效益,因此目前的富氧克劳斯装置大多在较低的富氧程度下运行。

1. COPE 富氧硫回收工艺

通过用纯氧部分或完全代替空气,可使典型的克劳斯硫回收装置的硫处理能力增加一倍。硫黄回收单元的处理能力主要受热力学压降的限制。由于燃烧空气量的减少,进入的惰性氮气也随之减少,从而可以处理更多的酸性气体,该过程可分两段实现。随着 O_2 富集程度的提高,燃烧温度上升,在不使用循环物流的 COPE 第一段,通过使用富氧使炉类设备温度达到上限 1482℃,处理能力往往可以增加 50%。在使用内循环物流来调节燃烧温度的 COPE 第二段,富氧程度可以更高,达到 100%。通过硫黄回收其余设备及尾气净化装置的流量大为减少。在较高的富氧燃烧温度下,氮和烃类杂质的分解使热反应段的转化率可以得到改善。硫回收装置的总硫回收率增加 0.5%~1%。具有专利的 COPE 燃烧器可以同时处理酸性气、循环气、空气和氧气。

2. SURE 富氧硫回收工艺

克劳斯硫回收装置的处理能力,可以通过将 H_2S 与某种氧化剂一起,在两个或更多的反应区高温燃烧来提高,该氧化剂是一种纯氧或空气与含氧混合物组成的富氧气流。采用双燃烧炉也可以解决富氧克劳斯炉温过高的问题,SURE 富氧硫回收工艺就采用此法,其流程如图 2-5-13 所示。

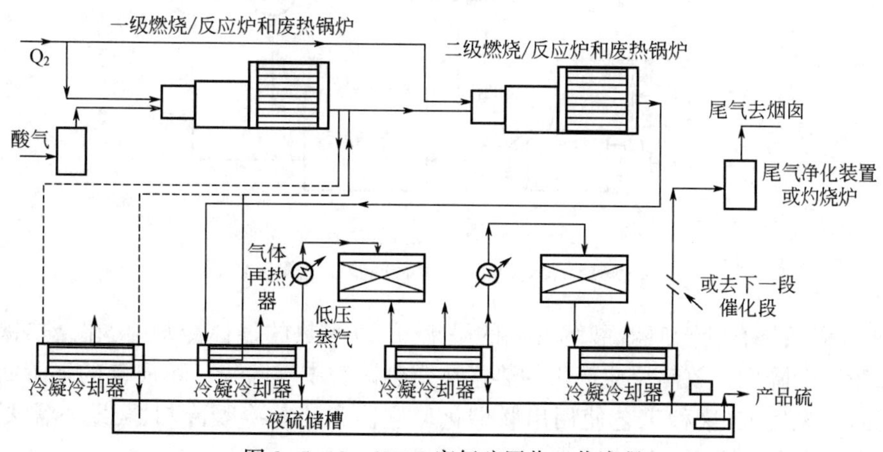

图 2-5-13 SURE 富氧硫回收工艺流程

一部分氧化剂与全部或部分酸性气或含氨酸性气被输送到第一燃烧区。反应后的混合物被冷却，剩余的气体被输送到第二燃烧区，硫黄冷凝之后，剩余气流被输送到一个或更多的克劳斯反应器。过程所需要的富氧空气按适当的比例分别供给两个燃烧炉，每个燃烧炉后均衔接以余热锅炉，从而控制了炉温。

作为双燃烧炉工艺的一种变体，还开发了一种侧燃烧炉工艺，即将一部分酸气以富氧空气甚至纯氧在侧燃烧炉内将 H_2S 转化为 SO_2，此股气流冷却后部分循环以控制侧燃烧炉的温度，其余的冷却气与酸气汇合进入主燃烧炉燃烧，其流程如图 2-5-14 所示。

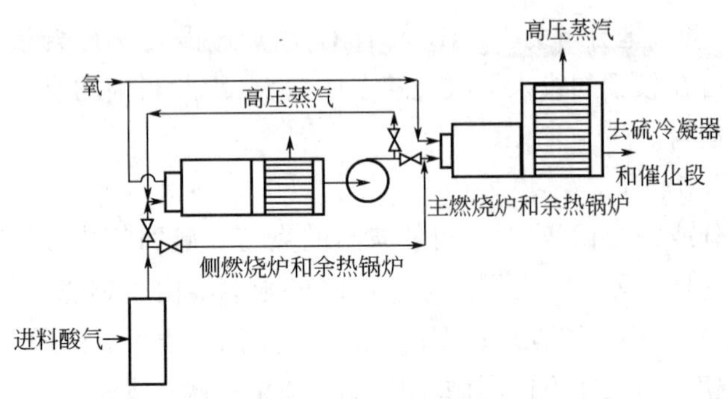

图 2-5-14　带侧燃烧炉的富氧克劳斯工艺流程

3. OxyClaus 富氧硫回收工艺

OxyClaus 采取氧直接燃烧技术，工艺流程如图 2-5-15 所示。采用专有的热反应器燃烧室，氧气的利用程度可以达到 80%~90%，它不需要任何类型的气体循环就能达到适度的燃烧温度。氧气和酸性气体一起在极高温度火焰的芯部燃烧，同时在火焰周围引入空气，使其余酸性气燃烧。当接近热力学平衡时，在高温火焰芯部大量的 H_2S 裂解成氢和硫，二氧化碳也被还原成一氧化碳。

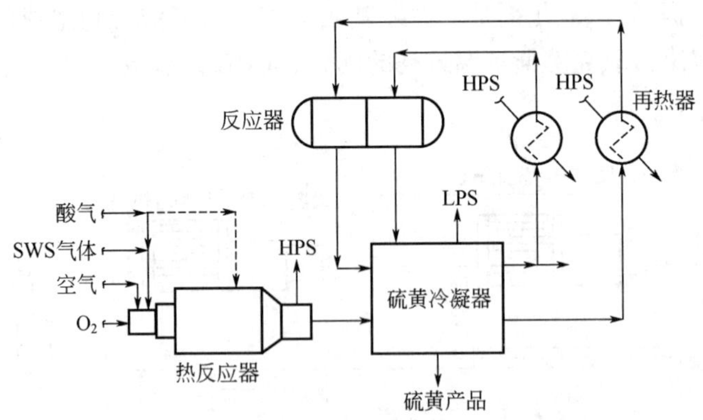

图 2-5-15　OxyClaus 富氧硫回收工艺工艺流程

由于高温条件有利于 H_2S 裂解反应的平衡，所以当热的气体冷却时，在余热锅炉中所产生 H_2 量就会降低。放热反应产生的热量在余热锅炉中被除去。单质硫的下游回收采用改良 Claus 工艺完成，这种工艺使用串联催化反应器和硫黄冷凝冷却器，既不需要专用设备，也不需要改变传统的设计模式。

处理含氨酸水汽提气可以用两种方法。第一种方法是在燃烧器中央高温炉膛中于近氧化条件下用空气燃烧氨。对于氨含量更高的情况，可选择另一种方法，是采用两段炉设计，氨在第一段和酸性气体一起燃烧，将足够的酸性气体分流到第二段，以提高第一段的温度，保证氨的分解。基本负荷下该装置可以仅用空气进行，高负荷操作用空气和氧气来进行。

4. PSClaus 工艺

Parsons 公司以变压吸附制得富氧空气用于克劳斯装置形成 PSClaus 工艺，以常规两级催化转化克劳斯装置的投资及电费为 100 计，PSClaus 的相对投资见表 2-5-3。

表 2-5-3　几种硫黄回收工艺投资及能耗对比表

装置	相对投资		电费相对值
	常规克劳斯	PS Claus	
两级转化	100	70	1.5
三级转化	115	80	1.5
两级转化+尾气处理	200	150	1.3

可见，以变压吸附取得富氧空气，克劳斯装置的投资费用下降，但操作费用增加。

5. NoTICE 工艺

液硫以氧浸没燃烧制 SO_2 的技术原来在美国某化工厂生产含硫化学品。BRB 公司将此技术引入 COPE 工艺，将生产的 SO_2 送入主燃烧炉来控制炉温，其 SO_2 生产的工艺流程如图 2-5-16 所示。

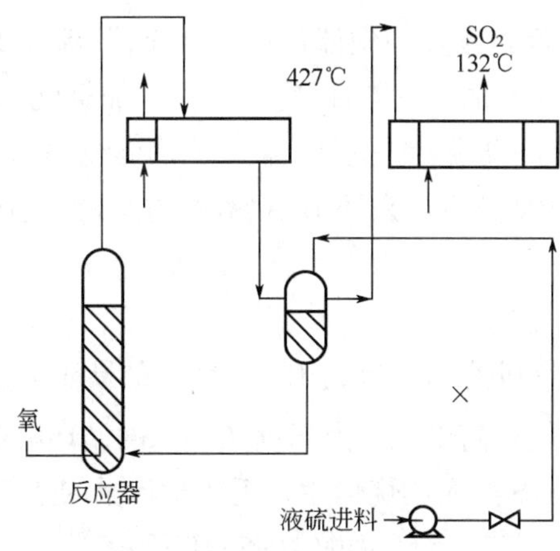

图 2-5-16　NoTICE 硫回收工艺流程

氧气与液硫反应生成 SO_2，放出的热量使大量液硫蒸发而与 SO_2 一起离开反应器，经冷凝器和分离器分离出夹带的液硫，考虑到液硫黏度的特点，温度控制在 427℃ 左右。分离出液硫后的 SO_2 进一步冷却至 132℃ 去燃烧炉。

四、其他硫黄回收工艺

JBE002 其他硫黄回收工艺

硫黄回收工艺非常多，但其主体工艺大多为克劳斯改良工艺或克劳斯组合工艺，本节介绍部分先进而天然气净化厂采用较少的硫黄回收工艺。

（一）ULTRA 硫黄回收工艺

ULTRA 硫黄回收工艺是 CBA 工艺的延伸，设计一般放在 CBA 装置之前，增加总硫收率。这样它可以用于改造现有装置或新建装置。ULTRA 法的主要阶段是加氢、脱水和氧化（图 2-5-17），将有机硫的量降到微量程度，除去气流中大量水蒸气，建立 $H_2S:SO_2$ 的最佳比例。

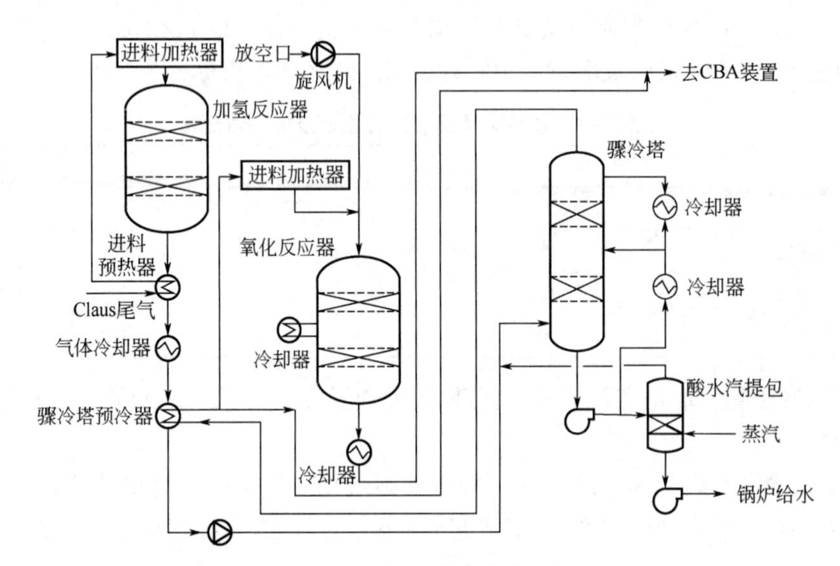

图 2-5-17　ULTRA 硫黄回收工艺流程

来自 Claus 装置的尾气经过预热炉到催化加氢反应器，硫、SO_2 与 H_2 反应生成 H_2S，而 COS 和 CS_2 水解产生 H_2S，所有的 CO 与 H_2 完全反应。加氢反应器的气体在急冷塔中用水直接冷却。ULTRA 法的最后一步是氧化反应器，其作用是使 $H_2S:SO_2$ 达到最佳比例。从氧化反应器来的 SO_2 富气和从急冷塔来的 H_2S 富气，在 CBA 反应器的上游合并，使 $H_2S:SO_2$ 的比例为 2∶1。

（二）UCSRP 硫黄回收工艺

UCSRP 工艺是一种在有机溶剂中进行 Claus 反应的新工艺。含有 H_2S 和 SO_2 的气体进入装有泡罩塔盘的反应器，在高于硫熔点温度条件下的循环溶剂中反应生成单质硫和水。从反应器中出来的未反应 H_2S 进入燃烧炉用接近化学计量的空气转化为 SO_2，SO_2 经吸收/汽提塔回收后送回反应器。其工艺流程如图 2-5-18 所示。

进入装置的约 75%的原料气在泡罩塔盘底部进入反应器，余下的原料气旁通反应器直接进入燃烧炉。如果酸气含氨，可将其作为部分旁通气。H_2S 在反应器中保持过量，反应气体在热的溶剂中被吸收，并发生液相放热反应：$2H_2S+SO_2 \longrightarrow 3/xS_x+2H_2O$。通过对中低部位塔板注入水带走反应热而保持反应器接近恒温。从反应塔底部循环至顶部的溶剂被单质硫所饱和，产生的硫黄形成第二个液相，两种液相流体流到反应器低于反应器入口位置，用蒸汽进行气提脱除 H_2S 和 SO_2，出来的液硫被送入液硫池。从反应塔塔顶出来的气体进入水冷冷凝器后进入分离罐，部分从反应器尾气分离出来的水用泵送回反应器进行温度控制，剩下的进入重沸酸性水气提塔，将溶解的 H_2S 和 SO_2 汽提出来，并与反应塔塔顶气体混合。

分离罐出来的冷却气体通过鼓风机增压后，与旁通酸气原料进行混合。混合气体被送入燃烧炉，H_2S 转化为 SO_2，轻烃、硫醇、COS 等也被充分燃烧。燃烧炉作用类似于 Claus 燃

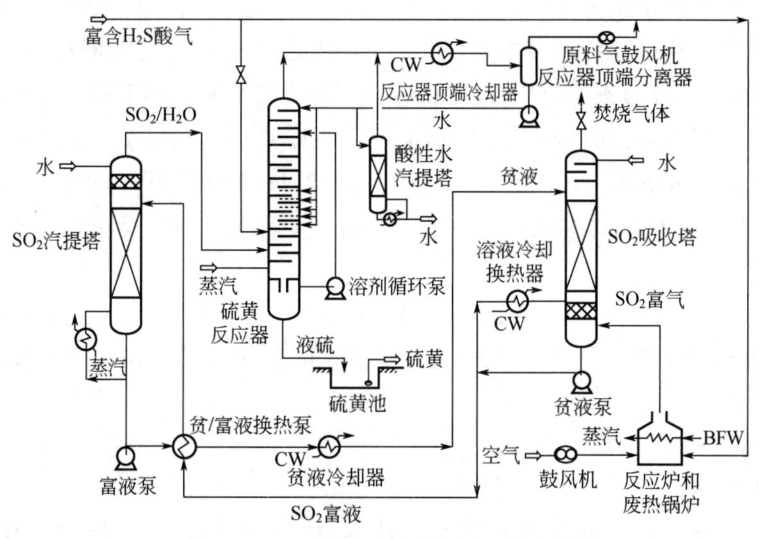

图 2-5-18　UCSRP 硫黄回收工艺流程

烧炉，但对于给定的原料气组成，由于增加了 H_2S 含量，其操作温度较高，燃烧分为两级以防止生成 SO_3 和 NO_x，第一级将 95%~98%的 H_2S 燃烧，在进入第二级燃烧之前气体被冷却至 300~400℃，通入过量空气使剩余 H_2S 及硫充分燃烧。燃烧炉位于反应器下游，SO_2 被送回反应器，整个化学计量的控制是自动的。含 SO_2、H_2O、CO_2 和 N_2 的冷却燃烧气体被送至吸收塔，用逆流的溶剂[95%(质量分数)乙二醇醚和 5%(质量分数)水]吸收 SO_2。SO_2 吸收塔出来的尾气经焚烧后排入大气，其 SO_2 含量不超过 250×10^{-6}(体积分数)。吸收 SO_2 后溶剂用泵送入气提塔，与来自气提塔的贫液进行热交换。在气提塔内 SO_2 从溶剂中被气提出来，送入反应器。贫液被富液冷却后，用水冷式热交换器进一步冷却，然后返回 SO_2 吸收塔。UCSRP 工艺的硫损失主要是 SO_2 吸收塔塔顶损失的 SO_2，其总硫收率超过 99.9%。

(三) Ensulf 硫黄回收工艺

Ensulf 工艺流程如图 2-5-19 所示，其反应原理与 Clinsulf 工艺相似，在气相条件下直接将气体中 H_2S 转化为单质硫，冷凝后获得高纯度硫黄。Ensulf 工艺分为直接氧化和亚露点两种流程。直接氧化流程可对气体中酸性组分进行直接处理，而不会使烃类物质氧化。工艺的主要设备是 Ensulf 反应器，它配备有内冷系统，以获得单质硫最佳的选择性

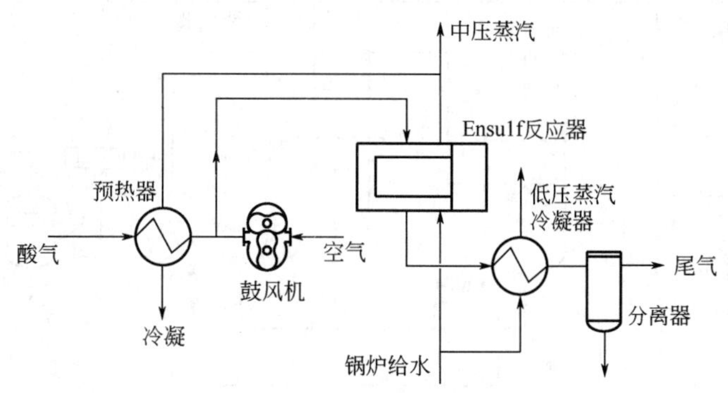

图 2-5-19　Ensulf 硫黄回收工艺流程

和回收率。酸性气体预热至176~232℃的反应器入口温度，混合适量空气或氧气进行反应。反应器采用特殊设计的热交换器，管子的空隙处填充有适量的催化剂。反应器由两个部分组成：第一部分为不带冷却的绝热床，可使反应温度快速升高，加快反应速度；第二部分包含有冷却部分，使反应器出口温度接近硫露点，这样提高了催化剂选择性，使平衡向最有利于硫生成的方向移动。主反应器进行的反应包括 H_2S 的直接氧化反应、H_2S 氧化为 SO_2、Claus 反应。这些反应的主要差别在于温度对 Claus 反应影响较大，而对直接氧化反应的影响较小。

当酸气中硫含量超过15t/d时，通常采用亚露点流程。该流程包括除常规 Claus 反应炉、余热锅炉和冷凝器外，还采用了两个并行的 Ensulf 反应器，第二反应器在亚露点下操作，充当吸附反应器。

（四）Clinsulf-DO 工艺

1. 工艺原理

Clinsulf-DO 技术是一种直接氧化工艺技术，由德国 Linde 公司开发，其核心技术是 Linde 的内冷式催化反应器，在反应器内催化剂有选择性将 H_2S 氧化成硫。在 Clinsulf-DO 反应器内主要发生的反应如下：

$$2H_2S+O_2 \longrightarrow \frac{2}{x}S_x+2H_2O+Q \tag{2-5-7}$$

$$2H_2S+3O_2 \longrightarrow 2SO_2+2H_2O+Q \tag{2-5-8}$$

$$2H_2S+SO_2 \longrightarrow \frac{3}{x}S_x+2H_2O+Q \tag{2-5-9}$$

这些反应都是强放热反应，而且热量释放于催化剂床层中。催化剂床层由两个反应区组成，上段反应区为绝热反应区，空气和酸气混合物在此发生反应，反应热使温度迅速上升，从而提高反应速度；反应区下段为恒温反应区，装有特殊设计的冷却盘管，管内以水（蒸汽）作为冷（热）源，用以调节反应器的温度，降低反应器下段温度，使反应温度严格控制在略高硫露点的温度，使化学平衡向生成单质硫的方向移动，从而得到最大的转换率。Clinsulf-DO 工艺可从含1%~2% H_2S 的低浓度酸气中回收硫黄，这是常规克劳斯装置难以做到的。

2. 工艺流程

Clinsulf-DO 工艺流程如图2-5-20所示。

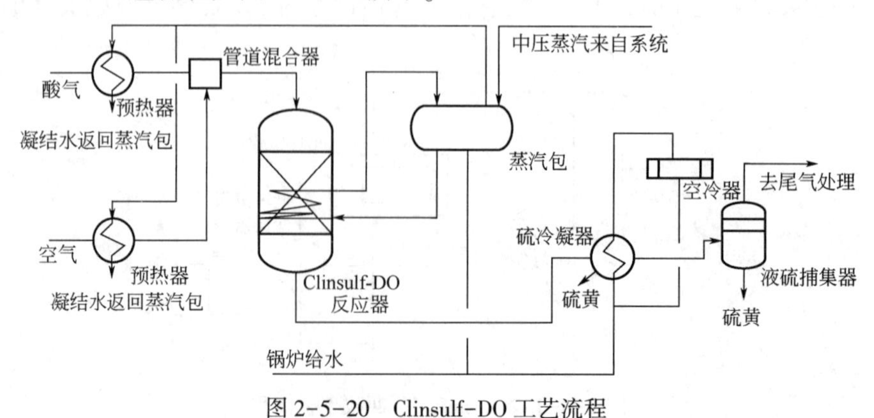

图2-5-20 Clinsulf-DO 工艺流程

该工艺一般采用内外部热源结合利用的方式运行。若只利用内部热源换热运行，则受H_2S浓度变化影响较大，H_2S浓度高时，系统温度升高；H_2S浓度低时，系统温度降低，如果H_2S浓度长时间较低（一般低于0.3%），硫黄回收系统温度逐渐降低，最终可能使装置停工。为了防止H_2S浓度较低对系统温度和回收率影响，可通过对硫黄尾气化验和反应器温度进行调整，将空气配比因子增大，提高空气配比量，使反应器的温度始终保持在320~340℃之间。适用内部热源时需注意以下几点：

（1）要求H_2S浓度要达到一定浓度。运行中H_2S浓度短时间内较低，反应器温度下降，可以通过手动调节增加空气配比量，维持系统正常温度。

（2）要求原料气流量和H_2S浓度变化较平稳。若频繁波动，应将空气配比量手动控制，并及时对参数进行调整，以保持装置的正常运行。

（3）日常运行中汽包的液位会缓慢下降，需要间断性对汽包进行补水。在补水操作时要严格控制流速，避免补水过快造成汽包和反应器的温度下降较快，影响Clinsulf硫黄回收单元的正常运行，甚至造成停工。

（五）CrystaSulf 工艺

CrystaSulf工艺使用一种对单质硫有很高溶解度的非水溶剂，溶剂中溶解有化学计量的SO_2。其工艺流程如图2-5-21所示。溶剂与含硫天然气接触后，溶剂中溶解的SO_2立即与天然气中的H_2S反应，经化学反应而生成的单质硫全部溶解在溶剂之中，从而解决了铁基氧化还原法固有的“硫堵”矛盾。

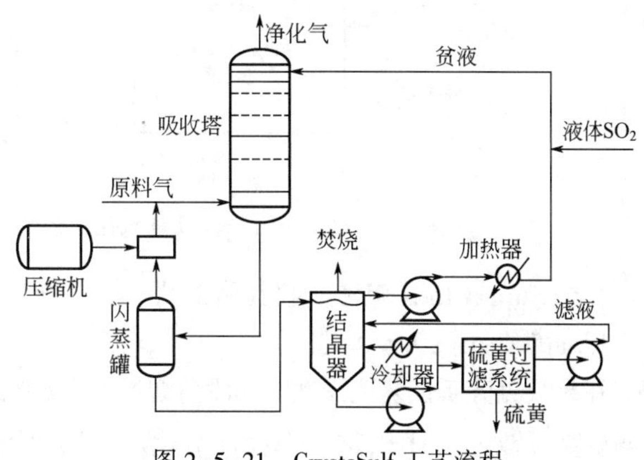

图2-5-21 CrystaSulf工艺流程

原料气由吸收塔底部进入，与非水溶剂逆流接触而脱除其中的H_2S，原料气中的CO_2对吸收过程无影响。H_2S与SO_2反应生成的单质硫完全溶解于溶剂中，故吸收塔中无固体物质存在。出吸收塔的富液进入闪蒸罐，若有必要也可将闪蒸气压缩回原料气中。经闪蒸的溶液进入结晶器，降温并析出单质硫结晶。过滤除去单质硫的溶剂再注入SO_2后返回吸收塔。

在高压条件下，可用两种方式加入反应所必需的SO_2：一是购买纯SO_2经计量后注入贫液管线；二是燃烧部分产品硫黄，将生成的SO_2在一个单独的小型吸收塔中用非水溶剂吸收。CrystaSulf工艺处理高压且含硫量较高的天然气时，在技术经济方面比常规MDEA工艺和铁基氧化还原工艺更为合理。

（六）选择性催化氧化工艺

天然气中有部分H_2S含量甚低而CO_2含量很高的劣质天然气（或伴生气），它们很难用常规的克劳斯工艺进行处理，也不适合以Lo-Cat或Sulferox之类的液相氧化还原工艺处理。含硫原料气不经过吸收/再生型脱硫工艺处理，直接以空气氧化原料气中的H_2S而回收硫黄，称为选择性催化氧化工艺（TDA法）。

直接处理净化法(Sulfa Treat DO)工艺的核心是把经催化氧化脱硫后的过程气再进行一次精脱,并将精脱部分产生的再生酸气循环返回前面的催化氧化反应器进行氧化处理。

Sulfa Treat DO 氧化本身就可以作为精脱工艺,也可选用醇胺法工艺、Lo-Cat、Sulferox 等铁基氧化还原脱硫工艺,工艺流程如图 2-5-22、图 2-5-23 所示。

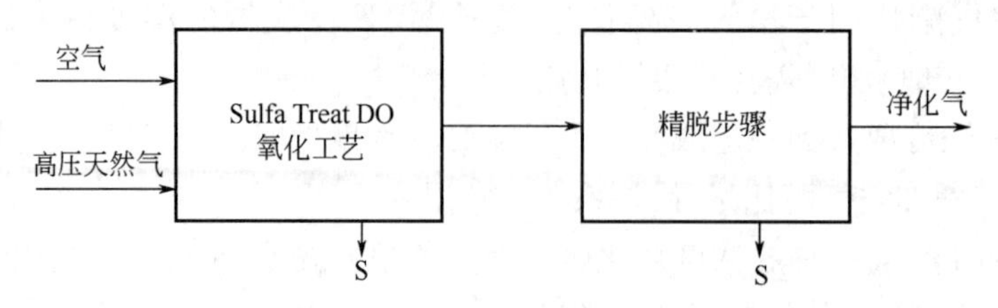

图 2-5-22　Sulfa Treat DO 氧化工艺

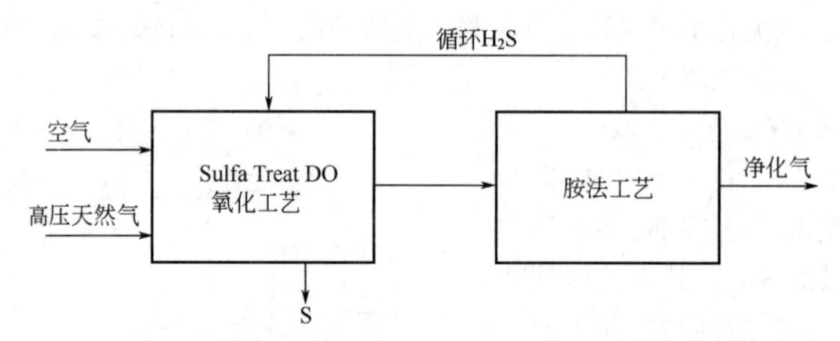

图 2-5-23　Sulfa Treat DO 氧化工艺及其与胺法工艺的结合方案

(七)SuperClaus 硫黄回收其他工艺

1. SuperClaus 99.5 工艺

在超级克劳斯工艺选择性氧化段前增加一个加氢还原反应器,使过程气中 SO_2、COS、CS_2 等含硫物质转化为 H_2S,进入选择性氧化反应器内进行氧化反应,其工艺流程如图 2-5-24 所示。

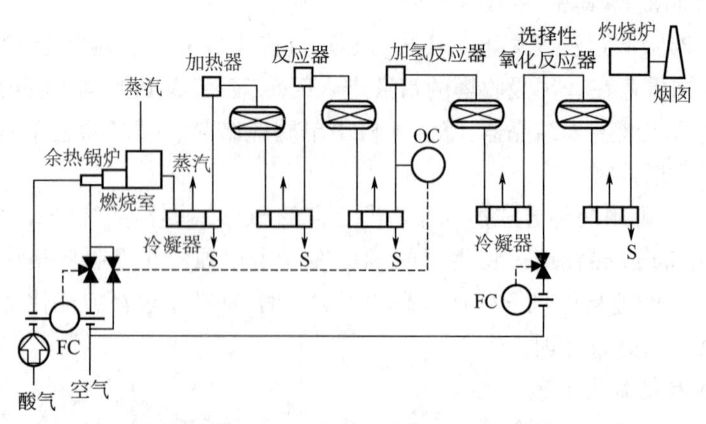

图 2-5-24　SuperClaus99.5 工艺流程

在 SuperClaus 99 工艺中,进入选择氧化段的过程气中所含的 SO_2、COS、CS_2 不能获得转化,所以总硫收率在 99%左右。为此开发了 SuperClaus99.5 工艺,在选择氧化段前插入一个加氢段，使过程气中的 SO_2、COS、CS_2 先行转化为 H_2S 或单质硫，从而使总硫收率升至 99.5%，由于插入加氢段，过程气 H_2S/SO_2 比例对总硫收率的影响也很小。所以，SuperClaus99.5 工艺的克劳斯段应在 H_2S/SO_2 比为 2 的条件下运行以提高其硫收率，这是与 SuperClaus99 不同而需要强调指出的。

2. EURO Claus 工艺

（1）ERClaus 工艺。

Parsons 公司开发的 ERClaus 意为提高收率的克劳斯工艺，据称它使用常规的克劳斯三级转化及通用的克劳斯催化剂，其关键是引入了管理克劳斯反应的先进技术，它是二级和三级在非稳态条件下分别以“热态”及“冷态”运行，类似于 CBA 法，但不存在切换问题。此法已在美国的一套工业装置运行，硫收率 98%。

（2）EUROClaus（超优克劳斯工艺）及 PROClaus 工艺。

EUROClaus 及 PROClaus 两种工艺均与 SuperClaus99.5 工艺类似，在选择氧化段前插入加氢还原段，将 SO_2 以及 COS、CS_2 转化为硫及 H_2S，从而使总硫收率可达到 99.5%，其工艺流程图如图 2-5-25 所示。

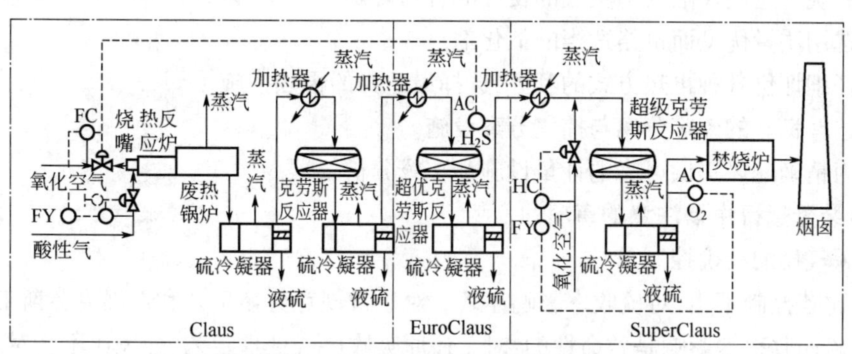

图 2-5-25　EUROClaus 工艺流程

EUROClaus 工艺与 SuperClaus 工艺区别在于，在最后一级克劳斯催化反应器床层中的克劳斯催化剂下面装填了一层加氢还原催化剂，将 SO_2 还原成 S 和 H_2S，使总硫回收率得以大大提高。根据酸性气体进料量和催化反应器数量，EUROClaus 工艺的硫回收率可以达到 99.4%以上。

J(GJ)BE003 提高硫黄回收率的措施

五、提高硫黄回收率的措施

影响硫黄回收单元收率的因素很多，主要有工艺类型、反应器级数、催化剂性能、配风比操作、酸气气质气量，以及反应器、硫黄冷凝冷却器温度等。克劳斯硫黄回收单元硫回收率与反应器级数、酸气浓度的关系见表 2-5-4。

表 2-5-4　克劳斯装置的硫回收率与酸气浓度、反应器级数的关系

酸气 H_2S 浓度，%	硫回收率，%		
	两级转化	三级转化	四级转化
20	92.7	93.8	95
30	93.1	94.4	95.7

续表

酸气 H_2S 浓度,%	硫回收率,%		
	两级转化	三级转化	四级转化
40	93.5	94.8	96.1
50	93.9	95.3	96.5
60	94.4	95.8	96.7
70	94.7	96.1	96.8
80	95	96.4	97.0
90	95.3	96.6	97.1

从表中可以看出,设有两级催化转化的实际装置,其硫收率大约只有95%左右,增加第三级反应器后对硫收率贡献增加1.1%~1.4%,增加第四级反应器则硫收率增加0.5%~1.3%。

(一)克劳斯硫黄回收单元设计中需注意的事项

(1)尽可能地使用质量高的酸气,包括低的烃含量及高的酸气浓度等。

(2)燃烧炉应确保酸气与空气的良好混合与燃烧。

(3)选用质量优良而价格适当的催化剂。

(4)仔细评价各种再热方式的利弊,选择最适当的再热措施。

(5)选择良好的硫雾分离与捕集分离设施。

(6)为精确配风提供可靠的计量设施和在线分析仪器。

(二)装置运行中需注意的事项

(1)风气比的精确控制。

风气比若控制不当,对硫收率影响显著。对于常规克劳斯工艺和低温克劳斯工艺,配风不当对总硫回收率的影响是致命性的;对于还原吸收尾气处理工艺,配风比不当对总硫回收率影响较小,但对其还原吸收工艺产生严重影响;对于超级克劳斯等直接氧化工艺,配风比不当会造成直接氧化反应器温度失控或催化剂失活等,降低总硫回收率。

日常操作中要精准控制风气比应做好以下几项工作:

① 使用和维护过程气或尾气在线分析仪,确保在线分析仪准确性。

A. 定期校验和维护在线分析仪。

B. 加强在线分析仪取样管路和分析仪的保温,防止管路堵塞。

C. 加强硫黄冷凝冷却器的操作,尽量减少过程气中硫蒸气含量。

D. 定期检查和更换在线分析仪除雾器或过滤器。

② 确保空气和酸气流量计的精准度。

A. 定期调校酸气和空气流量计,确保流量计计量准确。

B. 摸索出本装置酸气和空气流量计量偏差和配风比值关系。

C. 根据在线分析仪数据及时修正配风比值。

(2)酸气质量的保证。

① 酸气流量的平稳控制。

② 酸气质量的平稳控制。获得高的 H_2S 浓度,尽量减少杂质含量。

(3)反应器温度的控制。

① 一级反应器入口温度控制,确保有机硫水解。

② 一级反应器增加钛基有机硫水解催化剂和漏氧催化剂。

③ 末级反应器控制较低的床层温度。

(4)末级硫黄冷凝冷却器和捕集器分离效果的控制。

① 在高于硫露点的情况下,尽量控制较低的末级冷凝器温度(末级冷凝器与硫损失如图 2-5-26 所示)。

② 定期检查和更换硫黄冷凝冷却器和捕集器内的捕雾网。

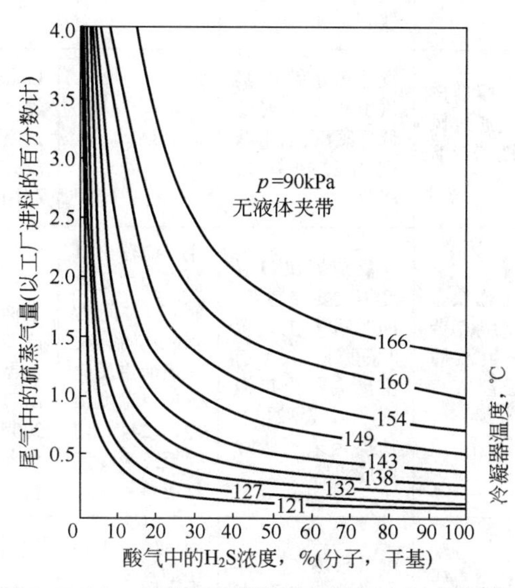

图 2-5-26 末级反应器温度与尾气中气态硫关系

六、硫黄回收工艺比较

J(GJ)BE004 硫黄回收工艺比较

硫黄回收率>99%的几种主要硫黄回收工艺比较见表 2-5-5。

表 2-5-5 几种主要硫黄回收工艺比较

比较内容＼工艺名称	SuperClaus	CBA	CPS	Clinsulf-SDP	MCRC
设计硫黄回收率	≥99.2%	≥99.2%	≥99.2%	≥99.2%	≥99%
系统稳定性	连续	切换	切换	切换	切换
催化反应段工艺原理	三级常规 Claus+一级超级克劳斯	一级常规 Claus+三级低温 Claus(两级吸附、一级再生)	同 CBA	两级反应,一级高温再生、一级低温吸附,反应器分为绝热段和等温段	一级常规 Claus+二级低温 Claus(一级吸附、一级再生)
配风	严格控制三级反应出口 H_2S 浓度,燃烧段 H_2S/SO_2 大于 2	2∶1	2∶1	2∶1	2∶1

续表

比较内容＼工艺名称	SuperClaus	CBA	CPS	Clinsulf-SDP	MCRC
反应温度	高于硫露点反应	吸附态略低于硫露点温度	吸附态略低于硫露点温度	吸附态略低于硫露点温度	吸附态略低于硫露点温度
过程气再热方式	燃料气再热	一级再热：废锅产高压蒸汽 二级再热：Claus反应器出口过程气旁通Claus冷凝器	一级再热："气-气"换热 二级再热：尾气灼烧炉尾气	余热锅炉出口中压蒸汽加热过程气	过程气"气/气"换热
反应热利用程度	超级克劳斯冷凝器产生的低压蒸汽通过风冷后返回超级克劳斯冷凝器	设计充分利用，蒸汽引射器引射低低压蒸汽，余下蒸汽通过风冷后回收	同CBA	Linde恒温转化器产生的蒸汽通过空冷器形成冷凝水密闭循环利用	充分利用
反应器切换条件	反应器正常工作状态下不切换，超级克劳斯反应器发生故障时，可以旁通超级克劳斯段等同常规克劳斯装置	主反应器出口温度为主要控制点，同时可人工设置时间强制，切换前主反应器出口温度预冷至244℃切换至第三级冷床反应器	主反应器出口温度为主要控制点，时间为辅助控制点，切换前主反应器出口温度预冷至244℃切换至三级冷床反应器	空气量反应累积到一定值时，热态催化转化器预冷，冷态催化转化器预热。热态出口温度预冷到200℃时，催化转化器"冷、热"态切换	各级催化反应器以时间为切换条件，切换时热态反应器直接切换为冷态反应器，无预冷却过程
为保证主燃烧炉温度采取的措施	部分酸气分流至一级再热器混合段	酸气预热、空气预热及旁通燃烧器分流	因酸气H_2S浓度高未设计预热、分流等措施	酸气和空气预热，酸气旁通燃烧器和燃烧炉两种分流法	因酸气H_2S浓度高未设计预热、分流等措施
系统蒸汽压力等级	0.45MPa低压蒸汽和0.1MPa低低压蒸汽	3.3MPa中压蒸汽、0.42MPa低压蒸汽、0.1MPa低低压蒸汽	3.3MPa中压蒸汽、0.42MPa低压蒸汽、0.1MPa低低压蒸汽	6.7MP及4.7MPa中压蒸汽、0.4MPa低压蒸汽、0.1MPa低低压蒸汽	0.4MPa低压蒸汽
催化剂	一级反应器含钛基和铝基催化剂，二级和三级反应器含两种不同铝基催化剂，四级反应器为超级克劳斯催化剂	PorocelMaxcel 727	Porocel Maxcel SD—A	TiO_2催化剂及两种Al_2O_3催化剂	MAXCEL SD-A

从表2-5-5可以看出，除SuperClaus为稳态工艺外，其余均需切换运行，且各有以下特点。

（一）硫收率

MCRC两级低温克劳斯转化器依据时间自动切换，再生了的反应器未经冷却直接切换为冷态反应器，此时温度高，未达到低温反应的目的，需经一段时间后才能冷却至低温状态，该过程硫收率受到影响较大。Clinsulf-SDP装置在空气累积至规定值时热态反应器进行预冷,冷态反应器进行预热,当前者出口温度预冷达到200℃时,反应器进行“冷、热”态切换。虽然切换至“冷态”时转化器温度并未低到硫露点之下,但与MCRC相比,其收率受影响程度较低。CBA、CPS两种工艺设置了反应器的预冷,并且因有三级冷床反应器,再生完并预冷后的反应器切换为最后一级反应器,第二级冷床反应器温度仍处于硫露点之下,因而切换时硫黄收率波动最小。而SuperClaus工艺不需要切换,其硫黄收率稳定。

(二)过程气再热方式

SuperClaus采用燃料气再热,温度调节快速、灵活,但燃料气消耗较大,同时可能因再热炉配风不当造成催化剂积炭或硫酸盐化。Clinsulf-SDP、CBA采用中压蒸汽间接再热,不致对催化剂造成污染,装置自身热量充分利用,但调节温度受酸气负荷的影响较大,温度调节相对缓慢、不灵活,除硫时温升困难,同时换热设备需耐高温高压。MCRC采用高温掺合和气/气换热,不致对催化剂造成污染,但也存在温度调节相对缓慢、不灵活,且掺合阀和气/气换热器的材质要求高。CPS采用气/气换热和烟气再热,充分利用了烟气的余热,温度调节也较快速灵活,但由于反应器再生时过程气才通过再热器,其他时间壳程无介质通过,对设备影响大,材质要求也高。

(三)反应热的利用程度

CBA、CPS、MCRC工艺设计中均考虑了反应热的充分利用。SuperClaus和Clinsulf-SDP装置均使用空冷风机控制蒸汽温度,以达自循环的目的,故温度控制准确且方便,但热量损失较大,尤以Clinsulf-SDP装置为最。

(四)反应器切换

MCRC装置按反应时间进行切换,程序操作固定、简便,但仅适于酸气量及酸气浓度十分稳定的装置采用,一旦酸气量和酸气浓度波动较大,将影响硫回收率。CBA和CPS装置均以催化反应主反应器出口温度为主要控制点,一旦温度达不到要求时,将以时间为控制参数进行切换。Clinsulf-SDP装置在空气量累积到规定值时,热态反应器进行预冷,冷态反应器进行预热,当热态出口温度达到200℃时,催化反应器进行“冷、热”态切换。

(五)火焰燃烧稳定性

酸气质量决定火焰燃烧稳定性,在酸气质量相对较差的条件下一般均采用酸气和空气预热及酸气分流的方式。某些超级克劳斯装置分流的酸气进入一级再热器混合段,此方式可有效提高主燃烧炉火焰温度,确保燃烧稳定,但分流酸气中所含烃类进入催化剂床层,对催化剂存在一定威胁。CBA装置和Clinsulf-SDP装置通常采用酸气、空气预热,酸气旁通燃烧器方式进行分流,不仅对火焰稳定燃烧提供有效支持,同时经酸气旁通燃烧器在混合室能够尽可能地使酸气中的烃类进行反应,减少污染催化剂的可能性;但由于旁通燃烧器的酸气将吸收燃烧过后的过程气热量,燃烧稳定性的提高则稍差。Clinsulf-SDP装置通常设计兼容旁通燃烧器和燃烧炉两种模式。

(六)催化剂

SuperClaus和Clinsulf-SDP根据自身装置特点均采用多种催化剂,分别含有钛基、铝基催化剂,SuperClaus装置还设有AM系列漏氧保护催化剂和此工艺专用催化剂;多种催化剂可依反应阶段的不同有针对性地进行克劳斯反应及有机硫水解等反应。CBA、MCRC和CPS装置均根据自身装置特点采用单一低温克劳斯专用催化剂,但投资高。

（七）设备材质要求

CBA、CPS 和 Clinsulf-SDP 三种工艺因产生中压蒸汽，对设备的材质要求较高。特别是 Clinsulf-SDP 工艺，其蒸汽包压力达到 6.7MPa，并且在 0.1MPa 和 6.7MPa 间切换，对设备性能要求非常高，而内置的等温蒸汽盘管采用不锈钢材质，工作压力也在 0.1MPa 和 6.7MPa 间切换，对给水水质要求非常高。而 SuperClaus 工艺只产生 0.42MPa 低压蒸汽，对设备材质无特殊要求。

J(GJ)BE014 硫黄回收工艺选择原则

七、硫黄回收工艺选择原则

根据国内外克劳斯工艺的发展情况与积累的经验，可以提出选择硫黄回收若干原则如下。

（一）根据酸气 H_2S 浓度选择适当的硫黄回收工艺

（1）酸气 H_2S 不小于 50%时应采用直流克劳斯工艺。

（2）酸气 H_2S 浓度在 15%～30%时应采用分流克劳斯工艺（1/3 酸气入燃烧炉）。

（3）酸气 H_2S 浓度在 30%～50%时可采用非常规分流克劳斯工艺（酸气入燃烧炉量大于 1/3）。

（4）酸气 H_2S 浓度在 5%～15%时可采用直接氧化法或带有酸气、空气预热的分流克劳斯工艺，也可先采取酸气提浓后再采用常规克劳斯分流法工艺。

（5）酸气 H_2S 小于 5%时可采用直接氧化法（如 Selectox、Clinsulf-DO），在潜硫量不大时亦可采用直接转化法处理酸气。

（6）当有氧气可用时，应考虑使用富氧克劳斯工艺的可能性，此时直流及分流法处理的酸气 H_2S 浓度均可向下延伸。

（二）根据总硫回收率要求选择工艺

克劳斯工艺回收硫黄，应依据我国硫黄生产装置 SO_2 排放标准（GB 16297—1996）中 SO_2 排放量的要求确定是否需要尾气处理或其他类别处理装置，所选工艺应能长期、稳定达到所要求的硫回收率。

（1）要求总硫回收率不高于 94%时，可选用两级或三级催化转化的克劳斯工艺，可不安排尾气处理。

（2）要求总硫回收率在 94%～98%时宜选用克劳斯组合工艺。

（3）要求总硫回收率达到 98%～99.2%时，常规克劳斯工艺已无法达到要求，可选用克劳斯组合工艺或以较简单的尾气处理工艺与之衔接。

（4）要求总硫回收率在 99.2%～99.7%时需要采用较复杂的尾气处理工序。

（5）要求总硫回收率不小于 99.8%时，必须使用深度处理的尾气处理工艺。

（三）总硫回收率在 98%～99.2%的工艺选择

SuperClaus99、MCRC、Clinsulf-SDP、CBA 及 CPS 等几种克劳斯组合工艺以及 Sulfreen、Clauspol 1500 等“独立”的尾气处理工艺均可达到总硫收率 98%～99.2%的要求，且均有成熟的工业经验。

几种克劳斯组合工艺中，MCRC、Clinsulf-SDP 及 CBA 均存在切换操作，属于非稳态运行，在切换过程中存在总硫收率低于预期值的阶段；SuperClaus 99 是稳态运行，不存在上述问题。由于它们的工艺特点，SuperClaus 99 的投资费用也略低于其他几种工艺。事实上，SuperClaus 99 在国外也是发展最快，应用最多的克劳斯组合工艺。

根据上述情况，在要求总硫收率达到 98%～99.2%时，所示工艺均可采用，但 SuperClaus99 可列为首选工艺。

（四）总硫回收率不小于 99.8%的工艺选择

在总硫回收率要求达到或超过 99.8%时，必须使用独立的深度处理尾气的工艺。首先应选择国内外均有成熟经验且应用较多的还原吸收工艺，如 SCOT、BSR/Amine 等；当选吸工序所用溶液与前端天然气脱硫所用溶液相同时，可考虑采用串级流程以节约投资与能耗。

此外，加氢尾气中的 H_2S 采用选吸之外的其他方法（如直接氧化或直接转化）处理，如 BSR/Hi-Activity、BSR/Wet Oxidation 等也是成功的。

（五）总硫回收率在 99.2%～99.7%的工艺选择

总硫回收率在 99.2%～99.7%的工艺选择较复杂。一般而言，CBA、MCRC 及 Clauspol1500 等工艺均难以稳定达到 99.2%以上的总硫回收率。SuperClaus99 装置的总硫回收率大多也不高于 99.2%。中国渠县 SuperClaus99 装置及垫江 clinsulfSDP 装置的考核数据表明，它们的总硫回收率均达到 99.2%以上，两套装置的设计总硫回收率也均为 99.2%。

使总硫回收率超过 99.2%的关键是有效解决有机硫（COS、CS_2）问题。为此，不少工艺增设了加氢水解段，如 SuperClaus99.5、Hydrosulfreen 及 EURO Claus 等，将有机硫转化为 H_2S，从而使总硫达到 99.5%或更高。当然，如在克劳斯段能够有效控制与转化有机硫，也可省去加氢水解段。

Clauspol 300 则另辟蹊径，除在克劳斯段加强有机硫的控制和水解外，使用减少饱和循环回路溶剂量以降低尾气中的硫蒸气含量，使总硫回收率达到 99.5%左右。

为了稳妥可靠，当要求总硫回收率达到 99.5%左右时，宜优先考虑 SuperClaus99.5 或 EURO Claus 工艺。应当指出的是，由于流程中插入了加氢水解工序，故克劳斯段不必像 SuperClaus99 工艺那样在富 H_2S 条件下运行，而是控制过程气 $H_2S : SO_2 = 2 : 1$ 以减轻选择性氧化段的负荷。此外，Clauspol 300 及 Hydrosulfreen 等也是可以考虑的工艺。

（六）总硫回收率 95%～98%间的工艺选择

当要求总硫回收率达到 95%～98%时，实际回收率小于 97%，一般采用增加克劳斯催化转化级数的办法。然而，采用如 Suerclaus99 或其他克劳斯组合工艺较之三级或四级催化转化的克劳斯装置并不增加多少投资，而对保证总硫回收率更为有利。

八、硫黄回收催化剂种类和选择原则

J(GJ)BE015 硫黄回收催化剂种类和选择原则

（一）硫黄回收催化剂种类

硫黄回收催化剂种类主要有：常规克劳斯催化剂、低温克劳斯催化剂、漏氧保护催化剂、有机硫水解催化剂、选择性氧化催化剂和加氢还原催化剂等，其相关知识已在中级工理论知识中详细阐述。

（二）硫黄回收催化剂活性下降

（1）造成催化剂失活的原因很多，常用以下手段来判断催化剂失活。

① 装置硫回收率降低是最直接和明显反映催化剂活性下降的途径。

② 硫回收率降低且反应器床层压力降增加，意味着催化剂可能临时性失活。

③ 硫回收率降低且反应器床层压力降没有明显变化，意味着催化剂可能永久性失活。

④ 反应器进出口温差下降和反应器床层温差下降意味着催化剂可能永久性失活。

⑤ 一级反应器进出口过程气中 COS 体积分数变化不大，可认为一级水解催化剂失活。

（2）通过以下几点可将催化剂的失活控制在最低水平。

① 正确的设备设计。

② 优化硫黄回收单元的操作条件及停工程序。

③ 选择合适的催化剂及床层支撑填料。

④ 选择正确的催化剂再生程序。

如果在生产过程中装置总硫转化率，特别是有机硫水解率显著下降，床层温升下降或有温升下降趋势，床层压力降明显上升时，应考虑对催化剂进行再生操作。主要方法是针对因积硫和硫酸盐化中毒而引起的催化剂非永久性失活而采取的复活措施，一是热浸泡，一是硫酸盐还原。

催化剂失活后要及时更换，更换量取决于停工前温度分布、整体转化率，烟灰积垢，以及对催化剂的机械强度、颗粒尺寸和表面积等。如果催化剂的失活仅是由于催化剂顶层的熔化而造成的，那么一般除去及更换受损部分便足够。如果污染杂质和损耗延伸至床层更深处，那么必须过筛或更换所有的催化剂

（三）催化剂选择需要考虑的问题

（1）无尾气处理的硫黄回收单元。

① 对富 H_2S 进料，一般将活性氧化铝催化剂放于一级转化器上部 2/3 处，将助剂型活性氧化铝或氧化钛催化剂放在下部 1/3 处。二级 Claus 反应器中一般全装活性氧化铝催化剂。使用在线燃烧炉再热过程气时，在其顶层使用助剂型活性氧化铝催化剂作为除氧剂，以保护下游转化器中的催化剂床层。

② 对贫 H_2S 进料，在一级反应器中使用活性氧化铝和氧化钛催化剂的混合物，其比例取决于 H_2S 的浓度。在二级和三级反应器中，是使用活性氧化铝和氧化钛催化剂的混合物，还是只用活性氧化铝催化剂，视进料组成而定。

③ 使用亚露点反应器的装置，应选择具有最高大孔孔隙率的活性氧化铝催化剂。

④ 一般在所有 Claus 反应器中使用一层瓷球支撑催化剂床层。

（2）有尾气处理的硫黄回收单元。

对有尾气处理的硫黄回收单元（还原吸收尾气处理）。一级 Claus 反应器是混合装填，即顶部装填活性氧化铝，而底部填装助剂型活性氧化铝。二级反应器一般装填活性氧化铝。

在特殊情况下，在处理贫 H_2S 进料以及必须降低尾气处理负荷时，可在两级 Claus 转化器内都装填活性氧化铝和氧化钛混合催化剂。

尾气处理区的加氢反应器中使用的催化剂为 CoMo 催化剂，它们在最适宜的操作温度下运行，以使 COS、CS_2 完全水解，使 SO_2、硫雾还原成 H_2S。在大多数的应用中，加氢区出口处的残留 COS 和 CS_2 因含量太低，用分析检测方法不能检测出。

J(GJ)BE010 硫黄回收单元动态分析

九、硫黄回收单元动态分析

硫黄回收单元生产数据实时都在发生波动，作为岗位操作人员，除清楚装置设计工艺参数外，还要能够根据实际生产数据进行分析，调整参数，优化操作，在保证尾气达标排放的情况下做好装置节能降耗，同时还应从实时生产数据中发现问题，及时处理和汇报，确保装置安全、平稳、高效运行。硫黄回收单元动态数据分析步骤举例如下：

(1)编制装置关键参数运行记录表。

(2)收集、统计装置实时生产数据。

(3)绘制实时数据生产数据图表。

(4)找出图表中变化明显或与日常生产偏差较大的相关参数的。

(5)对变化较大的参数进行详细分析，找出引起参数变化的所有原因。

(6)根据以上原因，逐一排除，最后确定这些参数变化的最终原因。

(7)提出调整或处理措施并具体实施。

(8)观察调整后装置的运行情况，做好总结和记录。

例：超级克劳斯硫黄回收单元流程简图如图 2-5-27 所示，工艺参数见表 2-5-6。

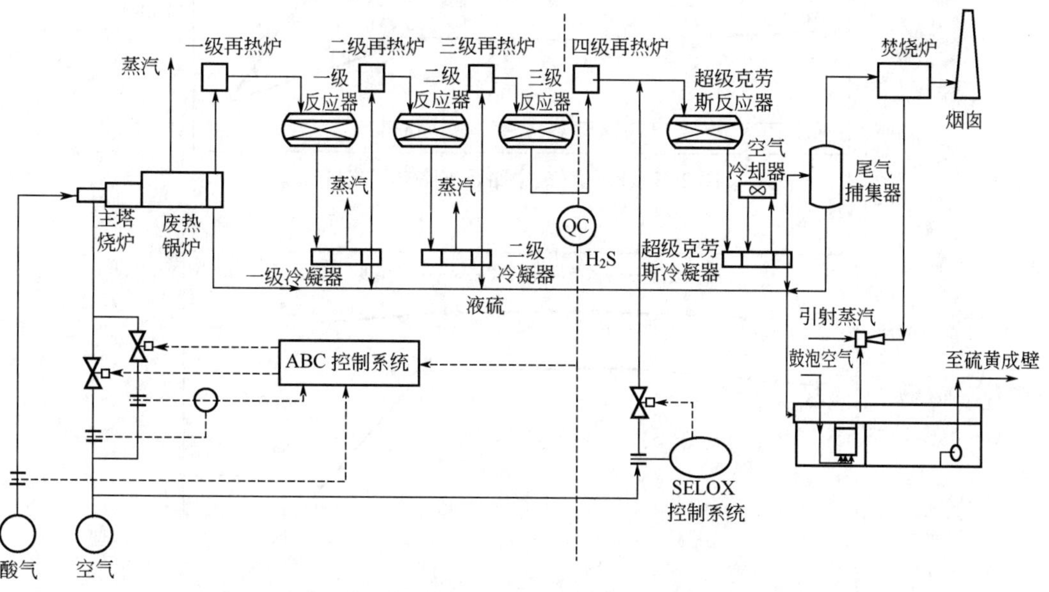

图 2-5-27　某超级克劳斯硫黄回收工艺流程

表 2-5-6　某超级克劳斯硫黄回收工艺参数

时间	酸气流量 kg/h	主路空气 kg/h	支路空气 kg/h	比值	系统回压 kPa	主炉温度 ℃	废锅压力 MPa	废锅液位 %	锅炉给水压力 MPa	废锅液位调节阀值 %	废锅蒸汽调节阀值 %	三级反应器出口 H_2S 浓度 %
9:00	2760	2180	830	1.02	45	1052	0.52	72	1.32	76	78	0.56
9:05	3110	2850	721	1.04	48	1067	0.54	68	1.12	95	89	0.78
9:10	3052	2900	735	1.06	47	1062	0.56	62	1.01	99	100	0.69

续表

时间	酸气流量 kg/h	主路空气 kg/h	支路空气 kg/h	比值	系统回压 kPa	主炉温度 ℃	废锅压力 MPa	废锅液位 %	锅炉给水压力 MPa	废锅液位调节阀值 %	废锅蒸汽调节阀值 %	三级反应器出口 H_2S 浓度 %
9:15	0	0	0	1.06	5	1025	0.52	68	1.29	87	65	0.45

参考答案：

1. 参数变化趋势图

参数变化趋势如图 2-5-28 至图 2-5-31 所示。

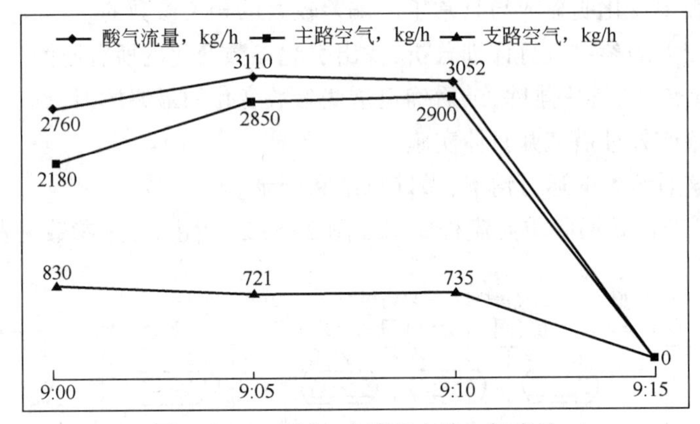

图 2-5-28　酸气、主路及支路空气流量

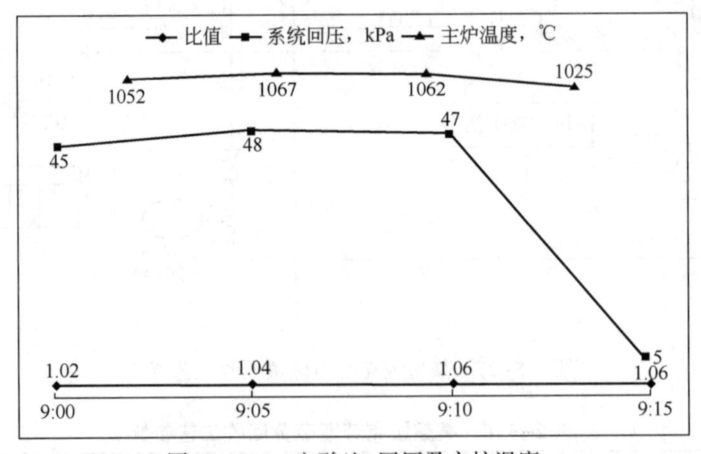

图 2-5-29　空酸比、回压及主炉温度

2. 异常情况判断、分析及处理

(1) 异常情况判断。

(9:00~9:15) 回收装置各参数呈现以下变化：

① 酸气及空气流量增大，9:10 开始下降，最终回收装置联锁。

② 空酸比进行微调，主炉温度及系统回压波动。

③ 锅炉给水压力先降低后增加，废锅蒸汽压力波动，废锅液位先降低，联锁后增加。

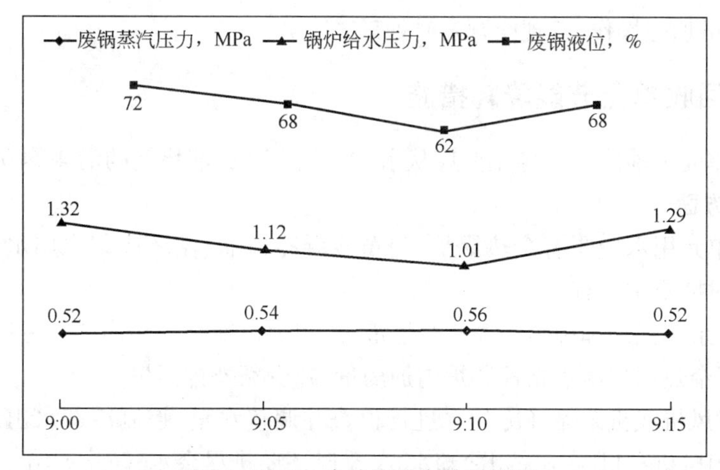

图 2-5-30　余热锅炉参数趋势图

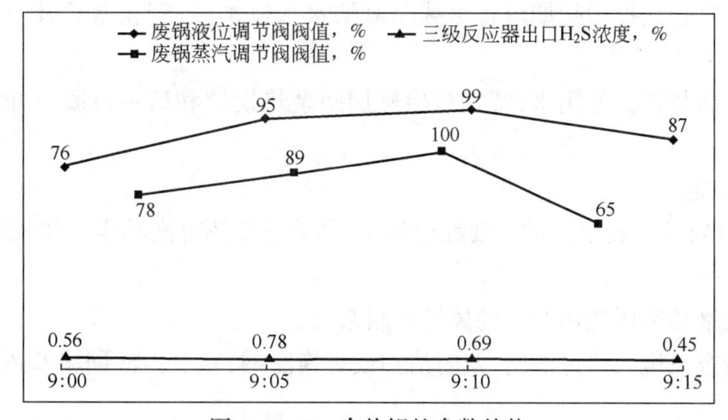

图 2-5-31　余热锅炉参数趋势

④ 废锅蒸汽、液位调节阀阀值开至最大,联锁后恢复阀位。

综合以上参数变化趋势可判断为酸气处理量增大,废锅产生大量蒸汽,然而上水不足导致废锅低液位,从而使回收装置联锁(9:10 至 9:15 液位下降明显,趋势图未表明下降至联锁值);另外在 9:10 至 9:15,蒸汽压力持续上涨至安全阀起跳,大量蒸汽带水放空,也是导致废锅液位偏低的原因之一。

(2)原因分析。

由参数变化情况,分析原因:

① 酸气处理量增大,余热锅炉产生大量蒸汽,在给水压力正常的情况下锅炉液位调节阀全开,蒸汽压力调节阀全开,仍然无法将蒸汽压力控制在正常范围内且上涨较快,最终导致余热锅炉安全阀起跳。

② 余热锅炉安全阀起跳后,致使大量蒸汽放空带水,造成本就不满足生产需要的废锅液位降至联锁值。

(3)解决措施及建议。

① 调整酸气量,若无法对酸气浓度和酸气量及时调整,需对酸气进行部分放空。

② 联系上游降低原料气量或 H_2S 含量。

③ 操作人员加强操作,发现问题及时处理。

J(GJ)BE011 硫黄回收单元节能降耗措施

十、硫黄回收单元节能降耗措施

硫黄回收单元节能降耗措施主要应从水、电、气、蒸汽、催化剂的消耗等方面考虑。

(一)用水方面

硫黄回收单元用水主要有余热锅炉、硫黄冷凝冷却器、循环冷却水用水以及凝结水回收等。应对措施主要有:

(1)控制好余热锅炉和硫黄冷凝冷却器液位,明确定期排污和连续排污频率和排污量。

(2)控制好余热锅炉给水指标和炉内加药量,减少额外排污量。

(3)定期对风机或机泵循环冷却水进行检查并调整水量,控制冷却水出水温度在40~50℃为宜。备用风机和机泵应关闭冷却水,冬季时还要排尽余水,防止冰堵。

(4)清洗场地时,应先机械清扫,必要时再用少量水冲洗。

(5)蒸汽保温管线投用初期应排尽残余凝结水和锈水,暖管正常后及时投用凝结水系统,减少凝结水外排。

(6)合理控制装置其他用水,特别是检修期间余热锅炉和硫黄冷凝冷却器试压时合理控制用水量。

(二)用电方面

风机用电是硫黄回收单元的主要耗电设备,部分装置还有凝结水冷却风机、凝结水泵和液硫泵等。

(1)根据风量和风压选用合适的风机控制系统。

(2)经常检查风机入口过滤网,及时清扫或更换滤网,减少因滤网堵塞风机入口造成用能增加。

(3)定期检查电伴热温控器,防止伴热温控器失灵。

(4)凝结水冷却风机尽量采用变频控制和远程启停控制,及时调整空冷器顶部挡板。

(5)凝结水泵和液硫泵应采用变频控制和远程启停控制。

(6)根据季节合理设置装置照明时间,降低电耗,装置尽量采用节能灯等。

(三)用气方面

主要是系统加热升温所需燃料气,日常生产中主要是尾气灼烧炉用气。

(1)合理控制尾气灼烧炉温度,避免不必要的燃料气消耗。

(2)及时调整尾气灼烧炉配风,确保其燃烧效果好。

(3)若过程气再热炉采用燃料气再热时,应合理控制其配风比值和出口过程气温度,并定期对炉管进行除垢,保证换热效果。

(4)加强主燃烧炉配风操作,尽量减少尾气 SO_2 排放量。

(5)平稳操作脱硫脱碳和硫黄回收单元,减少装置不必要的放空和泄压操作。

(6)调整好主燃烧炉、尾气灼烧炉和再热炉保护气用量。

(四)用蒸汽方面

主要是系统保温及其他跑、冒、滴、漏损失等。

(1)定期开展蒸汽保温管线检查,确保保温正常,同时及时更换损坏的疏水器,减少蒸汽消耗。

(2)投产期间余热锅炉和硫黄冷凝冷却器暖锅应在低液位进行,减少蒸汽用量。

(3)控制好液硫脱气设备和蒸汽引射器蒸汽用量。

(4)液硫脱气池采用蒸汽引射抽水时,抽吸完成后及时关闭。

(5)减少蒸汽系统的跑、冒、滴、漏损失。

(五)催化剂消耗

催化剂由于老化或操作原因,造成失活,导致催化剂损失。

(1)开停工时,严格按照操作规程作业。

(2)定期检查燃烧器火焰燃烧情况。

(3)定期检定空气计量仪表。

J(GJ)BE005 液硫质量异常原因分析及处理措施

项目二　分析及处理液硫质量异常

液硫质量应符合工业硫黄液体质量标准《工业硫黄　第2部分:液体产品》(GB/T 2449.2—2015)要求。

液硫质量异常的主要原因有:酸气中甲烷或重烃含量过高,主燃烧炉配风不当,积炭或生成焦油状物质;酸气中夹带胺液,积炭或生成焦油状物质;主燃烧炉温度过低,生成大量有机硫溶解在液硫中;装置投产时吹扫不彻底,造成液硫铁含量和灰分超标;催化剂粉化严重,造成液硫砷含量和灰分超标;燃烧炉、反应器、液硫池或脱气池耐火材料垮塌,造成液硫砷含量和灰分超标;液硫黄冷凝冷却器温度控制不当,液硫黏度大,H_2S溶解在液硫中形成的多元硫化物,造成液硫中有机硫含量高;液硫管线和液硫池保温蒸汽穿孔,液硫池脱气效果差,造成液硫水分含量和H_2S含量高。

一、准备工作

(1)设备:硫黄回收装置。

(2)材料及工具:笔1支、记录本1个、电脑1台、打印机台、对讲机1部、工具包1个。

(3)人员:净化操作工2人、净化分析工1人。

二、操作规程

(1)初期处置。

① 停止液硫产品外输(含输送液硫成型装置)。

② 检查液硫脱气装置,提高液硫脱气效果。

③ 查看酸气组分分析数据,要求上游提高酸气质量。

④ 调整主燃烧炉及再热炉配风,观察火焰燃烧情况。

⑤ 及时监控酸气分离器液位和排液操作。

⑥ 若液硫池(储罐)液位偏高,且液硫持续不合格,应及时将液硫输送至成型单元,并通知硫黄成型单元。

⑦ 控制合适的反应器和硫黄冷凝冷却器温度。

(2)数据收集。

① 编制液硫质量超标的相关数据统计表,选择合理的统计项目和时间节点。

② 按统计表设置项目和时间,收集并填写数据。

③ 统计表项目设置应包含以下内容:

A. 液硫色泽变化统计。

B. 液硫分析数据统计。

C. 酸气组分分析数据统计。

D. 酸气流量及分流比值统计。

E. 配风比值及空气流量统计。

F. 酸气分离器液位统计。

G. 系统回压、主燃烧炉温度、反应器床层温度统计。

H. 液硫池或液硫脱气池鼓泡空气流量、循环喷洒流量、引射蒸汽流量统计。

I. 液硫池或液硫脱气池负压情况、温度及液位、液硫及废气管线保温情况统计。

(3)数据分析。

① 根据液硫色泽、液硫分析数据分析判断液硫某项质量超标。

② 根据液硫池或液硫脱气池温度、液硫脱气引射蒸汽量、鼓泡空气量及循环喷洒量、液硫池负压维持状况分析是否液硫脱气效果差。

③ 根据酸气组分分析、酸气带液情况判断是否酸气质量下降引起液硫质量下降。

④ 根据主燃烧配风比值、温度控制、酸气分流比值判断是否配风不当或酸气分流比值不当引起液硫质量下降。

⑤ 根据反应器温度、系统回压、燃烧炉温度判断是否耐火衬里损坏、催化剂粉化等引起液硫质量下降。

⑥ 根据保温蒸汽用量、液硫池是否冒蒸汽等判断是否出现设备窜漏,蒸汽进入液硫系统引起液硫质量下降。

对以上数据进行分析时,应分别阐述现象和原因,然后再判定。

(4)原因判断及后续处理。

① 综合上述分析,判断液硫质量超标原因。

② 提出相应的处理措施和具体步骤。

A. 若是液硫脱气效果差,应增大脱气池鼓泡空气量和液硫循环喷洒量,调整蒸汽引射器引射效果,控制合适的液硫温度和液位,并保证液硫池维持负压状态。

B. 若是酸气质量下降,应要求上游调整酸气质量,提高酸气浓度,降低酸气中的烃和胺含量,同时增大酸气分离器分离效果和排液操作频率。

C. 若是配风不当、酸气分流不当或主燃烧炉温度控制不合理,应调整主燃烧炉配风和分流比值,维持合适的主燃烧炉温度,在保证主燃烧炉温度的情况下,尽量采用较低的分流比值。

D. 若是反应器超温催化剂粉化严重或积炭严重,应申请停工筛选催化剂。

E. 若是主燃烧炉、再热炉或其他耐火材料脱落严重,应申请停工修补耐火层,并清除脱落耐火材料。

F. 若是蒸汽窜入液硫系统,应及时查找蒸汽泄漏点并检修。

③ 具体措施中应指出处理后的变化趋势及注意事项。

(5)按要求填写作业过程记录。

(6)打扫场地卫生,整理工具用具。

(7)汇报作业完成情况。

三、技术要求

(1)液硫质量超标时,除分析数据显示异常外,有时液硫色泽也会发生明显变化,生产中应经常检查液硫色泽,提前发现液硫质量异常。

(2)液硫中 H_2S_x 溶解度随温度升高而增加,酸度超标时除脱气效果不好外,还有可能是液硫温度控制过高所致。

(3)液硫池或液硫脱气池正常情况下应维持微负压,当发现液硫池呈正压时,液硫脱气效果变差,应及时采取措施处理,否则容易造成液硫质量下降。

(4)若液硫夹套或冷凝器窜漏,大量蒸汽进入系统,或液硫引射废气管路堵塞也会造成液硫池出现正压。

(5)若装置投产过程中升温、降温过快,或超温,或进料气带液,容易造成燃烧炉或反应器耐火材料脱落,催化剂粉化等,影响液硫灰分指标。

(6)装置配风不当,积炭或生成焦油状物质会造成硫黄颜色变化。

四、注意事项

(1)调整液硫脱气效果时应注意防止液硫脱气池废气外溢造成人员 H_2S 中毒。

(2)调整酸气质量时应加大酸气分析频率和过程气组分变化监控,及时调整配风比。

(3)液硫质量出现超标时,应及时通知硫黄成型单元,防止不合格硫黄对外销售。

(4)调整酸气配风比值和分流比值时应注意主炉温度的变化。

(5)检查液硫蒸气夹套保温管线时,应注意分段进行,严禁所有液硫夹套保温蒸汽阀门同时关闭。

J(GJ)BE006 Super Claus反应器床层温度低原因分析及处理措施

项目三　分析及处理 SuperClaus 反应器床层温度异常

超级克劳斯反应器床层温度异常包括超级克劳斯反应器床层温度偏高、超级克劳斯反应器床层温度偏低、超级克劳斯反应器床层温升分布异常。

当超级反应器床层温度出现异常,若不及时处理,将会造成反应器衬里受损、催化剂活性下降、催化剂床层积硫、催化剂板结等影响硫黄回收单元收率等。

超级克劳斯反应器床层温度异常的主要原因有超级克劳斯反应器入口过程气温度变化、入口过程气流量或 H_2S 含量变化、入口过程气氧化空气量的变化、以及催化剂本身活性的下降等。

一、准备工作

(1)设备:硫黄回收单元。

(2)材料及工具：笔1支、记录本1个、电脑1台、打印机台、对讲机1部、工具包1个等。

(3)人员：净化操作工2人。

二、操作规程

(一)初期处置

(1)超级克劳斯反应器床层温度偏高的处置。

① 降低超级再热炉燃料气流量，适当降低超级克劳斯反应器入口过程气温度。

② 提高主燃烧炉配风，适当降低超级克劳斯反应器入口过程气中 H_2S 含量。

③ 降低酸气处理量，控制进入超级克劳斯反应器过程气流量。

④ 提高进入超级克劳斯反应器的空气量。

⑤ 监控超级克劳斯反应器床层温度，防止超温。

(2)超级克劳斯反应器床层温度偏低的处置。

① 提高超级再热炉燃料气流量，适当提高超级克劳斯反应器入口过程气温度。

② 降低主燃烧炉配风，适当提高超级克劳斯反应器入口过程气中 H_2S 含量。

③ 提高酸气处理量，控制进入超级克劳斯反应器过程气流量。

④ 降低进入超级克劳斯反应器的氧化空气量。

⑤ 监控超级克劳斯反应器床层温度，防止温度过低催化剂硫沉积。

(3)超级克劳斯反应器床层温升分布不均的处置。

① 调整超级再热炉燃料气流量，控制平稳超级克劳斯反应器入口过程气温度。

② 调整主燃烧炉配风，适当降低超级克劳斯反应器入口过程气中 H_2S 含量。

③ 调整酸气处理量，控制进入超级克劳斯反应器过程气流量。

④ 调整进入超级克劳反应器的氧化空气量。

⑤ 监控超级克劳斯反应器床层温度，关注尾气中 H_2S 含量变化。

(二)数据收集

(1)编制超级克劳斯反应器床层温度异常的数据统计表，选择合理的统计项目和时间节点。

(2)按统计表设置项目和时间，收集并填写数据。

(3)统计表项目设置应包含以下内容。

① 超级克劳斯反应器入口过程气温度统计。

② 超级克劳斯反应器入口过程气中 H_2S、SO_2 含量统计。

③ 尾气捕集器中 H_2S、SO_2 含量统计。

④ 酸气流量、酸气组分及装置负荷情况统计。

⑤ 超级克劳斯反应器床层温度统计。

⑥ 超级克劳斯反应器氧化空气比值及流量统计。

(三)数据分析

(1)根据超级反应器入口过程气温度变化分析判断是否为反应器入口过程气温度控制不合理引起超级反应器床层温度异常。

(2)根据超级反应器入口过程气中 H_2S、SO_2 含量和过程气流量变化分析判断是否主燃烧炉配风不合理,造成过程气中 H_2S 含量异常引起超级反应器床层温度异常。

(3)根据超级反应器进、出口过程气 H_2S、SO_2 含量变化和氧化空气比值分析判断是否催化剂活性下降引起超级反应器床层温度异常。

对以上数据进行分析时,应分别阐述现象和原因,然后再判定。

(四)原因判断及后续处理

(1)综合上述分析,判断超级克劳斯反应器床层温度异常的原因。

(2)提出相应的处理措施和具体步骤。

① 首先按照初期处理的步骤将超级反应器床层温度恢复到正常值。

② 根据判定的原因,调整超级反应器入口过程气温度或过程气中 H_2S、SO_2 含量。

③ 装置负荷过低或过高都会影响超级克劳斯反应器的温度,装置负荷过低时,应适当提高超级反应器入口过程气温度或过程气中 H_2S、SO_2 含量;装置负荷过高时,应适当降低超级反应器入口过程气温度或过程气中 H_2S、SO_2 含量。

④ 测试超级克劳斯反应器床层压降,判断是否反应器床层催化剂分布不均。若判断催化剂分布不均,旁路或停运超级反应器,检查或检修超级反应器过程气入口分布器,平整反应器催化剂床层。

⑤ 若判断为催化剂活性下降,应采取催化剂活性恢复操作,必要时更换催化剂。

(3)具体措施中应指出处理后的变化趋势及注意事项。

(五)其他操作

(1)按要求填写作业过程记录。

(2)打扫场地卫生,整理工具用具。

(3)汇报作业完成情况。

三、技术要求

(1)超级克劳斯反应器床层温度应控制在210~300℃,温度过低转化率偏低,温度过高催化剂容易老化失活,因此超级克劳斯反应入口温度通常控制在210℃。

(2)超级克劳斯反应器内发生的直接氧化反应是放热反应,过程气中 H_2S 含量每增加1%,其床层温度大约上升70℃,但与装置设计负荷和反应器尺寸有一定关系。为保证超级反应床层温度,实际操作中通常控制反应器进口过程气中 H_2S 含量在0.3%~0.7%。

(3)超级克劳斯反应器床层温度分布不一致或床层温升转移则说明催化剂床层分布不均或催化剂活性下降,应长期关注其温度变化规律,判定催化剂活性。

四、注意事项

(1)调整超级反应器过程气进口温度时应缓慢进行,防止反应器床层温度失控。

(2)调整超级反应器入口过程气中 H_2S、SO_2 含量时应谨慎操作,主炉配风只能进行微调操作,防止配风调整幅度过大造成超级反应器联锁。

(3)调整超级反应器入口过程气中 H_2S、SO_2 含量时,还应考虑装置的负荷变化(相对负荷),不能只考虑 H_2S、SO_2 含量。

(4)无论超级克劳斯反应器温度偏高或偏低,氧化空气比值均应控制在允许范围内。

J(GJ)BE007 CBA硫黄回收工艺程序阀切换异常原因分析及处理措施

项目四　分析及处理 CBA 硫黄回收工艺程序阀切换异常

CBA 硫黄回收工艺程序阀切换异常表现为反应器超过规定时间未能进行切换，同时 DCS 系统中切换时程序报警。若程序阀切换异常，将造成系统回压超高，严重时导致硫黄回收单元异常停工。

CBA 硫黄回收工艺程序阀切换异常的主要原因有：切换程序、模块或其他硬件故障；切换阀保温效果查，阀内硫黄沉积，杂质附着，导致转动不到位，且无到位回讯信号。

一、准备工作

(1)设备：硫黄回收单元。

(2)材料、工具：笔 1 支、记录本 1 个、F 扳手 300~800mm、对讲机 1 部等。

(3)人员：净化操作工 2 人。

二、操作规程

(一)检查确认

(1)使用块状硫黄检查切换阀保温效果。

(2)仪表专业在 DCS 工程师站中，查看程序运行情况。

(3)现场查看程序阀是否转动到位。

(二)处理措施

(1)将切换程序投入手动，调整切换流程。

(2)若保温异常，检查疏水阀运行情况，将凝结水就地排放。

(3)检查回讯信号是否传输正常。

(4)若程序阀故障，则申请停工检修或更换。

(5)按要求填写作业过程记录。

(6)打扫场地卫生，整理工具用具。

(7)汇报作业完成情况。

三、注意事项

(1)现场查看蒸汽管线及就地排凝结水时，防止高温烫伤。

(2)仪表专业检查 DCS 硬件设施或程序时，应避免造成其他设备或单元异常停运。

(3)定期检查硫黄回收单元疏水阀工作状态，及时更换存在故障的疏水阀。

J(GJ)BE008 CPS反应器温度异常原因分析及处理措施

项目五　分析及处理 CPS 反应器再生温度异常

CPS 反应器再生温度异常表现为反应器进、出口过程气温度偏高或偏低，影响硫黄回收率。

CPS 反应器再生温度异常的主要原因有：尾气焚烧炉烟道温度异常；再生气温度调节阀

开度不合适;过程气中 H_2S、SO_2 含量偏高;克劳斯冷凝器冷却效果差;再生气换热器穿孔,过程气泄漏;冷凝器或蒸汽夹套阀门、管线窜漏等。

一、准备工作

(1)设备:硫黄回收单元。

(2)材料、工具:笔 1 支、记录本 1 个、F 扳手 300~800mm、对讲机 1 部。

(3)人员:净化操作工 2 人。

二、操作规程

(一)检查确认

(1)查看尾气焚烧炉烟道温度。

(2)查看再生气温度调节阀开度及反应器进口温度。

(3)对过程气中 H_2S、SO_2 含量进行取样分析。

(4)查看冷凝器温度或蒸汽压力,进、出口过程气温度。

(5)排出其他操作原因后,逐一查找冷凝器、蒸汽夹套阀门、管道是否存在窜漏。

(二)处理措施

(1)适当调节尾气焚烧炉燃料气流量,确保再生气换热后达到工艺要求。

(2)适当调整再生气温度调节阀开度。

(3)依据过程气分析数据,加强主燃烧炉和常规克劳斯反应器操作。

(4)根据克劳斯冷凝器温度或蒸汽压力,对冷凝器排水、开入暖锅蒸汽或上水,改变其冷却效果。

(5)若冷凝器、蒸汽夹套阀门、管道不能及时检修时,应立即申请停工检修。

三、注意事项

(1)检查蒸汽管线、排水、开暖锅蒸汽时,防止高温烫伤。

(2)取样过程中,要佩戴好便携式 H_2S 报警仪及相关防护用品,并站在上风向,防止中毒。

J(GJ)BE009 Clinsulf-SDP反应器温度异常原因分析及处理措施

项目六　分析及处理 Clinsulf-SDP 反应器温度异常

SDP 反应器温度异常表现为“热态”反应器恒温段床层温度偏高、偏低、温升下降,“冷态”反应器恒温段温度偏低。若 SDP 反应器温度异常后,将使循环冷却水箱液位下降,系统回压升高。

造成 SDP 反应器温度异常的主要原因有:“热态”反应器绝热段负荷、温度变化;“热态”反应器催化剂活性下降;“热态”反应器恒温段循环冷却水系统蒸汽压力控制不当;“热态”反应器恒温段循环冷却水换热效率差;“热态”反应器恒温段循环冷却水盘管泄漏;“冷态”反应器绝热段负荷小、温度低;“冷态”反应器恒温段循环冷却水系统蒸汽压力控制过低;“冷态”反应器恒温段循环冷却水盘管泄漏;“冷态”反应器入口温度低;“冷态”反应器出口蒸汽保温效果差。

一、准备工作

(1)设备：硫黄回收单元。

(2)材料、工具：笔1支、记录本1个、F扳手300~800mm、对讲机1部等。

(3)人员：净化操作工2人。

二、操作规程

(一)检查确认

(1)查看"热态"反应器入口过程气、绝热段床层温度。

(2)查看循环冷却水系统蒸汽压力。

(3)查看"热态"反应器床层温差趋势。

(4)查看循环冷却水进出口温度。

(5)查看二级再热炉出口温度。

(6)使用块状硫黄，查看反应器出口温度。

(二)处理措施

(1)适当调整负荷或"热态"反应器入口温度，控制好"热态"反应器绝热段床层温度。

(2)适当调整循环冷却水系统蒸汽压力。

(3)若"热态"反应器绝热段床层无温升，则说明催化剂活性可能下降，应降低处理负荷，必要时停工更换催化剂。

(4)若"热态"反应器恒温段循环冷却水进出口温差存在逐渐缩小的趋势，则说明换热效率下降，应清洗换热盘管，并加强冷却水水质控制。

(5)提高二级再热炉蒸汽量，调整"冷态"反应器入口温度。

(6)逐一排出上述原因后，应考虑"热态"、"冷态"反应器恒温段循环冷却水盘管泄漏，应立即申请停工检修。

(7)根据"冷态"反应器出口蒸汽保温流程，检查疏水阀运行情况，将凝结水就地排放。

三、注意事项

(1)停工检修时，应对换热盘管实施除垢、清洗操作。

(2)定期检查硫黄回收单元疏水阀工作状态，及时对存在故障的疏水阀进行更换。

(3)检查保温及就地排放凝结水时，防止高温烫伤。

模块六 操作 SCOT 尾气处理单元

项目一 相关知识

J(GJ)BF001 SCOT尾气处理催化剂选型及管理

一、SCOT 尾气处理催化剂选型及管理

常用的尾气加氢催化剂大多是以高纯度活性氧化铝为载体的钴/钼浸渍型催化剂,是一种类似海绵的微孔材料。多孔性呈现出比较大的表面积,H_2 与 SO_2、CS_2、CO_2 和 S 蒸汽等气体一起进入到这些孔隙中,发生还原和水解反应生成 H_2S、CO_2 和水蒸气等。常见加氢催化剂组成及性能指标见表 2-6-1。

表 2-6-1 常见催化剂的组成及性能指标

生产者	壳牌公司		AXENS 公司	天然气研究院		齐鲁石化研究院	SudCHemic
型号	Shell 534	Shell234	TG 107	CT6-5	CT6-5B	LS-951	G41-P
活性组分	Co,Mo	Co,Mo	Co,Mo	Co,Mo	Co,Mo	Co,Mo	—
CoO,%	2.6	2.76	2.4	—	2.57	—	—
MoO_3,%	9.27	14.32	13.5	—	13.5	—	—
形状	球形	球形	球形	球形	球形	三叶草	条
直径 ϕ,mm	3~5	—	2~4	4~6	4~6	3×(10~15)	—
堆密度,kg/L	0.77	0.50	≥0.73	0.996	0.82	0.6~0.7	0.6
比表面,m^2/g	≥260	—	≥190	200	200	≥220	—
孔体积,cm^3/g	≥0.28	—	≥0.4	0.20	≥0.19	—	—
压碎强度,N/粒	≥147	—	30N/mm	≥68	≥120	—	—

(一)催化剂的选型

工业上使用的加氢催化剂活性组分为钴、钼的硫化物,载体为 $\gamma-Al_2O_3$,一般简写为 Co-Mo/Al_2O_3,其中钼按照 MoO_3 计算约占 8%~15%(质量分数)按照 CoO 计算约占 1%~5%(质量分数)。工业上采用浸渍法,将一定比例的钼酸铵和硝酸钴混合液分散在 $\gamma-Al_2O_3$ 载体上,经焙烧使钼盐和钴盐转化为 MoO_3 和 CoO,然后再经 H_2S 预硫化转化为相应的具有催化活性的硫化物。

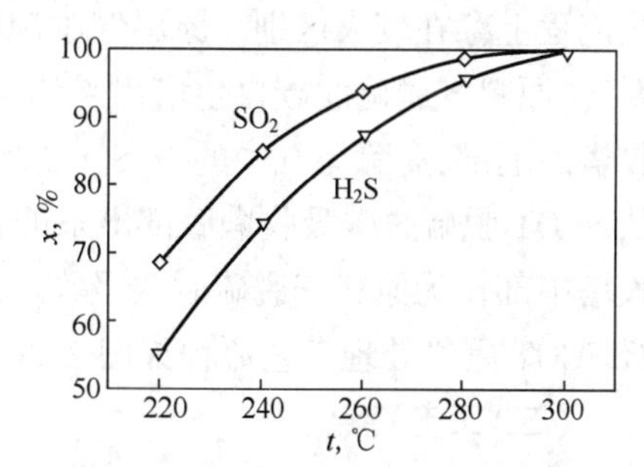

图 2-6-1 $x(SO_2)$ 和 $x(H_2S)$ 随温度变化情况

在还原性气体足够的情况下,SO_2 的转化率 $x(SO_2)$ 和 H_2S 的选择性 $x(H_2S)$ 如图 2-6-1 所示。

在标准 SCOT 尾气处理工艺中,加氢还原反应器

温度通常控制在280~300℃，否则钴/钼型催化剂不能充分发挥作用而导致净化废气总硫含量较高。因为尾气中的SO_2和单质硫在钴钼催化剂中与H_2发生还原反应是放热反应，所需要的温度相对较低，而尾气中的有机硫在钴钼催化剂中发生水解反应是微吸热反应，所需要的温度相对较高，故温度较低时，有机硫水解率较低，从而导致净化废气总硫含量较高。既要提高尾气中各种硫化物转化为H_2S的转化率，又要降低能耗，因此，需选择活性较高的新型加氢催化剂。

由于$\gamma-Al_2O_3$比表面积大、强度高、稳定性好且价格较低，与活性组分之间存在较强的相互作用，故工业上一直以$\gamma-Al_2O_3$为加氢催化剂的载体。又由于金属载体TiO_2间存在较强的相互作用，加上活性表面的酸性可调和“化学作用力”等效应，用$TiO_2-Al_2O_3$复合载体的钴钼催化剂具有活性高、低温活性好和抗中毒性强等特点，故很多公司正在研发或已经开发出一些新型低温催化剂。

SCOT尾气处理装置催化剂选型时主要考虑的性能参数有比表面积、压碎强度、堆积密度、耐磨性、总孔容、灼烧失重、反应温度及价格等。

（二）加氢催化剂的管理

（1）开停工管理。

① 首次开工时，需对SCOT加氢催化剂进行预硫化，确保催化剂的活性和使用寿命。

② 硫化钴在40℃时会发生氧化反应，90℃以上时，氧化加剧。因此，正常钝化停车后再次开产，需要对加氢催化剂进行预硫化，才能保证其较高的活性。

③ 正常停车钝化时，应根据反应器温度变化，控制好过程气的氧含量，防止氧含量过高，引起催化剂床层超温，造成加氢催化剂粉化，影响其活性。

（2）日常生产管理。

① 防止催化剂超温，避免催化剂热老化。

② 防止在线燃烧炉配风过低，避免催化剂积碳。

③ 防止在线燃烧炉配风过多，避免催化剂硫酸盐化。

J(GJ)BF002 串级SCOT尾气处理工艺原理及特点

二、串级SCOT尾气处理工艺原理及特点

（一）工艺原理

串级SCOT尾气处理工艺是标准SCOT尾气处理工艺的改进型。加氢还原段和吸收再生段的工艺原理与标准SCOT工艺完全相同，加氢还原段工艺流程不变，只是吸收再生段工艺流程上存在较大区别。原料气脱硫脱碳单元与尾气处理脱硫脱碳单元共用一套脱硫再生系统，原料气脱硫脱碳再生塔出来的贫液经加压后，经过流量调节阀进入SCOT脱硫脱碳吸收塔的上部，脱除尾气中的H_2S、CO_2，从吸收塔顶部排出的SCOT尾气灼烧后经烟囱排放，从SCOT脱硫脱碳吸收塔底部出来的富液，通过高压溶液循环泵返回至原料气脱硫脱碳吸收塔中部作为原料气脱硫脱碳吸收塔的半贫液，继续脱除原料天然气中的酸性气体组分，串级SCOT尾气处理工艺流程如图2-6-2所示。

（二）工艺特点

（1）串级SCOT尾气处理工艺的优点。

① 设备数量减少，占地面积减少，装置投资降低。

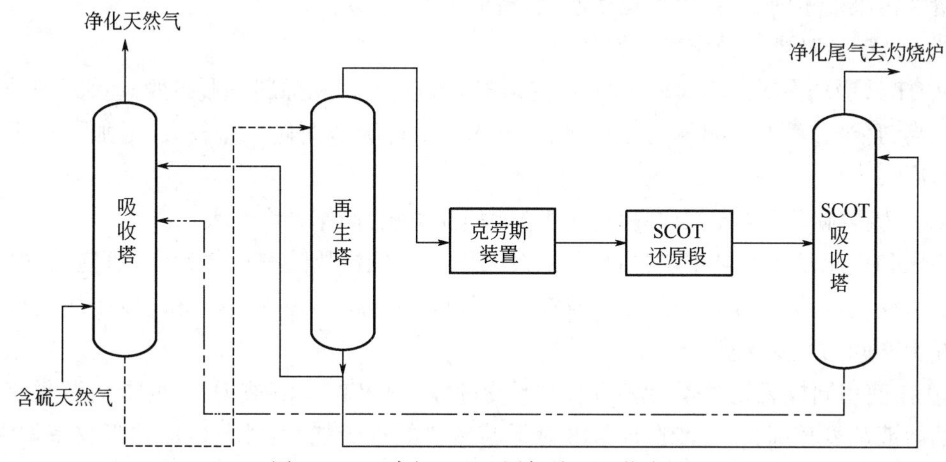

图 2-6-2 串级 SCOT 尾气处理工艺流程

该工艺不需要另外设置 SCOT 再生系统,减少 SCOT 再生塔、重沸器、贫液泵、贫富液换热器、贫液空冷器、贫液后冷器、酸气空冷器、酸气后冷器、酸水分离器、酸水回流泵等设备,该工艺设备投资费用大大降低。

② 低酸气负荷的 SCOT 富液(半贫液)得以再次利用,降低能耗。

经 SCOT 吸收塔底部出来的富液(半贫液)经增压后返回至原料气脱硫脱碳单元吸收塔中部,进一步吸收 H_2S 和 CO_2 等酸性组分,脱除原料天然气中的酸性气体,可以降低脱硫脱碳单元贫液循环量,降低能耗。

③ 减少溶液再生系统部分动静设备后,设备运行和检维修成本降低。

④ 装置现场操作及监控运行参数减少,降低了操作人员工作量。

⑤ 脱硫脱碳单元与 SCOT 脱硫脱碳系统共用一种溶液,若原料天然气中有机硫含量高,选择脱有机硫效果较好的溶液(如砜胺溶液),而硫黄回收单元尾气中有机硫含量较高,则可以优先选择低温型的加氢催化剂,正好让该溶液吸收没有被反应器水解的 SCOT 过程气中的有机硫,既可以降低装置废气总硫排放,还可以节约在线燃烧炉的燃料气耗量。

⑥ 在使用相同脱硫脱碳溶液的条件下,以使用 MDEA 水溶液为例,要求上游脱硫脱碳装置的溶液浓度和贫液质量较高,通常上游装置溶液浓度在 40%(质量分数)以上,此类贫液用于下游装置,脱硫脱碳效果更好,装置废气总硫排放更低,尾气处理操作弹性更大,更能抵抗装置不平稳操作的风险。

(2)串级 SCOT 尾气处理工艺的缺点。

① 上游与下游脱硫脱碳装置必须使用同一种溶剂,需考虑该溶液的选吸性能。近年来大多配方型脱硫脱碳溶剂,一般上游装置要求在较高的硫负荷下选吸,可采用混合胺配方;而下游装置对 H_2S 净化度要求不高,且在低硫负荷下选吸,常用选吸型配方,这两种溶剂配方不同,不能混合。

② 脱硫脱碳溶液变质风险增加。由于 SCOT 尾气处理装置操作不当,例如加氢还原段 H_2 含量不够或脱硫脱碳单元、硫黄回收单元操作波动时造成 SO_2 穿透,导致脱硫脱碳单元和 SCOT 脱硫脱碳单元整个溶液污染变质、设备及管线腐蚀,影响原料天然气的脱硫脱碳效

果。溶液污染严重时，只能停产更换溶液，造成生产成本增大。

③ SCOT 选吸塔的操作难度加大。

SCOT 选吸塔及 SCOT 加氢还原部分操作压力较低，而从原料气脱硫脱碳单元来的贫液压力较高，且半贫液泵出口压力也较高，造成 SCOT 选吸塔两侧压差较大，增加了选吸塔的操作难度。

④ 脱硫脱碳单元和 SCOT 尾气处理单元相互影响，操作难度增大。

高压和低压设备直接相连，当半贫液泵因供电或机械故障突然停运时，可能造成 SCOT 吸收塔满液、脱硫高压泵过载超压以及窜压等风险，造成脱硫脱碳单元和 SCOT 尾气处理单元相互影响间的风险增大。

⑤ 在使用同样脱硫脱碳溶液的条件下，以使用 MDEA 水溶液为例，要求上游脱硫脱碳装置的溶液浓度较高，有可能造成溶液对下游装置的选吸能力下降，CO_2 共吸收率增大，加重了溶液再生能耗。

（三）串级 SCOT 工艺选吸溶液的选择

综合考虑原料天然气的 H_2S 和有机硫含量来选择串级 SCOT 工艺的选吸溶液。Sulfinol 溶液吸收有机硫能力强，MDEA 对 H_2S 和 CO_2 的选吸能力优于 DIPA，因此 SCOT 选吸工序通常采用 MDEA 作为此段的选吸溶剂。

表 2-6-2 数据表明，MDEA 显著优于 DIPA，而 Sulfinol-M 则在二者之间，说明在 SCOT 选吸工况下，环丁砜进入 MDEA 溶液对其选吸能力产生了不利影响。

表 2-6-2　三种选吸溶液在选吸工况下 CO_2 的共吸收率（η_c）

溶液	DIPA	MDEA	Sulfinol-M
η_c，%	20	10	15

J(GJ)BF003 联合再生SCOT尾气处理工艺特点

三、联合再生 SCOT 尾气处理工艺特点

（一）工艺原理

联合再生 SCOT 尾气处理工艺也是标准 SCOT 尾气处理工艺的改进型，加氢还原段工艺流程完全相同，只是在吸收再生段流程上有较大区别。原料气脱硫脱碳与 SCOT 尾气脱硫脱碳共用一套溶液再生系统，共用一种脱硫脱碳溶液。原料气脱硫脱碳再生塔出来的贫液经过再生塔底泵后，一股贫液进入原料气脱硫脱碳吸收塔脱除原料气中的酸性气体，另一股进入 SCOT 吸收塔脱除过程气中的酸性气体，从吸收塔顶部排出的 SCOT 尾气灼烧后经烟囱排放，从 SCOT 吸收塔底部出来的富液，通过 SCOT 富液泵输送至脱硫脱碳闪蒸罐出口富液管线，混合后进入脱硫脱碳装置贫富液换热器，换热后再进入再生塔，如图 2-6-3 所示。

（二）工艺特点

该工艺与串级 SCOT 尾气处理工艺相似，但也存在不同之处。

（1）两种不同温度的富液在进入贫富液换热器前混合，相互间的流量波动，对再生塔顶温度影响较大。因此，该工艺对再生塔顶温度影响比串级 SCOT 尾气处理工艺要大。

（2）SCOT 吸收塔底部出来的富液直接进入再生塔，造成溶液循环量增大，相比于串级 SCOT 尾气处理工艺，再生系统的能耗会更大。

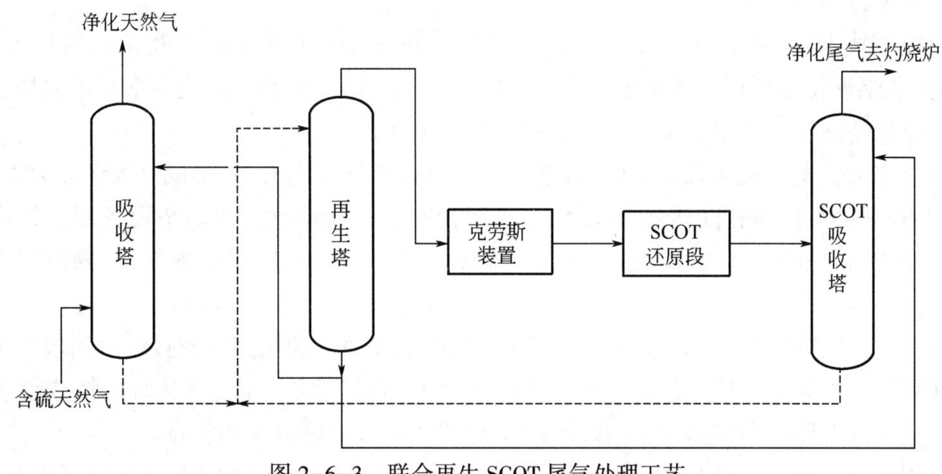

图 2-6-3 联合再生 SCOT 尾气处理工艺

(3)相对串级 SCOT 尾气处理工艺,脱硫脱碳单元与尾气处理单元相互间的影响更大,特别是对再生塔的操作难度增加。

(4)高低压设备相连的流程比串级 SCOT 尾气处理工艺相对独立,窜压或泵抽空的风险相对较小。

四、其他尾气处理工艺

(一)还原-吸收尾气处理工艺

1. Super-SCOT

Super-SCOT 是 SCOT 改进型工艺,该工艺将选吸溶液分两段再生,且贫液温度较低,可使硫黄回收单元与尾气处理单元的总硫回收率达到 99.95%,净化尾气中 H_2S 含量降至 15mg/m^3 或者总硫含量小于 50ppm(体积分数)。与标准 SCOT 尾气处理工艺相比,再生系统蒸汽消耗量下降 30%。

图 2-6-4 为 Super-SCOT 两段再生工艺流程,此图中半贫液用泵输送至选吸塔中部进行酸性气体脱除,进一步再生所得超贫液则用泵输送至选吸塔顶部提高净化度,既改善了尾气净化度,又降低了蒸汽耗量,但装置需增加一套半贫液冷却循环系统。图 2-6-5 则显示了贫液温度降低对 H_2S 净化度的影响程度。

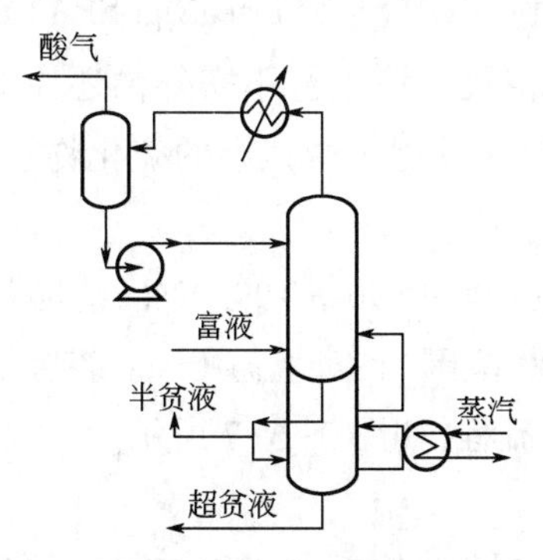

图 2-6-4 Super-SCOT 两段再生工艺流程

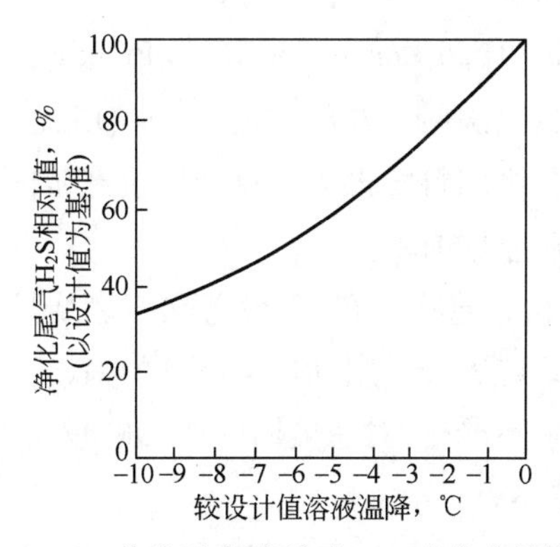

图 2-6-5 贫液温度降低对 H_2S 净化度的影响

2. 超重力 SCOT

超重力技术(High Gravity Technology)工艺是将 SCOT 工艺吸收塔改换成超重力反应器,其基本原理就是利用旋转形成一种稳定的、可调节的离心力场,以代替常规重力场,利用离心力强化传递与微观混合实现高效多相反应与分离。

在反应器中安装旋转设备,通过高速旋转填料床层产生离心力,形成巨大切应力以克服液体的表面张力,使得相间接触面积增大,进而相间传质速率比传统的塔设备明显提高,微观混合和传质过程得到极大强化,液体形成微米至纳米级的膜或微小颗粒,接触面积更大。相间的传质速率比传统的塔式设备更快,传质过程得到加强。将其运用于硫黄回收单元尾气处理工艺,能够大大提高胺液与酸性组分间的传质效率。利用其气液接触时间段及 H_2S、CO_2 和胺液的不同反应速率的特点达到选择吸收 H_2S 的目的。相比于传统的塔式设备,超重力反应器具有脱硫脱碳效果好、投资小、不易堵塞和检维修方便的特点。

应用超重力尾气处理技术,净化后尾气中 H_2S 含量仅为标准 SCOT 尾气处理工艺的三分之一,提高了 H_2S 的脱除率,同时大幅度降低了 CO_2 共吸率。

图 2-6-6 为超重力尾气处理工艺流程,将配制好的吸收液放入储液罐中,经计量泵,保持一定流速进入旋转床内腔,并与克劳斯尾气酸性组分在旋转床内逆流接触反应,反应后的液体从旋转床底部排出,进入稳液罐,然后依次进入闪蒸、过滤以及换热设备,最后进入再生系统,再生后贫液重新回储液罐使用,净化后的气体从旋转床顶部排出进入尾气灼烧炉。

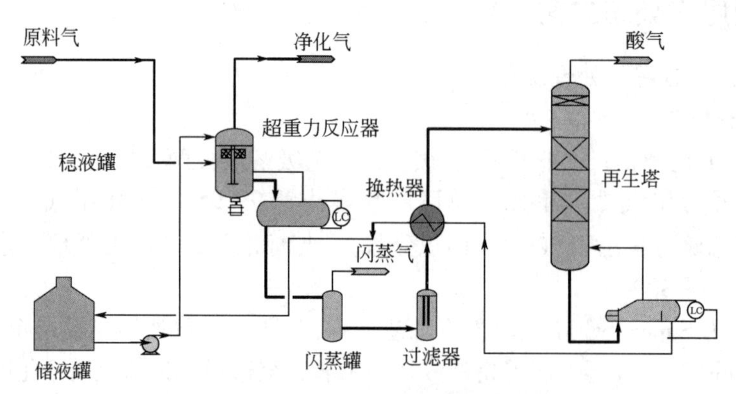

图 2-6-6　超重力尾气处理工艺流程

3. HCR

HCR(High Convention Ratio Process)工艺是意大利 Nigi 公司(SiirtecNigi SPA)开发的一种还原吸收法尾气处理工艺,与 SCOT 尾气处理工艺相近。该工艺不需外供还原 H_2,主燃烧炉和各级燃料气再热炉克劳斯段产生的 H_2 足以使 Claus 尾气中残余的硫化物在 HCR 反应器中还原成 H_2S。

HCR 工艺特点有:不设置在线燃烧炉;硫回收率达到 99.90%~99.99%;能够与现有胺液再生系统组合应用;Claus 尾气中 H_2S/SO_2 在 4~100 范围内,对上游 Claus 装置 H_2S/SO_2 比例要求不严格,对总硫回收率影响较小。HCR 工艺流程,如图 2-6-7 所示。

4. SSR

SSR(Sinopec SulpHur Recovery Process)工艺是由山东三维石化工程有限公司开发的一

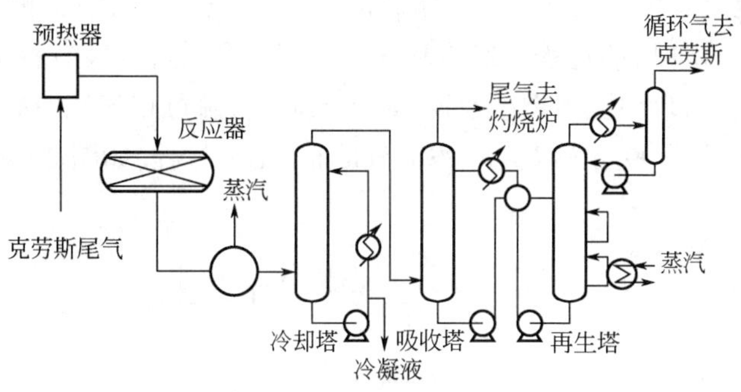

图 2-6-7　HCR 工艺流程

种还原吸收法尾气处理工艺，与 SCOT 尾气处理工艺相近。与常规 Claus+SCOT 工艺相比，Claus 制硫部分仍采用高温热反应和两级催化反应生成硫黄，改用烟气余热加热一级硫黄冷凝冷却器出口的过程气，使之达到一级催化反应器入口温度。利用一级催化反应器出口的过程气与二级硫黄冷凝冷却器出口过程气换热，使之达到二级催化反应器入口温度。尾气处理部分取消了常规 Claus+SCOT 工艺流程中的在线加热炉及其配套的鼓风机等设备，改用克劳斯尾气与 H_2 直接混合并利用烟气余热加热混合物，使之达到加氢反应温度。加氢后的过程气经蒸汽发生器降温后，依次经过水洗、胺液吸收，将溶剂再生脱除的酸气返回 Claus 制硫部分做原料。吸收塔顶部出来的尾气经烟气预热器加热升温后进灼烧炉灼烧，烟气经烟囱排入大气。SSR 工艺流程，如图 2-6-8 所示。

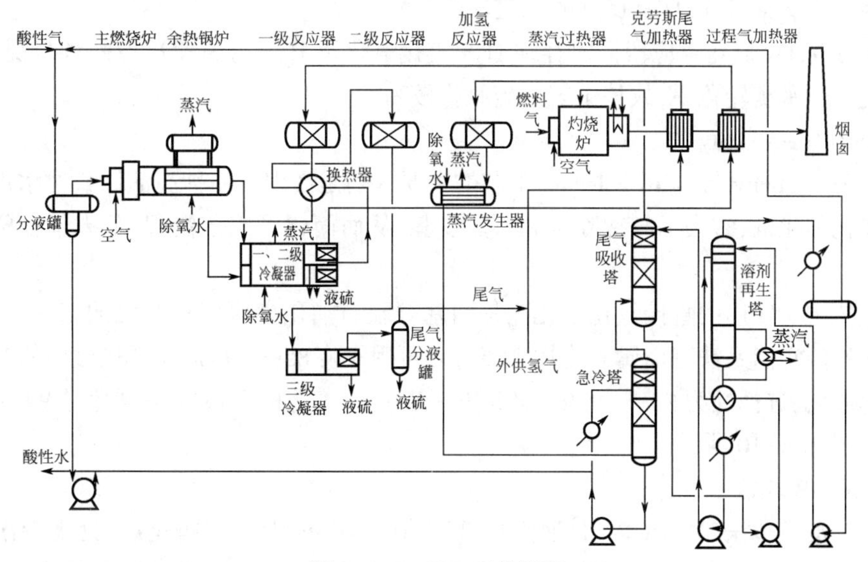

图 2-6-8　SSR 工艺流程

（二）还原—直接氧化工艺

1. BSR/Selectox 工艺

BSR/Selectox 工艺主要由尾气加氢还原和催化氧化制硫两部分组成。加氢还原原理和设备均类似于 SCOT 加氢还原部分，克劳斯尾气进入还原发生器并与还原发生器中按次化学当量燃烧产生的高温焰气混合，达到加氢反应器所需的温度进入加氢还原反应器，将过程

气中的 SO_2、单质硫及有机硫全部还原或水解成 H_2S。过程气进入冷却器回收热量后，再经过尾气冷却冷凝塔，冷却后的过程气经再热并与空气混合后进入装有特殊催化剂的 Selectox 反应器中，同时发生直接氧化和催化反应生成单质硫，含硫过程气经冷凝冷却器分离液硫后灼烧放空，总硫收率达到 99.8%以上。BSR/Selectox 工艺流程，如图 2-6-9 所示。

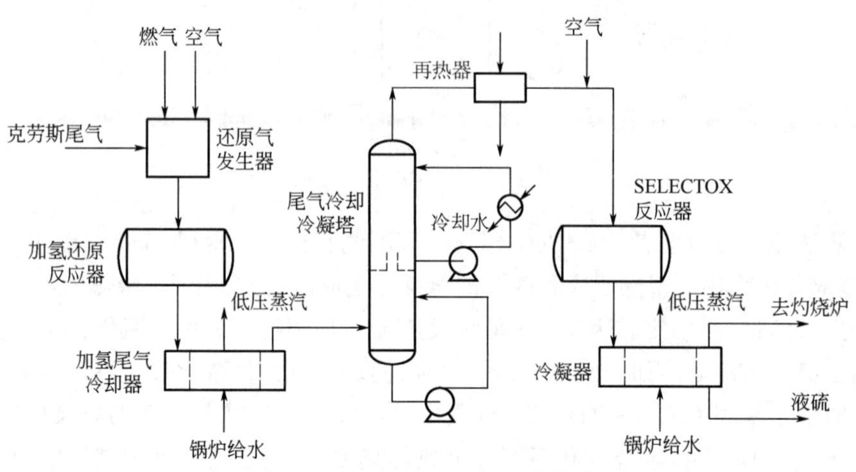

图 2-6-9　BSR/Selectox 工艺流程

Selectox 催化剂为 Selectox-32 或 Selectox-33，是在 $SiO_2-Al_2O_3$ 载体上约含有 7%（质量分数）V_2O_5 及 BiO_2，可将 H_2S 直接氧化和催化转化为单质硫或 SO_2，但不产生 SO_3，也不会氧化烃类、H_2 及氨组分，具有良好的稳定性。

由于 Selectox 氧化反应段同时存在 H_2S 直接氧化及 H_2S 与 SO_2 反应两种情况，其转化率高于克劳斯平衡转化率，故该工艺总硫收率较高。

2. BSR/Hi-Activity 工艺

BSR/H-Activity 与 BSR/Selectox 工艺的主要区别是使用了一种高活性且对水汽不敏感的直接氧化催化剂，省去了急冷除水和再热步骤，从而简化了工艺流程，节省了投资和操作费用。

此工艺中所使用的直接氧化催化剂是阿塞拜疆石油化学研究所开发的 KS-1 至 KS-5 共 5 个牌号。它们是铁基金属氧化物，无载体，可用氧将 85%~95%（体积分数）的 H_2S 直接氧化为单质硫，选择性为 93%~97%，HSR/Hi-Activity 工艺的总硫收率可超过 99.9%，其工艺流程如图 2-6-10 所示。

3. MODOP 工艺

第一套莫道普法（MODOP）工业装置建于德国 NEAG 天然气净化厂，处理上游三套两级转化克劳斯装置的尾气，三套装置的总硫产量为 1100t/d。该法的工艺流程，如图 2-6-11 所示。从图上可以看出，此法的工艺过程基本上和还原式 Selectox 相同，只是所用的选择性氧化催化剂牌号不同。

（三）氧化类工艺

氧化类尾气处理是先将尾气中的含硫化合物全部氧化为 SO_2，再通过不同途径处理 SO_2 的工艺。

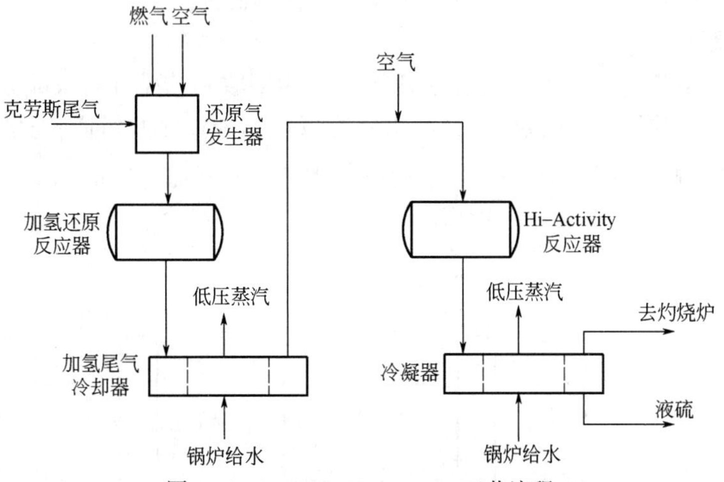

图 2-6-10　BSR/Hi-Activity 工艺流程

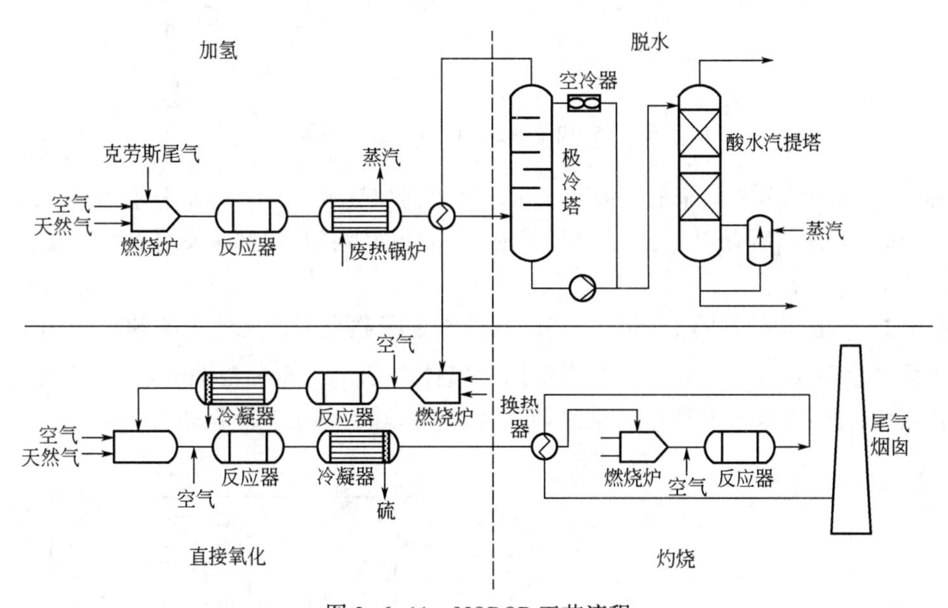

图 2-6-11　MODOP 工艺流程

1. 威尔曼—洛德法(wellmann-lord)

(1)工艺原理。

威尔曼-洛德法(wellmann-lord)尾气处理工艺采用亚硫酸钠溶液作为吸收剂,吸收 SO_2 生成亚硫酸氢钠。

$$SO_2+Na_2SO_3+H_2O \longrightarrow 2NaHSO_3$$

吸收 SO_2 后的 $NaHSO_3$ 富液在蒸发结晶器中加热至 105℃时发生分解,使吸收液再生,Na_2SO_3 贫液循环使用。若尾气中含有 SO_3 或 O_2 时,将发生一些副反应。

$$2Na_2SO_3+SO_3 \longrightarrow Na_2SO_4+Na_2S_2O_5$$

$$Na_2SO_3+\frac{1}{2}O_2 \longrightarrow Na_2SO_4$$

为防止副反应发生，一般在溶液中加蒽醌等作为抑制剂。

（2）工艺流程。

wellmann-lord 工艺流程主要包括冷却吸收、再生回收和结晶分离三部分。克劳斯装置尾气经灼烧后由余热锅炉回收热量，经喷水骤冷后进入 SO_2 吸收塔底，与塔顶喷入的亚硫酸钠贫液逆流接触脱除其中的 SO_2，处理后尾气中 SO_2 不超过 100ml/m^3，可经烟囱直接排入大气。其工艺流程，如图 2-6-12 所示。

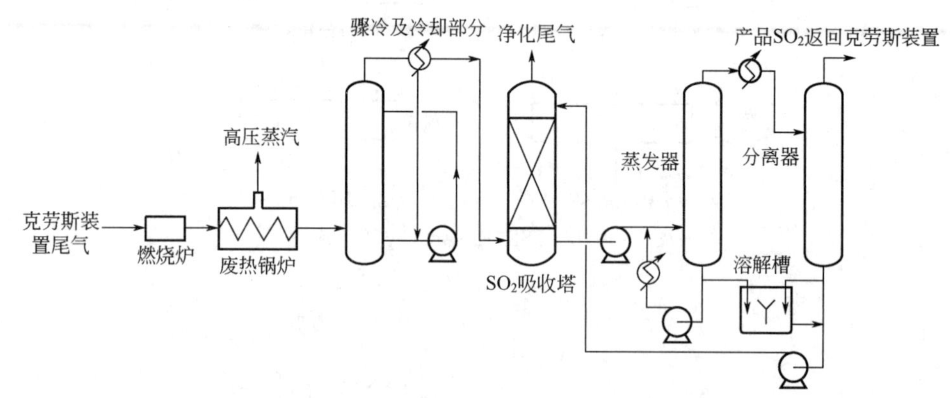

图 2-6-12 wellmann-lord 工艺流程

Na_2SO_3 富液和分离出来的母液一起送入蒸发器加热至 105℃，富液分解出 SO_2，并同时析出 Na_2SO_3 晶体。后者用离心机分出，母液即 $NaHSO_3$ 溶液，送回蒸发器重新蒸发。

2. Clintox 工艺

德国 Linde 公司开发的 Clintox 工艺以物理溶剂吸收克劳斯尾气中的 SO_2，净化尾气中的 SO_2 可降至 1mg/m^3；溶剂可再生，再生出的气体含 SO_2 约 80%（体积分数），其余为 CO_2 等组分，返回克劳斯装置处理，总硫收率可达 99.9%以上，其工艺流程如图 2-6-13 所示。

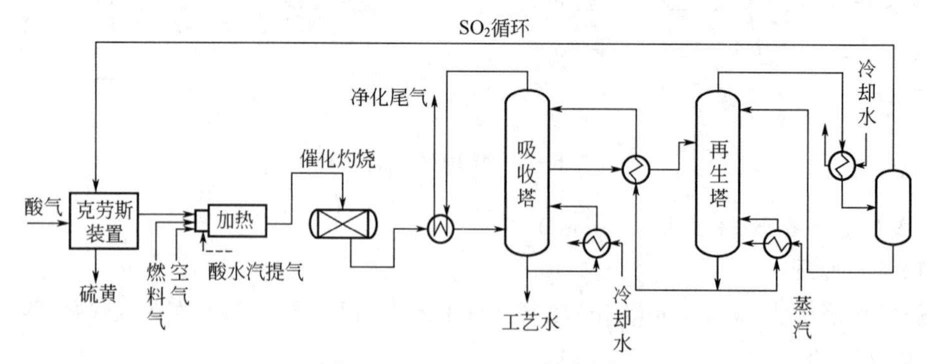

图 2-6-13 Clintox 工艺流程

3. Cansolv 工艺

美国 BV 公司开发的 Cansolv 工艺在尾气灼烧时使所有形态的硫转化为 SO_2，以独特的双胺吸收剂吸收 SO_2，再生出的 SO_2 返回克劳斯装置处理。其典型工艺流程如图 2-6-14 所示。

该工艺于 2011 年工业应用，处理 Claus 硫黄回收单元尾气，与 SCOT 尾气处理工艺比

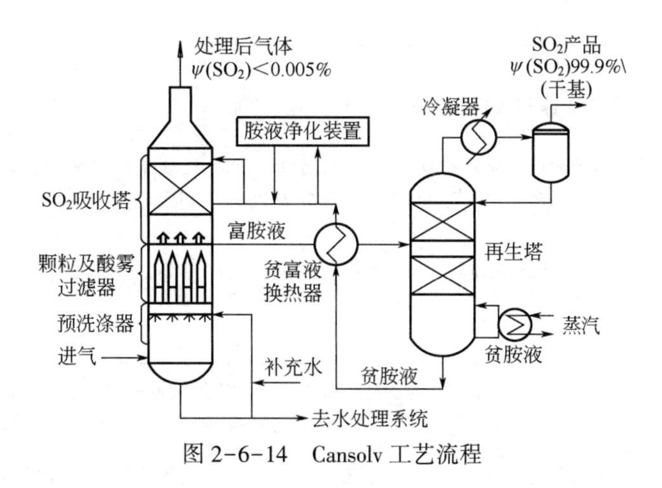

图 2-6-14　Cansolv 工艺流程

较,其主要区别在于:

(1)工艺流程不同。SCOT 尾气处理工艺中过程气依次通过加氢还原、急冷、吸收再生、焚烧等部分;而 Cansolv 工艺没有加氢还原部分,Claus 硫黄回收部分的尾气直接至焚烧炉,使其中的含硫化合物全部焚烧为 SO_2,气体经冷却后进入吸收再生部分。吸收剂采用双胺溶剂,可优先吸收和再生 SO_2,并具有较高的选择性。但由于双胺中的一种胺碱性非常强,不能进行热再生,故只能通过电渗析法从溶剂中除去。

(2)Cansolv 工艺净化度较高,尾气中 SO_2 含量可小于 10μg/g。

(3)Cansolv 工艺不需要设置在线加热炉和加氢还原反应器,一次性投资比 SCOT 尾气处理工艺节约 30%以上,但双胺溶剂价格比 MDEA 溶剂贵约 50%。

(4)Cansolv 工艺不需严格控制 H_2S/SO_2 比例,简化了操作和生产。

(5)Cansolv 工艺利于装置扩容,因循环至酸性气燃烧炉前的 1mol 的 SO_2 可替代 5mol 的空气,降低了过程气中的惰性气量,可增加装置处理能力 170%~200%。

(6)Cansolv 工艺不仅可用于 Claus 硫回收装置尾气处理,还可用于催化裂化装置再生器烟气和锅炉烟气的脱硫等。

(四)主要尾气处理工艺比较

主要尾气处理主要工艺特点比较,见表 2-6-3。

表 2-6-3　主要尾气处理工艺比较

工艺方法		主要特点
还原类工艺	标准 SCOT	工艺成熟、运转可靠,故障率低于 1%,操作弹性大,抗干扰能力强;进料气组成稍有变化,对装置总硫回收率无影响,总硫回收率 99.8%~99.9%
	串级 SCOT	SCOT 装置富液与气体胺法脱硫脱碳装置共用一个再生塔,降低了能耗、节省了投资
	联合再生 SCOT	原料气脱硫脱碳与尾气脱硫脱碳共用一套溶液再生系统,自脱硫脱碳吸收塔底部出来的富液与 SCOT 吸收塔底部出来的富液一起进入再生系统,使溶液得到再生
	Super-SCOT	采用分段二次吸收的方法,二段汽提,贫液温度较低,节省约 30%用于再生蒸汽的消耗,总硫回收率达 99.95%
	超重力 SCOT	利用超重力反应器取代选吸塔,具有脱硫脱碳效果好、投资小、不易堵塞和检维修方便的特点

续表

工艺方法		主要特点
还原类工艺	HCR	用 Claus 尾气自身中的 H_2 作 HCR 还原吸收 H_2 源，总硫回收率达 99.9%
	SSR	取消常规 Claus+SCOT 工艺中的在线加热炉及配套鼓风机等设备，改用克劳斯尾气与 H_2 直接混合利用烟气余热加热混合物，达到加氢反应温度
还原直接氧化工艺	BSR/Seletox 法	加氢还原后的尾气经余热锅炉回收热量后，在接触急冷塔中进一步冷却，将过程气中的水分冷凝下来。冷却后的过程气经再热并与空气混合后进入装有 Seletox 催化剂的反应器催化氧化制硫，总硫回收率达 99.9%
	BSR/Hi-Activity	与 BSR/Selectox 工艺的主要区别是由于使用了一种高活性且对水汽不敏感的直接氧化催化剂，省去了急冷除水和再热步骤，简化了流程
	MODOP 法	此法工艺过程基本上和还原式 Seletox 法相同，只是所用的选择性氧化催化剂牌号不同，总硫回收率达 99.7%
氧化类工艺	wellmann-lord	尾气中的含硫化合物全部氧化为 SO_2，然后再用溶液（或溶剂）吸收 SO_2，最终以硫酸盐、亚硫酸盐或 SO_2 的形式回收，总硫回收率达 99.8%
	Clintox	用物理溶剂吸收经灼烧并急冷除水后尾气中的 SO_2，净化尾气 SO_2 可降至 1mg/m^3；溶剂再生出的气体中含 SO_2 约 80%（体积分数），其余为 CO_2 等组分，返回克劳斯装置处理，总硫收率可达 99.9%以上
	Cansolv	在尾气灼烧时使所有形态的硫转化为 SO_2，以一种独特的双胺吸收剂优化平衡 SO_2 吸收与再生的性能，再生放出的 SO_2 返回克劳斯装置

J(GJ)BF005 脱硫脱碳、硫黄回收单元操作对SCOT尾气处理单元的影响

五、脱硫脱碳、硫黄回收单元操作对 SCOT 尾气处理单元的影响

在实际生产运行过程中，脱硫脱碳、硫黄回收及 SCOT 尾气处理单元相互影响，主要体现在以下几个方面。

（一）脱硫脱碳单元对硫黄回收单元的影响

（1）原料气气质气量、再生温度、再生压力、酸水回流量等操作参数变化，影响进入硫黄回收单元的酸气浓度和流量，尽量保持脱硫脱碳吸收塔及富液闪蒸罐液位、压力稳定，使酸气量保持在稳定状态。

（2）闪蒸系统操作的平稳度影响酸气中的烃含量。

（3）脱硫脱碳溶液浓度、循环量、贫液入塔层数影响酸气中 H_2S 和 CO_2 的含量。

（4）再生系统酸气温度的高低，影响酸气中的水含量。

（二）硫黄回收单元对 SCOT 尾气处理单元的影响

（1）各级反应器入口及床层温度、催化剂活性、末级硫黄冷凝冷却器温度影响硫黄回收单元转化率，从而影响进入 SCOT 尾气处理单元克劳斯尾气 SO_2 含量。

（2）硫黄回收单元尾气量稳定，H_2S、SO_2、单质硫、有机硫含量低，才能保证尾气处理单元运行平稳。

（3）硫黄回收单元配风操作将直接影响尾气处理单元操作。配风过少，硫黄回收单元尾气中 H_2S 含量增加，造成 SCOT 尾气总硫不合格；配风过多，硫黄回收单元尾气中 SO_2 增

加,若还原气量不够,易造成 SO_2 穿透。因此,正常生产过程中,硫黄回收和尾气处理单元应做好协同操作。

(三)SCOT 尾气处理单元对硫黄回收单元的影响

(1)SCOT 尾气处理单元 H_2S 浓度变化,影响硫黄回收单元主燃烧炉温度及配风。

(2)SCOT 尾气处理单元设备压差过大,影响硫黄回收单元回压。

J(GJ)BF007
SCOT尾气处理单元动态分析

六、SCOT 尾气处理单元动态分析

以某 SCOT 尾气处理单元工艺流程为例(图 2-6-15),请根据给定操作参数记录表中的生产实时数据(表 2-6-4),用 office 办公软件绘制参数趋势图,分析参数变化原因,判断装置运行过程中存在的问题,并提出解决措施。表中未列出的参数均处于正常状态,各设备、管线、阀门工作正常,调节阀处于自动工作状态。请完成以下问题:

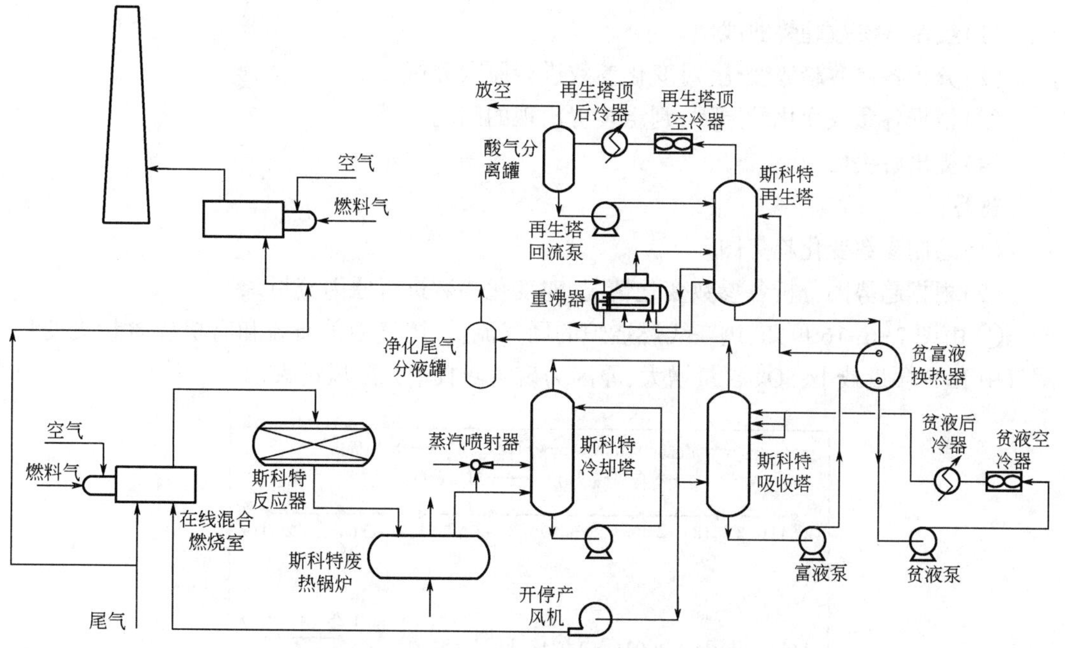

图 2-6-15　某 SCOT 尾气处理单元工艺流程

表 2-6-4　运行参数记录表

时间	1#					2#			3#				4#	
	尾气					在线燃烧炉			反应器温度				急冷塔	
	流量 $10^4m^3/h$	H_2S %	SO_2 %	单质硫 ‰	有机硫 ‰	风气比	FG流量 m^3/h	空气流量 m^3/h	上部温度 ℃	中部温度 ℃	底部温度 ℃	温升 ℃	塔底酸水pH值	塔顶过程气 H_2 含量 %
8:00	2.6421	1.024	0.512	0.12	0.02	0.78	163	1278	295	310	325	30	7	2.1
9:00	2.6418	1.023	0.5115	0.12	0.02	0.78	162	1263	294	309	324	30	7	2.2
10:00	2.642	1.024	0.512	0.12	0.02	0.78	161	1256	294	309	324	30	6.9	2.1

续表

时间	1#					2#			3#				4#	
	尾气					在线燃烧炉			反应器温度				急冷塔	
	流量 $10^4m^3/h$	H_2S %	SO_2 %	单质硫 ‰	有机硫 ‰	风气比	FG流量 m^3/h	空气流量 m^3/h	上部温度 ℃	中部温度 ℃	底部温度 ℃	温升 ℃	塔底酸水 pH	塔顶过程气 H_2 含量 %
11:00	2.6419	1.024	0.512	0.12	0.02	0.78	162	1263	295	310	325	30	6.9	2
12:00	2.642	1.023	0.511	0.12	0.02	0.78	163	1278	294	309	324	30	6.9	2.1
13:00	2.6419	1.024	0.512	0.12	0.02	0.78	162	1263	295	310	325	30	6.9	2.1
14:00	2.6418	0.251	1.286	0.12	0.02	0.78	161	1256	295	317	340	45	5.8	0
15:00	2.6419	0.252	1.289	0.12	0.02	0.78	162	1263	295	318	342	47	5.2	0

(1)绘制各参数趋势曲线图。

(2)分析各参数趋势变化，对变化参数进行原因分析。

(3)根据各参数变化的原因，判定装置出现的问题。

(4)提出解决措施。

解答：

(1)绘制参数变化趋势图。

(2)根据趋势图分析各参数变化情况，对变化参数进行原因分析。

① 由图 2-6-16 可知，进在线燃烧炉的尾气流量、尾气中单质硫和有机硫含量无变化；尾气中 H_2S 含量减小，SO_2 含量增大，原因为硫黄回收单元配风过大。

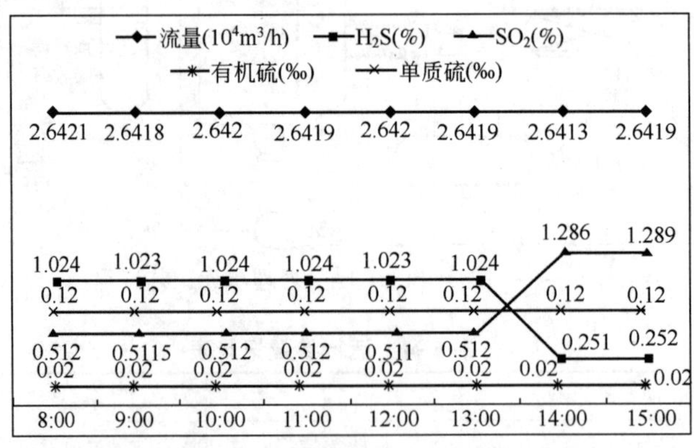

图 2-6-16 进在线燃烧炉尾气参数变化趋势

② 由图 2-6-17 可知，在线燃烧炉风气比、燃料气和空气流量无变化。

③ 由图 2-6-18 可知，反应器上部温度无变化；反应器中部、底部温度及温升上升，其原因可能为：

A. 反应器入口温度过高。

B. 硫黄回收单元尾气捕集效果差，尾气中单质硫较多。

C. 硫黄回收单元配风过多，尾气中 SO_2 含量较高。

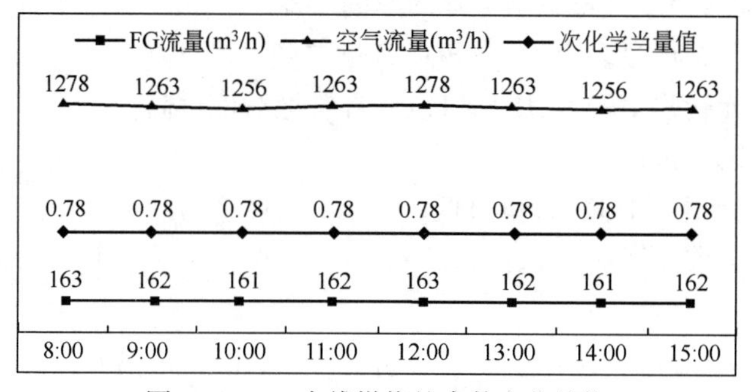

图 2-6-17　在线燃烧炉参数变化趋势

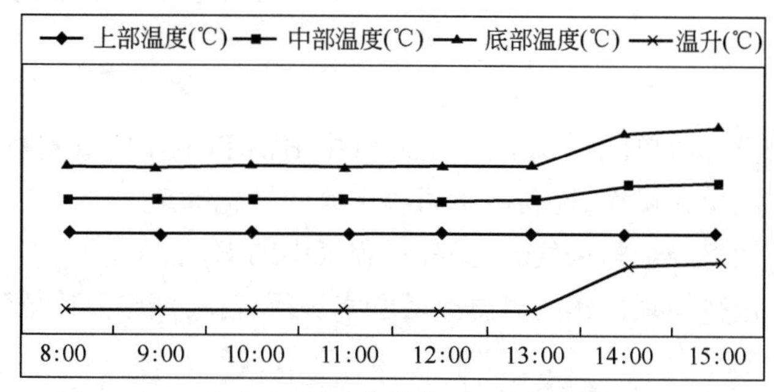

图 2-6-18　加氢还原反应器床层温度及温升变化趋势

D. 硫黄回收单元转化率较低，H_2S 和 SO_2 含量绝对值较高。

E. 测量仪表故障。

④ 由图 2-6-19 可知，急冷塔底部酸水 pH 下降；急冷塔顶部过程气 H_2 含量急剧下降。

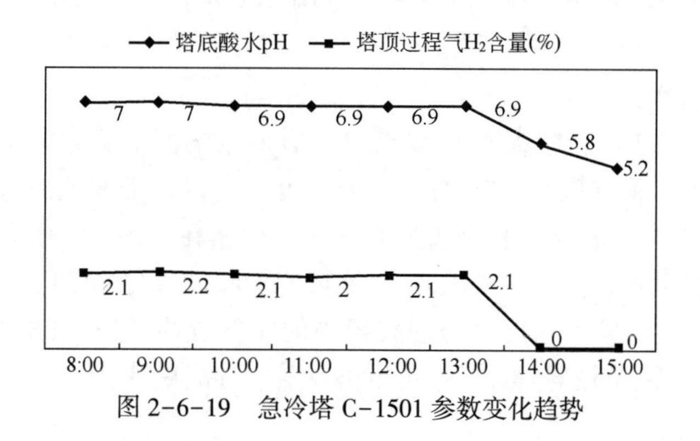

图 2-6-19　急冷塔 C-1501 参数变化趋势

急冷塔底部酸水 pH 下降的原因可能为：

A. 硫黄回收单元配风过多，尾气中 SO_2 含量过多。

B. 硫黄回收单元转化率较低，H_2S 和 SO_2 含量绝对值较高。

C. 硫黄回收单元尾气中 H_2 含量过低。

D. 在线燃烧炉风气比过大，制 H_2 量不足。

E. 加氢还原反应器催化剂失活。

F. 测量仪表故障。

急冷塔顶部过程气 H_2 含量急剧下降的原因可能为：

A. 硫黄回收单元配风过多,尾气中 SO_2 含量过多。

B. 硫黄回收单元转化率较低,H_2S 和 SO_2 含量绝对值过高。

C. 尾气中单质硫含量过少。

D. 硫黄回收单元尾气中 H_2 含量过低。

E. 在线燃烧炉风气比过大,制 H_2 量不够。

F. 测量仪表故障。

(3)综合给出的已知条件和以上原因分析,可以看出在 13:30 至 15:00 SCOT 尾气处理单元生产运行异常。并得出结论:该时段由于硫黄回收单元配风过多,引起硫黄回收单元尾气中 SO_2 含量升高,导致急冷塔底部酸水 pH 下降,同时急冷塔顶部过程气 H_2 含量急剧下降。

(4)处理措施。

① 适当降低硫黄回收单元配风量,保证尾气中 H_2S 和 SO_2 比值控制在 2~4。

② 调整硫黄回收单元操作,提高硫黄回收单元的转化率。

③ 适当降低在线燃烧炉的风气比,提高过程气中的 H_2 含量。

④ 及时对酸水进行加碱操作或对急冷塔酸水进行置换,调整急冷塔酸水 pH 至正常,防止酸水腐蚀设备和管线。

⑤ 严重时,停运吸收再生段,防止溶液污染和设备管线严重腐蚀。

J(GJ)BF009 SCOT尾气处理单元设备腐蚀控制措施

七、SCOT 尾气处理单元设备腐蚀控制措施

(一)SCOT 尾气处理单元腐蚀类型及机理

尾气处理单元腐蚀类型主要有 H_2S 腐蚀、CO_2 腐蚀、SO_2 腐蚀、O_2 腐蚀及高温硫化腐蚀等。

1. H_2S 腐蚀

(1)H_2S 腐蚀机理。

H_2S-H_2O 腐蚀属于电化学腐蚀,设备管道在 H_2S 水溶液中反应生成 FeS。在腐蚀最初阶段,生成的少量 FeS 将沉积在金属表面,一定程度上可以延缓腐蚀的进行;由于流体不断冲刷,脆性的 FeS 膜不断脱落,设备金属表面又重新裸露在 H_2S—H_2O 介质中,引起新一轮腐蚀。通过不断循环,设备壁厚逐渐减薄,最终可能引起设备腐蚀穿孔。

H_2S-H_2O 腐蚀主要发生在尾气处理装置中的尾气管线、过程气管线、酸气管线、急冷塔、脱硫吸收塔、贫富液换热器、重沸器、再生塔及酸气分液罐等。

(2)H_2S 腐蚀特点。

① 离解产物对腐蚀有加速作用,它们吸附在金属表面上,不仅会形成加速电化学腐蚀的吸附复合物离子,而且还会使铁原子间的键的强度减弱,使铁更容易进入溶液,加速了阳极反应,使金属电化学腐蚀的速度加快。

② 腐蚀产物 FeS 如果是致密的硫化物膜,则可起到较好的保护作用,防止进一步腐蚀;如果是呈黑色疏松分层状或粉末状,则没有保护作用,反而会加速腐蚀。

③ 可引起多种类型的腐蚀,如氢脆和硫化物应力腐蚀破裂等。

(3)影响 H_2S 腐蚀的因素有 H_2S 浓度、温度、压力。

2. CO_2 腐蚀

在没有水时，CO_2 不会发生腐蚀；当有水存在时，会生成酸，使水 pH 下降，对钢材发生氢去极化腐蚀。胺液吸收再生段中的吸收塔、再生塔、贫富液换热器及重沸器等设备较容易发生 CO_2 腐蚀。

$$Fe+2CO_2+2H_2O \longrightarrow Fe(HCO_3)_2+H_2$$

$$Fe(HCO_3)_2 \longrightarrow FeCO_3+CO_2+H_2O$$

影响 CO_2 腐蚀的因素有 CO_2 浓度、压力、温度。

3. SO_2 腐蚀

SO_2 易溶于水，其水溶液 H_2SO_3 比 H_2S 的水溶液更容易腐蚀金属，腐蚀产物为 $FeSO_3$。

$$H_2O+SO_2+Fe \longrightarrow FeSO_3+H_2$$

当系统中的 O_2 过剩时，过程气中少量 SO_2 会被氧化成 SO_3。SO_3 与水蒸气结合生成稀 H_2SO_4，稀 H_2SO_4 对设备的腐蚀强于 H_2SO_3，腐蚀产物为 $FeSO_4$。

$$H_2O+SO_3+Fe \rightarrow FeSO_4+H_2$$

4. O_2 腐蚀

O_2 腐蚀是一种常见腐蚀方式，凡有空气、水存在的场合均会发生此类腐蚀。其腐蚀机理是氧去极化腐蚀，腐蚀过程中 Fe、O_2 和水合物形成铁锈，腐蚀反应的速度取决于腐蚀产物的性质。致密的沉积膜有保护作用，可减轻腐蚀；疏松多孔的垢不能阻止腐蚀的进行。

O_2 腐蚀速率受水中溶解氧浓度的影响，随着水中溶解氧含量的增加，腐蚀也增加。

5. 高温硫化腐蚀

高温硫化腐蚀是指 240℃以上的单质硫、H_2S 和有机硫形成的腐蚀。随温度升高，高温硫化腐蚀逐渐加剧，特别是在 350℃以上时，当 H_2S 分解成 S 和 H_2 时，S 对金属的腐蚀远比 H_2S 剧烈。

$$Fe+H_2S \longrightarrow FeS+H_2$$

$$H_2S \longrightarrow S+H_2$$

$$S+Fe \longrightarrow FeS$$

高温硫化腐蚀主要发生在在线燃烧炉、反应器、余热锅炉、尾气灼烧炉等高温设备及管线。正常操作时，由于这些设备通常有耐热衬里保护，高温硫化腐蚀并不严重；当上游装置操作不稳时，可能引起这些设备内的温度波动大而损坏耐热衬里，此时硫化物就会穿过破损的耐热衬里，与金属器壁发生反应而产生腐蚀。

（二）SCOT 尾气处理单元防腐措施

尾气处理装置设备较多，其类型与硫黄回收和脱硫脱碳单元类似，该装置主要发生 H_2S-H_2O 腐蚀、（亚）硫酸露点腐蚀、CO_2 腐蚀以及高温硫化腐蚀。

1. H_2S-H_2O 和露点腐蚀防护措施

H_2S-H_2O 腐蚀和（亚）硫酸露点腐蚀危害较大且难避免，为降低此类腐蚀对设备造成的危害，设备合理选材是关键，金属材质的化学成分是影响其耐蚀性的主要因素。研究表明，Cr 可改善钢的抗 H_2S 腐蚀性能，而 Mn 与 S 结合可形成 MnS 夹杂，成为钢中的微阳极，促进局部腐蚀发生，从而降低钢的抗 H_2S 腐蚀性能。普通碳钢抗 H_2S 腐蚀性能较低，但在表面镀一层金属 Zn、Al 或合金后，其耐蚀性将大幅增强。因此易造成 H_2S-H_2O 和（亚）硫酸露点腐蚀的设备应选择具有较强耐硫腐蚀的材质，如 ND 钢。ND（09CrCuSb）钢是目前国内外最理想的耐硫腐蚀用钢，其腐蚀速率远低于其他常用钢材，可在净化装置大力推广。另外，在设备内表面涂/衬保护层，使金属与腐蚀性介质隔开，也是防止设备发生 H_2S-H_2O 和（亚）硫酸露点腐蚀的有效方法。

2. CO_2 腐蚀防护措施

（1）对于 CO_2 腐蚀，加强工艺指标的控制，尽量减少 CO_2 含量，降低腐蚀发生的概率也可以有效降低腐蚀。

（2）在装置设计时，应选择好设备和管线的材质。

（3）选用优良的脱硫脱碳溶剂，降低溶剂的使用量和循环量，对减少设备遭受 CO_2 腐蚀侵害非常有益。由于 $Fe(HCO_3)_2$ 和 $FeCO_3$ 是一种疏松的腐蚀产物，当溶液循环量加大，流速则会显著加快，腐蚀产物可能因冲刷而脱落，从而导致金属表面又重新裸露在腐蚀介质中，形成新的腐蚀。降低溶液循环量可以显著减少设备遭受 CO_2 腐蚀的概率。

（4）MDEA 溶液在使用过程中可能发生分解，分解物对设备腐蚀有显著的促进作用。因此，加强胺液过滤，将胺液中固体悬浮物或降解物过滤掉，保持胺液清洁，可以降低设备遭受 CO_2 腐蚀的危害。

（5）控制合适的温度，也会降低 CO_2 腐蚀。

3. 高温硫化腐蚀防护措施

（1）高温硫化腐蚀的防护措施主要应从加强工艺指标控制和对设备定期维护方面开展工作。

（2）严格控制在线燃烧炉、灼烧炉配风和保持上游工艺生产装置稳定操作，能有效避免在线燃烧炉、反应器、灼烧炉等设备因内部温度波动而造成耐热衬里损坏。

4. 设备腐蚀监测

设备腐蚀在生产运行过程中随时发生，如果不能及时发现腐蚀变化，就无法在设备损伤时采取相应保护措施。为解决该问题，设立腐蚀监测点是腐蚀监测的重要环节，合理的设置既能获取关键设备的腐蚀信息，同时又不会增加过多的投入和日常维护工作量。同时，还应考虑装置的工艺特点和各设备的腐蚀状况，需选择合理的腐蚀检测方法。目前比较可靠的腐蚀检测方法有失重挂片法、ER 探针法、氢渗透法、感抗测量法、铁离子分析法以及超声波测厚法等，对尾气处理装置中的绝大部分设备和管线可以采取上述的某一种或几种检测方法。只有这样，才能完整的收集尾气处理装置的腐蚀数据，制定有效的防腐措施。

5. 防腐涂层应用

设备及管线的防腐涂层是使用较普遍的防腐蚀方法之一，使用无机和有机胶体混合物溶液或粉末，涂敷或以其他方法覆盖在金属表面，经过固化后在金属表面形成一层薄膜，使物体免受外界环境腐蚀。若防腐涂层损坏，将加快其腐蚀速率。

6. SCOT 尾气处理装置防腐具体做法

（1）加氢还原段短期停车后，由于过程气中的水蒸气、SO_2 和 H_2S 冷凝后形成 H_2SO_3、H_2S 水溶液，引起电化学及硫化物应力腐蚀。因此，装置冷却后需用惰性气体置换保护。

（2）加氢还原段尾气、过程气管线及设备需进行保温伴热，避免温度低于 100℃，凝结出液态水,引起腐蚀。

(3)控制好急冷水系统酸水 pH,避免 SO_2 穿透。

(4)对急冷水和脱硫脱碳溶剂应加强过滤以减少系统腐蚀。

(5)调整活性炭过滤器过滤量,除去溶液系统降解产物;定期更换活性炭,保持活性炭过滤器良好吸附性能。

(6)调整适宜的胺液浓度。

(7)控制合适的循环量,防止循环量过大,流速加快,冲刷加剧。

(8)控制合适的再生塔和重沸器温度。

(9)再生塔与重沸器的压力控制应尽可能低。

(10)定期对溶剂进行复活处理。

(11)避免氧气进入装置:定期对溶液储罐和低位罐进行充氮保护;装置开工时,系统中的空气必须置换合格;系统新鲜水水洗后,必须置换干净。

(12)定期清除设备内部沉积物,避免沉积物堆积在设备内部造成腐蚀。

(13)定期监测设备及管线的腐蚀,及时了解腐蚀信息,定期更换腐蚀严重的设备及管线。

(14)定期检查设备及管线的防蚀涂层并整改,若防腐涂层损坏,将加重其腐蚀。

(15)使用有效的腐蚀抑制剂。

八、COS 和 CS_2 水解率计算

J(GJ)BF010 COS和CS_2水解率计算

COS 和 CS_2 水解率计算主要用于催化剂性能考核,以及日常生产中判断催化剂的活性。根据元素守恒,COS 和 CS_2 水解率计算方法有硫平衡和氮平衡两种,具体方法如下:

(1)硫平衡法。

$$\eta_{COS}=\left[1-\left(\frac{K\times COS}{COS'}\right)\right]\times 100\% \qquad (2-6-1)$$

$$\eta_{CS_2}=\left[1-\left(\frac{K\times CS_2}{CS'_2}\right)\right]\times 100\% \qquad (2-6-2)$$

$$K=[1-(H_2S+SO_2)]/[1-(H_2S+SO_2)']\times 100\% \qquad (2-6-3)$$

式中,η_{COS} 为 COS 水解率;η_{CS_2} 为 CS_2 水解率;COS、CS_2、(H_2S+SO_2) 为气体出反应器时的相应干基含量;COS′、$(H_2S+SO_2)'$、CS'_2 为气体进入反应器时的相应干基含量;K 为体积收缩系数。

(2)氮平衡法。

设反应器进口气体量为 Q_1,单位为 m^3/h,组分含量分别为 φ_{COS}、φ_{CS_2}、φ_{N_2}。

设反应器出口气体量为 Q_2,单位为 m^3/h,组成组分含量分别为 $\varphi_{COS'}$、$\varphi_{CS'_2}$、$\varphi_{N'_2}$。

利用氮平衡可以算出 Q_1、Q_2。

$$Q_1=\frac{(F_1+F_2)\times 0.79}{\varphi_{N_2}}(m^3/h) \qquad (2-6-4)$$

$$Q_2=\frac{(F_1+F_2)\times 0.79}{\varphi_{N'_2}}(m^3/h) \qquad (2-6-5)$$

式中　F_1——进入硫黄回收装置燃烧炉的总空气，m^3/h；

F_2——进入在线燃烧炉的空气量，m^3/h。

COS 和 CS_2 的水解率：

$$\eta_{COS}=\frac{Q_1\times\varphi_{COS}-Q_2\times\varphi_{COS'}}{Q_1\times\varphi_{COS}}\times100\% \tag{2-6-6}$$

$$\eta_{CS_2}=\frac{Q_1\times\varphi_{CS_2}-Q_2\times\varphi_{CS'_2}}{Q_1\times\varphi_{CS_2}}\times100\% \tag{2-6-7}$$

J(GJ)BF006 加氢催化剂活性降低原因分析及处理措施

项目二　分析及处理加氢催化剂活性降低

正常生产过程中，在还原性气体过剩的情况下，加氢还原反应器温升仍下降、压差增大，取样分析反应器进出口 SO_2、单质硫及有机硫转化率下降，则判断出加氢还原反应器催化剂活性下降。催化剂活性降低，将影响尾气中 SO_2、单质硫的还原和有机硫的水解反应，可能引起酸水 pH 下降，酸水变浑浊、废气总硫超标等。

加氢催化剂活性降低的原因有：催化剂超温，粉化；过程气带水，粉化；催化剂床层温度过低，积硫；在线燃烧炉配风过少，积炭；在线燃烧炉配风过多，过程气有过氧存在，催化剂硫酸盐化；开车预硫化时，预硫化操作不当，Co_2O_3 和 MoO_3 被还原，造成永久失活等。

一、准备工作

(1)设备：在线燃烧炉、加氢还原反应器、急冷塔、急冷酸水循环泵。

(2)材料、工具：笔 1 支、记录本 1 个、对讲机 1 部、工具包 1 个等。

(3)人员：净化操作工 2 人以上。

二、操作规程

(1)视催化剂活性降低的程度，联系上游装置，适当降低尾气处理量。

(2)适当降低上游装置尾气中的 SO_2 含量。

(3)适当降低加氢还原反应器入口温度。

(4)严格在线燃烧炉的配风操作，防止配风过多引起过程气中有过剩氧含量，造成反应器超温，引起催化剂粉化和硫酸盐化；防止配风过少，造成催化剂积炭。

(5)控制加氢还原反应器入口及床层温度。

(6)采取上述措施可以减缓或防止催化剂活性继续恶化，继续维持生产。

(7)采取措施后仍无法维持正常生产，则采取停产处理。

① 将尾气倒入灼烧炉，停止尾气进入 SCOT 装置，在线燃烧炉熄火停炉。

② 对加氢还原段和吸收再生段进行隔断。

③ 加氢还原段建立气循环，对加氢还原反应器进行钝化、置换。

④ 对吸收再生段进行热循环、冷循环，系统保压。

⑤ 对还原段进行检修，筛选补充或更换催化剂。

(8)检修结束后，按开工程序逐渐恢复生产。

(9)按要求填写作业过程记录。

(10)打扫场地卫生,整理工具、用具。

(11)汇报作业完成情况。

三、技术要求

(1)催化剂活性降低,是由于长时间或多次误操作缓慢积累造成的,催化剂活性降低后,不能立即消除,只能通过后期的精心操作以减缓或防止继续恶化,需视情况确定是否继续维持生产。

(2)加氢还原反应是放热反应,需较低温度,而水解反应是微吸热反应,需较高温度,调整反应器温度时,要根据尾气中的有机硫含量而定,降低反应器入口温度时,不能低于硫露点。

四、注意事项

(1)确认加氢催化剂活性降低,但仍在继续维持生产时,需密切关注反应器温升、压差、冷凝水 pH、尾气 SO_2 在线分析仪等参数。

(2)在停产钝化时,容易造成反应器超温,要严格按钝化操作规程进行作业。

(3)在更换新催化剂或再生后开产预硫化时,容易造成催化剂永久失活,要严格按预硫化操作规程进行操作。

项目三 分析 SCOT 尾气处理单元节能降耗措施

J(GJ)BF008 SCOT尾气处理单元节能降耗措施

SCOT 尾气处理单元节能降耗措施主要应从水、电、气、汽、胺液、化学药品消耗、操作管理等方面考虑。

一、准备工作

(1)设备:SCOT 尾气处理装置。

(2)材料、工具:笔 1 支、记录表 1 个、F 扳手 300~800mm、对讲机 1 部、工具包 1 个。

(3)人员:净化操作工 2 人以上。

二、操作规程

(一)水消耗控制

(1)严格执行酸水和胺液机械过滤器操作管理规定,尽量减少清洗频率,节约水量。

(2)根据季节变化,控制好贫液入塔和进料气入塔温度,调整贫液和进料气进入吸收塔的温度,实现溶液系统水平衡,尽量达到不补充水也不进行甩水操作。

(3)控制余热锅炉连续排污和定时排污量。

(4)杜绝蒸汽和凝结水跑、冒、滴、漏,尽量回收凝结水。

(5)控制各转动设备冷却水量;根据季节变化和工艺参数操作要求,控制被冷却介质温度,关小循环水换热器循环水用量,减少循环热损失。

(6)检修开停产进行系统水洗时，严格控制系统液位，降低系统清洗水量；在检修过程中，采取先掏渣、再冲洗的清洗方式。

(7)在动静设备和场地清洗时，控制好用水量。

(二)电消耗控制

(1)根据季节和环境温度变化及时调整空冷器顶部百叶窗开度，必要时才启运风机；调整风机变频值，控制合理的介质出口温度，可以节约电能。

(2)严格管理循环水水质和设备运行，防止溶液和酸气冷却器结垢，根据气温和处理量变化，关小或关停各换热器循环冷却水，减少循环水泵运行负荷。

(三)气消耗控制

(1)控制过程气 H_2 含量，在氢含量较高时，适当提高在线燃烧炉风气比，可以节约燃料气。

(2)根据尾气流量和组分变化，在保证净化废气总硫合格的前提下，适当降低加氢还原反应器入口温度，可降低燃料气耗量。

(3)根据尾气流量变化，控制尾气灼烧炉温度，调节好一次风、二次风挡板和顶部蝶阀开度，控制烟道空气过剩系数，节约灼烧炉燃料气耗量。

(4)控制贫液和进料气温度，调整溶液浓度和贫液入塔层数，控制再生质量，在保证废气总硫合格的前提下，尽量降低溶液循环量，提高 H_2S 的选择性，可节约重沸器蒸汽用量，从而节约燃料气。

(5)蒸汽引射抽低位罐积水后，及时关闭蒸汽阀。

(四)化学药剂消耗控制

(1)平稳操作尾气处理单元溶液系统，防止溶液系统发泡、拦液冲塔，造成溶液损失。

(2)平稳控制工艺参数，杜绝 SO_2 穿透引起溶液变质或降解，造成溶液损耗。

(3)溶液储罐和低位罐进行氮气保护，降低胺液氧化变质概率。

(4)杜绝溶液系统跑、冒、滴、漏。

(5)溶液机械过滤器和活性炭过滤器清洗前，彻底回收溶液。

(6)检修时尽量回收干净系统溶液。

(7)精细操作脱硫脱碳和硫黄回收单元，控制循环酸水 pH，降低碱液耗量。

(8)装置开停产和正常生产中，防止催化剂积炭、超温和硫酸盐化，造成加氢催化剂失活。

(五)检修成本消耗控制

(1)装置日常生产过程中，对设备、管线、阀门、螺栓进行防腐和保养，减轻腐蚀速率，延长使用寿命，尽量减少材料更换的消耗。

(2)做好设备及材料的修旧利废工作。

(3)在保证检修安全、质量的同时，尽量缩短检修时间，节约检修成本。

(4)精心操作，杜绝各类安全事故和装置非计划停产检修。

(六)其作操作

(1)每项重要操作调整完成后，按要求填写作业过程记录。

(2)打扫场地卫生，整理工具、用具。

(3)汇报作业完成情况。

三、注意事项

(1)节能优化操作是在保证装置安全平稳运行的基础上进行的,若节能优化操作对装置安全平稳运行造成影响,则不能进行。

(2)操作过程中,提前联系其他辅助装置及公用工程系统操作人员,进行联动调整,避免调整时对其他装置运行造成影响。

项目四　分析及处理急冷塔顶部出口过程气 H_2 含量异常

SCOT 尾气处理单元的 H_2 含量在线分析仪设置在急冷塔出口过程气管线上,H_2 含量高低直接反映出加氢还原反应器和急冷塔的工作状况,一般 H_2 含量控制在 0.5%~3%。急冷塔出口过程气 H_2 含量超出控制范围时,则判断加氢还原反应器和急冷塔工作异常,过程气 H_2 含量异常包含偏高、偏低、持续不变三种情况。

在其他操作条件相对不变的情况下,急冷塔过程气 H_2 含量上升,加氢还原反应器床层温度下降,则表明克劳斯尾气中 SO_2 含量下降或尾气处理量下降;急冷塔过程气中 H_2 含量上升,加氢反应器床层温度也上升,则表明克劳斯尾气中 H_2 含量上升或制氢燃烧炉制氢量过大;急冷塔过程气中 H_2 含量下降,加氢还原反应器床层温度上升,则克劳斯尾气中 SO_2 含量上升或尾气处理量增加,氢消耗量增大;急冷塔过程气中 H_2 含量下降,加氢还原反应器床层温度也下降,则表明克劳斯尾气中 H_2 含量下降或制氢燃烧炉制氢量下降;急冷塔过程气中 H_2 含量持续不变或变化非常小,加氢还原反应器床层温度明显变化,则可能 H_2 含量在线分析仪故障。

一、准备工作

(1)设备:SCOT 尾气处理单元所有动静设备。

(2)材料及工具:笔 1 支、记录本 1 个、运行参数记录 1 个、对讲机 1 部、工具包 1 个。

(3)人员:净化操作工 2 人。

二、操作规程

(一)初期处置

(1)急冷塔出口过程气 H_2 含量偏高。

① 适当提高在线燃烧炉风气比,减少在线燃烧炉制氢量。

② 调整克劳斯硫黄回收单元配风,增加克劳斯尾气中 SO_2 含量和尾气流量。

③ 监控急冷塔酸水 pH 变化,适当减小急冷塔碱液注入量。

(2)急冷塔出口过程气 H_2 含量偏低。

① 适当降低在线燃烧炉风气比,增加在线燃烧炉制氢量。

② 监控加氢还原反应器床层温度,防止床层温度异常。

③ 调整克劳斯硫黄回收单元配风,降低克劳斯尾气中 SO_2 含量和尾气流量。

④ 监控急冷塔酸水 pH 变化，适当增大急冷塔碱液注入量，防止 SO_2 穿透。

（3）急冷塔出口过程气 H_2 含量不变。

① 手动控制在线燃烧炉燃料气量，稳定在线燃烧炉制氢量。

② 监控加氢还原反应器床层温度，防止床层温度异常。

③ 监控急冷塔酸水 pH 变化，防止 SO_2 穿透。

④ 平稳控制克劳斯尾气中 SO_2 含量和尾气流量。

⑤ 检修并调校在线分析仪。

（二）数据收集

（1）编制急冷塔出口过程气 H_2 含量异常数据统计表，选择合理的统计项目和时间节点。

（2）按统计表设置项目和时间，收集并填写数据。

（3）统计表项目设置包含以下内容：

① 急冷塔出口过程气 H_2 含量。

② 克劳斯尾气中 H_2S、SO_2 含量。

③ 克劳斯主燃烧炉配风调整操作、酸气负荷、尾气流量。

④ 在线燃烧炉燃料气流量、空燃比、降温蒸汽流量及比值。

⑤ 加氢还原反应器过程气进口温度、床层温度、床层压差。

⑥ 急冷塔出口酸水 pH、碱液注入量。

（三）数据分析

（1）根据急冷塔出口过程气 H_2 含量变化分析判断是否异常。

（2）根据在线燃烧炉燃料气流量、空燃比值、降温蒸汽量及比值变化判断是否在线燃烧炉制氢量变化。

（3）根据主燃烧炉配风比值、酸气量及酸气分流比值判断是否主燃烧炉操作条件变化引起 H_2 含量变化。

（4）根据克劳斯尾气中 H_2S、SO_2 含量和尾气流量判定是否加氢还原反应器负荷变化引起 H_2 含量变化。

（5）根据反应器入口温度、床层温度判定是否加氢还原反应器负荷变化引起 H_2 含量变化。

（6）根据急冷塔出口酸水 pH 和碱液注入量变化判定是否存在 H_2 含量严重不足或 SO_2 穿透的情况。

（7）根据（4）（5）（6）判断是否因催化剂活性下降引起 H_2 含量异常。

（四）原因判断及后续处理

（1）综合上述分析，判断急冷塔出口过程气中 H_2 含量异常的原因。

（2）提出相应的处理措施和操作步骤。

① 调整在线燃烧炉燃料气流量和空燃比值将急冷塔出口过程气中 H_2 含量恢复至正常值。

② 改变克劳斯主燃烧炉配风比值，调整尾气中 H_2S、SO_2 含量。

③ 调整急冷塔碱液注入量,控制急冷塔酸水 pH 值在允许范围。

④ 急冷塔出口过程气中 H_2 含量长时间不能恢复至正常值或急冷塔酸水 pH 急剧下降,应立即停止克劳斯尾气处理,隔离还原段和吸收段,同时将还原段转换成气循环模式,吸收段保压热循环,待急冷塔出口过程气中 H_2 含量和急冷塔酸水 pH 恢复正常后再按程序进气生产。

⑤ 加氢还原反应器催化剂活性下降,无论急冷塔出口过程气中 H_2 含量上升或下降,急冷塔酸水 pH 均会明显下降,应进行催化剂活性恢复操作或筛选更换催化剂。

(五)其他操作

(1)按要求填写操作记录。

(2)打扫场地卫生,整理工具、用具。

(3)汇报作业完成情况。

三、技术要求

(1)急冷塔出口过程气 H_2 含量异常直接反应硫黄回收单元和加氢还原反应器的运行状况,生产中应随时关注其变化趋势,及时调整或处理。

(2)调整在线燃烧炉制 H_2 量期间,应同时调整硫黄回收单元操作,保持克劳斯尾气量和尾气中 H_2S、SO_2 含量稳定。

(3)调整过程中要持续监控加氢还原反应器入口温度、床层温度和急冷塔出口过程气 H_2 含量变化,防止钴钼催化剂超温或失活。

(4)调整过程中 H_2 量始终无变化,且急冷塔酸水 pH 无异常,应考虑在线分析仪故障。

四、注意事项

(1)调整在线燃烧炉制氢量时应手动操作。

(2)调整在线燃烧炉燃料气量时应调整在线燃烧炉降温蒸汽量,防止在线燃烧炉超温和积炭。

(3)调整在线燃烧炉制氢量时,应同时调整硫黄回收单元,保证其平稳运行。

(4)调整过程中持续监控急冷塔酸水 pH 值变化,防止 SO_2 穿透或固体硫黄堵塞酸水循环泵滤网。

(5)尾气停止进入 SCOT 装置时,应维持还原段大流量气循环,防止加氢还原反应器超温,调整急冷塔酸水置换水量和碱液注入量,尽快恢复酸水的 pH;维持吸收段热循环状态。

模块七　操作辅助装置及公用工程系统

项目一　相关知识

J(GJ)BG005
污水处理单元
节能降耗措施

一、污水处理装置节能降耗措施

污水处理装置节能降耗措施主要体现在电、气、汽、化学药剂及原材料消耗等方面。

(一)电消耗

(1)用途:本装置的主要耗电设备有污水泵、外排水泵、中水回用泵、气浮除油装置、鼓风机,寒冷地区还有电加热保温用电等。

(2)节能降耗措施:本单元耗电设施多为固定常用设备,在正常生产中,合理安排运转时间,避免不必要的启停操作。设有变频装置的用电设备,可通过调整变频参数,达到降低电耗的效果。控制好照明用电。

(二)空气消耗

(1)用途:本装置压缩空气主要用于曝气。

(2)节能降耗措施:压缩空气由本装置内设空气压缩机供给,也可由外供气源供给。本单元设有空气压缩机时,应合理安排压缩机启停时间;如由外供气源供给,可调整气源进口阀的开度,合理控制曝气量,避免曝气量过大影响溶解氧等指标。

(三)蒸汽消耗

(1)用途:控制反应池温度。

(2)节能降耗措施:根据季节变化及时调整供热蒸汽调节阀开度,保证反应池温度维持在最佳反应范围,避免温度超高。

(四)化学药剂消耗

(1)用途:配水时,调整污水水质参数。

(2)节能降耗措施:配水时,按照化验分析数据及计算结果,进行药剂配制操作,避免配水后污水水质参数超出控制范围。药品应分批进行采购,避免一次购买过多失效或效果下降,增加药品消耗量。

(五)其他消耗

除减少以上消耗外,还应考虑反应池填料的消耗,以及减少污水、压缩空气、蒸汽的跑、冒、滴、漏。

J(GJ)BG006
火炬及放空系统
节能降耗措施

二、火炬及放空装置节能降耗措施

火炬及放空系统节能降耗措施主要体现在水、气、汽消耗等方面。

(一)水消耗

(1)用途:装置正常生产期间,主要是分子封水封消耗。

(2)节能降耗措施:保持分子封水封液位在规定范围,液位偏低时及时补充。

(二)燃料气消耗

(1)用途:装置正常生产期间,主要是火炬长明火及分子封保护气消耗。

(2)节能降耗措施:

① 根据天气变化及时调整长明火燃料气。晴朗天气时,适当减小长明火燃料气用量;雷雨天气时,适当增大长明火燃料气用量,保证火焰稳定。

② 分子封一般以燃料气或氮气作保护气。正常生产期间,确认保护气连续进入分子封,其内持续处于微正压状态即可。

(三)蒸汽消耗

(1)用途:在寒冷地区,火炬及放空装置燃料气供给管线采用了蒸汽伴热,避免供气管线内出现冻堵或形成气水混合物等。

(2)节能降耗措施:在保证燃料气供给管线温度的情况下,适当降低蒸汽流量,或在设计蒸汽保温夹套管线时精确计算夹套所需厚度,避免蒸汽伴热富余量过大。

(四)其他消耗

除减小以上消耗外,还要考虑检修设备配件的消耗,以及置换氮气、吹扫空气用量,仪表风管线泄漏等不必要的消耗,减少天然气、水、汽的跑、冒、滴、漏。

三、新鲜水及循环冷却水系统节能降耗措施

J(GJ)BG007 新鲜水及循环冷却水系统节能降耗措施

新鲜水和循环冷却水系统节能降耗主要体现在电、水和药品消耗等方面。

(一)电消耗

(1)用途:本系统主要耗电设备有新鲜水泵、循环冷却水泵、加药泵、凉水塔风机等。

(2)节能降耗措施:

① 控制好各水泵、加药泵的流量,对需要变动运行参数的机泵,尽量采用变频调节流量。

② 凉水塔风机安装变频装置或者使用水动风机,根据循环冷却水温度随时调整风机转速,降低电耗。

③ 根据季节变化启停相应的循环冷却水泵。夏季时应采用先降低循环冷却水温度,而不提高循环冷却水量来满足工艺装置的冷却要求。

④ 控制好照明用电。

(二)水消耗

(1)用途:正常生产消耗、排污、过滤装置反洗等消耗。

(2)节能降耗措施:

① 控制好新鲜水沉降池、循环冷却水池排污量。

② 调整好原水过滤器、循环冷却水旁滤器的过滤量,控制过滤及切换时间、反洗水量等。

③ 控制好循环冷却水池的补充水量。

④ 开工期间控制好循环冷却水系统水洗、预膜水量。

⑤ 停工前适当减少系统补充水量。

⑥ 采用循环冷却水冷却的转动设备，循环冷却水应尽可能完全回收。

（三）药品消耗

（1）用途：控制水质指标消耗。

（2）节能降耗措施：

① 根据水质情况控制好絮凝剂、杀菌剂、缓蚀剂等药品的用量。

② 需要排污时，应先排污，后加药剂。

③ 循环冷却水系统水洗、预膜期间系统尽量控制低液位运行，减少药品消耗。

④ 药品最好分批进行采购，避免一次购买药品过多，导致药品失效或效果下降，增加药品消耗量。

J(GJ)BG008 蒸汽及凝结水系统节能降耗措施

四、蒸汽及凝结水系统节能降耗措施

蒸汽及凝结水系统能降耗主要体现在电、气、蒸汽、凝结水、药品、新鲜水等方面。

（一）电消耗

（1）用途：本系统主要耗电设备有软化水泵、除氧水泵、给水泵、凝结水泵、加药泵、燃烧风机等。

（2）节能降耗措施：

① 选择功率大小合适的机泵，避免功率富余过大，造成电耗增加。

② 控制各水泵的压力和流量，尽量采用变频调节流量。

（二）燃料气消耗

（1）用途：燃气锅炉供气。

（2）节能降耗措施：

① 控制好锅炉燃烧器的配风，确保烟气中过剩氧含量在规定的范围内，以减少燃料气消耗。

② 根据装置实际运行情况，及时调整锅炉负荷。

③ 合理控制锅炉烟气温度，避免热源浪费。

（三）蒸汽消耗

（1）用途：热力除氧作热源。

（2）节能降耗措施：

① 控制好除氧器压力和顶部蒸汽排放量。

② 投用好凝结水罐蒸汽引射器，避免凝结水罐蒸汽外排。

（四）药品消耗

（1）用途：控制炉水水质指标、除盐水装置再生。

（2）节能降耗措施：

① 控制软水、除盐水、炉水水质指标在规定范围内。

② 停用锅炉时尽量采用干法保养，减少药品消耗。

(五)水消耗

(1)用途:生产用水、蒸汽消耗。

(2)节能降耗措施:

① 全量回收凝结水,减少凝结水损失。

② 提高原水进水质量,减少原水过滤系统、除氧水系统反洗水消耗量,提高除氧水产水率。

③ 合理控制原水过滤器、阴阳离子交换器反洗频率,反洗水量和反洗时间,减少水损耗。

④ 调整好机泵冷却水流量,合理控制机泵密封温度,减少冷却水消耗量。

⑤ 合理控制锅炉定期排污频率和排污量、连续排污排污量,减少锅炉排污水损耗。

⑥ 采用反渗透 RO 膜制水工艺时,控制好除盐水指标及浓水排放量,提高 RO 膜产水率。

⑦ 控制好热力除氧器压力和温度,减少热力除氧器蒸汽外排蒸汽消耗量。

⑧ 做好蒸汽及凝结水管网的保温,防止水击,减少蒸汽及凝结水外排损失。

⑨ 做好蒸汽及凝结水管网的检查工作,减少跑、冒、滴、漏。

五、空气及氮气系统节能降耗措施

J(GJ)BG009 空气及氮气系统节能降耗措施

空气及氮气系统节能降耗主要体现在电、仪表风、氮气、水、化工原材料等方面。

(一)电消耗

(1)用途:本系统耗电设备主要包括空气压缩机、冷干机等。

(2)节能降耗措施:根据消耗,合理调整空气压缩机或冷干机运行负荷及启运数量。

(二)仪表风、氮气消耗

(1)用途:生产消耗。

(2)节能降耗措施:

① 减少仪表风和氮气系统管网的跑、冒、滴、漏。

② 按照经济运行方案使用工厂风、仪表风和氮气。

(三)水消耗

(1)用途:空气压缩机、冷干机的冷却。

(2)节能降耗措施:调整好空压机、冷干机的冷却水流量。

(四)化工原材料消耗

(1)用途:油水过滤器、干燥器、活性炭过滤器滤芯或填料、碳分子筛。

(2)节能降耗措施:

① 加强油水过滤器、活性炭过滤器的排油水操作,以及干燥器的再生操作,减低过滤元件消耗。

② 防止油水带入干燥器或分子筛吸附塔,损坏分子筛。

J(GJ)BG001 污水处理电渗析装置淡水质量异常原因分析及处理措施

项目二　分析及处理污水处理电渗析装置淡水质量异常

污水处理电渗析装置生产的淡水将进入循环冷却水系统,淡水质量异常时会影响循环冷却水系统水质,严重时将导致循环冷却水系统管网结垢,换热器换热效率下降。影响电渗析装置淡水质量异常的主要因素有:装置运行电流、原水含盐量以及设备故障等。

一、准备工作

(1)设备:电渗析装置。

(2)材料、工具:笔1支、记录表1个、F扳手300~800mm、对讲机1部、工具包1个等。

(3)人员:净化操作工2人、化验分析工1人。

二、操作规程

(1)关闭淡水池至循环冷却水池阀门。

(2)联系化验分析工对淡水进行取样分析。

(3)将水质超标的淡水返回污水处置装置重新处理。

(4)电渗析装置供电系统存在故障时应立即联系人员进行检修。

(5)严格控制原水预处理的水质,定期进行酸洗或除垢。

(6)向电渗析装置通入复活膜用化学试剂复活离子膜。

(7)设备故障时,应立即查找故障原因并组织检修。

(8)电渗析装置淡水质量合格后,恢复正常运行。

(9)按要求逐项填写作业过程记录。

(10)打扫场地卫生,整理材料、工具。

(11)汇报作业完成情况。

三、注意事项

(1)电渗析装置淡水质量异常时,首先切断淡水至循环冷却水系统流程,避免对循环冷却水造成污染。

(2)设备检修之前,应确认已断电,设备内介质已彻底退出。

J(GJ)BG002 污水处理四效蒸发结晶料液温度异常原因分析及处理措施

项目三　分析及处理污水处理四效蒸发结晶料液温度异常

蒸发结晶装置料液温度异常时会影响结晶效果。影响料液温度的主要因素有:进料质量、主蒸汽阀开度、蒸发结晶器液位、浓水池液位、真空度和设备故障等。

一、准备工作

(1)设备:蒸发结晶装置。

(2)材料、工具:笔1支、记录表1个、F扳手300~800mm、对讲机1部、工具包1个等。

(3)人员:净化操作工 3 人以上。

二、操作规程

(1)调整蒸发结晶器液位。
(2)调整主蒸汽阀开度,控制好主蒸汽流量。
(3)控制不凝气阀开度,控制好不凝气流量。
(4)调整真空度至合适值。
(5)检查浓盐水液位,避免泵抽空。
(6)调整进料组分比例。
(7)设备故障时,应立即停运蒸发结晶装置,查找原因并联系人员进行检修。
(8)蒸发结晶器各项参数恢复正常后,恢复正常生产。
(9)按要求逐项填写作业过程记录。
(10)打扫场地卫生,整理材料、工具。
(11)汇报作业完成情况。

三、注意事项

调整参数控制时,应将控制系统由自动转为手动控制。

项目四　分析及处理生化池微生物活性降低

J(GJ)BG003 生化池微生物活性降低原因分析及处理措施

污水生化处理工艺中,生化池微生物的活性和数量对处理效果起到至关重要的作用。微生物活性降低将导致生化池水质颜色变暗变深、异味增大、悬浮物或泡沫增多,出水水质变差,污水处理不达标。

影响生化池微生物活性的主要因素有:生化池进水水质和流量、生化池反应温度和进水温度、曝气量、有毒有害物质含量以及营养物质比例等。

一、准备工作

(1)设备:UASB+SBR 污水处理装置。
(2)材料及工具:笔 1 支、记录表 1 个、F 扳手 300~800mm、对讲机 1 部、工具包 1 个等。
(3)人员:净化操作工 2 人、化验分析工 1 人。

二、操作规程

(一)初期处置

(1)减少生化池进水量或 COD 浓度,降低生化池处理负荷。
(2)增加生化池的排污操作,调整生化池内 COD 浓度。
(3)调整生化池进水温度或维持适宜的生化池污水温度。
(4)调整生化池曝气量或曝气时间,维持合适的污水溶解氧浓度。
(5)生化池出水水质超标时,立即停止外排,并将不合格净化水返回原水池或生化池处理。

（二）数据收集

（1）编制生化池微生物活性下降的相关数据统计表，选择合理的统计项目和时间节点。

（2）统计表项目设置应包含以下内容：

① 生化池进水流量、温度。

② 生化池进水水质和污水水质指标。

③ 生化池曝气量、曝气时间。

④ 生化池曝气分布情况。

⑤ 生化池营养比例及营养液加注情况。

⑥ 生化池水质外观色泽、有无异味、表面泡沫或悬浮物情况。

⑦ 生化池微生物镜检情况。

⑧ 污水处理装置重要操作或调整记录。

（三）数据分析

（1）根据生化池水质颜色、异味、表面泡沫、出水悬浮物判断是否存在微生物活性下降现象。

（2）根据生化池进水水质及水量、出水水质分析判断是否因生化池处理负荷过大引起微生物活性下降。

（3）根据生化池进水温度、水池温度及环境温度分析判断是否因水温偏高或偏低引起微生物活性下降。

（4）根据生化池出水溶解氧含量，生化池曝气量、曝气时间或曝气分布情况判断是否因生化池污水中溶解氧偏低引起微生物活性下降。

（5）根据生化池进水水质中有毒物质数据判断是否因进水有毒物质增加引起微生物活性下降。

（6）根据生化池进水水质成分发生变化判断是否因微生物种群转变引起微生物活性下降。

（7）根据生化池水质营养比例判断是否因营养比例失调引起微生物活性下降。

（8）根据生化池微生物镜检情况判断是否因微生物数量或种群变化引起微生物活性下降。

（四）原因判断及后续处理

（1）综合上述分析，判断生化池微生物活性降低的原因。

（2）提出相应的处理措施和具体步骤。

① 首先应适当降低生化池进水 COD 浓度或进水水量，防止微生物活性下降或死亡。

② 调整生化池曝气量和曝气时间，尽量维持曝气均匀分布。

③ 清除生化池表面泡沫，调整活性污泥回流量，加大生化池排污量。

④ 根据环境温度，及时调整生化池进水温度和水池温度。

⑤ 营养液比例失调应及时补充营养液，维持适宜的营养比例。

⑥ 进水有毒物质增加，应检查有毒物质来源，并适当降低生化池的处理负荷。

⑦ 进水成分变化，应减小生化池处理负荷，培养适合该组分的微生物，培养驯化后再加大处理负荷。

⑧ 镜检微生物种群或数量急剧变化，应分析种群和数量发生变化的原因，再采取相应的措施处理。

⑨ 调整装置负荷或操作时要防止破坏微生物的最佳生长环境。

⑩ 调整过程中要持续监控生化池出水指标变化，不合格时及时返回处理。

(3)具体措施中应指出处理后的变化趋势及注意事项。

(五)其他操作

(1)按要求填写作业过程记录。

(2)打扫场地卫生，整理工具用具。

(3)汇报作业完成情况。

三、技术要求

(1)微生物的生长繁殖与温度、进水水质、pH 值、溶解氧浓度、营养液等因素有关，调整时应综合考虑。

(2)进水水质组分发生变化时，微生物需要一定的适应期，调整时应缓慢进行。

(3)镜检时微生物种群变化一般是进水水质发生变化，若微生物数量减少，说明生化池微生物活性在下降。

(4)生化池中悬浮物增多、水质变色、水质异味等现象说明生化池微生物活性明显下降或死亡，应及时调整操作，防止继续恶化。

四、注意事项

(1)生化池的温度受环境温度影响较大，调整时应注意环境温度的变化。

(2)调整生化池处理负荷时，应首先调整进水 COD 浓度，当进水流量过低时，不利于生化池内 COD 浓度的及时调整。

(3)调整生化池内 COD 浓度最有效的方法是加大生化池排污量，将生化池活性较差或死亡的微生物去除，降低污水中悬浮物。

(4)调整污水溶解氧时，曝气的均匀程度远比曝气时间和曝气量重要，因此应重点关注曝气分布情况。

(5)生产中调整操作时应注意考虑生化池中微生物的适应程度，尽量减少影响微生物生长环境的调整操作。

(6)调整操作过程中应持续关注生化池微生物的生长情况和出水水质指标，防止不合格水外排。

J(GJ)BG004 火炬点火异常原因分析及处理措施

项目五　分析及处理火炬点火异常

火炬点火系统异常是指在正常生产中火炬熄灭后不能正常点火或是火炬检修后不能正

常点火。火炬点火系统异常会导致火炬及放空系统不能正常工作,影响相关单元的正常生产。

火炬点火异常的主要因素有:点火燃料气、仪表风及空气供给系统异常;电子打火器异常;长明火燃料气供给异常;环境状况异常(狂风、暴雨);放空系统工作异常。

一、准备工作

(1)设备:火炬点火装置。

(2)材料及工具:笔1支、记录表1个、F扳手300~800mm、对讲机1部、工具包1个等。

(3)人员:净化操作工2人。

二、操作规程

(一)检修后火炬点火系统异常

(1)异常原因。

① 电源系统供给异常。

② 点火线路破损或漏电。

③ 电子打火时间设置不合理。

④ 点火头跑偏、绝缘头破裂。

⑤ 长明火燃料气供给异常。

⑥ 远程点火系统通信异常。

⑦ 内传点火系统故障。

⑧ 内传点火系统燃料气供给异常。

⑨ 内传点火配风不合理。

⑩ 内传点火系统传输管泄漏或堵塞。

⑪ 放空管网存在大量的惰性放空气体排出。

⑫ 环境状况异常(狂风或暴雨等)。

(2)异常处理。

① 检查电源供给。

② 联系处理破损或漏电点火线路。

③ 调整电子打火时间设置。

④ 调整点火头位置、更换破裂绝缘头。

⑤ 检查并排除长明火燃料气供给故障。

⑥ 检查并排除远程点火系统通信故障。

⑦ 检查并排除内传点火系统故障。

⑧ 检查燃料气系统供气、适当提高燃料气系统压力、排尽燃料气系统内的置换氮气。

⑨ 点火前反复调整内传点火配风比例,确定最佳配风比例。

⑩ 点火前检查内传点火系统传输管线存在泄漏或堵塞,及时进行更换或疏通。

⑪ 点火前检查确认放空管网无放空操作,停用放空管网。

⑫ 适当开启放空系统密封气,投用分子封水封。

⑬ 环境状况异常,应暂停点火操作,待环境状况改变后再进行点火操作。

⑭ 点火后及时调整长明火燃料气流量。

⑮ 点火后及时投用放空系统。

(二)正常生产中点火系统异常

(1)异常原因。

① 放空系统放空气大量带液,火炬熄灭。

② 放空量过大,火炬脱火熄灭。

③ 放空气中存在大量的惰性气体(氮气),火炬熄灭。

④ 环境状况突变(狂风或暴雨),长明火燃料气量过小,火炬熄灭。

⑤ 燃料气系统窜入大量氮气或不燃气体,火炬熄灭。

⑥ 燃料气系统带液,火炬熄灭。

⑦ 燃料气系统供气故障,火炬熄灭。

⑧ 酸气放空时助燃气流量过小,火炬熄灭。

⑨ 点火系统故障。

(2)异常处理。

① 联系相关单元,停止放空系统放空。

② 放空系统进行排液操作。

③ 置换燃料气系统内氮气,锁定或隔离相关窜气阀门。

④ 对燃料气系统进行排液操作。

⑤ 适当开大酸气放空系统助燃料气。

⑥ 排除燃料气系统供给故障。

⑦ 排除酸气放空助燃气系统故障。

⑧ 按火炬点火程序进行火炬点火。

⑨ 适当提高火炬长明火燃料气量。

⑩ 检查放空分离器液位并排液。

⑪ 联系相关单元,放空系统投用。

⑫ 要求相关单元放空时控制好放空速率,防止带液。

(三)其他操作

(1)按要求填写作业过程记录。

(2)打扫场地卫生,整理工具用具。

(3)汇报作业完成情况。

三、技术要求

(1)在日常生产中应定期对火炬点火系统进行测试,防止火炬异常时不能正常点火。

(2)火炬点火系统测试应包含火炬的所有点火方式(设计要求),若某项点火系统不能正常进行,应及时联系相关人员进行检查、处理,直至点火系统正常点火。

四、注意事项

(1)火炬放空系统日常测试操作时应与放空管网排液检查一同进行,排液检查时注意防止空气通过排液点进入放空系统。

(2)火炬电点火系统故障测试时注意打火高压包隔离,防止发生电击。

(3)疏通火炬内传火或外传火点火管线时,应切断燃料气和空气管线,防止出现事故。

模块八 天然气净化厂开停工

项目一 编制天然气净化厂开工方案

J(GJ)BH001 天然气净化装置开工方案

一、系统性检修开工方案

系统性检修是指全厂生产装置工艺设备、管道、电气设备、仪表控制系统、分析化验设备、安防通信系统、土建工程等较长时间的有计划停工检修。其开工方案的编制应结合装置检修和改造的实际情况进行,主要内容包括开工前准备工作、开工进度控制、开工解锁、开工方案、界面确认等方面的内容。负责操作人员的培训,按经审批的开停工方案细化装置开工安排,组织做好装置开工工作。

(一)开工准备工作

装置系统性检修结束后,应着手确认以下几点开工准备工作:

(1)开工所需溶剂、试剂、催化剂、活性炭、过滤元件、润滑油脂等物料已分析检查合格,并已正确安装或投加。

(2)装置开工方案已审批,下发至各操作岗位并组织学习。所有工艺过程、设备操作变更后已经过评价,并编制必要的技术资料发至岗位员工并组织学习。岗位记录、原始数据记录表格等资料已发至岗位员工。

(3)正常生产所需的操作人员、化验分析人员、其他辅助生产人员到位,各检修项目的保运人员和机具到位。

(4)各检修项目经过质量验收合格,有条件试运的单机已试运合格。

(5)除开工所需的现场施工临时设施已拆除,检修拆卸物、施工用品已清理,作业场地清洁,生产和应急通道畅通。

(6)生产应急设施,包括消防、照明、报警等设施完好投运,安全标志齐全,安全防护器材配备到位。

(7)装置生产所需要电力、水、通信及其他外部保障供给正常可靠。

(8)因检修破坏的装置保温、警示标志、保护设施已得到恢复,恢复生产后难以施工(如高温部位)的防腐工作已经完成。

(9)现场所有阀门和仪表处于开工状态。

(10)DCS、ESD 系统已调试正常。

(11)净化气外输流程畅通。

(二)开工进度控制

天然气净化厂根据工艺单元不同功能及开工所需时间要求编制进度表,并按此表逐项检查控制。表 2-8-1 为某天然气净化厂部分装置开工进度表。

表 2-8-1 某天然气净化装置开工进度表

序号	开工时段					时长	开工操作项目
脱硫脱碳脱水单元							
1	×月×日	××:××	至	×月×日	××:××		系统氮气置换
2	×月×日	××:××	至	×月×日	××:××		倒界区盲板
3	×月×日	××:××	至	×月×日	××:××		水洗、水联运、仪表调校
4	×月×日	××:××	至	×月×日	××:××		装置系统检漏
5	×月×日	××:××	至	×月×日	××:××		进溶液、冷循环
6	×月×日	××:××	至	×月×日	××:××		系统热循环
7	×月×日	××:××	至	×月×日	××:××		进气生产
硫黄回收单元							
1	×月×日	××:××	至	×月×日	××:××		启风机、分段吹扫、检漏及整改
2	×月×日	××:××	至	×月×日	××:××		暖管、暖锅
3	×月×日	××:××	至	×月×日	××:××		点火升温
4	×月×日	××:××	至	×月×日	××:××		进酸气
公用及辅助单元							
1	×月×日	××:××	至	×月×日	××:××		新鲜水、循环冷却水系统启运
2	×月×日	××:××	至	×月×日	××:××		空氮装置启运
3	×月×日	××:××	至	×月×日	××:××		燃料气及放空系统启运
4	×月×日	××:××	至	×月×日	××:××		制备软水、启运锅炉

（三）装置开工解锁

根据天然气净化厂能量隔离管理规定，按照装置系统性检修开工能量隔离记录清单（表 2-8-2 和表 2-8-3）对相关阀门解锁。

表 2-8-2 ××天然气净化厂××年装置大修开工阀门锁定作业记录单

序号	名称	介质	阀门编号	数量只	操作压力，MPa	作业后状态	通知时间	作业时间	作业人员签字	技术员确认	生产部门确认	安全部门确认
1												
2												
3												

说明：在阀门关闭之后，由生产管理部门、安全管理部门现场进行解锁和确认，由生产管理部门保存备查。

表 2-8-3　××天然气净化厂××年大修开工倒盲板作业记录单

序号	名称	介质	公称通径	数量块	操作压力	作业后状态	通知时间	作业时间	技术员签字

说明:此表由天然气净化厂生产管理部门保存,在装置停工氮气置换合格之后,生产管理部门通知检维修单位倒盲板,并填写表格,再由技术人员确认后交回生产管理部门保存备查。

(四)装置具体开工方案

根据操作规程编制开工方案,内容包括以下几点:

(1)装置供电、供水、通信正常,开工燃料气可以得到。

(2)循环冷却水系统、消防水系统开工。

(3)空压及氮气系统开工。

(4)污水处理装置开工。污水处理装置的检修一般与主装置检修错开进行。

(5)燃料气系统投用。

(6)火炬和放空装置投用。

(7)锅炉及蒸汽系统开工。

(8)尾气处理单元开工。

(9)硫黄回收单元开工。

① 硫黄回收单元空气吹扫。

② 确认回收单元所有阀门开关位置正常。

③ 气密性试验。

④ 硫黄回收单元管线保温,液硫封灌注硫黄。

⑤ 废锅和各级冷凝冷却器上水和暖锅。

⑥ 灼烧炉点火。

⑦ 主燃烧炉点火,再热炉点火,系统升温,热紧固。

⑧ 酸气进口管线倒装盲板。

⑨ 等待进气生产。

(10)原料气预处理、脱硫脱碳、脱水单元开工。

① 对检修设备和管线进行空气吹扫除渣。

② 确认系统管路所有阀门处于正常位置。

③ 原料气预处理、脱硫脱碳、脱水单元氮气置换、倒盲板。

④ 原料气预处理、脱硫脱碳、脱水单元检漏。

⑤ 脱硫脱碳、脱水单元工业水水洗。

⑥ 脱硫脱碳、脱水单元凝结水水洗、仪表联校。

⑦ 脱硫脱碳、脱水单元进溶液。

⑧ 脱硫脱碳、脱水单元冷循环。

⑨ 脱硫脱碳、脱水单元热循环。

⑩ 原料气预处理、脱硫脱碳、脱水单元进气生产。

(11)硫黄成型装置开工。

为了确保开工进度及关键操作的正确执行,需对开工关键作业进行确认,全面细致检查各项检修项目是否完工,拆卸过的设备是否全部复位,反复检查所有仪表和阀门是否处于正确开关状态等。开工关键作业确认表见表2-8-4。

表2-8-4　开工关键操作确认表

序号	单元名称	状态	开始时间	完成时间	单元负责人确认	生产管理部门确认	备注
1	原料气过滤分离单元						
	氮气置换						
	升压,检漏						
2	脱硫脱碳单元						
	氮气置换						
	升压,检漏						
	工业水水洗						
	凝结水水洗、水联运、仪表调校						
	进溶液						
	冷循环						
	热循环						
3	脱水单元						
	氮气置换						
	升压,检漏						
	工业水水洗						
	凝结水水洗、水联运、仪表调校						
	进溶液						
	冷循环						
	热循环						
4	硫黄回收单元						
	分段吹扫、检漏						
	保温、暖锅						
	点火、升温						
	进酸气						
5	硫黄成型装置						
6	燃料气系统						
	检漏						
	进气						
7	放空装置点火						
8	污水处理装置投运						

续表

序号	单元名称	状态	开始时间	完成时间	单元负责人确认	生产管理部门确认	备注
9	循环冷却水系统投运						
10	锅炉及蒸汽系统						
	锅炉上水						
	锅炉点火,烘炉						
	送汽暖管						
	蒸汽系统升压至正常工作压力						
11	空气系统投运						
12	氮气系统投运						
13	工厂供电正常						
14	仪表工作正常						
15	原料气输入已联系,流程已通						
16	净化气输出已联系,流程已通						

(五)检修交付生产界面确认

参检、生产单位共同验收检修质量,并填写检修交付生产界面确认表后,装置由检修界面转入生产界面。

二、临停检修开工方案

临停检修指生产装置某些设备、管道、电气、自动控制系统等出现突发性故障或安全隐患,影响装置安全环保生产或出现产品质量问题,应及时安排装置临时停工进行检修,以尽快消除故障和隐患的检修。

天然气净化厂生产具有高温、高压、易燃、易爆、有毒,连续性强等特点,同时受外供电水气、装置设备故障、操作失误等多种因素影响,天然气净化生产随时会发生临停检修处理。而一旦中断下游供气,可能会导致一连串的反应,并对下游正常的天然气化工生产和人民生活用气造成较大的影响。因此,要求天然气净化厂非计划性临停检修后应尽快恢复生产。

临停检修通常指天然气净化装置短时间停工检修,单列装置或部分单元停工对局部设备管道、仪表电气等的检修。短时间停工检修可以按照系统性检修开工方案进行编制,而单列装置或部分单元停工检修的特点是:装置部分停运检修,装置部分运行;临停检修突发性强,变化性大,检修任务重,准备时间短;系统之间隔断要求高,安全风险大,若管理不当,处理不及时,措施不力,容易导致窜压、超压、超温、溶液跑损、系统堵塞等事故的发生,轻则无法及时恢复生产,重则造成设备损坏和人员伤亡的严重事故。

(一)开工准备工作

临停检修结束后,应确认以下几点开工准备工作:

(1)正确安装或投加临停前所回收溶剂、催化剂等物料。

(2)装置开工方案已审批,下发至各操作岗位并组织学习。所有工艺过程、设备操作变动后已经过评价,并编制必要的技术资料发至岗位员工并组织学习。

(3)各检修项目经过质量验收合格,涉及运转设备应单机试运合格。

(4)检修拆卸物、施工用品已清理,作业场地清洁,生产和应急通道畅通。

(5)因检修破坏的安全设施、装置保温、警示标志、保护设施等已得到恢复,恢复生产后难以施工(如高温部位)的防腐工作已经完成。

(6)现场所有阀门和仪表处于开工状态。

(7)临停中检修过的 DCS、ESD 系统已调试正常。

(8)净化厂净化气外输流程畅通。

(二)开工进度控制

根据检修进度积极与上下游单位沟通,确保净化装置尽快恢复正常生产。

(三)装置开工解锁

根据天然气净化厂能量隔离管理规定,按照装置临停检修开工能量隔离记录清单(表 2-8-2)对相关阀门解锁。

(四)装置开工方案

根据操作规程编制开工方案,内容包括以下几点:

(1)脱硫单元或脱水单元临停检修开工方案。

① 空气吹扫。

② N_2 置换及检漏。氮气置换合格后,按照大修开工倒盲板作业记录单(表 2-8-3)进行盲板倒换。

③ 脱硫脱碳单元或脱水单元高压系统升压检漏。

④ 脱硫脱碳单元、脱水单元进溶液。

⑤ 脱硫脱碳单元、脱水单元冷循环、热循环。

(2)硫黄回收单元临停检修开工方案。

① 空气吹扫及气密性试验。

② 系统升温。

(五)检修交付生产界面确认

参检、生产单位共同验收检修质量,并填写检修交付生产界面确认表后,装置由检修界面转入生产界面。

三、首次开工方案

首次开工方案主要包括开工准备、单机试运及工程中间交接、公用工程及辅助生产设施投运、联动试运、投料试运。

与系统性开工方案主要区别在于增加以下几点:

(1)装置的系统清洗、吹扫、气密、干燥、置换等方案。

(2)装置的化工原材料装填、干燥、预硫化、升温还原及再生方案。

(3)其他工业炉化学清洗(煮炉)、烘炉等方案。

(4)自备发电机组、事故发电机等试运方案。

(5)装置的大机泵、大机组试运方案。

(6)联动试运方案。

(7)装置投料试运方案。

(8)事故处理预案。

项目二　编制天然气净化装置停工方案

一、系统性检修停工方案

系统性检修停工方案主要包括停工前准备工作，如机具检修资料准备、检修外部保障措施、停工前准备工作、停工前对装置的其他要求等内容。此外，方案中还应包含停工进度安排、各单元停工方案、停工后装置的能量隔离方案以及生产到检修界面确认表等内容。

(一)停工前准备

(1)机具准备。

清理所需机具、设备，对清管机、起重设备、试压设备等重要、复杂和关键设备，完成维护试运。

(2)检修资料准备。

① 检修项目及材料再次清理确认，根据装置运行状况编写增补项目和方案并审查，根据项目调整情况准备增补材料。

② 完成检修作业指导书、施工方案、作业单证各类检修文件的编制、审查和印刷。这主要包括：装置停工检修重要设备检查安排表(表 2-8-5)、装置重要设备内部检查记录表(表 2-8-6 至表 2-8-11)。

表 2-8-5　装置停工检修重要设备检查安排表

序号	设备位号	设备名称	检查内容	负责部门	检查负责人	参与检查人员
一	塔类					
1						
2						
二	冷换设备类					
1						
2						
三	罐类					
1						
2						
四	过滤器类					
1						
2						
五	炉类、反应器类、其他类					
1						
2						

表 2-8-6　装置重要设备（塔类）内部检查记录表

设备名称：　　　　　　　　　　　　　　　　　　　　　　　　　　　　位号：

序号	检查内容	清洗前状况	清洗后状况	存在问题	整改措施	检修机具材料确认	备注
1	塔板上受液板和塔底部积存污垢情况						
2	塔板及支撑架腐蚀变形情况						
3	捕沫网及支撑架腐蚀情况						
4	浮阀（泡罩）及塔内构件脱落情况						
5	塔内壁、降液板、受液板、加强筋、筋板和喷淋装置、防冲板、梯步等腐蚀情况						
6	塔内梯步、各种加强筋板、集液箱、升气筒分配管、升气筒等连接螺栓腐蚀情况						
7	人孔、手孔、盲板、接管法兰腐蚀情况						
8	可调堰板高度						
9	填料清洗装填情况						
10	容器及接管（含排污管）腐蚀情况						

参加检查人员：　　　　　　　　　　　　　　　　　　　　　　　　　　检查负责人：

表 2-8-7　装置重要设备（罐类）内部检查记录表

设备名称：　　　　　　　　　　　　　　　　　　　　　　　　　　　　位号：

序号	检查内容	清洗前状况	清洗后状况	存在问题	整改措施	检修机具材料确认	备注
1	罐内积存污垢情况						
2	罐类支架、捕沫网、捕沫网架腐蚀情况						
3	人孔、手孔、接管法兰、短节、密封面腐蚀情况						
4	防冲板、防涡流板、梯步腐蚀情况						
5	内部衬里剥落情况						
6	裙座内壁、封头、接管腐蚀情况						
7	保温情况						
8	容器、接管腐蚀情况						

参加检查人员：　　　　　　　　　　　　　　　　　　　　　　　　　　检查负责人：

表 2-8-8　装置重要设备（冷换设备类）内部检查记录表

设备名称：　　　　　　　　　　　　　　　　　　　　　　　　　　　　位号：

序号	检查内容	清洗前状况	清洗后状况	存在问题	整改措施	检修机具材料确认	备注
1	前后管板、封头、管箱管口腐蚀情况						
2	管束、壳体内部、防冲板、折流板、支撑板、定距管腐蚀情况						
3	内浮头、勾圈、浮头螺栓腐蚀情况						
4	清管、吹扫、清洗情况						

续表

序号	检查内容	清洗前状况	清洗后状况	存在问题	整改措施	检修机具材料确认	备注
5	平盖、封头、各种接管法兰、螺纹短节、密封面腐蚀情况						
6	保温情况						
7	壳体、接管腐蚀情况						

参加检查人员： 检查负责人：

表 2-8-9 装置重要设备(过滤器类)内部检查记录表

设备名称： 位号：

序号	检查内容	清洗前状况	清洗后状况	存在问题	整改措施	检修机具材料确认	备注
1	安装过滤管支撑件、管头、筋板、栏栅、孔板、丝网腐蚀情况						
2	内部各种接管、滤水帽、冲洗头、防冲板等腐蚀情况						
3	过滤元件污染情况						
4	人孔、手孔、各种接管法兰、螺纹短节、密封面腐蚀情况						
5	容器、接管(包括排污管)腐蚀情况						

参加检查人员： 检查负责人：

表 2-8-10 装置重要设备(炉类)内部检查记录表

设备名称： 位号：

序号	检查内容	清洗前状况	清洗后状况	存在问题	整改措施	检修机具材料确认	备注
1	保温层、耐火层、衬里、挡火墙、膨胀缝、陶瓷保护管是否有垮塌破损情况。陶纤毛毡填充情况，爪钉是否露出						
2	燃烧器、调风门、烟道挡板腐蚀情况，是否灵活方便						
3	人孔、手孔、各种接管法兰、螺纹短节、密封面腐蚀情况						
4	点火孔、看窗是否堵塞，玻璃是否有破损						
5	炉管、锅筒结垢情况						
6	安全阀、液位计、压力表是否齐全完好						
7	炉管外壁积灰和积焦情况						
8	(锅炉)炉管胀口、焊口、人孔板边处裂纹、裂缝、腐蚀情况						
9	连接接管、炉管、锅筒等腐蚀情况						

参加检查人员： 检查负责人：

表 2-8-11　装置重要设备(反应器类)内部检查记录表

设备名称：　　　　　　　　　　　　　　　　　　　　　　　　　　　　位号：

序号	检查内容	清洗前状况	清洗后状况	存在问题	整改措施	检修机具材料确认	备注
1	保温层、耐火层、衬里(包括火炬燃烧头衬里)、挡火墙、膨胀缝、陶瓷保护管是否有垮塌破损情况。陶纤毛毡填充情况,爪钉是否露出						
2	人孔、手孔、各种接管法兰、螺纹短节、密封面腐蚀情况						
3	内部各种加强筋、丝网、栅板腐蚀破损情况						
4	催化剂板结、硫化、污染情况						
5	外保温情况						
6	塔架型材、节点螺栓、爬梯、平台安装情况和腐蚀情况						
7	容器、接管、炉管、火炬筒、尾气排放筒等腐蚀情况						

检查参加人员：　　　　　　　　　　　　　　　　　　　　　　　　检查负责人：

(3)外部保障落实。

① 落实检修期间的现场医疗救护人员和车辆,装置停工检修的过程中现场有作业的时段里,现场至少有一名医生、一名护士和一台救护车辆待命,现场配备必要的急救器材和药品。

② 联系地方安监、气象等其他可能需要参与的部门,通报天然气净化厂停工检修安排,协调落实配合检修的各项工作。

③ 确认各施工队伍到场时间及任务要求。同时,各施工单位确定施工人员和辅助用工人员,提前一天至检修单位参加入场安全教育培训。

④ 压力容器检查检验、安全阀校验等工作要和相关部门联系妥当。

(4)停工前准备工作。

① 清洗脱硫脱碳、脱水、尾气处理等单元溶液储罐及溶液配置罐备用。

② 检查污水处理装置的运行状态,将原有污水处理完,以便储存检修污水。

③ 确认装置应急水池完好备用。

④ 检查空氮系统正常,满足检修所需压缩空气及氮气。

⑤ 根据检修施工情况准备好检修现场电源。

⑥ 准备好必要的设备保护。

⑦ 确认净化装置上下游单位联系方式及停工时间。

⑧ 提交装置检修停工申请并获得上级主管部门批复。

⑨ 制备凝结水备用。

⑩ 硫黄回收单元提前 2 天以上进行酸气除硫,密切注意反应器床层温度,防止超温。

⑪ 检查记录好各单元盘根泄漏或已经关不严的阀门，并用红色布带做好标记，待停工后检修。

⑫ 对盲板进行编号，并上墙公示。

⑬ 各参检单位完成技术培训和现场交底。

(5)其他要求。

① 装置进入停工实施阶段后，装置区域内一切与停工无关的操作、施工均应停止，严禁无关人员入内。

② 进入装置区域应保证两人及以上，注意彼此监护，任何时候均不允许单人在无监护情况下进行现场操作。

③ 进入装置区域人员应按要求正确穿戴劳动防护用品，佩带便携式报警仪，在现场相对视线开阔、便捷处设置安全监护岗，准备正压式空气呼吸器及其他现场急救器材。

④ 装置可能挥发和累积有毒有害物质的坑池、管口、低点等均应设置醒目的安全提示和警戒，夜间应保证各点照明，装置安防系统监视摄像头对出入口、主要场地进行重点监视和监护。

⑤ 装置停工各环节时间可根据达到的温度、压力、分析值等指标进行调整，但下列步骤应保证有足够的时间，不得随意调节，如确实已到达要求可以提前报停工现场负责人经同意后进行：

A. 溶液回收。

B. 系统吹扫置换。

C. 除硫、钝化。

⑥ 所有可能存在有毒有害介质泄漏的操作均应在可见位置设立风向标识，操作人员应随时观察风向，站在上风口进行作业。

(二)停工进度安排

根据天然气净化厂检修计划安排、检修的特点、检修重点项目、检修的准备情况等制定停工进度安排，停工进度安排表与开工进度安排表类似，见表2-8-12。

表2-8-12　装置停工进度安排表

序号	停产时段					时长	停工操作项目
脱硫脱碳脱水单元							
1	×月×日	××:××	至	×月×日	××:××		装置停气
2	×月×日	××:××	至	×月×日	××:××		溶液热循环
3	×月×日	××:××	至	×月×日	××:××		溶液冷循环
4	×月×日	××:××	至	×月×日	××:××		溶液回收
5	×月×日	××:××	至	×月×日	××:××		水洗
5	×月×日	××:××	至	×月×日	××:××		氮气置换
6	×月×日	××:××	至	×月×日	××:××		倒界区阀盲板
7	×月×日	××:××	至	×月×日	××:××		空气吹扫
8	×月×日	××:××	至	×月×日	××:××		检修施工

续表

序号	停产时段					时长	停工操作项目
硫黄回收单元							
1	×月×日	××:××	至	××月××日	××:××		热浸泡除硫
2	×月×日	××:××	至	××月××日	××:××		惰性气体除硫
3	×月×日	××:××	至	××月××日	××:××		逐渐引入过量空气降温
4	×月×日	××:××	至	××月××日	××:××		停燃料气、通入空气降温
5	×月×日	××:××	至	××月××日	××:××		停风机
公用系统及辅助装置							
1	×月×日	××:××	至	×月×日	××:××		停运蒸汽系统
2	×月×日	××:××	至	×月×日	××:××		停燃料气及放空系统
3	×月×日	××:××	至	×月×日	××:××		停空氮装置
4	×月×日	××:××	至	×月×日	××:××		停新鲜水、循环冷却水系统

（三）装置停工方案

根据操作规程编制检修停工方案，内容包括以下几项：

（1）停运原料气预处理单元、脱硫单元、脱水单元。

① 脱硫脱碳单元、脱水单元停气。

② 脱硫脱碳单元、脱水单元热循环。

③ 脱硫脱碳单元、脱水单元冷循环。

④ 脱硫脱碳单元、脱水单元高压段第一次泄压操作。

⑤ 脱硫脱碳单元、脱水单元回收溶液。

⑥ 脱硫脱碳单元进行凝结水水洗，并回收稀溶液。

⑦ 脱硫脱碳单元、脱水单元工业水水洗，并排水。

⑧ 脱硫脱碳单元、脱水单元完全泄压。

⑨ 脱硫脱碳单元、脱水单元进行氮气置换；氮气置换合格后，按照大修停工倒盲板作业记录单进行盲板倒换，见表2-8-13。

⑩ 脱硫脱碳、脱水单元进行空气吹扫。

表2-8-13　大修停工倒盲板作业记录单

序号	名称	介质	公称通径	数量块	操作压力	作业后状态	通知时间	作业时间	技术员签字
1									
2									
3									

说明：在阀门关闭之后，由生产管理部门、安全管理部门现场进行解锁和确认，由生产管理部门保存备查。

（2）停运硫黄回收单元。

① 停止进酸气。

② 燃料气除硫。

③ 装置冷却。

(3)停运尾气处理单元。

(4)停运硫黄成型装置。

(5)停运锅炉及蒸汽供热系统。

(6)停运火炬及放空装置。

(7)停运燃料气系统。

(8)停运循环冷却水系统。

(9)停运污水处理装置。

(10)停运空气及氮气系统。

(11)全装置停工完毕,待修。

为了确保停工进度及关键操作的正确执行,需对停工关键作业进行确认。某天然气净化厂停工关键作业确认表见表 2-8-14。

表 2-8-14　装置停工关键操作确认表

序号	单元	状态	开始时间	完成时间	单元负责人确认	生产部门确认	备注
1	原料气过滤分离单元						
	氮气置换						
	空气吹扫						
2	脱硫脱碳单元						
	热循环						
	冷循环						
	回收溶液						
	凝结水水洗						
	工业水水洗						
	氮气置换						
	空气吹扫						
3	脱水单元						
	热循环						
	冷循环						
	回收溶液						
	凝结水水洗						
	工业水水洗						
	氮气置换						
	空气吹扫						
4	硫黄回收单元						
	除硫开始						
	降温						

续表

序号	单元	状态	开始时间	完成时间	单元负责人确认	生产部门确认	备注
5	火炬及放空装置						
	火炬停运						
	氮气置换						
6	燃料气系统						
	停燃料气、泄压放空						
	空气吹扫						
7	硫黄成型装置						
	停运造粒机						
	蒸汽停运						
8	污水处理装置停运						
9	循环冷却水系统停运						
10	锅炉及蒸汽系统停运						
11	氮气系统停运						
12	空气系统停运						
13	仪表停运						
14	原料气已切断						
15	净化气已切断						

(四)装置停工锁定

根据天然气净化厂能量隔离管理规定,按照装置系统性检修停工能量隔离记录清单(表2-8-15)对相关阀门锁定。

表2-8-15 ××天然气净化厂××年装置大修停工阀门锁定作业记录单

序号	名称	介质	阀门编号	数量只	操作压力	作业后状态	通知时间	作业时间	作业人员签字	技术员确认	生产部门确认	安全部门确认
1												
2												
3												

说明:此表由天然气净化厂生产管理部门保存,在装置停工氮气置换合格之后,生产管理部门通知检维修单位倒盲,并填写表格,再由技术人员确认后交回生产管理部门保存备查。

(五)生产交付检修界面确认

参检、生产单位共同确认检修作业条件,并填写生产交付检修界面确认表后,装置由生产界面转入检修界面。

J(GJ)BH002 天然气净化装置停工方案

二、临停检修停工方案

(一)停工前准备

(1)机具准备。

清理所需机具、设备，对清管机、起重设备、试压设备等重要、复杂和关键设备，完成维护试运。

(2)检修资料准备。

① 检修项目及材料再次清理确认，提前预制所需焊接管件，确保临停检修快速、高效完成。

② 完成检修作业指导书、施工方案、作业单证各类检修文件的编制、审查和印刷。

(3)外部保障落实。

① 联系地方安监、环保等其他可能需要参与的部门，通报天然气净化厂临停检修安排，协调落实配合检修的各项工作。

② 确认各施工队伍到场时间及任务要求。同时，各施工单位确定施工人员和辅助用工人员，提前一天至检修单位参加入场安全教育培训。

(4)停工前准备工作。

① 预留脱硫脱碳单元、脱水单元溶液储罐及溶液配置罐一定富余量备用。

② 根据检修施工情况提前准备好检修现场电源。

③ 准备好必要的设备保护。

④ 确认净化装置上下游单位联系方式及停工时间。

⑤ 提交装置检修停工申请并获得上级主管部门批复。

⑥ 若需清洗设备，应制备凝结水。

⑦ 硫黄回收单元提前 2 天以上进行除硫，密切注意反应器床层温度，防止超温。

⑧ 各参检单位完成技术培训和现场交底。

(5)其他要求。

① 装置进入停工实施阶段后，装置区域内一切与停工无关的操作、施工均应停止，严禁无关人员入内。

② 进入装置区域应保证两人及以上，注意彼此监护，任何时候均不允许单人在无监护情况下进行现场操作。

③ 进入装置区域人员应按要求正确穿戴劳动防护用品，佩带便携式报警仪，在现场相对视线开阔、便捷处设置安全监护岗，准备正压式空气呼吸器及其他现场急救器材。

④ 装置可能挥发和积累有毒有害物质的坑池、管口、低点等均应设置醒目的安全提示和警戒，夜间应保证各点照明，装置安防系统监视摄像头对出入口、主要场地进行重点监视和监护。

⑤ 装置停工各环节时间可根据达到的温度、压力、分析值等指标进行调整，但下列步骤应保证有足够的时间，不得随意调节，如确实已到达要求可以提前报停工现场负责人经同意后进行：

A. 溶液回收。

B. 系统吹扫置换。

C. 除硫。

(6)所有可能存在有毒有害介质泄漏的操作均应在可见位置设立风向标识，操作人员应随时观察风向，站在上风口进行作业。

（二）停工进度安排

积极与上下游单位沟通，确定临停检修时间，停工过程严格按照操作规程作业。

（三）装置停工方案

根据操作规程编制检修停工方案，内容包括以下几项：

（1）停气。

（2）脱硫脱碳单元或脱水单元临停检修停工方案。

① 脱硫脱碳单元溶液系统热、冷循环及溶液回收。

② 脱水单元溶液系统冷循环及溶液回收。

③ 若不需检修，进行热循环热备。

（3）氮气置换。

① 高压段置换。

② 脱硫脱碳单元中低压段氮气置换。

③ 脱水单元中低压段置换。

④ 氮气置换合格后，按照大修停工倒盲板作业记录单（表 2-8-13）进行盲板倒换。

（4）空气吹扫。

① 高压段吹扫。

② 脱硫脱碳单元中低压段空气吹扫。

③ 脱水单元中低压段吹扫。

（5）硫黄回收单元需检修停工方案。

① 酸气除硫。

② 燃料气除硫。

③ 过剩氧除硫。

④ 装置吹扫冷却。

⑤ 不需检修，则进行燃料气除硫后热备。

（四）装置停工锁定

根据天然气净化厂能量隔离管理规定，按照装置临停检修停工能量隔离记录清单（表 2-8-15）对相关阀门锁定。

（五）生产交付检修界面确认

参检、生产单位共同确认检修作业条件，并填写生产交付检修界面确认表后，装置由生产界面转入检修界面。

项目三 投运天然气净化装置

正常开工是指全厂生产装置工艺设备、管道、电气设备、仪表控制系统、分析化验设备、安防通信系统、土建工程等进行有计划停工检修后的开工。主要内容包括开工前准备工作、开工条件确认、供电系统投用、通信系统投用、公用辅助装置投用、主体单元投用、进气生产、产品外输等。

一、开工准备工作

(一)开工工器具及材料准备

(1)工器具、安全防护器材、通信器材准备。
(2)开工所需溶剂、催化剂、活性炭、过滤元件、润滑油脂等物料准备。
(3)检漏试剂、化学试剂等物料准备。

(二)开工人员准备

(1)开工操作人员准备。
(2)开工化验及维修人员准备。
(3)安全及医疗人员准备。
(4)所有人员培训合格、清楚开工方案及开工顺序。
(5)开工节点及开工进度明确清楚。

二、开工条件确认

(1)确认装置检修项目完成,质量验收合格,设备复位完成。
(2)确认上下游装置已做好开工准备。
(3)确认供电系统、通信系统具备投运条件。
(4)确认所有阀门开关灵活、操作可靠。
(5)确认 DCS、ESD、F&GS、SCADA 系统检修完毕,调试合格。
(6)确认所有现场仪表、远程控制仪表检修完毕,具备投用条件。
(7)确认所有安全阀校验合格,具备投用条件。
(8)确认安全防护器材准备齐全、到位,安全通道畅通。

三、投用供电系统

(1)按供电要求投用照明系统。
(2)按程序投用 DCS 及仪表供电。
(3)按程序投用动力系统供电。

四、投用通信系统

(1)投用固定电话或移动电话。
(2)投用广播电话或应急广播系统。
(3)投用 DCS、ESD、F&GS、SCADA 系统,并分别测试。

五、投用公用辅助装置

(一)投用供水和消防水系统

(1)供水系统流程检查,仪表检查。
(2)投用供水系统。
(3)检查消防水系统流程。

(4)投用消防水系统。

(5)投用消防水应急水池,检查消防器材备用情况。

(二)投用循环冷却水系统

(1)循环冷却水工艺流程检查,仪表检查。

(2)循环冷却水池注水。

(3)启运循环冷却水泵。

(4)清洗循环冷却水管网。

(5)循环冷却水管网系统预膜。

(6)循环冷却水系统正常运行。

(三)投用工厂风、仪表风、氮气系统

(1)工厂风、仪表风、氮气系统流程检查,仪表检查。

(2)启运空气压缩机。

(3)投运工厂风系统。

(4)投运干燥器系统。

(5)仪表风水露点合格后投运仪表风系统。

(6)投运制氮系统。

(7)氮气合格后投运氮气系统。

(四)投用燃料气系统

(1)燃料气系统流程检查,仪表检查。

(2)燃料气系统氮气置换、试压。

(3)倒通燃料气系统盲板,燃料气系统进气。

(4)联系相关的单元,燃料气系统供气。

(五)投用火炬及放空装置

(1)火炬及放空装置工艺流程检查,仪表检查。

(2)联系所有单元停止使用放空系统。

(3)放空系统氮气置换。

(4)氮气置换合格后,火炬点火。

(5)联系相关单元,恢复火炬及放空装置使用。

(六)投用蒸汽及凝结水系统

(1)蒸汽及凝结水系统流程检查,仪表检查。

(2)投运除盐水处理装置。

(3)投运除氧水处理装置。

(4)投运锅炉给水系统。

(5)锅炉上水试压。

(6)锅炉联锁程序测试。

(7)锅炉点火、升温。

(8)投用锅炉加药系统。

(9)蒸汽及凝结水系统管网暖管。

(10)蒸汽系统供汽。
(11)凝结水系统投用。
(七)投用污水处理装置
(1)污水处理装置工艺流程检查,仪表检查。
(2)投运污水原水收集装置。
(3)投用原水撇油、配水设备。
(4)投用厌氧处理装置。
(5)投用好氧处理装置。
(6)厌氧池、好氧池微生物驯化。
(7)投用保险水池和外排水池。

六、投用主体装置

(一)投用原料气预处理单元
(1)工艺流程检查,仪表检查投用。
(2)空气吹扫。
(3)氮气置换。
(4)投用原料气放空管网。
(5)分等级试压检漏,检漏合格后等待进气生产。
(二)投用脱硫脱碳单元
(1)工艺流程检查、仪表检查投用。
(2)空气吹扫。
(3)氮气置换。
(4)投用湿净化气及酸气放空管网。
(5)分段、分等级试压检漏。
(6)工业水水洗。
(7)凝结水水洗。
(8)进溶液冷循环。
(9)热循环。
(10)联锁及自控程序投运。
(11)调整工艺参数,等待进气生产。
(三)投用脱水单元
(1)工艺流程检查,仪表检查投用。
(2)空气吹扫。
(3)氮气置换。
(4)投用净化气放空管线。
(5)分段、分等级试压检漏。
(6)根据脱水工艺种类进行后续操作。
① 溶剂法脱水工艺。

A. 工业水水洗。
B. 凝结水水洗。
C. 进溶液冷循环。
D. 热循环。
E. 调整工艺参数等待进气生产。
② 分子筛脱水工艺。
A. 程控切换阀系统测试。
B. 各吸附塔分子筛再生活性恢复、系统干燥。
C. 投用再生废气分离及增压设备。
D. 调整工艺参数等待进行生产。

(四)投用脱烃单元

(1)工艺流程检查、仪表检查投用。
(2)空气吹扫。
(3)管线及设备干燥。
(4)氮气置换。
(5)系统热吹干燥。
(6)分等级试压检漏。
(7)投运制冷装置。
(8)调整工艺参数等待进气生产。

(五)投用硫黄回收单元

(1)工艺流程检查、仪表检查投用。
(2)过程气管线及设备空气吹扫。
(3)过程气管线及设备试压检漏。
(4)启运主风机,过程气管线及设备吹扫预热。
(5)余热锅炉、冷凝冷却器试压检漏。
(6)余热锅炉、冷凝冷却器上水、暖锅。
(7)过程气、液硫、尾气、废气管线暖管、保温。
(8)启运尾气灼烧炉风机,灼烧炉点火升温。
(9)主燃烧炉点火升温。
(10)反应器升温。
(11)测试联锁及自控程序投用情况。
(12)投用液硫池和液硫脱气设备。
(13)调整工艺参数等待进气生产。

(六)投用 SCOT 尾气处理单元

(1)工艺流程检查,仪表检查投用。
(2)还原段空气吹扫。
(3)还原段试压。
(4)急冷塔建立水循环。

(5)还原段保温。

(6)还原段建立气循环。

(7)在线燃烧炉点火升温。

(8)调整还原段各点参数。

(9)吸收再生段空气吹扫。

(10)吸收再生段氮气置换。

(11)吸收再生段试压检漏。

(12)吸收再生段工业水水洗。

(13)吸收再生段凝结水水洗。

(14)吸收再生段进溶液冷循环。

(15)吸收再生段热循环。

(16)调整吸收再生段参数,等待进气生产。

(七)投用酸水汽提单元

(1)工艺流程检查、仪表检查投用。

(2)空气吹扫。

(3)氮气置换。

(4)试压检漏。

(5)投用酸水收集系统。

(6)工业水水洗。

(7)升温热循环。

(8)调整工艺参数等待进水生产。

七、系统进气生产

(1)倒通原料气预处理、脱硫脱碳、脱水、脱烃单元高压气相流程,全装置高压段压力平衡。

(2)联系上下游装置,明确进气时间及处理量。

(3)确认各工艺参数符合进气条件。

(4)缓慢打开原料气进气阀,升压至操作压力。

(5)首先将湿净化气放空,当湿净化气中酸性介质合格后关闭湿净化气放空阀。

(6)其次将净化气放空,当净化气水露点合格后关闭干净化气放空阀。

(7)最后将脱烃放空,当净化气烃露点合格后,打开净化气外输阀,关闭脱烃放空阀。

(8)调整原料气处理量至正常值。

(9)当脱硫脱碳单元再生系统压力上升后,首先将酸气放空。

(10)当酸气浓度达到硫黄回收要求时,酸气进入硫黄回收单元生产,尾气排放至灼烧炉。

(11)调整硫黄回收单元操作参数,观察液硫质量及液硫池运行情况。

(12)当硫黄回收尾气量稳定,符合尾气处理单元要求时,尾气进入尾气处理单元。

(13)脱烃及预处理产生的未稳定凝析油进入凝析油三相分离器和储罐。

(14)当酸水储罐液位符合工艺要求时,酸水汽提单元进酸水处理。

八、投用后续处理装置

（一）投用凝析油稳定单元

（1）工艺流程检查、仪表检查投用。

（2）氮气置换。

（3）试压检漏。

（4）投用未稳定凝析油三相分离器和凝析油储罐。

（5）凝析油稳定塔工业水水洗。

（6）凝析油稳定塔热循环。

（7）当未稳定凝析油储罐液位符合要求值后凝析油稳定塔进料生产。

（8）稳定凝析油合格后进入凝析油储罐储存。

（二）投用硫黄成型装置

（1）工艺流程检查、仪表检查投用。

（2）硫黄成型装置保温。

（3）投用液硫储罐。

（4）当液硫储罐液位达到要求值后投运液硫成型装置。

九、技术要求

（1）天然气净化厂开工是一项庞大和周期较长的系统工作，开工前应编制好装置总体开工方案和各单元具体开工方案，并培训到位。

（2）各单元可同时进行开工初期的检查工作，但进入实质性的开工工作时各单元开工顺序应严格遵守，不能颠倒或混乱。由于各净化装置采取工艺和单元设置不一致，开工顺序可能存在差别。

（3）原料气预处理、脱硫脱碳、脱水、脱烃单元高压部分氮气置换、试压检漏可联合进行，也可分别进行。

（4）凝析油稳定单元开工前期工作应与主体装置同时进行，进料生产应在主体装置开工后进行。

（5）空气吹扫目的主要是清楚系统检修期间残余的杂质，吹扫干净即可。

（6）氮气置换合格指标各单元标准一致，氧含量≤2%为合格。

（7）主体装置进行工业水水洗和凝结水水洗时，若氮气压力符合循环条件，试压检漏可在水洗完成后进行，以降低排水操作风险。

（8）试压检漏气体应采用氮气或安全风险较低的净化气进行，严禁直接采用原料气试压。

（9）火炬放空装置点火前，完成所有单元放空管线氮气置换。

（10）燃料气系统投用前应确认所有燃料气用户已做好相关工作，防止燃料气窜漏造成事故。

（11）污水处理装置的污水收集设施及管线应在装置开工初期投用，严禁任何污水外排。

(12)其他技术要求参见各单元开工技术要求。

十、注意事项

(1)全装置开工应注意各装置之间的协调与配合,统一掌握进度。

(2)装置开工初期的检查和准备可以同时进行,只是在后期的试压、水洗、进料等操作时应严格按照顺序进行,防止出现安全事故。

(3)污水处理装置的污水收集池注意要最先投用,防止一切污水外排。

(4)氮气置换时相关联的设备和管线应一并进行,防止出现死角或交叉置换。

(5)火炬点火前应确认所有放空管网全部置换合格,防止点火时闪爆。

项目四　停运天然气净化装置

正常停工是指全厂生产装置工艺设备、管道、电气设备、仪表控制系统等进行有计划停工,停工后装置应具备检修的状态。主要内容包括停工条件确认、停气、主体单元停工、辅助装置停工、公用装置停工、停工界面交接等。

一、停工确认

(1)停工相关人员准备到位(操作人员、化验及将维修人员、安全及医疗人员)。

(2)停工工器具、材料准备充分。

(3)停工方案编写完成,培训完成。

(4)硫黄回收单元酸气除硫操作结束。

(5)尾气处理单元停止尾气处理,处于气循环运行状态。

(6)污水处理装置原水池、应急水池处于低液位状态。

(7)火炬及放空装置排液操作完成。

(8)溶液回收储罐清洗合格,具备接收溶液条件。

(9)溶液回收阀及排污阀检查疏通。

(10)凝析油单元及硫黄成型装置进料储罐已具备停运条件。

二、停气

(1)联系上下游装置,确认停气时间。

(2)缓慢关闭原料气入厂进气阀。

(3)根据系统压力,缓慢关闭净化气外输阀。

(4)当酸气流量过低时,停止酸气进入硫黄回收单元,硫黄回收单元燃料气除硫。

(5)监控系统压力和各点操作参数。

三、停运主体装置

(一)停运原料气预处理单元

(1)原料气过滤器、分离器排积液。

（2）高压泄压。
（3）氮气置换。
（4）倒闭原料气界区盲板。
（5）空气吹扫。

（二）停运脱硫脱碳单元

（1）湿净化气分离器排积液。
（2）热循环、冷循环。
（3）回收溶液。
（4）高压段部分泄压。
（5）凝结水水洗。
（6）工业水水洗。
（7）完全泄压。
（8）氮气置换。
（9）倒换盲板。
（10）空气吹扫。

（三）停运甘醇法脱水单元

（1）脱水塔分液段排液。
（2）热循环、冷循环。
（3）回收溶液。
（4）高压段部分泄压。
（5）工业水水洗。
（6）完全泄压。
（7）氮气置换。
（8）倒换盲板。
（9）空气吹扫。

（四）停运分子筛法脱水单元

（1）分子筛吸附塔逐级再生。
（2）分子筛逐级冷却降温。
（3）泄压。
（4）氮气置换。
（5）倒换盲板。
（6）空气吹扫。

（五）停运脱烃单元

（1）停运制冷系统。
（2）泄压。
（3）蒸汽吹扫。
（4）氮气置换。
（5）倒换盲板。

(6)空气吹扫。

(六)停运硫黄回收单元

(1)酸气除硫。

(2)燃料气除硫。

(3)过剩氧除硫。

(4)热空气降温。

(5)主燃烧炉熄火。

(6)过程气再热炉及尾气灼烧炉熄火。

(7)风机空气冷却降温。

(8)停运风机,设备自然冷却。

(9)停运液硫脱气设备,清除液硫池残余液硫。

(10)停止保温,蒸汽管网排水。

(11)余热锅炉、冷凝冷却器排水。

(七)停运 SCOT 尾气处理单元

(1)还原段建立气循环。

(2)停运在线燃烧炉。

(3)催化剂钝化处理。

(4)急冷塔水洗 2 次以上。

(5)吸收再生段热循环、冷循环。

(6)吸收再生段回收溶液。

(7)吸收再生段凝结水水洗。

(8)吸收再生段工业水水洗。

(9)氮气置换。

(10)空气吹扫。

(八)停运酸水汽提单元

(1)酸水收集罐酸水处理完毕。

(2)酸水汽提塔冷循环。

(3)氮气置换。

(4)空气吹扫。

四、停运辅助装置

(一)停运硫黄成型装置

(1)液硫池及液硫储罐液硫处理完毕。

(2)停运硫黄成型设备。

(3)排尽液硫管线残余液硫。

(4)氮气置换。

(5)停运蒸汽保温。

(6)停运除尘设备。

（二）停运凝析油稳定装置

（1）停止未稳定凝析油三相分离器进料。

（2）未稳定凝析油三相分离器和未稳定凝析油储罐凝析油处理完毕。

（3）凝析油稳定塔冷循环。

（4）回收凝析油稳定塔和系统管线内凝析油。

（5）蒸汽吹扫。

（6）氮气置换。

（7）凝析油系统倒换盲板。

（8）空气吹扫。

（三）停运蒸汽及凝结水系统

（1）确认蒸汽系统无用户。

（2）降低锅炉负荷。

（3）停运锅炉。

（4）停运锅炉给水设备。

（5）停运锅炉加药设备。

（6）停运除氧水、除盐水设备。

（7）停止锅炉燃料气供给。

（8）蒸汽管网排水。

（9）锅炉燃料气管线泄压、氮气置换。

（10）除盐水、除氧水管线及设备排水。

（11）锅炉自然冷却后排尽锅炉内余水。

（四）停运火炬及放空装置

（1）确认所有单元已停止放空。

（2）停止火炬燃料气供给。

（3）火炬燃料气管网泄压，氮气置换。

（4）火炬及放空装置氮气置换。

（5）放空分离器排液。

五、停运公用系统

（一）停运燃料气系统

（1）确认燃料气系统无用户。

（2）切断燃料气系统来源。

（3）燃料气系统泄压。

（4）氮气置换。

（5）倒闭燃料气系统所有盲板。

（二）停运制氮系统

（1）确认氮气无用户。

（2）停运制氮设备。

(3)排尽氮气储罐内的氮气。

(4)空气吹扫。

(三)停运循环冷却水系统

(1)停止循环冷却水系统加药。

(2)停止循环冷却水系统补充水。

(3)确认循环冷却水系统无用户。

(4)停运循环冷却水冷却风机。

(5)停运循环冷却水泵。

(6)循环冷却水管网排水。

(四)停运污水处理装置

(1)确认污水处理装置集水池液位。

(2)停止配水池进水。

(3)停止厌氧池进水。

(4)停止好氧池进水。

(5)停运撇油、沉降、滗水设备。

(6)停运外排水泵。

(7)做好生化池微生物保护。

(8)排尽检修设备内积水。

(五)停运仪表风、工厂风系统

(1)确认仪表风、工厂风无用户。

(2)停运空气干燥设备。

(3)停运空压机。

(4)排尽仪表风、工厂风储罐余气。

六、界面交接

(1)确认所有盲板倒换合格。

(2)关闭所有安全阀前后截断阀。

(3)打开设备现场排放阀。

(4)做好溶液氮气保护。

(5)切断所有转动设备电源。

(6)对重要的设备及阀门上锁挂牌。

(7)停运 DCS、ESD、F&GS、SCADA 系统。

(8)确认设备具备检修条件。

七、技术要求

(1)天然气净化装置停工是一项庞大和周期较长的系统工作,停工前应编制好装置总体停工方案和各单元具体停工方案,并组织培训。

(2)停工前各单元应做好相应的准备工作,停工顺序应严格遵守,不能颠倒或混乱。由于各净化装置采取工艺和单元设置不一致，停工顺序略有差别。

(3)原料气预处理、脱硫脱碳、脱水、脱烃单元高压部分的停气同时进行，氮气置换也可以同时进行。

(4)硫黄成型装置和凝析油稳定单元停工前应处理完所有产品，并做好产品保护措施。

(5)停工氮气置换合格指标各单元标准一致，可燃气体≤2%，H_2S≤10ppm，温度≤60℃为合格。氮气吹扫置换气应排入火炬及放空装置，严禁就地排放。

(6)空气吹扫目的是确保设备置换便于检修，空气吹扫气应就地排放，严禁排入火炬及放空装置。

(7)其他技术要求参见各单元开工技术要求。

J(GJ)BH003 天然气净化装置开工HSE预案

项目五　系统性检修开工 HSE 安全预案

一、系统性检修开工安全预案

(一)风险分析及削减措施

应对以下过程进行风险分析，并编制相应的风险削减措施：

(1)盲板未完全拆除的风险。

风险分析：在开工准备过程中未将停工时倒换、加装的盲板全部拆除，可能导致设备超压等事故。

削减措施：

① 指定专人负责盲板倒换、拆除工作。

② 盲板倒换、拆除必须按停工时确认的盲板倒换工作单逐一倒换、拆除并记录。

(2)系统检漏过程中存在窜压、中毒、爆炸等风险。

风险分析：系统检漏过程中可能存在阀门开关错误引发的窜压事故，也可能会因检修安装质量的原因以及升压速度过快导致爆炸事故以及 H_2S 泄漏造成中毒事故等。

削减措施：

① 严格执行启动前安全检查管理规定。

② 高、中、低压系统应分段分级检漏。

③ 升压速度≤0.3MPa/min。

(3)进气时，存在系统超压的风险。

风险分析：脱硫脱碳单元进气时，因上下游沟通不畅、出厂界区阀、调节阀打不开等原因可能会造成系统超压。

削减措施：

① 进气前确认上、下游的通信联络是否畅通。

② 进气过程中加强与上下游单位的协调。

③ 紧急情况，可采取原料气部分放空的办法。

④ 进气时应安排现场重点岗位操作人员值守，情况紧急可采取现场手动放空。

(4)进气放空时,存在环境污染和H_2S中毒的风险。

风险分析:进气过程中原料气或酸气放空时,如果火炬熄灭,可能造成环境污染和H_2S中毒。

削减措施:

① 进气前检查火炬燃烧情况,可适当加大长明火燃料气量。

② 进气前检查放空分液罐无液位。

③ 放空过程中密切监视火炬燃烧情况,并适当控制放空速度。

(二)作业前的准备

(1)正压式空气呼吸器、防毒面具、气体检测仪、便携式报警仪等安全防护器材应处于正常状态。

(2)特种作业应使用取得相应操作证的人员。

(3)进入作业现场操作前要认真检查HSE设施是否齐全,个人防护用品是否准备好。

(三)作业安全通则

(1)开工人员须严格遵守各项HSE管理制度,严禁"违章指挥、违章操作、违反劳动纪律"的"三违"现象发生。

(2)进入作业现场的所有人员应正确穿戴劳动保护用品。

(3)开工期间送电由单元负责人执行,须按规定申请解除电气隔离。

(4)杜绝习惯性违章十大共性问题:

① 进入生产环境未按规定穿戴劳动保护用品或操作时佩戴饰物。

② 攀爬、登高作业未采取防护措施或上下台阶不扶扶手。

③ 未执行监护监督制度,单人进行操作。

④ 选用工具不当,随意放置和丢弃工具,忽视工具维护保养。

⑤ 随意扔、倒或排放易燃、易爆、有毒、有害废弃物。

⑥ 进入易燃易爆环境未按规定做消除静电处理、携带火种或接、拨手机。

⑦ 使用汽、柴油等有机溶剂擦拭设备、场地或用湿布擦拭带电电气设备。

⑧ 酒后驾驶、疲劳驾驶、驾驶时不系安全带或接、拨手机,超速、超载或客货混运。

⑨ 封闭或阻塞安全通道。

⑩ 进入受限空间或可能存在有毒有害、易燃易爆气体空间作业前未按规定进行检测。

二、系统性检修开工环境保护方案

(一)环境因素的识别

开工前组织对开工作业过程中可能出现对环境造成影响的因素进行识别、评价和管理。开工过程中主要环境因素有:

(1)清洗溶液储罐、排放放空分液罐和管线积液时存在H_2S中毒的风险。

风险分析:清洗溶液储罐、排放放空分液罐和管线积水等操作存在H_2S中毒的风险。

削减措施:

① 排放污水时尽可能密闭排放。

② 进入前必须用轴流风机在储罐的上人孔抽风,使空气由下人孔向上人孔流动,取样

分析合格后许可进入溶液储罐清洗,必须严格按受限空间作业要求执行。

③ 现场作业必须按规定佩戴 H_2S 报警仪;并注意观察风向,站在上风向且 2 人以上同时作业,现场安全监护人员不得离开。

(2)阀门试压过程中存在爆炸的风险。

风险分析:使用 O_2 做试压介质或操作失误以及机械疲劳等都有发生试压设备或试压阀门爆炸的风险。

削减措施:

① 严禁使用 O_2 做试压介质。

② 试压时,操作人员严禁正对阀门手轮。

③ 严格按试压设备操作规程进行操作。

④ 试压时严禁超过阀门额定压力。

⑤ 操作时不能用沾有油污的手套作业。

(3)集气站和净化厂存在发生超压事故的风险。

风险分析:停气过程中,上、下游动作不协调或沟通不及时,如净化厂直接关闭出厂界区阀可能造成装置超压,如直接关闭进厂界区阀可能造成上游集气站超压。

削减措施:

① 压力控制设置在自动控制状态,并设定恰当设定值。

② 确认上、下游通信畅通,加强同上、下游单位协调。

③ 根据原料气、净化气流量,原料气进厂、系统压力等参数综合判断关闭进出厂界区阀时间。

④ 在关闭进出厂界区阀时应安排操作工现场值守在原料气现场放空阀处预防出现紧急情况。

(4)放空管道积液,放空管网存在损坏的风险。

风险分析:放空管道或放空分液罐内积液,导致在系统放空泄压过程中,天然气、酸气、燃料气等不能顺利放空至火炬,导致放空管道剧烈震动,从而可能造成放空管网损坏。

削减措施:

① 停气前,排尽放空管道及分液罐中液体。

② 放空过程中,要控制放空速度,避免迅猛开启放空阀泄压。

③ 原料气、酸气放空时,存在环境污染及中毒的风险。

(5)放空时火炬熄灭的风险。

风险分析:在装置放空时,如果火炬熄灭,造成原料气和高浓度酸气未燃烧,直接排至大气,将造成环境污染和人员中毒等重大安全环保事故。

削减措施:

① 放空前确认火炬正常燃烧。

② 放空时,控制放空速度,观察火炬燃烧情况。

(6)热、冷循环过程中再生塔出现负压的风险。

风险分析:冷循环过程中如果再生塔压力控制不好,加之塔内温度大范围变化,可能造成再生塔负压抽空事故。

削减措施：

① 确认再生塔压力控制处于自动状态，加强该参数的监控。

② 在冷循环开始前要打通再生塔升压流程，如果压力下降应及时补入氮气。

(7)脱硫、脱水停止循环后，存在发生高、中、低压窜压的风险。

风险分析：脱硫、脱水停止循环后，如果高、中、低压段隔断阀门内漏或未有效隔断，可能发生窜压事故。

削减措施：

① 在停止循环后，应首先通过观察设备液位变化及管线内液体流动状况分析判断高、中、低压段的隔断是否有效，如阀门内漏应及时关闭相邻的手动截断阀，并在检修中更换泄漏阀门。

② 在检查确认后建议有条件的关闭高、中、低压段隔断的联锁阀，彻底隔断高、中、低压段。

(8)回收溶液时，存在窜压的风险。

风险分析：回收溶液时，各段压力不同，如高、中、低压段同时回收或者排放速度过大都可能发生窜压。

削减措施：

① 回收溶液前打开溶液储罐上部排气阀。

② 进行冷循环的过程中，利用运行压力疏通脱硫脱碳、脱水单元各低位回收点，以保证溶液回收顺利进行。

③ 冷循环结束之后，对高压段放空适当降低压力，然后再回收溶液。

④ 回收溶液应严格按高、中、低压顺序分阶段进行，严禁同时排放；必须有人监视回收点，当有气体排出时，应立即关闭阀门。

⑤ 严格控制回收溶液速度。

⑥ 应记录回收前后溶液储罐液位，计算较准确的溶液回收量，以判断回收工作进行程度。

(9)回收溶液时，可能发生 H_2S 中毒的风险。

风险分析：停工回收溶液过程中，可能由于 H_2S 的逸出，造成操作人员 H_2S 中毒事故的发生。

削减措施：

① 停工过程中，脱硫热循环应使溶液中 H_2S 彻底解析。

② 疏通低位回收点时，一定要在溶液热循环结束之后、冷循环过程中进行。

③ 在冷循环过程中应用氮气置换再生塔（控制置换速度，排放置换气应注意火炬燃烧状况）。

④ 在回收溶液之前，要关闭至硫黄回收单元的酸气阀，同时将再生段放空泄压至零，以防酸气逸出。

⑤ 回收溶液时应注意溶液储罐和低位罐附近 H_2S 中毒。

⑥ 现场作业必须按规定佩戴 H_2S 报警仪；应随时观察风向，站在上风向（即逆风方向）

进行作业，并且现场安排 2 人以上作业。

(10)回收溶液存在溶液灼伤的风险。

风险分析：在回收溶液过程中，可能由于溶液泄漏而导致灼伤事故。

削减措施：

① 在回收溶液之前，首先要确认关闭好相应阀门，并控制溶液回收速度，以防止回收溶液时溶液溢出。

② 穿戴好劳保用品。

(11)水洗过程中，存在 H_2S 中毒的风险。

风险分析：装置水洗之后排水时，可能由于 H_2S 的逸出，从而造成操作人员 H_2S 中毒。

削减措施：

① 在系统水洗过程中，禁止加入蒸汽加热。

② 在冷循环过程中应用氮气置换再生塔（应控制置换速度，排放置换气时应注意火炬燃烧状况）。

③ 在现场作业必须按规定佩戴 H_2S 报警仪；应随时观察风向，站在上风向（即逆风方向）进行作业，并且现场安排 2 人以上作业。

(12)氮气置换过程中存在 H_2S 中毒的风险。

风险分析：装置在氮气置换过程中，可能由于 H_2S 的逸出而造成操作人员 H_2S 中毒。

削减措施：

① 在现场作业时，必须按规定佩戴 H_2S 报警仪，应注意观察风向，站在上风向进行作业，并且现场安排 2 人以上作业。

② 氮气置换的天然气、酸气必须排放至放空及火炬装置。

(13)空气吹扫过程中存在空气窜入火炬及放空装置发生闪爆的风险。

风险分析：在脱硫、脱水单元进行空气吹扫过程中，可能发生空气窜入火炬造成火炬系统闪爆事故。

削减措施：

① 在进行空气吹扫前，须确认到火炬及放空装置的所有阀门关闭。

② 空气吹扫前关闭安全阀的前后截断阀。

(14)空气吹扫时存在 FeS 自燃，引起火灾爆炸风险。

风险分析：在进行空气吹扫时，如原料气分离设备的内壁及其他设备、管线上附着的 FeS 以及其他一些可燃物质（如凝析油），由于 FeS 着火燃烧从而引起设备或管线被烧坏或火灾爆炸。

削减措施：

① 在空气吹扫过程中，加大对现场设备及管线的监护巡检频率，关注设备及管线外表面温度，并观察空气吹扫气排放口是否有烟尘排出。

② 控制吹扫空气用量，控制空气流速。

③ 在空气吹扫前，加新鲜水对分离设备内壁进行浸湿。

④ 含油的设备和管道要用蒸汽吹扫至合格。

(15)可能存在漏加盲板的风险。

风险分析:停工加装盲板过程中,可能发生漏加盲板的情况。

削减措施:

① 制定停工方案时编制盲板倒换汇总表,并绘制盲板加装图,加装前签认盲板倒换工作单。

② 指定专人负责盲板倒换,倒换完毕后作业人员与技术人员共同签认盲板倒换工作单并存档(开工时应按盲板倒换工作单倒换盲板)。

③ 关键阀门要进行上锁管理。

(16)倒盲板过程中存在 FeS 自燃、中毒的风险。

风险分析:倒盲板过程中,管线、法兰上沉积的 FeS 接触空气后可能自燃,管线里残存的有毒气体可能造成中毒风险。

削减措施:

① 严格执行设备与管线打开作业管理相关规定,办理作业许可。

② 倒盲板前,应对管线内介质彻底置换。

③ 在倒换原料气盲板时,现场准备灭火器材。

④ 作业人员应正确穿戴防护用品。

⑤ 全程密切监控盲板倒换过程。

(二)监测方案

保证取样的代表性及取样数据的准确性。

(1)吹扫阶段的取样,要求排尽残存物质后再取样,取样时应在正压下进行,防止混入外界气体。

(2)采样时连接干燥管,确保所取气样体积为干基体积。

(三)污水水质水量控制措施

(1)开工投加溶液前,检查各设备、仪表、管道及低点阀门,严禁溶液漏、溢至地面;贫液设备、管线排气时,使用容器收集带出液体。

(2)凝结水水洗时,回收稀溶液。

(3)打扫场地时,先机械清扫,再用水冲洗。

(4)系统水洗时控制低液位、大循环量;排水时,使用污水收集器进行回收。

(四)开工过程中环境事件应急措施

(1)取样分析凝结水水洗污水指标,若未达到外排指标且向外溢流或渗透污染厂区外农田,应立即组织人员进行补漏或转移,防止污染继续发生,并对受污染的区块进行处理。

(2)严格控制检修质量,确保一次试压合格;若出现放空,生产单位负责填报天然气、酸气放空量和放空时间,并及时将放空情况上报天然气净化厂质量安全环保部门。在原料气、酸气放空前,确认火炬处于燃烧状态,放空时应缓慢进行,防止气流将火炬冲灭。若放空遇暴雨,应降低放空速度,减轻对周边环境的污染。

(五)监督、检查

本环境保护方案由环境监测部门负责监督实施。

J(GJ)BH004 天然气净化装置停工HSE预案

项目六　系统性检修停工 HSE 安全预案

一、系统性检修停工安全预案

（一）风险分析及削减措施

应对以下过程进行风险分析，并编制相应的风险削减措施：

（1）停工准备工作。

（2）停工过程中停气过程、热冷循环、溶液回收、水洗、氮气置换、空气吹扫、系统隔断、硫黄回收单元除硫操作、硫黄回收单元吹扫冷却等。

（3）停工过程中可能存在的其他风险，如装置停工原料气及酸气放空的风险，违章指挥、违章作业的风险，误操作的风险等。

（二）作业前的准备

（1）空气呼吸器、防毒面具、气体检测报警仪等安全防护器材应处于正常状态。

（2）特种作业应使用取得相应操作证的人员。

（3）进入停工作业现场作业前要认真检查 HSE 设施是否齐全，个人防护用品是否准备好。

二、系统性检修停工环境保护方案

（一）环境因素的识别

停工前组织对停工作业过程中可能出现对环境造成影响的因素进行识别、评价和管理。停工检修过程中主要环境因素有：

（1）原料气放空。正常停工时，设备管线中残余的原料天然气经燃烧后放空。

（2）溶液、高浓度检修污水溢漏。回收溶液过程中，设备、管道及低点排放阀等处溶液泄漏；工业水水洗塔、罐等产生的高浓度污水溢漏。

（3）停工作业过程中产生的放空气流声等。

（二）溶液回收

（1）溶液回收是否彻底，直接影响到工业水水洗产生污水的 COD 量，即回收率越高，检修污水 COD 总量越小，污水处理单元处理负荷越小。

（2）停工前将溶液储罐清洗备用。

（3）停工热循环结束时，利用系统压力提前疏通脱硫、脱水单元各低位回收点，确保溶液回收顺利进行。

（4）进行冷循环时，尽量将溶液赶至低压段，以便回收溶液时可将大多数溶液直接压入溶液储罐。

（5）回收溶液时，遵循先高压、再中压、最后低压的顺序逐级回收，严禁留有死角。回收过程中应有人监视，注意防止 H_2S 中毒。

（6）用 N_2 气建压，回收管线中残存的溶液。

（7）生产单位负责记录溶液回收量，计算系统溶液回收率。

(三)监测方案

(1)监测目的。

为预防中毒事故、环境污染事故的发生,确保检修工作顺利进行,应对受限空间、溶液回收率、检修污水水质水量、污水处理装置排污等进行监测和控制。

(2)监测范围及项目。

① 回收系统溶液的浓度、体积检测,计算系统溶液回收率。

② 工业水水洗污水的水质(CODcr、PH、石油类、硫化物、悬浮物、氨氮等)、水量检测。

③ 污水处理单元排放水水质(CODcr、PH、石油类、硫化物、悬浮物、氨氮等)检测。

(3)监测方法。

溶液回收量、工业水水洗污水水量可根据容器体积估算。回收溶液浓度采用仪器法分析,污水水质采用国家标准方法分析。

(4)监测项目指标。

排放水指标执行《污水综合排放标准》(GB 8978—1996)一级。

(5)保证取样的代表性及取样数据的准确性。

① 置换、吹扫阶段的取样,要求排尽残存物质后再取样,取样时应在正压下进行,防止混入外界气体。

② 采样时连接干燥管,确保所取气样体积为干基体积。

(四)污水水质水量控制措施

(1)停工回收溶液前,检查各设备、仪表、管道及低点阀门,严禁溶液漏、溢至地面。

(2)控制低液位、大循环量工业水水洗。

(3)检修过程中,净化工段负责记录工业水水洗污水的水质、水量。

(五)污水处理单元的运行管理

(1)检修前准备工作。

① 检查各机泵、设备是否正常,确保检修期间污水处理正常运行。

② 将原水池、配水池处理至最低液位,确保足够空间检修。

③ 调节驯化生化池微生物活性,确保污水处理运行效率高。

(2)检修期间污水处理运行管理。

① 高浓度污水分类收集。

② 污水经化验分析后,依据水质、水量编制检修污水处理进度计划表,根据水质(主要为 COD 浓度)与一般污水或新鲜水混合后进污水处理装置。

③ 污水经处理合格后方可外排,不合格则返回原水池重新处理。

④ 加强巡检,特别注意各污水池的液位,杜绝污水溢出池外造成环境污染事故。

(六)检修过程中环境事件应急措施

(1)工业水水洗污水向外溢流或渗透污染厂区外农田,应立即组织人员进行补漏或转移,防止污染继续发生,并对受污染区块进行处理。

(2)控制原料气系统压力降至最低限后,开始将残余天然气放空;酸气系统流量低于设计值最低限时,将酸气放空燃烧;生产单位负责填报天然气、酸气放空量和放空时间,并及时将放空情况上报天然气净化厂质量安全环保部门。在原料气、酸气放空前,确认火炬处于燃烧状态，开始放空时尽量缓慢，防止气流将火炬冲灭。若放空遇暴雨，应降低放空速度，减轻对周边环境的污染。

（七）监督、检查

本环境保护方案由环境监测部门负责监督实施。

临停检修开工 HSE 安全预案、临停检修停工 HSE 安全预案、首次开工 HSE 安全预案与上述 HSE 安全预案编制方法相似。临停检修开、停工重点在于识别检修部分的风险，要严格合理制定相应的应对措施，而首次开工更应该全盘考虑，把控细节操作的风险。

模块九　装置管理

项目一　装置生产疑难问题解决方法

J(GJ)BI001 装置生产运行中疑难问题解决方法

疑难问题是指装置在正常生产运行中，当产品质量、工艺参数、生产设备出现异常时，操作人员按照操作规程进行详细排查和处理后，仍不能排除的异常情况；有时也将装置长期无法解决的日常性问题或装置工艺参数无明显的变化，但对装置设备、产品质量、安全生产产生严重影响的不确定问题称为疑难问题。疑难问题包括：工艺疑难问题、操作疑难问题和设备疑难问题。

一、处理和汇报

当装置出现疑难问题时，操作人员应按下列等级进行相应的处理和汇报。

（1）不影响装置产品质量、设备安全、工艺安全时，应立即向生产管理部门汇报，并采取相应措施，防止其影响装置的正常生产。

（2）可能影响装置产品质量、设备安全、工艺安全时，应立即向生产部门汇报并要求协助处理。

（3）直接影响装置产品质量、设备安全、工艺安全时，应立即停工，并采取相应措施解除装置的安全风险或质量风险，同时向生产部门汇报要求协助处理。

二、疑难问题处置程序

（1）对发生疑难问题相关设备、相关工艺参数的现场参数原始记录、中控参数趋势记录、分析数据、巡检记录等进行全面的收集和整理，编制数据统计图、统计表。

（2）对数据统计图表进行现场讨论、分析，最后确定建议处理措施，做好相关记录。

（3）将讨论、分析和建议措施上报生产管理部门，得到批准后实施。

（4）编制实施方案（上级批准后），明确负责人和操作人，以及相应的安全措施。

（5）向生产管理部门报批实施方案，审核后组织现场实施。

（6）实施前与生产管理部门、生产班组及相关联单位联系，得到同意后方可作业。

（7）操作人员和配合人员按方案进行疑难问题的处理，并记录处理过程中各项重要节点的操作时间、地点、操作人员及操作情况（参数变化）等。

（8）实施过程中要随时关注相关装置或单元的生产情况，掌握其变化情况和作业对装置产生的影响。

（9）实施过程中，发生异常情况或不确定性情况时，应立即停止，防止意外情况发生。

（10）作业完成后，组织人员对疑难问题是否彻底解决进行评估，确认是否达到预期目标。

(11)疑难问题未得到完全解决或未达到预期目标,应组织相关人员重新讨论、分析、再次提出新的方案或措施,并按程序进行,直到问题彻底解决。

(12)若疑难问题得到完全解决,应及时告知生产班组,恢复装置正常操作,同时汇报生产管理部门。

(13)做好疑难问题处理过程的记录,梳理处理过程中存在的问题和收获,编制相关疑难问题的处置措施,做好相关资料的保存。

J(GJ)BI002
装置安全隐患
判断及处理

项目二　装置安全隐患判断及处理

安全隐患是指在日常生产过程中,由于人为因素,物的变化,以及环境的影响,产生的各种各样的问题、缺陷、故障、隐患等不安全因素,若不发现、不查找、不消除,将影响或干扰装置的正常运行。这些不安全因素只要在检查发现后,及时消除处理,解决问题,不会形成事故隐患,若不进行整治或不采取有效安全措施,易导致事故的发生。

安全隐患包含工艺安全隐患、设备安全隐患、操作安全隐患、人为安全隐患和环境条件变化形成的安全隐患等。在生产过程中,当操作人员发现装置工艺参数异常波动或不在正常范围内时,设备存在跑、冒、滴、漏或异常声音、变形、变色等现象时,工艺操作存在不安全因素时,工作人员存在不安全状态时,环境变化可能产生的不安全影响时,均可识别为装置的安全隐患。对装置安全隐患的判断是操作人员的一项基本技能,更是技师和高级技师的一项必备技能。操作人员应仔细识别装置存在的各种安全隐患,采取适当的隐患防范措施,确保装置的安全正常生产。日常生产中,操作人员应按时巡检、记录,及时调整各项工艺参数,若对某项工艺参数或操作条件产生疑问时,应当首先识别为安全隐患,然后按以下程序进行相应处理:

(1)确认此项工艺参数、设备运行、工艺操作、环境变化、操作人员状态是否存在安全风险。

(2)组织、邀请相关人员进行分析、讨论,然后对该项安全隐患按安全风险评价方法进行风险评估,并给出评估分数(LEC 法等)。

(3)根据讨论情况,确定此项安全隐患的安全风险大小是否在允许范围内,是否可控。

(4)安全隐患在可控范围内,应采取何种安全措施进行防护,然后上报安全管理部门备案;并根据安全部门对安全隐患的管理规定进行相应的处理。

(5)安全隐患在不可控范围内或安全后果较大,应立即上报生产部门和安全部门,由专业人员对其进行安全风险评估,然后确定相应处理措施。

(6)安全隐患后果非常大,而且不可控,随时都有可能发生危险,应立即请示相关部门后停工,然后由生产管理部门和安全管理部门组织讨论,确定相应处理措施。

(7)安全隐患处置完成后,应及时消除,并做好安全隐患发现、处理和消除记录,备案。

当装置出现安全隐患时,无论安全隐患的大小、级别、后果如何,都应采取相应的安全隐患处置程序进行处理,并做好相关的操作记录或安全记录,警示岗位人员,防止事故的发生。

J(GJ)BI003 装置设计、建设基础资料

项目三 装置设计、建设基础资料

化工设计是将一个系统全部用工程制图的方法,描绘成图纸、表格及必要的文字说明,也就是把工艺流程、技术装备转化为工程语言的过程。

化工装置设计包括:工艺、机械、自控、电气、热工、总图、运输、土建、结构、采暖、给排水、三废处理及技术经济等多种专业,并要求各专业之间紧密合作,协同配合,其中化工工艺设计起着贯穿全过程,起组织协调各专业设计工作的作用。

工艺设计包括:生产方法的选择,工艺流程设计,工艺计算,设备选型,装置布置以及管道布置设计,向非工艺专业提供设计条件,设计文件以及概算编制依据等。

一、工程设计主要内容

(一)工艺方法选择

工艺方法选择就是选择工艺路线。选择的结果将决定整个生产工艺能否达到技术先进、经济合理的要求,所以它是决定设计质量的关键。工艺路线是通过编制的多种方案比选确定的。

工艺方法的选择包含下列基础资料:

(1)各种工艺方法及工艺流程设计资料。

(2)各种工艺方法的技术经济资料。

(3)物料衡算资料。

(4)热量衡算资料。

(5)设备计算资料。

(6)车间布置资料。

(7)管路设计资料。

(8)非工艺设计资料。

(9)其他相关资料。

(二)工艺流程设计

工艺流程设计的主要内容包括两个方面:

(1)确定生产流程中各个生产过程的具体组成、顺序和组合方式,达到加工原料以制取所需产品的目的。

(2)绘制工艺流程图,以图解的形式表示出生产过程中原料经过各个单元操作过程制得产品时,物料和能量发生的变化及其流向,以及采取了哪些化工过程和设备,再进一步通过图解形式表示出化工管路流程和仪表控制流程。

对技术许可而言,工艺设计是许可技术核心,包含了专利和专有技术的内容;单纯的专利许可只是一个权利,和性能保证没有必然的联系,专有技术是和性能保证密切相关。完整、准确的工艺设计,可以保证实施技术的可行和可靠。

(三)绘制工艺流程图

工艺流程图是一种示意性的图样,它以形象的图形、符号、代号表示出化工设备、管路、

附件和仪表自控等,以表达一个化工生产过程中,物料及能量的变化始末。工艺流程图设计最先开始,也最后才能完成。图的绘制一般分为三个阶段进行:先绘制生产工艺流程草图,再绘制物料流程图,最后绘制带控制点的工艺流程图。

工艺流程图是以车间(装置)或工段(工序)为主项进行绘制。原则上一个主项绘一张图样,如流程复杂可分成数张,但仍算一张图样,使用同一图号。绘制的比例一般采用1∶100,如设备过大或过小,则比例相应用1∶200或1∶50。

(四)物料衡算

工艺设计中,物料衡算是在工艺流程确定后进行的。目的是根据原料与产品之间的定量转化关系,计算原料的消耗量,各种中间产品、产品和副产品的产量,生产过程中各阶段的消耗量以及组成,进而为热量衡算、其他工艺计算及设备计算打基础。物料衡算是以质量守恒定律为基础对物料平衡进行计算。物料平衡是指"在单位时间内进入系统(体系)的全部物料质量必定等于离开该系统的全部物料质量再加上损失掉的和积累起来的物料质量"。对于连续操作过程,系统内物料积累量等于零。

(五)热量衡算

物料衡算之后便可以进行热量衡算,两者同是设备计算及其他工艺计算的基础。热量衡算是能量衡算的一种,全面的能量衡算包括热能、动能、电能等。热量衡算以能量守恒定律为基础,即在稳定的条件下,进入系统的能量必然等于离开系统的能量和损失能量之和。通过计算传入或传出的热量,确定加热剂或冷却剂的消耗量以及其他能量的消耗;计算传热面积以决定换热设备的工艺尺寸;确定合理利用热量的方案以提高热量综合利用的效率。热量衡算有两种情况:一种是对单元设备做热量衡算,当各单元设备之间没有热量交换时,只需对个别设备做计算;另一种是整个过程的热量衡算,当各工序或单元操作之间有热量交换时,必须做全过程的热量衡算。

(六)主要设备选型

设备计算与选型是在物料衡算和热量衡算的基础上进行的,其目的是决定工艺设备的类型、规格、主要尺寸和台数,为车间布置设计、施工图设计及非工艺设计项目提供足够的设计数据。由于化工过程的多样性,设备类型也非常多,所以,实现同一工艺要求,不但可以选用不同的操作方式,也可以选用不同类型的设备。当单元操作方式确定之后,应根据物料平衡所确定的物料量以及指定的工艺条件(如操作时间、操作温度、操作压力、反应体系特征和热平衡数据等),选择一种满足工艺要求而效率高的设备类型。定型产品应选定规格型号,非定型产品要通过计算以确定设备的主要尺寸。

(七)设计车间布置图、设备布置图和管线布置图

车间布置设计是在工艺流程设计和设备选型完成后进行的。

车间布置设计是否合理直接关系到基建投资、车间建成后是否符合工艺设计要求、生产能否在良好的操作条件下正常安全地运行、安装维修是否方便,以及车间管理、能量利用、经济效益等问题。

车间布置设计是以工艺专业为主导,并在其他专业密切配合下集中各方面意见,最后由工艺专业人员汇总完成的。

设备布置设计要提供设备布置图、设备安装详图和管口方位图,其中设备布置图最主要。设备安装图是表示固定设备支架、吊架、挂架、操作平台、栈桥、钢梯等结构的图样；管口方位图表示设备上各管口以及支座等周向安装的图样，有时该图由管路布置设计提供。

管路布置设计又称配管设计，是施工图设计阶段的主要任务。据有关资料介绍，管路设计的工作量占总设计工作量的40%，管路安装工作量占工程安装总工作量的35%，管路费用约占工程总投资的20%，因此，正确合理进行管路布置设计对减少工程投资、节约钢材、便于安装、操作和维修，确保安全生产以及车间布置整齐美观都起着十分重要的作用。

管路布置设计以工艺设计提供的带控制点工艺流程图、设备布置图、物料衡算与热量衡算、工厂地质情况、地区气候情况、有关配管施工、验收规范标准，以及水、电、汽等动力来源等为基础资料。

（八）编制设计说明书和概算

工艺专业初步设计阶段应编制的内容：设计说明书和说明书的附图、附表。

1. 设计说明书编制内容

（1）概述。设计原则说明：设计依据、车间概况及特点、生产规模、生产方法、流程特点、主要技术资料和技术方案的决定，主要设备的选型原则等。车间组成说明车间组成、设计范围、车间布置的原则和特点等。生产制度说明年操作日，连续和间歇生产情况以及生产班次等。

（2）原材料及产品（包括中间产品）的主要技术规格。

（3）危险性物料主要物性。

（4）生产流程简述。

（5）主要设备选择与计算。

（6）原材料、动力消耗定额及消耗量。

（7）生产控制分析。

（8）车间或工段定员。

（9）三废治理。

（10）产品成本估算。

（11）自控部分。

（12）概算。

（13）存在问题及解决意见。

2. 概算编制内容

主要包括：单位工程概算；综合概算；其他工程和费用概算；总概算。其中，总概算包括编制说明书，主要设备，建筑安装的三大材料（钢材、木材、水泥）用量估算表，投资分析及总概算表。

二、工厂建设主要内容

（一）编制工程计划

按总体统筹网络计划进度和设计图纸交付、设备材料交货进度和资金到位等情况编制工程计划。在工程建设中，可根据实际情况调整中期统筹控制计划，但必须确保总目标的实现，努力在规定的工期内建成开工。

（二）建立质量管理机构

项目部和施工、监理单位要设置质量管理机构，建立健全质量管理体系，配备一定数量的工程质量管理人员和必要的监测手段，对工程质量进行严格监督检查。工程质量必须符合标准、规范和设计要求。要严格按规定进行评定和验收，确保质量。在建设过程中必须接受政府部门的工程质量监督。

（三）设备验收

到厂的设备、材料应指定一名负责人专管检验工作，加强对接、检、运、管人员的领导和管理，并建立以责任心强、业务熟悉人员为骨干的专职班子，统一管理接运、装卸、检验、保管和发放等工作。设备、材料的检验工作，应按照国家有关规定及时向地方商检部门、劳动部门申报和联系组织有关单位参加。

（四）建设过程中的资金控制

项目在实施过程中，项目部要加强资金控制，千方百计节约资金。在确保生产使用功能条件下，在初步设计总概算投资范围内，可根据工程实际情况调整工程之间的资金余缺，但要控制在设计概算内。若突破总概算时，需由设计单位按《化工工程调整概算编制办法》负责编制调整概算。严格控制工程概算是每个建设者的责任，初步设计概算确定后，一般不做调整。调整概算的基本条件是，在施工图设计预算的基础上，设备订货量达到80%、到货量达到60%，安装工程量完工60%，土建工程量完工80%以上时方可进行。

（五）工程中间交接

（1）工程扫尾与单机试车。

① 在工程安装基本结束时，施工单位应抓扫尾、保试车，按照设计和试车要求，合理组织力量，认真清理未完工程和工程尾项，并负责整改消缺；项目部应抓试车、促扫尾，协调、衔接好扫尾与试车的进度，组织生产人员及早进入现场，及时发现问题，以便尽快整改。

② 工程按设计内容安装结束时，在施工单位自检合格后，由质量监督部门进行工程质量初评，项目部组织生产、施工、设计、质监等单位按单元和系统，分专业进行“三查四定”。三查：查设计漏项、查施工质量隐患、查未完工程。四定：对检查出的问题定任务、定人员、定措施、定整改时间。

③ 机泵、机组及与其相关的电气、仪表、计算机等的监测、控制、联锁、报警系统，安装后，都要进行单机试车（仪表调试联校）。目的是检验设备的制造、安装质量和设备性能是否符合规范和设计要求。

④ 由项目部组织成立试车小组，由施工单位编制试车方案和实施，生产单位配合，设计、供应、质监等单位参加。如施工单位力量不够，可由生产技术人员编制方案，并组织生产人员配合施工单位进行单机试车工作。单机试车时需要增加的临时设施（如管线、阀门、盲板、过滤网等），由施工单位提出计划，项目部审核，施工单位施工。

⑤ 单机试车所需要的水、电、汽、风等公用工程及原材料、物料等由项目部负责供应。

⑥ 单机试车过程要及时填写试车记录，单机试车合格后，由项目部组织生产、工程管理、施工、设计、质监等人员确认、签字。

⑦ 大机组试车应具备的条件：机组安装完毕，质量评定合格；系统管道耐压试验和冷换设备气密试验合格；工艺和蒸汽管道吹扫或清洗合格；动设备润滑油、密封油、控制油系统清洗合

格;安全阀调试合格并已铅封;同试车相关的电气、仪表、计算机等调试联校合格;试车所需要的介质已到位;试车方案已批准,指挥、操作、保运人员到位;测试仪表、工具、防护用品、记录表格准备齐全;试车设备与其相连系统已隔离开,具备自己的独立系统;试车区域已划定,有关人员凭证进入;试车需要的工程安装资料,施工单位整理完,能提供试车人员借阅。

⑧ 某些需要实物料进行试车的设备,可留到投料试车阶段再进行单机试车。

(2)系统清洗、吹扫、气密性试验。

① 系统清洗、吹扫、气密性试验由生产单位编制方案,施工、生产单位实施,并最终由生产单位确认。

② 系统清洗、吹扫、气密性试验要严把质量关,使用的介质、流量、流速、压力等参数及检验方法,必须符合设计和规范的要求。系统进行吹扫、清洗时,严禁不合格的介质进入机泵、换热器、塔、反应器等设备,管道上的孔板、流量计、调节阀、测温元件等在化学清洗或吹扫时应予拆除,焊接的阀门要拆掉芯或全开。

有特殊要求的管道、设备的吹扫、清洗应按有关规范进行特殊处理。

(3)工程中间交接。

工程中间交接标志着工程施工安装的结束,由单机试车转入联动试车阶段,是施工单位向生产单位办理工程交接的一个必要程序,中间交接只是装置保管、使用责任的移交,不解除施工单位对工程质量、竣工验收应负的责任,直至竣工验收。

① 工程中间交接应具备的条件:

A. 工程按设计内容施工完。

B. 工程质量初评合格。

C. 工艺、动力管道的耐压试验完,系统清洗、吹扫、气密完,保温基本完。

D. 静设备强度试验、无损检验、清扫完。

E. 动设备单机试车合格(需实物料或特殊介质而未试车者除外)。

F. 大机组负荷试车完,机组保护性联锁和报警等自控系统调试联校合格。

G. 装置电气、仪表、计算机、防毒防火防爆等系统调试联校合格。

H. 装置区施工临时设施已拆除,工完、料净、场地清,竖向工程施工完。

I. 对联动试车有影响的“三查四定”项目及设计变更处理完,其他未完尾项责任、完成时间已明确。

② 工程中间交接的内容:

A. 按设计内容对工程实物量的核实交接。

B. 工程质量的初评资料及有关调试记录的审核验证与交接。

C. 安装专用工具和剩余随机备件、材料的交接。

D. 工程尾项清理及完成时间的确认。

E. 随机技术资料的交接。

工程中间交接先由项目部组织生产、施工、设计单位按单元工程、分专业进行中间验收,最后组织生产、工程管理、施工、设计单位参加的中间交接会议,并分别在工程中间交接协议书及附件上签字。

(六)生产准备

生产准备工作贯穿于工程建设项目始终。

项目立项后,要编制《生产准备工作纲要》,使生产准备与投料试车工作纳入工程建设项目的总体统筹控制计划之中。

生产准备主要包括组织准备、人员准备、技术准备、物资准备、资金准备、营销准备、外部条件准备。

1. 组织准备

(1)项目立项后,要组建生产准备机构,根据工程建设进展情况,按照精简、统一、效能的原则,逐步完善机构,负责生产准备工作。

(2)根据总体试车方案的要求,及时成立试车的领导机构,统一组织和指挥有关单位做好单机试车、联动试车、投料试车及生产考核工作。

(3)根据设计要求和工程建设进展情况,适时地组建各级生产管理机构,以适应生产管理的实际需要。

2. 人员准备

(1)根据批准的定员指标,编制人员进厂计划,适时配备人员。

(2)人员配备应注意年龄结构、文化层次、技术等级的构成。主要的生产管理、技术人员在基础设计之前进厂,其他人员陆续配备。

(3)制定好全员培训计划,认真抓好培训工作,使各级管理人员、技术人员、操作人员经过严格培训和考核,达到任职上岗条件。

(4)各级管理人员的培训,应重点进行本专业及相关知识教育,提高管理水平,适应试车指挥与生产管理的需要。

(5)技术人员、班组长和主要操作人员等骨干的培训,应着重组织好专业知识学习、同类装置实习、计算机仿真及劳动安全、环保、消防和工业卫生知识的培训,通过单机试车和联动试车,提高业务素质和技术水平,使之在投料试车中发挥技术和生产骨干作用。

(6)新工人经入厂三级安全教育后,一般分如下五个阶段进行全过程培训:基础知识和专业知识教育,同类装置实习,岗位练兵,计算机仿真培训,参加投料前的试车。通过培训,使他们熟悉工艺流程,掌握操作要领,做到"三懂六会"(三懂:懂原理、懂结构、懂方案规程;六会:会识图、会操作、会维护、会计算、会联系、会排除故障),提高"六种能力"(思维能力,操作、作业能力,协调组织能力,反事故能力,自我保护救护能力,自我约束能力)。各阶段培训结束时,都要进行严格的考试,并将考试成绩列入个人技术档案,作为上岗取证的依据。

(7)生产人员到同类装置实习要成建制地进行,实行"六定"(定任务、定时间、定岗位、定人员、定实习带队人、定期考核)办法,并与代培单位签定"两包一顶"(代培单位包教、包会,在培训师傅监督下顶岗操作)合同。

3. 技术准备

(1)技术准备的主要任务是编制各种试车方案、生产技术资料、管理制度,使生产人员掌握各装置的技术。

(2)尽早建立生产技术管理系统,通过参加技术谈判和设计方案讨论及设计审查等各项技术准备工作,使生产管理干部和技术人员熟练掌握工艺、设备、仪表(含计算机)、安全、环保等方面的技术,具备独立处理各种技术问题的能力。

(3)编制出总体试车方案,经过反复修改,不断深化、优化。

(4)根据设计文件,参照同类装置的有关资料,适时完成培训教材、技术资料、管理制度、各种试车方案和考核方案的编制工作。

① 培训资料:基础知识教材,专业知识教材,实习教材,工艺流程图,生产准备手册,安全、工业卫生及消防知识教材,国内外同类装置事故实例及处理方法汇编等。

② 生产技术资料:工艺流程图、岗位操作卡、工艺卡片、工艺技术规程、安全技术规程、事故处理预案(包括关键生产装置和重点生产岗位)、分析规程、检修规程、主要设备运行规程、电气运行规程、仪表及计算机运行规程、联锁整定值等。同时应编制、印刷好岗位记录和技术台账。

③ 综合性技术资料:企业和装置介绍、全厂原材料(三剂)手册、物料平衡手册、产品质量手册、润滑油(脂)手册、“三废”排放手册、设备手册、法门及垫片一览表等,并及时收集整理随机资料。

④ 各种试车方案如下。

A. 供电:包括外接电源和不间断电源(UPS)等方案。

B. 给排水系统:水源地到厂区(或采用深井水),原水预处理,循环冷却水系统冲洗、化学清洗、预膜等方案。

C. 工厂风、仪表风:空压机试车、设备及管线吹扫方案。

D. 锅炉系统:烘炉、锅炉冲洗、化学清洗(煮炉)、燃料系统、安全阀定压,管道蒸汽吹扫等方案。

E. 储运系统:原料、产品储存、进出厂方案。

F. 消防系统:消防水、各种灭火器、可燃气体报警、火灾报警系统及其他防灭火设施等调试方案。

G. 通信系统方案。

H. 装置的系统清洗、吹扫、气密、干燥、置换等方案。

I. 装置的三剂装填方案。

J. 装置的锅炉系统试车方案。

K. 联动试车方案。

L. 装置投料试车方案。

M. 事故处理应急方案。

⑤ 管理制度。制定以岗位责任制为中心的各项管理制度,以安全专责制、三个“十大禁令”为基础的安全生产管理制度,各职能管理部门应制定相应的管理制度。

4. 物资准备

(1)要按试车方案的要求,组织编制开工所需的原料、燃料、三剂、化学品、标准样气、备品备件、润滑油(脂)等的计划并落实品种、数量(包括一次装填量、试车投用量、储备量),与供货单位签订供货协议或合同。

(2)各种化工原料、润滑油(脂)应妥善储存、保管,防止损坏、丢失、变质。

(3)各类备品配件应做好分类、建账、建卡、上架工作，做到账物卡相符，严格执行保管发放制度。

(4)各种随机资料、专用工具和测量仪器的所有权归建设单位，设备安装时施工单位可以借用。在设备开箱检验时，应认真清点、登记、造册。

(5)安全、工业卫生、消防、气防、救护、通信等器材，要按设计和试车的需要配备到岗位。劳动保护用品，要按设计和有关规定配发。

5. 资金准备

(1)根据设计概算中各项生产准备费用，编制生产准备资金计划，并纳入建设项目的投资计划之中，确保生产准备资金来源。

(2)在编制总体试车方案时，应编制生产流动资金计划，并抓紧筹措落实。

(3)建设单位应编制试车费用计划。

6. 营销准备

(1)尽早建立销售网络，制定营销策略。

(2)做好产品预销售，落实产品流向，与用户签定销售意向协议或合同。

(3)编制产品说明书，使用户了解产品质量标准、性能用途、使用和储存方法。

(4)采用各种促销手段，使用户了解产品，提高企业产品在市场的占有率。

7. 外部条件准备

(1)检查供水、供电、通信、“三废排放”等协议的落实情况。

(2)适时开通厂外公路、码头、中转站、防排洪、工业污水、废渣等。

(3)落实劳动安全、消防、环保、工业卫生等各项措施，主动向地方政府呈报，办理必要的审批手续。

(4)依托社会的三修维护力量及社会公共服务设施，与依托单位签定协议或合同。

(七)装置试车工作

试车工作要遵循“单机试车要早，吹扫气密要严，联动试车要全，投料试车要稳，经济效益要好”的原则，做到安全稳妥，一次成功。

(1)联动试车。

① 联动试车的条件。

联运试车的目的是检验装置的设备、管道、阀门、电气、仪表、计算机等的性能和质量是否符合设计与规范的要求。

联动试车包括系统的干燥、置换、三剂装填、水运、气运、油运等。一般应先从单系统开始，然后扩大到几个系统或全装置的联运。联动试车应具备的条件：

A. 装置中间交接完毕。

B. 设备位号、管道介质名称及流向标志完毕。

C. 公用工程已平稳运行。

D. 岗位责任制等制度已建立并公布。

E. 技术人员、班组长、岗位操作人员已经确定，经考试合格并取得上岗证。

F. 试车方案和有关操作规程已印发到个人。

G. 试车工艺指标已确定。

H. 联锁值、报警值已确定。

I. 生产记录报表已印制齐全，发到岗位。

J. 化验室已经做好各项准备。

K. 通信系统已畅通。

L. 安全卫生、消防设施、气防器材和温感、烟感、有毒有害可燃气体报警、电视监视、防护设施已处于完好状态。

M. 保运队伍已组成并到位。

② 联动试车方案。

联动试车由生产人员负责编制方案并组织实施，施工、设计单位参加。联动试车方案应包括以下内容：

A. 试车目的。

B. 试车的组织指挥。

C. 试车应具备的条件。

D. 试车程序、进度网络图。

E. 主要工艺指标、分析指标、联锁值、报警值。

F. 开停工及正常操作要点，事故的处理措施。

G. 试车物料数量与质量要求。

H. 试车保运体系。

③ 联动试车前，必须有针对性地组织参加试车人员认真学习方案。

④ 系统干燥、置换、三剂装填。

A. 系统干燥、置换、三剂装填由生产单位按设计要求编制方案。

B. 系统干燥、置换应按试车方案进行，检测数据符合标准；经试车负责人验收后，做好保护工作。

C. 三剂装填应按装填方案进行，要有专人负责；装填完毕应组织检查，试车负责人签字后方能封闭。

(2)投料试车。

投料试车前应进行投料试车条件的检查，合格后才能进行投料试车工作。

① 投料试车应达到的标准。

A. 投料试车主要控制点正点到达，连续运行产出合格产品，一次投料试车成功。

B. 不发生重大设备、操作、火灾、爆炸、人身伤亡、环保事故。

C. 安全、环保、消防和工业卫生做到“三同时”，监测指标符合标准。

D. 做好物料平衡，原燃料、动力消耗低。

E. 控制好试车成本，经济效益好。

② 投料试车方案。

投料试车应由生产部门负责编制方案并组织实施，设计、施工单位参加。装置投料试车方案的基本内容包括：

A. 装置概况及试车目标。

B. 试车组织与指挥系统。

C. 试车应具备的条件。

D. 试车程序与试车进度。

E. 试车负荷与原燃料平衡。

F. 试车的公用工程平衡。

G. 工艺技术指标、联锁值、报警值。

H. 开停工与正常操作要点及事故处理措施。

I. 环保措施;安全、防火、防爆措施及注意事项。

J. 试车保运体系。

K. 试车难点及对策;试车存在的问题及解决办法;试车成本计划。

③ 试车队伍。

A. 生产装置投料试车,应组成以生产单位为主,设计单位、施工单位、对口厂开工队参加的试车队伍。

B. 在投料试车期间,应建立统一的试车指挥系统,负责领导和组织试车工作。

C. 设计单位应派出以设计总代表为首的现场服务组,处理试车中发现的设计问题。

④ 组织保运体系,负责试车保运工作。

A. 组织有施工、设计等单位参加的、强有力的保运领导班子,统一指挥试车期间的保运工作。

B. 本着"谁安装谁保运"的原则,与施工单位签订保运合同,施工单位应实行安装、试车、保运一贯负责制。

C. 保运人员应 24h 现场值班,工种、工具齐全,做到随叫随到、"跟踪"保运。

(3)生产考核。

生产考核是指投料试车产出合格产品后,对装置进行生产能力、工艺指标、环保指标、产品质量、设备性能、自控水平、消耗定额等是否达到设计要求的全面考核。

① 未经生产考核不得进行竣工验收。

② 生产考核应由生产单位组织,设计单位参加。

③ 生产单位应会同设计单位做好如下生产考核的准备工作:

A. 由设计单位编制考核方案,经生产单位讨论后实施,全面安排考核工作。

B. 研究和熟悉考核资料,确定计算公式、基础数据。

C. 查找可能影响考核的隐患和问题。

D. 校正考核所需的计量仪表和分析仪器。

E. 准备好考核记录表格。

④ 生产考核应在装置满负荷或高负荷持续稳定运行一段时间,并具备下列条件后进行:

A. 影响生产考核的问题已经解决。

B. 设备运行正常,备用设备处于良好状态。

C. 自动控制仪表、在线分析仪表、联锁已投入使用。

D. 分析化验的采样点、分析频次及方法已经确认。

E. 原料、燃料、化学药品、润滑油(脂)、备品备件等质量符合设计要求,储备量能满足考核时的需要。

F. 公用工程运行稳定并能满足生产考核的参数要求。

G. 产品、副产品等的出厂渠道已畅通。

⑤ 生产考核内容。

A. 装置生产能力。

B. 原料、燃料及动力指标。

C. 主要工艺指标。

D. 产品质量。

E. 自控仪表、在线分析仪表和联锁投用情况。

F. 机电设备的运行状况。

G. “三废”排放达标情况。

H. 环境噪声强度和有毒有害气体、粉尘浓度。

I. 设计和合同上规定要考核的其他项目。

⑥ 生产考核的时间一般规定为72h。

⑦ 生产考核结束后，由生产单位提出考核评价报告，参加生产考核的各单位签字。

⑧ 生产考核遗留问题的处理：

A. 生产考核结果达不到设计要求时，应由生产单位与设计单位共同分析原因，提出处理意见，协商解决，一般不再组织重新考核；达不成协议时，重新考核，但重新考核以一次为限。

B. 生产考核结束后，生产单位应对生产考核的原始记录进行整理、归纳、分析，写出生产总结，并上报。

项目四 工艺事故事件原因分析及调查报告编写

J(GJ)BI004 工艺事故事件原因分析及调查报告编写

一、编写目的

天然气净化厂物料本身危险性大，且存在高温、高压、有毒、易燃、易爆和腐蚀等作业环境，使其成为潜在危险性较大的行业，一旦发生安全生产事故，往往造成严重的经济损失和人员伤亡。因此，针对发生的工艺事故事件进行调查、原因分析、制定纠正和预防措施、落实整改、跟踪验证、统计，编制调查报告后，在企业内部进行培训分享，可避免类似问题的再次发生。

二、编写原则

(一)事故事件分类

(1)事故。

生产安全事故是指生产经营单位在生产经营活动(包括与生产经营有关的活动)中发生的，伤害人身安全和健康、损坏设备设施或者造成直接经济损失，导致生产经营活动暂时中止或永久终止的意外事件。生产安全事故分为工业生产安全事故、道路交通事故、火灾事故。

生产安全事故根据造成的人员伤亡或者直接经济损失，分为以下等级：

① 特别重大事故，是指造成30人以上死亡，或者100人以上重伤（包括急性工业中毒，下同），或者1亿元以上直接经济损失的事故。

② 重大事故，是指造成10人以上30人以下死亡，或者50人以上100人以下重伤，或者5000万元以上1亿元以下直接经济损失的事故。

③ 较大事故，是指造成3人以上10人以下死亡，或者10人以上50人以下重伤，或者1000万元以上5000万元以下直接经济损失的事故。

④ 一般事故，是指造成3人以下死亡，或者10人以下重伤，或者1000万元以下直接经济损失的事故。具体细分为三级：

A. 一般事故A级，是指造成3人以下死亡，或者3人以上10人以下重伤，或者10人以上轻伤，或者100万元以上1000万元以下直接经济损失的事故。

B. 一般事故B级，是指造成3人以下重伤，或者3人以上10人以下轻伤，或者10万元以上100万元以下直接经济损失的事故。

C. 一般事故C级，是指造成3人以下轻伤，或者10万元以下1万元以上直接经济损失的事故。

（2）环境污染事件。

环境污染事件是指在生产作业过程中，失去控制造成对土壤、地表地下水、空气的污染，其严重性在一般环境事件（IV级）以上。

（3）事件。

① 事件分类。

生产安全事件分为工业安全事件、道路交通事件、火灾事件。

A. 工业生产安全事件：在生产场所内从事生产经营活动中发生的造成人员轻伤以下或直接经济损失小于1万元的情况。

B. 道路交通事件：企业车辆在道路上因过失或者意外造成人员轻伤以下或直接经济损失小于1万元的情况。

C. 火灾事件：在企业生产、办公以及生产辅助场所发生的意外燃烧或燃爆事件，造成人员轻伤以下或直接经济损失小于1万元的情况。

D. 其他事件：上述三类事件以外的，造成人员轻伤以下或直接经济损失小于1万元的情况。

② 事件分级。

A. 限工事件：人员受伤后下一工作日仍能工作，但不能在整个班次完成所在岗位全部工作，或临时转岗后能在整个班次完成所转岗位全部工作的情况。

B. 医疗事件：人员受伤需要专业医护人员进行治疗，且不影响下一班次工作的情况。

C. 急救箱事件：人员受伤仅需一般性处理，不需要专业医护人员进行治疗，且不影响下一班次工作的情况。

D. 经济损失事件：在企业生产活动中发生，没有造成人员伤害，但导致直接经济损失小于1万元的情况。

E. 未遂事件：已经发生但没有造成人员伤害或直接经济损失的情况。

F. 不安全行为和不安全状况，不安全行为指违反安全条例或与预期行为相悖的行为，会增加受伤概率；不安全状况指直接或间接由于员工的行动或不作为所造成，并可能导致事故事件发生的情况。

（二）事故事件原因分析

（1）确定事故的直接原因。

机械、物质或环境的不安全状态；人的不安全行为。

（2）确定事故的间接原因。

技术和设计上有缺陷：工业构件、建筑物、机械设备、仪器仪表、工艺过程、操作方法、维修检验等的设计、施工和材料使用存在问题；教育培训不够、未经培训、缺乏或不懂安全操作技术知识；劳动组织不合理；对现场工作缺乏检查或指导错误；没有安全操作规程或不健全；没有或不认真实施事故防范措施，对事故隐患整改不力等。

（3）在分析事故时，应从直接原因入手，逐步深入到间接原因，从而掌握事故的全部原因，再分清主次，进行责任分析。

（4）事故责任分析。

根据事故调查所确认的事实，通过对直接原因和间接原因的分析，确定事故中的直接责任者和领导责任者；在直接责任者和领导责任者中，根据其在事故发生过程中的作用，确定主要责任者；根据事故后果和事故责任者应负的责任提出处理意见。

三、编写内容

（1）事故调查报告应当包括下列内容：

① 事故发生单位概况。

② 事故发生经过和事故救援情况。

③ 事故造成的人员伤亡和直接经济损失。

④ 事故发生的原因和事故性质。

⑤ 事故责任的认定以及对事故责任者的处理建议。

⑥ 事故纠正和预防措施。

（2）事件调查报告分全面调查报告和简要调查报告，主要内容包括：

① 事件发生背景。

② 事件经过。

③ 原因分析。

④ 纠正和预防措施。

（3）调查报告内容要满足“全面、客观、清楚、简练、确凿、无误”的要求。事故事件调查报告应附相关证据材料，调查组成员应在报告上签名。

J(GJ)BI005 天然气净化装置经济运行规范

项目五 天然气净化装置经济运行规范

能源短缺是我国国民经济持续快速健康发展的一个长期性制约因素，节能降耗是提高经济增长质量和效益的一条十分重要的途径。由于天然气净化厂设计的用能设备较多,能耗、化工原材料量大,因此,在满足产品天然气质量要求、装置安全运行的前提下,有必要通过科学管理和技术进步,使天然气净化装置、辅助生产设施及公用工程在高效、低耗状态下运行。

一、基本原则

天然气净化装置的建设,在遵循国家、行业现行、安全环保标准的前提下,应充分考虑经济运行的需求,采取技术上可行、经济上合理以及环境和社会可以承受的措施,从能源生产到消费的各个环节,达到降低能源消耗、化工原材料消耗、减少损失和污染物排放、制止浪费,有效、合理地利用能源的目的。

二、管理要求

(1)应建立能源消耗、化工原材料统计和能源利用的状况分析制度。

(2)装置及主要能源设备应实施能耗定额管理,化工原材料施行处理量单耗额定管理,根据每年计划处理量对装置工艺参数进行一次优化,制定主要能耗、化工原材料消耗控制指标。

(3)装置性能考核应达到设计的能耗和化工原材料消耗指标。

(4)技术改造后,应定期(如每5年)对装置进行一次性能标定和考核,根据标定结果,制定新的工艺参数。

(5)每年对重要耗能设备进行一次节能监测,发现能耗超定额指标或能耗异常时,应及时结合生产实际,认真进行技术分析,找出原因,提出方案并及时处理。

(6)应建立与上游供气单位的联系和协调机制。

三、经济运行的技术要求

净化装置经济运行以通过以下几点达到节能降耗的目的。

(一)能耗方面

天然气净化装置能耗主要为与生产相关的天然气、电、汽油、柴油等能源,以及蒸汽、新鲜水、循环冷却水、软化水、蒸汽凝结水、压缩空气、氮气等载能工质的消耗。

(1)当原料气气质、气量变化时,及时调整脱硫(碳)溶液循环量、溶液进入吸收塔的入塔层数,同时合理调整硫黄回收单元各级燃烧炉配风等工艺参数,降低过程能量消耗。

(2)在保证脱硫(碳)再生贫液合格的前提下,降低进入重沸器的蒸汽量。

(3)应根据脱水负荷变化,调整分子筛脱水单元再生气气量、再生时间、吸附周期。

(4)在保证硫黄回收主风机正常运行的前提下,应根据硫黄回收单元负荷变化,调整主风机进口阀开度,从而达到降低电耗的目的。

(5)应根据进料量和进料组分变化,调整液化气分流塔回流比。

(6)进入生化污水处理装置的污水COD浓度应控制在设计范围内,采用中水进行水质调配,利用中水进行绿化,实现中水分置利用。

(7)做好原料气和净化气的计量,降低输差,控制好自用气量;加强脱硫、脱水单元闪蒸操作,对脱水单元汽提废气进行回收利用;根据气象变化调整放空火炬长明火的燃料气量。

(8)根据循环冷却水化验分析指标,合理排污,控制浓缩倍数为3~5。

(9)锅炉和冷凝器的排污按照工艺要求严格执行,控制好其连续排污和定期排污量,可以有效降低生产过程中的水消耗。

(10)每月应在用泵前对过滤器进行一次检查、清洗,或者到了规定压差时进行清洗。

(11)每年开展溶液循环泵、风机、锅炉等重点用能设备效能监测,及时调整或更换不合格的设备,提高设备运转效率。

(12)蒸汽凝结水密闭式回收利用,减少水消耗。同时根据装置蒸汽用量变化,及时调整锅炉负荷,避免蒸汽浪费,从而节约大量燃料气。定期检查蒸汽阀和蒸汽疏水器,及时更换工作不正常的阀门和疏水器,减少跑冒滴漏造成的损失,提高蒸汽凝结水应回收利用。

(13)加强停工检修管理,减少原料气和酸气放空,从而节约燃料气用量。加强检修用水管理,如用清洗枪代替新鲜水清洗塔罐,推行薄膜包裹法、增设污水收集器等避免设备污染,减少设备清洗用水。检修时应对换热设备进行清洗。

(14)根据季节、温度变化,及时调整酸气后冷器、贫液后冷器循环冷却水用量和酸气空冷风机、贫液空冷风机。同时根据装置循环冷却水用量,减少循环冷却水泵的使用台数,可以有效降低生产过程中的电力消耗。

(15)设备管线绝热工程竣工验收交付生产使用后,应对其热(冷)损失及表面温度进行测定并提出报告,同时制定绝热工程维护保养制度。操作人员应对其操作范围内设备、管道及其附件的绝热结构作经常性检查和维护保养工作。发现绝热结构有凝露、破裂、剥落,保护层有脱开及松散等现象时应及时报告有关部门进行检修,以确保绝热效果良好。

(16)生产单位必须对绝热工作进行定期的全面检修,以确保绝热工程完整,绝热效果良好,保证装置生产稳定,节能效果显著。

(17)间歇运行的用电设备宜根据电网的峰、谷、平电价,错峰运行。

(18)应根据用电负荷和系统电压变化情况,投切无功补偿装置或采取电压调节措施。

(二)化工原材料方面

为了保证生产正常运行,必须及时地组织供应各种化工原材料。天然气净化中涉及的主要化工原材料包括脱硫脱碳溶剂(如甲基二乙醇胺MDEA及其配方型溶剂等)、脱水溶剂(如三甘醇等)、分子筛、活性炭、磷酸三钠、阴阳离子交换树脂、二氧化氯、CT4-36、CT4-42、涂抹液等化学试剂及过滤器过滤元件(如滤芯、富液过滤袋)等化工材料。天然气净化生产属于连续化、长周期生产,其每年消耗的化工原材料数额较大,在确保安全生产的前提下,通过技术和管理相结合,能有效降低装置的化工原材料消耗,进而降低企业生产成本,提高工厂效益和竞争力。

为加强天然气净化厂的化工原材料消耗(定额)的管理工作,争创“节约”型企业,主管生产技术的部门,每年根据各单位的实际,组织对化工原材料消耗定额进行修订,并下发执行最新定额指标,每季度组织对各单位化工原材料消耗定额完成情况进行预考核,年终兑现考核,严格奖惩。各单位应根据年度生产计划和化工原材料消耗定额,制定相应的措施,切实降低化工原材料的消耗;同时各单位应建立健全化工原材料消耗的原始记录及统计台账。

化工原材料消耗（定额）的管理，应严格按如下要求执行：

（1）溶剂类（包括甲基二乙醇胺、环丁砜、三甘醇等）。

各单位应将溶剂类管理贯穿到生产中，严格执行工艺参数，精心操作，优化运行，控制溶剂损耗。在切换泵、清洗溶剂过滤器、检修停工等过程中操作时，应力求将溶液回收干净，将溶剂损失降到最小。各单位应将装置溶剂的实际耗量每月如实上报，若超定额要分析原因并上报。

（2）催化剂类。

应避免因操作不当造成的催化剂超温、硫酸盐化等损失。若需要在装置停工中对催化剂进行补充或更换，需要提供催化剂分析报告作为补充更换的依据。

（3）循环冷却水系统、蒸汽凝结水系统注入的药剂。

各单位使用的药剂种类应尽量保持一致，各单位应根据原水水质变化情况，调整药剂投加量。不得随意停止和使用新的循环冷却水药剂，若要停止或更新使用某种药剂，应提供详细的运行数据分析报告作为依据报上级主管部门审批。

（4）新鲜水处理药剂。

有自备水处理装置的单位应根据源水水质变化及时调整混凝剂投加量，药剂统一采用合格的碱式氯化铝。如果投加过程中发现源水或药剂异常，必须立即上报，查明原因，采取应对措施。

发现化工原材料消耗超定额指标时，应及时结合生产情况，认真进行技术分析，找出原因，并提出方案及时处理。

（三）设备方面

加强巡回检查，严格按操作规程操作，提高设备设使用周期和使用寿命，确保设备处于最佳的工作状态，不违章操作，损坏设备和阀门。

（四）环保方面

减少污水、污油、废气、废渣等物质的产生量，降低后续装置的操作成本。

（五）新工艺、新技术、新设备的应用

针对天然气净化生产能源消耗、化工原材料消耗的特点，积极推广应用能耗控制新工艺、新技术及新设备，可有效地实现经济运行目的。

（1）自设计始，充分考虑节能环节，在源头上把好技术关。

（2）科学分析，对净化厂溶液循环泵、锅炉风机、冷却水塔风机等重点用能设备进行变频改造或安装节电器、透平装置、省煤器等。

（3）对国家明令淘汰的高耗能、安全性能差的电机、变压器等设备进行淘汰及更换。

（4）积极推广应用换热效率高的板式换热器、过滤分离效果好的 PALL 高效过滤器等新设备，提高设备的运行效率，从而降低净化生产工程中的能耗。

（5）采用中水回用技术等，提高水资源利用率，节约大量的新鲜水消耗。

（6）对净化厂照明灯具进行改造，采用具有高效照明的节能灯替换旧式白炽灯。

（7）积极在机泵内部应用涂层节能技术，提高机泵效率，从而达到节能节电的目的。

（8）采用污水蒸发结晶技术处理装置产生的污水，避免外排，同时有效回收利用水源。

四、判别与评价

(一)重点耗能设备经济运行判别与评价

工业锅炉、脱水单元燃气加热炉、鼓风机机组、脱硫溶液循环泵、循环冷却水泵、锅炉给水泵、空气压缩机等重点耗能设备参照《天然气净化装置经济运行规范》(SYT 6836—2011)进行判别与评价,同时定期对装置气平衡进行测算,指导调整优化操作。

(二)公用工程经济运行判别与评价

供配电系统、凝结水回收系统、循环冷却水系统参照《天然气净化装置经济运行规范》(SYT 6836—2011)进行判别与评价,同时定期对装置水平衡进行测算,指导调整优化操作。

(三)天然气净化装置经济运行判别与评价

天然气净化装置单位综合能耗和脱硫脱碳、脱水溶剂消耗指标不大于设计值,则认定天然气净化装置运行合格。

天然气净化装置单位综合能耗指标为设计值95%以下,脱硫脱碳、脱水溶剂消耗指标小于设计值,且重要能耗设备及公用工程认定为合格,则认定天然气净化装置运行经济。

模块十　技术管理

项目一　操作规程、P&ID图、操作卡及工艺卡片编制要求

J(GJ)BJ001操作规程、P&ID图操作卡及工艺卡片编制要求

一、操作规程的编制

(一)操作规程的编制应遵循以下要求

(1)以工程设计和供应商提供的操作手册为依据,确保技术指标、技术要求、操作方法科学合理。

(2)总结长期生产实践的操作经验,保证同一操作的统一性,成为严格遵守的操作行为指南。

(3)保证操作步骤的完整、细致、准确,有利于装置和设备的可靠运行。

(4)将安全环保、节能降耗和产品质量等有机结合起来,优化操作提高装置生产效益。

(5)明确岗位操作人员的职责,做到分工明确、配合密切。

(6)在生产实践中及时修订、补充和不断完善,实现从实践到理论的不断提高。

(二)工艺操作规程主要内容

(1)装置概况:生产规模、能力、建成的时间和历年改造情况。

(2)装置在正常开、停工期间的操作步骤。包括开、停工前期的检查、准备工作,开、停工顺序和控制要点,开、停工注意事项。

(3)净化装置仪表自动控制系统介绍。包括DCS系统、主要工艺仪表逻辑控制回路、ESD系统和因果图及装置主要联锁回路介绍等,工艺参数的正常值、范围、报警值和联锁值一览表。

(4)装置各单元的工艺原理与流程描述。

(5)工艺指标:包括原料指标,成品指标,安全阀定压值,参数报警值,公用工程指标,主要操作条件,原材料消耗、公用工程消耗及能耗指标,污染物产生、排放控制指标。

(6)生产流程图:工艺管线和仪表控制图、工艺流程图、装置污染物排放流程图说明。流程图的画法及图样中的图形符号应符合国家或行业标准的规定。

(7)各单元主要设备如泵、风机、换热器、过滤器等的启停、切换、清洗操作及关键部位取样等操作程序和注意事项。

(8)装置的平面布置图:标出危险点、排污点、报警器、灭火器、其他应急设备位置。

(9)设备、仪表明细:将设备、仪表分类列表,注明名称、代号、规格型号、主要设计性能参数等。

(10)常用基础数据,包括某些气体、液体的物理化学性能参数、化工原材料(醇胺、三甘醇、分子筛、催化剂等)的性能等。

二、管道仪表图绘制

管道仪表流程图是借助统一规定的图形符号和文字代号，用图示的方法把建设化工工艺装置所需的全部设备、仪表、管道、阀门及主要管件，按其各自的功能，为满足工艺要求和安全要求而结合起来的技术文件，以起到描述工艺装置的结构和功能的作用。目前，管道仪表图主要采用 Auto CAD 等软件进行绘制。

（一）管道仪表图作用

（1）在工艺设计的基础上开展工作，是工程设计的一个重要环节。

（2）既是设计、施工的依据，也是企业管理、试运转、操作、维修和开停工等方面所需的完整技术资料的一部分。

（3）承担工艺装置开发、工程设计、施工、操作和维修等任务的各部门之间进行信息交流的重要工具。

（4）工程设计中各有关专业开展工作的主要依据，也是工艺设计的基础内容之一。

（二）管道仪表图内容

（1）工艺流程对工程管道安装设计中一切要求，除高点放空和低点放净外，大到整个生产装置中的所有设备、管道（包括主要的和辅助的管道），小到每片法兰和每个阀门，都要在管道仪表图中标示清楚。

（2）一套完整的管道仪表图要能清楚地标示出设备、配管、仪表等方面的内容和数据，用必要的附注来表述图上不易表达的内容。

（三）管道仪表图特点和要求

（1）管道仪表流程图在设计过程中要逐步加深和完善，它是分阶段和版次分别进行发表。

（2）管道仪表图的设计者应在图纸上将设计意图、设计要求、安全要求等技术要求表达清楚、完整。

三、操作卡的编制

操作卡就是将涉及天然气净化生产的具体操作制成卡片，规范每一项操作需遵守的操作要点，明确操作中的注意问题、危害识别及风险控制，员工按照操作卡列出的操作步骤逐一确认，逐一落实，实现装置设备安全操作、受控管理的目标。

编制原则：操作卡规定的操作应具体、完整，并具有可操作性，同时结合生产实践不断加以完善。

操作卡一般分为开工操作卡、停工操作卡、日常处理卡、异常处理卡、事故处理卡五类。

（一）开工操作卡

开工操作卡是在装置停运检修完成后开工时，对生产装置各单元具体操作步骤进行规定，指导参与开工人员规范操作，并记录好相应的下达指令单位/人员、通知时间、执行指令单位/人员、执行时间。

（二）停工操作卡

停工操作卡是在装置停工时，对生产装置各单元具体操作步骤进行规定，指导参与停工人员规范操作，并记录好相应的下达指令单位/人员、通知时间、执行指令单位/人员、执行时间。

（三）日常操作卡

日常操作卡是对装置日常生产操作，包括泵、风机、压缩机的启停运（切换）、过滤器的切换、过滤元件的更换、明火加热炉的点火、尾气灼烧炉的点火、锅炉的点火、停炉及定期排污等操作步骤进行规范。

（四）异常处理卡

异常处理卡是对装置发生异常情况的处理，包括脱硫脱碳、脱水等各单元供电异常、原料气超压、脱硫脱碳吸收塔拦液、再生塔拦液、净化气质量异常、硫黄回收单元回压超高、反应器床层温度异常、仪表风低压力、燃料气压力异常、仪表风含油、含水异常等异常情况的处理步骤进行规范。

（五）事故处理卡

事故处理卡是在装置即将发生或已发生一般生产事故或操作大幅度波动的状态下，避免事态扩大，使事态向可控制的方向发展，达到最终的安全受控状态的处理步骤。包括脱硫单元窜气超压事故、脱硫吸收塔冲塔事故、废热锅炉严重缺水事故、锅炉严重缺水事故的处理等。

四、工艺卡片编制

工艺卡片是为了指导操作人员调整生产运行参数，严格控制工艺指标，确保装置处于受控状态所制定的目视化卡片。

工艺卡片指标是来源于装置设计基础数据、装置改造基础数据、装置长周期运行的限制条件、装置标定数据、产品质量指标控制、环保达标排放要求等。

工艺卡片内容包括：装置名称、工艺卡片编号、装置关键工艺参数指标、装置产品质量指标、环保监控指标、指标分级标志、分管领导及部门签字、执行日期。

某天然气处理装置溶液循环泵启停操作卡见表2-10-1。某天然气处理装置脱硫吸收塔拦液处理卡见表2-10-2。

表2-10-1　某天然气处理装置YF-0081 MDEA循环泵P-1201A/B/C启、停操作（图2-10-1）卡

单位：××××　　　　编号：××/×××.×××××

<table>
<tr><td>下达指令单位</td><td></td><td>指令人</td><td></td><td>通知时间</td><td></td></tr>
<tr><td>执行指令单位</td><td></td><td>受令人</td><td></td><td>执行时间</td><td></td></tr>
<tr><td>操作原因</td><td></td><td>操作人</td><td></td><td>现场负责人</td><td></td></tr>
<tr><td colspan="6">风险提示：1.（2）（3）（5）（11）（19）操作可能造成触电；2.（11）（12）（14）（17）操作可能造成机械伤害</td></tr>
<tr><td colspan="6">防控措施：
1. 针对风险：检查确认设备接地线、电源线是否完好，作业过程中安排专人监护。
2. 针对风险：正确穿戴劳保防护用品；正确开关阀门，不能直接和间接接触泵轴、联轴器等转动部位；盘车时不戴手套，作业过程中安排专人监护</td></tr>
<tr><td colspan="6">应急处理：
1. 若出现触电：立即停电，使人员脱离电源，若触电者神志昏迷尚有心跳，应将其仰卧，解开上衣以助呼吸；若触电者停止心跳，应立即对其进行心肺复苏，然后送医院救治。
2. 若出现机械伤害：立即对伤口进行消毒、包扎等紧急处理，视情况送医院救治</td></tr>
</table>

续表

启运操作	停运操作
(1)M( )—确认启运 P-1201A( )、B( )、C( )。 (2)P( )—确认接地线、电源线、压力表完好。 (3)P( )—确认操作柱已带电。 (4)P( )—确认各连接处螺栓紧固。 (5)P( )—确认泵和电动机外观无破损,无介质泄漏。 (6)P( )—确认润滑油的油位≥50%、颜色清亮、无乳化现象。 (7)P( )—确认待启运台 P-1201 出口阀①关闭;循环冷却水进出口阀③、④全开。 (8)P[ ]—开启待启运台 P-1201 进口阀②。 (9)P[ ]—灌泵、盘车、排气。确认吸入介质正常;确认盘车声音无异响,转动过程无卡塞;无气体排出,排气口⑤液体介质成线性流动为排气结束。 (10)P[ ]—汇报中控室,将进行启运操作。 (11)P[ ]—微开回流阀⑥,启动电动机,缓慢关闭回流阀,当出口阀压力达到 6MPa 时,打开出口阀①,当出口压力稳定时,P-1201 投入正常运行。 (12)I( )—确认泵和电动机运转声音无异响。 (13)P( )—通过测温仪确认泵轴承温度不超过 70℃,同时不超过环境温度 30℃;电动机轴承温度不超过 95℃,同时不超过环境温度 55℃。 (14)P( )—确认各连接处、静密封点无泄漏。 (15)P( )—确认出口压力稳定、无大幅波动。 (16)I[ ]—做启运记录。	(17)M( )—确认停运 P-1201A( )、B( )、C( )。 (18)P[ ]—微开回流阀⑦,缓慢关闭待停运台 P-1201 出口阀⑧,同时缓慢关闭回流阀。 (19)P[ ]—按下停止按钮,使 P-1201 正常停运。 (20)P[ ]—关闭待停运台 P-1201 进口阀⑨,冷却水进出口阀⑩、⑪。 (21)I[ ]—做停运记录

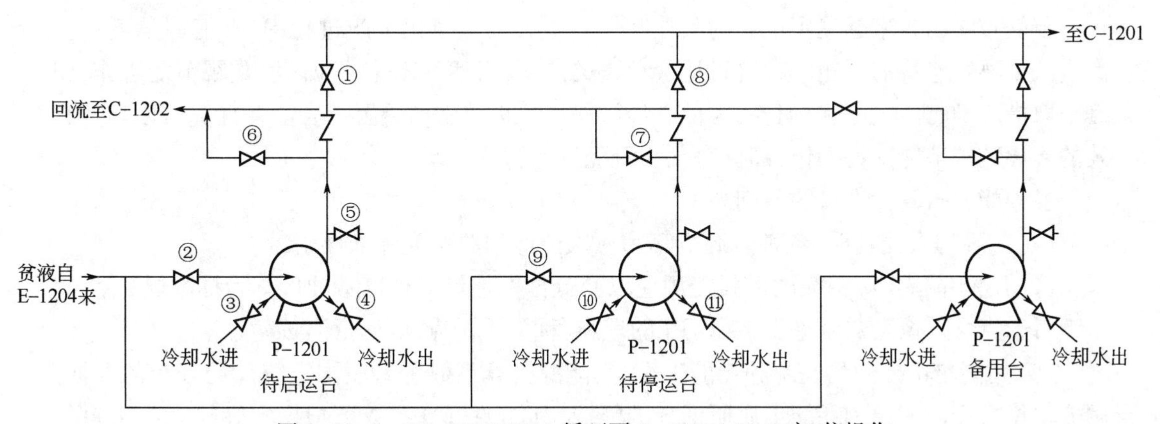

图 2-10-1 YF-008/MDEA 循环泵 P-1201A/B/C 启、停操作

表 2-10-2 某天然气处理装置脱硫吸收塔拦液发泡处理卡

日期:××××/××/×× 版本号:××	脱硫吸收塔拦液发泡处理卡	第×页
1. 异常现象 (1)吸收塔差压明显上升。 (2)吸收塔液位、闪蒸塔液位逐渐下降、再生塔液位明显下降,吸收塔液调阀开度明显关小。 (3)闪蒸塔压力、闪蒸气流量明显波动。 (4)产品气 H_2S 在线分析仪显示上涨		

续表

日期:××××/××/×× 版本号:××	脱硫吸收塔拦液发泡处理卡	第×页
2. 异常原因： (1)原料气带入污物过多,造成溶液发泡。 (2)溶液系统杂质过多,吸收塔浮阀堵塞,造成拦液。 3. 处理措施 当吸收塔出现拦液时,立即向调度室汇报,同时采取以下措施： (1)关小产品气压调阀,适当提高塔压,降低异常装置的处理量,同时尽可能将原料气转入其他装置,但不能超过装置核算处理能力。 (2)在保证产品气合格的情况下,适当降低溶液循环量。 (3)向系统投加适量阻泡剂,同时活性炭过滤器旁路操作。 (4)密切监视脱硫塔液位,及时调节液调阀开度,防止窜气。 (5)密切监视再生塔液位,必要时补充溶液,防止溶液循环泵抽空。 (6)采取上述措施后,拦液仍未解决,将原料气部分放空处理。 (7)关注原料气过滤分离器和溶液过滤器的压差,压差超过规定值时切换至备用台。 (8)活性炭过滤器压差超过规定值时,更换活性炭。 (9)拦液解除后,及时调整操纵,保证装置平稳运行。 (10)对于经过原料气放空才解除拦液的,在恢复生产过程中应确认装置的现有处理能力,确认是否需要降气生产或停产检修。 注意:在整个处理过程中,若出现产品气不合格,及时对原料气防空,不允许不合格气外输		

J(GJ)BJ002 装置综合能耗计算方法

项目二　装置综合能耗计算方法

节能减排已越来越受到世界的关注和倡导。天然气净化生产过程中,其能源消耗一直都是一个不容忽视的课题。本着对社会负责的态度,天然气净化厂应高度重视节能工作,积极采取措施,减少水、电、气消耗,为低碳经济作出积极贡献。装置综合能耗计算可以切实有效的指导装置节能降耗操作,确保净化装置经济运行。

各种能源折算标准煤的原则如下：

(1)计算综合能耗时,各种能源折算为一次能源的单位为标准煤当量。

(2)用能单位实际消耗的燃料能源应以其低位发热量为计算基础折算为标准煤量。

每千克含低位发热量等于29307kJ的燃料,称为1千克标准煤(1kgce)。

(3)用能单位外购的能源和耗能工质,其能源折算系数可参照国家统计局公布的数据；用能单位自产的能源和耗能工质所消耗的能源,其能源折算系数可根据实际投入产出自行计算。

(4)当无法获得各种燃料能源的低位发热量实测值和单位耗能工质的耗能量时,可参照GBT 2589—2008综合能耗计算通则数据。

J(GJ)BJ003 技术总结编写要求

项目三　技术总结编写要求

生产技术总结是对近期净化装置能耗、化工原材料消耗、生产运行情况等方面进行分析的重要途径,在生产管理中充分发挥着积极作用,同时也是提高技术技能的一个有效手段。其主要内容为：

(1)本季、本年生产概况。

① 主要生产任务及技术指标完成数据。

② 主要设备能耗数据。

③ 化工原材料消耗数据。

④ 污染物外排数据。

(2)生产计划完成情况分析。

(3)装置生产的操作技术分析。

(4)产品质量情况及原因分析。

(5)主要原材料消耗及变更情况进行分析。

(6)科技成果及项目完成进度,新产品开发情况。

(7)技术改造、技术革新和合理化建议实施情况总结。

(8)工艺技术管理改进和工艺纪律情况。

(9)能源、动力消耗情况及分析。

(10)装置非计划停工、事故原因分析和整改措施落实情况。

(11)装置达标数据统计及情况分析。

项目四　技术论文撰写要点

J(GJ)BJ004 技术论文撰写要点

技术论文属于学术论文的范畴,是最为常见的科研文体之一,旨在真实、全面、及时和系统地总结生产管理、工艺技术、理论研究等方面的经验和研究成果,开展技术交流,有效指导生产实践和科学研究。

一、技术论文的基本特征

(一)独创性

独创性突出的就是一个"新"字,论文应提供新的科技信息,其内容应有所发现、有所发明、有所创造、有所前进,而不是重复、模仿、抄袭前人的工作。严格地说,是指论文所提出的观点,是对某一个问题的全新认识,是与众不同或前所未有的看法。

(二)科学性

技术论文只有具备科学性,才能起到应有的作用,这是一篇论文所应具备的起码的条件。要求论文作者具有科学的工作态度,要善于公正客观、脚踏实地地分析问题、解决问题。写作技术论文要努力做到论点客观、正确,论据可靠、充分,论证周密、严谨等。

(三)理论性

技术论文的理论性,首先就体现在论述的严整上。一篇学术论文,应当自成一个理论认识系统。从提出问题到解决问题,从论述的展开到观点的明确,要围绕着一个中心,要一环紧扣一环。写入论文的所有内容,只有被上升到一定的理论高度的观点和认识,才能成为论文的内容核心。

二、论文的内容和格式

(1)论文的标题,正文所研究的主要题目。
(2)作者和单位。
(3)摘要和关键词(所研究的主要内容和结论)。
(4)正文部分(包括引言、研究内容的详细论述、对比分析和结论)。
(5)参考文献。
(6)作者简介。
(7)格式要求按相关标准执行。

J(GJ)BJ005
技术革新方案编写要求

项目五 技术革新方案编写要求

技术革新方案是一项描述生产技术(指操作工具、工艺规程、机器部件等)的改进、改造或研制结果的文本,是技术革新工作主管机构验收技术革新成果和评审专家评价成果的主要资料。技术革新方案主要包括:

(1)封面。
(2)主体部分。
① 问题的提出。
② 技术革新主要内容。
③ 成果应用情况。
(3)后置部分。
① 主要技术文件提供单位和成果完成协作单位。
② 成果应用单位效益审核意见。
③ 单位申报意见。
④ 单位专业验收意见。
⑤ 组织单位评审意见。
⑥ 成果主要完成人员名单。

J(GJ)BJ006
检修作业指导书编写要求

项目六 检修作业指导书编写要求

在净化装置计划性停工检修前一个月,生产单位在认真总结往年装置大修经验教训的基础上,编制《天然气净化厂系统性检修作业指导书》并报上级生产运行部门审查,经分管领导审批后执行。《天然气净化厂系统性检修作业指导书》应包括以下内容:项目简介、检修组织机构、开停工方案及进度安排、停工检修实施项目表、停工检修进度安排表、重(难)点项目施工进度表、遵循的主要技术规范、检修项目验收、物资管理、竣工资料搜集归档、装置开停工和检修过程风险分析及应对措施、安全预案、装置检修现场 HSE 监督管理、检修过程中环境因素和危险源的识别、风险评价及防范措施等。

装置检修规程主要内容包括:

(1)概述。检修的必要性、主要检修内容、检修的预期目的、总体时间安排。

(2)组织机构。组织安排、检修领导小组、专业组、联系方式。

(3)施工管理。停工检修实施项目、停工检修总进度安排、重难点项目施工进度、施工组织设计、遵循的主要技术规范、检修项目验收、物质管理，设计、检修、竣工、检修后评价等资料收集和归档。

(4)装置停工方案：停工进度安排、停工准备确认、停工方案。

(5)装置开工方案：开工进度安排、开工准备确认、开工方案。

(6)装置开停工及检修过程的危险源、环境因素识别，风险分析及应对措施。

(7)安全预案。

项目七　新技术、新工艺推广应用方案编写要求

J(GJ)BJ007 新技术、新工艺应用方案编写要求

新技术、新工艺在天然气净化厂的推广是确保净化装置安全平稳运行，有效提高经济效益的技术手段。其内容包括：

(1)目的。

(2)适用范围。

(3)组织机构。

(4)推广应用方案。

① 新技术、新工艺来源及主要技术经济考核指标。

② 新技术、新工艺推广应用管理。

③ 制定新技术、新工艺推广应用计划。

④ 新技术、新工艺应用。

项目八　科研项目研究报告编制要求

J(GJ)BJ008 科研项目研究报告编制要求

科研项目研究是提高和调动广大技术和操作人员的积极性和创造性的有效途径，整个过程包括立项、实施、验收三个阶段。期间涉及开题设计报告、中期评估报告、验收评价报告。报告编制内容及要求如下。

一、编制开题设计报告

(1)项目概要。

(2)立项的必要性及意义。

(3)国内外现状及发展趋势。

(4)主要研究内容、目标、技术关键及技术路线。

① 主要研究内容。

② 研究目标。

③ 技术关键、技术路线及研究工作流程框图。

(5)主要技术经济考核指标。

(6)项目研究进度计划,按照里程碑阶段编制进度计划,填写计划进度表。

(7)前期科学研究与技术开发工作基础和支撑条件分析。

① 前期科学研究与技术开发工作基础。

② 需要其他部门协助解决的关键技术、实验手段等。

③ 与国际合作研究及技术引进相结合的可能性。

④ 与基本建设、建设改造等工程衔接的可能性。

(8)经费预算。

(9)预期成果的社会经济效益及产业化应用前景评价。

(10)与本项目有关的专利检索及法律状况分析。

(11)项目组织。

① 项目组织实施方式(包括外协单位选择)。

② 外协单位及任务内容。

③ 项目风险识别与 HSE 管理(附项目实施风险与 HSE 管理预案)。

④ 项目主要研究人员。

二、中期评估报告

(1)项目概要。

① 项目来源。

② 主要研究内容。

③ 主要技术经济考核指标。

④ 项目进度计划,按照开题设计报告里程碑阶段编制进度计划填写。

(2)完成的主要工作量,按照计划进度任务要求填写。

(3)取得的阶段成果,包括阶段考核指标完成、试验效果、认识与评价、获得经济效益情况。

(4)经费管理与使用情况。

(5)项目组织管理,包括风险与 HSE 管理实施情况。

(6)存在问题、解决措施及建议。

(7)下步工作安排。

三、验收评价报告

(1)前言。

① 项目(课、专题)来源。

② 主要研究内容、目标。

③ 经济技术考核指标。

④ 完成的主要实物工作量。

⑤ 主要研究成果与创新点。

⑥ 概述,包括成果应用及获得的直接、间接经济效益。

(2)主题。

① 现状研究。

② 项目研究。

③ 推广应用情况。

(3)结论与建议。

(4)参考文献。

J(GJ)BJ009 物联网技术在天然气净化厂的应用

项目九　物联网技术在天然气净化厂的应用

物联网是新一代信息技术的重要组成部分,也是信息化时代的重要发展阶段。其英文名称是:“Internet of things(IoT)”。顾名思义,物联网就是物物相连的互联网。这有两层意思:其一,物联网的核心和基础仍然是互联网,是在互联网基础上的延伸和扩展的网络;其二,其用户端延伸和扩展到了任何物品与物品之间,进行信息交换和通信,也就是物物相息。物联网通过智能感知、识别技术与普适计算等通信感知技术,广泛应用于网络的融合中,也因此被称为继计算机、互联网之后世界信息产业发展的第三次浪潮。物联网是互联网的应用拓展,与其说物联网是网络,不如说物联网是业务和应用。因此,应用创新是物联网发展的核心,以用户体验为核心的创新 2.0 是物联网发展的灵魂。

物联网是新一代信息技术的重要组成部分。运用物联网技术,工业企业可以将机器等生产设施接入互联网,构建网络化物理设备系统,进而使各生产设备能够自动交换信息、触发动作和实施控制。物联网技术能加快生产制造实时数据信息的感知、传送和分析,加快生产资源的优化配置。

物联网是在互联网的基础上衍生的,主要解决物品信息的处理和传送。它由通信技术、组网技术、中间件技术和网关技术等几个方面组成。感知网络的无线通信部分集成于传统的通信网络,会遇到无线通信信道所存在的多径、无线通信的信道带宽和发射功率限制等传统问题,同时也会遇到传感器传输能力与通信范围有限、网络的拓扑结构变化频繁,功耗大、无线干扰等多个问题。因此在通信技术选择上,信息传输特性和实现的复杂度是着重考虑的两个因素。物联网的网络架构是由互联网、移动通信网、多种网络基础设施形成的高度混杂的异构体系,组网技术需要运用拓扑控制、信道资源调度、多跳路由、可靠传输控制以及异构网络融合等技术支撑,以在传感器节点的能量和网络带宽等资源普遍受限的条件下保证通信信道的高可用性。中间件技术可以通过屏蔽硬件平台、操作系统平台和通信协议的异构性,实现物联网感知互动层、网络传输层和应用服务层等部分的链接。网关技术指实现异种异构网络与网络传输层的无缝链接,并实现多种设备异构网络接入。它需要实现对感知设备移动性支持、服务发现、感知互动层与网络传输层的报文转换,IPSec 与感知互动层安全协议转换、远程维护管理、IPv6/IPv4 自适应封装技术等功能。

传感器技术和信息处理技术是物联网的基础,通过传感器、RFID、多媒体信息采集、二维码等多种传感和编码技术,物联网能够实现对物理世界数据或时间的信息采集,实现对物理世界的认知。

其中传感器技术涉及数据信息的手机,利用传感器和传感器网络,协作感知,采集网络覆盖区域中被感知对象的信息。信息处理技术是物联网应用系统实现物物互联、物人互联的关键技术之一。基于多个互联网感知互动层节点或设备所采集的传感数据,信息处理技术能够实现对物理变量、状态、模板、事件及其变化的全面、透彻感知,以及智能反馈、决策的过程。信息处理技术涵盖数据处理、数据融合、数据挖掘、数据整合等多个技术领域,实际运用中可以采用并行或串行的方式,基于集中或分散式的机制来实现。

天然气净化厂物联网平台主要涵盖了巡回检查、例行作业、化验作业、物资管理、运营分析、智能仪表、设备管理等功能模块,如图 2-10-2 所示。主要对物联网内的关联设备进行数据收集、分析、监控,以及通过该平台对相关工作人员进行任务下达、任务追踪、任务统计等操作,并最终给出相关的 KPI。通过数据接口实现移动终端与平台数据同步,通过 APP 实现电子巡检、例行作业、属地监督、在线审核、问题闭环管理、设备管理、物资管理等功能。

未来,物联网技术在天然气行业的应用应以天然气的全产业链为对象,通过传感、射频、通信、先进计算机等技术组合,搭建全产业链的管理平台,对天然气生产、销售搭建生产运行管理,安全监控等各功能模块,实现对这一清洁能源的高效利用。

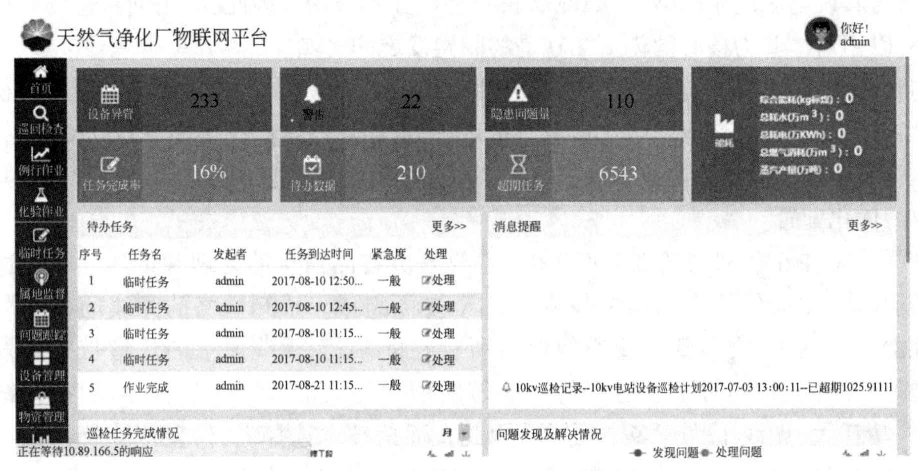

图 2-10-2　天然气净化厂物联网平台

J(GJ)BJ010
信息化和工业化融合管理体系常用术语

项目十　信息化和工业化融合管理体系常用术语

一、两化融合管理体系基础

随着信息化和工业化两大历史进程不断交叉、渗透与融合,工业社会正在加速向信息社会演进,两化融合已经成为组织可持续发展的必由之路。组织应深刻认识两化融合的发展理念、战略目标和重点任务,建立适宜的推进方法和工作机制,从而在动态的竞争环境中加速转型变革,获取发展先机。

两化融合管理体系是引导组织强化变革管理、系统推进两化融合的管理方法论,明确了组织系统地建立、实施、保持和改进两化融合管理机制的通用方法。通过规范两化融合过程并使其持续受控,引导组织充分发挥数据要素的创新驱动潜能,推动和实现数据、技术、业务流程、组织结构四要素的互动创新和持续优化,挖掘资源配置潜力,夯实工业化基础,抢抓信息化机遇,从而帮助组织不断打造信息化环境下的新型能力,获取与其战略匹配的可持续竞争优势,实现创新发展、智能发展和绿色发展。

二、框架与方法

(一)基本框架

如图 2-10-3 所示,基本框架阐释了通过两化融合管理体系引导组织持续推进战略循环(发展方向)、要素循环(融合路径)和管理循环(推进机制),以稳定实现可持续发展的理念、方法和机制。

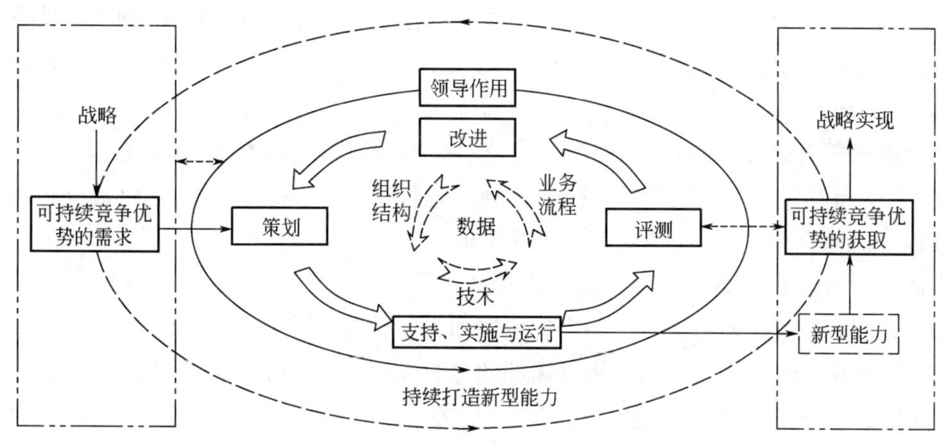

图 2-10-3　信息化和工业化融合管理体系基本框架

战略循环(战略-可持续竞争优势-新型能力):组织的战略应充分融入两化融合的发展理念,识别内外部环境的变化,并明确与战略匹配的可持续竞争优势需求,通过打造信息化环境下的新型能力,获取预期的可持续竞争优势,实现战略落地。通过对战略循环过程进行跟踪评测,寻求战略、可持续竞争优势、新型能力互动改进的机会。

要素循环(数据-技术-业务流程-组织结构):围绕拟打造的新型能力及其目标,通过发挥技术(包括工业技术、信息技术、管理技术等)的基础性作用,优化业务流程,调整组织结构,并通过技术来实现和规范新的业务流程和组织结构。不断加强数据开发利用,挖掘数据这一核心要素的创新驱动潜能,推动和实现数据、技术、业务流程、组织结构四要素的互动创新和持续优化。

管理循环(策划-支持、实施与运行-评测-改进):围绕数据、技术、业务流程与组织结构四要素,充分发挥领导的核心作用,建立“策划,支持、实施与运行,评测与改进”管理机制,规范两化融合过程,推动新型能力的螺旋式提升,稳定获取预期的竞争优势。

(二)过程方法

过程是运用资源将输入转化为输出的一项或一组活动。为使组织有效运行,必须识别和管理许多相互关联和相互作用的过程。通常,一个过程的输出将成为下一个过程的输入。系统地识别和管理组织所应用的过程,特别是这些过程之间的相互作用,称为“过程方法”。

两化融合管理体系由相互关联的过程所组成。沿着打造信息化环境下新型能力这条主线，应采用过程方法提高两化融合管理体系的有效性，确定相应过程，确保其持续受控。

在两化融合管理体系中应用过程方法时，应强调：

（1）明确过程的输入和输出。

（2）明确过程的职责和权限。

（3）确定支持条件和资源。

（4）确定过程之间的联系和相互作用关系，并对其进行管理，以有效实现预期目标。

（5）监测、分析和持续改进过程。

（三）系统方法

通过交互作用，共同完成某种特定功能的一组相互依赖和相互关联的活动，可以视为一个系统。为了获得预期的结果，从系统的整体层面出发，实现分解与综合、分工与协作的有机结合，加强定性与定量分析的交互应用，科学处理局部与总体的关系，以实现全局优化的方法称为“系统方法”。

两化融合管理体系标准鼓励在建立、实施、保持和改进两化融合管理体系过程中采用系统方法，确定和管理相互关联的一系列两化融合过程，并推动其协调运转，以提升过程的有机关联性和总体有效性，从而稳定获取预期结果。

在两化融合管理体系中应用系统方法时，应强调：

（1）将两化融合管理体系作为一个有机整体进行管理。

（2）明确两化融合管理体系总体与局部的分解关系以及分工协作机制。

（3）充分应用新技术、新方法、新理念，全面提升两化融合管理体系的有效性，实现全局优化。

（四）持续改进

两化融合是一个需要循序渐进和不断完善的过程，持续改进是两化融合管理体系有效性得到确立、保持和提升的必然途径，适用于两化融合管理体系的所有相关过程。

改进是一系列持续的活动，包括但不限于以下内容：

（1）评估分析现状和问题以识别可改进的机会。

（2）确定改进目标，寻找可行方案以实现这些目标。

（3）评审并实施所选择的方案。

（4）对实施结果进行评估分析以确定改进目标的实现情况。

三、术语与定义

（一）新型能力（enhanced capability）

为适应快速变化的环境、不断形成新的竞争优势，整合、建立、重构组织的内外部能力，实现能力改进的结果。

新型能力的载体是组织的整体，是在组织成长历程中积累产生的，并随组织业务发展、环境变化等因素动态改变。新型能力相对于已有能力，可以表现为量的增长，也可以是质的跨越。

（二）技术（technology）

为实现某一目的所需的技能、方法、手段、工具、知识或规则的组合。

（三）业务流程（business process）

组织（或组织的一部分）在追求给定目标过程中，为了实现某一期望的结果，所执行的组织活动的部分有序集。

（四）组织结构（organizational structure）

人员的职责、权限和相互关系的安排。

（五）业务流程职责（responsibility of business process）

业务流程的工作目标、范围和任务，以及在业务流程各环节相关任职者完成这些任务所需承担的相应责任。

相关任职者应包括组织所有职能与层次中与该业务流程相关的人员。

（六）信息资源（information resources）

在业务活动和过程中所产生、采集、处理、存储、传输和使用的数据、信息、知识等的总和。

（七）文件化信息（documented information）

组织需要控制和保持的信息及其载体。

项目十一　信息化和工业化融合管理体系相关知识

J(GJ)BJ011 信息化和工业化融合管理体系相关知识

当前，全球范围的新一轮技术革命和产业革命正在孕育兴起，我国正处在全面深化改革、加快转变经济发展方式，实现经济结构战略性调整的关键时期。紧紧抓住重大战略机遇出现的新机遇，坚持走中国特色新型工业化、信息化、城镇化、农业现代化道路。牢固树立并切实贯彻创新、协调、绿色、开放、共享的发展理念，大力推进信息化和工业化深度融合，事关我们发展方式转变的成败，是实现中华民族伟大复兴的重大战略选择。

推进信息化和工业化融合（以下简称两化融合），应把握数字化、网络化、智能化发展趋势，充分应用新技术、新方法、新理念，发挥数据要素的创新驱动潜能，推动和实现数据、技术、业务流程、组织机构四个要素的互动创新和持续优化，挖掘资源配置潜力，夯实新型工业化基础，抢抓信息化发展机遇，实现创新发展、智能发展和绿色发展。

两化融合不仅涉及技术的融合，更是一个管理优化的过程。我国在技术创新方面已取得长足进步，但管理仍是一个薄弱环节，特别是信息化环境下的管理还处于探索阶段。通过总结提炼推动工业化向信息化演进的新管理规律、管理方法和管理机制，形成一套两化融合管理体系标准，可有效引导组织以融合和创新的理念推进两化融合，从而加速产业升级和中国特色新型工业化进程。

两化融合管理体系是组织系统地建立、实施、保持和改进两化融合过程管理机制的通用方法，覆盖了组织的全部活动，可引导组织强化变革管理，规范两化融合过程，并使其持续受控，从而不断打造信息化环境下的创新能力，获取与战略相匹配的可持续竞争优势。

两化融合管理体系的提出基于以下工作基础和实践经验：我国信息化发展历程中积累的技术应用成果和管理创新经验；依据《工业企业信息化和工业化融合评估规范》GB/T

23020—2013 在数万家企业开展两化融合评估诊断工作所提炼的方法和规律；在推广质量、环境、信息技术服务、信息安全、能源、职业健康安全等管理体系的过程中，形成的工作基础和应用环境。

两化融合管理体系提出了九项管理原则，包括：以获取可持续竞争优势为关注焦点，战略一致性，领导的核心作用，全员参与、全员考核、过程管理、全局优化、循序渐进、持之以恒、创新引领、开放协作。

两化融合管理体系构建了“战略-可持续竞争优势-新型能力”的战略循环、“数据-技术-业务流程-组织结构”的要素循环以及“策划-支持、实施与运行-评测-改进”的管理循环。这三个循环贯穿和覆盖了整个两化融合管理体系。

两化融合管理体系系列标准包括基础和术语、要求、实施指南、评估规范、审核指南等，共同构成了一组密切相关的标准族。

两化融合管理体系要求中主要包括可持续竞争优势、领导作用、策划、支持、实施与运行、评测、改进的通用要求。

一、可持续竞争优势

组织应深刻认识影响其可持续发展的内外部环境变化，按照标准的要求，建立、实施、保持和改进两化融合管理体系，以打造信息化环境下的新型能力，获取与组织战略匹配的可持续竞争优势。

二、领导作用

(1)最高管理者应承诺建立、实施和保持两化融合管理体系，并持续改进其有效性。

(2)两化融合方针是组织推进两化融合以获取可持续竞争优势的宗旨。

(3)两化融合管理者代表应确保两化融合管理体系得以建立、实施、保持和改进。

三、策划

组织应根据拟打造的新型能力，建立新型能力目标，并按照所形成的规定进行调整、评审和确定。目标应是具体的、可测量的、可实现的且有时间要求的。

两化融合实施方案应围绕拟打造新型能力进行策划，明确数据、技术、业务流程、组织机构互动创新和持续优化的需求和实现方法，以有效实现预期目标。

应形成策划两化融合实施方案的规定，包括确定策划的方法与过程、责任人和参与人的职责和权限等。

四、支持

组织应识别两化融合管理体系及其过程所需要的内外部支持条件和资源，并围绕新型能力的打造进行统筹配置、评估、维护和优化。

五、实施与运行

组织应围绕拟打造的新型能力，根据可量化融合实施方案，主动管理实施与运行过程，推动数据、技术、业务流程、组织结构的互动创新和持续优化，以确保稳定获取预期目标。

六、评测

组织应策划以下方面所需的评测过程，并加以实施：

(1) 通过两化融合所形成的新型能力以及所获取的可持续竞争优势。

(2) 两化融合管理体系的符合性。

(3) 持续改进两化融合管理体系有效性。

七、改进

组织应按照所形成的规定处理实际或潜在的不符合，并采取纠正措施或预防措施。

模块十一　装置检维修

项目一　检修项目编写要求

J(GJ)BK001
检修项目编写要求

一、日常检维修项目编制

（一）月度计划检修项目表的编制

生产单位在每月固定的某天将下月检修项目报上级管理部门审查并经分管领导审批后，下达月度检修计划。检修内容主要包括：

（1）过滤设备检查、清洗，更换过滤组件。

（2）累计运转时间符合大修周期的机泵大修。

（3）存在故障、隐患的设备检修。

（4）更换已损坏管道、阀门及附件。

（5）设备、管道测厚检查，日常防腐、保温项目。

（6）整改生产装置的跑、冒、滴、漏。

（7）仪表定期校验、计量装置清洗、校验；更换失效仪表及已损坏管线等。

（8）电气设备检修，照明灯具检修、更换。

（9）其他检修项目。

（二）日常临时维修项目表的编制

日常临时检修指月度计划检修外的装置生产期间各类设备设施出现的异常、临时检修任务。日常临时维修项目经净化厂分管领导审批，由生产技术部门编制、录入作业工单，落实检修所需材料，组织安排检维修单位实施作业。

二、临停检修

临停检修指生产装置某些设备、管道、电气、自动控制系统等出现突发性故障或安全隐患，影响装置安全环保生产或出现产品质量问题，必须及时安排装置临时停工进行检修，以尽快消除故障、隐患。

（一）项目编制要求

（1）各生产单位根据故障或隐患对装置的影响程度，编制临停检修项目报上级设备管理部门，设备管理部门组织临停检修项目审查，审查后报上级生产运行部门组织审核。

（2）各生产单位根据上级批复组织实施临停检修作业。

（二）检修内容

（1）对需要检修相关部位进行隔断、置换。

(2)对需要临停检修相关设备进行清洗。

(3)针对装置具体故障、隐患编制检修项目。

三、系统性检修项目计划

系统性检修(大修)指对全厂生产装置设备、管道、电气设备、仪表控制系统、分析化验设备、安防通信系统等较长时间的检修。

(一)项目计划编制流程

(1)大修项目计划由生产单位根据上次设备大修后装置运行的实际技术状况、设备无损检测诊断情况、特种设备(安全附件)定期检验周期、已发现的设备缺陷和应进行设备内部清洗、检查等内容,编制固定资产大修理项目建议计划。

(2)生产单位将项目建议计划报净化厂业务管理部门组织审核后,上报上级机构审批。

(3)生产单位根据上级批复下达的年度固定资产大修项目计划,对装置运行的实际技术状况进行全面检查、设备无损检测、设备缺陷和事故隐患等情况的检查。在装置停工检修前3个月,编制大修项目实施作业计划,报净化厂业务管理部门组织审查批复,由生产单位组织实施。

(4)生产单位在组织实施大修项目计划过程中,新发现的设备故障或隐患,在大修施工现场协调会议上提出增补检修项目计划,经净化厂大修领导小组同意后组织实施。重大增补检修项目,应上报大修领导小组审批。

(二)项目计划上报时间

项目计划上报时间:生产单位每年年底上报第二年大修项目建议计划。

(三)项目编制要求

(1)装置大修是了解掌握装置设备的最好机会,通过对设备内外部全面检查、超声波测厚、×射线探伤、耐压试验、仪表控制系统联校测试、高压电气设备预防性试验等技术检查,及时发现问题。编制人员应积极参加装置大修,提高检修项目计划准确率。

(2)加强设备日常运行检查,通过超声波定点测厚检查,分析设备状态监测趋势图,正确掌握设备运行状况,从每个检修项目的提出、检修材料、技术方案、到项目负责人,层层落实到责任人,确保不漏项,并减少增补项目。

(3)严格遵守国家安全生产各项法律法规、技术标准和特种设备管理规定,结合装置技术改造、技术革新确定检修项目。

(4)建立完善检修技术档案、状态监测数据库,为及时掌握设备运行状况和故障预兆,为编制设备大修计划提供科学依据。

(5)安全阀前后设置有切断阀的,要对切断阀进行检修、试压。

(四)编制内容

(1)塔类设备打开人孔,检查清洗各层塔盘及填料,清除内部污垢;内部构件检查、修复或更换;塔壁测厚及宏观检查;接口接管检查、修复、疏通等。

(2)罐类设备打开人孔,清除内部污垢;内部构件检查或更换;设备测厚及宏观检查;接口接管检查、修复、疏通等。

(3)过滤分离设备打开封头或盲板,清洗过滤器、捕集器,更换过滤组件;设备测厚及宏观检查、液位计清洗等。

（4）换热器拆卸管箱盲板、封头、浮头盖，清洗管程；若有需要，抽出管束进行检查等。

（5）炉类设备打开人孔，拆卸检查燃烧器，检查、修补炉膛耐火衬里、保温层，清除炉膛杂物；点火孔、观察孔、冷却风管线检查、疏通或更换等。

（6）反应器打开人孔，检查内部支撑、衬里及清除杂物；检查、筛选或更换催化剂等。

（7）锅炉打开人孔、手孔、封头，拆卸检查燃烧器，清除内部杂物；检查修补衬里及检修内、外部构件，检查炉管结垢、测厚、清洗。

（8）特种设备及其安全附件定期检验、校验。

（9）管道检查、测厚、疏通及检修，更换已坏或不能继续使用的管道、管配件；阀门检查、试压或更换。

（10）维护保养转动设备，更换不能继续使用的转动设备。

（11）安全阀检修、校验或更换等。

（12）室外仪表检修、清洗、校验、联校；调节阀检修、调校；计量装置清洗、校验、标定。

（13）室内仪表进行全面检查、清洁、紧固、测试、联校、维护升级。

（14）电气设备检修、清洁、紧固、试验；继电保护器、综合自动化系统及测量指示仪表校验；检查测试供电线路；更换部分电气设备等。

（15）化验设备及通信设备维护检修。

（16）工艺、设备、仪表、电气等的技术改造；新设备安装、调试等。

（17）土建工程和房屋维护检修。

（18）动、静设备，仪表、电器和管道等除锈、防腐、保温、保养。

（19）池坑清洗、场地清理，设备清洁。

（20）装置跑、冒、滴、漏部位检修。

项目二　检修项目技术交底要求

J(GJ)BK002 检修项目技术交底要求

检修项目技术交底即为每班开工前，作业项目负责人或作业申请人在属地监督配合下，组织全体作业人员、监护人员在作业地点进行现场安全技术交底，确保作业人员理解并遵守作业程序和安全规定及要求。同时，对作业的质量和进度进行管理和协调，开工前确认工程材料、备件符合设计要求，对作业过程质量进行控制，作业结束后确认作业质量合格，并检查确认现场安全状况。

一、作业项目负责人或作业申请人负责确认

（1）作业活动的内容、范围、风险、作业方案及其中的技术和安全要求、应急程序、作业许可及工作前安全分析表上的安全要求已交代清楚。

（2）作业方案、作业许可及工作前安全分析表上规定的所有技术和安全措施已落实到位。

（3）工程材料、备件符合设计要求。

（4）确保作业人员遵守作业方案、作业许可及工作前安全分析表上的安全规定和要求，

负责作业人员和设备的安全。

二、全体作业人员及监护人员负责确认

(1)理解作业活动的内容、范围、风险、作业方案和技术、安全要求,了解应急程序,明白个人职责。

(2)身体状态良好。

(3)承诺遵守作业方案、作业许可证及工作前安全分析表上所规定的全部技术、安全要求,发现违章作业及不安全行为将及时干预,在安全监护人离开时停止作业。

项目三　检修项目质量验收规范

J(GJ)BK003 检修项目质量验收规范

一、日常检维修质量验收

检修项目验收质量标准按照《天然气净化厂设备维护检修规程》、设备安装、使用、维护说明书进行。

二、新设备安装验收

新设备安装前,应熟悉使用说明书、总安装图及各部件安装图,制定设备安装方案。

(1)设备检修安装要满足生产工艺的需要及维护、检修、技术安全、工序连接等方面的要求。设备安装位置、排列、标高以及立体、平面间相互距离等应符合设备平面布置图及安装施工图的规定,保证设备安装质量,不符合设备安装要求和标准的设备,不准开工使用,由安装单位负责整改。

(2)新设备安装试运合格后,安装单位应将设备随机使用说明书、总安装图、安装竣工资料、试运转记录、附件清单等技术资料、附件、工具清点造册,移交生产单位建立完整的技术档案。生产单位及时组织编写操作规程和办理设备启用申请,经主管部门批准后,生产单位建立设备技术档案,投入生产使用。

三、动设备检修验收

(一)试运转前检查

(1)确认各部件是否存在裂纹、碰损等缺陷。

(2)确认设备是否清洁,油箱及各润滑部位是否按要求加注润滑油脂。

(3)确认安全装置是否正确可靠,制动和锁紧机构是否调整适当。

(4)盘车确认各运动部件转动均匀,无卡滞。

(5)确认电动机旋转方向是否正确,电动机皮带是否均匀受力、松紧适当。

(6)确认各操作部件是否正确可靠,并处于“停止”位置。

(二)设备运转验收

运转验收应分步进行,由部件至组件,由组件至整机,由单机至全部自动。启动时先

“点试”，观察无误后再正式启动运转，一般设备连续运转的时间应≥4h，重要设备运转时间应≥8h，并做好操作参数及试车中故障排除的记录。设备运转试验合格后，生产单位、安装单位应在设备的试运转记录上签字验收，验收内容如下：

(1)在正常润滑情况下，确认各部位轴承温度是否超过设计规范或说明书规定。

(2)确认一般设备在运行时的噪声是否≤85dB，精密设备的噪声是否≤70dB，是否有冲击声。

(3)确认各种自动装置、联锁装置、分度机构及联动装置的动作是否协调、正确。

(4)确认安全防护装置是否灵敏、可靠。

(5)确认各操作参数、振动、密封部位泄漏是否在规定范围内。

四、阀门检修验收

(1)确认阀门规格型号是否符合生产工艺使用要求。

(2)确认是否试压合格。

(3)确认盘根是否符合要求。

(4)确认法兰密封面是否清洁。

(5)确认阀座、阀盖及法兰等的螺栓是否完好。

(6)确认双头螺栓两头是否露出 2 至 3 扣。

(7)确认安全阀铅封是否合格。

(8)确认检修资料是否齐全。

五、电气设备检修验收

(一)电动机

(1)确认电动机外观是否完好、有无破损等缺陷。

(2)确认电动机复位完毕，外观是否整洁、螺栓是否已紧固。

(3)确认电动机是否润滑良好，盘车运转是否灵活、无卡滞。

(4)确认电动机单机试运声音、振动是否正常，转向是否准确。

(二)UPS 不间断电源、EPS 紧急电力供给

(1)确认设备是否完好、整洁，有无破损等缺陷，室内环境是否适宜。

(2)确认标示是否清晰。

(3)确认是否接地。

(4)确认显示器、表具是否完好、准确可靠。

(5)UPS 投运检查。

六、仪表检修验收

(一)控制系统类

控制系统包括 DCS 集散控制系统、ESD 紧急停工系统/SIS 设备安全系统、F&GS 火灾与气体检测报警系统、PLC 可编程逻辑控制器。

(1)环境条件(温度、湿度等)是否满足系统正常运行要求，系统风扇运转是否正常。

(2)确认仪表设备无破损、无变形、内外表面美观,无油漆脱落、受潮、锈蚀等缺陷。

(3)确认各设备工作状态是否正确。

(4)确认系统与现场仪表的联合测试是否满足要求。

(5)确认系统显示、处理、操作、控制、报警等各项基本功能是否运行正常。

(6)确认控制方案、控制程序的检查测试结果是否达到设计要求。

(7)确认检修资料是否齐全。

(二)现场类仪表

现场类仪表包括压力、温度、液位、流量、执行器、成分分析。

(1)确认仪表设备安装是否固定牢固。

(2)确认设备腐蚀、磨损情况是否能满足安全生产要求,设备状态画面及指示灯状态是否正常,设备各项功能是否正常。

(3)确认铭牌是否清晰无误,表盘刻度是否清晰。

(4)确认设备阀门动作是否正常,紧固件是否松动,可动件是否灵活,密封件有无泄漏,管线、阀门及接头是否渗漏、堵塞,测量元件是否断裂、变形。

(5)确认执行器气源及输入、输出信号是否正常,阀杆运动是否平稳,行程与输出信号是否对应,限位开关是否接触到位。

(6)确认仪表设备是否防爆、隔离、密封和接地。

七、检修质量验收

检修质量由净化厂生产技术管理部门组织,生产单位和施工单位共同进行。在验收中发现的问题由施工单位整改,整改后重新检查验收。

(一)单项检修质量验收

单项质量验收,是单台设备、电气、仪表等项目进行的检查验收,单项质量验收分三级进行。

(1)自检。每个单项完成后,由施工人员进行质量检查,填写检修纪录,提请复检。

(2)复检。由施工单位组织检查验收,发现问题督促施工人员整改,并重新检查,填写检查记录,提请终检。

(3)终检。由净化厂生产技术部门组织施工单位、使用单位共同进行质量检查验收,并给出质量验收结论。终检合格后,项目验收单交生产单位。

(4)验收项目主要内容。

① 新设备安装验收、动设备检修验收、阀门检修验收、电气检修验收、仪表检修验收,根据日常检维修质量验收实施。

② 静设备检修验收。

塔类设备:

A. 塔类设备验收应符合《塔式容器》(NB/T 47041—2014)、《石油天然气建设工程施工质量验收规范设备安装工程 · 第 2 部分:塔类设备规定的检修质量标准》(SY 4201.2—2016)规定的标准。

B. 确认每层塔板上受液板和塔底部是否积存污垢,是否有工器具及杂物遗留。

C. 确认塔盘边缘是否有尖锐毛刺，塔盘不平度、水平度是否合格。

D. 确认浮阀（泡罩）及塔内构件是否脱落，所有浮阀开启是否灵活。

E. 确认可调堰板高度是否合格，堰板的水平度允差是否合格。

F. 确认填料清洗是否干净、装填是否正确。

G. 确认塔内构件及附件腐蚀情况是否能满足安全生产要求。

H. 确认泡罩塔充水试验是否合格。

I. 确认水压试验或气密性试验是否合格。

J. 有完整的定期检验记录，确认检修资料是否齐全。

换热器类：

A. 换热器验收应符合《钢制管壳式换热器》（GB/T 151—2014）、《压力容器》（GB 150—2011）规定的检修质量标准。

B. 确认清管、清洗是否彻底。

C. 确认管箱、封头内是否有工器具及杂物遗留。

D. 确认换热器构件及附件腐蚀情况是否能满足安全生产要求。

E. 确认保温是否完好。

F. 确认水压试验或气密性试验是否合格。

G. 确认检修资料是否齐全。

过滤器、分离器类：

A. 过滤器、分离器验收应符合《压力容器》（GB 150—2011）规定的检修质量标准。

B. 确认清洗是否彻底。

C. 确认容器内是否有工器具及杂物遗留。

D. 确认过滤器、分离器构件及附件腐蚀情况是否能满足安全生产要求。

E. 确认过滤元件是否合格。

F. 确认更换的捕沫网、过滤元件、螺栓、螺母、垫片的材料、规格及安装是否符合设计图样要求。

G. 确认水压试验或气密性试验是否合格。

H. 有完整的定期检验记录。

I. 确认检修资料是否齐全。

罐类容器：

A. 罐类容器验收应符合《压力容器》（GB 150—2011）、《钢制焊接常压容器》（NB/T 47003.1—2009）、《立式圆筒形钢制焊接储罐施工规范》（GB 50128—2014）、《常压立式圆筒形钢制焊接储罐维护检修规范》（SHS 1012—2014）规定的检修质量标准。

B. 确认清洗是否彻底。

C. 确认容器内是否有工器具及杂物遗留。

D. 确认罐类容器构件及附件腐蚀情况是否能满足安全生产要求。

E. 确认内部衬里是否剥落。

F. 确认内构件与罐连接是否牢固、可靠。

G. 确认保温是否完好。

H. 确认水压试验或气密性试验是否合格。

I. 有完整的定期检验记录。

J. 确认检修资料是否齐全。

燃烧炉、灼烧炉类：

A. 燃烧炉、灼烧炉验收应符合《钢制焊接常压容器》(NB/T 47003.1—2009)、《工业炉砌筑工程施工及验收规范》(GB 50211—2014)、《隔热耐磨衬里技术规范》(GB 50474—2008)规定的检修质量标准。

B. 确认炉内是否有工器具及杂物遗留。

C. 确认保温层、耐火层、衬里、挡火墙、膨胀缝、陶瓷保护管是否完好。

D. 确认燃烧器、调风门、烟道挡板是否灵活、完好。

E. 确认设备构件及附件腐蚀情况是否能满足安全生产要求。

F. 确认点火孔、看窗通道是否堵塞，玻璃是否有破损。

G. 确认炉管外壁是否积灰和积碳。

H. 确认点火器是否能正常点火。

I. 确认检修资料是否齐全。

(二)单元装置检修质量验收

单元装置检修质量验收是单元装置区内所有单项检修项目验收合格后，在投入生产前对单元装置所做的检修质量验收。单元装置检修质量验收的基本内容：

(1)所有隔断点和隔离点已恢复或处于安全状态。

(2)装置清洗、吹扫、气密性试验等合格，工艺流程通畅。

(3)仪表及控制系统处于可工作状态。

(4)安全阀及其他安全附件处于可工作状态。

(5)检修中的脏物和废弃物已清理干净，操作通道通畅。

单元装置的检修质量验收由生产单位组织相关单位共同进行。在验收中发现的问题由施工单位整改，整改后重新检查。各单元装置检修质量验收合格后，进行开工准备工作和全厂生产装置全面检查。

(三)检修质量评价

(1)各单元装置检修质量验收合格，并由质量验收组负责组织单机设备试运、单机设备试压、装置低压系统检漏、中压系统检漏、高压系统检漏。

(2)检修施工作业全部完成，且单机设备试运、试压、装置系统检漏合格后，生产单位应对大修质量进行评价，编写《检修质量评价报告》。

大修质量评价报告应包括以下几个方面内容：

① 检修项目总情况概述，检修项目总数，实际完成检修项目的数量，未完成项目数量及具体原因。

② 工艺设备检修评价，工艺设备的检修情况、压力容器检验情况、压力设备检修情况、特种设备检验情况。

③ 仪表设备的检修评价。

④ 电气设备的检修评价。

⑤ 防腐保温情况以及地形地貌恢复情况。

⑥ 检修过程出现的情况。

⑦ 检修结论，结论应明确检修质量是否合格和具备开工条件。

(3)由检维修领导小组组织召开检修质量评价会，对检修项目评审效果进行评审，确定检修达到预期效果；并经净化厂生产运行部门负责人签字，分管领导批准后，进入开工准备阶段。

J(GJ)BK004
设备检修技术
方案编制

项目四　设备检修技术方案编制

为保证天然气净化装置设备检修工作安全、平稳的顺利完成，项目负责人应根据项目类型和作业内容进行编制技术方案，由上级生产管理主管领导批准后方能实施。

一、项目概述

概要描述设备本周期的运行情况，分析设备存在的主要缺陷，对本次检修的基本目的和要求进行简要说明。

二、编制依据

列出编制本方案所依据的相关标准、规范等技术文件清单。

三、项目组织与职责分工

对项目的组织结构，项目总负责人和安全、质量、工艺、设备和施工负责人等人员名单和相应的职责进行描述。

四、检修内容与要求

对项目逐级分解，形成有层次结构的工作包，对各项内容和工作要求进行具体描述。

五、检修有关注意事项

对检修前的准备工作、安全检修及文明施工等要求进行具体说明。

六、质量目标与控制标准

提出本项目的质量目标和控制标准。

七、项目进度要求

确定项目总体和各项工作包的计划开工日期和计划完工日期。

八、交工验收内容与要求

对项目交工验收的程序、验收内容和达到的要求逐项进行说明。

九、重大风险控制措施

根据检修作业危害分析 JHA 结果,对中高风险度的作业项目进一步制定详细的风险监控措施,需要建立事故应急预案的要列出应急预案文件名称和编号。

十、其他说明

对其他需要特殊说明的事项进行补充。

理论知识练习题

高级工理论知识练习题及答案

一、单项选择题(每题有4个选项,只有1个是正确的,将正确的选项填入括号内)

1. AA001 由于悬浮液中的颗粒尺寸比过滤介质孔道直径小,当颗粒随液体进入床层内细长而弯曲的孔道时,靠( )的作用而附在孔道壁上。

A. 管道阻力 B. 过滤网黏附力 C. 静电分子力 D. 前后段压差

2. AA001 悬浮液过滤时,液体通过过滤介质而颗粒沉积在过滤介质的表明而形成( )。

A. 滤渣 B. 滤液 C. 滤饼 D. 滤料

3. AA002 离心力与向心力大小( ),方向( )。

A. 不同、相同 B. 相等、相同 C. 不同、相反 D. 相等、相反

4. AA002 下列设备中属于离心力沉降的是( )。

A. 降尘室 B. 沉降槽 C. 逆流澄清器 D. 旋风分离器

5. AA003 重力和浮力的大小对一定的粒子是固定的,而流体对微粒的摩擦阻力则随粒子和流体的相对运动速度( )。

A. 增大而减小 B. 增大而增大 C. 减小而增大 D. 不变

6. AA003 当微粒在静止介质中借本身重力的作用时,最初重力胜过浮力和阻力的作用,致使微粒做( )。

A. 减速运动 B. 匀速运动 C. 自由落体运动 D. 加速运动

7. AA004 换热器的热负荷计算是以( )和总传热速率方程为基础的。

A. 能量平衡 B. 质量守恒 C. 相平衡 D. 反应平衡

8. AA004 影响对流传热系数的主要因素有( )。

A. 流体的种类 B. 流体流动状态
C. 传热面的大小 D. 以上答案都对

9. AA005 下列能导致列管式换热器传热效果变差的是( )。

A. 冷介质温度低 B. 环境温度变化大
C. 设备内空气未排净 D. 热交换介质温差大

10. AA005 新型水管锅炉采用高效传热的( ),使锅炉烟管的传热效率大大提高。

A. 烟道 B. 对流管束 C. 喉管 D. 螺纹烟管

11. AA006 同一物质在气相中的扩散系数不受( )影响。

A. 介质种类 B. 温度 C. 压强 D. 浓度

12. AA006 物质在液相中的扩散系数不受( )影响。

A. 介质种类 B. 温度 C. 压强 D. 浓度

13. AA007 进行蒸馏的溶液,溶剂与溶质皆具有挥发性,在蒸馏过程中二者同时变成蒸汽,其数量与各自的( )相当。

A. 物质总量　B. 挥发度　C. 浓度值　D. 单位容积

14. AA007　对于某些高沸点或高温易分解的液体，采用（　　），以降低操作温度。

A. 减压蒸馏　B. 连续蒸馏　C. 加压蒸馏　D. 特殊蒸馏

15. AA008　下列不属于影响精馏产品纯度的因素是（　　）。

A. 板式塔的塔板数　B. 料液加入位置

C. 回流比　D. 料液物化性质

16. AA008　精馏塔回流量与上升蒸气量的相对比值（　　），有利于提高塔顶产品的纯度。

A. 越小　B. 越大　C. 恒定　D. 同时变化

17. AA009　脱硫脱碳吸收塔性能下降后，主要体现在（　　）。

A. 产品的质量提高　B. 塔的安全性高　C. 操作性强　D. 能耗升高

18. AA009　填料塔的优点主要体现在（　　）。

A. 结构简单　B. 造价低　C. 分离效果好　D. 压降低

19. AA010　解吸的程度取决于解吸的操作压力，如果是常压吸收，解吸只能在（　　）条件下进行。

A. 负压　B. 正压　C. 常压　D. 微正压

20. AA010　将加压吸收得到的吸收液进行减压，因总压降低后气相中溶质分压（　　），实现了解吸的条件。

A. 降低　B. 升高　C. 规律性变化　D. 不变

21. AA011　静止的同一连续液体内，处于同一水平面上各点的压强（　　）。

A. 相等　B. 不相等　C. 方向相反　D. 无法比较

22. AA011　静止流体平衡方程式主要说明（　　）。

A. 液体外部压力变化规律　B. 液体内部压力变化规律

C. 流体外部压强变化规律　D. 流体内部压强变化规律

23. AA012　管件 90°标准弯头的当量长度为（　　）。

A. 10～20mm　B. 20～30mm　C. 30～40mm　D. 40～50mm

24. AA012　当流体以同样速度在同一种材料制成的新管道内流过，若管径不同，粗糙度对摩擦系数的影响也不同，管径越小影响（　　）。

A. 越小　B. 越大　C. 相同　D. 无法比较

25. AB001　在 100℃时，甲烷的焓为（　　）。

A. 162. 94kcal/kg　B. 191. 21kcal/kg

C. 166. 25kcal/kg　D. 183. 62kcal/kg

26. AB001　热力学温度与摄氏温度之间的换算关系是（　　）。

A. $t=T+273.15$　B. $T=t+273.15$　C. $t=T+271.35$　D. $T=t+271.35$

27. AB002　临界温度是物质以（　　）形式出现的最高温度。

A. 固态　B. 液态　C. 气态　D. 固液态临界点

28. AB002　在临界状态下，物质气、液两相的内涵性质（如密度、黏度、压缩性、膨胀系数等）（　　）。

A. 相同　B. 相近　C. 存在较大差异　D. 与压力、温度有关

29. AB003　对于有相同的对比压力和对比温度的两种气体，它们对比体积也近似相同，则称这两种气体处于(　　)。

A. 相同状态　B. 对应状态　C. 近似状态　D. 临界状态

30. AB003　如果没有特殊要求，一般情况下我们往往用天然气的(　　)作为天然气的对比参数，用于求天然气的压缩因子。

A. 临界状态参数　B. 理想状态参数

C. 视对比参数　D. 对应状态参数

31. AB004　在低压下，压缩因子随压力的增加而(　　)；在高压下，压缩因子随压力的增加而(　　)。

A. 减小、增加　B. 增加、减小　C. 增加、增加　D. 减小、减小

32. AB004　天然气等温压缩系数是指在恒温条件下，(　　)变化引起的单位气体体积相对变化率。

A. 单位压力　B. 单位温度　C. 单位体积　D. 单位流量

33. AB005　液化后的天然气体积仅为气态的(　　)。

A. 1/100　B. 1/300　C. 1/600　D. 1/1000

34. AB005　液化天然气时要求原料天然气中 H_2O 含量小于(　　)。

A. 200ppm　B. 100ppm　C. 10ppm　D. 0. 1ppm

35. AB006　压缩天然气的执行标准是(　　)。

A. GB 17820—1999　B. GB 50251—1994

C. GB 18047—2000　D. SY 7548—1998

36. AB006　压缩天然气 CNG 的压力一般控制在(　　)。

A. 10MPa　B. 15MPa　C. 20MPa　D. 25MPa

37. AB007　我国管输天然气中，二类天然气的硫化氢含量不能超过(　　)。

A. $6mg/m^3$　B. $10mg/m^3$　C. $15mg/m^3$　D. $20mg/m^3$

38. AB007　在天然气的输送方式中，最常用的输送方式为(　　)。

A. 管道　B. 水运　C. 公路　D. 航空

39. AB008　地下储气库的作用主要体现在(　　)。

A. 安全、应急供气　B. 投资小，见效快

C. 调峰能力小　D. 对环境破坏大

40. AB008　下列关于天然气储存的意义表述不正确的是(　　)。

A. 天然气储存是调节供气不均衡的最有效手段

B. 天然气储存可以减轻季节性用量波动和昼夜用气波动所带来的管理上和经济上的损害

C. 保证系统供气的可靠和连续性

D. 可以充分利用生产设备和输气系统的能力，保证输供系统的正常运行，提高输气效率，但输气成本较高

41. AC001　表征胺法脱硫脱碳吸收塔内介质流动性能的参数是(　　)。

A. 塔压力　B. 塔液位　C. 塔温度　D. 塔差压

42. AC001　脱硫脱碳吸收塔内能控制塔内气液接触时间的是(　　)。

A. 溢流堰高度　　B. 塔盘大小　　C. 吸收塔液位　　D. 塔盘间距

43. AC002　硫黄回收单元余热锅炉产生的中压蒸汽一般用于(　　)。

A. 原料酸气预热　　B. 硫冷凝器暖锅

C. 系统保温　　D. 作废气引射气

44. AC002　硫黄回收单元余热锅炉一般设置(　　)安全阀。

A. 1 只　　B. 2 只　　C. 3 只　　D. 4 只

45. AC003　在压力波动较大的情况下或测量高压压力时,压力表的最大压力值不应超过满量程的(　　)。

A. 1/2　　B. 3/5　　C. 2/3　　D. 3/4

46. AC003　为保证测量精度,被测压力最小值不应低于压力表满量程的(　　)。

A. 1/5　　B. 1/4　　C. 1/3　　D. 1/2

47. AC004　选用的测温仪表最高指示值一般低于满量程的(　　)为宜。

A. 60%　　B. 70%　　C. 80%　　D. 90%

48. AC004　选用辐射高温计测温时,应主要考虑(　　)。

A. 介质类型　　B. 设备结构

C. 介质流向　　D. 现场环境条件

49. AC005　下列适合单一气体和固定比例多组分气体测量的流量计是(　　)。

A. 电磁流量计　　B. 旋涡流量计　　C. 浮子流量计　　D. 质量流量计

50. AC005　下列适合测量液体、气体及蒸汽介质,特别适宜低流速小流量介质测量的流量计是(　　)。

A. 电磁流量计　　B. 旋涡流量计　　C. 浮子流量计　　D. 质量流量计

51. AC006　雷达液位计的天线发射出电磁波,采用的工作模式为(　　)。

A. 反射—发射—接收　　B. 发射—反射—接收

C. 发射—接收—反射　　D. 反射—接收—发射

52. AC006　由微处理器控制的数字物位仪表是(　　)。

A. 电容式液位计　　B. 超声波液位计

C. 电磁波雷达液位计　　D. 差压式液位计

53. AC007　气动调节阀有压力信号时阀关、无压力信号时阀开的调节方式称为(　　)。

A. 气关式　　B. 气开式　　C. 气压式　　D. 液压式

54. AC007　(　　)是气动执行器的推动装置。

A. 气源　　B. 调节机构　　C. 压力　　D. 执行机构

55. AC008　电动调节阀与气动调节阀相比(　　)。

A. 力矩较小　　B. 能耗较高

C. 安装价格较高　　D. 驱动介质对环境影响较大

56. AC008　电动调节阀一般应用于(　　)。

A. 防爆要求高的场合　　B. 缺乏气源的场合

C. 环境湿度大的场合　　D. 高温地区

57. AC009 电磁阀主要是由电磁线圈和(　　)组成。

A. 腔体　B. 电磁铁　C. 活塞　D. 磁芯

58. AC009 直动式电磁阀通电时,电磁线圈产生电磁力把关闭件从阀座上提起,阀门(　　)。

A. 打开　B. 关闭　C. 处于半开状态　D. 保持原状态

59. AC010 微分调节主要用来克服调节对象的(　　)。

A. 惯性滞后和容量滞后　B. 惯性滞后和纯滞后

C. 容量滞后和纯滞后　D. 所有类型滞后

60. AC010 调节器的作用方向是指(　　)。

A. 输入变化后输出变化的方向　B. 输出变化后输入变化的方向

C. 输入增加时输出增加的方向　D. 输入增加时输出减小的方向

61. AC011 用于检测气体成分和浓度的传感器称作(　　)。

A. 组分传感器　B. 浓度传感器

C. 气体传感器　D. 多功能传感器

62. AC011 同一气体既属于可燃性气体又属于有毒性气体,气体检测仪设置方式为(　　)。

A. 只设可燃性气体检测器

B. 只设有毒性气体检测器

C. 可燃性气体、有毒性气体检测器均需设置

D. 无须设置气体检测仪

63. AC012 影响控制阀及配套电磁阀可靠性的因素主要有两个,一个是电磁阀的可靠性,一个是(　　)。

A. 电磁阀的动作方式　B. 电磁阀的动作区间

C. 执行机构的动作时间　D. 执行机构的动作区间

64. AC012 影响 ESD 系统事故状态下将危险因素隔离快慢速度的主要因素是(　　)。

A. 传感器故障检测仪表的动作速度　B. 逻辑控制单元的扫描周期

C. 最终执行元件的动作时间　D. 信号传输线路的传输速度

65. AC013 PLC 的控制中枢是(　　)。

A. CPU　B. 存储器　C. I/O　D. 警戒定时器

66. AC013 PLC 投入运行时,首先以扫描方式接收现场各输入装置的状态和数据,并分别存入(　　)。

A. CPU　B. 数据寄存器　C. 输出装置　D. I/O 映象区

67. AC014 电热器的主要组成部分是发热体,发热体的主要特点是(　　)。

A. 电阻率小、熔点低　B. 电阻率大、熔点高

C. 电阻率小、熔点高　D. 电阻率大、熔点低

68. AC014 在并联电路中,导体两端的电压(　　),通电时间(　　)。

A. 相等、不等　B. 不等、不等　C. 不等、相等　D. 相等、相等

69. AC015 在匀强磁场中,磁感应强度与磁通量的关系是(　　)。

A. 无关　B. 成正比　C. 成反比　D. 成抛物线关系

70. AC015　右手定则简单展示了载流导线如何产生一个磁场，其中（　　）。
A. 大拇指指向磁感应线方向
B. 四个手指所指的方向是感应电流的反方向
C. 大拇指指向电流运动的方向
D. 四个手指所指的方向是磁感应线方向

71. AC016　天然气净化厂设置应急照明时，主要工作面上的照度应能维持原有正常照明照度的（　　）。
A. 5%　B. 10%　C. 20%　D. 30%

72. AC016　天然气净化厂应急照明设置的持续时间不应小于（　　）。
A. 0.5h　B. 1h　C. 1.5h　D. 2h

73. AC017　天然气净化厂内部送电线路是从降压变电所（站）以（　　）的电压向配电站或高压用电设备供电。
A. 220～380V　B. ≥380V　C. 380V～6kV　D. 6～10kV

74. AC017　天然气净化厂高压线路一般采用的接线方式是（　　）。
A. 放射式　B. 树干式　C. 双回路放射式　D. 环形

75. AC018　高压输电线与变压器之间安装有避雷器，防止变压器遭受雷击，下列关于避雷器描述正确的是（　　）。
A. 避雷器通常电压下是导体，遭受雷击是绝缘体
B. 任何电压下都是绝缘体
C. 任何电压下都是导体
D. 通常电压下是绝缘体，遭受雷击是导体

76. AC018　为防止直接雷击高大建筑物，一般多采用（　　）。
A. 避雷线（带）　B. 避雷针　C. 避雷器　D. 保护间隙

77. AC019　仪表在反复测量同一被测量时，若两次读数不同，它们的差值叫（　　）。
A. 绝对误差　B. 相对误差　C. 误差　D. 变差

78. AC019　整流系仪表主要用于测量（　　）。
A. 直流电　B. 交流电　C. 交直流两用　D. 高频电流

79. AC020　当装置供电中断时，UPS 立即将电池的直流电能通过（　　）切换转换的方法向负载继续供应交流电。
A. 整流器　B. 变压器　C. 逆变器　D. 充电器

80. AC020　UPS 系统的稳压功能通常是由（　　）完成的。
A. 逆变器　B. 电容器　C. 整流器　D. 变压器

81. BA001　脱硫脱碳单元活性炭过滤器安装位置通常是在（　　）。
A. 位于两台机械过滤之前　B. 位于两台机械过滤之间
C. 位于两台机械过滤之后　D. 无特殊固定要求

82. BA001　通常情况下，脱硫脱碳单元活性炭过滤器活性炭更换周期为（　　）。
A. 每周　B. 一个月　C. 半年至一年　D. 无须更换

83. BA002　脱硫脱碳单元活性炭过滤器更换活性炭之前，需置换富液，直至过滤器出口溶

液 H_2S 含量小于(　　)。

A. 0.01g/L　B. 0.03g/L　C. 0.1g/L　D. 0.2g/L

84. BA002　活性炭过滤器装填前,为避免粉尘进入脱硫脱碳溶液系统,一般要对活性炭进行(　　)。

A. 固化处理　B. 吹扫　C. 浸泡、清洗　D. 盐化处理

85. BA003　冲击式液力透平其效率一般不超过(　　)。

A. 71%　B. 75%　C. 81%　D. 85%

86. BA003　能量回收透平是利用工业流程中具有一定压力和温度的气、液相介质,经(　　)做功转化为机械能的设备。

A. 压缩　B. 汽化　C. 膨胀　D. 加速

87. BA004　下列脱硫脱碳工艺中,宜用于合成气脱除 CO_2 的工艺是(　　)。

A. 胺法　B. 热钾碱法　C. 直接转化法　D. 膜分离法

88. BA004　下列脱硫脱碳工艺中,适于高酸气浓度的天然气处理,可作为第一步脱硫脱碳措施的工艺是(　　)。

A. 分子筛法　B. 低温分离法　C. 生化法　D. 膜分离法

89. BA005　减压蒸馏溶液复活时复活釜重沸器的中压蒸汽温度为(　　)。

A. 150～160℃　B. 160～170℃　C. 180～190℃　D. 190～200℃

90. BA005　减压蒸馏溶液复活残渣液处理方式是(　　)。

A. 直接外排处理　B. 污水处理单元处理　C. 转炉灼烧处理　D. 回收利用

91. BA006　由于热稳定性盐和氨基酸的存在,干扰了碳钢中(　　)的钝化,破坏了系统保护层,加速了设备和管线的腐蚀速率。

A. Fe_2O_3　B. Fe_2S_3　C. FeO　D. FeS

92. BA006　采用离子交换法再生脱硫脱碳溶液,树脂再生时一般使用(　　)进行再生。

A. 除盐水　B. 弱酸　C. 蒸汽　D. 碱

93. BA007　脱硫脱碳溶液直接补入再生塔储液段或出塔贫液管线的优势是(　　)。

A. 使溶液解析效果达到最佳　B. 可在短时间对系统大量补充溶液

C. 降低杂质带入系统量　D. 对系统温度影响较小

94. BA007　脱硫脱碳单元补充溶液时,为降低对系统影响,下列控制措施错误的是(　　)。

A. 加入适量阻泡剂,防止系统波动　B. 对补充溶液进行预热

C. 操作缓慢进行　D. 提前开大重沸器蒸汽量

95. BA008　醇胺及水溶液加热到(　　)以上时会产生一些分解或缩聚,并使其腐蚀性变强。

A. 100℃　B. 130℃　C. 150℃　D. 200℃

96. BA008　MDEA 是(　　),分子中不存在与碳原子直接相连的活泼氢原子。

A. 伯胺　B. 仲胺　C. 叔胺　D. 季胺

97. BA009　为了避免温度过高造成 MDEA 溶液降解变质,脱硫脱碳单元再生塔顶温度一般控制在(　　)。

A. 80℃　B. 100℃　C. 127℃　D. 135℃

98. BA009　下列不属于脱硫脱碳溶液降解变质处理措施的是（　　）。
A. 加强活性炭过滤　　B. 适当补充新溶液
C. 对溶液进行复活　　D. 加强袋式过滤

99. BA010　脱硫脱碳吸收塔直接窜气至再生塔时，最直观的现象是（　　）。
A. 吸收塔液位升高　　B. 再生塔液位降低
C. 酸气火炬燃烧火焰增大　　D. 吸收塔压差增大

100. BA010　脱硫脱碳吸收塔窜气至再生塔，最可能出现的故障原因是（　　）。
A. 闪蒸罐液位调节阀故障　　B. 溶液循环泵故障
C. 贫液流量联锁阀故障　　D. 吸收塔液位联锁阀故障

101. BA011　脱硫脱碳吸收塔冲塔时，吸收塔的差压变化为（　　）。
A. 先下降，再上升　　B. 先上升，再下降
C. 持续上升　　D. 持续下降

102. BA011　下列不属于脱硫脱碳吸收塔冲塔预防措施的是（　　）。
A. 加强原料气预处理单元排污　　B. 提前调整贫液入塔层数
C. 加强溶液系统过滤　　D. 停产检修时，确保系统和设备清洗干净

103. BA012　为了避免原料天然气中重组分烃类冷凝，造成胺液发泡，脱硫脱碳吸收塔贫液入塔温度一般高于原料气温度（　　）。
A. 1～3℃　　B. 4～7℃　　C. 8～12℃　　D. 13～16℃

104. BA012　阻泡剂加入过多会对脱硫脱碳溶液系统造成负面影响，阻泡剂加入量一般为（　　）。
A. 0～15ppm　　B. 5～10ppm　　C. 15～30ppm　　D. 20～35ppm

105. BA013　正常生产时脱硫脱碳单元富液闪蒸罐压力超高，采取的措施错误的是（　　）。
A. 适当打开闪蒸气压力调节阀旁通阀
B. 适当关小吸收塔液位调节阀
C. 适当开大闪蒸罐液位调节阀
D. 打开闪蒸罐顶部排放口泄压阀

106. BA013　闪蒸罐压力持续上升，且上升速度较快，可采取的快速降压措施是（　　）。
A. 降低闪蒸温度，减小闪蒸气量　　B. 开大闪蒸罐液位调节阀
C. 降低小股贫液循环量　　D. 打开闪蒸气调节阀旁通阀

107. BA014　再生塔严重发泡时，最可能损坏的设备是（　　）。
A. 再生塔　　B. 酸水分离罐　　C. 酸水回流泵　　D. 溶液循环泵

108. BA014　脱硫脱碳单元再生塔冲塔时，塔顶温度下降的主要原因是（　　）。
A. 富液流量增加　　B. 酸水回流减小　　C. 再生塔液位降低　　D. 酸气量增大

109. BA015　脱硫脱碳单元再生塔液位较高时，采取的措施错误的是（　　）。
A. 适当提升吸收塔液位　　B. 适当提升闪蒸罐液位
C. 查明液位上涨的原因　　D. 适当开大补充水量

110. BA015　脱硫脱碳单元再生塔液位偏低时，下列处理方法错误的是（　　）。
A. 开大闪蒸罐液位调节阀　　B. 查明液位偏低原因

C. 补充适量溶液至再生塔　　D. 提高溶液循环量

111. BA016　影响脱硫脱碳单元再生重沸器蒸气量的主要原因不包括(　　)。

A. 溶液循环量　　B. 溶液酸气负荷　　C. 再生塔液位　　D. 酸水回流量

112. BA016　脱硫脱碳单元补充低位罐溶液至再生塔时,下列操作错误的是(　　)。

A. 缓慢操作,控制补充量　　B. 观察产品气在线仪变化趋势

C. 适量提升重沸器温度　　D. 尽可能大流量、快速补充完成

113. BA017　MDEA 溶液循环泵降至最小允许流量后,溶液循环量仍然偏大,可采取的措施是(　　)。

A. 继续降低循环量至需求值　　B. 关小循环泵入口阀控制流量

C. 适量开大至闪蒸罐小股贫液流量　　D. 降低再生塔操作压力

114. BA017　脱硫脱碳单元溶液循环泵故障停运后,首先关闭的阀门是(　　)。

A. 贫液流量联锁阀　　B. 泵出口手动阀

C. 泵进口手动阀　　D. 贫液流量调节阀

115. BA018　对于全焊式板式换热器,下列说法正确的是(　　)。

A. 用于易产生积垢的介质

B. 能承受较高低的压力

C. 能承受较低的温度

D. 在换热面积相同的情况下,较管壳式节约钢材

116. BA018　装置运行一段时间后,换热器换热效果逐渐变差的主要原因是(　　)。

A. 换热器结垢　　B. 环境温度变化

C. 换热片性能改变　　D. 冷热介质温度变化

117. BA019　对脱硫脱碳系统塔罐液位影响较小的是(　　)。

A. 贫液冷却器管壳程窜漏　　B. 重沸器管壳程窜漏

C. 贫富液换热器窜漏　　D. 酸气后冷器管壳程窜漏

118. BA019　在胺法脱硫脱碳工艺中,贫富液换热器窜漏时,主要表现在(　　)。

A. 脱硫脱碳效果差　　B. 富液过滤效果差

C. 吸收塔液位降低　　D. 再生塔压力增高

119. BA020　脱硫脱碳单元开产时,凝结水洗的主要目的是(　　)。

A. 清洗系统中的泥沙等杂质　　B. 清洗检修时设备、管道中残余的焊渣

C. 置换工业水,调节系统 pH　　D. 对系统进行预膜

120. BA020　装置检修后开产,对新更换的管线首先应进行(　　),除去管线中的杂质。

A. 氮气置换　　B. 工业水洗　　C. 凝结水洗　　D. 压缩空气爆破吹扫

121. BA021　脱硫脱碳单元停产回收溶液时,一般要求在(　　)条件下进行回收。

A. 高压　　B. 中压　　C. 低压　　D. 温度较高

122. BA021　脱硫脱碳单元溶液回收完成后,为保证溶液回收彻底,应进行(　　)。

A. 工业水洗　　B. 凝结水洗　　C. 氮气置换　　D. 空气吹扫

123. BB001　三甘醇循环比和贫液浓度恒定的情况下,吸收塔塔板数越多,露点降(　　)。

A. 越大　　B. 越小　　C. 不变　　D. 不确定

124. BB001　甘醇法脱水单元设置贫富液换热器的主要原因是(　　)。

A. 降低介质温度,防止人员烫伤　　B. 操作方便

C. 能量回收利用　　D. 保护设备,防止超温损坏

125. BB002　甘醇法脱水单元再生过程中,采用共沸蒸馏法再生后贫 TEG 浓度质量分数最高可达(　　)。

A. 99.9%　　B. 99.95%　　C. 99.97%　　D. 99.99%

126. BB002　甘醇法脱水再生釜精馏柱顶温度高会增加甘醇损失,精馏柱顶控制温度近似为(　　)。

A. 80℃　　B. 90℃　　C. 100℃　　D. 110℃

127. BB003　MDEA 醇胺液进入 TEG 脱水装置,对 TEG 溶液系统 pH 值的影响是(　　)。

A. 升高　　B. 降低　　C. 不变　　D. 不确定

128. BB003　导致甘醇法脱水溶液 pH 值偏低的主要原因是(　　)。

A. 甘醇溶液呈酸性　　B. 湿净化气残余酸性气体组分进入系统

C. 脱硫脱碳单元带液　　D. 高温造成甘醇溶液降解变质

129. BB004　甘醇法脱水单元再生釜压力升高主要影响(　　)。

A. 溶液循环量　　B. 溶液再生质量　　C. 溶液再生温度　　D. 汽提气流量

130. BB004　下列关于防止甘醇法脱水再生釜精馏柱堵塞的措施,描述错误的是(　　)。

A. 清洗精馏柱填料　　B. 清洗汽提柱手孔填料

C. 加强溶液过滤　　D. 适当降低再生温度,防止结垢

131. BB005　下列不属于甘醇法脱水单元富液流量变小原因的是(　　)。

A. 溶液过滤器堵塞,压差较高

B. 闪蒸罐液位调节阀故障关闭

C. 闪蒸罐低液位,液位调节阀自动关小

D. 溶液内含烃类杂质较多

132. BB005　造成甘醇法脱水单元溶液缓冲罐温度降低的因素较多,其中对装置运行影响最大的是(　　)。

A. 富液流量过大　　B. 缓冲罐换热盘管窜漏

C. 再热炉燃料气流量不足　　D. 溶液补充量过大

133. BB006　为了防止环境温度变化对甘醇溶液再生釜精馏柱顶温度造成影响,一般采取的控制措施是(　　)。

A. 将甘醇再热炉建在室内

B. 对精馏柱外表面进行保温

C. 紫铜管缠绕精馏柱,通入蒸汽进行伴热

D. 根据季节变化,调整再热炉燃料气量

134. BB006　甘醇脱水吸收塔内的有效温度主要是由(　　)控制。

A. 湿净化气温度　　B. 入塔贫 TEG 温度

C. 脱水反应热　　D. 塔顶换热盘管

135. BB007　正常运行的甘醇脱水装置,每处理 $1\times10^6m^3$ 天然气消耗的三甘醇大致在

(　　)范围。

A. 4～5kg　　B. 8～16kg　　C. 18～24kg　　D. 20～30kg

136. BB007　甘醇法脱水工艺中,富液气提后的气提气最佳处理方式是(　　)。

A. 就地排放　　B. 灼烧后排放

C. 返回吸收塔　　D. 预处理后进入燃料气系统

137. BB008　甘醇法脱水单元溶液对脱水效果的影响是(　　)。

A. 循环量越大越好　　B. 循环量越小越好

C. 无影响　　D. 高浓度、适宜循环量最好

138. BB008　天然气净化装置正常生产过程中,脱水吸收塔捕集段的液位应(　　)。

A. 保持无液位　　B. 保持高液位　　C. 保持低液位　　D. 高低无严格要求

139. BB009　控制脱水吸收塔捕集段液位的最佳方式是(　　)。

A. 定期更换捕雾网,增强捕集效果

B. 加强脱硫脱碳单元操作,避免带液

C. 加强排液操作,保持液位稳定

D. 提高脱水吸收塔压力

140. BB009　脱水吸收塔捕集段液位较高时,应及时排液,一般将溶液回收至(　　)。

A. 脱水单元低位罐　　B. 脱水单元闪蒸罐

C. 脱硫脱碳单元低位罐　　D. 脱硫脱碳单元闪蒸罐

141. BB010　下列关于甘醇脱水单元再生废气带液时处理措施正确的是(　　)。

A. 回收气提气凝结水罐内液体至低位罐,以重复利用

B. 将带出的液体排放至装置区环形地沟

C. 分析带液组分,确定回收或外排措施,并查明带液原因,调整装置

D. 关小废气灼烧炉燃料气量,避免灼烧炉超温

142. BB010　甘醇脱水单元再生废气中含大量油水,可能原因是(　　)。

A. 高分子有机物随湿净化气进入脱水系统,经气提气分液罐冷凝后析出

B. 溶液循环泵润滑油泄漏,进入溶液系统

C. 溶液循环泵检修时处置不当,润滑油、机油等清理不干净,开车时带入系统

D. 精馏柱盘管穿孔、泄漏

143. BC001　气体密度同压力、分子量成(　　),同温度成(　　)。

A. 正比、反比　　B. 正比、正比　　C. 反比、正比　　D. 反比、反比

144. BC001　分子筛脱水单元再生气压缩机喘振的原因是(　　)。

A. 气体流量偏小　　B. 气体流量偏大　　C. 气体温度偏小　　D. 气体温度偏大

145. BC002　分子筛脱水单元再生气压缩机运行过程中异常停运,处理措施错误的是(　　)。

A. 切换至备用压缩机或旁路管线运行,维持正常生产

B. 查明压缩机停运原因,及时进行检修

C. 立即关闭润滑油及循环冷却水系统,检修冷却润滑系统

D. 逐级汇报设备情况,配合检维修人员做好设备检修工作

146. BC002 在脱水深度要求较高的工况下，分子筛脱水工艺应使用的再生气是（ ）。
A. 湿净化气 B. 原料天然气 C. 脱水后干气 D. 氮气

147. BC003 5A 分子筛的组成是（ ）。
A. 硅铝酸钠 B. 硅铝酸钙 C. 硅铝酸钾 D. 硅铝酸镁

148. BC003 A 型分子筛通常在 pH 值高于（ ）的条件下使用。
A. 3 B. 5 C. 7 D. 9

149. BC004 脱水分子筛装填环境一般选择（ ）。
A. 干燥天气 B. 环境湿度大天气 C. 无风天气 D. 阴雨天

150. BC004 脱水分子筛更换后，需要吹扫后再开工，吹扫气一般选择（ ）。
A. 干燥空气 B. 氮气 C. 干燥燃料气 D. CO_2 气体

151. BC005 为使分子筛保持高湿容量，原料气温度不宜高于（ ）。
A. 25℃ B. 38℃ C. 50℃ D. 77℃

152. BC005 分子筛脱水吸附与再生进行切换时，降压与升压速度应小于（ ）。
A. 0.03MPa/min B. 0.3MPa/min C. 0.7MPa/min D. 1.0MPa/min

153. BC006 分子筛脱水再生气流量通常为总处理量的（ ）。
A. 5%～15% B. 15%～25% C. 25%～35% D. 35%～45%

154. BC006 下列对提高脱水分子筛再生效果无效的方法是（ ）。
A. 提高再生气流量 B. 增加再生加热时间
C. 提高再生气温度 D. 提高再生压力

155. BD001 丙烷压缩机制冷剂添加需在（ ）状态下进行。
A. 正常运行 B. 停机 C. 低负荷运行 D. 高负荷运行

156. BD001 制冷过程中，获得低温的方法通常是用高压常温流体（ ）来实现的。
A. 绝热压缩 B. 绝热膨胀 C. 降温压缩 D. 降温膨胀

157. BD002 液态丙烷在调节阀中通过节流膨胀后（ ）。
A. 压力降低、沸点降低 B. 压力降低、沸点升高
C. 压力升高、沸点降低 D. 压力升高、沸点升高

158. BD002 丙烷制冷是利用（ ）在绝热条件下膨胀汽化，内能降低，自身温度随之下降而达到对工艺介质降温的目的。
A. 液体丙烷 B. 气体丙烷 C. 固体丙烷 D. 丙烷及烷烃混合物

159. BD003 衡量透平膨胀机热力学性能的重要参数是（ ）。
A. 等熵效率 B. 等焓效率 C. 温度 D. 压力

160. BD003 膨胀机制冷是非常接近（ ）的过程，节流阀制冷则是典型的（ ）过程。
A. 等熵膨胀、等焓膨胀 B. 等熵压缩、等焓压缩
C. 等熵膨胀、等焓压缩 D. 等熵压缩、等焓膨胀

161. BD004 天然气脱烃低温深冷分离主要回收 C^2 及 C^{2+} 烃类组分，冷冻温度一般（ ）。
A. ≤90℃ B. ≤100℃ C. ≤110℃ D. ≤120℃

162. BD004 天然气脱烃单元丙烷制冷系统停产时，系统吹扫一般采用（ ）方法。
A. 洁净空气 B. 干净化气 C. 蒸汽或氮气 D. 氮气和抽真空

163. BE001　Clinsulf-SDP 反应时，反应器的切换是以（　　）为切换条件。

A. 反应时间　B. 酸气累积量　C. 空气累积量　D. 反应温度

164. BE001　Clinsulf-SDP 反应中，等温段反应的温度是由（　　）控制的。

A. 过程气温度　B. 反应热　C. 蒸汽压力　D. 酸气量

165. BE002　在主燃烧炉内，硫的转化率通常不超过（　　）。

A. 60%　B. 70%　C. 80%　D. 90%

166. BE002　克劳斯硫回收转化器温度在（　　）容易引起催化剂硫失活。

A. 112. 8℃以下　B. 127. 8℃以下　C. 444. 6℃以下　D. 444. 6℃以上

167. BE003　对分流法克劳斯装置而言，由于酸气总量的 2/3 未进入燃烧炉，因此（　　）发生炭沉积。

A. 不容易　B. 容易　C. 不确定　D. 不会

168. BE003　重烃在催化剂表面沉积达到（　　）时，可能导致催化剂完全失活。

A. 0. 001%～0. 002%（质量分数）　B. 0. 01%～0. 02%（质量分数）

C. 0. 1%～0. 2%（质量分数）　D. 1%～2%（质量分数）

169. BE004　催化剂硫沉积是在过程气中的硫蒸气在（　　）的作用下发生的。

A. 高温　B. 低压　C. 高压　D. 冷凝和吸附

170. BE004　硫黄回收单元停车时，催化剂床层温度较高，且催化剂孔隙中的硫尚未完全清除时即通入空气，会造成催化剂（　　）。

A. 积炭　B. 积硫　C. 硫酸盐化　D. 水热老化

171. BE005　CBA 硫黄回收装置，CBA 一级反应器再生阀门所处状态不正确的是（　　）。

A. 一级 CBA 反应器入口两通阀开启

B. 克劳斯反应器出口三通阀为直通

C. 一级 CBA 硫冷凝器出口三通阀为角通

D. 二级 CBA 反应器入口两通阀关闭

172. BE005　CBA 硫黄回收装置每次程序切换时，都会动作的阀门是（　　）。

A. 高温热旁通阀　B. 克劳斯反应器出口三通阀

C. CBA 一级反应器入口两通阀　D. CBA 二级反应器入口两通阀

173. BE006　下列是外掺合式部分燃烧法工艺优点的是（　　）。

A. 对高温掺合阀要求低　B. 掺合阀腐蚀轻

C. 影响总转化率　D. 温度调节灵活

174. BE006　直接氧化法适用于规模较小的回收装置，可与尾气装置结合，将处理贫酸气的回收装置的总硫收率提高到（　　）以上。

A. 92%　B. 95%　C. 97%　D. 99%

175. BE007　在 H_2S 转化为硫的平衡中，一般不常见的硫形态是（　　）。

A. S_2　B. S_4　C. S_6　D. S_8

176. BE007　CBA 低温克劳斯硫黄回收工艺总硫收率可达到（　　）。

A. 95%　B. 99. 2%　C. 99. 5%　D. 99. 8%

177. BE008　蒸汽透平工作条件、工质不同,结构多种多样,其基本工作原理(　　)。

A. 不同　B. 完全相同　C. 相似　D. 不确定

178. BE008　能量回收透平是利用工业流程中具有一定压力和温度的气、液相介质,经(　　)做功转化为机械能的设备。

A. 压缩　B. 汽化　C. 膨胀　D. 加速

179. BE009　负压式尾气灼烧炉烟道堵塞,应采取的有效处理措施是(　　)。

A. 提高尾气灼烧炉温度　B. 降低尾气灼烧炉温度

C. 停产检修时清扫、疏通烟道　D. 敲击管道外壁,疏通烟道

180. BE009　调整负压式灼烧炉内压力的最有效方式是(　　)。

A. 开大燃料气量　B. 增加进入灼烧炉的尾气量

C. 调整尾气烟道挡板　D. 调整灼烧炉配风

181. BE010　硫黄回收单元酸气中烃类含量应小于(　　)。

A. 0.5%　B. 1.0%　C. 1.5%　D. 2.0%

182. BE010　还原-直接转化法可使硫黄回收单元尾气中的 H_2S 降至(　　)以下。

A. 0.001%　B. 0.0015%　C. 0.015%　D. 0.1%

183. BE011　下列关于硫黄回收单元酸气中 CO_2 含量增加描述正确的是(　　)。

A. 降低燃烧炉温度　B. 提高回收率

C. 降低尾气硫排放量　D. 降低系统回压

184. BE011　硫黄回收燃烧炉内,酸气中 CO_2 增加 10%,有机硫生成率上升(　　)。

A. 0.1%~0.5%　B. 1%~1.8%　C. 2%~5%　D. 5%~10%

185. BE012　CBA 硫黄回收反应器"冷床"吸附的温度一般控制在(　　)。

A. 110~120℃　B. 120~127℃　C. 130~175℃　D. 202~250℃

186. BE012　Superclaus 工艺在进入选择性氧化反应器过程气的 H_2S/SO_2 应大于(　　)。

A. 2　B. 5　C. 8　D. 10

187. BE013　下列关于硫黄回收单元冲液硫封时的现象描述正确的是(　　)。

A. 系统回压急剧升高　B. 系统回压急剧降低

C. 系统回压先升高后急剧下降　D. 系统回压先下降后急剧升高

188. BE013　硫黄回收单元冲液硫封时,液硫喷出易烫伤人员,现场一般采取的安全控制措施是(　　)。

A. 在液硫采样包安装密封盖　B. 液硫管线上安装沉渣包

C. 操作人员不巡检该区域　D. 液硫管线法兰连接处安装过滤网

189. BE014　为防止液硫池夹套管线窜漏,停产检修期间需要开展的工作是(　　)。

A. 清洗液硫池内部

B. 检查液硫池池壁及钢板,对变形钢板进行加固

C. 对液硫夹套管线防腐

D. 对液硫夹套管线试压

190. BE014　为防止液硫中夹杂 H_2S 对设备、管道产生腐蚀,需对液硫池进行脱气,脱气后 H_2S 应低于(　　)。

A. 10ppm　B. 30ppm　C. 50ppm　D. 300ppm

191. BE015　负压式尾气灼烧炉熄火后，首先应(　　)。

A. 空气吹扫　B. 关闭烟道挡板　C. 关闭燃料气阀　D. 关闭尾气界区大阀

192. BE015　装置首次开车，负压式尾气灼烧炉点火后有轻微回火现象，操作人员应(　　)。

A. 开大燃料气量　B. 调整主燃烧炉配风比

C. 熄炉，重新点火　D. 调整灼烧炉风门及尾气烟道挡板开度

193. BE016　尾气灼烧炉温度超高时，最快捷的调整方式是(　　)。

A. 调整主燃烧炉配风　B. 降低尾气灼烧炉燃料气量

C. 适当提高反应器再生温度　D. 降低硫黄回收单元酸气负荷

194. BE016　尾气灼烧炉烟道温度较高时，可能造成的危害是(　　)。

A. 尾气不能完全转化反应　B. 造成尾气流量上升

C. 损坏烟道衬里　D. 造成硫黄回收单元回压升高

195. BE019　硫黄回收单元开车时，主燃烧炉点火的第一步为(　　)。

A. 燃料气置换　B. 进燃料气　C. 氮气置换　D. 蒸汽置换

196. BE019　硫黄回收单元开车时，下列炉子中一般最先点燃的是(　　)。

A. 主燃烧炉　B. 再热炉　C. 尾气灼烧炉　D. 无先后顺序

197. BE020　硫黄回收单元停产酸气除硫时应(　　)。

A. 提高燃烧炉温度　B. 降低燃烧炉温度

C. 提高反应器温度　D. 降低反应器温度

198. BE020　硫黄回收单元停产冷却时，吹扫气合格的标准是(　　)。

A. $H_2S<10ppm$，$SO_2<10ppm$，$O_2>19.5\%$

B. $H_2S<10ppm$，$SO_2<10ppm$，$CH_4<20ppm$

C. $H_2S<10ppm$，$S<10ppm$，$O_2>19.5\%$

D. $H_2S<10ppm$，$SO_2<10ppm$，$O_2>19.5\%$

199. BF001　SCOT 尾气处理单元预硫化在升温和提高循环气体中 H_2S、H_2 浓度时，应严格控制增加浓度的速度，反应器床层温度严禁超过(　　)。

A. 340℃　B. 400℃　C. 540℃　D. 600℃

200. BF001　SCOT 尾气处理单元预硫化每个温度阶段预硫化结束，其反应现象是(　　)。

A. 反应器进出口气流 H_2S 含量相等，且进出口温升下降

B. 反应器进出口气流 SO_2 含量相等，且进出口温升下降

C. 反应器进出口气流 H_2S 含量相等，且进出口温升上升

D. 反应器进出口气流 SO_2 含量相等，且进出口温升上升

201. BF002　SCOT 尾气处理装置钝化操作是催化剂中的一种受控氧化反应，应在低于(　　)℃下进行，在控制温度的情况下，逐渐向循环气体中通入空气来实现。

A. 100　B. 150　C. 200　D. 250

202. BF002　SCOT 尾气处理装置钝化操作时，当 SCOT 反应器床层温度超过(　　)℃时，就停止引入空气，待温度下降后再次引入空气，重复操作过程。

A. 75　B. 100　C. 125　D. 150

203. BF003　控制 SCOT 尾气处理在线燃烧炉的燃料气和降温蒸汽配比，是操作该设备的要点，一般情况下，燃料气和降温蒸汽的配比为燃烧 1kg 燃料气需（　　）降温蒸汽。

A. 1～2kg　　B. 1.5～2.5kg　　C. 2～3kg　　D. 3～5kg

204. BF003　SCOT 尾气处理单元加氢在线燃烧炉燃料气次化学当量燃烧制取氢气的化学反应式为（　　）。

A. $CH_4+O_2 \rightarrow 2CO+2H_2$　　B. $CH_4 \rightarrow C+2H_2$

C. $CH_4+2H_2O \rightarrow CO_2+4H_2$　　D. $2CO_2+H_2S \rightarrow 2CO+H_2+SO_2$

205. BF004　SCOT 尾气处理单元反应器出口 SO_2 含量一般要低于（　　）。

A. 5ppm　　B. 10ppm　　C. 15ppm　　D. 20ppm

206. BF004　SCOT 尾气处理单元急冷塔循环酸水 pH 值一般为（　　）。

A. 6.0～7.0　　B. 6.5～7.5　　C. 7.0～8.0　　D. 7.5～8.5

207. BF005　CANSOLV 尾气 SO_2 脱除工艺，胺液再生的能量来源于（　　）。

A. 燃料气燃烧　　B. 电加热装置　　C. 中压饱和蒸汽　　D. 低压饱和蒸汽

208. BF005　CANSOLV 尾气 SO_2 脱除工艺，胺液系统在运行中积累的不可再生盐类和被捕获的尾气中残存的粉尘，可以通过（　　）以保证胺液的清洁。

A. 胺液净化装置处理　　B. 机械袋式过滤器

C. 活性炭过滤器　　D. 定期置换部分溶液

209. BF006　SCOT 尾气处理工艺中，用于加氢还原的催化剂是（　　）。

A. 铝基催化剂　　B. 钴—钼催化剂　　C. 铁基催化剂　　D. 钛基催化剂

210. BF006　SCOT 尾气处理加氢反应器压差增大，硫黄回收单元回压（　　）、尾气处理单元反应器温升（　　）。

A. 升高、下降　　B. 升高、上升　　C. 降低、下降　　D. 降低、上升

211. BF007　SCOT 尾气处理工艺加氢反应器（　　），将造成尾气中有机硫水解效果差。

A. 温度过低　　B. 温度过高　　C. 压力过低　　D. 压力过高

212. BF007　SCOT 尾气处理工艺加氢反应器（　　），将影响尾气中 SO_2、单质硫的加氢还原反应，引起酸水 pH 值降低。

A. 温度过低　　B. 温度过高　　C. 压力过低　　D. 压力过高

213. BF008　造成 SCOT 尾气处理单元 SO_2 穿透的直接原因是（　　）。

A. 硫黄回收单元配风不足　　B. 硫黄回收单元配风过量

C. 进炉酸气量增加　　D. 进炉酸气量减少

214. BF008　SCOT 尾气处理单元 SO_2 穿透严重时应加入（　　）来调节循环冷却水 pH。

A. NaOH　　B. NH_3　　C. HCl　　D. $NaHSO_4$

215. BF009　SCOT 尾气处理单元停车钝化时，循环气流的温度应控制在（　　）。

A. 30～40℃　　B. 40～50℃　　C. 60～70℃　　D. 80～100℃

216. BF009　SCOT 尾气处理单元停车钝化时，循环气流中的氢含量小于（　　）时才能熄灭在线炉。

A. 1%　　B. 2%　　C. 3%　　D. 4%

217. BF010 SCOT 尾气处理单元开产时,钴/钼催化剂是用含( )的气体在还原性气体的存在下进行预硫化的。

A. 硫化氢 B. 二氧化硫 C. 单质硫 D. 三氧化硫

218. BF010 下列关于 SCOT 尾气处理单元开产步骤描述正确的是( )。

A. 空气吹扫→检漏→氮气置换→水联运→吸收再生系统冷、热循环→催化剂预硫化→进气

B. 空气吹扫→检漏→水联运→氮气置换→催化剂预硫化→吸收再生系统冷、热循环→进气

C. 空气吹扫→检漏→氮气置换→水联运→催化剂预硫化→吸收再生系统冷、热循环→进气

D. 空气吹扫→水联运→检漏→氮气置换→催化剂预硫化→吸收再生系统冷、热循环→进气

219. BF011 SCOT 尾气处理单元停产钝化结束时,循环气中 O_2 含量须增加到( )以上,并且温度不再上升。

A. 10%(体积分数) B. 15%(体积分数)

C. 20%(体积分数) D. 25%(体积分数)

220. BF011 SCOT 尾气处理单元停产钝化结束时,循环气中 SO_2 含量应低于( )以下。

A. 0. 01%(体积分数) B. 0. 05%(体积分数)

C. 0. 1%(体积分数) D. 0. 5%(体积分数)

221. BG001 凝析油稳定塔操作压力高,稳定效果( ),能耗( )。

A. 差、增加 B. 差、降低 C. 好、增加 D. 好、降低

222. BG001 未稳定凝析油闪蒸罐主要目的是闪蒸出( ),降低三相分离器负荷。

A. CH_4、CO_2 B. H_2S、CO_2 C. 稳定组分 D. 轻组分

223. BG002 三相分离器、凝析油稳定塔、塔底重沸器的内外部构件材质一般选择( )。

A. 玻璃钢材质 B. 碳钢材质 C. 塑料材质 D. 不锈钢材质

224. BG002 在化学能与电能的转化过程中,下列描述正确的是( )。

A. 电解法精炼铜时,电解质溶液中的铜离子浓度不变

B. 用惰性材料作电极的电解池装置中,阳离子在阳极放电,阴离子在阴极放电

C. 电镀时,电镀槽里的阳极材料发生氧化反应

D. 原电池的负极与电解池的阴极都发生氧化反应

225. BG003 下列关于凝析油描述正确的是( )。

A. 凝析油乳化与系统杂质无关 B. 凝析油乳化与凝析油浓度无关

C. 凝析油乳化不影响处理能力 D. 凝析油乳化严重时,影响产品质量

226. BG003 凝析油稳定单元发生凝析油乳化现象,系统压差升高,下列操作错误的是( )。

A. 将进入凝析油稳定单元的未稳定油切换至未定油储罐,降低处理量

B. 检查现场保温情况,及时疏水,恢复保温

C. 向未稳定油闪蒸罐加入适当除盐水,降低凝析油浓度

D. 降低未稳定油过滤器的切换清洗频率

227. BG004 凝析油稳定单元汽提塔控制压力升高影响气田水中( )析出,从而导致外排气田水质量超标。

A. H_2S 及轻组分 B. CH_4、CO_2 C. 有机硫 D. SO_2

228. BG004 下列不属于造成稳定凝析油产品不合格因素的是( )。

A. 凝析油稳定塔塔底温度高 B. 凝析油稳定塔塔顶压力高

C. 三相分离器窜相 D. 未稳定油乳化

229. BG005 凝析油稳定塔突沸时,塔内气相( )。

A. 流量较大,气速较高 B. 流量较大,气速较低

C. 流量较小,气速较高 D. 流量较小,气速较低

230. BG005 凝析油稳定塔塔内气相量过大,气速过高,易造成凝析油稳定塔( )。

A. 超压 B. 冲塔 C. 突沸 D. 抽空

231. BG006 凝析油稳定塔塔底和塔顶温度较高,凝析油收率将( )。

A. 升高 B. 下降 C. 不变 D. 不确定

232. BG006 下列现象中不会影响凝析油收率的是( )。

A. 凝析油稳定塔塔顶压力过低 B. 三相分离器压力过高

C. 凝析油塔塔顶和塔中进料分配不当 D. 凝析油乳化变质

233. BH001 污水处理装置溶气气浮溶气泵产生的气泡直径一般在( )μm。

A. 10~20 B. 20~40 C. 40~80 D. 80~100

234. BH001 污水处理装置溶气气浮溶气水中最大气泡含气量能够达到( )。

A. 20% B. 30% C. 50% D. 70%

235. BH002 污泥离心机脱水的原理是利用( )。

A. 重力差异 B. 浮力差异 C. 离心力差异 D. 颗粒形状差异

236. BH002 污泥和絮凝剂在絮凝混合槽内充分混合形成矾花,理想的矾花直径约( )mm。

A. 0.1 B. 5 C. 60 D. 200

237. BH003 厌氧微生物对( )等因素变化非常敏感。

A. 温度、压力 B. 流量、pH C. 压力、流量 D. 温度、pH

238. BH003 UASB 反应器在操作中要严格控制进水温度,最好控制在( )。

A. 15~18℃ B. 25~28℃ C. 35~38℃ D. 45~48℃

239. BH004 微生物在废水中生长的营养条件最好是 BOD_5 : N : P = ( )。

A. 100 : 4 : 1 B. 100 : 5 : 1 C. 100 : 5 : 2 D. 50 : 2 : 1

240. BH004 微生物驯化的目的是( )。

A. 提高污水的 COD

B. 选择适应实际水质的微生物,淘汰无用的微生物

C. 降低污水的 COD

D. 提高微生物活性

241. BH005 对 SBR 池污水处理效果影响最直接的因素是( )。

A. 排污量 B. 曝气量 C. 进水水质 D. 环境温度

242. BH005 下列关于厌氧生物处理的特点说法正确的是( )。

A. 厌氧处理工艺较好氧工艺污泥负荷小 B. 厌氧生物对营养物质的需要量大

C. 厌氧处理的能耗小 D. 厌氧生物不能处理大分子有机物

243. BH006 下列关于污水处理装置电渗析器的主要优点说法错误的是( )。

A. 工艺简单,除盐率高 B. 制水成本低、操作方便

C. 广泛应用于气液固相介质除盐 D. 不污染环境

244. BH006 污水处理装置电渗析器渗透膜选择通过性下降,操作人员应首要选择( )。

A. 增大电渗析器进水量,提高渗透膜的通过性

B. 停运装置,及时更换渗透膜

C. 通过化学试剂复活中毒的渗透膜

D. 继续观察运行,直至进水量降低至无法运行

245. BH007 下列物质属于高分子混凝剂的是( )。

A. 明矾 B. 绿矾 C. 聚合氯化铁 D. 精制硫酸铝

246. BH007 高温厌氧消化的最佳温度是( )。

A. 55℃ B. 45℃ C. 35℃ D. 25℃

247. BH008 絮凝主要是( )作用而使微粒相互黏结的过程。

A. 压缩双电层 B. 吸附架桥 C. 吸附电中和 D. 沉淀网捕

248. BH008 下列关于 SBR 池活性污泥膨胀造成的后果描述错误的是( )。

A. 活性污泥密度变大 B. 沉降效果变差

C. 污泥进入保险池 D. 污泥膨大上浮

249. BH009 通常测定的生化需氧量指标是在( )下测定的。

A. 15℃ B. 20℃ C. 25℃ D. 30℃

250. BH009 UASB 反应器产气量下降说明厌氧生化反应效果( ),污水中的化学物质降解效率( )。

A. 变好、升高 B. 变好、下降 C. 变差、升高 D. 变差、下降

251. BH010 下列物质中对甲烷菌影响最大的是( )。

A. Ni B. Cr C. Cu D. Zn

252. BH010 SBR 池污泥沉降比偏低对保险池水体浊度的影响是( )。

A. 升高 B. 降低 C. 无影响 D. 升高降低均可能

253. BH011 污水处理装置外排水处理过程中,错误的做法是( )。

A. 保险池水质轻度超标,可输送至外排水池稀释后直接排放

B. 外排水水质不达标时,利用泵将水重新转回污水处理装置处理

C. 将取样合格的外排水中水回用

D. 取样合格的外排水可做原水调配使用

254. BH011 生化池培训的微生物除部分悬浮于水中外,大量微生物附着在池内填料表面,此阶段称为“挂膜”,时间为( )。

A. 2~3 周 B. 3~5 天 C. 5~7 天 D. 1~2 周

255. BH012　下列不符合天然气净化厂污水处理装置停运条件的是(　　)。
A. 应急水池内无液位或低液位　　B. 各污水池处于低液位或无液位
C. 生产装置区无大量污水产生　　D. 脱硫脱碳单元水洗已结束
256. BH012　细菌的细胞物质主要是由(　　)组成,而且形式很小,所以带电荷。
A. 蛋白质　　B. 脂肪　　C. 碳水化合物　　D. 纤维素
257. BI001　循环冷却水系统预膜前需进行清洗,清洗除沉积物效率应达到(　　)以上。
A. 50%　　B. 60%　　C. 70%　　D. 80%
258. BI001　循环冷却水系统预膜时总磷控制约(　　)。
A. 200mg/L　　B. 100mg/L　　C. 50mg/L　　D. 30mg/L
259. BI002　下列物质可作为循环冷却水缓蚀缓垢剂的为(　　)。
A. CT4-42　　B. ClO_2　　C. CT4-36　　D. Al_2O_3
260. BI002　下列物质可作为循环冷却水杀菌剂的为(　　)。
A. CT4-36　　B. Al_2O_3　　C. H_2SO_4　　D. ClO_2
261. BI003　天然气净化厂循环冷却水浓缩倍数一般控制在(　　)。
A. 0.5~1.0　　B. 1.0~3.0　　C. 3.0~5.0　　D. 5.0~7.0
262. BI003　循环冷却水处理系统开产时预膜的作用是(　　)。
A. 抑制腐蚀　　B. 阻止传热
C. 加快液体流速　　D. 防止循环冷却水变质
263. BJ001　锅炉用钢的牌号“20g”表述正确的是(　　)。
A. g 表示单位　　B. 20 表示平均含碳量　　C. 表示第 20 号　　D. 表示 20 克
264. BJ001　小型锅炉只有定期排污装置,定期排污量一般不超过给水量的(　　)。
A. 5%　　B. 10%　　C. 15%　　D. 20%
265. BJ002　下列不影响锅炉水位变化的因素是(　　)。
A. 锅炉的操作压力B. 蒸汽负荷　　C. 给水温度　　D. 给水流量
266. BJ002　为了保证锅炉排污彻底,在排污过程中,两只排污阀的开关顺序是(　　)。
A. 先开快开阀　　B. 后开快开阀　　C. 先关慢关阀　　D. 无先后顺序
267. BJ003　悬浮物指标是用来表明(　　)溶于水的悬浮物质的含量。
A. 难　　B. 不　　C. 易　　D. 极易
268. BJ003　下列不属于锅炉烟气分析主要项目的是(　　)。
A. 二氧化碳　　B. 氧　　C. 一氧化碳　　D. 水
269. BJ004　蒸汽凝结水系统锅炉发生严重缺水时应采取的措施是(　　)。
A. 紧急停炉　　B. 加大锅炉上水量　　C. 降低蒸汽负荷　　D. 减少燃料气量
270. BJ004　蒸汽凝结水系统锅炉发生轻微缺水时应采取的措施是(　　)。
A. 紧急停炉　　B. 加大上水量　　C. 提高蒸汽负荷　　D. 对锅炉进行排污
271. BJ005　锅炉运行过程中,对锅炉液位影响较小的因素是(　　)。
A. 含盐量　　B. 压力　　C. 水质硬度　　D. 上水量
272. BJ005　锅炉水压试验的温度不低于(　　)。
A. 5℃　　B. 10℃　　C. 15℃　　D. 20℃

273. BJ006 燃气锅炉燃料的主要成分有(　　)、一氧化碳和氢气。
A. 甲烷　B. 乙烷　C. 氧气　D. 戊烷
274. BJ006 天然气锅炉的燃烧方式属于(　　)燃烧。
A. 层状　B. 悬浮　C. 半悬浮　D. 沸腾
275. BJ007 锅炉锅筒检验时,检查的重点是(　　)。
A. 焊缝缺陷　B. 汽水分离器的严密性
C. 锅筒的保温层　D. 安全附件
276. BJ007 下列关于锅炉满水时,蒸汽变化正确的是(　　)。
A. 含盐量增加　B. 含盐量降低　C. 含盐量不变　D. 湿度降低
277. BJ008 GB 1576—2008 规定,蒸汽锅炉炉水相对碱度控制在(　　)。
A. <0. 1　B. <0. 2　C. <0. 3　D. <0. 4
278. BJ008 低压蒸汽锅炉最常见的除氧方式是(　　)。
A. 钢屑除氧　B. 化学除氧　C. 真空除氧　D. 热力除氧
279. BJ009 检查蒸汽凝结水系统疏水阀后排气甩头,发现蒸汽量较大,表明(　　)。
A. 凝结水回收管线堵塞　B. 蒸汽系统压力过高
C. 环境温度较低　D. 疏水器故障
280. BJ009 下列现象中,不会造成蒸汽凝结水系统回水不畅的是(　　)。
A. 回水管线坡度设置过高、过大　B. 多个设备共用凝结水管,造成窜漏
C. 回水管线设计尺寸过小　D. 疏水阀内漏
281. BJ010 锅炉除垢酸洗结束时,盐酸浓度控制在(　　)左右。
A. 5%　B. 10%　C. 15%　D. 20%
282. BJ010 蒸汽及凝结水系统开产时,当压力升至工作压力(　　),应对系统进行暖管。
A. 1/3　B. 2/3　C. 1/2　D. 3/4
283. BJ011 蒸汽及凝结水系统停运后,打开设备发现内壁呈暗红色,表明(　　)。
A. 锅炉运行时加药量过多　B. 炉水 pH 偏高
C. 炉水 pH 偏低　D. 锅炉给水除氧效果差
284. BJ011 下列属于锅炉干法保养的方式是(　　)。
A. 充氮保养　B. 蒸汽加热保养　C. 氨-联氨保养　D. 压力保养
285. BK001 空气中的水含量随压力升高而(　　),随温度升高而(　　)。
A. 升高、增大　B. 升高、减小　C. 降低、增大　D. 降低、减小
286. BK001 下列关于气体节流的说法正确的是(　　)。
A. 节流前后压差越大,温度降得越多　B. 节流前后压差越大,温度升得越高
C. 节流前后压差越小,温度降得越多　D. 节流前后压差大小,不影响温度
287. BK002 下列不属于化合物的预冷剂的是(　　)。
A. 氟利昂　B. 水　C. 共氟混合物　D. 氨
288. BK002 仪表风系统含水量较高的主要影响是(　　)。
A. 仪表风管线水击　B. 仪表风引压管腐蚀
C. 仪表风储罐高液位,降低储存能力　D. 精密仪器线路故障

289. BK003　空压机出口压力在 0.6MPa 以上,采用二级或者二级以上压缩的原因是(　　)。
A. 节能和降低排气温度　　B. 达到更高压力
C. 降低设备运行风险　　D. 提高压缩机性能

290. BK003　氮气汽化器是用(　　)与液氮换热。
A. 水或空气　　B. 天然气　　C. 蒸汽　　D. 电加热

291. BK004　当发现在线分析仪控制柜仪表风正压保护气带油水时,下列措施不正确的是(　　)。
A. 使用洁净的仪表风吹干内部元件　　B. 更换前端减压过滤器
C. 查明油水来源,并及时处理　　D. 使用毛巾擦拭除去油水

292. BK004　下列能有效降低空压系统压缩机出口带油量的措施是(　　)。
A. 降低油压　　B. 降低空压机运行负荷
C. 定期更换进风口滤芯　　D. 定期疏通油路管道

293. BK005　PSA 制氮系统的空气预冷工作是由一个(　　)系统来实现。
A. 密闭　　B. 空气冷却器　　C. 氟利昂循环　　D. 冷却水

294. BK005　下列绝热措施中绝热效果最差的是(　　)。
A. 高真空绝热　　B. 真空多孔绝热　　C. 保温绝热　　D. 真空多层绝热

295. CA001　下列不是启动前安全检查中"环境保护"方面检查内容的是(　　)。
A. 控制排放的设备可以正常工作
B. 处理废弃物(包括试车废料、不合格产品)的方法已确定
C. 针对事故制定的改进措施已得到落实
D. 环境事故处理程序和资源(人员、设备、材料等)确定

296. CA001　下列不是启动前安全检查中"设备"方面检查内容的是(　　)。
A. 控制排放的设备可以正常工作
B. 设备已按设计要求制造、运输、储存和安装
C. 设备运行、检维修、维护的记录已按要求建立
D. 设备变更引起的风险已得到分析,操作规程、应急预案已得到更新

297. CB001　装置及主要能源设备应实施能耗(　　)管理。
A. 计划　　B. 标准　　C. 对标　　D. 定额

298. CB001　装置技术改造后,每五年应对装置进行一次(　　)和考核。
A. 技术分析　　B. 能耗统计　　C. 全分析　　D. 性能标定

299. CB002　(　　)是指对用能单位整体的能源利用状况所进行的节能监测。
A. 节能监测　　B. 综合节能监测　　C. 单项节能监测　　D. 专项节能监测

300. CB002　单项节能监测是指对用能单位能源利用状况中的(　　)所进行的监测。
A. 部分项目　　B. 专项项目　　C. 所有项目　　D. 指定项目

301. CB003　为保证较高的换热效率,天然气净化厂广泛使用的换热器为(　　)。
A. 列管式换热器　　B. 管壳式换热器　　C. 板式换热器　　D. 接触式换热器

302. CB003　下列污水处理装置节水措施中,效果最明显的是(　　)。
A. 降低原水配水量　　B. 降低加药量

C. 中水回用　　　　D. 精细操作

303. CB004　计量器具是用以(　　)测量出被测对象的量值的装置。

A. 直接　　B. 间接　　C. 通过计算　　D. 直接或间接

304. CB004　(　　)是指可以单独或与辅助设备一起用于测量的器具。

A. 计量基准　　B. 工作计量器具　　C. 计量标准　　D. 测量仪器

305. CB005　能源计量器具实行(　　)管理。

A. 分类　　B. 分级　　C. 分级分类　　D. 成本大小

306. CB005　用能单位可根据需要按(　　)及时统计计算出单位产品的各种主要能源消耗量。

A. 生产周期　　B. 生产时间　　C. 安全运行时间　　D. 单元能耗

307. CC001　在生产区域行走做法不正确的是(　　)。

A. 必须走人行通道

B. 沿直角穿越道路,注意两边行驶车辆

C. 不要踩踏管线、设备

D. 不要走捷径、抄小路,为节约时间可以小跑

308. CC001　下列做法错误的是(　　)。

A. 禁止未经许可拆除或停用生产场所的消防设施、气体检测装置、安全阀、报警装置、专用安全防护用品等安全设施,或改变其用途

B. 使用氮气必须采取严格的工程控制措施,严禁未经允许改变氮气用途

C. 消防通道上整齐放置应急设施

D. 放射和电磁辐射物质(品)及设备的入厂和使用得到许可和采取特殊的防护措施

309. CC002　风险矩阵中的"行"表示严重性,"列"表示(　　)。

A. 严重性　　B. 风险等级　　C. 可能性　　D. 加权指数

310. CC002　风险矩阵中的"行"表示(　　),"列"表示可能性。

A. 严重性　　B. 风险等级　　C. 可能性　　D. 加权指数

311. CC003　重大事故是指(　　)。

A. 造成 30 人以上死亡,或者 100 人以上重伤(包括急性工业中毒,下同),或者 1 亿元以上直接经济损失的事故

B. 造成 10 人以上 30 人以下死亡,或者 50 人以上 100 人以下重伤,或者 5000 万元以上 1 亿元以下直接经济损失的事故

C. 造成 3 人以上 10 人以下死亡,或者 10 人以上 50 人以下重伤,或者 1000 万元以上 5000 万元以下直接经济损失的事故

D. 造成 3 人以下死亡,或者 10 人以下重伤,或者 1000 万元以下直接经济损失的事故

312. CC003　特别重大事故是指(　　)。

A. 造成 30 人以上死亡,或者 100 人以上重伤(包括急性工业中毒,下同),或者 1 亿元以上直接经济损失的事故

B. 造成 10 人以上 30 人以下死亡,或者 50 人以上 100 人以下重伤,或者 5000 万元以上 1 亿元以下直接经济损失的事故

C. 造成3人以上10人以下死亡，或者10人以上50人以下重伤，或者1000万元以上5000万元以下直接经济损失的事故

D. 造成3人以下死亡，或者10人以下重伤，或者1000万元以下直接经济损失的事故

313. CC004　较大事故逐级上报至（　　）安全生产监督管理部门和负有安全生产监督管理职责的有关部门。

A. 国务院　　B. 省、自治区、直辖市人民政府

C. 设区的市级人民政府　　D. 县级人民政府

314. CC004　自事故发生之日起（　　）日内，事故造成的伤亡人数发生变化的，应当及时补报。

A. 10　　B. 15　　C. 20　　D. 30

315. CC005　下列说法错误的是（　　）。

A. 单位领导应参与行为安全观察与沟通，也可以由下属替代

B. 行为安全观察与沟通应覆盖所有的班组和所有区域

C. 行为安全观察与沟通应覆盖不同时间段

D. 看到不安全行为应立即采取行动进行纠正

316. CC005　该图为操作人员使用手持电动工具进行打磨作业，存在的隐患是（　　）。

A. 打磨机无护罩　　B. 无漏电保护器　　C. 未戴护目镜　　D. 使用前未进行检查

317. CC006　机械设备检修属于环境因素识别考虑三种状态中的（　　）状态。

A. 正常　　B. 异常　　C. 紧急　　D. 将来

318. CC006　泄漏事件造成的土地污染属于环境因素识别考虑三种时态中的（　　）时态。

A. 过去　　B. 异常　　C. 现在　　D. 将来

二、多项选择题（每题有4个选项，至少有2个正确，将正确的选项填入括号内）

1. AA001　原料气预处理单元常用的滤芯材料类型有（　　）。

A. 织状　　B. 轻状　　C. 多孔性固体　　D. 金属材质

2. AA002　离心分离的方式有（　　）。

A. 固-固分离　　B. 液-液分离　　C. 气-气分离　　D. 固-液分离

3. AA003　天然气净化厂中，下列不属于重力分离设备的是（　　）。

A. 原料气过滤分离器　　B. 原料气重力分离器

C. 原料气高效过滤器　　D. 溶液袋式过滤器

4. AA004　换热器传热计算的基础是（　　）。

A. 热量衡算式　　B. 物质的状态方程　　C. 传热速率方程式　　D. 静力学方程式

5. AA005　增大传热面积的方法有(　　)。
A. 翅化传热面　B. 异形表面　C. 降低介质流速　D. 采用小直径管

6. AA006　根据双膜理论,在吸收过程中吸收质(　　)。
A. 从气相主体中以对流扩散的方式达到气膜边界
B. 以分子扩散的方式通过气膜到达气、液界面
C. 在界面上不受任何阻力从气相进入液相
D. 在液相中分子扩散的方式穿过液膜达到液膜边界

7. AA007　按蒸馏操作压力不同,可分为(　　)。
A. 常压蒸馏　B. 间歇蒸馏　C. 加压蒸馏　D. 减压蒸馏

8. AA008　精馏操作的主要控制指标有(　　)。
A. 产品的纯度　B. 组分回收率　C. 操作总费用　D. 精馏塔选择

9. AA009　影响泡罩塔吸收的因素有(　　)。
A. 液体流量　B. 气体流量　C. 溶液温度　D. 气体温度

10. AA010　根据工艺要求及分离过程特点,通常作为溶液解析汽提载气的有(　　)等。
A. 空气　B. 氮气　C. 二氧化碳　D. 水蒸气

11. AA011　静力学基本方程式表明了静止流体内部压力变化规律,从中可以看出(　　)。
A. 在静止的液体中,液体任意一点压强与密度和深度有关,液体密度越大、深度越大,则该点的压力越大
B. 在重力场中,流体在重力和压力作用下达到静力平衡,处于相对静止状态,重力不变,静止流体内部各点的压力相同
C. 当液体上方的压强或液柱内部任意一点的压强有变化时,必将使液体内部其他各点的压强发生同样大小的变化
D. 在连通的同一静止液体内部,同一水平面的流体压强相等,或是压强能够相等的两点必在同一水平面上

12. AA012　下列管线中属于粗糙管的是(　　)。
A. 铸铁管　B. 黄铜管　C. 无缝钢管　D. 有缝钢管

13. AB001　热力学在系统平衡态概念基础上,定义了描述系统状态所必需的三个状态函数,分别是(　　)。
A. 热力学温度 T　B. 内能 U　C. 焓 H　D. 熵 S

14. AB002　物质处于临界状态下的状态参数叫作临界参数,最基本的临界参数有(　　)。
A. 临界温度　B. 临界压力　C. 临界容积　D. 临界流量

15. AB003　关于临界点的性质,下面描述正确的是(　　)。
A. 液相摩尔体积与气相摩尔体积相等　B. 液相与气相之间不存在界面
C. 气、液、固三相共存　D. 气化热为零

16. AB004　关于天然气的等温压缩系数,下列描述正确的有(　　)。
A. 天然气等温压缩系数是指在恒温条件下,单位压力变化引起的单位气体体积相对变化率
B. 在开采低压气藏时,利用理想气体定律确定天然气等温压缩系数,可获得满意的

结果

C. 对低压气藏可用压力代替天然气的等温压缩系数

D. 为求得高压下的等温压缩系数，需用真实气体定律确定

17. AB005 液化天然气主要用途有（　　）。

A. 用于发电厂及工厂　　B. 制造肥料、甲醇溶剂等化工原料

C. 家用燃料　　D. 裂解生成乙烯及丙烯，制造塑料产品

18. AB006 压缩天然气特点和优势包括（　　）。

A. 成本低　　B. 效益高　　C. 无污染　　D. 使用安全便捷

19. AB007 下列不属于长输管道主要特点的是（　　）。

A. 需要占用大量土地及建筑物　　B. 是在全封闭的管道中完成的

C. 管道的压力比较稳定　　D. 只能断续供气

20. AB008 引起天然气消费需求量不均衡的主要原因是（　　）。

A. 季节性气温变化　　B. 人们生活方式改变

C. 价格便宜　　D. 企业生产、停产检修及事故等

21. AC001 为降低腐蚀，脱硫脱碳吸收塔（　　）宜使用不锈钢材质。

A. 塔盘　　B. 浮阀　　C. 塔盘固定挂钩　　D. 塔本体

22. AC002 常见余热锅炉主要结构包括（　　）。

A. 锅炉本体　　B. 汽包　　C. 给水预热器　　D. 过热器

23. AC003 脱硫脱碳单元再生塔底部压力表选用时，应考虑的主要因素包括（　　）。

A. 高温　　B. 腐蚀　　C. 振动　　D. 潮湿

24. AC004 测量高温、振动且又不能安装接触式测量仪表的物质温度，可采用（　　）。

A. 光学高温计　　B. 热电偶　　C. 光电高温计　　D. 辐射高温计

25. AC005 漩涡流量计按照安装方式的不同分为（　　）。

A. 圆环式　　B. 管法兰式　　C. 插入式　　D. 就地显示式

26. AC006 下列介质的液位可以利用雷达液位计测量的是（　　）。

A. 有毒介质　　B. 腐蚀性介质　　C. 低浓度液体　　D. 浆状介质

27. AC007 气动调节阀又称气动控制阀，它主要由（　　）部分组成。

A. 仪表信号线　　B. 气源减压阀　　C. 执行机构　　D. 调节机构

28. AC008 电动调节阀的特性包括（　　）。

A. 矩形特性　　B. 线性特性　　C. 百分比特性　　D. 抛物线特性

29. AC009 电磁阀按结构分为（　　）。

A. 膜片式　　B. 传导式　　C. 活塞式　　D. 柱塞式

30. AC010 按执行机构输出位移的类型，执行机构分为（　　）。

A. 直行程执行机构　　B. 角行程执行机构

C. 单转式执行机构　　D. 多转式执行机构

31. AC011 气体检测仪是一种检测泄漏气体的仪表工具，主要包括（　　）。

A. 便携式气体检测仪　　B. 手持式气体检测仪

C. 固定式气体检测仪　　D. 雷达式气体检测仪

32. AC012　ESD 紧急停车仪表系统基本组成大致可分为(　　)。
A. 电路元件单元　B. 传感器单元　C. 逻辑运算单元　D. 最终执行器单元

33. AC013　PLC 的主要特点有(　　)。
A. 可靠性　B. 安全性　C. 易操作性　D. 灵活性

34. AC014　下列与电流的热效应计算公式有关的参数包括(　　)。
A. 电流　B. 电压　C. 电阻　D. 时间

35. AC015　导体中产生的感应电动势大小与下列因素有关的有(　　)。
A. 导体长度　B. 磁感线切割速度　C. 切割线方向　D. 磁感应强度

36. AC016　下列应急照明的供电方式中,选用要求正确的是(　　)。
A. 独立于正常电源的发电机组
B. 蓄电池
C. 应急照明灯自带直流逆变器
D. 正常照明及应急照明的供电干线接自同一变压器

37. AC017　下列属于高压断路器组成部分的是(　　)。
A. 主绝缘部分　B. 主触头部分　C. 绝缘拉杆　D. 消弧室填充介质

38. AC018　雷击的表现形式主要分为(　　)。
A. 传导式雷击　B. 跨步雷击　C. 直击雷　D. 雷电电磁脉冲

39. AC019　电工仪表测量按度量器参与测量过程的方式主要分为(　　)。
A. 直读法　B. 间接测量法　C. 比较法　D. 差异法

40. AC020　根据允许中断供电时间选择应急电源,下列说法正确的是(　　)。
A. 允许中断供电时间为 15s 以上的供电,可选用快速自启的发电机组
B. 允许中断供电时间为 30s 及以下的供电,可选择带有自动投入装置的独立于正常电源的专用馈电线路
C. 允许中断供电时间为毫秒级的供电,可选用蓄电池静止型不间断供电装置,蓄电池机械储能电机型不间断供电装置或柴油机不间断供电装置
D. 允许中断供电时间为 10s 及以上的供电可选择发电机组

41. BA001　脱硫脱碳单元活性炭过滤器主要吸附富胺液中的(　　)。
A. 表面活性剂　B. 有机酸
C. 烃类　D. 热稳定性盐及溶液的变质产物

42. BA002　脱硫脱碳单元活性炭过滤器装填之前需要做的工作有(　　)。
A. 活性炭筛选　B. 活性炭浸泡　C. 活性炭干燥　D. 活性炭水洗

43. BA003　透平按所用的流体工质不同可分为(　　)等。
A. 水轮机　B. 汽轮机　C. 燃气透平　D. 空气透平

44. BA004　下列属于化学类脱硫脱碳方法的是(　　)。
A. 胺法　B. 热钾碱法　C. 直接转化法　D. 膜分离法

45. BA005　减压蒸馏溶液复活残渣液处理方式不包括(　　)。
A. 直接外排处理　B. 污水处理单元处理
C. 转炉灼烧处理　D. 回收利用

46. BA006 醇胺液复活中对热稳态盐的处理方法主要有(　　)。

A. 加碱减压蒸馏　B. 膈膜法　C. 离子交换　D. 电渗析技术

47. BA007 常见脱硫脱碳单元补充 MDEA 溶液方式有(　　)。

A. 补充至再生塔顶部　B. 补充至再生塔中部

C. 补充至再生塔至重沸器半贫液管线　D. 补充至再生塔底部

48. BA008 脱硫脱碳系统补入低压蒸汽或冷凝水的位置可设在(　　)。

A. 再生塔底部　B. 酸气空冷器入口管线

C. 再生塔入口富液管线　D. 闪蒸罐

49. BA009 脱硫脱碳系统溶液较少时,操作应注意的是(　　)。

A. 严密监视各塔、罐液位,避免出现窜气

B. 清洗袋式过滤器,保持系统溶液清洁

C. 快速补充溶液,调整液位至正常状态

D. 关注再生塔液位,防止溶液循环泵抽空

50. BA010 MDEA 吸收塔窜压至再生塔后,需要动作的调节阀有(　　)。

A. 贫液流量调节阀　B. 富液液位调节阀

C. 酸气放空调节阀　D. 酸气压力调节阀

51. BA011 下列造成吸收塔冲塔的主要原因有(　　)。

A. 溶液发泡严重　B. 循环量降低　C. 塔盘较脏,拦液　D. 酸气负荷高

52. BA012 脱硫脱碳吸收塔溶液严重发泡时造成的影响有(　　)。

A. 产品气不合格　B. 湿净化气带液　C. 吸收塔液位波动　D. 吸收塔差压波动

53. BA013 下列影响闪蒸气量大小的因素有(　　)。

A. 温度　B. 压力　C. 接触面积　D. 停留时间

54. BA014 下列造成 MDEA 再生塔拦液的原因有(　　)。

A. 进入再生塔顶富液温度过低

B. 气相、液相负荷过大

C. 蒸汽量波动过大

D. 浮阀卡死,有效截面积减少,阀孔气速过大

55. BA015 下列关于再生塔液位上涨的处理措施正确的有(　　)。

A. 加强原料气预处理单元排油水操作,防止污水污油进入系统

B. 加强溶液过滤,降低溶液中杂质,减少溶液发泡

C. 控制好系统溶液补充量

D. 控制系统补充水量,必要时采取甩水操作

56. BA016 MDEA 再生塔再生效果差的原因有(　　)。

A. 再生蒸汽量小,H_2S 解析不彻底　B. 溶液水含量高,影响传热

C. 溶液发泡、拦液　D. 设备故障,造成贫液质量下降

57. BA017 MDEA 溶液循环泵入口压力波动较大,可采取的措施是(　　)。

A. 适当提升再生塔操作压力　B. 对泵入口管线高点进行排气

C. 适当降低溶液循环量　D. 停产时对入口管道进行整改,减少弯道

58. BA018　换热器壳程设置折流板的目的是(　　)。

A. 提高壳程流速　　B. 改变流体分布和传热系数

C. 减少结垢、支撑管束　　D. 对传热介质进行分流

59. BA019　生产过程中,对换热器日常检查的内容包括(　　)。

A. 介质流向　　B. 泄漏情况　　C. 基础支架及附件　　D. 换热温度

60. BA020　脱硫脱碳单元开产前,需要开展的相关准备工作有(　　)。

A. 检查工艺流程　　B. 大修过的转动设备试车

C. 准备必需的化学药剂和溶液　　D. 提前对溶液储罐进行清洗

61. BA021　脱硫脱碳单元停产热循环时,溶液中 H_2S 含量长时间不合格,影响因素可能是(　　)。

A. 再生温度低　　B. 闪蒸罐压力控制较低

C. 贫富液换热器严重窜漏　　D. 溶液循环量控制过小

62. BB001　甘醇法脱水单元闪蒸罐窜气至再生釜的原因有(　　)。

A. 溶液过滤器滤芯损坏　　B. 闪蒸罐液位调节阀故障

C. 闪蒸罐液位过低　　D. 至溶液循环泵管路堵塞

63. BB002　甘醇法脱水单元产品气水含量偏高,可采取的措施有(　　)。

A. 适当提高再生温度　　B. 适当提高溶液循环量

C. 适当开大气提气量　　D. 加强贫富液换热效果

64. BB003　甘醇法脱水溶液 pH 偏低的原因有(　　)。

A. 甘醇热降解、氧化降解产物积累

B. 进料气酸性介质溶解到甘醇溶液中

C. 脱硫脱碳醇胺液进入脱水单元

D. 溶液活性炭过滤器过滤效果差

65. BB004　甘醇溶液再生釜压力异常升高,可能的原因是(　　)。

A. 精馏柱填料较脏　　B. 气提柱填料较脏

C. 溶液黏度过大　　D. 气提气量过大

66. BB005　甘醇法脱水单元溶液缓冲罐温度偏低的处理措施有(　　)。

A. 适当增加明火加热炉燃料气流量　　B. 检修缓冲罐内窜漏盘管

C. 适当降低进入再生釜的溶液量　　D. 适当开大溶液补充阀

67. BB006　甘醇溶液再生釜精馏柱顶温度偏高,采取的有效措施有(　　)。

A. 增加进入精馏柱换热盘管的富液流量

B. 适当降低再生釜运行温度

C. 向系统加入适量阻泡剂,避免系统发泡

D. 清洗溶液机械过滤器和活性炭过滤器,确保溶液系统清洁

68. BB007　为了防止脱水甘醇溶液变质,在装置生产过程中应(　　)。

A. 合理控制溶液再生温度

B. 加强过滤,除去溶液夹带的杂质

C. 对溶液储罐和低位罐惰性气体保护

D. 适当降低气提气量

69. BB008　提升脱水单元甘醇溶液循环量时,需要注意的是(　　)。

A. 再生釜温度变化　　B. 缓冲罐液位变化

C. 冷却器出口贫液温度变化　　D. 闪蒸罐压力变化

70. BB009　脱水吸收塔捕集段液位降低的原因有(　　)。

A. 处理量猛增,大量液体随气流带入脱水塔吸收段

B. 捕集段排液管路阀门内漏或故障打开

C. 脱水塔捕集段捕雾网破裂或分离效果差

D. 仪表故障显示液位偏低

71. BB010　甘醇法脱水单元废气灼烧炉进液的原因有(　　)。

A. 气提气凝结水罐高液位　　B. 废气灼烧炉前阻火器损坏

C. 废气流量、流速过大　　D. 废气低点排液管线堵塞

72. BC001　活塞式压缩机主要结构包括(　　)。

A. 叶轮　　B. 气缸　　C. 活塞杆　　D. 气阀

73. BC002　分子筛脱水单元再生气压缩机运行时应关注(　　)。

A. 压缩机运行压力、温度变化　　B. 润滑油系统油位、油压

C. 冷却水系统畅通,运行良好　　D. 各运动部件的工作状况

74. BC003　要将水从含 H_2S 的天然气中脱除,分子筛选用要求是(　　)。

A. 晶穴孔径小于水分子临界直径

B. 晶穴孔径小于 H_2S 分子临界直径

C. 分子筛本身不与水、H_2S 反应

D. 晶穴孔径大于水分子临界直径

75. BC004　人工更换脱水分子筛时,需要选择的工器具及安全防护器材有(　　)。

A. 空气呼吸器　　B. 防护手套　　C. 口罩　　D. 木质器具

76. BC005　分子筛脱水工艺操作参数主要由(　　)等确定。

A. 原料组成　　B. 气体露点要求　　C. 下游管输要求　　D. 吸附工艺特点

77. BC006　分子筛脱水再生气的来源主要有(　　)。

A. 原料气　　B. 脱水后的产品气

C. 工厂其他装置干净化气　　D. 清洁氮气

78. BD001　下列关于压缩机润滑的作用描述正确的有(　　)。

A. 为轴承和机械轴封润滑　　B. 降低压缩机噪声

C. 减轻压缩机震动　　D. 延长叶轮使用寿命

79. BD002　天然气处理厂采用丙烷制冷脱烃工艺,主要工艺特点有(　　)。

A. 丙烷做制冷介质,蒸发温度低　　B. 对人体毒性小

C. 运行成本高　　D. 适于重烃组分较少的工况

80. BD003　启运丙烷压缩机膨胀制冷系统前,需要确认油路状态的分别有(　　)。

A. 油箱压力　　B. 进轴承油压　　C. 油品规格型号　　D. 油过滤器压差

81. BD004　下列关于天然气脱烃的主要作用描述正确的是(　　)。

A. 降低长输管道压力　　B. 减小管道腐蚀

C. 避免气液两相流动　　D. 具有较大经济效益

82. BE001　不属于 Clinsulf-SDP 硫黄回收工艺水解催化剂的是(　　)。

A. 钴-钼催化剂　　B. 钛基催化剂　　C. 铁基催化剂　　D. 硅基催化剂

83. BE002　下列硫黄回收工艺中,生产时需要系统切换的工艺有(　　)。

A. CBA　　B. Superclaus　　C. Clinsulf-SDP　　D. MCRC

84. BE003　以下可以解决催化剂炭沉积的措施包括(　　)。

A. 烧炭　　B. 燃烧炉内酸气当量燃烧

C. 在线硫洗操作　　D. 燃烧炉内酸气亚当量燃烧

85. BE004　以下关于催化剂积硫说法正确的是(　　)。

A. 催化剂硫沉积是在冷凝和吸附作用下发生的

B. 反应器温度低于硫露点时,过程气中的硫蒸气冷凝在催化剂表面的孔结构中

C. 硫蒸气由于吸附作用和随之发生的毛细管冷凝作用,硫蒸气沉积在催化剂的孔结构中

D. 由硫沉积而导致的催化剂失活一般是不可逆的磨损率

86. BE005　CBA 硫黄回收工艺二级 CBA 反应器再生时,程序阀状态正确的有(　　)。

A. 克劳斯冷凝器出口三通阀直通

B. 一级 CBA 反应器出口三通阀角通

C. 二级 CBA 反应器出口三通阀直通

D. 三级 CBA 反应器出口三通阀角通

87. BE006　下列属于内掺合-换热式部分燃烧法工艺缺点的是(　　)。

A. 检修困难　　B. 设备结构复杂　　C. 设备制造困难　　D. 占地面积大

88. BE007　原料酸气中造成硫黄回收单元反应器积碳的杂质主要有(　　)。

A. CO_2　　B. CH_4

C. 醇胺类脱硫脱碳溶剂　　D. N_2

89. BE008　透平按所用的流体工质不同可分为(　　)等。

A. 水轮机　　B. 汽轮机　　C. 燃气透平　　D. 空气透平

90. BE009　下列造成尾气灼烧炉压力波动的因素有(　　)。

A. 再热器温度偏高　　B. 原料酸气负荷

C. 废气引射器蒸汽流量　　D. 反应器转化率

91. BE010　硫黄回收单元回压超高的处理措施有(　　)。

A. 适量降低原料酸气负荷　　B. 检查各设备、管道保温情况

C. 适量提升脱硫脱碳单元溶液循环量　　D. 适当开大尾气烟道挡板开度

92. BE011　硫黄回收单元开车时,系统点火升温之前应进行(　　)。

A. 空气吹扫　　B. 法兰热紧　　C. 暖锅　　D. 气密性漏

93. BE012　硫黄回收单元反应器床层温度过高的处理措施有(　　)。

A. 关小尾气界区大阀,提升系统回压　　B. 根据需要,加入降温蒸汽或氮气

C. 调整主燃烧炉风气比　　D. 降低反应器进口过程气温度

94. BE013　处理冲液硫封的措施有(　　)。

A. 清除液硫管线及沉渣包杂质　　B. 重新灌装液硫封

C. 适量关小液硫封夹套及伴热蒸气　　D. 适当降低酸气处理负荷

95. BE014　液硫夹套管线内、外管使用的材质一般为(　　)。

A. 碳钢-碳钢　　B. 碳钢-不锈钢　　C. 不锈钢-不锈钢　　D. 不锈钢-碳钢

96. BE015　尾气灼烧炉燃料气调节阀故障造成燃料气流量变小,可采取的措施有(　　)。

A. 打开调节阀旁通阀,手动控制燃料气流量

B. 打开调节阀旁通阀,关闭前后截止阀,联系人员检修调节阀

C. 燃料气流量变小后,适当关小配风风门,保持空气与燃料气配比

D. 调整主燃烧炉配风,尽量降低尾气量

97. BE016　尾气灼烧炉温度异常的控制措施有(　　)。

A. 调整燃料气量　　B. 调整尾气灼烧炉配风

C. 调整尾气烟道挡板　　D. 调整主燃烧炉配风

98. BE019　CBA 硫黄回收装置投运操作步骤包括(　　)。

A. 催化剂预硫化　　B. 保温、暖锅

C. 点火、升温　　D. 吹扫、试压

99. BE020　下列关于硫黄回收单元过剩氧除硫操作,正确的有(　　)。

A. 维持主燃烧炉燃烧,各级反应器床层各点温度均降到 200℃ 时,缓慢增加主燃烧炉空气量

B. 系统内过剩 O_2 含量控制在 0.5%~1%

C. 反应器床层各点温度不得超过 300℃

D. 反应器床层温度均稳定,并呈下降趋势时,逐步增加主燃烧炉的空气量

100. BF001　下列关于钴钼催化剂预硫化说法正确的有(　　)。

A. 当反应器升温到 250℃ 时,开始进行预硫化

B. 开始预硫化时,保证循环气 O_2 含量小于 0.3%(体积分数)

C. 为了保证预硫化彻底并且防止超温,预硫化一般分阶段进行

D. 预硫化是吸热反应

101. BF002　催化剂钝化操作过程需要对反应器进出口取样分析,主要分析(　　)等组分含量。

A. H_2S　　B. SO_2　　C. O_2　　D. CH_4

102. BF003　在线燃烧炉炉头设计加入降温蒸汽的作用是(　　)。

A. 保护燃烧器烧嘴　　B. 控制在线燃烧炉温度

C. 控制下一级反应器温度　　D. 减少炭黑烟炱的生成

103. BF004　改变 SCOT 尾气处理单元吸收塔贫液温度的措施有(　　)。

A. 降低空冷器变频器频率　　B. 停运空冷器

C. 降低溶液循环量　　D. 减小后冷器循环冷却水量

104. BF005　CANSOLV 尾气 SO_2 脱除工艺的吸收塔顶部(　　)设计使胺液因夹带造成的

损失降到最小。

A. 折流板　　B. 盘管

C. 低压降叶片除雾器　　D. 槽式液体分布器

105. BF006　加氢反应器压差增大的主要原因有(　　)。

A. 反应器温度过低　　B. SO_2 和 H_2S 在反应器中生成液态硫

C. 催化剂粉化严重　　D. 设备、管线腐蚀产物及衬里脱落积聚

106. BF007　加氢反应器温度过高对装置造成的影响可能有(　　)。

A. 影响尾气中 SO_2、单质硫的加氢还原反应

B. 酸水 pH 降低,酸水变浑浊

C. 催化剂粉化

D. 耐火衬里垮塌

107. BF008　下列造成 SO_2 穿透的主要原因有(　　)。

A. 制氢量不足　　B. 加氢反应床层温度较低

C. 硫黄回收单元配风过剩　　D. 在线燃烧炉温度超高

108. BF009　SCOT 尾气处理单元净化废气偏高的处理措施有(　　)。

A. 调整硫黄回收单元主燃烧炉配风　　B. 适当提高再生塔塔顶温度

C. 调整硫黄回收单元反应器温度　　D. 降低吸收塔进料气温度

109. BF010　SCOT 尾气处理单元还原段开工程序包括(　　)。

A. 气相系统空气吹扫　　B. 余热锅炉保温、暖锅

C. 急冷塔新鲜水、除盐水清洗　　D. 点火升温

110. BF011　SCOT 装置还原段停车步骤包括(　　)。

A. 停气、建立气循环　　B. 热冷循环、回收溶液

C. 急冷塔工业水洗　　D. 钝化操作

111. BG001　操作凝析油稳定塔的要点包括(　　)。

A. 控制好塔顶压力　　B. 控制好塔底和塔顶温度

C. 保持塔液位稳定　　D. 控制好塔进料量

112. BG002　减缓凝析油稳定装置设备腐蚀的措施有(　　)。

A. 选用合理的设备材质　　B. 加强温度、压力、流量参数控制

C. 安装设备、管线尽量消除应力腐蚀　　D. 操作中加强过滤

113. BG003　凝析油乳化产生的危害有(　　)。

A. 堵塞设备及管线　　B. 影响产品质量

C. 降低处理能力　　D. 严重时,危急装置正常生产

114. BG004　造成稳定凝析油产品不合格的主要原因有(　　)。

A. 凝析油稳定塔塔底温度低　　B. 凝析油稳定塔塔顶压力高

C. 三相分离器窜相　　D. 未稳定油乳化

115. BG005　造成凝析油稳定塔突沸的原因有(　　)。

A. 塔内气相量过小,气速过低　　B. 进凝析油稳定塔的两股物料流量过小

C. 三相分离器水相窜油相　　D. 重沸器内漏

116. BG006　凝析油收率下降的主要原因有(　　)。
A. 凝析油稳定塔塔底和塔顶温度过高
B. 凝析油稳定塔塔顶压力过低
C. 三相分离器油相窜水相
D. 凝析油塔塔顶和塔中进料分配不当

117. BH001　污水处理装置冬季水温较低影响混凝效果时,可采取的措施有(　　)。
A. 增加投药量　　B. 增加回流水量或提高溶气压力
C. 适量降低进水量　　D. 接入蒸汽管线进行预热

118. BH002　下列因素将影响污水处理装置絮凝剂的种类和消耗量的有(　　)。
A. 药剂的品质与污泥性质的匹配　　B. 设备结构类型
C. 运转工况的匹配　　D. 污水水质特性

119. BH003　下列关于 SBR 反应池操作,说法正确的是(　　)。
A. 最适宜温度 25~35℃,高于 40℃和低于 10℃时应采取技术措施
B. 控制 SBR 池出口处溶解氧在 2~4mg/L
C. 废水浓度较高时,污泥沉降比控制在 10%~20%
D. 混合液浓度一般在 2500~3500mg/L

120. BH004　微生物培养驯化方法及步骤有(　　)。
A. 投料　　B. 闷曝　　C. 边进污水边曝气　　D. 转入试运阶段

121. BH005　SBR 池进水水质的主要控制参数为(　　)。
A. BOD_5 浓度　　B. COD 浓度　　C. pH　　D. 进水量

122. BH006　污水处理装置电渗析器常见故障有(　　)。
A. 接线端子接触不良　　B. 渗透膜破裂或结垢
C. 隔板流水道堵塞　　D. 浓、淡水隔板破裂

123. BH007　影响 UASB 出水 COD 挥发性脂肪酸偏高的因素有(　　)。
A. UASB 池进水 COD 挥发性脂肪酸浓度
B. UASB 池微生物活性及数量
C. pH 和有毒有害物质含量
D. 反应温度和时间

124. BH008　影响 SBR 池活性污泥膨胀的主要因素有(　　)。
A. 水质及进水负荷　　B. 溶解氧含量
C. pH 及水温　　D. 营养物质

125. BH009　UASB 反应器产气量下降的处理措施有(　　)。
A. 调整原水池配水,降低有毒有害物质浓度
B. 调整 UASB 池温度至控制范围
C. 调整 UASB 池营养物组成,提高厌氧微生物活性
D. 调整原水池配水,降低原水池 COD 浓度

126. BH010　影响 SBR 池污泥沉降比的主要因数有(　　)。
A. 曝气量　　B. 进水温度　　C. 进水水质　　D. 污泥量

127. BH011 SBR 池进水调整操作包括(　　)。
A. 分析低浓度配水池水质,确保 SBR 进水水质
B. 涡凹气浮及液位达到控制值且运行正常后,向 SBR 池进水
C. 打开曝气头进气阀,对 SBR 反应池进行曝气操作
D. 曝气结束后,分析 SBR 池 pH 含量

128. BH012 下列关于天然气净化厂污水装置停运说法正确的是(　　)。
A. 一般污水处理装置不与主体装置同时停运进行检修
B. 停运后仍要加强 SBR 池微生物培养
C. 污水处理装置与主体装置不同,可以随时停运
D. 停运之后,对各污水池进行清掏、除渣

129. BI001 循环冷却水预膜工艺控制条件包括控制适宜的(　　)。
A. 硅含量　B. pH　C. Ca^{2+}浓度　D. 浊度

130. BI002 下列控制循环冷却水系统循环冷却水浊度的方法有(　　)。
A. 降低补充水浊度　B. 加强循环冷却水排污
C. 投加分散剂　D. 增设旁滤设备

131. BI003 影响循环冷却水水质的主要因素有(　　)。
A. 排污量及频率　B. 药剂投加量及浓度
C. 旁滤流量及过滤效果　D. 循环冷却水系统管网运行情况

132. BJ001 锅炉停车后的保养常用方法有(　　)。
A. 干法　B. 湿法　C. 压力保养　D. 充气保养

133. BJ002 影响锅炉水位的因素有(　　)。
A. 操作压力　B. 蒸汽负荷　C. 炉膛热负荷　D. 给水压力

134. BJ003 影响锅炉给水水质的主要因素有(　　)。
A. 除盐效果　B. 保温效果　C. 除氧效果　D. 凝结水回水质量

135. BJ004 蒸汽及凝结水系统锅炉缺水的原因有(　　)。
A. 废热锅炉抢水　B. 给水调节阀仪表风压力低
C. 炉管破裂　D. 玻板液位计液相堵塞

136. BJ005 下列引起锅炉汽水共沸的因素包括(　　)。
A. 炉水有油污或含盐量、悬浮杂质太多　B. 水位过高,开启主汽阀过猛
C. 排污间隔时间过短,排污量过大　D. 负荷增加过快

137. BJ006 下列造成锅炉熄火的原因有(　　)。
A. 燃料气供给故障　B. 引风机或送风机故障
C. 锅炉液位联锁　D. 装置蒸汽使用量减少

138. BJ007 下列造成锅炉满水的原因有(　　)。
A. 操作调整不及时或误操作　B. 锅炉给水调节阀失灵
C. 锅炉给水压力突然降低　D. 锅炉上水泵故障

139. BJ008 除盐水水质异常的主要原因有(　　)。
A. 进水水质恶化　B. 发生窜水

C. 离子交换树脂中毒失效　　D. 离子交换树脂流失过多

140. BJ009　凝结水回水不畅的主要原因有(　　)。

A. 凝结水回水箱压力偏高　　B. 疏水阀失效,凝结水中夹带大量蒸汽

C. 蒸汽系统压力偏高　　D. 凝结水管线堵塞

141. BJ010　下列关于锅炉点火升压时描述正确的是(　　)。

A. 排出锅炉内空气,待完全出蒸汽时关闭放空阀、过热器入口阀及出口放空阀

B. 当压力升至0.05~0.1MPa时,冲洗水位计和冲洗压力表存水弯管

C. 当汽压升至0.2MPa时,检查各连接处有无渗漏

D. 当压力升至工作压力的1/2时,对蒸汽及凝结水系统进行暖管

142. BJ011　锅炉煮炉的目的是(　　)。

A. 除锈蚀物　　B. 除油垢　　C. 除污垢　　D. 增加保护膜

143. BK001　PSA变压吸附制氮装置工作压力过高,会造成(　　)。

A. 增加空压机能耗　　B. 加速分子筛粉化

C. 增大空压机入口压差　　D. 系统带水

144. BK002　下列造成仪表风系统水含量上升的主要因素有(　　)。

A. 空压机油气分离器分离效果差

B. 油水过滤分离器过滤分离效果差

C. 无热再生式干燥器吸附效果差

D. 再生效果以及干燥剂吸附性能差

145. BK003　仪表风系统压力下降时的控制措施有(　　)。

A. 启运备用空压机,增加系统供风量

B. 查找压力下降原因,若发现泄漏,应立即采取相应措施处理

C. 联系相关用气单元,注意仪表风压力过低引起自动控制系统失灵或误动作

D. 必要时关闭工厂风储罐出口阀

146. BK004　天然气净化厂仪表风含油量偏高的原因有(　　)。

A. 回油管堵塞　　B. 油细分离器堵塞

C. 油压过低　　D. 进口滤芯堵塞

147. BK005　PSA制氮装置氮气中氧含量偏高的处理措施有(　　)。

A. 继续维持正常生产,并查找原因　　B. 加强进料空气预处理

C. 检查再生气流量和管路,排除故障　　D. 检查氧含量分析仪

148. CA001　启动前安全检查中“事故调查及应急响应”方面检查内容包括(　　)。

A. 针对事故制定的改进措施已得到落实

B. 操作规程经过批准确认

C. 所有相关员工已接受有关HSE危害、操作规程、应急知识的培训

D. 确认应急预案与工艺安全信息相一致,相关人员已接受培训

149. CB001　装置节能节水技术改造坚持的原则有(　　)。

A. 成熟先行　　B. 系统优化　　C. 指标明确　　D. 效益优先

150. CB002　对能耗设备进行节能监测,操作人员应配合监测单位做好以下工作(　　)。

A. 做好能耗设备切换操作,保证能耗监测期间装置安全平稳运行

B. 将待监测设备调整到至最佳运行状态

C. 将装置各项运行参数调整至最佳运行状态,保证动静设备平稳运行

D. 做好节能监测的监护工作

151. CB003　天然气净化厂使用变频技术的转动设备主要有(　　)。

A. 贫液空冷器　　B. 酸气空冷器

C. MDEA 溶液循环泵　　D. 凉水塔风机

152. CB004　计量器具测量出被测对象量值的方式有(　　)。

A. 直接测量　　B. 间接测量

C. 直接和间接测量　　D. 间歇测量

153. CB005　能源计量器具档案应包括(　　)。

A. 计量器具使用说明书　　B. 计量器具出厂合格证

C. 计量器具维修记录　　D. 计量器具最近两个连续周期的检定证书

154. CC001　(　　)是造成机械事故的主要原因,其发生的频率最高。

A. 咬入　　B. 碰撞　　C. 撞击　　D. 挤压

155. CC002　生产过程中的危害因素按照(　　)进行辨识。

A.《生产过程危险和有害因素分类与代码》

B.《企业职工伤亡事故分类》

C. 安全检查表

D.《职业病危害因素分类目录》

156. CC003　《中华人民共和国劳动法》第 25 条规定:劳动者有下列(　　)情形之一的,用人单位可以解除劳动合同。

A. 严重违反劳动纪律或者用人单位规章制度的

B. 被依法追究刑事责任的

C. 严重失职,营私舞弊,对用人单位利益造成重大损害的

D. 不服从用人单位工作安排

157. CC004　下列说法正确的是(　　)。

A. 自事故发生之日起 30 日内(道路交通事故、火灾事故自发生之日起 7 日内),因事故伤亡人数变化导致事故等级发生变化,依照条例规定应当由上级人民政府负责调查的,上级人民政府可以另行组织事故调查组进行调查

B. 事故调查组应当自事故发生之日起 60 日内提交事故调查报告;特殊情况下,经负责事故调查的人民政府批准,提交事故调查报告的期限可以适当延长,但延长的期限最长不超过 60 日

C. 重大事故、较大事故、一般事故,负责事故调查的人民政府应当自收到事故调查报告之日起 10 日内做出批复

D. 特别重大事故,30 日内做出批复,特殊情况下,批复时间可以适当延长,但延长的时间最长不超过 30 日

158. CC005　下图中人员存在的违章行为有(　　)。

A. 上下扶梯未扶扶手　　B. 未戴安全帽

C. 穿短袖工服　　D. 栏杆破损

159. CC006　产生危险废物的单位，必须按照国家有关规定制定危险废物管理计划，并向所在地县级以上地方人民政府环境保护行政主管部门申报危险废物的种类（　　）。

A. 产生量　　B. 流向　　C. 贮存　　D. 处置

三、判断题（对的画"√"，错的画"×"）

（　　）1. AA001　当悬浮液中所含颗粒很大，而且含量很多时，可用较厚的颗粒床层做成过滤介质进行过滤。

（　　）2. AA002　重力沉降分离的效率通常高于惯性离心力分离的效率。

（　　）3. AA003　扩散与沉降是两个相对抗的过程。沉降使质点在介质中均匀分布；扩散则相反，使质点沿着沉降方向浓集。

（　　）4. AA004　某些圆筒壁传热系数可按平面型计算式进行计算。

（　　）5. AA005　为了取得最佳的传热性能，所有空冷器管束的翅片管都采用三角形排列方式。

（　　）6. AA006　发生在流动流体中的扩散是分子扩散，它是流体分子热运动而产生的传递物质的现象。

（　　）7. AA007　蒸馏是一种属于传质分离的单元操作，广泛应用于炼油、化工等领域。

（　　）8. AA008　组分挥发度的差异造成了有利的相平衡条件，只要相互接触的气、液两相未达平衡，传质必然发生。

（　　）9. AA009　在吸收塔中，不同截面处的传质推动力相同。

（　　）10. AA010　使用载气解吸的方法是在解吸塔中引入与吸收液不平衡的气液混合相。

（　　）11. AA011　在相同高度的水平面上，流体的静压力不一定相同。

（　　）12. AA012　局部阻力系数主要反映了局部障碍几何形状的影响。

（　　）13. AB001　凝结热和相同条件下液体气化时的气化热相等。

（　　）14. AB002　计算出的临界参数通常就是天然气的真实临界参数。

（　　）15. AB003　与临界状态相比较的状态称为对比状态。

（　　）16. AB004　在开采低压气藏时，可利用理想气体定律确定天然气等温压缩系数；为求得高压下的等温压缩系数，需用真实气体定律确定。

（　　）17. AB005　LNG 是压缩天然气。

(　　)18. AB006　CNG 主要用于汽车燃料。
(　　)19. AB007　世界各国对管输气的气质要求均相同。
(　　)20. AB008　长输管网是天然气储存的最佳方式。
(　　)21. AC001　浮阀塔的塔板效率比泡罩塔高 25%左右。
(　　)22. AC002　余热锅炉在高温气体入口部位,由于高温、高速气体的热冲击,易引起设备结构产生热应力、热疲劳和高温腐蚀。
(　　)23. AC003　在压力波动不大的情况下,压力表的正常指示值应在压力表的 1/3~2/3。
(　　)24. AC004　测温仪表的最高指示值为满量程的 70%为宜。
(　　)25. AC005　涡街流量计主要用于工业管道介质流体的流量测量。
(　　)26. AC006　磁性翻板(柱)式液位计容易卡死,造成无法远传指示。
(　　)27. AC007　正作用执行机构的信号压力是通入波纹膜片下方的薄膜气室。
(　　)28. AC008　电动执行机构信号传输速度快,但传送距离较近。
(　　)29. AC009　电磁阀主要作为附件用在控制各种单向、双向动作气缸式气动控制阀或其他气动执行机构。
(　　)30. AC010　调节阀经常在不稳定的调节系统中工作,可选用快开或直线特性的调节阀。
(　　)31. AC011　同一气体既属可燃性气体又属有毒性气体,只设有毒性气体检测器。
(　　)32. AC012　执行机构的动作时间是 ESD 安全保护系统的一项重要的安全指标。
(　　)33. AC013　PLC 运行期间需人工干预,以 PLC 构成的控制系统中必须配置人机界面设备。
(　　)34. AC014　导线截面越大,允许通过的电流也越大。
(　　)35. AC015　处于电磁场的所有物体均会感受到电磁场的作用力。
(　　)36. AC016　应急照明主要工作面上的照度应能维持原有正常照明照度的 30%。
(　　)37. AC017　天然气净化厂低压配电线路的作用是从配电站以 6kV 的电压向现场各用电设备供电。
(　　)38. AC018　接地线是连接接闪器与接地装置的金属导体。
(　　)39. AC019　电工测量的对象主要是反映电和磁特征的物理量。
(　　)40. AC020　在线式 UPS 正常状态下由蓄电池提供电能。
(　　)41. BA001　活性炭过滤器在底部床层位置设有布水器。
(　　)42. BA002　人员在装备必要安全防护设备的前提下,进入活性炭过滤器内部进行清理。
(　　)43. BA003　液力能量回收透平通过回收液体的动能来驱动其他转动机械。
(　　)44. BA004　天然气脱硫脱碳吸收操作在高温、高压的环境下进行。
(　　)45. BA005　减压蒸馏溶液复活时复活釜重沸器的中压蒸汽温度为 150~160℃。
(　　)46. BA006　当复活釜中的噁唑烷酮和残渣积累到高液位时,通入氮气将系统由常压升为低压,清除残渣液至转炉灼烧处理。
(　　)47. BA007　溶液补充的速度不受再生塔底重沸器换热能力大小限制。

( )48. BA008 在 MDEA 法中,即使从净化度的角度而言,吸收塔板数也绝非越多越好。
( )49. BA009 停产检修时,发现捕雾网较脏、破损等情况,在对生产影响不大的情况下,可暂时不进行更换和修补。
( )50. BA010 吸收塔窜气至再生塔时,可进行操作调整,暂时不关闭产品气压力调节阀,继续向下游输送产品气。
( )51. BA011 吸收塔冲塔时,关闭或调小液位调节阀,维持吸收塔液位,防止窜气。
( )52. BA012 原料气中 CO_2 的含量高会影响产品气的质量。
( )53. BA013 装置大修后开产进溶液,闪蒸罐压力变化与溶液本身性质无关。
( )54. BA014 再生塔发泡、拦液时,要关注重沸器蒸汽流量变化。
( )55. BA015 再生塔液位异常偏低时,应首先排除仪表显示故障。
( )56. BA016 再生塔拦液严重时,可临时采取补充溶液的方式保证系统液位,但要关注产品气质量变化情况。
( )57. BA017 清洗溶液循环泵粗滤器时,发现粗滤器与管壁之间存在间隙,若间隙不大,则可维持粗滤器使用。
( )58. BA018 管壳式换热器比同样流速下板式换热器传热系数大。
( )59. BA019 换热器在操作过程中,温度的急剧变化对换热器本身无影响。
( )60. BA020 脱硫脱碳单元开产原料气检漏时,一般采用洗涤剂进行检漏。
( )61. BA021 脱硫脱碳单元停产空气吹时,吹扫气就地排放。
( )62. BB001 甘醇再生釜在常压状态下,甘醇溶液再生效果最佳。
( )63. BB002 甘醇法脱水装置溶液循环量越大,脱水深度越大。
( )64. BB003 甘醇脱水溶液 pH 是影响脱水深度的主要因素。
( )65. BB004 甘醇脱水单元再生釜压力偏高,对甘醇再生深度有影响。
( )66. BB005 甘醇法脱水单元溶液缓冲罐温度偏高,会对进入脱水吸收塔贫液温度造成影响。
( )67. BB006 甘醇法脱水单元再生釜精馏柱温度低于 98℃时,会在柱内产生液泛,废气带走大量溶液。
( )68. BB007 甘醇法脱水吸收塔后端需设置净化气分离器,以捕集和回收脱水吸收塔带出的溶液。
( )69. BB008 在 TEG 浓度和塔板数固定时,TEG 循环量越大则净化气露点降越大。
( )70. BB009 在日常生产中,脱水吸收塔捕集段液位应尽量排尽,防止带液至脱水吸收段。
( )71. BB010 甘醇法脱水单元再生废气长期或大量带液,会造成废气灼烧炉衬里损坏。
( )72. BC001 在离心压缩机中,压缩主要依靠内部活塞运动做功实现能量转换的。
( )73. BC002 关注再生气压缩机出口温度变化,如温度升高,要立刻作相应处理。
( )74. BC003 分子筛的热稳定性较高,化学稳定性较低。
( )75. BC004 开工前应用干燥空气对分子筛脱水反应器进行吹扫,除去床层粉尘。

( )76. BC005 分子筛脱水单元再生和吸附压力几乎相同,切换程序不必考虑系统压力与床层压力相平衡的问题。

( )77. BC006 分子筛脱水冷却气流量通常远远大于再生气流量。

( )78. BD001 丙烷压缩机是往复式制冷压缩机的一种。

( )79. BD002 丙烷制冷压缩过程是利用丙烷压缩机对丙烷蒸汽进行压缩,提高丙烷蒸汽的压力和温度。

( )80. BD003 温度和气量变化对膨胀机效率仍有显著影响,但较恒速膨胀机轻一些。

( )81. BD004 天然气脱烃主要目的是满足商品质量的要求。

( )82. BE001 Clinsulf-SDP 装置不可以转化有机硫。

( )83. BE002 催化氧化类工艺不能够解决低浓度酸气的处理问题。

( )84. BE003 热老化是指催化剂在使用过程中因受热而使其内部结构发生变化,引起比表面积逐渐增大的过程。

( )85. BE004 催化剂积硫时,可以在硫黄回收单元停车阶段以惰性气体除去硫。

( )86. BE005 正常运行期间,CBA 硫黄回收工艺反应器在切换不可能造成尾气超标。

( )87. BE006 直接氧化法适用于规模较小的回收装置,可与尾气装置结合,将处理贫酸气的回收装置的总硫收率提高到 99%以上。

( )88. BE007 硫黄回收单元酸气中的烃类含量(以 CH_4 计)一般不得超过 5%(体积分数)。

( )89. BE008 液力能量回收透平通过回收液体的动能来驱动其他转动机械。

( )90. BE009 尾气烟囱中的热气体受到大气浮力作用,在烟囱底部形成负压抽力。

( )91. BE010 反应器衬里垮塌,会造成硫黄回收单元系统回压升高。

( )92. BE011 主燃烧炉温度异常时,要加强反应器进口温度调整,防止反应器超温或温度过低。

( )93. BE012 反应器温度超高时,可能造成反应器衬里垮塌。

( )94. BE013 发生冲液硫封后,应适量补充部分固体硫黄至液硫封增加液封。

( )95. BE014 蒸汽夹套管线两端位置设计一般采用弯头或三通管线进行连接。

( )96. BE015 负压式灼烧炉点火异常时,应适当关小灼烧炉出口烟道挡板开度,确保自然吸气正常。

( )97. BE016 尾气灼烧炉运行过程中,注意观察尾气组分、燃料气流量、灼烧温度等参数变化。

( )98. BE019 余热锅炉、硫冷凝器试水压的压力控制在设计压力的 1.05 倍。

( )99. BE020 反应器床层各点温度降至 180℃以下时,硫黄回收单元主燃烧炉熄火。

( )100. BF001 钴钼催化剂预硫化在没有 H_2S 的情况下,温度大于 200℃时,催化剂不得与氢气接触。

( )101. BF002 钴钼催化剂钝化时,SCOT 反应器床层温度超过 150℃时,停止引入空气。

( )102. BF003 在线燃烧炉配入的空气增加,产生的 CO 和 H_2 就会增加。

( )103. BF004 SCOT 尾气处理单元急冷塔出口过程气氢含量一般控制低于 5%。

( )104. BF005 CANSOLV 尾气 SO_2 脱除工艺流程简单可靠,易于与上游硫黄回收工艺整合,将尾气中脱除的 SO_2 用于增产硫黄产品。
( )105. BF006 防止在线燃烧炉配风过多引起过程气过剩氧含量多,造成反应器超温。
( )106. BF007 加氢反应器温度低,更有利于尾气中有机硫水解。
( )107. BF008 当急冷塔低液位时,应立即向急冷水系统补充工业水。
( )108. BF009 系统溶液发泡,会造成 SCOT 净化废气超高。
( )109. BF010 在催化剂预硫化维持 240℃ 的预硫化操作时,温度不能超过 240℃。
( )110. BF011 SCOT 尾气处理单元停产时,当气循环到加氢反应器床层温度均降到 100℃以内时,进行钝化操作。
( )111. BG001 降低凝析油稳定塔操作压力可大大降低塔底热负荷,目的产品稳定凝析油的量损失也较少。
( )112. BG002 选择合适的温度、压力、流量参数控制,能减缓凝析油稳定装置腐蚀。
( )113. BG003 环境温度低,设备及管线保温效果差将加剧凝析油乳化。
( )114. BG004 凝析油稳定塔塔顶压力对凝析油产品质量不会造成影响。
( )115. BG005 凝析油稳定塔气相量过大,气速过高,可能造成凝析油稳定塔突沸。
( )116. BG006 三相分离器压力过高,将造成凝析油收率下降。
( )117. BH001 冬季水温较低影响混凝效果时,除可采取增加投药量的措施。
( )118. BH002 污泥浓缩,主要目的是使污泥初步减容,缩小后续处理构筑物的容积或设备容量。
( )119. BH003 天然气净化厂污水处理装置有毒物质比较少,主要是硫化物(HS^-、SO_4^{2-}),且含量较低。
( )120. BH004 微生物大量附着在生化池内的填料表面,此阶段称为“挂膜”阶段,时间约为 1~2 天。
( )121. BH005 SBR 池进水水质的主要控制参数为进水流量和温度。
( )122. BH006 电渗析器水压力升高,流量降低,说明隔板流水道堵塞。
( )123. BH007 若有 UASB 进水毒有害物质含量过大,应采取必要的措施去除。
( )124. BH008 水中硫化物、溶解性碳水化合物含量对 SBR 池沉降效果有一定影响。
( )125. BH009 UASB 池产气量下降应适当增大 UASB 池进水,保持产气量稳定。
( )126. BH010 SBR 池污泥沉降比偏低应减少排污泥操作。
( )127. BH011 “闷曝”就是在生化池正常进污水的条件下,向池内间断曝气,当生化池投料充水达池深时,便启动鼓风机。
( )128. BH012 应急水池高液位时,不得停运污水处理装置。
( )129. BI001 循环冷却水系统预膜是为了提高水稳定剂中缓蚀剂抑制腐蚀的效果。
( )130. BI002 当循环冷却水浓缩倍数、浊度、总磷等超标时,打开排污阀进行排污。
( )131. BI003 循环冷却水池排污过程中,注意控制好排污流量,保证循环冷却水池水位。
( )132. BJ001 锅炉排污分为低压排污和高压排污。
( )133. BJ002 天然气净化厂使用的蒸汽主要为中压饱和蒸汽。

(　　)134. BJ003　当锅炉判断为严重缺水时应立即停炉。
(　　)135. BJ004　锅炉给水溶解氧含量异常,应及时调整除氧器进水流量、液位及压力。
(　　)136. BJ005　锅炉汽水共沸不会对锅炉液位造成影响。
(　　)137. BJ006　锅炉熄火会造成蒸汽系统压力降低。
(　　)138. BJ007　锅炉水位超过规定的水位上限或已看不见水位时,称为严重满水。
(　　)139. BJ008　严禁将不合格除盐水输送至除盐水罐或除盐水管网,应将不合格水外排。
(　　)140. BJ009　短时间无法解决凝结水回水不畅问题时,为保证蒸汽保温效果,可通过蒸汽管网甩头进行现场排水。
(　　)141. BJ010　锅炉烘炉时,将燃烧控制方式置于“自动”位置,根据排烟温度调整燃料气流量。
(　　)142. BJ011　停运锅炉时,当汽压低于蒸汽管网系统压力时,不需要关闭锅炉蒸汽出口阀。
(　　)143. BK001　一般要求进入吸附塔的压缩空气含油量<1.0mg/m^3,以延长吸附剂寿命。
(　　)144. BK002　仪表风系统带水可能造成仪表风管路堵塞。
(　　)145. BK003　空气压缩机一般都是自动控制,压力下降时压缩机会自动加载,压力高于设定值时会自动卸载。
(　　)146. BK004　仪表风所含的油来源于压缩机润滑油。
(　　)147. BK005　再生气流量控制过低或管线堵塞会造成氮气中氧含量偏高。
(　　)148. CA001　安全是指免除了不可接受风险的状态。
(　　)149. CB001　技术改造后每三年,应对装置进行一次性能标定和考核。
(　　)150. CB002　节能监测是指依据国家有关节约能源的法规和能源标准,对用能单位的能源利用状况所进行的监督检查、测试和评价工作。
(　　)151. CB003　对国家明令淘汰的高耗能、安全性能差的电机、变压器等设备,可根据实际状况,选择性淘汰及更换。
(　　)152. CB004　计量器具是直接测量出被测对象量值的装置。
(　　)153. CB005　取得制造计量器具的企业必须在产品的显著位置标注 CMC 和编号。
(　　)154. CC001　《石油工程建设施工安全》(SY 6444—2000)规定:为保证施工作业人员的安全,作业人员休息时,必须在安全网内休息。
(　　)155. CC002　作业条件危险性分析法又称 LEC 法。
(　　)156. CC003　事故是无法避免的,加强管理只能控制发生的概率。
(　　)157. CC004　道路交通事故、火灾事故自发生之日起 10 日内,事故造成的伤亡人数发生变化的,应当及时补报。
(　　)158. CC005　不安全行为是指可能对自己或他人以及设备、设施造成危险的行为。
(　　)159. CC006　国家实行工业危废申报登记制度。

四、简答题

1. AA001　简述过滤分离原理。
2. AA001　简述过滤分离器内“滤饼”形成的原理。
3. AA002　简述离心分离的基本原理。
4. AA002　常用的离心分离方法是哪两种，并做简要阐述。
5. AA003　简述沉降速度的含义。
6. AA003　简述重力沉降原理。
7. AA005　减少热阻的具体措施有哪些？
8. AA005　强化传热的途径有哪些？
9. AA006　简述分子扩散的概念。
10. AA006　阐述双膜理论的内容。
11. AA007　简述蒸馏原理。
12. AA007　简述蒸馏过程中物质挥发性对蒸馏效果的影响。
13. AA008　简述精馏的定义。
14. AA008　简述回流对精馏过程的影响。
15. AA009　影响吸收操作的因素有哪些？
16. AA009　塔设备的性能会对哪些因素造成影响？
17. AA010　在生产过程中，溶液解吸过程的目的是什么？
18. AA010　请阐述气提解析的过程。
19. AA011　如何理解流体静力学基本方程式？
20. AA011　静止流体的规律是什么？
21. AA012　流体阻力与那些因素有关？
22. AA012　流体流动形态怎样分级？
23. AB001　热力学第一定律的含义是什么？
24. AB002　临界温度的定义是什么？
25. AB002　临界参数主要包含哪些？
26. AB003　阐述对比状态原理的定义。
27. AB004　天然气等温压缩系数定义是什么？
28. AB004　天然气体积系数的定义是什么？
29. AB005　液化天然气有哪些物理、化学性质？
30. AB005　液化天然气储罐有什么要求？
31. AB006　压缩天然气 CNG 脱水方式主要有哪些？
32. AB006　压缩天然气 CNG 加气站加气类型分几种？
33. AB007　城镇天然气输配系统由哪些环节组成？
34. AB007　简述天然气输配系统中压气站的主要功能和分类。
35. AB008　天然气储存的意义是什么？
36. AB008　以水合物形式储存天然气有何优点？

37. BA001 活性炭过滤器使用的活性炭有什么特点？
38. BA001 阐述活性炭过滤器再生要求和目的。
39. BA002 简述活性炭过滤器清洗程序。
40. BA002 简述活性炭过滤器装填程序。
41. BA003 能量回收透平的优点是什么？
42. BA005 醇胺溶液中含热稳定性盐和氨基酸有何害处？
43. BA006 醇胺液变质有哪些危害？
44. BA007 MDEA 溶液补充至再生塔中部有何优缺点，如何控制？
45. BA007 MDEA 溶液补充至重沸器半贫液入口管线的优缺点及控制措施？
46. BA007 简述贫液入塔层数对吸收效果的影响。
47. BA008 降低脱硫脱碳单元腐蚀的措施有哪些？
48. BA009 分析脱硫脱碳系统溶液损失的原因。
49. BA009 装置运行时，脱硫脱碳系统溶液降低，需要补充溶液时注意事项有哪些？
50. BA010 MDEA 再生塔压力超高的现象有哪些？
51. BA010 MDEA 吸收塔窜气至再生塔的原因是什么？
52. BA011 简述吸收塔冲塔的现象。
53. BA011 脱硫脱碳吸收塔冲塔的处理措施有哪些？
54. BA012 湿净化气质量异常主要原因有哪些？
55. BA012 湿净化气质量异常怎样处理？
56. BA013 脱硫脱碳单元闪蒸罐压力异常升高的原因有哪些？
57. BA013 脱硫脱碳单元闪蒸罐压力异常降低处理措施有哪些？
58. BA013 脱硫脱碳单元闪蒸罐超压现象有哪些？
59. BA014 为了避免脱硫脱碳单元闪蒸罐超压，装置开产时应注意哪些方面？
60. BA014 再生塔发泡的原因主要有哪些？
61. BA014 再生塔发泡的处理措施有哪些？
62. BA014 再生塔拦液的原理是什么？
63. BA014 简述再生塔拦液的处理方法。
64. BA014 再生塔冲塔的现象是什么？
65. BA014 简述再生塔冲塔的处理措施。
66. BA015 导致再生塔液位上升的原因有哪些？
67. BA015 再生塔液位下降的处理措施有哪些？
68. BA016 简述富液在再生塔内解析的流程。
69. BA016 简述再生塔再生效果差的处理措施。
70. BA017 MDEA 溶液循环泵流量异常的原因有哪些？
71. BA017 MDEA 溶液循环泵流量异常的处理措施有哪些？
72. BA018 贫富液换热器换热效果差原因分析。
73. BA018 简述贫富液换热器换热效果差处理措施。
74. BA018 贫富液换热器窜漏的现象有哪些？

75. BA018 贫富液换热器窜漏的处理措施是什么？
76. BA019 脱硫脱碳单元装置开产主要操作步骤有哪些？
77. BA019 脱硫脱碳单元装置开产时氮气置换注意事项有哪些？
78. BA020 脱硫脱碳单元停产空气吹扫时，设备内部易发生自燃，控制措施有哪些？
79. BA020 脱硫脱碳单元停产时溶液循环的目的是什么？
80. BB001 简述贫富液换热器操作要点。
81. BB001 与管壳式换热器相比，板式换热器有哪些优缺点？
82. BB001 造成甘醇法脱水单元 TEG 溶液变质的影响因素有哪些？
83. BB003 简述甘醇溶液 pH 升高的处理措施。
84. BB003 简述甘醇溶液 pH 降低的处理措施。
85. BB004 影响甘醇溶液再生的操作因素有哪些？
86. BB004 影响甘醇溶液再生釜压力的因素有哪些？
87. BB005 简述造成甘醇法脱水单元溶液缓冲罐温度偏高的原因。
88. BB005 简述造成甘醇法脱水单元溶液缓冲罐温度偏低的原因。
89. BB006 简述造成甘醇法脱水单元再生釜精馏柱温度偏高的原因。
90. BB006 简述造成甘醇法脱水单元再生釜精馏柱温度偏低的原因。
91. BB006 甘醇法脱水单元溶液缓冲罐液位快速下降的处理措施有哪些？
92. BB007 造成脱水甘醇溶液损失的原因有哪些？
93. BB008 甘醇脱水溶液往复泵一般具备什么特点？
94. BB008 引起甘醇脱水溶液往复泵流量异常的原因有哪些？
95. BB008 简述进入再生釜的甘醇溶液流量偏大的处理措施。
96. BB009 脱水吸收塔捕集段液位偏高的影响因素有哪些？
97. BB009 简述脱水吸收塔捕集段液位偏高的处理措施。
98. BB010 甘醇法脱水单元废气带液的原因有哪些？
99. BB010 简述防止甘醇法脱水单元废气带液的控制措施。
100. BC001 简述分子筛脱水单元再生气压缩机工作原理。
101. BC001 简述分子筛脱水单元再生气压缩机温度对压力的影响。
102. BC002 分子筛脱水单元再生气压缩机启运时无压力和流量的原因是什么？
103. BC002 造成分子筛脱水单元再生气压缩机流量波动的原因有哪些？
104. BC003 简述含 H_2S 气体脱水吸附分子筛的选择原理？
105. BC004 脱水分子筛定期更换的原因是什么？
106. BC004 脱水分子筛装填注意事项有哪些？
107. BC005 分子筛脱水单元吸附操作的影响因素有哪些？
108. BC005 分子筛脱水单元再生操作周期如何确定？
109. BC006 分子筛脱水再生效果差的原因有哪些？
110. BC006 脱水分子筛再生时，再生气从下向上流动有何意义？
111. BD001 简述三相分离器工作原理。
112. BD001 三相分离器重要操作参数包括哪些？

113. BD002　丙烷压缩机包括哪几个工作过程？
114. BD002　简述丙烷压缩机润滑油系统的作用。
115. BD003　丙烷制包括四个过程，请列举出来。
116. BD003　简述丙烷制冷工作原理。
117. BD004　简述透平膨胀机工作原理。
118. BD004　影响透平膨胀机的主要因素有哪些？
119. BE001　Clinsulf SDP 硫回收工艺的主要特点是什么？
120. BE001　简述 Clinsulf SDP 硫黄回收工艺反应器循环冷却水系统排污和补充液位操作。
121. BE002　为什么克劳斯法装置不采用单级催化转化而通常采用多级催化转化？
122. BE003　影响硫黄回收催化剂失活的主要因素有哪些？
123. BE003　硫黄回收催化剂失活后怎样再生？
124. BE005　CBA 硫黄回收工艺的特点是什么？
125. BE005　SuperClaus99 工艺主要特点是什么？
126. BE007　简要阐述硫黄回收单元空速对催化反应的影响。
127. BE007　影响硫收率的因素有哪些？
128. BE008　简述透平机的结构。
129. BE010　影响硫黄回收单元系统回压的因素主要有哪些？
130. BE010　主燃烧炉回压超高的处理措施有哪些？
131. BE011　影响主燃烧炉温度的因素有哪些？
132. BE011　主燃烧炉温度偏高的处理措施有哪些？
133. BE012　反应器温度升高的原因有哪些？
134. BE012　反应器温度过低的处理措施有哪些？
135. BE013　液硫封堵塞后的处理措施有哪些？
136. BE014　液硫夹套管线窜漏的现象有哪些？
137. BE014　为防止液硫夹套管线泄漏，能采取的措施有哪些？
138. BE015　造成负压式灼烧炉点火异常的原因有哪些？
139. BE015　负压式灼烧炉点火操作注意事项有哪些？
140. BE016　尾气灼烧炉温度异常会造成哪些影响？
141. BE016　尾气灼烧炉温度异常的处理措施有哪些？
142. BE019　硫黄回收单元开车主要操作步骤有哪些？
143. BE019　硫黄回收单元开产点火、升温步骤有哪些？
144. BE020　简述硫黄回收单元停产除硫操作步骤。
145. BE020　硫黄回收单元停产除硫时，反应器超温控制措施有哪些？
146. BF001　SCOT 尾气处理单元催化剂预硫化一般分为几个阶段？
147. BF001　催化剂预硫化时，反应器温度如何控制？
148. BF002　SCOT 尾气处理单元停产检修时催化剂为什么要进行钝化操作？
149. BF002　SCOT 尾气处理单元钝化操作氧含量如何控制？
150. BF003　SCOT 尾气处理单元在线燃烧炉加入降温蒸汽的作用是什么？

151. BF003　阐述次化学当量燃烧的含义。
152. BF004　SCOT 尾气处理单元在线燃烧炉降温蒸汽如何控制？
153. BF004　SCOT 尾气处理单元吸收塔进料气和贫液温度如何控制？
154. BF006　加氢反应器压差增大的影响有哪些？
155. BF006　加氢反应器压差增大的主要原因有哪些？
156. BF007　加氢反应器温度过高会造成哪些影响？
157. BF007　加氢反应器温度偏低高的原因有哪些？
158. BF008　SCOT 尾气处理单元 SO_2 穿透有哪些危害？
159. BF008　SCOT 尾气处理单元 SO_2 穿透的主要原因有哪些？
160. BF009　造成 SCOT 净化废气超标的原因有哪些？
161. BF010　简述余热锅炉试压操作步骤。
162. BF010　简述 SCOT 装置还原段升温建立气循环流程。
163. BG001　凝析油稳定塔操作要点有哪些？
164. BG001　简述未稳定凝析油缓冲罐操作要点。
165. BG002　造成凝析油稳定单元设备腐蚀的杂质有哪些？
166. BG002　为降低凝析油稳定单元腐蚀,正常生产时操作人员需要进行操作有哪些？
167. BG003　凝析油稳定单元凝析油乳化造成的影响有哪些？
168. BG003　造成凝析油乳化的主要原因有哪些？
169. BG004　稳定凝析油产品不合格将造成哪些影响？
170. BG004　造成稳定凝析油产品不合格的主要原因有哪些？
171. BG005　凝析油稳定塔突沸造成的影响有哪些？
172. BG005　造成凝析油稳定塔突沸的主要原因有哪些？
173. BG006　造成凝析油收率下降的主要原因有哪些？
174. BG006　简述凝析油收率下降的处理措施。
175. BH001　简述污水处理装置气浮处理原理。
176. BH001　简述污水处理装置气浮操作要点。
177. BH002　阐述污泥脱水的定义。
178. BH002　典型的污泥处理工艺流程,包括哪四个处理或处置阶段？
179. BH003　简述 UASB 反应器温度调整操作。
180. BH003　简述 UASB 反应器进水 pH 调整操作。
181. BH004　对生化池微生物培养的要求有哪几点？
182. BH004　简述生化池微生物培养和驯化方法及步骤。
183. BH005　SBR 反应池操作过程中,要注意控制哪些关键参数？
184. BH005　SBR 进水水质差,可能造成哪些影响？
185. BH006　污水处理装置电渗析器出现故障,可能造成哪些影响？
186. BH006　影响电渗析器正常运行的常见故障有哪些？
187. BH007　影响 UASB 池出水 COD、挥发性脂肪酸含量的主要因数有哪些？
188. BH007　简述 UASB 池出水 COD、挥发性脂肪酸含量偏高的处理措施。

189. BH008 简述 SBR 池活性污泥膨胀处理措施。
190. BH008 导致 SBR 活性污泥膨胀的主要因素有哪些？
191. BH009 影响 UASB 池产气量的主要因素有哪些？
192. BH009 简述 UASB 池产气量低的处理措施。
193. BH010 影响 SBR 池污泥沉降比的主要因数有哪些？
194. BH010 简述 SBR 池污泥沉降比偏低的处理措施。
195. BH011 简述 UASB 反应器进水水质配比调整方法。
196. BH011 简述 SBR 池进水操作步骤。
197. BH012 简述停运 SBR 池停运操作步骤。
198. BI001 循环冷却水系统预膜的作用是什么？
199. BI001 简述循环冷却水系统预膜操作步骤。
200. BI002 简述循环冷却水冷却塔的操作要点。
201. BI002 简述循环冷却水旁滤器强制反洗操作步骤。
202. BI003 循环冷却水水质异常主要指是哪些指标超出控制范围？
203. BI003 影响循环冷却水水质的主要因素有哪些？
204. BJ001 简述锅炉煮炉的目的。
205. BJ001 锅炉正常运行时，对锅炉进行监视、调整的主要任务是什么？
206. BJ002 锅炉水位异常会造成哪些影响？
207. BJ002 影响锅炉液位的因素有哪些？
208. BJ003 锅炉给水水质主要控制指标有哪些？
209. BJ003 影响锅炉给水的主要因素有哪些？
210. BJ004 锅炉缺水后应进行叫水操作，简述叫水的步骤？
211. BJ004 试分析锅炉缺水的主要原因？
212. BJ005 简述锅炉“汽水共沸”的含义。
213. BJ005 锅炉汽水共沸造成的影响有哪些？
214. BJ006 锅炉熄火的主要原因有哪些？
215. BJ006 简述锅炉熄火后的检查、操作内容。
216. BJ007 简述锅炉满水的含义。
217. BJ007 导致锅炉满水的主要原因有哪些？
218. BJ008 离子交换树脂除盐水装置除盐水水质异常的主要原因有哪些？
219. BJ008 离子交换树脂除盐水装置除盐水水质异常的处理措施有哪些？
220. BJ009 蒸汽凝结水系统回水不畅造成的影响有哪些？
221. BJ009 导致凝结水回水不畅的主要原因有哪些？
222. BJ010 简述锅炉上水及试压操作步骤。
223. BJ010 简述锅炉暖管操作。
224. BJ011 简述停运蒸汽锅炉主要操作步骤。
225. BJ011 简述蒸汽及凝结水系统停运后排水操作。
226. BK001 简述进气温度对 PSA 制氮装置的影响。

227. BK001 简述工作压力对的 PSA 制氮装置影响。
228. BK002 引起仪表风系统水含量上升的主要因素有哪些？
229. BK002 仪表风系统水含量偏高造成的影响有哪些？
230. BK003 正常生产时，仪表风系统压力如何控制？
231. BK003 造成仪表风系统压力下降的原因有哪些？
232. BK004 试分析空气系统仪表风含油量偏高的原因？
233. BK005 造成 PSA 制氮系统氧含量升高的主要原因有哪些？
234. BK005 简述 PSA 制氮系统氧含量升高的处理措施。
235. CA001 启动前安全检查中“工艺技术”方面检查内容有哪些？
236. CA001 启动前安全检查中“人员方面”检查内容有哪些？
237. CB004 计量器具以准确高低可分为哪几种？
238. CB004 什么是计量标准？
239. CB004 什么是工作计量器具？
240. CB004 什么是计量基准？
241. CC001 简述健康、安全类危害因素识别的范围？
242. CC001 健康、安全类危害因素识别的基本要求？
243. CC002 按照《生产过程危险和有害因素分类与代码》（GB/T 13861—2009）标准，生产过程中的危险和有害因素分为哪几类？
244. CC002 按照《职业病危害因素分类目录》标准，危害因素分为哪几类？
245. CC002 作业条件危险性分析法采用公式 $D=L\times E\times C$ 计算，其中各字母分别表示什么意思？
246. CC003 生产安全事故等级分为哪几类？
247. CC003 生产安全事故等级中的重大事故是指什么？
248. CC004 事故调查报告的主要内容是什么？
249. CB004 根据事故的具体情况，事故调查组组成人员可以由哪些人员组成？
250. CC005 什么是不安全行为？
251. CC005 什么是不安全状态？
252. CC006 重点排污单位应当如实向社会公开的信息有哪些？
253. CC006 环境因素辨识方法有哪些？

五、计算题

1. AA004 将流量为 0. 417kg/s，温度为 353K 的硝基苯通过一换热器冷却到了 313K，冷却水初温为 303K，出口温度确定为 308K，已知硝基苯 $c_{硝}$ 为 1. 38kJ/（kg · K），在 303K 时 $c_{水}$ =4. 187kJ/（kg · K），计算该换热器的热负荷和冷却水用量分别是多少？
2. AA004 在一单壳程、四管程的管式换热器中，用水冷却酸气，冷水在管内流动，进出口温度分别为 20℃ 和 50℃，酸气的进出口温度分别为 100℃ 和 60℃，试求两流体间的平均温度差（已知在 $R=1.33$，$p=0.375$ 时，单壳程、四管程的管式换热器的 $\phi_{\Delta t}=$

0.9)。

3. AA012　计算在下列情况时,流体流过100m直管的损失能量和压力降。20℃98%的硫酸在内径为50mm的铅管内流动,流速$u=0.5m/s$,硫酸密度为$\rho=1830kg/m^3$,黏度为23mPa·s。

4. BE017　某天然气净化厂硫黄回收单元,每小时进含50%H_2S的酸气4428m^3/h,每小时出硫黄2560kg,试计算硫黄收率?

5. BE018　某天然气净化厂硫黄回收单元,一级常规克劳斯反应器进口H_2S体积分数为8.453%,SO_2体积分数为4.134%,COS体积分数为0.252%,CS_2体积分数为0.12%,出口H_2S体积分数为1.342%,SO_2体积分数为0.527%,COS体积分数为0.006%,CS_2体积分数为0.003%,试计算反应器无机硫转化率,有机硫转化率和总硫转化率。

答　案

一、单项选择题

1. C　2. C　3. D　4. D　5. B　6. D　7. A　8. D　9. C　10. D
11. D　12. C　13. B　14. A　15. D　16. B　17. D　18. C　19. A　20. A
21. A　22. B　23. C　24. B　25. B　26. B　27. B　28. A　29. B　30. C
31. A　32. A　33. C　34. D　35. C　36. C　37. D　38. A　39. A　40. D
41. D　42. A　43. A　44. B　45. B　46. C　47. D　48. D　49. D　50. C
51. B　52. B　53. A　54. D　55. A　56. B　57. D　58. A　59. A　60. A
61. C　62. B　63. C　64. C　65. A　66. D　67. B　68. D　69. B　70. C
71. B　72. A　73. D　74. C　75. D　76. B　77. D　78. B　79. C　80. C
81. B　82. C　83. D　84. C　85. C　86. C　87. B　88. D　89. D　90. C
91. D　92. D　93. B　94. A　95. C　96. C　97. B　98. D　99. C　100. C
101. B　102. B　103. B　104. B　105. D　106. D　107. D　108. D　109. D　110. D
111. C　112. D　113. C　114. A　115. D　116. A　117. C　118. A　119. C　120. D
121. C　122. B　123. A　124. C　125. D　126. C　127. A　128. B　129. B　130. D
131. D　132. B　133. B　134. A　135. B　136. D　137. D　138. C　139. B　140. C
141. C　142. A　143. A　144. A　145. C　146. C　147. B　148. B　149. A　150. A
151. C　152. B　153. A　154. D　155. B　156. B　157. A　158. A　159. A　160. A
161. B　162. D　163. D　164. C　165. B　166. A　167. B　168. D　169. D　170. C
171. C　172. B　173. D　174. D　175. B　176. B　177. C　178. C　179. C　180. C
181. D　182. A　183. A　184. B　185. B　186. D　187. C　188. A　189. D　190. A
191. C　192. D　193. B　194. C　195. C　196. C　197. C　198. D　199. A　200. A
201. B　202. B　203. D　204. A　205. B　206. B　207. D　208. A　209. B　210. A
211. A　212. B　213. B　214. A　215. C　216. A　217. A　218. C　219. C　220. A
221. A　222. D　223. D　224. C　225. D　226. D　227. A　228. A　229. A　230. C
231. B　232. B　233. B　234. B　235. C　236. B　237. C　238. C　239. B　240. B
241. C　242. C　243. C　244. C　245. C　246. A　247. B　248. A　249. B　250. D
251. B　252. A　253. A　254. D　255. D　256. A　257. D　258. D　259. C　260. D
261. C　262. A　263. B　264. A　265. C　266. B　267. B　268. D　269. A　270. B
271. C　272. A　273. A　274. B　275. A　276. A　277. B　278. D　279. D　280. D
281. A　282. B　283. D　284. A　285. C　286. A　287. B　288. D　289. A　290. A
291. D　292. D　293. C　294. C　295. C　296. A　297. D　298. D　299. B　300. A
301. C　302. C　303. D　304. B　305. C　306. A　307. D　308. C　309. C　310. A

311. B　312. A　313. B　314. D　315. A　316. A　317. B　318. D

二、多项选择题

1. ABC　2. ABCD　3. ACD　4. AC　5. ABD　6. ABCD　7. ACD
8. ABC　9. ABCD　10. ABCD　11. ACD　12. ACD　13. ABD　14. ABC
15. ABD　16. ABD　17. ABCD　18. ABCD　19. ACD　20. ABD　21. ABC
22. AB　23. AB　24. ACD　25. ABC　26. ABCD　27. CD　28. BCD
29. AC　30. ABD　31. ABC　32. BCD　33. ACD　34. ACD　35. ABCD
36. ABC　37. ABCD　38. CD　39. AC　40. AC　41. ABCD　42. ABD
43. ABCD　44. ABC　45. ABD　46. ACD　47. ABCD　48. AB　49. AD
50. ACD　51. AC　52. ABCD　53. ABCD　54. BCD　55. ACD　56. ACD
57. ABCD　58. BC　59. BCD　60. ABC　61. ACD　62. BC　63. ABC
64. AB　65. ABD　66. ABC　67. AB　68. ABC　69. ABC　70. ABCD
71. ACD　72. BCD　73. ABCD　74. BCD　75. BCD　76. ABD　77. BC
78. ABC　79. ABD　80. ABD　81. BCD　82. ACD　83. ACD　84. ABC
85. ABC　86. ABC　87. ABC　88. BC　89. ABCD　90. BCD　91. ABD
92. ACD　93. BCD　94. ABD　95. AC　96. ABD　97. ABCD　98. BCD
99. ABD　100. BC　101. BC　102. ABD　103. ABD　104. CD　105. ABCD
106. ABCD　107. ABC　108. ABCD　109. ABCD　110. ACD　111. ABC　112. ABCD
113. ABCD　114. ABCD　115. BCD　116. ABCD　117. ABCD　118. ABCD　119. ABD
120. ABCD　121. BC　122. BCD　123. ABCD　124. ABCD　125. ABC　126. ACD
127. ABC　128. ABD　129. BCD　130. ABCD　131. ABCD　132. ABCD　133. ABCD
134. ACD　135. AC　136. ABD　137. ABC　138. AB　139. ABCD　140. ABD
141. ABC　142. ABC　143. AB　144. BCD　145. ABCD　146. ABC　147. BCD
148. AD　149. ABCD　150. ABCD　151. ABD　152. ABC　153. ABCD　154. AD
155. ABD　156. ABC　157. ACD　158. ABC　159. ABCD

三、判断题

1. ×　正确答案：当悬浮液中所含颗粒很小，而且含量很少时，可用较厚的颗粒床层做成过滤介质进行过滤。　2. ×　正确答案：重力沉降分离的效率通常不高，如果用惯性离心力代替重力，就可以提高微粒的沉降速度和分离效率。　3. ×　正确答案：扩散与沉降是两个相对抗的过程。沉降使质点沿着沉降方向浓集；扩散则相反，使质点在介质中均匀分布。　4. √　5. √　6. ×　正确答案：发生在静止流体或滞流流体中的扩散是分子扩散，它是流体分子热运动而产生的传递物质的现象。　7. √　8. √　9. ×　正确答案：在吸收塔中，不同截面处的传质推动力是不一样的。　10. ×　正确答案：使用载气解吸的方法是在解吸塔中引入与吸收液不平衡的气相。　11. ×　正确答案：在相同高度的水平面上，流体的静压力相同。　12. √　13. √　14. ×　正确答案：计算出的临界参数不是天然气真实临界参数，而只是真实临界参数的近似值，通常称为视临界参数或叫拟临界参数。　15. √　16. √　17. ×　正确答案：

LNG 是液化天然气。 18. √ 19. × 正确答案：世界各国对管输气的气质要求是不一样的。 20. × 正确答案：地下储气库是天然气储存的最佳方式。 21. × 正确答案：浮阀塔的塔板效率比泡罩塔高 15%左右。 22. √ 23. × 正确答案：在压力波动不大的情况下，压力表的正常指示值应在压力表的 1/2～2/3 之间。 24. × 正确答案：测温仪表的最高指示值为满量程的 90%为宜。 25. √ 26. √ 27. × 正确答案：正作用执行机构的信号压力是通入波纹膜片上方的薄膜气室。 28. × 正确答案：电动执行机构信号传输速度快，传送距离远。 29. √ 30. × 正确答案：调节阀经常在非常稳定的调节系统中工作，可选用快开或直线特性的调节阀。 31. √ 32. √ 33. × 正确答案：PLC 执行直接控制功能，运行期间无须人工干预，因此在以 PLC 构成的控制系统中可不配人机界面设备。 34. √ 35. × 正确答案：处于电磁场的带电物体会感受到电磁场的作用力。 36. × 正确答案：应急照明主要工作面上的照度应能维持原有正常照明照度的 10%。 37. × 正确答案：天然气净化厂低压配电线路的作用是从配电站以 380/220V 的电压向现场各用电设备供电。 38. × 正确答案：引下线是连接接闪器与接地装置的金属导体。 39. √ 40. × 正确答案：在线式 UPS 正常状态下由市电经过整流逆变提供电能供应，电源异常时由蓄电池提供电能。 41. × 正确答案：活性炭过滤器内部在进液口位置设有布水器。 42. √ 43. × 正确答案：液力能量回收透平通过回收液体的势能来驱动其他转动机械。 44. × 正确答案：天然气脱硫脱碳吸收操作在低温、高压的环境下进行。 45. × 正确答案：减压蒸馏溶液复活时复活釜重沸器的中压蒸汽温度为 190～200℃。 46. × 正确答案：当复活釜中的噁唑烷酮和残渣积累到高液位时，通入氮气将系统由负压升为常压，清除残渣液至转炉灼烧处理。 47. × 正确答案：再生塔底重沸器的换热能力大小限制了溶液补充的速度。 48. √ 49. × 正确答案：停产检修时，发现捕雾网较脏、存在破损等情况，要及时进行更换和修补，避免扩大影响捕集效果。 50. × 正确答案：吸收塔窜气至再生塔时，立即关闭产品气压力调节阀，停止向下游输送产品气。 51. √ 52. √ 53. √ 54. √ 55. √ 56. √ 57. × 正确答案：清洗溶液循环泵粗滤器时，发现粗滤器与管壁之间存在间隙，应及时整改或更换粗滤器。 58. × 正确答案：板式换热器比同样流速下管壳式换热器传热系数大。 59. × 正确答案：换热器在操作过程中，要防止温度的急剧变化。 60. × 正确答案：脱硫脱碳单元开产原料气检漏时，一般采用醋酸铅试纸进行检漏。 61. √ 62. × 正确答案：甘醇再生釜在微负压状态下，甘醇溶液再生效果最佳。 63. × 正确答案：甘醇脱水装置溶液循环量并非越大越好，循环量过大对再生效果有一定影响。 64. × 正确答案：甘醇脱水溶液 pH 不是影响脱水深度的主要因素。 65. √ 66. √ 67. × 正确答案：甘醇法脱水单元再生釜精馏柱温度低于 93℃时，会在柱内产生液泛，废气带走大量溶液。 68. √ 69. √ 70. × 正确答案：在日常生产中，脱水吸收塔捕集段控制在较低液位，但不要将积液排尽，避免发生窜气事故。 71. √ 72. × 正确答案：在离心压缩机中，压缩主要依靠内部旋转的叶轮实现能量转换的。 73. √ 74. × 正确答案：分子筛的热稳定性和化学稳定性高。 75. √ 76. √ 77. × 正确答案：分子筛脱水冷却气流量通常与再生气流量相同。 78. × 正确答案：丙烷压缩机是回转式制冷压缩机的一种。 79. √ 80. √ 81. × 正确答案：天然气脱烃主要目的是满足商品质量要求和最大程度回收天然气凝液。 82. × 正确答案：Clinsulf-SDP 装置可以转化有机硫。 83. × 正确答案：催化氧化类工艺能够解决低浓度酸气的处理问题。 84. × 正确答案:热老化是指催化剂在使用过程中因受热而使其内部结构发生变化,引起比表面积逐渐减小的过程。 85. √ 86. × 正确答案:正常运行期间,CBA 硫黄回收工艺反应器在切换可能造成尾气超标。 87. √ 88. × 正确答案:硫黄回收单元酸气中的烃类含量(以 CH_4 计)一般不得超过 2%(体积分数)。 89. × 正确答案:液力能量回收透平通过回收液体的势能来驱动其他转动机械。 90. √ 91. √ 92. √ 93. √ 94. √ 95. × 正确答案:为便于蒸汽夹套管线检查和试压,一般夹套管线两端位置设计为法兰连接。 96. × 正确答案:负压式灼烧炉点火异常时,调整灼烧炉出口烟道挡板至合适开度,确保自然吸气正常。 97. √ 98. × 正确答案:余热锅炉、硫冷凝器试水压的压力控制在设计压力的 1.25 倍。 99. × 正确答案:反应器床层各点温度降至 150℃以下时,硫黄回收单元主燃烧炉熄火。 100. √ 101. × 正确答案:钴钼催化剂钝化时,SCOT 反应器床层温度超过 100℃时,停止引入空气。 102. × 正确答案:在线燃烧炉配入的空气下降,产生的 CO 和 H_2 就会增加。 103. × 正确答案:SCOT 尾气处理单元急冷塔出口过程气氢含量一般控制在 0.5%~3%。 104. √ 105. √ 106. × 正确答案:加氢反应器温度过低,将造成尾气中有机硫水解效果差。 107. × 正确答案:当急冷塔低液位时,应立即向急冷水系统补充锅炉给水。 108. √ 109. × 正确答案:在催化剂预硫化维持 240℃的预硫化操作时,温度不能超过 280℃。 110. √ 111. √ 112. √ 113. √ 114. × 正确答案:凝析油稳定塔塔顶压力高对凝析油产品质量会造成一定影响。 115. √ 116. × 正确答案:三相分离器压力过低,将造成凝析油收率下降。 117. √ 118. √ 119. × 正确答案:天然气净化厂污水处理装置有毒物质比较少,主要是硫化物(S^{2-}),且含量较低。 120. × 正确答案:微生物大量附着在生化池内的填料表面,此阶段称为“挂膜”阶段,时间约为 1~2 周。 121. × 正确答案:SBR 池进水水质的主要控制参数为 COD 浓度和 pH。 122. √ 123. √ 124. √ 125. × 正确答案:UASB 池产气量下降应减少或停止 UASB 池进水。 126. × 正确答案:SBR 池污泥沉降比偏低应加强排污泥操作。 127. × 正确答案:“闷曝”就是生化池不进污水的条件下,向池内连续曝气,当生化池投料充水达池深时,便启动鼓风机。 128. √ 129. √ 130. √ 131. √ 132. × 正确答案:锅炉排污分为连续排污和定期排污。 133. × 正确答案:天然气净化厂采用的蒸汽主要为低压饱和蒸汽。 134. √ 135. √ 136. × 正确答案:锅炉汽水共沸会造成锅炉液位剧烈波动,玻板液位计看不清水位。 137. √ 138. √ 139. × 正确答案:严禁将不合格除盐水输送至除盐水罐或除盐水管网,应返回重新处理。 140. √ 141. × 正确答案:锅炉烘炉时,将燃烧控制方式置于“手动”位置,根据排烟温度调整燃料气流量。 142. × 正确答案:停运锅炉时,当汽压低于蒸汽管网系统压力时,关闭锅炉蒸汽出口阀。 143. × 正确答案:一般要求进入吸附塔的压缩空气含油量 $<0.5mg/m^3$,以延长吸附剂寿命。 144. √ 145. √ 146. √ 147. √ 148. √ 149. × 正确答案:技术改造后每五年,应对装置进行一次性能标定和考核。 150. √ 151. × 正确答案:对国家明令淘汰的高耗能、安全性能差的电机、变压器等设备进行淘汰及更换。 152. × 正确答案:计量器具是用以直接或间接测量出被测对象量值的装置。 153. √ 154. × 正确答案:《石油工程建设施工安全》SY 6444—2000 规定:为保证施工作业人员的安全,作业人员休息时,不能在安全网内休息。 155. √ 156. × 正确答案:事故是可以避免的。 157. × 正确答案:道路交通事故、火灾事故自发生之日起 7

日内，事故造成的伤亡人数发生变化的，应当及时补报。　158. √　159. ×　正确答案：工业固体废物不需要申报登记。

四、简答题

1. 答案：过滤分离是利用一种具有很多毛细孔道的物体作为过滤介质(0.3)，在过滤介质两侧压力差的推动下，使被过滤的液体从介质的毛细孔道中通过(0.4)，而将悬浮在液体中的固体微粒截留，达到分离固液两相的目的(0.3)。

2. 答案：悬浮液过滤时，当颗粒尺寸比过滤介质的孔径大时，滤渣就会逐渐堆积(0.5)，当堆积量达到一定程度后，在过滤介质上面会逐步形成滤饼层(0.5)。

3. 答案：当非均相体系围绕一中心轴做旋转运动时，运动物体会受到离心力的作用，旋转速率越高，运动物体所受到的离心力越大(0.3)。在相同的转速下，容器中不同大小密度的物质会以不同的速率沉降(0.3)。如果颗粒密度大于液体密度，则颗粒将沿离心力的方向而逐渐远离中心轴(0.2)。经过一段时间的离心操作，就可以实现密度不同物质的有效分离(0.2)。

4. 答案：根据离心方式的不同，可分为差速离心法和密度梯度离心(0.2)。差速离心：又叫分级离心法，它指采用低速和高速两种离心方式交替使用，用不同强度的离心力使具有不同密度的物质分级分离的方法(0.4)。密度梯度离心：也叫区带离心，在离心力场作用下颗粒按照各自的沉降速率移动到梯度介质中的不同位置，而形成一系列组分区带，使不同沉降速率的颗粒得以分离(0.4)。

5. 答案：当微粒在静止的介质中，借本身重力的作用时，最初由于重力胜过浮力和阻力的作用，致使微粒做加速运动(0.4)。由于流体阻力随降落速度的增大而迅速增加，经过很短的时间，当三种力的作用达到平衡时，粒子以加速运动的末速度作等速下降(0.4)。这种不变的降落速度称为沉降速度(0.2)。

6. 答案：重力沉降是一种使悬浮在流体中的固体颗粒下沉而与流体分离的过程(0.5)。它是依靠地球引力场的作用，利用颗粒与流体的密度差异，使之发生相对运动而沉降，即重力沉降(0.5)。

7. 答案：一是增加流体流速(0.25)；二是改变流动条件(0.25)；三是在流体有相关的换热器中，尽量减少冷凝液膜的厚度(0.25)；四是采用导热系数较大的流体作加热剂或冷却剂(0.25)。

8. 答案：增大传热面积(0.4)，提高冷热流体间的平均温差(0.3)和提高传热系数(0.3)。

9. 答案：在浓度差或其他推动力的作用下，由于分子、原子等的热运动所引起的物质在空间的迁移现象，是质量传递的一种基本方式(1.0)。

10. 答案：当气体与液体相互接触时，即使在流体的主体中已呈湍流，气液相际两侧仍分别存在有稳定的气体滞流层(气膜)和液体滞流层(液膜)(0.4)，而吸收过程是吸收质分子从气相主体运动到气膜面，再以分子扩散的方式通过气膜到达气液两相界面(0.3)，在界面上吸收质溶入液相，再从液相界面以分子扩散方式通过液膜进入液相主体(0.3)。

11. 答案：蒸馏原理是将料液加热使它部分汽化(0.25)，易挥发组分在蒸气中得到增浓

(0.25),难挥发组分在剩余液中也得到增浓(0.25),这在一定程度上实现了两组分的分离(0.25)。

12. 答案:混合物中较容易挥发的组分称为易挥发组分(0.3);较难挥发的组分称为难挥发组分(0.3)。两组分的挥发能力相差越大,则增浓程度也越大(0.4)。

13. 答案:利用混合物中各组分挥发能力的差异(0.3),通过液相和气相的回流,使气、液两相逆向多级接触,在热能驱动和相平衡关系的约束下,使易挥发组分(轻组分)不断从液相往气相中转移(0.5),而难挥发组分却由气相向液相中迁移,使混合物得到不断分离,称该过程为精馏(0.2)。

14. 答案:回流包括塔顶高浓度易挥发组分液体和塔底高浓度难挥发组分蒸气两者返回塔中(0.25),汽液回流形成了逆流接触的汽液两相,从而在塔的两端分别得到相当纯净的单组分产品(0.25)。塔顶回流入塔的液体量是精馏操作的一个重要控制参数,它的变化影响精馏操作的分离效果和能耗(0.5)。

15. 答案:有气流速度(0.2)、喷淋密度(0.2)、温度(0.2)、压力(0.2)和吸收剂的纯度(0.2)。

16. 答案:塔设备性能的好坏,直接影响到产品质量(0.25)、生产能力(0.25)、回收率(0.25)及能耗等(0.25)。

17. 答案:分离所需要的较纯气体溶质(0.3);使溶液得以再生(0.3),返回吸收塔循环使用,在经济上更合理(0.4)。

18. 答案:吸收液从解吸塔顶喷淋而下(0.2),载气从解吸塔底靠压差自下而上与吸收液逆流接触(0.2),载气中不含溶质或含溶质量极少(0.2),故溶质从液相向气相转移(0.2),最后气体溶质从塔顶带出(0.2)。

19. 答案:在静止的液体中,液体任一点的压力与液体密度和其深度有关(0.3),液体密度越大,深度越大,则该点的压力越大(0.3);当液体上方的压强 p_0 或液体内部任一点的压强 p 有变化时,必将使液体内部其他各点的压强发生同样大小的变化(0.4)。

20. 答案:静止流体的规律实际上是流体在重力作用下,内部压力变化的规律(1.0)。

21. 答案:流体阻力的大小与流体动力学性质(黏度)(0.3)以及流速(0.3)、管壁粗糙度等因素有关(0.4)。

22. 答案:$Re \leq 2000$ 层流(滞流)(0.3);$Re = 2000 \sim 4000$ 过渡流(0.4);$Re \geq 4000$ 湍流(0.3)。

23. 答案:任意过程中系统从周围介质吸收的热量、对介质所做的功和系统内能增量之间在数量上守恒(1.0)。

24. 答案:每一种物质都有一个特定的温度(0.25),在这个温度以上,无论施加多大的压力(0.25),气态物质都不会液化(0.25),这个特定的温度叫作该物质的临界温度,也就是物质处于临界状态时的温度(0.25)。

25. 答案:物质处于临界状态下的状态参数叫作临界参数(0.1),最基本的临界参数有临界温度(0.3)、临界压力(0.3)和临界容积(或临界比容)等(0.3)。

26. 答案:实验证明,当两种气体处于对应状态时,气体的性质(如压缩性、黏度等)也近似相同(0.5)。也就是说,他们偏离理想性质的程度也近似相同,这就是所谓的对比状态原理(0.5)。

27. 答案:在恒温条件下,单位压力变化引起的单位气体体积相对变化率(1.0)。

28. 答案:地面标准状态(20℃,0.101MPa)下,单位体积天然气在地层条件下的体积(1.0)。

29. 答案:液化天然气无色、无味、无毒、无腐蚀性(0.2),天然气在常压和-162℃左右可液化(0.1),液化天然气的体积约为气态体积的1/600(0.2);在常压下,LNG的密度约为430~470kg/m^3(因组分不同而略有差异)(0.2),燃点约为650℃(0.1),热值为52MMBtu(0.1),在空气中的爆炸极限(体积)为5%~15%(0.1)。

30. 答案:LNG储罐通常为双层金属罐(0.2),与LNG接触的内层材质为含9%Ni低温钢(0.2),外层材质为碳钢(0.2),中间绝热层为膨胀珍珠岩(0.2),罐底绝热层为泡沫玻璃(0.2)。

31. 答案:根据压力等级不同(0.1),CNG脱水工艺可分为低压脱水(0.3)、中压脱水(0.3)和高压脱水(0.3)。

32. 答案:加气站加气类型一般分为三种(0.1),即快速充装型(0.3)、普通(慢速)充装(0.3)及两者的混合型(0.3)。

33. 答案:城镇天然气输配系统是一个综合设施(0.25),主要由天然气输配管网(0.15)、储配站(0.15)、调压计量站(0.15)、控制设施(0.15)和运行管理操作等部分组成(0.15)。

34. 答案:压气站的主要功能是给管道增压,提高管道的输送能力(0.3)。按压气站在输气管道上的位置可分为首站、中间站、末站(0.3)。末站增压除提高输气能力外,通常还有增加末段管道储气调峰的作用(0.2),有的干线压气站和储罐或地下储气库相连(0.2)。

35. 答案:天然气储存是调节供气不均衡的最有效手段(0.2),可以减轻季节性用量波动和昼夜用气波动所带来的管理上和经济上的损害(0.2);保证系统供气的可靠和连续性(0.2);可以充分利用生产设备和输气系统的能力(0.2),保证输供系统的正常运行,提高输气效率,降低输气成本(0.2)。

36. 答案:工艺流程可以大为简化,不需要复杂的设备(0.25),需一级冷却装置(0.25),在水合物状态下储存天然气的设备不需要承受压力(0.25),可用普通钢材制造,在水合物状态下储存天然气比较安全(0.25)。

37. 答案:活性炭是一种具有特殊微晶结构和较大比表面积(0.2),有非常发达的微孔结构(0.2),且有极强吸附能力的类似石墨的无定型碳(0.2),能有效地吸附溶液中的降解产物(0.2)。具有比重轻、孔隙率大、耐磨性强、吸附容量大的优点(0.2)。

38. 答案:一般情况下,对于活性炭过滤器而言,常规的清洗效果是不明显的(0.3),可以采用蒸汽加热方式再生(0.2),也可采用专门的再生装置(0.2),有利于排除滤层中的沉渣、悬浮物等,并防止滤料板结,使其充分恢复过滤能力,从而达到清洗的目的(0.3)。

39. 答案:贫液置换(0.2)、回收溶液(0.2)、除盐水洗(0.2)、氮气置换(0.2)、空气吹扫(0.1)、打开设备(0.1)。

40. 答案:完成设备清洗后,封底部人孔,装磁球和活性炭(0.2)。按设计装填方式从活性炭过滤器底部支撑钢格板向上依次是,第一层:较大直径磁球(0.2);第二层:较小直径磁球;第三层:活性炭(0.2);第四层较小直径磁球(0.2);各层均用适宜目数的钢丝网分隔开(0.2)。

41. 答案:能量回收透平是一种非常有效的能量回收机械(0.4),它具有节能效果明显、投资回收快以及运行平稳可靠等优点,在石油化工企业有广泛的应用前途(0.6)。

42. 答案:热稳定性盐和氨基酸会增加胺液表面黏度(0.2),增加泡沫的稳定性(0.2),导致胺液消耗的增加(0.2);热稳定性盐和氨基酸易与硫化亚铁保护层反应,破坏保护层,加速装置设备管线的腐蚀(0.2);热稳定性盐和氨基酸的存在,增加了束缚胺的量并降低了有效胺的量,降低胺的效率(0.2)。

43. 答案:醇胺液变质不仅造成胺的损失(0.2),还会使吸收液的有效胺浓度下降(0.2),增加溶剂消耗(0.2),而且不少变质产物使溶液腐蚀性增强(0.2),易起泡和增加溶液黏度(0.2)。

44. 答案:溶液补入再生塔中部,可以获得较大补充速度(0.1),通过二次蒸汽可对补充液加热升温解析,但大量冷溶液进入会造成再生塔中下部温度下降较快,影响贫液出塔温度(0.4),因而重沸器蒸汽流量要随之进行调整,适当加大蒸汽用量(0.2)。并且溶液由塔中部进入再生塔,可能会使低位罐中的杂质沉积分布在各层塔盘上,降低塔盘的通过能力(0.3)。

45. 答案:溶液经重沸器加热后再进入再生塔,可以获得极好的解吸效果,降低溶液中 H_2S 含量,避免对脱硫脱碳过程造成影响(0.3);另一方面,补充液经过重沸器后进入再生塔中为热介质,对再生塔的温度影响较小(0.3)。但这种方法直接降低了进入重沸器的半贫液的温度,为维持所需要的连续二次蒸汽量,必须在短时间内增加重沸器的进蒸汽量(0.4)。

46. 答案:在达到所需的 H_2S 净化度后,增加塔板数实际上几乎成正比地多吸收 CO_2(0.2),其结果是无论在何种气液比条件下运行,选择性总是随塔板数增加而变差(0.2)。同时增加吸收塔板数不仅对选择性不利(0.2),而且在高气液比条件下还因多吸收 CO_2 造成对 H_2S 的不利影响(0.2),从而导致 H_2S 的净化度变差(0.2)。

47. 答案:一是溶剂储罐等应充氮保护(0.2);二是循环泵和溶剂补充泵入口必须维持正压(0.2);三是装置开工前应彻底清除系统中的氧(0.2);四是合理的酸气负荷(0.2);五是使用缓蚀剂等(0.2)。

48. 答案:①吸收塔发泡拦液等异常状况造成溶液夹带损失(0.2);②清洗富液袋式过滤器时,对过滤器内溶液进行置换回收操作时,造成系统溶液量减少(0.2);③装置各动设备机械密封点、阀门、法兰等连接处泄漏造成的溶液损失(0.2);④系统长期运行造成部分溶液降解变质,通过活性炭过滤器吸附后,使系统有效溶液量减少(0.2);⑤装置停工检修时,清洗排放水夹带溶液损失(0.2)。

49. 答案:①补充溶液前,应适当增加重沸器蒸汽量(0.2);②适当调整溶液循环量(0.2);③控制好溶液补充速度(0.2);④密切监控溶液补充泵的运行情况,防止酸气或溶液倒流(0.2);⑤密切监控再生塔、溶液补充罐液位(0.2)。

50. 答案:再生塔压力超高主要体现在,再生塔压力显示瞬间超高(0.1)、安全阀启跳(0.1)、酸气放空(0.2)、酸气压调阀开度增大(0.2)、主燃烧炉温度升高(0.2)、回压迅速上升等(0.2)。

51. 答案:MDEA 溶液循环泵停运(0.25),出口阀未能及时关闭(0.25),单向阀失灵(0.25),造成 MDEA 吸收塔高压天然气通过泵入口窜入 MDEA 再生塔(0.25)。

52. 答案:①吸收塔液位迅速下降(0.25);②吸收塔差压先上升,然后迅速下降(0.25);③湿净化气分离器液位迅速上升(0.25);④产品气 H_2S 含量快速上升(0.25)。

53. 答案:①关闭吸收塔液位调节阀,维持吸收塔液位,防止窜气(0.2);②打开放空联锁阀,利用放空压力调节阀进行原料气放空(0.2);③关闭产品气出站联锁阀、压力调节阀,停止向下游输送产品气(0.2);④适当降低溶液循环量,调整系统液位,申请降低处理量(0.2);⑤适当加入阻泡剂,加强富液过滤和原料气分离过滤设备的排污(0.1);⑥回收湿净化气分离器溶液至低位罐,并补充至系统(0.1)。

54. 答案:①原料气气质气量波动(0.1);②原料气温度高(0.1);③贫液质量差(0.2);④溶液发泡(0.1);⑤贫液入塔温度过高(0.1);⑥贫液循环量低,气液比过高(0.2);⑦吸收塔性能下降(0.2)。

55. 答案:①加强与上游的联系,确保原料气气质气量的平稳(0.15);②分析贫液质量,查找贫液质量差的原因(0.15);③适当提高再生塔顶温度,加强溶液再生操作(0.15);④加强溶液过滤,投加消泡剂(0.15);⑤采取措施降低贫液入塔温度(0.1);⑥适当提高溶液循环量(0.1);⑦若净化气 H_2S 含量超标,立即关闭产品气出口阀,将不合格产品气进行放空(0.1);⑧若无法维持生产,停产检修(0.1)。

56. 答案:进入闪蒸罐富液流量过大(0.2);富液到再生塔流程堵塞(0.2);闪蒸气流量调节阀故障或操作失误(0.2);系统溶液发泡严重,富液夹带大量的烃类气体(0.2);精馏柱内填料被杂质堵塞(0.2)。

57. 答案:适当增大吸收塔液位调节阀开度(0.2);适当减小闪蒸罐液位调节阀开度(0.2);控制闪蒸罐液位在 50%(0.2);开燃料气旁通阀补充燃料气(0.2);检查调校仪表(0.2)。

58. 答案:①闪蒸气量增大(0.25);②闪蒸罐压力先升后降(0.25);③闪蒸罐压力超高,安全阀启跳,发出异响(0.25);④火炬火焰增大(0.25)。

59. 答案:①提前对仪表进行联校,确保吸收塔、闪蒸罐液位调节阀及闪蒸罐压力调节阀正常(0.25);②闪蒸罐进液之前,对前后工艺流程进行检查,确保流程畅通(0.25);③进液时缓慢进行,加强设备压力、液位监控,及时调整至正常值(0.25);④当压力、液位变化较快,中控室控制困难时,通知现场人员开关调节阀前后截止阀进行控制(0.25)。

60. 答案:①原料气带入污物过多,特别是各种表面活性剂及井场化学处理剂,污染溶液(0.25);②浮阀在塔盘上被卡死,有效截面积减少,阀孔气速过大(0.25);③溶液含水量过低或过高,易于发泡(0.25);④活性炭过滤器填料粉化严重(0.25)。

61. 答案:①调整溶液组成(0.2);②加入适量阻泡剂,平稳操作或适当减少处理量(0.2);③加强原料气预处理装置的排污和溶液的过滤(0.2);④更换活性炭过滤器填料(0.2);⑤设备故障,停产检修(0.2)。

62. 答案:可供气液两相作逆流流动的自由截面有其限度,如果两相中之一的流量增大到某一数值(0.3),上、下两层塔板间的压力降便会增大到使降液管内的液体不能顺畅地流下(0.3),当管内液体满到上层塔板的溢流堰顶之后,便漫到上层塔板中造成拦液(0.4)。

63. 答案:①适当降低溶液循环量,以免再生塔底泵发生抽空、气蚀等(0.15);②适当加入消泡剂(0.15);③适当提高再生塔压力(0.15);④适当减少重沸器蒸汽量(0.15);⑤加强溶液过滤操作(0.15);⑥适当降低处理量(0.15);⑦若无法维持生产,停产检修(0.1)。

64. 答案:①再生塔塔液位迅速下降(0.2);②再生塔差压先上升,然后迅速下降(0.2);③酸水分离器液位迅速上升(0.2);④酸气流量大幅波动(0.2);⑤塔顶温度波动较大(0.2)。

65. 答案:①保证产品气合格的前提下,适当降低溶液循环量防止溶液循环泵抽空(0.15);②适当加注阻泡剂,加强富液过滤(0.15);③关小酸气压调阀,适当提高再生塔压力(0.15);④适当降低重沸器的蒸汽量(0.15);⑤回收酸水分离器溶液至低位罐,并补充至系统(0.15);⑥更换活性炭过滤器内活性炭(0.15);⑦短时间内冲塔现象得不到有效控制和消除,立即进行紧急停产操作(0.1)。

66. 答案:①原料气污液进入系统(0.2);②系统溶液发泡(0.2);③系统补充溶液过多(0.2);④系统补充水量过多(0.2);⑤冷换设备窜漏(0.2)。

67. 答案:①加强溶液过滤,降低溶液中杂质,减少溶液发泡拦液(0.2);②及时回收酸水分离器内溶液(0.2);③控制好酸气温度,加强酸水回收操作(0.2);④控制好系统溶液和水的补充量(0.2);⑤加强系统维护,杜绝跑、冒、滴、漏现象(0.2)。

68. 答案:富液在再生塔内经与塔底部来的二次蒸汽逆流接触(0.1),H_2S 和 CO_2 及烃类等大部分解析出来(0.15),富液成为"半贫液"(0.1),半贫液从再生塔下部引入重沸器壳程(0.1),由管程的蒸汽加热(0.1),使 H_2S 和 CO_2 及烃类等组分完全解析(0.15),半贫液重回至再生塔后成为贫液(0.1)。贫液流入再生塔底进入贫富液换热器(0.1),酸气从塔顶出来去酸气空冷器(0.1)。

69. 答案:①适当提高再生蒸汽量,保证再生效果(0.2);②适当补充水,改善换热和再生效果(0.2);③加强溶液过滤,投加消泡剂(0.2);④适当降低再生塔压力(0.2);⑤分析贫液质量,查明设备故障部位,必要时停产检修(0.2)。

70. 答案:①泵或吸入管内有空气(0.1);②再生压力过低(0.1);③电动机转速过低(0.2);④电动机转向错误(0.2);⑤总扬程与泵的扬程不符(0.2);⑥管路不畅通(0.2)。

71. 答案:①重新灌泵排气(0.2);②适当提高再生压力或补充部分溶液(0.2);③重新调整电动机转向(0.2);④对泵进行检修或更换(0.2);⑤检查并清理入口粗滤器杂物(0.2)。

72. 答案:①溶液中杂质过多,滞留在板片上(0.3);②富液进口粗滤器堵塞(0.3);③贫液温度过高导致溶液中杂质在换热器内壁形成板结(0.4)。

73. 答案:①切换贫富液换热器(0.3);②加强溶液过滤,及时清洗粗滤器(0.4);③合理控制再生塔操作温度(0.3)。

74. 答案:①换热器的贫/富液出口温差突然变小(0.3);②贫液酸气组分含量升高(0.3);③窜漏严重造成净化气不合格(0.4)。

75. 答案:①立即切换贫富液换热器(0.5);②对换热器进行清洗和检修(0.5)。

76. 答案:检查流程(0.1)、空气吹扫(0.1)、氮气置换(0.1)、试压检漏(0.1)、工业水洗

(0.1)、凝结水洗(0.1)、进溶液及冷循环(0.2)、溶液热循环(0.1)、进气生产(0.1)。

77. 答案:①检查工艺流程,确保流程上所有设备、管线必须置换到位(0.2);②高、中、低压段分开置换,节约时间(0.2);③液相系统可提前灌注工业水,节省置换氮气(0.2);④置换合格后及时关闭氮气阀和吹扫设备排放口阀(0.2);⑤防止高浓度氮气引起人员中毒(0.2)。

78. 答案:①原料气过滤单元设备油水较多,空气吹扫时易燃且不需进入检修,可进行隔断(0.2);②吹扫过程中严密监视各设备进出口温度,发现温度超高立即停止吹扫,并进行处理(0.2);③独立的设备可在氮气置换合格之后,使用鼓风机单独吹扫(0.2);④空气吹扫时控制好风量,避免因风量过大引起设备内部自燃(0.2);⑤可采取分段吹扫的方式,降低空气吹扫发生自燃的概率(0.2)。

79. 答案:富液中含有大量H_2S,回收溶液时容易引起中毒(0.2),通过热循环,将富液中的H_2S充分解析(0.2);取样分析贫、富液中残余H_2S含量,当两者基本相等时,热循环结束(0.2)。此时溶液温度较高,回收溶液时易造成烫伤事故(0.2),因此还要进行冷循环,将溶液温度降至60℃以下(0.2)。

80. 答案:①必须先进冷介质,后进热介质(0.25);②排气要彻底,设备内必须充满液体,否则换热效果变差并产生异声(0.25);③腐蚀介质一般走管程(0.25);④投用换热器时必须缓慢进行,防止温差大造成换热片及内构件变形(0.25)。

81. 答案:优点:体积小,换热效率高(0.2);热损小,最小温差可达1℃,热回收率高(0.2);充分湍流,不易结垢(0.2);易清洗、易拆装、换热面积可灵活改变(0.2)。缺点:密封垫片易老化导致泄漏、富液侧流道易堵塞(0.2)。

82. 答案:①重沸器温度超高,TEG分解变质(0.25);②焦油状物质以及盐类沉淀在火管上,传热率减少,局部过热,使甘醇分解(0.25);③溶液储罐氮气密封不好,空气使溶液氧化变质(0.25);④湿净化气夹带高分子烃类物质,进入脱水溶液系统,造成系统带油、发泡(0.25)。

83. 答案:①加强脱硫脱碳单元湿净化气分离器及脱水吸收塔分液段排液操作(0.25);②加入碱性中和剂时严格控制注入速率和注入量(0.25);③脱水塔降压操作时缓慢进行,防止压力突降造成醇胺液夹带损失增大(0.25);④加强脱硫脱碳单元操作,减少胺液发泡、拦液、冲塔现象发生(0.25)。

84. 答案:①当甘醇溶液pH偏低时,加入适量碱性中和剂(0.2);②控制再生釜温度不超过204℃,减少高温热降解产物的产生(0.2);③溶液储罐惰性气体保护,防止游离氧与溶液接触产生氧化变质(0.2);④加强溶液活性炭过滤操作,及时去除溶液中的变质产物(0.2);⑤在产品气水含量合格的情况下,适当提高甘醇贫液入塔温度,降低溶液吸收酸性组分的能力(0.2)。

85. 答案:重沸器压力(0.2);重沸器温度(0.2);精馏柱温度(0.2);汽提气(0.2);再生缓冲罐液位(0.2)。

86. 答案:①进入再生釜富液流量过大(0.2);②系统溶液发泡严重,富液夹带大量的烃类气体(0.2);③再生废气至灼烧炉管线流程不通(0.2);④精馏柱填料堵塞(0.2);⑤闪蒸罐窜气至再生釜等(0.2)。

87. 答案:①燃料气流量计误差,造成实际燃料气流量过大(0.2);②贫液液板式换热器窜漏(0.2);③TEG 富液流量瞬间减小,加热炉燃料气用量未及时调整(0.2);④溶液补充完成后,加热炉燃料气用量未及时调整(0.2);⑤温度变送器故障(0.2)。

88. 答案:①明火加热炉燃烧异常(0.1);②TEG 富液流量突然增大,加热炉燃料气用量未及时调整(0.2);③溶液补充流量过大(0.2);④精馏柱富液预热盘管穿孔(0.2);⑤罐内套管式贫富液换热管线穿孔(0.2);⑥温度变送器故障等(0.1)。

89. 答案:①再生釜温度偏高(0.25);②预热盘管富液流量偏小(0.25);③炉管穿孔(0.25);④精馏柱填料挡板破损,填料掉落(0.25)。

90. 答案:①再生釜温度偏低(0.25);②预热盘管富液流量偏大(0.25);③预热盘管穿孔(0.25);④精馏柱填料堵塞(0.25)。

91. 答案:①检查溶液回收阀、排放阀有无泄漏(0.2);②关小汽提气流量,回收汽提气凝结水分液罐带出的溶液(0.2);③检查、调校再生釜热电偶温度计,适当降低再生温度(0.2);④检查、调校缓冲罐液位变送器(0.2);⑤补充适量溶液进系统(0.2)。

92. 答案:①气速过高,溶液发泡、拦液,造成净化气带液(0.2);②汽提气量过大,溶液从废气带走(0.2);③再生温度过高或储罐内溶液惰性气体保护不到位,溶液分解变质(0.2);④闪蒸气带液(0.2);⑤溶液回收阀门内漏,换热器窜漏及现场泡、冒、滴、漏等(0.2)。

93. 答案:往复泵一般具有低流量、高扬程的特点(0.5),并可采用变频调速的方法来进行甘醇流量调节来达到节能的目的(0.5)。

94. 答案:①出口单向阀密封不严(0.2);②吸入管路部分堵塞或阀门关闭,旁路阀未关严或过滤器堵塞(0.2);③出口流量调节阀或手动阀故障(0.2);④活塞与泵缸间隙过大(0.2);⑤泵速降低(0.2)。

95. 答案:①适当关小闪蒸罐液位调节阀,控制溶液流量,若流量调节阀故障,则通过现场手动阀进行控制(0.25);②提高再生釜温度,保持再生温度稳定,确保再生效果(0.25);③适当提高溶液循环量,保持再生釜液位稳定(0.25);④加强溶液过滤,适当添加阻泡剂,降低溶液发泡对系统液位、流量的影响(0.25)。

96. 答案:①脱硫脱碳单元带液进入脱水单元(0.25);②脱水塔吸收段液位控制过高,甘醇溶液溢流入捕集段(0.25);③升气帽损坏或脱落,甘醇泄漏至捕集段(0.25);④捕集段排液管路堵塞或仪表显示故障(0.25)。

97. 答案:①控制脱水塔吸收段液位在正常运行范围(0.2);②分析捕集段溶液组分,回收液体到相应单元(0.2);③调整系统压力或增加处理量时缓慢进行,避免大幅波动(0.2);④加强脱硫脱碳单元操作,及时回收湿净化分离器内积液(0.2);⑤利用检修机会,定期检查脱硫脱碳吸收塔、湿净化气分离器、脱水吸收塔捕集段捕雾网,必要时进行更换;定期检查脱水塔捕集段升气帽、排液管路工作状况(0.2)。

98. 答案:①再生釜和精馏柱顶温度控制过高,三甘醇蒸发损失大(0.25);②精馏柱填料堵塞(0.25);③汽提气流量过大,溶液从废气带走(0.25);④汽提气凝结水分离罐底部排液阀堵塞,造成设备高液位或满液位(0.25)。

99. 答案:①严格控制甘醇再生温度,防止温度超过 204℃(0.2);②合理控制精馏柱顶部温度(0.2)；③保证溶液水含量达标的情况下，适当降低汽提气量(0.2)；④控制汽提气分液罐在正常值(0.2)；⑤定期对精馏柱填料进行检查清洗，防止堵塞(0.2)。

100. 答案：再生气压缩机属于离心压缩机(0.25)，它通过叶轮增加压缩机气体速度(0.25)，然后通过扩散器降低流速，转化成气体的压力(0.25)，即大部分动能转化为气体的势能(0.25)。

101. 答案：气体密度同温度成反比(0.2)，当压缩机入口温度增加时，将降低压升(0.4)，反之，温度降低，将增加压缩机的气体压升(0.4)。

102. 答案：①入口阀或出口阀故障关闭(0.4)；②压缩机轴承旋转方向反向(0.4)；③驱动元件故障(0.2)。

103. 答案：①上下游设备故障或管路堵塞(0.25)；②流量调节控制阀故障(0.25)；③原料气流量波动(0.25)；④电流、电压波动或压缩机内部元件故障(0.25)。

104. 答案：H_2O 和 H_2S 都是极性分子(0.2)，但 H_2O 比 H_2S 的极性强得多(0.2)，从而使天然气中的 H_2O 分子在分子筛上优先被吸附(0.2)，当 H_2O 被吸附饱和后才会吸附 H_2S(0.2)。根据这一差异，只要选用晶穴孔径大于水分子的临界直径且小于 H_2S 分子临界直径的分子筛就能达到脱水的目的(0.2)。

105. 答案：①分子筛损耗尺寸变小(0.25)；②吸附杂质较多污染分子筛(0.25)；③清洗设备内部杂质，防治堵塞(0.25)；④检查、检修设备内构件(0.25)。

106. 答案：①装填分子筛前，必须先把反应器内部清扫干净(0.25)；②装填过程应缓慢，防止分子筛破碎并力求装填均匀，分子筛下落高度不大于50cm(0.25)；③尽量铺平分子筛，在最上面铺一层瓷球，以减缓气流对分子筛表层的冲击(0.25)；④填装过程使用木质器具，严禁使用金属器械(0.25)。

107. 答案：①操作温度(0.35)；②操作压力(0.35)；③吸附剂使用寿命(0.3)。

108. 答案：在装置处理量(0.25)、进口湿气含量(0.25)和出口干气露点确定后(0.25)，周期时间主要决定于吸收剂的填装量(0.25)和湿容量(0.25)。

109. 答案：①再生温度不够(0.25)；②再生气流量低(0.25)；③再生时间不足(0.25)；④再生气流程短路(0.25)。

110. 答案：一方面可以脱除靠近进口端被吸附的污染物质，并且不使其流过床层(0.3)；另外还可以使床层底部分子筛得到完全再生(0.3)，因为床层底部是湿原料气吸附干燥过程最后接触的部位，直接影响流出床层的干天然气的质量(0.4)。

111. 答案：油水混合物进入脱气室，靠旋流分离及重力作用脱出大量原油伴生气(0.25)，脱气后的油水混合物经导流管进入水洗室，在含有破乳剂的活性水层内洗涤破乳，再经聚结整流后，流入沉降分离室进一步沉降分离(0.25)，脱气原油翻过隔板进入油室，脱出水靠压力平衡经导管进入水室(0.25)，再经各自出口管汇导出，从而达到油、气、水三相分离的目的(0.25)。

112. 答案：①来液量及来液温度(0.25)；②操作压力(0.25)；③加药浓度(0.25)；④液位显示及油水界面控制(0.25)。

113. 答案：丙烷压缩机工作包括：吸气(0.25)、封闭及输送(0.25)、压缩及喷油(0.25)、排气四个过程(0.25)。

114. 答案：①为轴承和机械轴封润滑(0.15)；②提供原动力，使卸载器活塞移动(0.15)；③为平衡活塞提供润滑油，延长轴承使用寿命(0.2)；④冷却压缩机(0.15)；⑤降低压缩机噪声、减轻振动(0.15)；⑥在转子之间形成油封，防止转子接触和气体旁通(0.2)。

115. 答案：①压缩(0.25)；②冷凝(0.25)；③膨胀蒸发(0.25)；④制冷(0.25)。

116. 答案：丙烷制冷是利用液体丙烷在绝热条件下膨胀汽化(0.3)，内能降低(0.3)，自身温度随之下降而达到对工艺介质降温的目的(0.4)。

117. 答案：透平膨胀机是利用高压天然气通过喷嘴和工作轮时的膨胀(0.25)，推动工作轮高速旋转(0.25)，一般在$(1\sim5)\times10^4$r/min(0.25)，同时使工作输出口气体压力和焓值降低，使天然气本身得到冷却(0.25)。

118. 答案：主要有进料压力(0.25)、温度(0.25)、流量(0.25)及气质(0.25)，若这些因素偏离设计条件对其运行效率将产生显著影响。

119. 答案：①装置中有两个反应器，一个处于“热”态进行常温克劳斯反应并使催化剂上吸附的硫逸出，另一个处于“冷”态进行低温克劳斯反应，并吸附硫(0.4)；②在每个反应器内实际有两个反应段，上段为绝热反应，下段为等温反应(0.3)。绝热反应段有助于有机硫转化并可得到较高的反应速率，等温反应段可保证较高的转化率(0.3)。

120. 答案：“热态”反应器循环冷却水系统压力、温度高，不适合排污操作(0.25)，因此只对“冷态”反应器循环冷却水系统进行排污(0.25)。在补充反应器液位时，为保证补充水质量，通常不采取补充锅炉水，而采取补充低压蒸汽的方式(0.25)。蒸汽经循环冷却水系统空冷器冷却，变成凝结水维持系统液位正常(0.25)。

121. 答案：一级转化由于受过程气硫露点的限制，并考虑到 COS 和 CS_2 的水解，操作温度通常在 3000℃以上，不能获得较高的转化率(0.5)，以后各级转化由于逐级除去液硫，过程气的硫露点降低，可以在较低的温度下操作，能够达到较高的转化率，故通常采用多级催化转化(0.5)。

122. 答案：①催化剂的硫酸盐化(0.25)；②催化剂的热老化与水热老化(0.25)；③含碳及含氮物料的沉积(0.25)；④液硫凝结(0.25)。

123. 答案：①在较高温度下以较高 H_2S 尝试的过程气复活催化剂的硫酸盐化(0.35)；②对含碳沉积可采用烧炭作业进行再生(0.35)；③对硫沉积可适当提高过程气温度进行再生(0.3)。

124. 答案：①CBA 是在低于常温克劳斯反应温度下延续克劳斯反应以使总硫收率达到99%(0.25)；②在生产过程中固定床反应器需切换操作(0.25)；③是非稳态运行工艺(0.25)；④在生产过程中要精确维持过程气中 H_2S/SO_2 比例在 2∶1(0.25)。

125. 答案：①SuperClaus99 工艺主要特点是前面的两级或三级反应器为常规克劳斯反应器但在富 H_2S 条件下运行(0.35)；②进入选择性氧化反应器的过程气 H_2S/SO_2 比大于10(0.35)；③H_2S 在高于化学当量的空气条件下在催化剂上选择性氧化为元素硫(0.3)。

126. 答案：空速是控制气体与催化剂接触时间的重要参数(0.1)。空速过高，过程气在催化剂床层上停留时间过短，平衡转化率降低(0.3)；空速过高也会使床层温升增加，反应温度提高，不利于提高转化率(0.3)；反之，空速过低会使催化剂床层体积过大，导致投资增加(0.3)。

127. 答案：①燃烧炉的配风比(0.2)；②转化器的级数和操作温度(0.15)；③催化剂的活性(0.2)；④有机硫的损失(0.15)；⑤过程气的冷凝和液硫雾滴的捕集(0.15)；⑥酸气质量(0.15)。

128. 答案：离心式透平鼓风机包括一定子和一转子(0.1)，定子装于定子壳体内(0.1)，转子在壳体中旋转(0.1)。转子包括一腔体(0.1)，腔体有轴承结构(0.1)，该轴承结构通过凸出的轴承销安装(0.1)。泵室通过薄间壁与定子室分离(0.1)。因此，在定子室中保持大气压(0.1)。该鼓风机包括很少的部件，并有较短的结构长度(0.1)。它基本不需要维护，且能防止转子区域受到滑油污染(0.1)。

129. 答案：①酸气负荷(0.25)；②设备或管线堵塞(0.25)；③尾气灼烧炉压力(0.25)；④设备衬里垮塌或穿孔等(0.25)。

130. 答案：①联系上游降低酸气负荷(0.15)；②适量提升主风机出口压力(0.15)；③加大过程气及液硫管线保温效果检查(0.2)；④若硫冷凝器出口温度较低，适量加入暖锅蒸汽(0.2)；⑤调整尾气灼烧炉挡板开度(0.2)；⑥若后端设备管线堵塞，则联系检修(0.1)。

131. 答案：影响主燃烧炉温度的因素主要有：①酸气流量及 H_2S 浓度(0.2)；②原料酸气中夹带杂质(0.2)；③酸气分流比(0.2)；④主燃烧炉配风及燃料气(0.2)；⑤氮气及降温蒸汽阀门内漏等(0.2)。

132. 答案：①联系上游井站或配气站降低原料气处理量(0.25)；②调整主燃烧炉配风(0.25)；③适量降低脱硫脱碳单元溶液循环量(0.25)；④温度超高时，打开降温蒸汽阀，降低炉膛温度(0.25)。

133. 答案：①硫黄回收单元酸气负荷较高(0.25)；②进入反应器过程气温度较高(0.25)；③进入反应器过程气中 H_2S 和 SO_2 浓度较高(0.25)；④游离氧含量高等(0.25)。

134. 答案：①提高酸气负荷(0.2)；②提高反应器入口过程气温度(0.2)；③加强主燃烧炉配风操作，严格控制过程气中 $H_2S:SO_2$ 比例在 2∶1(0.2)；④再生催化剂，必要时更换失活催化剂(0.2)；⑤检查确认反应器降温蒸汽或氮气阀是否存在内漏(0.2)。

135. 答案：①开大夹套及伴热管线蒸汽，并加强蒸汽管道输送，保证液硫封温度(0.25)；②从液硫封进口或顶部甩头位置接入低压蒸汽、氮气，憋压吹扫疏通液硫封(0.25)；③若堵塞严重无法在生产期间疏通，则停产检修(0.25)；④疏通完成后倒入部分固体硫黄进液硫封，加热融化形成液封(0.25)。

136. 答案：①硫黄回收系统压力波动较大(0.25)；②液硫采样包或液硫池内会出现冒蒸汽现象(0.25)；③蒸汽凝结水管线侧可能析出固态硫黄(0.25)；④凝结水泵等转动设备可能出现堵塞现象(0.25)。

137. 答案：①选择耐腐蚀的管线材质(0.25)；②设计、安装管道时，尽可能消除管道应力(0.25)；③利用装置检修时机，对夹套管线定期进行试压和检查(0.25)；④优化操作，避免设备管道超温、超压运行，避免管道出现大幅度振动(0.25)。

138. 答案：燃料气供给异常(0.25)、配风不合理(0.25)、挡板开度过大过小(0.25)或点火系统故障等(0.25)。

139. 答案：①吹扫、置换要彻底，防止炉膛发生闪爆(0.25)；②风门及尾气烟道挡板开度要合理,避免出现回火或点不燃火(0.25);③燃料气控制要适当,避免局部超温损坏设备(0.25);④操作人员正确穿戴劳保服装,避免闪爆、回火造成人员伤害(0.25)。

140. 答案:①废气组分灼烧不完全,对大气造成污染(0.25);②造成设备超温损坏(0.25);③造成燃料气浪费(0.25);④造成灼烧炉烟道积碳,堵塞烟道(0.25)。

141. 答案:①调整燃料气流量(0.2);②调整一次配风、二次配风(0.2);③调整尾气烟道挡板开度(0.2);④调整主燃烧炉配风(0.2);⑤调整硫黄回收单元进料酸气负荷(0.2)。

142. 答案:①检查、确认(0.2);②吹扫、试压(0.2);③保温、暖锅(0.2);④点火、升温(0.2);⑤进气生产及参数调整(0.2)。

143. 答案:①检查主燃烧炉和在线燃烧炉点火孔,并进行点火枪试验(0.1);②装填液硫封(0.1);③排尽主燃烧炉降温蒸汽凝结水和各级反应器灭火蒸汽/氮气管线积水以备用(0.2);④主燃烧炉点火(0.1);⑤点燃尾气灼烧炉后,对主燃烧炉和尾气灼烧炉进行升温(0.2);⑥对酸气、过程气、尾气及蒸汽管线等部位进行热紧固(0.2);⑦各级反应器升温(0.1)。

144. 答案:①升温除硫(0.25);②惰性气体置换除硫(0.25);③过剩氧气除硫(0.25);④反应器床层各点温度降至150℃以下时,主燃烧炉熄火停炉(0.25)。

145. 答案:监视各级反应器床层温度,发现温度快速升高应立即调整,避免超温损害催化剂(0.3)。反应器床层温度超过350℃并仍有上升趋势时,应使用灭火蒸汽/氮气,床层各点温度不允许大于400℃(0.4)。使用灭火蒸汽时应控制好蒸汽用量,避免大量蒸汽进入反应器,冷凝后造成催化剂粉化(0.3)。

146. 答案:为保证预硫化彻底并且防止超温,必须分阶段进行。一般分为200℃、250℃、300℃三个阶段(0.6),在整个预硫化过程中始终保持H_2/H_2S的比率为1.8~2(0.4)。

147. 答案:由于预硫化是放热反应,在升温和提高循环气体中H_2S、H_2浓度时,均应严格控制增加浓度的速度,防止反应器床层超温,严禁超过340℃,否则将影响催化剂活性(0.5)。在整个操作过程中,应严密监视转化器床层温度变化,一旦有较明显的温度上升趋势,应暂停升温和提升浓度操作,待床层温度稳定或有下降趋势时,再继续升温或提升浓度操作(0.5)。

148. 答案:经过一段时间运行后,加氢反应器催化剂会积累FeS,而FeS在较低温度下会与空气燃烧生成Fe_2O_3和SO_2。因此,在停产检修时必须进行钝化处理(1)。

149. 答案:①钝化开始时,保持循环气中O_2含量约0.1%(体积分数)(0.25);②当反应器床层温度上升时,稳定空气流量,温度超过100℃时,停止引入空气(0.25);③反应器床层各点温度低于100℃且呈稳定下降趋势时,可逐渐增加空气量(0.25);④循环气中O_2含量增加到20%(体积分数)以上,并且反应器进出口O_2含量基本相等,SO_2含量低于0.01%时,并且温度不再上升,稳定操作8小时以上,钝化结束(0.25)。

150. 答案:①保护燃烧器烧嘴(0.4);②控制在线燃烧炉温度(0.3);③减少炭黑烟炱生成(0.3)。

151. 答案:从理论上讲,配给的空气应使燃料气不完全燃烧,生成CO和H_2,称为次化学当量燃烧。(1)

152. 答案：一般情况下，燃料气和降温蒸汽的配比为：燃烧1kg燃料气需3~5kg降温蒸汽（0.5）。降温蒸汽加入过多，引起炉子震动，缩短炉子使用寿命（0.25）；降温蒸汽加入过少，炉膛将会超温，影响耐火衬里，并且火嘴易烧坏（0.25）。

153. 答案：一般进料气温度比贫液入塔温度高1~2℃（0.5）。若过程气温度过高，则过程气中饱和水汽会冷凝进入溶液系统，造成系统溶液浓度较低，严重时引起净化废气不合格（0.25）；若过程气温度过低，则溶液中的水分会进入净化废气，造成净化废气的饱和水汽含量升高，使系统溶液浓度较高，严重时也会引起净化废气不合格（0.25）。

154. 答案：①硫黄回收单元回压升高（0.2）；②尾气处理单元处理量下降（0.2）；③反应器温升下降（0.2）；④尾气中SO_2、单质硫及有机硫转化率下降（0.2）；⑤严重时，引起急冷塔酸水pH下降，净化废气总硫排放超标（0.2）。

155. 答案：①处理量突然增大（0.25）；②反应器温度过低，尾气中SO_2和H_2S在反应器中生成液态硫（0.25）；③在线燃烧炉风气比过低，配风严重不足，生成炭黑积累在催化剂床层（0.25）；④催化剂粉化严重、设备和管线腐蚀产物、衬里脱落物累积等（0.25）。

156. 答案：影响尾气中SO_2、单质硫的加氢还原反应（0.4）；引起酸水pH降低，酸水变浑浊，堵塞酸水循环泵粗滤器（0.3）；引起催化剂粉化，耐火衬里垮塌等（0.3）。

157. 答案：①反应器入口温度过高（0.2）；②硫黄回收单元配风过多，尾气中二氧化硫含量较高（0.2）；③硫黄回收单元尾气捕集效果差，尾气中单质硫较多（0.2）；④硫黄回收单元转化率较低，硫化氢和二氧化硫含量绝对值较高（0.2）；⑤在线燃烧炉配风过多，有过剩氧存在（0.2）。

158. 答案：①设备管线腐蚀及溶液污染（0.3）；②发生低温克劳斯反应，引起急冷水系统积硫堵塞（0.4）；③溶液pH降低，腐蚀速率增加（0.3）。

159. 答案：①制氢不足（0.4）；②加氢反应床层温度较低（0.3）；③硫黄回收单元配风过剩（0.3）。

160. 答案：①硫黄回收单元配风过少，尾气中H_2S含量过高（0.2）；②硫黄回收单元回收率下降，H_2S和SO_2含量绝对值较高（0.1）；③溶液吸收再生段的循环量过小（0.2）；④贫液质量不达标（0.1）；⑤吸收塔贫液入塔层数偏低（0.2）；⑥吸收塔贫液温度过高（0.1）；⑦过程气入塔温度过高（0.1）。

161. 答案：①关闭余热锅炉蒸汽出口阀、各排污阀（0.2）；②打开顶部排气阀和安全阀截断阀（0.2）；③启运锅炉给水泵，打开余热锅炉上水调节阀旁通阀，直到顶部排气口出水，关小上水阀（0.2）；④关闭顶部排空阀，缓慢建压至试压等级，关闭上水阀（0.2）；⑤稳压30分钟，查找漏点并整改，直到试压合格为止（0.2）。

162. 答案：在线燃烧炉→反应器→余热锅炉→蒸汽引射器→急冷塔→气循环阀→在线燃烧炉→气循环压力调节阀→尾气灼烧炉。(1.0)

163. 答案：①控制好塔顶压力（0.4）；②塔底和塔顶温度严格按照操作参数运行（0.3）；③液位要保持稳定（0.3）。

164. 答案：压力高低是未稳定凝析油缓冲罐操作关键（0.5）。压力高，不利于闪蒸（0.1）；压力低利于闪蒸，但压降过大不利于未稳定凝析油流动，也影响后续生产的压力（0.1）；有的装置未稳定凝析油压力较高，需设置一级、二级闪蒸罐，目的是尽可能闪蒸出轻组分,降低三相分离器负荷(0.3)。

165. 答案:未稳定凝析油含有多种腐蚀介质,如 H_2S、CO_2、有机硫、盐类、固体杂质等(0.75),有的凝析油中气田水还有大量的 Cl^- 离子(0.25),加剧了设备的腐蚀。

166. 答案:①检查酸气、放空管线及高温设备保温情况(0.2);②加大未稳定油机械过滤器的清洗频率(0.2);③控制合适的凝析油流量(0.2);④控制合适的凝析油稳定塔和重沸器温度、压力(0.2);⑤定期对凝析油储罐和低位罐进行充氮保护(0.1);⑥定期对闪蒸气压缩机及管线排污(0.1)。

167. 答案:凝析油乳化将堵塞设备及管线,降低处理能力(0.5);严重时,影响产品质量,危急装置的正常生产(0.5)。

168. 答案:未稳定油中含有大量气田水和少量的泥沙、岩屑、固体腐蚀产物及井场添加的固井液、缓蚀剂、泡排剂等乳化诱发物质(0.4);环境温度低,设备及管线保温效果差(0.3);凝析油浓度高,油水混合强度大(0.3)等。

169. 答案:影响稳定凝析油运输和储存安全(0.4),严重时会造成人员中毒和火灾爆炸及环境污染事故(0.3),还将影响下游产品的深加工(0.3)。

170. 答案:凝析油稳定塔塔底温度低(0.2);凝析油稳定塔塔顶压力高(0.2);三相分离器窜相(0.1)、未稳定油/稳定油换热器窜漏(0.1)、稳定油后冷器窜漏(0.1)、重沸器窜漏(0.1)、凝析油稳定塔故障(0.1)、未稳定油乳化及系统脏引起系统波动(0.1)等。

171. 答案:①闪蒸气带液严重,严重时引起闪蒸气压缩机联锁(0.4);②凝析油液位下降,增大凝析油泵不上量的风险(0.3);③系统波动大,影响稳定凝析油质量,影响凝析油回收率(0.3)。

172. 答案:①塔内气相量过大,气速过高(0.25);②三相分离器出口凝析油至凝析油稳定塔的两股物料流量过小(0.25);③三相分离器水相窜油相,造成进料含水量过高(0.25);④重沸器内漏等(0.25)。

173. 答案:①凝析油稳定塔塔底和塔顶温度过高(0.2);②凝析油稳定塔塔顶压力过低(0.2);③三相分离器压力过低(0.2);④三相分离器油相窜水相(0.1);⑤凝析油塔塔顶和塔中进料分配不当(0.2);⑥凝析油乳化变质等(0.1)。

174. 答案:①若凝析油稳定塔塔底温度高,适当加大塔中进料物料;适当降低重沸器蒸汽流量(0.2);②若凝析油稳定塔塔顶温度高;适当加大塔顶进料物料;适当降低重沸器蒸汽流量(0.2);③若凝析油稳定塔操作压力偏低,则适当提高操作压力(0.2);④若三相分离器压力过低,手动关小压力调节阀,调整压力至正常范围(0.2);⑤调整凝析油塔中和塔顶进料分配比,适当开大塔顶进料,减小塔中进料(0.1);⑥适当加入破乳剂,加大未稳定油过滤器清洗频率(0.1)。

175. 答案:气浮处理是在水中形成高度分散的微小气泡,黏附废水中疏水基的固体或液体颗粒,形成液-气-固三相混合体系(0.5),颗粒黏附气泡后,形成表观密度小于水的絮体而上浮到水面,形成浮渣层被刮除,从而实现固液或者液液分离的过程(0.5)。

176. 答:①观察孔观察溶气罐内的水位,控制至合适高度(0.2);②若发现分离区浮渣面高低不平、池面常有大气泡鼓出,需调整加药量或改变混凝剂种类(0.2);③冬季水温较低影响混凝效果时,可采取增加投药量、增加回流水量或提高溶气压力的方法,保证出水水质(0.2);④定期运行刮渣机除去浮渣(0.2);⑤根据反应池的絮凝、气浮池分离区的浮渣及出水水质等变化情况,及时调整混凝剂的投加量,同时要经常检查加药管运行情况,防止发生堵塞(0.2)。

177. 答案:污泥脱水是将流态的原生、浓缩或消化污泥脱除水分,转化为半固态或固态泥块的一种污泥处理方法。(1.0)

178. 答案:第一阶段为污泥浓缩,主要目的是使污泥初步减容,缩小后续处理构筑物的容积或设备容量(0.25);第二阶段为污泥消化,使污泥中的有机物分解(0.25);第三阶段为污泥脱水,使污泥进一步减容(0.25);第四阶段为污泥处置,采用某种途径将最终的污泥予以消纳(0.25)。

179. 答案:温度急剧变化和上下波动不利于厌氧菌生长,若短时间内温度升降超过5℃,厌氧微生物的活性将大大降低,甚至无活性(0.3)。操作中要严格控制反应器进水温度,最好控制在35~38℃(0.4)。调整反应器温度时,严格控制反应器升温速率在2~3℃/d,给微生物充分的适应时间(0.3)。

180. 答案:产甲烷阶段对pH较为敏感,适应范围较窄(0.1)。最适宜进水pH为6.5~7.5(0.1),pH偏离范围应采取中和措施后再进水(0.2),还应维持反应器内碱度合适(0.2),提高厌氧池的缓冲能力(0.2)。当pH降低较多时,应采用应急措施减少或停止进液,pH恢复正常后,再投入低负荷运行(0.2)。

181. 答案:①填料表面形成良好的生物膜(0.4);②具有较好的分解氧化有机物能力,BOD_5、COD去除氧达70%~80%(0.3);③30分钟沉降率维持在10%~30%(0.3)。

182. 答案:①投料(0.25);②闷曝(0.25);③边进污水边曝气(0.25);④转入试运阶段(0.25)。

183. 答案:①水温(0.1);②溶解氧(0.2);③污泥沉降比(0.2);④混合液浓度(0.1);⑤营养盐投加比例(0.2);⑥有机物负荷(0.2)。

184. 答案:SBR池微生物活性下降,污水处理能力变差,出水水质指标异常(0.5),严重时可能造成外排水指标不合格,造成环境事件(0.5)。

185. 答案:①设备电流异常(0.3);②进水压力异常(0.3);③出水流量和水质异常(0.4)。

186. 答案:①接线端子接触不良(0.25);②渗透膜破裂或结垢(0.25);③隔板流水道堵塞(0.25);④浓、淡水隔板破裂(0.25)。

187. 答案:UASB池进水COD(0.2)、挥发性脂肪酸浓度(0.2)、pH和有毒有害物质含量(0.2);UASB池微生物活性及数量(0.2);反应温度和时间等(0.2)。

188. 答案:①减少或停止UASB池进水(0.1);②对原水取样分析,调整原水水质至UASB池进水控制范围(0.2);③若有毒有害物质含量过大,应采取必要措施去除(0.1);④控制UASB池温度在正常范围(0.1);⑤调整UASB池营养物比例,必要时投加营养液(0.2);⑥调整污水在UASB池的停留时间(0.1);⑦调整污泥排出量,避免造成微生物数量减少(0.2)。

189. 答案:①停止SBR池滗水操作(0.1);②减少或停止对SBR池进水(0.1);③清除漂浮于SBR水池水体表面的膨胀污泥(0.1);④调整SBR池进水水质(0.2);⑤调整曝气

量,保持适量的溶解氧(0.2);⑥调节 pH 在正常范围(0.1);⑦调整水温(0.1);⑧投加营养液,控制适当的营养物质组成(0.1)。

190. 答案:水质(如水中硫化物、溶解性碳水化合物等)(0.2)、进水负荷(0.2)、溶解氧含量(0.2)、pH(0.1)、水温(0.1)和营养物质(0.2)等。

191. 答案:①UASB 池污泥活性及数量(0.3);②UASB 池内 pH、温度(0.3)③UASB 池进水有毒有害物质含量(0.4)。

192. 答案:①减少或停止 UASB 池进水(0.2);②取样分析 UASB 池污泥和进水水质,并调整水质(0.2);③调整 UASB 池排污频率和时间(0.2);④调整 UASB 池温度至控制范围(0.2);⑤调整 UASB 池营养物组成,提高厌氧微生物活性(0.2)。

193. 答案:①曝气量(0.4);②进水水质(0.3);③污泥量(0.3)。

194. 答案:①减少或停止 SBR 池进水(0.25);②调整 SBR 池进水水质(0.25);③调整曝气频率和时间(0.25);④若 SBR 污泥积累过多,则加强排污泥操作(0.25)。

195. 答案:①取样分析检修污水池及低浓度浓水池水(0.25);②根据化验分析数据,计算高浓度污水配水比例(0.25);③按照配水比例,对高浓度配水池进行配水(0.25);④取样分析高浓度浓配水池配水指标,保证 UASB 池进水水质指标(0.25)。

196. 答案:①调整 SBR 进水水质(0.2);②启泵,开打低浓度配水池至涡凹气浮装置进口阀(0.2);③涡凹气浮及液位达到控制值,向 SBR 池进水(0.2);④SBR 池液位达到控制后,停止进水(0.2);⑤对 SBR 反应池进行曝气,取样分析溶解氧含量(0.2)。

197. 答案:①关闭低浓度配水池至 SBR 池所有阀门(0.2);②停止 SBR 池配水(0.2);③停运气浮除油装置(0.2);④停止 SBR 池曝气(0.2);⑤关闭 SBR 至保险池排放阀,停止排水(0.2)。

198. 答案:使清洁后干净的金属表面很快形成一层保护膜,提高水稳定剂中缓蚀剂抑制腐蚀的效果。(1.0)

199. 答案:①向循环冷却水池进水,保持水池较低液位(0.1);②启运循环冷却水泵,调整循环冷却水流量达到最大值(0.2);③根据规定投加量,向循环冷却水池分别投入预膜剂、缓蚀剂、分散阻垢剂、pH 调配剂(0.2);④根据循环冷却水分析样调整加药量(0.2);⑤挂片,监测预膜效果,达到预膜要求后停止预膜(0.2);⑥对循环冷却水进行置换(0.1)。

200. 答案:①调整进塔回水阀门开度,保持塔内水量分布均匀(0.2)。②若塔出水温度超高时,启动风机进行冷却(0.2)。③调整风机运行频率,控制循环出水温度(0.2)。④检查风机运行情况,若有异常应及时处理(0.2)。⑤检查塔壁及塔底,有无藻类微生物生长繁殖,及时处理(0.2)。

201. ①打开工业水进旁滤池阀门,打开系统补充水大阀(0.4);②进工业水,当虹吸辅助管排出大量空气形成反洗后,大量反洗水由虹吸管排入污水池(0.3);③当旁滤池液位降至虹吸破坏斗时,空气进入形成正压,破坏虹吸现象,旁滤池反洗结束(0.3)。

202. 答案:①电导率(0.2);②总硬度(0.2);③总磷含量(0.1);④浊度(0.1);⑤余氯(0.2)和浓缩倍数等(0.2)。

203. 答案:①排污量及频率(0.25);②药剂投加量及浓度(0.25);③旁滤流量(0.25);

④过滤效果和循环冷却水系统管网运行情况等(0.25)。

204. 答案:煮炉的目的是除去锅炉受压元件及其水循环系统内所积存的污物、铁锈、铁渣及安装过程中残留地油脂(0.5),以确保锅炉内部清洁,防止蒸汽品质恶化,避免受热面过热烧坏(0.5)。

205. 答案:①使锅炉的蒸发量适应外界负荷的需要(0.2);②做到均衡进水并保持正常水位(0.2);③保持正常汽压和气温(0.2);④保证炉水和蒸汽品质合格(0.2);⑤维持合理燃烧,以求提高锅炉热效率(0.2)。

206. 答案:水位过低会导致锅炉水循环系统产生故障,严重时发生缺水事故,造成锅炉损坏或爆炸(0.5);水位过高又会使蒸汽品质恶化、蒸汽带水、过热器结垢或损坏等危害(0.5)。

207. 答案:操作压力(0.25)、蒸汽负荷(0.25)、炉膛热负荷(0.25)、给水压力(0.25)等发生变化时,锅炉的水位都会发生变化,必须及时通过水位调节回路来进行调整。

208. 答案:锅炉给水水质主要控制指标有给水溶解氧(0.4)、总硬(0.3)和 pH(0.3)。

209. 答案:①锅炉给水的除盐效果(0.4);②除氧效果(0.3);③凝结水回水质量(0.3)。

210. 答案:玻板液位计叫水操作是在锅炉液位出现异常时判断锅炉缺水或满水程度的一项基本操作。叫水操作分为缺水叫水操作和满水叫水操作。(0.2)

①缺水叫水操作:打开玻板液位计底部排水阀,然后关闭汽相阀,再关闭排水阀,之后再打开排水阀,一开一关多次重复操作。操作时注意观察玻板是否有水位出现。若有水位出现,为轻微缺水;若无水位出现,则为严重缺水。(0.4)

②满水叫水操作:打开玻板液位计底部排水阀,然后关闭液相阀,再关闭排水阀,之后再打开排水阀,一开一关多次重复操作。操作时注意观察玻板是否有水位出现。有水位下降则为轻微满水;若无水位下降则为严重满水。(0.4)

211. 答案:锅炉操作人员责任心不强,脱岗或操作失误(0.1);锅炉操作人员技能低,判断不清缺水和满水,盲目排污,造成缺水(0.1);锅炉操作人员冲洗或检查水位计时,操作不正确,造成假液位(0.1);液位计长期不冲洗,造成一次阀和水连管堵塞或积垢,形成假液位(0.1);水位报警器、低水位联锁装置、自动上水装置失灵(0.1);给水系统发生故障或给水系统压力过低,管路或阀门发生堵塞,给水阀门关闭(0.1);给水泵或给水管线设计不合理,发生抢水现象(0.1);排污阀关不严或排污后阀门未关,造成锅炉大量失水(0.1);锅炉发生汽水共腾,大量炉水带入蒸汽系统,造成锅炉缺水等(0.2)。

212. 答案:锅筒内蒸汽和锅水共同升腾,产生泡沫,汽水界限模糊不清,使蒸汽大量带水的现象,称为“汽水共沸”(1)。

213. 答案:锅炉液位剧烈波动,玻板液位计看不清水位(0.3);过热蒸汽温度急速下降,炉水含盐量增加(0.3);严重时蒸汽带水,管道出现水击(0.4)。

214. 答案:①燃料气供给系统故障(0.2);②燃料气调压阀故障(0.2);③燃烧机故障(0.2);④引风机或送风机故障(0.2);⑤控制系统故障(0.1);⑥员工误操作,导致锅炉联锁熄火(0.1)。

215. 答案:①立即启运备用锅炉,停运故障锅炉(0.25);②调整备用锅炉运行参数,保证蒸汽系统压力及流量稳定(0.25);③检查锅炉供气系统,若出现故障,及时做相应处理

(0.25);④检查停运锅炉燃料气压力调节阀、燃烧机相关设备、控制系统及管路,发现故障及时检修(0.25)。

216. 答案:若水位表中的水位超过最高安全水位,但尚能看见水位时,称为轻微满水(0.5)。如果水位已超过运行规程规定的水位上极限或已看不见水位时,称为严重满水(0.5)。

217. 答案:①操作人员疏忽大意,对水位监视不严,调整不及时或误操作(0.2);②锅炉给水调节阀失灵(0.2);③锅炉给水压力突然升高(0.2);④锅炉负荷增加太快(0.2);⑤水位表汽水连接管堵塞或结构不合理,造成假水位(0.2)。

218. 答案:①除盐水装置进水水质恶化(0.2);②离子交换树脂再生不好(0.2);③离子交换树树脂中毒失效(0.2);④离子交换树树脂流失过多(0.2);⑤发生窜水(0.2)。

219. 答案:①分析除盐水装置进水水质,出现异常及时处理(0.2);②检查除盐水装置流程,避免窜水(0.2);③检查再生程序,保证再生流程及控制参数设置正确(0.2);④加强离子交换树脂再生操作,保证反洗彻底(0.2);⑤离子交换树脂流失过多时,及时补充树脂(0.2)。

220. 答案:①凝结水回水箱液位不断下降(0.25);②凝结水管网出现轻微水击(0.25);③脱硫脱碳单元凝结水罐液位上涨(0.25);④蒸汽保温系统保温效果下降(0.25)等。

221. 答案:①凝结水回水箱压力偏高(0.4);②疏水阀失效,凝结水中夹带大量蒸汽(0.4);③凝结水管线堵塞(0.2)。

222. 答案:①启运锅炉给水泵,打开上水阀,对锅炉进行缓慢上水,当液位达到正常值时,停止上水(0.25);②对玻板液位计进行冲洗,并确认玻板与变送器液位指示是否一致(0.25);③开启锅炉上水阀继续上水,当放空阀有水喷出时,关闭放空阀并继续缓慢上水,压力升至工作压力的1.05倍时稳压20分钟,对锅炉进行全面的检查(0.25);④试压完毕,将锅炉液位排至正常值(0.25)。

223. 答案:打开蒸汽管道上的疏水阀及疏水阀旁通阀,排尽凝结水(0.4)。缓慢、少量开启供蒸汽阀,如果管道发生振动或"水击"现象,应立即关闭蒸汽阀,加强疏水,待振动和"水击"全部消失后再缓慢、少量开启主汽阀继续进行暖管,待管道充分预热后再全部打开主蒸汽阀(0.6)。

224. 答案:①缓慢降低锅炉负荷(0.25);②当负荷降到规定熄火值后,停止锅炉供气,锅炉熄火(0.25);③关闭燃料气进口阀、停止送风、随后关闭烟道、风道挡板,防止冷空气大量进入炉膛(0.25);④打开锅炉放空阀、排汽泄压降温,密切监视锅炉汽压和水位的变化,当锅炉汽压低于蒸汽管网系统压力时,关闭锅炉蒸汽出口阀(0.25)。

225. 答案:①待炉水温度降到70℃以下时,对锅炉进行排水(0.4);②打开蒸汽凝结水管网所有甩头,对管网进行彻底排水(0.3);③打开除盐水罐、除氧水罐、凝结水罐底部排污阀及顶部呼吸阀,进行排水(0.3)。

226. 答案:PSA制氮装置进气温度直接影响氮气的露点,因此必须控制进料空气的温度以保证氮气露点(0.5)。同时,较低的吸附温度有利于制氮性能的充分发挥,但温度过低容易导致水分结露或结冰,堵塞过滤器滤芯等(0.5)。

227. 答案:PSA制氮装置工作压力偏低,碳分子筛吸附氧分子的能力成倍减弱,严重影响氮气质量(0.5)；工作压力过高，除增加空压机能耗外，过高的压力会加速碳分子筛的粉化(0.5)。

228. 答案：空压机油气分离器分离效果(0.25)、油水过滤分离器过滤分离效果(0.25)、无热再生式干燥器吸附效果及再生效果(0.25)以及干燥剂吸附性能(0.25)。

229. 答案：仪表风系统水含量偏高是仪表风系统最易出现的异常情况，它可能造成装置自动仪表误动作或失灵(0.5)，仪表风管线结冰或堵塞等现象(0.5)，影响装置正常生产。

230. 答案：正常生产中空气压缩机投入自动控制(0.4)，压力下降时压缩机自动加载(0.2)，压力高于设定值时自动卸载(0.2)，保持仪表风系统压力相对稳定(0.65~0.7MPa)(0.2)。

231. 答案：①空气压缩机故障，空气供给不足(0.2)；②工厂风、仪表风管路泄漏(0.2)；③工厂风、仪表风系统用风量突然增大(0.2)；④制氮系统用风量突然增加(0.2)；⑤制氮系统管路泄漏(0.2)。

232. 答案：①回油管堵塞，油料无法正常回流，而随空气排出(0.15)；②油气分离器负荷过大(0.15)；③油气分离器破裂(0.15)；④排气压力太低(0.15)；⑤机头温度过高，油挥发性增大，油分子变小(0.15)；⑥机组加油过多，储油罐液位太高(0.1)；⑦油气过滤器分离效率差等因素造成油气分离不彻底(0.15)。

233. 答案：①氮气产量增大(0.2)；②空气缓冲罐、吸附塔、氮气缓冲罐压力明显下降(0.2)；③吸附塔进料空气温度偏高或气质变差(0.2)；④再生气流量控制过低或管线堵塞(0.1)；⑤碳分子筛吸附能力下降或粉化严重(0.1)；⑥PSA 程控阀内漏或关闭不严，吸附塔内气体泄漏至再生塔，影响再生质量(0.1)；⑦氧含量分析仪故障(0.1)。

234. 答案：①适当降低氮气产量(0.2)；②启运备用空压机，增加空气供给系统压力，同时调整空气温度(0.2)；③适当提高氮气缓冲罐压力(0.2)；④加强进料空气预处理，防止污水污油进入吸附塔污染碳分子筛(0.1)；⑤检查、排除再生气流量故障(0.1)；⑥检查、调校氧含量分析仪(0.1)；⑦切换或停运装置，更换分子筛(0.1)。

235. 答案：所有工艺安全信息(如危险化学品安全技术说明书、工艺设备设计依据等)已归档(0.25)；工艺危害分析建议措施已完成(0.25)；操作规程经过批准确认(0.25)；工艺技术变更，包括工艺或仪表图纸的更新，经过批准并记录在案(0.25)。

236. 答案：所有相关员工已接受有关 HSE 危害、操作规程、应急知识的培训(0.4)；承包商员工得到相应的 HSE 培训，包括工作场所或周围潜在的火灾、爆炸或毒物释放危害及应急知识(0.3)；新上岗或转岗员工了解新岗位可能存在的危险并具备胜任本岗位的能力(0.3)。

237. 答案：①计量基准(0.4)；②计量标准(0.3)；③工作计量器具(0.3)。

238. 答案：计量标准是指“按国家计量检定系统表规定的准确度等级，用于检定较低等级计量标准或工作计量器具的计量器具”(1)。

239. 答案：工作计量器具是指可以单独或与辅助设备一起用于测量的器具(1.0)。

240. 答案：计量基准是指“能够复现，保存和传递量值，并经国家鉴定，作为统一国家量值依据的计量器具”(1.0)。

241. 答案:常规性或非常规性的生产经营活动或服务(包括新建、改建、扩建项目)(0.2);作业、办公场所内的所有设备、设施(包括组织内部和外界所提供的)(0.2);所有进入作业场所人员的活动,包括合同方和访问者(0.2);事故及潜在的危害和影响(0.2);以往活动的遗留问题(0.2)。

242. 答案:健康、安全类危害因素识别时应考虑过去、现在和将来三种时态(0.4),正常、异常和紧急三种状态(0.3)。包括:机械能、电能、热能、化学能、放射能、生物因素、人机工效学(生理、心理)等七种类型(0.3)。

243. 答案:人的因素(0.25)、物的因素(0.25)、环境因素(0.25)、管理因素(0.25)。

244. 答案:职业性尘肺病及其他呼吸系统疾病(0.1)、职业性皮肤病(0.1)、职业性眼病(0.1)、职业性耳鼻喉口腔疾病(0.1)、职业性化学中毒(0.1)、物理因素所致职业病(0.1)、职业性放射性疾病(0.1)、职业性传染病(0.1)、职业性肿瘤(0.1)、其他职业病(0.1)10类。

245. 答案:公式中 L 表示发生事故或危险事件的可能性(0.25);E 表示暴露于潜在危险环境的频次(0.25);C 表示可能出现的结果(0.25);D 表示作业条件的危险性大小(0.25)。

246. 答案:生产安全事故一般分为:①特别重大事故(0.25);②重大事故(0.25);③较大事故(0.25);④一般事故(0.25)。

247. 答案:重大事故是指造成10人以上30人以下死亡(0.4),或者50人以上100人以下重伤(0.3),或者5000万元以上1亿元以下直接经济损失(0.3)的事故。

248. 答案:主要内容包括:①事故发生单位概况(0.1);②事故发生的时间、地点以及事故现场情况(0.2);③事故的简要经过(0.1);④事故已经造成或者可能造成的伤亡人数(包括下落不明的人数)和初步估计的直接经济损失(0.3);⑤已经采取的措施(0.1);⑥其他应当报告的情况(0.2)。

249. 答案:事故调查组由有关人民政府(0.1)、安全生产监督管理部门(0.1)、负有安全生产监督管理职责的有关部门(0.1)、监察机关(0.1)、公安机关(0.1)以及工会派人(0.1)组成,并应当邀请人民检察院派人参加(0.4)。

250. 答案:不安全行为是指可能对自己或他人(0.5)以及设备、设施造成危险的行为(0.5)。

251. 答案:不安全状态是指导致人员伤害(0.5)或其他事故的物(设备设施和环境)的状态(0.5)。

252. 答案:①主要污染物的名称(0.2);②排放方式(0.2);③排放浓度和总量(0.2);④超标排放情况(0.2);⑤防治污染设施的建设和运行情况(0.2)。

253. 答案:①现场观察法(0.25);②直观经验法(0.25);③现场询问(0.25);④咨询法(0.25)。

五、计算题

1. 解:已知:$G_{硝}=0.417\text{kg/s}$;$c_{硝}=1.38\text{kJ/(kg·K)}$;$T_1=353\text{K}$;$T_2=313\text{K}$;$t_1=303\text{K}$;$t_2=308\text{K}$;$c_{水}=4.187\text{kJ/(kg·K)}$。

① 换热器的热负荷:$Q_{硝}=G_{硝}\cdot c_{硝}(T_1-T_2)=0.417\times1.38\times103\times(353-313)=23(\text{kJ/s})$(0.4)

② 冷却水用量：$G_{水}=\dfrac{G_{硝}\ c_{硝}(T_1-T_2)}{c_{水}(t_1-t_2)}=\dfrac{23000}{4.187\times10^3\times308-303}=1.1(kg/s)(0.6)$

答：该换热器的热负荷是 23kJ/s，冷却水用量是 1.1kg/s。

2. 解：此题为求简单的折流时流体的平均温度差，按逆流计算有：

$$\Delta t'_m=\frac{\Delta t_2-\Delta t_1}{\ln\dfrac{\Delta t_2}{\Delta t_1}}=\frac{(100-50)-(60-20)}{\ln\dfrac{50}{40}}=44.8(0.4)$$

$$R=\frac{T_1-T_2}{t_2-t_1}=\frac{100-60}{50-20}=1.33(0.2)$$

$$p=\frac{t_2-t_1}{T_1-t_1}=\frac{50-20}{100-20}=0.375(0.2)$$

根据题意知在 $R=1.33$、$p=0.375$ 时，$\phi_{\Delta t}=0.9$

$\Delta t_m=\phi_{\Delta t}\Delta t'_m=0.9\times44.8=40.3(℃)(0.2)$

答：平均温度差为 40.3℃。

3. 解：题设：20℃98%的硫酸，$\rho=1830kg/m^3$，$\mu=23mPa\cdot s=0.023Pa\cdot s$，$u=0.5m/s$，$d=50mm=0.05m$。带入雷诺数 Re 计算式：

$Re=du\rho/\mu=(0.05\times0.5\times1830)/0.023=1990<2000$(层流)(0.3)

$\lambda=64/Re=64/1990=0.032(0.2)$

直管阻力为 $h_{直}=\lambda lu^2/2d=0.032\times100/0.05\times0.5^2/2=8(J/kg)(0.3)$

压力降　　$\Delta p=h_{直}\rho=8\times1830=14640(N/m^2)=14.64(kN/m^2)(0.2)$

答：管道直管阻力为 8J/kg，压力降为 14.64kPa。[D/]

4. 解：$G_{理}=4428\times50\%\times\dfrac{32}{22.4}=3163(kg/h)(0.4)$

$SRE=G/G_{理}\times100\%=\dfrac{2560}{3163}\times100\%=81\%(0.6)$

答：硫黄回收率为 81%。

5. 解：(1)反应器无机硫转化率：

$$\eta_{ns}=1-\frac{(0.01342+0.00527)[1-(0.08453+0.04134)]}{(0.08453+0.04134)[1-(0.01342+0.00527)]}(0.2)$$

$=86.77\%$ (0.1)

(2)反应器有机硫转化率：

$$\eta_{ors}=1-\frac{0.00006+0.00003}{0.00252+0.0012}(0.2)$$

$=97.58\%$ (0.1)

(3)反应器总硫转化率：

$$\eta_v=\frac{\left(\frac{0.08453+0.04134+0.00252+0.0012}{1-(0.08453+0.04134)}\right)-\left(\frac{0.01342+0.00527+0.00006+0.00003}{1-(0.01342+0.00527)}\right)}{\frac{0.08453+0.04134+0.00252+0.0012}{1-(0.08453+0.04134)}}(0.3)$$

$=87.09\%(0.1)$

答:无机硫转化率,有机硫转化率和总硫转化率分别为86.77%、97.58%、87.09%。

技师、高级技师理论知识练习题及答案

一、单项选择题(每题有4个选项,只有1个是正确的,将正确的选项填入括号内)

1. AA001　热化学方程式 $C(s)+H_2O(g)=CO(g)+H_2(g)$ $\Delta H=131.3kJ/mol$ 表示(　　)。
   A. 碳和水反应吸收131.3kJ能量
   B. 1mol碳和1mol水反应生成一氧化碳和氢气并吸收131.3kJ热量
   C. 1mol固态碳和1mol水蒸气反应生成一氧化碳气体和氢气,并吸热131.3kJ
   D. 1个固态碳原子和1分子水蒸气反应吸热131.1kJ

2. AA001　已知充分燃烧 a g乙炔气体时生成1mol二氧化碳气体和液态水,并放出热量BkJ,则乙炔燃烧的热化学方程式正确的是(　　)。
   A. $2C_2H_2(g)+5O_2(g)=4CO_2(g)+2H_2O(l)$, $\Delta H=-4BkJ/mol$
   B. $C_2H_2(g)+O_2(g)=2CO_2(g)+H_2O(l)$, $\Delta H=2BkJ/mol$
   C. $2C_2H_2(g)+5O_2(g)=4CO_2(g)+2H_2O(l)$, $\Delta H=-2BkJ/mol$
   D. $2C_2H_2(g)+5O_2(g)=4CO_2(g)+2H_2O(l)$, $\Delta H=BkJ/mol$

3. AA002　决定化学反应速率的根本因素是(　　)。
   A. 温度和压强　　B. 反应物的浓度
   C. 各反应物质的性质　　D. 催化剂的加入

4. AA002　在 $2A+B \rightleftharpoons 3C+4D$ 反应中,表示该反应速率最快的是(　　)。
   A. $v_A=0.5mol/(L\cdot s)$　　B. $v_B=0.3mol/(L\cdot s)$
   C. $v_C=0.8mol/(L\cdot s)$　　D. $v_D=1mol/(L\cdot s)$

5. AA003　流体流动时产生摩擦阻力的根本原因是(　　)。
   A. 流动速度大于零　　B. 管边不够光滑
   C. 流体具有黏性　　D. 流动管径较小

6. AA003　流体在圆管内流动时,在同一断面内速度分布呈(　　)。
   A. 直线　　B. 抛物线形　　C. 圆形　　D. 椭圆形

7. AA004 热量传递的基本方式为(　　)。
   A. 蒸气的冷凝　　B. 液体的沸腾
   C. 冷、热流体的混合　　D. 传导、对流和辐射

8. AA004　热量依靠物体内部粒子的(　　),从物体中的高温区向低温区移动的过程称为热传导。
   A. 微观运动　　B. 宏观混合运动　　C. 微观混合运动　　D. 摩擦运动

9. AA005　下列管壳式换热器中,没有降低或消除由温差引起的热应力补偿措施的换热器是(　　)。
   A. U形管式换热器　　B. 浮头式换热器

C. 壳体带有膨胀圈的管壳式换热器　　D. 固定管板式换热器

10. AA005　金属材料、液体和气体的导热系数为 A、B、C,通常它们的大小顺序为(　　)。

A. $B>A>C$　　B. $C>B>A$　　C. $A>B>C$　　D. $A>C>B$

11. AA006　天然气脱硫脱碳吸收过程中,分子扩散方式属于(　　)。

A. 涡流扩散　　B. 层流扩散　　C. 对流扩散　　D. 浓度扩散

12. AA006　根据菲克定律描述,浓度梯度越大,扩散通量(　　)。

A. 越大　　B. 不变　　C. 越小　　D. 没关系

13. AA007　采用当量直径计算层流流体的阻力时,其误差(　　)。

A. 很大　　B. 很小　　C. 为零　　D. 都有可能

14. AA007　非圆形管的当量直径等于(　　)水力学半径。

A. 1 倍　　B. 2 倍　　C. 4 倍　　D. 8 倍

15. AA008　雷诺数计算公式 $Re=\frac{du\rho}{\mu}$中,μ 表示(　　)。

A. 流体的黏度　　B. 流体的流速　　C. 流体的流量　　D. 流体的阻力系数

16. AA008　层流与湍流的本质区别是(　　)。

A. 湍流流速>层流流速　　B. 流道截面大的为湍流,截面小的为层流

C. 层流的雷诺数<湍流的雷诺数　　D. 层流无径向脉动,而湍流有径向脉动

17. AA009　在管路任一截面上,流体的各项机械能之和(　　)。

A. 相等　　B. 不等　　C. 为零　　D. 等于 10

18. AA009　流体不同截面上每一种机械能不一定相等,但各项机械能可以(　　)。

A. 相互转换　　B. 保持恒定　　C. 增大　　D. 减小

19. AA010　标准三通作为弯头使用时,阻力将(　　)。

A. 增大　　B. 不变　　C. 减小　　D. 没关系

20. AA010　下列工业金属管道中当量绝对粗糙度最大的是(　　)。

A. 皮管　　B. 铜管　　C. 新的无缝钢管　　D. 腐蚀后的无缝钢管

21. AA011　物料衡算的基本步骤的第一步是(　　)。

A. 确定衡算范围　　B. 收集、整理计算数据

C. 选择合适的计算基准　　D. 列出物料衡算式求解

22. AA011　下列不能作为物料衡算的计算基准的是(　　)。

A. 时间基准　　B. 设备基准　　C. 质量基准　　D. 体积基准

23. AA012　对于新建设计的生产装置,能量衡算的主要目的是(　　)。

A. 确定换热面积　　B. 选择传热面的型式

C. 确定设备的热负荷　　D. 确定设备尺寸

24. AA012　对于已经投产的生产装置,能量衡算的主要目的是(　　)。

A. 合理用能　　B. 提高热效率

C. 确定设备的热负荷　　D. 确定热量分布

25. AA013　下列设备能使用亨利定律计算其溶质浓度的是(　　)。

A. 吸收塔　　B. 再生塔　　C. 脱水塔　　D. 1. 0MPa 锅炉

26. AA013　下列不是亨利定律的表达式的是（　　）。
A. $p=p_A+p_B$　B. $p_i^*=Ex_i$　C. $p^*=c_i/H$　D. $y_i=mx_i$

27. AA014　由 A 及 B 二种液体组成理想溶液，A、B 的饱和蒸气压分别为 p_A^*、p_B^*，x 为液相组成，y 为气相组成，若 $p_A^*>p_B^*$（ * 表示纯态），则（　　）。
A. $x_A>x_B$　B. $x_A>y_A$　C. 无法确定　D. $x_A<y_A$

28. AA014　由 AB 二组分组成一理想液态混合物。若 $p_B^*>p$A *，则系统总蒸气压 p 总有（　　）。
A. p 总$<p_B^*$　B. p 总$<p_A^*$　C. p 总$=p_B^*+p_A^*$　D. $p_B^*>p$ 总$>p_A^*$

29. AA015　把一定质量的 30%的某溶液加热蒸发 10g 水，冷却至 20℃时有 2g 晶体析出，此时溶液的溶质质量分数为 40%，则该物质在 20℃是的溶解度是（ ）。
A. 20g　B. 33.3g　C. 40g　D. 66.7g

30. AA015　计算物质的溶解度时，该溶液一定是（　　）。
A. 浓溶液　B. 稀溶液　C. 饱和溶液　D. 不饱和溶液

31. AA016　组分 A 与组分 B 形成完全互溶体系，一定温度下，若纯 B 的饱和蒸汽压大于纯 A 的饱和蒸汽压，当此组分构成的混合液处于汽液平衡时（　　）。
A. $y_B>x_B$　B. $y_B<x_B$　C. $y_B=x_B$　D. 不确定

32. AA016　当物系处于泡点和露点之间时，体系处于（　　）。
A. 饱和液相　B. 过热蒸汽　C. 饱和蒸汽　D. 气液两项

33. AA017　在气、液两相界面的两侧，分别存在着停滞的气膜和液膜，溶质组分只能以（　　）扩散方式通过这两层膜。
A. 原子　B. 离子　C. 质子　D. 分子

34. AA017　吸收机理常用（　　）来解释。
A. 分子扩散　B. 对流扩散　C. 加热溶解　D. 双膜理论

35. AA018　下列不属于吸收传质过程的是（　　）。
A. 溶质由气相主体直接扩散到液相主体　B. 溶质由气相主体扩散到气液两相界面
C. 穿过相界面　D. 由液相的界面扩散到主体

36. AA018　对于混合物所要求的吸收剂必须具有的特性是（　　）。
A. 蒸气压低　B. 良好的选择性　C. 腐蚀性小　D. 化学稳定性高

37. AA019　下列对可逆反应的速率说法错误的是（　　）。
A. 当正逆反应速率相等时，总反应速率为零
B. 可逆吸热反应的速率总是随着温度的升高而增加
C. 可逆吸热反应的速率总是随着温度的升高而降低
D. 对可逆放热反应，在一定条件下存在最佳操作温度

38. AA019　某化学反应，其反应物 A 的浓度减少一半，它的半衰期也缩短一半，则该反应的级数为（　　）
A. 零级　B. 一级　C. 二级　D. 三级

39. AB001　天然气净化厂中最常用的水含量分析方法是（　　）。
A. 露点法　B. 吸收重量法　C. 碘量法　D. 气体容量法

40. AB001　天然气中硫化氢的含量低于 50mg/m^3 时,一般采用的化验分析方法是(　　)。
A. 碘量法　B. 亚甲蓝法　C. 钼蓝法　D. 硫酸银法

41. AB002　天然气的压缩因子是天然气(　　)的函数。
A. 压力和温度　B. 绝对压力和热力学温度
C. 绝对压力　D. 热力学温度

42. AB002　天然气属于多组分体系,其相特性与两组分体系(　　)。
A. 完全相同　B. 基本相同　C. 完全不同　D. 不能确定

43. AB003　天然气化工利用一般是指天然气中(　　)的利用。
A. 甲烷　B. 乙烷　C. 轻烃　D. 重烃

44. AB003　天然气化工利用的主要产品中比重最大的是(　　)。
A. 甲醇　B. 氨　C. 乙炔　D. 炭黑

45. AC001　对新安装塔设备验收时,无须检查的内容是(　　)。
A. 设备安装及试运方案
B. 应有完整的检查、签定和检修记录
C. 人孔封闭前检查内部结构和建造质量合格证
D. 应有完整的水压试验和气密性试验记录

46. AC001　对塔类设备进行气压试验时,首次检漏压力为规定试验压力的(　　)。
A. 5%　B. 10%　C. 15%　D. 20%

47. AC002　容器按工艺用途分类不包括(　　)。
A. 缓冲罐　B. 贮罐　C. 搅拌容器　D. 陶瓷容器

48. AC002　容器选择时首先应确定(　　)。
A. 容积　B. 用途　C. 几何形状　D. 安装方式

49. AC003　自动控制系统的终端执行装置是(　　)。
A. 变送器　B. 调节阀　C. 孔板流量计　D. PLC 控制器

50. AC003　净化装置普遍采用的执行器动力方式为(　　)。
A. 气动　B. 电动　C. 液动　D. 手动

51. AC004　PLC 系统在用户程序执行阶段,所扫描用户程序又称为(　　)
A. 梯形图　B. 圆形　C. 扇形　D. 长方形

52. AC004　当扫描用户程序结束后,PLC 就进入阶段是(　　)。
A. 输入采样　B. 输出刷新　C. 用户程序分析　D. 模拟输入

53. AC005　集散控制系统 DCS 的最大特点是(　　)。
A. 控制与显示分离　B. 集中监视
C. 局部网络通信技　D. 安全可靠性高

54. AC005　某控制系统采用比例积分作用调节器,某人用先比例后加积分的凑试法来整定调节器的参数。若比例带的数值已基本合适,在加入积分作用的过程中,则(　　)。
A. 应适当减小比例带　B. 应适当增大比例带
C. 无须改变比例带　D. 可以任意改变比例带,均不会产生影响

55. AC006　用经验凑试法来整定调节器时,在整定中,当曲线波动较大时,应(　　)。
A. 增大比例度　B. 增大积分时间　C. 减少积分时间　D. 减少微分时间

56. AC006　用经验凑试法来整定调节器时,在整定中,当曲线偏离给定值后,长时间不回来,应(　　)。
A. 增大比例度　B. 增大积分时间　C. 减少积分时间　D. 减少微分时间

57. AC007　仪表的死区用输入量程的(　　)来表达。
A. 百分数　B. 分数　C. 小数　D. 整数

58. AC007　电容式差压变送器无输出时不可能原因是(　　)。
A. 无电压供给　B. 无压力差　C. 线性度不好　D. 无电流

59. AC008　因果逻辑图中输出结果没有时间延时的标识符号为(　　)。
A. X　B. D　C. R　D. INT

60. AC008　因果逻辑图中输出结果被相关的输入抑制的表示符号为(　　)。
A. X　B. D　C. R　D. INT

61. AC009　在 DCS 上调整工艺参数时,发现记录曲线发生突变或跳到最大或最小,故障很可能出现在(　　)系统。
A. 现场仪表　B. DCS　C. 工艺操作　D. 不能确定

62. AC009　故障出现以前仪表记录曲线一直表现正常,出现波动后记录曲线变得毫无规律或使系统难以控制,甚至连手动操作也不能控制,故障可能是(　　)系统造成的。
A. 现场仪表　B. DCS　C. 工艺操作　D. 不能确定

63. AC010　ESD 系统失电后联锁的发开关状态描述正确的是(　　)。
A. 恢复初始设定状态　B. 无动作
C. 全开　D. 全关

64. AC010　下列可能导致联锁系统产生误动作的是(　　)。
A. 工艺参数波动　B. 联锁切除
C. “三取二”检测回路中一检测元件故障　D. 电磁阀故障

65. AC011　可编程控制器在一个扫描周期进行(　　)输入/输出操作。
A. 1 次　B. 2 次　C. 多次　D. 不确定

66. AC011　计算机控制系统中,控制软件的调试步骤一般为(　　)。
A. 修改—编译—下装—投运　B. 修改—下装—编译—投运
C. 编译—修改—下装—投运　D. 编译—下装—修改—投运

67. AC012　精馏塔塔釜温度与蒸汽流量串级调节系统中,蒸汽流量一般选作(　　)。
A. 主变量　B. 副变量
C. 主、副变量均可　D. 蒸汽流量不能作为塔釜温度控制的变量

68. AC012　分程调节能改善(　　)的工作条件。
A. 变送器　B. 调节器　C. 对象　D. 调节阀

69. AC013　调节器选型依据(　　)来选择。
A. 调节器的规律　B. 调节规律对调节质量的影响

C. 调节器的结构形式　　D. 调节回路的组成

70. AC013　压缩机定值防喘振控制器的调节规律一般应选(　　)。

A. P　　B. PI　　C. PD　　D. PID

71. AC014　电站的一切操作都应执行操作票制度,必须由(　　)名正式值班变电站值班员来进行。

A. 1　　B. 2　　C. 3　　D. 4

72. AC014　停电操作必须按照(　　)顺序依次操作。

A. 母线侧断路器、负荷侧隔离开关、负荷侧断路器

B. 负荷侧断路器、母线侧断路器、负荷侧隔离开关

C. 负荷侧隔离开关、负荷侧断路器、母线侧断路器

D. 母线侧断路器、负荷侧断路器、母线侧断路器

73. AC015　轴承缺油导致电机过载,应对电机补充(　　)。

A. 轻质润滑油　　B. 220#润滑油　　C. 46#润滑油　　D. 锂基脂

74. AC015　负载过重导致电机过载,应考虑更换(　　)。

A. 三相电源稳压补偿柜　　B. 浪涌保护器

C. 容量　　D. 电源

75. AC016　继电保护系统被监测的电压,由电压互感器转换成(　　)的电压信号通过综保系统与系统设定参数进行比对。

A. 0~10V　　B. 0~50V　　C. 0~100V　　D. 50~100V

76. AC016　继电保护装置不包含的是(　　)。

A. 测量比较元件　　B. 报警元件

C. 执行输出元件　　D. 逻辑判断元件

77. BA001　选用络合铁法天然气脱硫工艺时,吸收器可采用喷射器或静态混合器等高效设备,但要注意防止的主要问题是(　　)。

A. 溶液发泡　　B. 腐蚀　　C. 硫黄堵塞　　D. 设备故障

78. BA001　直接转化法脱硫工艺要求 H_2S 在溶液中主要以(　　)形式存在。

A. HS^-　　B. S^{2-}　　C. H_2S^-　　D. SO_2

79. BA002　下列铁法脱硫工艺中,溶液理论硫容最大的为(　　)。

A. SulFerox 法　　B. Lo-CAt 法　　C. 铁碱法　　D. EDTA 络合铁法

80. BA002　下列铁法脱硫中,脱硫效率最高的为(　　)。

A. SulFerox 法　　B. Lo-CAt 法　　C. 铁碱法　　D. EDTA 络合铁法

81. BA003　ADA-NaVO3 法工艺吸收阶段反应温度的影响是(　　)。

A. 在一定范围内升高温度不利于改善净化度

B. 在一定范围内升高温度有利于改善净化度

C. 温度上升降低析硫反应

D. 反应温度的影响与胺法一致

82. BA003　钒法脱硫工艺深水溶液再生时,速度较铁法(　　)。

A. 快　　B. 慢　　C. 差不多　　D. 不一定

83. BA004　海绵铁主要成分为(　　)。

A. Fe_2O_3　　B. Fe_3O_4　　C. FeS　　D. Fe_2S_3

84. BA004　氧化铁固体脱硫剂的主要成分是(　　)。

A. $a-Fe_2O_3 \cdot H_2O$　　B. $\gamma-Fe_2O_3 \cdot H_2O$　　C. $\chi-Fe_2O_3 \cdot H_2O$　　D. $\rho-Fe_2O_3 \cdot H_2O$

85. BA005　分子筛脱硫工艺安排的难点在于( )。

A. 选用哪种规格型号的分子筛　　B. 再生温度的确定

C. 再生所得含硫气的处理　　D. 吸附温度的确定

86. BA005　下列脱硫吸附剂中,硫容量最大的是(　　)。

A. 分子筛　　B. 活性炭　　C. 硅胶　　D. 水

87. BA006　膜分离法脱硫是根据原料天然气中的酸性组分与烃类组分透过膜的(　　)。

A. 相对渗透压相同　　B. 相对渗透压不同

C. 相对传递速率不同　　D. 相对传递速率相同

88. BA006　膜分离法脱硫原理属于(　　)。

A. 化学吸收　　B. 物理-化学吸收　　C. 物理性分离　　D. 物理吸收

89. BA007　当酸气中酸性组分分压高、有机硫化物含量高,且要求同时脱除 H_2S 及 CO_2 时,一般应采用(　　)。

A. DIPA　　B. MDEA　　C. Sulfionl-D　　D. Sulfionl-M

90. BA007　当酸气中 H_2S 和 CO_2 含量不高,地处高寒地区时,应采用(　　)。

A. MEA　　B. DEA　　C. DIPA　　D. MDEA

91. BA009　当脱硫脱碳单元溶液水含量过高,且系统液位较高时,应进行(　　)操作。

A. 补充溶液　　B. 降低处理量　　C. 甩水　　D. 降低循环量

92. BA009　下列不会造成脱硫脱碳单元重沸器蒸汽流量异常的是(　　)。

A. 蒸汽流量调节阀故障　　B. 重沸器窜漏

C. 再生塔液位偏低　　D. 再生溶液发泡

93. BA010　重沸器窜漏后,对管束进行堵管量一般不超过总管束的(　　)。

A. 5%　　B. 10%　　C. 15%　　D. 20%

94. BA010　重沸器严重窜漏后,酸水回流调节阀置于自动时,流量将(　　)。

A. 增加　　B. 降低　　C. 先增加后减少　　D. 先减少后增加

95. BA011　下列不是湿净化分离器液位上升的原因为(　　)。

A. 原料气处理量猛增,带液或冲塔　　B. 系统溶液发泡拦液,夹带溶液

C. 贫液入塔温度偏低　　D. 吸收塔捕雾网脱落或者捕雾效果差

96. BA011　下列不是吸收塔液位偏低的原因为(　　)。

A. 系统发泡拦液严重　　B. 原料气处理量突然降低

C. 湿净化气带液严重　　D. 吸收塔塔盘垮塌或堵塞液相通道

97. BA012　若脱硫脱碳单元吸收塔贫液进口层数分别为:9、12、16、20,为提高选择性,降低 CO_2 共吸率,在满足产品气达标外输的前提下应尽量使用(　　)层进口。

A. 9　　B. 12　　C. 16　　D. 20

98. BA012　装置计划停产检修期间,清洗塔罐时应(　　)。

A. 接消防水带使用消防水冲洗　B. 使用铲刀，清除渣滓即可
C. 使用空气吹扫塔内渣滓　D. 先掏渣，再清洗

99. BA013　当溶液系统存在大量降解产物时，应加强使用(　　)。
A. 富液袋式过滤器　B. 活性炭过滤器　C. 贫液袋式过滤器　D. 高效过滤器

100. BA013　下列不是诱发 MDEA 脱硫脱碳溶液系统发泡的主要物质是(　　)。
A. 腐蚀产物　B. 液烃　C. Fe^{3+}　D. 凝结水

101. BA014　各种醇胺抗氧化降解的能力强弱顺序(　　)。
A. MEA>MDEA　B. MDEA>MEA　C. DEA>MEA　D. DEA>MDEA

102. BA014　下列不能抑制醇胺变质措施是(　　)。
A. 选择恰当的醇胺　B. 使用惰性气体保护溶液
C. 使用蒸汽作热源时选用高压饱和蒸汽　D. 溶液再生时防止胺液温度过高

103. BA015　为了预防胺法装置的腐蚀，应尽可能(　　)。
A. 维持较高的重沸器温度　B. 将溶液浓度控制在较高水平
C. 使交换器内富液走壳程　D. 降低固体颗粒和降解产物

104. BA015　胺法脱硫脱碳溶剂复活在工业上通常应用的方法是(　　)。
A. 加酸　B. 加盐　C. 加醇　D. 减压蒸馏

105. BA016　醇胺与 CO_2 的反应分(　　)步进行。
A. 1　B. 2　C. 3　D. 4

106. BA016　酸气在胺液中吸收热与酸气负荷密切相关，随负荷的增加而(　　)。
A. 增加　B. 下降　C. 先下降后增加　D. 先增加后下降

107. BB001　TEG 脱水工艺，溶液 pH 一般控制在(　　)。
A. >8. 5　B. 7. 3~8. 5　C. 6. 0~7. 3　D. <6. 0

108. BB001　TEG 溶液变质产物一般为(　　)。
A. 乙醚　B. 皂化物　C. 有机酸　D. 乙醇

109. BB002　TEG 对芳烃有良好的亲和力，在 25℃时可完全溶解的是(　　)。
A. 苯　B. 甲苯　C. 乙苯　D. 二甲苯

110. BB002　TEG 吸收的芳烃量随其分压上升而(　　)。
A. 降低　B. 增加　C. 先降低后增加　D. 先增加后降低

111. BB003　在其他条件不变的情况下，原料气温度过低，TEG 脱水效果(　　)。
A. 下降　B. 增加　C. 不确定　D. 不变

112. BB003　甘醇法脱水装置湿净化气入塔温度超过(　　)，将导致 TEG 的损失明显增加。
A. 28℃　B. 38℃　C. 48℃　D. 58℃

113. BB004　甘醇法脱水工艺中，下列不会造成缓冲罐液位下降的是(　　)。
A. 精馏柱堵塞　B. 汽提柱平衡管堵塞
C. TEG 循环量增加　D. 明火加热炉燃料气减少

114. BB004　甘醇法脱水装置产品气水含量超标后，需要检查的主要参数有(　　)。
A. 明火加热炉温度　B. 吸收塔液位
C. 闪蒸罐液位　D. 缓冲罐液位

115. BB005　降低 TEG 明火加热炉燃料气用量的措施是(　　)。

A. 定期检查缓冲罐结垢情况　　B. 开大闪蒸罐旁通阀

C. 定期清洗板式换热器　　D. 提高汽提气流量

116. BB005　从能耗角度看 TEG 溶液入塔温度过低,将造成(　　)。

A. 用电量增加　　B. 用水量增加

C. 用气量增加　　D. 化工原材料消耗增加

117. BB006　脱水单元正常运行期间,高压段溶液损失的途径有(　　)。

A. 废气带走　　B. 闪蒸气带液

C. 蛇管换热器窜漏　　D. 高温降解

118. BB006　脱水单元板式换热器窜漏现象为(　　)。

A. 循环冷却水系统集水盘存在大量泡沫　　B. 系统液位偏低

C. 产品气水含量降低　　D. 系统液位升高

119. BB007　下列不是脱水塔进料气温度降低的原因是(　　)。

A. 脱硫单元原料气处理量增加　　B. 脱硫单元贫液空冷器转速过大

C. 循环冷却水系统压力较高　　D. 脱硫单元原料气温度降低

120. BB007　下列措施不能降低脱水塔进料气温度的是(　　)。

A. 适当降低脱硫吸收塔循环量　　B. 适当升高脱硫吸收塔贫液入塔层数

C. 提高脱硫单元贫液空冷器转速　　D. 适当提高循环冷却水系统压力

121. BB008　下列关于脱水缓冲罐液位偏低产生的影响正确的是(　　)。

A. 换热盘管换热效果差　　B. 汽提气带液量增多

C. 容易造成系统发泡　　D. 容易造成再生温度不够

122. BB008　下列关于脱水缓冲罐液位偏高产生的影响正确的是(　　)。

A. 不利于 TEG 贫液中的水分蒸发　　B. 导致溶液循环泵抽空

C. TEG 溶液发泡　　D. TEG 损失减少

123. BB009　TEG 富液中水含量与发泡概率的关系是(　　)。

A. 含水量越高,发泡概率越大　　B. 含水量越高,发泡概率越小

C. 含水量与发泡概率成抛物线关系　　D. 水含量与发泡概率无关

124. BB009　下列关于 TEG 溶液温度对发泡的影响描述正确的是(　　)。

A. 温度低,溶液黏度大　　B. 温度高,溶液吸收水分能量减弱

C. 温度低,溶液黏度小　　D. 温度高,溶液吸收水分能量增强

125. BB010　随着降解产物浓度的增加,将导致三甘醇溶液颜色(　　)。

A. 变深　　B. 变浅　　C. 先变深再变浅　　D. 先变浅再变深

126. BB010　污染后的 TEG 溶液再生前,不需要进行的是(　　)。

A. 过滤　　B. 脱色　　C. 胶水　　D. 除臭

127. BB011　甘醇法脱水工艺脱水塔最经济的设计压力控制在(　　)。

A. 2. 92~3. 45　　B. 3. 45~8. 27　　C. 8. 27~10. 56　　D. 10. 26~15. 29

128. BB011　由于 TEG 溶液容易发泡,因此,在设计时板式塔的板间距应不小于(　　)。

A. 450mm　　B. 550mm　　C. 600mm　　D. 650mm

129. BC001 下列不属于膜分离法脱水工艺的分离要素是( )。
A. 推动力 B. 膜面积 C. 膜的分离选择性 D. 膜平整度
130. BC001 在一定条件下,提高膜面积,则脱水深度( )。
A. 提高 B. 降低 C. 先提高后降低 D. 先降低后升高
131. BC002 在高压凝析气井井口,宜采用的脱水法是( )。
A. TEG 法 B. 氯化钙吸收法 C. 分子筛吸附 D. 膨胀制冷冷却法
132. BC002 天然气中的饱和水含量随温度下降而( )。
A. 下降 B. 增加 C. 先降低后增加 D. 先增加后降低
133. BC003 活性氧化铝作为天然气脱水吸附剂时,其吸附后干气露点可达到( )。
A. -20℃ B. -40℃ C. -60℃ D. -80℃
134. BC003 下列不能用于含硫天然气脱水的有( )。
A. 4A 分子筛 B. 活性氧化铝 C. 5A 分子筛 D. 硅石球
135. BC004 天然气脱水硅胶再生时,应逐渐提高温度,宜控制在每分钟不超过( )。
A. 10℃ B. 20℃ C. 30℃ D. 40℃
136. BC004 天然气脱水细孔硅胶再生温度应控制在( )。
A. 130~150℃ B. 150~180℃ C. 180~200℃ D. 200~220℃
137. BC005 在相对湿度小于 30%时,下列天然气脱水吸附剂的湿容量最高的是( )。
A. 分子筛 B. 活性氧化铝 C. 活性炭 D. 硅胶
138. BC005 吸附法脱水工艺再生热量消耗最多的是( )。
A. 高处理量操作 B. 低处理量操作 C. 高压力操作 D. 低压力操作
139. BC006 下列可以实现分子筛脱水单元节能降耗的措施有( )。
A. 设置再生气分离器 B. 增大再生气流量
C. 提高再生气入塔温度 D. 再生气压缩机循环冷却水改为工业水
140. BC006 分子筛脱水吸附剂的湿容量与再生气加热炉燃料气用量、再生时间的关系是( )。
A. 湿容量随燃料气用量增加而增加 B. 湿容量随再生时间增加而减小
C. 再生时间随燃料气用量增加而增加 D. 再生时间随燃料气用量增加而减少
141. BC007 分子筛脱水单元程序控制阀动作不到位,将造成分子筛( )。
A. 粉化 B. 再生不合格 C. 被污染 D. 孔穴堵塞
142. BC007 分子筛脱水工艺吸附塔床层温度偏高导致产品气水含量超标的原因是( )。
A. 温度升高水露点低 B. 温度升高天然气中水含量降低
C. 温度升高分子筛吸附能力降低 D. 温度升高分子筛损坏加速
143. BD001 气体过冷天然气脱烃工艺适用范围为( )。
A. C^{2+}<200mL/m^3 B. C^{2+}<300mL/m^3
C. C^{2+}<400mL/m^3 D. C^{3+}<400mL/m^3
144. BD001 下列透平膨胀制冷改进天然气脱烃工艺,乙烷回收率最高的是( )。
A. RR B. GSP C. CRR D. CPS

145. BD002　马拉法天然气脱烃工艺的丙烷产率调节范围是(　　)。

A. 2%~100%　　B. 12%~90%　　C. 25%~80%　　D. 34%~70%

146. BD002　油吸收法天然气脱烃工艺是基于天然气中各组分在吸收油中(　　)差异而实现的。

A. 溶解度　　B. 选择性　　C. 压力差　　D. 温度差

147. BD003　当原料气压力与外输干气压力相差较大时,天然气脱烃应选择(　　)。

A. 膨胀制冷　　B. 膨胀制冷与外冷　　C. 混合冷剂制冷　　D. 分子筛

148. BD003　原料气进口压力为600psi,干气出口压力为200psi,天然气脱烃应选择(　　)。

A. 膨胀制冷　　B. 膨胀制冷与外冷　　C. 混合冷剂制冷　　D. J-T阀制冷

149. BD004　天然气脱烃装置供热系统燃料气的来源主要是(　　)。

A. 返输气　　B. 产品气　　C. 闪蒸气　　D. 原料气

150. BD004　下列属于降低天然气脱烃单元汽耗操作的是(　　)。

A. 降低脱乙烷塔塔顶回流量　　B. 提高脱乙烷油预热器换热温度

C. 提高脱乙烷塔温度　　D. 提高脱丁烷塔温度

151. BD005　天然气脱烃单元丙烷制冷系统润滑油消耗过快的主要原因是(　　)。

A. 环境温度低　　B. 出口汽水分离器效果差

C. 润滑油换热器结垢　　D. 螺杆咬合差

152. BD005　天然气脱烃单元丙烷制冷系统滑阀无法加载时,不需要检查的零部件是(　　)。

A. 油路电磁阀　　B. 滑阀控制状态　　C. 加载信号保险丝　　D. 联轴器

153. BD006　下列造成膨胀制冷系统自动联锁停机的原因是(　　)。

A. 膨胀机组供油压力过低　　B. 膨胀机组转速过低

C. 膨胀机组润滑油流量过高　　D. 气体流量过低

154. BD006　下列可能造成天然气脱烃装置透平膨胀制冷系统自动联锁停机的是(　　)。

A. 原料温度过低　　B. 循环冷却水突然停止

C. 油泵不上量　　D. 轴承温度偏低

155. BE001　富氧克劳斯工艺通过用纯氧代替空气,可使典型的克劳斯硫回收装置的处理能力增加(　　)。

A. 1倍　　B. 2倍　　C. 3倍　　D. 4倍

156. BE001　下列不属于富氧克劳斯硫黄回收工艺的是(　　)。

A. PSClaus　　B. NoTICE　　C. P-Combustion　　D. Euroclause

157. BE002　下列Claus反应在有机溶剂中进行的是(　　)。

A. Ensulf　　B. ULTRA　　C. UCSRP　　D. Clinsulf-DO

158. BE002　下列适用于H_2S含量低而CO_2含量高的硫黄回收工艺是(　　)。

A. 选择性催化氧化工艺　　B. Lo-C-A-t

C. Sulferox　　D. UCSRP

159. BE003　下列对硫黄回收单元主燃烧炉操作中,可以提高硫收率的是(　　)。

A. 提高进入主燃烧炉支路酸气流量　　B. 适当加入降温蒸汽

C. 合理控制主燃烧炉配风　　D. 加入适量燃料气

160. BE003　为精确控制硫黄回收单元风气比,应尽量按(　　)调整空气量。

A. 理论计算值　　B. 次化学当量　　C. 在线分析仪数据　　D. 火焰燃烧状况

161. BE004　下列硫黄回收工艺催化反应温度高于硫露点的是(　　)。

A. Superclaus　　B. CBA　　C. Clinsulf-SDP　　D. MCRC

162. BE004　下列硫黄回收工艺过程气采用燃料气加热的是(　　)。

A. Superclaus　　B. CBA　　C. Clinsulf-SDP　　D. MCRC

163. BE005　降低硫黄回收单元液硫多硫化氢含量的措施是(　　)。

A. 适当提高液硫在脱气罐中停留时间　　B. 适当提高脱气罐吹扫气流量

C. 适当降低蒸汽引射器流量　　D. 适当提高液硫脱气罐温度

164. BE005　硫黄回收单元液硫多硫化氢含量超标应检查(　　)。

A. 夹套管线泄漏情况　　B. 配风

C. 冷凝器温度　　D. 脱气池空气量

165. BE006　超级克劳斯反应器床层温度持续升高直至联锁,尾气灼烧炉温度将(　　)。

A. 升高　　B. 降低　　C. 先升高后降低　　D. 先降低后升高

166. BE006　超级克劳斯反应器床层温度超高的危害是(　　)。

A. 催化剂强度增加　　B. 催化剂堆密度增加

C. 催化剂热老化　　D. 催化剂硫酸盐化

167. BE007　低温克劳斯硫黄回收装置程序阀切换的依据是(　　)。

A. 温升　　B. 时间　　C. 压力　　D. 流量

168. BE007　低温克劳斯硫黄回收装置程序阀切换异常的一般判断依据是(　　)。

A. 规定时间程序阀未动作　　B. 规定温升程序阀未动作

C. 回压波动　　D. 硫黄回收装置停车

169. BE008　因过程气 H_2S、SO_2 含量偏高造成 CPS 反应器再生温度偏高,应采取的措施是(　　)。

A. 提高主燃烧炉温度　　B. 加入降温蒸汽

C. 开大过程气再热器旁通阀　　D. 降低脱硫吸收塔溶液出塔层数

170. BE008　CPS 反应器再生温度低,应采取的处理措施是(　　)。

A. 关闭过程气再热器旁通阀　　B. 降低尾气灼烧炉烟道温度

C. 检查过程气再热器窜漏情况　　D. 提高克劳斯冷凝器液位

171. BE009　下列关于“冷态”SDP 反应器恒温段温度降低的现象描述正确的是(　　)。

A. 蒸汽包蒸汽压力升高　　B. 冷却水温度降低

C. 冷却水水箱液位上涨　　D. 系统回用升高

172. BE009　“热态”反应器绝热段床层无温升,则说明(　　)。

A. 蒸汽包压力高　　B. 催化剂活性低

C. 蒸汽包压力低　　D. 冷却水水箱液位低

173. BE010　下列参数变化不会影响硫黄回收装置主风机电流波动的是(　　)。

A. 主风机出口压力　　B. 酸气流量波动

C. 主风机出口阀波动　　D. 主风机出口温度

174. BE010　下列参数变化将造成尾气灼烧炉烟道温度升高的是(　　)。

A. H_2S/SO_2 尾气分析仪中 SO_2 偏高　　B. 急冷空气量降低

C. 急冷空气量增加　　D. 燃料气流量降低

175. BE011　硫黄回收单元的主要能耗设备是(　　)。

A. 主风机　　B. 液硫泵　　C. 蒸汽引射器　　D. 冷凝器

176. BE011　下列不能降低余热锅炉水耗的措施是(　　)。

A. 投产初期低液位运行　　B. 合理加药

C. 控制排污量　　D. 提高主燃烧炉燃料气流量

177. BE012　在主燃烧炉混合室内，H_2S 转化为硫的转化率在一定范围内(　　)。

A. 随温度的降低而升高　　B. 随温度的升高而降低

C. 随温度的升高而升高　　D. 无规律变化

178. BE012　在燃烧炉内要保持稳定的火焰，其温度一般控制在(　　)以上。

A. 870℃　　B. 920℃　　C. 1000℃　　D. 1250℃

179. BE013　H_2S 转化为元素硫的反应温度低于(　　)时，反应不能超生成 S_2 方向进行。

A. 510℃　　B. 480℃　　C. 450℃　　D. 420℃

180. BE013　在温度低于 2649℃的反应条件下，不发生的反应是(　　)。

A. $2H_2S+SO_2=3S_1+2H_2O$　　B. $4S_2 \rightarrow S_8$

C. $2H_2S+SO_2=3/2S_2+2H_2O$　　D. $2H_2S+SO_2=3/8S_8+2H_2O$

181. BE014　硫黄回收装置进料酸气有机硫含量较高，应选择的工艺是(　　)。

A. EURO Claus　　B. Superclaus99　　C. CBA　　D. clinsulfSDP

182. BE014　当硫黄回收单元进料酸气 H_2S 含量小于 5%，应选择的工艺是(　　)。

A. CBA　　B. Selectox　　C. EURO Claus　　D. MCRC

183. BE015　下列造成催化剂失活的化学因素是(　　)。

A. 有机杂质污染　　B. 水热老化　　C. 碳沉积　　D. 硫沉积

184. BE015　衡量低温克劳斯反应催化剂性能的关键因素是(　　)。

A. 压碎强度　　B. 孔隙率　　C. 堆密度　　D. 磨损率

185. BF001　SCOT 尾气处理加氢还原催化剂在使用前应进行(　　)。

A. 钝化　　B. 预硫化　　C. 氧化　　D. 热浸

186. BF001　SCOT 尾气处理加氢还原催化剂中硫化钴开始发生氧化反应时的温度为(　　)。

A. 40℃　　B. 60℃　　C. 80℃　　D. 90℃

187. BF002　串级 SCOT 尾气处理工艺加氢催化剂应采用(　　)。

A. 低温催化剂　　B. 高温催化剂　　C. 水解催化剂　　D. 常规催化剂

188. BF002　串级 SCOT 尾气处理工艺是将 SCOT 吸收塔底部出来的富液经增压后返回至脱硫装置吸收塔的(　　)。

A. 上部　　B. 中部　　C. 底部　　D. 循环泵出口管线上

189. BF003　联合再生 SCOT 尾气处理工艺与标准 SCOT 尾气处理工艺流程相同之处有(　　)。

A. 均含有加氢还原段　　B. 均含有单独的闪蒸罐

C. 均不含有急冷塔　　D. 均不需设置酸水汽提装置

190. BF003　联合再生 SCOT、标准 SCOT、串接吸收 SCOT 三种尾气处理工艺操作难度最大的是(　　)。

A. 串接吸收 SCOT　　B. 标准 SCOT　　C. 联合再生 SCOT　　D. 三者均一样

191. BF004　下列尾气处理工艺中,硫回收率最高的是(　　)。

A. SSR 工艺　　B. Super-SCOT 工艺

C. 超重力 SCOT 工艺　　D. HCR 工艺

192. BF004　下列尾气处理工艺中,必须外供氢源的有(　　)。

A. SSR　　B. SCOT　　C. SuperSCOT　　D. HCR

193. BF005　硫黄回收单元冷凝器出口过程气温度高,将导致 SCOT 尾气处理单元(　　)。

A. 吸收塔腐蚀　　B. 急冷塔塔盘堵塞　　C. 急冷塔 pH 降低　　D. 急冷塔 pH 升高

194. BF005　下列造成 SCOT 尾气处理单元 SO_2 穿透的原因有(　　)。

A. 硫黄回收单元配风太高　　B. 燃烧炉次当量配风

C. 脱硫单元原料气 H_2S 含量高　　D. 克劳斯冷凝器冷却效果差

195. BF006　为防止 SCOT 尾气处理单元加氢催化剂超温粉化,反应器温度不能高于(　　)。

A. 300℃　　B. 350℃　　C. 380℃　　D. 400℃

196. BF006　当已确认加氢催化剂活性降低,而又在继续维持生产时,需密切关注急冷塔酸水的(　　)。

A. 温度　　B. 浓度　　C. 颜色　　D. 流量

197. BF007　下列参数变化后不会造成 SCOT 尾气处理单元急冷塔酸水 pH 降低的是(　　)。

A. 主燃烧炉配风过低　　B. 硫黄回收尾气 SO_2 过高

C. 氢含量在线仪数据降低　　D. 主燃烧炉温度升高

198. BF007　下列参数变化后不会造 SCOT 尾气处理单元成氢含量在线仪数据降低的是(　　)。

A. 主燃烧炉温度过低　　B. 主燃烧炉配风过低

C. 主燃烧炉温度过高　　D. 主燃烧炉配风过高

199. BF008　SCOT 尾气处理单元加氢还原反应器出现 SO_2 穿透后,急冷塔腐蚀加速,酸水中杂质增多,杂质的主要成分是(　　)。

A. 铁的氧化物　　B. 催化剂粉尘　　C. 未溶于水碱　　D. 炭黑

200. BF008　SCOT 尾气处理单元加氢还原段短期停车后,应用惰性气体置换并带压保护,以防止过程气中的水蒸气、二氧化硫和硫化氢冷凝后形成 H_2SO_3、H_2S 水溶液,引起严重的(　　)。

A. CO_2 腐蚀　　B. 高温腐蚀　　C. 氧腐蚀　　D. 硫化物应力腐蚀

201. BF009　下列不能实现 SCOT 尾气处理单元余热锅炉节能降耗的操作是(　　)。

A. 加大连续排污量　　B. 提高水处理药剂用量

C. 提高灼烧炉温度　　D. 提高硫黄回收尾气温度

202. BF009　在保证废气总硫合格的前提下,从节能降耗方面考虑,应采取的措施是(　　)。

A. 及时补充急冷塔液位　　B. 降低溶液循环量

C. 降低急冷塔酸水 pH　　D. 直接将酸水送至污水处理单元

203. BF010　采用氮平衡法计算 CS_2、COS 水解率时，其氮来源是(　　)。
A. 进入主燃烧炉的配风　　B. 进入在线燃烧炉的空气量
C. 酸气补偿配风　　D. 三者之和

204. BF010　硫平衡法计算 CS_2、COS 水解率中，体积收缩系数 K 的计算方法是(　　)。
A. $K=[1-(V(H_2S)+V(SO_2))]/[1-(V(H_2S)+V(SO_2))']\times100\%$
B. $K=[1-(V(H_2S)/V(SO_2))]/[1-(V(H_2S)-V(SO_2))']\times100\%$
C. $K=[1+(V(H_2S)+V(SO_2))]/[1+(V(H_2S)+V(SO_2))']\times100\%$
D. $K=[1+(V(H_2S)-V(SO_2))]/[1+(V(H_2S)-V(SO_2))']\times100\%$

205. BG001　污水处理电渗析装置离子膜故障，应采取的措施是(　　)。
A. 立即更换　　B. 通入复活化学试剂　　C. 立即外排淡水　　D. 淡水循环处理

206. BG001　下列不会影响污水处理电渗析装置淡水质量的是(　　)。
A. 运行电流　　B. 原水含盐量
C. 离子膜损坏　　D. 淡水至循环冷却水流量

207. BG002　下列四效蒸发结晶装置中的设备停运后不会造成料液温度异常的是(　　)。
A. 离心机　　B. 蒸发结晶器　　C. 平衡桶　　D. 真空泵

208. BG002　四效蒸发结晶装置进料温度异常，进行调整控制参数时，应将控制系统(　　)。
A. 至于手动状态　　B. 至于自动状态　　C. 至于零位状态　　D. 断电

209. BG003　污水处理装置微生物活性降低后，调整营养物质 BOD_5 : N : P 最适合比例是(　　)。
A. 100 : 5 : 1　　B. 200 : 5 : 1　　C. 50 : 5 : 1　　D. 100 : 5 : 2

210. BG003　下列影响污水处理装置微生物生长的主要因素有(　　)。
A. 温度、溶解氧　　B. 营养物质、COD　　C. pH、有毒物质　　D. 空气量、溶解氧

211. BG004　下列原因不会造成火炬放空及排放装置电子点火异常的是(　　)。
A. 燃料气压力高　　B. 点火高压包故障　　C. 电信号故障　　D. 配风不足

212. BG004　下列原因不是火炬放空及排放装置内传点火异常的是(　　)。
A. 空气阀门开度过大　　B. 点火高压包故障
C. 分子封水封液位过高　　D. 空气阀门开度过小

213. BG005　下列属于污水处理单元节能降耗措施的是(　　)。
A. 使用保险池净化水作为吸水池配水　　B. 开大原水池曝气阀
C. 定期投加尿素　　D. 定期投加碳酸氢钠

214. BG005　下列不属于生物污水处理装置的消耗品的是(　　)。
A. 斜管填料　　B. 磷酸二氢钾　　C. 磷酸三钠　　D. 絮凝剂

215. BG006　下列不属于火炬及放空系统能耗介质的是(　　)。
A. 燃料气　　B. 除盐水　　C. 空气　　D. 电

216. BG006　火炬及放空系统分子封保护气流量调整的关键是(　　)。
A. 保证内部持续微正压　　B. 保证内部持续微负压
C. 越高越好　　D. 越低越好

217. BG007　下列不会影响循环冷却水系统凉水塔水量损失的因素是(　　)。

A. 凉水塔风机转速　　B. 凉水塔回水喷头

C. 凉水塔底部积水盘　　D. 凉水塔顶部收水器

218. BG007　循环冷却水系统最佳加药方式是(　　)。

A. 先加药后排污　B. 定期投加药剂　C. 定量投加药剂　D. 连续投加药剂

219. BG008　蒸汽及凝结水系统采用 RO 反渗透膜生产除盐水,影响较小的参数是(　　)。

A. 纯水排放量　B. 浓水排放量　C. 操作温度　D. 操作压力

220. BG008　下列不属于降低蒸汽及凝结水系统水耗的措施是(　　)。

A. 凝结水密闭回收　　B. 保持锅炉较高液位运行

C. 控制锅炉连续排污量　　D. 控制除氧器排放气量

221. BG009　空气及氮气系统使用循环冷却水的设备有(　　)。

A. 干燥器　B. PSA 吸附塔　C. 空压机　D. 冷干机

222. BG009　下列属于空气及氮气系统压缩机节能降耗措施的是(　　)。

A. 清洗油路系统　　B. 提高排气温度

C. 提高排气压力　　D. 提高循环冷却水压力

223. BH001　脱硫、脱水单元开车不需具备的条件是(　　)。

A. 工艺检查完成,发现的问题已经及时整改

B. 工艺参数在规定范围内,符合进气条件

C. 氮气置换、水洗和仪表联校、检漏试压、进溶液冷热循环已完成

D. 装置区脚手架必须拆除

224. BH001　脱硫单元或脱水单元开产顺序正确的是(　　)。

A. 空气吹扫-N_2 置换及检漏-盲板倒换-系统升压检漏-水洗-进溶液-冷循环、热循环

B. N_2 置换及检漏-空气吹扫-盲板倒换-水洗-系统升压检漏-进溶液-冷循环、热循环

C. 空气吹扫-N_2 置换及检漏-水洗-系统升压检漏-盲板倒换-进溶液-冷循环、热循环

D. 空气吹扫-N_2 置换及检漏-盲板倒换-系统升压检漏-进溶液-冷循环、热循环

225. BH002　下列不属于天然气净化装置停工方案内容的是(　　)。

A. 停工进度表　B. 停工准备工作　C. 停工方案　D. 施工组织设计

226. BH002　硫黄回收单元检修停工顺序正确的是(　　)。

A. 停止进酸气-酸气除硫-装置热备-燃料气除硫-装置吹扫冷却

B. 酸气除硫-停止进酸气-燃料气除硫-装置吹扫冷却

C. 酸气除硫-停止进酸气-燃料气除硫-装置吹扫冷却

D. 停止进酸气-酸气除硫-燃料气除硫-装置热备-装置吹扫冷却

227. BH003　下列不属于系统性检修开产期间习惯性违章描述的是(　　)。

A. 上下楼梯不扶扶手　　B. 单人作业

C. 无票证动火作业　　D. 随意打接手机

228. BH003　下列不属于系统性检修开产期间环境风险的是(　　)。

A. 试压不合格放空　　B. 中水回用

C. 试压期间放空火炬熄灭　　D. 热循环酸水排入环形地沟

229. BH004　天然气净化厂系统性检修停产期间应准备的安防器材有(　　)。

A. 空气呼吸器　B. 防毒面具　C. 气体报警仪　D. 担架

230. BH004　下列不属于天然气净化厂系统性检修停产期间环境风险的是(　)。
A. 热循环后立即泄压放空　B. 中水回用
C. 高浓度污水溢漏　D. 循环冷却水排入环形地沟

231. BI001　天然气净化装置出现疑难问题,操作人员不能采取的措施是(　)。
A. 查看运行参数　B. 检查设备运行情况　C. 立即停产　D. 分析化验数据

232. BI001　天然气净化厂疑难问题不涉及的是(　)。
A. 装置设备　B. 产品质量　C. 安全生产　D. 人员分配

233. BI002　下列属于天然气净化厂设备安全隐患的是(　)。
A. 吸收塔液位波动大　B. 主燃烧炉回压高
C. 尾气灼烧炉温度高　D. 重沸器蒸汽流量高

234. BI002　下列不属于天然气净化厂安全风险评价方法的是(　)。
A. LEC　B. HAZOP　C. RB-I　D. ERA

235. BI003　热量衡算是在稳定的条件下,进入系统的能量必然(　)离开系统的能量和损失能量之和。
A. 等于　B. 大于　C. 小于　D. 先大于后小于

236. BI003　天然气净化厂生产性能考核的时间一般规定为(　)。
A. 24h　B. 36h　C. 48h　D. 72h

237. BI004　下列不属于事件分级的是(　)。
A. 医疗事件　B. 限工事件　C. 亡人事件　D. 未遂事件

238. BI004　下列不属于生产安全事故的是(　)。
A. 工业生产安全事故　B. 道路交通事故
C. 火灾事故　D. 自然灾害事故

239. BI005　以下属于循环水装置药剂的是(　)。
A. MDEA　B. TEG　C. CT4-36　D. 磷酸三钠

240. BI005　天然气净化装置单位综合能耗指标为设计值(　)以下,则认定天然气净化装置运行经济。
A. 65%　B. 75%　C. 85%　D. 95%

241. BJ001　下列不属于操作卡的是(　)。
A. 日常处理卡　B. 异常处理卡　C. 事故处理卡　D. 应急处置卡

242. BJ001　天然气净化操作规程中,不能通过工艺设计确定的内容是(　)。
A. 技术指标　B. 技术要求　C. 操作方法　D. 优化操作

243. BJ002　天然气净化厂计算综合能耗的折算单位是(　)。
A. 标准天然气当量　B. 标准原油当量
C. 标准煤当量　D. 标准电能当量

244. BJ002　能源计量应符合的标准是(　)。
A. GB 17167—2006　B. GB 17820
C. GB 2449　D. GB 18047

245. BJ003 在配合技术人员技术改造时,不需要的是( )。
A. 协助技术人员编写施工方案 B. 监督施工方安全按章作业
C. 解决出现的工艺技术问题 D. 资金计划安排

246. BJ003 月度技术总结不包括的内容是( )。
A. 装置生产数据
B. 工艺技术分析
C. 对装置出现的生产技术问题提出整改方案或建议
D. 人力资源分析

247. BJ004 下列不属于技术论文的内容和格式的是( )。
A. 标题 B. 摘要 C. 参考文献 D. 技术线路

248. BJ004 技术论文应具备的最基本条件是( )。
A. 逻辑性 B. 科学性 C. 理论性 D. 独创性

249. BJ005 在对装置进行技术革新的主要目的是( )。
A. 提高产量 B. 降低运行成本和节约能源
C. 降低腐蚀 D. 降低投资成本

250. BJ005 脱硫脱碳单元通过技术革新不能达到的效果是( )。
A. 降低设备腐蚀 B. 增加溶液浓度 C. 设备节能降耗 D. 装置生产负荷

251. BJ006 装置停产方案包括( )。
A. 停产进度安排、停产方案、停产检修实施项目
B. 停产准备确认、停产方案、停产检修总进度安排
C. 停产准备确认、停产方案、检修内容
D. 停产进度安排、停产准备确认、停产方案

252. BJ006 下列不是《天然气净化厂系统性检修作业指导书》组织机构内容的是( )。
A. 工作职责 B. 检修领导小组 C. 专业组 D. 检修进度安排

253. BJ007 下列不是新技术、新工艺经济考核指标的是( )。
A. 运行成本 B. 投资成本 C. 安全风险控制 D. 节能降耗效果

254. BJ007 新技术、新工艺应用方案的技术经济综合评价方法不包括( )。
A. 模糊综合评价法 B. 专家调查法
C. 人工神经网络技术 D. 多属性评价法

255. BJ008 科研项目开题设计报告中不属于项目组织内容的是( )。
A. 项目组织实施方式 B. 现场施工人员
C. HSE 管理预案 D. 项目主要研究人员

256. BJ008 下列不是科研项目开题报告内容的是( )。
A. 经济考核指标 B. 国内外现状 C. 项目组织 D. 下一步工作安排

257. BK001 下列不属于月度检修计划检修内容的是( )。
A. 过滤组件更换 B. 隐患设备检修
C. 疏水阀损坏 D. 主蒸汽阀更换

258. BK001 临停检修不能完成的项目是( )。

A. 吸收塔更换　B. 再生塔清洗　C. 主蒸汽阀更换　D. 循环泵检修

259. BK002　下列角色不需参加检修项目技术交底的是(　　)。

A. 作业项目签发人　B. 作业项目负责人
C. 作业项目属地监督　D. 项目作业人员

260. BK002　下列不是作业项目负责人必须确认的是(　　)。

A. 工作前安全分析表上的安全要求已交代清楚
B. 安全措施已落实到位
C. 作业人员身体状态
D. 作业方案已交代清楚

261. BK003　设备进行运转验收时,重要设备连续运转的时间应(　　)。

A. ≥2h　B. ≥4h　C. ≥6h　D. ≥8h

262. BK003　罐类容器验收应符合《压力容器》验收标准(　　)。

A. GB 150—2011　B. JB/T 4735—1997
C. GB/J 128—1998　D. SH/T 3530—2003

263. BK004　下列一般用于检修作业危害分析的工具方法是(　　)。

A. HAZOP　B. JCA　C. JSA　D. PHA

264. BK004　下列关于设备检修技术方案说法错误的是(　　)。

A. 作业人员编制完成后实施　B. 检修内容应对项目逐级分
C. 编制依据的相关标准应采用最新版　D. 应建立事故应急预案

265. BL001　不同单位对分析结果有争论时,应采用(　　)。

A. 例行分析　B. 仲裁分析　C. 化学分析　D. 无机分析

266. BL001　根据分子及原子发射、吸收光谱不同而建立起来的分析方法是(　　)。

A. 光学分析法　B. 电化学分析法　C. 色谱分析法　D. 热分析法

267. BL002　下列用于天然气中 H_2S 含量的测定,适用范围最广的是(　　)。

A. 碘量法　B. 亚甲蓝法　C. 钼蓝法　D. 醋酸铅法

268. BL002　下列用于天然气中低含量 H_2S 的测定,取样时间较长的是(　　)。

A. 碘量法　B. 亚甲蓝法　C. 钼蓝法　D. 醋酸铅法

269. BL003　下列属于污水化学需氧量测定的方法是(　　)。

A. 过硫酸铵分光光度法　B. EDTA 滴定法
C. 亚甲基蓝分光光度法　D. 重铬酸盐法

270. BL003　MDEA 脱硫溶液、TEG 脱水溶液组分分析可采用(　　)。

A. 化学法　B. 碘量法
C. 醋酸铅反应速率法　D. 气相色谱

271. BL004　液体工业硫黄取样时,应从槽车或储存容器(　　)进行采取。

A. 上部　B. 中部　C. 下部　D. 三者均要

272. BL004　汽提法用于液硫中总 H_2S 含量分析时,应恒温在(　　)。

A. 135℃　B. 145℃　C. 150℃　D. 155℃

273. CA001　机械制图图样中书写的汉字应写成(　　)。

A. 楷体 B. 宋体 C. 隶书 D. 长仿宋体

274. CA001 管段图上的指北方向,不得指向( )。

A. 正上方 B. 右上方 C. 左上方 D. 下方

275. CA002 CAD 软件可用来绘制( )。

A. 机械零件图 B. 建筑设计图 C. 服装设计图 D. 以上都对

276. CA002 CAD 是计算机主要应用领域之一,它的含义是( )。

A. 计算机辅助教育 B. 计算机辅助测试

C. 计算机辅助设计 D. 计算机辅助管理

277. CA003 Word 文档中要插入页眉和页脚,首先要切换到( )视图方式下。

A. 普通 B. 页面 C. 大纲 D. Web 版式

278. CA003 在 Excel 中,工作簿是指( )。

A. 操作系统

B. 不能有若干类型的表格共存的单一电子表格

C. 图表

D. 在 Excel 环境中用来存储和处理工作数据的文件

279. CA004 "diisopropanolamine"翻译正确的是( )。

A. 二甘醇胺 B. 二异丙醇胺 C. 甲基二乙醇胺 D. 二甲基胺

280. CA004 "sulfur dioxiDF" 翻译正确的是( )。

A. 硫黄 B. 硫化氢 C. 二氧化硫 D. 有机硫

281. CB001 下列不需要执行工艺与设备变更管理程序的是( )。

A. 软件系统的改变 B. 试验及测试操作

C. 化学药剂和催化剂的改变 D. 规格参数相同的阀门更换

282. CB001 下列关于工艺与设备变更说法不正确的是( )。

A. 完成变更的工艺、设备在运行后,应对变更影响或涉及的相关人员进行培训或沟通

B. 变更所在区域或单位应建立变更工作文件、记录,以便做好变更过程的信息沟通

C. 变更实施完成后,应对变更是否符合规定内容,以及是否达到预期目的进行验证,提交工艺设备变更结项报告

D. 变更申请人应初步判断变更类型、影响因素、范围等情况,按分类做好实施变更前的各项准备工作,提出变更申请

283. CB002 工作前安全分析小组应针对识别出的每个风险制定控制措施,将风险降低到( )。

A. 可接受的范围 B. 最小 C. 合适 D. 规定

284. CB002 下列关于工作前安全分析说法不正确的是( )。

A. 如果该工作任务是低风险活动,并由有胜任能力的人员完成,可不做工作前安全分析和工作环境进行分析

B. 如果该工作任务是低风险活动,并由有胜任能力的人员完成,可不做工作前安全分析,但应对工作环境进行分析

C. 如果该工作任务是低风险活动,可不做工作前安全分析,但应对工作环境进行分析

D. 如以上说法都正确

285. CB003 ( )是 HAZOP 分析的一个重要组成部分,也是后期编制分析报告的直接依据。

A. 节点划分　　B. 分析记录　　C. 风险评估　　D. 分析偏差

286. CB003 在具体项目 HAZOP 分析过程中,偏差的选用由分析小组根据分析对象和( )确定。

A. 结构　　B. 条件　　C. 危险等级　　D. 目的

287. CB004 下列说法正确的是( )。

A. 在进行物理隔断后,可以不进行隔离有效性测试

B. 只有在隔离方式不可靠的情况下,才进行隔离有效性测试

C. 无论采取任何隔离方式,都应进行隔离有效性测试

D. 现场不具体隔离有效性测试条件,可以不做隔离有效性测试

288. CB004 隔离就是将阀件、电器开关、蓄能配件等设定在合适的位置或借助特定的设施使设备不能运转或( )不能释放的措施。

A. 危险能量和物料　　B. 危险能量

C. 物料　　D. 能量

289. CC001 计量器具新产品的型式,由( )计量行政部门批准。

A. 市级　　B. 省级人民政府

C. 设区的市级人民政府　　D. 国务院

290. CC001 《中华人民共和国计量法》自( )由全国人大通过。

A. 1985 年 9 月 6 日　　B. 1986 年 9 月 6 日

C. 1987 年 9 月 6 日　　D. 1988 年 9 月 6 日

291. CC002 实行强制检定的工作计量器具的目录和管理办法,由( )制定。

A. 市级　　B. 省级人民政府

C. 设区的市级人民政府　　D. 国务院

292. CC002 强制检定的工作计量器具必须是( )。

A. 用于医疗卫生方面的工作计量器具

B. 用于贸易结算方面的工作计量器具

C. 直接用于国防军事方面的工作计量器具

D. 是直接用于环境监测方面的工作计量器具

293. CC003 计量检定印、证的种类包括( )。

A. 检定证书　　B. 检定合格证、检定合格印

C. 注销印　　D. 说明书

294. CC003 为社会提供公证数据的产品质量检验机构,必须经( )以上人民政府计量行政部门计量认证。

A. 市级　　B. 省级　　C. 设区的市级　　D. 国务院

295. CD001 《危险化学品重大危险源辨识》(GB 18218—2009)规定单元内硫化氢的临界量是( )。

A. 5t　B. 10t　C. 15t　D. 20t

296. CD001　重大危险源中的临界量的单位是(　　)。

A. 吨　B. 吨/平方米　C. 平方米　D. 克

297. CD002　下列不需要办理专项作业许可的作业是(　　)。

A. 进入受限空间　B. 高处作业

C. 在维修工房进行焊接作业　D. 移动式吊装作业

298. CD002　作业许可证一式四联,其中第二联应(　　)。

A. 悬挂在作业现场

B. 张贴在控制室或公开处以示沟通,让现场所有有关人员了解现场正在进行的作业位置和内容

C. 送交相关方,以示沟通

D. 保留在批准人处

299. CD003　下列法律效力最大的监督依据是(　　)。

A. 国家法律　B. 部门规章　C. 国家标准　D. 企业规章制度

300. CD003　下列最具有针对性的监督依据是(　　)。

A. 国家法律　B. 部门规章　C. 国家标准　D. 行业标准

301. CD004　使用灭火器要做到:拔掉保险销,在拔销时注意放松夹角手柄;握住喷头,(　　),由近及远地灭火,逐步推进。

A. 瞄准火源火焰　B. 瞄准离自己最近的火源

C. 瞄准火源根部　D. 瞄准火焰中部

302. CD004　起重作业应该按指挥信号和按操作规程进行,(　　)紧急停车信号,都应立即执行。

A. 不论何人发出　B. 只要是领导发出

C. 只要是直接作业人员发出　D. 只要是作业指挥人员发出

303. CD005　重大事故应由(　　)进行调查。

A. 国务院　B. 省级人民政府

C. 设区市级人民政府　D. 县级人民政府

304. CD005　一般事故应由(　　)进行调查。

A. 国务院　B. 省级人民政府

C. 设区市级人民政府　D. 县级人民政府

305. CD006　下列不属于装置检修项目 HSE 方案主要内容(　　)。

A. 编制依据　B. 组织机构及职责　C. 应急处置程序　D. 危害及其控制措施

306. CD006　下列关于项目 HSE 应急预案说法不正确的是(　　)。

A. 项目 HSE 管理方案应由施工方编制。

B. 建设方应参与 HSE 施工方案审核

C. 编制依据中的标准应为有效版本

D. 项目 HSE 管理方案应由建设方编制

307. CD007　下列不属于装置检修项目 HSE 应急预案主要内容(　　)。

A. 编制依据　　B. 应急联系方式　　C. 应急处置程序　　D. 自救互救

308. CD007　下列关于说法 HSE 应急预案不正确的是(　　)。

A. 项目 HSE 应急预案应由施工方编制　　B. 建设方应参与 HSE 应急预案审核

C. 应急预案应明确应急药品和资源　　D. 项目 HSE 应急预案应由建设方编制

309. CD008　下列关于应急演练说法错误的是(　　)。

A. 不需要每项演练目标都要有对应的评估方法

B. 演练效果评估可以邀请第三方进行评估

C. 演练经费应纳入单位的年度财政预算

D. 大型高风险演练必须制定应急预案

310. CD008　宣传组应属于应急演练领导小组下设的(　　)。

A. 策划部　　B. 保障部　　C. 评估组　　D. 文案组

311. CD009　下列关于应急预案说法错误的是(　　)。

A. 应急预案是针对可能发生的事故,为迅速、有序地开展应急行动而预先制定的行动方案

B. 生产经营单位的主要负责人有组织制定并实施本单位生产安全事故应急救援预案的职责

C. 县级以上地方各级人民政府应急组织有关部门应当制定本行政区域内重大生产安全事故应急救援预案,建立应急救援体系

D. 生产经营单位对重大危险源应当登记建档,进行定期检测、评估、监控,并制定应急预案

312. CD009　应急演练活动准备阶段的主要任务是(　　)。

A. 明确演练需求,提出演练的基本构想和初步安排

B. 完成演练策划,编制演练总体方案及其附件,进行必要的培训和预演,做好各项保障工作安排

C. 按照演练总体方案完成各项演练活动,为演练评估总结收集信息

D. 评估总结演练参与单位在应急准备方面的问题和不足,明确改进的重点,提出改进计划

313. CD010　生产区域的应急预案必须涵盖(　　),一周 7 天。

A. 白天 12 小时　　B. 晚上 12 小时

C. 一天 24 小时　　D. 时段根据具体情况定

314. CD010　应急演练活动计划阶段的主要任务是(　　)。

A. 明确演练需求,提出演练的基本构想和初步安排

B. 完成演练策划,编制演练总体方案及其附件,进行必要的培训和预演,做好各项保障工作安排

C. 按照演练总体方案完成各项演练活动,为演练评估总结收集信息

D. 评估总结演练参与单位在应急准备方面的问题和不足,明确改进的重点,提出改进计划

315. CD011　HSE 是(　　)。

A. health,safety,education 的缩写　　B. harm,service,energy 的缩写
C. health,safety,energy 的缩写　　D. health,safety,environment 的缩写

316. CD011　(　　)是推进健康、安全与环境管理体系持续改进的动力。
A. “领导和承诺”　　B. “健康、安全与环境方针”
C. “管理评审”　　D. “组织机构、资源和文件”

二、多项选择题(每题有 4 个选项,至少有 2 个正确,将正确的选项填入括号内)

1. AA001　下列说法正确的是(　　)。
A. 需要加热才能发生的反应一定是吸热反应
B. 任何放热反应在常温条件下一定能发生反应
C. 反应物和生成物所具有的总能量决定了放热还是吸热
D. 吸热反应在一定条件下(如常温、加热等)也能发生反应

2. AA002　反应 $C(s)+H_2O(g)=CO(g)+H_2(g)$ 在一可变容积的密闭容器中进行,下列条件的改变对其反应速率几乎无影响的是(　　)。
A. 增加 C 的量
B. 将容器的体积缩小一半
C. 保持体积不变,充入氮气使体系压强增大
D. 保持压强不变,充入氮气使容器体积增大

3. AA003　牛顿黏性定律的数学表达式为(　　)。
A. $\tau=\frac{F}{A}$　　B. $\tau=\mu\frac{du}{dy}$　　C. $\tau=\mu\frac{F}{A}$　　D. $\tau=\frac{F}{A}\frac{du}{dy}$

4. AA004　间壁式换热器热量传递过程的热量传递方式有(　　)。
A. 对流传热　　B. 热传导　　C. 热辐射　　D. 摩擦传热

5. AA005　一定条件下,下列换热器传热系数顺序排列正确的是(　　)。
A. 板式换热器>翅片换热器　　B. 翅片换热器>浮头式换热器
C. 浮头式换热器>套管换热器　　D. 板式换热器>翅片换热器

6. AA006　以下属于涡流扩散传质过程的有(　　)。
A. 天然气的脱硫吸收　　B. 天然气脱水吸收
C. 液体二氧化氯活化　　D. 磷酸三钠溶液配置

7. AA007　当量直径不能用来代替圆管的直径去计算(　　)。
A. 截面积　　B. 流速　　C. 流量　　D. 压力

8. AA008　下列对流型的变化有很大影响的是(　　)。
A. 管外径　　B. 管内径　　C. 流动的平均流速　　D. 流体性质

9. AA009　下列关于流体静力学基本方程式理解正确的有(　　)。
A. 在静止的液体中,液体任一点的压力与液体密度和其深度有关。
B. 液体密度越大,深度越大,则该点的压力越大。
C. 液体密度越小,深度越大,则该点的压力越大。
D. 当液体上方的压强 p_0 或液体内部任一点的压强 p 有变化时,必将使液体内部其他各

点的压强发生同样大小的变化。

10. AA010　管路系统阻力损失包括(　　)。

A. 管路　B. 管件　C. 阀门　D. 设备

11. AA011　下列可以作为物料衡算计算基准的是(　　)。

A. 时间基准　B. 质量基准　C. 体积基准　D. 流量基准

12. AA012　天然气净化厂需要使用能量衡算选型的设备有(　　)。

A. 重沸器　B. 主风机　C. 主燃烧炉　D. 锅炉

13. AA013　下列对亨利定律表述中正确的是(　　)。

A. 仅适用于溶质在气相和溶液相分子状态相同的非电解质稀溶液

B. 其表达式中的浓度可用 x_B,c_B,m_B

C. 其表达式中的压力 p 是指溶液面上的混合气体总压

D. 对于非理想溶液 $kx \neq p_B^*$,只有理想溶液有 $kx = p_B^*$

14. AA014　天然气净化厂中符合拉乌尔定律的有(　　)。

A. 富液 MDEA 浓度　B. 贫液硫化氢

C. 循环冷却水铁离子　D. 循环冷却水氯离子

15. AA015　下列说法错误的是(　　)。

A. 一定温度和压强下,一定量的饱和溶液所含该溶质的量一定是该条件下的最大值

B. 所有物质的溶解度都随温度的升高而增大

C. 在温度一定时,同一物质的饱和溶液一定比不饱和溶液的浓度大

D. 对于任何固体物质来说,用加热的方法都可以得到它的浓溶液

16. AA016　下列关于气液两相处于平衡时说法正确的是(　　)。

A. 两相间组分的浓度相等　B. 只有两相温度相等

C. 两相间各组分的化学位相等　D. 传质速度相等

17. AA017　下列关于双膜理论的说法正确的是(　　)。

A. 在界面上,液相的浓度和气相分压平衡

B. 浓度差全部集中在两个膜层内

C. 吸收质以对流扩散的方式从气相主体先后通过这两个薄膜而进入液相主体

D. 两相主体都是湍流时,膜的厚度将增加

18. AA018　吸收传质的总阻力包括(　　)。

A. 气相与界面的对流传质阻力

B. 溶质组分在界面处的溶解阻力

C. 液相与界面的对流传质阻力的和

D. 气液两项的摩擦阻力

19. AA019　下列关于催化剂的叙述中,正确的是(　　)。

A. 在几个反应中,某催化剂可选择地加快其中某一反应的反应速率

B. 催化剂使正、逆反应速率增大的倍数相同

C. 催化剂不能改变反应的始态和终态

D. 催化剂可改变某一反应的正向与逆向反应速率之比

20. AB001　天然气中 H_2S 含量的测定方法是(　　)。

A. 碘量法　B. 亚甲蓝法　C. 钼蓝法　D. 氧化微库仑法

21. AB002　天然气中水合物形成的条件有(　　)。

A. 低于其水露点　B. 高于其水露点　C. 压力　D. 组成

22. AB003　下列属于直接利用甲烷的化工途径是(　　)。

A. 合成氨　B. 氯代甲烷　C. 制炭黑　D. 制甲醇

23. AC001　下列可以作为塔气压试验所用介质的是(　　)。

A. 空气　B. 氮气　C. 天然气　D. 蒸汽

24. AC002　下列属于按制造材料分类的容器有(　　)。

A. 搅拌容器　B. 金属容器　C. 组合材料容器　D. 非金属容器

25. AC003　执行器所要求的信号分为(　　)。

A. 连续的控制电压　B. 控制电流信号

C. 数字量　D. 开关量信号

26. AC004　当 PLC 投入运行后,其工作过程一般分为(　　)。

A. 输入采样　B. 用户程序分析　C. 用户程序执行　D. 输出刷新

27. AC005　DCS 各节点工作站为达到高效利用率所采用的技术有(　　)。

A. 冗余技术　B. 容错技术　C. 离散技术　D. 集控技术

28. AC006　下列关于调节器参数整定的说法正确的有(　　)。

A. 比例度 δ 越大,过渡过程越平稳,余差越大

B. 积分时间 T_I 越大,过渡过程平缓,消除余差越慢

C. 微分时间 T_D 增大,过渡过程趋于不稳定,最大偏差越大

D. 积分时间 T_I 越小,过渡过程振荡越激烈,消除余差越慢

29. AC007　电磁阀常见的故障有(　　)。

A. 线圈烧坏　B. 阀芯因脏而卡　C. 气缸损坏　D. 动作不到位

30. AC008　ESD 系统因果逻辑图必须包含(　　)。

A. 名称　B. 原因　C. 结果　D. 序号

31. AC009　DCS 软件故障分为(　　)。

A. 系统软件故障　B. 程序软件故障　C. 应用软件故障　D. 逻辑软件故障

32. AC010　下列仪表显示变为直线后应立即现场监控的有(　　)。

A. 调节阀阀位　B. 液位变送器　C. 压力变送器　D. 流量变送器

33. AC011　集散控制系统的组态包括(　　)。

A. 硬件组态　B. 软件组态　C. 程序组态　D. 分散组态

34. AC012　关于大机组防喘振控制回路功能的描述正确的是(　　)。

A. 防止压缩机喘振

B. 实现流量控制

C. 能完成主机和备用机组的切换

D. 防止轴流式压缩机反阻塞控制

35. AC013　下列关于调节阀安装说法正确的是(　　)。
A. 调节阀安装不需要考虑直管段要求
B. 安装调节阀必须给仪表维修工有足够的维修空间
C. 调节阀与其他仪表的距离,特别是孔板,要考虑它们的安装位置
D. 如调节阀需要保温,则要留出保温的空间
36. AC014　未经维修人员查明原因前,严禁送电的电气回路故障有(　　)。
A. 接地脱落　B. 断相　C. 短路　D. 故障跳闸
37. AC015　下列属于电动机过载原因有(　　)。
A. 负荷过重　B. 机械传动部分发生故障
C. 电动机缺相　D. 电动机轴承转子机械不同心
38. AC016　继电保护的要求有(　　)。
A. 选择性　B. 快速性　C. 灵敏性　D. 延续性
39. BA001　下列属于铁法脱硫工艺的有(　　)。
A. AV 法　B. Lo-Cat 法　C. SulFerox 法　D. EDTA 络合铁法
40. BA002　直接氧化法脱硫催化剂应具备的特点有(　　)。
A. 活性强　B. 化学稳定性好
C. 通常采用变价金属类化合物　D. 损失或变质慢,一般不需补充
41. BA003　下列属于钒法脱硫工艺的有(　　)。
A. Sulfolin 法　B. 黄土法　C. 海绵铁法　D. Unisulf 法
42. BA004　下列属于海绵铁法脱硫工艺缺点的有(　　)。
A. 海绵铁抗压强度低,容易破碎
B. 废弃的海绵铁有自燃性,处理时需注意安全
C. 废弃的海绵铁中含有大量的木屑,易污染环境
D. 天然气中有油或缓蚀剂将缩短海绵铁使用寿命
43. BA005　分子筛脱硫工艺中,在吸附 H_2S 时,不容易吸附烃分子的分子筛有(　　)。
A. 13X　B. 4A　C. 5A　D. 10X
44. BA006　膜分离法脱硫工艺机理主要有(　　)。
A. 微孔扩散机理　B. 膜扩散机理　C. 溶解扩散机理　D. 分子扩散机理
45. BA007　下列属于新型脱硫工艺的有(　　)。
A. 生物脱硫　B. 复合溶液　C. PDS 脱硫技术　D. Sulfinol-M
46. BA008　造成脱硫脱碳单元重沸器蒸汽流量异常的因素有(　　)。
A. 凝结水系统疏水阀故障　B. 再生塔升汽帽穿孔
C. 再生塔液位低　D. 再生塔发泡拦液
47. BA009　脱硫脱碳单元重沸器窜漏的原因(　　)。
A. 酸气负荷低　B. 温度控制波动大　C. 循环量高　D. 溶液中 Cl^- 含量高
48. BA010　下列属于脱硫脱碳单元贫液流量偏低的原因为(　　)。
A. 循环泵气缚　B. 吸收塔压力降低
C. 贫液后冷器管束结垢严重　D. 循环泵出口单向阀卡涩

49. BA011 下列属于脱硫脱碳单元节能降耗内容的有(　　)。

A. MDEA　　B. 活性炭

C. 炉类设备燃料气流量　　D. 伴热介质

50. BA012 下列属于防止溶液发泡的措施有(　　)。

A. 设置溶液过滤器　　B. 提高原料气过滤器分离精度

C. 减少循环量　　D. 降低处理量

51. BA013 下列醇胺中与天然气中的 CO_2、有机硫化物(CS_2、COS)等反应而生成难以再生的热稳定性盐的有(　　)。

A. MEA　　B. MDEA　　C. DIPA　　D. DEA

52. BA014 下列影响醇胺法脱硫脱碳装置腐蚀速率的因素有(　　)。

A. 溶液浓度　　B. 温度　　C. 压力　　D. 酸气负荷

53. BA015 下列醇胺吸收 H_2S 还是 CO_2 的热数值关系正确的是(　　)。

A. MDEA>TEA　　B. MDEA>MEA　　C. DIPA>MDEA　　D. MDEA>DEA

54. BB001 下列避免 TEG 甘醇法脱水装置的氧腐蚀的措施有(　　)。

A. 停产检修时,氮气置换时氧含量必须小于 2%

B. 低位罐或贮罐中保护氮气持续维持 2~5Pa 的正压

C. 气提气采用干净化气

D. TEG 溶液过滤清洗后立即投运

55. BB002 下列对 TEG 吸收芳烃描述正确的有(　　)。

A. 吸收量随进料气中芳烃的分压上升而上升

B. 随吸收塔板层数增加而增加

C. 随吸收温度的升高而增加

D. TEG 吸收 H_2O 与 CO_2 后,吸收芳烃的能力有所下降

56. BB003 影响湿净化气温度的因素有(　　)。

A. 原料气温度和流量　　B. 原料气中 H_2S、CO_2 含量

C. 脱硫吸收塔贫液入塔温度　　D. 脱硫吸收塔循环量

57. BB004 下列参数变化后可能造成甘醇法脱水装置溶液水含量不合格的有(　　)。

A. 燃料气系统压力　　B. 气提气流量

C. 富液温度　　D. 贫液温度

58. BB005 明火加热炉的节能降耗措施有(　　)。

A. 及时调整配风　　B. 定期检查配风滤网

C. 提高气提气流量　　D. 调整精馏柱盘管内流量

59. BB006 下列甘醇脱水装置出现窜漏后可能造成溶液液位偏低的有(　　)。

A. 溶液缓冲罐　　B. 板式换热器　　C. 盘管换热器　　D. 明火加热炉

60. BB007 湿净化气温度变化时,应采取的措施是(　　)。

A. 湿净化气温度升高,适当提高 TEG 溶液循环量

B. 湿净化气温度降低,适当提高 TEG 溶液循环量

C. 湿净化气温高于 48℃或下降到 15℃时,立即加入阻泡剂

D. 湿净化气温度下降到10℃以下时，应根据情况加入水合物抑制剂

61. BB008　下列引起缓冲罐液位下降的原因可能有（　　）。

A. 塔顶捕雾网损坏　　B. 再生釜火管穿孔

C. 气提气流量过大　　D. 板式换热器窜漏

62. BB009　下列能够避免TEG溶液发泡的操作有（　　）。

A. 降低TEG贫液入塔温度

B. 缓慢平稳调整系统压力

C. 溶液系统水洗后，要尽量排尽系统残余水

D. 投产明火加热炉迅速升温

63. BB010　污染的TEG溶液进行净化处理时，在真空条件下进行蒸馏的原因有（　　）。

A. 降低TEG溶液沸点　　B. 增加TEG溶液分馏量

C. 利于其他杂质分解　　D. 利于TEG溶液自储罐流出

64. BB011　下列关于TEG循环量、脱水塔塔板数量、浓度三者之间描述正确的有（　　）。

A. 循环量和塔板数固定时，TEG浓度愈高则露点降愈大

B. 循环量和塔板数固定时，TEG浓度愈高则露点降愈小

C. 塔板数和TEG浓度固定时，循环量愈大则露点降愈大

D. 循环量和TEG浓度固定时，塔板数愈多则露点降愈大

65. BC001　膜分离脱水工艺的要素包括（　　）。

A. 推动力　　B. 膜面积　　C. 膜的分离选择性　　D. 膜密度

66. BC002　通常采用的水合物抑制剂有（　　）。

A. 乙二醇　　B. 二甘醇　　C. 三甘醇　　D. 甲醇

67. BC003　活性氧化铝脱水工艺的缺点有（　　）。

A. 不适用于含硫天然气脱水　　B. 再生时难以驱除吸附的重烃

C. 脱水深度低　　D. 运行成本高

68. BC004　硅胶脱水工艺的缺点有（　　）。

A. 遇到液态水易破碎　　B. 不适用于高压气体

C. 不能吸附固体介质　　D. 相对湿度低

69. BC005　吸附法脱水中，可使固体吸附剂污染的物质有（　　）。

A. 管道预膜剂　　B. H_2S　　C. 游离水　　D. CO_2

70. BC006　决定分子筛吸附周期和再生时间的长短的因素有（　　）。

A. 再生气能耗　　B. 吸附温度　　C. 湿净化气含水量　　D. 床层的高径比

71. BC007　下列属于分子筛脱水单元水含量超标的原因有（　　）。

A. 分子筛表面积下降　　B. 分子筛孔穴堵塞

C. 再生气温度过高　　D. 冷吹气量过高

72. BD001　用于回收丙烷，乙烷不作为目的产物的一般天然气脱烃工艺是（　　）。

A. IOR　　B. GS-OHRP　　C. CRR　　D. OHR

73. BD002　马拉法天然气脱烃工艺包含（　　）。

A. 吸收—闪蒸　　B. 闪蒸-气提　　C. 吸收-气提　　D. 吸收-解析

74. BD003　天然气脱烃装置膨胀机制冷工艺适用范围包括(　　)。

A. 原料气压力高于外输压力　　B. 原料气压力低于外输压力

C. 气体较贫　　D. 收率的要求不高

75. BD004　降低天然气脱烃单元汽耗的措施有(　　)。

A. 控制好脱乙烷塔温度　　B. 控制好脱乙烷塔预热器温度

C. 控制合理的脱乙烷塔流量　　D. 控制好再生气温度

76. BD005　天然气脱烃装置丙烷制冷系统异常的处理措施(　　)。

A. 检查油细分离器　　B. 检查液压系统

C. 清洗过滤器　　D. 检查出口温度传感器

77. BD006　下列造成天然气脱烃装置透平膨胀制冷系统膨胀机应进行手动紧急停车的现象有(　　)。

A. 循环冷却水突然停止　　B. 声音异常

C. 轴承温度偏低　　D. 油泵不上量

78. BE001　富氧克劳斯硫黄回收单元在富氧程度及酸气 H_2S 浓度均高的条件下,解决炉温过高的措施(　　)。

A. 循环一级冷凝冷却器出口过程气

B. 设置双燃烧炉每级均配有余热锅炉

C. 纯氧在液硫中浸没燃烧生成 SO_2 送入燃烧炉

D. 提高余热锅炉蒸汽压力

79. BE002　Clinsulf-DO 硫黄回收工艺催化剂床层分为(　　)。

A. 绝热反应区　　B. 等温反应区　　C. 低温反应区　　D. 混合反应区

80. BE003　影响硫黄回收装置收率的因素有(　　)。

A. 反应器温度控制　　B. 冷凝器温度控制

C. 反应器级数　　D. 尾气浓度

81. BE004　催化氧化类硫黄回收工艺的缺点有(　　)。

A. 产品硫黄质量一般　　B. 液相催化法使用的螯合剂价格高

C. 进料酸气浓度要求高　　D. 生物污染严重

82. BE005　液硫质量异常的主要原因有(　　)。

A. 酸气带胺　　B. 主燃烧炉温度过低　　C. 催化剂粉化严重　　D. 过程气温度过高

83. BE006　硫黄回收单元超级克劳斯反应器床层温度异常的主要原因(　　)。

A. 在线炉燃料气计量误差　　B. 配风过量

C. 过程气量增加　　D. 氧化空气过量

84. BE007　低温克劳斯硫黄回收装置程序阀切换异常的原因有(　　)。

A. 切换阀保温差　　B. 切换阀回讯信号异常

C. 反应器温度降低　　D. 模块保险损坏

85. BE008　CPS 反应器再生温度超高的原因有(　　)。

A. 尾气焚烧炉烟道温度低　　B. 克劳斯冷凝器冷却效果差

C. 过程气中 H_2S、SO_2 含量偏高　　D. 再生气温度调节阀开度过小

86. BE009 “热态”SDP 反应器温度异常的原因有（ ）。

A. “热态”反应器催化剂活性下降

B. “热态”反应器恒温段循环冷却水盘管泄漏

C. “冷态”反应器恒温段循环冷却水盘管泄漏

D. “热态”反应器恒温段循环冷却水箱液位上涨

87. BE010 下列参数变化将造成硫黄回收单元废热锅炉安全法起跳的有（ ）。

A. 处理量突然猛增 B. 压力变送器引压管堵塞

C. 主燃烧炉配风过高 D. 系统回压过高

88. BE011 硫黄回收单元节约用水主要体现在（ ）。

A. 降低余热锅炉、冷凝器排污频率 B. 合理余热锅炉加药量

C. 合理控制引射蒸汽量 D. 余热锅炉采用蒸汽试压

89. BE012 克劳斯反应在某一给定温度下的平衡常数，其值主要取决于（ ）。

A. 反应温度 B. 平衡时各组分的分压

C. 产物的物理性质 D. 产物的化学性质

90. BE013 硫黄回收单元在催化反应段产生的硫形态一般有（ ）。

A. S_2 B. S_4 C. S_6 D. S_8

91. BE014 硫黄回收工艺的选择应考虑（ ）。

A. 酸气硫化氢含量 B. 总硫回收率

C. 催化剂的选择 D. 反应器温度

92. BE015 铝基硫黄回收催化剂助剂一般选择（ ）。

A. 铁 B. 钛 C. 铜 D. 钠

93. BF001 SOCT 尾气催化剂选型应注意（ ）。

A. 高比表面积 B. 高堆密度 C. 较大的灼烧失重 D. 较低的反应器温度

94. BF002 串级 SCOT 尾气处理装置加氢还原段氢含量不足，造成 SO_2 穿透后，将导致（ ）。

A. 脱硫溶液污染变质 B. 脱水吸收塔腐蚀加快

C. 产品气质量下降 D. 脱硫贫液管线腐蚀加快

95. BF003 联合再生 SCOT 尾气处理工艺平稳操作再生塔塔顶温度，应采取措施有（ ）。

A. 提高 SCOT 选吸塔循环量时，确保富液调节阀置于自动动状态

B. 脱硫吸收塔与 SCOT 选吸塔富液连通处设置混合器

C. 补充再生塔溶液时提前手动开大蒸汽流量调节阀

D. 脱硫吸收塔处理量瞬间增加时，将富液调节阀置于手动状态

96. BF004 超重力 SCOT 工艺是将吸收塔换成超重力反应器，其主要目的是（ ）。

A. 提高接触面积 B. 提高传质效率

C. 加速工艺气体流动 D. 提高处理量

97. BF005 下列造成 SCOT 尾气处理单元尾气不稳定的原因有（ ）。

A. 脱硫单元再生温度波动 B. 硫黄回收单元配风波动

C. 主燃烧炉温度波动　　D. 急冷塔塔盘堵塞

98. BF006　SCOT 尾气处理单元加氢催化剂活性降低的原因有(　　)。

A. 堆密度增加　B. 积硫　C. 积炭　D. 硫酸盐化

99. BF007　SCOT 尾气处理单元吸收塔发泡后将发生变化的参数有(　　)。

A. 吸收塔差压增加　　B. 吸收塔液位降低

C. 闪蒸罐压力偏低　　D. 处理量降低

100. BF008　为了降低或避免 SCOT 尾气处理装置腐蚀,应采取的措施有(　　)。

A. 选用 Q235 钢材管道　　B. 平稳操作燃烧炉温度

C. 加强溶液过滤　　D. 对硫黄回收单元合理配风

101. BF009　SCOT 尾气处理单元高能耗用电设备有(　　)。

A. 蒸汽透平机　B. 空冷器　C. 急冷塔循环泵　D. 吸收塔循环泵

102. BF010　下列影响 CS_2、COS 水解率的因素有(　　)。

A. 反应器出口 H_2S 浓度　　B. 反应器出口 SO_2 浓度

C. 反应器温度　　D. 反应器出口 N_2 浓度

103. BG001　污水处理电渗析装置淡水质量异常的影响因素有(　　)。

A. 运行电流异常　B. 运行电压异常　C. 原水含盐量　D. 电渗析膜损坏

104. BG002　真空度偏低造成污水处理四效蒸发结晶装置料液温度高的原因是(　　)。

A. 蒸发室蒸汽压高　　B. 蒸发室蒸汽压低

C. 蒸发室蒸发效果好　　D. 蒸发室蒸发效果差

105. BG003　影响污水处理装置生化池微生物活性的因素有(　　)。

A. 进水流量增加　B. 进水 pH 降低　C. 进水温度过低　D. 进水酚含量过高

106. BG004　火炬放空装置内传点火异常的原因有(　　)。

A. 燃烧室配风不当　　B. 管线腐蚀穿孔

C. 火检故障　　D. 管线积液

107. BG005　污水处理单元的主要耗电设备有(　　)。

A. 污水泵　　B. 外排水泵

C. 罗茨鼓风机　　D. 纤维球过滤器搅拌机

108. BG006　火炬放空系统耗气涉及种类有(　　)。

A. 空气　B. 氮气　C. 燃料气　D. 原料气

109. BG007　降低新鲜水系统新鲜水用量的措施有(　　)。

A. 提高原水过滤器过滤量　　B. 降低反洗水时间

C. 合理控制絮凝剂　　D. 连续使用增压泵

110. BG008　蒸汽及凝结水系统锅炉的节能降耗措施有(　　)。

A. 合理控制烟温　　B. 确保软水质量

C. 加大燃烧机配风　　D. 停止连续排污

111. BG009　空气及氮气系统压缩机的节能降耗措施有(　　)。

A. 定期清理油路　　B. 定期加满润滑油

C. 定期清理翅片管　　D. 定期检查联轴器对齐情况

112. BH001　下列首次开车内容先后顺序排列正确的有(　　)。

A. 工程中间交接→辅助生产设施投运　B. 公用工程设施投运→联动试运

C. 投料试运→联动试运　D. 工程中间交接→单机试运

113. BH002　天然气净化厂停工能量隔离方式包括(　　)。

A. 切断电源　B. 加装盲板　C. 退出物料　D. 阀门关闭

114. BH003　天然气净化厂开工试压不合格,原料气放空造成的危害有(　　)。

A. 大气污染　B. H_2S 中毒　C. 放空管线损坏　D. 放空管线积液

115. BH004　天然气净化厂停工期间应监测的环保项目有(　　)。

A. 溶液回收率　B. 水洗污水水质　C. 外排水水质　D. 吹扫气出口组分

116. BI001　下列关于装置出现疑难问题处置程序顺序排列正确的有(　　)。

A. 收集数据→现场讨论　B. 编制实施方案→编制数据统计图

C. 记录处理过程→收集数据　D. 编制数据统计图→现场讨论

117. BI002　天然气净化采用的一般安全风险评价方法有(　　)。

A. LEC　B. RBI　C. HAZOP　D. JCA

118. BI003　工艺设计包括(　　)。

A. 生产方法的选择　B. 设备选型　C. 管道布置　D. 设备试运

119. BI004　下列属于事件的有(　　)。

A. 限工事件　B. 不安全状态　C. 未遂事件　D. 不安全行为

120. BJ001　天然气净化厂操作规程中工艺指标的内容包括(　　)。

A. 参数报警值　B. 公用工程消耗　C. 放空量　D. 安全阀整定压力

121. BJ002　下列能源属于二次能源的有(　　)。

A. 焦炭　B. 原油　C. 汽油　D. 热力

122. BJ003　生产技术总结中能源、动力消耗情况内容包括(　　)。

A. 供气　B. 供水　C. 柴油用量　D. 中水回用量

123. BJ004　技术论文结构包括(　　)。

A. 作者和单位　B. 摘要和关键词　C. 参考文献　D. 作者简介

124. BJ005　技术革新方案主题部分包括(　　)。

A. 成果应用情况　B. 问题的提出

C. 成果应用单位效益审核意见　D. 成果主要人员名单

125. BJ006　《天然气净化厂系统性检修作业指导书》审批流程顺序正确的有(　　)。

A. 编制→分管领导批准　B. 生产运行部门审核→分管领导批准

C. 编制→生产运行部门审核　D. 生产运行部门审核→实施

126. BJ007　新技术、新工艺推广应用方案包括内容有(　　)。

A. 来源　B. 适用范围　C. 应用计划　D. 技术经济考核指标

127. BJ008　科研项目中评估报告包括内容有(　　)。

A. 进度计划　B. 阶段试验效果　C. 认识与评价　D. 推广应用情况

128. BK001　系统性检修项目包括(　　)。

A. 生产装置设备　B. 仪表控制系统　C. 分析化验设备　D. 零星防腐

129. BK002 检修项目技术交底时,作业人员应了解的内容包括(　　)。
A. 应急程序　B. 身体状态　C. 作业方案　D. 工程材料
130. BK003 塔类设备验收内容包括(　　)。
A. 受液板污垢量　B. 降液管高度　C. 气密性试验　D. 浮阀开启是否灵活
131. BL001 化学分析法分为(　　)。
A. 光学分析法　B. 电化学分析法　C. 重量分析法　D. 滴定分析
132. BL002 下列能用于测定原料气和酸气中 H_2S 及 CO_2 含量分析方法是(　　)。
A. 化学法法　B. 气相色谱法
C. 醋酸铅反应速率法　D. 氢解—速率计比色法
133. BL003 下列能采用分光光度计测定的液体分析项目有(　　)。
A. 循环冷却水游离氯　B. 循环冷却水总磷
C. 工业水余氯　D. 生活饮用水二氧化氯
134. BL004 工业固体硫黄分析过程中,使用分光光度计的指标有(　　)。
A. 铁含量的测定　B. 砷含量的测定　C. 酸度的测定　D. 有机物含量的测定
135. CA001 优先选用的工程制图图样比例有(　　)。
A. 1∶1　B. 5∶1　C. 1∶10　D. 1∶3
136. CA002 CAD 绘制 P&ID 图的基本内容包括(　　)。
A. 图纸　B. 比例　C. 图例　D. 图线
137. CA003 常见 word 办公软件快捷键描述正确的有(　　)。
A. 剪切 Ctrl+C　B. 粘贴 Ctrl+V　C. 加粗 Ctrl+B　D. 打印 Ctrl+P
138. CA004 下列属于天然气净化厂硫黄回收单元物料介质的英文单词的有(　　)。
A. air　B. natural gas　C. acid gas　D. steam
139. CB001 下列需要执行工艺与设备变更管理程序的是(　　)。
A. 设备和工具的改变或改进　B. 操作规程的改变
C. 设备、设施负荷的改变　D. 安全装置及安全联锁的改变
140. CB002 风险评价宜选择(　　)。
A. 半定量风险矩阵法　B. LEC 法
C. 检查表法　D. 经验法
141. CB003 评估风险等级是根据(　　)确定风险等级。
A. 评估后果的严重程度　B. 发生的可能性
C. 发生频率　D. 影响范围
142. CB004 常用的工艺隔离方法有(　　)。
A. 盲板封堵　B. 丝堵
C. 阀门切断加上锁挂牌　D. 双阀关闭,中间甩头开启
143. CC001 强制检定的工作计量器具必须是(　　)。
A. 直接用于医疗卫生方面的工作计量器具
B. 直接用于贸易结算方面的工作计量器具
C. 直接用于国防军事方面的工作计量器具

D. 直接用于环境监测方面的工作计量器具

144. CC002 强制检定的工作计量器具必须（　　）。

A. 列入强制验定《目录》中的工作计量器具

B. 是直接用于贸易结算、安全防护、医疗卫生、国防军事方面的工作计量器具

C. 是直接用于贸易结算、安全防护、医疗卫生、环境监测、国防军事方面的工作计量器具

D. 是直接用于贸易结算、安全防护、医疗卫生、环境监测方面的工作计量器具

145. CC003 下列属于计量检定印证的有（　　）。

A. 检定证书　B. 检定结果通知书　C. 检定合格证　D. 标签

146. CD001 危险化学品重大危险源是指长期地或临时地（　　）危险化学品，且危险化学品的数量等于或超过临界量的单元。

A. 生产　B. 加工　C. 使用　D. 储存

147. CD002 作业人员、监护人员等现场关键人员变更时，应经过（　　）的批准。

A. 作业人员　B. 申请人　C. 批准人　D. 车间领导

148. CD003 监督方案应具有（　　）。

A. 全面性　B. 时效性　C. 借鉴性　D. 统筹性

149. CD004 距动火点 15m 内所有的（　　）管道等应封严盖实。

A. 漏斗　B. 排水口　C. 各类井口　D. 地沟

150. CD005 关于事故调查，下列说法正确的是（　　）。

A. 所有安全生产事故都必须进行调查

B. 政府部门可以授权有关部门组织事故调查组进行调查

C. 政府部门不能授权有关部门组织事故调查组进行调查

D. 应当邀请人民机关

151. CD006 下列说法正确的是（　　）。

A. 项目 HSE 管理方案应由施工方编制　B. 建设方应参与 HSE 施工方案审核

C. 编制依据中的标准应为有效版本　D. 项目 HSE 管理方案应由建设方编制

152. CD007 装置检修项目 HSE 应急预案“自救互救”部分的主要内容包括（　　）。

A. 地方应急联系方式　B. 施工方应急联系方式

C. 监理方应急联系方式　D. 地方应急联系方式

153. CD008 应急演练领导机构通常下设（　　）。

A. 策划部　B. 保障部　C. 评估组　D. 通信组

154. CD009 紧急停车开关的安全要求包括（　　）。

A. 瞬时动作时，能终止设备的一切运动

B. 其形状应区别于一般开关，颜色为红色

C. 允许将其作一般停车开关使用

D. 安装位置应便于操作，不发生危险

155. CD010 应急演练按照组织方式及目标重点的不同，可以分为（　　）。

A. 桌面演练　B. 实战演练　C. 现场演练　D. 口令演练

156. CD011　下列说法正确的是(　　)。

A. “领导和承诺”是健康、安全与环境管理体系建立与实施的前提条件

B. “健康安全与环境方针”是健康、安全与环境管理体系建立与实施的总体原则

C. “策划”是健康、安全与环境管理体系建立与实施的输入

D. “组织结构职责资源和文件”是健康、安全与环境管理体系建立与实施的基础

三、判断题(对的画“√”,错的画“×”)

(　　)1. AA001　放热反应的 $\Delta H>0$。

(　　)2. AA002　在其他条件不变时,10℃时以某物质表示的反应速率为 3mol/(L·s),已知温度每升高 10℃反应速率是原来的 2 倍,则温度为 50℃时,用该物质表示的反应的速率为 48mol/(L·s)。

(　　)3. AA003　牛顿黏性定律表明流体层间的内摩擦力或剪应力与法向速度梯度成正比。

(　　)4. AA004　传热与流体流动相似,流动速度越大,传热阻力也越大。

(　　)5. AA005　热流体和冷流体在列管换热器内换热,若冷流体传热膜系数远大于热流体传热膜系数,则此时管壁温度接近于热流体温度。

(　　)6. AA006　费克定律公式为 $jA=-D_{AB}\frac{dC_A}{d}$。

(　　)7. AA007　非圆形管道或设备当量直径取水力半径的 2 倍表示其尺寸。

(　　)8. AA008　雷诺数越大,流体内部质点湍动越厉害,质点在流动时的碰撞与混合越剧烈,内摩擦也越大,因此流体流动的阻力也越大。

(　　)9. AA009　由各物体间相对位置决定的能叫势能,又称位能。

(　　)10. AA010　饱和水蒸气压越高,其在管内流动的流速越小。

(　　)11. AA011　如果体系是一个没有化学反应的物理过程,则反应消耗和生成的物料量均为零。

(　　)12. AA012　热量衡算时要先根据物料的变化和走向,认真分析热量间的关系,然后根据热量守恒定律列出热量关系式。

(　　)13. AA013　对于理想气体,亨利定律与拉乌尔定律一致,此时亨利系数即为该温度下纯物质的饱和蒸气压。

(　　)14. AA014　稀溶液中溶剂符合拉乌尔定律,但在相同浓度范围内的溶质不一定服从亨利定律。

(　　)15. AA015　温度越高,气体溶解度越大。

(　　)16. AA016　气相或液相的实际组成与相应条件下的平衡组成的差值表示传质的阻力。

(　　)17. AA017　当易溶气体的液膜阻力很小时,吸收过程为液膜控制。

(　　)18. AA018　当难溶气体的总阻力集中在液膜内时,吸收过程为气膜控制。

(　　)19. AA019　对同一反应,活化能一定,则反应的起始温度愈低,反应的速率系数对温度的变化愈敏感。

( )20. AB001 天然气主要组分的分析主要选用气相色谱法。
( )21. AB002 压力、体积(或比体积)、温度的关系(简称 p-V-T 关系)是流体最基本的性质之一。
( )22. AB003 在烷醇胺中,MEA 溶液的凝固点最低,为-31.7℃。
( )23. AC001 气压试验时,压力应直接迅速升至规定试验压力。
( )24. AC002 设计数据备注一般根据工艺操作的情况,提出在工艺过程中要出现的一些不同于设计温度和压力的操作温度和压力。
( )25. AC003 滚动薄膜执行机构不属于气动执行器。
( )26. AC004 一般来说,PLC 的扫描周期仅为通信时间。
( )27. AC005 DCS 系统的有效利用率达到 99.9999%以上。
( )28. AC006 用经验凑试法来整定调节器时,在整定过程中,如果曲线振荡很厉害,需把微分时间降到最小或不加微分作用。
( )29. AC007 温度控制仪表系统指示出现大幅缓慢的波动,一定是仪表控制系统本身的故障。
( )30. AC008 硫黄回收装置酸气放空管线酸气放空调节回路作用方式为失电开。
( )31. AC009 DCS 电脑死机后,电脑无法操作,现场应立即采取紧急停车操作。
( )32. AC010 DCS 操作员在控制系统报警后,立即按下确认,继续生产。
( )33. AC011 在完成控制算法组态后就可以进行数据库组态。
( )34. AC012 涡轮流量计适用于微小流量的测量。
( )35. AC013 串级调节系统可以用于改善容量滞后时间较大的对象,有超前作用。
( )36. AC014 停电操作必须按照负荷侧断路器、母线侧断路器、负荷侧隔离开关顺序依次操作,送电合闸的顺序与此相反。
( )37. AC015 电动机长期严重受潮或有腐蚀性气体侵蚀,绝缘电阻下降,会影响电动机功率。
( )38. AC016 电力系统中的线路,不需要装设短路故障和异常运行保护装置。
( )39. BA001 直接转化法脱硫效果达不到胺法脱硫效果。
( )40. BA002 铁碱法脱硫工艺副反应所生成的 $Na_2S_2O_3$,其生成率为潜硫量的 30%~50%。
( )41. BA003 钒法脱硫工艺中,$S_2O_3^{2-}$ 的生成随碱度增加而加快。
( )42. BA004 氧化铁固体脱硫剂是一类将 H_2S 反应脱除而并不再生的方法。
( )43. BA005 分子筛脱硫过程中,由于硫化物垢吸附显示出较强的化学吸附性质,必须采用升温再生。
( )44. BA006 为了使混合气获得有效分离,不一定要选用待分离的气体渗透系数差别大的薄膜。
( )45. BA007 原料气中酸性组分含量是选择天然气脱硫方法的首要因素。
( )46. BA008 脱硫脱碳单元使用釜式重沸器,若出现蒸汽流量异常时,必须对挡板进行检查。
( )47. BA009 重沸器轻微窜漏时,可加大贫液浓度分析频率和补充水阀开度控制,维持正常生产。

(　　)48. BA010　酸气后冷器窜漏不可能造成硫黄回收主燃烧炉衬里损坏。

(　　)49. BA011　脱硫脱碳单元停产后,可不对重沸器及凝结水管线进行排水,以达到节能降耗的目的。

(　　)50. BA012　MDEA 溶液浓度增大,溶液黏度随之增大,使更多的液烃与固体粉末能分散悬浮在 MDEA 溶液和泡沫中,导致泡沫的稳定性大大增加。

(　　)51. BA013　在胺法装置中,导致醇胺变质的主要因素是热稳定性盐。

(　　)52. BA014　胺液的腐蚀性与其反应性能无关。

(　　)53. BA015　H_2S 与 CO_2 在砜胺液中的吸收热高于相应的醇胺液,而且随溶液中环丁砜的浓度上升而升高。

(　　)54. BB001　TEG 装置的腐蚀主要是由于有机酸及溶解的 H_2S 等造成的。

(　　)55. BB002　常规 TEG 装置排放的芳烃量占进料芳烃量的 20%~30%。

(　　)56. BB003　进 TEG 脱水吸收塔的原料气不宜低于 15℃。

(　　)57. BB007　进 TEG 脱水吸收塔的原料气不宜低于 15℃。

(　　)58. BB008　正常生产时,缓冲罐液位比较稳定,呈缓慢微涨趋势,这是因为湿净化气中带有水蒸气造成的。

(　　)59. BB009　甘醇脱水装置开产热循环时,溶液发泡,应适当降低再生釜温度,减少或关闭汽提气用量,逐步蒸发带入系统的水分。

(　　)60. BB010　在一定的温度下,天然气携带的高矿化度水与 TEG 形成水合物结晶体,致使 TEG 变质。

(　　)61. BB011　对于露点降而言,增加 TEG 的浓度比增加 TEG 循环量更加有效。

(　　)62. BC001　提高膜面积和反吹气温度,可进一步提高脱水深度。

(　　)63. BC002　低温分离法脱水可达到的水露点略高于其降温所达到的最低温度。

(　　)64. BC003　油和液态水带入活性氧化铝后,不会导致活性氧化铝吸附性能下降。

(　　)65. BC004　硅胶可吸附湿度较大的高速气流。

(　　)66. BC005　吸附法脱水过程中,无腐蚀和起泡。

(　　)67. BC006　分子筛脱水单元程控阀的维护和保养费用非常高,因此平稳操作,确保阀门长周期运行也是节能降耗措施之一。

(　　)68. BC007　分子筛脱水单元水含量超标不多情况下,可以一边处理,适当外输。

(　　)69. BD001　直接换热(DHX)脱烃工艺对丙烷的回收率可达 98%以上。

(　　)70. BD002　低温油吸收法脱烃工艺具有系统压降小、允许使用碳钢材料、对原料气预处理没有严格要求、单套处理能力大等优点。

(　　)71. BD003　节流阀制冷脱烃工艺可适用于压力较低的气源。

(　　)72. BD004　冬季时排尽机泵余水,是为了避免循环冷却水外漏。

(　　)73. BD005　天然气脱烃单元一般采用边生产边补充的方式对丙烷制冷系统制冷剂进行补充。

(　　)74. BD006　膨胀机是利用有一定压力的气体在内部进行绝热膨胀对外做功而消耗气体本身的内能,从而使气体自身强烈地冷却而达到制冷的目的。

(　　)75. BE001　富氧空气代替空气,燃烧炉温度及 H_2S 转化为硫的转化率将随富氧程度而上升。

( )76. BE002 EUROClaus、PROClaus、SuperClaus99. 5 三种工艺的类似之处是将 SO_2 以及 COS、CS_2 转化为硫及 H_2S，从而使总硫收率可达到 99. 5%。

( )77. BE003 末级冷凝器的硫雾过高将导致硫收率的损失。

( )78. BE004 硫黄回收尾气处理工艺中干法工艺过程简单、能耗低，但对 Claus 段的操作控制要求比较严格。

( )79. BE005 配风过低不会造成液硫颜色异常。

( )80. BE006 氧化空气过量可能导致超级克劳斯反应器床层温度超高。

( )81. BE007 硫黄回收装置程序阀切换异常一定会导致装置停产。

( )82. BE008 冷凝器窜漏后一定会造成 CPS 反应器再生温度异常。

( )83. BE009 根据“冷态”反应器出口蒸汽保温流程，检查疏水阀运行情况，将凝结水就地排放，以解决反应器出口温度低。

( )84. BE010 过程气在线分析仪监测数据的准确性对硫黄收率的影响较大。

( )85. BE011 定期检定硫黄回收单元流量计，可有效降低能耗。

( )86. BE012 在催化反应段，H_2S 转化为硫的转化率随温度的降低而升高。

( )87. BE013 硫蒸气的组成分布仅取决于系统的热力学状态，它不仅随系统的温度改变而变化，也与原料酸气中的 H_2S 浓度或采用的工艺流程有关系。

( )88. BE014 总硫收率不小于 99. 8%时，必须使用加氢还原催化剂再吸收。

( )89. BE015 H_2S 和 SO_2 之间的克劳斯反应速率将不受催化剂颗粒孔结构的控制。

( )90. BF001 首次开车预硫化后的加氢催化剂无须进行预硫化。

( )91. BF002 采用串级 SCOT 尾气处理工艺时，脱硫单元高压窜低压可能导致 SCOT 选吸塔设备故障。

( )92. BF003 联合再生 SCOT 尾气处理工艺须设置富液闪蒸罐。

( )93. BF004 Cansolv 工艺具有尾气净化度高，利用装置扩容，且使用范围广的特点。

( )94. BF005 SCOT 尾气处理单元气质气量不稳定，一般不会影响脱硫单元及硫黄回收单元。

( )95. BF006 加氢还原反应是放热反应，需较低温度，而水解反应是微吸热反应，需较高温度，调整反应器温度时，要根据尾气中的有机硫含量而定，降低反应器入口温度时，不能低于 200℃。

( )96. BF007 SCOT 尾气处理单元加热炉配风较多将造成氢含量降低。

( )97. BF008 将急冷塔的冷凝水 pH 控制在 5~7 将造成系统腐蚀加剧。

( )98. BF009 若硫黄回收单元尾气无有机硫时，可适当降低加氢反应器温度，达到节能降耗的目的。

( )99. BF010 过程气水蒸气含量越高，COS、CS_2 水解率越高。

( )100. BG001 污水处理电渗析装置产生的淡水水质异常，一般不会影响换热器换热效果。

( )101. BG002 蒸发结晶装置料液温度异常将影响结晶效果。

( )102. BG003 微生物活性变低后,应低浓度、低流量进水循环处理,待化验分析数据合格后,逐渐提高处理能力。

( )103. BG004 在疏通仪表风系统堵塞管线前,可不置换吹扫直接进行疏通。

( )104. BG005 污水处理单元节能降耗不涉及汽耗。

( )105. BG006 为避免分子封循环冷却水浪费,可加强巡检,定期手动向分子封水封注水。

( )106. BG007 循环冷却水系统预膜应高液位运行,确保管道清洗水流量。

( )107. BG008 蒸汽及凝结水系统给水泵运行时间长,因此可设置回流旁路来降低电耗。

( )108. BG009 根据生产需要合理切换制氮吸附塔粗、精模式,可有效降低制氮系统能耗。

( )109. BH001 系统性检修是指全厂生产装置工艺设备、管道、电气设备、仪表控制系统、分析化验设备的有计划停产检修。

( )110. BH002 硫黄回收装置在酸气停止后进行热浸泡除硫。

( )111. BH003 装置开产循环冷却水管道清洗用水可以直接外排。

( )112. BH004 系统性检修停产环境保护方案中尽可能提高溶液回收率的主要目的是降低生产成本。

( )113. BI001 若可能影响装置产品质量、安全环保、工艺和设备安全时,应立即向生产部门汇报并要求协助处理。

( )114. BI002 当装置出现安全隐患,会带来严重后果时,应采取相应的安全隐患处置程序进行处理,并做好相关的操作记录或安全记录,警示岗位人员,防止事故的发生。

( )115. BI003 设备计算与选型,其目的是决定工艺设备的类型、规格、主要尺寸和台数,为车间布置设计、施工图设计及非工艺设计项目提供足够的设计数据。

( )116. BI004 特别重大事故,是指造成30人以上死亡,或者100人以上重伤(包括急性工业中毒),或者1亿元以上直接经济损失的事故。

( )117. BI005 天然气净化装置单位综合能耗指标为设计值95%以下,脱硫(碳)、脱水溶剂消耗指标不大于设计值,且重要能耗设备及公用工程认定为合格,则认定天然气净化装置运行经济。

( )118. BJ001 操作规程编制不需要操作层次人员参加。

( )119. BJ002 当无法获得各种燃料能源的低(位)发热量实测值和单位耗能工质的耗能量时,可参照GB/T 2589—2008综合能耗计算通则数据。

( )120. BJ003 编写技术改造文件时要标明改造设备及方案,以及具体内容,抓住中心、要点以及改造时间等。

( )121. BJ004 技术论文只是体现在理论性的论述上。

( )122. BJ005 对装置进行小改小革,要掌握设备所需改造具体内容,制定方案、抓住中心、要点进行小改小革。

(　　)123. BJ006　《天然气净化厂系统性检修作业指导书》不包括风险评价及防范措施。
(　　)124. BJ007　新技术、新应用的选择时,经济合理与其他原则相互矛盾,通常不考虑。
(　　)125. BJ008　科研项目开题报告内容包括经济考核指标、国内外现状、项目组织、下步工作安排。
(　　)126. BK001　安全阀前后设置有切断阀的,要对切断阀进行检修、试压。
(　　)127. BK002　检修项目技术交底由作业项目负责人或作业申请人在属地监督配合下,组织全体作业人员、监护人员在作业地点进行现场安全技术交底。
(　　)128. BK003　由净化厂生产技术部门组织施工单位、使用单位共同进行质量检查验收,并给出质量验收结论。终检合格后项目验收单交生产单位。
(　　)129. BK004　设备检修技术方案编制完成后由上级生产管理部门批准后方能实施。
(　　)130. BL001　定性分析的任务是鉴定物质由哪些元素、原子团或化合物所组成及含量。
(　　)131. BL002　电解法适用于测定天然气中水含量小于 4000mL/m^3 的天然气。
(　　)132. BL003　污水氨氮的测定一般采用纳氏试剂比色法。
(　　)133. BL004　利用傅立叶变换红外光谱仪测定液硫中 H_2S 和 H_2S_x 含量时,应严格地选择和控制温度,适宜温度为 135±1℃。
(　　)134. CA001　与各坐标平面平行的圆在各种轴测图中分别投影为椭圆(斜二侧中正面投影仍为圆)。
(　　)135. CA002　在管道平面布置图中,当管道重叠时,可断开上面的管道来表示上面管道上的阀门和管件。
(　　)136. CA003　在 Word 的编辑状态,要在文档中添加符号“★”时,应该使用编辑菜单中的命令。
(　　)137. CA004　Natural gas prodessing plant 是天然气处理厂。
(　　)138. CB001　工艺设备变更、微小变更和同类替换执行变更管理流程。
(　　)139. CB002　以前做过分析或已有操作规程的工作任务可以不再进行工作前安全分析,但应审查以前工作前安全分析或操作规程是否有效。
(　　)140. CB003　HAZOP 分析过程中分析偏差导致的后果应局限在本节点之内。
(　　)141. CB004　最可靠的隔离方式是物理隔离。
(　　)142. CC001　计量监督员必须经考核合格后,由县级以上人民政府计量行政部门任命并颁发监督员证件。
(　　)143. CC002　非经省级计量行政部门批准,任何单位和个人不得拆卸、改装计量基准,或者自行中断其计量检定工作。
(　　)144. CC003　计量纠纷中,当事人对仲裁检定不服的,可以在接到仲裁检定通知书之日起十五日内向上一级人民政府计量行政部门申诉。
(　　)145. CD001　危险化学品重大危险源辨识的标准依据《危险化学品重大危险源辨识》(GB 18218—2018)。
(　　)146. CD002　书面审查和现场核查通过之后,批准人或其授权人、申请人和受影响的相关各方均应在作业许可证上签字。

(　　)147. CD003　地方法律的规定要求应高于国家法律。

(　　)148. CD004　监督报告编制完成后应立即发布,告知相关单位。

(　　)149. CD005　事故调查组可以聘请有关专家参与调查。

(　　)150. CD006　装置检修项目 HSE 方案是针对检修项目主要风险制定相应控制方案的文件。

(　　)151. CD007　项目 HSE 应急预案编是针对项目 HSE 方案中的风险失控后的应急措施。

(　　)152. CD008　对综合性较强风险较大的演练,在方案报批前应组织相关专家进行评估,确保方案科学可行。

(　　)153. CD009　现场处置方案应具体、简单、针对性强,现场处置方案的主要内容:事故主要特征、应急处置主要内容、主要注意事项、附件。

(　　)154. CD010　制定现场应急管理标准的目的是防止各类突发事故或灾害。

(　　)155. CD011　面对事故事件,各级管理者最好的方法是将其当资源。

四、简答题

1. BA007　简述天然气酸性气体脱除工艺的选择应遵循哪些原则?
2. BA007　天然气净化厂脱硫脱碳工艺的选择受到哪些因素的制约?
3. BA009　试分析脱硫脱碳单元重沸器蒸汽流量异常的后果?
4. BA009　试分析影响脱硫脱碳单元重沸器蒸汽流量异常的原因?
5. BA010　简述脱硫脱碳单元重沸器窜漏的现象?
6. BA010　已知:某脱硫脱碳装置工艺流程图、运行参数记录。参数记录表中未涉及的其他参数均视为正常,所有调节阀(自动)、仪表、阀门等工作正常。吸收塔差压计最高量程为 40kPa,湿净化气在线分析仪 H_2S 最高量程为 50mg/m^3,天然气执行国标Ⅱ类。

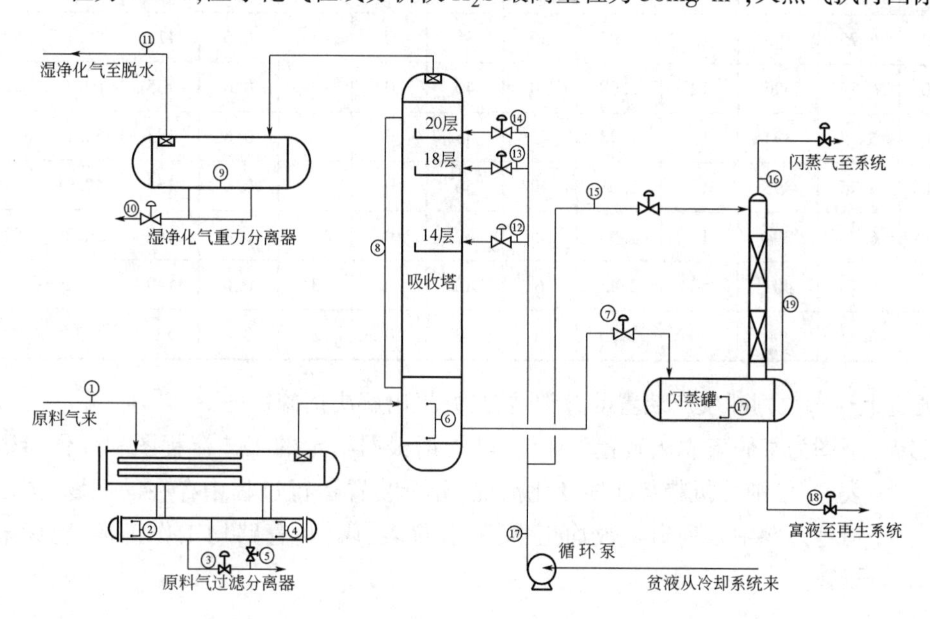

参数记录表(一)

点名	原料气参数				原料气过滤器				吸收塔			净化气分离器	
编号	①				②	③	④	⑤	⑥	⑦	⑧	⑨	⑩
参数值	压力	流量	H_2S	CO_2	液位	阀位	液位	阀位	塔液位	阀位1	压差	分离器液位	阀位2
(单位)	MPa	万方/日	g/m³	%(v)	%	%	%	%	%	%	kPa	%	%
9:10	7.0	400	15	3.60	29	24	26	0	50.1	55.1	16	25	0
9:40	7.0	402	15.1	3.58	23	31	27	0	50.2	54.5	15	25	0
10:00	7.0	401	15.0	3.60	30	32	29	0	50.0	54.5	17	27	0
10:20	7.0	398	14.9	3.55	33	45	30	0	50.5	55.3	17	28	0
10:40	7.0	401	15.1	3.60	29	40	10	30	50.4	54.7	18	29	0
11:00	7.0	399	15.0	3.60	32	50	12	0	49.5	46.6	20	20	15
11:20	7.0	401	14.9	3.65	31	55	15	0	49.4	43.3	22	29	42
11:23	7.0	410	15	3.60	29	52	18	0	48.2	40.4	40	31	45
11:25	7.0	401	15.1	3.60	30	43	20	0	38.7	15	13	59	100

参数记录表(二)

点名	湿净化气参数				贫液参数				闪蒸罐				
编号	⑪				⑫	⑬	⑭	⑮	⑯		⑰	⑱	⑲
参数值	压力 MPa	流量 万方/日	H_2S mg/m³	CO_2 %(体积分数)	流量 m³/h	流量 m³/h	流量 m³/h	流量 m³/h	压力 MPa	流量 m³/h	液位 %	阀位 %	压差 kPa
9:10	6.75	394	8	2.14	50	30	0	3	0.6	101	50	60	6
9:40	6.75	395	11	1.99	50	30	0	3	0.6	125	50.2	59.5	6.2
10:00	6.75	393	13	2.05	50	35	0	3	0.6	119	50.1	60	6.5
10:20	6.75	396	12	2.08	50	40	0	3	0.6	135	50.2	60.2	6.1
10:40	6.75	394	15	1.98	45	45	0	3	0.6	183	50.1	60.5	6.6
11:00	6.75	395	13	2.01	40	50	0	3	0.6	155	49.9	54	7.0
11:20	6.75	394	18	1.95	35	60	0	3	0.6	189	50.2	52	6.9
11:23	6.75	401	50	2.45	6	102	0	3	0.6	149	50.2	42	7.1
11:25	6.75	396	50	2.86	0	98	0	3	0.6	99	43	22	6.7

通过上述参数判断生产装置的异常情况,并提出解决措施。

7. BA010 下图为某脱硫脱碳装置生产流程图,请根据给定的工艺流程图和操作参数记录表,并仔细分析趋势曲线变化情况,分析装置运行过程中存在的问题,提出处理措施。题中未列出参数均正常,所有仪表、阀门、管路均工作正常,现场未进行操作。

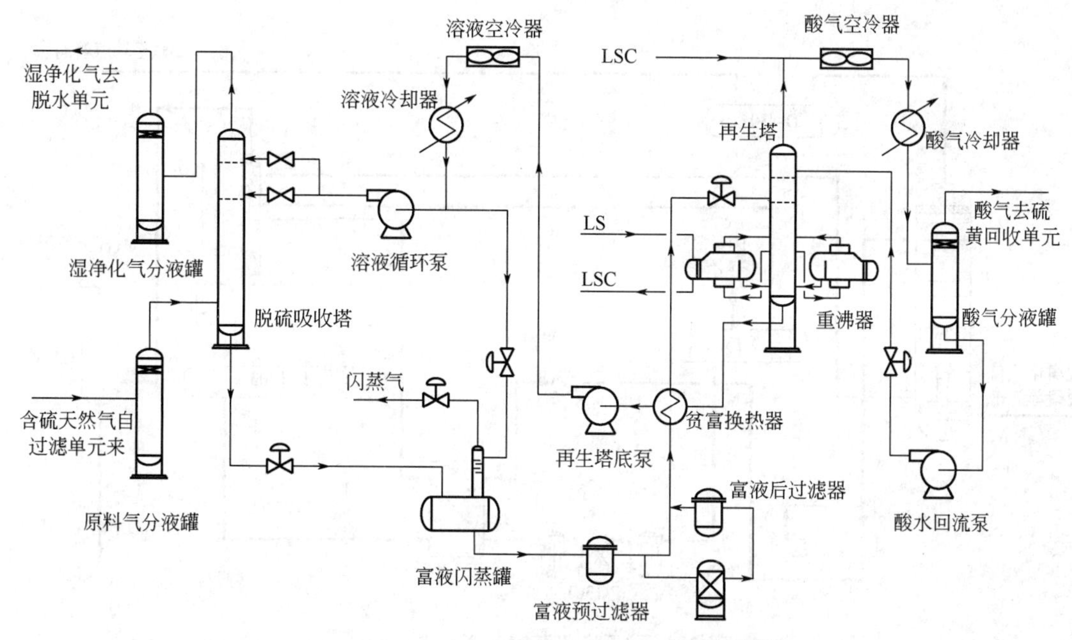

参数记录表

时间＼参数	吸收塔液位,%	再生塔液位,%	闪蒸罐液位,%	酸水分液罐液位 %	再生塔顶温度 ℃	酸水回流量 Kg/h	重沸器蒸汽量 t/h	溶液循环量 m^3/h	原料气量万 m^3/d	原料气压力 MPa	进再生塔富液温度 ℃
8:00	50	51	51	60	101	675	7.98	50	380	5.50	98
8:10	50	55	50	60	98	689	8.01	50	380	5.44	98
8:20	51	60	50	61	99	707	8.1	49	378	5.53	97
8:30	50	64	49	62	101	755	8.32	51	379	5.47	97
8:40	49	69	49	65	102	791	8.53	50	380	5.48	98
8:50	49	74	50	66	101	828	8.65	49	381	5.50	98
9:00	50	78	51	66	102	873	8.76	49	379	5.49	99
9:10	49	83	50	66	102	927	8.91	50	380	5.51	99
9:20	49	90	50	65	100	981	9.05	51	379	5.50	99

8\. BA012　为抑制脱硫脱碳单元发泡的发生,应采取哪些措施进行应对?

9\. BA012　简述脱硫脱碳单元发泡的机理及影响因素。

10\. BA013　简述醇胺溶液变质的主要类型及变质的原因。

11\. BA013　环丁砜及 DIPA 溶液出现变质后应采取复活操作,简述其操作步骤。

12\. BA014　简述醇胺法脱硫脱碳装置的腐蚀类型及易腐蚀区域。

13\. BA014　简述胺法装置预防腐蚀的措施。

14\. BB004　下图为某 200 万/天三甘醇脱水装置工艺流程图,请你根据给定的工艺流程图和操作参数记录表,仔细分析趋势曲线变化情况,判断装置运行过程中存在的问题,提出处理措施。题中未列出参数均正常,所有仪表、阀门、管路均工作正常,现场未进行操作。

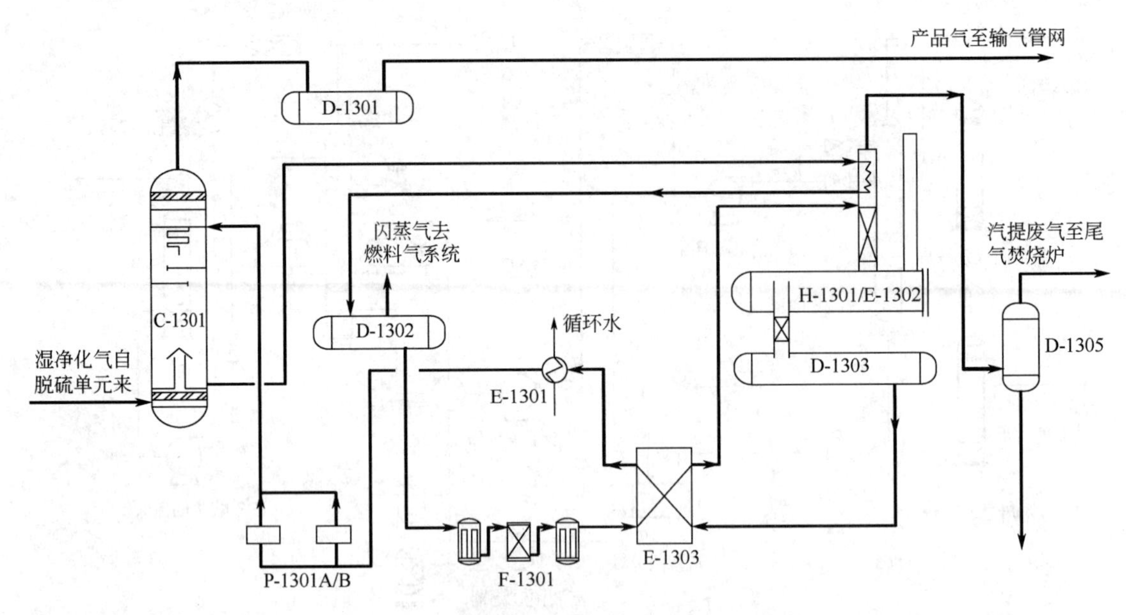

某200万/天净化装置生产参数(一)

项目 时间	脱水塔参数					闪蒸罐参数			缓冲罐参数		燃料气参数	
	产品气流量 $\times 10^4 m^3/d$	湿净化气温度 ℃	液位 %	压差 kPa	压力 MPa	液位 %	闪蒸气量 m^3/h	压力 MPa	温度 ℃	液位 %	压力 MPa	流量 m^3/h
13:00	196	40	50	8.1	3.92	45	5.6	0.45	188	50	0.15	50
14:00	198	40	50	8.2	3.91	45	5.5	0.46	188	48	0.15	46
15:00	197	39	50	8.1	3.92	46	5.6	0.45	188	46	0.15	44
16:00	196	39	51	8.3	3.91	45	5.5	0.45	187	44	0.14	44
17:00	196	40	50	8.2	3.92	46	7.8	0.46	187	42	0.14	45
18:00	198	39	51	8.1	3.92	45	7.3	0.45	188	40	0.15	44

某200万/天净化装置生产参数(二)

项目 时间	汽提气	再生釜参数		贫液水冷器参数			溶液及水含量参数			
	流量 m^3/h	再生温度 ℃	富液出口温度 ℃	循环冷却水进口温度 ℃	循环冷却水进口压力 MPa	贫液出口温度 ℃	贫液循环量 m^3/h	进塔贫液温度 ℃	出塔富液温度 ℃	产品气含水 ppm
13:00	8	200	65	32	0.41	52	3.6	40	39	65
14:00	8	200	65	32	0.42	52	3.5	40	39	65
15:00	8	200	65	31	0.41	51	3.6	41	39	65
16:00	7	199	64	31	0.41	51	3.6	39	38	65
17:00	8	200	64	32	0.41	52	3.7	39	38	75
18:00	8	199	65	31	0.42	51	3.6	38	37	78

注明：湿净化气执行天然气GB 17820—2012中Ⅱ类气质标准

15. BB004　图为某400万/天三甘醇脱水装置工艺流程图，请你根据给定的工艺流程图和操作参数记录表，仔细分析趋势曲线变化情况，判断装置运行过程中存在的问题，提出处理措施。题中未列出参数均正常，所有仪表、阀门、管路均工作正常，现场未进行操作。

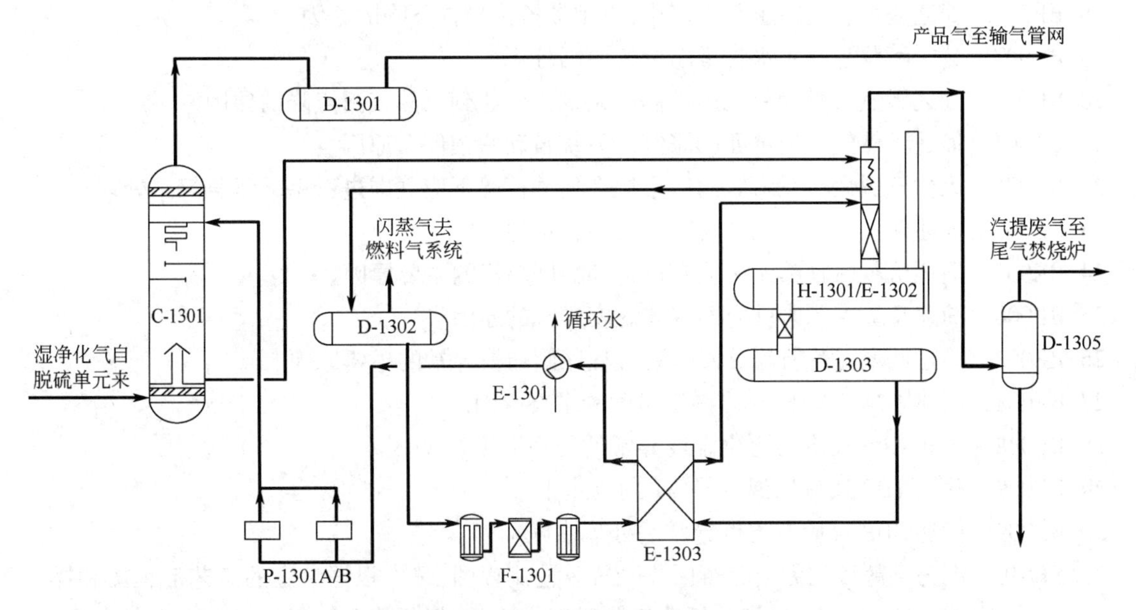

某400万/天净化装置生产参数(一)

时间＼项目	脱水塔参数					闪蒸罐参数			缓冲罐参数		燃料气参数	
	产品气流量 $\times10^4m^3/d$	湿净化气温度 ℃	液位 %	压差 kPa	压力 MPa	液位 %	闪蒸气量 m^3/h	压力 MPa	温度 ℃	液位 %	压力 MPa	流量 m^3/h
13:00	385	35	50	8.1	3.92	45	5.6	0.45	188	50	0.15	50
14:00	386	26	46	15.3	3.91	46	50.9	0.46	188	48	0.15	48
15:00	385	25	45	15.5	3.92	46	63.2	0.45	188	48	0.15	46
16:00	384	24	45	15.7	3.91	45	81.3	0.45	187	46	0.14	45
17:00	385	25	58	7.6	3.92	46	52.8	0.46	187	46	0.14	44
18:00	385	24	59	7.5	3.92	45	10.5	0.45	188	47	0.15	43

某400万/天净化装置生产参数(二)

时间＼项目	汽提气	再生釜参数		贫液水冷器参数			溶液及水含量参数			
	流量 m^3/h	再生温度 ℃	富液出口温度 ℃	循环冷却水进口温度 ℃	循环冷却水进口压力 MPa	贫液出口温度 ℃	贫液循环量 m^3/h	进塔贫液温度 ℃	出塔富液温度 ℃	产品气含水 ppm
13:00	8	200	65	25	0.41	52	4.2	40	39	65
14:00	8	200	65	26	0.42	52	4.1	40	39	228
15:00	8	200	65	26	0.41	53	4.0	41	39	239
16:00	7	199	64	25	0.41	53	3.9	39	38	240
17:00	8	200	64	25	0.41	53	3.8	39	38	225
18:00	8	199	65	24	0.42	52	3.7	38	37	208

注明：湿净化气执行天然气 GB 17820—2012 中Ⅱ类气质标准

16. BB006 简述甘醇脱水系统液位偏低的原因分析。
17. BB007 简述湿净化气温度对脱水效果的影响。
18. BB008 简述脱水装置在正常生产中,重沸器液位异常下降的原因。
19. BC007 分子筛脱水单元水含量超标的原因分析。
20. BD005 简述天然气脱烃单元丙烷制冷系统无法达到天然气露点降的原因。
21. BD006 简述天然气脱烃单元膨胀制冷系统自动联锁停车原因。
22. BD006 天然气脱烃单元膨胀制冷系统在何种情况下应立即进行手动紧急停车处理。
23. BE005 简述硫黄回收单元液硫灰分及砷含量超标的主要原因。
24. BE005 简述硫黄回收单元液硫有机物和酸度超标的主要原因。
25. BE006 简述超级克劳斯反应器床层温度异常的原因。
26. BE007 简述低温克劳斯硫黄回收装置程序阀切换异常的主要原因。
27. BE008 简述影响 CPS 反应器再生温度的主要原因。
28. BE008 简述 CPS 反应器再生温度异常的处理措施。
29. BE009 简述 SDP 反应器温度异常的主要原因。
30. BE009 简述 SDP 反应器温度异常的处理措施。
31. BE010 图为某超级克劳斯硫黄回收装置工艺流程图,请你根据给定的工艺流程图和操作参数记录表,仔细分析趋势曲线变化情况,判断装置运行过程中存在的问题,提出处理措施。题中未列出参数均正常,所有仪表、阀门、管路均工作正常,现场未进行操作。

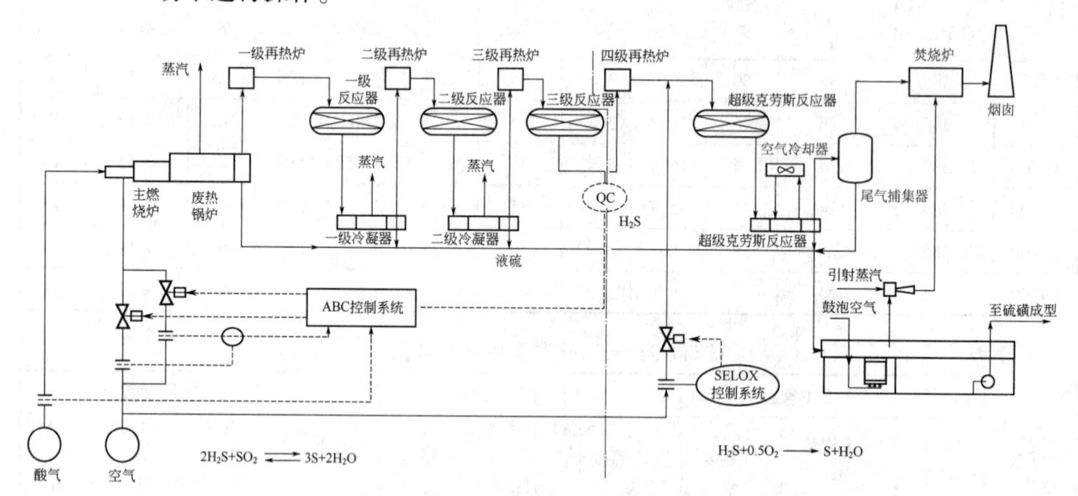

超级克劳斯硫黄回收装置生产参数(一)

时间\名称	酸气流量 kg/h	比值	系统回压 kpa	主炉温度 ℃	废锅蒸汽压力 MPa	一级再热炉燃料气量 kg/h	一级反应器上部温度 ℃	一级反应器中部温度 ℃	一级反应器底部温度 ℃	二级再热炉燃料气量 kg/h	二级反应器上部温度 ℃	二级反应器中部温度 ℃	二级反应器底部温度 ℃
9:00	2760	1.02	45	1052	0.52	4.5	250	280	330	6.4	205	208	212
9:10	3110	0.92	48	1067	0.54	4.6	230	240	280	7.5	206	207	211
9:20	3052	0.85	47	1062	0.56	4.5	220	240	270	8.4	205	208	213

续表

名称 时间	酸气流量kg/h	比值	系统回压kpa	主炉温度℃	废锅蒸汽压力MPa	一级再热炉燃料气量kg/h	一级反应器上部温度℃	一级反应器中部温度℃	一级反应器底部温度℃	二级再热炉燃料气量kg/h	二级反应器上部温度℃	二级反应器中部温度℃	二级反应器底部温度℃
9:30	3129	0.76	48	1025	0.52	4.5	200	230	260	8.5	206	207	212

超级克劳斯硫黄回收装置生产参数(二)

名称 时间	三级再热炉燃料气量kg/h	三级反应器上部温度℃	三级反应器中部温度℃	三级反应器底部温度℃	超级再热炉燃料气量kg/h	超级反应器上部温度℃	超级反应器中部温度℃	超级反应器底部温度℃	一级反应器入口COS含量%	一级反应器入口CS_2含量%	尾气COS含量%	尾气SO_2含量%	尾气CS_2含量%
9:00	4.8	181	181	185	6.3	210	230	226	0.255	0.493	0.014	0.237	0.00
9:10	5.6	180	180	186	6.8	211	235	228	0.256	0.472	0.180	0.237	0.256
9:20	6.2	181	181	185	7.2	212	232	226	0.223	0.539	0.176	0.189	0.254
9:30	6.3	182	182	186	7.9	211	228	227	0.274	0.676	0.186	0.176	0.257

32. BE010　图为某超级克劳斯硫黄回收装置工艺流程图,请你根据给定的工艺流程图和操作参数记录表,仔细分析趋势曲线变化情况,判断装置运行过程中存在的问题,提出处理措施。题中未列出参数均正常,所有仪表、阀门、管路均工作正常,现场未进行操作。

操作参数记录表(一)

名称 时间	酸气流量kg/h	比值	系统回压kpa	主燃烧炉燃料气流量kg/h	主炉温度℃	废锅蒸汽压力MPa	一级再热炉燃料气量kg/h	一级反应器上部温度℃	一级反应器中部温度℃	一级反应器底部温度℃	二级再热炉燃料气量kg/h	二级反应器上部温度℃	二级反应器中部温度℃	二级反应器底部温度℃
8:00	3110	1.02	45	0	1052	0.52	4.5	250	280	330	6.4	205	208	212
10:00	2605	0.92	48	8.5	1067	0.54	5.6	252	281	332	7.5	206	207	211
12:00	2325	0.85	47	10.2	1062	0.56	6.2	251	282	332	8.4	205	208	213
14:00	2258	0.76	48	10.3	1025	0.52	6.3	252	280	331	8.5	206	207	212
16:00	2156	0.75	47	10.4	1025	0.52	6.2	251	281	330	8.4	205	208	213

操作参数记录表(二)

名称 时间	三级再热炉燃料气量kg/h	三级反应器上部温度℃	三级反应器中部温度℃	三级反应器底部温度℃	超级再热炉燃料气量kg/h	超级反应器上部温度℃	超级反应器中部温度℃	超级反应器底部温度℃	过程气H_2S/SO_2在线分析仪H_2S含量,%	超级冷凝器液位%	超级冷凝器压力MPa
8:00	4.8	181	181	185	6.3	210	230	226	0.53	60	0.23
10:00	5.6	180	180	186	6.8	196	225	218	0.45	62	0.24
12:00	6.2	181	181	185	7.2	192	222	216	0.32	64	0.23
14:00	6.3	182	182	186	7.9	185	218	217	0.45	63	0.22
16:00	6.2	181	181	185	7.2	186	212	216	0.43	64	0.21

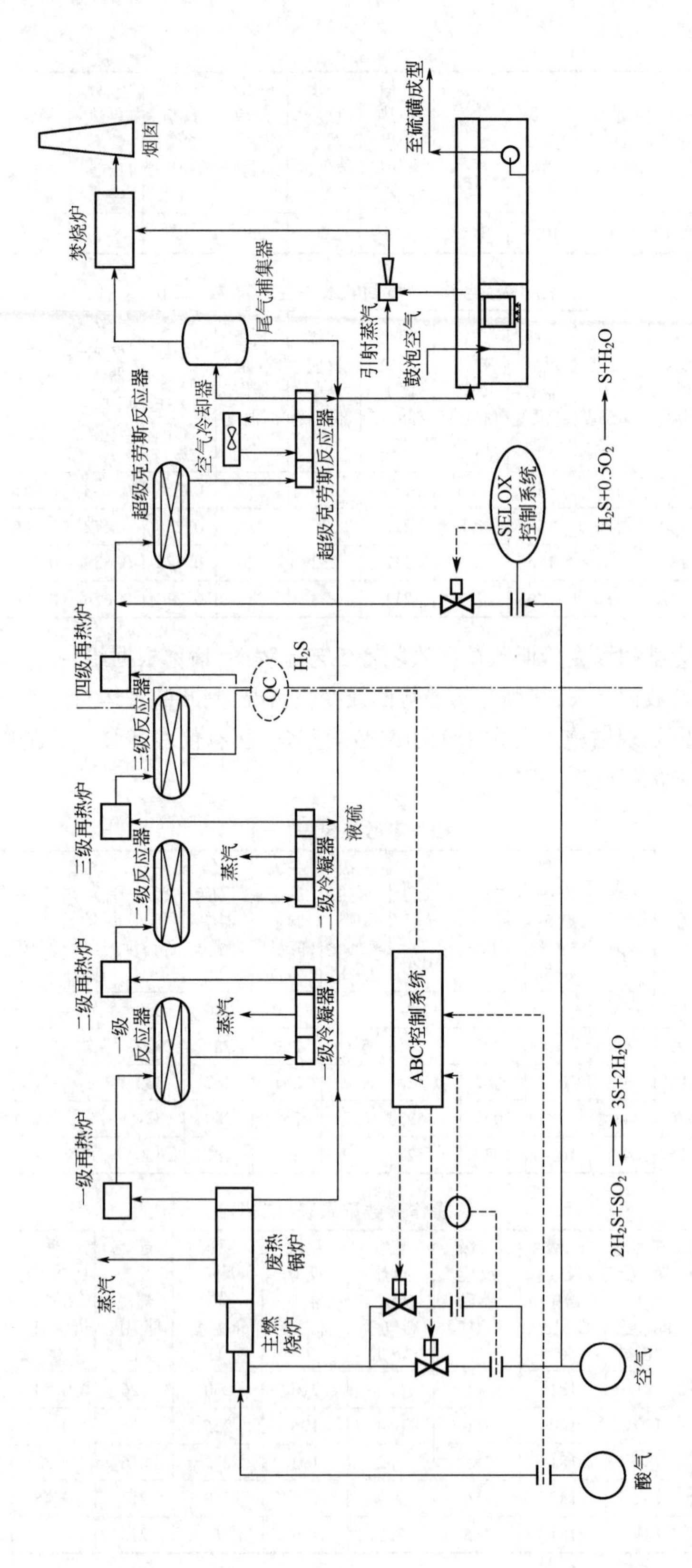

烟囱
焚烧炉
尾气捕集器
引射蒸汽
鼓泡空气
至硫磺成型
超级克劳斯反应器
空气冷却器
四级再热炉
三级反应器
QC
H_2S
三级再热炉
二级反应器
蒸汽
二级冷凝器
液硫
二级再热炉
一级反应器
一级冷凝器
一级再热炉
蒸汽
废热锅炉
主燃烧炉
ABC控制系统
SELOX控制系统
空气
酸气
$2H_2S+SO_2 \rightleftharpoons 3S+2H_2O$
$H_2S+0.5SO_2 \longrightarrow S+H_2O$

33. BF006　试分析 SCOT 尾气处理装置加氢催化剂活性降低的现象。
34. BF006　简述 SCOT 尾气处理装置加氢催化剂活性降低的原因。
35. BF008　简述 SCOT 尾气处理装置主要腐蚀类型。
36. BF008　简述 SCOT 尾气处理装置高温硫化腐蚀的防护措施。
37. BG003　简述污水处理装置生化池微生物活性降低的现象及原因。
38. BI005　脱硫装置的经济运行应从哪些方面入手？
39. CB001　工艺和设备变更范围主要包括哪些内容？
40. CB001　完成变更的工艺、设备在运行前，应对变更影响或涉及的哪些人员进行培训或沟通？
41. CB002　工作前安全分析范围主要包括哪些内容？
42. CB002　工作前安全分析小组实地考察工作现场，核查的内容有哪些？
43. CB003　HAZOP 分析小组通常由哪些人员组成？
44. CB003　项目委托方应组织 HAZOP 分析报告评审会，评审的主要内容包括哪些？
45. CB004　如何编制工艺隔离方案？
46. CB004　列举四种隔离锁具名称。
47. CC001　县级以上人民政府计量行政部门的计量管理人员主要职责涵盖哪些？
48. CC001　简述颁布《中华人民共和国计量法》目的。
49. CC002　产品质量检验机构计量认证的内容有哪些？
50. CC002　被授权的计量检定机构和技术机构，应当遵守哪些规定？
51. CC003　计量检定印证包括有？
52. CC003　计量标准器具使用，必须具备的条件有哪些？
53. CD001　重大危险源中的临界量是指什么？
54. CD001　如何判定重大危险源？
55. CD002　作业许可证应包含作业活动的基本信应包括哪些？
56. CD002　需要办理专项作业许可证的作业有哪些？
57. CD003　请列举至少 4 种监督依据中的相关文件。
58. CD003　监督方案要具有实效性主要是什么？
59. CD004　监督报告编制的主要内容包括哪些？
60. CD004　简述监督报告编制注意事项。
61. CD005　安全生产事故报告主要内容是什么？
62. CD005　哪些单位或部门需要参与安全生产事故调查？
63. CD006　装置检修项目 HSE 方案中“通用安全措施”部分的主要内容包括哪些？
64. CD006　装置检修项目 HSE 方案中“危害及其控制措施”部分的主要内容包括哪些？
65. CD007　装置检修项目 HSE 方案和 HSE 应急预案的区别？
66. CD007　装置检修项目 HSE 应急预案“自救互救”部分的主要内容包括哪些？
67. CD008　应急演练方案中的“演练场景设计”的主要内容包括哪些？
68. CD008　现场处置方案的主要内容包括哪些？
69. CD009　一次完整的应急演练活动应包括哪几个阶段？

70. CD009　综合应急预案包括的主要内容有哪些？
71. CD010　通常完整的应急预案应包括哪几部分？
72. CD010　综合应急预案的主要内容有哪些？
73. CD011　风险的定义？
74. CD011　员工参与单位健康、安全与环境事务的方式有哪些？

五、计算题

1. AA004　已知一固定管板式换热器参数：DN1000，PN1.6，4 管程，710 根 $\phi25\times2.5$ 换热管，换热管长度为 4500mm，管板厚度为 0.05m，试计算该换热器换热面积。
2. AA004　将流量为 0.417kg/s、温度为 353K 的硝基苯通过一换热器冷却到了 313K，冷却水初温为 303K，出口温度确定为 308K，已知硝基苯 $c_{硝}$ 为 1.38kJ/(kg·K)，在 303K 时 $c_{水}=4.187$kJ/(kg·K)，试求该换热器的热负荷及冷却水用量？
3. AA004　在一单壳程、四管程的管式换热器中，用水冷却酸气，冷水在管内流动，进出口温度分别为 20℃ 和 50℃，酸气的进出口温度分别为 100℃ 和 60℃，试求两流体间的平均温度差？（已知在 $P=0.375$，$R=1.33$ 时，单壳程、四管程的管式换热器的 $\varphi\Delta t=0.9$）
4. AA007　某天然气净化厂欲设计脱水单元套管换热器，已知外管内径为 $D_1=80$mm，内管外径为 $D_2=57$mm，求其环形截面内传热时的当量直径为多少？
5. AA007　某天然气净化厂硫黄成型装置袋式除尘器出口风道为长度 $a=300$mm、宽度 $b=450$mm 的矩形截面管道，请计算出与其流动形态相同的圆形管道的直径 D。
6. AA008　用一内径为 100mm 的铁管输送 20℃ 的水，流量为 36m^3/h，试确定水在管中的流动状态。已知 20℃ 水的黏度 $\mu=1cp=10^{-3}N\cdot s/m^2$，密度 $\rho=1000kg/m^3$。
7. AA008　尘粒的直径为 10μm，密度为 2000kg/m^3，空气的密度为 1.2kg/m^3，黏度为 0.0185mPa·s，求尘粒在空气中的沉降速度？
8. AA008　乙二醇溶液于 20℃ 下在 $\phi57\times2.5$mm 的管中作定态、等温流动，已测知该条件下 $Re=1300$，试求每小时有多少千克乙二醇在该管中流动？（已知 20℃ 时乙二醇溶液的密度和黏度分别为 $\rho=1113kg/m^3$，$\mu=23\times10^{-3}pa\cdot s$）
9. AA009　某塔高 30m，进行水压试验时，距离塔底高 10m 处的压力表的读数为 500kPa，求塔底处水的压强？（当时塔外大气压强为 100kPa）
10. AA009　某塔高 30m，进行水压试验时，塔顶压力为 3MPa，求距离塔底高 10m 处的压强？（当时塔外大气压强为 100kPa）
11. AA009　如题图所示，贮油罐中盛有相对密度为 0.96 的重油，油面高于罐底 9.6m，油面上方为常压，在罐侧壁的下部有一直径为 0.6m 的圆孔，并装有孔盖，其孔中心距罐底为 0.8m，试求作用于孔盖上的总压力为多少？

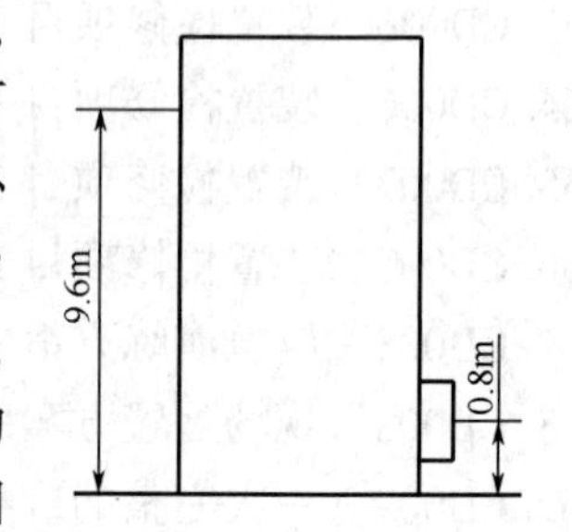

12. CB003　如图所示，罐中盛有相对密度为 1.02 的 MDEA 溶液，液面高于罐底 6.8m，液面上方为 0.11Mpa（绝压）的氮气保护，在罐侧壁的下部有一直径为 0.6m 的圆

孔,并装有孔盖,其孔中心距罐底为0.8m,试求作用于孔盖上的总压力为多少?

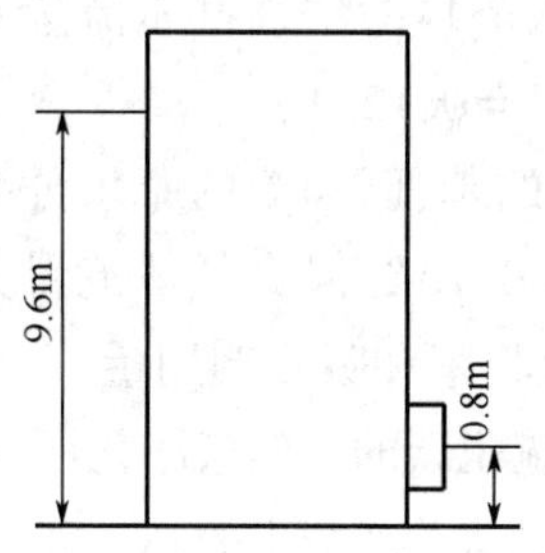

13. AA010 二氧化碳水洗塔的供水系统,塔内绝对压强为2100kPa,贮槽水面绝对压强为300kPa,塔内水管与喷头连接处高于贮槽面20m,钢管管径为$\phi57\times2.5$mm,送水量为15m^3/h,塔内水管与喷头连接处的绝对压强为2250kPa,损失能量为49J/kg,求水泵的有效功率?

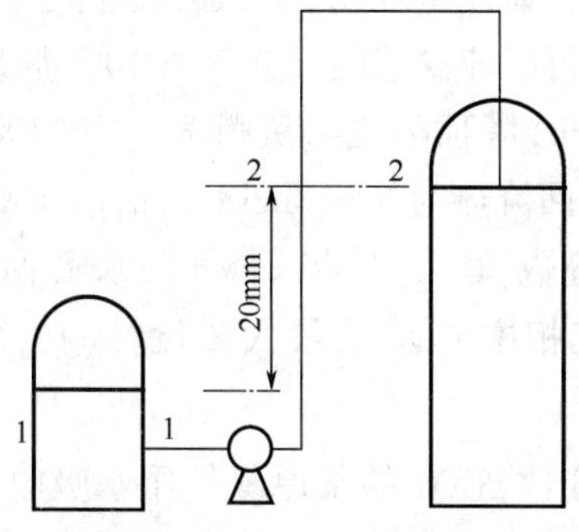

14. AA010 如图所示,用泵将贮槽中密度为1200kg/m^3的溶液送到蒸发器内,贮槽内液面维持恒定,其上方压力为大气压力。蒸发器的操作压力为26.7kpa(真空度)。蒸发器进口高于贮槽内液面15m,管道直径为ϕ68mm×4mm,送液量为20m^3/h,设损失能量为120J/kg,求泵的有效功率?

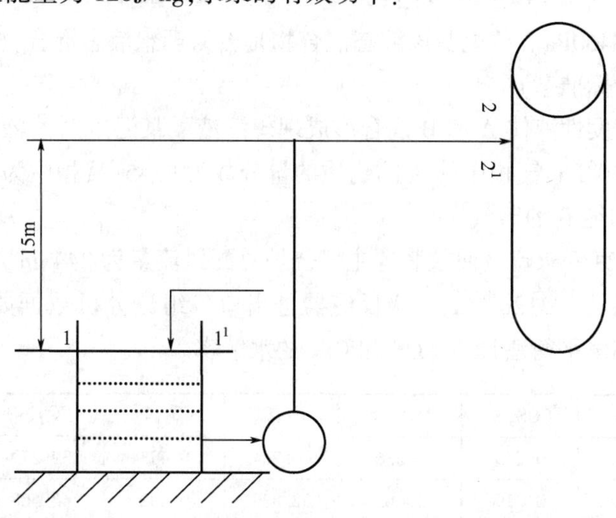

15. AA011 在逆流吸收塔中,用洗油吸收焦炉气中的芳烃。吸收塔压强为105kPa,温度为300K,焦炉气流量为1000m^3/h,其中所含芳烃组分为0.02(摩尔分率,下同),

回收率为95%，进塔洗油中所含芳烃组成为0.005。若取吸收剂用量为最小用量的1.5倍，试求进入塔顶的洗油摩尔流量及出塔吸收液的组成。（操作条件下汽液平衡关系为 $Y^*=0.125X$）

16. AA011　用油吸收混合气体中的苯，已知苯的摩尔分率是0.04，出塔时苯的摩尔分率为0.008，平衡关系 $Y^*=0.12X$，混合气体流量为1200kmol/h，溶液出塔时浓度摩尔分率为0.006，求吸收率和吸收剂用量。

17. AA012　某采用MDEA进行脱硫脱碳的天然气净化厂，处理为 $3.05\times10^5 m^3/d$，温度为30℃，甲烷含量95.381%，脱硫吸收塔脱出的 CO_2 和 H_2S 量分别为192.49kg/min、15.6 kg/min，循环量为3289.6kg/min。已知 CO_2 与MDEA的反应热为-1420kJ/kg，H_2S 与MDEA的反应热为-1050kJ/kg；湿净化气离开吸收塔时甲烷比热容为1.545kJ/(m^3·k)，40℃45%的MDEA溶剂比热容为3.528kJ/(kg·k)。假设湿净化气温度与贫液温度均为40℃，请计算MDEA溶液的温升？

18. AA012　某采用MDEA进行脱硫脱碳的天然气净化厂，脱硫再生塔贫液温升带走的热量为290142.7kJ/min，塔顶酸气热负荷为4379.30kJ/min，酸性组分解析热量为224266.5kJ/min，回流热为69918.2kJ/min，求重沸器的热负荷为多少？

19. AA013　含有30%（体积分数）CO_2 的某原料气用水吸收，吸收温度为303K，总压力为101.3kPa，试求液相中 CO_2 的最大浓度？（在303K时 CO_2 的亨利系数 $E=0.188\times10^6$kPa）

20. AA013　含有30%（体积分数）CO_2 的某原料气用水吸收，吸收温度为313K，总压力为202.6kPa，试求液相中 CO_2 的最大浓度？（在313K时 CO_2 的亨利系数 $E=0.188\times10^6$kPa）

21. AA014　在330.3K，丙酮（A）和甲醇的液态混合物在101325Pa下平衡，平衡组成为液相 $x_A=0.400$，气相 $y_A=0.519$。已知330.3K纯组分的蒸气压力 $p_A^*=104791$Pa，$p_B^*=73460$Pa。试说明该液态混合物是否为理想液态混合物，为什么？（均以纯液态为标准态）

22. AA014　两种挥发性液体A和B混合形成理想溶液。某温度时溶液上面的蒸汽总压为 5.41×10^4Pa，气相中的A的物质的量分数为0.45，液相中为0.65。求此温度时纯A和纯B的蒸气压。

23. BF010　某超级克劳斯硫黄回收装置主燃烧炉总配风流量为2443m^3/h，进入一级在线炉空气流量为212m^3/h，一级反应器进出口各组分分析数据如下表所示（干基含量），用氮平衡法计算COS和 CS_2 的水解率。

	SO_2,%	COS,%	H_2S,%	N_2,%	CS_2,%	CO_2,%	CH_4,%	H_2,%
一级反应器进口	4.434	0.255	7.536	46.204	0.493	39.379	0.031	0.585
一级反应器出口	0.909	0.019	2.063	52.839	0.002	42.508	0.033	0.523

24. BF010　某SCOT尾气处理装置加氢反应器进出口各组分分析数据如下表所示（干基含量），试计算COS和 CS_2 的水解率。

	SO_2,%	COS,%	H_2S,%	N_2,%	CS_2,%	CO_2,%	CH_4,%	H_2,%
一级反应器进口	4.220	0.256	8.089	46.127	0.472	39.041	0.029	0.617
一级反应器出口	0.717	0.020	2.369	53.340	0.002	41.806	0.029	0.555

25. BJ002 某天然气净化厂一季度消耗天然气 $1200\times10^4m^3$,天然气计量误差及损耗 $400\times10^4m^3$,消耗电 $1500\times10^4kW\cdot h$,该厂自取水量 $4\times10^4m^3$,输出净化气 $40000\times10^4m^3$,请计算该厂一季度的综合能耗是多少?综合能耗单耗是多少?(天然气折标煤系数:$1\times10^4m^3=13.3$ 吨标准煤,电折标煤系数:$1\times10^4kW\cdot h=4.04$ 吨标准煤。)

26. BJ002 硫黄回收装置某月结报如下:

	酸性气原料(吨)	硫黄(吨)	电(kw·h)	循环冷却水(吨)	0.3MPa 蒸汽外输(吨)	瓦斯(公斤)
累积量	1411	1101	196072	39369	2050	69000
能耗系数			0.26	0.1	66	0.95

试求此装置当月能耗。(计算时候保留两位小数)

答 案

一、单项选择题

1. C	2. A	3. C	4. B	5. C	6. B	7. D	8. A	9. D	10. C
11. A	12. A	13. A	14. C	15. A	16. D	17. A	18. A	19. A	20. D
21. A	22. A	23. C	24. A	25. B	26. A	27. D	28. D	29. D	30. C
31. A	32. D	33. D	34. D	35. A	36. B	37. C	38. A	39. B	40. C
41. B	42. B	43. A	44. B	45. A	46. C	47. D	48. A	49. B	50. A
51. A	52. B	53. A	54. B	55. B	56. C	57. A	58. C	59. A	60. D
61. A	62. C	63. A	64. D	65. A	66. A	67. B	68. D	69. B	70. A
71. B	72. B	73. D	74. C	75. C	76. B	77. B	78. A	79. A	80. D
81. B	82. B	83. A	84. A	85. C	86. A	87. C	88. C	89. C	90. B
91. C	92. C	93. B	94. A	95. C	96. B	97. A	98. D	99. B	100. D
101. B	102. C	103. D	104. D	105. B	106. B	107. B	108. C	109. A	110. B
111. A	112. C	113. D	114. A	115. A	116. D	117. C	118. D	119. A	120. B
121. A	122. A	123. A	124. A	125. A	126. D	127. B	128. A	129. D	130. A
131. D	132. A	133. C	134. B	135. A	136. C	137. A	138. A	139. A	140. A
141. B	142. C	143. C	144. C	145. A	146. A	147. A	148. D	149. B	150. A
151. C	152. D	153. A	154. C	155. A	156. D	157. C	158. A	159. C	160. C
161. A	162. A	163. D	164. D	165. A	166. C	167. B	168. A	169. B	170. A
171. D	172. B	173. D	174. B	175. A	176. D	177. C	178. B	179. A	180. A
181. A	182. B	183. B	184. B	185. B	186. A	187. A	188. B	189. A	190. B
191. D	192. A	193. B	194. A	195. D	196. C	197. D	198. C	199. A	200. D
201. A	202. B	203. D	204. A	205. B	206. D	207. A	208. A	209. A	210. B
211. A	212. C	213. A	214. C	215. B	216. A	217. C	218. D	219. C	220. B
221. C	222. A	223. D	224. A	225. D	226. B	227. C	228. B	229. D	230. B
231. C	232. D	233. B	234. D	235. A	236. D	237. C	238. D	239. C	240. D
241. D	242. D	243. A	244. A	245. D	246. D	247. D	248. B	249. B	250. D
251. D	252. D	253. C	254. B	255. B	256. D	257. D	258. A	259. A	260. C
261. D	262. A	263. C	264. A	265. B	266. A	267. A	268. A	269. D	270. D
271. D	272. B	273. D	274. D	275. D	276. C	277. B	278. D	279. B	280. C
281. D	282. A	283. A	284. B	285. B	286. D	287. C	288. A	289. B	290. A
291. D	292. D	293. D	294. B	295. A	296. A	297. C	298. B	299. A	300. D
301. C	302. A	303. B	304. D	305. C	306. D	307. A	308. D	309. A	310. A

311. C　312. B　313. C　314. A　315. D　316. C

二、多项选择题

1. CD　2. AC　3. AB　4. AB　5. ABD　6. AB　7. ABC
8. BCD　9. ABD　10. ABCD　11. ABCD　12. AD　13. ABD　14. CD
15. BCD　16. CD　17. AB　18. AB　19. ABC　20. ABC　21. ACD
22. BC　23. AB　24. BCD　25. ABCD　26. ACD　27. AB　28. AB
29. ABD　30. ABC　31. AC　32. BC　33. AB　34. ACD　35. BCD
36. ABCD　37. ABD　38. ABC　39. BCD　40. ABC　41. AD　42. BCD
43. BCD　44. ACD　45. ABC　46. ABD　47. BCD　48. AD　49. ABD
50. AB　51. ACD　52. ABCD　53. AC　54. BC　55. ABD　56. ABCD
57. AB　58. ABD　59. CD　60. AD　61. ABC　62. BC　63. AD
64. ACD　65. ABC　66. AB　67. AB　68. AB　69. ABD　70. ABC
71. ABC　72. ABD　73. AC　74. AC　75. ABC　76. ABCD　77. AB
78. ABC　79. AB　80. ABC　81. AB　82. ABC　83. AC　84. ABD
85. BCD　86. ABC　87. AB　88. ABC　89. AB　90. CD　91. ABC
92. ABD　93. AD　94. ACD　95. BCD　96. AB　97. ABD　98. BCD
99. ABD　100. BCD　101. CD　102. ABC　103. ABCD　104. AD　105. ABCD
106. ABD　107. AC　108. ABC　109. BC　110. AB　111. ACD　112. AB
113. ABCD　114. ABC　115. ABC　116. AD　117. ABC　118. ABC　119. ABCD
120. ABD　121. ACD　122. ABC　123. ABCD　124. AB　125. BC　126. ACD
127. ABC　128. ABC　129. ABC　130. ACD　131. CD　132. AB　133. ABCD
134. AB　135. ABC　136. ABD　137. BCD　138. ACD　139. ABCD　140. AB
141. AB　142. ABD　143. ABD　144. AD　145. ABC　146. ABCD　147. BC
148. ABCD　149. ABCD　150. ABD　151. ABC　152. ABD　153. ABC　154. ABD
155. AB　156. ABCD

三、判断题

1. ×　正确答案：放热反应的 $\Delta H<0$。　2. √　3. √　4. ×　正确答案：传热与流体流动相反，流动速度越大，传热阻力也越小。　5. ×　正确答案：热流体和冷流体在列管换热器内换热，若冷流体传热膜系数远大于热流体传热膜系数，则此时管壁温度接近于冷流体温度。6. √　7. ×　正确答案：非圆形管道或设备当量直径取水力半径的 4 倍表示其尺寸。　8. √　9. √　10. ×　正确答案：饱和水蒸气压越高，其在管内流动的流速越大。　11. √　12. √　13. ×　正确答案：对于理想稀溶液，亨利定律与拉乌尔定律一致，此时亨利系数即为该温度下纯物质的饱和蒸气压。　14. ×　正确答案：稀溶液中溶剂符合拉乌尔定律，同时在相同浓度范围内的溶质一定符合亨利定律。　15. ×　正确答案：温度越高，气体溶解度越小。16. √　17. ×　正确答案：当易溶气体的液膜阻力很小时，吸收过程为气膜控制。　18. ×　正确答案：当难溶气体的总阻力集中在液膜内时，吸收过程为液膜控制。　19. √　20. √

21. √ 22. × 正确答案：在烷醇胺中，MDEA 溶液的凝固点最低，为−31.7℃。 23. × 正确答案：气压试验时，压力应缓慢上升至规定试验压力。 24. √ 25. × 正确答案：滚动薄膜执行机构属于气动执行器。 26. × 正确答案：一般来说，PLC 的扫描周期包括自诊断、通信等。 27. √ 28. √ 29. × 正确答案：温度控制仪表系统指示出现大幅缓慢的波动，很可能是由于工艺操作变化引起的。 30. × 正确答案：硫黄回收装置酸气放空管线酸气放空调节回路作用方式为失电关。 31. × 正确答案：DCS 电脑死机后，电脑无法操作，系统状态维持在死机前的操作状况，现场人员应立即到现场监视各点操作参数，必要时手动调节，DCS 操作员或仪控人员要立即重新启动计算机，尽快恢复正常操作。 32. × 正确答案：DCS 操作员在控制系统报警后，应立即查找报警原因，解决报警故障。 33. × 正确答案：在完成数据库组态后就可以进行控制算法组态。 34. × 正确答案：转子流量计适用于微小流量的测量。 35. × 正确答案：串级调节系统可以用于改善纯滞后时间较大的对象，有超前作用。 36. √ 37. √ 38. × 正确答案：电力系统中的电力设备和线路，应装设短路故障和异常运行保护装置。 39. × 正确答案：直接转化法脱硫效果能够达到胺法脱硫效果。 40. × 正确答案：铁碱法脱硫工艺副反应所生成的 $Na_2S_2O_3$，其生成率为潜硫量的 20%~30%。 41. √ 42. √ 43. √ 44. × 正确答案：为了使混合气获得有效分离，一定要选用待分离的气体渗透系数差别大的薄膜。 45. √ 46. × 正确答案：脱硫脱碳单元使用釜式重沸器，若出现蒸汽流量异常时，逐一排出原因，不一定检查挡板。 47. √ 48. × 正确答案：酸气后冷器窜漏可能造成硫黄回收主燃烧炉衬里损坏。 49. × 正确答案：脱硫脱碳单元停产后，应对重沸器及凝结水管线进行排水，避免腐蚀。 50. √ 51. × 正确答案：在胺法装置中，导致醇胺变质的主要因素是 CO_2 引起的变质。 52. × 正确答案：胺液的腐蚀性与其反应性能有关。 53. × 正确答案：H_2S 与 CO_2 在砜胺液中的吸收热高于相应的醇胺液，而且随溶液中环丁砜的浓度上升而升高。 54. √ 55. × 正确答案：常规 TEG 装置排放的芳烃量占进料芳烃量的 4%~17%。 56. √ 57. √ 58. × 正确答案：正常生产时，缓冲罐液位比较稳定，呈缓慢微涨趋势，这是可能是其他点液位下降造成的，如再生釜隔板泄漏。 59. √ 60. √ 61. √ 62. √ 63. √ 64. × 正确答案：油和液态水带入活性氧化铝后，将导致活性氧化铝吸附性能下降。 65. × 正确答案：硅胶不能吸附湿度较大的高速气流。 66. × 正确答案：吸附法脱水过程中，有腐蚀和起泡。 67. √ 68. × 正确答案：分子筛脱水单元水含量超标不多情况下，也必须停止外输。 69. × 正确答案：直接换热(DHX)工艺对丙烷的回收率可达 95%以上。 70. √ 71. × 正确答案：节流阀制冷脱烃工艺可适用于压力较高的气源。 72. × 正确答案：冬季时排尽机泵余水，是为了避免管道冰堵或冻裂。 73. × 正确答案：在补充丙烷制冷系统丙烷时，必须停车补充。 74. √ 75. √ 76. √ 77. √ 78. √ 79. × 正确答案：配风过低会造成积炭，液硫颜色也会受到影响。 80. × 正确答案：氧化空气过量不会造成超级克劳斯反应器床层温度超高。 81. × 正确答案：硫黄回收装置程序阀切换异常不一定会导致装置停产。 82. × 正确答案：冷凝器窜漏后不一定会造成 CPS 反应器再生温度异常。 83. √ 84. √ 85. √ 86. √ 87. × 正确答案：硫蒸气的组成分布仅取决于系统的热力学状态，它仅随系统的温度改变而变化，与原料酸气中的 H_2S 浓度或采用的工艺流程并无直接关系。 88. × 正确答案：总硫收率不小于 99.8%时，可以采用氧化工艺，吸收二氧化硫。 89. × 正确答案：H_2S 和 SO_2 之间的克劳斯反应速率受催化剂颗粒孔结构的控制。 90. × 正确答案：首次开车预硫化后的加氢催化剂需要进行预硫化。 91. √ 92. × 正确答案：联合再生 SCOT 尾气处理工艺无须设置富液闪蒸罐。 93. √ 94. × 正确答案：尾气处理单元气质气量不稳定，会影响硫黄回收单元。 95. √ 96. √ 97. × 正确答案：将急冷塔的冷凝水 pH 控制在 5~7 是为了避免 SO_2 穿透，不会对系统腐蚀加剧。 98. √ 99. × 正确答案：增加过程气水汽含量有利水解反应向正方向移动，但当过程气(H_2O/COS)>10 以后，COS 的转化率随水汽含量的增加急剧下降。 100. × 正确答案：污水处理电渗析装置产生的淡水水质异常，会影响换热器换热效果。 101. √ 102. √ 103. √ 104. × 正确答案：污水处理单元节能降耗涉及汽耗。 105. √ 106. × 正确答案：循环冷却水系统预膜应低液位运行，减少排水量。 107. × 正确答案：设置回流旁路将增加泵负荷，不能降低电耗。 108. √ 109. × 正确答案：系统性检修是指全厂生产装置工艺设备、管道、电气设备、仪表控制系统、分析化验设备、安防通信系统、土建工程等较长时间的有计划停产检修。 110. × 正确答案：硫黄回收装置应在酸气停止前 48 小时进行热浸泡除硫。 111. × 正确答案：装置开产循环冷却水管道清洗用水需进行化验分析后进行分类处理。 112. × 正确答案：系统性检修停产环境保护方案中尽可能提高溶液回收率的主要目的是降低污水处理装置负荷。 113. √ 114. × 正确答案：当装置出现安全隐患时，无论安全隐患的大小、级别、后果是否严重，都应采取相应的安全隐患处置程序进行处理，并做好相关的操作记录或安全记录，警示岗位人员，防止事故的发生。 115. √ 116. √ 117. √ 118. × 正确答案：操作规程编制需要工程技术人员、管理人员、操作层次人员等参加。 119. √ 120. √ 121. × 正确答案：技术论文可以是包涵实践性的论述。 122. √ 123. × 正确答案：《天然气净化厂系统性检修作业指导书》包括风险评价及防范措施。 124. × 正确答案：新技术、新应用的选择时，经济合理与其他原则通盘考虑选择最优方式。 125. × 正确答案：科研项目开题报告内容包括经济考核指标、国内外现状、项目组织。 126. √ 127. √ 128. √ 129. × 正确答案：设备检修技术方案编制完成后由上级生产管理主管领导批准后方能实施。 130. × 正确答案：定性分析的任务是鉴定物质由哪些元素、原子团或化合物所组成。 131. √ 132. √ 133. √ 134. √ 135. × 正确答案：在管道平面布置图中，当管道重叠时，可断开下面的管道来表示下面管道上的阀门和管件。 136. × 正确答案：在 Word 的编辑状态，要在文档中添加符号★时，应该使用插入菜单中的命令。 137. √ 138. × 正确答案：微小变更和工艺设备变更管理执行变更管理流程，同类替换不执行变更管理流程。 139. √ 140. × 正确答案：HAZOP 分析过程中分析偏差导致的后果不应局限在本节点之内，而应同时考虑该偏差对整个系统的影响。 141. √ 142. √ 143. × 正确答案：非经国务院计量行政部门批准，任何单位和个人不得拆卸、改装计量基准，或者自行中断其计量检定工作。 144. √ 145. √ 146. √ 147. √ 148. √ 149. √ 150. √ 151. √ 152. √ 153. √ 154. × 正确答案：制定现场应急管理标准的目的是在各类突发事故或灾害发生后能有效处置。 155. √

四、简答题

1. 答：①处理量比较大的脱硫脱碳装置应首先考虑醇胺法和砜胺法(0.1)；②除 CO_2

外,天然气含有相当量有机硫需要脱除时宜选用砜胺法(0.1);③天然气 CO_2/H_2S 比较高时(大于6),以及需要选择性脱除 H_2S 时,应使用MDEA溶液或MDEA配方溶液(0.1);④在脱除 H_2S 的同时需要脱除相当量的 CO_2 时,可采用MDEA与适当醇胺组合的混合醇胺法(0.1);⑤天然气压力较低、H_2S 指标要求亦严格并需要同时脱除时 CO_2 时,可选用MEA、DEA或混合醇胺法(0.1);⑥主要脱除天然气中大量的 CO_2 时,可选用活化MDEA法、物理溶剂法或膜分离法等(0.1);⑦处理 H_2S 含量低的小股天然气时(潜硫在0.1~0.5t/d),可选用固体氧化铁脱硫剂或氧化铁浆液法(0.15);⑧处理 H_2S 含量不高,潜硫在0.5~5t/d间的天然气时,可采用直接转化法的铁法、钒法或PDS法(0.15);⑨高寒地区及沙漠缺水区域,可选择二甘醇法或分子筛法(0.1)。

2. 答:在众多的脱硫脱碳方法中没有绝对优越的方法,而各有其特点和适用范围,在应用时需根据实际情况进行选择,选择脱硫脱碳方法的重要标准主要是动力和投资费用,但在许多情况下这种选择是困难的,主要受到以下几方面因素的制约(0.2):①方法的外部参数—原料气的组成、压力、温度、要求的净化度、动力资源参数(蒸气压力、现有废热)、利用二次动力的可能性等,即不取决于净化方法的设备工艺配置因素的参数(0.2);②方法的内部参数—热量消耗、电力、溶剂、废渣、设备的重量和型式,以及它们与原料气和净化度各参数的关系,即对净化方法的设备工艺配置有影响的参数(0.2);③经济因素—动力资源、原料、废渣、设备的价格,以及某种形式的原料(溶剂等)和动力的稀缺程度(0.2);④方法的技术成熟度与专利等(0.2)。

3. 答:脱硫脱碳单元重沸器蒸汽流量异常,会造成再生塔顶温度波动(0.25);重沸器蒸汽流量过低(0.25),会严重影响溶液再生质量(0.25),甚至造成产品气质量超标(0.25)。

4. 答:①溶液水含量异常(0.25);②蒸汽及凝结水系统管路不畅(0.25);③重沸器结垢换热效果差(0.25);④再生塔半贫液集液槽或釜式重沸器挡板泄漏等(0.25)。

5. 答:重沸器轻微窜漏时,再生塔温度、重沸器蒸汽流量无明显变化(0.5),但再生塔液位可能会缓慢上升(0.5);胺液系统补水量降低或长时间不需要补充水,贫胺液浓度呈缓慢下降趋势(0.15)。重沸器严重窜漏时,重沸器蒸汽流量波动大,蒸汽流量调节阀开度明显减小(0.2);再生塔液位明显上升,再生塔温度明显上升或波动大,再生塔差压上升,严重时出现拦液、冲塔现象;贫液浓度明显下降,湿净化气质量下降(0.2);凝结水罐液位调节阀开度明显减小,停运重沸器时,凝结水中含有大量胺液(0.15)。

6. 答:

(1)通过上述参数变化趋势综合分析,判定为吸收塔出现冲塔事故。原因是吸收塔内溶液发泡、拦液造成湿净化气质量下降,在调整贫液流量和入塔层数时,动作过大过快,导致吸收塔冲塔(0.3)。

(2)处理措施。

①控制好吸收塔液位,防止窜气(0.1)。

②打开原料气放空压力调节阀放空,系统保压(0.1)。

③关闭产品气压力调节阀,停止产品气外输(0.1)。

④降低溶液循环量,防止循环泵抽空(0.05)。

⑤加入消泡剂(0.05)。

⑥立即回收湿净化气分离器中的溶液,并补充至系统(0.05)。

⑦当系统液位正常后,逐渐提高循环量,进气恢复生产(0.1)。

⑧增加原料气预处理分离和排液操作频率(0.1)。

⑨增加溶液过滤系统切换、清洗、更换过滤元件频率(0.05)。

7. 答:(1)原因分析:吸收、闪蒸、循环量无明显变化,再生塔液位上涨;酸水回流量上涨,酸水分液罐液位上升;富液入塔温度、再生塔顶温度无明显变化,重沸器蒸汽量增加;综合以上原因分析,酸气后冷器管壳程窜漏。(0.25)

(2)解决措施:

①立即关闭酸气后冷器管冷却水进出口阀,停运酸气后冷器(0.25);

②现场启运两台酸气空冷器,酸气温度控制在40℃以下,维持装置生产。同时,联系化验分析溶液组分,溶液组分水含量偏高,进行甩水操作(0.25);

③现场启运两台酸气空冷器,酸气温度高于40℃,向调度室和上级主管汇报情况,要求停运装置检修设备(0.25)。

8. 答:为防止各种杂质进入溶液系统引起发泡,对于在溶液系统中存在的杂质要设法尽可能地除去,常用的技术措施如下(0.15):

①原料气分离。根据原料气的特点,选用有效的分离器除去原料气中夹带的微粒、液滴等。(0.25)

②溶液过滤。目的是除去溶液中固体悬浮物、烃类和降解产物等。常用的有筒式过滤器、预涂层过滤器和活性炭过滤器。筒式过滤器、预涂层过滤器只能除去固体悬浮物,前者适用于溶液中杂质含量不高的中小型装置,可除去粒径5μm以上的粒子,后者适用于大型装置,用硅藻土预涂时能除去1μm左右的粒子。加之活性炭有良好的吸附性能,能除去烃类和降解产物,对脱硫溶液的洁净有极大的好处。(0.35)

③控制发泡。在采用上述两项措施的同时,如果溶液系统发泡严重,必要时注入阻泡剂加以控制。(0.25)

9. 答:当向被污染的溶液中通入气体时,在溶液内部产生气液界面,表面活性剂分子被吸附至气液界面处,降低了此处溶液的表面张力,使形成的气泡趋于稳定(0.1)。由于气液两相的密度相差较大,在浮力的作用下气泡上升至溶液表面(0.05)。气泡与溶液表面之间形成的双分子层液膜内的液体在重力作用下排出,液膜逐渐变薄,以重力为动力的排液趋势也逐渐减弱,而球形弯曲液面产生的附加压力成为排液的主要动力。当液膜薄至一定程度时,弯曲的球形气泡变为多面体气泡,附加压力逐渐减弱,两个双分子层之间的距离接近,可以产生新的相互排斥作用(0.3)。此时,气泡处于平衡状态,形成稳定气泡,溶液表现为发泡现象(0.05)。影响发泡的主要因素有:①随天然气携带进入脱硫脱碳溶液的少量地层水中的Mg^{2+}(0.1);②由天然气携带进入脱硫脱碳溶液中气井缓蚀剂(0.1);③脱硫溶液中的液烃来自原料天然气(0.1);④脱硫脱碳溶液的辅助添加剂(0.1);⑤系统的腐蚀产物,如Fe^{2+}、$Fe(OH)_3$、FeS(0.1)。

10. 答:①热降解(0.35):醇胺受热而发生的降解称为热降解。醇胺及水溶液加热到150℃以上时产生一些分解或缩聚,并使其腐蚀性变强。

②化学降解(0.35):在脱除H_2S的天然气中,几乎无例外地均含有CO_2,导致醇胺变质

的主要因素就是 CO_2。化学降解是指醇胺与天然气中的 CO_2、有机硫化物（CS_2、COS）等反应而生成难以再生的热稳定性盐。

③氧化降解（0.3）：脱硫系统中进入的氧或其他杂质与醇胺反应能生成一系列热稳定性盐（HSS），它们一旦生成很难再生。

11. 答：①待复活溶液的预蒸馏。此步骤目的在于先行回收其中的大部分环丁砜及 DIPA，使溶液中的变质产物浓缩。（0.3）

②加碱。向釜内加碱，一般使用 18%~20%NaOH 水溶液，烧碱用量为理论值的 1.1 倍，在沸腾情况下反应 40min（0.25）。反应完成后物料分为两层，上层为有机层，下层为碱水层；有机层主要为 DIPA，还有少量环丁砜；排出下层碱水（0.1）。

③有机层再蒸馏。因有机层内含少量碳酸钠，需予再蒸馏，蒸馏条件为：常压 2.0kPa，釜底温度 170℃，釜顶温度 140~150℃。（0.35）

12. 答：在胺法装置中发现的腐蚀类型有均匀腐蚀（0.05）、电化学腐蚀（0.05）、缝隙腐蚀（0.05）、坑点腐蚀（0.05）、晶间腐蚀（常见于不锈钢）（0.05）、选择性腐蚀（从金属合金中选择性浸出某种元素）（0.05）、磨损腐蚀（包括冲蚀和气蚀）（0.05）、应力腐蚀开裂（SCC）及氢型腐蚀（0.05）、应力集中氢致开裂（SOHIC）腐蚀（0.05）等。此中可能造成事故，甚至恶性事故的是局部腐蚀，特别是应力腐蚀开裂、氢型腐蚀、磨损腐蚀及坑蚀（0.2）。胺法装置容易发生腐蚀的敏感区域主要有再生塔及其内部构件、贫富液换热器的富液侧、换热器后的富液管线以及有游离酸气和较高温度的重沸器、酸气冷却器及附属管线等处（0.35）。

13. 答：为了预防胺法装置的腐蚀，在装置设计及运行中需要考虑许多因素，概括如下：

设计方面：

①使用材料表中推荐的适当材料（0.05）；

②设备制成后应消除应力（0.05）；

③设计应选用合理的工艺参数，如胺液浓度和酸气负荷。控制合适的管线流速，碳钢管道不超过 1m/s，吸收塔至换热器的富液流速在 0.6~0.81m/s，贫富液换热器至再生塔富液流速还应更低。还要注意减少涡流和局部降压，如重沸器蒸汽流量调节阀设在重沸器入口，闪蒸罐富液液位调节阀设在再生塔富液管线入口处等（0.15）。

④为防止磨损腐蚀，必须设置溶液过滤器，机械过滤器可及时出去导致磨损腐蚀和破坏保护膜的固体粒子，活性炭过滤器可除去溶液中的降解产物。此外，加强溶液的保护措施也有助于减轻腐蚀（0.15）。

⑤关于腐蚀剂仅能解决均匀腐蚀问题，而不能解决局部腐蚀（0.05）。

⑥定期采用无损探伤技术检查装置，并做好记录分析（0.05）。

⑦采用保护涂层。在易发生应力腐蚀开裂部位使用高效的聚合物涂层，将诱发应力腐蚀开裂的操作条件与金属材料隔开，减轻应力腐蚀开裂（0.05）。

操作方面：

①重沸器中溶液的温度与重沸器中所使用的蒸汽温度应尽可能低（0.1）。

②避免用高温载热体，维持较低的金属壁面温度（0.05）。

③再生塔与重沸器的压力控制应尽可能低（0.05）。

④防止氧气进入系统，维持泵入口正压（0.1）。

⑤使用有效的腐蚀抑制剂,禁止随意选用腐蚀抑制剂(0.05)。

⑥定期清除设备内部沉积物,尽量采用机械清除,尽可能减少酸洗(0.1)。

14. 答:

(1)原因分析:

吸收、闪蒸、循环量无明显变化,缓冲罐液位逐渐降低(0.1);明火加热炉温度、燃料气压力无变化(0.1),而燃料气流量变化(0.1),其余生产运行参数正常,综合以上原因分析,明火加热炉火管窜漏,造成三甘醇溶液损失,而三甘醇燃烧维持温度,因此产品气质量合格(0.3)。

(2)解决措施:

向调度室和上级主管汇报情况,要求停运装置检修设备。(0.4)

15. 答:

(1)原因分析:

再生温度、循环量无变化,吸收塔液位、差压波动、闪蒸气较大,产品气水含量增加较快,且湿净化气温度呈下降趋势,综合以上原因分析,湿净化气温度逐渐降低造呈脱水塔内溶液发泡,导致产品气水含量大幅增加。(0.4)

(2)解决措施:

①适当降低 TEG 溶液循环量,提高系统压力,并投加阻泡剂(0.2);

②适当提高三甘醇贫液温度,调整脱硫单元醇胺贫液入塔温度和贫液流量来改善湿净化气温度(0.2);

③若水含量持续上升至超标,应向调度室和上级主管汇报情况,要求降低处理量(0.2)。

16. 答:对于正常运行的装置,每处理 $100\times10^4m^3$ 天然气,三甘醇损失量通常在 8~16kg,超过范围时应检查原因(0.3)。甘醇脱水装置系统溶液发泡或拦液(0.1);进料气气速(0.1);干净化气带液(0.1);再生温度过高造成溶液分解(0.1);汽提气量过大,溶液被废气带走(0.1);换热器窜漏,溶液泄漏至冷却水系统(0.1);溶液泡、冒、滴、漏等都可能造成脱水单元溶液损失,系统液位变低(0.1)。

17. 答:①入口湿净化气温度升高,湿净化气饱和含水量增加。在处理量和压力恒定的情况下,湿净化气中饱和含水量随温度升高而增加(0.1);当湿净化气温度升高时,湿净化气饱和水含量增大,要达到同样的产品气水露点指标,TEG 溶液就得脱除更多的水(0.2);

②入口湿净化气温度升高,其体积增大,流量增加,脱除的水量增加(0.1);

③入口湿净化气温度高于 48℃时,由于 TEG 的入塔温度比气体温度高 5℃左右,导致 TEG 的夹带损失明显增大(0.2);

④入口湿净化气温度降低时,气体中饱和水含量下降,体积也减小,需要的 TEG 循环量较小(0.1);

⑤入口湿净化气温度下降到 15℃时,湿净化气中的轻烃液化,TEG 与液烃形成稳定的乳化液,吸收塔 TEG 容易发泡(0.2);

⑥入口湿净化气温度下降到 10℃以下时,湿净化气中的饱和水容易形成天然气水合物,堵塞管道,难以处理(0.1)。

18. 答:脱水装置重沸器的液位在正常情况下,液位下降不明显,三甘醇每天的正常损失很小(0.1),只有当系统出现故障时,才会有明显的变化(0.1)。应从以下几方面来分析:

①脱水塔气速过高、溶液发泡或拦液,溶液从净化气带走(0.15);

②汽提气量过大,溶液从废气带走(0.15);

③再生温度过高,溶液分解严重(0.15);

④溶液回收阀门泄漏(0.1);

⑤贫液换热器窜漏,溶液泄漏至循环冷却水系统(0.1);

⑥溶液跑、冒、滴、漏严重(0.05);

⑦清洗过滤器时,溶液回收不彻底,或回收后未及时返回补充到系统(0.05);

⑧脱水闪蒸罐闪蒸气带液严重(0.05)。

19. 答:进料气流量增大(0.1);进料气温度升高或进料气带液,进入分子筛的气体水含量升高(0.1);分子筛吸附能力下降(0.1);吸附塔操作压力下降(0.1);吸附塔床层温度偏高(0.1);(冷吹效果差)分子筛再生效果差(0.15);(再生温度、再生气流量、再生气质量)分子筛粉化、污染严重(0.15);程序控制阀内漏或动作不到位(0.1);吸附塔吸附时间设置不合理等因素都可能引起分子筛脱水单元水含量超标(0.1)。

20. 答:①丙烷泄漏,造成制冷剂量减少,制冷量不足(0.2);②丙烷压缩机故障(0.2);③润滑油系统故障(0.2);④液压系统故障(0.2);⑤滑阀工作异常等因素都可能造成丙烷制冷系统发生异常(0.2)。

21. 答:①膨胀机组转速超过最高转速(0.2);②膨胀机组供油压力超低(0.2);③膨胀机组轴承温度超高(0.2);④润滑油泵突然停止运转(0.2);⑤仪表检测到错误信号,促使联锁保护动作等情况都可能引起膨胀机自动联锁停机(0.2)。

22. 答:①循环冷却水突然停止(0.2);②膨胀机组突然产生异常声音(0.2);③仪表联锁系统失灵,安全运行参数已超过设定值(0.2);④装置发生爆炸和着火(0.2);⑤危及机组和人身安全等情况发生时都应进行手动紧急停车处理(0.2)。

23. 答:首次开车或检修后开车,吹扫不彻底,造成液硫铁含量和灰分超标(0.4);催化剂粉化严重,造成液硫砷含量和灰分超标(0.3);各级炉子、反应器和液硫池及脱气池耐火材料垮塌,造成液硫砷含量和灰分超标(0.3)。

24. 答:主燃烧炉温度过低,生成大量有机硫溶解在液硫中,造成液硫中有机硫含量高(0.3);过程气温度过高或过低,黏度大,硫化氢溶解在液硫中形成的多硫化物,未能及时分解,造成液硫中有机硫含量高(0.4);液硫池脱气效果差,造成液硫水含量和硫化氢含量过高等(0.3)。

25. 答:超级克劳斯再热炉燃料气流量变化,使出口过程气温度波动(0.25);进入超级克劳斯反应器的过程气流量、H_2S 含量变化(0.25);进入超级克劳斯反应器的氧化空气不足(0.25);催化剂活性下降(0.25)。

26. 答:切换程序、模块或其他硬件故障(0.25);切换阀保温效果差(0.25);阀内硫黄沉积,杂质附着(0.25);导致转动不到位,且无到位回讯信号(0.25)。

27. 答:尾气焚烧炉烟道温度异常(0.2);再生气温度调节阀开度不合适(0.2);过程气中 H_2S、SO_2 含量偏高(0.2);克劳斯冷凝器冷却效果差(0.1);再生气换热器穿孔,过程气泄漏(0.1);冷凝器或蒸汽夹套阀门、管线窜漏(0.2)。

28. 答:①适当调节尾气焚烧炉燃料气流量,确保再生气换热后达到工艺要求。(0.2)

②适当调整再生气温度调节阀开度。(0.2)

③依据过程气分析数据,加强主燃烧炉和常规克劳斯反应器操作。(0.2)

④根据克劳斯冷凝器温度或蒸汽压力,对冷凝器排水、通入暖锅蒸汽或上水,改变其冷却效果。(0.2)

⑤若冷凝器、蒸汽夹套阀门、管道不能及时检修时,应立即组织停产操作(0.2)。

29. 答:"热态"反应器绝热段负荷、温度变化(0.1);"热态"反应器催化剂活性下降(0.1);"热态"反应器恒温段循环冷却水系统蒸汽压力控制不当(0.1);"热态"反应器恒温段循环冷却水换热效率差(0.1);"热态"反应器恒温段循环冷却水盘管泄漏(0.1);"冷态"反应器绝热段负荷小、温度低(0.1);"冷态"反应器恒温段循环冷却水系统蒸汽压力控制过低(0.1);"冷态"反应器恒温段循环冷却水盘管泄漏(0.1);"冷态"反应器入口温度低(0.1);"冷态"反应器出口蒸汽保温效果差(0.1)。

30. 答:①适当调整负荷或"热态"反应器入口温度,控制好"热态"反应器绝热段床层温度。(0.15)

②适当调整循环冷却水系统蒸汽压力。(0.15)

③若"热态"反应器绝热段床层无温升,则说明催化剂活性可能下降,应降低处理负荷,必要时停产更换催化剂。(0.15)

④若"热态"反应器恒温段循环冷却水进出口温差存在逐渐缩小的趋势,则说明换热效率下降,应清洗换热盘管,并加强冷却水水质控制。(0.15)

⑤提高二级再热炉蒸汽量,调整"冷态"反应器入口温度低。(0.15)

⑥逐一排出上述原因后,应考虑"热态""冷态"反应器恒温段循环冷却水盘管泄漏,应立即停产检修。(0.15)

⑦根据"冷态"反应器出口蒸汽保温流程,检查疏水阀运行情况,将凝结水就地排放。(0.1)

31. 答:

(1)原因分析:主燃烧炉温度及二、三、超级反应器温度基本无变化,一级反应器上部温度逐渐降低,燃料气无变化,尾气中有机硫含量逐渐增加,综合以上原因分析,酸气流量增加,而比值降低,说明原料酸气中 H_2S 含量降低,过程气带走热量增加,一级反应器进口燃料气流量基本无变化,造成一级反应器温度不在水解催化剂最佳运行温度范围内,导致尾气有机硫含量增加。(0.4)

(2)解决措施:

①查找燃料气流量无变化的原因(0.3)。

②适当调整处理量,维持一级反应器温度在正常范围内(0.3)。

32. 答:

(1)原因分析:主燃烧炉温度、各级反应器温度基本无变化,处理量逐渐降低,而系统回压无变化,主燃烧炉比值逐渐降低,综合以上原因分析,原料气酸气浓度降低,超级反应器温度降低,造成过程气温度降低,超级冷凝器管束存在液硫流动效果差,导致回压增加。

(0.4)

(2)解决措施：

①对超级冷凝器进行排污处理，并加入暖锅蒸汽(0.3)。

②适当调整超级在热器燃料气流量，同时继续降低比值，提高进入超级反应器过程气 H_2S 含量，保证超级反应器温度(0.3)。

33. 答：加氢反应器温升下降(0.1)、压差增大(0.1)、对反应器进出口取样分析二氧化硫(0.1)、单质硫及有机硫转化率下降(0.1)，则判断出加氢反应器催化剂活性下降(0.1)。加氢催化剂活性降低(0.1)，将影响尾气中二氧化硫、单质硫的还原反应和有机硫的水解反应(0.2)，有可能引起酸水 pH 下降，酸水变浑浊、废气总硫超标等(0.2)。

34. 答：催化剂超温，粉化(0.2)；催化剂带水，粉化；催化剂床层温度过低，积硫(0.2)；在线燃烧炉配风过少，结炭(0.2)；在线燃烧炉配风过多，过程气有过氧存在，催化剂硫酸盐化(0.2)；开车预硫化时，预硫化操作不当，氧化钴和氧化钼被还原，造成永久失活等(0.2)。

35. 答：H_2S-H_2O 腐蚀(0.25)、(亚)硫酸露点腐蚀(0.25)、CO_2 腐蚀(0.25)以及高温硫化腐蚀(0.25)。

36. 答：严格控制在线燃烧炉、焚烧炉的配风(0.25)和保持上游工艺生产装置稳定操作(0.25)，能有效避免在线燃烧炉、反应器、焚烧炉等因内部温度波动大而引起的耐热衬里损坏(0.5)。

37. 答：生化池微生物活性降低将导致生化池水质颜色变暗变深、异味增大、悬浮物或泡沫增多，出水水质变差等(0.4)。而影响生化池微生物活性的主要因素有：生化池进水水质和流量(0.2)、生化池反应温度和进水温度(0.2)、曝气量(0.2)、有毒有害物质含量以及营养物质比例等(0.2)。

38. 答：脱硫装置的经济运行主要从降低能耗、物耗两方面来控制(0.1)。

①能耗：水、电、气、汽，水有机泵冷却水、场地和设备的清洗用水以及冷换设备的循环冷却水用量(0.1)；电有机泵、风机，控制合理的循环量、空冷器的运行时间以及照明用电等电的消耗(0.1)；气主要是做好原料气和净化气的计量，降低输差，控制好自用气量，加强闪蒸操作，提高酸气质量等(0.1)；汽是指控制好蒸汽的用量，加强保温管线和再生温度的控制，节约蒸汽耗量(0.1)。

②物耗：溶剂的损失，设备的损坏等(0.05)，防止净化气的夹带损失(0.05)，防止溶剂的跑、冒、滴、漏损失(0.1)，检修中回收溶液不彻底的损失(0.1)，生产中不乱排乱放(0.05)，加强巡回检查，严格按操作规程操作，提高设备使用周期和使用寿命(0.1)，确保设备处于最佳的工作状态，不违章操作，损坏设备和阀门(0.05)。

39. 答：生产能力的改变(0.05)；物料的改变(包括成分比例的变化)(0.05)；化学药剂和催化剂的改变(0.05)；设备、设施负荷的改变(0.05)；工艺设备设计依据的改变(0.05)；设备和工具的改变或改进(0.05)；工艺参数的改变(如温度、流量、压力等)(0.05)；安全报警设定值的改变(0.05)；仪表控制系统及逻辑的改变(0.05)；软件系统的改变(0.05)；安全装置及安全联锁的改变(0.05)；非标准的(或临时性的)维修(0.05)；操作规程的改变(0.05)；试验及测试操作(0.05)；设备、原材料供货商的改变(0.05)；运输路线的改变(0.05)；装置布局改变(0.05)；产品质量改变(0.05)；设计和安装过程的改变(0.05)；其他(0.05)。

40. 答:①变更所在区域的人员,如维修人员、操作人员等(0.15);②变更管理涉及的人员,如设备管理人员、培训人员等(0.15);③承包商(0.15);④外来人员(0.15);⑤供应商(0.15);⑥相邻装置(单位)或社区的人员(0.15);⑦其他相关的人员(0.1)。

41. 答:工作前安全分析应用于下列作业活动:

①新的作业(0.2);②非常规性(临时)的作业(0.2);③承包商作业(0.2);④改变现有的作业(0.2);⑤评估现有的作业(0.2)。

42. 答:核查以下内容:

①以前此项工作任务中出现的健康、安全、环境问题和事故(0.1);②工作中是否使用新设备(0.15);③工作环境、空间、照明、通风、出口和入口等(0.1);④工作任务的关键环节(0.15);⑤作业人员是否有足够的知识、技能(0.15);⑥是否需要作业许可及作业许可的类型(0.15);⑦是否有严重影响本工作安全的交叉作业(0.1);⑧其他(0.1)。

43. 答:HAZOP 分析小组通常由下列人员组成,包括:

①主持人(0.3);②记录员(0.3);③工艺、设备、仪表、电气、HSE、操作等人员(0.4)。

44. 答:项目委托方应组织 HAZOP 分析报告评审会,评审的主要内容包括:

①分析小组人员组成是否合理(0.25);②分析所用技术资料的完整性和准确性(0.25);③分析方法的应用是否正确,包括节点的划分、偏差的选用、形成偏差的原因分析、偏差导致的后果分析、现有安全保护的识别、风险分析和风险等级,以及建议措施的明确性与合理性等内容(0.25);④分析报告的准确性和可理解程度(0.25)。

45. 答:隔离方案一是明确具体锁定阀门位号、锁具或盲板编号、隔离前阀门状态、隔离执行人、隔离实施时间、解除隔离时间、以及解除隔离执行人(0.2)。二是明确隔离有效性的测试(0.2)。三是涉及锁具的,应明确钥匙保存人员(0.2)。四是要明确隔离方案审核人(0.2)。五是在方案中设计作业人员、属地监督签字确认栏(0.2)。

46. 答:标准球阀锁(0.25)、球阀锁(0.25)、门阀锁(0.25)、万用缆锁(0.25)

47. 答:负责执行计量监督、管理任务(0.4);计量监督员负责在规定的区域、场所巡回检查,并可根据不同情况在规定的权限内对违反计量法律、法规的行为,进行现场处理,执行行政处罚(0.6)。

48. 答:为了加强计量监督管理(0.2),保障国家计量单位制的统一和量值的准确可靠(0.2),有利于生产、贸易和科学技术的发展(0.2),适应社会主义现代化建设的需要(0.2),维护国家、人民的利益,制定《中华人民共和国计量法》(0.2)。

49. 答:①计量检定、测试设备的性能(0.3);②计量检定、测试设备的工作环境和人员的操作技能(0.3);③保证量值统一、准确的措施及检测数据公正可靠的管理制度(0.4)。

50. 答:①被授权单位执行检定、测试任务的人员,必须经授权单位考核合格;(0.25)

②被授权单位的相应计量标准,必须接受计量基准或者社会公用计量标准的检定;(0.25)

③被授权单位承担授权的检定、测试工作,须接受授权单位的监督;(0.25)

④被授权单位成为计量纠纷中当事人一方时,在双方协商不能自行解决的情况下,由县级以上有关人民政府计量行政部门进行调解和仲裁检定。(0.25)

51. 答:检定证书(0.2)、检定结果通知书(0.2)、检定合格证(0.2)、检定合格印(0.2)、注销印(0.2)。

52. 答:经计量检定合格(0.25);具有正常工作所需要的环境条件(0.25);具有称职的保存,维护、使用人员;(0.25)具有完善的管理制度(0.25)。

53. 答:对于某种或某类危险化学品规定的数量,若单元中的危险化学品数量等于或超过该数量,则该单元定为重大危险源。(1.0)

54. 答:单元内存在的危险化学品种类为单一品种,则该危险化学品数量即为单元内危险化学品总量,若等于或超过相应临界量,则定为重大危险源。(0.5)

单元内存在危险化学品为多品种时,则按下列公式计算,若满足该式,则为重大危险源:

$q_1/Q_1+q_2/Q_2+\cdots+q_n/Q_n \geqslant 1$

式中,q_1、q_2、…、q_n 表示每种危险化学品实际存在量,单位为吨;

Q_1、Q_2、…、Q_n 表示各危险化学品相对应的临界量,单位为吨。(0.5)

55. 答:作业许可内容包括:作业单位(0.15)、作业区域(0.15)、作业范围(0.1)、内容(0.1);作业时间(0.1)、作业危害及相应的控制措施(0.1)、作业申请(0.1)、作业批准(0.1)、作业关闭(0.1)。

56. 答:进入受限空间(0.15);挖掘作业(0.15);高处作业(0.15);移动式吊装作业(0.15);管线打开(0.15);临时用电(0.15);动火作业(0.1)。

57. 答:施工方案(0.25)、作业票(0.25)、操作规程(0.25)、产品说明书(0.25)。

58. 答:一是要针对季节危害特性,开展针对性检查。(0.5)另一层面要将当前上级文件要求、生产会议关注焦点,目前安全管理薄弱环节纳入监督检查计划。(0.5)

59. 答:监督报告主要包括监督检查基本情况(0.15)、上次监督检查发现问题整改落实情况(0.15)、处罚通报(0.15)、值得推广的做法(0.15)、典型问题(0.15)、原因分析及改进建议(0.15)、HSE 监督检查记录问题统计表(0.1)等。

60. 答:①对现场发现专业性较强,未形成结论的问题,应与业务主管部门进行沟通,形成最终结论。(0.25)

②对现场发现安全管理中好的做法,应进行总结推广。(0.25)

③对发现的问题,尽量用图片进行佐证,增加报告的说服力。(0.25)

④对问题原因分析要从表及里,从问题背后分析出管理上的缺陷,找出问题发生根源,切忌就问题分析问题,问题分析浮于表面。(0.25)

61. 答:1. 事故发生单位概况(0.15);2. 事故发生经过和事故救援情况(0.15);3. 事故造成的人员伤亡和直接经济损失(0.15);4. 事故发生的原因和事故性质(0.15);5. 事故责任的认定以及对事故责任者的处理建议(0.15);6. 事故防范和整改措施(0.25)。

62. 答:根据事故的具体情况,事故调查组由有关人民政府(0.1)、安全生产监督管理部门(0.1)、负有安全生产监督管理职责的有关部门(0.1)、监察机关(0.1)、公安机关(0.1)、工会(0.1)组成,并应当邀请人民检察院(0.2)派人参加。事故调查组可以聘请有关专家(0.2)参与调查。

63. 答:本项目的通用规范(0.25)、规章制度要求(0.25)、通用安全措施(0.25)及注意事项(0.25)等。

64. 答:针对本项目识别的安全、健康、环保等危害制定的控制措施(1.0)。

65. 答:装置检修项目 HSE 方案是针对检修项目主要风险制定相应控制方案的文件(0.5),项目 HSE 应急预案是针对项目 HSE 方案中的风险失控后的应急措施(0.5)。

66. 答:主要内容是 HSE 方案中风险失控后的自救互救措施,要做到风险与自救互救措施一一对应,防止漏项(1.0)。

67. 答:主要内容包括:确定原生突发事件类型(0.3)、结合演练目标设计情景事件(0.3)、确定情景事件细节(0.4)。

68. 答:主要内容包括:事故主要特征(0.25)、应急处置主要内容(0.25)、主要注意事项(0.25)、附件(0.25)。

69. 答:一次完整的应急演练活动要包括计划(0.2)、准备(0.2)、实施(0.2)、评估总结(0.2)、改进五个阶段(0.2)。

70. 答:主要内容包括:总则(0.05)、生产经营单位的危险性分析(0.1)、组织机构及职责(0.1)、预防与预警(0.1)、应急响应(0.1)、信息发布(0.1)、后期处置(0.1)、保障措施(0.1)、培训与演练(0.1)、奖惩(0.1)、附则(0.05)。

71. 答:通常完整的应急预案主要包括六个方面的内容:

应急预案概括(0.15);事故预防(0.15);准备程序(0.15);应急程序(0.15);现场恢复(0.2);预案管理与评审(0.2)。

72. 答:综合应急预案的主要内容包括:总则(0.05)、生产经营单位的危险性分析(0.1)、组织机构及职责(0.1)、预防与预警(0.1)、应急响应(0.1)、信息发布(0.1)、后期处置(0.1)、保障措施(0.1)、培训与演练(0.1)、奖惩(0.1)、附则(0.05)。

73. 答:某一特定危害事件发生的可能性(0.5),与随之引发的人身伤害或健康损害、损坏或其他损失的严重性的组合(0.5)

74. 答:①参与危险因素辨识、风险评价和确定风险控制措施;(0.2)

②参与事件调查;(0.2)

③参与健康、安全与环境方针、目标的制定、实施和评审;(0.2)

④参与商讨影响工作场所内人员健康和安全的条件和因素的任何变更;(0.2)

⑤对健康、安全与环境事务发表意见。(0.2)

五、计算题

1. 解:已知 $d=1000\text{mm}=1\text{m}$ (0.05),$L=4500\text{mm}=4.5\text{m}$ (0.05),$n=710$ (0.05),$\delta=0.05\text{m}$ (0.05)

根据换热面积计算公式:

$$A=\pi d(L-2\delta)n \quad (0.4)$$
$$=3.14\times0.025(4.5-2\times0.05)\times710 \quad (0.2)$$
$$=245.2(\text{m}^2) \quad (0.1)$$

答:该换热器换热面积为 245.2m^2。 (0.1)

2. 解:已知 $G_{硝}=0.417\text{kg/s}$ (0.05),$c_{硝}=1.38\text{kJ/(kg·K)}$ (0.05),$T_1=353\text{K}$ (0.05) $T_2=313\text{K}$ (0.05),$t_1=303\text{K}$ (0.05) $t_2=308\text{K}$ (0.05),$c_{水}=4.187\text{kJ/(kg·K)}$ (0.05),

所以
$$q_{硝}=G_{硝}\cdot c_{硝}(T_1-T_2) \quad (0.15)$$
$$=0.417\times1.38\times10^3\times(353-313) \quad (0.1)$$
$$=23(\text{kJ}) \quad (0.05)$$

所以
$$G_{水}=\frac{G_{硝}\,c_{硝}(T_1-T_2)}{c_{水}(t_2-t_1)} \quad (0.15)$$
$$=\frac{2.3\times10^4}{4.187\times10^3\times(308-303)} \quad (0.1)$$
$$=1.1(\text{kg/s}) \quad (0.05)$$

答：该换热器的热负荷是23kJ，冷却水用量是1.1kg/s。(0.05)

3. 解：此题为求简单的折流时流体的平均温度差，按逆流计算有：
$$\Delta t'_m=\frac{\Delta t_2-\Delta t_1}{\ln\dfrac{\Delta t_2}{\Delta t_1}}=\frac{(100-50)-(60-20)}{\ln\dfrac{50}{40}}=44.8(℃) \quad (0.4)$$

而
$$R=\frac{T_1-T_2}{t_2-t_1}=\frac{100-60}{50-20}=1.33 \quad (0.15)$$
$$P=\frac{t_2-t_1}{T_1-t_1}=\frac{50-20}{100-20}=0.375 \quad (0.15)$$

根据题意知在 $P=1.33$，$R=0.375$ 时，$\varphi\Delta t=0.9$ 则有：
$$\Delta t_m=\varphi\Delta t\Delta t'_m=0.9\times44.8=40.3(℃) \quad (0.2)$$

答：此时的平均温度差为40.3℃。(0.1)

4. 解：环形截面内传热时的当量直径为：
$$D_e=4\times\frac{\dfrac{\pi}{4}(D_1^2-D_2^2)}{\pi(D_1+D_2)}=D_1-D_2 \quad (0.8)$$
$$=80-57=23(\text{mm}) \quad (0.1)$$

答：脱水单元套管换热器环形截面内传热时的当量直径为23mm。(0.1)

5. 解：首先计算出风道的当量直径：
$$D_e=4\times\frac{ab}{2(a+b)}=\frac{2ab}{a+b} \quad (0.5)$$
$$=\frac{2\times300\times450}{300+450}=360(\text{mm}) \quad (0.2)$$

由于当量直径为管道实际直径的4倍，因此 $D=360/4=90(\text{mm})$ (0.2)

答：与其流动形态相同的圆形管道的直径 D 为90mm。(0.1)

6. 解：已知 $d=100\text{mm}=0.1\text{m}$ (0.05)，$\rho=1000\text{kg/m}^3$ (0.05)，$\mu=10^{-3}\text{N}\cdot\text{s/m}^2$ (0.05)，$Q=36\text{m}^3/\text{h}=36/3600\text{m/s}$ (0.05)，

水的流速 $u=\dfrac{Q}{A}=\dfrac{\dfrac{36}{3600}}{\pi\times\left(\dfrac{d}{2}\right)^2}=\dfrac{\dfrac{36}{3600}}{\dfrac{\pi}{4}\times(0.1)^2}=1.27(\text{m/s})$ (0.25)

根据雷诺系数关系式 $Re=\frac{du\rho}{\mu}=\frac{0.1\times1.27\times1000}{10^{-3}}=127000>10000$ (0.45)

所以管路中水呈湍流流动。(0.05)

答:水在管中呈湍流流动。(0.05)

7. 解:假设处于层流区域内(0.05),则根据斯托克斯定律(0.05)

$$u_0=d^2(\rho_s-\rho)/(18\mu) \quad (0.2)$$

$$=\frac{(10\times10^{-6})^2\times(2000-1.2)\times9.81}{18\times0.0185\times10^{-3}} \quad (0.1)$$

$$=0.0059\text{m/s} \quad (0.1)$$

验算:

$$Re=du_0\rho/\mu \quad (0.15)$$

$$=\frac{10\times10^{-6}\times0.0059\times1.2}{0.0185\times10^{-3}} \quad (0.1)$$

$$=0.00384<1 \quad (0.1)$$

说明假设条件正确 (0.1)

答:尘粒在空气中的沉降速度为 0.0059m/s。(0.05)

8. 解:已知 $\rho=1113\text{kg/m}^3$ (0.05),$\mu=23\times10^{-3}$pa. s (0.05),$Re=1300$ (0.05),$d=57-2.5\times2=52\text{mm}=0.052\text{m}$ (0.1)。

根据雷诺准数定义式知:$Re=\frac{du\rho}{\mu}$(0.1)则有:

$$u=\frac{Re\mu}{d\rho} \quad (0.15)$$

$$=\frac{1300\times23\times10^{-3}}{0.052\times1113} \quad (0.1)$$

$$=0.5166(\text{m/s}) \quad (0.05)$$

$$W=\frac{\pi}{4}d^2u\rho h \quad (0.15)$$

$$=\frac{3.14}{4}\times0.052^2\times0.5166\times1113\times3600 \quad (0.1)$$

$$=4394(\text{kg/h}) \quad (0.05)$$

答:每小时有 4394kg 乙二醇流过。(0.05)

9. 解:根据题意做出示意图,并取塔底为基准平面,(0.2)

于是 $Z_2=0\text{m}$ (0.05),$Z_1=10\text{m}$ (0.05),$\rho=1000\text{kg/m}^3$ (0.05)

有 $p_1=500+100=600(\text{kPa})$ (0.15)

所以:

$$p_2=p_1+(Z_1-Z_2)\rho g \quad (0.2)$$

$$=600\times10^3+(10-0)\times1000\times9.81 \quad (0.15)$$

$$=698.1(\text{kPa}) \quad (0.1)$$

答:塔底处水的压强为 698.1kPa。(0.05)

10. 解:根据题意做出示意图(0.2),并取塔底为基准平面,

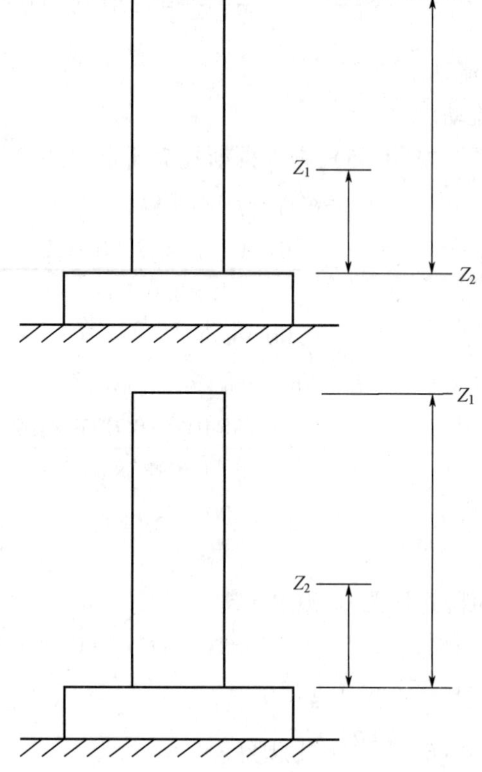

于是 $Z_1=30\text{m}$ （0.05），$Z_2=10\text{m}$ （0.05），$\rho=1000\text{kg/m}^3$ （0.05）

$$p_1=3000+100=3100\text{kPa} \quad (0.15)$$

所以：

$$p_2=p_1+(Z_1-Z_2)\rho g \quad (0.2)$$

$$=3100\times10^3+(30-10)\times1000\times9.81 \quad (0.15)$$

$$=3296.2(\text{kPa}) \quad (0.1)$$

答：塔底10m处水的压强为3296.2kPa。（0.05）

11. 解：已知 $\rho=0.96\times1000=960(\text{kg/m}^3)$ （0.05）

$Z_1=9.6\text{m}(0.05)$ $Z_2=0.8\text{m}(0.05)$ $d=0.6\text{m}$ （0.05）

以水平面作为基准面，根据题意有：

$$\Delta p=(Z_0-Z_1)\rho g \quad (0.15)$$

$$=(9.6-0.8)\times960\times9.81 \quad (0.1)$$

$$=82.87(\text{kPa}) \quad (0.05)$$

孔盖的面积 $A=\pi r^2$ （0.1）$=(\pi/4)d^2$ （0.1）$=0.785\times0.6^2$ （0.05）$=0.0283\text{m}^2$ （0.05）

所以孔盖实际所受总压力为

$$F=\Delta p\cdot A(0.1)=82.87\times0.0283=2.345\text{kN} \quad (0.05)$$

答：作用于孔盖上的总压力为2.345kN。（0.05）

12. 解：已知 $\rho=1.02\times1000=1020\text{kg/m}^3$ （0.05），$Z_1=9.6\text{m}$ （0.05），$Z_2=0.8\text{m}$ （0.05），$d=0.6\text{m}$ （0.05），$p_1=0.11\text{MPa}=110\text{kPa}$ （0.05），$p_2=1\text{atm}=103\text{kPa}$ （0.05）。

以水平面作为基准面,则孔盖处受的液体压力有:

$$p=(p_1-p_2)+(Z_0-Z_1)\rho g \quad (0.15)$$
$$=(110-103)+(6.8-0.8)\times1020\times9.81/1000 \quad (0.1)$$
$$=67\text{kPa} \quad (0.05)$$

孔盖的面积

$$A=\pi r^2 \quad (0.1)$$
$$=(\pi/4)d^2 \quad (0.1)$$
$$=0.785\times0.6^2 \quad (0.05)$$
$$=0.0283\text{m}^2 \quad (0.05)$$

所以孔盖实际所受总压力为

$$F=\Delta p\cdot A \quad (0.1)=67\times0.0283=1.89(\text{kN}) \quad (0.05)$$

答:作用于孔盖上的总压力为 1.89kN。 (0.05)

13. 解:取水平面 1-1 为基准平面 (0.02),塔内水管与喷头连接处为 2-2 截面 (0.02)

由此可知:$Z_1=0$ (0.02) $Z_2=20\text{m}$ (0.02) $p_1=300\text{kPa}$ (0.02) $=300\times10^3\text{Pa}$ (0.02)

$$p_2=2250\text{kPa} \quad (0.02)$$
$$=2250\times10^3\text{Pa} \quad (0.02)$$

$u_1=0$ (0.02) $\rho=1000\text{kg/m}^2$ (0.02)

$E_f=49\text{J/kg}$ (0.02)

因为 $Q=15\text{m}^3/\text{h}=15\text{m}^3/3600\text{s}$ (0.02)

$$d=57-2\times2.5=52\text{mm} \quad (0.02)$$
$$=0.052\text{m} \quad (0.02)$$

所以

$$u_2=Q/[(\pi/4)d^2] \quad (0.05)$$
$$=\frac{15}{3600\times\frac{\pi}{4}\times0.052^2}=1.97\text{m/s} \quad (0.02)$$

根据柏努利方程式:$gZ_1+p_1/\rho+u_1{}^2/2+E=gZ_2+p_2/\rho+u_2{}^2+E_f$ (0.15)有

$$E=(Z_2-Z_1)g+(p_2-p_1)/\rho+(u_2{}^2-u_1{}^2)/2+E_f \quad (0.1)$$
$$=20\times9.81+(2250-300)\times10^3/1000+1.97^2/2+49 \quad (0.1)$$
$$=2197(\text{J/kg}) \quad (0.05)$$

所以,水泵的有效功率为

$$N_{有}=QE \quad (0.1)=\frac{15\times10^3}{3600}\times2197 \quad (0.05)$$
$$=9154(\text{W})=9.154(\text{kW}) \quad (0.05)$$

答:水泵的有效功率为 9.154kW。 (0.05)

14. 解:以贮槽液面为上游截面 1-1′,蒸发器进料口截面为下游截面 2-2′,并以截面 1-1′为基准水平面 (0.1),在两接面间列伯努力方程式有:

$$z_1g+\frac{p_1}{\rho_1}+\frac{u_1{}^2}{2}+E=z_2g+\frac{p_2}{\rho}+\frac{u_2{}^2}{2}+E_f \qquad (0.2)$$

$$E=(z_2-z_1)g+\frac{p_2-p_1}{\rho}+\frac{u_2^2-u_1^2}{2}+E_f \qquad (0.1)$$

已知式中：$z_1=0$ （0.02） $z_2=15\text{m}$ （0.02） $p_1=0$ （0.02）

$p_2=26.7\text{kPa}$ （0.02） $u_1=0$ （0.02） $\rho=1000\text{kg/m}^3$ （0.02）

$$u_2=\frac{\frac{20}{3600}}{\frac{\pi}{4}\times0.06^2}=1.97\text{m/s} \quad (0.05) \qquad E_f=120\text{j/kg} \quad (0.03)$$

将数字代入上式得：

$$E=(15-0)\times9.81+\frac{p_a-26700-p_a}{1200}+\frac{1.97^2-0}{2}+120 \qquad (0.1)$$

$$=247(\text{J/kg}) \qquad (0.05)$$

所以，水泵的有效功率为

$$N_{有}=QE \quad (0.1)=\frac{20\times1200}{3600}\times247 \qquad (0.05)$$

$$=1647\text{W}=1.647\text{kW} \qquad (0.05)$$

答：水泵的有效功率为1.647kW。 （0.05）

15. 解：进入吸收塔的惰性气体摩尔流量为

$$V=\frac{V}{22.4}\times\frac{273}{t+273}\times\frac{p}{101.3}\times(1-y) \qquad (0.15)$$

$$=\frac{1000}{22.4}\times\frac{273}{27+273}\times\frac{105}{101.3}\times(1-0.02)=41.27\text{kmol/h} \qquad (0.05)$$

进塔气体中芳烃的摩尔比

$$Y_1=\frac{y_1}{1-y_1}=\frac{0.02}{1-0.02}=0.0204 \qquad (0.1)$$

出塔气体中芳烃的摩尔比

$$Y_2=Y_1(1-\eta)=0.0204(1-0.95)=0.00102 \qquad (0.1)$$

进塔洗油中芳烃摩尔比

$$X_2=\frac{x_2}{1-x_2}=\frac{0.005}{1-0.005}=0.00503 \qquad (0.1)$$

$$L_{\min}=V\frac{Y_1-Y_2}{\frac{Y_1}{m}-x_2}=41.27\times\frac{0.0204-0.00102}{\frac{0.0204}{0.125}-0.00503}=5.06\text{kmol/h} \qquad (0.15)$$

$$L=1.5L_{\min}=1.5\times5.06=7.59\text{kmol/h} \qquad (0.1)$$

L 为每小时进塔纯溶剂用量。由于入塔洗油中含有少量芳烃，则每小时入塔的洗油量应为 $L'=L(1+X_2)=7.63\text{kmol/h}$ （0.1）

$$X_1 = X_2 + \frac{V(Y_1 - Y_2)}{L} = 0.00503 + \frac{41.27 \times (0.0204 - 0.00102)}{7.59} = 0.11 \qquad (0.1)$$

答:进入塔顶的洗油摩尔流量为 7.63kmol/h,及出塔吸收液的组成 X_1 为 0.11,X_2 为 0.00503。 (0.05)

16. 解:

$$Y_1 = \frac{y_1}{1-y_1} = \frac{0.04}{1-0.04} = 4.167 \times 10^{-2} \qquad (0.1)$$

$$Y_2 = \frac{y_2}{1-y_2} = \frac{0.008}{1-0.008} = 8.0645 \times 10^{-3} \qquad (0.1)$$

$$X_1 = \frac{x_1}{1-x_1} = \frac{0.006}{1-0.006} = 6.036 \times 10^{-3} \qquad (0.1)$$

$$x_2 = 0$$

$$V_{惰} = V_{混}(1-y_1) = 1200(1-0.04) = 1152\text{kmol/h} \qquad (0.15)$$

吸收率:

$$\Phi = \frac{Y_1 - Y_2}{Y_1} = \frac{4.167 \times 10^{-2} - 8.0645 \times 10^{-3}}{4.167 \times 10^{-2}} = 8.0645 \times 10^{-3} \qquad (0.2)$$

吸收剂用量:$V(Y_1 - Y_2) = L(X_1 - X_2)$得

$$L = V\frac{Y_1 - Y_2}{X_1 - X_2} = 1152\frac{4.167 \times 10^{-2} - 8.0645 \times 10^{-3}}{6.036 \times 10^{-3}} = 6413.77(\text{kmol/h}) \qquad (0.3)$$

答:吸收率 8.0645×10^{-3},吸收剂用量 6413.77kmol/h。 (0.05)

17. 解:酸性气体与 MDEA 溶液反应放出总热量为:

$$15.6 \times 1420 + 192.49 \times 1050 = 224266.5(\text{kJ/min}) \qquad (0.3)$$

湿净化气带出的热量为:

$$1.545 \times \frac{305000 \times 0.95381}{24 \times 60} \times (40-30) = 3121.2(\text{kJ/min}) \qquad (0.3)$$

不考虑吸收塔热损失,则 MDEA 溶液经过吸收的温升为:

$$\frac{224266 - 3121.2}{3289.6 \times 3.528} = 19.05\text{K} \qquad (0.3)$$

答:MDEA 溶液的温升为 19.05K。 (0.1)

18. 解:$Q_{沸} = 290142.7 + 4379.3 + 224266.5 + 69918.2 = 588705.6(\text{kJ/min})$ (0.9)

答:重沸器的热负荷为 588705.6kJ/min。 (0.1)

19. 解:已知 $E = 0.188 \times 10^6$kPa (0.1)

根据题意,CO_2 的平衡分压为

$$p^* = p \cdot V_i = 101.3 \times 30\% \qquad (0.2)$$

$$= 30.4\text{kPa} \qquad (0.1)$$

所以

$$X = \frac{p^*}{E} \qquad (0.3)$$

$$= \frac{30.4}{188000} = 0.00016 \qquad (0.2)$$

答:液相中 CO_2 的最大浓度为 0.00016。 (0.1)

20. 解：已知 $E=0.188\times10^6$kPa (0.1)

根据题意，CO_2 的平衡分压为 $p^*=p\cdot V_i=202.6\times30\%$ (0.2) = 60.8kPa (0.1)

所以 $X=\dfrac{p^*}{E}$ (0.3) $=\dfrac{60.8}{188000}=0.00032$ (0.2)

答：液相中 CO_2 的最大浓度为 0.00032。 (0.1)

21. 解：A 在气相中的分压力为：$p_A=py_A=101325\text{Pa}\times0.519=52588\text{Pa}$ (0.4)

而根据拉乌尔定律，$p_A=p_A^*x_A=104791\text{Pa}\times0.400=41916\text{Pa}$ (0.4)

答：两者不相等，说明不符合拉乌尔定律，因此不是理想液态混合物。 (0.2)

22. 解：根据题意可知，$x_A(g)=0.45$ (0.05)，$x_A(sln)=0.65$ (0.05)，所以气相和液相中 B 的物质的量分数分别为 $x_B(g)=1-x_A(g)=0.55$ (0.1)

$$x_B(sln)=1-x_A(sln)=0.35 \quad (0.1)$$

若将蒸汽相看作是理想气体，则根据道尔顿分压定律，有

$$p_A=p_{总}\ x_A(g)=5.41\times10^4\times0.45=2.43\times10^4\text{Pa} \quad (0.15)$$

$$p_B=p_{总}\ x_B(g)=5.41\times10^4\times0.55=2.98\times10^4\text{Pa} \quad (0.15)$$

又根据拉乌尔定律，得到该温度下纯 A 和纯 B 的蒸气压分别为

$$p_A^*=\frac{p_A}{x_A(sln)}=\frac{2.43\times10^4}{0.65}=3.74\times104\text{Pa} \quad (0.15)$$

$$p_B^*=\frac{p_B}{x_B(sln)}=\frac{2.98\times10^4}{0.35}=8.51\times104\text{Pa} \quad (0.15)$$

答：此温度时纯 A 和纯 B 的蒸气压分别为 3.74×10^4Pa、8.51×10^4Pa (0.1)

23. 解：设反应器进口气体流量为 Q_1，组分含量分别为 φCOS、φCS_2、φN_2。 (0.1)

设反应器出口气体流量为 Q_2，组成组分含量分别为：$\varphi COS'$、$\varphi CS_2'$、$\varphi N_2'$。 (0.1)

利用氮平衡可以算出反应器进口气体流量为 Q_1，出口气体流量为 Q_2

$$Q_1=\frac{(F_1+F_2)\times0.79}{\varphi N_2}\text{m}^3/\text{h}=\frac{(2443+212)\times0.79}{46.204\%}=4539.54\text{m}^3/\text{h} \quad (0.15)$$

$$Q_2=\frac{(F_1+F_2)\times0.79}{\varphi N_2'}\text{m}^3/\text{h}=\frac{(2443+212)\times0.79}{52.839\%}=3969.51\text{m}^3/\text{h} \quad (0.15)$$

COS 和 CS_2 的水解率：

$$\eta_{COS}=\frac{Q_1\times\varphi COS-Q_2\times\varphi COS'}{Q_1\times\varphi COS}\times100\% \quad (0.2)$$

$$=\frac{4539.54\times0.255-3969.51\times0.019}{4539.54\times0.255}\times100\%$$

$$=93.48\%$$

$$\eta_{CS_2}=\frac{Q_1\times\varphi CS_2-Q_2\times\varphi CS_2'}{Q_1\times\varphi CS_2}\times100\% \quad (0.2)$$

$$=\frac{4539.54\times0.493-3969.51\times0.002}{4539.54\times0.493}\times100\%$$

$$=99.64\%$$

答：该反应器中 COS 的水解率为 93.48%，CS_2 的水解率为 99.64%。 (0.1)

24. 解：根据题意首先计算体积收缩系数 K：

$$K=[1-(\varphi H_2S+SO_2)]/[1-(\varphi H_2S+SO_2)']\times 100\% \quad (0.25)$$

$$=[1-(2.369\%+0.717\%)]/[1-(8.089\%+4.220\%)]\times 100\% \quad (0.15)$$

$$=1.03$$

因此 COS 水解率为：$\eta_{COS}=\left[1-\left(\frac{K\times\varphi COS}{\varphi COS'}\right)\right]\times 100\%$ (0.1)

$$=\left[1-\left(\frac{1.03\times 0.020}{0.256}\right)\right]/100\% \quad (0.1)$$

$$=91.9\% \quad (0.05)$$

CS_2 水解率为：$\eta_{CS_2}=\left[1-\left(\frac{K\times\varphi CS_2}{\varphi CS_2'}\right)\right]\times 100\%$ (0.1)

$$=\left[1-\left(\frac{1.03\times 0.002}{0.472}\right)\right]/100\% \quad (0.1)$$

$$=99.56\% \quad (0.05)$$

答：该反应器中 COS 的水解率为 91.9%，CS_2 的水解率为 99.56%。 (0.05)

25. 解：已知：天然气折标煤系数：1 万 m^3 = 13.3 吨标准煤 (0.1)

电折标煤系数：1 万 kW · h = 4.04 吨标准煤。 (0.1)

由于该厂为自取水，水将不进入综合能耗计算 (0.1)

按综合能耗计算公式：综合能耗 = 企业消耗的各种能源实物量的等价值的乘积之和 (0.2)

综合能耗 = (1200+400)×13.3+1500×4.04 (0.1)

= 27340 吨标煤 (0.1)

综合能耗单耗计算公式：企业生产能源消耗总量折标煤÷产品产量 (0.1)

综合能耗单耗 = 27340÷40000 (0.1)

= 0.68 吨标煤/万 m^3 (0.1)。

答：该厂一季度的综合能耗是 27340 吨标煤，综合能耗单耗是 0.68 吨标煤/万 m^3

26. 解：①循环冷却水单耗 = 39369/1101 = 35.78；能耗贡献 35.78×0.1 = 3.58 万大卡/吨硫黄； (0.1)

②电单耗 = 196072/1101 = 178.09；能耗贡献 178.09×0.26 = 46.30 万大卡/吨硫黄； (0.1)

③0.3MPa 蒸汽单耗 = −2050/1101 = −1.86；能耗贡献 −1.86×66 = −122.76 万大卡/吨硫黄； (0.3)

④瓦斯单耗 = 69000/1101 = 62.67；能耗贡献 62.67×0.95 = 59.54 万大卡/吨硫黄； (0.2)

⑤装置能耗 = 3.58+46.30+(−122.76)+59.54 = −13.34 万大卡/吨硫黄。 (0.2)

答：此装置当月能耗为 −13.34 万大卡/吨原料。 (0.1)

附 录

附录1　职业资格等级标准

1. 工种概况

1.1　工种名称

天然气净化操作工。

1.2　工种定义

操作原料天然气预处理、脱硫脱碳、脱水、脱烃、硫黄回收、尾气处理、酸水汽提、凝析油稳定等相关工艺装置的人员。

1.3　工种等级

本工种共设五个等级,分别为:初级(国家职业资格五级)、中级(国家职业资格四级)、高级(国家职业资格三级)、技师(国家职业资格二级)、高级技师(国家职业资格一级)。

1.4　工种环境

室内、外日常温度条件下作业。

1.5　工种能力特征

身体健康,动作协调灵活,有一定的理解、表达、分析、判断、计算能力,具备化学化工相关专业知识,熟练掌握天然气净化专业基本理论和操作技能,能够胜任天然气净化操作岗位的人员。

1.6　基本文化程度

高中毕业(或同等学力)。

1.7　培训要求

1.7.1　晋级培训期限

晋级培训学时:初级不少于240标准学时;中级不少于320标准学时;高级不少于200标准学时;技师不少于160标准学时;高级技师不少于200标准学时。

1.7.2　培训教师

培训初、中、高级的教师应具有本工种技师及以上职业资格证书或三年以上助理专业技术职务任职资格;培训技师、高级技师的教师应具有本工种高级技师职业资格证书或五年以上工程师专业技术职务任职资格。

1.7.3　培训场所设备

理论知识培训应具有可容纳30名以上学员的教室和必备的教学仪器设备;操作技能培

训应有实际操作、仿真操作培训装置等相应的设备设施。

1.8 鉴定要求

1.8.1 适用对象

从事或准备从事本工种工作的人员。

1.8.2 申报条件

按中国石油天然气集团公司职业技能鉴定申报政策有关规定执行。

1.8.3 鉴定方式

分理论知识考试和操作技能考试。理论知识考试采用闭卷笔试方式,操作技能考试采用笔试、现场实际操作、模拟现场操作或仿真操作方式。理论知识考试和操作技能考试均实行百分制,成绩均达60分以上(含60分)者为合格。技师、高级技师还须进行综合评审,高级技师须进行技术答辩。

1.8.4 考评人员与考生配比

理论知识考试考评人员与考生配比为1∶20,每个标准教室不少于2名考评人员;操作技能考试考评人员与考生配比为1∶5,且不少于3名考评人员;技师、高级技师综合评审及高级技师论文答辩考评人员不少于5人。

1.8.5 鉴定时间

理论知识考试90分钟;操作技能考试不少于60分钟;技术答辩不少于30分钟。

1.8.6 鉴定场所设备

理论知识考试在标准教室进行,教室需配备必要的仪器设备;操作技能考试在具有相应的设备、工具、安全设施等较为完善的场地进行。

2. 基本要求

2.1 职业道德

(1)遵纪守法,诚实守信。
(2)爱岗敬业,恪尽职守。
(3)谦虚谨慎,团结协作。
(4)吃苦耐劳,认真负责。
(5)勤奋好学,钻研技术。
(6)严格履职,按章操作。
(7)安全作业,保证质量。
(8)清洁生产,爱护环境。

2.2 基础知识

2.2.1 化学化工基础知识

(1)无机化学。
(2)有机化学。

(3)分析化学。
(4)化工原理。
(5)化工设备机械基础。
2.2.2　天然气基础知识
(1)天然气组分、分类及性质。
(2)天然气开采、集输及储配。
2.2.3　天然气净化基础知识
(1)工艺原理。
(2)工艺流程。
(3)化工原材料物理化学性质。
2.2.4　机械、电气、仪表基础知识
(1)常用机械设备基础知识。
(2)常用电气设备基础知识。
(3)常用仪表设备基础知识。
(4)常用工、器具使用知识。
2.2.5　其他基础知识
(1)质量基础知识。
(2)职业健康基础知识。
(3)安全基础知识。
(4)环境保护基础知识。
(5)消防基础知识。
(6)计量基础知识。
(7)节能基础知识。

3. 工作要求

本《标准》对初级、中级、高级、技师、高级技师的要求依次递进,高级别包括低级别的要求。

3.1　初级

职业功能	工作内容	技能要求	相关知识
一、装置认知	(一) 清楚装置功能	1. 清楚装置工艺原理 2. 清楚装置工艺流程	1. 操作规程、P&ID 流程图
	(二) 清楚设备功能	1. 清楚装置动、静设备作用 2. 清楚装置动、静设备参数	1. 设备说明书 2. 操作规程、操作卡
	(三) 清楚装置 工艺参数	1. 清楚装置设计参数 2. 清楚装置运行参数	1. 装置设计文件 2. 操作规程、工艺卡片

续表

职业功能	工作内容	技能要求	相关知识
一、装置认知	（四）清楚质量、环保标准	1. 清楚净化气、硫黄质量指标 2. 清楚废水、废气排放指标 3. 清楚噪声排放指标	1. GB 17820—2012《天然气》 2. GB/T 2449. 1—2014《工业硫黄第 1 部分：固体硫黄》和 GB/T 2449. 2—2015《工业硫黄第 2 部分：液体硫黄》 3. GB 16297—1996 大气污染物综合排放标准 4. GB 8978—1996《污水综合排放标准》 5. GB 12348—2008《工业企业厂界环境噪声排放标准》 6. GB 13271—2014《锅炉大气污染物排放标准》 7. GB 14554—1993《恶臭污染物排放标准》
二、设备操作	（一）操作原料天然气预处理单元	1. 能排重力分离器积液 2. 能排过滤分离器积液 3. 能切换过滤分离器 4. 能压送气田水（凝析油）闪蒸罐污液	1. 原料天然气预处理单元操作规程、日常操作卡 2. 原料天然气预处理单元设备工作原理
	（二）操作脱硫脱碳单元	1. 能回收湿净化气分离器溶液 2. 能切换、清洗溶液机械过滤器 3. 能切换、清洗贫液循环冷却水冷却器 4. 能对闪蒸罐、酸气分离器撇油 5. 能启、停及切换脱硫脱碳单元除溶液循环泵之外的转动设备 6. 能调整冷换设备冷却温度 7. 能调整贫液入塔层数 8. 能配制、补充、回收溶液 9. 能注入阻泡剂 10. 能进行脱硫脱碳单元补水操作 11. 能投用氮气水封罐	1. 天然气脱硫脱碳单元操作规程、P&ID 流程图、工艺卡片、日常操作卡 2. 天然气脱硫脱碳单元动、静设备工作原理 3. 阻泡剂注入量计算方法
	（三）操作甘醇法脱水单元	1. 能排吸收塔分离段积液 2. 能排干净化气分离器积液 3. 能启、停清洗机械过滤器 4. 能启、停清洗活性炭过滤器 5. 能启、停冷换设备 6. 能调整冷换设备介质温度 7. 能配制、补充、回收溶液 8. 能注入阻泡剂 9. 能投运氮气水封罐	1. 甘醇法脱水单元操作规程、P&ID 流程图、工艺卡片、日常操作卡 2. 甘醇法脱水单元动、静设备工作原理 3. 阻泡剂注入量计算方法
	（四）操作分子筛脱水单元	1. 能切换、清洗干气粉尘过滤器 2. 能对粉尘过滤器进行气密性试验 3. 能启、停再生气空冷器	1. 分子筛脱水单元操作规程、P&ID 流程图、工艺卡片、日常操作卡 2. 分子筛脱水单元动、静设备工作原理
	（五）操作天然气脱烃单元	1. 能排湿净化气分离器、低温分离器、干气聚结器、干气聚结器储液罐积液	1. 天然气脱烃单元操作规程、日常操作卡 2. 天然气脱烃单元静设备工作原理
	（六）操作硫黄回收单元	1. 能调整主燃烧炉保护气流量 2. 能对余热锅炉及冷凝器排污 3. 能启、停及切换硫黄回收单元除主风机之外的转动设备 4. 能进行酸水压送	1. 硫黄回收单元操作规程、工艺卡片、日常操作卡 2. 硫黄回收单元动、静设备工作原理

续表

职业功能	工作内容	技能要求	相关知识
二、设备操作	（七） 操作SCOT尾气处理单元	1. 能切换、清洗溶液机械过滤器 2. 能切换、清洗贫液循环冷却水冷却器 3. 能启、停SCOT尾气处理单元转动设备 4. 能调整冷换设备冷却温度 5. 能调整贫液入塔层数 6. 能配制、补充、回收溶液 7. 能注入阻泡剂 8. 能投用氮气水封罐 9. 能调整燃烧炉保护气流量 10. 能对余热锅炉排污	1. SCOT尾气处理单元操作规程、P&ID流程图、工艺卡片、日常操作卡 2. SCOT尾气处理单元动、静设备工作原理 3. 阻泡剂注入量计算方法
	（八） 操作酸水汽提单元	1. 能启、停进料水换热器与净化水换热器 2. 能启、停汽提塔底水冷却器 3. 能启、停及切换汽提塔底泵	1. 酸水汽提单元操作规程、日常操作卡 2. 酸水汽提单元设备运行参数及工作原理
	（九） 操作凝析油稳定单元	1. 能启、停气田水泵及稳定凝析油倒罐泵 2. 能排稳定凝析油罐污水	1. 凝析油稳定单元操作规程、日常操作卡 2. 凝析油稳定单元动、静设备工作原理
	（十） 操作硫黄成型装置	1. 能启、停液硫泵及循环冷却水泵 2. 能启、停循环冷却水空冷器 3. 能启、停硫黄称量系统 4. 能操作除尘器	1. 硫黄成型装置操作规程、日常操作卡 2. 硫黄成型装置动、静设备工作原理 3. 除尘器操作规程
	（十一） 操作污水处理装置	1. 能调配原水池、UASB罐进水浓度 2. 能启、停及切换污水处理装置转动设备 3. 能调整电渗析装置反应池pH 4. 能进行蒸发结晶装置煮罐操作 5. 能进行蒸发结晶装置旁通管冲洗 6. 能撇污水池污油 7. 能对污水池排污 8. 能对污水池进行曝气	1. 污水处理装置操作规程、工艺卡片、日常操作卡 2. UASB罐结构及工作原理 3. 电渗析装置操作规程、工艺卡片 4. 蒸发结晶装置操作规程、P&ID流程图、工艺卡片、日常操作卡
	（十二） 操作火炬及放空装置	1. 能排放空分离器及污液罐积液 2. 能排放空管网低点积液 3. 能操作分子封水封	1. 火炬及放空装置操作规程、日常操作卡 2. 火炬分子封、水封结构及工作原理
	（十三） 操作循环冷却水处理系统	1. 能启、停及切换凉水塔风机 2. 能启、停及切换循环冷却水泵 3. 能启、停循环冷却水旁滤器 4. 能补充循环冷却水池液位 5. 能对循环冷却水池排污	1. 循环冷却水处理系统操作规程、工艺卡片、日常操作卡 2. 循环冷却水处理系统动、静设备工作原理
	（十四） 操作蒸汽及凝结水系统	1. 能操作除盐水生产装置 2. 能对锅炉排污 3. 能启、停及切换除盐水装置转动设备 4. 能加注酸碱药剂 5. 能调整除氧器压力	1. 蒸气及凝结水系统操作规程、P&ID流程图、工艺卡片、日常操作卡 2. 蒸气及凝结水系统设备结构及工作原理
	（十五） 操作空气及氮气系统	1. 能启、停无热再生吸附式干燥器 2. 能调整氮气氧含量 3. 能进行液氮蒸发操作	1. 空气及氮气系统操作规程、P&ID流程图、工艺卡片、日常操作卡

续表

职业功能	工作内容	技能要求	相关知识
二、设备操作	（十五） 操作空气及氮气系统	4. 能调整氮气缓冲罐压力 5. 能压送液氮 6. 能对空气及氮气系统排液	2. 空气及氮气系统设备结构、工作原理及操作参数
	（十六） 操作燃料气系统	能排燃料气罐积液	燃料气系统操作规程
	（十七） 操作新鲜水处理系统	1. 能启、停及切换新鲜水处理系统转动设备	1. 新鲜水处理系统日常操作卡 2. 新鲜水处理系统转动设备结构及工作原理
	（十八） 操作消防水系统	1. 能启、停消防水泵 2. 能控制消防水池液位 3. 清楚消防水管网线路及切断阀位置	1. 消防安全管理制度 2. 消防水处理系统日常操作卡 3. 消防水系统管网图
	（十九） 操作压力容器	1. 清楚压力容器及管道的设计压力、设计操作压力和工作压力 2. 清楚安全阀起跳压力	1. TSGR 0004—2009《固定式压力容器安全技术监察规程》 2. TSGD0001—2009《特种设备安全技术规范》 3. TSGZF001—2006《安全阀安全技术监察规程》 4. GB 150—2011《固定式压力容器》 5. 压力容器及管道设计文件
	（二十） 操作仪表系统	1. 能识读现场液位计 2. 能识读现场温度计 3. 能识读现场压力表 4. 能识读现场流量计 5. 能识读固定式报警仪 6. 能发现现场指示仪表与变送器数据偏差 7. 能核对调节阀的行程 8. 能发现仪表风系统末端带油水现象	1. 常用法定计量单位的概念及换算 2. 仪表基础知识 3. 现场仪表种类及工作原理
	（二十一） 操作电气设备	1. 能识读电压表、电流表及电能表 2. 能判断电动机转动方向 3. 能发现装置照明异常 4. 清楚操作柱种类及控制方式 5. 清楚临时用电管理规范	1. 电气安全管理规范 2. 电气设备技术说明书 3. JB/T 9648—2015《防爆操作柱》
三、异常情况处理	（一） 处理原料天然气预处理单元异常情况	1. 能判断原料气超压 2. 能判断原料气严重带液	1. 原料天然气压力异常情况处理卡 2. 上下游联动应急处置预案
	（二） 处理脱硫脱碳单元异常情况	1. 能现场处理脱硫脱碳单元供电异常 2. 能现场处理吸收塔窜气至闪蒸罐 3. 能现场处理闪蒸罐窜气至再生塔	1. 脱硫脱碳单元供电异常情况处理卡 2. 脱硫脱碳单元窜气情况处理卡 3. 脱硫脱碳单元现场应急处置预案
	（三） 处理甘醇法脱水单元异常情况	1. 能现场处理脱水单元供电异常 2. 能现场处理吸收塔窜气至闪蒸罐 3. 能现场处理闪蒸罐窜气至低压段 4. 能现场处理吸收塔发泡、拦液 5. 能现场处理明火加热炉燃烧异常	1. 甘醇法脱水单元供电异常情况处理卡 2. 甘醇法脱水单元窜压情况处理卡 3. 甘醇法脱水单元发泡、拦液异常情况处理卡 4. 甘醇法脱水单元明火加热炉燃烧异常情况处理卡 5. 甘醇法脱水单元应急处置预案

续表

职业功能	工作内容	技能要求	相关知识
三、异常情况处理	（四） 处理天然气脱烃单元异常情况	1. 能现场处理脱烃单元供电异常	1. 脱烃单元供电异常情况处理卡 2. 脱烃单元现场应急处置预案
	（五） 处理硫黄回收单元异常情况	1. 能现场处理硫黄回收单元供电异常 2. 能发现尾气烟囱外排废气颜色异常	1. 硫黄回收单元供电异常情况处理卡 2. 硫黄回收单元尾气烟囱外排废气颜色异常情况处理卡 3. 硫黄回收单元现场应急处置预案
	（六） 处理污水处理装置异常情况	1. 能现场处理污水处理装置原水、外排水池废水指标超高	1. 污水处理装置原水指标超高情况处理卡 2. 污水处理装置外排水池废水指标超高情况处理卡
	（七） 处理循环冷却水处理系统异常情况	1. 能现场处理循环冷却水系统供电异常	1. 循环冷却水系统供电异常情况处理卡 2. 循环冷却水处理系统现场应急处置预案
	（八） 处理蒸气及凝结水系统异常情况	1. 能现场处理蒸气及凝结水系统供电异常	1. 蒸气及凝结水系统供电异常处理卡 2. 蒸气及凝结水系统现场应急处置预案
	（九） 处理空气及氮气系统异常情况	1. 能现场处理空气及氮气系统供电异常	1. 空气及氮气系统供电异常处理卡 2. 空气及氮气系统现场应急处置预案
四、综合管理	（一） 巡检装置	1. 能按规定巡检 2. 能录取现场运行参数，并确认是否正常 3. 能发现装置泄漏点及转动设备运行异常 4. 能使用巡检工具	1. 装置巡检路线、巡检内容及频率 2. 操作规程、P&ID 流程图、工艺卡片、操作卡 3. 巡检工具使用说明书 4. 安全防护用品说明书
	（二） 保养设备	1. 能保养手动阀门	1. 阀门类型、型号、结构及工作原理 2. 阀门维护检修规程
	（三） 计算参数	1. 能进行脱硫脱碳单元气液比的计算 2. 能进行脱硫脱碳单元回流比的计算 3. 能进行脱硫脱碳单元脱除效率的计算 4. 能进行脱硫脱碳、脱水单元溶液循环量的计算 5. 能进行脱硫脱碳单元溶液配制的计算 6. 能进行脱水单元脱水效率的计算 7. 能进行硫黄回收单元液硫封静压力的计算 8. 能进行化工基础数据的计算	1. 天然气净化工艺知识 2. 天然气加工工程计算知识 3. 气体吸收及解析相关知识 4. 流体力学相关知识
	（四） 应用工艺安全管理工具方法	1. 能按操作程序进行工作循环分析现场操作	1. 工作循环分析管理规范
五、职业健康安全环保管理	（一） 运用安全知识	1. 清楚《安全生产法》相关内容 2. 清楚日常健康安全风险及控制措施 3. 清楚生产现场常见“三违”行为 4. 清楚属地管理要求 5. 能运用心肺复苏技能 6. 清楚《消防法》主要内容 7. 能使用常见灭火器材	1.《安全生产法》 2. 安全危害因素相关台账 3. “三违”行为相关要求 4. 属地管理基本知识 5. 心肺复苏技能 6.《消防法》 7. 常见灭火器材使用方法

续表

职业功能	工作内容	技能要求	相关知识
五、职业健康安全环保管理	（二）运用环保知识	1. 清楚《环境保护法》相关内容 2. 清楚装置生产的主要废弃物 3. 清楚重要岗位环境因素及控制措施	1.《环境保护法》 2. 废弃物相关台账 3. 环境因素相关台账
	（三）清楚职业健康知识	1. 清楚《职业病防治法》相关内容 2. 清楚岗位职业危害及防护措施 3. 能使用空气呼吸器和气体检测仪	1.《职业病防治法》 2. 职业健康危害因素相关台账 3. 空气呼吸器和气体检测仪的使用相关知识

3.2 中级

职业功能	工作内容	技能要求	相关知识
一、设备操作	（一）操作原料天然气预处理单元	1. 能切换原料气过滤分离器并进行清洗及气密性试验 2. 能调整原料气系统压力 3. 能调整原料气流量	1. 原料天然气预处理单元操作规程、P&ID 流程图、工艺卡片、操作卡 2. 重力分离器、过滤分离器结构及工作原理
	（二）操作脱硫脱碳单元	1. 能调整吸收塔、再生塔液位 2. 能调整闪蒸罐、酸气分离器液位及压力 3. 能控制闪蒸罐闪蒸气质量 4. 能调整再生塔压力、塔顶温度 5. 能切换、清洗富贫液管道过滤器 6. 能调整贫液循环量 7. 能对酸气分离器甩水	1. 脱硫脱碳单元操作规程、P&ID 流程图、工艺卡片、操作卡 2. 脱硫脱碳单元设备结构及工作原理
	（三）操作甘醇法脱水单元	1. 能调整脱水单元系统压力 2. 能调整吸收塔液位 3. 能调整贫液循环量 4. 能调整闪蒸罐压力、液位及温度 5. 能启、停及切换溶液循环泵 6. 能操作再生釜点火或蒸气加热 7. 能调整再生釜温度 8. 能启、停及切换废气鼓风机 9. 能调整汽提气流量 10. 能操作废气灼烧炉点火	1. 甘醇法脱水单元操作规程、P&ID 流程图、工艺卡片、操作卡 2. 甘醇法脱水单元设备结构及工作原理
	（四）操作分子筛脱水单元	1. 能调整再生气加热炉配风、负压及再生气流量 2. 能操作再生气加热炉点火 3. 能调整加热炉贫再生气出口温度 4. 能手动切换分子筛吸附塔程控阀 5. 能调整空冷器出口再生气温度	1. 分子筛脱水单元操作规程、P&ID 流程图、工艺卡片、操作卡 2. 分子筛吸附塔、加热炉结构及工作原理
	（五）操作天然气脱烃单元	1. 能控制净化气质量 2. 能调整净化气压力 3. 能充装轻油槽车 4. 能充装液化气槽车	1. 脱烃单元操作规程、P&ID 流程图、工艺卡片、操作卡
	（六）操作硫黄回收单元	1. 能操作各炉类设备点火，调整配风及温度 2. 能调整余热锅炉液位、蒸气压力 3. 能调整反应器入口温度 4. 能投运超级克劳斯段 5. 能启、停及切换尾气灼烧炉风机 6. 能调整液硫脱气曝气量	1. 硫黄回收单元操作规程、P&ID 流程图、工艺卡片、操作卡 2. 催化反应原理，催化剂特点 3. 风机结构及工作原理 4. 炉类设备结构及工作原理

续表

职业功能	工作内容	技能要求	相关知识
一、设备操作	（六）操作硫黄回收单元	7. 能调整废气引射器蒸气量 8. 能冲洗余热锅炉玻板液位计 9. 能调整酸气及空气预热温度	5. 液硫脱气工艺原理 6. 反应器结构及工作原理
	（七）操作SCOT尾气处理单元	1. 能调整急冷塔、吸收塔及再生塔液位 2. 能调整SCOT急冷塔循环冷却水pH、温度及流量 3. 能操作在线燃烧炉点火 4. 能调整反应器入口温度 5. 能调整再生塔塔顶压力、温度 6. 能调整在线燃烧炉配风量 7. 能调整吸收塔溶液循环量 8. 能控制净化尾气压力 9. 能冲洗SCOT余热锅炉玻板液位计 10. 能进行催化剂预硫化	1. SCOT尾气处理单元操作规程、P&ID流程图、工艺卡片、操作卡 2. SCOT尾气处理单元设备结构及工作原理 3. 催化反应原理，催化剂特点
	（八）操作酸水汽提单元	1. 能操作内外循环切换 2. 能调整汽提塔顶压力，调整液位 3. 能调整汽提塔底冷却温度 4. 能调整酸水收集罐压力及液位	1. 酸水汽提单元操作规程、P&ID流程图、工艺卡片、操作卡 2. 酸水汽提单元设备结构、工作原理及运行参数
	（九）操作凝析油稳定单元	1. 能操作凝析油稳定塔 2. 能启停污油泵、未稳定凝析油泵、凝析油产品外输泵	1. 凝析油稳定单元操作规程、P&ID流程图、工艺卡片、操作卡 2. 凝析油稳定单元设备结构及工作原理
	（十）操作硫黄成型装置	1. 能启、停钢带造粒机 2. 能启、停结片机 3. 能启、停涂抹液泵	1. 硫黄成型装置操作规程、操作卡 2. 结片机、造粒机结构及工作原理
	（十一）操作污水处理装置	1. 能投加营养液 2. 能投加絮凝剂 3. 能使用显微镜观察微生物种类及活性 4. 能调整蒸发结晶装置首效蒸气压力、末效真空度	1. 污水处理装置操作规程、操作卡 2. 显微镜原理及操作规程 3. 蒸发结晶装置操作规程、P&ID流程图、工艺卡片、操作卡
	（十二）操作火炬及放空装置	1. 能操作放空火炬全自动点火 2. 能操作放空火炬内传点火 3. 能调整火炬长明火火焰	1. 放空火炬结构及工作原理 2. 放空火炬点火方式
	（十三）操作循环冷却水处理系统	1. 能投加缓蚀缓垢剂、杀菌灭藻剂	1. 缓蚀缓垢剂、杀菌灭藻剂投加操作规程 2. 缓蚀缓垢剂、杀菌灭藻剂安全技术说明书 3. GB 50050—2007《工业循环冷却水处理设计规范》 4. GB/T 50102—2014 工业循环冷却水冷却设计规范
	（十四）操作蒸气及凝结水系统	1. 能启、停及切换锅炉 2. 能启、停RO反渗透装置 3. 能调整锅炉、除氧器的压力及液位 4. 能调整锅炉负荷	1. 蒸气及凝结水系统操作规程、P&ID流程图、工艺卡片、操作卡 2. 蒸气及凝结水系统动、静设备结构及工作原理

续表

职业功能	工作内容	技能要求	相关知识
一、设备操作	（十四） 操作蒸气及凝结水系统	5. 能启、停及切换锅炉给水泵、余热锅炉给水泵 6. 能化学清洗 RO 反渗透装置 7. 能保养锅炉 8. 能冲洗锅炉玻板液位计 9. 能配制磷酸三钠溶液	3. RO 反渗透装置、除氧装置操作规程 4. 磷酸三钠安全技术说明书 5. TSGG0001-2012 锅炉安全技术监察规程
	（十五） 操作空气及氮气系统	1. 能启、停及切换空压机 2. 能调整空压机排气压力及温度 3. 能启、停冷干机 4. 能启、停变压吸附制氮装置	1. 空气及氮气系统操作规程、操作卡 2. 空压机、冷干机结构及工作原理 3. 变压吸附制氮装置操作规程
	（十六） 操作燃料气系统	1. 能控制燃料气罐压力	1. 燃料气系统操作规程、工艺卡片
	（十七） 操作新鲜水处理系统	1. 能投加二氧化氯消毒剂 2. 能投加絮凝剂	1. 二氧化氯、絮凝剂投加操作规程 2. 二氧化氯、絮凝剂安全技术说明书
	（十八） 操作压力容器	能对压力容器设备进行气密性试验	GB 150—2011《固定式压力容器》
	（十九） 操作仪表系统	1. 清楚 DCS 流程及控制参数 2. 能查阅 DCS 参数运行趋势 3. 能发现在线分析仪数据异常 4. 能发现调节阀、联锁阀阀位偏差 5. 能现场手动操作联锁阀 6. 能操作 PLC 控制柜 7. 清楚调节阀作用方式	1. DCS 基础知识及操作规程 2. PLC 基础知识 3. 联锁阀、调节阀的结构及操作方式
	（二十） 操作电气设备	1. 清楚电气设备防雷接地设施 2. 能识读电气设备铭牌 3. 能操作变频器 4. 能办理停、送电作业申请	1. 电气安全管理规范 2. 电气设备技术说明书 3. GB/T 14285—2006《继电保护和安全自动装置技术规程》 4. 停送电管理程序
二、异常情况处理	（一） 处理原料天然气预处理单元异常情况	1. 能处理原料气超压 2. 能处理原料气 H_2S、CO_2 超高 3. 能处理原料气污液罐超压	1. 原料天然气预处理单元操作规程、操作卡 2. 压力容器操作规程 3. 上下游联动处置程序
	（二） 处理脱硫脱碳单元异常情况	1. 能处理脱硫脱碳单元供电异常 2. 能处理吸收塔窜气至闪蒸罐 3. 能处理闪蒸罐窜气至再生塔 4. 能处理吸收塔发泡、拦液 5. 能处理闪蒸气质量超标及流量异常 6. 能处理闪蒸罐液位异常 7. 能处理油水进入溶液系统	1. 脱硫脱碳单元供电异常情况处理卡 2. 脱硫脱碳单元窜气异常情况处理卡 3. 脱硫脱碳单元发泡、拦液异常情况处理卡 4. 脱硫脱碳单元闪蒸气异常情况处理卡 5. 脱硫脱碳单元闪蒸罐液位异常情况处理卡 6. 脱硫脱碳单元现场应急处置预案
	（三） 处理甘醇法脱水单元异常情况	1. 能处理脱水单元供电异常 2. 能处理吸收塔窜气至闪蒸罐 3. 能处理闪蒸罐窜气至低压段 4. 能处理吸收塔发泡、拦液	1. 甘醇法脱水单元供电异常情况处理卡 2. 甘醇法脱水单元窜压情况处理卡 3. 甘醇法脱水单元发泡、拦液异常情况处理卡 4. 甘醇法脱水单元闪蒸罐液位异常情况处理卡

续表

职业功能	工作内容	技能要求	相关知识
二、异常情况处理	（三）处理甘醇法脱水单元异常情况	5. 能处理闪蒸罐液位异常 6. 能处理脱水溶液再生效果差 7. 能处理再生釜温度异常 8. 能处理明火加热炉燃烧异常 9. 能分析脱水单元冷换设备换热效果差 10. 能处理废气分液罐液位异常	5. 甘醇法脱水单元脱水溶液再生异常情况处理卡 6. 甘醇法脱水单元再生釜温度异常情况处理卡 7. 甘醇法脱水单元明火加热炉燃烧异常情况处理卡 8. 甘醇法脱水单元冷换设备换热效果差情况处理卡 9. 甘醇法脱水单元废气分液罐液位异常情况处理卡 10. 甘醇法脱水单元现场应急处置预案 11. 换热设备结构及工作原理
	（四）处理天然气脱烃单元异常情况	1. 能处理脱烃单元供电异常 2. 能处理低温分离器排液量偏低	1. 天然气脱烃单元供电异常处理卡 2. 天然气脱烃单元低温分离器排液量异常处理卡 3. 天然气脱烃单元现场应急处置预案 4. 低温分离器结构及工作原理
	（五）处理硫黄回收单元异常情况	1. 能处理硫黄回收单元供电异常 2. 能处理原料酸气浓度、流量异常 3. 能处理过程气和尾气 H_2S、SO_2 含量异常 4. 能处理硫黄冷凝冷却器液位异常 5. 能处理尾气烟囱外排废气颜色异常	1. 硫黄回收单元供电异常处理卡 2. 硫黄回收单元原料酸气浓度、流量异常处理卡 3. 硫黄回收单元过程气中 H_2S、SO_2 含量异常处理卡 4. 硫黄回收单元硫黄冷凝冷却器液位异常处理卡 5. 硫黄回收单元尾气烟囱外排废气颜色异常处理卡 6. 硫黄回收单元现场应急处置预案 7. 炉类设备、硫黄冷凝冷却器结构及工作原理
	（六）处理SCOT尾气处理单元异常情况	1. 能处理急冷塔堵塞 2. 能处理急冷塔 pH 异常 3. 能处理反应器出口过程气 H_2 含量异常	1. SCOT 尾气处理单元急冷塔堵塞异常处理卡 2. SCOT 尾气处理单元急冷塔 pH 异常处理卡 3. 急冷塔结构及工作原理
	（七）处理酸水汽提单元异常情况	1. 能处理酸水汽提塔出塔净化水 H_2S 含量超标 2. 能处理酸水汽提塔塔压偏高	1. 酸水汽提单元酸水汽提塔出塔净化水 H_2S 含量超标异常处理卡 2. 酸水汽提单元酸水汽提塔塔压异常处理卡 3. 汽提塔结构及工作原理
	（八）处理凝析油稳定单元异常情况	1. 能处理三相分离器超压 2. 能处理凝析油稳定塔液位异常 3. 能处理稳定凝析油带水	1. 三相分离器超压处理卡 2. 凝析油稳定塔液位异常处理卡 3. 稳定凝析油带水异常处理卡
	（九）处理污水处理装置异常情况	能处理原水及外排水池废水指标超高	1. 原水、外排水指标 2. 污水处理装置原水指标异常处理卡 3. 污水处理装置外排水池废水指标异常处理卡 4. 突发环境事件现场应急处置预案

续表

职业功能	工作内容	技能要求	相关知识
二、异常情况处理	（十）处理火炬及放空装置异常情况	1. 能处理放空火炬熄火 2. 能处理火炬及放空装置带液	1. 放空火炬点火操作规程 2. 火炬及放空装置带液异常处理卡
	（十一）处理循环冷却水处理系统异常情况	1. 能处理循环冷却水处理系统供电异常 2. 能处理凉水塔出水温度超高 3. 能处理旁滤器运行异常 4. 能处理循环冷却水池液位异常 5. 能处理循环冷却水流量异常	1. 循环冷却水处理系统供电异常处理卡 2. 循环冷却水处理系统凉水塔出水温度异常处理卡 3. 循环冷却水处理系统旁滤器运行异常处理卡 4. 循环冷却水池液位异常处理卡 5. 循环冷却水流量异常处理卡 6. 循环冷却水处理系统现场应急处置预案
	（十二）处理蒸气及凝结水系统异常情况	1. 能处理蒸气及凝结水系统供电异常 2. 能处理锅炉炉水质量异常 3. 能处理蒸气管网压力异常 4. 能处理蒸气及凝结水系统水击	1. 蒸气及凝结水系统供电异常处理卡 2. 蒸气及凝结水系统锅炉炉水质量异常处理卡 3. 蒸气管网压力异常处理卡 4. 蒸气及凝结水系统水击异常处理卡 5. 蒸气及凝结水系统现场应急处置预案 6. 疏水器结构及工作原理
	（十三）处理空气及氮气系统异常情况	1. 能处理空气及氮气系统供电异常 2. 能处理压缩机排气压力及温度异常	1. 空气及氮气系统供电异常处理卡 2. 压缩机排气压力及温度异常处理卡 3. 空气及氮气系统现场应急处置预案
	（十四）处理燃料气系统异常情况	1. 能处理燃料气系统带液异常 2. 能处理燃料气系统压力异常	1. 燃料气系统带液异常处理卡 2. 燃料气系统压力异常处理卡
三、装置开停工	（一）开、停工主体单元	1. 能进行脱水单元的开、停工 2. 能进行脱烃单元的开、停工 3. 能进行酸水汽提单元的开、停工 4. 能进行凝析油稳定单元的开、停工	1. 天然气净化装置开停工操作卡 2.《天然气处理厂投产技术手册》 3. 天然气净化装置开停工 HSE 预案
	（二）开、停工辅助装置及公用工程系统	1. 能进行硫黄成型装置的开、停工 2. 能进行火炬及放空装置的开、停工 3. 能进行循环冷却水处理系统的开、停工 4. 能进行空气及氮气系统的开、停工 5. 能进行燃料气系统的开、停工 6. 能进行新鲜水处理系统的开、停工	1. 天然气净化装置开停工操作卡 2.《天然气处理厂投产技术手册》 3. 天然气净化装置开停工 HSE 预案
四、综合管理	（一）清楚节能节水知识	1. 能根据季节、环境变化优化工艺操作 2. 清楚节能节水指标	1.《中华人民共和国节约能源法》 2. 节能节水基础知识 3. SY/T 6836—2011《天然气净化装置经济运行规范》
	（二）计算参数	1. 能进行脱硫脱碳单元酸气负荷计算 2. 能进行脱硫脱碳单元 CO_2 共吸收率计算 3. 能进行脱硫脱碳单元 H_2S 选择性计算 4. 能进行天然气脱水露点降的计算 5. 能进行阻泡剂注入量的计算 6. 能进行硫黄回收单元风气比计算 7. 能进行硫黄回收单元转化率计算 8. 能进行硫黄回收单元余热锅炉加药量计算	1. 天然气净化工艺知识 2. 天然气加工工程计算知识 3. 气体吸收及解吸相关知识 4. 流体力学相关知识 5. 天然气的含水量相关知识 6. 硫黄回收燃烧、催化反应相关知识

续表

职业功能	工作内容	技能要求	相关知识
四、综合管理	（三） 应用工艺安全管理工具方法	能运用上锁挂牌管控风险	Q/SY 1421—2011《上锁挂牌管理规范》
五、职业健康安全环保管理	（一） 运用安全知识	1. 清楚《动火作业安全管理规范》 2. 清楚《受限空间作业管理规范》 3. 清楚《高处作业安全管理规范》 4. 清楚《管线打开作业管理规范》 5. 清楚《临时用电安全管理规范》 6. 清楚《吊装作业安全管理规范》 7. 清楚《挖掘作业安全管理规范》 8. 清楚火灾分类 9. 掌握火灾逃生技能	1. Q/SY 1241—2009《动火作业安全管理规范》 2. Q/SY 1242—2009《受限空间作安全管理规范》 3. Q/SY 1236—2009《高处作业安全管理规范》 4. Q/SY 1243—2009《临时用电安全管理规范安全管理规范》 5. Q/SY 1244—2009《管线打开安全管理规范》 6. Q/SY 1248—2009《移动式起重机吊装作业安全管理规范》 7. Q/SY 1247—2009《挖掘作业安全管理规范》 8. GB 4968—2008《火灾分类》 9. 火灾逃生技能相关知识
	（二） 运用环保知识	清楚危险废弃物管理要求	1.《水污染防治法》 2.《大气污染防治法》 3.《固体废物污染环境防治法》
	（三） 清楚职业健康知识	清楚工作场所有害因素接触限值基础知识	1. GBZ 2—2007《工作场所有害因素接触限值》

3.3 高级

职业功能	工作内容	技能要求	相关知识
一、设备操作	（一） 操作脱硫脱碳单元	1. 能组织富液活性炭过滤器清洗及活性炭更换 2. 能组织贫液活性炭过滤器清洗及活性炭更换 3. 能启、停及切换溶液循环泵 4. 能启、停溶液能量回收透平 5. 能切换贫、富液换热器 6. 能操作脱硫脱碳单元系统 7. 能复活脱硫溶液 8. 能启、停蒸气透平	1. 活性炭过滤器结构及内部填料装填规程 2. 能量回收透平结构及工作原理 3. 蒸气透平结构及工作原理 4. 脱硫脱碳单元操作规程、操作卡 5. 胺液复活装置操作规程
	（二） 操作甘醇法脱水单元	1. 能切换贫、富液换热器 2. 能操作脱水单元系统	1. 甘醇法脱水单元操作规程、操作卡 2. 贫富液换热器结构、工作原理及投运操作规程
	（三） 操作分子筛脱水单元	能启、停及切换再生气压缩机	1. 分子筛脱水单元操作规程、操作卡 2. 再生气压缩机结构、工作原理及投运操作规程

续表

职业功能	工作内容	技能要求	相关知识
一、设备操作	（四）操作天然气脱烃单元	1. 能启、停制冷系统	1. 天然气脱烃单元操作规程、操作卡 2. 制冷系统结构及工作原理 3. 压缩机结构及工作原理
	（五）操作硫黄回收单元	1. 能启、停及切换主风机 2. 能调整尾气灼烧炉烟道及配风挡板 3. 能操作硫黄回收单元系统 4. 能启、停蒸气透平	1. 硫黄回收单元操作规程、操作卡 2. 蒸气透平结构及工作原理
	（六）操作 SCOT 尾气处理单元	1. 能启、停气循环风机 2. 能启、停气循环引射器	1. SCOT 尾气处理单元操作卡 2. 气循环风机结构及工作原理 3. 蒸气引射器结构及工作原理
	（七）操作凝析油稳定单元	1. 能启、停闪蒸气压缩机	1. 闪蒸气压缩机结构及工作原理
	（八）操作污水处理装置	1. 能操作污泥甩干机 2. 能操作电渗析装置 3. 能操作四效蒸发结晶装置	1. 污泥甩干机操作卡 2. 污泥甩干机结构及工作原理 3. 电渗析装置操作规程 4. 蒸发结晶装置操作规程
	（九）操作蒸气及凝结水系统	1. 能调整锅炉燃烧机配风	1. 蒸气及凝结水系统操作规程 2. 燃烧机结构及工作原理 3. 锅炉点火操作规程
	（十）操作仪表系统	1. 能分析处理 DCS、F&GS 系统报警 2. 能操作装置紧急停车按钮 3. 清楚系统联锁恢复及投运程序 4. 清楚调节阀、联锁阀结构及工作原理 5. 能查看 SOE 日志，并分析报警原因 6. 清楚 PID 调节器各项参数	1. PID 控制器相关常识 2. 常见复杂控制方案 3. 联锁保护程序 4. F&GS 系统知识 5. DCS、系统操作规程
	（十一）操作电气设备	1. 清楚装置区照明、应急照明设施 2. 清楚 EPS、UPS 供电设备	1. 天然气净化厂供电系统流程图 2. 电气设备技术说明书
二、异常情况处理	（一）处理脱硫脱碳单元异常情况	1. 能处理吸收塔窜气至再生塔 2. 能处理吸收塔冲塔 3. 能处理湿净化气质量超标 4. 能处理闪蒸罐压力异常 5. 能处理再生塔发泡、拦液、液位异常、冲塔、再生效果差 6. 能处理换热器换热效果差及窜漏 7. 能处理溶液循环泵流量异常	1. 脱硫脱碳单元窜压异常情况处理卡 2. 脱硫脱碳单元吸收塔冲塔情况处理卡 3. 脱硫脱碳单元湿净化气质量异常情况处理卡 4. 脱硫脱碳单元蒸罐压力异常情况处理卡 5. 脱硫脱碳单元再生塔发泡、拦液异常情况处理卡 6. 脱硫脱碳单元再生塔液位异常情况处理卡 7. 脱硫脱碳单元再生质量异常情况处理卡 8. 脱硫脱碳单元换热器换热效果差情况处理卡 9. 脱硫脱碳单元换热器窜漏情况处理卡 10. 脱硫脱碳单元溶液循环泵流量异常处理卡 11. 溶液发泡、消泡机理 12. 脱硫脱碳单元设备结构及工作原理 13. 脱硫脱碳单元 DCS、基础知识

续表

职业功能	工作内容	技能要求	相关知识
二、异常情况处理	（二）处理甘醇法脱水单元异常情况	1. 能处理净化气水含量超标 2. 能处理闪蒸罐压力异常 3. 能处理再生釜压力异常 4. 能处理溶液缓冲罐温度异常 5. 能处理再生釜精馏柱顶温度异常 6. 能处理甘醇溶液往复泵流量异常 7. 能处理脱水塔分离段液位异常 8. 能处理甘醇溶液损失异常	1. 甘醇法脱水单元净化气水含量异常情况处理卡 2. 甘醇法脱水单元闪蒸罐压力异常情况处理卡 3. 甘醇法脱水单元溶液缓冲罐压力异常情况处理卡 4. 甘醇法脱水单元液缓冲罐温度异常情况处理卡 5. 甘醇法脱水单元再生釜精馏柱顶温度异常情况处理卡 6. 甘醇溶液往复泵流量异常情况处理卡 7. 脱水塔分离段液位异常情况处理卡 8. 再生废气带液异常情况处理卡 9. 甘醇溶液损失异常情况处理卡
	（三）处理分子筛脱水单元异常情况	能处理分子筛再生效果差	分子筛再生异常情况处理卡
	（四）处理天然气脱烃单元异常情况	能处理制冷系统异常	脱烃单元制冷系统异常情况处理卡
	（五）处理硫黄回收单元异常情况	1. 能处理硫黄回收单元系统回压超高 2. 能处理主燃烧炉温度异常 3. 能处理余热锅炉满水 4. 能处理反应器床层温度异常 5. 能处理冲液硫封 6. 能处理尾气灼烧炉点火、烟道温度异常 7. 能处理液硫夹套管线穿漏	1. 硫黄回收单元系统回压异常情况处理卡 2. 硫黄回收单元主燃烧炉温度异常情况处理卡 3. 硫黄回收单元余热锅炉满水异常情况处理卡 4. 硫黄回收单元反应器床层温度异常情况处理卡 5. 硫黄回收单元冲液硫封情况处理卡 6. 硫黄回收单元尾气灼烧炉点火、烟道温度异常情况处理卡 7. 硫黄回收单元液硫夹套管线穿漏异常情况处理卡 8. 催化剂失活机理 9. 主燃烧炉、灼烧炉点火及配风操作规程
	（六）处理SCOT尾气处理单元异常情况	1. 能处理SO_2穿透 2. 能处理尾气总硫超高 3. 能处理加氢还原反应器温度、压差异常	1. SCOT尾气处理单元SO_2穿透情况处理卡 2. SCOT尾气处理单元尾气总硫超高异常情况处理卡 3. SCOT尾气处理单元加氢还原反应器温度、压差异常情况处理卡 4. 加氢还原反应器结构及工艺原理
	（七）处理凝析油稳定单元异常情况	1. 能处理稳定凝析油质量不合格 2. 能处理凝析油稳定塔突沸 3. 能处理凝析油收率下降	1. 稳定凝析油质量不合格处理卡 2. 凝析油稳定塔突沸情况处理卡 3. 凝析油收率下降情况处理卡

续表

<table>
<tr><th>职业功能</th><th>工作内容</th><th>技能要求</th><th>相关知识</th></tr>
<tr><td rowspan="4">二、异常情况处理</td><td>（八）
处理污水处理装置异常情况</td><td>1. 能处理UASB反应器出水COD、挥发性脂肪酸偏高
2. 能处理UASB反应器产气量下降
3. 能处理SBR反应池活性污泥膨胀、沉降比偏低
4. 能处理电渗析装置淡水质量异常</td><td>1. 污水处理装置UASB出水COD异常情况处理卡
2. 污水处理装置UASB出水挥发性脂肪酸异常情况处理卡
3. UASB反应器产气量下降处理卡
4. SBR反应池活性污泥膨胀、沉降比偏低异常情况处理卡
5. 污水处理装置电渗析装置淡水质量异常情况处理卡
6. 污水处理装置四效蒸发结晶料液温度异常情况处理卡
7. UASB厌氧反应器结构及工作原理
8. 电渗析装置操作规程</td></tr>
<tr><td>（九）
处理循环冷却水系统异常情况</td><td>1. 能处理循环水水质异常</td><td>1. 循环冷却水系统水质异常情况处理卡</td></tr>
<tr><td>（十）
处理蒸气及凝结水系统异常情况</td><td>1. 能处理锅炉汽水共沸
2. 能处理锅炉熄火
3. 能处理锅炉满水、缺水
4. 能处理锅炉给水质量异常
5. 能处理除盐水质量异常
6. 能处理凝结水回水不畅</td><td>1. 蒸气及凝结水系统锅炉汽水共沸异常情况处理卡
2. 蒸气及凝结水系统锅炉熄火情况处理卡
3. 蒸气及凝结水系统锅炉满水、缺水异常情况处理卡
4. 蒸气及凝结水系统锅炉给水质量异常情况处理卡
5. 蒸气及凝结水系统除盐水质量异常情况处理卡
6. 蒸气及凝结水系统凝结水回水异常情况处理卡
7. 锅炉结构及工作原理
8. GB/T 1576—2008 工业锅炉水质</td></tr>
<tr><td>（十一）
处理空气及氮气系统异常情况</td><td>1. 能处理仪表风系统低压力
2. 能处理仪表风油、水含量偏高
3. 能处理氮气含氧量偏高</td><td>1. 空气及氮气系统仪表风系统压力异常情况处理卡
2. 仪表风油、水含量偏高异常情况处理卡
3. 空气及氮气系统氮气含氧量异常情况处理卡
4. 仪表风、氮气质量指标</td></tr>
<tr><td rowspan="2">三、装置开停工</td><td>（一）
开、停工主体单元</td><td>1. 能进行脱硫脱碳单元的开、停工
2. 能进行硫黄回收单元的开、停工
3. 能进行SCOT尾气处理单元的开、停工</td><td>1. 天然气净化装置开停工操作卡
2.《天然气处理厂投产技术手册》
3. 天然气净化装置开停工过程HSE预案</td></tr>
<tr><td>（二）
开、停工辅助装置及公用工程系统</td><td>1. 能进行污水处理装置的开、停工
2. 能进行蒸气及凝结水系统的开、停工</td><td>1. 天然气净化装置开停工操作卡
2.《天然气处理厂投产技术手册》
3. 天然气净化装置开停工过程HSE预案</td></tr>
<tr><td>四、综合管理</td><td>（一）
清楚节能节水知识</td><td>1. 清楚岗位涉及的节能节水计量器具
2. 能识别装置节能节水关键控制点，并进行有效监控</td><td>1. 节能节水基础常识
2. SY/T 6836—2011《天然气净化装置经济运行规范》
3.《重点用能单位节能管理办法》</td></tr>
</table>

续表

职业功能	工作内容	技能要求	相关知识
四、综合管理	(一)清楚节能节水知识	3. 能配合装置、系统重点设备节能监测	4. GB/T 20901—2007《石油石化行业能源计量器具配备和管理要求》
	(二)清楚计量相关知识	1. 计量器具及分类 2. 制造计量器具许可制度	《中华人民共和国计量法实施细则》
	(四)计算参数	1. 能进行硫黄回收率的计算	1. 天然气净化工艺知识 2. 天然气加工工程计算知识 3. 硫黄回收燃烧、催化反应相关知识
	(五)应用工艺安全管理工具方法	能运用启动前安全检查	Q/SY 1235—2009《启动前安全检查管理规范》
五、职业健康安全环保管理	(一)运用安全知识	1. 能进行健康安全类危害因素识别及评价 2. 清楚生产安全事故等级分类及报告要求 3. 能运用行为安全观察与沟通工具	1. 健康安全因素识别方法相关知识 2.《生产安全事故报告和调查处理条例》 3. Q/SY 1235—2009《行为安全观察与沟通管理规范》
	(二)运用环保知识	清楚环境因素识别方法	环境因素识别方法

3.4 技师

职业功能	工作内容	技能要求	相关知识
一、设备操作	(一)操作仪表系统	1. 清楚各控制机柜关联的主要调节回路 2. 能整定 PID 参数 3. 清楚系统因果逻辑表、因果逻辑图	1. DCS 系统基础常识 2. DCS 控制回路流程图 3. 系统因果逻辑表、因果逻辑图
	(二)操作电气设备	1. 清楚天然气净化厂供电流程 2. 能分析电动机过载原因并参与制定解决措施	1. 电气安全管理规范 2. 供电系统流程图 3. GB/T 14285—2006 继电保护和安全自动装置技术规程
二、异常情况处理	(一)处理脱硫脱碳单元异常情况	1. 能处理重沸器蒸气流量异常 2. 能处理重沸器窜漏 3. 能处理闪蒸罐精馏柱压差异常	1. 脱硫脱碳单元重沸器蒸气流量异常情况处理卡 2. 脱硫脱碳单元重沸器窜漏情况处理卡 3. 脱硫脱碳单元闪蒸罐精馏柱压差异常情况处理卡 4. 闪蒸罐、重沸器结构及工作原理
	(二)处理甘醇法脱水单元异常情况	1. 能处理脱水溶液损失异常 2. 能处理溶液缓冲罐液位异常 3. 能处理湿净化气温度异常	1. 甘醇法脱水单元脱水溶液损失异常情况处理卡 2. 甘醇法脱水单元溶液缓冲罐液位异常情况处理卡 3. 甘醇法脱水单元湿净化气温度异常情况处理卡 4. 吸收塔、缓冲罐结构及工作原理
	(三)处理分子筛脱水单元异常情况	1. 能处理分子筛脱水单元净化气水含量超标	1. 分子筛脱水单元净化气水含量异常情况处理卡 2. 天然气水含量指标

续表

<table>
<tr><th>职业功能</th><th>工作内容</th><th>技能要求</th><th>相关知识</th></tr>
<tr><td rowspan="5">二、异常情况处理</td><td>（四）
处理天然气脱烃单元异常情况</td><td>1. 能处理丙烷制冷系统异常
2. 能处理膨胀制冷系统异常</td><td>1. 天然气脱烃单元丙烷制冷系统异常情况处理卡
2. 天然气脱烃单元膨胀制冷系统异常处理卡</td></tr>
<tr><td>（五）
处理硫黄回收单元异常情况</td><td>1. 能处理硫黄回收率低
2. 能处理液硫质量异常
3. 能处理 SuperClaus 反应器床层温度低
4. 能处理 CBA 硫黄回收工艺程序阀切换异常
5. 能处理 CPS 反应器温度异常
6. 能处理 Clinsulf-SDP 反应器温度异常</td><td>1. 硫黄回收单元收率异常情况处理卡
2. 硫黄回收单元液硫质量异常情况处理卡
3. 硫黄回收单元 SuperClaus 反应器床层温度异常处理卡
4. 硫黄回收单元 CBA 硫黄回收工艺程序阀切换异常情况处理卡
5. 硫黄回收单元 CPS 反应器温度异常情况处理卡
6. 硫黄回收单元 Clinsulf-SDP 反应器温度异常情况处理卡
7. GB/T 2449.1—2014 工业硫黄第 1 部分：固体硫黄和 GB/T 2449.2—2015 工业硫黄第 2 部分：液体硫黄</td></tr>
<tr><td>（六）
处理 SCOT 尾气处理单元异常情况</td><td>1. 能处理加氢还原反应器催化剂活性降低</td><td>1. SCOT 尾气处理单元加氢还原反应器催化剂活性异常情况处理卡
2. 催化剂原理、种类及作用</td></tr>
<tr><td>（七）
处理污水处理装置异常情况</td><td>1. 能处理污水处理装置生化池微生物活性降低
2. 能处理污水处理电渗析装置淡水质量异常
3. 能处理污水处理四效蒸发结晶料液温度异常</td><td>1. 污水处理装置生化池微生物活性异常情况处理卡
2. 污水处理电渗析装置淡水质量异常情况处理卡
3. 污水处理四效蒸发结晶料液温度异常情况处理卡
4. 微生物驯化操作规程</td></tr>
<tr><td>（八）
处理火炬及放空装置异常情况</td><td>1. 能处理火炬点火异常</td><td>1. 火炬点火异常情况处理卡</td></tr>
<tr><td>三、装置开停工</td><td>（一）
开、停工天然气净化装置</td><td>1. 能组织天然气净化厂各单元、装置及系统的开、停工</td><td>1. 天然气净化装置开停工操作卡
2.《天然气处理厂投产技术手册》
3. 天然气净化装置开停工 HSE 预案</td></tr>
<tr><td rowspan="2">四、综合管理</td><td>（一）
管理装置</td><td>1. 能处理生产中的疑难问题
2. 能对全装置运行参数进行动态分析
3. 能判断装置存在的隐患，并提出整改控制措施</td><td>1. 装置设计资料
2.《天然气净化厂生产运行管理手册》
3.《天然气净化厂工艺技术手册》
4. 节能节水法律法规及相关常识</td></tr>
<tr><td>（二）
参与技术管理</td><td>1. 能编写技术总结
2. 能撰写技术论文
3. 能提出技术革新建议
4. 能编制技术革新方案
5. 能参与工艺事故事件调查
6. 能运用物联网技术</td><td>1. 化工原理
2. 化工设备机械基础
3. 生产技术总结编写规范
4. 技术报告及科技论文编写规范
5.《天然气净化厂生产运行管理手册》
6. 事故事件管理规范
7. 物联网技术知识
8. 两化融合管理体系知识</td></tr>
</table>

续表

职业功能	工作内容	技能要求	相关知识
四、综合管理	(三)协调装置检修	1. 能提出装置检修项目 2. 能组织检修项目技术交底 3. 能检验检修质量	1. 管工、焊工、钳工、铆工、车工、仪表工、电工相关知识 2.《天然气净化厂检维修管理手册》 3.《天然气净化厂设备维护检修规程》 4. HSE 相关管理知识
	(四)参与节能节水管理	1. 能统计分析装置能耗情况、并提出能耗异常处理措施 2. 能参与制定节能节水技术改造建议计划及方案审查	1. SY/T 6836—2011 天然气净化装置经济运行规范
	(五)运用计量管理知识	1. 计量检定人员管理要求 2. 强制检定和非强制检定管理要求 3. 计量检定印证管理要求	《中华人民共和国计量法实施细则》
	(六)计算参数	1. 能进行物料及能量平衡的计算 2. 能进行 COS 和 CS_2 水解率的计算	1. 物料衡算、热量衡算相关知识 2. Claus 反应及其热力学、动力学知识
	(七)了解化验分析知识	1. 了解原料气、净化气、酸气、过程气、尾气分析方法 2. 了解脱硫脱碳、甘醇法脱水溶液分析方法 3. 了解污水、循环水、炉水、原水分析方法 4. 了解硫黄分析方法	1. 天然气净化分析操作规程
	(八)应用工艺安全管理工具方法	1. 能进行工艺与设备变更管理 2. 能进行工作前安全分析	1. Q/SY 1237—2009《工艺与设备变更管理规范》 2. Q/SY 1238—2009《工作前安全分析管理规范》
	(九)参与技能培训	1. 能用计算机处理文字、表格和制作多媒体 2. 能编写初、中、高级工培训课件,并进行培训 3. 能绘制 P&ID 图和施工图 4. 能通过互联网查阅资料	1. 办公软件基础知识 2.《机械制图》基础知识 3.《化工制图》基础知识 4. 互联网基本常识
五、职业健康安全环保管理	(一)运用安全知识	1. 能编制工艺能量隔离方案 2. 能判定重大危险源 3. 能审查作业许可 4. 能编制监督检查方案和监督报告 5. 能参与安全生产事故调查	1. 工艺能量隔离方案编制相关知识 2. GB 18218—2009《危险化学品重大危险源辨识》 3. Q/SY 1240—2009《作业许可管理规范》 4. 监督检查方案和监督报告编制相关要求 5.《生产安全事故报告和调查处理条例》

3.5 高级技师

职业功能	工作内容	技能要求	相关知识
一、设备操作	(一)操作仪表系统	1. 能分析 DCS、ESD 系统数据通信故障、显示异常、失电、控制系统报警原因 2. 能参与 DCS 组态中工艺流程图绘制、工艺参数范围、报警值及联锁值设置 3. 参与控制系统设计方案审查	1. DCS、ESD 设计资料 2. DCS、ESD 处置投运操作规程

续表

职业功能	工作内容	技能要求	相关知识
一、设备操作	（二） 操作电气设备	1. 清楚电气设备继电保护器分类及工作原理	1. 继电保护器产品说明书
二、装置开停工	（一） 开、停工天然气净化装置	1. 能组织天然气净化厂的开、停工	1. 天然气净化装置开停工操作卡 2.《天然气处理厂投产技术手册》 3. 天然气净化装置开停工 HSE 预案
三、综合管理	（一） 管理装置	1. 能评价装置经济运行状况 2. 能组织装置安全隐患整改	1. 装置设计文件 2.《天然气净化厂生产运行管理手册》 3. 节能节水法律法规及相关常识
	（二） 参与技术管理	1. 能编写操作规程及检修方案 2. 能编写新工艺、新技术应用方案，并组织现场试验 3. 能参与装置技术改造 4. 能参与天然气净化新工艺、新技术现场试验 5. 能组织工艺事故事件调查	1. 操作规程编写规范 2. 天然气净化技术现状和发展动态 3. 天然气净化厂生产运行管理手册 4.《生产安全事故报告和调查处理条例》
	（三） 协调装置检修	1. 能分析检修设备存在的工艺技术问题，并能制定解决方案	1. 仪表工、电工、车工、管工、焊工、钳工基础知识 2.《天然气净化厂检维修管理手册》 3.《天然气净化装置检维修操作规程》
	（四） 参与节能节水管理	1. 能组织装置能效对标 2. 能编制技措法节能方案、并组织现场实施	1. 节能节水管理基础知识 2. SY/T 6836—2011《天然气净化装置经济运行规范》 3.《重点用能单位节能管理办法》
	（五） 计算参数	1. 能进行水平衡的计算 2. 能进行热平衡的计算 3. 能进行综合能耗的计算	1. 能耗计算通则 2. 化工热力学 3. 化工原理
	（六） 应用工艺安全管理工具方法	1. 清楚危害与可操作性分析	1. Q/SY 1364—2011《危险与可操作性分析技术指南》
	（七） 参与技能培训	1. 能编写技师培训课件，并组织培训 2. 能借助词典及参考资料看懂本专业外文文献	1. Office 软件应用教程 2. 化工专业英语
四、职业健康安全环保管理	（一） 运用安全知识	1. 能编制装置检修项目 HSE 方案 2. 能编制装置检修项目 HSE 应急预案 3. 能编制应急预案和应急演练方案 4. 能组织开展应急演练 5. 清楚 HSE 管理体系基本知识	1. 检修项目 HSE 方案、预案编制相关知识 2. AQ/T 9002—2006《生产经营单位安全生产事故应急预案编制导则》 3. 应急预案演练开展相关要求 4. HSE 管理体系相关知识

4. 比重表

4.1　理论知识

<table>
<tr><td colspan="3">项目</td><td>初级（%）</td><td>中级（%）</td><td>高级（%）</td><td>技师（%）</td><td>高级技师（%）</td></tr>
<tr><td colspan="2">基本要求</td><td>基础知识</td><td>20</td><td>15</td><td>10</td><td>10</td><td>10</td></tr>
<tr><td rowspan="30">相关知识</td><td rowspan="9">主体单元</td><td>原料天然气预处理单元</td><td>4</td><td>5</td><td></td><td></td><td></td></tr>
<tr><td>天然气脱硫脱碳单元</td><td>12</td><td>12</td><td>16</td><td>8</td><td>8</td></tr>
<tr><td>甘醇法脱水单元</td><td>9</td><td>8</td><td>12</td><td>3</td><td>3</td></tr>
<tr><td>分子筛脱水单元</td><td>5</td><td>3</td><td>5</td><td>3</td><td>3</td></tr>
<tr><td>天然气脱烃单元</td><td>6</td><td>4</td><td>4</td><td>2</td><td>2</td></tr>
<tr><td>硫黄回收单元</td><td>12</td><td>12</td><td>14</td><td>6</td><td>6</td></tr>
<tr><td>SCOT 尾气处理单元</td><td>5</td><td>5</td><td>9</td><td>5</td><td>5</td></tr>
<tr><td>酸水汽提单元</td><td>1</td><td>4</td><td></td><td></td><td></td></tr>
<tr><td>凝析油稳定单元</td><td>2</td><td>3</td><td>3</td><td></td><td></td></tr>
<tr><td rowspan="9">辅助装置及公用工程</td><td>硫黄成型装置</td><td>1</td><td>2</td><td></td><td rowspan="9">10</td><td rowspan="9">10</td></tr>
<tr><td>污水处理装置</td><td>2</td><td>2</td><td>5</td></tr>
<tr><td>火炬及放空装置</td><td>1</td><td>2</td><td></td></tr>
<tr><td>循环冷却水处理系统</td><td>2</td><td>3</td><td>2</td></tr>
<tr><td>蒸汽及凝结水系统</td><td>4</td><td>5</td><td>7</td></tr>
<tr><td>空气及氮气系统</td><td>2</td><td>4</td><td>3</td></tr>
<tr><td>燃料气系统</td><td>1</td><td>2</td><td></td></tr>
<tr><td>新鲜水处理系统</td><td>1</td><td>2</td><td></td></tr>
<tr><td>消防系统</td><td>1</td><td></td><td></td></tr>
<tr><td colspan="2">天然气净化厂开、停工</td><td></td><td></td><td></td><td>12</td><td>12</td></tr>
<tr><td colspan="2">巡检装置</td><td>4</td><td></td><td></td><td></td><td></td></tr>
<tr><td colspan="2">保养设备</td><td>1</td><td></td><td></td><td></td><td></td></tr>
<tr><td colspan="2">清楚节能节水知识</td><td></td><td>1</td><td>1</td><td></td><td></td></tr>
<tr><td colspan="2">知晓化验分析知识</td><td></td><td></td><td></td><td>2</td><td>2</td></tr>
<tr><td colspan="2">工艺安全管理工具方法</td><td>1</td><td>2</td><td>2</td><td>3</td><td>3</td></tr>
<tr><td colspan="2">参与装置管理</td><td></td><td></td><td></td><td>9</td><td>9</td></tr>
<tr><td colspan="2">参与技术管理</td><td></td><td></td><td></td><td>12</td><td>12</td></tr>
<tr><td colspan="2">协调装置检维修</td><td></td><td></td><td></td><td>5</td><td>5</td></tr>
<tr><td colspan="2">综合技能</td><td></td><td></td><td></td><td>3</td><td>3</td></tr>
<tr><td colspan="2">运用计量管理知识</td><td></td><td></td><td></td><td>2</td><td>2</td></tr>
<tr><td colspan="2">清楚职业健康安全环保管理知识</td><td>3</td><td>4</td><td>7</td><td>5</td><td>5</td></tr>
<tr><td colspan="3">合计</td><td>100</td><td>100</td><td>100</td><td>100</td><td>100</td></tr>
</table>

4.2 技能操作

项目			初级（%）	中级（%）	高级（%）	技师（%）	高级技师（%）
技能操作	设备操作	操作原料天然气预处理单元	8	6			
		操作天然气脱硫脱碳单元	15	10	8		
		操作甘醇法脱水单元		4			
		操作分子筛脱水单元			5		
		操作天然气脱烃单元			6		
		操作硫黄回收单元	10	7	5		
		操作 SCOT 尾气处理单元	7	4			
		操作凝析油稳定单元		4			
		操作污水处理装置			4		
		操作火炬及放空装置	5	4			
		操作循环冷却水处理系统			4		
		操作蒸汽及凝结水系统		7	4		
		操作空气及氮气系统		4	4		
	异常情况处理	处理天然气脱硫脱碳单元异常情况	10	15	13	12	12
		处理甘醇法脱水单元异常情况	7	10		12	12
		处理分子筛脱水单元异常情况				4	4
		处理天然气脱烃单元异常情况				3	3
		处理硫黄回收单元异常情况	8	10	6	12	12
		处理 SCOT 尾气处理单元异常情况			6	7	7
		处理污水处理装置异常情况				3	3
		处理火炬及放空装置异常情况				3	3
		处理循环冷却水处理系统异常情况					
		处理蒸汽及凝结水系统异常情况	5		5	4	4
	装置管理	巡检装置	10				
		保养设备	5				
		开、停工主体单元		15	22	12	12
		开、停工辅助装置及公用工程系统			8	6	6
		管理装置				12	12
		技术管理	5			10	10
	职业健康安全环保管理	使用安防器材	5				
合计			100	100	100	100	100

附录 2　初级工理论知识鉴定要素细目表

行业:石油天然气　　工种:天然气净化操作工　　等级:初级工　　鉴定方式:理论

行为领域	代码	鉴定范围	鉴定比重	代码	鉴定点	重要程度	备注
基础知识 A20%	A	化学化工基础知识 (12:6:1)	7%	001	国际单位制基本单位、导出单位	Y	
				002	质量、密度及相对密度	X	
				003	温度、热量单位换算	X	
				004	熔点、沸点、凝固点、露点	X	上岗要求
				005	闪点、燃点、自燃点	Z	上岗要求
				006	溶剂、溶质、溶液、溶解度的定义	X	上岗要求
				007	质量浓度、质量分数、体积分数	Y	
				008	物质的量及浓度	X	
				009	压力、压强	X	上岗要求
				010	溶液的 pH 值	X	上岗要求
				011	元素及元素符号	X	
				012	原子、分子、离子	X	
				013	化合物	Y	
				014	化学反应基本类型	Y	
				015	爆炸及爆炸极限	Y	上岗要求
				016	烷烃物理化学性质	X	上岗要求
				017	H_2S、SO_2、COS、CS_2 物理化学性质	X	上岗要求
				018	氮气物理化学性质	X	上岗要求
				019	气体状态方程	Y	
	B	天然气基础知识 (8:3:1)	7%	001	天然气分类及组成	X	上岗要求
				002	天然气气体组分浓度表示方法	Y	
				003	天然气密度和相对密度	X	
				004	天然气状态方程及状态参数	X	
				005	天然气容积和比容	Z	
				006	天然气热值	Y	上岗要求
				007	天然气视分子质量	Y	
				008	天然气露点和水含量	X	上岗要求
				009	天然气溶解度、沸点和蒸汽压	X	
				010	天然气净化装置工艺流程	X	上岗要求
				011	天然气净化装置工艺原理	X	上岗要求
				012	天然气质量标准	X	上岗要求

续表

行为领域	代码	鉴定范围	鉴定比重	代码	鉴定点	重要程度	备注
基础知识 A20%	C	机械、电气、仪表基础知识（13：7：1）	6%	001	阀门分类及表示方法	Y	
				002	截止阀特点及适用范围	X	
				003	闸阀特点及适用范围	X	
				004	球阀特点及适用范围	X	
				005	蝶阀特点及适用范围	X	
				006	止回阀特点及适用范围	X	
				007	手动阀门操作要领及注意事项	X	上岗要求
				008	管件分类	Y	
				009	压力容器分类	Y	
				010	压力容器安全附件	X	上岗要求
				011	压力容器安全操作规程	Z	
				012	仪表常见分类方式	Y	
				013	压力检测仪表分类及特点	X	
				014	温度检测仪表分类及特点	X	
				015	流量检测仪表分类及特点	X	
				016	液位检测仪表分类及特点	X	
				017	在线分析仪特点及适用范围	Y	
				018	电流、电压、电阻及欧姆定律	X	
				019	交流电基本知识	Y	
				020	电功和电功率	X	
				021	电路基本知识	Y	
专业知识 B71%	A	原料天然气预处理单元（2：1：0）	4%	001	原料天然气预处理作用及方法	X	上岗要求
				002	原料天然气预处理工艺流程及主要控制参数	X	上岗要求
				003	原料天然气带液现场处理措施	Y	上岗要求
	B	天然气脱硫脱碳单元（22：3：0）	12%	001	天然气脱硫脱碳作用及方法	X	上岗要求
				002	醇胺法工艺原理	X	上岗要求
				003	醇胺溶剂种类及物理化学性质	Y	上岗要求
				004	醇胺法工艺特点及适用范围	X	
				005	物理溶剂吸收法特点	Y	
				006	砜胺法工艺原理	X	
				007	砜胺法工艺特点及适用范围	X	
				008	醇胺法工艺流程及主要控制参数	X	上岗要求
				009	直接氧化法、固体吸收与吸附法、膜分离法脱硫脱碳工艺简介	Y	
				010	闪蒸罐结构及工作原理	X	上岗要求

续表

行为领域	代码	鉴定范围	鉴定比重	代码	鉴定点	重要程度	备注
专业知识 B71%	B	天然气脱硫脱碳单元（22：3：0）	12%	011	溶液机械过滤器结构及工作原理	X	上岗要求
				012	酸气分离器结构及工作原理	X	上岗要求
				013	溶液配制罐结构及工作原理	X	上岗要求
				014	氮气水封罐结构及工作原理	X	上岗要求
				015	酸水回流作用	X	上岗要求
				016	阻泡剂加注目的	X	上岗要求
				017	吸收塔窜气至闪蒸罐现象及现场处理措施	X	上岗要求
				018	闪蒸罐窜气至再生塔现象及现场处理措施	X	上岗要求
				019	脱硫脱碳单元供电异常现场处理措施	X	上岗要求
				020	巡检脱硫脱碳单元	X	上岗要求
				021	气液比计算方法	X	
				022	回流比计算方法	X	
				023	脱除效率计算方法	X	
				024	溶液配制计算方法	X	上岗要求
				025	溶液循环量计算方法	X	
	C	甘醇法脱水单元（10：1：0）	9%	001	天然气脱水作用及方法	X	上岗要求
				002	甘醇法脱水工艺原理	X	上岗要求
				003	甘醇溶剂种类及物理化学性质	Y	上岗要求
				004	甘醇法脱水工艺特点及适用范围	X	上岗要求
				005	甘醇法脱水工艺流程及主要控制参数	X	上岗要求
				006	汽提气作用及汽提方法	X	
				007	甘醇法脱水废气处理方式	X	
				008	明火加热炉燃烧异常现场处理措施	X	上岗要求
				009	甘醇法脱水单元供电异常现场处理措施	X	上岗要求
				010	溶液循环比计算方法	X	
				011	甘醇法脱水效率计算方法	X	
	D	分子筛脱水单元（4：0：0）	5%	001	分子筛脱水工艺原理及特点	X	上岗要求
				002	常用脱水分子筛种类	X	
				003	分子筛脱水工艺流程及主要控制参数	X	上岗要求
				004	分子筛吸附塔结构及工作原理	X	上岗要求
	E	天然气脱烃单元（8：0：0）	6%	001	轻烃组分及其物理化学性质	X	
				002	天然气脱烃工艺方法	X	
				003	低温分离法工艺原理及流程	X	上岗要求

续表

行为领域	代码	鉴定范围	鉴定比重	代码	鉴 定 点	重要程度	备注
专业知识 B71%	E	天然气脱烃单元（8：0：0）	6%	004	膨胀制冷工艺原理及流程	X	上岗要求
				005	天然气脱烃主要设备及主要控制参数	X	上岗要求
				006	低温分离器结构及工作原理	X	上岗要求
				007	干气聚结器结构及工作原理	X	上岗要求
				008	天然气脱烃单元供电异常现场处理措施	X	上岗要求
	F	硫黄回收单元（14：3：0）	12%	001	硫黄回收作用	X	上岗要求
				002	硫黄物理化学性质	X	上岗要求
				003	硫黄质量标准	X	上岗要求
				004	克劳斯硫黄回收工艺原理	X	上岗要求
				005	克劳斯硫黄回收工艺流程及主要控制参数	X	上岗要求
				006	克劳斯硫黄回收直流法	Y	
				007	克劳斯硫黄回收分流法	Y	
				008	克劳斯硫黄回收直接氧化法	Y	
				009	酸水压送罐结构及工作原理	X	
				010	反应器结构及工作原理	X	上岗要求
				011	液硫封结构及工作原理	X	
				012	液硫捕集器结构及工作原理	X	
				013	液硫池结构及工作原理	X	
				014	液硫泵结构及工作原理	X	
				015	蒸汽引射器结构及工作原理	X	
				016	硫黄回收单元供电异常现场处理措施	X	上岗要求
				017	巡检硫黄回收单元	X	上岗要求
	G	SCOT尾气处理单元（6：1：0）	5%	001	尾气处理作用及排放标准	X	上岗要求
				002	尾气热灼烧工艺	X	上岗要求
				003	尾气催化灼烧工艺	X	
				004	SCOT 尾气处理工艺原理	Y	上岗要求
				005	SCOT 尾气处理工艺流程及主要控制参数	X	上岗要求
				006	急冷塔结构及作用	X	上岗要求
				007	SCOT 尾气处理单元供电异常现场处理措施	X	上岗要求
	H	酸水汽提单元（3：0：0）	1%	001	酸水汽提工艺原理	X	上岗要求
				002	酸水汽提工艺流程及主要控制参数	X	上岗要求
				003	酸水中间罐结构及工作原理	X	

续表

行为领域	代码	鉴定范围	鉴定比重	代码	鉴　定　点	重要程度	备注
专业知识 B71%	I	凝析油稳定单元 (3:0:0)	2%	001	凝析油稳定作用及方法	X	
				002	凝析油稳定工艺原理	X	上岗要求
				003	凝析油稳定工艺流程及主要控制参数	X	上岗要求
	J	硫黄成型装置 (5:0:0)	1%	001	硫黄成型概念及方法	X	
				002	硫黄成型工艺流程及主要控制参数	X	上岗要求
				003	造粒机结构及工作原理	X	
				004	结片机结构及工作原理	X	
				005	除尘器结构及工作原理	X	
	K	污水处理装置 (4:2:0)	2%	001	污水处理作用、方法及外排水质量指标	X	上岗要求
				002	UASB+SBR 工艺原理、流程及主要控制参数	X	上岗要求
				003	电渗析工艺原理、流程及主要控制参数	Y	
				004	蒸发结晶工艺原理、流程及主要控制参数	Y	
				005	UASB 反应器结构及工作原理	X	
				006	SBR 反应池结构及工作原理	X	
	L	火炬及放空装置 (4:0:0)	1%	001	火炬及放空装置作用	X	上岗要求
				002	火炬及放空装置工艺流程及主要控制参数	X	上岗要求
				003	火炬头结构及工作原理	X	
				004	分子封结构及工作原理	X	
	M	循环冷却水系统 (6:0:0)	2%	001	循环冷却水系统作用及原理	X	上岗要求
				002	循环冷却水系统工艺流程及主要控制参数	X	上岗要求
				003	循环冷却水加药操作及水质指标	X	上岗要求
				004	凉水塔结构及工作原理	X	
				005	循环冷却水旁滤器结构及工作原理	X	
				006	循环冷却水系统供电异常现场处理措施	X	上岗要求
	N	蒸气及凝结水系统 (9:0:0)	4%	001	蒸气及凝结水系统作用	X	上岗要求
				002	蒸气及凝结水系统工艺流程及主要控制参数	X	上岗要求
				003	锅炉给水处理作用、方法及原理	X	上岗要求
				004	锅炉给水及炉水水质指标	X	上岗要求
				005	除盐水装置工艺原理及流程	X	
				006	除氧水装置工艺原理及流程		
				007	除氧器结构及工作原理	X	上岗要求
				008	锅炉排污作用及操作要点	X	上岗要求
				009	蒸气及凝结水系统供电异常现场处理措施	X	上岗要求

续表

行为领域	代码	鉴定范围	鉴定比重	代码	鉴定点	重要程度	备注
专业知识 B71%	O	空气及氮气系统（5：1：0）	2%	001	空气及氮气系统作用	X	上岗要求
				002	空气及氮气系统工艺流程及主要控制参数	X	上岗要求
				003	制氮装置工艺原理及流程	X	上岗要求
				004	干燥器结构及工作原理	X	
				005	其他干燥剂种类或脱水方式	Y	
				006	空气及氮气系统供电异常现场处理措施	X	上岗要求
	P	燃料气系统（3：0：0）	1%	001	燃料气系统作用	X	上岗要求
				002	燃料气系统工艺流程及主要控制参数	X	上岗要求
				003	燃料气带液现场处理措施	X	上岗要求
	Q	新鲜水系统（3：0：0）	1%	001	新鲜水系统作用及水质指标	X	上岗要求
				002	新鲜水系统工艺流程及主要控制参数	X	上岗要求
				003	新鲜水系统隔板反应池、斜管沉淀池结构及工作原理	X	
	R	消防系统（4：0：0）	1%	001	消防水系统组成及设计	X	上岗要求
				002	消防水系统工艺流程及主要控制参数	X	上岗要求
				003	消防栓及消防水炮使用方法	X	上岗要求
				004	消防水系统压力偏低现场处理措施	X	上岗要求
相关知识 C9%	A	巡检装置（3：1：0）	4%	001	现场巡检工具使用方法	X	上岗要求
				002	现场数字化巡检应用	Y	
				003	现场仪表识读规范	X	上岗要求
				004	便携式气体报警仪使用方法	X	上岗要求
	B	保养设备（1：1：0）	1%	001	动、静设备保养目的及方法	Y	
				002	阀门保养方法	X	上岗要求
	C	工艺安全管理工具方法（2：0：0）	1%	001	工作循环分析法定义及相关术语	X	
				002	工作循环分析评估	X	
	D	职业健康安全环保管理（9：5：0）	3%	001	《安全生产法》相关内容	Y	上岗要求
				002	常见安全风险及控制措施	X	上岗要求
				003	生产现场常见“三违”行为	X	上岗要求
				004	属地管理定义、管理模式	Y	
				005	心肺复苏操作要点	X	上岗要求
				006	《消防法》相关内容	Y	上岗要求
				007	常见灭火器材的使用	X	上岗要求
				008	《中华人民共和国环境保护法》相关内容	Y	上岗要求
				009	装置产生的主要废弃物	X	

续表

行为领域	代码	鉴定范围	鉴定比重	代码	鉴定点	重要程度	备注
相关知识 C9%	D	职业健康安全环保管理（9：5：0）	3%	010	重要环境因素及控制措施	X	
				011	《职业病防治法》相关内容	Y	上岗要求
				012	岗位职业病危害因素及控制措施	X	上岗要求
				013	正压式空气呼吸器使用和维护保养	X	上岗要求
				014	气体检测仪的使用	X	上岗要求

附录3　初级工操作技能鉴定要素细目表

行业：石油天然气　　工种：天然气净化操作工　　等级：初级工　　鉴定方式：技能操作

行为领域	代码	鉴定范围	鉴定比重	代码	鉴定点	重要程度	备注
操作技能 A100%	A	操作设备（6∶3∶1）	50%	001	排重力分离器积液	X	上岗要求
				002	切换过滤分离器	X	上岗要求
				003	启、停贫液后冷器	X	上岗要求
				004	进行余热锅炉排污	X	上岗要求
				005	切换、清洗溶液机械过滤器	X	上岗要求
				006	配制、补充溶液	Y	上岗要求
				007	加注阻泡剂	Y	上岗要求
				008	启、停SCOT尾气处理单元溶液循环泵	X	
				009	排放空管网低点积液	Y	上岗要求
				010	操作分子封水封	Z	上岗要求
	B	处理异常情况（5∶0∶0）	25%	001	现场处理脱硫脱碳单元供电异常	X	上岗要求
				002	现场处理脱水单元供电异常	X	上岗要求
				003	现场处理硫黄回收单元供电异常	X	上岗要求
				004	现场处理蒸汽及凝结水系统供电异常	X	上岗要求
				005	处理明火加热炉燃烧异常	X	
	C	管理装置（3∶0∶1）	20%	001	巡检脱硫脱碳单元	X	上岗要求
				002	巡检硫黄回收单元	X	上岗要求
				003	保养手动阀门	Z	
				004	绘制脱硫脱碳单元工艺流程简图	X	
	D	使用安全器材（0∶1∶0）	5%	001	背带空呼压送酸水	Y	

附录 4　中级工理论知识鉴定要素细目表

行业:石油天然气　　工种:天然气净化操作工　　等级:中级工　　鉴定方式:理论知识

行为领域	代码	鉴定范围	鉴定比重	代码	鉴定点	重要程度	备注
基础知识 A15%	A	化学化工基础知识 (6∶3∶1)	5%	001	化学键	Y	
				002	化合价	Y	
				003	流速和流量表达形式	X	
				004	流体的内能、动能、位能、静压能概念	X	
				005	流体流动型概念	Y	
				006	比热容的计算	Z	
				007	物体热量形式	X	
				008	传热基本方式	X	
				009	功、功率及单位换算	X	
				010	催化剂作用及催化反应特点	X	
	B	天然气基础知识 (2∶1∶2)	3%	001	天然气比热容及影响因素	Z	
				002	天然气绝热指数及导热系数	Z	
				003	天然气水合物结构	Y	
				004	天然气水合物生成条件及防治措施	X	
				005	天然气组分燃烧空气量计算	X	
	C	机械、仪表、电气基础知识 (16∶8∶3)	7%	001	泵的类型	Y	
				002	离心泵结构及工作原理	X	
				003	往复泵结构及工作原理	X	
				004	屏蔽泵结构及工作原理	X	
				005	风机的类型	Y	
				006	离心鼓风机结构及工作原理	X	
				007	罗茨鼓风机结构及工作原理	X	
				008	压缩机的类型	Y	
				009	活塞式压缩机结构及工作原理	X	
				010	螺杆式压缩机结构及工作原理	X	
				011	离心式压缩机结构及工作原理	X	
				012	填料塔基本机构及作用	X	
				013	压力容器检验	X	
				014	换热器分类及介绍	X	
				015	安全阀作用、特点及分类	X	
				016	疏水阀作用、特点及分类	X	
				017	管件及管材表示方法	Z	

续表

行为领域	代码	鉴定范围	鉴定比重	代码	鉴定点	重要程度	备注
基础知识 A15%	C	机械、仪表、电气基础知识（16：8：3）	7%	018	常见压力检测仪表工作原理	Y	
				019	常见温度检测仪表工作原理	Y	
				020	常见流量检测仪表工作原理	Y	
				021	常见液位检测仪表工作原理	Y	
				022	调节阀作用方式	X	
				023	复杂控制系统	X	
				024	正弦交流电及表示方法	Z	
				025	三相交流电基本知识	Z	
				026	设备保护接地基本知识	Y	
				027	变频器作用及工作原理	Y	
专业知识 B78%	A	原料气预处理单元（7：0：0）	5%	001	重力分离器结构及工作原理	X	
				002	过滤分离器结构及工作原理	X	
				003	离心分离器结构及工作原理	X	
				004	油水储罐的结构和工作原理	X	
				005	原料气压力偏高原因分析及处理措施	X	
				006	油水压送罐超压原因分析及处理措施	X	
				007	原料气 H_2S、CO_2 含量超高处理措施	X	
	B	天然气脱硫脱碳单元（22：3：0）	12%	001	吸收塔结构及工作原理	X	
				002	再生塔结构及工作原理	X	
				003	重沸器结构及工作原理	X	
				004	换热器结构及工作原理	Y	
				005	吸收操作特点	X	
				006	影响吸收操作因素	X	
				007	解吸机理	Y	
				008	MDEA 及其配方溶剂脱硫脱碳方法	X	
				009	闪蒸原理及影响因素	X	
				010	湿净化气质量控制	X	
				011	溶液系统液位调整	X	
				012	溶液浓度调整	X	
				013	离心泵流量调节与操作要点	X	
				014	脱硫脱碳单元供电异常原因分析及处理措施	X	
				015	胺液发泡原因分析及处理措施	X	
				016	吸收塔窜气至闪蒸罐原因分析及处理措施	X	
				017	闪蒸罐窜气至再生塔原因分析及处理措施	X	
				018	吸收塔拦液原因分析及处理措施	X	

续表

行为领域	代码	鉴定范围	鉴定比重	代码	鉴定点	重要程度	备注
专业知识 B78%	B	天然气脱硫脱碳单元（22：3：0）	12%	019	闪蒸气质量超标及流量异常原因分析及处理措施	X	
				020	闪蒸罐液位异常原因分析及处理措施	X	
				021	油水进入溶液系统原因分析及处理措施	X	
				022	CO_2 共吸率计算方法	X	
				023	酸气负荷计算方法	X	
				024	H_2S 选择性计算方法	Y	
				025	阻泡剂加注量计算方法	X	
	C	甘醇法脱水单元（9：1：0）	8%	001	再生釜结构及工作原理	X	
				002	影响甘醇法脱水吸收操作因素	X	
				003	甘醇循环泵流量调节方式	X	
				004	常用脱水溶剂露点降	Y	
				005	闪蒸罐窜气至低压段原因分析及处理措施	X	
				006	甘醇再生效果差原因分析及处理措施	X	
				007	再生釜温度异常原因分析及处理措施	X	
				008	废气分液罐液位异常原因分析及处理措施	X	
				009	甘醇法脱水单元开工	X	
				010	甘醇法脱水单元停工	X	
	D	分子筛脱水单元（7：0：0）	3%	001	再生气加热炉结构及工作原理	X	
				002	影响分子筛吸附操作因素	X	
				003	再生气加热炉点火操作要点	X	
				004	产品气水含量不合格原因分析及处理措施	X	
				005	分子筛活性下降原因分析及处理措施	X	
				005	分子筛脱水单元开工	X	
				006	分子筛脱水单元停工	X	
	E	天然气脱烃单元（5：0：0）	4%	001	低温分离器排液量偏低原因分析及处理措施	X	
				002	低温分离器液位调节阀堵塞原因分析及处理措施	X	
				003	低温分离器分馏系统紊乱原因分析及处理措施	X	
				004	天然气脱烃单元开工	X	
				005	天然气脱烃单元停工	X	
	F	硫黄回收单元（22：1：0）	12%	001	常规克劳斯硫黄回收单元日常操作要点	X	
				002	CBA 硫黄回收工艺特点	X	
				003	CPS 硫黄回收工艺特点	X	

续表

行为领域	代码	鉴定范围	鉴定比重	代码	鉴定点	重要程度	备注
专业知识 B78%	F	硫黄回收单元（22：1：0）	12%	004	MCRC 硫黄回收工艺特点	X	
				005	SuperClaus 硫黄回收工艺特点	X	
				006	主燃烧炉结构及工作原理	X	
				007	余热锅炉结构及工作原理	X	
				008	硫黄冷凝冷却器结构及工作原理	X	
				009	再热炉结构及工作原理	X	
				010	尾气灼烧炉结构及工作原理	X	
				011	液硫脱气作用及工艺原理	X	
				012	影响硫黄回收率的因素	X	
				013	硫黄回收常用催化剂种类及特点	Y	
				014	主燃烧炉操作要点	X	
				015	硫黄回收单元供电异常处理措施	X	
				016	H_2S:SO_2 在线分析仪故障原因分析及处理措施	X	
				017	酸气质量异常原因分析及处理措施	X	
				018	过程气和尾气 SO_2、H_2S 含量异常原因分析及处理措施	X	
				019	硫冷凝器液位异常原因分析及处理措施	X	
				020	液硫池排气筒废气量异常原因分析及处理措施	X	
				021	尾气烟囱烟气颜色异常原因分析及处理措施	X	
				022	风气比计算方法	X	
				023	转化率计算方法	X	
	G	SCOT 尾气处理单元（6：0：0）	5%	001	加氢在线燃烧炉结构及工作原理	X	
				002	反应器入口温度调整	X	
				003	反应器出口过程气 H_2 含量调整	X	
				004	急冷塔循环酸水 pH 调整	X	
				005	急冷塔堵塞原因分析及处理措施	X	
				006	SCOT 尾气处理单元供电异常原因分析及处理措施	X	
	H	酸水汽提单元（5：0：0）	4%	001	酸水汽提单元日常操作要点	X	
				002	酸水汽提塔塔压偏高原因分析及处理措施	X	
				003	酸水汽提塔净化水 H_2S 含量异常原因分析及处理措施	X	
				004	酸水汽提单元开工	X	
				005	酸水汽提单元停工	X	

续表

行为领域	代码	鉴定范围	鉴定比重	代码	鉴定点	重要程度	备注
专业知识 B78%	I	凝析油稳定单元（5：1：0）	3%	001	三相分离器结构及工作原理	X	
				002	凝析油稳定塔结构及工作原理	X	
				003	稳定凝析油罐结构及工作原理	Y	
				004	三相分离器超压原因分析及处理措施	X	
				005	凝析油稳定塔液位异常原因分析及处理措施	X	
				006	稳定凝析油带水原因分析及处理措施	X	
	J	硫黄成型装置（5：1：0）	2%	001	硫黄成型方法介绍	Y	
				002	硫黄成型效果差原因分析及处理措施	X	
				003	硫黄粉尘偏高原因分析及处理措施	X	
				004	液硫冷却效果差原因分析及处理措施	X	
				005	硫黄成型装置开工	X	
				006	硫黄成型装置停工	X	
	K	污水处理装置（3：1：0）	2%	001	蒸发结晶离心机结构及工作原理	Y	
				002	原水水质调配	X	
				003	SBR 反应池出水 COD 偏高原因分析及处理措施	X	
				004	外排水池废水氨氮超高原因分析及处理措施	X	
	L	火炬及放空装置（5：0：0）	2%	001	火炬及放空装置日常操作要点	X	
				002	火炬及放空装置带液原因分析及处理措施	X	
				003	火炬熄火原因分析及处理措施	X	
				004	火炬及放空装置开工	X	
				005	火炬及放空装置停工	X	
	M	循环冷却水系统（6：1：0）	3%	001	循环冷却水处理药剂分类及机理	Y	
				002	循环冷却水温度调整	X	
				003	旁滤器运行异常原因分析及处理措施	X	
				004	循环冷却水池液位异常原因分析及处理措施	X	
				005	循环冷却水流量异常原因分析及处理措施	X	
				006	循环冷却水系统开工	X	
				007	循环冷却水系统停工	X	
	N	蒸汽及凝结水系统（7：1：0）	5%	001	锅炉结构及工作原理	X	
				002	锅炉水处理药剂种类及其物理化学性质	Y	
				003	锅炉玻板液位计冲洗目的及要点	X	
				004	锅炉加药要点及加药量计算方法	X	

续表

行为领域	代码	鉴定范围	鉴定比重	代码	鉴定点	重要程度	备注
相关知识 C7%	N	蒸汽及凝结水系统（7：1：0）	5%	005	蒸汽及凝结水系统供电异常处理措施	X	
				006	水击原因分析及处理措施	X	
				007	锅炉炉水水质异常原因分析及处理措施	X	
				008	蒸汽管网压力异常原因分析及处理措施	X	
	O	空气及氮气系统（4：1：0）	4%	001	冷干机结构及工作原理	X	
				002	PSA 制氮控制程序	Y	
				003	压缩机排气压力及温度异常原因分析及处理措施	X	
				004	空气及氮气系统开工	X	
				005	空气及氮气系统停工	X	
	P	燃料气系统（2：0：0）	2%	001	燃料气带液原因分析及处理措施	X	
				002	燃料气系统压力异常原因分析及处理措施	X	
	Q	新鲜水处理系统（4：1：0）	2%	001	新鲜水处理剂种类及加药方式	Y	
				002	重力式无阀过滤器运行异常原因分析及处理措施	X	
				003	新鲜水水质异常原因分析及处理措施	X	
				004	新鲜水系统开车	X	
				005	新鲜水系统停车	X	
	A	节能节水知识（2:2:0）	1%	001	综合能耗及单耗	Y	
				002	中水回用目的	X	
				003	主要耗能设备	X	
				004	装置运行参数优化调整	Y	
	B	工艺安全管理工具方法（5:2:0）	2%	001	《上锁挂牌管理规范》适用范围及相关术语	Y	
				002	上锁挂牌基本要求	X	
				003	上锁挂牌上锁步骤	X	
				004	上锁方式	X	
				005	电气上锁	Y	
				006	解锁流程	X	
				007	安全锁、标牌管理	X	
	C	职业健康安全环保管理（8:1:2）	4%	001	动火作业管理要求	X	
				002	高处作业管理要求	X	
				003	受限空间作业管理要求	X	
				004	移动式起重机吊装作业管理要求	X	
				005	临时用电作业管理要求	X	
				006	管线与设备打开管理要求	X	
				007	挖掘作业管理要求	X	

续表

行为领域	代码	鉴定范围	鉴定比重	代码	鉴定点	重要程度	备注
相关知识 C7%	C	职业健康安全环保管理（8：1：2）	4%	008	火灾分类	Z	
				009	初期火灾的扑救与逃生技能	Y	
				010	危险废弃物管理		
				011	工作场所有害因素接触限值	Z	

附录5 中级工操作技能鉴定要素细目表

行业：石油天然气　　工种：天然气净化操作工　　等级：中级工　　鉴定方式：技能操作

行为领域	代码	鉴定范围	鉴定比重	代码	鉴定点	重要程度	备注
操作技能 A100%	A	操作设备 10:3:1	50%	001	清洗原料气过滤分离器	X	
				002	压送污油闪蒸罐油水	X	
				003	清洗脱硫脱碳富液机械过滤器	X	
				004	调整脱硫脱碳溶液系统液位	X	
				005	手动操作紧急切断阀	Y	
				006	启、停三甘醇溶液往复泵	X	
				007	启、停硫黄回收主风机	X	
				008	启、停液硫泵	X	
				009	调整加氢还原反应器出口过程气 H_2 含量	X	
				010	排三相分离器油水	Z	
				011	操作放空火炬点火	Y	
				012	启运蒸汽锅炉	X	
				013	冲洗锅炉玻板液位计	Y	
				014	启、停螺杆式压缩机	X	
	B	处理异常情况 3:1:0	35%	001	处理脱硫脱碳单元供电异常	X	
				002	处理脱硫脱碳吸收塔发泡、拦液	X	
				003	处理甘醇脱水溶液再生效果差	Y	
				004	处理硫黄回收单元供电异常	X	
	C	管理装置 2:0:0	15%	001	投运甘醇法脱水单元	X	
				002	停运甘醇法脱水单元	X	

附录 6　高级工理论知识鉴定要素细目表

行业：石油天然气　　工种：天然气净化操作工　　等级：高级工　　鉴定方式：理论知识

行为领域	代码	鉴定范围	鉴定比重	代码	鉴定点	重要程度	备注
基础知识 A 10%（19：17：4）	A	化学化工基础知识（8：4：0）	3%	001	过滤分离	X	
				002	离心分离	X	
				003	重力沉降	X	
				004	传热计算	Y	JS
				005	传热设备分类	X	
				006	分子扩散理论	Y	
				007	溶液蒸馏	X	
				008	溶液精馏	X	
				009	溶液吸收	X	
				010	溶液解吸	X	
				011	流体静力学基本方程式	Y	
				012	流体流动阻力计算	Y	JS
	B	天然气基础知识（2：4：2）	3%	001	天然气的焓和熵	Z	
				002	天然气临界状态和视临界状态	Y	
				003	天然气对比状态和对比参数	Y	
				004	天然气等温压缩系数和体积系数	Z	
				005	液化天然气	Y	
				006	压缩天然气	Y	
				007	天然气集输	X	
				008	天然气储存	X	
	C	机械、电气、仪表基础知识（9：9：2）	4%	001	板式塔结构及特点	X	
				002	废热锅炉结构	X	
				003	压力表选用	Y	
				004	测温仪表选用	Y	
				005	流量计选用	Y	
				006	液位计选用	Y	
				007	气动调节阀结构及工作原理	X	
				008	电动调节阀结构及工作原理	X	
				009	电磁阀结构及工作原理	X	
				010	调节阀选用	Y	
				011	F&GS 系统报警点设置要求	X	
				012	ESD 组成及结构	X	

续表

行为领域	代码	鉴定范围	鉴定比重	代码	鉴定点	重要程度	备注
基础知识 A 10% （19：17：4）	C	机械、电气、仪表基础知识 （9：9：2）	4%	013	PLC 系统特点	Y	
				014	电流热效应	Y	
				015	电磁场与电磁感应	Z	
				016	天然气净化装置应急照明设施设置要求	X	
				017	天然气净化装置供电系统流程	X	
				018	防雷基本知识及常用避雷装置	Y	
				019	电工仪表与测量基础知识	Z	
				020	EPS、UPS 供电设备	Y	40
专业知识 B 80% （100：8：0）	A	天然气脱硫脱碳单元 （19：2：0）	16%	001	活性炭过滤器结构及工作原理	X	
				002	活性炭过滤器填料装填要求	X	
				003	能量回收透平结构及工作原理	X	
				004	脱硫脱碳工艺特点	X	
				005	胺液减压蒸馏复活方法及原理	Y	
				006	胺液离子交换复活方法及原理	X	
				007	脱硫脱碳溶液补充方式	Y	
				008	脱硫脱碳单元日常操作要点	X	
				009	胺法脱硫脱碳溶液损失原因分析及处理措施	X	JD
				010	吸收塔窜气至再生塔原因分析及处理措施	X	JD
				011	吸收塔冲塔原因分析及处理措施	X	JD
				012	湿净化气质量超标原因分析及处理措施	X	JD
				013	闪蒸罐压力异常原因分析及处理措施	X	JD
				014	再生塔发泡、拦液原因分析及处理措施	X	JD
				015	再生塔液位异常原因分析及处理措施	X	JD
				016	再生塔再生效果差原因分析及处理措施	X	JD
				017	溶液循环泵流量异常原因分析及处理措施	X	JD
				018	换热器换热效果差原因分析及处理措施	X	JD
				019	换热器窜漏原因分析及处理措施	X	JD
				020	脱硫脱碳单元开工	X	
				021	脱硫脱碳单元停工	X	
	B	甘醇法脱水单元 （9：1：0）	12%	001	甘醇法脱水单元日常操作要点	X	
				002	净化气含水量调整	X	JD
				003	甘醇溶液 pH 调整	Y	
				004	再生釜压力异常原因分析及处理措施	X	JD

续表

行为领域	代码	鉴定范围	鉴定比重	代码	鉴定点	重要程度	备注
专业知识B 80% (100：8：0)	B	甘醇法脱水单元 (9：1：0)	12%	005	溶液缓冲罐温度异常原因分析及处理措施	X	JD
				006	再生釜精馏柱顶温度异常原因分析及处理措施	X	JD
				007	甘醇溶液损失原因分析及处理措施	X	JD
				008	甘醇溶液往复泵流量异常原因分析及处理措施	X	
				009	脱水塔捕集段液位异常原因分析及处理措施	X	
				010	再生废气带液原因分析及处理措施	X	
	C	分子筛脱水单元 (5：1：0)	5%	001	再生气压缩机结构及工作原理	X	
				002	再生气压缩机操作要点	X	
				003	脱水分子筛选用要求	Y	
				004	分子筛补充更换要求及装填方式	X	
				005	分子筛脱水单元日常操作要点	X	JD
				006	分子筛再生效果差原因分析及处理措施	X	
	D	天然气脱烃单元 (4：0：0)	4%	001	丙烷压缩机结构及工作原理	X	
				002	丙烷制冷系统工作原理	X	
				003	膨胀制冷系统工作原理	X	
				004	天然气脱烃单元操作要点	X	
	E	硫黄回收单元 (18：2：0)	14%	001	Clinsulf-SDP 硫黄回收工艺特点	Y	
				002	硫黄回收工艺比较	Y	
				003	催化剂积炭原因	X	
				004	催化剂积硫原因	X	
				005	CBA 硫黄回收工艺切换控制程序	X	
				006	过程气再热方式及特点	X	
				007	硫黄回收单元日常操作要点	X	
				008	蒸汽透平结构及工作原理	Y	
				009	负压式灼烧炉压力调整	X	
				010	硫黄回收单元系统回压超高原因分析及处理措施	X	JD
				011	主燃烧炉温度异常原因分析及处理措施	X	JD
				012	反应器床层温度异常原因分析及处理措施	X	JD
				013	冲液硫封原因分析及处理措施	X	JD
				014	液硫夹套管线窜漏原因分析及处理措施	X	

续表

行为领域	代码	鉴定范围	鉴定比重	代码	鉴定点	重要程度	备注
专业知识 B 80%（100：8：0）	E	硫黄回收单元（18：2：0）	14%	015	负压式灼烧炉点火异常原因分析及处理措施	X	
				016	尾气灼烧炉烟道温度异常原因分析及处理措施	X	JD
				017	回收率计算方法	X	JS
				018	反应器总硫转化率计算方法	X	JS
				019	SuperClaus 硫黄回收单元开工	X	
				020	SuperClaus 硫黄回收单元停工	X	
	F	SCOT 尾气处理单元（10：0：0）	9%	001	钴钼催化剂预硫化操作要点	X	
				002	钴钼催化剂钝化操作要点	X	
				003	在线燃烧炉操作要点	X	JD
				004	SCOT 尾气处理单元日常操作要点	X	
				005	碱洗尾气处理工艺特点	Y	
				006	加氢还原反应器压差增大原因分析及处理措施	X	JD
				007	加氢反应器温度异常原因分析及处理措施	X	
				008	SO_2 穿透原因分析及处理措施	X	JD
				009	SCOT 尾气总硫超标原因分析及处理措施	X	JD
				010	SCOT 尾气处理单元开工	X	
				011	SCOT 尾气处理单元停工	X	
	G	凝析油稳定单元（5：1：0）	3%	001	凝析油稳定单元操作要点	X	
				002	凝析油稳定设备腐蚀控制措施	Y	
				003	凝析油乳化原因分析及处理措施	X	
				004	稳定凝析油质量不合格原因分析及处理措施	X	
				005	凝析油稳定塔突沸原因分析及处理措施	X	
				006	凝析油收率下降原因分析及处理措施	X	
	H	污水处理装置（11：1：0）	5%	001	气浮装置结构及工作原理	X	
				002	污泥甩干机结构及工作原理	X	
				003	UASB+SBR 反应池操作要点	X	
				004	微生物培养和驯化知识	Y	
				005	SBR 反应池进水水质调整	X	
				006	电渗析器常见故障原因分析及处理措施	X	
				007	UASB 反应器出水 COD、VFA 偏高原因分析及处理措施	X	

续表

行为领域	代码	鉴定范围	鉴定比重	代码	鉴定点	重要程度	备注
专业知识B 80%（100∶8∶0）	H	污水处理装置（11∶1∶0）	5%	008	SBR反应池活性污泥膨胀原因分析及处理措施	X	
				009	UASB反应器产气量下降原因及处理措施	X	
				010	SBR反应池污泥沉降比偏低原因分析及处理措施	X	
				011	污水处理装置开工	X	
				012	污水处理装置停工	X	
	I	循环冷却水系统（3∶0∶0）	2%	001	循环冷却水系统预膜作用及操作要点	X	
				002	循环冷却水处理系统日常操作要点	X	JD
				003	循环冷却水水质异常原因分析及处理措施	X	
	J	蒸汽及凝结水系统（11∶0∶0）	7%	001	锅炉日常操作要点	X	
				002	蒸汽及凝结水系统日常操作要点	X	
				003	锅炉给水水质调整	X	
				004	锅炉缺水原因分析及处理措施	X	
				005	锅炉汽水共沸原因分析及处理措施	X	JD
				006	锅炉熄火原因分析及处理措施	X	JD
				007	锅炉满水原因分析及处理措施	X	JD
				008	除盐水水质异常原因分析及处理措施	X	JD
				009	凝结水回水不畅原因分析及处理措施	X	JD
				010	蒸汽及凝结水系统开工	X	
				011	蒸汽及凝结水系统停工	X	
	K	空气及氮气系统（5∶0∶0）	3%	001	空气及氮气系统日常操作要点	X	
				002	仪表风含水量偏高原因分析及处理措施	X	
				003	仪表风系统压力低原因分析及处理措施	X	JD
				004	仪表风含油量偏高原因分析及处理措施	X	
				005	PSA制氮装置氮气浓度偏低原因分析及处理措施	X	JD
相关知识C 10%（2∶3∶1）	A	工艺安全管理工具方法（0∶1∶0）	2%	001	启动前安全检查运用	Y	
	B	节能节水知识（1∶4∶0）	1%	001	装置节能节水关键控制点	X	
				002	装置重要能耗设备节能监测	Y	
				003	清洁生产措施	Y	
				004	能源计量器具及分类	Y	
				005	能源计量器具配备及管理要求	Y	

续表

行为领域	代码	鉴定范围	鉴定比重	代码	鉴定点	重要程度	备注
相关知识 C 10% （2：3：1）	C	职业健康安全环保管理 （3：1：2）	7%	001	健康安全危害因素辨识范围及方法	X	
				002	健康安全危害因素主要风险评价方法	X	
				003	生产安全事故等级分类	Z	
				004	生产安全事故报告要求	Z	
				005	行为安全观察与沟通管理要求	Y	
				006	环境因素辨识及风险评价	X	

附录 7 高级工操作技能鉴定要素细目表

行业:石油天然气　工种:天然气净化操作工　等级:高级工　鉴定方式:技能操作

行为领域	代码	鉴定范围	鉴定比重	代码	鉴定点	重要程度	备注
操作技能 A 100% (18:3:0)	A	操作设备 (8:2:0)	40%	001	启、停脱硫脱碳溶液循环泵	X	
				002	切换脱硫脱碳单元贫富液换热器	X	
				003	清洗脱硫脱碳富液活性炭过滤器	X	
				004	启、停分子筛脱水再生气压缩机	Y	
				005	启、停脱烃单元丙烷制冷系统	Z	
				006	启、停硫黄回收蒸汽透平主风机	Z	
				007	调整 SBR 池进水水质	X	
				008	预膜循环水系统	Y	
				009	调整锅炉给水水质	X	
				010	调整 PSA 制氮装置氮气中氧含量	Y	
	B	处理异常情况 (6:0:0)	30%	001	分析及处理湿净化气质量超高	X	
				002	分析及处理脱硫脱碳溶液再生效果差	X	
				003	分析及处理硫黄回收单元系统回压超高	X	
				004	分析及处理 SCOT 尾气处理单元 SO_2 穿透	X	
				005	分析及处理锅炉汽水共沸	Y	
	C	管理装置 (4:1:0)	30%	001	投运脱硫脱碳单元	X	
				002	停运脱硫脱碳单元	X	
				003	投运超级克劳斯硫黄回收单元	X	
				004	停运超级克劳斯硫黄回收单元	X	
				005	投运蒸汽及凝结水系统	X	

附录 8　技师、高级技师理论知识鉴定要素细目表

行业:石油天然气　　工种:天然气净化　　操作工等级:技师、高级技师　　鉴定方式:理论知识

行为领域	代码	鉴定范围	鉴定比重	代码	鉴定点	重要程度	备注
基础知识 A 10%（36∶14∶6）	A	化学化工基础知识（6∶9∶4）	3%	001	化学反应能量基本概念	Z	
				002	化学反应速率基本概念及影响因素	Y	
				003	牛顿黏性定律	Y	
				004	傅立叶定律及基本传导方式	Y	
				005	影响传热的措施	X	
				006	分子扩散理论及菲克定律	Y	
				007	当量直径基本概念及相关换算	Z	JS
				008	流体流动型态的判断及相关计算	Y	
				009	伯努利方程	X	JS
				010	圆形直管流动阻力计算	X	JS
				011	物料衡算计算及应用(吸收塔衡算)	Y	
				012	热量衡算计算及应用	Y	
				013	亨利定律概念及应用	Z	
				014	拉乌尔定律概念及应用	Z	
				015	影响溶解度的因素	X	
				016	相平衡在吸收过程中的应用	X	
				017	双膜理论概念及应用	Y	
				018	影响吸收速率的因素	X	
				019	反应动力学方程概念	Y	
	B	天然气基础知识（0∶2∶1）	2%	001	天然气组分分析与测定方法	Y	
				002	天然气的相特性(相平衡)	Y	
				003	天然气化工运用	Z	
	C	机械、电气、仪表基础知识（12∶3∶1）	5%	001	塔的试验与验收	Z	
				002	压力容器设计	Y	
				003	调节阀分类及构成	X	
				004	PLC 系统工作原理	X	
				005	DCS 组态控制系统基本组成及特点	Y	
				006	调节器参数设定及调整	X	
				007	现场仪表常见故障的判断处理	X	
				008	ESD 系统因果逻辑基础知识	X	
				009	DCS 系统常见故障判断	X	

续表

行为领域	代码	鉴定范围	鉴定比重	代码	鉴定点	重要程度	备注
基础知识A 10% （36∶14∶6）	C	机械、电气、仪表基础知识 （12∶3∶1）	5%	010	DCS系统显示异常、失电、控制系统报警的原因分析及初期应急处置	X	
				011	DCS系统组态流程	X	
				012	工艺条件对组态的要求	X	
				013	仪表控制系统设计方案	X	
				014	净化厂停送电流程	X	
				015	电动机过载原因分析	X	
				016	继电保护装置原理及分类	Y	
专业知识B 77% （82∶16∶2）	A	天然气脱硫脱碳单元 （14∶0∶1）	8%	001	直接转化法脱硫脱碳工艺原理及特点	X	
				002	铁法脱硫脱碳工艺原理及特点	X	
				003	钒法脱硫脱碳工艺原理及特点	X	
				004	氧化铁固体吸附工艺原理及特点	X	
				005	分子筛法脱硫工艺原理及特点	X	
				006	膜分离法脱硫工艺原理及特点	X	
				007	脱硫脱碳工艺方法选择	X	JD
				008	重沸器蒸汽流量异常原因分析及处理措施	X	
				009	重沸器窜漏原因分析及处理措施	X	
				010	脱硫脱碳单元动态分析	X	JD
				011	脱硫脱碳单元节能降耗措施	X	JD
				012	胺液发泡机理及应对措施	X	JD
				013	胺液变质机理及应对措施	X	JD
				014	胺法脱硫脱碳装置预防腐蚀措施	X	JD
				015	胺液吸收过程热力学与动力学	Z	JD
	B	甘醇法脱水单元 （9∶2∶0）	3%	001	甘醇法脱水单元预防腐蚀措施	X	JD
				002	甘醇法脱水废气组分分析	Y	
				003	湿净化气温度对脱水效果的影响	X	JD
				004	甘醇法脱水单元动态分析	X	JD
				005	甘醇法脱水单元节能降耗措施	X	JD
				006	甘醇脱水溶液损失异常降低原因分析及处理措施	X	
				007	湿净化气温度异常原因分析及处理措施	X	
				008	缓冲罐液位异常原因分析及处理措施	X	JD
				009	甘醇溶液发泡机理及应对措施	X	JD
				010	甘醇溶液变质机理及应对措施	X	
				011	甘醇法脱水工艺设计考虑因素	Y	

续表

行为领域	代码	鉴定范围	鉴定比重	代码	鉴定点	重要程度	备注
专业知识 B 77%（82：16：2）	C	分子筛脱水单元（5：2：0）	3%	001	膜分离法脱水工艺原理及特点	Y	
				002	冷却法脱水工艺原理及特点	X	JD
				003	活性氧化铝脱水工艺原理及特点	X	JD
				004	硅胶脱水工艺原理及特点	Y	JD
				005	吸附法脱水的优缺点	X	
				006	分子筛脱水单元节能降耗措施	X	JD
				007	分子筛脱水单元水含量超标原因分析及处理措施	X	
	D	天然气脱烃单元（4：1：1）	2%	001	透平膨胀制冷改进脱烃工艺	Z	
				002	油吸收法脱烃工艺	Y	
				003	天然气脱烃工艺比较	X	JD
				004	脱烃单元节能降耗措施	X	JD
				005	丙烷制冷系统异常原因分析及处理措施	X	
				006	膨胀制冷系统异常原因分析及处理措施	X	JD
	E	硫黄回收单元（13：2：0）	6%	001	富氧克劳斯工艺	Y	
				002	其他硫黄回收工艺	Y	JD
				003	提高硫黄收率的措施	X	JD
				004	硫黄回收工艺比较	X	JD
				005	液硫质量异常原因分析及处理措施	X	JD
				006	SuperClaus 反应器床层温度低原因分析及处理措施	X	
				007	CBA 硫黄回收工艺程序阀切换异常原因分析及处理措施	X	
				008	CPS 反应器温度异常原因分析及处理措施	X	
				009	Clinsulf-SDP 反应器温度异常原因分析及处理措施	X	
				010	硫黄回收单元动态分析	X	JD
				011	硫黄回收单元节能降耗措施	X	JD
				012	克劳斯反应平衡的影响因素	X	
				013	硫蒸气对反应平衡的影响	X	
				014	硫黄回收工艺选择原则	X	JD
				015	硫黄回收催化剂种类和选择原则	X	JD
	F	SCOT 尾气处理单元（8：2：0）	5%	001	SCOT 尾气处理催化剂选型及管理	Y	JD
				002	串级 SCOT 尾气处理工艺原理及特点	X	JD
				003	联合再生 SCOT 尾气处理工艺特点	X	JD
				004	其他尾气处理工艺	Y	

续表

行为领域	代码	鉴定范围	鉴定比重	代码	鉴定点	重要程度	备注
专业知识B 77%（82：16：2）	F	SCOT尾气处理单元（8：2：0）	5%	005	脱硫脱碳、硫黄回收单元操作对SCOT尾气处理单元的影响	X	
				006	加氢催化剂活性降低原因分析及处理措施	X	JD
				007	SCOT尾气处理单元动态分析	X	
				008	SCOT尾气处理单元节能降耗措施	X	JD
				009	SCOT尾气处理单元设备腐蚀控制措施	X	
				010	COS和CS_2水解率计算	X	JS
	G	辅助装置及公用工程系统（9：0：0）	10%	001	污水处理电渗析装置淡水质量异常原因分析及处理措施	X	JD
				002	污水处理四效蒸发结晶料液温度异常原因分析及处理措施	X	JD
				003	生化池微生物活性降低原因分析及处理措施	X	JD
				004	火炬点火异常原因分析及处理措施	X	
				005	污水处理单元节能降耗措施	X	JD
				006	火炬及放空系统节能降耗措施	X	JD
				007	新鲜水及循环冷却水系统节能降耗措施	X	JD
				008	蒸汽及凝结水系统节能降耗措施	X	JD
				009	空气及氮气系统节能降耗措施	X	JD
	H	天然气净化厂开停工（4：0：0）	12%	001	天然气净化装置开工方案	X	
				002	天然气净化装置停工方案	X	
				003	天然气净化装置开工HSE预案	X	
				004	天然气净化装置停工HSE预案	X	
	I	装置管理（3：2：0）	9%	001	装置生产运行中疑难问题解决方法	X	
				002	装置安全隐患判断及处理	X	
				003	装置设计、建设基础资料	Y	
				004	工艺事故事件原因分析及调查报告编写	Y	
				005	天然气净化装置经济运行规范	X	
	J	技术管理（7：3：0）	12%	001	操作规程、P&ID图、操作卡及工艺卡片编制要求	X	
				002	装置综合能耗计算方法	Y	
				003	技术总结编写要求	X	
				004	技术论文撰写要点	X	
				005	技术革新方案编写要求	X	
				006	检修作业指导书编写要求	X	
				007	新技术、新工艺应用方案编写要求	X	

续表

行为领域	代码	鉴定范围	鉴定比重	代码	鉴定点	重要程度	备注
专业知识B 77%（82：16：2）	J	技术管理（7：3：0）	12%	008	科研项目研究报告编制要求	X	
				009	物联网技术在天然气净化厂的应用	Y	
				010	信息化和工业化融合管理体系常用术语	Y	
				011	信息化和工业化融合管理体系相关知识	Y	
	K	装置检维修（3：1：0）	5%	001	检修项目编写要求	X	
				002	检修项目技术交底要求	X	
				003	检修项目质量验收方法	X	
				004	设备检修技术方案编制	Y	
	L	化验分析知识（3：1：0）	2%	001	分析化学的分类	Y	
				002	气体的取样及分析方法	X	
				003	液体的取样及分析方法	X	
				004	固体的取样及分析方法	X	
相关知识C 13%（2：16：2）	A	综合技能（2：1：1）	3%	001	工程制图基本知识	X	
				002	CAD 绘制 P&ID 图	X	
				003	办公软件运用基本知识	Y	
				004	天然气净化常用英语词汇	Z	
	B	应用工艺安全管理工具方法（0：2：1）	3%	001	工艺与设备变更管理	Y	
				002	工作前安全分析	Y	
				003	危害与可操作性分析	Z	
				004	工艺能量隔离方案编制	X	
	C	运用计量管理知识（0：3：0）	2%	001	计量检定人员管理要求	Y	
				002	强制检定和非强制检定管理要求	Y	
				003	计量检定印证管理要求	Y	
	D	职业健康安全环保管理（0：10：1）	5%	001	重大危险源的判定	Y	
				002	作业许可审查	Y	
				003	安全检查方案编制	Y	
				004	安全检查报告编制	Y	
				005	安全事故调查要求	Y	
				006	装置检修项目 HSE 方案编制	Y	
				007	装置检修项目 HSE 应急预案编制	Y	
				008	应急预案编制	Y	
				009	应急演练方案编制	Y	
				010	应急演练组织与实施	Y	
				011	HSE 管理体系基本知识	Z	

附录9　技师、高级技师操作技能鉴定要素细目表

行业:石油天然气　　工种:天然气净化操作工　　等级:技师、高级技师　　鉴定方式:技能操作

行为领域	代码	鉴定范围	鉴定比重	代码	鉴定点	重要程度	备注
操作技能A 100% (14∶5∶1)	A	处理异常情况 (12∶3∶0)	60%	001	分析及处理脱硫脱碳重沸器蒸汽流量异常	X	
				002	分析及处理脱硫脱碳单元重沸器串漏	X	
				003	分析及处理甘醇脱水溶液系统液位偏低	X	
				004	分析及处理甘醇脱水塔进料气温度异常	Y	
				005	分析及处理甘醇脱水再生釜缓冲罐液位异常	X	
				006	分析及处理分子筛脱水单元水含量超标	X	
				007	分析及处理轻烃回收膨胀制冷系统异常	Y	
				008	分析及处理液硫质量异常	X	
				009	分析及处理主燃烧炉衬里垮塌	X	
				010	分析及处理超级克劳斯反应器床层温度低	X	
				011	分析及处理急冷塔顶部过程气 H_2 含量异常	X	
				012	分析及处理 SCOT 尾气处理单元废气超标	X	
				013	分析及处理生化池微生物活性降低	Y	
				014	分析及处理火炬点火异常	X	
				015	分析及处理锅炉缺水现象	X	
	B	管理装置 (2∶2∶1)	40%	001	投运天然气净化装置	Y	

附录 10　操作技能考核内容层次结构表

级别	技能操作				综合能力			安全及其他		合计
	装置巡检	装置操作	故障判断及处理	装置管理	工艺流程	装置开产及停产	编写检修方案	安全防护器材使用	质量、安全	
初级工	20分 10~30min	20分 10~60min	20分 10~60min		20分 10~30min			10分 10~30min	10分 10~30min	100分 40~120min
中级工		30分 10~60min	20分 10~60min			50分 30~60min				100分 50~150min
高级工		30分 10~60min	30分 10~60min			30分 10~60min			10分 10~60min	100分 50~150min
技师 高级技师				40分 10~60min			45分 10~60min		15分 10~60min	100分 70~210min

参 考 文 献

[1] 聂玉昕. 中国大百科全书[M]. 北京:中国大百科全书出版社,2010.
[2] 武汉大学,吉林大学等校. 无机化学[M]. 北京:高等教育出版社,1992.
[3] 朱堂标. 化学反应基本类型研究[J]. 考试周刊,2011(13):201-202.
[4] 华彤文,陈景祖. 普通化学原理[M]. 北京:北京大学出版社,2005.
[5] 许满贵,徐精彩. 工业可燃气体爆炸极限及其计算[J]. 西安科技大学学报,2005,25(2):139-142.
[6] 邢其毅等. 基础有机化学(上册)[M]. 3 版. 北京:高等教育出版社,2005.
[7] 李景宁. 有机化学上册[M]. 北京:高等教育出版社,2011.
[8] 郭新杰,温金莲. 分析化学(第二版)[M]. 北京:中国医药科技出版社,2012.
[9] 李毓昌. 中国大百科全书·力学[M]. 北京:中国大百科全书出版社,1985.
[10] 吴望一. 流体力学[M]. 北京:北京大学出版社,1982.
[11] 李道明. 流体过滤分离技术展望[J]. 航天精密制造技术,1995(3).
[12] 陈敏恒,丛德滋. 化工原理(上册)[M]. 3 版. 北京:化学工业出版社,2006.
[13] 葛新石,叶宏. 传热和传质基本原理[M]. 北京:化学工业出版社,2009.
[14] 秦允豪. 普通物理学教程热学(第三版)[M]. 北京:高等教育出版社,2011.
[15] 马友光,于国琮. 气液相际传质的理论研究[J]. 天津大学学报,1998(4):506-510.
[16] 崔思贤. 石化工业中金属材料的腐蚀与防护(2)[J]. 石油化工腐蚀与防护,1995(01):47-50.
[17] 张洪涛,张海启,祝有海. 中国天然气水合物调查研究现状及其进展[J]. 中国地质,2007,34(6).
[18] 王天义. 浅谈欧姆定律的理解与应用[J]. 科学咨询(教育科研),2008(10):88.
[19] 张福旺. 变频器的选用及故障干扰处理[J]. 黑龙江科技信息,2014(21):51.
[20] 张天柱. 从清洁生产到循环经济[J]. 中国人口. 资源与环境,2006(06):169-174.
[21] 乐嘉谦. 仪表工手册[M]. 北京:化学工业出版社,1998.
[22] 张文勤,郑艳. 有机化学[M]. 北京:高等教育出版社,2014.
[23] 王开岳. 天然气净化工艺[M]. 北京:石油工业出版社,2015.
[24] 诸林. 天然气加工工程[M]. 北京:石油工业出版社,2008.
[25] 胡英. 物理化学[M]. 北京:石油工业出版社,2007.
[26] 金文,逯红杰. 制冷技术[M]. 北京:机械工业出版社,2009.
[27] 赵军,张有忱. 化工设备机械基础[M]. 北京:化学工业出版社,2011.
[28] 陈赓良. SCOT 法尾气处理工艺技术进展[J]. 石油炼制与化工,2003,34(10):28-32.
[29] 叶波,曹杰,熊勇等凝析油稳定装置运行评述及操作优化[J]. 石油炼制与化工,2015(2).
[30] 唐受印. 废水处理工程[M]. 北京:化学工业出版社,2004.
[31] 蒋树林. 蒸发结晶工艺在天然气净化厂污水处理中的应用浅析[J]. 广东化工,2016,43(19):148-149.
[32] 王遇冬. 天然气处理原理与工艺[M]. 北京:石油工业出版社,2007.
[33] 朱利凯. 天然气处理与加工[M]. 北京:石油工业出版社,1997.
[34] 陈庚良,肖学兰. 克劳斯法硫黄回收工艺技术[M]. 北京:石油工业出版社,2007.
[35] 刘秀蓉. H_2S、CO_2 在醇胺溶液中吸收热效应的测定[J]. 石油与天然气化工,1987(4):44-50.
[36] 范恩泽,王隆祥. 卧引净化装置运行十年评析[J]. 石油与天然气化工,1991(1):27-35.
[37] 张杰衫. 天然气净化厂设备生产技术管理[J]. 天然气工业,1994(4).
[38] 武汉大学,吉林大学. 无机化学[M]. 北京:高等教育出版社,1994.

[39] 张李锋,石悠,赵斌元等. γ-Al2O3 载体研究进展[J]. 材料导报,2007(02):67-71.

[40] 刘琦,肖文生,吴磊等. 重力式三相分离器流体分析[J]. 石油矿场机械,2016,45(10):15-21.

[41] 薛永强,李强,晁琼萧等. 天然气处理厂放空系统运行安全分析及对策[J]. 石油化工应用,2010,29(9):34-39.

[42] 祁鲁梁,李永存,张莉. 水处理药剂及材料实用手册[M]. 北京:中国石化出版社,2006.

[43] 谭波. 常压热水锅炉的选用[J]. 工程建设与设计,2011(04):106-108.

[44] 李爱阳,唐莉. 我国水处理剂的研究现状与前景展望[J]. 安庆师范学院学报(自然科学版),2001,7(4):77-78.

[45] 沈贞珉,邢磊. 司炉读本[M]. 北京:中国劳动社会保障出版社,2008.

[46] 纪轩. 污水处理工必读[M]. 北京:中国石化出版社,2004.

[47] 符克明. 络合铁法脱除天然气中 H_2S 的研究[J]. 石油与天然气化工,1980(3):57-64.